乔治·阿莫尼
Jorge Armony

麦吉尔大学精神学系情感神经科学“加拿大首席科学家”，道格拉斯心理健康大学研究所研究员，脑、音乐和声音研究国际实验室成员。他的研究重点是跨模式的情绪处理的神经机制，包括这些机制与健康个体以及患有精神疾病的患者的其他认知功能的相互作用。

帕特里克·维里米尔
Patrik Vuilleumier

日内瓦大学医学院教授，领导大学里的神经病学和认知成像实验室，并管理日内瓦神经科学中心。他通过功能性神经成像技术和脑损伤患者的神经心理学研究探讨情绪处理对感知、注意力和行动的影响。

脑科学前沿译丛

主编 李红 周晓林 罗跃嘉

The Cambridge Handbook of Human Affective Neuroscience

剑桥人类情感神经科学手册

[加] 乔治·阿莫尼 [瑞士] 帕特里克·维里米尔 著

Jorge Armony

Patrik Vuilleumier

张文海 雷怡 等译 李红 审校

浙江教育出版社·杭州

图书在版编目（CIP）数据

剑桥人类情感神经科学手册 /（加）乔治·阿莫尼(Jorge Armony)，（瑞士）帕特里克·维里米尔(Patrik Vuilleumier) 著 ; 张文海等译. -- 杭州 : 浙江教育出版社, 2023.10
（脑科学前沿译丛）
ISBN 978-7-5722-4575-6

Ⅰ. ①剑… Ⅱ. ①乔… ②帕… ③张… Ⅲ. ①神经科学－手册 Ⅳ. ①Q189-62

中国版本图书馆CIP数据核字(2022)第190915号

引进版图书合同登记号 浙江省版权局图字：11-2019-088

脑科学前沿译丛

剑桥人类情感神经科学手册

JIANQIAO RENLEI QINGGAN SHENJING KEXUE SHOUCE

［加］乔治·阿莫尼　［瑞士］帕特里克·维里米尔　著　　张文海　雷怡　等译　　李红　审校

责任编辑：陈阿倩　王方家　　美术编辑：韩　波
责任校对：何　奕　戴正泉　　责任印务：陆　江　滕建红
装帧设计：融象工作室_顾页

出版发行：浙江教育出版社（杭州市天目山路 40 号）
图文制作：杭州林智广告有限公司　　印刷装订：杭州佳园彩色印刷有限公司
开　　本：787 mm × 1092 mm　1/16　　印　　张：37.75
插　　页：4　　字　　数：837 000
版　　次：2023 年 10 月第 1 版　　印　　次：2023 年 10 月第 1 次印刷
标准书号：ISBN 978-7-5722-4575-6　　定　　价：129.00 元

如发现印装质量问题，影响阅读，请与本社市场营销部联系调换。联系电话：0571-88909719

“脑科学前沿译丛”总序

人类自古以来都强调要“认识你自己”（古希腊箴言），因为“知人者智，自知者明”（老子《道德经》第三十三章）。然而，要真正清楚认识人类自身，尤其是清楚认识人类大脑的奥秘，是极其困难的。迄今，人类已经为“认识世界、改造世界”付出了艰辛的努力，取得了令人瞩目的成就，但对于人类自身的大脑及其与人类意识、人类健康的关系的认识，还是相当有限的。20世纪90年代开始兴起、至今仍如初升太阳般光耀的国际脑科学研究热潮，为深层次探索人类的心理现象，揭示人类之所以为人类，尤其是揭示人类的意识与自我意识提供了全新的机会。始于2015年，前后论证了6年时间的中国脑计划在2021年正式启动，被命名为“脑科学与类脑科学研究”。

著名的《科学》（*Science*）杂志在其创立125周年之际，提出了125个全球尚未解决的科学难题，其中一个问题就是“意识的生物学基础是什么”。要回答这个问题，就必须弄清“意识的起源及本质”。心理是脑的机能，脑是心理的器官。然而，研究表明，人脑结构极其复杂，拥有近1000亿个神经元，神经元之间通过电突触和化学突触形成上万亿级的神经元连接，其内部复杂性不言而喻。人脑这样一块重1400克左右的物质，到底如何工作才产生了人的意识？能够回答这样的问题，就能够解决“意识的生物学基础是什么”这一重大科学问题，也能够解决人类的大脑如何影响以及如何保护人类身心健康这一重大应用问题，还能解决如何利用人类大脑的工作原理来研发新一代人工智能这一重大工程问题。事实上，包括中国科学家在内的众多科学家，已经在脑科学方面做了大量的探索，有着丰富的积累，让我们对脑科学拥有了较为初步的知识。

2017年，为了给中国脑计划的实施做一些资料的积累，浙江教育出版社邀请周晓林、罗跃嘉和我，组织国内青年才俊翻译了一套“认知神经科学前沿译丛”，包括《人类发展的认知神经科学》《注意的认知神经科学》《社会行为中的认知神经科学》《神经经济学、判断与决策》《语言的认知神经科学》《大脑与音乐》《认知神经科学史》等，围绕心理/行为与脑的关系，汇集跨学科研究方法和成果——神经生理学、神经生物学、神经化学、基因组学、社会学、认知心理学、经济/管理学、语言学、音乐学等。据了解，这套译丛在读者群中产生了非常好的影响，为中国脑计划的正式实施起到了积极的作用。

正值中国脑计划启动之初，浙江教育出版社又邀请我们三人组成团队，并组织国内相关领域的专家，翻译出版“脑科学前沿译丛”，助力推进脑科学研究。我们选取译介了国际脑科学领域具有代表性、权威性的学术前沿作品，这些作品不仅涉及人类情感（《剑桥人类情感神经科学手册》)、成瘾（《成瘾神经科学》)、认知老化（《老化认知与社会神经科学》)、睡眠与梦（《睡眠与梦的神经科学》)、创造力（《创造力神经科学》)、自杀行为（《自杀行为神经科学》）等具体研究领域的基础研究，还特别关注与心理学密切关联的认知神经科学研究方法（《计算神经科学和认知建模》《人类神经影像学》)，充分反映出当今世界脑科学的研究新成果和先进技术，揭示脑科学的热点问题和未来发展方向。

今天，国际脑计划方兴未艾，中国也在2021年发布了脑计划首批支持领域并投入了31亿元作为首批支持经费。美国又在2022年发布了其脑计划2.0版本，希望能够在不同尺度上揭示大脑工作的奥秘。因此，脑科学的研究和推广，必然是国际科学界竞争激烈的前沿领域。我们推出这套译丛，旨在宣传脑科学，通过借鉴国际脑科学研究先进成果，吸引中国青年一代学者投入更多的时间和精力到脑科学研究的浪潮中来。如果这样的目的能够实现，我们的工作就算没有白费。

是为序。

李 红

2022年6月于华南师范大学石牌校区

译者序

2016年8月26日中共中央政治局召开会议，审议通过了《健康中国2030规划纲要》，旨在未来15年内大幅度提高国民健康水平。情绪和情感是人类健康状况的主要表现之一，理解情绪产生和表达的机制，对于提高国民健康水平具有重要意义。自1879年科学心理学诞生以来，心理学对情绪的研究历经行为主义和认知主义思潮的影响，取得丰硕成果。20世纪90年代，以功能磁共振为代表的无创伤神经成像技术获得巨大的发展，从而推动了情感神经科学的诞生，标志着人类情感研究进入了脑科学时代。2013年乔治·阿莫尼（Jorge Armony）和帕特里克·维里米尔（Patrik Vuilleumier）组织国际情感神经科学研究领域近50名学者，对人类认知情感神经科学进行了广泛、全面、最新的权威综述，为理解情绪、情感产生和表达的神经机制提供了清晰的框架，为推进人类情感神经科学发展奠定了基础。

教育部长江学者李红教授于2018年组织国内30多名教授、副教授、博士后、博士研究生和硕士研究生，对《剑桥人类情感神经科学手册》（*The Cambridge Handbook of Human Affective Neuroscience*）进行了翻译，为推动我国情感神经科学发展、提高国民健康水平奠定脑科学基础。参加第一次翻译和校对的研究生包括：李永芬（引言），娄熠雪、刘庆明（第1章），张萍、赵参参（第2章），梁丽美、曹云飞（第3章），曹云飞、张萍（第4章），李鹏、刘庆明（第5章），张萍、刘雷（第6章），郑璐璐、梁丽美（第7章），肖红蕊、刘雷（第8章），李永芬（第9章），曹云飞、郑璐璐、张萍（第10章），刘雷、窦皓然（第11章），刘莉倩、赵肖倩（第12章），陈庆飞、刘庆明（第13章），窦皓然、梁丽美（第14、15章），李鹏、娄熠雪（第16章），杜雨卉、郑璐璐（第17章），陈庆飞、窦皓然（第18章），杜雨卉、李鹏（第19章），肖红蕊、赵参参（第20章），丁南翔、邵雨婷（第21章），张培文（第22章），王超、冯小丹（第23章），赵参参、秦睿霞（第24章），刘庆明、李鹏（第25章），丁强、娄熠雪（第26章），赵参参、李鹏（第27章），王超、赵参参（第28章）。基于研究生们的翻译和校对，我花费5个月时间对照英文再次进行了全文翻译和修改，然后彭嘉熙（第4章）、罗俊龙（第5章）、刘金婷（第7章）、胡理（第9章）、蔡雪丽（第14、15章）、陈庆飞（第18、19章）、李海江（第22、23章）、齐森青（第24、26、27章）又对部分章节进行了校对，之后我与雷怡教授、唐芳贵教授、窦浩然博士和研究生王文杰对全书图表等进行了校对，最后李红教授对全书进行了整体审校。感谢国家自然科学基金项目（31470997和81171289）对本书翻译工作的支持，也感谢对本书翻译和编辑做出贡献的江雷老师、陈阿倩老师、王方家老师。希望本书的出版能够及时满足国内神经科学发展需要，为青年学子开展情感神经科学研究带来新的机遇。

张文海

2022 年 6 月 29 日

前　言

几千年来，理解人类情绪及其产生或者表达的机制一直是思想家们的首要任务。然而，对它的科学研究，尤其是从生物学角度开展的研究，是最近才出现的，特别是与其他心理加工（诸如视觉、语言、注意力或者记忆）相比。尽管起步较晚，但神经科学对情绪的研究在过去十年取得了迅猛发展。这也导致了情感神经科学这个新领域的诞生，并且扩展了过去十年间的认知研究领域。这一新发展在很大程度上取决于非侵入性功能神经成像技术——例如正电子发射断层扫描（PET）、脑电图（EEG）、脑磁图（MEG）以及功能性磁共振成像（fMRI）的发展。这些新技术结合并改进了一些传统研究方法，例如损伤性研究、行为测量和生理记录，能够使得主观和“私下”的情感过程更“可见”，也更适用于对人类进行实验研究。

在神经生理学研究的基础上，人类情感研究开始关注所谓的基本情绪，特别是主要通过视觉刺激（例如面部表情）而产生的恐惧情绪。情绪研究的内容十分广泛，包含不同的感觉模式、加工机制、与其他系统的交互作用以及个体间差异。情绪是现在许多“不相关”学科公认的组成部分，例如社会心理学、经济学、市场营销学、政治学和哲学。

本书旨在提供人类情感认知神经科学领域广泛、全面、最新的权威综述，行文力争既严肃又易于理解。当然，为了使本书体量合理，我们不得不对内容做出艰难取舍。我们并未选择从情感神经科学的整个领域中挑选一些零散片段，而是专注于该范围的某些特定领域。由此，我们明确排除了非人类的动物研究，但是这并不意味着我们低估了动物研究的重要性。正如许多章节所述，动物实验研究在提供有关人类情感神经科学发展的框架方面是至关重要的；作者们也被鼓励对动物与生物科学间可能存在关联的地方加以强调。然而，将该内容添加到本书需要大量的分子和细胞技术知识，这背离了本书的初衷。此外，我们还删除了更多有关临床导向的研究，例如精神疾病和神经系统的情感障碍，尽管一些章节（尤其是那些涉及个体差异的内容）与这一重要知识领域有着高度的相关性。

本书的一个关键特征是所有受邀作者都是年轻且学术功底扎实的研究者。他们作为人类情感神经科学研究的第10代，代表着横跨三大洲的20多个研究机构，也是对该领域做出贡献的极其活跃的研究团队，目前他们的研究工作仍在继续。

本书的28章分成7个独立而互补的部分。我们相信，这样的主题划分将有利于读者获得对该领域广泛而系统的认识。

第一部分从认知神经科学角度介绍了情绪研究。第二部分关注研究方法，阐释了情绪研究中一些最有效和最广泛使用的方法。我们深入浅出地阐述了各种研究方法的应用，尤其强调遵循情感神经科学研究规律——关注每种方法的优点和局限性，而且提供了具体例子帮助读者理解这些问题。

第三部分涵盖了跨模块的情绪知觉和表达方式（例如视觉、听觉、嗅觉和躯体感觉），以及特定模块的不同领域（例如听觉：声音和音乐；视觉：面孔和身体）。我们之所以采用这种方法，而不是按照基本情绪划分，是因为大多数研究者都只倾向于关注其中一个领域，但是这些领域会涉及几种情绪或者加工。因此，这种结构尽管有些武断（因为情绪通常是多模块的），但是将有助于读者理解，而且反映了目前人类情感神经科学研究的主流趋势。

第四部分描述了情绪和认知如何相互作用。在这个不断发展的大领域内，我们关注了一些备受瞩目的主题，即情绪与注意的交互作用、情绪调节和决策。由于情绪与学习、记忆之间的相互作用十分重要，而且拥有大量文献资料，因此我们将它单独列为一个部分进行介绍，即第五部分。该部分共3章，涵盖记忆的内隐和外显层面、厌恶学习和奖赏学习。第六部分讨论了高级情绪方面的最新研究，包括道德、共情和其他社会情绪。最后，第七部分涵盖了情绪加工中一些最受关注的个体差异——性别、焦虑、年龄和基因型。

本书的读者对象是心理学、神经科学和认知科学等领域的科学家和各个层次的学生（本科生、硕士生或者博士生），以及其他学科（包括医学、生物学、计算机科学、经济学、社会学以及政治科学）的对情绪和他们所研究领域之间的关系感兴趣的学者。此外，这本书会对以临床为导向的专业人士有所助益，包括临床医生和治疗师，因为他们大多对更好地理解人类情绪的神经生物学基础感兴趣。

Contents

目录

第三部分 情绪知觉和诱发

第四部分 认知－情绪交互

第六部分　社会情绪

第七部分 情绪的个体差异

第一部分

人类情感神经科学简介

第1章

情绪模型：情感神经科学方法

大卫·桑德尔（David Sander）

自从进入20世纪90年代以来，情感神经科学就极大地丰富了我们对情绪脑的认识（例如Davidson & Sutton, 1995; Panksepp, 1991）。但情感神经科学开始研究影响情绪的跨学科模型却是近来的事。情感神经科学的研究对象是“情感”——一个多学科共享概念。然而，情感神经科学探讨情感和情绪的方式是独特的。由于历史原因和认识论界限，20世纪大部分时期，情绪模型在心理学、神经科学、计算机科学以及哲学之间相对独立地发展。然而，今天情感神经科学有望能够对各种各样的情绪模型加以塑造和限制，在研究情绪的不同学科方法间架起连通的桥梁。研究情绪的学科方法内部以及学科方法之间存在各种争议，而情感神经科学的特征是寻找行为学、计算科学及神经证据，从而有利于澄清事实、消除争议。

在这一背景下，本章的总体目标是采用情感神经科学方法考量当前的主流情绪模型。本章提供了历史性和概念性问题的综合评述，以引导未来的情绪科学研究，同时为后续章节所述实验工作提供主要理论基础。尽管情感神经科学的研究范畴并不局限于情绪，同时还包含心境、偏好、情感倾向等情感现象，但是由于情绪模型通常是情感神经科学研究的重点，因此本章主要考察情绪模型。

介绍完情感神经科学方法对情绪模型的意义之后，本章将介绍专业术语和分类学问题，提出相对一致的情绪定义。接下来，本章将概括当今研究的主要情绪模型，对比它们所关注的不同现象：表情、行为倾向、躯体反应、感受以及认知。最后的总结部分，本章会通过考虑更多内容尤其是杏仁核的状况来阐明情感神经科学方法塑造和限制情绪理论模型的潜力。

情感神经科学方法

在本章，类似于认知神经科学被作为情感神经科学发展的参照，情感神经科学也是参照认知神经科学来定义的（情感神经科学概述请参见Sander & Scherer, 2009）。

情感科学可以被视作对认知科学的整合或者补充，这取决于个人如何考虑情感和认知的关系（Forgas, 2008; Hilgard, 1980; Moors, 2007）。事实上，存在已久的争议是，情感加工是不是一种认知加工，或者说它们本质上是否存在定性区别。该争论是当代情绪模型的基础，这也是本章提及这一点的原因。然而，该争论似乎相当独立于情感神经科学方法而存在。实际上，似乎没有理由认为，关于情感神经科学是一个独立的学科还是“情感的认知神经科学”的考量，会影响到研究方法的采用。

事实上，情感神经科学之所以变得越来越重要，正是因为研究者认识到，能够利用认知神经科学的方法和概念很好地研究情绪，从而引申出了“情绪的认知神经科学”（讨论见Lane & Nadel, 2000; Ochsner & Schacter, 2000; Sander & Koenig, 2002）。例如，当戴维森（Davidson）和萨顿（Sutton）（1995）指出情感神经科学是新兴学科时，他们还表示情绪研究需要将情绪过程仔细分解为基本的心理操作，这与认知神经科学的方法类似。

关于认知模型，认知神经科学的优势是它依赖于所谓的认知神经科学三角形（例如Kosslyn & Koenig, 1992）。实际上，认知神经科学不仅依赖于单一的认知方法（例如大脑机制），或者两种方法（例如脑和心理机制），还依赖于第三种方法——计算方法——来限制模型。计算分析对于开发诸如知觉、注意、记忆以及行为（Kosslyn & Koenig, 1992; Marr, 1982）等认知神经科学传统领域的模型颇为重要，近期也被认为在社会认知模型（Mitchell, 2006）和情绪模型（Moors, 2007; Sander & Koenig, 2002）方面发挥显著作用。受到大卫·马尔（David Marr）在分析水平方面创造性工作的启发（Marr, 1982），认知神经科学将计算分析定义为一种逻辑操作，该操作的目的是决定哪些加工子系统对特定输入产生的特定行为是必要的（Kosslyn & Koenig, 1992）。这种计算分析对于以功能建构形式产生心智的外显模型很重要，原则上能够被人工神经网络或者其他基于计算的模型所模拟。

把情绪纳入计算模型有利于我们理解心智，这一观点先于情感神经科学出现。而且在人工智能方面极具影响力的学者，例如赫伯特·西蒙（Herbert Simon）和马文·明斯基（Marvin Minsky），都极力强调将情绪纳入心智模型中进行考虑的重要性（例如Minsky, 1986; Simon, 1967）。例如，明斯基（1986, 第163页）通过争论“问题不是智能机器能否拥有情绪，而是它们能否在脱离情绪的前提下保持智能”，强调了情绪在人工智能模型中的重要作用。情绪应当被建模在人工智能模型中，这一开创性观点促进了一个新的被称为“情感计算”的研究领域的诞生（Picard, 1997）。

情感计算可以被定义为是对与情绪及其他情感现象有关的，或者源于和影响这些现象的内容计算（Picard, 2009）。在这方面，情感计算的“过近考虑”（close consideration）被认为是情绪作为自主代理适应机制的实现基础（例如Cañamero, 2009），这不仅体现在机器人中，而且体现在诸如嵌入式交流代理等软件代理中（例如Pelachaud, 2009）。情感计算的基础在于基于心理学（Gratch & Marsella, 2005）和神经科学（Taylor & Korsten, 2009）的限制建立情绪计算模型（Fellous & Arbib, 2005; Petta & Gratch, 2009）。例如，关于情绪加工的联结主义模型（Roesch, Korsten, Fragopanagos, & Taylor, 2010），阿莫尼（Armony）及其同事的工作最具代表性。在他们的开拓性工作中，阿莫尼及其同事提出了恐惧条件化的计算联结模型，该模型受到了当时关于恐惧学习的神经解剖学和神经生理学知识的限制，尤其受到了将通向杏仁核的皮层和亚皮层通路都纳入模型的限制（Armony, Servan-Schreiber, Cohen, & LeDoux, 1995）。然而，该模型受到的恐惧学习的功能性神经解剖学的影响亦十分强烈，因此尚不清楚如何将其扩展到其他情绪，以及情绪学习以外的方面。

情感神经科学和情感计算都强调在进行情绪建模时考虑生理、心理以及计算分析的限制的重要性（例如Roesch et al., 2011）。这种一致性与前文所述的概念相符，即情感神经科学和认知神经科学的任务相同：也就是“绘制人类心智的信息加工结构，并且发现这种计算组织是如何在大脑的生理组织中实现的”（Tooby & Cosmides, 2000, 第1167页）。采用完整的情感神经科学方法的突出优势是，它使得情感科学家能够去发展足够外显的功能结构，以派生出可以作为计算模拟、概念分析以及实证实验研究对象的竞争性假设。正如下一节将讨论的，外显模型所带来的优势在定义性问题尚存高度争议的情绪研究中尤为突出。

什么是情绪？

费尔（Fehr）和拉塞尔（Russell）（1984）曾点出了给情绪下外显定义的难度，他们写道：“每个人都知道情绪是什么，直到被要求给出它的定义。然后，似乎就没有人知道它是什么了。”（第464页）情绪的定义不仅随学科和探究方法变化，而且具有跨历史和跨文化的差异。学者们强调需要考虑情绪是否存在历史，即情绪及其概念如何随着时间变化（Konstan, 2009）。正如康斯坦（Konstan）所述，英文术语“emotion”（情绪）相对较晚出现，只在过去两百年，才变得比诸如“passion”（激情）、“affection”（情感）和“sentiment”（情操）等词更为常用。很久以前，也能找到其他与“情绪”的含义十分相近的术语，例如古希腊术语“pathos”（共情）。事实上，亚里士多德对“共情”（pathê）的定义是“那些致使人们基于自身的判断产生变化和差异的因素，其中涉及疼痛和愉悦”（Rhetoric, Book 2, Chapter 1, 1378a），这可以被视为最早的有影响力的外显情绪定义之一（Konstan, 2009）。该定义之所以具有影响力，不仅是因为它将情绪和判断联系了起来，还因为它已经包含了几乎所有当今情绪模型都认为必要的情绪维度——效价（这里指“疼痛和愉悦”；综述参见 Colombetti, 2005）。情绪的历史可以追溯至亚里士多德做出的定义（Konstan, 2009），可以借以探究定义发生了何种演变，以及情绪是否随着历史进程发生了改变。例如，现代语境中所指的情绪“羞愧”和“愤怒”是否与古希腊、美索不达米亚或者其他文明中相应概念的含义相同。

当然，以上所提及的时间方面的差异在空间方面也能进行研究。虽然不能通过情感神经科学直接研究世纪变迁带来的差异，但是当今社会所观察到的文化差异仍是情绪心理学的经典话题（例如Tsai, Knutson, & Fung, 2006），并且研究者开始采用情感神经科学的方法进行研究，正如《社会认知与情感神经科学》（*Social Cognitive and Affective Neuroscience*）特刊《文化神经科学》（*Cultural Neuroscience*）所表明的那样（Chiao, 2010）。回顾情绪的历史和文化效应会远远偏离本章的主旨，但是正如后文将讨论的那样，情绪是不是一种普遍现象，或者情绪是否随着时间和空间变化，这些是情感科学众多理论的基础性问题。

情绪定义的多样化

“什么是情绪？”不仅是情绪领域被广泛使用的文章标题之一（James, 1884），而且是当前情绪研究的概念性问题，这似乎与永不停息地定义情绪的尝试是一致的（例如Duffy, 1934; Frijda, 2007;

Gendron & Barrett, 2009; Kleinginna & Kleinginna, 1981; Russell & Barrett, 1999; Scherer, 2005）。当然，情感神经科学能够为这种努力做出的贡献是，将情绪作为一个科学概念进行理解，尤其是构建能提供情绪加工功能的外显模型形式。

承认学者们赋予情绪的多样化定义是情绪建模的必要步骤。克雷格纳（Kleinginna）等（1981）在他们的力作中论述了从文献中发现的近100种情绪的定义，并且将它们归类为10个强调情绪不同方面的特定列表：（1）情感定义（强调唤醒度和/或愉悦度的感受）；（2）认知定义（强调评价和/或标记加工）；（3）外部刺激定义（强调外部的产生情绪的刺激）；（4）生理定义（强调情绪的内部生理机制）；（5）表情行为定义（强调可从外部观察到的情绪反应）；（6）破坏性定义（强调情绪的紊乱或功能障碍效应）；（7）适应性定义（强调情绪的组织或功能效应）；（8）多层面定义（强调情绪若干相关联的成分）；（9）限制性定义（强调区分情绪与其他心理过程）；（10）动机定义（强调情绪与动机的关系）。

在情感神经科学中，学者们对于如何定义情绪也未达成共识。让我们以当今情绪脑研究中最具影响力的两位学者达马西奥（Damasio）（1998）和勒杜（LeDoux）（1994）所提出的情绪定义为例。勒杜（1994, 第291页）强调情绪不可能是无意识的，他说："在我看来，情绪是富含情感、主观体验的觉察状态。换言之，情绪是意识状态。"达马西奥（1998, 第84页）认为，"术语'情绪'应当被正确地用于定义以下反应集合，这种反应集合，或由大脑到身体，或由大脑的一部分到大脑其他部分，通过神经和体液的途径诱发"。因此，达马西奥当然不会排除情绪是无意识的这一可能性。在辨别情绪和感受方面，达马西奥（1998, 第84页）也表示，"术语'感受'应当被用来描述情绪状态所带来的复杂心理状态"。这里的心理状态在概念上可能更接近勒杜所说的情绪，尽管达马西奥称其为感受而非情绪。

情绪的特异性

前文所提到的情绪和感受的区别，只是情感现象类别中许多在概念层面上有用的区别之一。事实上，术语"情绪"常常被考虑在一个框架内，该框架包含其他较少被研究的情感现象，诸如心境、动机、驱动力、欲望、偏好、态度、效价反应、激情、感情、情感、核心情感、唤醒、情感风格或者情感反应。其中有些概念被定义的科学程度更高，因为它们被用来指代特定的新概念，因此也比其他概念更少产生所谓的"民间"意义（例如情感风格，见Davidson, 1992; 核心情感，见Russell & Barrett, 1999）。试图定义这些概念有时会导致极端立场。例如，达菲（Duffy）质疑情绪的特异性，并且认为"多年来，研究者将情绪视为科学概念是毫无用处的"（Duffy, 1941, 第283页）。她认为，由于情绪能退化到其他结构，因此没有必要为情绪状态创造特定术语。

布雷姆（Brehm）（1999）认为情绪能退化到动机状态。实际上，有些人对情绪和动机的边界提出了质疑。例如，由于罗尔斯（Rolls）（1999）在他的著作《脑与情绪》（*The Brain and Emotion*）中将口渴和性行为归纳为情绪，所以菲利普（Phillips）（1999）认为该书以"脑与动机"为书名可能更合适。

动机通常被认为与情绪相关，但是多数学者认为需要将这两种概念区分开（例如Frijda, 1986, 2007）。例如，动机可以被认为是情绪的决定因素或构成成分。作为决定因素，动机常常被认为是情绪的诱因，因为与个体主要动机相关的事件（例如需求和目标）实际上通常会诱发情绪（Moors, 2007）。作为情绪的构成成分，动机通常被认为表现在动作倾向（例如接近或者回避）上，会促使个体与事件之间的关系发生变化（Frijda, 1986）。强调情绪特异性的定义将在后文提及。

情绪分类学

情绪不仅区别于其他情感现象，而且自身内部也有区别，已被划分出诸多子类。据笔者所知，研究者对情绪分类没有完全达成一致，但是有些分类被认为具有理论价值。情绪分类学是建立在许多特征之上的，而且不同类别间常常有所重叠，因此它们不应该被看作是在描述相互排斥的情绪类别，而是在描述不同研究中的传统情绪分类方式。实际上，特定情绪（例如愤怒）能够被划归到许多类别中。

基本情绪

作为其中一个被情绪类型所定义的类别实例，所谓的基本情绪类别在当今情感神经科学研究中非常普遍（综述参见Ortony & Turner, 1990）。这一类别在概念上类似于初级的、分离的或者基本的情绪。一项需要承认的事实是：根据许多研究者的观点，小部分情绪——通常是2到10种情绪——比其他情绪更基本。“基本情绪”这一概念对后文将讨论的基本情绪理论的发展很关键。以下情绪常常被视为“基本的”：愤怒（anger）、厌恶（disgust）、恐惧（fear）、愉悦（enjoyment）、悲伤（sadness）和惊奇（surprise）（见Matsumoto & Ekman, 2009）。

在该理论中，形容词“基本的”被用来表示3种假定（见Ekman, 1992）：第一，用来表示“存在许多独立情绪，它们在重要方面相互区别”（Ekman, 1992, 第170页）；第二，用来表示“进化在塑造这些情绪所表现的独特和共同特征以及它们当下的功能方面发挥重要作用”（Ekman, 1992, 第170页）；第三，该术语也常常表示非基本情绪由基本情绪混合组成（例如Tomkins, 1963）。

需要注意的是，基本情绪这一概念被锚定在心理学的哲学历史上。例如，笛卡尔（Descartes）（1649, Art. 69）区分了6种初级情绪（倾慕、爱、憎恨、欲望、快乐和悲伤），并且假设所有其他情绪要么隶属于这几种情绪家族，要么是这些初级情绪的混合。

最近十年，情感神经科学的大部分工作都在使用神经心理学双分离（Calder, Lawrence, & Young, 2001）或者脑成像结果（Vytal & Hamann, 2010）作为证据探索每一个以及所有基本情绪背后分离的专用脑系统。正如后文将讨论的（见本书“情绪是一种表情？”一节），该观点受到了概念分析和实证结果的强有力挑战。

积极和消极情绪

另一个类别实例，通常根据效价被区分为“积极情绪”和“消极情绪”。例如，汤姆金斯（Tomkins）（1963）对情感科学做出的突出贡献体现在一部两卷本著作中，第一卷关注积极情感，第二卷关注消极情感。虽然用于区分所谓正负情绪的效价常常是不明确的（Colombetti, 2005），但是效价通常是被考虑到的感受成分：当情绪“令人感受到愉悦”时，是积极情绪；当情绪“令人感受到不愉悦”时，是消极情绪。这种基于效价的分类，对于后文所讨论的情绪环状/双维度理论的发展很关键（见本书“情绪是一种感受？”一节)。当然,效价维度并不局限于感受成分;唤醒事件有时也按照评价的内在愉悦度和目标诱因,被分为积极或者消极(例如Scherer, 2001)。不过,事件的评价效价和感受效价并不总是一致的。例如,尽管“兴趣”(interest)情绪在感受方面是积极的,但是它也可被所评价的消极刺激诱发(例如厌恶刺激可诱发兴趣;Silvia, 2006b)。

虽然感受通常被认为要么是积极的,要么是消极的,但是一些学者认为事件评估可以是矛盾的(Cacioppo & Berntson, 1994)。这意味着一个人对事件能够同时感受到好和不好,而不是只能好或者不好(Larsen, 2007)。这取决于从什么层面去评价一个事件,如果相同事件能够被评价为积极的或者消极的,这意味着事件的两个方面是通过两个分离的评估通道被同时评价的,那么积极和消极感受均能得到诱发(讨论见Cacioppo & Berntson, 1994)。矛盾态度被认为是积极和消极机制相互分离的证据,也是混合情绪可能被联合诱发的证据。例如,观看悲喜剧时个体可能同时感受到愉悦和悲伤(Larsen, McGraw, & Cacioppo, 2001)。

在情感神经科学中,有一观点是根植于不同研究传统中的,即在积极和消极刺激的加工过程中涉及的脑系统不同。例如,理解疼痛/厌恶系统和愉悦/奖赏系统的脑机制(Haber & Knutson, 2010; Lieberman & Eisenberger, 2009),已经成为情感神经科学研究的主要目标。利伯曼(Lieberman)和艾森伯格(Eisenberger)(2009)认为,“疼痛网络”由背侧前扣带回皮层、脑岛、躯体感觉皮层、丘脑,以及导水管周围灰质组成(见第9章),而“奖赏网络”则由腹侧被盖区、腹侧纹状体、腹内侧前额叶皮层以及杏仁核组成(见第19章)。

在另一项相关研究中,贝里奇(Berridge)及其同事区分了支配“喜欢”和“渴望”的脑加工机制(例如Berridge & Robinson, 2003)。这种研究倾向表明,大脑存在几个“享乐热点”,伏隔核和腹侧苍白球区域参与“喜欢”加工,而常被认为能够中介愉悦感的多巴胺系统,实际上是作为一种奖赏在中介“渴望”的特定形式,被称为“动机显著”(incentive salience)(Berridge & Robinson, 2003)。对“喜欢”和“渴望”的区分原则上也能导致矛盾加工,例如,个体也许喜欢他们不渴望的,或者渴望他们不喜欢的,这与人们可以兼有“更渴望”和“更不喜欢”的说法相契合(Litt, Khan, & Shiv, 2010)。

区分“喜欢”和“渴望”,与在其他学科中一样,也可以证明在情感神经科学领域辨别不同类型效价的重要性(Colombetti, 2005)。该方法可以给偏好、价值和决策等方面的文献带来相当大的影响,例如神经经济学的文献,因为它可能代表了一种使得所有效价加工转换为“通用货币”的补充方式(见第17章)。

另一个由积极和消极情绪之间的对立而影响到情感神经科学的研究传统,是根植于功能半球非对称性研究中的。所谓的效价的半球非对称性假说指出,大脑左半球存在一个积极感受中心,而大脑右半球存在一个消极感受中心(例如Ahern & Schwartz, 1979)。该假说极具争议,并且文献中已经出现了几个替代假说(讨论见Gainotti, 2000; Killgore & Yurgelun-Todd, 2007)。例如,所谓的右半球假说认为,所有与情绪相关的机制更多地单侧化在大脑右半球。

接近相关和回避相关情绪

前文所述“效价假说”的替代性假说是戴维

森及其同事所验证的对“大脑前部非对称性”的阐述。戴维森和欧文（Irwin）（1999）提出，存在一个接近系统，促进欲望行为，产生与接近相关的积极情绪，例如骄傲和享乐等。这类情绪会在向目标靠近的情况下产生，该系统单侧化在左半球。同样，研究者们也假定了第二个单侧化在右半球的系统。该系统能促进撤回反应，产生与撤回相关的消极情绪，例如恐惧和厌恶。

情绪反应中接近和回避行为的对立经常会被提及，而且被认为具有很强的种系发生基础（Schneirla, 1959）。大部分情绪理论都承认动作倾向是接近愉悦和避免疼痛，这一概念起源于哲学作品。例如，霍布斯（Hobbes）（1651/1985，第119页）认为这两种行为由于与欲望相关而彼此分离。他写道：“‘竭力’一词，当朝向引起它的某事物时，被称为欲望……当远离某事物时，被称为厌恶。欲望和厌恶……标示了运动，一个接近，另一个远离。”

半球非对称假说的一个特别有趣的方面是，它与效价假说不重叠，因为它宣称消极并且与接近相关的情绪，诸如愤怒，会单侧化地出现在左半球（实证证据讨论和综述，见Carver & Harmon-Jones, 2009）。对“接近与回避”的划分十分重要，因为它能够区分基于效价的分离和基于动作倾向的分离。

自我反思（或者自我意识）情绪

基于诱发情绪的客体类型区分情绪的典型例子，是所谓的自我反思情绪类别，诸如羞愧、尴尬、内疚或者骄傲。这一类别的根本特征在于，情绪对象是自我而不是诱发事件。例如，一个人对自己感到羞愧，但是对蛇感到害怕。正如方丹（Fontaine）（2009）所述，学者们通常使用该类别来描述自我情绪，而非生存问题。在这方面，除了两种已得到充分研究的自我情绪：羞愧和内疚（Deonna & Teroni, 2008; Tangney & Dearing, 2002），还包括涉及自我的其他情绪（诸如耻辱、感激、羡慕或者妒忌；见Fontaine, 2009）。

这些情绪有时也被称为“自我意识情绪”或者“道德情绪”，受到了越来越多的情感神经科学的研究，一方面因为近期对非基本情绪的研究（例如Takahashi et al., 2009）在逐渐增多，另一方面也因为关于自我的研究（例如Powell et al., 2009）在逐渐增多（见本书第21章）。情感神经科学必然能够在理解自我反思这一情绪亚类中起到关键作用（例如Basile et al., 2011），通过提供实证证据，解决如羞愧和内疚这类情绪异同的争议（Deonna & Teroni, 2008; Wagner, N'Diaye, Ethofer, & Vuilleumier, 2011）。

审美情绪

以诱发情绪的客体类型区分情绪的第二个例子是审美情绪。这类情绪通常在人们投入艺术品、自然事物或者风景中时诱发（Robinson, 2009）。审美情绪是不是一种特殊的情绪类别，或者这类情绪是否应当以主要被艺术品诱发的事实来定义，这些问题尚存争议（Robinson, 2005）。

一些对审美情绪的评价解释已经被提出（例如Silvia, 2006a）。其对于分析审美情绪研究中的两个关键问题非常有用。第一，由于评价机制是解释个体差异的关键，所以它可以被用来解释为什么人们对同一件艺术品会产生不同的情绪反应。第二，它可以用来解释专家是如何确定审美情绪的（见Silvia, 2006a, 2009）。

审美情绪研究对积极情绪的偏爱超过了消极情绪，但是艺术品所诱发的情绪并不限于积极情绪（例如，一件艺术品所诱发的情绪被评价为“厌恶”）。神经美学的目标是理解审美体验的神经生物学基础（Zeki, 2001），尽管该学科中越来越多的领域在关注视觉艺术，但是听觉艺术也同样得到了研究，音乐如何诱发情绪尤其受研究者关注（见本书第12章）。

虚幻情绪

虚构作品（例如小说或者电影）所诱发的情绪，有时被称为“虚幻情绪”（又称“似然情绪”或“准情绪”），因为个体知道或者相信诱发事件是不真实的（见Säätelä, 1994）。例如，如果恐惧情绪已经进化到了人类能够对危险（例如危及生命时）做出适应性反应的程度，那么为什么我们会害怕荧幕上的怪兽？这种恐惧与遭遇真实险境时的体验是否相似（Gibson, 2009; Mulligan, 2009; Walton, 1978）？事实上，尽管我们知道诱发事件并不真实，但是我们仍能体验到情绪，这被称为“虚幻悖论”。这一现象是当今研究中关于虚幻和情绪之间关系的主要争议点之一（Gibson, 2009）。

如果虚幻情绪与真实情绪存在质的差别，那么将会给情感神经科学研究带来相当大的影响。因为大多数情感神经科学研究的实验室材料都是虚幻的，被试知道给定事件（例如图片、电影、面孔或者声音）并非真实发生的。除非当物理上呈现真实刺激时，例如一条蛇（Nili, Goldberg, Weizman, & Dudai, 2010），该问题才不那么明显。

许多核心情绪过程在人造事件和真实事件中的诱发可能是类似的，但是可以肯定的是，为了在扫描仪中诱发出成熟的情绪，需要采用更真实的实验程序，例如操纵社会互动或者采用游戏，相比真实情绪来说，这些操纵方式诱发虚幻情绪的可能性会更小。例如，让被试相信图片所描绘的事件是虚构的而非真实的，会显著改变前额叶皮层对图片的反应（例如Vrtička, Sander, & Vuilleumier, 2011）。

反事实情绪

反事实情绪是被反事实思维诱发的情绪，诸如后悔、失望和嫉妒，是对实际发生的事实进行替代性思考的结果（Coricelli & Rustichini, 2010; Roese, 1994）。例如，对两个选项中已做出的错误选择进行评价，可能会导致后悔，因为个体能够思考如果选择了另一个较好选项将会发生什么（Dijk & Zeelenberg, 2005）。

对比事实和反事实事件所诱发的情绪，主要是在决策的背景下研究的，这种情况下存在替代选项是可能的。在情感神经科学中，最常研究的反事实情绪是后悔。眶额皮层在决策任务的后悔相关结果的加工中起到关键作用（例如Camille et al., 2004; Coricelli et al., 2005）。研究表明，当后悔相关结果与自责有关时，杏仁核的反应会增强（Nicolle, Bach, Frith & Dolan, 2011）。

社会情绪

社会情绪是通常由社会情境所诱发的情绪（例如羞愧、尴尬、羡慕、妒忌、钦佩、内疚、感激、幸灾乐祸以及怜悯），通常在其他人类代理者在场或者被想象到时产生（Hareli & Parkinson, 2009）。这类情绪能用于调节社会行为、诱发他人的社会态度、实现社会目标等。所谓的社会神经科学领域的出现，展现了情感神经科学研究者对社会情绪发展的浓厚兴趣（见本书第21—23章）。

社会情绪的研究导致了情绪间的精细区分，例如羞愧与内疚［参见前文“自我反思（或者自我意识）情绪”一节］，或者妒忌与羡慕。例如，关于羡慕与妒忌的区别，帕洛特（Parrott）和史密斯（Smith）（1993）认为，羡慕的特征是自卑感、渴求感、气愤感和不赞同感，而妒忌的特征是损失恐惧、不信任、焦虑和愤怒。

一个相关的研究问题是，情绪如何被社会情境调节。例如，恐惧并不是一种“社会情绪”——从它通常不由社会事件所诱发层面来讲——但是它仍然受他人对诱发恐惧的危险的评价影响。例如，如果一个婴儿正在犹豫是否爬视觉悬崖，因为他害怕掉下去，而这时妈妈脸上表现出了恐惧，那么婴儿通过视觉悬崖的可能性就比看到妈妈在微笑时更低（Sorce, Emde, Campos, & Klinnert, 1985）。更一般地，“社会评价”概念阐释了一个事实，个体评价事件的方式受到他人对同一事件评价的影响（Manstead & Fischer, 2001）。例如，有研究结果表明，社会评价影响情绪面孔表情识别（Mumenthaler & Sander, 2012）。一些已经比较了大脑是如何计算社会情绪与非社会情绪信息的研究，发现一些情绪加工的关键脑区也参与了社会相关信息的加工（Norris et al., 2004; Scharpf, Wendt, Lotze, & Hamm, 2010; Vrtička et al., 2011）。

道德情绪

道德情绪是指由道德评价所诱发的情绪。正如马利根（Mulligan）（2009）所述，这种情绪可能依赖于多种道德现象，例如道德标准（如一个人不应该说谎）、道德义务（如照顾年迈父母）、道德正误（如谋杀）、道德价值（如友善）以及道德品格（如勇气）。道德情绪被认为存在多种类别（Haidt, 2003; Mulligan, 2009; Tangney, Stuewig, & Mashek, 2007）。例如，海德特（Haidt）（2003）区分了道德情绪的四个类别：（1）自我意识的道德情绪（例如羞愧和内疚）；（2）他人谴责的道德情绪（例如蔑视、愤怒和厌恶）；（3）他人受难所诱发的道德情绪（例如同情）；（4）赞美他人所诱发的道德情绪（例如感激和景仰）。

除了道德情绪的研究外，情感神经科学研究还考察过将道德评价作为研究道德的情感决定因素的方式，例如，使用道德两难任务（例如 Greene et al., 2001; 见本书第 21 章）。

认知情绪

一些情绪，例如兴趣、困惑、惊奇和敬畏，与知识和学习尤其相关，因此被称为认知情绪（或者知识情绪）（Morton, 2010; Silvia, 2010; de Sousa, 2008）。

例如，“兴趣”在许多领域的探索、学习、知识增长以及专业发展中都扮演着关键的角色（Silvia, 2006b）。兴趣的评价结构已经得到了研究，结果表明，诱发兴趣的事件是那些被评价为新奇的和复杂的但是可理解的事件（Silvia, 2006b）。

虽然认知情绪并不是多数情感神经科学研究的重点，但是其中一些相关方面，诸如新奇性加工，确实已得到了大量研究，表明了杏仁核对加工新奇和不熟悉刺激的关键作用（例如 Blackford, Buckholtz, Avery, & Zald, 2010）——可能与杏仁核对不确定性和模糊性加工的作用有关（Whalen, 1998）。

正如莫顿（Morton）（2010）所指出的，即使是不直接指向认知的情绪（即非认知情绪），也能导致认知结果。例如，恐惧必然导致对威胁的警觉和注意增加，以及更好地了解周围的情境以增加逃脱的可能性这一目标的增强。

总结本节的情绪分类学，我们能注意到所述分类间并不相互排斥。例如，愤怒通常可以被描述为一种基本的、消极的、接近相关的情绪，常常是一种社会情绪，有时是一种道德情绪。这些情绪分类可能是将多种多样的情绪类型纳入考虑范围并简化这种多样性的有效方式。另一种降低复杂性的、更有成效的方式，是开发情绪模型，这种方式旨在表征情绪功能架构的现有知识，允许产生可验证的预测。在当前模型中，人们对情绪的定义仍存在争议。

情绪定义和当前模型的起源

对情感科学当前的模型和争论影响最大的时期是19世纪后半叶。实际上，大部分现有情绪模型都可以——至少——追溯到该时期以及达尔文（Darwin）、杜威（Dewey）、艾恩斯（Irons）、詹姆斯（James）、兰格（Lange）、斯宾塞（Spencer）和冯特（Wundt）等的工作中。

该时期不仅对关于情绪是什么的争论很关键，而且对情绪的神经科学解释的萌生也很重要。例如，当裴波（Peper）和马科维奇（Markowitsch）（2001）提到情感神经科学的先驱者时，他们指出了该时期研究者描述的情绪脑早期概念：埃克斯那（Exner）（1894）提出的大脑的厌恶情绪加工中心，弗洛伊德（Freud）（1895/1953）的情绪记忆神经网络原理，以及维尔鲍姆（Waynbaum）（1907/1994）的一般情绪中心。

事实上，在当下看来当属经典的情绪的典型神经科学解释（例如存在边缘系统）起源于对一个非常独特并且具有争议性的情绪解释的反应，即所谓的詹姆斯-兰格（James-Lange）情绪理论。该解释关注了詹姆斯（1884）和兰格（1885）所提出的理论的一般框架。学者们所捍卫的主要论点，能够用詹姆斯（1884, 第189页）的情绪定义来总结，这一定义当然也是情绪领域被引用得最广泛的："身体直接跟随对兴奋事实的知觉而变化，在上述变化产生时我们感受到的就是情绪。"例如，坎农（Cannon）（1927）的情绪神经科学理论是对詹姆斯的情绪定义的直接反应，产生了颇具影响力的情绪丘脑理论（也见Cannon, 1931），为情绪的当代争议——关于中枢神经系统和边缘神经系统的相对作用——奠定了基础（Damasio, 1998; 本书第3章）。

在部分基于坎农坚持丘脑和下丘脑在情绪中的作用（Lashley, 1938）的基础上，帕兹（Papez）（1937）提出了第一个明确观点，即皮层环路是情绪机制之所在，而且还在其中加入了海马和扣带回皮层。基于坎农和帕兹关于情绪相关脑区的工作，以及布罗卡（Broca）（1878）关于边缘叶的解剖学描述的工作，马克里恩（MacLean）（1952）提出了一个对该领域产生了巨大影响的概念：边缘系统。继克鲁夫（Kluver）和布西（Bucy）（1939）的工作之后，马克里恩对帕兹模型的重要拓展是将杏仁核纳入了边缘系统。

然而，将边缘系统作为情绪脑的单一基础的观点，受到了强烈的质疑和批判（Calder et al., 2001; LeDoux, 1991）。虽然丘脑理论、帕兹情绪通路以及边缘系统概念如今确实已经不再是主流的情绪脑模型，但是它们对几十年后的情感神经科学产生了重要影响。

这些影响对外周支持者和中枢支持者的经典争论极其重要。实际上，所谓的外周支持者依赖詹姆斯（1884）的情绪定义，认为情绪的主要来源被发现在外周神经系统中，而所谓的中枢支持者依赖坎农（1927）对詹姆斯情绪定义的反应，认为情绪的主要来源在中枢神经系统中。

在该争论进行的同时，行为主义的时代开始

繁荣，尤其是在美国。行为主义对当今情绪脑研究中的定义、模型和方法所产生的后效非常强烈。例如，华生（Watson）等在检验人类婴儿的条件情绪反应（Watson & Rayner, 1920）中所采用的恐惧条件化实验，为理解人类和动物恐惧学习脑回路的发展奠定了必要的研究基础，通常被视为是增加情绪脑有关知识的捷径（Hartley & Phelps, 2010; LeDoux, 1996）。事实上，情绪脑研究的行为主义后效超过了经典条件反射，包含了联系情绪与动机的操作性条件化，诸如“奖赏”和“惩罚”。在这方面，许多情绪脑研究者仍然沿用了行为主义遗留的概念和方法，一个典型例子是罗尔斯提出的专注于强化作用的情绪模型（例如Rolls, 2007）。实际上，罗尔斯认为（2007, 第72页），“情绪可能被定义为强化物（例如奖赏和惩罚）所诱发的状态”。

奥尔兹（Olds）和米尔纳（Milner）（1954）发现老鼠会通过几个脑区加工电刺激。自从这项里程碑式的研究问世以来，理解强化学习背后的脑机制，尤其是确定大脑奖赏回路，已经成为主要的研究问题（Haber & Knutson, 2010; Lieberman & Eisenberger, 2009）。

除了以上行为主义后效，20世纪另一个重要的强有力地推动了情感神经科学的认识论发展的，就是认知革命。虽然行为主义从未统治过欧洲，但是该学派在美国的重要地位，意味着心智的认知方法已被视为一场革命（Miller, 2003）。这场革命主要发生在20世纪50年代，深刻影响了认知方面的情绪模型的产生（例如Arnold, 1960; Lazarus, 1966; Schachter & Singer, 1962）。

基于情绪诱发过程（即评价）以及情绪分类过程（即标记）并将认知机制纳入考虑范围的方法，在20世纪80年代为许多富有影响的情绪认知模型（例如Frijda, 1986; Lazarus,1984; Ortony, Clore, & Collins, 1988; Roseman, 1984; Scherer, 1984）的发展奠定了基础。这些模型之所以被认为是认知方面的，是因为它们通过主张情绪由认知评价导致（例如Lazarus, 1966）或通过认知分类进行情绪标记（例如Schachter & Singer, 1962）来定义情绪。

情绪的典型定义

情绪定义中是否存在一致性？一项关于主要情绪模型的综述表明，情绪定义在四个关键标准上确实存在一致性：（1）情绪是多成分现象；（2）情绪是两步加工的过程，由情绪诱发机制产生情绪反应；（3）情绪有相关客体；（4）情绪比其他情感现象维时短。

情绪是多成分现象

现今的三种主要情绪模型——基本情绪模型、环状/二维情绪模型和评价模型——似乎都认为情绪不是单一的，而是含有几个成分。该观点不是近期才出现的（例如Irons, 1897），而是在过去几十年越来越得到认同（Kleinginna & Kleinginna, 1981）。例如，作为二维（效价和唤醒度）情绪模型的典型代表，拉塞尔（2009, 第1259页）在描述心理构想时强调“成分”的概念，如下文：

> 心理构想不是一个加工过程，而是各种加工过程的上位术语，这些加工过程产生：（a）特殊情绪情节的“成分”（例如面部动作、音调、外周神经系统改变、评价、归因、行为、主观体验、情绪调节）；（b）成分之间的联结；（c）特定情绪的成分模式分类。

情绪情节由多种成分形成这一概念，也是基

本情绪理论的基础。例如，作为基本情绪理论的代表，松本（Matsumoto）和艾克曼（Ekman）（2009, 第69页）在描述情绪诱发时，强调了多重整合反应的概念："如果知觉图式和情绪图式库不匹配，那么情绪就不会被诱发，个体会继续扫描环境。然而，如果得到了匹配，那么会启动一组反应，包括富于表现力的行为、生理、认知和主观体验……在我们看来，术语'情绪'是指代这组协作反应的暗喻。"

立足于另一个基本情绪观点，派克赛普（Panksepp, 2005）也探讨了情绪的多侧面本质："我使用术语情绪作为'上位'概念，包括情感、认知、行为、表情，以及一系列生理变化。"（第32页）有趣的是，协作和整合反应的概念共享于情绪模型的第三个主要家族——评价模型。据笔者所知，每个情绪评价模型都认同情绪是多成分现象，并且该观点在谢勒（Scherer, 1984, 2009; 见后文讨论）所提出的情绪的成分加工模型中得到了高度重视。

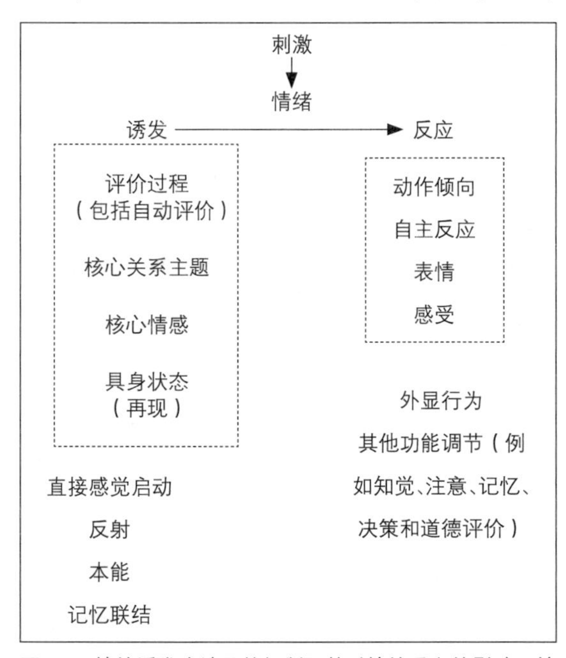

图1.1 情绪诱发中涉及的机制及其对情绪反应的影响。情绪对行为以及其他生理功能的影响也得到了呈现。虚线框表示这些机制在一些理论中被认为是情绪过程的一部分

总之，主要情绪理论承认存在五种成分：（1）评价；（2）表情；（3）自主反应；（4）动作倾向；（5）感受。这些成分将在"情绪理论和情绪成分"一节中详细讨论。正如图1.1所描绘的，评价成分通常被认为负责情绪诱发，而另外四种成分通常被认为构成了情绪反应。

情绪是两步加工的过程（情绪诱发和情绪反应）

除了所诱发的情绪反应，情绪诱发机制在情绪中也相当重要。实际上，虽然有人认为第一步情绪诱发不是情绪的一部分，但是现有情绪模型的一个特点是，情绪诱发不再被视为情绪的先行成分，而是情绪的构成要素。对此可用记忆进行有效类比。实际上，记忆容易被视为主要与"记住"对应：当个体记住事物时记忆就在工作。然而，根据大多数现有模型，记忆远超"记住"所涵盖的范围，它还有编码和巩固机制。尽管编码过程容易被认为与记忆分离而先于记忆，但是它通常被视作记忆的构成要素。诱发之于情绪就如编码之于记忆，是第一个构成步骤。

在前文所述五种成分中，关于哪些成分应该属于情绪诱发阶段、哪些成分应该属于情绪反应阶段，仍存在争议。事实上，有人提出，作为一个过程，情绪诱发受到快速情绪反应的调节，通过初始情绪反应的反馈连接，可进一步激活情绪诱发机制（Sander, Grandjean, & Scherer, 2005）。正如图1.1中所描绘的，前文所提到的五种成分通常被分类到情绪诱发（评价成分）或者情绪反应（动作倾向、自主反应、表情和感受成分）中。

虽然评价维度（包括自动化评价）在大多

数理论中被认为是情绪诱发的主要决定因素（见“情绪是一种认知？”一节），但是也有其他机制被认为与情绪诱发有关。实际上，一些模型表明，核心关系主题、核心情感、具身状态、直接感觉启动、反射、本能或者记忆联结，能够诱发情绪。

评价维度。主要被认为是对拉扎鲁斯（Lazarus）所提出的两种评价维度（初级评价和次级评价）的拓展。学者们开发了一套详细标准，用以主观解释事件的个人显著性（综述参见 Scherer & Ellsworth, 2009）。正如谢勒和艾斯沃斯（Ellsworth）（2009）所描述的，这些标准包括“客体或者事件的新异性或者熟悉性；内在愉悦或者非愉悦；对个体的需要或者目标的重要性；被知觉的原因（自我、他人或者环境）；个人影响或者应对事件结果的能力或力量，包括不确定性程度；以及事件与社会或个人标准、规范或者价值的兼容性”。

所涉维度的数量及顺序（即标准）在不同模型中有所不同。他们假设这些维度的加工通常是自动化的（Moors, 2009），但是也有受意识驱动的可能。相较于其他理论传统，评价机制的情感神经科学方法相对较新（Brosch & Sander, 2013; Sander et al., 2005）。例如，有研究采用脑电技术检验了这些标准的时间顺序（例如Grandjean & Scherer, 2008）。其他研究和概念分析，指出了特殊脑结构在以上这些标准中的作用。例如，杏仁核被表明对相关性探测起着重要作用（见 Cristinzio et al., 2010; Sander, Grafman, & Zalla, 2003; 以及本章结论部分）。实际上，前文所提到的一些认知机制（例如新异性探测），在认知神经科学的实证研究中受到了广泛关注（例如 Kumaran & Maguire, 2007），但通常未与情绪诱发间构建起直接联系。

按照情绪评价理论，评价成分是情绪体验的构成成分（而不是先行成分）（Moors, 2013）。对评价输出的整合是情绪体验的核心，决定了后期所整合其他成分的反应情况。

核心关系主题。史密斯和拉扎鲁斯（1990）认为，事件可能被快速分类为特定的“核心关系主题”，接着诱发相应的情绪反应。因此，这种情绪评价方法，相对于大多数评价模型所提到的评价维度来说，对情绪诱发评价的概念化是更明确的（Smith & Kirby, 2009）。该方法认为，每种不同情绪都拥有不同的核心关系主题，代表个体环境适应关系的特殊类型（Smith & Kirby, 2009）。例如，按照史密斯和拉扎鲁斯（1990）的研究，高动机相关、高动机不一致和责任在他人的评价，对应于“责备他人”的核心关系主题时，会诱发愤怒。因此，这些核心关系主题与诱发特定情绪的高水平评价一致。

核心情感。一些文献中还提到了非评价所驱动的诱发机制。例如，“核心情感”的构想被创造出来用以描述“意识可通达的神经生理状态，作为简单原始的非条件反射感受，大部分出现在心境与情绪中，但是总是意识可通达的。虽然核心情感是一种感受，但是它能被两种跨文化的双极维度所标识：愉悦-非愉悦（效价；感觉好或者坏）和激活（唤醒度；强劲有力或者微弱无力）”（Russell & Barrett, 2009, 第104页）。

虽然核心情感可以被理解为诱发享乐和唤醒反应的评价结果，但是概念化的核心情感作为一种情绪成分，不是受客体情感质量所调整的，而是“不受约束的”（即不是关于某事的）（Russell & Barrett, 2009, 第104页），从这种意义上说，核心情感并不指向任何特定的诱发事件。

具身状态（再现）。主要建立在具身认知传统和基于情绪识别的模拟解释上，具身化被认为是研究情绪诱发时需要考虑的一个关键因素（例如Niedenthal, 2007）。

一般来说，“认知具身化”概念认为，所谓的高级认知根植于身体相关系统先前体验的再激活，诸如感觉和运动机制（Niedenthal & Barsalou, 2009）。在这方面，尼登斯（Niedenthal）和巴塞罗（Barsalou）（2009）认为，具身化是指再现，这种再现可以将范围从模块特定脑区再激活扩展到与唤醒、心率、呼吸等有关的内部生理活动上，再到肌肉组织运动。具身化认知方法能够强有力地解释当前情境是如何诱发具身化的，即基于过去体验诱发当前情绪。

直接感觉启动。未转换的纯粹感觉输入能够直接产生情绪反应吗？答案可能是肯定的（Zajonc, 1984, 第122页）。正如扎荣茨（Zajonc）所述，外感受性感觉加工直接诱发情绪的观点非常普遍，并且已经得到了不同传统研究者的认同（例如James, 1884; Lang & Bradley, 2009; Lange, 1885; Zajonc, 1980）。

例如，在詹姆斯的著名情绪定义中，大部分读者关注的是情绪是身体发生变化时的感受，但是詹姆斯定义的第一部分所关注的问题是，什么诱发了这些变化——“身体直接跟随对兴奋事实的知觉而变化”。解释该陈述的方式之一是没有认知评价的余地，因为反应直接跟随知觉产生。然而，“知觉”一词在这里可能被詹姆斯用来表示比“直接感觉启动”更宽泛的意义，正如詹姆斯的其他著述（例如James, 1894; 讨论见Ellsworth, 1994）所展示的那样。

兰格（1885, 第673页）提出了类似观点：“如果我因为正受到手枪子弹上膛的威胁而开始战栗，那么是我的生理过程首先发生，然后才引起恐惧吗？是以上因素导致了我的战栗、心悸、思维混乱吗？或者，这些身体现象直接由恐惧源产生，以至于情绪完全由身体的功能紊乱构成？”

在这里，多数读者再次关注到了以下观点，即身体现象现在被认为是情绪的来源而不是结果。兰格指出“身体现象直接由恐惧源产生”，但目前尚不完全清楚的是“直接”一词指感觉加工还是其他自动化（可能认知的）加工。

因为詹姆斯和兰格的定义坚持情绪直接诱发身体反应，所以情绪诱发的脑机制研究结果，通常被解释为情绪可能是直接感觉启动的。扎荣茨在这方面特别有影响力。例如，当描述多水平模型，从刺激呈现到感觉到情感再到冷认知时，扎荣茨（1980, 第171页）声称“情感反应总是直接跟随感觉输入的”。特别地，神经解剖学研究表明，哺乳动物的视觉脑中存在从视网膜到下丘脑的直接通路（见Moore, 1973）。扎荣茨（1984, 第119页）认为“这些发现意味着，纯粹感觉输入不需要转换成认知，就能够产生完全的情绪反应，包括内脏和肌动活动”。

该观点更现代的版本，强烈依赖假定存在的“直接”通往杏仁核的亚皮层通路（LeDoux, 1996）。实际上，老鼠的听觉恐惧条件化实验表明，除了更间接的皮层通路，从听觉丘脑到杏仁核还存在直接的亚皮层通路（LeDoux, 1996）。

虽然在人类中，仍缺乏无可争议的解剖学证据，但是功能证据表明，人类脑中存在上丘–丘脑枕–杏仁核亚皮层通路，能够粗略而快速地加工视觉刺激（例如Morris, DeGelder, Weiskrantz, & Dolan, 2001; Vuilleumier, Armony, Driver, & Dolan, 2003; 见Vuilleumier, 2005）。一个最近的模型提出了以下问题：该通路是否能被更好地概念化为一个两阶段架构，而不是一个双重途径？即粗糙而快速的加工模式首先发生在大细胞通路，然后被慢速的小细胞视觉通路补充（见本书第 14 章）。

通往杏仁核的快速而粗糙的加工——无论其是否对应于直接的解剖学通路，或者加工的第一个阶段——通常被解释为情绪的直接感觉启动。如果一个人承认直接感觉加工能够诱发完整的情绪，那么一个关键问题是，这到底是规则还是例外？（Leventhal & Scherer, 1987; Robinson, 1998）。很有可能的是，内隐激活不会诱发任何主观感受状态，但是仍然可能调整间接反应，诸如惊奇（Anders, Weiskopf, Lule, & Birbaumer, 2004），或者根据内感受信号产生直觉（Katkin, Wiens, & Öhman, 2001）。

反射。与刚才所描述的可能的情绪反应的直接感觉启动类似的观点认为存在情绪反射。例如，朗（Lang）和布里德利（Bradley）（2009, 第 334 页）认为“情绪反射是由情感唤醒刺激自动诱发的人类生理或者行为反应”。“反射”概念通常强调在刺激呈现和产生情绪反应之间缺乏相应解释。这种反射假定，在一系列自主和躯体变化中，提高感觉输入（例如对有威胁性或者有吸引力刺激的过度反应）是生存的适应性机制（Lang & Bradley, 2009）。维里米尔（Vuilleumier）（2009）也提出了杏仁核功能的反射观点。

本能。“本能”概念在情感神经科学中肯定不是新近出现的，它早已被詹姆斯等学者（1890）用来概念化分析什么是情绪。“直接感觉启动”和“反射”所描述的大多数问题也可以用于本能，因为它们通常被认为是特殊的反射，是生存必需的，由直接感觉加工自动启动（见本书第 24 章；James, 1890；讨论见 Lang, 1994）。

记忆联结。在情感神经科学中一个非常流行的观点是：联结学习，包括条件化，能够为事件“提供”情绪价值。联结在情绪诱发中的作用，被各种相对独立的研究传统所佐证。例如，一个先前中性的刺激，如果通过条件化将之与厌恶刺激联结，那么它就获得了情绪价值。这一观点是情绪的行为主义方法的基础（Watson & Rayner, 1920），也是情感神经科学文献中最流行的范式之一（即恐惧条件化范式）。

从根植于认知心理学的另一个角度出发，鲍尔（Bower）（1981）改编了记忆的联结网络理论来建构心境对记忆的影响。正如鲍尔（1981, 第 129 页）所描述的：“在这个理论中，情绪是一种能够联结一致性事件的记忆单元。激活该情绪单元有助于提取与之相关的事件；也能启动情绪主题，用于自由联想、想象和知觉分类。”

集中于愤怒情绪研究的伯科威茨（Berkowitz）（1990）认同一种相关的方法，他称之为情绪的“认知-新联结主义”观点。按照该观点，特定想法、记忆、感受和表达性动作反应以“情绪状态”网络形式联结起来。按照网络激活传播的特点，任何节点的激活（例如特定记忆）都能够诱发相关节点的激活（例如特定感受）。

巴尔（Bar）（2009）认为在心境和联结加工之间存在双向连系。实际上，他认为，积极心境能促进联结加工，而联结加工也能促进积极心境。涉及该连系的关键网络是背景联结网络，包括内侧颞叶、内侧顶叶皮层和内侧前额叶皮层。例如，根据巴尔（2009）的研究，冗思通常在消极心境下产生，由内侧前额叶皮层过度抑制内侧颞叶所促进。相对而言，在积极心境下，内侧前额叶皮层对内侧颞叶的限制抑制更少，因此产生了广泛的联结激活而不是冗思。

由达马西奥（1994, 第 174 页）所提出的“躯体标记假说”是另一个主要基于记忆联结形成的理论框架。躯体标记（somatic markers）是次级情绪所产生感受的特例。这些情绪和感受，通过学习相连接以预测特定情境下的未来结果。当消极躯体标记被并置于特定未来结果中时，联合功能就像一个警钟；当积极躯体标记被并置时，就变成一个激励的灯塔。因此，根据该假说，一个特定事件与积极或者消极躯体标记的联结，至少部分决定了它的情绪价值。腹内侧前额叶皮层的功能如同一个会聚区，被认为在创造和激活这些联结中发挥重要作用（Damasio, 1994）。

需要注意的是，联结在情绪诱发中的作用，被认为不仅存在于视觉中，还存在于其他感觉模块中，尤其是嗅觉（第10章）和音乐（第12章）方面。

从理论角度看，一个关键的概念问题是可以被看作情绪成分的诱发机制的类型。据笔者所知，多水平评价维度、核心关系主题、核心情感和具身状态都被认为是情绪的成分。情感神经科学方法（第2—6章），特别是高时间分辨率方法，极大地有助于解释诱发机制如何塑造情绪反应成分（例如动作倾向、自主反应、表情和感受）。

情绪有相关客体

关于情绪的所有研究传统——甚至那些未基于评价理论的——都强调了情绪与诱发情境对机体的显著性（广义上也称之为重要性或者相关性）之间的联系。例如，正如勒杜（1989）所说，“情绪系统的核心是一个评估（计算）刺激生物显著性的网络”。当然，在强调显著性的各种理论中，定义“显著性”至关重要。

大部分理论认为，进化显著性是一个关键维度，那些能够提升安全水平或者躲避厌恶条件的生存相关事件，尤其倾向于诱发情绪（例如Bradley, 2009; Ekman, 1992; Frijda, 1986; Lazarus, 1991; Öhman & Mineka, 2001; Panksepp, 1991; Sander et al., 2003）。

相关性概念，正如各种情绪理论所使用的那样，不仅涉及进化显著性维度，而且指向其他类型的关注点。例如，甫利达（Frijda）（1986, 2007）讨论了以下观点：情绪由与个体主要关注点相关的事件所诱发。关注是心理学表征，它构成其他诸如需要、目标、欲望和价值等动机构想或者与之重叠。正如它在广义上的定义，关注是一种倾向，渴望给定类型的情境发生或者不发生。就像甫利达所提出的那样，“源关注”指一般的目标和满足感（诸如安全感），而“表层关注”被定义为对特定人、客体或者事态的目标和满足感（例如依附于政党）。

同时考虑“生物显著性”（例如Ledoux, 1989）和“初级评价”（例如Lazarus, 1991），相关性探测的一致定义认为，如果一个客体或情境增加了个体对主要关注的满意或者不满意概率，那么该客体或者情境就能被评价为与个体相关。而一些理论更强调相关性维度中可能涉及的评价标准的类型。例如，谢勒（2001）认为，新异性检查、内部愉悦检查以及目标/需求相关性检查，都能促进相关性检测。

由于诱发情境的相关性应该是情绪诱发的必要条件，因此了解它的决定因素对所有情绪理论都至关重要。一个理论是否涉及刺激显著性主要在于如下几个方面：（1）愉悦度和唤醒度（例如Bradley, 2009）；（2）生物和进化考虑（例如LeDoux, 1989; Öhman & Mineka, 2001）；（3）初级评价（例如Lazarus, 1991）；（4）评价检查的动力学（例如Scherer, 2001）；（5）关注（例如Frijda, 2007）。所有方法似乎都认同，情绪的确拥有相关客体：只有被探测为相关的特定事件才会诱发情绪。

情绪比其他情感现象维时短

情绪的持续时间没有得到系统研究（讨论见Verduyn, Van Mechelen, & Tuerlinckx, 2011），据笔者所知，目前没有情感神经科学研究考察过该问题。近期研究开始探索短暂情绪所诱发的后续脑激活变化（Eryilmaz, Van De Ville, Schwartz, & Vuilleumier, 2011），但是没有探讨之后的情绪或者心境。关于情绪持续时间的实证研究的难度，关键在于所测量的情绪情节究竟是新的（例如由重新思考诱发情境而唤起，通常悲伤就是这样），还是被最初出现的诱发情境所直接唤起的？相较于其他情感现象，如心境、偏好、情感风格和倾向，情绪通常被认为是短暂的，启动快速并且持续时间短（例如Ekman, 1992; Scherer, 2005）。这种情节涉及机体的许多成分，因此会消耗认知和生理资源（Levenson, 2011）。

总之，似乎以下关乎情绪定义的内容已达成共识：关注于事件的、两步的、快速的加工，包括（1）基于相关性的情绪诱发机制，（2）塑造了多重情绪反应（例如动作倾向、自主反应、表情和感受）。

情绪诱发和情绪反应机制能够调整外显行为，以及许多心理功能，例如知觉、注意、学习、记忆、决策和道德评价（见第14章、第17—21章）。

情绪理论和情绪成分

"理论决定了我们能够观察到什么。"

——阿尔伯特·爱因斯坦（Albert Einstein）

正如前节所提到的，一致和关键的情绪特征关系到多层面的本质：情绪不是单一的反应，而是多成分过程。多数情绪理论都主要关注了情绪的不同成分。本节将通过每种理论中特别让人感兴趣的情绪成分来讨论现有的主要情绪理论。

情绪是一种表情?

达尔文关于情绪表情的开创性工作（1872/1998），常常被认为是许多关于情绪的科学研究的起源。受达尔文对情绪表情进化及功能的分析的激发，许多学者将表情（例如面孔的、声音的和动作的）视为情绪的重要方面（见本书第7、8和11章）。在解释达尔文的相关研究时，汤姆金斯（1963）特别指出情感的基本位置是面孔，并且创造了富有影响力的概念"情感程序"（也见Griffiths, 1997）。

按照汤姆金斯（1963）的说法，"先天情感程序，指被遗传的亚皮层结构，下达指令和控制各种肌肉和腺体，对特定情感的独特速率模式和持续时间等活动特点做出反应"。特定情感程序储存在人类大脑中，会触发特定表情（见图1.2）。这一观点对两位学者（他们都是汤姆金斯的学生）情绪理论的形成产生了至关重要的作用：基础情绪理论的主要奠基人保罗·艾克曼（Paul Ekman）和情绪分化理论的主要奠基人卡罗尔·伊扎德（Carroll Izard）。

基本或基础情绪的观点并非特异性地受到了达尔文相关方法的启发，也可以从其他不同方法中略窥其影。例如，正如前文所强调过的，笛卡尔（1649）已对6种原始情绪进行了区分。艾恩斯（Irons）（1897, 第645页）则描述了7种情绪，"每一个……都与其他情绪存在质的差别"。

不同理论提出的基本情绪的数量和本质存在

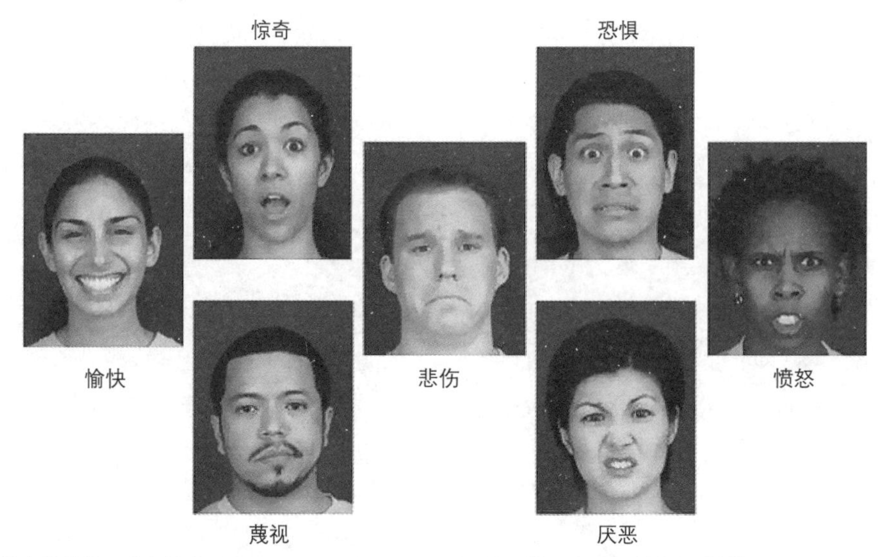

图1.2 7种普遍情绪的面孔表情（Matsumoto & Ekman, 2009）。该图获得牛津大学出版社授权

差异，但通常都包括以下6种情绪：愤怒（anger）、愉悦（joy）、悲伤（sadness）、恐惧（fear）、厌恶（disgust）和惊奇（surprise）（见Ortony & Turner, 1990）。蔑视（contempt）情绪有时也名列其中（见图1.2；Matsumoto & Ekman, 2009）。

这些基本情绪传统上通常被特征化为先天的、简单的、无条件的和及时的（Russell, Bachorowski, & Fernandez-Dols, 2003）。正如图1.3所描绘的，基本情绪系统负责情绪诱发（通过知觉和图式生成，以及基于与情绪图式数据库的模式匹配进行图式评估）和情绪反应（认知、生理、主观体验和表情行为）。

虽然艾克曼（Ekman, 1972）和伊扎德（Izard, 1971）都极为关注情绪面孔表情（见图1.2），但是自主神经系统反应研究也被认为较早地表明了基本情绪的存在（讨论见Cacioppo et al., 2000; Kreibig, 2010; Levenson, 2011; Rainville, Bechara, Naqvi, & Damasio, 2006; 见本书第3章）。

艾克曼明确提出了基本情绪依赖特定脑活动的假说（1999, 第50页）："一定存在每种情绪的独特生理模式，而这些中枢神经系统活动模式应该特异地对应于这些情绪，不会在其他心理活动中被发现。"基于（常常含蓄的）该观点，大量情感神经科学研究试图确定实现不同基本情绪的特定脑区。例如，关于悲伤，派克赛普（2003）认为存在一个"人类悲伤系统"，它源于负责动物分离焦虑的脑结构（例如前扣带回、腹侧隔膜和背侧视前区，纹状体基底核，背内侧丘脑，脑干导管中央灰质）。许多研究也揭示了厌恶情绪主要涉及脑岛和基底神经节（Calder et al., 2001）。关于恐惧，明尼卡（Mineka）和欧曼（Öhman）（2002）提出"杏仁核似乎是致力于恐惧模块的中央脑区"。需要注意的是，根据该"恐惧模块"模型，恐惧诱发不需要任何认知加工，唯一需要认知评价参与的情绪反应是感受成分（体验恐惧）。

神经成像实验和元分析进一步完善了基本情绪的专属脑系统观点。例如，墨菲（Murphy）、尼莫–史密斯（Nimmo-Smith）和劳伦斯（Lawrence）

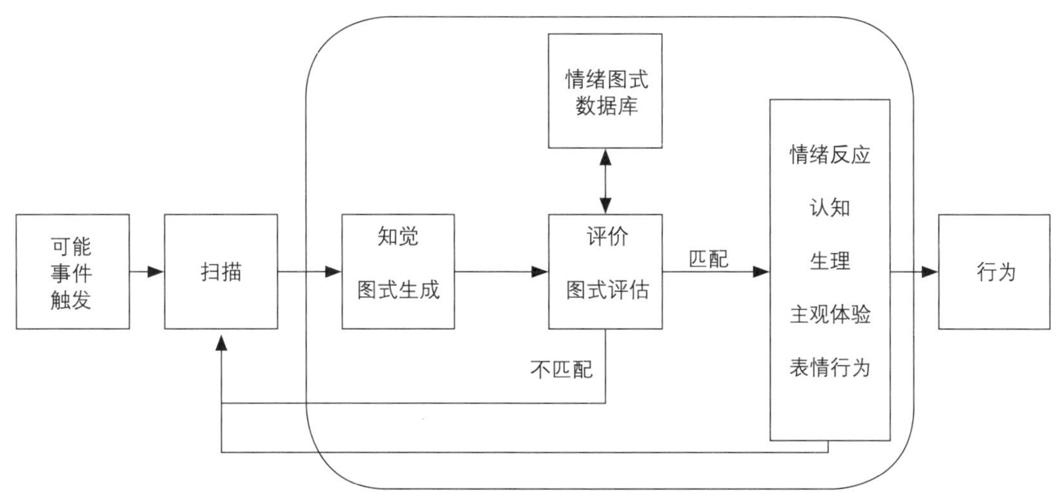

图 1.3　基本情绪系统（Matsumoto & Ekman, 2009）。经牛津大学出版社授权再版

（2003）进行的元分析研究，为情感程序的情绪解释提供了部分支持。与3种基本情绪相关的激活的分布存在显著差异，恐惧与杏仁核有关，厌恶与脑岛和苍白球有关，愤怒和外侧眶额皮层有关。然而，在愉快与悲伤之间没有发现激活差异。

潘恩（Phan）、伟杰（Wager）、泰勒（Taylor）和李伯森（Liberzon）（2002）也采用元分析方法，检验了基本情绪的激活差异。虽然许多激活广泛分布在大脑中，但是这些作者指出，悲伤与胼胝体下前扣带回皮层尤其相关，厌恶和愉快与基底神经节尤其相关，恐惧与杏仁核尤其相关，然而没有找到对应愤怒的激活区域。

根据另一项元分析，维特（Vytal）和哈曼（Hamann）（2010, 第2870页）明确认为，神经成像结果支持基本情绪存在分离的神经关联。在该项元分析中，学者们考虑了激活似然地图，表征每种基本情绪一致相关的激活区域。他们列出了以下最显著的激活簇：（1）愉快，对应右侧上颞回（BA 22）和左侧前扣带皮层（BA 24）；（2）悲伤，对应左侧尾状头、左侧额中回（BA 9）和右侧额下回（BA 9）；（3）愤怒，对应左侧额下回（BA 47）和右侧海马旁回（BA 35）；（4）恐惧，对应双侧杏仁核、右小脑和右脑岛；（5）厌恶，对应两侧脑岛（BA 47）。当然，这些发现不排除以下可能性，即还可以发现更基本的组成各种情绪并且对特定情绪来说组织方式不同的维度和成分（讨论见 Hamann, 2012）。

元分析的局限是，很难在所包含的系列研究中区分情绪成分，这种局限源自给被试呈现的事物和其他成分之间的混合。例如，当给被试呈现愤怒面孔或者愤怒声音时，我们可以产生这样的疑问，即所揭示的是愤怒的神经基础还是恐惧（由遭遇愤怒的人所诱发）的神经基础？

此外，因为大多数研究关注的是情绪面孔的表情知觉，所以对于负责产生情绪面孔表情的脑机制所知甚少（Korb & Sander, 2009; Morecraft, Stilwell-Morecraft, & Rossing, 2004; Rinn, 1984）。例如，我们仍不知道自发和有意面孔表情之间的解剖学基础（Korb & Sander, 2009）。脑损伤患者的证据表明，存在一个双分离机制，有意表情依赖皮层结构，而自发表情依赖亚皮层结构；然而，其他研究显示，扣带皮层区域可能也与自发面部运动有关（Korb & Sander, 2009）。

在考虑表情的产生时，关键问题是理解被表达的是什么。虽然本节有关表情的部分详细描述了基本的情绪理论，但是还有其他情绪理论也考虑了情绪的表情成分。例如，研究者利用源自情绪评价理论的预测因素，开发了面孔表情的替代方法（例如Scherer, 1992; Smith, 1989; Smith & Scott, 1997）。心理活动驱动特定肌肉活动的问题是达尔文（1872/1998）提出的，他将由皱眉肌神经支配产生的皱眉解释为一种信号，表明"在一连串思维或者行动中遇到困难或者不喜欢的东西"（第222页；也见 Pope & Smith, 1994）。而且，杜兴（Duchenne）（1876/1990）认为在与思考相关的表情中，上部眼轮匝肌扮演了重要的角色（他称之为"沉思肌肉"）。沿着相同思路，已有学者提出，给定情绪的面孔表情，能基于一系列评价结果表达不同的反应模式（Sander, Grandjean, Kaiser, Wehrle, & Scherer, 2007）。

另一个观点——与基本情绪理论存在强烈反差——认为特定情绪常常不会引起表情，而表情是传递给接收者的社会信息，不与特定情绪相关（Russell et al., 2003）。该观点强调，情绪表情的心理构想依赖于很强的背景和文化效应，特别受到情绪环状理论学者们的拥护（例如Barrett, 2009; Russell et al., 2003; 见后文"情绪是一种感受？"一节）。

未来，情感神经科学的研究在对比这些替代理论方面会变得无比关键，尤其是如果能开发出可靠的方法去测量被试产生情绪表情时的脑活动的话。高时间分辨率技术必然高度适用于研究表情产生的动力学。

情绪是一种行动倾向？

情绪能为行动做准备并对行动加以引导（例如Frijda, 1986）。杜威（1895, 第17页）的情绪理论认为情绪意味着"按一定方式行动的准备"，并且认为"愤怒意味着突发攻击的倾向，而不只是一种感受状态"。

在一定程度上，情绪表情能被设想为受动机引导的——具有特定的相关目标——在世界上活动的特定行动类型。情绪成分被认为会以一种与前文所述的表情成分相一致的方式影响行为，可以被称为行动倾向成分。

阿诺德（Arnold）（1960）最早将行动倾向作为所感受情绪的核心要素。随后，该概念在甫利达（1986/2007）所提出的情绪理论中得到了发展，他使用这一概念来描述所受驱力背后的内部动机状态，驱力的感受朝向（例如趋向或偏离）以及驱力的"关涉性"（Frijda, 2009b）。行动倾向（例如接近、回避、陪伴、打断、占据、屈服等）也被认为是诸如逃跑或者物理接近某刺激的外显行为的基础（Frijda, 2009b）。

作为动机过程，行动倾向是一种"行动准备"状态（见图1.4），使得身体按照特定相关目标做好行动准备（例如愉快成分中的活力充沛决定了对建立联系的开放性的增强；愤怒中的敌意决定了对敌手的阻止或伤害；见Frijda, 2009a）。

接近和回避这两种对立的关键行动倾向，在很多情感神经科学研究中受到了关注。正如加布（Gable）和哈蒙-琼斯（Harmon-Jones）（2008, 第476页）所描述的，"接近动机指朝向客体的驱力或者行动倾向，而回避动机指远离客体的驱力或者行动倾向"（见前文"接近相关和回避相关情绪"一节）。

对行动倾向的考虑在概念上非常重要，因为

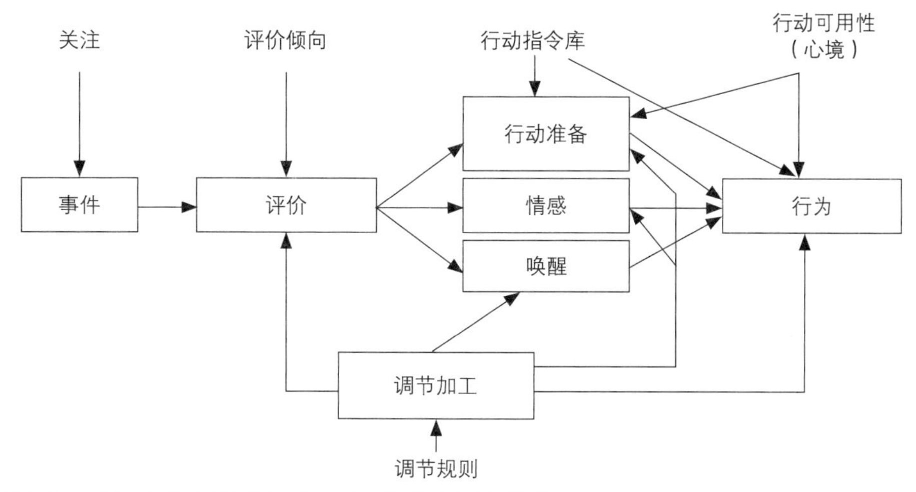

图1.4　甫利达（2007）提出的情绪过程。经牛津大学出版社授权转载

它能够区分“接近和回避”维度与“积极和消极”维度。虽然这种区分在戴维森的早期工作中并不明确，但是戴维森模型主要反映的是感受的行动倾向而不是效价，这一观点获得了关于愤怒的研究的支持。实际上，越来越多的证据表明，愤怒是一种接近相关情绪，而且一致地涉及左侧接近系统（Carver & Harmon-Jones, 2009）。

对半球非对称性结果的最优解释是其为接近和回避行动倾向的因变量，但该观点受到了挑战。例如一种假说认为，促进性调节点与较大的左额叶活动有关，而预防性调节点与较大的右额叶活动有关（Amodio, Shah, Sigelman, Brazy, & Harmon-Jones, 2004）。另一种替代性解释认为，左侧前部脑区与行为激活有关，与行动倾向（接近或回避）无关，而右侧前部脑区与目标冲突所诱发的行为抑制有关（Wacker, Chavanon, Leue, & Stemmler, 2008）。

有人提出，接近过程和回避过程的区分不应与积极情绪和消极情绪的区分相混淆，因为接近和回避过程都能够诱发积极和消极情绪（例如 Carver, 2004）。行动倾向不仅对应于情绪反应的动机成分，而且可能在自我调节和调整所诱发的情绪中发挥重要作用。

例如，正如图1.5中所描绘的，卡夫（Carver）和希尔（Scheier）（1998; 也见Carver, 2004）提出，当进展不顺时，接近系统会产生消极情感，诸如悲伤和抑郁；当进展较理想时，会产生积极情感，诸如渴望、快乐或者得意。当进展不顺时，回避系统会产生消极情感，诸如焦虑或者恐惧；当进展较理想时，会产生积极情感，诸如放松、平静或者满足。

该观点强调情感神经科学的关键概念——目标。例如，戴维森（1994）区分了“目标实现前情感”和“目标实现后情感”，认为只有目标实现前的积极情感才涉及前额叶皮层（尤其是左侧部分），相反，目标实现后的积极情感（例如满足）不涉及背外侧前额叶皮层。因此，成就相关的积极情绪并非依赖于左侧前额叶接近系统，尽管它们能够引起广泛的交感神经激活（Kreibig, Gendolla, & Scherer, 2010）。而目标概念在动机和情绪间则显得尤其重要：情绪由目标相关事件诱发，同时情绪通过产生目标相关行动倾向支持目标实现。

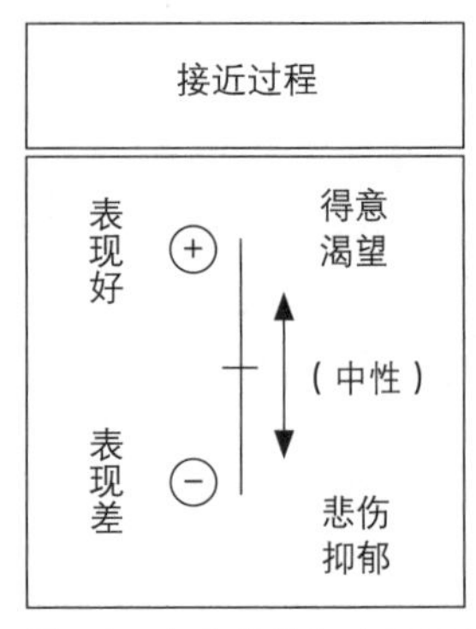

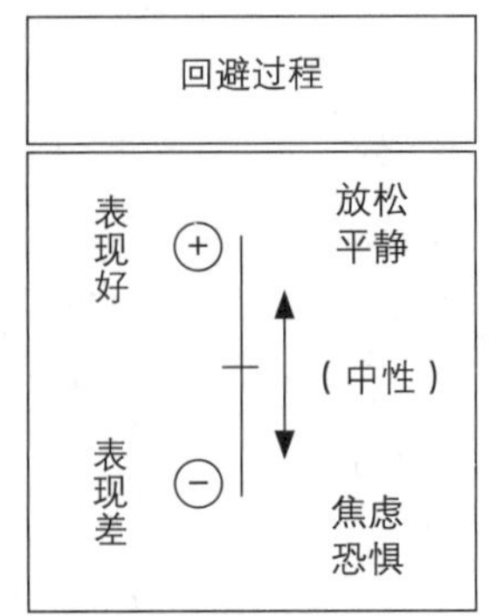

图1.5 卡夫和希尔（1998）提出的两极情感维度。经牛津大学出版社授权转载

情绪是一种身体反应?

在情感科学的众多科学争论中，詹姆斯/坎农争论和扎荣茨/拉扎鲁斯争论在20世纪被广为探讨，极大地塑造了当今的情绪观点。这两个争论在当今仍然有意义，强烈地影响了人类情感的神经科学。正如前文所述，奠定当代情感神经科学最清晰历史的争论，是坎农对詹姆斯情绪理论的反应。

实际上，如果情绪的基础是中枢神经系统而不是外周神经系统，那么学者帕兹、马克里恩或者派克赛普在大脑中寻找情绪系统并孕育了现今情绪大脑基础的复杂模型就是完全合理的。当然，情感神经科学认为，外周神经系统对情绪也非常重要（见本书第3章和第9章）。事实上，据我所知，目前所有的主要情绪理论都将身体变化视作情绪的一部分。然而，身体反应在情绪中的作用和特异性，仍然是两个充满争议的话题。

一个重大争论是关于身体反应在情绪情节中的作用的：一些学者认为，是身体反应的知觉诱发了情绪（包括感受；Damasio, 1994; James, 1884; Prinz, 2004），而其他学者认为身体反应是所诱发的情绪反应的一部分（Cannon, 1927; Frijda, 1986; Scherer, Schorr, & Johnstone, 2001）。

需要注意的是，詹姆斯声称，他的理论和兰格的理论都关注情绪的意识性而不是情绪（James, 1884, 第516页）。虽然大多数理论方法都赞同身体反应参与诱发有意识的感受，但是争论主要在于身体反应是否也是所有其他情绪成分的更普遍的基础（见本书第3章）。

如果接受身体反应诱发情绪的观点，那么必须解释是什么首先诱发了身体反应。如果诱发身体反应的机制也通常诱发情绪反应，那么争论似乎主要在语义方面。然而，如果诱发身体反应的事物被认为局限于反射（讨论见Lang & Bradley, 2009）、本能（讨论见Lang, 1994, 第217页）、纯粹感觉加工（Zajonc, 1984），或者语义记忆联结（例如Bower, 1981）——在诱发过程中没有评价解释的余地——那么巨大的理论争议仍然存在。

詹姆斯极大地影响了当今情感神经科学研究，特别是其认为身体变化是其他情绪成分的基础。该观点孕育了新詹姆斯研究派情绪理论（例如Damasio, 1994; Prinz, 2004）。例如，根据达马西奥（1998）在图1.6中所展示的，许多大脑系统都参与了产生“情绪身体状态”的过程，然后表征情绪身体状态。亚皮层和皮层（SⅠ、SⅡ和脑岛皮层）的躯体感觉地图对表征身体反应起到重要作用（见本书第9章）。

特定的情绪身体状态可能被表征在大脑的长时记忆系统内，该观点被用来反驳经典批判，因为后者认为身体反馈对情绪体验并不具备足够的特异性，尤其是身体反馈太慢以至于不能作为情绪体验的基础。实际上，正如尼登斯（2007）所指出的，具身认知理论避开了这种批判，因为其认为模块特异的脑机制储存的是身体反应表征，而不是可能“在线”的实际身体反应。该观点对达马西奥的情绪模型很关键，在该模型中，“似然身体环路”系统“在大脑的身体地图中，模拟实

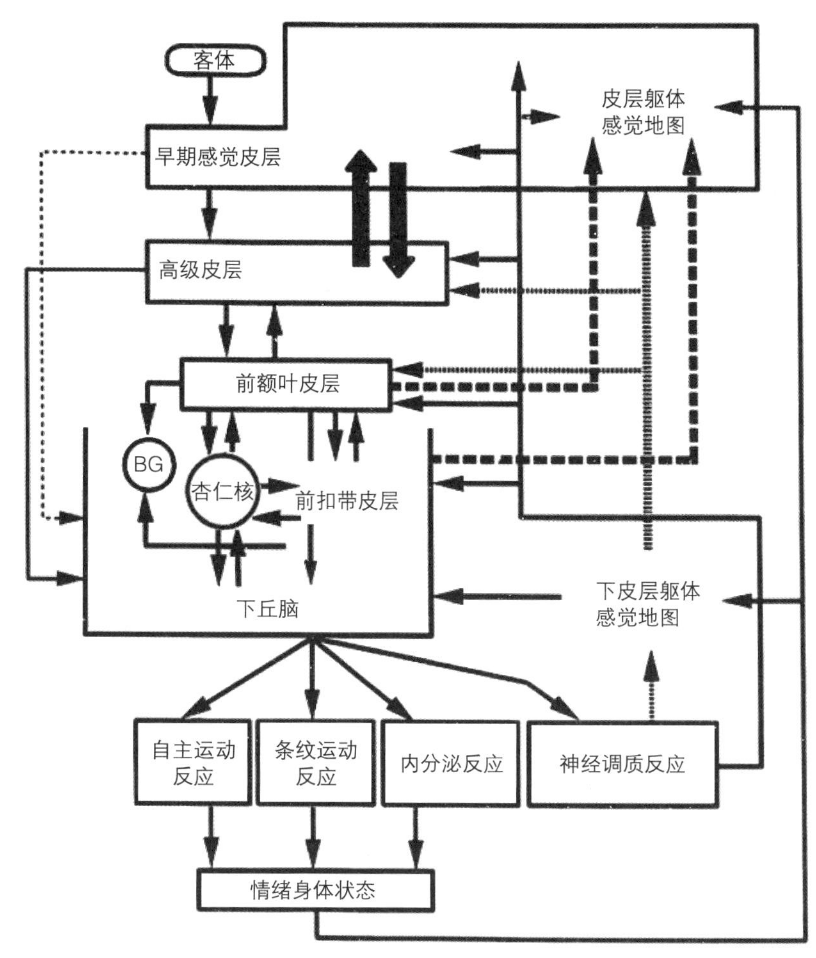

图1.6　达马西奥（1998）的情绪加工结构的流程图。该图获得爱思唯尔公司授权

际未发生的身体状态”（Damasio & Damasio, 2006, 第19页）。按照这些作者的观点，该模拟过程表明，“似然身体环路”就是镜像神经元系统在概念上实现的。

值得注意的是，詹姆斯的情绪定义被限制在他所谓的标准情绪（例如惊奇、好奇、狂喜、恐惧、愤怒、性欲和贪婪）上，他假定这些情绪拥有不同的身体表达。因此，其他情绪——也许是审美的、认知的或者自我反省的情绪——不必遵循他的定义。

这种区分使得詹姆斯的理论对当今心理生理学和情感神经科学的身体反应研究产生了重要影响：按照詹姆斯的观点，一些情绪拥有独特的身体表达，而另一些情绪则没有。这可能意味着，身体反应或许只是某些情绪类别的基础，而这事实上与基本情绪理论一致（Levenson, 2011; 也见前文“情绪是一种表情？”一节）。

基本情绪存在特异身体反应模式这一论断并不是确凿无疑的（综述参见Cacioppo et al., 2000; Kreibig, 2010; Levenson, 2003; 本书第3章）。大部分研究都比较了不同基本情绪所诱发的身体反应，结果发现反应模式能够体现出这些情绪的差别，与大多数情绪理论一致（尽管与情绪的一些建构主义方法不一致，诸如概念行动模型；Barrett, 2009）。当然，发现两种基本情绪能被彼此诱发的身体反应模式所区分，概念上并不能表明自主神经特异性，也不表明这些差异背后没有更基础的维度（例如接近与回避维度能够解释在愤怒和恐惧之间所观察到的差异）。

对这些差异的观察，对情绪的任何功能视角都意义重大，但是仍然不知道是什么因果机制决定了（特异的）身体反应。例如，“情感程序”和“评价”方法都预测了身体反应的一些功能特异性，但是对背后的诱发机制持不同意见。

詹姆斯的理论的另一个影响与情绪的身体反馈理论相关，尤其是“面孔反馈理论”。按照该理论，收缩给定面孔表情所涉及的面部肌肉，能够诱发或者至少增强相应的情绪（Soussignan, 2002）。这种效应在以下情况中仍然发生，即被试明显不知道他们的情绪正在被研究，并且相信他们是因为其他原因而按照要求收缩肌肉的（Soussignan, 2002）。

实际上，肌肉收缩调整情绪强度，似乎表明在情绪体验出现时身体反应在大脑中得到了整合（见图1.7）。情感神经科学研究身体反应的作用及其情绪表征，在相当程度上增强了对具身化和基于概念的模型的解释力（例如Niedenthal, 2007; Niedenthal et al., 2010; Prinz, 2004）。图1.7阐释了尼登斯等（2010）所提出的模拟微笑核心模型，对于快乐的微笑来说，眼神接触在个体对愉快的识别中起到重要作用（关于该模型的细节请参见Niedenthal et al., 2010, 第428页）。

关于情绪中的具身化和身体反应的关键问题涉及了其自身的本质：该反应是对应于与特定情境有关的身体变化的特异模式，还是对应于关乎背景解释的一般唤醒？詹姆斯主义者和基本情绪理论认为一些情绪存在特异模式[例如“标准情绪”（James, 1884）或者“基本情绪”（Levenson, 2011）]。然而，情感神经科学的学者们，诸如戴维森、格雷（Gray）、勒杜和派克赛普，都认为自主神经系统的活动不可能表现出情绪特异性的反应模式，因此应该重点研究中枢神经系统（Ekman & Davidson, 1994, 第261页）。事实上，观察到特异情绪的特异身体反应的困难性致使许多理论趋

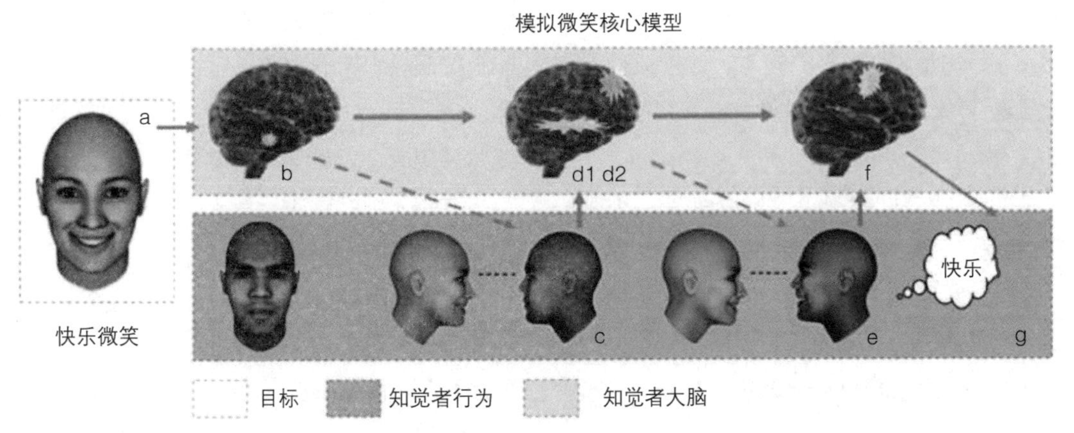

图1.7　尼登斯、莫梅尔德（Mermillod）、马灵格（Maringer）和赫斯（Hess）（2010）所提出的模拟微笑核心模型。经牛津大学出版社授权转载

向于使用“唤醒”这一一般构想，指代情绪存在期间的身体反应。

沙赫特（Schachter）和森格（Singer）（1962）将在情绪中发现的生理唤醒状态纳入了交感神经系统激活的一般模式中进行考虑（也见Reisenzein, 2009）。当刺激诱发唤醒时（许多情绪通常如此），“相位”唤醒的概念可被用来描述几秒到几分钟内的唤醒增加（Fowles, 2009）。

虽然唤醒这一概念确实与身体反应紧密关联，但是实际上唤醒是更广泛的构想，不仅用以研究情绪（例如Bradley, 2009; Duffy, 1957; Russell & Barrett, 1999; Schachter & Singer, 1962），而且用以研究注意（Robertson & Garavan, 2004）、行为表现（例如Yerkes & Dodson, 1908; Aston-Jones & Cohen, 2005）、记忆（McGaugh, 2006）和人格（例如Eysenck, 1967; Gray, 1987）。例如，格雷情绪系统的早期模型包括了非特异性唤醒系统，它与行为接近系统、行为抑制系统一起负责“开始”和“终止”相关的行为。关于人格，例如，根据华莱士（Wallace）、巴朝斯基（Bachorowski）和纽曼（Newman）（1991）的研究，神经质被认为是格雷的非特异性唤醒系统的易变性和反应性的反映。正如下一节所述，虽然一般唤醒系统概念的有效性多年来受到了极大的挑战（参见Neiss, 1988; Robbins, 1997），但它仍是情感神经科学中使用最广泛的构想之一。

情绪是一种感受？

20世纪之前，大多数情绪理论——包括詹姆斯和冯特的——实际上都是关于感受（即情绪体验或者情绪意识；Reisenzein & Döring, 2009）的理论。许多理论仍然将情绪与感受对等，但是研究者已经做出了许多区分这两个概念的努力（Frijda, 2007; Reisenzein & Döring, 2009; Scherer, 2005）。

关于感受成分的研究，被认为对于情感神经科学分离感受涉及的机制和其他情绪成分涉及的机制具有潜在重要性（例如Damasio, 1998; LeDoux, 2007）。这种区分与许多关注情绪体验而非其他情绪反应的考虑一致。正如前文（见“什么是情绪？”一节）所讨论的，这种区分能够整合詹姆斯的观点和其他观点，因为詹姆斯的情绪定义实际上是情绪意识（例如感受）的定义。情绪意识整合身体反应的观点，与当前大多数情绪理论兼容。感受成分需要意识，该事实对概念讨论非常重要（Grandjean, Sander, & Scherer, 2008），但是“感受”“情绪意识”“情绪体验”等术语通常在文献中是通用的。而且，文献倾向于把情绪意识看作情绪成分（通常是评价、表情、行动倾向和自主反应）之间的交互作用或者维度（通常是效价和唤醒度）之间的交互作用。

各种情绪体验中不同成分的相对重要性（Frijda, 2005）及其特定内容（综述见Lambie & Marcel, 2002）依然是争论的对象。例如，甫利达（2005, 第494页）讨论了情绪体验的结构，认为“它一般包含情绪加工中四种无意识成分的意识反映：情感、评价、行动准备和唤醒。而且，可能包含情绪感受的‘显著性’”。派克赛普（2005, 第32页）认为“初级过程的情感意识源于协调本能情绪反应的各种情绪系统的大规模神经动力学活动”。

从另一个理论角度出发，格朗让（Grandjean）等（2008）提出，感受是一种复杂的蕴含不同水平的神经元同步化的动力学现象，他们认为“加工浮现的意识感受是不同子系统在不同水平同步化的结果”（第493页；也见Scherer, 1984）。采用类似方法，萨加德（Thagard）和奥别（Aubie）

（2008, 第811页）认为“意识情绪体验是由工作记忆中许多交互脑区协作所产生的结果”。

一些脑区与情绪的感受成分尤其相关，诸如前皮层中线结构（Heinzel, Moerth, & Nothoff, 2010）。杏仁核是否涉入感受成分，仍是争议很大的问题（讨论见Feinstein, Adolphs, Damasio, & Tranel, 2010）。

在文献中感受成分的概念化大部分都是基于维度观点的，在很大程度上依赖冯特的模型，该模型将感受分为三个维度：（1）愉悦-非愉悦；（2）兴奋-抑制；（3）紧张-放松（例如Wundt, 1905）。类似地，奥斯古德（Osgood）及其同事在情感意义维度上的工作表明存在三种基本维度：唤醒、效价和效力（Osgood, May, & Miron, 1975; 也见Russell & Mehrabian, 1977）。

拉塞尔和其他人的进一步研究重点关注了三个维度中的两个，最终提出了情感环状模型（Russell, 1980）。正如图1.8所描绘的，不同维度锚定了所谓的情感环。该方式将情绪分解为被独立地感受到的不同维度的非情绪要素（Russell, 2005）。通常认为效价和唤醒度这两个维度构成了环状模型，但也有其他相关变体存在（见图1.8和Barrett & Russell, 2009）。

其他传统研究更加关注生理反应而不是感受成分，也强调唤醒和效价作为关键维度在组织刺激的情绪效力方面的作用（Bradley & Lang, 2009）。激烈争论的焦点在于，唤醒和效价是否真的应该被看作两个主要维度（例如Fontaine, Scherer, Roesch, & Ellsworth, 2007），以及这些维度是否应该被看作一维连续体（唤醒见Robbins,

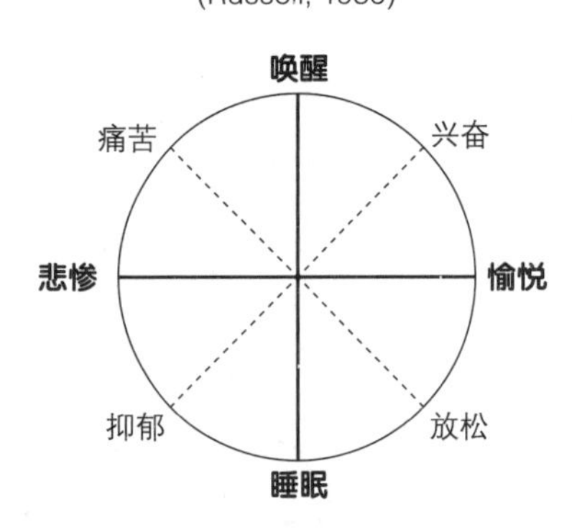

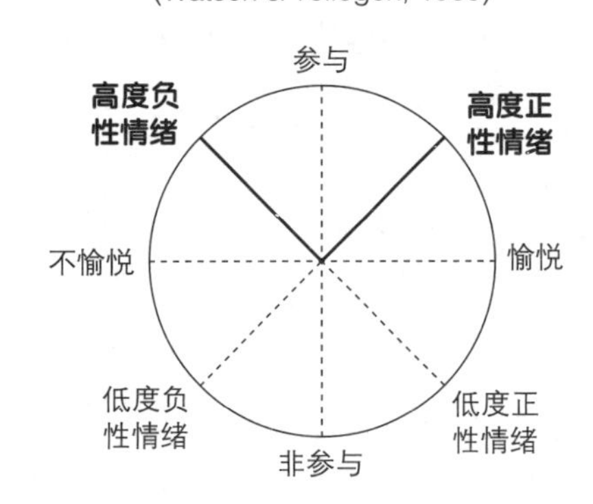

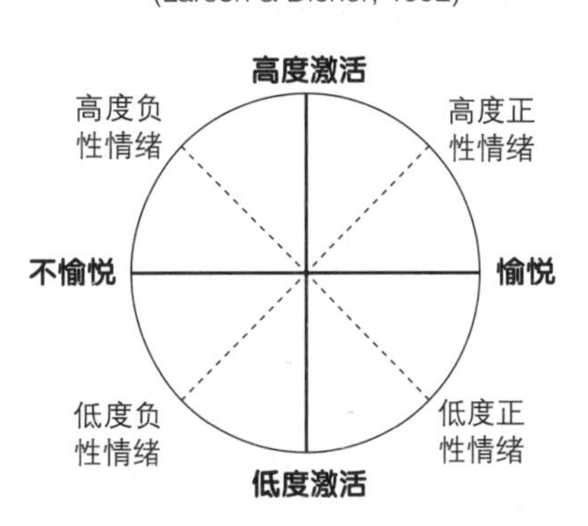

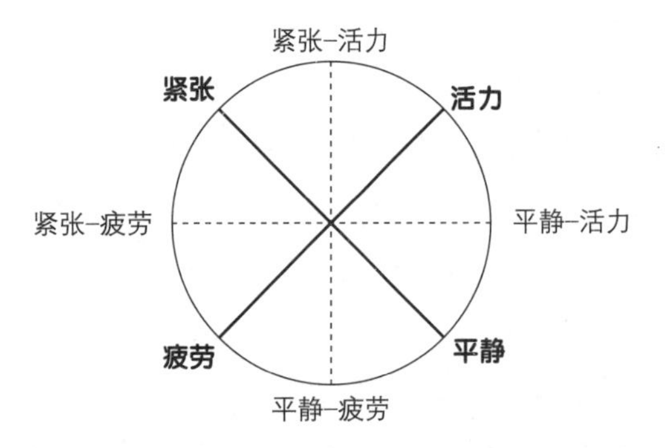

图1.8 拉塞尔和巴雷特（Barrett）（2009）所描述的情绪的情感环路模型的四种类型。经牛津大学出版社授权转载

1997；效价见Cacioppo & Berntson, 1994）。

正如前文（见“情绪的典型定义”一节）所提及的，当前主流的环状模型版本诞生于被称为“核心情感”的构想背景下，即神经生理状态总是可通达为简单的好或坏，强劲有力或微弱无力的感觉。例如，拉塞尔（2005）认为，核心情感为任何意识状态提供了情绪特性。为了将该模型与情感神经科学的研究联系在一起，波斯纳（Posner）、拉塞尔和彼得森（Peterson）（2005）利用拉塞尔（1980）的模型，提出“所有情感状态都源于两个基本的神经生理系统，一个与效价（愉悦–非愉悦连续体）有关，而另一个与唤醒或者警觉有关”（第716页）。这两个神经生理系统是独立的，很大程度上受到亚皮层结构支配。

他们特别指出中脑边缘系统可能“表征情感环路模型所提出的效价维度的神经基础”（第722页）。关于“唤醒网络”的通路，他们强调从杏仁核–网状通路接收信息的网状结构的重要作用。他们也描述了网状结构的下行神经束如何形成脊髓网状通路，调节汗腺中的肌张力和活动。效价和唤醒这两种神经生理系统的活动整合，可能是意识情绪的基础。

巴雷特、梅斯基塔（Mesquita）、奥克斯纳（Ochsner）和格罗斯（Gross）（2007）认为核心情感的神经生物学受到两个相关功能回路的中介调节。第一个回路负责刺激的感觉信息表征，包括基底杏仁核外侧复合体、中央和两侧眶额皮层和前脑岛之间的连接。第二个回路服务于刺激的躯体内脏影响，包括腹内侧前额叶皮层——包含密切相关的膝下前扣带皮层——和杏仁核的相互连接，共同调整内脏运动（例如自主的、化学的和行为的）反应。所产生的核心情感状态可以被察觉到，并且可以直接助益于意识体验。

重要的是，虽然唤醒度常常被概念化为可采用交感神经系统活动指标测量的身体的心理生理反应（见Schachter & Singer, 1962；讨论见本书第3章），但是它有时也被概念化为“警觉”，且通常采用脑电图相关方式进行测量（Jones, 2003; Paus, 2000）。

出于对“唤醒”或者“激活”概念的一般心理显著性的支持，达菲（1957, 第265页）认为“术语‘激活’和‘唤醒’……指个体总体上被唤醒或者激发的变异，正如许多生理测量（例如皮肤阻抗、肌肉紧张、脑电、心血管测量等）中任何一种测量方式所大致表明的那样。唤醒程度似乎最好通过联合测量来标识”。

从上述描述中不难发现，唤醒的概念有一些模糊。这种模糊性在情感神经科学中依然存在，而且该概念的解释力多年来一直在下降，因为正如罗宾斯（Robbins）（1997, 第58页）所分析的那样，“唤醒构想没有得到很好的实证支持”。例如，罗宾斯（1997）认为许多唤醒指标没有单一构想所期待的高相关，而且对唤醒的操纵，无论是药物的还是心理的，都没有以潜在一维连续体所表明的方式产生交互作用。

甫利达（1986, 第168页）区分了包含唤醒或者激活概念的三种反应系统：自主唤醒、电生理唤醒和行为激活。而且，唤醒调整最初被认为受到脑干（网状结构）神经元扩散网络的中介调节，但是进一步研究离散神经系统的化学鉴别，及它们到端脑投射的分布，结果表明网状结构可能不负责“一般的”唤醒系统（Robbins, 1997）。罗宾斯（1997）认为，这些结果对唤醒类构想的效用提出了质疑，因此唤醒系统观点既对心理学理论没有概念用途，也与神经科学的研究不一致（也见Neiss, 1988）。然而，一般唤醒构想的效用，至少作为一种探索，仍然受到拥护（Robertson & Garavan, 2004），而且唤醒维度概念仍然是许多情绪体验理论的核心。

唤醒构想在情感神经科学中的重要性，被主观评定为唤醒（和效价、支配度；Bradley & Lang, 2009）程度不同的刺激到高频使用所加强。例如，安德森（Anderson）等（2003）认为，情感体验由效价和唤醒度两个基本维度决定，他们考察了人类大脑如何加工效价和强度变化的嗅觉刺激。研究者们用“强度”指代“唤醒”（Anderson & Sobel, 2003, 第582页），因为他们使用的嗅觉刺激的强度与唤醒指标高度相关（Bensafi et al., 2002）。

安德森等（2003）认为，气味越强，杏仁核被激活的程度越高，独立于气味效价（即愉悦和非愉悦气味）。相反，眶额皮层与效价相关，与强度无关。这些结果被认为表明了强度和效价的情感表征依赖于分离的神经机制（也见Hamann, 2003, 2012）。

利用类似设计——但是增加了所谓的中性嗅觉刺激条件——温斯顿（Winston）、戈特弗里德（Gottfried）、克尔纳（Kilner）和多兰（Dolan）（2005）对该结论提出了质疑，他们认为杏仁核不是对强度本身敏感，而是只在刺激是积极或者消极时才对强度敏感。因此，这些结果挑战了杏仁核特异地参与编码强度（或者唤醒）维度的观点。

虽然没有确切地证明强度等同于唤醒，但是思茂（Small）等（2003）通过操纵口味的强度和效价，发现杏仁核活动受刺激强度驱动，而不论效价如何，不过效价变异会诱发前脑岛/岛盖到眶额皮层的反应。

几个脑成像实验探究了支配效价和唤醒度的神经系统，采用的是与最初情绪环状模型相同的概念框架，认为唤醒是感受属性，而不是所呈现刺激的属性。戈博（Gerber）等（2008）向被试呈现具有不同效价和唤醒度的面孔。令人惊讶的是，他们发现杏仁核和丘脑对低唤醒度面孔的活动比对高唤醒度面孔的更强。他们还观察到，面孔效价越消极，背侧前扣带回皮层和顶叶皮层越活跃。

波斯纳等（2009）先向被试呈现了环状模型通常使用的情绪词。接着，他们在此基础上识别了与效价评定和唤醒度评定呈正或负相关的脑区。值得注意的是，没有观察到杏仁核活动和唤醒度评定之间的特别关系。

使用同样的理论、方法，克里巴兹（Colibazzi）等（2010）探讨了在诱发情绪体验过程中，支配效价和唤醒度的神经系统。在这项研究中，呈现的不是独立的面孔、图片、词汇或气味，他们明确要求被试使用效度已得到验证的场景去感受情绪。确实，被试所报告的情绪感受，根据所感受场景效价和唤醒度的不同而不同。结果发现杏仁核负责编码唤醒度，即更强的杏仁核活动与更强的唤醒度感受相关，而不管效价维度如何。科斯塔（Costa）等（2010）报告了相似的结论。

实际上，各方面研究证据均表明，加工正负刺激的脑机制之间存在重要的相似性和重叠。例如，莱克内斯（Leknes）和特雷西（Tracey）（2008）提出了疼痛和愉悦共同的神经生理机制，强调这些脑系统似乎共同加工疼痛和愉悦感。

本节关注的两个情绪体验维度——效价和唤醒度，在文献中常常被认为是情绪现象的建构模块（关于效价维度，也可参见前文“积极与消极情绪”）。然而，正如前文所强调的，已经表明感受是由所感受行动倾向、所感受动作表达和所感受身体反应（即身体感受，比所感受到的唤醒更明确）塑造的。正如下节将讨论的，一些情绪认知方法的关键观点是，认知加工也能塑造感受，且既是情绪诱发的原因，也是感受成分。

情绪是一种认知?

情绪是认知类型的观点，似乎与明确强调情绪与认知分离的传统研究（例如LeDoux, 1993; Zajonc, 1984）相悖。实际上，当代研究中认知科学和情感科学关于认知与情绪的对立造成了许多学科和方法对理性思维与情绪反应对立的长期争论（讨论见de Sousa, 1987; Elster, 1996; Forgas, 2008; Kirman, Livet, & Teschl, 2010; Sander & Koenig, 2002）。

历史上，将心智划分为几个实体一直是产生关于心智如何工作的理论的强有力方法。正如希尔加德（Hilgard）（1980）分析的，18世纪以来最流行的划分是将心智活动三元划分为认知、情感与意志。心智三元观点必然会促进——也许是人为的——认知神经科学和情感神经科学的分离。

对情绪与理性对立传统的综述会超出本章范围（讨论见，例如Hilgard, 1980; Kirman et al., 2010）。然而，重要的是，有些学者强调情绪能够被视作理性的。例如，德·苏萨（de Sousa）（2009）强调，情绪对理性的重要作用是定义行动目标。而且，情绪能够服务于决策的观点（例如de Sousa, 1987; Frank, 1988），也被强调情绪脑在决策加工中的作用的情感神经科学学者们所承认。

另一个关键的与大部分情绪理论有关的争论——大概如同詹姆斯和坎农的争论之于当代研究的重要性一样——是扎荣茨和拉扎鲁斯的争论。在20世纪80年代，扎荣茨和拉扎鲁斯提出了关于情绪与认知关系的对比观点（例如Lazarus, 1982, 1984; Zajonc, 1980, 1984）。扎荣茨支持以下两个观点：（1）情绪和认知是分离的；（2）情绪是认知的基础。而拉扎鲁斯倡导：（1）认知评价是情绪的完整特征；（2）认知是情绪（其他方面）的基础。

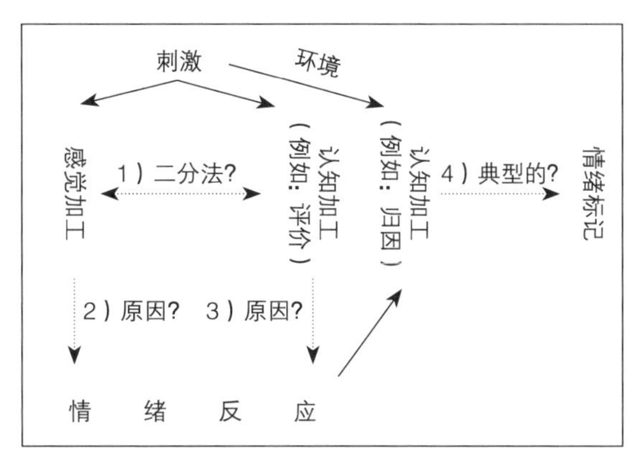

图1.9 “情绪与认知”争论的一些关键问题

正如前文所强调的（见本书“情绪的典型定义”一节），扎荣茨认为“情感反应总是直接跟随感觉输入的”（1980, 第171页），无须认知介入。这意味着也许由于早期的杏仁核反应，情绪反应可能直接伴随未转换的感觉信息而发生（Zajonc, 1980, 1984），正如图1.9所示（也见图1.1）。

在该背景下，图1.9所强调的第一个问题是感觉加工和认知加工二分法存在的必要性。在刺激诱发的情绪加工流中，认知从哪里开始？例如，扎荣茨认为二分法的一面是未转换的感觉信息效应，另一面是认知效应，认知被限定必须包括最小“心智工作”的加工（Zajonc, 1980, 1984）。

有人可能认为，感知加工是不是认知的议题（例如扎荣茨的术语“心智工作”），是一个定义性问题，因此图1.9所强调的“二分”问题主要是概念性的。实际上，它与奈塞尔（Neisser）（1967）在第一本认知心理学课本中所给出的认知定义有关：“术语‘认知’指对感觉输入进行转换、简化、精细化、储存、恢复和使用的所有过程。”然而，即使有人认为“感觉”和“认知”二分法是有效的，也没有采用该二分法作为“情绪”和“认知”二分证据的逻辑依据。

接下来我们考虑两种类型的感觉加工：外感受性感觉加工和内感受性感觉加工。不能将把外感受性感觉加工和情绪等同（讨论也见 Parrott & Schlukin, 1993a）。当然，内感受性感觉加工提出了一个不同的问题，即情绪是否应该被视为身体感觉（见本书“情绪是一种身体反应？”一节）。

图1.9中所强调的第二个问题更易于实验验证：“纯粹”感觉加工能够诱发情绪吗？该问题前文讨论过（见“情绪的典型定义”一节），据笔者所知，目前没有证据表明纯粹感觉加工确实能够诱发通常定义的情绪。该问题与自动化问题非常不同。证据表明，情绪诱发可以是无目的的、无意识的、有效的和快速的（即自动化的，见Moors, 2009; Moors & De Houwer, 2006; Vuilleumier, 2005）。但是，自动化是否意味着“纯粹感觉加工”？阅读就是一个简单的反例。实际上，阅读加工是自动化的，但是没有人宣称阅读不是一种认知过程。

拉扎鲁斯的情绪评价理论完全赞同自动化认知可以诱发情绪，但是非认知即纯粹感觉加工机制不能诱发情绪的观点。因此，尽管扎荣茨对图1.9所强调的因果关系通常会说“对”，但是拉扎鲁斯通常会说“不”。根据拉扎鲁斯的观点，认知评价对情绪产生是必要的，也是情绪的组成成分。该观点是所谓情绪评价理论发展史上的里程碑。尽管不常被谈及，但是有趣的是拉扎鲁斯认为在恐惧方面可能存在例外的具体实例。这种例外关乎种系基础的恐惧启动。他写道：“也许对蜘蛛、蛇和陌生事物的恐惧是人类‘本能的’固有反应。”（Lazarus, 1982, 第1021页）

分析来自扎荣茨和拉扎鲁斯的所有争论将超出本章范围，但是两位研究者必然赞同，有时与情绪有关的一些反应会在感觉运动加工背景下被启动。例如，惊跳反应可以伴随情绪，但通常认为它不是一种情绪，而是一种反射（Ekman, Friesen, & Simons, 1985）。然而，它可以在感觉运动框架下被理解。新生儿味觉驱动的面孔表情（讨论见Erickson & Schulkin, 2003）也对应于情感反应，这一点也能以该方式被理解（也见 Leventhal & Scherer, 1987）。

正如前文所介绍的，扎荣茨坚持两个神经科学论点，支持情绪的直接感觉启动观点：（1）存在一个视网膜下丘束，允许机体从纯粹感觉输入中产生情绪反应；（2）杏仁核对面孔反应的事实，说明可能存在面孔的非认知反应。由此可见，在探讨认知对于诱发情绪是否必要方面，对扎荣茨而言，诉诸大脑是十分重要的。

实际上，几年之后，情感神经科学方法被运用到了该争论中（LeDoux, 1989, 1993; Parrott & Schulkin, 1993a, b）。勒杜所发展的一般论点与扎荣茨的类似。勒杜（1989, 1993）提出，认知计算不同于情感（或者情绪）计算。认知计算可能在以海马为中心的系统中执行，目标是“精细加工刺激输入，产生‘好的’刺激表征”（LeDoux, 1993, 第62页）。相反，情感计算可能在以杏仁核为中心的系统中执行，其目标是“评价刺激显著性（就刺激对个体的价值确定其相关性）”（LeDoux, 1993, 第62页）。

根据勒杜的观点，情感计算在认知表征中执行，两者的最大差异在于计算目标。该功能观点不仅支持了情感和认知系统分离的论断，而且通过依赖涉及杏仁核以及绕过皮层的快速亚皮层通路，支持了扎荣茨关于情感首要性的说法（见第15章）。

杏仁核是情绪感觉入口的观点很有影响力

（Aggleton & Mishkin, 1986），而且与纯粹感觉加工能够诱发情绪的观点一致。然而，帕洛特和斯丘金（Schulkin）（1993a, b）反对该观点，受拉扎鲁斯的启示，他们提出，认知和情绪最好被认为是分离加工，而不是交互加工的。他们利用认知神经科学的证据来支持自上而下调控感觉加工，并且认为意义最重大的差别在“情绪认知”和“非情绪认知”之间。

对认知与情绪对立（例如LeDoux, 1993）或者不可分离（例如 Parrott & Schlulkin, 1993a, b）的观点的接受与否，很大程度上取决于所采纳的情绪和认知的定义（Leventhal & Scherer, 1987; Moors, 2007）。摩尔斯（Moors, 2007）在其著作中为认知加工创造了定义分类学，讨论了各种类型的定义是如何影响情绪-认知关系争论的。该分类法使摩尔斯（2007）区分出了九种认知解释。她总结认为，如果将认知加工定义为可变输入-输出关系的中介，那么必须承认认知通常包含在情绪中。

甚至，尽管主张刺激评价加工是情感的而不是认知的，勒杜也明确认为“参与刺激评价的加工，如果可以选择的话，可被称为认知加工”（1989, 第271页）。因此，关于图1.9中所强调的第三个问题，学界似乎一致认同认知能够导致情绪。情绪的评价理论声称，不仅认知能够导致情绪，而且认知评价是情绪的典型诱因，而其他诱因则是非典型的。评价事件主观意义的认知过程是情绪的源头，该观点为思考和解释情绪个体差异提供了捷径（见本书第22章、第24—28章）。

评价是一种认知类型，在情绪研究中得到了大量探讨。正如图1.9所示，认知的第二种类型——不同于评价——在情绪理论中常常被提到。首先主要考虑所谓情绪双因素理论的框架（Schachter & Singer, 1962），第二种类型如今在情绪的建构理论中最明显（例如Barrett, 2009; Russell, 2009）。虽然沙赫特和森格（1962）的情绪认知理论不是基于情绪产生的典型加工，而是基于唤醒不能被解释的非典型情形的（Reisenzein, 1983），但是现在的建构主义理论想要将这种认知归因和解释拓展至情绪诱发的典型情形（例如Barrett, 2009; Russell, 2009）。

正如图1.9第四个问题所强调的，第二种认知类型的目标是将情绪标记为情绪反应和刺激所呈现环境的因变量。情绪反应主要对应沙赫特理论中的唤醒，也对应拉塞尔和巴雷特理论中的唤醒和效价混合（即核心情感）。

图1.9所描述的参与加工的两种认知类型，在沙赫特和森格提供的如下例子中可以得到体现：“想象一个男人正独自沿着一条黑暗的巷子行走，突然出现一个持枪的人。知觉认知‘持枪的人’以某种方式启动生理唤醒状态；这种唤醒状态依照黑暗巷子和枪方面的知识加以解释，唤醒状态被标记为‘恐惧’。”（第380页）

这里的认知评价类型，对应于知觉认知“持枪的人”以某种方式启动生理唤醒状态。这与评价在诱发情绪反应中的作用很契合，并且沙赫特和森格所使用的“知觉认知”术语，很可能也反映了图1.9第一个问题所强调的二分法问题的复杂性。这里的认知归因类型对应于在知识方面解释唤醒状态。这种解释将所感受唤醒的源头归因于背景下所评价的刺激，允许标记所感受的唤醒（Reisenzein, 2009）。正如沙赫特和森格（1962, 第380页）所表达的，“是认知决定了生理唤醒状态是否被标记为‘愤怒’‘愉快’‘恐惧’或者其他”。

这种观点是新詹姆斯研究派的观点，与詹姆斯观点的主要差异在于，詹姆斯认为许多情绪的身体反应都是特异的，而沙赫特考虑的是一般无差别的反应（Ellsworth, 1994）。在当前建构主义模型中，该观点被波斯纳等（2005, 第715页）很好地阐释了，他们认为“情感的环状模型提出：所有情感状态都源自核心神经感觉的认知解释，而核心神经感觉由两个独立的神经生理学系统产生”。

情绪的评价理论也承认背景的重要性，认为刺激总是在背景下被评价，并且会受到个体当前需要、目标和价值的影响。评价加工常常被认为完全决定了情绪反应，包括感受和标记情绪（Sander et al., 2005）。该观点给重新评价和成分间交互加工留了余地，未架构除了认知评价类型之外的认知归因类型。

情绪的哲学方法在情绪诱发中强调主观评价的作用，阿诺德和拉扎鲁斯等学者将评价加工视为情绪的主要决定因素（见Scherer et al., 2001），促进了情绪心理模型的发展。情绪的评价模型通常认为：（1）评价是情绪诱发的原因；（2）评价是情绪成分（不仅是先行因素）（即评价的整合输出是情绪体验的关键）；（3）评价决定了后期所整合的其他成分的反应情形。

因为事件的个体评价受个体与事件之间特定关系的影响，“核心关系主题”构想在相对细致的水平上被提出来。正如前文所提到的，核心关系主题对应于重要的个体–环境关系，构成每种情绪的基础（例如Lazarus, 1991, 第121—124页; Smith & Lazarus, 1990）。正如拉扎鲁斯（1991, 第122页）所述，这些主题的例子有“可耻地冒犯我和我的东西”（对应于愤怒）、“体验到不可挽回的损失”（对应于悲伤）、“合理推进目标实现”（对应于愉快）。

在更多维的或者分子水平上，加工导向模型被用以解释情绪成分的功能动力学。例如，图1.10情绪的成分加工模型——一种情绪的功能性架构，描述了情绪的成分及成分间的交互作用（Scherer, 2001; 也见Sander et al., 2005）。

根据该模型，认知评价既是情绪产生的原因，也是情绪的组成成分（关于该主题，见Lazarus, 1991, 第172—174页）。评价成分与各种认知系统交互作用，驱动情绪反应的四个成分（自主生理反应、行动倾向、动作表情和主观感受；见本书“情绪的典型定义”一节）发生变异。

在情绪的成分加工模型中，例如谢勒认为评价维度（被称为刺激的评价检查）可以按照四个评价目的加以组织：

（1）该事件和我相关程度如何？它直接影响我或者我的社会参照组吗？（相关性）（2）该事件的意义或者结果是什么？这些如何影响我的幸福和我的即时或者长期目标？（意义）（3）在多大程度上我能够应对或者适应结果？（应对潜力）（4）在我的自我概念、社会准则和价值方面该事件的显著性如何？（规范显著性）（Sander et al., 2005, 第319页）。

这些评价过程与许多认知功能交互，正如图1.10所示，它们之间存在双向影响。

脑电技术被用来考察评价过程的时间动态，结果显示，不同评价检查拥有快速发生的特定脑状态相关性。例如，格朗让和谢勒（2008）操纵了三个评价过程（新异性、内在愉悦度和目标有益性），采用地形图和小波分析获得数据，结果表明，这些加工效应是序列发生而不是平行发生的。

这些效应被假定对情绪反应成分的影响不同（综述参见Scherer, 2009）。例如，兰克特（Lanctôt）和赫斯（2007）发现，对内在愉悦度操纵下的面孔反应比目标有益性操纵下的快。关于自主生理反应，德普朗科（Delplanque）等（2009）观察到，新异探测下的心率效应比愉悦度操纵下的心率效应更早出现。

大部分的情绪评价模型均认为，评价过程在多水平加工上发挥作用（Leventhal & Scherer, 1987; Teasdale, 1999）。评价过程自动化是该领域的重要研究主题（讨论见Brosch, Pourtois, & Sander, 2010; Coppin et al., 2010; Cunningham & Zelazo, 2007; Moors, 2010; Robinson, 1998）。

情绪刺激优先于注意系统的观点，得到了许多情感神经科学研究的支持（Vuilleumier, 2005; 本书第14章）。证据表明，相关性评价（而不是威胁探测）可能对情绪注意至关重要（例如Brosch, Sander, Pourtois, & Scherer, 2008）。实际上，以潜在自动化方式被评价为相关的刺激，随后会驱动注意，并且可能会对认知、记忆、决策和道德判断产生影响。

利用情感神经科学的概念和方法，深入研究“评价脑”，必然发展出可供理解构成情绪脑的神经机制的多种功能的新观点（Brosch & Sander, 出版中）。大部分评价模型赞同相关性探测是情绪诱发的必要条件。一个评价事件情感相关性过程的观点得到了越来越多证据的支持，即愉悦和不愉悦刺激加工共享脑系统（Leknes & Tracey, 2008）。杏仁核是相关性探测的关键，而不只是特异地服务于威胁加工、基于效价的评定或者强度编码，这一观点是基于情感神经科学而提出的，它将情绪评价模型和大脑系统直接关联了起来（Sander et al., 2003）。

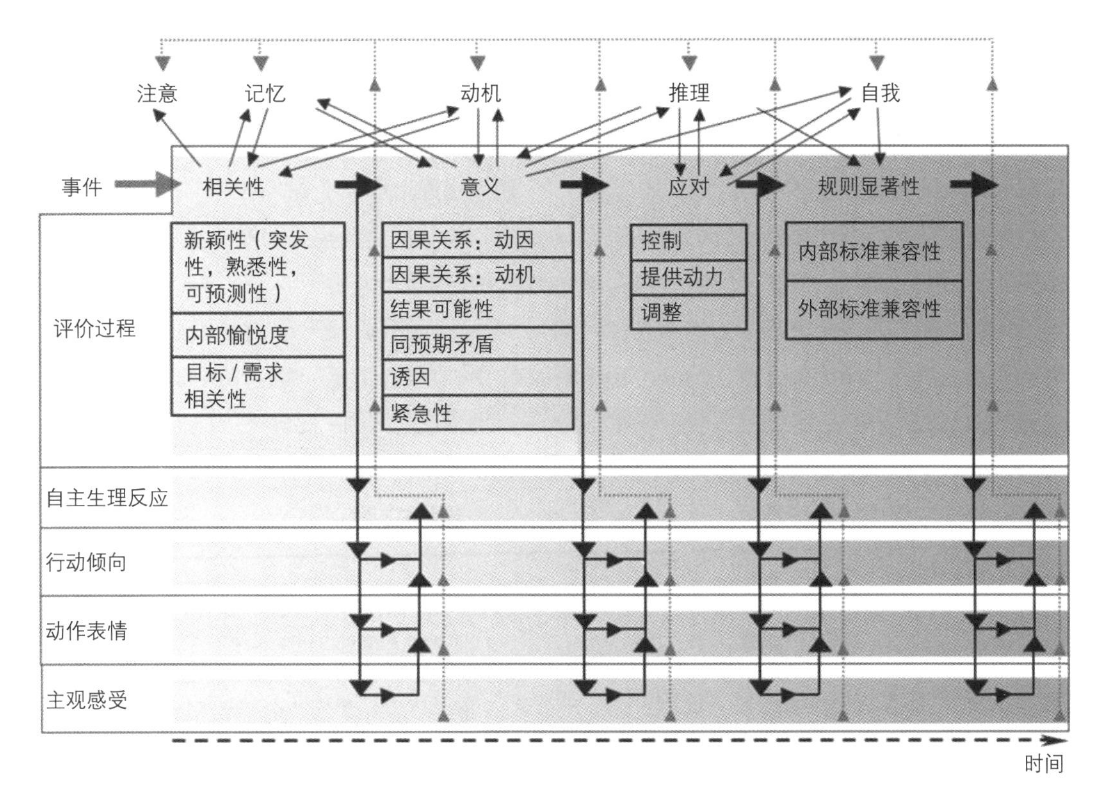

图1.10　桑德尔、格朗让和谢勒（2005）提出的情感过程。经剑桥大学出版社许可转载

杏仁核对相关性探测至关重要的证据逐渐增多，结果表明杏仁核确实敏感于新异性（例如Blackford et al., 2010）、需要（例如Piech et al., 2009）、目标（例如Cunningham, Van Bavel, & Johnsen, 2008）和价值（例如Brosch, Coppin, Scherer, Schwartz, & Sander, 2011）。因为杏仁核在其他研究中也被认为对恐惧模块或者唤醒维度至关重要，所以研究杏仁核的功能似乎可以揭示情感神经科学验证情绪模型的潜力。

结论：考察人类脑以验证情绪模型

1928年，克拉帕雷德（Claparède）指出，“情感加工心理学是所有心理学中最令人困惑的篇章”（第124页）。在过去几十年中，情感心理学和更普遍的情感科学获得了长足发展。情感神经科学促进了这种发展。笔者希望通过本章的内容，即越来越多的清晰化概念、得到假设驱动和实验验证的情绪模型等情感神经科学方法，可以减少克拉帕雷德（1928）所提到的“困惑”。

诸如基本情绪、情绪表情、趋近、回避、行动倾向、具身化、身体反应、唤醒、效价、感受和评价等的关键构想，都已经成为情感神经科学研究的焦点。然而，情感神经科学的潜力远不限于对这些构想的关注，它能被视为验证情绪理论的捷径。实际上，多数现有情绪模型都对大脑机制如何计算情绪信息做出了预测。因此，情感神经科学研究能够被用来对比验证情绪模型。例如，研究考察杏仁核的特异作用，可以直接用以下方式验证情绪模型：（1）如果杏仁核特异于“恐惧调节”，那就为基本情绪模型提供了证据；（2）如果杏仁核特异于唤醒维度，那就为情绪的环状模型提供了证据；（3）如果杏仁核特异于相关性探测，那就为情绪评价模型提供了证据。关于情感神经科学研究如何在解决当前情绪理论的争论方面发挥作用，许多其他例子都可以从本书中找到。

重点问题和未来方向

· 大脑按模块产生基本情绪吗？情绪都由特定成分背后的共同脑网络产生吗？

· 当前关于情绪和感受的概念区分会显著有利于解决身体反应是不是情绪的潜在诱因的争议吗？考虑到“唤醒”的模糊性，它的完整概念会被未来的情感神经科学研究提炼出来吗？

· 如果承认自动化加工可以是认知的，那么情感神经科学能够提供证据支持纯粹感觉加工（即非认知，据扎荣茨观点）足以诱发完整情绪吗？

· 关于“典型的”认知系统的研究如何继续整合情感神经科学方法？正在进行的研究已经强调了情绪在知觉、注意、记忆、决策和道德判断中的作用。关于错误监控和目标朝向行为的其他研究也逐步整合了情感神经科学的数据和方法。

· 基于计算模型的模拟计算如何促进情感神经科学模型的验证？

· 情绪调节是一种特异加工吗？或者是情绪加工所固有的？情感神经科学将有助于验证调节机制是发生在情绪加工之外还是发生在情绪加工之内。

参考文献

Aggleton, J. P., & Mishkin, M. (1986). The amygdala: Sensory gateway to the emotions. In R. Plutchik & H. Kellerman (Eds.), *Emotion: Theory, research and experience* (Vol. 3, pp. 281–99). Orlando: Academic Press.

Ahern, G. L., & Schwartz, G. E. (1979). Differential lateralization for positive vs. negative emotion. *Neuropsychologia*, *17*, 693–8.

Amodio, D. M., Shah, J. Y., Sigelman, J., Brazy, P. C., & Harmon-Jones, E. (2004). Implicit regulatory focus associated with resting frontal cortical asymmetry. *Journal of Experimental Social Psychology*, *40*, 225–32.

Anders, S., Weiskopf, N., Lule, D., & Birbaumer, N. (2004). Infrared oculography - validation of a new method to monitor startle eyeblink amplitudes during fMRI. *Neuroimage*, *22*(2), 767–70.

Anderson, A. K., Christoff, K., Stappen, I., Panitz, D., Ghahremani. D.G., Glover, G., ... Sobel, N. (2003). Dissociated neural representations of intensity and valence in human olfaction. *Nature Neuroscience*, *6*(2), 196–202.

Anderson, A. K., & Sobel, N. (2003). Dissociating intensity from valence as sensory inputs into emotion. *Neuron*, *39*(4), 581–3.

Armony, J. L., Servan-Schreiber, D., Cohen, J. D., & LeDoux, J. E. (1995). An anatomically constrained neural network model of fear conditioning. *Behavioral Neuroscience*, *109*(2), 246–57.

Arnold, M. B. (1960). *Emotion and personality*. New York: Columbia University Press.

Aston-Jones, G., & Cohen, J. D. (2005). An integrative theory of locus coeruleusnorepinephrine function: Adaptive gain and optimal performance. *Annual Review of Neuroscience*, *28*, 403–50.

Bar, M. (2009). A cognitive neuroscience hypothesis of mood and depression. *Trends in Cognitive Sciences*, *13*, 456–63.

Barrett, L. F. (2009). Variety is the spice of life: A psychological constructionist approach to understanding variability in emotion. *Cognition and Emotion*, *23*, 1284–306.

Barrett, L. F., Mesquita, B., Ochsner, K. N., & Gross, J. J. (2007). The experience of emotion. *Annual Review of Psychology*, *58*, 373–403.

Barrett, L. F., & Russell, J. A. (2009). The circumplex model of affect. In D. Sander & K. Scherer (Eds.), *The Oxford companion to emotion and the affective sciences* (pp. 85–8). New York: Oxford University Press.

Basile, B., Mancini, F., Macaluso, E., Caltagirone, C., Frackowiak, R. S., & Bozzali, M. (2011). Deontological and altruistic guilt: Evidence for distinct neurobiological substrates. *Human Brain Mapping*, *32*(2), 229–39.

Bensafi, M., Rouby, C., Farget, V., Bertrand, B., Vigouroux, M., & Holley, A. (2002). Autonomic nervous system responses to odours: The role of pleasantness and arousal. *Chemical Senses*, *27*(8), 703–9.

Berkowitz, L. (1990). On the formation and regulation of anger and aggression: A cognitive neoassociationistic analysis. *American Psychologist*, *45*(4), 494–503

Berridge, K. C., & Robinson, T. E. (2003). Parsing reward. *Trends in Neurosciences*, *26*(9), 507–13.

Blackford, J. U., Buckholtz, J. W., Avery, S. N., & Zald, D. H. (2010) A unique role for the human amygdala in novelty detection. *Neuroimage*, *50*(3), 1188–93

Bower, G. H. (1981). Mood and memory. *American Psychologist*, *36*, 129–48.

Bradley, M. (2009). Natural selective attention: Orienting and emotion. *Psychophysiology*, *46*, 1–11.

Bradley, M., & Lang, P. (2009). Eliciting stimulus sets (for emotion research). In D. Sander & K. R. Scherer (Eds.), *The Oxford companion to emotion and the affective sciences* (pp. 137–8). New York: Oxford University Press.

Brehm, J. W. (1999). The intensity of emotion. *Personality and Social Psychology Review*, *3*, 2– 22.

Broca, P. (1878). Anatomie comparée des circonvolutions cérébrales: Le grand lobe limbique et la scissure limbique dans la série des mammifères. *Revue d'Anthropologie*, *7*, 385–498.

Brosch, T., Coppin, G., Scherer, K. R., Schwartz, S., & Sander, D. (2011). Generating value(s): Psychological value hierarchies reflect context dependent sensitivity of the reward system. *Social Neuroscience*, *6*, 198–208.

Brosch, T., Pourtois, G., & Sander, D. (2010). The perception and categorization of emotional stimuli: A review. *Cognition and Emotion*, *24*(3), 377–400.

Brosch, T. & Sander, D. (2013). The appraising brain: Towards a neuro-cognitive model of appraisal processes in emotion. *Emotion Review*.

Brosch, T., Sander, D., Pourtois, G., & Scherer, K. R. (2008). Beyond fear: Rapid spatial orienting towards emotional positive stimuli. *Psychological Science*, *19*(4), 362–70.

Cacioppo, J. T., & Berntson, G. G. (1994). Relationship between attitudes and evaluative space: A critical review, with emphasis on the separability of positive and negative substrates. *Psychological Bulletin*, *115*, 401–23.

Cacioppo, J. T., Berntson, G. G., Larsen, J. T., Poehlmann, K. M., & Ito, T. A. (2000). The psychophysiology of emotion. In R. Lewis & J. M. Haviland-Jones (Eds.), *The handbook of emotion* (2nd ed., pp. 173–91). New York: Guilford Press.

Calder, A. J., Lawrence, A. D., & Young, A. W. (2001). Neuropsychology of fear and loathing. *Nature Reviews Neuroscience*, *2*, 352–63.

Camille, N., Coricelli, G., Sallet, J., Pradat-Diehl, P., Duhamel, J. R., & Sirigu, A. (2004). The involvement of the orbitofrontal cortex in the experience of regret. *Science*, *304*, 1167–70.

Cañamero, L. (2009). Autonomous agent. In D. Sander & K. R. Scherer (Eds.), *The Oxford companion to emotion and the affective sciences* (pp. 67–8). New York: Oxford University Press.

Cannon, W. B. (1927). The James-Lange theory of emotions: A critical examination and an alternative theory. *American Journal of Psychology*, *39*, 106–24.

Cannon, W. B. (1931). Again the James-Lange and the thalamic theories of emotion. *Psychological Review*, *38*, 281–95.

Carver, C. S (2004). Negative affects deriving from the behavioral approach system. *Emotion*, *4*(1), 3–22.

Carver, C. S., & Harmon-Jones, E. (2009). Anger is an approach-related affect: Evidence and implications. *Psychological Bulletin*, *135*, 183–204.

Carver, C. S., & Scheier, M. F. (1998). *On the selfregulation of behavior*. New York: Cambridge University Press.

Chiao, J. Y. (2010). At the frontier of cultural neuroscience: Introduction to the special issue. *Social Cognitive and Affective Neuroscience*, *5*(2–3), 109–10.

Claparède, E. (1928). Feelings and emotions. In M. Reymert (Ed.), *Feelings and emotions – The Wittenberg Symposium* (pp. 124–39). Worcester, MA: Clark University Press.

Colibazzi, T., Posner, J., Wang, Z., Gorman, D., Gerber, A., Yu, S., ... Peterson, B.S. (2010). Neural systems subserving valence and arousal during the experience of induced emotions. *Emotion*, *10*, 377–89.

Colombetti, G. (2005). Appraising valence. *Journal of Consciousness Studies*, *12*(8–10), 103–26.

Coppin, G., Delplanque, S., Cayeux, I., Porcherot, C., & Sander, D. (2010). I'm no longer torn after choice: How explicit choices can implicitly shape preferences for odors. *Psychological Science*, *21*, 489–93.

Coricelli, G., Critchley, H. D., Joffily, M., O'Doherty, J. P., Sirigu, A., & Dolan, R. J. (2005). Regret and its avoidance: A neuroimaging study of choice behavior. *Nature Neuroscience*, *8*, 1255–62.

Coricelli, G., & Rustichini, A. (2010). Counterfactual thinking and emotions: Regret and envy learning. *Philosophical Transactions of the Royal Society B, 365*(1538), 241–7.

Costa, V. D., Lang, P. J., Sabatinelli, D., Versace, F., & Bradley, M. M. (2010). Emotional imagery: Assessing pleasure and arousal in the brain's reward circuitry. *Human Brain Mapping*, *31*(9), 1446–57.

Cristinzio, C., N'Diaye, K., Seeck, M, Vuilleumier, P., & Sander, D. (2010). Integration of gaze direction and facial expression in patients with unilateral amygdala damage. *Brain*, *133*, 248–61.

Cunningham, W. A., Van Bavel, J. J., & Johnsen, I. R. (2008). Affective flexibility: Evaluative processing goals shape amygdala activity. *Psychological Science*, *19*, 152–60.

Cunningham, W. A., & Zelazo, P. D. (2007). Attitudes and evaluations: A social cognitive neuroscience perspective. *Trends in Cognitive Sciences*, *11*, 97–104.

Damasio, A. R. (1994). *Descartes' error: Emotion, reason, and the human brain*. New York: Putnam.

Damasio, A. R. (1998). Emotion in the perspective of an integrated nervous system. *Brain Research Reviews*, *26*(2–3), 83–6.

Damasio, A. R., & Damasio, H. (2006). Minding the body. *Daedalus*, *135*(3), 15–22.

Darwin, C. (1998). *The expression of the emotions in man and animals*. London: Murray. (Original work published 1872)

Davidson, R. J. (1992). Emotion and affective style: Hemispheric substrates. *Psychological Science*, *3*, 39–43.

Davidson, R. J. (1994). Asymmetric brain function, affective style and psychopathology: The role of early experience and plasticity. *Development and Psychopathology*, *6*, 741–58.

Davidson, R. J., & Irwin, W. (1999). The functional neuroanatomy of emotion and affective style. *Trends in Cognitive Science*, *3*, 11–21.

Davidson, R. J., & Sutton, S. K. (1995). Affective neuroscience: The emergence of a discipline. *Current Opinions in Neurobiology*, *5*, 217–24.

Delplanque, S., Grandjean, D., Chrea, A., Coppin, G., Aymard, L., Cayeux, I., ... Scherer, K. R. (2009). Sequential unfolding of novelty and pleasantness appraisals of odors: Evidence from facial electromyography and autonomic reactions. *Emotion*, *9*(3), 316–28.

Deonna, J. A., & Teroni, F. (2008). Differentiating shame from guilt. *Consciousness and Cognition*, *17*(4), 1063–400.

Descartes, R. (1649). *Les passions de l'âme*. Paris.

de Sousa, R. (1987). *The rationality of emotion*. Cambridge, MA: MIT Press.

de Sousa, R. (2008). Epistemic feelings. In G. Brun, U. Doguoglu, & D. Kuenzle (Eds.), *Epistemology and emotions* (pp. 185–204). Surrey, UK: Ashgate.

de Sousa, R. (2009). Rationality. In D. Sander & K. R. Scherer (Eds.), *The Oxford companion to emotion and the affective sciences* (p. 329). New York: Oxford University Press.

Dewey. J. (1895). The theory of emotion. (2) The significance of emotions. *Psychological Review*, *2*, 13–32.

Dijk, E. van, & Zeelenberg, M. (2005). On the psychology of 'if only': Regret and the comparison between factual and counterfactual outcomes. *Organizational Behavior and Human Decision Processes*, *97*(2), 152–60.

Duchenne, G. B. A. (1990). *Mécanisme de la physionomie humaine: Ou, analyse électrophysiologique de l'expression des passions* [The mechanism of human facial expression] (R. A. Cuthbertson, Ed. & Trans.). Cambridge: Cambridge University Press. (Original work published 1876)

Duffy, E. (1934). Is emotion a mere term of convenience? *Psychological Review*, *41*, 103–4.

Duffy, E. (1941). An explanation of "emotional" phenomena without the use of the concept "emotion". *Journal of General Psychology*, *25*, 283–93.

Duffy, E. (1957). The psychological significance of the concept of "arousal" or "activation". *Psychological Review*, *64*, 265–75.

Ekman, P. (1972). Universals and cultural differences in facial expression of emotion. In J. R. Cole (Ed.), *Nebraska symposium on motivation* (pp. 207–83). Lincoln, NE: University of Nebraska Press.

Ekman, P. (1992). An argument for basic emotions. *Cognition and Emotion*, *6*, 169–200.

Ekman, P. (1999). Basic emotions. In T. Dalgleish & M. Power (Eds.), *Handbook of cognition and emotion* (pp. 45–60). Chichester, UK: Wiley.

Ekman, P., & Davidson, R. J. (1994). Afterword: Is there emotion-specific physiology? In P. Ekman & R. J. Davidson (Eds.), *The nature of emotion: Fundamental questions* (pp. 261–2). New York: Oxford University Press.

Ekman, P., Friesen, W. V., & Simons, R. C. (1985). Is the startle reaction an emotion? *Journal of Personality and Social Psychology*, *49*(5), 1416–26.

Ellsworth, P. (1994). William James and emotion: Is a century of fame worth a century of misunderstanding? *Psychological Review*, *101*(2), 222–9.

Elster, J. (1996). Rationality and the emotions. *Economic Journal*, 1386–97.

Erickson, K., & Schulkin, J. (2003). Facial expressions of emotion: A cognitive neuroscience perspective. *Brain and Cognition*, *52*(1), 52–60.

Eryilmaz, H., Van De Ville, D., Schwartz, S., & Vuilleumier, P. (2011). Impact of transient emotions on functional connectivity during subsequent resting state: A wavelet correlation approach. *Neuroimage*, *54*(3), 2481–91.

Exner, S. (1894). *Entwurf zu einer physiologischen Erklärung der psychischen Erscheinungen* [Outline of a physiological explanation of mental phenomena]. Leipzig: Franz Deuticke.

Eysenck, H. J. (1967). *The biological basis of personality*. Springfield, IL: Charles C. Thomas.

Fehr, B., & Russell, J. A. (1984). Concept of emotion viewed from a prototype perspective. *Journal of Experimental Psychology: General*, *113*, 464–86.

Feinstein, J. S., Adolphs, R., Damasio, A., & Tranel, D. (2010). The human amygdala and the induction and experience of fear. *Current Biology*, *21*(1), 34–8.

Fellous, J. -M., & Arbib, M. A. (2005). *Who needs emotions? The brain meets the robot*. New York: Oxford University Press.

Fontaine, J. R. J. (2009). Self-reflexive emotions. In D. Sander & K. R. Scherer (Eds.), *The Oxford companion to emotion and the affective sciences* (pp. 357–9). New York: Oxford University Press.

Fontaine, J. R., Scherer, K. R., Roesch, E. B., & Ellsworth, P. (2007). The world of emotions is not two-dimensional. *Psychological Science*, *18*(2), 1050–7.

Forgas, J. P. (2008). Affect and cognition. *Perspectives on Psychological Science*, *3*(2), 94–101.

Fowles, D. C. (2009). Arousal. In D. Sander & K. R. Scherer (Eds.), *The Oxford companion to emotion and the affective sciences* (p. 50). New York: Oxford University Press.

Frank, R. (1988). *Passions within reason*. New York: Norton.

Freud, S. (1953). Project for a scientific psychology. In *The standard edition of the complete psychological works of sigmund Freud* (Vol. 1). London: Hogarth Press. (Original work published 1895)

Frijda, N. H. (1986). *The emotions*. Cambridge: Cambridge University Press.

Frijda, N. H. (2005). Emotion experience. *Cognition and Emotion*, *19*, 473–98.

Frijda, N. H. (2007). *The laws of emotion*. Mahwah, NJ: Erlbaum.

Frijda, N. H. (2009a). Action readiness. In D. Sander & K. R. Scherer (Eds.), *The Oxford companion to emotion and the affective sciences* (p. 1). New York: Oxford University Press.

Frijda, N. H. (2009b). Action tendencies. In D. Sander & K. R. Scherer (Eds.), *The Oxford companion to emotion and the affective sciences* (pp. 1–2). New York: Oxford University Press.

Gable, P. A., & Harmon-Jones, E. (2008). Approach-motivated positive affect reduces breadth of attention. *Psychological Science*, *19*, 476–82.

Gainotti, G. (2000). Neuropsychological theories of emotion. In J. C. Borod (Ed.), *The neuropsychology of emotion* (pp. 214–38). New York: Oxford University Press.

Gendron, M., & Barrett, L. F. (2009). Reconstructing the past: A century of ideas about emotion in psychology. *Emotion Review*, *1*(4), 316–39.

Gerber, A. J., Posner, J., Gorman, D., Colibazzi, T., Yu, S., Wang, Z., ... Peterson, B.S. (2008). An affective circumplex model of neural systems subserving valence, arousal, and cognitive overlay during the appraisal of emotional faces. *Neuropsychologia, 46*, 2129–39.

Gibson, J. (2009). Fiction and emotion. In D. Sander & K. R. Scherer (Eds.), *The Oxford companion to emotion and the affective sciences* (pp. 184–5). New York: Oxford University Press.

Grandjean, D., Sander, D., & Scherer, K. R. (2008). Conscious emotional experience emerges as a function of multilevel, appraisal–driven response synchronization. *Consciousness & Cognition*, *17*(2), 484–95.

Grandjean, D., & Scherer, K. R. (2008). Unpacking the cognitive architecture of emotion processes. *Emotion*, *8*(3), 341–51.

Gratch, J., & Marsella, S. (2005). Lessons from emotion psychology for the design of lifelike characters. *Applied Artificial Intelligence*, *19*(3– 4), 215–33.

Gray, J. A. (1987). *The psychology of fear and stress*. New York: Cambridge University Press.

Greene, J. D., Sommerville, R. B., Nystrom, L. E., Darley, J. M., & Cohen, J. D. (2001). An fMRI investigation of emotional engagement in moral judgment. *Science*, *293*, 2105–8.

Griffiths, P. E. (1997). *What emotions really are: The problem of psychological categories*. Chicago: University of Chicago Press.

Haber, S. N., & Knutson, B. (2010). The reward circuit: Linking primate anatomy and human imaging. *Neuropsychopharmacology*, *35*, 4–26.

Haidt, J. (2003). The moral emotions. In R. J. Davidson, K. R. Scherer, & H. H. Goldsmith (Eds.), *Handbook of affective sciences* (pp. 852– 70). Oxford: Oxford University Press.

Hamann, S. (2003). Nosing in on the emotional brain. *Nature Neuroscience*, *6*(2), 106–8.

Hamann, S. (2012). Mapping discrete and dimensional emotions onto the brain: Controversies and consensus. *Trends in Cognitive Sciences*, *16*(9), 458–66.

Hareli, S., & Parkinson, B. (2009). Social emotions. In D. Sander & K.R. Scherer (Eds.), *The Oxford companion to emotion and the affective sciences* (pp. 374–5). New York: Oxford University Press.

Hartley C. A., & Phelps E. A. (2010). Changing fear: The neurocircuity of emotion regulation. *Neuropsychopharmacology*, *35*(1), 136–46.

Heinzel, A., Moerth, S., & Northoff, G. (2010). The central role of anterior cortical midline structures in emotional feeling and consciousness. *Psyche*, *16*(2), 23–47.

Hilgard, E. R. (1980). The trilogy of mind: Cognition, affection, and conation. *Journal of the History of Behavioral Sciences*, *16*, 107–17.

Hobbes, T. (1985). *Leviathan*. England: Penguin Classics. (Original work published 1651)

Irons, D. (1897). The primary emotions. *Philosophical Review*, *6*, 626–45.

Izard, C. E. (1971). *The face of emotion*. New York: Appleton-Century-Crofts.

James, W. (1884). What is an emotion? *Mind*, *9*, 188–205.

James, W. (1890). *The principles of psychology*. New York: Dover Publications.

James, W. (1894). The physical basis of emotion. *Psychological Review*, *1*, 516–29.

Jones, B. E. (2003). Arousal systems. *Frontiers in Bioscience*, *8*, 438–51.

Katkin, E. S., Wiens, S., & Öhman, A. (2001). Nonconscious fear conditioning, visceral perception, and the development of gut feelings. *Psychological Science*, *12*(5), 366–70.

Killgore, W. D. S., & Yurgelun-Todd, D. A. (2007). The right-hemisphere and valence hypotheses: Could they both be right (and sometimes left)? *Social, Cognitive and Affective Neuroscience*, *2*(3), 240–50.

Kirman, A., Livet, P., & Teschl, M. (2010). Rationality and emotions. *Philosophical Transactions of the Royal Society B*, *365*(1538), 215–9.

Kleinginna, P. R. Jr., & Kleinginna, A. M. (1981). A categorized list of emotion definitions with suggestions for a consensual definition. *Motivation and Emotion*, *5*, 345–79.

Kluver, H., & Bucy, P. C. (1939). Preliminary analysis of the function of temporal lobe in monkeys. *Archives of Neurology and Psychiatry*, *42*, 979–1000.

Konstan, D. (2009). History of emotion. In D. Sander & K. R. Scherer (Eds.), *The Oxford companion to emotion and the affective sciences* (pp. 206–7). New York: Oxford University Press.

Korb, S., & Sander, D. (2009). Neural architecture of facial expression. In D. Sander & K. R. Scherer (Eds.), *The Oxford companion to emotion and the affective sciences* (pp. 173–5). New York: Oxford University Press.

Kosslyn, S. M., & Koenig, O. (1992). *Wet mind, the new cognitive neuroscience*. New York: Free Press.

Kreibig, S. D. (2010). Autonomic nervous system activity in emotion: A review. *Biological Psychology*, *84*, 394–421.

Kreibig, S. D., Gendolla, G. H. E., & Scherer, K. R. (2010). Psychophysiological effects of emotional responding to goal attainment. *Biological Psychology*, *84*, 474–87.

Kumaran D., & Maguire E. A. (2007). Which computational mechanisms operate in the hippocampus during novelty detection? *Hippocampus*, *17*(9), 735–48.

Lambie, J. A., & Marcel, A. J. (2002). Consciousness and the varieties of emotion experience: A theoretical framework. *Psychological Review*, *109*(2), 219–59.

Lanctôt, N., & Hess, U. (2007). The timing of appraisals. *Emotion*, *7*, 207–12.

Lane, R., & Nadel, L. (2000). *Cognitive neuroscience of emotion*. New York: Oxford University Press.

Lang, P. J. (1994). The varieties of emotional experience: A meditation on James–Lange theory. *Psychological Review*, *101*(2), 211–21.

Lang, P., & Bradley, M. (2009). Reflexes (emotional). In D. Sander & K. R. Scherer (Eds.), *The Oxford companion to emotion and the affective sciences* (pp. 334–6). New York: Oxford University Press.

Lange, C. G. (1885). The mechanism of the emotions (Benjamin Rand, Trans.) Reprinted from The classical psychologists, pp. 672–84, by B. Rand (Ed.), 1912.

Larsen, J. T. (2007). Ambivalence. In R. F. Baumeister & K. D. Vohs (Eds.), *Encyclopedia of social psychology*. Thousand Oaks, CA: Sage.

Larsen, J. T., McGraw, A. P., & Cacioppo, J. T. (2001). Can people feel happy and sad at the same time? *Journal of Personality and Social Psychology*, *81*, 684–96.

Lashley, K. S. (1938). The thalamus and emotion. *Psychological Review*, *45*(1), 42–61.

Lazarus, R. S. (1966). *Psychological stress and the coping process*. New York: McGraw-Hill.

Lazarus, R. S. (1982). Thoughts on the relations between emotion and cognition. *American Psychologist*, *37*(9), 1019–24.

Lazarus, R. S. (1984). On the primacy of cognition. *American Psychologist*, *39*, 124–9.

Lazarus, R. S. (1991). *Emotion and adaptation*. New York: Oxford University Press.

LeDoux, J. E. (1989). Cognitive-emotional interactions in the brain. *Cognition and Emotion*, *3*, 267–89.

LeDoux, J. E. (1991). Emotion and the limbic system concept. *Concepts in Neuroscience*, *2*, 169–99.

LeDoux, J. E. (1993). Cognition versus emotion, again – this time in the brain: A response to Parrott and Schulkin. *Cognition and Emotion*, *7*(1), 61–4.

LeDoux, J. E. (1994). Emotional processing, but not emotions, can occur unconsciously. In P. Ekman & R. J. Davidson (Eds.), *The nature of emotion: Fundamental questions* (pp. 291–3). New York: Oxford University Press.

LeDoux, J. E. (1996). *The emotional brain*. New York: Simon & Schuster.

LeDoux, J. E. (2007). Unconscious and conscious contributions to the emotional and cognitive aspects of emotions: A comment on Scherer's view of what an emotion is. *Social Science Information*, *46*, 395–404.

Leknes, S., & Tracey, I. (2008). A common neurobiology for pain and pleasure. *Nature Reviews Neuroscience*, *9*, 314–20.

Levenson, R. W. (2003). Autonomic specificity and emotion. In R. J. Davidson, K. R. Scherer, & H. H. Goldsmith (Eds.), *Handbook of affective sciences* (pp. 212–24). New York: Oxford University Press.

Levenson, R. W. (2011). Basic emotion questions. *Emotion Review*, *3*, 379–86.

Leventhal, H., & Scherer, K. (1987). The relationship of emotion to cognition: A functional approach to semantic controversy. *Cognition and Emotion*, *1*(1), 3–28.

Lieberman, M. D., & Eisenberger, N. I. (2009). Pains and pleasures of social life. *Science*, *323*, 890–1.

Lindquist, K. A., Wager, T. D., Kober, H., BlissMoreau, E., & Barrett, L. F. (2012). The brain basis of emotion: A meta-analytic review. *Behavioral and Brain Sciences*, *35*, 121–43.

Litt, A., Khan, U., & Shiv, B. (2010). Lusting while loathing: Parallel counter driving of wanting and liking. *Psychological Science*, *21*(1), 118– 25.

MacLean, P. D. (1952). Some psychiatric implications of physiological studies on frontotemporal portion of limbic system (visceral brain). *Electroencephalography and Clinical Neurophysiology*, *4*, 407–18.

Manstead, A. S. R., & Fischer, A. H. (2001). Social appraisal: The social world as object of and influence on appraisal processes. In K. R. Scherer, A. Schorr, & T. Johnstone (Eds.), *Appraisal processes in emotion: Theory, research, application* (pp. 221–32). New York: Oxford University Press.

Marr, D. (1982). *Vision: A computational investigation into the human representation and processing of visual information*. New York: W. H. Freeman.

Matsumoto, D., & Ekman, P. (2009). Basic emotions. In D. Sander & K. R. Scherer (Eds.), *The Oxford companion to emotion and the affective sciences* (pp. 69–73). New York: Oxford University Press.

McGaugh, J. L. (2006). Make mild moments memorable: Add a little arousal. *Trends in Cognitive Sciences*, *10*, 345–7.

Miller, G. A. (2003). The cognitive revolution: A historical perspective. *Trends in Cognitive Sciences*, *7*(3), 141–4.

Mineka, S., & Öhman, A. (2002). Phobias and preparedness: The selective, automatic, and encapsulated nature of fear. *Biological Psychiatry*, *52*(10), 927–37.

Minsky, M. (1986). *The society of mind*. New York: Simon and Schuster.

Mitchell, J. P. (2006). Mentalizing and Marr: An information processing approach to the study of social cognition. *Brain Research*, *1079*, 66–75.

Moore, R. Y. (1973). Retinohypothalamic projection in mammals: A comparative study. *Brain Research*, *49*, 403–9.

Moors, A. (2007). Can cognitive methods be used to study the unique aspect of emotion: An appraisal theorist's answer. *Cognition and Emotion*, *21*(6), 1238–69.

Moors, A. (2009). Automatic appraisal. In D. Sander & K. R. Scherer (Eds.), *The Oxford companion to emotion and the affective sciences* (pp. 64–5). New York: Oxford University Press.

Moors, A. (2010). Automatic constructive appraisal as a candidate cause of emotion. *Emotion Review*, *2*, 139–56.

Moors, A. (2013). On the causal role of appraisal in emotion. *Emotion Review*.

Moors, A., & De Houwer, J. (2006). Automaticity: A theoretical and conceptual analysis. *Psychological Bulletin*, *132*, 297–326.

Morecraft, R. J., Stilwell-Morecraft, K. S., & Rossing, W. R. (2004). The motor cortex and facial expression: New insights from neuroscience. *Neurologist*, *10*, 235–49.

Morris, J. S., DeGelder, B., Weiskrantz, L., & Dolan, R. J. (2001). Differential extrageniculostriate and amygdala responses to presentation of emotional faces in a cortically blind field. *Brain*, *124*(6), 1241–52.

Morton, A. (2010). Epistemic emotions. In P. Goldie (Ed.), *The Oxford handbook of philosophy of emotion* (pp. 385–400). New York: Oxford University Press.

Mulligan, K. (2009). Moral emotions. In D. Sander & K. R. Scherer (Eds.), *The Oxford companion to emotion and the affective sciences* (pp. 262–5). New York: Oxford University Press.

Mumenthaler, C., & Sander, D. (2012). Social appraisal influences recognition of emotions. *Journal of Personality and Social Psychology*.

Murphy, F.C., Nimmo-Smith, I., & Lawrence, A. D. (2003). Functional neuroanatomy of emotions: A meta-analysis. *Cognitive, Affective, & Behavioral Neuroscience*, *3*(3), 207–33.

Neiss, R. (1988). Reconceptualizing arousal: Psychobiological states in motor performance. *Psychological Bulletin*, *103*(3), 345–66.

Neisser, U. (1967.) *Cognitive psychology*. New York: Appleton-Century-Crofts.

Nicolle, A., Bach, D. A., Frith, C., & Dolan, R. J. (2011). Amygdala involvement in self–blame regret. *Social Neuroscience*, *6*(2), 178–89.

Niedenthal, P. M. (2007). Embodying emotion. *Science*, *316*, 1002–5.

Niedenthal, P. M., & Barsalou, L. W. (2009). Embodiment. In D. Sander & K. R. Scherer (Eds.), *The Oxford companion to emotion and the affective sciences* (p. 140). New York: Oxford University Press.

Niedenthal, P. M., Mermillod, M., Maringer, M., & Hess, U. (2010). The Simulation of Smiles (SIMS) model: Embodied simulation and the meaning of facial expression. *Behavioral and Brain Sciences*, *33*(6), 417–33.

Nili, U., Goldberg, H., Weizman, A., & Dudai, Y. (2010). Fear thou not: Activity of frontal and temporal circuits in moments of real-life courage. *Neuron*, *66*(6), 949–62.

Norris, C. J., Chen, E. E., Zhu, D. C., Small, S. L., & Cacioppo, J. T. (2004). The interaction of social and emotional processes in the brain. *Journal of Cognitive Neuroscience*, *16*, 1818–29.

Ochsner, K. N., & Schacter, D. L. (2000). A social cognitive neuroscience approach to emotion and memory. In J. C. Borod (Ed.), *The neuropsychology of emotion* (pp. 163–93). New York: Oxford University Press.

Öhman, A., & Mineka, S. (2001). Fears, phobias, and preparedness: Toward an evolved module of fear and fear learning. *Psychological Review*, *108*(3), 483–522.

Olds, J., & Milner, P. (1954). Positive reinforcement produced by electrical stimulation of septal area and other regions of rat brain. *Journal of Comparative Physiology and Psychology*, *47*, 419–27.

Ortony, A., Clore, G. L., & Collins, A. (1988). *The cognitive structure of emotions*. New York: Cambridge University Press.

Ortony, A., & Turner, T. J. (1990). What's basic about basic emotions? *Psychological Review*, *97*, 315–31.

Osgood, C. H., May, W. H., & Miron, M. S. (1975). *Cross-cultural universals of affective meaning*. Urbana: University of Illinois Press.

Panksepp, J. (1991). Affective neuroscience: A conceptual framework for the neurobiological study of emotions. In K. Strongman (Ed.), *International reviews of emotion research* (pp. 59–99). Chichester, UK: Wiley.

Panksepp, J. (2003). Feeling the pain of social loss. *Science*, *302*, 237–9.

Panksepp, J. (2005). Affective consciousness: Core emotional feelings in animals and humans. *Consciousness and Cognition*, *14*(1), 30–80.

Papez, J. (1937). A proposed mechanism of emotion. *Archives of Neurology and Psychiatry*, *38*, 725–43.

Parrott, W. G., & Schulkin, J. (1993a). Neuropsychology and the cognitive nature of the emotions. *Cognition & Emotion*, *7*, 43–59.

Parrott, W. G., & Schulkin, J. (1993b). What sort of system could an affective system be? A reply to LeDoux. *Cognition & Emotion*, *7*, 65–9.

Parrott, W. G., & Smith, R. H. (1993). Distinguishing the experiences of envy and jealousy. *Journal of Personality and Social Psychology*, *64*, 906–20.

Paus, T. (2000). Functional anatomy of arousal and attention systems in the human brain. *Progress in Brain Research*, *126*, 65–77.

Pelachaud, C. (2009). Embodied conversational agent. In D. Sander & K. R. Scherer (Eds.), *The Oxford companion to emotion and the affective sciences* (pp. 139–140). New York: Oxford University Press.

Peper, M., & Markowitsch, H.J. (2001). Pioneers of affective neuroscience and early concepts of the emotional brain. *Journal of the History of the Neurosciences*, *10*, 58–66.

Petta, P., & Gratch, J. (2009). Computational models of emotion. In D. Sander & K. R. Scherer (Eds.), *The Oxford companion to emotion and the affective sciences* (pp. 94–5). New York: Oxford University Press.

Phan, K. L., Wager, T., Taylor, S. F., & Liberzon, I. (2002). Functional neuroanatomy of emotion: A meta-analysis of emotion activation studies in PET and fMRI. *Neuroimage*, *16*(2), 331–48.

Phillips, A. G. (1999). "The Brain and Emotion" by Edmund T. Rolls. *Trends in Cognitive Sciences*, *3*(7), 281–2.

Picard, R. (1997). *Affective computing*. Cambridge, MA: MIT Press.

Picard, R. W. (2009). Affective computing. In D. Sander & K. R. Scherer (Eds.), *The Oxford companion to emotion and the affective sciences* (pp. 11–5). New York: Oxford University Press.

Piech, R. M., Lewis, J., Parkinson, C. H., Owen, A. M., Roberts, A. C., et al. (2009) Neural correlates of appetite and hunger-related evaluative judgments. *PLoS One*, *4*(8), e6581.

Pope, L. K., & Smith, C. A. (1994). On the distinct meanings of smiles and frowns. *Cognition and Emotion*, *8*, 65–72.

Posner, J., Russell, J. A., Gerber, A., Gorman, D., Colibazzi, T., Yu, S., ... Peterson, B. S. (2009). The neurophysiological bases of emotion: An fMRI study of the affective circumplex using emotion-denoting words. *Human Brain Mapping*, *30*, 883–95.

Posner, J., Russell, J. A., & Peterson, B. S. (2005). The circumplex model of affect: An integrative approach to affective neuroscience, cognitive development, and psychopathology. *Development and Psychopathology*, *17*, 715–34.

Powell, L. J., Macrae, C. N., Cloutier, J., Metcalfe, J., & Mitchell, J. P. (2009). Dissociable neural substrates for agentic versus conceptual representations of self. *Journal of Cognitive Neuroscience*, *22*(10), 2186–97.

Prinz, J. J. (2004). *Gut reactions: A perceptual theory of emotion*. New York: Oxford University Press.

Rainville, P., Bechara, A., Naqvi, N., & Damasio, A. R. (2006). Basic emotions are associated with distinct patterns of cardiorespiratory activity. *International Journal of Psychophysiology*, *61*, 5–18.

Reisenzein, R. (1983). The Schachter theory of emotion: Two decades later. *Psychological Bulletin*, *94*, 239–64.

Reisenzein, R. (2009). Schachter-Singer theory. In D. Sander & K. R. Scherer (Eds.), *The Oxford companion to emotion and the affective sciences* (pp. 352–3). New York: Oxford University Press.

Reisenzein, R., & Döring, S. (2009). Ten perspectives on emotional experience: Introduction to the special issue. *Emotion Review*, *1*, 195–205.

Rinn, W. E. (1984). The neuropsychology of facial expression: A review of the neurological and psychological mechanisms for producing facial expressions. *Psychological Bulletin*, *95*, 52–77.

Robbins, T. (1997). Arousal systems and attentional processes. *Biological Psychology*, *45*(1–3), 57–71.

Robertson, I. H., & Garavan, H. (2004). Vigilant attention. In M. S. Gazzaniga (Ed.), *The cognitive neurosciences* (pp. 631–40). Cambridge, MA: MIT Press.

Robinson, J. (2005). *Deeper than reason*: *Emotion and its role in literature, music, and art*. New York: Oxford University Press.

Robinson, J. (2009). Aesthetic emotions (philosophical perspectives). In D. Sander & K. R. Scherer (Eds.), *The Oxford companion to emotion and the affective sciences* (pp. 6–9). New York: Oxford University Press.

Robinson, M. D. (1998). Running from William James' bear: A review of preattentive mechanisms and their contributions to emotional experience. *Cognition and Emotion*, *12*, 667–96.

Roesch, E. B., Korsten, N., Fragopanagos, N., Taylor, J. G., Grandjean, D., & Sander, D. (2011). Biological and computational constraints to psychological modelling of emotion. In P. Petta et al. (Eds.), *Handbook for research on emotions and human-machine interactions* (pp. 47–65). Berlin: Springer–Verlag.

Roesch, E. B., Korsten, N., Fragopanagos, N., & Taylor, J. G. (2010). Emotions in artificial neural networks. In K. R. Scherer, T. Baenziger, & E. B. Roesch (Eds.), *Blueprint for affective computing: A sourcebook* (pp. 194–212). New York: Oxford University Press.

Roese, N. J. (1994). The functional basis of counterfactual thinking. *Journal of Personality and Social Psychology*, *66*, 805–18.

Rolls, E. (1999). *The brain and emotion*. New York: Oxford University Press.

Rolls, E. T. (2007). A neurobiological approach to emotional intelligence. In G. Matthews, M. Zeidner, & R. D. Roberts (Eds.), *The science of emotional intelligence* (pp. 72–100). Oxford: Oxford University Press.

Roseman, I. J. (1984). *Cognitive determinants of emotions: A structural theory*. In P. Shaver (Ed.), *Review of personality and social psychology* (Vol. 5, pp. 11–36). Beverly Hills, CA: Sage.

Russell, J. A. (1980). A circumplex model of affect. *Journal of Personality and Social Psychology*, *39*, 1161–78.

Russell, J. A. (2005). Emotion in human consciousness is built on core affect. *Journal of Consciousness Studies*, *12*, 26–42.

Russell, J. A. (2009). Emotion, core affect, and psychological construction. *Cognition & Emotion*, *23*(7), 1259–83.

Russell, J. A., Bachorowski, J., & Fernandez-Dols, J. M. (2003). Facial and vocal expressions of emotion. *Annual Review of Psychology*, *54*, 329–49.

Russell, J. A., & Barrett, L. F. (1999). Core affect, prototypical emotional episodes, and other things called emotion: Dissecting the elephant. *Journal of Personality and Social Psychology*, *76*, 805–19.

Russell, J. A., & Barrett, L. F. (2009). Circumplex models. In D. Sander & K. R. Scherer (Eds.), *The Oxford companion to emotion and the affective sciences* (pp. 85–8). New York: Oxford University Press.

Russell J. A., & Mehrabian, A. (1977). Evidence for a three-factor theory of emotions, *Journal of Research in Personality*, *11*(3), 273–94.

Säätelä, S. (1994). Fiction, make-believe and quasi emotions. *British Journal of Aesthetics*, *34*, 25–34.

Sander, D., Grafman, J., & Zalla, T. (2003). The human amygdala: An evolved system for relevance detection. *Reviews in the Neurosciences*, *14*(4), 303–16.

Sander, D., Grandjean, D., Kaiser, S., Wehrle, T., & Scherer, K. R. (2007). Interaction effects of perceived gaze direction and dynamic facial expression: Evidence for appraisal theories of emotion. *European Journal of Cognitive Psychology*, *19*(3), 470–80.

Sander, D., Grandjean, D., & Scherer, K. R. (2005). A systems approach to appraisal mechanisms in emotion. *Neural Networks*, *18*, 317–52.

Sander, D., & Koenig, O. (2002). No inferiority complex in the study of emotion complexity: A cognitive neuroscience computational architecture of emotion. *Cognitive Science Quarterly*, *2*, 249–72.

Sander, D., & Scherer, K. R. (Eds.). (2009). *The Oxford companion to emotion and the affective sciences*. New York: Oxford University Press.

Schachter, S., & Singer, J. (1962). Cognitive, social, and physiological determinants of emotional state. *Psychological Review*, *69*(5), 379–99.

Scharpf, K. R., Wendt, J., Lotze, M., & Hamm, A. O. (2010). The brain's relevance detection network operates independently of stimulus modality. *Behavioural Brain Research*, *210*(1), 16–23.

Scherer, K. R. (1984). On the nature and function of emotion: A component process approach. In K. R. Scherer & P. Ekman (Eds.), *Approaches to emotion* (pp. 293–317). Hillsdale, NJ: Erlbaum.

Scherer, K. R. (1992). What does facial expression express? In K. Strongman (Ed.), *International review of studies on emotion*, (Vol. 2, pp. 139–65). Chichester, UK: Wiley.

Scherer, K. R. (2001). Appraisal considered as a process of multi-level sequential checking. In K. R. Scherer, A. Schorr, & T. Johnstone (Eds.), *Appraisal processes in emotion: Theory, methods, research* (pp. 92–120). New York: Oxford University Press.

Scherer, K. R. (2005). What are emotions? And how can they be measured? *Social Science Information*, *44*(4), 695–729.

Scherer, K. R. (2009). The dynamic architecture of emotion: Evidence for the component process model. *Cognition & Emotion*, *23*(7), 1307–51.

Scherer, K. R., & Ellsworth, P. C. (2009). Appraisal theories. In D. Sander & K. R. Scherer (Eds.), *The Oxford companion to emotion and the affective sciences* (pp. 45–9). New York: Oxford University Press.

Scherer, K. R., Shorr, A., & Johnstone, T. (Eds.). (2001). *Appraisal processes in emotion: Theory, methods, research*. New York: Oxford University Press.

Schneirla, T. C. (1959). An evolutionary and developmental theory of biphasic processes underlying approach and withdrawal. In M. R. Jones (Ed.), *Current theory and research in motivation* (pp. 1–49). Lincoln: University of Nebraska Press.

Sergerie, K., Chochol, C., & Armony, J. L. (2008). The role of the amygdala in emotional processing: A quantitative meta-analysis of functional neuroimaging studies. *Neuroscience and Biobehavioral Reviews*, *32*, 811–30.

Silvia, P. J. (2006a). Artistic training and interest in visual art: Applying the appraisal model of aesthetic emotions. *Empirical Studies of the Arts*, *24*, 139–61.

Silvia, P. J. (2006b). *Exploring the psychology of interest*. New York: Oxford University Press.

Silvia, P. J. (2009). Aesthetic emotions (psychological perspectives). In D. Sander & K. R. Scherer (Eds.), *The Oxford companion to emotion and the affective sciences* (p. 9). New York: Oxford University Press.

Silvia, P. J. (2010). Confusion and interest: The role of knowledge emotions in aesthetic experience. *Psychology of Aesthetics, Creativity, and the Arts*, *4*, 75–80.

Simon, H. A. (1967). Motivational and emotional controls of cognition. *Psychological Review*, *74*(1), 29–39.

Small, D. M., Gregory, M. D., Mak, Y. E., Gitelman, D., Mesulam, M. M., & Parrish, T. (2003). Dissociation of neural representation of intensity and affective valuation in human gustation. *Neuron*, *39*, 701–11.

Smith, C. A. (1989). Dimensions of appraisal and physiological response in emotion. *Journal of Personality and Social Psychology*, *56*, 339–53.

Smith, C. A., & Kirby, L. D. (2009). Core relational themes. In D. Sander & K. R. Scherer (Eds.), *The Oxford companion to emotion and the affective sciences* (pp. 104–5). New York: Oxford University Press.

Smith, C. A., & Lazarus, R.S. (1990). Emotion and adaptation. In L. A. Pervin (ed.), *Handbook of personality*: *Theory and research*, (pp. 609–37). New York: Guilford Press.

Smith, C. A., & Scott, H. S. (1997). A componential approach to the meaning of facial expressions. In J. A. Russell & J. M. Fernandez-Dols (Eds.), *The psychology of facial expression* (pp. 229–54). New York: Cambridge University Press.

Sorce, J. F., Emde, R. N., Campos, J. J., & Klinnert, M. D. (1985). Maternal emotional signaling: Its effect on the visual cliff behavior of one-year-olds. *Developmental Psychology*, *21*, 195–200.

Soussignan, R. (2002). Duchenne Smile, emotional experience, and automatic reactivity: A test of the facial feedback hypothesis. *Emotion*, *2*(1), 52–74.

Takahashi, H., Kato, M., Matsuura, M., Mobbs, D., Suhara, T., & Okubo, Y. (2009). When your gain is my pain and your pain is my gain: Neural correlates of envy and schandenfreude. *Science*, *323*, 937–9.

Tangney, J. P., & Dearing, R. L. (2002). *Shame and guilt*. New York: Guilford Press.

Tangney, J. P., Stuewig, J., & Mashek, D. J. (2007). Moral emotions and moral behavior. *Annual Review of Psychology*, *58*, 345–72.

Taylor, J. G., & Korsten, N. (2009). Connectionist models of emotion. In D. Sander & K. R. Scherer (Eds.), *The Oxford companion to emotion and the affective sciences* (pp. 96–7). New York: Oxford University Press.

Teasdale, J. (1999). Multi-level theories of cognition and emotion relations. In T. Dalgleish & M. Power (Eds.), *Handbook of cognition and emotion* (pp. 665–82). Chichester, UK: Wiley.

Thagard, P., & Aubie, B. (2008). Emotional consciousness: A neural model of how cognitive appraisal and somatic perception interact to produce qualitative experience. *Consciousness and Cognition*, *17*, 811–34.

Tomkins, S. S. (1963). *Affect imagery consciousness, Vol. 2*: *The negative affects*. New York: Springer.

Tooby, J., & Cosmides, L. (2000). Toward mapping the evolved functional organization of mind and brain. In M. S. Gazzaniga (Ed.), *The new cognitive neurosciences* (2nd ed., pp. 1167–78). Cambridge, MA: MIT Press.

Tsai, J. L., Knutson, B., & Fung, H. H. (2006). Cultural variation in affect valuation. *Journal of Personality and Social Psychology*, *90*, 288–307.

Verduyn, P., Van Mechelen, I., & Tuerlinckx, F. (2011). The relation between event processing and the duration of emotional experience. *Emotion*, *11*(1), 20–8.

Vrtička, P., Sander, D., & Vuilleumier, P. (2011). Effects of emotion regulation strategy on brain responses to the valence and social content of visual scenes. *Neuropsychologia*, *49*(5), 1067–82.

Vuilleumier, P. (2005). How brains beware: Neural mechanisms of emotional attention. Trends in Cognitive Sciences, 9(12), 585–94.

Vuilleumier, P. (2009). The role of the human amygdala in perception and attention. In P. J. Whalen & E. A. Phelps (Eds.), *The human amygdala* (pp. 220–49). New York: Guilford.

Vuilleumier, P., Armony, J. L., Driver, J., & Dolan, R. J. (2003). Distinct spatial frequency sensitivities for processing faces and emotional expressions, *Nature Neuroscience*, *6*(6), 624–31.

Vytal, K., & Hamann, S. (2010). Neuroimaging support for

discrete neural correlates of basic emotions: A voxel-based meta-analysis. *Journal of Cognitive Neuroscience*, *22*(12), 2864–85.

Wacker, J., Chavanon, M. L., Leue, A., & Stemmler, G. (2008). Is running away right? The behavioral activation-behavioral inhibition model of anterior asymmetry. *Emotion*, *8*(2), 232–49.

Wagner, U., N'Diaye, K., Ethofer, T., & Vuilleumier, P. (2011). Guilt-specific processing in the prefrontal cortex. *Cerebral Cortex*, *21*(11), 2461–70.

Wallace, J. F., Bachorowski, J., & Newman, J. P. (1991). Failures of response modulation: Impulsive behavior in anxious and impulsive individuals. *Journal of Research in Personality*, *25*, 23–44.

Walton, K. (1978). Fearing fictions. *Journal of Philosophy*, *75*, 5–27.

Watson, J. B., & Rayner, R. (1920). Conditioned emotional reactions. *Journal of Experimental Psychology*, *3*, 1–14.

Waynbaum, I. (1994). The affective qualities of perception. *Journal de la Psychologie Normale et Pathologique*, *4*, 289–311. (Original work published in 1904) [English translation in Niedenthal, P. N., & Kitayama, S. (Eds.), *The heart's eye*. New York: Academic Press, pp. 23–40].

Whalen, P. J. (1998). Fear, vigilance, and ambiguity: Initial neuroimaging studies of the human amygdala. *Current Directions in Psychological Science*, *7*(6), 177–88.

Winston, J. S., Gottfried, J. A., Kilner, J. M., & Dolan, R. J. (2005). Integrated neural representations of odor intensity and affective valence in human amygdala. *Journal of Neuroscience*, *25*, 8903–7.

Wundt. W. (1905). *Grundriss der Psychologie* [Fundamentals of psychology] (7th rev. ed.). Liepzig: Engelman.

Yerkes, R. M., & Dodson, J. D. (1908). The relation of strength of stimulus to rapidity of habit-formation. *Journal of Comparative and Neurological Psychology*, *18*, 459–82.

Zajonc, R. B. (1980). Feeling and thinking: Preferences need no inferences. *American Psychologist*, *35*, 151–75.

Zajonc, R. B. (1984). On the primacy of affect. *American Psychologist*, *39*(2), 117–23.

Zeki, S. (2001). Artistic creativity and the brain. *Science*, *293*(5527), 51–2.

第二部分

情绪反应的测量

第2章 情感科学的客观与主观测量

凯瑟琳·加德豪斯（Katherine Gardhouse） 亚当·K.安德森（Adam K. Anderson）

情绪是复杂的多维现象，影响着我们的生理状态、行为和认知，影响着我们的意识、决策、态度和心境。情绪可以以多种形式表达出来，甚至也可以被压抑在心中一段时间，全看我们自己的选择。由于人类的感情生活极为复杂，所以情感神经科学在情绪测量方面遇到了诸多困难。虽然情绪现象相互交织，但为研究与情感体验相关的属性而发展起来的科学和相应的措施是被严格定义的。情感神经科学主要使用两种测量方法：客观测量和主观测量。主观和客观二分法对于科学研究情绪很有价值，因为它们可以为研究提供不同的工具，下文将会讨论。尽管我们使用这些分类标签来定义测量，但是人类经验中没有明确的分界线可以证明仅使用一种测量指标的正当性，这是因为生理和感受特质（例如经验的质性特征）与情绪体验是紧密相关的。没有任何有形成分能充分捕捉到情绪体验的本质，因为情绪本质是多面的。因此，客观和主观测量相结合，对于揭示认知神经、生理学、行为和情绪事件的现象学现实之间的关系很重要。

情感神经科学旨在整合尽可能多的测量手段以度量情感体验。当然，测量能力会受到实验室或者研究环境因素的限制。同样，在开发实验范式时，我们需要认真考虑以确保尽最大能力去捕捉情绪的本质。本章将探讨情感神经科学中客观和主观测量的价值。我们不会去争论哪种方法更优越，而是会首先概述两种方法间的差异。我们将着眼于自己研究中的例子，以示范对这些反应指标的使用，举例说明客观和主观测量是怎样独特运作的，提供从不同视角研究情绪特征的机会。最后，我们将指出一些测量的局限性以及别出心裁地推动研究向前发展的创新性工作。

客观与主观测量

客观测量是科学研究的基础。客观性经得住精确的测量、分析和重复实验，即当实验背景被重复时，不同研究者能够观察到相同的结果。心理学采用科学方法测量诸如情绪等。情绪研究有很多客观的测量方法，它们在有限范围内记录情绪，并且要求研究者作最低限度的解释。它们包括测量整体行为（例如趋近、回避），骨骼运动（例如面部表情），自发生理机能（例如皮肤电）和神经模式（例如电流、血氧水平）。客观测量能通过提高识别和预测情绪状态的能力，拓展我们的方法视野，促进情绪理论发展，增进我们对情绪的理解。然而，值得注意的是，如果缺乏主观测量，那么研究就会存在局限性。就此而言，由于心理科学不完全依赖客观测量，而会测量诸如思想和情绪等抽象事物，因此相对于许多“硬”科学，心理科学是独特的。

不同于客观测量，主观测量不容易被量化，因为主观测量由被试反省自己内部情感状态的定性描述构成。主观报告是自省的对情绪的内部状态的描述，需要研究者加以解释和分类。不管怎么说，为了以高度的洞察力和一致性评估一个人的心理体验内容，研究者要尽可能客观地测量主观状态。为了收集情绪体验信息，情感神经科学使用的研究方法包括自我报告、情绪语言和表情、情感描述等。我们可以记录实验时被试的感受，采用标准化评价的方式跨实验组比较被试的主观描述，将这些发现与客观测量相结合，跟踪情绪体验波动以监控被试内部情绪状态。

客观测量

近代情感神经科学实验室中使用过诸多客观测量方法，但是其中的大部分在半个世纪以前已无法使用或者不复使用。生理反应测量技术水平的提高，从根本上推动了当今情感神经科学的研究领域的确立。在情绪唤醒阶段，我们可以通过肌肉和腺体波动监控外周生理反应，包括心率、呼吸、面部表情的肌电图（electromyography, EMG）信息、瞳孔暂时放大、皮电（见第3章），甚至可以通过温度记录仪记录身体部位的温度变化。我们可以利用脑电图（electroencephalography, EEG）、事件相关电位（event-related potential, ERP）、脑磁图（magneto-encephalography, MEG）、功能性磁共振成像（functional magnetic resonance imaging, fMRI）和正电子断层扫描技术（positron emission tomography, PET，见第4—5章）检测神经信号波动。客观测量促进了对那些无法仅通过主观测量获得的情绪体验信息的研究。即使主观报告能被彻底探究和披露，但是对于构成特定情绪经验的潜在成分，被试的行为和感觉很大程度上仍无法得知。客观测量是获取这些成分的工具。我们实验室大量使用客观测量手段，调查情绪表达和体验的功能基础。

呼吸

当我们实验室开始研究为什么特定的面部表情会以特有方式出现时（Susskind et al., 2008），客观测量提供了从主观报告中无法获得的重要信息。尤其是当被试被问及为什么在有厌恶反应时会以特定方式扭曲面孔的时候，他们往往不能很好地回答。无论被试做出这种表情是出于社交需要还是别的目的，我们只能主观假设表情是自动化反应。或者像很多学生在回答问题时那样，他们可能仅仅通过扭曲面孔表示困惑，然后耸耸肩。尽管我们总会产生面部表情，但是面部表情并不是有意识形成的。即使主观体验和表情之间存在一一对应（对此仍存争议），但是对于回答为什么出现那种表情，主观报告并不能提供有意义的信息。

然而，呼吸测量法有助于为达尔文最初提出的理论提供支持。达尔文假设，在作为非言语社会沟通信号之前，面部表情进化用以调节知觉（Darwin, 1872/1998）。例如，虽然恐惧面部表情适用于警告别人存在危险，但是恐惧面部表情的原始作用是对环境的感觉暴露进行优化。如果真是这样，那么不同面部表情最初调节感觉系统的目的很可能是控制对环境刺激的暴露（Pieper,

1963）。使用客观测量技术研究表情的产生，能够揭示人类复杂社会现实系统的进化基础。

我们选择关注恐惧和厌恶表情，是因为一个表情统计模型（Dailey, Cottrell, Padgett, & Adolphs, 2002; Susskind, Littlewort, Bartlett, Movellan, & Anderson, 2007）显示，恐惧和厌恶有相反的表情形状和表层反射特征（见图2.1）。因为恐惧表情与知觉和注意的行为以及神经指标的增加有关（例如Anderson, Christoff, Panitz, De Rosa, & Gabrieli, 2003），或许恐惧事件发生时感觉习得增加。厌恶表情（闭眼睛、眉毛向下）与恐惧（睁大眼睛、眉毛向上；Susskind et al., 2008）在构造形式上是对立的，并且与感觉抑制相关（Rozin & Fallon, 1987），这可能有助于减少感觉暴露。为了验证这一假设，我们监测了被试出现厌恶和恐惧表情时的吸气情况。我们测量了鼻腔吸气能力——感觉摄入的最基本和最原始的形式之一（Zelano & Sobel, 2005），以客观检验面部表情是否通过增加或者减少感觉暴露来改变感觉界面（sensory interface）。

实验要求被试按照指令，做出恐惧和厌恶的面部表情，在控制呼吸循环期间测量被试的鼻腔呼吸、鼻腔温度和胸腹式呼吸。附在面罩上的流量计能测量吸气量，被试右侧鼻翼下放置的一个鼻腔热敏电阻器能测量鼻腔温度，置于胸腹部的两种压力计能测量胸腹式呼吸。结果发现，表情轮廓对吸气有显著影响，从厌恶到中性表情再到恐惧，表现出了空气摄入量的线性增长。尽管吸气持续时间相等，但相对于中性表情，恐惧与吸气速度和体积增大有关。与此相反，相对于中性

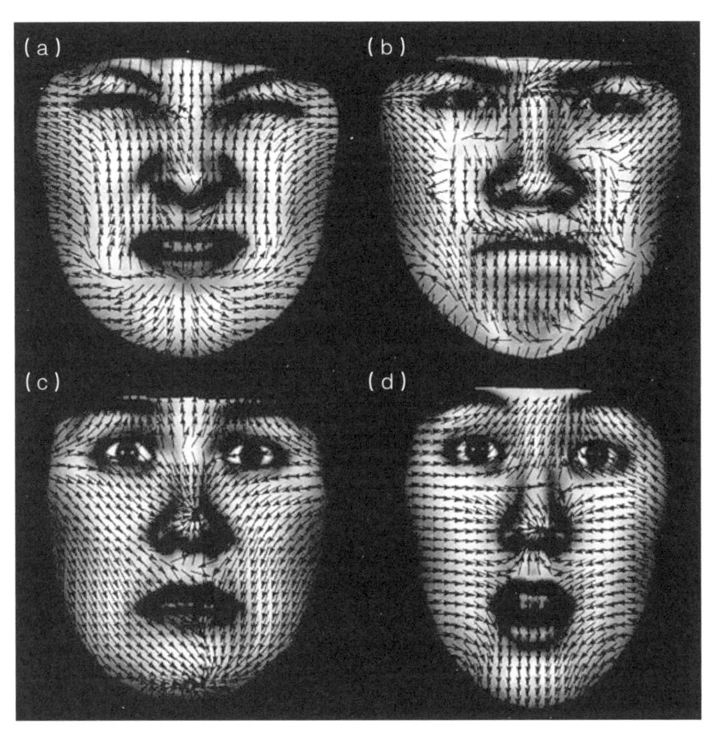

图2.1　面孔表情原型。（a）厌恶，（b）愤怒，（c）恐惧，（d）惊讶。箭头方向描述的面部活动模式代表皮肤表面扭曲的矢量场。源于每张情绪面孔的组平均值

表情，厌恶表情与吸气速度和体积的减小有关。除了呼吸，我们还测量了视野大小，结果发现恐惧表情伴随视野增大，而厌恶表情伴随视野减小。总之，这些结果表明恐惧时多种感觉增强，厌恶时感觉减弱。

恐惧时吸气能力加强、视野增大，厌恶时感觉能力减弱，表明面部表情结构不仅充当沟通信号，而且逐步进化以改变感觉摄入，从而作为一种利己功能来调节面部受体。外形和功能之间的联系没有得到主观测量的强力支持，因为经验无法为情绪反应和表达的先天生理特征如何起源提供足够的启示。确实，恐惧和厌恶在主观情绪体验方面不是对立的。与此相反，客观测量给为什么特定面部表情由特别的轮廓构成提供了启示。完成这些实验后，我们实验室通过客观测量面部肌肉的活动，继续探索了这些适应性表情是如何被应用到复杂的人类社会情感世界中的。

面部肌肉活动

前文的研究支持了以下理论：面部表情逐步进化以调节感觉摄入量（Darwin, 1872/1998; Susskind et al., 2008），而这些感觉更进一步地适应了其作为社交信号的功能；表情背后的情绪状态也可能参与复杂的社会情绪交互（Ekman, 1973; Marsh, Ambady, & Kleck, 2005）。我们实验室开始解决这样一个问题，即道德的复杂社会感觉是否也是基于基本的口部厌恶进化背景的（Chapman, Kim, Susskind, & Anderson, 2009）。口部厌恶是基本的情绪反应，在地球上的许多古老生物体上都有发现。例如，海葵摄取有毒物质后会立即吐出（Garcia & Hankins, 1975）。更高级的动物，例如老鼠，已经进化出了精细的社会机制，以防摄入有毒物质。如果一只老鼠在呕吐，那么其他老鼠就会收集近期所摄入的食物的气味，通过这种社会交换，避免将来摄入这种食物（Galef, 1985）。这种古老而根深蒂固的反应系统是否影响道德决策中人类复杂的厌恶感呢？道德的基础是厌恶反应的进化学上的前身吗？鉴于不道德的活动确实会引起强烈的消极情绪（Rozin, Lowery, Imada, & Haidt, 1999）。而且以往的研究发现，当诸如厌恶的负性情绪被唤起时，个体对违反道德的反应会增强（Schnall, Haidt, Clore, & Jordan, 2008）。这些效应之所以发生，是因为厌恶是不道德行为反应的前身，还是因为它只是一般的情绪唤醒反应？

神经学证据表明，口部厌恶与脑岛激活有关（Phillips et al., 1997）。为什么不测量口部厌恶时脑岛的反应模式，然后和道德侵犯时的反应模式相比较？两种体验中相似的神经学模式能否告知我们两种现象间的关系？在这些方面有许多有趣的发现，但均没有激发出具体的独特的讨论。脑岛与许多认知和情绪反应有关，包括内感受性知觉、焦虑、愤怒以及不确定性（例如Simmons, Matthews, Paulus, & Stein, 2008）。目前很难确定是何种具体情绪状态作为对道德侵犯的反应激活了岛叶皮层。

为了直接测量道德和厌恶之间的关系，我们使用的不是脑岛激活的相关方法，而是与厌恶体验有独特关系的测量方法。考虑到感觉功能起源于面部表情的证据，我们开始寻找在摄入厌恶物质时会产生独特反应的一块或一组精确的面部肌肉。当被试喝味道令人讨厌（苦、咸、酸）的饮料时，采用肌电图测量他们的面部表情（见图2.2）。肌电图是极好的客观测量方式，因为它能通过附在皮肤上的电极精确测量肌肉的活动。我们主要测量了面部提上唇鼻翼肌的活动，它被认为是厌恶表情的特征（Ekman, Friesen, & Hager,

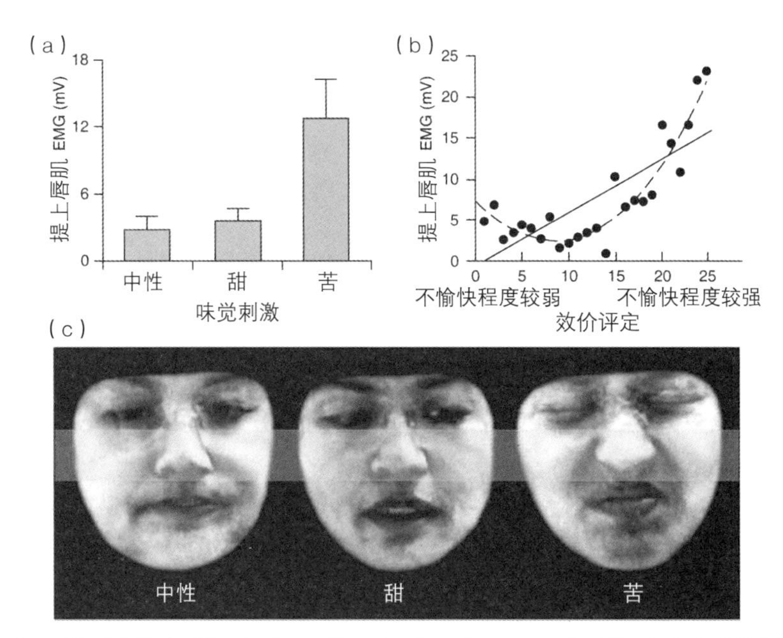

图2.2 (a)摄入中性、甜和苦的液体时诱发的提上唇肌区的平均肌电反应。(b)效价(积极和消极)评定与提上唇肌区肌电反应的相关性。图中的点按照等级显示平均肌电反应的强度;等级越高表示越不愉快。(c)五个最具表现力的个体在品尝中性、甜和苦的液体时的平均面部表情。变化显著的上唇和鼻子区域,表现了各条件下提上唇肌的反应(提上唇和皱鼻)

2002)。该肌肉能提起上唇,并且与皱鼻有关,像我们之前讨论的那样,这种进化的可能目的是帮助减少对毒性物质的化学暴露(Susskind et al., 2008)。

我们发现提上唇鼻翼肌区的激活只与品尝讨厌物质的反应强烈相关,与品尝强度相似的喜欢的液体的反应不相关,因此它可能是嫌恶味觉体验的指标。当被试观看情绪唤醒图片时,我们进一步测量了提上唇肌的活动,发现被试对厌恶图片(与污染有关,例如呕吐、卫生间图片)的厌恶程度与提上唇肌的激活有关,但是悲伤图片引发的悲伤程度与该区域没有关系。说明这种客观测量是检测基本口部厌恶的有效指标,可以进一步用于监测对图片的复杂反应。因此,提上唇鼻翼肌的反应证实了厌恶的特异性和厌恶产生的连续性——从基本厌恶到更复杂的污染厌恶。

已有证据表明,上唇鼻翼肌是厌恶体验的指标,我们将研究扩展到了社会道德侵犯层面。我们使用了最后通牒游戏范式,这个游戏要求参与者和其他玩家分一笔金钱。提议者决定他想要怎样和回应者分这笔钱。如果回应者拒绝提议者的提议,那么两个玩家都得不到任何钱。通常情况下,作为回应者的玩家会拒绝少于总金额30%的出价。可能的原因之一是人们都有强烈的公平感(Rabin, 1993)。不给另一玩家任何钱会令人感到不公平,但是利己主义会使我们留给自己多于一半的钱。同样地,如果我们所获少于一半,也会觉得不公平,因此某种道德准则会使回应者宁愿自己受损,也要拒绝不公平出价(例如,他宁愿什么也得不到,也不同意提议者的出价)。考虑到公平是人类道德的核心(Sokol & Hammond, 2010),我们使用最后通牒范式研究公平被破坏时玩家的面部肌肉活动，发现不公平出价会显著诱发上唇鼻翼肌区活动。对于不公平出价，自我报告的厌恶会显著增加，同时上唇鼻翼肌区活动也会随着出价不公平程度的增加而增加。而且，厌恶体验程度和相应的上唇鼻翼肌区活动能够有效预测对不公平出价的拒绝，表明道德感和道德行为具有厌恶基础。

然而，其他表情研究者认为，存在三种厌恶表情子类：口部厌恶、鼻腔厌恶、道德违反。道德违反表情与上唇鼻翼肌产生的上唇位卷曲强烈相关，但是这种表情也被判断为愤怒的信号（Rozin, Lowery, & Ebert, 1994）。可是，众所周知，口头报告经常混淆愤怒和厌恶（Nabi, 2002）。因此，值得注意的是，我们整个研究使用的都是面部表情匹配而不是用言语标签的方式，而且分别记录了对不喜欢、视觉厌恶和道德违反的主观报告。每个层次的主观测量均表明，和参与者的每次情绪体验相关的是厌恶，而不是愤怒。而且主观报告和客观数据一致，上唇鼻翼肌的活动和厌恶评价有关，而和其他情绪评价则不相关。如果主观报告很容易证实我们的结果，那么为什么还要那么麻烦地使用客观测量？在特定情况下，自我报告可能不足以得出强有力的结论，因为语言会限制或扩张情绪状态的意义，比如“厌恶”，语言学上是否合并了其他情绪（例如愤怒）到这个词义里，我们并不完全清楚（Nabi, 2002）。因此，仅通过口头自我报告单独测量的主观体验，不能作为“纯粹的”厌恶的判断依据。总之，在最后通牒任务中，参与者表现出的厌恶的主观和客观信号都与不公平程度相关。由此，我们认为道德能力是基于和厌恶与不喜欢有关的成分演化而来的。客观测量使得我们能够在不好的味道所诱发的面部活动和高度复杂的社会道德判断所诱发的厌恶表情之间建立直接联系。

自主神经活动

我们利用皮肤电活动（electrodermal activity, EDA）辅助研究情绪增强记忆（emotional enhancement of memory, EEM）的生理和心理基础。尽管人们能够报告记忆中占优势地位的情绪事件，无论是毕业、令人惊喜的生日派对、婚礼或者新生命的降临（例如 Berntsen & Rubin, 2004），但是揭示记忆的增强机制仍较具挑战性。本研究的目标是探究情绪增强记忆中杏仁核的作用。研究之初，依靠主观报告情绪（唤醒和效价）和记忆的方法评价了引发杏仁核活动的刺激。尽管主观测量只能帮助我们达到如此程度，但是增加EDA客观测量，我们就能够理解生理活动在与主观体验、自主神经活动和杏仁核激活有关的活动中的作用。

以往的神经成像研究表明，相对于中性事件，情绪事件中杏仁核激活增加与情景记忆增强有关（例如Adolphs, Tranel, & Buchanan, 2005; Kensinger & Corkin, 2004）。考虑到杏仁核在情绪增强记忆中的作用，我们采用了已知可以诱发杏仁核活动的刺激作为实验材料。我们知道杏仁核损伤的病人恐惧面孔识别能力受损（例如Adolphs, Gosselin, et al., 2005），而且研究发现，相对于中性、愉快、愤怒、悲伤或者厌恶面孔，恐惧面孔与杏仁核激活特别相关（Anderson et al., 2003），所以我们使用恐惧面孔研究EEM中杏仁核的涉入情况。如果杏仁核的激活足以增强情景记忆，那么相对于中性面孔来说，恐惧面孔条件下，情绪增强记忆的情况就会出现，因为只有恐惧面孔涉及杏仁核激活。而且因为恐惧面孔比消极唤醒情境能诱发更强的杏仁核激活反应，所以我们预测恐惧面孔会引起更强烈的记忆。

然而，相对于容易记忆的厌恶场景（例如肢解尸体照片、可怕的车祸等）（Anderson, Wais, & Gabrieli, 2006），通过各种延迟后，我们没有发现恐惧面孔条件下出现可靠的EEM。相对于恐惧面孔，厌恶场景仅增强了回忆体验，而不是熟悉度，这与前人研究一致（Kensinger & Corkin, 2004）。因为杏仁核激活增强和恐惧面孔相关性显著，所以我们认为杏仁核激活对EEM是必要不充分条件。尽管参与者的主观报告表明EEM中存在更多的杏仁核活动，但是为了更好地理解杏仁核的作用，我们决定采用客观测量法以评估自主神经活动。

为了深入研究EEM，我们使用EDA检查了被试在观看恐惧面孔和厌恶情境时外周交感神经唤醒的差异。结果发现，相对于中性事件，是厌恶情境而不是恐惧面孔引起了自主神经唤醒反应的显著增加（Anderson et al., 2006）。EDA的情绪效应与记忆一致，回忆消极情境时的皮电反应显著强于回忆中性事件和恐惧面孔。记忆和交感神经唤醒上相似的分离表明，杏仁核反应需要结合交感神经活动以确保稳定的EEM。

厌恶情境和恐惧面孔之间存在许多潜在差异，这种差异可以为记忆的选择性增强提供解释。其中之一是伴随杏仁核激活，为了记忆的增强，可能需要一定水平的肾上腺髓质激活和相关的中枢觉醒。这个发现与EEM需要外周和中枢应激激素参与的研究结论相一致（例如Okuda, Roozendaal, & McGaugh, 2004），但是恐惧面孔可能不会引起相同程度的激活。日常主要情绪事件的记忆增强，可能反映了大脑（杏仁核）－身体（身体唤醒）的相互作用。皮电客观测量允许我们做出这种相互作用推断，但是单独观察杏仁核激活是不可能提供相同依据的。

而且，恐惧呈现期间杏仁核和自主神经觉醒之间似乎存在独特的相互作用。当被试观看危险面孔时，威廉姆斯（Williams）等（2005）测量了皮肤电导反应（skin conductance response, SCR），还采用功能性磁共振成像测量了血氧水平依赖（blood oxygen-level-dependent, BOLD）活动。SCR为自主神经唤醒提供了测量方式。结果发现被试对恐惧、愤怒和厌恶的反应不同。恐惧增强了杏仁核活动的唤醒，而愤怒和厌恶分别引起了前扣带回和脑岛的活动。相应地，愤怒的SCR唤醒起始迅速、恢复缓慢，而厌恶起始延迟。仅恐惧增强了自主神经唤醒和杏仁核活动。这项研究采用的客观自主神经唤醒测量和客观神经测量一起表明，伴随着每种情绪体验，体内会产生不同的神经和内脏反应，以支持情绪记忆的增强。

中枢神经系统活动的测量

神经成像研究能够提供其他生理测量可能难以灵敏检测到的或者主观报告不能描述的信息以澄清理论争议。例如，有一个争议是围绕唤醒度和效价运作本质的。尽管研究者一致认为，情绪发生时唤醒度和效价存在主观变化（例如Cacioppo & Bernston, 1994），但是情绪体验中这些成分是如何相互作用的仍不清楚。尽管研究表明，效价和唤醒度分别影响体验（Russell, 1980），但是难以分离二者的生理相关信息以验证该假设，因为主观报告通常和两个维度都相关（Lang, Greenwald, Bradley, & Hamm, 1993）。效价和唤醒度通常并行起作用，即当一个刺激变得越来越负面时，主观唤醒和生理唤醒强度都增加。例如，当你听见不愉快的声音时（即消极效价），随着声音强度增强（例如音量=唤醒），你对它的评价可能会更消极。

为了研究这些维度，我们需要找到一种方法来分别操纵效价和唤醒度，以验证两个成分的客观独立性。为了更干净地分离效价和唤醒度，我们使用了嗅觉测量方式，然后评估它们的脑基础（Anderson et al., 2003）。研究使用了四种刺激以区分两种成分：高、低浓度的柠檬醛（愉快的）和戊酸（不愉快的）气味剂；刺激强度和主观评定的唤醒度有关（Bensafi et al., 2002），并且可以与刺激效价相分离（Doty, 1975）。结果发现，杏仁核的反应和唤醒度相关，但是和效价不相关。与情感和嗅觉加工高度相关的右内侧眶额回（Rolls, 2001）的活动和效价相关而与唤醒度不相关。

这些结果支持我们对情绪体验的理论理解，确认效价与唤醒度是构成情感知觉的神经可分离维度，尽管它们通常和主观体验相关。这些结果令我们的注意点转向了对应感觉体验的强度和愉悦度的特有脑区。重要的是，客观操纵化学感知的混合物（分子结构和摩尔浓度），能让我们洞察到意识难以解释的情感体验的维度基础。但是这些内容并不是说主观测量没有优点，而是旨在表明客观测量在特定情况下能够提供主观测量所不能提供的信息。

主观测量

主观测量在神经科学研究中的作用是必不可少的，但是这并没有形成普遍共识。在心理学历史上很长一段时期，客观测量都占据着统治地位。行为主义时期建立起的信念——所有心理过程都是可观察的，将心理学或多或少地定义为一种客观的“硬”科学。彼时的研究集中使用严格的行为测量，诸如反应时间和反应模式来研究心理。而当今研究则采用多种方式有效测量可观察的情绪反应，虽然重视客观测量，但是情感研究中客观测量不再占据绝对优势。目前的普遍共识是，如果不探索被试的内部心理，会有失偏颇，因为主观测量能够提供单独使用客观测量无法获得的信息。

自我报告

实验中监控主观体验的标准方法是自我报告。所有主观测量或多或少都是自我报告的变种，随内心思考问题的不同而以不同的形式或者方法呈现。方法之一是标准化指标，要求被试使用李克特评级量表（例如，1=没有唤醒，7=高度唤醒）进行自评。虽然评级量表仅能粗略评定被试的感觉，但却非常有用，因为它们能够提供对被试心理状态的内省描述。例如，进行fMRI研究时，评级量表能提供主观数据而不需要被试在扫描仪内讲话。被试通过控制盒上相应的按钮来回答屏幕上显示的问题。心境检查表是另一种形式的自我报告，它包括一系列描述词——快乐、紧张、恐惧等，被试使用它们表达自己的感受。检查表可以在不同时间框架下使用（例如现在、过去的一周），以分别评估心境、态度和倾向性。主观体验也可以通过开放性问题来测量，允许被试通过说或者写，用自己的话和描述词详细作答。开放性问卷和访谈（例如DSM-IV中的结构化面谈；First, Gibbon, Hilsenroth, & Segal, 2004）需要研究者花费更多的时间和做出更多的解释，这也是它很少用于客观审查的原因，但是它的确能给情绪体验提供深度洞察。

问卷[例如正负性情绪量表（Watson, Clark, & Tellegen, 1988）、贝克抑郁量表（Beck Depression Inventory, BDI; Beck, Steer, & Brown, 1996）]是很有用的工具，它们被精心开发以在特定情境下或

者群体中施测，评估情感相关的广泛状态和特质。结合其他客观神经测量方式，这些问卷是研究情感功能的强大配套工具（与焦虑问卷有关的其他观点，参见本书第24章）。

例如，当调查正念冥想训练对亚抑郁和亚焦虑个体情绪体验的影响时，我们评估了悲伤情绪激发时的急性情绪状态和神经反应性，我们使用贝克抑郁量表、贝克焦虑量表（Beck Anxiety Inventory, BAI）、症状自评量表修订版（Symptom Checklist 90 Revised, SCL-90修订版），分别评价了抑郁、焦虑和心理病理性等个体特质（Farb et al., 2010）。问卷分析发现，所有被试在基线水平表现出中度抑郁和焦虑。实验组完成了8周的正念训练课程，而对照组则在课程的排队清单上，然后所有被试完成fMRI扫描。扫描期间，让被试观看悲伤和中性的剪辑视频，并断断续续执行主观测量。观看视频后，被试采用李克特5点量表评价自身心境（1=一点也不悲伤，5=极度悲伤）。该程序提供了每个被试心境的实时指标，允许我们跟踪心境变化，与视频引发的神经变化相对应。结果发现，与中性视频相比，悲伤视频确实能引发烦躁情绪。问卷（BDI，BAI和SCL-90修订版）的相关分析发现，只有反映抑郁特质的BDI分数与右侧脑岛激活相关。如图2.3所示，诱发悲伤后，BDI的分数越高，这些脑区的去激活水平越高（Farb et al., 2010）。虽然实验组和对照组报告了相似的悲伤心境，但是正念训练组被试对悲伤表现出的神经反应比对照组更少，特别是皮层中线激活，以及与客观身体状态相关的右侧脑岛中部去激活减少。

扫描仪内自我报告指标（即悲伤评级）与皮层中线后部和前部区域，以及左侧语言和概念加工中心的激活相关（Farb et al., 2010）。以往的研究发现，这些神经模式与自我聚焦增加、认知精细化和问题解决（典型的认知重评）有关，而认知重评能支持健康评估和自我反思（Ray, Wilhelm, & Gross, 2008）。正念训练之后发现了显著的神经差异，支持了正念训练可能减少冗思和认知反应

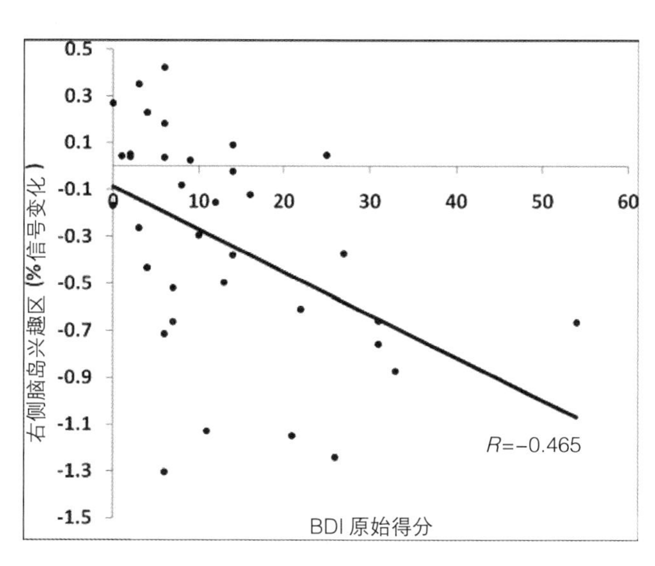

图 2.3　对照组和正念训练组被试的右侧脑岛信号百分比变化与贝克抑郁量表（BDI）评分相关，即BDI-II分数越高预示着右侧脑岛兴趣区（region of interest, ROI）内活动越少

表2.1 对照组和正念训练组（MT）被试的抑郁和焦虑水平

变量	年龄	(±*SD*)	性别 (M/F)	BDI-Ⅱ	(±*SD*)	BAI	(±*SD*)	SCL-90R	(±*SD*)
训练前两组									
对照组	42.00		4/12	20.56	(13.10)	13.38	(8.49)	79.88	(50.41)
MT	45.55		5/15	23.35	(13.92)	16.35	(12.66)	108.25	(66.52)
t(34)	0.94	*ns*		0.62	*ns*	0.84	*ns*	1.45	*ns*
MT组训练效应（前－后）									
训练后				6.58	(5.67)	9.79	(9.82)	55.63	(50.13)
不同分数				-15.84	(11.04)	-5.32	(6.64)	-47.00	(39.44)
t(19)				6.25	$p<0.001$	3.49	$p<0.003$	5.19	$p<0.001$

注：MT= 正念训练，ns = 不显著（not significant）

的观点，而冗思和认知反应可以预测抑郁是否会复发（Segal et al., 2006）。本研究的问卷和自我报告提供了关于被试正念训练前后情绪状态的关键信息（见表2.1），这些信息使得扫描被试时能够在线跟踪他们的情绪反应。由于各组的悲伤评级相同，所以可以把正念训练组和对照组的神经差异归于对悲伤反应的认知过程变化。这样，主观测量描述了一幅更复杂的画面。

情感意识的自我报告

主观测量显著影响情感研究的另一个例子在于，在情绪显著性刺激的加工在多大程度上需要意识加工的参与这一长期争论中主观测量所扮演的角色。以前比较盛行的观点是不需要意识加工（有关综述见 Tsuchiya, 2009）。但是对通常用于度量对刺激的觉知的测量方式的重新考察，使这一观点受到了挑战。当使用更灵敏的测量方式时，发现实际上许多被试都在某种程度上意识到了恐惧面孔，而以往认为恐惧面孔的闪现处于意识之外（Pessoa, Japee, Sturman, & Ungerleider, 2006）。

直到最近，当被试能够评估当前情绪状态并且做出明确报告时，刺激才被认为是有被意识知觉到的。对此的假设是：如果有任何意识参与，那么被试应该能自我反省并确认他们是否意识到了刺激的存在。按照该定义，任何不能突破自我反省屏障并且被自我报告的事物，都是不被意识知觉的（Merikle, Smilek, & Eastwood, 2001）。然而，意识水平不能得到清晰划分。达到何种水平后个体才能意识到源自环境的刺激或者由体内生发出的感觉？盲视被试没有视觉意识经验，无法自然融入环境（Pegna, Khateb, Lazeyras, & Seghier, 2004），但是从盲视研究可以获知，被试实际上“看得见”。尽管盲视被试报告没有看见任何东西，但是他们可以正确使用所获得的视觉信息（例如避开障碍物）。也有例子表明，我们的身体意识经验实际上是不真实的。例如在虚拟手实验中，被试带着虚拟现实眼镜，盯住一只虚拟手，真手被隐藏到视野之外。当虚拟手和视野之外的真手被触摸或者移动时，被试会体验到拥有虚拟手的错觉（Slater, Spanlang, Sanchez-Vives, & Blanke, 2010）。情绪传染也会无意识发生，导致人们从他人那里习得情绪状态，而自身并没有意识到这种交换，例如个体不自觉地模仿他人痛苦的面部表情（Bavelas, Black, Lemery, & Mullett, 1986）。

这些难题强调加工水平的广泛变化，模糊了意识和无意识的边界（见第14章）。有机体的意识范围从警醒到困倦、睡眠、睡梦状态、麻醉意识和昏迷状态，这些状态下都保持着某种意识水平。测量意识开启的临界点极具挑战性。虽然通过刺激在屏幕上闪烁时的正确行为反应和神经模式，可以使用客观测量度量意识，但是这些测量导致神经成像研究者得出结论——个体对情绪面孔的知觉是无意识的，因为杏仁核的激活发生在被试对呈现的情绪面孔没有行为反应时（例如 Liddell et al., 2005; Whalen, 1998）。研究表明，被试不能意识到呈现时间小于30毫秒的后掩蔽情绪面孔，这可能被认为是视觉意识的极限。然而进一步的研究表明，事实并不是这样的，因为所用客观测量的灵敏度不足以区分被试的意识水平（Pessoa, Japee, & Ungerleider, 2005; Pessoa et al., 2006）。

在一项研究中，首先要求被试客观地反馈（正确或者不正确的行为反应）屏幕上是否存在恐惧面孔，其次主观评价他们对答案的信心（Pessoa et al., 2005）。结果发现根据自信心评级，11个被试中有7个在33毫秒和25毫秒探测到恐惧面孔目标，2个被试甚至能够在17毫秒的潜伏期发现目标。自信心评级提供了被试对自己行为表现评估的主观指标（Kolb & Braun, 1995）。被试能借此表明他们是否在猜测。反应准确率和信心提供了意识指标，例如如果被试的确觉察到了面孔，那么自信心评级越高会和正确反应越多相关，而不是和错误反应相关（Pessoa et al., 2006）。两种测量方法相结合，正确反应和高自信心被记为“命中”，正确反应和低自信心被记为“漏报”，不正确反应和高自信心被记为“虚报”，不正确反应和低自信心被记为“正确拒绝”（Pessoa et al., 2006）。接着计算对恐惧面孔和非目标中性面孔的正确和不正确反应的分布。

这种主观测量的一个特别创新的优势是，提供了评估意识内容和反应体验的方法（Pessoa, 2008）。在较短持续时间（< 30 ms）条件下，被试能可靠地觉察到恐惧面孔；在较长呈现间隔（> 30 ms）条件下，被试一致地做出精确辨别。这种分离提供了更准确的意识理解，划分出了一个被试客观意识到而主观未觉察的意识区域（Kolb & Braun, 1995）。他们的正确反应高于随机水平，但是缺乏确定反应准确的信心，这被称为无意识感知区（例如Pessoa et al., 2006），它描绘了并非基于绝对阈限的意识连续谱，区分开了意识和无意识（Macmillan & Creelman, 2005）。这种分离深化了我们对不同水平情绪加工的理解，提供了难以通过客观测量获得的知觉指标。在更严格的测试条件下，已有研究表明，杏仁核对恐惧面孔的激活与主观意识有关（Pessoa et al., 2006）。

更复杂的情况是研究表明杏仁核在意识本身中发挥一定的调节作用（见本书第14章）。例如，我们发现情绪唤醒事件和知觉意识的增加有关（Anderson, 2005）。也就是说，在双目标快速序列视觉呈现的注意减弱条件下，存在短暂的注意瞬脱，持续几百毫秒，在此期间传入的刺激难以进入意识。而当情绪唤醒事件呈现在注意瞬脱时期时，它们能避免被注意瞬脱（Anderson, 2005）。单侧和双侧杏仁核损伤的患者表现出其他与杏仁核损伤有关的障碍，例如恐惧条件化受损和EEM降低，但是没有表现出唤醒对注意瞬脱的调节（Anderson & Phelps, 2001）。即注意瞬脱期间，情绪唤醒刺激与中性刺激一样并没有从瞬脱中幸免。结果还表明，刺激的知觉显著性越强，越能轻易避免注意瞬脱，这一结果与杏仁核损伤的结果共同表明，杏仁核在情绪显著性中发挥重要作用。与其说杏仁核对情绪/动机显著性的提取不依赖注意或意识，不如说结果表明到达杏仁核的前馈知觉表征能反过来影响意识。这样，杏仁核不仅依赖意识，而且调节意识。因此杏仁核活动既是意识的原因也是意识的结果。

情绪分类

谈到主观情绪指标时无法回避情绪分类问题。个人情感状态最终必须和某些感觉描述挂钩，当然，用语言描述复杂情感体验不是件容易的事情。出于科学的严谨性，最好应以何种方式捕捉和定义情绪状态？由此产生了基本情绪和复杂情绪的分类理论。基本情绪被认为是生物决定的，而复杂情绪易受文化氛围影响或者与之有关。保罗・艾克曼（Paul Ekman）（1973）开发了一套通用面部表情，对应于跨文化的相同情感体验，并使用该套面部表情建立了情感分类模型。该模型包括愤怒、厌恶、愉快、恐惧、惊讶和悲伤六个基本情绪状态。这些面部表情提供了潜在情绪体验的客观指标，但是只适合这六个情绪状态。然而众所周知，人类拥有更多描述感觉的情感词，也有更多情绪状态，而不只是这六种，但不是它们中的每个都有自己的面部特征。一些表情因为文化规范可以适应其他情感。艾克曼后来扩展了基本情绪模型，模型包括了复杂情绪，他认为复杂情绪状态不必拥有相应的面部表情（Ekman, 1992）。复杂情绪，诸如仇恨、耻辱、焦虑或者嫉妒本身是独特的，还是六个基本类别的组合，需要作进一步探讨，但是选择恰当的模型开发实验是最重要的。为了更好地了解情绪状态的本质，许多研究者选择不采用离散状态分类，而是采用维度方法评定唤醒度（即强度）和效价（即愉悦度）（Russell, 1980）。罗伯特・普拉切克（Robert Plutchik）结合基础和复杂情绪分类提出了三维情绪理论。在该模型中，八种基本情绪拥有进化基础而且会导致接近或者回避，受情绪强度影响能产生复杂和基本的人类情绪（Conte & Plutchik, 1981）。例如，愉快的基本接近体验的增加或减少会相应地形成狂喜或者平静的情绪，而恐惧的回避体验的增加或减少会相应地形成惊恐或者羞怯的情绪。使这些语义定义与客观神经测量匹配是件复杂的事情，对此我们稍后再讨论。这些分类足以分离出独特的情绪体验吗？或者类别之间是否忽视了一些体验要素？

情绪分类的复杂化需要进一步考虑状态和特质。当思考情绪分类时，时间是一个令人感兴趣的变量。你所表现的是短暂的情绪状态还是较长时间的心境？或者你的情感该归于气质还是人格？短时情绪应当被测量吗？而且与持久情绪体验（例如抑郁或爱）是不同的吗？无论情绪体验的本质如何，当提到情绪状态的主观测量时，实验中的这些细节必须得到考虑和控制。仔细界定并集中注意于感兴趣的脑区/情绪，同时消除和控制其他可能的混淆因素，有助于厘清情绪和对应术语的差别。这样做有利于研究者最终对相同主题进行讨论。例如，研究厌恶时，厌恶和愤怒很容易纠缠和混淆在一起。在使用主要关注效价和唤醒度的拉塞尔情感两维度模型进行探讨时，这一混淆尤为明显（Russell, 1980）。当在心里评估这两个维度时，厌恶和愤怒非常接近，分析时满足相同的标准。因此，重要的是找到每种情绪的唯一标识以将它们区分开，并寻找方法确保被试准确表现出差别。下文会继续讨论当前该领域在测量方面的局限性。

测量和研究方案的局限性

情绪体验的电-神经-生理信号不能完全描述人类的情绪经验。部分是因为经验的定性特征尚缺乏清晰的生物标识，也因为任何情绪事件发生期间，系统间都存在复杂的交互作用。探寻情绪体验的神经基础是神经科学争论的热点（例如Chalmers, 2000）。理论神经科学的一个方向根植于还原论的唯物主义，相信大脑状态等同于心理状态，所有心理状态都有对应的生物基础。如果事实果真如此，那么诸如悲伤情绪体验就会有不同于其他事件的标识（Crick & Koch, 1990）。其他科学家对情绪相关因素兴致不高，因为他们把心智体验看作基于大脑、身体和环境交互作用的动态过程，而超越了单独神经学标识的限制（Alter, 2005; Chalmers, 1995）。在这种情况下神经反应对于情绪体验而言是必要的，但是仍不足以完整描述情绪体验。

毋庸置疑，神经成像可以揭示特定行为或者认知过程的相关脑区，但是其局限性在于不能直接说明离散脑区结构和假定功能之间的因果关系。这一告诫对于情感功能的神经影像研究特别重要。我们以特定脑区（例如杏仁核）的活动推测情感过程（例如悲伤）的涉入。尽管信息丰富，但是效度受限，因为推论的基础只是相关关系（D'Esposito, Ballard, Aguiree, & Zarahn, 1998）。而且情感功能的定义并不完备，因此分离情感行为的不同成分，并将其与所观测的一系列脑激活相关联，经常不能成功（Anderson, 2007）。

例如，关于大脑如何处理情绪表情（例如你如何观看另一个人的面孔）一直处于争论中，并且难以达成共识，因为相互冲突的理论都有神经相关研究结果支持。最初，来自病例研究的神经心理学证据令研究者相信，表情加工通过离散的类别分析执行，即每种表情都由特定脑区独特加工，伴随有不同的生理标志或者相关因素。这被称为情绪的基本原型理论（Ekman, 1973）。情绪体验和表达被特征化为一套特定类型，诸如恐惧、愤怒、悲伤和愉快（Ekman, 1992）。神经心理学和神经成像数据为面部表情的神经定位表征提供了一致证据。杏仁核损伤会不同程度地损害恐惧识别，但是其他情绪仍能保持完整，例如厌恶识别。相反，前脑岛损伤会不同程度地损害厌恶识别，而不会损害恐惧识别（Phillips et al., 1998）。功能成像研究一致表明，恐惧表情最大程度激活杏仁核，而厌恶表情最大程度激活前脑岛（Anderson et al., 2003; Phillips et al., 1998）。病例研究发现，基底神经节-脑岛与帕金森病患者和亨廷顿病患者的厌恶识别功能失调有关（Suzuki, Hoshino, Shigemasu, & Kawamura, 2006）。愤怒识别可能涉及腹侧纹状体（Calder, Keane, Lawrence, & Manes, 2004），愤怒识别缺陷和帕金森病有关（Lawrence, Goerendt, & Brooks, 2006）。这些研究结果为以下推论提供了强有力的证据：表情识别受加工特定过程的专门系统支持，一旦受损，就会导致选择性缺陷（例如Downing, Jiang, Shuman, & Kanwisher, 2001）。

然而，争论的另一方面是，情感维度环状理论认为不同情绪间不是完全剥离的，聚集在以效价、唤醒度和支配度为坐标轴的空间中（例如Russell, 1980）。在这种情况下，单独的特定脑区是无法促进面部表情加工的，而要由多个神经生物学系统参与整合信息以解释面孔和情绪体验（Russell, 1980）。这些系统参与加工多种面部表情，而不只是致力于一种表情识别。与情感维度环状理论一致，行为证据表明特定情绪类型（例如愤怒和厌恶）间的关系比情绪空间中其他情绪类型（悲伤和快乐）的更近（例如Haxby et al., 2001）。已有证据表明表情判断趋向重叠，说明情绪分类不完全分离和独立。相对于情感维度环状理论，基本原型理论认为基本情绪之间不产生相似关系，因为该理论不能解释表情类型间的聚集（关于这部分争议的综述，详见Lindquist et al., 2011; Vytal & Hamann, 2010）。

另外，也有神经证据支持情感维度环状理论。与情感维度环状理论一致，杏仁核损伤导致面部表情识别选择性受损，但是病人基本保留了完整的在表情类别间判断相似性的能力（Hamann & Adolphs, 1999），这可能由剩余的神经系统激活配置。这些配置无论是面部的、听觉的还是躯体-内脏的，都可能被整合到会聚区，例如右侧躯体感觉皮层（Adolphs, Damasio, Tranels, Cooper, & Damasio, 2000）。与前文所述原型的特定情绪损伤相反，研究表明，特定面部表情的“专门化”脑区对其他面部表情也有反应。例如，前脑岛对厌恶表情有反应，但是也对恐惧面孔有反应（例如Anderson et al., 2003），杏仁核对厌恶（Anderson et al., 2003）、愤怒（Wright, Martis, Shin, Fischer, & Rauch, 2002）和悲伤（Blair, Morris, Frith, Perrett, & Dolan, 1999）表情都有稳定反应。尽管一个脑区对特定情绪有最大反应，但是对其他表情的非最大反应可能对表情识别也具有重要的功能意义。将愤怒和厌恶知觉为同一表情的程度，或者探测到悲伤和恐惧的相似性，可能反映了独立神经系统间的组合反应。

因此，面部表情识别被特征化为互不相容的两种方式，而且两个观点都清晰表明行为的神经关联是多方面的。为了探索面部表情加工，我们实验室使用了计算机模型，以求解决该方面的理论争议（Susskind et al., 2007）。机器学习领域的进步为验证不同表征理论与计算机有关的结果提供了创造性机会，支持研究者深入洞察，以厘清行为、神经心理学和神经成像数据间的关系。计算机面部表情分析技术的发展，能通过整合和比较基于机器的方法获得的人类认知数据，助益于理解面孔表情知觉的信息表征和脑机制（也见本书第7章）。为了验证前文的表情识别理论，我们实验室通过测量计算机模型判断面孔表情，将其和人类识别比较，以检查情绪表情识别在多大程度上直接反映面孔图像数据结构（Susskind et al., 2007, 2008）。

电脑模型得到了最佳的训练以通过分析表情的结构对基础的原型面孔图像进行区分判断。训练后，人类和模型都能够做出准确的区分判断，例如，对恐惧面孔的恐惧评级最高，对厌恶表情的厌恶评级最高，以此类推。因为计算机模型对基本表情的判断与人类高度相关，因此我们进一步检验了这些不同的内部表征是否支持不同原型面部表情的相似性判断。结果发现计算机模型与人类被试对不同基本情绪的相似性判断相差无几，例如，愤怒和厌恶比愤怒和惊奇更相似。训练后的计算机模型不仅能对基本情绪做专门判断，也能跨不同情绪原型对情感表情相似性进行判断，说明明确的理解维度（例如效价、唤醒度或者支配度）是非必要的。例如，个体表达厌恶时可能掺杂一些愤怒，但是从结构特征的相似性中不太可能表达出愉快。这些结果表明，与其构建竞争性模型，不如将表情的基础和维度成分以及假设的情绪体验，溯源至同一潜在系统中。

结合神经和行为证据，人类和计算机模型表现相似，说明大脑进行表情识别可能依靠探测重要成分或者结构特点（例如惊讶和恐惧时会睁大眼睛），而不是依靠基本情绪原型或者效价/唤醒度维度。与基本原型理论和情感维度环状理论相反，该方法可以更好地被整合为情绪的成分过程模型（Scherer, 1984, 2001），强调表情轮廓由亚单元构成，对面孔的评价与面孔的特定物理特征（例如眼睛睁大）相关，而这些物理特征普遍存在于基本表情（例如恐惧和惊奇）中。说明人类对潜在的表情相似性的判断可通过视觉特征分析完成，基本情绪的面部表现不是完全独立的，相关状态会共享表情成分（Scherer, 1984）。

这种研究方法提供了关键的客观信息，以拓展我们对加工情绪事件时相关脑区的理解。使用新方法，如计算机模型，获得神经生理相关数据，能加深我们对大脑在评估情绪事件和产生情绪体验中所发挥作用的理论理解。

主观测量的局限性

主观报告采用多种方式收集，值得注意的是施行自我报告时要谨慎操作，以提高结果的可推广性。然而即使谨慎施行，自我报告仍可能受很多混淆因素影响，包括社会赞许效应、反应偏差、社会刻板印象所致的失真，或者个体的防御和回避（Eriksen, 1960; Holender, 1986）。这些易感因素对情绪研究的影响有时特别显著，尤其在所问问题很私密、敏感和令人不舒服时。尽管自我报告因此受到批评，但是自我报告在情感研究中的价值仍不可估量，因为它可以深入洞察个人经验，用作控制参数跟踪个体差异。主观测量与客观测量相结合，能增强结果预测力，支持对心理和神经活动之间关系的研究。

主观测量中语言和现象学的局限性

尽管人类拥有自我反思能力，但是仍不足以对原始情感进行主观性阐述。我们不能完全描述爱人死亡时的悲伤感、父母怀抱新生儿时的喜悦感、分手或者离婚时的伤痛或者受虐待时的愤怒。在描述情感体验的所有细节时，如果要求用语言交流抽象感觉，其效能就会受到限制。即使是科学研究中使用的得到了最精心设计的自我报告，也只是将情绪体验提炼成了有限术语。对自我报告进行统计分析时，所描述的情绪深度是有限的。自我报告测量的主要问题是无法避免依赖语言（Eriksen, 1960）。使用以语义为基础的工具，将使我们面临费解而复杂的语言挑战，因为不仅语言无法直接交流情绪经验，而且被试对问题的理解和研究者对答案的解释也多种多样。表达情感不是一件容易的事，有时被试甚至不清楚他们的感觉如何。语言已经发展到可以描述很多特定的感觉状态，但是值得注意的是有些感觉可能是难以言说的。“森林里的任何一片阳光都会让你感受到太阳的光芒，而这些是你永远不能通过阅读天文学书籍感受到的。”［《给马尔科姆的信》（*Letters to Malcolm*）（C. S. Lewis, 1963, 第91页）］

情绪状态通常被术语描述为离散类别（例如唤醒度和效价）。分类标记特定情绪（例如悲伤、愉快、愤怒和厌恶）时存在困难，因为事实上不只一个标签适用于一种情绪状态，或者不止一种情绪状态可被相同标签描述。为了避免这些问题，在实验室我们不要求被试仅选择一个标签匹配情绪体验。相反，会呈现给被试多个典型的面部表情（厌恶、恐惧、悲伤、惊讶和愉快），要求被试使用李克特量表评定自己的感觉与每张照片的匹配程度（Chapman et al., 2009）。该方法有助于梳理相互联系的分类系统，提供给被试更有助益的指标。

除了语言挑战，测量情绪体验的困难也源于

任何给定情绪体验都存在许多影响因素。例如，即便是最详细的疼痛感描述也不能保证全面传达了疼痛体验，因为耐痛性、过去疼痛经验、预期、对痛苦和遭遇的注意都会影响疼痛感觉（Moseley, 2007）。即使两个人有相同经历，他们的感知和反应也可能不同，因为存在大量的人格、历史、情绪状态等差异，数不尽的影响因素令我们难以精确知道知觉如何变化。

主观体验十分独特，情感体验与我们所定量测量的任何其他事物都不同，甚至可以说是截然不同——除了下一个人的主观体验！不同个体的主观体验至少有相似之处。人们假设他人知觉世界的方式——有激情、动机、想法和反省——与自己相似。所有人都共享这类难以言说、无法充分描述而只能亲身体验的心理现象。人类拥有与他人心理相联系的能力，可以共情他人体验（见本书第23章）。我们在一定程度上知道站在对方立场上感觉怎样。这增加了主观测量的效力。共情使得主观报告具有更强的启示作用，尽管心智目前在物理上不可测量，但不是无法触及的地平线，因为我们可以共享经验、历史、回忆、关注点和观点。我们希望通过联合使用经验结论和客观测量，验证我们有关被试情绪状态的假设。

在研究中，我们试图寻找客观方法测量情绪体验的主观自我报告。考虑到杏仁核在人类情感神经科学中发挥的关键作用，最缺乏关注的问题之一是杏仁核损伤是否与情绪体验改变有关。尽管有充足证据表明杏仁核激活与情绪体验有关，但是杏仁核对情绪体验是否必要仍不清楚，因为杏仁核激活可能仅代表与情绪体验有关的许多信息处理功能之一，例如记忆调整或者动机显著性。确实，如果杏仁核损伤后情绪体验发生实质改变，那么在信息处理方面的任何效用，例如记忆和注意的情绪调整，都有可能而且很有可能在主要缺陷之外受到次生影响。为了对该问题开展实验研究，我们分别评估了被试在单侧颞叶被施行切除术之后，双侧、左侧或右侧杏仁核受损个体的情绪状态和特质（Anderson & Phelps, 2000）。我们通过被试每天的日记评估了他们的主观体验，日记中包括被试所报告的日常体验的积极情绪、消极情绪和唤醒度。杏仁核损伤病人每天报告的情绪事件频率和强度与对照组相似。

一种复杂的可能解释是，杏仁核损伤病人描述的是“好像”情绪体验，所以他们的自我报告不准确。他们可能在以原型方式描述情绪体验，反映他们的“应该感受”而不是“真实感受”，或者他们可能缺少像对照组那样评估情绪强度的能力。我们希望自我报告测量拥有相应指标，从而使得被试无法提取情绪如何工作的外显知识，令被试难以伪造情绪体验。为此，我们检查了情绪体验的共变结构。常识表明，积极和消极效价在单一维度上是相反的。类似于其他研究，我们发现积极和消极体验是独立的维度（Watson, Clark, & Tellegen, 1988），这种潜在的情绪共变结构也出现在杏仁核损伤病人中，表明病人存在完整的情绪体验结构。这种共变结构可能代表了主观情绪体验的客观指标，在杏仁核损伤后，共变结构仍然完整。在另一项研究中，我们客观评估了杏仁核损伤病人的面部表情，病人通过重温情绪范式利用面部表现了内在感受过的情绪（Anderson & Phelps, 2000）。病人稳定可靠地表现出了包括恐惧在内的各种表情，但是不能识别另一个人的面孔表情。虽然需要不同患者的更多数据和研究来澄清该问题，但是结果表明杏仁核可能对情绪意识的某些方面是重要的，对其他方面则不然。在我们尽力验证主观测量的效用并确保其准确性时，还需要创新才能弄清楚这个问题。

建立连通主客观测量的桥梁

合并测量：神经现象学

情感神经科学设计研究时通常会使对主观报告的依赖最小化，采用范式稳定唤起感兴趣的情绪状态，控制被试的情感体验。然而，当试图测量自发情绪体验时，该方法存在局限性，而且在测量复杂情绪经验时该方法太严苛。有些时候主观报告为范式提供的信息较少，而且客观操纵和测量情绪反应是完全适宜的，例如当使用恐惧面孔作为刺激，在脑地图中描绘杏仁核神经元的感受野特征时，通过内省无法得知其在眼睛中极其重要（Whalen et al., 2004），因此主观报告无法提供相关信息。然而当着眼于高水平情绪体验时，例如创伤后应激障碍或者抑郁，过度关注情绪体验的客观测量和完全公式化评估，会妨碍我们评价真实而强烈的情绪体验。主观测量有助于更灵活地使用情绪范式（Lutz & Thompson, 2003）。

情感神经科学领域令人感兴趣的挑战是寻找新方法以整合主观经验测量和客观生理测量。现有研究采用神经现象学方法整合两种测量评价心智游移（mind wandering）。心智游移通常被认为由对未来努力和未解决问题的集中于内部的反省构成（Gusnard & Raichle, 2001）。一系列神经成像研究发现，当个体出现心智游移时，默认网络被激活。默认网络包括腹侧ACC、后扣带回/楔前叶和颞顶部皮层（Mason, Van Horn, Wegner, Grafton, & Macrae, 2007）。尽管严格来说心智游移不是情感过程，但是最可能卷入情绪思维。抑郁中的冗思便是典型的例子，这种情况下的心智游移充满了情感。而且，艾力马兹（Eryilmaz）及其同事（2011）发现，情绪唤醒实际上通过增加腹侧ACC、脑岛和它们的连接影响默认网络。被试通过观看恐怖、愉快和中性影片诱发情绪，随后在静息扫描期间，他们的自我参照想法发生了变化。

然而如何有效测量心智游移呢？克里斯托弗（Christoff）、古登（Gordon）、思茂伍德（Smallwood）、史密斯和斯库勒（Schooler）（2009）采用主观测量结合fMRI的方法研究心智游移的神经现象学，扫描期间被试未意识到心智已游离应该完成的任务时，默认网络激活更显著。对自己精神状态的意识通常被称为元意识（Schooler & Schreiber, 2004）。当被试没有元意识到正处于心智游移状态时（例如，他们未意识到自己在心智游移），比意识到心智游移时默认网络激活更显著。研究使用了“经验取样法”（experience sampling method, ESM）——即时自我报告当前精神状态（Kahneman, Krueger, Schkade, Schwarz, & Stone, 2004），用来调查被试对整个实验任务的认知。

为了在扫描期间测量经验取样，要求被试执行简单的go/no-go实验任务。以往研究发现该任务和心智游移高度相关（Smallwood, Baracaia, Lowe, & Obonsawin, 2003）。当被试做实验任务时，通过给被试呈现思想探针（probe）间接施行经验取样（Antrobus, 1968）。思想探针要求被试采用李克特7点量表评定他们是否专注于或者游离了任务，或者是否意识到自己专注于或者游离了任务。实验开始前训练被试实行经验取样，“有意识”被定义为被询问前被试觉察到自己思想正游离实验任务（Schooler, Reichle, & Halpern, 2004）。如果直到思想探针出现，被试仍未意识到思想偏离，则可以回答是无意识的。重要的是，该自我报告方法提供了揭示神经网络和经验深刻关系的信息，因为主观测量直接针对心智游移。研究者通过分析探针前的10秒间隔，对“游离任务”、“专注任务”和神经活动求相关。行为测量分析了任务过程中的错误反应数量，以往研究发现它和心智游移显著相关（Cheyne, Carriere, & Smilek, 2006），随着心智游移增加，错误反应数量增加。

利用经验取样方法背离了以往的心智游移研究，因为以往大部分神经成像研究都间接地将心智游移和任务间的静息期捆绑到了一起。假设任务期间被试不太可能心智游移，一旦任务结束，心智游移发生率就会增加（Mason et al., 2007）。然而，通过经验取样方法，当被试在任务中发生心智游移时，研究者能精确地标示，甚至能够评估何时被试对自己专注于任务或者处于心智游移状态具有元意识。创新使用元意识的主观测量，并结合行为和神经成像的数据，研究者得以确定执行网络的激活包括外侧前额叶和背侧ACC，也得以确定了心智游移期内未参与的网络系统。研究者认为，结合自我报告和行为/神经学测量的研究设计，对于理解主观性的神经现象学发挥了重要作用，因为在线测量脑功能时该方法提供了与体验更直接的联系（Christoff et al., 2009）。未来对人类情绪生活的体验方面的研究，得益于网络测量的应用，可以更深入地理解情绪的神经现象学。

结论：主观和客观测量

情绪理论和研究面临的核心挑战是继续开发综合性的方法，以解释多系统间的一系列活动，并最终对记录的结果进行整合。当然，对情绪的每个方面都加以测量是最优的。尽管目前情绪的复杂性不利于对其进行详尽测量，但是研究者不必只集中于一种测量方式而自我限制，因为主观和客观测量都能提供独特的洞察力，两者结合会发挥非常强大的测量作用。目前，我们仍不能测量脑结构（例如杏仁核）的活动以及鉴别特定的情感体验。同样地，不能仅靠情感体验报告特征化潜在的神经结构。神经科学家面临的挑战是纳入和整合主观与客观测量的多种指标，以最好地捕捉情绪生活的心理和神经基础。

重点问题

· fMRI获得的证据足以梳理不同情绪模型吗？是否存在基本情绪？或者基本情绪是否由维度解释描述的重叠系统支持？

· fMRI能揭示被认为是情绪产生基础的评价过程吗？

· 记录情绪体验的新技术为未来研究真实世界的情绪体验提供了多大可能性？

· 本章所讨论的许多研究都基于组平均数据，但是是否有更重要的潜在个体差异未被探索？文化和遗传因素如何交互作用构成个体的情绪能力？

· 我们能够以何种新方式应用计算机模型探索情感空间？这些分析将如何修正情绪的心理学理论？

参考文献

Adolphs, R., Damasio, H., Tranel, D., Cooper, G., & Damasio, A. R. (2000). A role for somatosensory cortices in the visual recognition of emotion as revealed by three dimensional lesion mapping. *Journal of Neuroscience*, *20* (7), 2683–90.

Adolphs, R., Gosselin, F., Buchanan, T. W., Tranel, D., Schyns, P., & Damasio, A. R. (2005). A mechanism for impaired fear recognition after amygdala damage. *Nature*, *433*, 68–72.

Adolphs, R., Tranel, D., & Buchanan, T. W. (2005a). Amygdala damage impairs emotional memory for gist but not details of complex stimuli. *Nature Neuroscience*, *8*, 512–8.

Alter, T. (2005). The knowledge argument against physicalism. In the *Internet Encyclopedia of Philosophy*. Retrieved from http://www.iep.utm.edu.

Anderson, A. K. (2005). Affective influences on the attentional dynamics supporting awareness. *Journal of Experimental Psychology: General*, *134* (2), 258–81.

Anderson, A. K. (2007). Seeing and feeling emotion: The amygdala links emotional perceptions and experience. *Social, Cognitive, & Affective Neuroscience*, *2*, 71–2.

Anderson, A. K., Christoff, K., Panitz, D., De Rosa, E., & Gabrieli, J. D. (2003). Neural correlates of the automatic processing of threat facial signals. *Journal of Neuroscience*, *23*, 5627–33.

Anderson, A. K., & Phelps, E. A. (2000). Expression without recognition: Contributions of the human amygdala to emotional communication. *Psychological Science*, *11*, 106–11.

Anderson, A. K., & Phelps, E. A. (2001). Lesions of the human amygdala impair enhanced perception of emotionally salient events. *Nature*, *411*, 305–9.

Anderson, A. K., Wais, P. E., & Gabrieli, J. D. (2006). Emotion enhances remembrance of neutral events past. *Proceedings of the National Academy of Sciences*, *103*, 1599–604.

Antrobus, J. S. (1968). Information theory and stimulus-independent thought. *British Journal of Psychology*, *59*, 423–30.

Bavelas, J. B., Black, A., Lemery, C. R., & Mullett, J. (1986). "I show how you feel": Motor mimicry as a communicative act. *Journal of Personality and Social Psychology*, *50* (*2*), 322–9.

Beck, A., Steer, R. A., & Brown, G. K. (1996). *Manual for the Beck Anxiety Inventory-ii*. San Antonio, TX: Psychological Corporation.

Bensafi, M., Rouby, C., Farget, V., Bertrand, B., Vigoroux, M., & Holley, A. (2002). Autonomic nervous system responses to odors: The role of pleasantness and arousal. *Chemical Senses*, *27*, 703–9.

Berntsen, D., & Rubin, D. C. (2004). Cultural life scripts structure recall from autobiographical memory. *Memory and Cognition*, *32*, 427–42.

Blair, R. J., Morris, J. S., Frith, C. D., Perrett, D. I., & Dolan, R. J. (1999). Dissociable neural responses to facial expressions of sadness and anger. *Brain: A Journal of Neurology*, *122* (Pt. 5), 883–93.

Cacioppo, J. T., & Bernston, G. G. (1994). Relationships between attitudes and evaluative space: A critical review with emphasis on the separability of positive and negative substrates. *Psychological Bulletin*, *115*, 401–23.

Calder, A. J., Keane, J., Lawrence, A. D., & Manes, F. (2004). Impaired recognition of anger following damage to the ventral striatum. *Brain*, *127* (*9*), 1958–69.

Chalmers, D. J. (1995). Facing up to the problem of consciousness. *Journal of Consciousness Studies*, *2* (*3*), 200–19.

Chalmers, D. J. (2000). What is a neural correlate of consciousness? In T. Metzinger (Ed.), *Neural correlates of consciousness: Empirical and conceptual questions* (pp. 17–40). Cambridge, MA: MIT Press.

Chapman, H. A., Kim, D. A., Susskind, J. M., & Anderson, A. K. (2009). In bad taste: Evidence for the oral origins of moral disgust. *Science*, *323* (*5918*), 1222–6.

Cheyne, J. A., Carriere, J., & Smilek, D. (2006). Absent-mindedness: Lapses of conscious awareness and everyday cognitive failures. *Consciousness and Cognition: An International Journal*, *15* (*3*), 578–92.

Christoff, K., Gordon, A. M., Smallwood, J., Smith, R., & Schooler, J. W. (2009). Experience sampling during fMRI reveals default network and executive system contributions to mind wandering. *Proceedings of the National Academy of Sciences*, *106* (*21*), 8719–24.

Conte, H. R., & Plutchik, R. (1981). A circumplex model for interpersonal personality traits. *Journal of Personality and Social Psychology*, *40* (*4*), 701–11.

Crick, F., & Koch, C. (1990). Towards a neurobiological theory of consciousness. *Seminars in Neuroscience*, *2*, 263–75.

Dailey, M. N., Cottrell, G. W., Padgett, C., & Adolphs, R. (2002). EMPATH: A neural network that categorizes facial expressions. *Journal of Cognitive Neuroscience*, *14*, 1158–73.

Darwin, C. (1998). *The expression of the emotions in man and animals*. New York: Oxford University Press. (Original work published 1872)

D'Esposito, M., Ballard, D., Aguirre, G. K., & Zarahn, E. (1998). Human prefrontal cortex is not specific for working memory: A functional MRI study. *Neuroimage*, *8*, 274–82.

Doty, R.L. (1975). An examination of relationships between the pleasantness, intensity and concentration of 10 odorous stimuli. *Perception and Psychophysiology*, *17* (5), 492–6.

Downing, P. E., Jiang, Y., Shuman, M., & Kanwisher, N. (2001). A cortical area selective for visual processing of the human body. *Science*, *293* (*5539*), 2470–3.

Ekman, P. (1973). *Darwin and facial expression: A century of research in review*. New York: Academic Press.

Ekman, P. (1992). An argument for basic emotions. *Cognition and Emotion*, *756* (*3–4*), 169–200.

Ekman, P., Friesen, W., & Hager, J. C. (2002). *Facial action coding system*. Salt Lake City: Research Nexus.

Eriksen, C. W. (1960). Discrimination and learning without awareness: A methodological survey and evaluation. *Psychological Review*, *67* (*5*), 279–300.

Eryilmaz, H., Van De Ville, D., Schwartz, S., & Vuilleumier, P. (2011). Impact of transient emotions on functional connectivity during subsequent resting state: A wavelet correlation approach. *Neuroimage*, *54* (*3*), 2481–91.

Farb, N. A., Anderson, A. K., Mayberg, H., Bean, J., McKeon D., & Segal, Z. V. (2010). Minding one's emotions: Mindfulness training alters the neural expression of sadness. *Emotion*, *10* (*1*), 25–34.

First, M. B., Gibbon, M., Hilsenroth, M. J., & Segal, D. L. (2004). The Structured Clinical Interview for DSM-IV Axis I Disorders (SCID-I) and the Structured Clinical Interview for DSM-IV Axis II Disorders (SCID-II). In M. J. Hilsenroth, D. L. Segal, & M. Hersen (Eds.), *Comprehensive handbook of psychological assessment, Vol. 2: Personality assessment* (pp. 134–43). Hoboken, NJ: Wiley.

Galef, B. G. (1985). Direct and indirect behavioral pathways to the social transmission of food avoidance: Experimental assessments and clinical applications of conditioned food aversions. *Annals of the New York Academy of Sciences*, *443*, 203–15.

Garcia, J., &Hankins, W.G. (1975). The evolution of bitter and the acquisition of toxiphobia. In D. A. Denton & J. P. Coghlan (Eds.), *Olfaction and taste V* (pp. 39–45). New York: Academic Press.

Gusnard, D. A., & Raichle, M. E. (2001). Searching for a baseline: Functional imaging and the resting human brain. *Nature Reviews Neuroscience*, *2*, 685–94.

Hamann, S. B., & Adolphs, R. (1999). Normal recognition of emotional similarity between facial expressions following bilateral amygdala damage. *Neuropsychologia*, *37* (*10*), 1135–41.

Haxby, J. V., Gobbini, M. I., Furey, M. L., Ishai, A., Schouten, J. L., & Pietrini, P. (2001). Distributed and overlapping representations of faces and objects in ventral temporal cortex. *Science*, *293* (*5539*), 2425–30.

Holender, D. (1986). Semantic activation without conscious identification in dichotic listening, parafoveal vision, and visual masking: A survey and appraisal. *Behavioral and Brain Sciences*, *9* (*1*), 1–66.

Kahneman D., Krueger A. B., Schkade D. A., Schwarz, N., & Stone, A. A. (2004). A survey method for characterizing daily life experience: The day reconstruction method. *Science*, *306*, 1776–80.

Kensinger, E. A., & Corkin, S. (2004). Two routes to emotional memory: Distinct neural processes for valence and arousal. *Proceedings of the National Academy of Sciences*, *101*, 3310–5.

Kolb, F. C., & Braun, J. (1995). Blindsight in normal observers. Nature, 377, 336–8.

Lang, P. J., Greenwald, M. K., Bradley, M. M., & Hamm, A. O. (1993). Looking at pictures: Affective, facial, visceral and behavioral reactions. *Psychophysiology*, *30*, 261–73.

Lawrence, A. D., Goerendt, I. K., & Brooks, D. J. (2006). Impaired recognition of facial expressions of anger in Parkinson's disease patients acutely withdrawn from dopamine replacement therapy. *Neuropsychologia*, *45* (*1*), 65–74.

Lewis, C. S. (1963). *Letters to Malcolm chiefly on prayer*. New York: Harcourt.

Liddell, B. J., Brown, K. J., Kemp, A. H., Barton, M. J., Das, P., Evian, A., Williams, G., & Williams, L. M. (2005). A direct brainstem–amygdala–cortical 'alarm' system for subliminal signals of fear. *Neuroimage*, *24* (*1*), 235–43.

Lindquist, K. A., Wager, T. D., Kober, H., Bliss-Moreau, E., & Barrett, L. F. (2011). *The brain basis of emotion: A meta-analytic review*. Cambridge, MA: Harvard University Press.

Lutz, A., & Thompson, E. (2003). Neurophenomenology: Integrating subjective experience and brain dynamics in the neuroscience of consciousness. *Journal of Consciousness Studies*, *10*, 31–52.

Macmillan, N. A., & Creelman, C. D. (2005). Detection theory: *A user's guide* (2nd ed.). Mahwah, NJ: Erlbaum.

Marsh, A. A., Ambady, N., & Kleck, R. E. (2005). The effects of fear and anger facial expressions on approach- and avoidance-related behaviors. *Emotion*, *5*, 119–24.

Mason, M. F., Van Horn, J. D., Wegner, D. M., Grafton, S. T., & Macrae, C. N. (2007). Wandering minds: The default network and stimulus-independent thought. *Science*, *315*, 393–5.

Merikle, P. M., Smilek, D., & Eastwood, J. D. (2001). Perception without awareness: Perspectives from cognitive psychology [Special issue]. *Cognition*, *79* (1–2), 115–34.

Moseley, G. L. (2007). Reconceptualising pain according to its underlying biology. *Physical Therapy Review*, *12*, 169–78.

Nabi, R. L. (2002). Cognition. *Emotion*, *16*, 695.

Okuda, S., Roozendaal, B., & McGaugh, J. L. (2004). Glucocorticoid effects on object recognition memory require training-associated emotional arousal. *Proceedings of the National Academy of Sciences*, *101*, 853–8.

Pegna, A. J., Khateb, A., Lazeyras, F., & Seghier, M. L. (2004). Discriminating emotional faces without primary visual cortices involves the right amygdala. *Nature Neuroscience*, *8*, 24–5.

Pessoa, L. (2008). On the relationship between emotion and cognition. *Nature Reviews Neuroscience*, *9* (*2*), 148–58.

Pessoa, L., Japee, S., Sturman,D., & Ungerleider, L. (2006). Target visibility and visual awareness modulate amygdala responses to fearful faces. *Cerebral Cortex*, *16* (*3*), 366–75.

Pessoa, L., Japee, S., & Ungerleider, L. (2005). Visual awareness and the detection of fearful faces. *Emotion*, *5* (*2*), 243–7.

Phillips, M. L., Young, A. W., Scott, S. K., Calder, A. J., Andrew, C., Giampietro, V., et al. (1998). Neural responses to facial and vocal expressions of fear and disgust. Proceedings of the Royal Society of London. *Series B: Biological Sciences*, *265* (*1408*), 1809–17.

Phillips, M. L., Young, A. W., Senior, C., Brammer, M., Andrews, C., Calder, A. J., ... David, A. S. (1997). A specific neural substrate for perceiving facial expressions of disgust. *Nature*, *389* (*6650*), 495–8.

Pieper, A. (1963). *Cerebral function in infancy and childhood*. New York: Consultants Bureau.

Rabin, M. (1993). Incorporating fairness into game theory and economics. *American Economic Review*, *83* (*5*), 1281–302.

Ray, R. D., Wilhelm, F. H., & Gross, J. J. (2008). All in the mind's eye? Anger rumination and reappraisal. *Journal of Personality and Social Psychology*, *94*, 133–45.

Rolls, E. T. (2001). The rules of formation of the olfactory representations found in the orbitofrontal cortex olfactory areas of primates. *Chemical Senses*, *26*, 595–604.

Rozin, P., & Fallon, A. E. (1987). A perspective on disgust. *Psychological Review*, *94*, 23–41.

Rozin, P., Lowery, L., & Ebert, R. (1994). Varieties of disgust faces and the structure of disgust. *Journal of Personality and Social Psychology*, *66*, 870–81.

Rozin, P., Lowery, L., Imada, S., & Haidt, J. (1999). The CAD triad hypothesis: A mapping between three moral emotions (contempt, anger, disgust) and three moral codes (community, autonomy, divinity). *Journal of Personality and Social Psychology*, *76*, 574.

Russell, J. A. (1980). A circumplex model of affect. *Journal of Personality and Social Psychology*, *39*, 1161–78.

Scherer, K. R. (1984). On the nature and function of emotion: A component process approach. In K. R. Scherer & P. Ekman (Eds.), *Approaches to emotion* (pp. 293–317). Hillsdale, NJ: Erlbaum.

Scherer, K. R. (2001). Appraisal considered as a process of multi-level sequential checking. In K. R. Scherer, A. Schorr, & T. Johnstone (Eds.), *Appraisal processes in emotion: Theory, methods, research* (pp. 92–120). New York: Oxford University Press.

Schnall, S., Haidt, J., Clore, G. L., & Jordan, A. H. (2008). Disgust as embodied moral judgment. *Personality and Social Psychology Bulletin*, *34*, 1096.

Schooler, J. W., Reichle, E. D., & Halpern, D. V. (2004). Zoning out while Reading: Evidence for Dissociations between Experience and Metaconsciousness. In D. T. Levine (Ed.), *Thinking and seeing: Visual meta-cognition in adults and children*. (pp. 203–26). Cambridge, MA: MIT Press.

Schooler J. W., Schreiber C. A. (2004). Experience, meta-consciousness, and the paradox of introspection. *Journal of Conscious Studies*, *11*, 17–39.

Segal, Z., Kennedy, S., Gemar, M., Hood, K., Pedersen, R., & Buis, T. (2006). Cognitive reactivity to sad mood provocation and the prediction of depressive relapse. *Archives of General Psychiatry*, *63*, 749–55.

Simmons, A., Matthews, S. C., Paulus, M. P., & Stein, M. B. (2008). Intolerance of uncertainty correlates with insula activation during affective ambiguity. *Neuroscience Letters 430*, 92.

Slater, M., Spanlang, B., Sanchez-Vives, M. V., & Blanke, O. (2010). First person experience of body transfer in virtual reality. *PLoS One*, *5* (*5*), e10564.

Smallwood, J. M., Baracaia, S. F., Lowe, M., & Obonsawin, M. (2003). Task unrelated thought whilst encoding information. *Consciousness and Cognition*, *12*, 452–84.

Sokol, B. W., & Hammond, S. I. (2010). A moral theory: What's missing? *Journal of Applied Developmental Psychology*, *31* (*2*), 192–4.

Susskind, J., Lee, D., Cusi, A., Feinman, R., Grabski, W., & Anderson, A. K. (2008). Expressing fear enhances sensory acquisition. *Nature Neuroscience*, *11* (*7*), 843–50.

Susskind, J. M., Littlewort, G., Bartlett, M. S., Movellan, J., & Anderson, A. K. (2007). Human and computer recognition of facial expressions of emotion. *Neuropsychologia*, *45*, 152–62.

Suzuki, A., Hoshino, T., Shigemasu, K., & Kawamura, M. (2006). Disgust specific impairment of facial expression recognition in Parkinson's disease. *Brain: A Journal of*

Neurology, *129* (Pt, 3), 707–17.

Tsuchiya, N., Moradi, F., Felsen, C., Yamazaki, M., & Adolphs, R. (2009). Intact rapid detection of fearful faces in the absence of the amygdala. *Nature Neuroscience, 12* (10), 1224–5.

Vytal, K., & Hamann, S. (2010). Neuroimaging support for discrete neural correlates of basic emotions: A voxel-based meta-analysis. *Journal of Cognitive Neuroscience*, *22* (*12*), 2864–85.

Watson, D., Clark, L. A., & Tellegen, A. (1988). Development and validation of brief measures of positive and negative affect: The PANAS scale. *Journal of Personality and Social Psychology*, *54*, 1063–70.

Whalen, P. J. (1998). Fear, vigilance, and ambiguity: Initial neuroimaging studies of the human amygdala. *Current Directions in Psychological Science*, *7* (*6*), 177–88.

Whalen, P. J., Kagan, J., Cook, R. G., Davis, F. C., Kim, K., Polis, S., ... Johnstone, T. (2004). Human amygdala responsivity to masked fearful eye whites. *Science*, *306* (*5704*), 2061.

Williams, L. M., Das, P., Liddell, B., Olivieri, G., Peduto, A., Brammer, M. J., & Gordon, E. (2005). BOLD, sweat and fears: fMRI and skin conductance distinguish facial fear signals. *NeuroReport*, *16* (*1*), 49–52.

Winkielman, P. W., & Schooler, J. W. (2009). In F. Strack & J. Förster (Eds.), *Social cognition: The basis of human interaction*. Philadelphia: Psychology Press.

Wright, C. I., Martis, B., Shin, L. M., Fischer, H., & Rauch, S. L. (2002). Enhanced amygdala responses to emotional versus neutral schematic facial expressions. *Neuroreport*, *13* (*6*), 785–90.

Zelano, C., & Sobel, N. (2005). Humans as an animal model for systems-level organization of olfaction. *Neuron*, *48*, 431–54.

第3章

双通道：情绪自主活动的输入与输出通路

尼尔·A.哈里森（Neil A. Harrison） 西尔维娅·D.克里比格（Sylvia D. Kreibig） 雨果·D.克利切勒（Hugo D. Critchley）

情绪定义

如何概念化和定义情绪一直备受争议（Scherer, 2005）并且相当重要，因为不同的情绪定义将导致对结果的不同解释（Barrett, 2006; Izard, 2007）。情绪与生理相互作用存在两个重要的概念体系：情绪自主神经系统（autonomic nervous system, ANS）输出效应（外部传导神经脉冲到效应器）和输入效应（内部传导神经脉冲到中枢神经系统）。

主流观点强调自主神经系统活动的输出作用，将情绪概念化为多成分反应，由评价为与个人目标、需求或者价值相关的事件引起，伴随着主观感受、生理反应和机体表达（Scherer, 2009; 也见本书第1章）。该定义强调多个成分构成情绪反应，包括情绪感受、生理反应、工具性和表达性行为以及反应的中央协调。

与此相对，也有观点强调自主神经系统活动的输入作用，谢勒（2004, 第139页）认为主观情绪感受反映“情绪成分过程同步变化的多通道整合”。因此，情绪感受被认为是情绪发生中评价所驱动变化的中枢表征。该概念假定存在一个源自多种反应成分的反馈机制。虽然情绪反应中输入与输出的概念不是互相排斥的，但是大多数情绪研究都基于输出概念。下文将关注支持输入与输出概念的相关研究结果，但是我们会首先考虑自主神经系统的解剖和中枢控制。

自主神经系统的解剖与中枢控制

自主神经系统的解剖结构和中枢控制，构成了理解情绪自主神经效应的基础。

自主神经系统解剖

为了理解自主神经系统功能的复杂性，同时领会早期其功能结构的基本误解形成的基础，需要对自主神经系统概念的起源作简要概述。兰利（Langley, 1900）创造了术语“自主神经系统”，意指运动神经元及其轴突连接将信号由中枢神经系统（central nervous system, CNS）输送到所支配的组织和器官（横纹肌除外）的系统。兰利也首先将自主神经系统分成交感神经系统、副交感神经系统和肠道成分，这种划分主要是建立在神经解剖学基础，而不是功能性上的。借此，源自胸腰椎脊髓中间带的节前细胞体及其轴突连接被分配到交感神经系统，而源自远端颅骶骨脊髓区域的节前细胞体包括脑干迷走神经背核、疑核、上下唾液核、动眼神经核及轴突连接被分配到副交感神经系统。

交感与副交感神经系统也依据其他几个解剖特征划分。例如，交感神经节前纤维通常较短，从脊髓腹脚传递到椎旁或者椎前神经节后神经元的突触，或者通过腹下神经传递到盆腔内脏神经节。相比而言，副交感神经节前纤维通常较长，通过第三（动眼神经）、第七（面部神经）、第九（舌咽肌）颅神经传递到与眼内平滑肌和头部腺体相关的神经节后神经元的突触，或者通过第十神经（迷走神经）传递到与胸腹部器官相关的神经节，或者通过盆腔内脏神经传递到与骨盆器官相关的神经节。

然而这些解剖差异不能与功能特异性差异相混淆。例如，尽管交感节后神经元远远长于副交感节后神经元，但是它们表现出相似的特异性，投射到靶器官时都没有分支（Pick, 1970）。相反，交感与副交感神经元显示出紧密的靶特异性，只有当接近它们特定的靶细胞时才会增多神经元分支（Pick, 1970）。在“自主神经系统与模式化的生理反应”部分可以看到，尽管“交感”与“副交感”神经系统术语的使用在解剖学基础上是有用的，但是在全局意义上使用它们去定义交感和副交感的功能可能会令人产生误解，并且对自主神经系统的功能结构产生错误印象。使用个体便利性测量已被表明存在误区，例如以皮肤电导变化作为整体交感紧张的统一指标，下文会作更详细讨论。

中枢自主网络

应用现代示踪技术已经基本确定，通过功能离散的自主神经通路，对体内平衡的控制和整合受中枢突触直接和间接连接的层次结构支持，被称为中枢自主网络（Janig, 2006; Saper, 2002）。广泛地说，该网络包括自主运动前区神经元在延髓腹外侧区和腹内侧区、腹外侧脑桥、下丘脑和下丘脑外侧的直接连接，以及中脑导水管周围灰质（periaqueductal gray, PAG）、臂旁核、脑干克里克尔-福斯（Kolliker-Fuse）核、杏仁中央核、扣带回前部、脑岛、内侧前额叶皮层的间接连接。下丘脑室旁的交感神经核，与下丘脑中心的体内平衡调节（例如体温调节）相互作用；在脑桥背侧，它们的位置靠近上行神经调节通路（多巴胺、5-羟色胺、乙酰胆碱、去甲肾上腺素），与皮层唤醒和动机有关。髓质、脑桥与下丘脑中心的相互作用，可能支持由生理和行为差异所引发的不同自主反应模式，在“自主神经系统的功能结构”部分会再作描述（Saper, 2002）。

去甲肾上腺素投射到丘脑和蓝斑皮层（去甲肾上腺素能细胞群A6和A4），进而参与调节中枢唤醒和警觉，增强注意，以及感觉加工情绪效价刺激与其他环境挑战。在侧被盖的蓝斑和尾侧的去甲肾上腺细胞群，通过脑干和下行脊柱投射影响交感神经传出驱动（Svensson, 1987）。相似地，脑干内输出副交感神经中心（疑核和迷走神经背核、动眼神经副核、泌涎核和孤束核）与极后区互相连接，中转内脏传入和血液传播信号（Blessing, 1997）。已获证前额叶皮层、边缘皮层扣带回、颞叶、脑岛和杏仁核下行影响自主控制，受到下丘脑和脑干调节（Asahina, Suzuki, Mori, Kanesaka, & Hattori, 2003; Kaada, 1951; Mangina & Beuzeron-Mangina, 1996）。

低水平自主神经的激发通常用来详细说明参与自主调节的近似机制，诸如脑干。然而，对中枢自主网络的描述使包含心理与行为相互作用的方法变得十分必要。一种常用方法是在使用脑功能成像的同时记录一个或者多个由不同实验范式（例如心算或等长收缩运动）所诱发的自主参数变化，例如心率（Wager et al., 2009）、血压（Critchley, Corfield, Chandler, Mathias, & Dolan, 2000; Gianaros et al., 2005）或者皮肤电反应（Critchley, Elliott, Mathias, & Dolan, 2000）。使用这类方法的研究表明，在多种背景下，背侧前扣带回在调节外周交感神经反应中发挥关键作用，该区域的活动似乎反映身体状态和行为参与（意志、注意需求、意识需要）的整合。定位于中线皮层的活动差异，似乎反映了实验任务的特点（认知、知觉、动机）和所测量自主反应不同轴的特点（Critchley, 2009）。

这类方法也有助于解释中枢自主控制网络的个别成分所拥有的不同时间配置。例如，那加伊（Nagai）及其同事使用皮肤电生物反馈范式，训练被试自主地提高和降低交感神经紧张度（Nagai, Critchley, Featherstone, Trimble, & Dolan, 2004）。如前所述，交感神经活动的短期相位波动（对应于交感神经皮肤电导反应，skin conductance response, SCR）伴随背侧前扣带、脑岛和丘脑活动的增强。但是，皮肤电导水平（skin conductance level, SCL）长期漂移波动与腹内侧前额叶皮层（ventromedial prefrontal cortex, vmPFC）区域呈显著负相关，一直延伸到膝下扣带回皮层。有趣的是，该区域是“默认模式网络”的一部分，当人们参与唤起外部导向行为时默认模式网络去激活，表明存在协调身体状态的抗交感神经效应（见图3.1）。

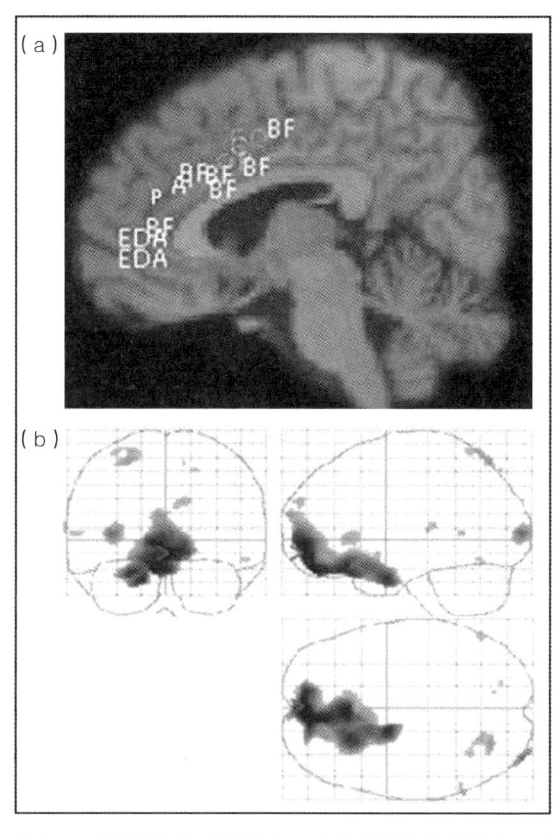

图3.1　背侧和中部扣带回与vmPFC预测任务唤起的交感调节的自主活动增加和降低。（a）背侧、前侧和中侧扣带回预测任务唤起的交感调节自主活动增加。BF=生物反馈实验；EDA=皮肤电活动，P=瞳孔反应；彩色字母=心血管反应，BP=平均动脉血压。（b）vmPFC预测皮肤传导生物反馈任务期间的交感水平降低

基于上述以及其他研究，克利切勒提出了启发式模型，认为前扣带皮层的功能拓扑与自主控制有关（Critchley, Wiens, Rotshtein, Öhman, & Dolan, 2004）。背侧前/中扣带回的活动尤其反映了外周交感效应，而腹内侧前额叶皮层和膝下扣带回皮层则反映了交感神经紧张，也可能反映副交感神经调节效应。然而至今，和前扣带回与自主控制相关联的研究相比，更多变的脑功能成像研究表明，脑干中心反应性支持交感反应的直接调节，不过，也有越来越多的证据强调背侧脑桥区（包括中脑导水管周围灰质）的重要性。

情绪自主神经系统活动的输出效应

情绪类型间不同自主活动的前提是自主神经系统能够产生各种反应。因此，应首先着眼于该前提，然后考虑情绪与生理反应和情绪自主反应实证结果的关系。这种输出观点反映了情绪影响生理的因果方向。

自主神经系统与模式化的生理反应

围绕存在情绪特定生理模式这一争论的关键是，自主神经系统原则上能否产生特定模式的反应。作为一种质疑的声音，坎农（1931）在他的富有影响力的对詹姆斯-兰格理论（在“内脏输入神经元”部分作更详细讨论）的五点评论中提到：自主神经系统太缓慢而且未分化，从而不能产生假定发生在多种情绪上的模式化生理反应。六十年后，利文森（Levenson）（1988）重新考虑这种质疑而且得出结论，实际上自主神经系统能产生这种差异化的反应。大量实证表明，通过多种功能不同的通道，自主神经系统能够产生高度分化的、具体的反应，支持了利文森的结论（Janig, 2006），导致了自主神经系统概念的重建，即它是由多个功能离散通路构成的系统，而不是由未分化的以全或无方式运作的两极系统。此外，例如眼睛和耳朵等感觉器官方面的自主调节，有助于注意力集中于情绪显著的环境刺激，而对宿主感染和身体伤害的免疫反应调节（Tracey, 2002）表明自主神经系统调节情绪和行为疾病反应（Harrison et al., 2009）。

自主神经系统的功能结构

其他动物和人类的解剖学、神经生理学（Janig, 2006）以及神经化学实证数据（Gibbins, 1995）表明，交感和副交感神经系统的节前和节后神经元在功能不同的通路连接在一起，对选择性靶组织施加精确影响。总的来说，这些数据有助于推翻以往的许多错误假设。例如：（1）交感节前神经元广泛分叉，与节后神经元的突触拥有多种不同功能；（2）肾上腺髓质释放的肾上腺素和去甲肾上腺素，都能强化交感节后神经元的作用。这些数据有助于消除以下观念——交感神经系统以单调的全或无方式运作（Cannon, 1931），使我们能够进行重新定义。交感神经系统由多个离散的功能子单元组成，每个子单元都因中央回路结构和这些回路与不同传入的突触连接而展示出特征化的放电模式。总之，自主神经系统的结构使得功能特异性在很大程度上成为可能。

通过仔细检测几个离散功能子单元，自主神经系统的结构能得到最好的诠释。例如，已经确定了两种不同的交感血管收缩神经元。第一种是交感肌肉血管收缩神经元，是去甲肾上腺素能轴突，与大、小动脉相关，在调节血压以应对环境需求中发挥关键作用。这些神经元自发活动，而且处于动脉压力感受器强大的抑制控制之下，伴随着每次心跳表现出有节奏的抑制（Wallin & Fagius, 1988）。这些神经元由身体表面的痛觉感受器和膀胱与结肠的扩张敏感感受器激活，受皮肤输入的低阈值机械刺激感受器的抑制。它们的活动也受呼吸调节，但是不受中枢温度感受器活动影响（Janig, Sundlof, & Wallin, 1983）。相反，皮肤血管收缩神经元在体温调节中发挥作用。这些神经元也是自发活动，但是与肌肉收缩神经元不同，它们不受动脉压力感受器调控或者受调控非常微弱（Blumberg, Janig, Rieckmann, & Szulczyk, 1980）。与肌肉收缩神经元不同，皮肤血管收缩神经元受痛觉感受器和其他身体输入（例如三叉神经鼻腔传入）的刺激抑制，而可被低阈值的皮肤机械性刺激感受器输入的刺激激活（Blumberg et al., 1980）。这些神经元对呼吸不敏感，但是对脊髓变暖有抑制反应（Janig, 2006），这与它们的体温调节作用一致（见图3.2）。

除了这两种不同类别的交感收缩神经元以外，交感神经系统还有其他功能不同的交感非血管收缩通道。例如，两条单独的交感神经肾上腺髓质通道已经得到了确定，一条调节肾上腺素释放，另一条调节去甲肾上腺素释放（Vollmer, 1996）。这些通道再次显示了特定功能的作用路径。例如，低血糖能强烈激活肾上腺素能神经通路，但是无法激活去甲肾上腺素能通路（Morrison & Cao, 2000）。自主神经系统的离散功能子单元也在个体的代谢通道方面得到了描述。例如，脂类分解（Bartness, Shrestha, Vaughan, Schwartz, & Song, 2010; Morrison, 2001）、肝脏糖异生（Shimazu & Fukuda, 1965）、胰岛素和胰高血糖素释放（Bloom & Edwards, 1975）。在盆腔器官方面，同样至少有三种功能不同的交感非血管收缩运动调节神经元已被确认（Janig, 2006）。第一种神经元在膀胱收缩/扩张时兴奋，但是在结肠收缩/扩张时抑制。第二种神经元与第一种相反，在膀胱收缩/扩张时抑制，但是结肠收缩/扩张时兴奋。第三种神经元只在肛管扩张时才会被激活。它们都没有显示出呼吸节律或者压力感受器反应，再次表明离散功

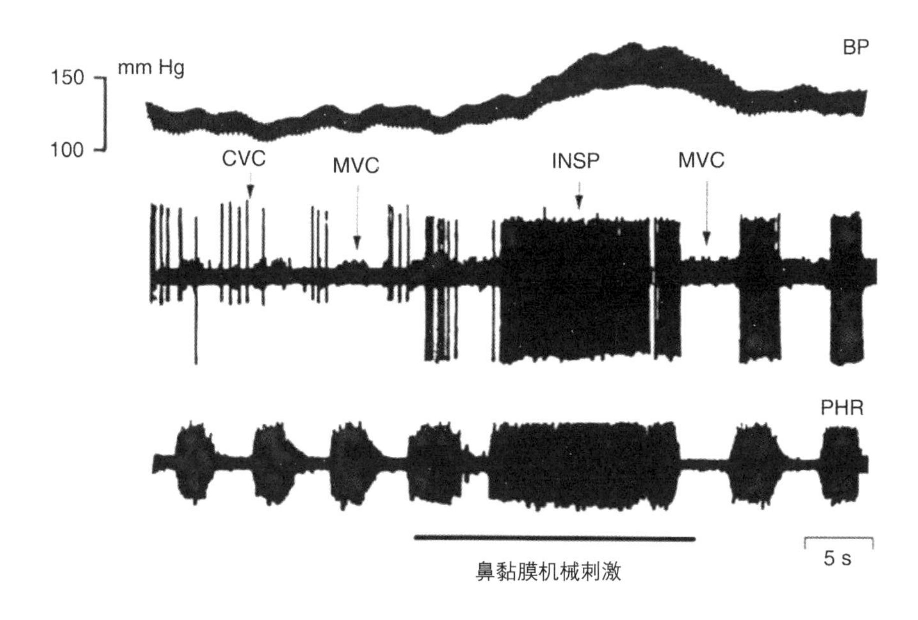

图3.2 自主神经元的不同亚类呈现功能反射活动的不同模式。该图显示了随时间变化的血压变化和不同类型交感神经节前神经元激发率变化，以及对鼻黏膜机械刺激的变化（标记于底部）。第一行表明舒张压和收缩压变化。第二行表明麻醉老鼠的三种神经元活动——皮肤血管收缩神经元（cutaneous vasoconstrictor, CVC）、吸气神经元（inspiratory, INSP）和肌肉血管收缩神经元（muscle vasoconstrictor, MVC）。每种神经元通过不同放电形状区分。第三行表明膈神经活动（吸气时活动）。刺激前，CVC神经元呼气时活跃而不是吸气时活跃，MVC神经元吸气时活跃而不是呼气时活跃，INSP神经元总是沉默。鼻黏膜的伤害性机械刺激被认为吸气和呼气时抑制CVC神经元活动，激活MVC神经活动（即使鼻黏膜刺激终止之后它们仍然持续）。注意，血压增加和连续肌肉收缩神经元放电相关。经剑桥大学出版社授权转载自费尼格（Janig）的《自主神经系统的整合作用》（*The Integrative Action of the Autonomic Nervous System*）

能子单元受到中央回路和这些回路与不同传入突触连接的不同调节。

作为自主神经系统离散功能子单元的神经生理学证据的补充，交感神经节前和节后神经元的组织化学研究表明，功能不同的自主神经元（由它们的靶组织定义），由与它们的典型神经递质共存的神经肽分布所区分。这一发现助推了自主神经元神经编码概念的诞生（Furness, Morris, Gibbins, & Costa, 1989）。总之，多功能离散通道能使自主神经系统在广泛的人类行为中支持单个器官不同的稳态和代谢需求，为情绪特定的自主反应提供必要的硬件。

生理反应与情绪之间是什么关系？

从概念上来说，情绪和离散生理反应之间的潜在关系范围，涵盖从紧密的一一对应关系到没有关系（例如完全不相关；Cacioppo & Tassinary, 1990）。虽然现在这些极端立场很少得到赞同，但是文献中仍存在几个有关情绪的特定生理模式的相反立场（Kreibig, 2010）。立场的多样性最好通过仔细研究一些例子来领会。首先，在元分析研究发现的情绪特定生理反应异质性的基础上（Cacioppo, Berntson, & Larsen, 2000），巴雷特（2006）认为“无法自信断言各种情绪是独特的而且拥有不变的自主信号”。相反，她认为，生理反应模式遵循更一般的威胁、挑战和正负情感维度。她还认为，自主神经系统活动的调动，是为了满足与实际或者预期行为相关的代谢需求，而且不同行为已经被证明既非情绪特定的，也非环境不变的（Lang, Bradley, & Cuthbert, 1993），因此，情绪特定的自主模式是不存在的。

相反，斯特穆勒（Stemmler）（2004）认为，考虑到个体情绪对人类适应的明确作用，存在情绪特定的激活模式是可能的。他特别指出，因为情绪与不同目标相关联，所以情绪的自主活动需要采用不同的模式，以有区别地进行行为准备、对有机体进行保护。此外，考虑到中枢神经系统的组织是为产生整合反应模式而不是单个孤立变化（Hilton, 1975），所以可能个体生理变量是有利于多个此类模式的。因此，他强调研究生理反应模式而不是单个孤立变量的重要性（Stemmler, 2004）。

然而，情绪的生理反应元分析结果提出了一种中间立场（Cacioppo et al., 2000）。尽管有研究发现了特定情绪的自主神经系统反应模式的一些可靠差异，但是也有研究揭示了特定情境效应。换言之，自主神经系统活动模式不仅在情绪之间不同，而且根据所使用的诱发特定情绪范式的不同而不同。在一篇特别有影响力的综述中，卡西奥普（Cacioppo）等发现，效价特定模式要比情绪特定模式更一致。尤其是，相比于积极情绪，消极情绪和更多的自主反应相联系。但是，正如最近被注意到的（Kreibig, 2010），该元分析的积极情绪（一种）和消极情绪（五种）的表征是不平等的，可能对结果造成显著偏差。有研究为该批判提供了依据，最近的一项关于情绪生理反应的全面文献综述，确实包含了丰富的积极情绪（例如喜爱、愉悦、满足、幸福、欢乐、高兴、自豪、惊喜），也确定了更高程度的特定情绪生理模式（Kreibig, 2010）。该研究结果与其他文献综述一致，承认不同情绪在自主反应唤醒方面通常有不同的模式（Mauss & Robinson, 2009）。

因此，不同情绪目前的立场范围，包括从高度特定的自主神经模式，到中等程度的模式（此种情况下反应的情绪特定模式也对情绪诱导方法敏感），再到自主模式的维度组织。然而每个立场都一致认同的是，生理反应模式在情绪分类或者情绪维度方面都存在差异。现在我们转向综述不同情绪之间模式化自主神经反应的实证证据。

不同情绪的模式化自主反应

本节将基于最近的一篇较全面的文献综述（Kreibig, 2010）对五种基本情绪生理反应的相关文献进行回顾，五种基本情绪包括恐惧、愤怒、厌恶、悲伤和愉快。本文试图综合文献，先简要概述与不同情绪有关的自主反应特征模式。但是需要指出的是，本文所报告的许多生理反应代表已经发表的模式结果。这些反应在文献中很少得到毫无争议的报告。我们也会对那些有碍于模式反应的确立或诱导条件潜在影响的阐明的冲突性结果进行讨论。对其他情绪（焦虑、尴尬、快乐、骄傲、放松）反应模式的讨论以及全面详尽的研究，请参阅克里比格（2010）的文献。

文献中所报道的结果主要基于心血管、呼吸和皮肤电反应指标测得。我们也汇总了部分其他可获得的自主轴的生理反应，例如瞳孔大小、体温以及胃节律。鉴于所观察的自主反应模式频繁发生且显著受到特定情境影响，我们也描述了每个研究的诱导范式及其对自主神经系统反应模式的可能影响。本节内容没有尝试对文献进行完备的综述，而是总结和强调最突出的研究。

恐惧

恐惧研究被应用于很多不同的恐惧诱发范式中，包括威胁性图片或者视频呈现、个人恐惧回忆、标准化想象，甚至真实生活实验操作，例如电击威胁。总体来说，恐惧自主反应研究已经确定了广泛的交感激活模式，包括心率、心肌收缩力、血管收缩和皮肤电增加（Kreibig, 2010）。然而值得注意的是，与愤怒反应相比，大多数调查外周血管阻力变化的研究证明，恐惧与外周血管阻力减小有关（Stemmler, Heldmann, Pauls, & Scherer, 2001）。交感激活的心脏和皮肤电反应的广泛增加，也伴随着迷走神经对心脏影响的降低（Rainville, Bechara, Naqvi, & Damasio, 2006），呼吸增加与血液二氧化碳水平降低相联系（Kreibig, Wilhelm, Roth, & Gross, 2007），呼吸速率增快间接减少了呼吸时间（Etzel, Johnsen, Dickerson, Tranel, & Adolphs, 2006; Kreibig et al., 2007）。

大量恐惧（甚至是其他情绪）生理反应研究只记录了一两种通道的生理反应，通常是心率和皮肤电导反应。大多数研究报告了心率增加和/或皮肤电活动增加（通过诱发的SCR、非特定SCR、SCL的增加测得），表明存在一种更一般的激活反应。而同时联合评估了多个心血管和/或心肺参数的研究给出了更完整的恐惧生理反应模式描述。这些研究报告了血管收缩的增加（通过手温降低、手指脉冲振幅和脉搏传导时间降低测得），也发现了心率加快。此外，也经常有研究报告发现了相关血压（收缩压、舒张压、平均动脉压）升高（Kreibig et al., 2007）。相反，外周血管阻力测量通常表明血管阻力降低（Stemmler et al., 2001）。

测量发现，恐惧相关心率增加伴随着心肌收缩力增加（泵血速度增加、泵血前间隔缩短、左心房泵血时间缩短；Kreibig et al., 2007; Stemmler et al., 2001）。心肌收缩力变化会导致心脏泵血功能变化，但是尚不清楚这些变化对心搏量和心脏输出量的影响。交感神经的心脏控制增强也表现在P波幅度增强和T波幅度降低方面（Stemmler et al., 2001）。

与恐惧相关的迷走神经消退的证据来自多项研究，它们使用一系列测量方式测得了心率变异性降低。例如，连续呼吸频率间隔的平均差，连续呼吸频率间隔差异的均方根，谱分析呼吸窦性心率不齐（Gilissen, Bakermans-Kranenburg, van Ijzendoorn, & van der Veer, 2008）。一些兼具心血管和呼吸测量的研究报告指出，恐惧刺激会引起心率和呼吸加快(Levenson, Heider, Ekman, & Friesen, 1992; Rainville et al., 2006），特别是会减少呼气时间（Etzel et al., 2006; Kreibig et al., 2007）。容积测量也发现每分钟通气量提高（Kreibig et al., 2007），气体交换分析发现二氧化碳分压降低（Kreibig et al., 2007），这些都与通气率增加相一致。此外，诸如呼吸幅度、吸气流速等，都有相关研究涉及（Rainville et al., 2006）。

在动物行为研究中，“捕食者迫近连续体”（predatory imminence continuum）的概念经常用来研究对威胁或者引起恐惧的刺激的反应。恐惧刺激的急迫性被认为调节随之而来的战斗、逃跑或僵住反应（Blanchard & Blanchard, 1990）。对那些报告心率降低而不是增加的人类研究的恐惧诱发背景的探索是十分有趣的。一些研究使用“真实生活式”的恐惧诱导范式（例如突然或者意外停电），另一些研究使用视频片段作为恐惧刺激诱发恐惧情绪（Fredrickson & Levenson, 1998; Stemmler & Fahrenberg, 1989）。因此，这些研究中的被试可能有更深程度的恐惧迫近连续体（fear imminence continuum），他们的反应具有更多固定化特点，而不是与交感神经抑制有关的积极应对反应。威胁急迫性在恐惧反应研究中的重要性，获得了一项人类神经成像研究的支持，其主要研究人类神经结构对于威胁迫近的敏感性（Mobbs et al., 2007）。该研究表明，随着威胁的迫近，从腹内侧前额叶活动到中脑导水管周围灰质活动的转换，可能中介了交感神经输出抑制回路的激活。

愤怒

愤怒生理反应模式研究会应用多种愤怒诱发范式，包括通过骚扰事件或压力性面试、图片、视频片段、指定的面部动作、个人愤怒回忆等进行愤怒的真实生活诱导。但是应当指出的是，和恐惧或者愉悦等情绪不同，使用图片或者视频片段作为愤怒情绪诱发刺激，可能会引起相应的恐惧反应。解释愤怒生理反应模式的意义会在下文讨论。

骚扰事件或者个人回忆情境所诱发的愤怒，会引起交感神经活动增强、心脏副交感神经影响降低、呼吸频率加快。研究所观测的交感神经活动包括 α 和 β 肾上腺素调节的心血管反应（例如心率、收缩压和舒张压增加，与恐惧不同的外周血管阻力增加）和汗腺的胆碱能调节效应（特异性和非特异性皮肤电导反应和皮肤电导水平增加）。通常这种情境诱发的愤怒也与心输出量增加相关（Prkachin, Mills, Zwaal, & Husted, 2001），而所报告的心搏出量变化更大。个人愤怒回忆研究发现了类似的交感神经调节心血管效应（然而没有外周血管阻力变化）（Sinha, Lovallo, & Parsons, 1992），但是压力面试诱发的愤怒没有呈现出心率增加（Adsett, Schottstaedt, & Wolf, 1962）。

其他结果，例如泵血前期缩短、左心室泵血时间减少、T波幅度降低，进一步将愤怒反应特征化为 α 和 β 肾上腺素调节反应（Kreibig, 2010）。手温、脉搏幅度和脉搏传导时间的降低、缩短，表明了愤怒对外周血管收缩的影响，而额头温度升高则表明愤怒加速了面部血液循环（Stemmler et al., 2001）。有趣的是，恒河猴研究也发现，诱发愤怒和其他消极情绪会引起面部血流量和温度增加（Nakayama, Goto, Kuraoka, & Nakamura, 2005）。基于心率变异性测量，多数研究报告了愤怒相关的心脏副交感神经抑制(Christie & Friedman, 2004）。大多数这方面的研究表明，愤怒使呼吸活动增加，尤其是呼吸速率增加（Ax, 1953; Levenson et al., 1992; Rainville et al., 2006）。

正如本节引言所述，愤怒表情图片所诱发的反应不同于骚扰材料所诱发的反应。具体而言，愤怒表情的生理反应包括心率减慢而不是加快，皮肤电导水平降低而不是增加，心率变异性增加而不是减少（Dimberg & Thunberg, 2007; Jonsson & Sonnby-Borgstrom, 2003）。这种生理反应模式表明诱发的是恐惧反应而不是愤怒反应，可能由于愤怒表情固有的威胁性诱发了相应的恐惧情绪，而未反映愤怒。因此，愤怒表情效应似乎比恐惧和愉悦的感染力更弱，更容易引起相应的其他反应。

有研究表明一些生理模式差异也与愤怒的动机方向有联系。例如，接近定向的愤怒的特征是心率不变，回避定向的愤怒的特点是心率减缓（Stemmler, Aue, & Wacker, 2007），自我定向的愤怒的特点是心率增快、心搏出量和心输出量增加、收缩压和舒张压不变、总外周血管阻力下降（Adsett et al., 1962）。总之，研究结果表明，动机方向可能影响愤怒引发的心率和 α 肾上腺素能反应，而且除动机方向外，还可能存在其他愤怒亚型。

厌恶

受保罗·罗辛（Paul Rozin）对不同形式厌恶的开拓性工作的影响（Rozin, Lowery, & Ebert, 1994），大多数厌恶自主反应研究都使用核心的、污秽相关的、吞食或者延伸的、身体边界侵犯的材料等作为厌恶刺激。核心厌恶诱发刺激包括难吃食物的图片或者视频、有蛆虫的食物、臭味、吐出食物的恶心表情、肮脏的厕所或者蟑螂图片。与之不同，诱发身体边界侵犯厌恶的刺激包括打针图片、肢体残缺场景、血腥场景和手术视频。这些广泛的厌恶诱发刺激也与面部表情特征有关。例如，核心厌恶的特点是皱鼻子、张开嘴巴和吐舌，而身体边界侵犯厌恶的特点是上唇内缩（Rozin et al., 1994）。下文的讨论会区分与不同形式厌恶相联系的生理反应。

大体上来说，核心厌恶诱发刺激的自主反应特点是交感神经和副交感神经指标增加。核心厌恶与心率增加或者不变、心率变异性增加和心搏出量减少有关（Kreibig, 2010; Prkachin, Williams-Avery, Zwaal, & Mills, 1999），总外周血管阻力也有提高。核心厌恶对呼吸的影响包括呼吸速率加快，间接影响包括吸气时间和呼吸量减少（Kreibig, 2010）。这项发现是值得关注的，因为它与通常所见的呕吐前吸气时间增加不相符。需要注意的是，在核心厌恶的静态图片影响下，皮肤电导反应（SCR）不变或者有时降低，在核心厌恶的电影片段影响下，非特异性皮肤电导反应不变（Kreibig, 2010）。

身体边界侵犯厌恶诱发刺激的自主反应特点是心脏交感神经活动降低、皮肤电活动增加、呼吸加快、心搏出量和总外周血管阻力不变（Rohrmann & Hopp, 2008），同时T波波幅也有增加。几个研究发现了不太寻常的心率反应时间模式，包括早期和晚期心率减速，中间被一个简短的加速期所分隔（Winton, Clark, & Edelmann, 1995）。总之，结果表明出现了心脏交感神经活动降低和皮肤电反应增加，同时心脏迷走神经活动不变或者降低（Harrison, Gray, Gianaros, & Critchley, 2010）。也有研究发现，相对于核心厌恶或者污秽厌恶，身体边界侵犯厌恶会引起更强的皮肤电反应（Bradley, Codispoti, Cuthbert, & Lang, 2001）。

有趣的是，不同厌恶形式引发的心输出量减少有别于其他消极情绪所引发的结果，后者通常与心输出量增加有关。而且不同于其他消极情绪，核心厌恶与心率变异性增加有关。与厌恶相关的其他心血管测量结果似乎变异很大，没有出现可识别的模式，例如舒张压、收缩压、平均血压、心脏泵血前期、左心室泵血时间、脉搏传导时间（Kreibig, 2010）。

不同的情绪诱发范式（例如图片观看、视频观看、个性化回忆等），不论厌恶形式如何，都一致报告了皮肤电活动增加（SCR和非特异SCR增加）（Lang et al., 1993）。然而，也有研究表明，皮肤电反应特征可能随着情绪诱导范式的变化而改变。例如，闻厌恶气味比观察厌恶面部表情引起更久的皮肤电导反应（Kreibig, 2010）。

非专业观点认为厌恶感和胃肠道反应有关系，令人惊讶的是到目前为止，很少有研究调查厌恶与胃收缩或者其他相关电活动变化的关系。仅有少部分研究发现核心厌恶与正常胃收缩减少有关（正常胃电活动的频率是每分钟三个周期；Jokerst, Levine, Stern, & Koch, 1997; Stern, Jokerst, Levine, & Koch, 2001），或者与胃动过速反应增加有关（胃电活动增加是指每分钟四个周期以上；Harrison et al., 2010）。有一项研究比较了核心厌恶与身体边界侵犯厌恶引起的胃反应，结果显示核心厌恶更能引起胃动过速反应（Harrison et al., 2010）。该领域相关的少部分研究发现，胃动过速反应与晕车症的恶心感觉有关（Levine, 2005），表明恶心体验与核心厌恶之间存在潜在关联。最近一项研究也表明，视觉厌恶刺激会引起涎腺炎性细胞因子增加（Stevenson, Hodgson, Oaten, Barouei, & Case, 2011）。

悲伤

大体上来说，悲伤的自主反应表明存在交感与副交感神经同时激活的异质性模式。通过是否表现出哭泣划分悲伤形式，这个模式可以被进一步定义（Kreibig, 2010）。仅有几个研究考虑了哭泣的状态，分离了哭泣相关悲伤的交感激活、非哭泣相关悲伤的交感与副交感神经减退（Gross, Frederickson, & Levenson, 1994）。有意思的是，没有报告哭泣状况的研究发现，存在两种悲伤相关的生理活动模式（Kreibig, 2010）。第一种是激活反应，与哭泣悲伤存在部分重叠的生理反应，特点是交感心血管控制增加，呼吸活动不变。第二种是去激活反应，与非哭泣悲伤存在部分重叠的生理反应，特点是交感神经的功能减退。与其他消极情绪相比，去激活/非哭泣悲伤的进一步特征是皮肤电活动减弱（Christie & Friedman, 2004; Gross & Levenson, 1997）。

哭泣悲伤的生理反应包括被广泛报道的心率增加、皮肤电导水平提高或者非特异性皮肤电导反应增加（Gross et al., 1994），还有血管收缩增快（手指脉冲幅度和温度降低）（Gross et al., 1994）、呼吸速率增快（Gross et al., 1994）。相似地，通过电影片段、个性化的回忆或者指导性面部活动诱发的悲伤，通常伴随着心率增快、皮肤电导水平增加、血管收缩增快和呼吸速率增快（Ekman, Levenson, & Friesen, 1983）。利用个性化回忆诱发悲伤的研究也报告了收缩压、舒张压、血管总外周阻力的增加（Prkachin et al., 1999），心输出量、心搏出量和手指温度有所降低或保持不变（Prkachin et al., 1999），而心率变异性没有呈现出明显模式。对呼吸的影响包括呼吸周期增加和呼吸周期变异性增多（Rainville et al., 2006）。

相比之下，非哭泣的悲伤反应包括心率减缓、皮肤电导反应降低、心率变异性降低和呼吸率增快（Gross et al.,1994; Rottenberg, Wilhelm, Gross, & Gotlib, 2003）。有趣的是，大多数研究均使用视频、音乐或者标准化的图像诱发悲伤情绪，报告去激活悲伤反应。视频诱发悲伤的特点是心脏激活减弱和皮肤电活动降低，特别是心率减缓、心率变异性增加或者不变，舒张压和平均动脉压增高或者不变，血管收缩量降低（Kreibig, 2010）。也有呼吸活动降低及随后所导致的二氧化碳分压增高的报告（Kreibig et al., 2007）。类似地，音乐或者标准化图像所诱发的悲伤表现出心率和呼吸率下降（Etzel et al., 2006）。

除了上述所报告的观看或者体验悲伤情绪时的心血管和皮肤电反应模式，有一项研究也确定了视觉生理反应的作用，即知觉悲伤面部表情时的瞳孔大小。在该研究中，哈里森（Harrison）及其同事认为，在悲伤表情背景下，瞳孔变得越小表明悲伤体验强度越大（Harrison, Singer, Rotshtein, Dolan, & Critchley, 2006; Harrison, Wilson, & Critchley, 2007）。瞳孔收缩表明副交感神经影响增强或者交感神经影响减弱。这项研究暗示瞳孔收缩可能有助于构建悲伤相关的生理反应模式，这一观点获得了最近又一项单被试研究的支持。尽管研究中的女性被试对光线缺少瞳孔反应，但是在哭泣相关的悲伤情境下，她的瞳孔明显收缩（del Valle & Garcia Ruiz, 2009）。

总之，已发表的文献表明，存在两类与悲伤相关的广义生理反应模式——激活反应和去激活反应——实质上与所观察的哭泣和非哭泣悲伤的生理反应模式重叠。因此在悲伤情境下，需要考虑产生的到底是激活还是去激活的生理反应。克里比格（2010）在最近的一篇综述中提到，基于与悲伤相关的损失迫切性，两种模式存在潜在分离。例如，激活模式通常发生在描述损失迫近的视频反应中（例如一名男子与垂死的姐姐谈话）。相比之下，去激活模式通常发生在描述已发生损失的视频反应中（例如一名小男孩在父亲过世后大哭）。预期悲伤和经历损失后或者正在经历的悲伤相反，它们可能存在相互分离的生理反应，在不同的悲伤生理反应中发挥作用（Kreibig, 2010）。

愉快

诱发愉快情绪的范式有很多，包括指导性表情动作，个性化回忆，标准化图像、视频、音乐等。愉快的生理反应模式特点是心脏活动性增强、迷走神经功能间接减弱、血管舒张、皮肤电反应增加、呼吸活动增加。该模式表现出了有别于其他交感反应的一些特点，即 α 和 β 肾上腺素能降低、胆碱能调节作用增强。与很多消极情绪类似的是，愉快与心脏活动相关并间接减弱了迷走神经活动。而与很多消极情绪相反的是，愉快与外周血管舒张有关。

具体来说，愉快所导致的心血管反应通常包括心率增加、心率变异性减小或者不变。记录血压反应的研究通常也报告了收缩压和舒张压增高或者平均动脉压增高（Prkachin et al., 1999）。大量研究通过手指温度升高、手指脉冲幅度增加、手指和耳朵脉搏传导时间增加推断并描述了血管舒张（Levenson et al., 1992; Stemmler & Fahrenberg, 1989）。有时皮肤电反应活动（皮肤电导水平和非特异性皮肤电导反应率）增加也能见诸报告，尽管这一结论没有得到一致的报告。呼吸活动增加的证据源自呼吸率增加，及与此相关的呼气和吸气时间减少、呼气后的间隔时间减小（Kreibig, 2010）。

尽管本文仅考虑了一种积极情绪，但是重要的是当研究和特征化生理反应特点时，需要仔细区分不同的积极情绪（例如愉快、满足、欢乐、自豪、放松）（Kreibig, Gendolla, & Scherer, 2010）。有研究也认为愉快可能不是唯一的积极“基本情绪”，自豪也得到了普遍表达和识别（Tracy & Robins, 2004）。

研究结果小结

表3.1总结了五种基本情绪的生理反应模式，包括心脏、肺、胃、皮肤、外周血管、瞳孔和免疫系统等。如表3.1所示，当使用单一或者少数的生理测量指标时，往往无法揭示情绪特定的生理反应模式，而使用更广泛的记录方法时则能确定。此表也表明了情境的重要性，需要在情境中引发单独的情绪以获得相关生理反应模式（例如核心厌恶或者身体边界侵犯厌恶的诱发因子，以及激活或者去激活悲伤的诱发因子）。

情绪自主神经系统活动的输入效应

现在考虑生理学影响情绪的另一种因果方向，特别是在情绪体验方面。首先需要考虑的是内脏输入神经元的解剖学和生理学作用，及其在情感形成中的潜在作用。

表3.1 每种情绪相关的生理反应总结

器官	恐惧	愤怒	厌恶	悲伤	愉快
心脏	↑HR ↑心肌收缩性 ↓HRV ↑血压	↑HR ↑心肌收缩性 ↓HRV ↑血压	c↑b↓HR c↓心搏量 cb↓心输出量 c↑b↔HRV ↑血压	a↑d↓HR a↓心搏量 a↑心输出量 a↓d↑HRV a↑d↓血压	↑HR ↓HRV ↑血压
肺	↑呼吸率 ↓CO_2 ↓呼气时间	↑呼吸率	cb↑呼吸率 c↑呼气时间 c↓吸气时间	ad↑呼吸率 d↑CO_2	↑呼吸率 ↓呼气时间 ↓吸气时间
胃			↑胃动过速 ↓胃正常		
汗腺 外周血管	↑EDA ↓指温 ↓脉搏传导时间 ↓总外周阻抗	↑EDA ↓指温 ↓脉搏传导时间 ↑总外周阻抗	↑EDA c↑b↔总外周阻抗	a↑d↓EDA d↓指温 d↑脉搏传导时间 a↑总外周阻抗 ↓瞳孔大小	↑EDA ↑指温 ↑脉搏传导时间
瞳孔 免疫系统			↑唾液 TNF ↓唾液 IgA		

注：HR = 心率，HRV = 心率变异的高频成分（副交感影响心脏的指标），EDA = 皮肤电活动，TNF = 肿瘤坏死因子，IgA = 免疫球蛋白A。厌恶：c = 核心厌恶，b = 身体边界侵犯厌恶。悲伤：a = 激活悲伤，d = 去激活悲伤

内脏输入神经元

正如前文所讨论的，生理输出和输入都在情绪中发挥作用。虽然情绪的生理反馈假说比生理反应模式受到的关注少，但是潜在的生理结构仍然值得讨论。除了自主神经系统内脏器官的组织特异性输出控制，大脑也接受源自内脏的输入反馈，通路中包括神经元、激素、化学物质和物理介质（Janig, 2006）。这种连续输入反馈提供了关于稳态参数状态的信息，如血氧水平、碳酸氢盐水平、葡萄糖水平以及脂肪存储量，它们能够为内脏、体循环动脉血压、内分泌腺体活动的填充状态以及免疫系统的状态提供信号。本节重点介绍神经反馈机制，尽管激素、化学和物理的反馈机制也与该神经通路的中枢成分发生交互作用。例如摄食相关肽循环（胰高血糖素样肽-1和胰多肽）对胃运动、胃酸分泌物或饱的感觉的影响，可能通过直接作用于脑极后区域来调节（Travagli & Rogers, 2001）。该脑区域血脑屏障弱，神经连接于迷走神经输入核和迷走输出背侧运动核（Rogers, McTigue, & Hermann, 1995）。

胸、腹部和骨盆腔的内脏器官受到迷走神经和脊髓内脏输入神经元支配，这些神经元将内脏器官的物理和化学物质输送到脑干和脊髓（Janig, 2006）。这些输入反馈信号连接到自主运动层次结构的所有水平，包括脑皮层中心，例如脑岛，它被认为是负责意识知觉（Craig, Chen, Bandy, & Reiman, 2000）和调节行为状态的区域（Swanson, 2000）。迷走输入神经占全部迷走神经纤维的80%—85%，分为几种功能类型。有些例外的是，它们不参与内脏痛觉，但是与内脏其他感觉有关，例如饥饿、饱腹、渴、恶心以及呼吸的感觉（Morley, Levine, Kneip, & Grace, 1982）。迷走神经输入亚群由炎症过程和炎症细胞因子所激活，例如肿瘤坏死因子（TNF-alpha）和白细胞介素（IL-1beta; Goehler et al., 1997），激活后产生“疾病行为”（Bluthe et al., 1994; Harrison et al., 2009）——感染炎症所引起的认知、情绪、行为和动机改变。

迷走神经输入通过局部内脏投射到髓质孤束核（nucleus tractus solitarius, NTS）。迷走神经输入激活所产生的感觉被表征在背侧脑岛中部（Craig & Blomqvist, 2002）。在灵长类动物中，迷走输入神经元所诱发的感觉由内脏组织通路调节。从孤束核直接或者间接地通过臂旁核的外部内侧核投射到丘脑腹内侧核基部，再投射到背侧脑岛（Craig, 2002）。味道由胃肠纤维束前端表征，呼吸和心血管系统被表征在更尾端。

除迷走神经输入纤维外，内脏也受脊髓内脏输入神经元支配。脊髓输入纤维投射到脊髓灰质的板层Ⅰ层、Ⅴ层和更深层（Craig & Blomqvist, 2002），与内脏疼痛和非疼痛的感觉相关。与脊髓内脏输入神经元有关的感觉（例如热和疼痛）可能源于Ⅰ层的上行神经元，构成功能各异的神经通道，由支配皮肤、深部躯体组织及内脏的输入神经元激活。在灵长类动物中，Ⅰ层神经元直接投射到丘脑腹内侧核后部。丘脑腹内侧核后部位于丘脑腹内侧核基部的尾侧（Craig, 2002）。

背侧脑岛是内感受的基本感觉皮层，表征与身体组织状态有关的感觉，包括内脏器官（Craig et al., 2000）等的感觉。有研究者认为，在前脑岛进行的对所有身体组织的生理状态与其他背景信息的再表征和整合，为有意识知觉个体内部生理状态（内感受）和情绪感觉提供了一个神经基础（Craig, 2002; Critchley et al., 2004; 见图3.3）。这些结构可能为自主反馈机制提供了生理基础，以支持自主感觉在情绪的产生和情感的心理表征中发挥作用。

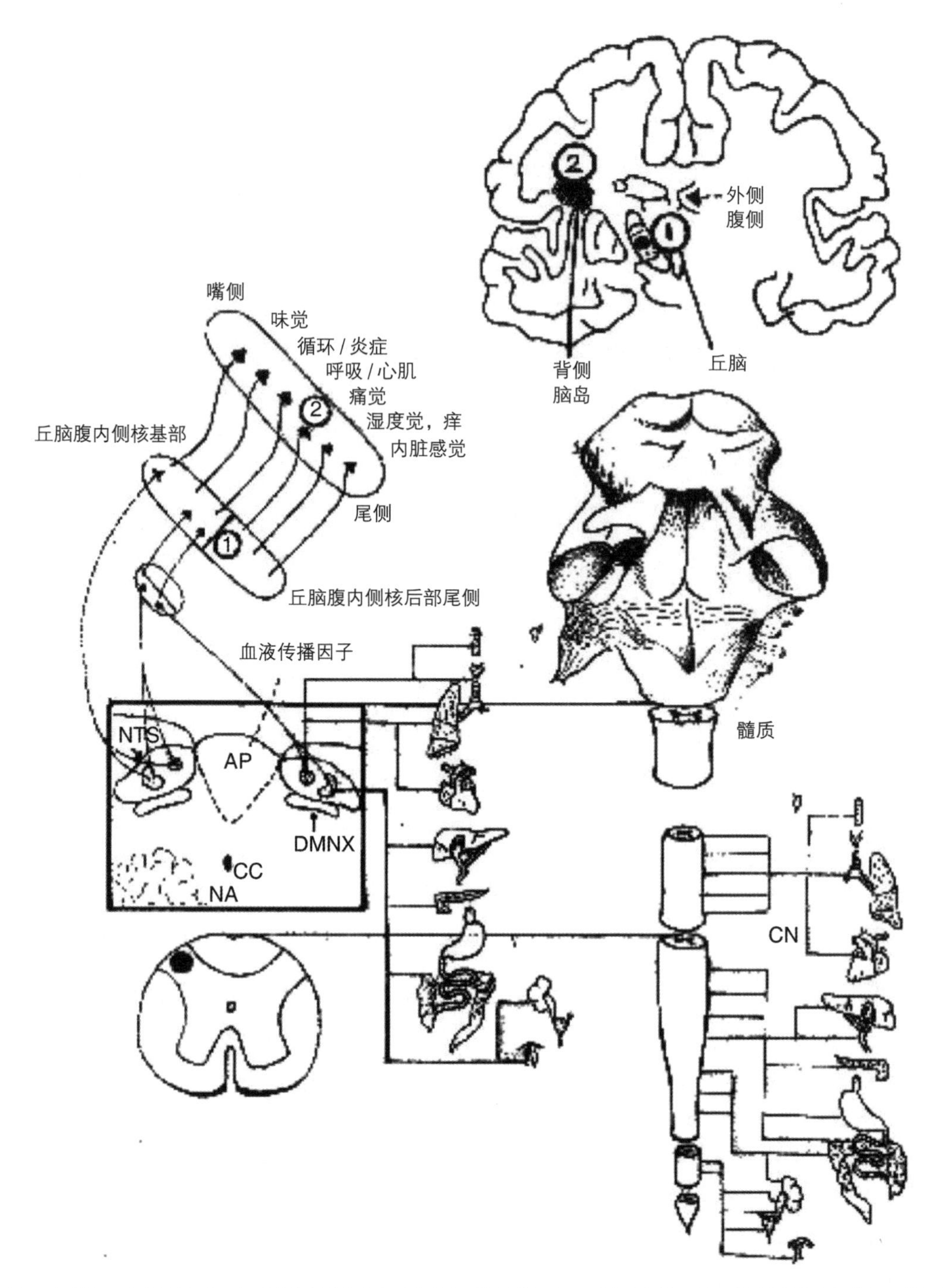

图3.3 内脏传入通路的示意图。脊髓内脏传入神经投射至脊髓第一层，与面神经、舌咽神经和迷走神经一起投射至孤束核（NTS）。血源性介质（如促生长素、血管紧张素）经邻近最后区（adjacent area postrema, AP）处理。延髓横切面显示了传入NTS、AP与传出迷走神经背侧运动核（vagus dorsal motor nucleus, DMNX）、疑核（nucleus ambiguus, NA）的密切解剖关系和连接。来自板层I和NTS的内脏传入纤维直接或通过臂旁核的外内侧核向丘脑腹内侧核的基部和后部分别投射。纤维投射至脑岛后部/中部，同时维持其内脏组织。我们非常感谢萨拉·加芬克尔（Sarah Garfinkel）博士提供这一数据

情绪感受的外周生理反应作用

当遇见一只熊时，我们是因为害怕而跑开，还是因为跑开所以害怕？一百多年以前，威廉·詹姆斯（William James）就提出了“什么是情绪”这一问题（James, 1894）。然而，内脏输入信号对于不同情绪的独特体验是否必要，仍是情感神经科学尚未解决的关键问题（Cacioppo et al., 2000; Rainville et al., 2006）。赫斯早期挑战詹姆斯-兰格理论，认为情绪感受源自人体生理变化的中央表征，之后坎农认为自主神经输出太缓慢且过于低分化而不能形成特定情绪反应模式（Cannon, 1931）。

这些年来对詹姆斯-兰格理论的每个批评都获得了关注。例如，达马西奥（1999）认为存在“近似环路”概念，类似于运动理论中的输出复制。该概念考虑了生理运动指令产生的实时中央表征，而且提供了一个检测生理活动外周变化的时间敏感系统。类似地，关于自主活动分化，研究表明交感（Morrison, 2001）和副交感（Porges, 2007）神经系统能够敏锐地进行器官特异性调节，这强有力地反驳了上述观点，并导致了躯体理论的复兴（Damasio, 1994）。

如“不同情绪的模式化自主反应”部分所述，外周自主活动的情绪特定模式在许多基本情绪中都被报告过。同样，神经活动的情绪特定模式也与不同情感状态相关（Damasio et al., 2000）。在一项核心厌恶和身体边界侵犯厌恶实验中，研究者采用fMRI和心脏与胃活动同时记录相结合的方式，解决了情绪特定外周生理模式的中央神经表征是否有助于形成所报告的主观感觉状态这一难题（Harrison et al., 2010）。这个研究表明，核心厌恶与身体边界侵犯厌恶和不同的心脏与胃反应相关。而且对在前脑岛的外周生理变化的中央表征，和体验核心厌恶或者身体边界侵犯厌恶的脑岛区拥有共同脑区（见图3.4）。总之，研究表明中/前脑岛区域提供了情绪相关的外周生理变化及其主观情绪体验的来到，意味着存在一个潜在神经基础，通过该基础，外周生理的神经变化可能有助于情绪的感觉状态。

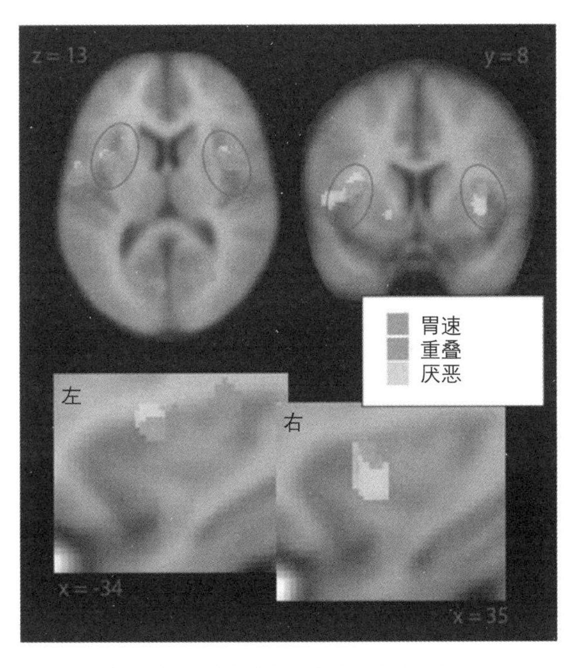

图3.4　对厌恶的主观感受的脑岛激活的共同定位和胃速反应的相应增加。图中黄色区域表示大脑对厌恶（包括核心和身体边界的侵犯）的反应，蓝色的区域表示相应的胃速反应。绿色显示的是均激活的区域，这表明支撑主观厌恶感的脑岛区域也能反映周围胃的反应。$p < 0.005$。转载自哈里森等（2010）。彩色版本请扫描附录二维码查看

实用意义、未来挑战和突出问题

最后一部分讨论这些研究结果对于探索情绪反应生理学的实用意义。特别是关于要测量的生理通道的数量以及心理与生理测量背景的问题。

生理活动应该测量多少通道?

前文表明功能各异的通道构成了自主神经系统，调节人体内脏功能的所有方面。通过单个交感和副交感神经纤维的显微神经成像研究，许多通道的功能特异性及其通过中枢神经控制机制进行的独立调节已被证明（如图3.1所示）。但是迄今为止，即使是调查不同情绪的生理反应的最精密的研究（Stemmler et al., 2001），也只测量了十多个外周自主活动指标。大多数已发表的研究主要集中于心血管、呼吸和皮肤电系统的变化。然而，生理反应的情绪特异性模式不可能仅限于这些器官。事实上，其他器官的生理反应——悲伤时的瞳孔反应（Harrison et al., 2007）、厌恶时的胃反应（Harrison et al., 2010; Jokerst et al., 1997）甚至愉快（Matsunaga et al., 2008）和厌恶（Stevenson et al., 2011）时的外周免疫系统反应——都有被观测到。

此外，使用显微神经成像直接采样多个功能亚单元，对大多数生理研究来说均不可行。相反，间接测量可以发挥替代作用，例如心脏跳动间隔的频域分析。虽然许多指标（例如心率）拥有相对容易测量的优势，但是它们在区分功能亚单元内的活动，甚至在区分交感与副交感神经对单个器官的影响方面的价值，往往是含糊不清的。同样，采用独特的便于测量的措施，诸如皮肤电导反应，作为交感神经兴奋的概括测量，最好的结果是一无所获，最坏则可能导致在模式化交感活动中产生对情绪相关变化的错误结论。因此，在各个器官系统内部或者之间仔细选择对功能各异自主神经通路敏感的多个生理指标，将有益于未来以区分情绪特定的生理反应为目标的研究。因此，在清楚理解哪种通道对特定情绪最具代表性、对某种情绪对比最具区分性之前，全面采样是必需的。

值得注意的是，最近一项研究发现，如果选择最大区分度的测量，只要五种测量指标——射血前期、皮肤电反应率、呼气末二氧化碳分压以及皱眉肌和颧大肌两块面部肌肉，就可能足以区分两种情绪状态（例如恐惧和悲伤）（Kolodyazhniy, Kreibig, Gross, Roth, & Wilhelm, 2011）。然而，为了确认这些具有最大区分度的反应测量方式，有必要广泛评估自主神经系统的功能，因为能区分一种情绪对比（例如恐惧和悲伤）的反应测量方式，未必能区分其他情绪对比（例如恐惧和愤怒；Kolodyazhniy et al., 2011; Stemmler, 2004）。

物理和心理背景的作用是什么?

前文对情绪特定生理模式的讨论反复提到，诱发情绪的情境影响所观察的自主反应模式。以往研究认为，物理和心理方面的背景因素，例如身体活动、身体姿势、注意力和心力（mental effort），可能导致单个情绪的生理模式元分析一致性较低（Stemmler et al., 2001）。由于不同研究中物理和非情绪的心理背景差异较大，可以预见情绪特定生理模式的低一致性。

情境偏差特异性的概念将情绪特异性视为一个条件概念，即情绪刺激能对情境相关的生理模式产生影响。因此，情绪和情境对所观察的生理反应模式的影响通常令人困惑。只有解开这个困惑，情绪特异性才能被证明。因此可能只有当生理反应的情绪与情境模式和情境单独模式存在系统和特异偏差时，情绪特定的生理反应模式才能被找到。目前，很少有研究系统调查情境与情绪混淆或者情境偏差特异性的效度（Kreibig, Wilhelm, Gross, & Roth, 2005; Stemmler et al., 2001）。这需要未来研究考虑。

生理背景的作用是什么？

除了心理背景外，环境刺激加工也被刺激呈现时的机体内脏状态所影响。正如上文内脏输入部分所讨论的那样，大脑接受关于内部身体功能的连续输入的信息。心血管动态平衡取决于这种反馈，尤其是来自主动脉弓、颈动脉窦压力感受器的相位信号，它们由心脏收缩时血容量增加激活。众所周知，心脏收缩时压力感受器激发，以组织特异方式调节自主神经输出反应，例如当皮肤交感神经输出不变时抑制肌肉交感神经（Wallin & Fagius, 1988）。有趣的是，疼痛刺激的中枢加工及随后的疼痛知觉也受到生理状态影响，包括静息血压和心跳周期时间（例如收缩和舒张；Gray, Minati, Paoletti, & Critchley, 2010）以及通过心跳周期的特定阶段给颈部施加压力，以实验性促进主动脉压力感受器激活。

同样，在心脏收缩早期阶段，意外的躯体感觉刺激呈现也抑制肌肉交感神经活动，而在心脏收缩之前呈现则不会产生抑制。有趣的是，这种模式在晕血症和昏厥患者中得到了放大，表明反馈机制支持心脏稳态对个体情感风格的塑造。我们实验室的最新数据表明（Gray et al., 2012），在心跳循环的不同点呈现简短的视觉情绪刺激，可能影响随后的生理反应和相关的主观体验。总之，数据表明，生理情境（例如心跳周期的时程甚至血压）既影响直接作用于身体而且动机显著的疼痛刺激加工，也影响视觉呈现的情绪刺激加工。生理情境（例如静息血压），或与周期性自主神经活动（例如呼吸和心跳）相关的刺激呈现时程，是否对情绪刺激的生理和主观反应存在广泛影响，仍然需要未来研究解决。

结论

本章从两个角度探讨了情绪反应的生理机制：从输出通道的角度，中枢情绪加工可能负责组织自主神经反应；反之，从输入通道的角度，外周内脏状态改变可能有馈于并且有助于情感体验。自主神经系统的解剖和中枢控制的综述表明，一个系统由多个功能不同的单元构成，受直接和间接的中枢突触连接的层级系统控制，被称为中枢自主网络，一起为情绪特定的自主反应提供硬件支持。与解剖观点一致，我们关于不同情绪的模式化生理反应的综述确定了可分离的反应模式，包括恐惧、愤怒、厌恶、悲伤和愉快。

情绪中存在不同自主反应模式所引出的问题是，心脏输入信息是否或者多大程度上影响个体所感受到的丰富的情绪体验。各种神经反馈机制的存在允许传输信息给稳态决定因素。前脑岛再表征和整合的所有身体组织的生理状态与其他背景信息，为生理状态和情感变化的意识知觉提供了一个基础。然而，情绪感受的外周生理反应的确切本质和作用仍有待确定。

基于文献综述，我们考虑了实用意义和未来挑战，强调对生理反应测量的全面采样，直到更好地了解哪种通道是特定情绪的最好代表，以及对不同情绪有最好的区分度。此外，应注意物理、心理和生理的背景变量对情绪生理反应的潜在影响。总之，我们希望本章内容能激发出新的创新研究，以助力模式化情绪反应和情绪感受体验的输出和输入自主活动。

重点问题和未来方向

· 在区分不同情绪状态方面，生理活动最适合的通道是什么？

·情绪特定的生理反应通常容易受生理反应模式的情境影响而发生混淆。控制情境混淆的研究能够为情绪特异性生理反应提供更确凿的证据吗？

·生理背景（例如血压、炎症状态、心跳周期阶段）如何影响情绪刺激的知觉？

·生理背景如何影响情绪体验和相关的生理反应模式？

参考文献

Adsett, C. A., Schottstaedt, W. W., & Wolf, S. G. (1962). Changes in coronary blood flow and other hemodynamic indicators induced by stressful interviews. *Psychosomatic Medicine*, *24*, 331–6.

Asahina, M., Suzuki, A., Mori, M., Kanesaka, T., & Hattori, T. (2003). Emotional sweating response in a patient with bilateral amygdala damage. *International Journal of Psychophysiology*, *47*(1), 87–93.

Ax, A. F. (1953). The physiological differentiation between fear and anger in humans. *Psychosomatic Medicine*, *15*(5), 433–42.

Barrett, L. F. (2006). Are emotions natural kinds? *Perspectives on Psychological Science*, *1*, 28–58.

Bartness, T. J., Shrestha, Y. B., Vaughan, C. H., Schwartz, G. J., & Song, C. K. (2010). Sensory and sympathetic nervous system control of white adipose tissue lipolysis. *Molecular and Cellular Endocrinology*, *318*(1–2), 34–43.

Blanchard, R. J., & Blanchard, D. C. (1990). Antipredator defense as models of animal fear and anxiety. In P. F. Brain, S. Parmigiani, R. J. Blanchard & D. Mainardi (Eds.), *Fear and defense* (pp. 89–108). Amsterdam: Harwood Academic Publishers.

Blessing, W. M. (1997). *The lower brainstem and bodily homeostasis*. Oxford: Oxford University Press.

Bloom, S. R., & Edwards, A. V. (1975). The release of pancreatic glucagon and inhibition of insulin in response to stimulation of the sympathetic innervation. *Journal of Physiology*, *253*(1), 157–73.

Blumberg, H., Janig, W., Rieckmann, C., & Szulczyk, P. (1980). Baroreceptor and chemoreceptor reflexes in postganglionic neurones supplying skeletal muscle and hairy skin. *Journal of the Autonomic Nervous System*, *2*(3), 223–40.

Bluthe, R. M., Walter, V., Parnet, P., Laye, S., Lestage, J., Verrier, D. et al. (1994). Lipopolysaccharide induces sickness behavior in rats by a vagal mediated mechanism. *Comptes Rendus de l Academie des Sciences Serie Iii-Sciences de la Vie-Life Sciences*, *317*(6), 499–503.

Bradley, M. M., Codispoti, M., Cuthbert, B. N., &Lang, P. J. (2001). Emotion and motivation I: Defensive and appetitive reactions in picture processing. *Emotion*, *1*(3), 276–98.

Cacioppo, J. T., Berntson, G. G., & Larsen, J. T. (2000). The psychophysiology of emotion. In M. Lewis & J. M. Haviland-Jones (Eds.), *The handbook of emotion* (2nd ed., pp. 173–91). New York: Guilford Press.

Cacioppo, J. T., & Tassinary, L. G. (1990). Inferring psychological significance from physiological signals. *American Psychologist*, *45*, 16–28.

Cannon, W. B. (1931). Again the James-Lange and the thalamic theories of emotion. *Psychological Review*, *38*, 281–95.

Christie, I. C., & Friedman, B. H. (2004). Autonomic specificity of discrete emotion and dimensions of affective space: A multivariate approach. *International Journal of Psychophysiology*, *51*(2), 143–53.

Craig, A. D. (2002). How do you feel? Interoception: The sense of the physiological condition of the body. *Nature Reviews Neuroscience*, *3*, 655–67.

Craig, A. D., & Blomqvist, A. (2002). Is there a specific lamina I spinothalamocortical pathway for pain and temperature sensations in primates? *Journal of Pain*, *3*(2), 95–101.

Craig, A. D., Chen, K., Bandy, D., & Reiman, E. M. (2000). Thermosensory activation of insular cortex. *Nature Neuroscience*, *3*(2), 184–90.

Critchley, H. D. (2009). Psychophysiology of neural, cognitive and affective integration: fMRI and autonomic indicants. *International Journal of Psychophysiology*, *73*(2), 88–94.

Critchley, H. D., Corfield, D. R., Chandler, M. P., Mathias, C. J., & Dolan, R. J. (2000). Cerebral correlates of autonomic cardiovascular arousal: A functional neuroimaging investigation in humans. *Journal of Physiology*, *523*(Pt. 1), 259–70.

Critchley, H. D., Elliott, R., Mathias, C. J., & Dolan, R. J. (2000). Neural activity relating to generation and representation of galvanic skin conductance responses: A functional magnetic resonance imaging study. *Journal of Neuroscience*, *20*(8), 3033–40.

Critchley, H. D., Wiens, S., Rotshtein, P., Öhman, A., & Dolan, R. J. (2004). Neural systems supporting interoceptive awareness. *Nature Neuroscience*, *7*(2), 189–95.

Damasio, A. R. (1994). *Descartes' error: Emotion, reason and the human brain*. New York: Grosset/Putnam.

Damasio, A. R. (1999). *The feeling of what happens: Body and emotion in the making of consciousness*. New York: Harcourt Brace.

Damasio, A. R., Grabowski, T. J., Bechara, A., Damasio, H., Ponto, L. L. B., Parvizi, J., et al. (2000). Subcortical and cortical brain activity during the feeling of self-generated emotions. *Nature Neuroscience*, *3*(10), 1049–56.

del Valle, L. M., & Garcia Ruiz, P. J. (2009). A new clinical sign in Holmes-Adie syndrome. *Journal of Neurology*, *256*(1), 127–8.

Dimberg, U., & Thunberg, M. (2007). Speech anxiety and rapid emotional reactions to angry and happy facial expressions. *Scandinavian Journal of Psychology*, *48*(4), 321–8.

Ekman, P., Levenson, R. W., & Friesen, W. V. (1983). Autonomic nervous-system activity distinguishes among emotions. *Science*, *221*(4616), 1208–10.

Etzel, J. A., Johnsen, E. L., Dickerson, J., Tranel, D., & Adolphs, R. (2006). Cardiovascular and respiratory responses during musical mood induction. *International Journal of Psychophysiology*, *61*(1), 57–69.

Fredrickson, B. L., & Levenson, R.W. (1998). Positive emotions speed recovery from the cardiovascular sequelae of negative emotions. *Cognition and Emotion*, *12*(2), 191–220.

Furness, J. B., Morris, J. L., Gibbins, I. L., & Costa, M. (1989). Chemical coding of neurons and plurichemical transmission. *Annual Review of Pharmacology and Toxicology*, *29*, 289–306.

Gianaros, P. J., Derbyshire, S. W., May, J. C., Siegle, G. J., Gamalo, M. A., & Jennings, J. R. (2005). Anterior cingulate activity correlates with blood pressure during stress. *Psychophysiology*, *42*(6), 627–35.

Gibbins, I. L. (1995). Chemical neuroanatomy of sympathetic ganglia. In E. M. McLachlan (Ed.), *Autonomic ganglia* (pp. 73–122). Luxemburg: Harwood Academic Publishers.

Gilissen, R., Bakermans-Kranenburg, M. J., van Ijzendoorn, M. H., & van der Veer, V. (2008). Parent-child relationship, temperament, and physiological reactions to fear-inducing film clips: Further evidence for differential susceptibility. *Journal of Experimental Child Psychology*, *99*(3), 182–95.

Goehler, L. E., Relton, J. K., Dripps, D., Kiechle, R., Tartaglia, N., Maier, S. F., et al. (1997). Vagal paraganglia bind biotinylated interleukin-1 receptor antagonist: A possible mechanism for immune-to-brain communication. *Brain Research Bulletin*, *43*(3), 357–64.

Gray, M. A., Beacher, F. D., Minati, L., Nagai, Y., Kemp, A. H., Harrison, N. A., et al. (2012). Emotional appraisal is influenced by cardiac afferent information. *Emotion 12*(1), 180–91.

Gray, M. A., Minati, L., Paoletti, G., & Critchley, H. D. (2010). Baroreceptor activation attenuates attentional effects on pain-evoked potentials. *Pain*, *151*(3), 853–61.

Gross, J. J., Frederickson, B. L., & Levenson, R. W. (1994). The psychophysiology of crying. *Psychophysiology*, *31*(5), 460–8.

Gross, J. J., & Levenson, R. W. (1997). Hiding feelings: The acute effects of inhibiting negative and positive emotion. *Journal of Abnormal Psychology*, *106*(1), 95–103.

Harrison, N. A., Brydon, L., Walker, C., Gray, M. A., Steptoe, A., Dolan, R. J., et al. (2009). Neural origins of human sickness in interoceptive responses to inflammation. *Biological Psychiatry*, *66*(5), 415–22.

Harrison, N. A., Gray, M. A., Gianaros, P. J., & Critchley, H. D. (2010). The embodiment of emotional feelings in the brain. *Journal of Neuroscience*, *30*(38), 12878–84.

Harrison, N. A., Singer, T., Rotshtein, P., Dolan, R. J., & Critchley, H. D. (2006). Pupillary contagion: Central mechanisms engaged in sadness processing. *Social Cognitive and Affective Neuroscience, 1*(1), 5–17.

Harrison, N. A., Wilson, C. E., & Critchley, H. D. (2007). Processing of pupil size modulates perception of sadness and predicts empathy. *Emotion, 7*(4), 724–9.

Hilton, S. M. (1975). Ways of viewing the central nervous control of the circulation – old and new. *Brain Research, 87*, 213–9.

Izard, C. E. (2007). Basic emotions, natural kinds, emotion schemas, and a new paradigm. *Perspectives on Psychological Science*, *2*(3), 260–80.

James, W. (1894). Physical basis of emotion. *Psychological Review*, *1*, 516–29.

Janig, W. (2006). *The integrative action of the autonomic nervous system: Neurobiology of homeostasis*. Cambridge: Cambridge University Press.

Janig, W., Sundlof, G., & Wallin, B. G. (1983). Discharge patterns of sympathetic neurons supplying skeletal muscle and skin in man and cat. *Journal of the Autonomic Nervous System*, *7*(3–4), 239–56.

Jokerst, M. D., Levine, M., Stern, R. M., & Koch, K. L. (1997). Modified sham feeding with pleasant and disgusting foods: Cephalicvagal influences on gastric myoelectric activity. *Gastroenterology*, *112*(4), A755.

Jonsson, P., & Sonnby-Borgstrom, M. (2003). The effects of pictures of emotional faces on tonic and phasic autonomic cardiac control in women and men. *Biological Psychology*, *62*(2), 157–73.

Kaada, B. R. (1951). Somato-motor, autonomic and electrocorticographic responses to electrical stimulation of rhinencephalic and other structures in primates, cat, and dog; A study of responses from the limbic, subcallosal, orbito-insular, piriform and temporal cortex, hippocampus-fornix and amygdala. *Acta Physiological Scandinavia Supplement*, *24*(83), 1–262.

Kolodyazhniy, V., Kreibig, S. D., Gross, J. J., Roth, W. T., & Wilhelm, F. H. (2011). An affective computing approach to physiological emotion specificity: Toward subject independent and stimulus-independent classification of film-induced emotions. *Psychophysiology*, *48*(7), 908–22.

Kreibig, S. D. (2010). Autonomic nervous system activity in emotion: A review. *Biological Psychology*, *84*(3), 394–421.

Kreibig, S. D., Gendolla, G. H., & Scherer, K. R. (2010). Psychophysiological effects of emotional responding to goal attainment. *Biological Psychology*, *84*(3), 474–87.

Kreibig, S. D., Wilhelm, F. H., Gross, J. J., & Roth, W. T. (2005). Specific emotional responses as deviations from the experimental context. *Psychophysiology*, *42*(s1), s77.

Kreibig, S. D., Wilhelm, F. H., Roth, W. T., & Gross, J. J. (2007). Cardiovascular, electrodermal, and respiratory response patterns to fear and sadness-inducing films. *Psychophysiology*, *44*(5), 787–806.

Lang, P. J., Bradley, M. M., & Cuthbert, B. N. (1993). Emotion, arousal, valence, and the startle reflex. In N. irbaumer & A. Öhman (Eds.), *The structure of emotion: Psychophysiological, cognitive and clinical aspects* (pp. 243–51). Seattle: Hogrefe & Huber.

Langley, J. N. (1900). The sympathetic and other related systems of nerves. In *Textbook of Physiology*. London: Young J. Pentland.

Levenson, R. W. (1988). Emotion and the autonomic nervous system: A prospectus for research on autonomic specificity. In H. L.Wagner (Ed.), *Handbook of affective sciences* (pp. 212–24). Chichester: Wiley.

Levenson, R. W., Heider, K., Ekman, P., & Friesen, W. V. (1992). Emotion and autonomic nervous-system activity in the Minangkabau of West Sumatra. *Journal of Personality and Social Psychology*, *62*(6), 972–88.

Levine, M. E. (2005). Sickness and satiety: Physiological mechanisms underlying perceptions of nausea and stomach fullness. *Current Gastroenterology Reports*, *7*(4), 280–8.

Mangina, C. A., & Beuzeron-Mangina, J. H. (1996). Direct electrical stimulation of specific human brain structures and bilateral electrodermal activity. *International Journal of Psychophysiology*, *22*(1–2), 1–8.

Matsunaga, M., Isowa, T., Kimura, K., Miyakoshi, M., Kanayama, N., Murakami, H., et al. (2008). Associations among central nervous, endocrine, and immune activities when positive emotions are elicited by looking at a favorite person. *Brain, Behavior, and Immunity*, *22*(3), 408–17.

Mauss, I. B., & Robinson,M. D. (2009). Measures of emotion: A review. *Cognition and Emotion*, *23*(2), 209–37.

Mobbs, D., Petrovic, P., Marchant, J. L., Hassabis, D., Weiskopf, N., Seymour, B., et al. (2007). When fear is near: Threat imminence elicits prefrontal-periaqueductal gray shifts in humans. *Science*, *317*(5841), 1079–83.

Morley, J. E., Levine, A. S., Kneip, J., & Grace, M. (1982). The effect of vagotomy on the satiety effects of neuropeptides and naloxone. *Life Sciences*, *30*(22), 1943–7.

Morrison, S. F. (2001). Differential control of sympathetic outflow. *American Journal of Physiology-Regulatory Integrative and Comparative Physiology*, *281*(3), R683–R698.

Morrison, S. F., & Cao, W. H. (2000). Different adrenal sympathetic preganglionic neurons regulate epinephrine and norepinephrine secretion. *American Journal of Physiology-Regulatory Integrative and Comparative Physiology*, *279*(5), R1763–R1775.

Nagai, Y., Critchley, H. D., Featherstone, E., Trimble, M. R., & Dolan, R. J. (2004). Activity in ventromedial refrontal cortex covaries with sympathetic skin conductance level: A physiological account of a "default mode" of brain function. *Neuroimage*, *22*(1), 243–51.

Nakayama, K., Goto, S., Kuraoka, K., & Nakamura, K. (2005). Decrease in nasal temperature of rhesus monkeys (Macaca mulatta) in negative emotional state. *Physiology & Behavior*, *84*, 783–90.

Pick, J. (1970). *The autonomic nervous system*. Philadelphia: Lippincott.

Porges, S. W. (2007). The polyvagal perspective. *Biological Psychology*, *74*(2), 116–43.

Prkachin, K. M., Mills, D. E., Zwaal, C., & Husted, J. (2001). Comparison of hemodynamic responses to social and nonsocial stress: Evaluation of an anger interview. *Psychophysiology*, *38*(6), 879–85.

Prkachin, K. M., Williams-Avery, R. M., Zwaal, C., & Mills, D. E. (1999). Cardiovascular changes during induced emotion: An application of Lang's theory of emotional imagery. *Journal of Psychosomatic Research*, *47*(3), 255–67.

Rainville, P., Bechara, A., Naqvi, N., & Damasio, A. R. (2006). Basic emotions are associated with distinct patterns of cardiorespiratory activity. *International Journal of Psychophysiology*, *61*, 5–18.

Rogers, R. C., McTigue, D. M., & Hermann, G. E. (1995). Vagovagal reflex control of digestion: Afferent modulation by neural and "endoneurocrine" factors. *American Journal of Physiology*, *268*(1 Pt. 1), G1–10.

Rohrmann, S., & Hopp, H. (2008). Cardiovascular indicators of disgust. *International Journal of Psychophysiology*, *68*(3), 201–8.

Rottenberg, J., Wilhelm, F. H., Gross, J. J., & Gotlib, I. H. (2003). Vagal rebound during resolution of tearful crying among depressed and nondepressed individuals. *Psychophysiology*, *40*(1), 1–6.

Rozin, P., Lowery, L., & Ebert, R. (1994). Varieties of disgust faces and the structure of disgust. *Journal of Personality and Social Psychology*, *66*(5), 870–81.

Saper, C. B. (2002). The central autonomic nervous system: Conscious visceral perception and autonomic pattern generation. *Annual Review of Neuroscience*, *25*, 433–69. Retrieved from PM:12052916

Scherer, K. R. (2004). Feelings integrate the central representation of appraisal-driven response organisation in emotion. In A.S.R. Manstead, N. H. Frijda, & A. H. Fischer (Eds.), *Feelings and emotions: The Amsterdam Symposium* (pp. 136–57). Cambridge: Cambridge University Press.

Scherer, K. R. (2005). What are emotions? And how can they be measured? *Social Science Information*, *44*(4), 693–727.

Scherer, K. R. (2009). The dynamic architecture of emotion: Evidence for the component process model. *Cognition & Emotion*, *23*(7), 1307–51.

Shimazu, T., & Fukuda, A. (1965). Increased activities of glycogenolytic enzymes in liver after splanchnic-nerve stimulation. *Science*, *150*(703), 1607–8.

Sinha, R., Lovallo, W. R., & Parsons, O. A. (1992). Cardiovascular differentiation of emotions. *Psychosomatic Medicine*, *54*(4), 422–35.

Stemmler, G. (2004). Physiological processes during emotion. In P. Philippot & R. S. Feldman (Eds.), *The regulation of emotion*. Mahwah, NJ: Erlbaum.

Stemmler, G., Aue, T., & Wacker, J. (2007). Anger and fear: Separable effects of emotion and motivational direction on somatovisceral responses. *International Journal of Psychophysiology*, *66*(2), 141–53.

Stemmler, G., & Fahrenberg, J. (1989). Psychophysiological assessment: Conceptual, psychometric, and statistical issues. In G. Turpin (Ed.), *Handbook of clinical psychophysiology* (pp. 71–104). Chichester,: Wiley.

Stemmler, G., Heldmann, M., Pauls, C. A., & Scherer, T. (2001). Constraints for emotion specificity in fear and anger: The context counts. *Psychophysiology*, *38*(2), 275–91.

Stern, R. M., Jokerst, M. D., Levine, M. E., & Koch, K. L. (2001). The stomach's response to unappetizing food: Cephalicvagal effects on gastric myoelectric activity. *Neurogastroenterology and Motility*, *13*(2), 151–4.

Stevenson, R. J., Hodgson, D., Oaten, M. J., Barouei, J., & Case, T. I. (2011). The effect of disgust on oral immune function. *Psychophysiology*, *48*(7), 900–7.

Svensson, T. H. (1987). Peripheral, autonomic regulation of locus coeruleus noradrenergic neurons in brain: Putative implications for psychiatry and psychopharmacology. *Psychopharmacology (Berl)*, *92*(1), 1–7.

Swanson, L. W. (2000). Cerebral hemisphere regulation of motivated behavior. *Brain Research*, *886*(1–2), 113–64.

Tracey, K. J. (2002). The inflammatory reflex. *Nature*, *420*(6917), 853–9.

Tracy, J. L., & Robins, R. W. (2004). Show your pride: Evidence for a discrete emotion expression. *Psychological Science*, *15*(3), 194–7.

Travagli, R. A., & Rogers, R. C. (2001). Receptors and transmission in the brain-gut axis: Potential for novel therapies. V. Fast and slow extrinsic modulation of dorsal vagal complex circuits. *American Journal of Physiology and Gastrointestinal Liver Physiology*, *281*(3), G595–G601.

Vollmer, R. R. (1996). Selective neural regulation of epinephrine and norepinephrine cells in the adrenal medulla – cardiovascular implications. *Clinical and Experimental Hypertension*, *18*(6), 731–51.

Wager, T. D., Waugh, C. E., Lindquist, M., Noll, D. C., Fredrickson, B. L., & Taylor,S. F. (2009). Brain mediators of cardiovascular responses to social threat: part I: Reciprocal dorsal and ventral sub-regions of the medial prefrontal cortex and heart-rate reactivity. *Neuroimage*, *47*(3), 821–35.

Wallin, B. G., & Fagius, J. (1988). Peripheral sympathetic neural activity in conscious humans. *Annual Review of Physiology*, *50*, 565–76.

Winton, E. C., Clark, D. M., & Edelmann, R. J. (1995). Social anxiety, fear of negative evaluation and the detection of negative emotion in others. *Behaviour Research and Therapy*, *33*(2), 193–6.

第4章

情绪研究的脑电和脑磁

安得亚斯·凯尔（Andreas Keil）

意识流里有灵动的涟漪，漂流的木头，游动的鱼，飘落的叶子和草，当然也有严谨的科学思想。

——威廉·詹姆斯，《心理学原理》（*Principles of Psychology*）

情感神经科学研究常应用脑电（EEG）或脑磁（MEG），用这些方法捕捉情绪电活动（electrophysiology）[1]可以获得精良的时间分辨率。除了这个理想的属性，电生理学记录还有其他优势：它们所依赖的设备比血液动力学成像设备更便宜，应用更广泛，很少给被试带来不适。因此，电生理学方法已经被广泛应用到认知情感神经科学领域。近年来，无论是数据记录技术创新，还是新实验范式和复杂分析技术，都已经证明EEG和MEG在研究情绪等方面发展得很好。现在已经可以使用高密度传感器阵列对上百个颅外定位点进行记录，而且空间采样率好、时间分辨率高。电生理学方法和其他成像模式结合已经富有成效。宏观和中观的脑活动建模研究（例如小组和大组的神经元活动），也为解释测量信号提供了一个不断改进的概念框架。

因其在解决情感神经科学相关问题方面的良好潜力，电生理学已经成为研究情绪的普遍途径。在过去十年，该领域研究成果颇丰，已发表的研究报告数量不断增加，现在每年仍有上百篇论文发表。事实上，从20世纪20年代晚期电生理记录问世以来，它就被用于解决人类情感经验和行为问题。因此，接下来将综述在该领域富有影响力的关键性研究。

情感神经科学EEG和MEG（非常）短暂的历史

1910—1929年在德国耶拿，汉斯·伯格（Hans Berger）首先采用头皮电极EEG记录方式在人类身上开展了一系列实验（该实验的英文报告见Berger, 1969）。他首次将氯化银（silver-chloride）针状电极置于头皮组织，连接一台精密的电流计装置，记录反映电皮层过程的电压波动。他最初尝试时遇到了挫折，并遭受了怀疑，因为他的样本量非常小，主要被试是他的实验助手比洛（Bülow）（1911年成了他的妻子）、他的儿子克劳斯（Klaus）和他自己。他首次尝试神经反馈程序，使用镜面系统（mirror system）监测自己的EEG变化。最初，伯格和其他早期EEG研究者所关注的是任务或事件反应的EEG频域特征。最突出的是，伯格确定“一阶波”振荡速度为10周期/秒（10 Hz，后被称为α波），振荡更快的20—30 Hz波被确定为“二阶波”（例如β波）。伯格撰写了详细的EEG记录方案，包括事先呈现给被试的精确指导语。例如：“数到十（看表！），然后用玻璃探针（伯格所作下划线）轻轻接触比洛的脸颊，同时按键以触发电波记录器。注意：记录过程中不能和比洛或躺椅有任何身体接触。”

有趣的是，伯格的实验设计通常包含惊愕和苦恼的因素。例如，1927年11月1日，伯格在自己日记中记录“情感唤起，特别是惊愕，引起90 σ 波幅增大、波速放缓”（持续时间大约在90 ms，如10 Hz左右的α波；AK）。后来，他修正了自己的观点，“我倾向于这样的结论，在觉醒、忧虑和内心活动时，呈现更大的90 σ 波……当减退时，呈现更小的35 σ 波”（大概在20—30 Hz；目前被称为高β波，AK）（Borck, 2005）。

接下来三十年，大多数研究者都同意，情绪EEG频谱的构成最好按照伯格所提出的原则加以解释。例如1950年，美国EEG研究先驱唐纳德·林斯利（Donald Lindsley）对当时的技术水平概括如下：

> 情绪唤起条件下（如恐惧、意外的感觉刺激和焦虑状态），在EEG中存在两种主要变化：α节律减少或者抑制，快速活动的β节律增加。EEG研究提供了脑皮层–间脑关系数据，可以解决情绪相关的中枢和自主因素问题（Lindsley, 1950）。

尽管近期更多研究已经表明，明确的任务和刺激能增强而不是降低EEG中的α能量，但是使用α波测量脑皮层/行为的空载（idling）和低唤起，仍然是当代情感神经科学的重要概念（Klimesch, Sauseng, & Hanslmayr, 2006）。早期颅内电极记录表明脑活动和行为相关，例如恐惧条件下，癫痫病人杏仁核的β和γ振荡增强（Lesse, 1957）。

随着计算机技术的发展，通过对许多相似事件的平均叠加，可以从EEG中提取代表性波形，产生了事件相关电位（ERP），反映对给定重复事件的反应——感觉、行为或者认知。最初ERP仅关注简单外部刺激的感觉皮层反应，但很快被用于研究与情感唤起事件的关系。关联性负波（contingent negative variation, CNV）是第一个“认知”ERP波（Walter, 1967）。CNV由行为或感觉事件的警告刺激诱发，当警告刺激预测唤醒刺激（例如令人疼痛的电击）时CNV增强（Knott & Irwin, 1968）。随后出现了大量采用平均波幅分析的范式，使得ERP成为情感电生理学研究中最活跃的一个分支。

MEG的历史起源于20世纪中叶。作为可用和实用研究工具，MEG能记录伴随电皮层过程的极小磁场波动（Cohen, 1968, 1972）。由于对皮层沟活动的高敏感性（Melcher & Cohen, 1988），MEG最初受到了听觉和躯体感觉研究的青睐，时至今日仍受欢迎。因此，使用MEG技术解决情绪反应问题的大量研究，都致力于大脑对躯体疼痛刺激的反应也就不足为奇了（Flor, Braun, Elbert, & Birbaumer, 1997）。近十年来，将MEG应用于各种情感神经科学问题的研究数量激增，本文将在“应用”部分对此展开阐述；也可参阅本书第13章的语言刺激和第7章的面部材料。

电生理学时间序列的主要优势是，直接反映神经电活动而不是血流变化（例如功能磁共振成像，fMRI）或者代谢过程（例如正电子发射断层成像，PET），这也是其成为神经元活动独特指标的原因。下节阐述EEG/MEG记录背后神经元群活动的特异性特征。

EEG和MEG的神经生理学基础

大多数神经生理学研究认为，大脑外观察到的EEG和MEG反映的是大量皮层椎体细胞的同步活动，估计相应的神经元数量有几千到几百万。而且EEG和MEG不同，MEG通常对更小的神经元群更敏感。关于神经元事件，研究者一致认为颅骨外所测量的大多数电磁事件都基于树突的突触活动，神经元在树突处接收抑制性和兴奋性输入（Olejniczak, 2006）。特别是树突顶端，出现在椎体神经元顶部（顶点），彼此间平行排列与皮层表面垂直，能够共同产生电磁场。椎体细胞占所有皮层神经元的80%—90%，皮层区域间存在一些差异，因此代表神经元群的主要部分。这对于EEG/MEG研究者来说是个好消息：尽管单个椎体神经元电磁场变化无法透过脑脊液、皮肤和头皮被传感器检测到，但是百万个同向椎体神经元所诱发的同步活动容易被测量到（Nunez et al., 1997）。具体而言，树突顶部的突触后活动所诱发的缓慢和双极电压变化，在大脑外能被稳定地测量到。可通过头皮记录的电生理信号的其他产生源也受到了关注，例如神经胶质细胞的电流梯度和神经元动作电位活动，但相关研究者认为这些过程在实际应用时被忽视了（Olejniczak, 2006），即使对原始信号的记录和提取是适当的，EEG/MEG所包含的特定振荡也可能反映的是非突触事件（Whittingstall & Logothetis, 2009）。

EEG和MEG的明显差别在于对颅内事件的敏感性：皮层加工产生的电流需要穿过人体组织，才能到达EEG头皮电极点。因此，接近电极点记录到的较强电流能够在空间上很好地代表人类EEG（Nunez & Srinivasan, 2006）。然而，穿过人体和大脑的电流也可能被较远的电极记录到，进而破坏空间特异性。有鉴于此，深层脑区更不利于定向。此外，因为电流会通过不同类型的组织（例如脑、脑脊液、颅骨、皮肤），而每种组织都有不同的导电属性，所以会导致原电场没有获得真实的表征。容积传导效应可能随记录期限而发生改变，从时间功能上影响EEG。总之，头皮记录EEG所代表的真实的潜在电压梯度，会被多种特征改变，包括电流产生源和头皮记录电极点之间的组织特征，电极本身的导电性，以及电流产生的皮层源到记录电极的方向。关于对EEG的方法和生理基础的优秀综述，非常推荐参考努涅兹（Nunez）和斯里尼瓦桑（Srinivasan）（2006）的书以及里根（Regan）（1989）的教材。

相对而言，MEG直接对原始细胞活动敏感，不受容积传导调节，这个属性消除了神经信号空间失真的问题（Cohen & Cuffin, 1987），而且也不需要选择参考电极和依据特定参考电极解释数据。因此，MEG相比于EEG的主要优势在于较好的空间特异性。两者的差异还在于组织朝向：因为磁场正交于所源于的电场，而且大脑近似球形，所以径向（例如垂直）头皮表面的神经源仅在颅骨外产生非常微弱的磁场梯度。因此，MEG研究强烈偏向皮层沟活动，这种情况下信号源方向与头皮表面相切。但是磁场强度会随着源距离的平方值的升高而下降，许多作者强调MEG可能对大脑深度区域不敏感（Wennberg, Valiante, & Cheyne, 2011）。

总之，头皮记录人类电生理信号反映了靠近头表面灰质的大量神经元活动。特别是，它们对椎体神经元树突位置的整合突触输入加工高度敏感，可以同步活动，产生足够强的电磁场。电磁场方向影响EEG和MEG，MEG对切线源更加敏感，EEG则对径向源更加敏感。一些特征会随记录参数和记录设备变化，该问题将在下文继续阐述。

记录过程

EEG和MEG是安全、非侵入性的，能给被试带来最小的不适感。在过去二十年，头皮传感器随着技术创新变得更加舒适，例如，一体式EEG电极帽拥有几百个传感器。MEG昂贵且技术复杂，它拥有密集排列的传感器：一个头盔状的大真空瓶（杜瓦瓶），内含的超导量子干涉器（superconducting quantum interference devices, SQUIDs）沉浸在液氦中，温度为4开尔文。当冷却到液体氦温度时，超导体元素可以无阻抗携带电流。阻抗缺失使得SQUID可以在被试头部附近的MEG头盔中嵌入探测线圈，测量磁力干扰。EEG记录把电极点放在头皮的很多不同位置。最常用的传感器材料包括银-银氯化物接头，中间填充导电膏，不过现在其他技术也已经能在头皮和放大器间提供非常好的电极接头。例如，电极接头置于海绵中，记录前用盐溶液浸湿就可以导电（Ferree, Luu, Russell, & Tucker, 2001）。现在已经可以使用主动式和隐蔽式电极，进一步提高了记录信号的质量并减少了颅骨外噪声的干扰。

电压——即两个电极点之间的电位差——是相对的计量单位，任何一个传感器上所测量的EEG电压都是相对于参考电极的。临床EEG研究经常使用双极记录，由成对电极记录电压梯度。现在最常用的是共同参考，所有电极点以同一参照点测量所在位置的电压梯度，它们可以源于一个以上的参考电极。共同参考电极的位置对于解释所测量到的电压头皮分布非常重要。参考电极的理想位置应该是电沉默位置，允许估计每个记录传感器位置的神经活动。这样，距离较远的和可能是零电压的区域被用作参考电极，例如鼻尖、额头前部或者耳垂位置。尽管如此，颅内电流和颅外信号源（例如肌肉活动）还是会影响这些点的电流，扭曲电压测量。例如，有人提出采用鼻尖参考可能会增强EEG对某些非脑（眼睛）信号的敏感性，这些信号可能被表征在额叶电极点，被误认为脑振荡活动（Yuval-Greenberg, Tomer, Keren, Nelken, & Deouell, 2008）。或者，记录EEG时以头皮上的任何一个传感器作为参考电极（例如头顶中央电极），这种情况下所谓的平均参考是作为所有电极的平均差异计算的。平均参考能避免特定参考位置带来的偏差，但是为了精确估计，需要电极覆盖整个头部。对于给定电极配置，可以用模拟实验指导参考选择（Junghöfer, Elbert, Tucker, & Braun, 1999）。

因此，MEG技术的一个主要优势便较为明显了，即不需要定义或者使用参考电极。因为基于磁强计（测量磁场强度）和梯度计（测量局部梯度；例如磁通量差异）的MEG系统都是在给定位置测量磁场（或者梯度），不需要其他外部参考。然而，MEG记录对记录环境的要求比EEG更高。EEG研究中的法拉第笼被认为是屏蔽分散电流的最先进方法，而MEG则需要能屏蔽磁场的被试房间，基本消除外界几乎所有的磁场波动，这比神经磁场大几个数量级（Cohen, 1972）。屏蔽程度随着墙壁层数增加，墙壁采用非磁性金属制成，例如铝。

大多数情况下，电生理信号被连续记录，以偶数采样率数字化。对情感神经科学的许多研究来说，250 Hz的采样率足以精确重建随时间变化的脑活动。但研究高频的振荡活动和短暂的瞬时反应，则需要更高的采样率（例如1000 Hz以上），以拥有足够的时间分辨率测量非常快速的神经事件。了解采样和数字滤波的物理基础，非常有益于情感神经科学家研究电生理活动，但对其的讨论会超出本章的范围，相关内容读者可以参考库克（Cook）和米勒（Miller）（1992），尼奇克（Nitschke）、米勒和库克（1998）的有关综述和教程。

记录电生理时间序列后，几种噪声源可能仍然掺杂在信号中。颅外电活动会导致EEG信号伪迹，包括眨眼、眼动、肌肉活动、外部电磁噪声、出汗和心率电位。这些伪迹通常通过视觉检查就能确定，然后予以剔除或者采用适当算法予以矫正。传统的伪迹矫正方法，会完全剔除含有伪迹的EEG分段或者受污染的传感器，但这会导致数据损耗。最近的方法试图通过对伪迹（例如眨眼）进行数学建模，尽可能保留所采集的数据，然后矫正（例如重新计算）原始EEG/MEG，评估无目标伪迹的真实信号（Ille, Berg, & Scherg, 2002; Junghöfer, Elbert, Tucker, & Rockstroh, 2000）。独立成分分析方法（Makeig, Jung, Bell, Ghahremani, & Sejnowski, 1997; 本章稍后讨论）能够确定、分离和剔除不想要的信号，现在被越来越多地使用。

测量：情绪研究记录什么和追寻什么

现行活动的频谱分析

正如以往概述所呈现的，任务期间持续原始波形的频特征变化是EEG和MEG的主要初始属性，这些变化在视觉检查电生理时间序列时可明显观测到。因为耦合神经元群内部和之间的沟通包含兴奋和抑制连接，网络整体活动的本质在时间上可能是振荡的。振荡活动表征生物大规模系统（例如运动或心血管系统）的一般特征（Haken, 1983）。考虑到其显著性，即使只使用基础的设备，EEG的振荡特征、不同类型振荡和心理过程的关系也仍是EEG（Berger, 1969）和MEG（Cohen, 1972）开创性工作的焦点。在情感神经科学中，静息态和任务态EEG延长期的频谱分析富有成果，导致所建立的整个研究领域都采用单侧α节律作为情感状态和特质的预测源（Davidson, 1995）。复杂方法计算和量化电生理时间序列频域特征的开源软件包，如fieldtrip工具箱、EEGLAB和EMEGS，都基于Matlab编写，用户可以免费下载使用。

足够长的数据分段频谱能够通过多种方法获得，但是基于傅立叶的传统方法是最流行和最普遍的方法。这些方法被应用到时域数据（沿x轴的数据点表示时间序列）中，并且将其转换为谱表征（数据点代表不同频率），被称为频域。原则上，离散傅立叶变换（DFT；商业分析软件包通常执行快速傅立叶变换，FFT）可以通过简单步骤解释清楚：首先，兴趣频率的正弦和余弦波乘以所测量的数字信号，所得值随时间叠加。符合所给定正弦和余弦形状的时间序列拥有更大权重，所得和（一个为正弦，一个为余弦）即为原始数据每个频率的变异量的测量指标。包含在信号的正弦和余弦部分的信息，可通过计算正弦和余弦模数（平方和的平方根）的方法估计谱功率。而且，利用反正切函数可以从正弦和余弦部分的关系中产生所测信号的相位。相位通常被认为是在特定频率下，对振荡的潜伏期或时间位移相对于正弦函数的测量。其他方法使用不同基函数，即不同于正弦和余弦的波形，因而有不同的权重规则，但是它们都基于相同的原理：通过分析时间序列模拟目标振荡，以对其进行建模。尽管被广泛应用，但不是所有通过傅立叶变换估计EEG和MEG谱特征的相关问题都被情感神经科学家所熟知，或者被研究所报告。接下来，我们考虑几个有趣的热点，以展示和限制情感神经科学研究所用的频域方法。

时间序列稳定性

所有基于傅立叶变换的程序的一个重要前提是假设信号稳定。时间稳定性意味着一系列值随时间拥有稳定的平均值和方差，生理上意味着潜在的神经过程在兴趣时间段内不会发生质变。在傅立叶分析公式中，描述信号的正弦和余弦波是无限长的。后果是：执行DFT的数据段，被视作无限时间长度序列的分段，随时间拥有稳定的周期特征。因此，DFT会对整个信号形成一个总谱，其可被视作所有周期和非周期过程的平均，在兴趣时间段匹配正弦和余弦模板。如图4.1所示，所获频谱会失去原始时间序列的任何非稳定变化。情感神经科学研究中的电生理时间序列常常不是稳定的。例如，情绪刺激呈现可能导致信号出现短暂的非周期性变化，执行DFT时无法满足稳定性假设。解释情绪参与期间（例如听音乐或者看视频短片时）所记录的频谱，应该考虑这种限制。实验和计算的方法可用于避免非稳定性，包括选择获得正式统计检验佐证的稳定分段。例如，迪基–富勒（Dickey-Fuller）测试增版（参考Elliott, Rothenberg, & Stock, 1996），建立了检查电皮层时间序列（非）稳定性的方法。另外，去趋势（de-trending）方法，例如沿采样点减去线性回归线，也经常被用以从时间序列中剔除非稳定变化的慢性特征（例如慢速漂移信号）。获得稳定神经生理时间序列的实验方法包括稳态刺激（见本章“应用”一节）和延长刺激暴露。

谱泄露与不确定原理

因为前文所述特征，EEG和MEG基于傅立叶的频谱质量取决于执行DFT的信号周期性和持续时间。作为一种重要限制因素，频谱的频率分辨率与时间分辨率呈负相关。选取较短的EEG/MEG分段应用DFT（高时间分辨率），导致频域表征信号（低频率分辨率）步长增大，而选取较长的时间分段可以获得给定频率的精确表征，但牺牲了时间分辨率。因此，该问题可以被视为海森堡(或傅立叶）不确定性原则的变体，其认为时间局部性与频率局部性是不可兼得的。例如，提交500毫秒的时间窗口应用DFT，导致2 Hz的频率分辨率，最大频率表征为尼奎斯特频率（例如50%的采样率）。形式上，频谱分辨率，即所测量的频率间隔 Δf，是信号持续时间的简单函数：Δf（Hz）=1000/持续时间（毫秒）。实际上这意味着，为获得给定的频域分辨率，研究者应当使用足够长的稳定时间窗口。例如，500毫秒的时间窗口不足以区分25 Hz到26 Hz的信号活动，因为考虑到频率分辨率为1000/500 = 2 Hz，只有间隔为0、2、4、6 Hz等的频率差，才是可获得的。如图4.1所示，一个频率下真正的振荡活动没有被表征在频谱中（例如本例的25 Hz），而是表现为临近的频率（24和26 Hz），结果频域信号就变得模糊了。如果研究者对给定的先验频率感兴趣，在选择信号处理时间时应该特别注意确保精确覆盖所需频率。

窗口和叠加分段

在情感神经科学论文的“方法”部分，EEG/MEG的频谱性质常常涉及窗口FFTs、锥体（tapers）、补零（zero-padding），但是特定“方法”选择这些参数的原因常常很模糊。事实上，当使

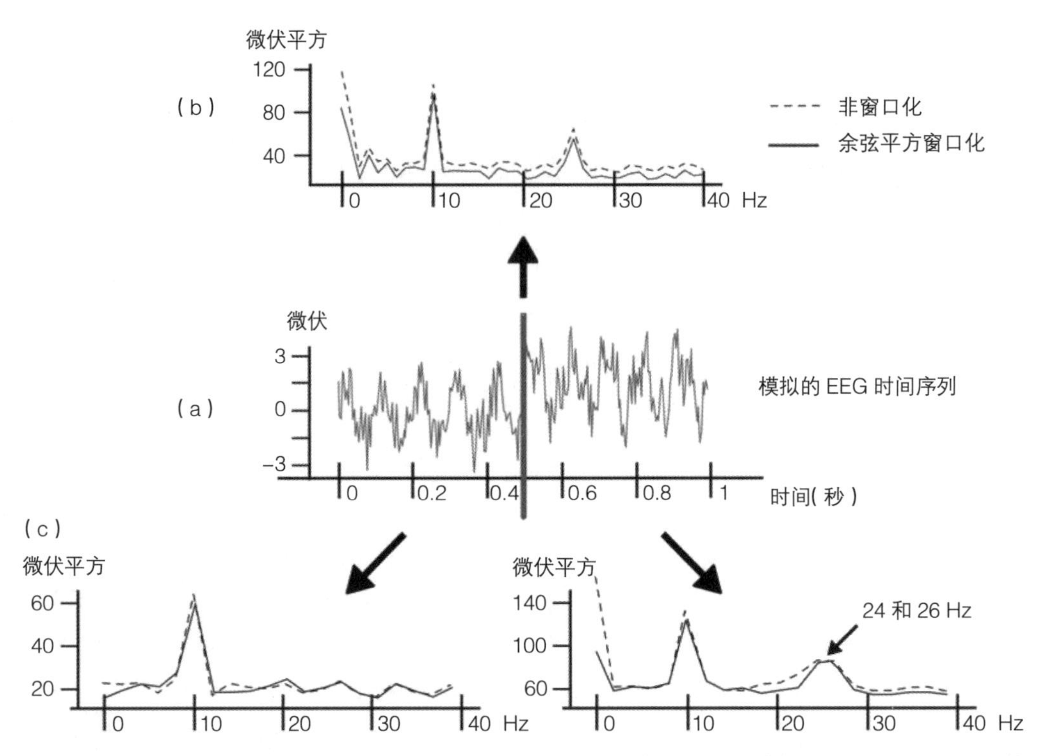

图4.1 电生理时间序列的傅立叶分析。中图（a）：噪声的时域信号被建构，类似于包含很强 α 波的EEG和MEG信号。为此，10 Hz正弦波叠加了真实的MEG噪声，经过12—50 Hz的滤波。第一个500毫秒信号包含10 Hz的振荡和噪声；第二个500毫秒包含0.5微伏偏移和另外的25 Hz的振荡（正弦波），是10 Hz信号波幅的一半。注意第二个振荡需要协助才能看到数据中出现的噪声水平。这个时间序列看似相当正常，但是显然不稳定（迪基–富勒测试增版）。用于窗口化的余弦平方函数和非窗口化信号重叠（加粗灰线）。上图（b）：整个时间序列（持续1000毫秒）的离散傅立叶变换（虚线），产生1 Hz的频率分辨率（如正文所示）。添加余弦平方锥形窗口函数减少了信号的噪声数量（实线），因为衰减和抵消了伪迹。分析不能检测到第二个时域信号所呈现的25 Hz振动。下图（c）：时域分析的第一个和第二个500毫秒的离散傅立叶变换。分析产生了2 Hz频率分辨率（每段500毫秒时间）。结果在第二部分的25 Hz振荡信号被检测到，但是显示为24和26 Hz（泄露到了邻近频段），因此25 Hz频段缺失。c板块短数据段还显示：窗口化降低了泄露和在0 Hz的抵消（所谓的直流成分）

用便利的交互分析工具时新手常常面临困难，因为下拉菜单要求研究者决定是否使用Hamming、Welch或其他窗口/程序。尽管完全讨论这些问题超出了本章范围，但是我们还是会适当提及几个基本问题，它们会影响情感神经科学谱域数据的表象和解释。想更加全面地了解，读者可参考尼奇克（Nitschke）等（1998）的论著。因为傅立叶分析假设信号无限重复，所以从现行信号中切割出的任何用于DFT的较短的数据分段，都被视为重复，也即所测时间内的分段永远重复。实际上，大多数真实信号在所测时段结束时都有停顿。FFT假定信号重复，因此它会在边缘处引入停顿，但它们并不真的属于信号（见图4.1）。因为骤然发生的停顿拥有较宽的频谱，所以它们会引起信号频谱扩散，导致频率泄露和错误表征。

这个问题可通过所谓的窗口函数得到解决，即衰减边缘处信号。“窗口化”信号，意思是信号乘以权重函数，赋予开始和结束的权重较小。大多数窗口函数赋予信号中心的事件权重更大，而对信号边缘的事件敏感性降低，趋于对称的锥形。如图4.1，我们使用简单的正弦平方函数（中间板块加粗灰线）解决这个问题，使得整体噪声（实线）减弱。其他窗口函数，例如Hanning、Hamming和Kaiser等，形状不同，在数字信号处理方面都有特殊应用，但是它们的目标相同：为时间序列提供所要求的权重函数。因此，当许多邻近的傅立叶变换被用于计算一个时间序列时，窗口化可被控制以增强时间局部性，产生一个频谱图——在多个频段下，对谱功率的时间变化进行呈现。通常，窗口沿着信号以50%的叠加移动，确保对数据的每个频谱事件敏感，避免在移动窗口边缘遗漏一些过程。所谓的Welch周期图方法采用类似方法，随信号移动叠加窗口，用平均所得频谱来提高信噪比和进一步衰减噪声和边缘效应。尼奇克及其同事（Nitschke et al., 1998）对EEG和MEG研究的窗口函数和频域问题做了极好的综述。

事件相关电位与事件相关磁场

事件相关电位与事件相关磁场（ERP/ERF）来源于持续的电生理活动，针对特定事件采用时域平均无伪迹的分段。因此，它们可明确地测量与给定事件（例如单词、图片、声音或者任何其他刺激或行为）在时间上有关的神经活动。在同一时间、同一相位（正或者负的波峰）未被系统调节的神经活动，则受到了抑制。通过平均许多试次的神经群活动，可以获得脑电压变化的代表性时间波形，这特征化了感兴趣的事件。试次平均非常重要，因为持续的EEG和MEG有很多噪声，而且特定事件的波幅变化是几微伏（μV）或毫微微特斯拉（fT），然而原始记录包含自发电压和磁场波动，比特定事件的波幅变化高几个数量级。连同颅外噪声和自发脑活动，刺激相关的许多类型的神经活动一起存在，它们对重复事件并不精确锁相或者锁时。采用时域平均方法，它们可被平均消除。想概括了解ERP和ERF技术的读者可以参考卢克（Luck）（2005）的教材。另外关于情绪的ERP研究，推荐阅读哈杰克（Hajcak）、温伯格（Weinberg）、马克纳马拉（MacNamara）和福迪（Foti）（2011）所撰写的著作。

取决于感兴趣的事件相关神经活动的波幅大小，要获得有意义的ERP/ERF波形，推荐试次数量范围从15—20试次（例如提取显著视觉目标刺激的较大反应），到上千试次（例如提取特定声音刺激的脑干反应）。经过平均，ERP代表每段试次中对事件锁时和锁相的信号，意味着每段试次的波峰和波谷必须随相同的电压方向（正或者负）同时出现。ERP平均波形包含一系列正向和负向电压的偏斜，在给定时间点它们的幅度以及在头皮上的地形分布不断变化。ERF数据同样依据磁场强度和磁场梯度随时间的变化而特征化。对于不同的实验设计和不同的电极位置，平均波形在每个典型的时间窗口都包含丰富信息。这些信息被看作$n \times t$矩阵，其中n表示电极，t表示采样点。考虑到可采用密集传感器排列和较高的采样率，矩阵可能会很大，要找到感兴趣的因变量需要特定的先验知识或特定的统计方法。而且从ERP矩阵中能够提取许多不同类型的参数，用以分类测量波幅、潜伏期和地形图。

ERP/ERF波幅测量

ERP/ERF波幅（如同潜伏期和地形图）只在记录它们的实验范式背景下有意义。通常作为神经激活指标，波幅越大表示所选时间点的神经活动越强。确定ERP或ERF波幅最简单和最常用的方法是在给定电极上选取一个时间点，使用该时间点的波幅值和电极作为兴趣变量。但是这种方法有局限性，因为它将传感器 × 采样矩阵缩减为一个元素。另一个方法是选择时间范围和一组传感器，然后使用适当的函数计算代表值，例如算数平均或者最大值。与fMRI研究相似，两个实验条件的差异波有时用来表示情境和事件之间的神经差异，除了实验者操纵的感兴趣变量以外，情境和事件的其他方面保持相同。

与该方法有关，对比实验条件或者组别时，研究者会统计检验每个可用的电极（也可能是时间点）。所得参数以彩色方式呈现为地形图或者投射到大脑结构中。这种绘图方法不会减少ERP/ERF矩阵所含的信息，因为可以对$n \times t$矩阵的每对采样点-电极点进行分析，但是容易犯 α 错误。因此，大矩阵必须进行假阳性测试，同时必须调整 α 水平。近来随着统计领域的进步出现了一些新应用，例如对地形图和时间点进行置换检验（Blair & Karniski, 1993）。近年来的两篇综述（Groppe, 2011; Maris, 2012），对当前的ERP/ERF统计检验思维进行了概述，推荐给感兴趣的读者。

除了神经生理学的推理以及对所有可用信息的大量测试，多元统计方法，例如主成分分析（principal component analysis, PCA）或者独立成分分析（independent component analysis, ICA）（Makeig, Debener, Onton, & Delorme, 2004），已经被用来提取对实验操作敏感的时间点和头皮区域（Foti, Hajcak, & Dien, 2009）。PCA和ICA旨在从统计学上去相关（de-correlate）或者因式分解时空EEG（或MEG）数据，然后提取独特和特定的时间和空间特征，将之归结为脑过程或者伪迹。迪恩（Dien, 2010）采用真实数据和模拟数据比较了不同的成分分析技术，并且提供了教程式的具体建议和可使用的开源代码。同样，EEGLAB工具箱（Delorme & Makeig, 2004）提供了很有用的应用，可执行ICA并将其与时频分析、单试次可视化和源估计相结合。

潜伏期测量

除了波幅测量，特定ERP成分的潜伏期可能与情感神经科学的假设有关。成分的潜伏期通常被定义为波峰发生偏转的时间点或者到达一定标准的时间（例如最大振幅的50%）。更精确的方法涉及滞后交叉相关，通过采用不同延迟计算交叉相关，可以估计整个波形相对于标准波形的位移。准确的潜伏期估计高度依赖于ERP的信噪比，已经有几种方法可以获得给定潜伏期差异统计显著性的信息。在很多情况下，研究者可能考虑使用折刀法（jackknife approach）（Miller, Patterson, & Ulrich, 1998），检测实验条件或组间的潜伏期差异。折刀法通常优于峰值检测方法，因为在噪声影响较少的相同时间点，该方法对真实的潜伏期差异比基于单被试的计分方法更敏感。折刀法的特征是使用平均而不是单被试数据作为观测变量：基于折刀法的统计需要重新计算目标测试数据，每次从采样集中遗留一个观测值。对于每种实验条件，都用新获得的平均波形替代每个被试在每个实验条件下的单个波形或时变频谱或其他事件。每个波形代表除了一个被试之外所有被试的总平均。当达到标准时，每个兴趣事件的潜伏期被记作一个时间点。接着计算折刀法统计值并适当修正以解释叠加平均（Miller et al., 1998）。

地形图

随着紧密排列的EEG/ERP记录的出现，研究者们对基于头皮记录EEG源定位的兴趣大大增加。尽管相对于血液动力学成像技术，例如fMRI或者PET，ERP的空间敏感性较差，但是只要使用适当的算法谨慎估计信号的脑源，多导ERP记录的内在空间信息还是可用的。稍后将更详细地介绍源估计。多导ERP记录所获地形图信息的另一种用途，被称为微状态分析（microstate analysis）（Pascual-Marqui, Michel, & Lehmann, 1995）。微状态是从ERP $n \times t$矩阵中提取的假设构想，所反映的时段内地形图分布是稳定的，因此能潜在地反映中枢神经系统的特定状态。这些状态在时段内会发生改变，但是被概念化为时间上非重叠。因此，微状态分析能得到每个状态地形图的时间序列特征。在情感神经科学中，微状态分析被用来展示与愉快效价以及情感图片情绪强度相关的ERP活动的时间和空间中心（Gianotti et al., 2008）。其他工作采用该方法，将面孔加工的ERP时间进程分割为有意义的时间区（即微状态），作为表情和观测者情感状态的函数，然后再进行源估计（Pizzagalli, Lehmann, Koenig, Regard, & Pascual-Marqui, 2000）。前文所提及的视觉ERP工作表明，微状态序列会聚了ERP源估计和动物视觉模型所表明的早期加工阶段，支持了微状态概念。

稳态诱发电位/磁场

ERP的一个特例是稳态电位，由振荡的视觉、听觉、躯体感觉刺激诱发。在视觉领域，当加工视觉刺激时，稳态视觉诱发电位（steady-state visual evoked potential, ssVEP）可以作为视觉皮层持续参与加工的测量指标（Müller, Teder-Salejarvi, & Hillyard, 1998）。它们表征了亮度调节的刺激反应（即闪光），头皮记录的电皮层反应频率与诱发刺激相同。该范式的一个显著优势是，振荡皮层反应有一个已知频率，可稳定地与噪声分离，在频域内量化。其另一个优势是，多个以不同频率闪现的刺激可以同时出现在视觉系统，但是它们的电皮层信号是可分离的（一种被称为“频率标记”的方法）。对于情绪刺激特征，已有研究表明，相对于中性视觉刺激，高唤醒情感刺激在视觉和额顶区产生更大的ssVEP（Keil, Gruber, et al., 2003），表明加工高动机相关的视觉对象时，注意和知觉得到了促进作用（Moratti, Keil, & Stolarova, 2004）。

时频分析

前文已讨论过，EEG/MEG记录反映成百上千的皮层神经元以相互依赖和振荡的方式产生的活动。作为主观状态和外部需求的因变量，神经元群活动可能随时间改变频率组成。前文所提到的频谱分析，不能完全解决情绪加工过程中的叠加和神经振荡快速改变的问题。为填补缺口，时频分析被开发出来（综述参见Tallon-Baudry & Bertrand, 1999）。该技术允许研究者研究信号频谱随时间的变化，既考虑给定频率的信号功率（或者波幅），也考虑相位（潜伏期）变化。这样一种对神经群活动进行综合分析的方法是很有帮助的，因为并不是所有有意义的神经活动都是事件锁时和锁相的。例如，基于对实验动物的记录，高拉姆波斯（Galambos, 1992）提出了以下区分：（1）自发节律，和外部刺激无关联；（2）诱发反应，由外部刺激诱发并且精确锁时于外部刺激起始时间；（3）发射振荡，锁时于遗漏刺激；（4）诱发振荡，由既非锁时也非锁相刺激发起。

如前所见，情感神经科学应用最广泛的电皮层参数——ERP和ERF，是基于刺激事件的时域平均。在高拉姆波斯术语中，ERP用于测量锁时和锁相加工（即诱发活动）。相对而言，跨事件频域平均测量对唤醒活动敏感，包括诱发活动，因为单试次首先变换到时频平面，然后平均。这种方法能防止时域中未与情感事件校准的神经活动的衰减。研究振荡活动的时频方法的优点在于，它们同神经生理过程有更直接的关系，能保留单试次信息。例如，EEG/MEG信号的时频表征可以描述时间动态，尽管时间动态在时域重叠，但位于不同的频率范围（Kranczioch, Debener, Maye, & Engel, 2007）。这使研究者能特征化刺激前的活动和正在进行的活动对诱发活动的影响，这是单独使用时域方法很难做到的（Moratti, Clementz, Ortiz, & Keil, 2007）。重要的是，可以使用频域中定义好的算法进行后续分析，例如跨单试次锁相或跨记录点锁相指标，这些指标对所记录的电生理数据的连接性和相干性较为敏感。时频技术的频谱范围仅仅受到采样率限制。与早期研究所使用的带通滤波相反，大多数时频变换不需要预先指定感兴趣的频率范围，因而可以产生丰富而不受限制的数据库。

如何实现时频分析？不确定性原理指出时间和频率不可能以任意精度被同时测量，但是两域之间存在一个权衡。小波变换代表了一组方法，它们允许研究者在不同频率使用可变时间（频率）分辨率（Tallon-Baudry & Bertrand, 1999）。对于不同频率，时间和频率分辨率之间的适当妥协已被确定，从而产生接近最佳的信号表征。人类电生理学领域流行的小波是连续Morlet小波，它首先是被应用到地球物理学中的，20世纪90年代中期被奥利弗·波特兰（Olivier Bertrand）引入神经科学（Bertrand, Bohorquez, & Pernier, 1994）。Morlet小波是一个正弦波分段与一个可扩大并延伸到对不同频率敏感的高斯窗口函数的乘积，它能导致更短/更长的小波持续时间。因此，频域中小波宽度变化为分析频率的函数，尽管频率分辨率和时间分辨率间存在一个恒定比率。使用标准参数，高频范围的时间分辨率要优于低频范围，而低频范围内频率分辨率高，但是时间分辨率低。相反，高频范围的频率分辨率低，就如在低频范围内时间分辨率低一样。重要的是，这些属性与哺乳动物皮层所观测到的振荡活动行为一致：给定刺激呈现后出现高频振荡活动爆发，但中心频率、相位和精确潜伏期可能有所不同（Singer et al., 1997）。因此，高时间分辨率会以模糊高频频率为代价——由小波分析提供——匹配于脑皮层网络的生理特性。高频谱范围内，Morlet小波的高时间敏感性有助于确定高频振荡（大于20 Hz）的短时程，被认为出现在知觉或记忆形成、学习联结激活以及行动准备和执行期间。这些高频现象经常被认为是gamma波带活动。gamma波带和其他振荡是测量大脑情绪加工网络的潜在有用工具（例如参见Keil, Stolarova, Moratti & Ray, 2007）。低频的电皮层动力学参数通常被认为是完成这一活动所必需的。例如，α振荡（8—12 Hz）的现代观点认为，α节律不仅与大脑静息状态有关，而且也涉及情绪、动机和记忆加工的不同功能（Klimesch et al., 2006）。

正如前面提到的，单试次小波分析允许研究者在多次重复刺激后量化锁相数量。除了随时间变化的频谱功率，还可以用小波家族量化神经振荡的试次间锁相。时频矩阵的标准化的、复杂的表征会依据所描述的算法进行平均（例如Tallon-Baudry & Bertrand, 1999）。对于每个时间点和频率，该方法都能产生相位稳定性测量，被称为锁相指数（参见Keil, Stolarova, Moratti, & Ray, 2007）。锁相指数在0和1之间。0表示试次相位是跨试次随机分布的，1表示在给定时间和频率下，试次相位是跨试次完全一致的。在视知觉领域，枕叶传感器所收集信号的时频分析，会聚显示在80 ms左右会出现一个早期的、诱发的、低频的爆发，接着是晚期的、唤醒的、高频的振荡。图4.2说明了对条件刺激（一个灰色和白色光栅刺激）反应的振荡活动，预测了噪声。早期诱发和晚期唤起的gamma反应都和情绪加工有关，例如在短暂视觉刺激的经典条件化期间（Keil, Stolarova, et al., 2007）。

源分析

如前所述，一个特定ERP成分地形图并不能提供头皮所记录的电活动的脑产生者（即源）的特定信息。尽管如此，自EEG/MEG密集排列记录出现，已经可以计算估计脑电发生源的位置。熟悉一些影响情感神经科学中应用源分析技术的概念对我们来说是有帮助的。

逆问题。原则上，EEG和MEG可被视作三维现实在二维表面（头皮或者MEG头盔）的投射。有个概念已为大家所知悉，即一个无限三维源结构的存在会产生一个二维投射。这涉及以下逆问题：不可能借由二维表征明确地推导出三维源，这一事实可以由物体在平面的投射阴影来说明。一个给定矩形投影既可能由某人拿的茶杯也可能由其拿的便携式计算器投射而来。事实上，这意味着没有精确的数学方法可以计算ERP/ERF场分布的神经源。然而，有几种方法可以使用额外知识限制解的范围，或者通过简单数据转换推断出粗略源结构。

图谱技术。头皮电压的空间采样会影响研究

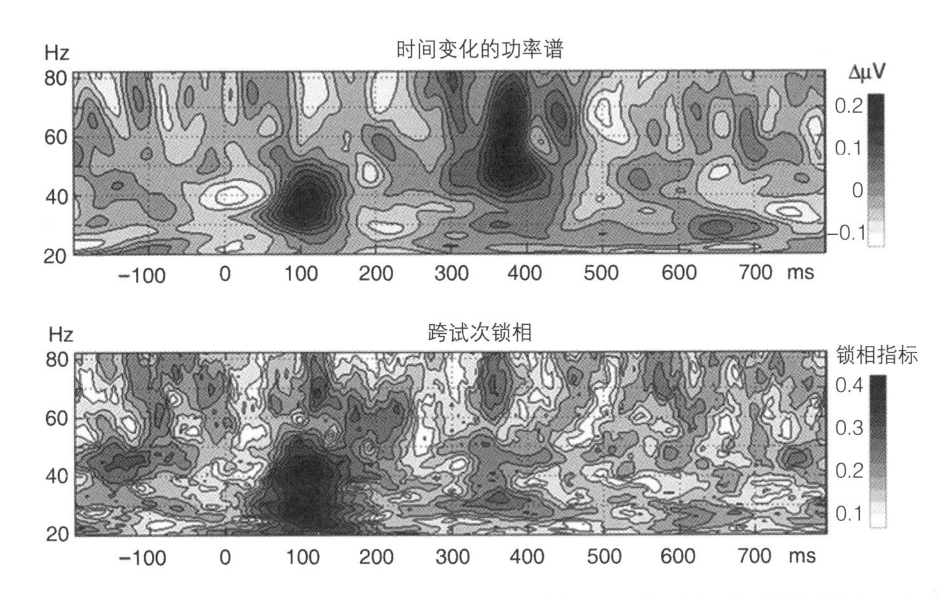

图4.2　时频分析。上图：在经典条件化程序中，当被试看一个视觉线索（CS+）预测一个不愉快噪声（US）时，EEG后部电极所获得的时频图，基线矫正后的总平均（n=16）。值是通过小波分析单试次源波形获得的。如图所示，时间由左至右，频率从下至上。在给定时间和频率下，频谱振幅值变化由灰度表示，超过基线水平越多编码越黑。刺激前间隔被用作基线，振幅值表示减去基线平均后的相对变化。值得注意的是视觉线索的两种振荡反应：一个早期低频反应和一个晚期高频反应。下图：在相同实验下，锁相指数的视频表征的总平均。锁相指数反映对于给定时间和频率跨试次的相位稳定程度。同样，跨试次的频谱锁相数量由灰度编码。高锁相在首个低频率振荡反应中很明显，但是晚期高频反应缺乏高锁相

者使用地形图信息推测源的能力。综合考虑容积传导电流的物理特性和足够的空间采样率，地形图变换可用于突显头皮电流，从而推断脑电活动的可能源。应用最广的技术是电流源密度（current source density, CSD）图谱方法，它基于数学上的拉普拉斯算子（Tenke & Kayser, 2005）。拉普拉斯算子被认为是电压图的空间二阶导数，因此可以显示头皮电压梯度变化。假定头皮本身没有源，那么CSD地图会与给定位置进出颅骨的径向电流成正比。因为假设ERP/ERF的大多数源位于皮层表面附近是合理的，所以这种类型的数据转换允许对潜在脑电位源进行初步估计。

源估计技术。更复杂的源分析技术利用多导记录内在的空间和时间信息，使用不同算法来估计脑源。首批技术之一是通过单个等电流偶极子拟合表面电位分布（Scherg & von Cramon, 1986）。该技术假设头皮电压地图反映单个拥有正极和负极的神经源活动。关于可能的信号扭曲的知识和其他神经解剖学信息被一起用于系统拟合与所测量的电压分布最相似的源偶极子。为此，前向计算被执行多次，以基于许多不同偶极子位置和方向计算多个电压分布，而且位置、强度和方向与测量信号最相似的偶极子源也得到了确定。尽管推断深度敏感性差异仍需实证检验（Cohen & Cuffin, 1991），但一般MEG比EEG拥有稍微好一些的空间敏感性（Cohen et al., 1990）。

所谓的分布源模型程序，是一种提高电生理数据分辨率的方法，它不限制所推导的电活动是到点源还是单偶极子。三维容积中不同位置的上百个电位偶极子被包含在逆模型过程中，而且采用某种边界条件可以获得唯一解，例如使用源电流最小功率以利于求解（Hämäläinen & Ilmoniemi, 1984）。在基于EEG的情感神经科学研究中，LORETA（Pascual-Marqui, Michel, & Lehmann, 1994）已经非常流行，它是一种分布式源估计方法，在理想条件下可使平滑最大化、定位错误最小化。该方法已被应用于确定知觉嫌恶条件化刺激时皮层的激活序列（Pizzagalli, Greischar, & Davidson, 2003），或者测试注意朝向情绪面孔刺激是否伴随早期视觉皮层激活（Pourtois, Grandjean, Sander, & Vuilleumier, 2004）。解决逆问题的分布式源方法还在开发中（Ding & He, 2008），目前讨论的方法包括神经生理限制而不包括物理限制，以指导从无限解空间中进行选择（Grave de Peralta, Hauk, & Gonzalez, 2009）。

除了前面概述的方法，空间滤波技术，如波束形成，已经被应用到MEG和越来越多的EEG研究中，通常会结合从磁共振成像中获得的被试头和脑的真实模型进行探究。然后在有意义的位置用网格体素填充头模型，作为源估计的参考点。波束形成并不试图对整个头皮区域建模或者使残差最小化，相反，它是一个空间滤波集合，每个滤波都被最优校准到源区域的体素。原始MEG（和EEG）数据通过这些空间滤波投射，获得每个体素的电活动估计。在不同位置的相关电活动会被这种技术抑制，进一步说明，任何源估计技术的选择都必须考虑给定数据的类型和实验设计的适合性。

在本书中，动物模型工作以及血液动力学成像研究强调了深度脑结构的重要性，例如杏仁核、脑岛、伏隔核、纹状核的床核，以及其他对于情感行为和体验而言重要的结构。EEG/MEG研究人类情绪的持续争论在于哪种电生理方法能够特异地确定和量化深脑结构的神经活动。例如，许多研究者报告，在情绪投入期间使用MEG（见Bayle, Henaff, & Krolak-Salmon, 2009; Luo et al.,

2009）甚至EEG（Homma, Nakajima, Toma, Ito, & Shibata, 1998）记录源自杏仁核的活动是可能的。但也有人对此提出了质疑。因为逆问题的本质，在没有从其他测量模块获得参考数据集时，验证深度源结果是困难的。这种数据集通常由癫痫棘波活动研究提供，基于MEG/EEG的源估计结果可以与颅内记录、神经成像和外科结果进行交互验证。虽然尚无系统的大规模效度研究探索该方法，但强烈建议谨慎使用非侵入性电生理的深度源定位：虽然癫痫棘波比情绪加工诱发更强的电信号，但是基于颅外MEG/EEG记录的许多研究报告，未能在内侧颞叶区正确识别已知的癫痫病灶（例如Wennberg et al., 2011）。

MEG和EEG参数的心理测量特征

人类神经科学研究并不经常报告或讨论电生理测量的信度和效度。但也有例外，例如情感神经科学对从静息态EEG中所提取的情感特征测量的信度进行了一些讨论（Tomarken, Davidson, Wheeler, & Kinney, 1992）。尽管并未对许多变量进行检查，但情感电生理指标的信度成为越来越重要的主题，特别是在潜在临床应用背景下。正如西蒙斯（Simons）和梅尔斯（Miles）在有关ERP研究信度问题的综述中指出的，考虑给定脑反应跨试次、跨组块一致性时，很容易得到心理测量质量指数（Simons & Miles, 1990）。如果被试的反应跨试次保持稳定，或者在任务（即组块或者条件）中得到了其他重复，则信度就高（例如相对于其他被试，一个被试在一个试次有更大振幅，在随后试次也有更大振幅）。利用克龙巴赫 α 系数可以很容易地对信度进行评估。可对每个传感器和/或脑位置计算系数，得出一个地形图，以地形图的方式反映测量信度。这种方法适用于γ范围的振荡活动（Frund, Schadow, Busch, Korner, & Herrmann, 2007; Keil, Stolarova, Heim, Gruber, & Müller, 2003）、稳态视觉诱发电位（Keil et al., 2008）和ERP的P300成分（Ravden & Polich, 1999）——都表明了电生理测量的高稳定性和一致性。这些特征的潜力尚未被充分利用。

电生理参数——能作为有意脑加工的指标——的效度，通常使用和外部效度变量进行交叉相关来研究，不管是连续的还是离散的。在情感神经科学研究中，效度表明，对情绪图片反应时的晚期正ERP成分的情绪调节，与fMRI所记录的广泛的皮层激活共变（Sabatinelli, Lang, Keil, & Bradley, 2007）。也有其他例子在电生理和临床或特质测量之间建立了相关（Davidson, Pizzagalli, Nitschke, & Putnam, 2002）。大量研究采用这种策略，一致表明脑电和神经磁参数可以作为情绪投入的有效指标（Cahn & Polich, 2006）。

与信效度相似，情感神经科学中EEG/MEG的敏感性和特异性问题，也尚未获得广泛的实证研究。特别强调：ERP成分不是独立于所测量的特定实验环境而存在的。因此，目标情绪加工的电生理指标的敏感性取决于测量方式。如果不同实验情境下发现电生理指标拥有相似的时程和地形图，则需要细致实验，以得出结论：它们由同一个潜在过程负责。实验包括系统比较同一被试ERP成分产生的背景。例如，如果研究发现，视觉P1成分（通常对空间注意敏感）的振幅随单侧恐惧面孔的出现而增加，这不能用于说明空间注意对恐惧面孔刺激负责。相反，P1振幅会受到刺激是否更明亮、更接近和在其他背景下更显著的影响，所观测到的变化可能由更大的空间对比度或者其他属性导致。

应用：情感神经科学的MEG和EEG经典范式

如前所述，电生理测量的广泛应用允许研究者解决情感神经科学中的大量实验问题，从知觉到注意，再到解决高级构想的社会认知范式，例如种族偏见或共情。相应地，从电生理时间序列中所抽取的测量是多种多样的，用于具有不同目的的实验过程：提供时程信息，与行为或生理测量相互补充。它们标志着不同任务或不同情境下电皮层活动的程度，能催生与神经解剖定位有关的假设。丰富的多维结果矩阵包含传感器、时间点和/或频率，为了避免盲目探求结果显著性，研究者应当以先验方式选择有理论意义的因变量。接下来描述一些最广泛使用的范式，说明不同研究问题背景下特定EEG/MEG的应用。

加工瞬时情绪刺激的事件相关电位/电场

大量视觉或听觉领域的电生理学研究都利用了情绪刺激起始诱发的ERP或ERF。通常，研究者会比较在不同内容（愉快的、中性的、不愉快的）、不同时域平均条件下所获得的ERP/ERF的波形，然后得出关于内容、时间和脑位置区分程度的结论。在视觉领域，早期ERP工作（Johnston & Wang, 1991; Radilova, 1982）表明：晚期正电位（late positive potential, LPP）出现在刺激呈现后的300 ms左右，相对于中性刺激，当被试观看情绪唤起的视觉刺激时其增强。过去十年，视觉情绪加工的ERP研究经常从国际情绪图片系统（International Affective Picture System, IAPS; Lang, Bradley, & Cuthbert, 2005）中选取图片。IAPS采集了超过1000张图片，提供每张图片的效价和唤醒度的标准评分。情感唤起IAPS图片，无论愉快的还是非愉快的，都涉及动机的生理反射，反映欲望或嫌恶/防御反应趋势（Lang, 1994）。电生理研究已确定，相比于无情绪唤起的IAPS图片，被动观看情绪唤起图片会产生更大的LPP（Cuthbert, Schupp, Bradley, Birbaumer, & Lang, 2000）。这种中央顶部ERP效应和枕叶皮层活动增强有关（Keil et al., 2002），该效应同样也在MEG记录中被观测到（Peyk, Schupp, Elbert, & Junghöfer, 2008）。LPP的调节效应和情绪加工的其他生理测量密切相关，例如皮肤电传导；也和自我报告问卷数据的情绪唤起存在强烈正线性相关（Cuthbert, Schupp, Bradley, Birbaumer, & Lang, 2000）。图4.3显示了后部LPP的经典头皮地形图和时间进程，相对于中性图片，情绪参与时LPP增强。

对其他ERP/ERF成分与给定刺激的情绪内容之间关系的探索还在继续。例如，几个研究报告，对情绪（愉快和非愉快）和中性IAPS图片反应的ERP早期差异，大约出现在刺激呈现后120—150 ms，持续到300 ms（Junghöfer, Bradley, Elbert, & Lang, 2001; Schupp, Junghöfer, Weike, & Hamm, 2003）。也有质疑者提出了效度疑问，认为是图片的复杂性和其他刺激的潜在物理属性导致了这种变化（Bradley, Hamby, Low, & Lang, 2007）。这个早期ERP反应差异被认为反映了早期知觉阶段情感刺激加工的优势，该差异在其他刺激类型中也同样出现过，包括面孔和词汇。读者可参阅第13章的详细讨论。

大量研究工作使用ERP/ERF方法研究情绪面孔表情加工（参见第7章）。总体上，结果较为混杂，但是当研究被试的高低社交恐惧时，出现了稳定的情绪加工模式（Bar-Haim, Lamy, Pergamin, Bakermans-Kranenburg, & van Ijzendoorn, 2007）。例如，几个研究表明社会焦虑一般与视觉枕颞

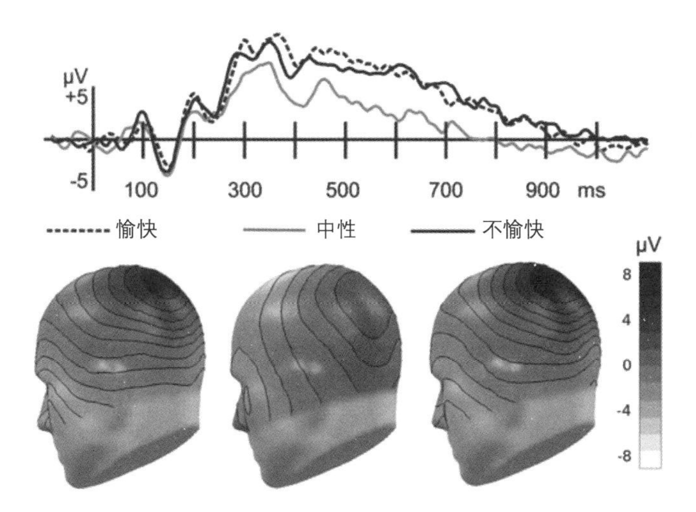

图4.3　晚期正电位。上图：总平均（平均11个被试）的事件相关电位位于Pz（中央顶部）电极点，分别由IAPS的愉快（虚线）、中性（灰线）和不愉快（黑线）图片所诱发。注：正极朝上。下图：LPP窗口（刺激呈现后400—800 ms）平均头皮电压的总平均地形图。值得注意的是中性和唤起情绪（愉快、不愉快）的电压差异。根据凯尔等（Keil et al., 2002）的数据重新绘图

区的P1面孔成分增强有关而和情绪无关，但是与愤怒和愉快面孔的右侧颞顶叶N170成分增强有关（Kolassa, Kolassa, Musial, & Miltner, 2007; Kolassa & Miltner, 2006; Wieser, Pauli, Reicherts, & Muhlberger, 2010）。该发现支持了以下观点，即给定刺激的恐惧相关性和促进皮层特异化加工的刺激特征有关（Keil, Stolarova, et al., 2007）。

探针刺激范式

如果突然给被试呈现一个简短、强烈的听觉刺激（例如一阵白噪声），就会引起反射性惊奇反应，而且受到情绪修正。惊奇反应成分之一——反射性眨眼——受到享乐效价修正，当被试加工非愉快刺激时会诱发更大的眨眼反应，而加工愉快刺激时眨眼反应更小。相比之下，同一惊奇探针刺激的电皮层反应随情绪唤醒变化，而不是随享乐效价变化。相对于中性图片，当被试观看愉快或非愉快图片时，ERP的P3成分波幅更小（Cuthbert et al., 1998; Schupp, Cuthbert, Bradley, Birbaumer, & Lang, 1997; Schupp et al., 2004）。P3是一个正成分，由相关任务刺激引发，而且也出现在对新奇或者罕见刺激的反应中（Linden, 2005）。研究者利用密集阵列EEG和源估计程序发现，无论是声音还是图片刺激，当惊奇探针出现在情绪刺激期间时，相对于中性刺激，P3波幅更小（Keil, Bradley, et al., 2007）。源模型表明一般在额中央P3受情感调节最大。这些数据支持以下观点：情绪唤醒刺激跨模块吸引注意资源，在牺牲时并行信息的加工的前提下达成了对情感刺激的最优加工。

情绪刺激和模块内的共存探针对有限资源的共享、甚至空间重叠刺激之间对有限资源的共享，可用频率标记的稳态视觉诱发电位（ssVEP）评估。在执行前景目标检测任务时，该方法允许研究者连续测量情绪显著而任务无关刺激竞争加工资源的时间进程。穆勒（Müller）及其同事在

2008年的一项研究中，记录了ssVEP对快速闪烁方块（此处作为探针刺激）的反应，方块被叠加在中性和高情绪唤起图片上，而且还计算了随时间变化的ssVEP振幅值。ssVEP振幅和目标检测率表明，在刺激呈现后几百毫秒，具有唤醒情绪背景的图片会从探测任务中（相对于中性条件）提取加工资源。研究还发现脑电波幅与刺激呈现后的随时间变化的精确目标探测之间密切相关。

ssVEP方法也可以检测两种情绪和/或中性刺激间的竞争，如果标记以不同频率，每个刺激均可用作探针或者靶刺激。有研究采用该技术检测了高、低社交焦虑个体的两种在空间上分离的面部表情间的竞争（Wieser, McTeague, & Keil, 2011）。为了分离竞争刺激诱发的电皮层信号，两种面部表情以不同频率（14和17.5 Hz）闪烁（“频率标记”）。相对于愉快和中性表情，愤怒面孔与视觉区更大的电皮层促进相关，该结果只出现在高社交焦虑个体而非低社交焦虑个体中。利用ssVEP固有的时间信息发现，社交焦虑被试的电皮层增强出现在200 ms后，并且持续整个呈现期。基于注意资源分配的连续测量支持了以下观点：高个人显著性刺激与早期和持续的感觉优先加工有关。

经典条件化

学习威胁信号和潜在危险之间的关联，是一种物种间普遍存在的适应行为（LeDoux, 1993）。巴甫洛夫恐惧条件化可能是这类学习最好的实验模型。恐惧条件化期间，中性刺激与嫌恶事件（即无条件刺激，US）配对后，相对于表明安全信号的刺激（CS−），中性刺激成为条件化恐惧反应的有效触发器（即条件刺激，CS+）。已有研究一致表明，成功学习CS与US的关系后，与CS+模块相关的初级感觉皮层激活增加（Büchel, Coull, & Friston, 1999; Moratti, Keil, & Miller, 2006）。

许多研究使用ERP技术，研究与习得条件化反应有关的深度皮层（Pizzagalli et al., 2003）或者感觉皮层（Stolarova, Keil, & Moratti, 2006）加工。已有研究表明，相对于中性刺激，威胁相关刺激的早期C1视觉事件相关成分增强，并且该选择性振幅差异随学习进程增加。经典条件化期间，在视觉（Keil, Stolarova, et al., 2007）和听觉（Heim & Keil, 2006）模块中，相似地观察到，早期振荡活动的波幅和同步性逐步增加只特异地出现在CS+。当检测振幅调整的声学CS（Weisz, Kostadinov, Dohrmann, Hartmann, & Schlee, 2007）所诱发的听觉系统振荡活动时，证据一致表明，观察到了CS+的感觉增强，特别是当被试恐惧反应更大时。这与MEG记录到的稳态诱发磁场结果一致：分析经典条件化期间被试的心率反应，将被试分为呈现闪烁CS+刺激时心跳加速和减速两个组别。心率增加者的结果表明，在未控制被试是否知觉到CS-US关联（Moratti & Keil, 2005）以及被试完全知觉到该关联（Moratti et al., 2006）的条件下，都呈现出CS+期间视觉和顶叶皮层的稳态视觉诱发磁场波幅增加。在操纵学习试次的数量、给定试次下对产生US的预期的条件下，后续研究（Moratti & Keil, 2009）表明，恐惧线索加工的皮层促进由关联强度和习得关联的先前暴露决定，而不是由认知加工决定，例如US的预期性。

结论

大规模脑电活动可以使用EEG/MEG测量，当被应用于有意义的实验背景时，这些脑电活动是情绪参与特定过程的有效指标。电生理工作的动物研究一致表明，动态皮层网络在情绪加工期间广泛连接的建立中发挥核心作用。这些网络可能依赖振荡活动，提供感觉和运动系统间的短期连接，诱发神经元结构的长期改变。人类电生理的多模态记录和计算模型表明，诸如杏仁核、脑岛深度结构在情绪参与时会与新皮层区形成快速、灵活的连接。情绪行为和体验差异最终可能取决于那些连接到新皮层的特定脑区，以及皮层激活和整合的时空动态。该领域的最新技术和概念进步，使得研究者对颅外场调节背后的生理学因素有了越来越多的了解。因此，情绪的电生理研究可能不再局限于对波形的描述分析，而是将数据视为对体内神经生理的测量。

重点问题和未来方向

・为更好地利用电生理数据的丰富信息，需要与多学科研究相结合，例如物理学、实验心理学、计算机建模、心理生理学和生物工程学等。对下一代情感神经科学家的培养可将目标定为为这种跨学科交流打造坚实基础。

・明确和正式的对情感电生理指标的可靠性和有效性的检验在应用时越来越重要，特别是在临床研究领域。

・允许研究者识别和量化单个事件（即单个试次）水平的电生理反应的较为稳定的方法是亟须的，以避免在对不同脑区的反应进行平均的过程中产生信息丢失。

・开发多变量和单变量群的统计分析技术，以匹配和丰富EEG/MEG的时空信息。这些方法将逐步取代不适合人类电生理研究数据结构的传统统计方法。

・脑成像模块不断结合，多模态成像设备的可用性已经扩展到允许fMRI和EEG同时进行记录。这种数据对于开发情感加工的神经生理学模型而言至关重要。

・评估欲望和嫌恶投入期间的特定神经环路功能，是情感心理病理学得到更客观测量的必要步骤，也是以中枢神经系统的情绪加工为目标的新治疗模态发展的必由之路。

・神经交流连接性、依赖性和方向性的稳定测量的发展将发挥重要作用。

・寻找可靠、有效的欲望与嫌恶加工的定量神经参数，具有建立电生理学神经反馈系统的潜力，该系统的目标是改变相关神经环路。因为电生理学方法可被广泛应用而且相对便宜，所以在诊断评估和干预中具有很多潜在作用，而且显著影响心理健康护理。

致谢

作者要感谢萨宾・海姆（Sabine Heim）、安得亚斯・麦尔纳（Andreas Meinel）、E. 梅登・麦金尼斯（E. Menton McGinnis）、丽萨・M. 麦克缇格（Lisa M. McTeague）、文森特・D. 科斯塔（Vincent D. Costa）和玛格丽特・M. 布里德利（Margaret M. Bradley）给本章初稿所提出的意见。特别感谢国家卫生研究院和国家科学基金的持续财政支持。

注释

1 出于版面清爽和避免赘述的目的，本章将所提到的起源于EEG和MEG的不同方法或测量方式统称为“人类电生理学”（human electrophysiology）。正如后文所见，类似的神经元事件是EEG和MEG信号的基础，可基于此进行简化。

参考文献

Bar-Haim, Y., Lamy, D., Pergamin, L., Bakermans-Kranenburg, M. J., & van IJzendoorn, M. H. (2007). Threat-related attentional bias in anxious and nonanxious individuals: A meta-analytic study. *Psychological Bulletin*, *133*(1), 1–24.

Bayle, D. J., Henaff, M. A., & Krolak-Salmon, P. (2009). Unconsciously perceived fear in peripheral vision alerts the limbic system: A MEG study. *PLoS One*, *4*(12), e8207.

Berger, H. (1969). On the electroencephalogram of man. *Electroencephalography & Clinical Neurophysiology*, *28* [Suppl.], 37.

Bertrand, O., Bohorquez, J., & Pernier, J. (1994). Time-frequency digital filtering based on an invertible wavelet transform: An application to evoked potentials. *IEEE Transactions on Biomedical Engineering*, *41*(1), 77–88.

Blair, R. C., & Karniski, W. (1993). An alternative method for significance testing of waveform difference potentials. *Psychophysiology*, *30*(5), 518–24.

Borck, C. (2005). *Hirnströme–Eine Kulturgeschichte der Elektroenzephalographie*. Göttingen: Wallstein.

Bradley, M. M., Hamby, S., Löw, A., & Lang, P. J. (2007). Brain potentials in perception: Picture complexity and emotional arousal. *Psychophysiology*, *44*(3), 364–73.

Büchel, C., Coull, J. T., & Friston, K. J. (1999). The predictive value of changes in effective connectivity for human learning. *Science*, *283*(5407), 1538–41.

Cahn, B. R., & Polich, J. (2013). Meditation states and traits: EEG, ERP, and neuroimaging studies. *Psychology Bulletin*, *132*(2), 180–211.

Cohen, D. (1968). Magnetoencephalography: Evidence of magnetic fields produced by alpha-rhythm currents. *Science*, *161*(843), 784–6.

Cohen, D. (1972). Magnetoencephalography: Detection of the brain's electrical activity with a superconducting magnetometer. *Science*, *175*(22), 664–6.

Cohen, D., & Cuffin, B. (1987). A method for combining MEG and EEG to determine the sources. *Physics in Medicine & Biology*, *32*(1), 85–9.

Cohen, D., & Cuffin, B. N. (1991). EEG versus MEG localization accuracy: Theory and experiment. *Brain topography*, *4*(2), 95–103.

Cohen, D., Cuffin, B. N., Yunokuchi, K., Maniewski, R., Purcell, C., Cosgrove, G. R., ... Schomer, D. L. (1990). MEG versus EEG localization test using implanted sources in the human brain. *Annals of Neurology*, *28*(6), 811–7.

Cook, E. W., & Miller, G. A. (1992). Digital filtering: Background and tutorial for psychophysiologists. *Psychophysiology*, *29*(3), 350–67.

Cuthbert, B. N., Schupp, H. T., Bradley, M. M., Birbaumer, N., & Lang, P. J. (2000). Brain potentials in affective picture processing: Covariation with autonomic arousal and affective report. *Biological Psychology*, *52*(2), 95–111.

Cuthbert, B. N., Schupp, H. T., Bradley, M., McManis, M., & Lang, P. J. (1998). Probing affective pictures: Attended startle and tone probes. *Psychophysiology*, *35*(3), 344–7.

Davidson, R. J.(1995). Cerebral asymmetry, emotion, and affective style. In R.J. Davidson & K. Hugdahl (Eds.), *Brain asymmetry* (pp. 361–87). Cambridge, MA: MIT Press.

Davidson, R. J., Pizzagalli, D., Nitschke, J. B., & Putnam, K. (2002). Depression: Perspectives from affective neuroscience. *Annual Review of Psychology*, *53*, 545–74.

Delorme, A., & Makeig, S. (2004). EEGLAB: an open source toolbox for analysis of single-trial EEG dynamics including independent component analysis. *Journal of Neuroscience Methods*, *134*(1), 9–21.

Dien, J. (2010). Evaluating two - step PCA of ERP data with geomin, infomax, oblimin, promax, and varimax rotations. *Psychophysiology*, *47*(1), 170–83.

Ding, L., & He, B. (2008). Sparse source imaging in electroencephalography with accurate field modeling. *Human Brain Mapping*, *29*(9), 1053–67.

Elliott, G., Rothenberg, T. J., & Stock, J. (1996). Efficient tests for an autoregressive unit root. *Econometrica*, *64*(4), 813–36.

Ferree, T. C., Luu, P., Russell, G. S., & Tucker, D. M. (2001). Scalp electrode impedance, infection risk, and EEG data quality. *Clinical Neurophysiology*, *112*(3), 536–44.

Flor, H., Braun, C., Elbert, T., & Birbaumer, N. (1997). Extensive reorganization of primary somatosensory cortex in chronic back pain patients. *Neuroscience Letters*, *224*(1), 5–8.

Foti, D., Hajcak, G., & Dien, J. (2009). Differentiating neural responses to emotional pictures: Evidence from temporal-spatial PCA. *Psychophysiology*, *46*, 521–30.

Frund, I., Schadow, J., Busch, N. A., Korner, U., & Herrmann, C. S. (2007). Evoked γ oscillations in human scalp EEG are test–retest reliable. *Clinical Neurophysiology*, *118*(1), 221–7.

Galambos, R. (1992). A comparison of certain gamma band (40 Hz) brain rhythms in cat and man. In E. Basar & T. Bullock (Eds.), *Induced rhythms in the brain* (pp. 103–22). Berlin: Springer.

Gianotti, L. R., Faber, P. L., Schuler, M., Pascual-Marqui, R.

D., Kochi, K., & Lehmann, D. (2008). First valence, then arousal: The temporal dynamics of brain electric activity evoked by emotional stimuli. *Brain Topography*, *20*(3), 143–56.

Grave de Peralta, R., Hauk, O., & Gonzalez, S. L. (2009). The neuroelectromagnetic inverse problem and the zero dipole localization error. *Computational Intelligence and Neuroscience*, 659247. doi:10.1155/2009/659247

Groppe, D. M., Urbach, T. P., & Kutas, M. (2011). Mass univariate analysis of event–related brain potentials/fields I: A critical tutorial review. *Psychophysiology*, *48*(12), 1726–37.

Hajcak, G., Weinberg, A., MacNamara, A., & Foti, D. (2011). ERPs and the study of emotion. In S. J. Luck & E. Kappenman (Eds.), *Oxford handbook of event-related potential components* (pp. 441–74). New York: Oxford University Press.

Haken, H. (1983). *Synergetics: An introduction*. Berlin: Springer.

Hämäläinen, M., & Ilmoniemi, R. (1984). *Interpreting measured magnetic fields of the brain: Estimates of current distributions*. (Technical Report No. TKK-F-A559). Helsinki: Helsinki University of Technology.

Heim, S., & Keil, A. (2006). Effects of classical conditioning on identification and cortical processing of speech syllables. *Experimental Brain Research*, *175*, 411–24.

Homma, S., Nakajima, Y., Toma, S., Ito, T., & Shibata, T. (1998). Intracerebral source localization of mental process-related potentials elicited prior to mental sweating response in humans. *Neuroscience Letters*, *247*(1), 25–8.

Ille, N., Berg, P., & Scherg, M. (2002). Artifact correction of the ongoing EEG using spatial filters based on artifact and brain signal topographies. *Journal of Clinical Neurophysiology*, *19*(2), 113–24.

Johnston, V. S., & Wang, X. T. (1991). The relationship between menstrual phase and the P3 component of ERPs. *Psychophysiology*, *28*(4), 400–9.

Junghöfer, M., Bradley, M. M., Elbert, T. R., & Lang, P. J. (2001). Fleeting images: A new look at early emotion discrimination. *Psychophysiology*, *38*(2), 175–8.

Junghöfer, M., Elbert, T., Tucker, D. M., & Braun, C. (1999). The polar average reference effect: A bias in estimating the head surface integral in EEG recording. *Clinical Neurophysiology*, *110*(6), 1149–55.

Junghöfer, M., Elbert, T., Tucker, D. M., & Rockstroh, B. (2000). Statistical control of artifacts in dense array EEG/MEG studies. *Psychophysiology*, *37*(4), 523–32.

Keil, A., Bradley, M. M., Hauk, O., Rockstroh, B., Elbert, T., & Lang, P. J. (2002). Large-scale neural correlates of affective picture processing. *Psychophysiology*, *39*(5), 641–9.

Keil, A., Bradley, M. M., Junghöfer, M., Russmann, T., Lowenthal, W., & Lang, P. J. (2007). Cross-modal attention capture by affective stimuli: Evidence from event-related potentials. *Cognitive, Affective, & Behavioral Neuroscience*, *7*(1), 18–24.

Keil, A., Gruber, T., Müller, M. M., Moratti, S., Stolarova, M., Bradley, M. M., & Lang, P. J. (2003). Early modulation of visual perception by emotional arousal: Evidence from steady-state visual evoked brain potentials. *Cognitive, Affective, & Behavioral Neuroscience*, *3*(3), 195–206.

Keil, A., Smith, J. C., Wangelin, B. C., Sabatinelli, D., Bradley, M. M., & Lang, P. J. (2008). Electrocortical and electrodermal responses covary as a function of emotional arousal: A single–trial analysis. *Psychophysiology*, *45*(4), 511–5.

Keil, A., Stolarova, M., Heim, S., Gruber, T., & Müller, M. M. (2003). Temporal stability of high-frequency brain oscillations in the human EEG. *Brain Topography*, *16*(2), 101–10.

Keil, A., Stolarova, M., Moratti, S., & Ray, W. J. (2007). Adaptation in human visual cortex as a mechanism for rapid discrimination of aversive stimuli. *Neuroimage*, *36*(2), 472–9.

Klimesch, W., Sauseng, P., & Hanslmayr, S. (2007). EEG alpha oscillations: The inhibition–timing hypothesis. *Brain Research Reviews*, *53*(1), 63–88.

Knott, J., & Irwin, D. (1968). Anxiety, stress and contingent negative variation (CNV). *Electroencephalography and Clinical Neurophysiology*, *24*(3), 286–7.

Kolassa, I.-T., Kolassa, S., Musial, F., & Miltner, W. H. (2007). Event-related potentials to schematic faces in social phobia. *Cognition and Emotion*, *21*(8), 1721–44.

Kolassa, I.-T., & Miltner, W. H. (2006). Psychophysiological correlates of face processing in social phobia. *Brain Research*, *1118*(1), 130–41.

Kranczioch, C., Debener, S., Maye, A., & Engel, A. K. (2007). Temporal dynamics of access to consciousness in the attentional blink. *Neuroimage*, *37*(3), 947–55.

Lang, P. J. (1994). The motivational organization of emotion: Affect-reflex connections. *Emotions: Essays on emotion theory* (pp.61–93). Hillsdale, NJ: Erlbaum.

Lang, P. J., Bradley, M. M., & Cuthbert, B. N. (2005). *International Affective Picture System: Technical manual and affective ratings*. Gainesville, FL: NIMH Center for the Study of Emotion and Attention.

LeDoux, J. E., & Phelps, E. A. (1993). Emotional networks in the brain. In J. M. H. Lewis (Ed.). *Handbook of emotions.* (pp. 109–18). New York: Guilford Press.

Lesse, H. (1957). *Amygdaloid electrical activity during a conditioned response*. Paper presented at the International Congress of Electroencephalography and clinical Neurophysiology, Brussels.

Linden, D. E. (2005). The P300: Where in the brain is it produced and what does it tell us? *The Neuroscientist*, *11*(6), 563–76.

Lindsley, D. B. (1950). Emotions and the electroencephalogram. In M. Reymert (Ed.), *Feelings and emotions; The Mooseheart Symposium* (pp. 238–46). New York: McGraw-Hill.

Luck, S. J. (2005). *An introduction to the eventrelated potential technique*. Cambridge, MA: MIT Press.

Luo, Q., Mitchell, D., Cheng, X., Mondillo, K., Mccaffrey, D., Holroyd, T., ... Blair, J. (2008). Visual awareness, emotion, and gamma band synchronization. *Cerebral Cortex*, *19*(8), 1896–904.

Makeig, S., Debener, S., Onton, J., & Delorme, A. (2004). Mining event-related brain dynamics. *Trends in Cognitive Sciences*, *8*(5), 204–10.

Makeig, S., Jung, T.-P., Bell, A. J., Ghahremani, D., & Sejnowski, T. J. (1997). Blind separation of auditory event-related brain responses into independent components. *Proceedings of the National Academy of Sciences*, *94*(20), 10979–84.

Maris, E. (2012). Statistical testing in electrophysiological studies. *Psychophysiology*, *9*(4), 549–65.

Melcher, J. R., & Cohen, D. (1988). Dependence of the MEG on dipole orientation in the rabbit head. *Clinical Neurophysiology*, *70*(5), 460–72.

Miller, J., Patterson, T., & Ulrich, R. (1998). Jackknife-based method for measuring LRP onset latency differences. *Psychophysiology*, *35*(1), 99–115.

Moratti, S., Clementz, B. A., Gao, Y., Ortiz, T., & Keil, A. (2007). Neural mechanisms of evoked oscillations: Stability and interaction with transient events. *Human Brain Mapping*, *28*(12), 1318–33.

Moratti, S., & Keil, A. (2005). Cortical activation during Pavlovian fear conditioning depends on heart rate response patterns: An MEG study. *Cognitive Brain Research*, *25*(2), 459–71.

Moratti, S., & Keil, A. (2009). Not what you expect: Experience but not expectancy predicts conditioned responses in human visual and supplementary cortex. *Cerebral Cortex*, *19*(12), 2803–9.

Moratti, S., Keil, A., & Miller, G. A. (2006). Fear but not awareness predicts enhanced sensory processing in fear conditioning. *Psychophysiology*, *43*(2), 216–26.

Moratti, S., Keil, A., & Stolarova, M. (2004). Motivated attention in emotional picture processing is reflected by activity modulation in cortical attention networks. *Neuroimage*, *21*(3), 954–64.

Müller, M. M., Andersen, S. K., & Keil, A. (2008). Time course of competition for visual processing resources between emotional pictures and foreground task. *Cerebral Cortex*, *18*, 1892–9.

Müller, M. M., Teder-Sälejärvi, W., & Hillyard, S. A. (1998). The time course of cortical facilitation during cued shifts of spatial attention. *Nature neuroscience*, *1*(7), 631–4.

Nitschke, J. B., Miller, G. A., & Cook, E. W. (1998). Digital filtering in EEG/ERP analysis: Some technical and empirical comparisons. *Behavior Research Methods, Instruments, & Computers*, *30*(1), 54–67.

Nunez, P. L., & Srinivasan, R. (2006). *Electric fields of the brain* (2nd ed.). New York: Oxford University Press.

Nunez, P. L., Srinivasan, R., Westdorp, A. F., Wijesinghe, R. S., Tucker, D. M., Silberstein, R. B., & Cadusch, P. J. (1997). EEG coherency: I: statistics, reference electrode, volume conduction, Laplacians, cortical imaging, and interpretation at multiple scales. *Clinical Neurophysiology*, *103*(5), 499–515.

Olejniczak, P. (2006). Neurophysiologic basis of EEG. *Journal of Clinical Neurophysiology*, *23*(3), 186–9.

Pascual-Marqui, R. D., Michel, C. M., & Lehmann, D. (1994). Low resolution electromagnetic tomography: A new method for localizing electrical activity in the brain. *International Journal of Psychophysiology*, *18*(1), 49–65.

Pascual-Marqui, R. D., Michel, C. M., & Lehmann, D. (1995). Segmentation of brain electrical activity into microstates: Model estimation and validation. *IEEE Transactions on Biomedical Engineering*, *42*(7), 658–65.

Peyk, P., Schupp, H. T., Elbert, T., & Junghöfer, M. (2008). Emotion processing in the visual brain: A MEG analysis. *Brain Topography*, *20*(4), 205–15.

Pizzagalli, D. A., Greischar, L. L., & Davidson, R. J. (2003). Spatio-temporal dynamics of brain mechanisms in aversive classical conditioning: High-density event-related potential and brain electrical tomography analyses. *Neuropsychologia*, *41*(2), 184–94.

Pizzagalli, D., Lehmann, D., König, T., Regard, M., & Pascual-Marqui, R. D. (2000). Face-elicited ERPs and affective attitude: Brain electric microstate and tomography analyses. *Clinical Neurophysiology*, *111*(3), 521–31.

Pourtois, G., Grandjean, D., Sander, D., & Vuilleumier, P. (2004). Electrophysiological correlates of rapid spatial orienting towards fearful faces. *Cerebral Cortex*, *14*(6), 619–33.

Radilova, J. (1982). The late positive component of visual evoked response sensitive to emotional factors. *Activitas Nervosa Superior* (Suppl., Pt. 2), 334–7.

Ravden, D., & Polich, J. (1999). On P300 measurement stability: Habituation, intra-trial block variation, and ultradian rhythms. *Biological Psychology*, *51*(1), 59–76.

Regan, D. (1989). *Human brain electrophysiology: Evoked potentials and evoked magnetic fields in science and medicine*. New York: Elsevier.

Sabatinelli, D., Lang, P. J., Keil, A., & Bradley, M. M. (2007). Emotional perception: Correlation of functional MRI and event-related potentials. *Cerebral Cortex*, *17*, 1066–73.

Scherg, M., & von Cramon, D. (1986). Evoked dipole source potentials of the human auditory cortex. *Electroencephalography and Clinical Neurophysiology/Evoked Potentials Section*, *65*(5), 344–60.

Schupp, H. T., Cuthbert, B. N., Bradley, M. M., Birbaumer, N., & Lang, P. J. (1997). Probe P3 and blinks: Two measures of affective startle modulation. *Psychophysiology*, *34*(1), 1–6.

Schupp, H., Cuthbert, B., Bradley, M., Hillman, C., Hamm, A., & Lang, P. (2004). Brain processes in emotional perception: Motivated attention. *Cognition and Emotion*, *18*(5), 593–611.

Schupp, H. T., Junghöfer, M., Weike, A. I., & Hamm, A. O. (2003). Emotional facilitation of sensory processing in the visual cortex. *Psychological Science*, *14*(1), 7–13.

Simons, R. F., & Miles, M. A. (1990). Nonfamilial strategies for the identification of subjects at risk for severe psychopathology: Issues of reliability in the assessment of event-related potentials (ERP). In J. W. Rohrbaugh, R. Parasuraman, & R. J. Johnson (Eds.), *Event-related brain potentials: Basic issues and applications* (pp. 343–63). Amsterdam: Elsevier.

Singer, W., Engel, A. K., Kreiter, A. K., Munk, M. H., Neuenschwander, S., & Roelfsema, P. R. (1997). Neuronal assemblies: necessity, signature and detectability. *Trends in Cognitive Sciences*, *1*(7), 252–61.

Stolarova, M., Keil, A., & Moratti, S. (2005). Modulation of the C1 visual event-related component by conditioned stimuli: Evidence for sensory plasticity in early affective perception. *Cerebral Cortex*, *16*(6), 876–87.

Tallon-Baudry, C., & Bertrand, O. (1999). Oscillatory gamma activity in humans and its role in object representation. *Trends in Cognitive Sciences*, *3*(4), 151–62.

Tenke, C. E., & Kayser, J. (2005). Reference-free quantification of EEG spectra: Combining current source density (CSD) and frequency principal components analysis (fPCA). *Clinical Neurophysiology*, *116*(12), 2826–46.

Tomarken, A. J., Davidson, R. J., Wheeler, R. E., & Kinney, L. (1992). Psychometric properties of resting anterior EEG asymmetry: Temporal stability and internal consistency. *Psychophysiology*, *29*(5), 576–92.

Walter, W. G. (1967). The analysis, synthesis and identification of evoked responses and contigent negative variation (CNV). *Electroencephalography and Clinical Neurophysiology*, *23*(5), 489.

Weisz, N., Kostadinov, B., Dohrmann, K., Hartmann, T., & Schlee, W. (2006). Tracking short-term auditory cortical plasticity during classical conditioning using frequency-tagged stimuli. *Cerebral Cortex*, *17*(8), 1867–76.

Wennberg, R., Valiante, T., & Cheyne, D. (2011). EEG and MEG in mesial temporal lobe epilepsy: Where do the spikes really come from? *Clinical Neurophysiology*, *122*(7), 1295–313.

Whittingstall, K., & Logothetis, N. K. (2009). Frequency-band coupling in surface EEG reflects spiking activity in monkey visual cortex. *Neuron*, *64*(2), 281–9.

Wieser, M. J., McTeague, L. M., & Keil, A. (2011). Sustained preferential processing of social threat cues: Bias without competition? *Journal of Cognitive Neuroscience*, *23*(8), 1973–86.

Wieser, M. J., Pauli, P., Reicherts, P., & Mühlberger, A. (2010). Don't look at me in anger! Enhanced processing of angry faces in anticipation of public speaking. *Psychophysiology*, *47*(2), 271–80.

Yuval-Greenberg, S., Tomer, O., Keren, A. S., Nelken, I., & Deouell, L. Y. (2008). Transient induced gamma-band response in EEG as a manifestation of miniature saccades. *Neuron*, *58*(3), 429–41.

第5章

PET和fMRI：情感神经科学研究中的基本原则和应用

乔治·阿莫尼　韩正恩（Jung Eun Han）

一般认为，神经元是大脑的基本元素，而且通过必要的运算能引发大范围的精神活动，这些活动能在人类和其他动物身上被观察到。具体来说，各个神经元之间是通过电化学过程传达信息的:（1）神经元主要通过特异性受体上的神经递质对接，从其他细胞处接收信息；（2）神经元打开离子通道，通过改变电势（电压）把来自接收终端——树突的信号传递给传送终端——轴突；（3）释放神经化学物质传递信息给其他神经元。当然，这个过程需要能量，能量主要来自血液携带的葡萄糖和氧。因此有理由假设特定脑区神经活动增加与相应脑区血流量或者血容量增加有关。

在19世纪末，意大利生理学家安吉洛·莫索（Angelo Mosso）的工作使脑活动和血流量之间存在紧密关系这一推论获得了实验的强有力支持。他对脑损伤个体进行了一系列研究，其中最著名的脑损伤个体是米歇尔·伯提诺（Michele Bertino），这是一名因一次意外事故失去了前额叶区的一块头盖骨，导致大脑暴露在外的37岁的工人。莫索用仪器记录伯提诺的大脑脉动，注意到当伯提诺接收感觉刺激或者被要求心算、记事情时，脉动增加（Mosso, 1881）。但前臂的血流量和血容量不受影响，该结果表明这些效果是大脑特有的而不是血液循环外周变化的结果。罗伊（Roy）和谢林顿（Sherrington）（1890）精炼并扩展了莫索和其他人的发现，他们对动物进行了开创性研究，检查多种操纵对脑血液循环的影响，包括感觉神经刺激和肌肉运动。他们依据观察结果得出结论："大脑拥有某种内在机制，由于该机制的存在，脑血管供应会随着脑功能活动的局部变化而相应地局部变化。"（第105页）

此外，莫索还发明了第一个基于血液动力学记录健康人脑活动的仪器。他制作了一张木床，安放在一个支点上，看起来像个天平：任何一侧质量改变都会引起木床倾斜。莫索称之为"科学支架"，它足够大，人可以舒服地躺在上面并且保持平衡（甚至睡觉）。支架很灵敏，可以随着人的呼吸节律而上下摆动（Mosso, 1896; 第97页）。这样一来，莫索就观察到："一个人水平躺在仪器上保持平衡和绝对安静，倘若他跟人说话，那么仪器立刻向头部倾斜。腿方向变轻，头方向变重。"（第97页）当要求被试心算或者被试心烦意乱（例如，被试被告知参加实验得不到报酬）时，会发生同样的情况。根据这些结果莫索得出结论："我的仪器已经证实，即便在产生最轻微的情绪时血液也会涌进大脑。"（第98页）这样的实验是否被真正执行过仍存争议，因为神经活动所引起的血容量变化不可能大到足够使脑的质量产生明显变化（Buxton, 2002）。而且尽管莫索的支架能够用适当的时间分辨率测量脑活动所引起的血液动力学变化，但是无法确定是哪部分脑区在活动。直到将近一个世纪之后量子物理学看似不相关的几项发现面世，研究者才开始使用血流量和血容量变化来确定神经活动脑区。下面介绍该领域应用最广泛的两项技术——正电子发射断层扫描（PET）和功能磁共振成像。需要指出的是，基于血液动力学的其他神经成像技术也被应用到了神经科学研究中，为情感神经科学领域做出了贡献，尤其是单光子发射断层扫描（Abraham & Feng, 2011）。

PET

PET的物理基础

物质由原子构成，原子由电子和原子核构成，而原子核则包含质子和中子（大多数情况下）。质子和中子是由被称为夸克的基本微粒构成的。质子由一个下夸克和两个上夸克构成，而中子由一个上夸克和两个下夸克构成。某些不稳定的同位素，可以通过将一个上夸克改变成下夸克，把一个质子转变成中子。由于电荷守恒，这一过程同时伴随着一个正电子的释放（由于能量守恒还释放一个中微子）。正电子是电子所对应的反物质，最初由保罗·迪拉克（Paul Dirac, 1928）假设存在，后来被安德森（Anderson, 1932）证实。一个正电子释放不久，会通过和附近粒子相互作用失去大部分动能，直到和一个电子碰撞，引起两个粒子湮灭。爱因斯坦的著名公式$E=mc^2$能量守恒定律表明，电子–正电子湮灭会释放两个光子（γ射线），每个光子带有511keV能量，并且会朝着几乎相反的方向运动（粒子实际分离角度取决于粒子碰撞时的动量，分离时180°对应于两个粒子静止）。因此，如果把γ射线探测器放在同位素物体周围，同位素正在经历β衰变［最初由恩里科·费米（Enrico Fermi）（1934）描述］，就可以探测到正电子释放的副产物而且确定正电子的起源。也就是说，如果两个光子几乎被同时探测到，表明它们源于同一β衰变，衰变发生在两个探测点连线的某个位置。通过记录几对光子，研究者就能追溯衰变位置，因此可以建立给定时间（区间）放射性核素分布的量化图像。以上过程便构成了PET的基础。

为了让这项技术应用于认知神经科学研究，所使用的同位素需要有足够长的半衰期（样品中原子核衰变到一半所花费的时间），以便它们能到达大脑的目标区域，同时还需要足够短的半衰期以同时产生足够多的衰变，以便精确成像和确定实验条件有关活动的源头，这通常需要几分钟。而且同位素还必须能够很容易地进入身体，与目标所涉及的物质相结合。幸运的是，有几个同位素能达到以上标准：应用最广泛的是氧–15（半衰期：2分钟）、氟–18（半衰期：110分钟）、氮–13（半衰期：10分钟）和碳–11（半衰期：20分钟）。然而，因为这些放射性核素的半衰期都较短，所以生产同位素的回旋加速器需要离PET扫描仪足够近。

需要注意的是，有几个问题限制了PET的空间分辨率。首先，正电子在与电子碰撞前有能力穿行一段不可忽视的距离。这段轨迹依赖于粒子的能量和所处媒介，最大达到5毫米长，导致β衰变起点定位是不准确的。而且，释放的光子会在媒介中和电子相互作用，从而失去能量和改变轨迹。这些碰撞被称为康普顿散射，在图像重建时会产生错误，因为衰变的真正位置不在两个所探测光子的连线上。

脑血流PET

如前所述，已经证实PET特别适用于测量局部脑血流（regional cerebral blood flow, rCBF），作为神经活动的标志。大部分局部脑血流PET研究使用氧-15标记的水分子（$[^{15}O]H_2O$）作为放射示踪剂。这项技术很有用，特别是在20世纪80至90年代，加快了研究者对健康人群精神活动各种变化的神经相关性的理解，包括与情绪加工相关的情绪面孔（Morris et al., 1996）、图片知觉（Kosslyn et al., 1996）以及情绪诱导（George et al., 1995）。此外，PET已经被用于确定与神经障碍和精神疾病有关的功能异常。例如，通过比较惊恐障碍组和健康控制组的静息态局部脑血流来完成（Reiman, Raichle, Butler, Herscovitch, & Robins, 1984）。然而，该技术的时间分辨率具有严重局限性，因为不同实验条件被呈现在所谓的区组（block）设计中，以便探测到足够多的光子对。区组设计通常包括一个区组内反复呈现的由若干试次组成的同一实验类目（例如恐惧面孔），持续约一分钟，该条件下的试次与另一条件［通常是控制组（例如中性面孔）］下的试次交替出现。这一设计中关于血液动力学（甚至神经）反应的任何时间信息都受限于区组的持续时间。

氟-18脱氧葡萄糖PET

脑活动的另一个指标，即大脑葡萄糖代谢的局部变化，可通过氟-18脱氧葡萄糖（$[^{18}F]$ deoxyglucose, FDG）的PET示踪剂评估。实施后的FDG分布在需要葡萄糖的活跃脑区，被磷酸化成FDG-6-磷酸盐，从而在激活脑区被捕获。被捕获的FDG-6-磷酸盐的放射量反映了局部葡萄糖的摄入和代谢。FDG PET不太适用于持续的神经元活动，因为时间分辨率低：一次扫描成像代表大约平均40分钟的脑葡萄糖代谢活动。静息态局部脑葡萄糖代谢率（regional cerebral metabolic rate of glucose, $rCMR_{GLU}$）最常出现在FDG PET文献中。这一基线葡萄糖代谢测量最常用于区分临床群体（例如抑郁群体）和健康控制组（Baxter et al., 1989），或者检查与治疗相关的变化（Goldapple et al., 2004）。使用FDG PET也有助于通过定位静息状态下与特质有关的葡萄糖利用状况获得健康脑的情绪知识（Volkow et al., 2011）。最后，$rCMR_{GLU}$ PET能够检验一段时间内不同脑区的基线神经元活动的个体内部稳定性，这是一个需要得到重复测量的典型fMRI和PET激活研究的基本假设（Schaefer et al., 2000）。

配体PET

除了测量任务诱发的脑血流或脑代谢变化之外，PET成像还被直接和选择性地用于评估活体人脑不同神经递质的作用。配体PET的基本原则包括内生神经递质与注射的PET配体之间对受体位点的竞争，两者的目标是脑内的相同受体。配体PET可用于确定基线受体密度（例如静息态），然后和其他测量（例如神经心理学测量、激素水平测量等）以及内生神经递质水平的任务诱发变化相关联。在后一种情况下，比较控制和实验条件之间的局部放射性浓度（增加或者减少），能发现关于任务所诱发神经递质的空间和时间信息。

在大多数情况下，结果参数是特定示踪剂绑定的绑定电位（binding potential, BP），由可用于绑定的受体浓度和放射性配体亲和常数决定，最终表征受体密度。为了解释绑定特异性，该模式需要使用一个参考脑区，该参考脑区缺乏或缺少所研究的绑定位点（例如，小脑之于多巴胺和5-羟色胺，枕叶皮层之于阿片样物质）。控制条件和实验条件之间绑定电位的差异，被假设由任务所诱发的内生神经递质水平变化引起。当不能确定绑定电位时，可使用一个相关测量值——分布体积（distribution volume, DV），它是兴趣区放射性配体浓度与平衡状态下血浆浓度的比率。

使用PET执行神经递质研究时最关键、最困难的一个方面是，合成对所感兴趣神经递质系统来说适当的放射性示踪剂。为了获得可靠和准确的神经递质成像，PET示踪剂需要达到几个标准。理想的放射性配体应具备：（1）产生高特异放射性；（2）拥有很好的脑血屏障渗透性（例如，适当的亲脂性）；（3）对于目标受体系统拥有显著亲和性和高选择性；（4）非特异性绑定低；（5）与脑内代谢产物绑定极少。尽管人们持续努力发展PET配体，但是直到今天只研究了一些分子。下面将介绍使用该技术研究最多的两种神经递质，即多巴胺和5-羟色胺，以及它们在情绪研究中的应用实例和相关描述。

多巴胺能系统

迄今为止，多巴胺是分子PET文献中研究最广的情绪神经调质，尤其在奖赏和成瘾研究中。纹状体是已知多巴胺受体密度最高的脑区（参见第19章），因此成了多巴胺PET研究的典型目标区，这些研究还通常采用碳-11标记的雷氯必利作为示踪剂。尽管其亲和性相对较低，但注入的碳-11标记的雷氯必利仍能在几分钟内绑定高受体密度区的多巴胺D2/D3受体，而且能可靠地探测到纹状体的多巴胺内生水平变化。一项用碳-11标记雷氯必利的PET研究（Pruessner, Champagne, Meaney, & Dagher, 2004），使用应激任务测量了健康个体腹侧纹状体应激所诱发的内生多巴胺释放（例如碳-11标记雷氯必利的绑定电位下降），结果表明内生多巴胺也和皮质醇水平显著相关。

除了纹状体，情绪加工也激活多巴胺可能发挥显著作用的脑区。然而，碳-11标记的雷氯必利亲和性较低，使它不适用于多巴胺受体密度较低的脑区。外纹状体区的多巴胺能系统，可使用[^{18}F]fallypride（一种多巴胺D2受体PET显像剂。——译者注）示踪剂进行更好的探测。注射后不久，这种高亲和性配体便可与多巴胺受体密度低的脑区的多巴胺受体（D2/D3）相结合，然而在纹状体中该示踪剂的绑定需要几个小时。柏德格炎（Badgaiyan）及其同事（2009）使用[^{18}F]fallypride发现，当呈现给被试情绪词时，相比中性词，被试在杏仁核、内侧颞叶、额下回的多巴胺活动增加。尽管碳-11标记的雷氯必利和[^{18}F]fallypride都与D2和D3受体结合，但由于大部分脑区D2相对于D3受体比率高，因此可假设D2是这些示踪剂的目标受体。

而且，数量相对少的PET配体当前可用于D1受体的活体成像。使用最普遍的两个配体是[^{11}C]SCH23390和[^{11}C]NNC112，且与D1受体都有高亲和性，而且是适用于纹状体的示踪剂。尽管它们也用于其他脑区，但在纹状体中发现的D1受体密度最高。例如，高桥（Takahashi）及其同事（2010）使用[^{11}C]SCH23390结合fMRI（不同时段），表明恐惧面孔的杏仁核激活和D1受体可用性显著相关。相比之下，使用[^{11}C]FLB457示踪剂测量，发现该激活与D2受体可用性无关。

这些突触后多巴胺受体不是基于配体PET探

测的唯一系统。PET配体可用于多巴胺合成和多巴胺转运（dopamine transporter, DAT），也能研究突触前多巴胺功能。尽管外周代谢和标记代谢产物会导致分析和解释复杂化，但氟-18标记的氟多巴（[^{18}F]FDOPA）这一放射性标记的多巴胺前体，仍被广泛用于探索多巴胺合成能力。因为外纹状体区所抽取的氟-18标记的氟多巴PET信号，不可能特异于多巴胺能系统（Brown et al., 1999），所以氟-18标记的氟多巴通常被用于追踪纹状体。该配体摄入反映氟化反应中氟多巴的去碳酸基过程，被储存在突触小泡内。拉克索（Laakso）及其同事（2003）使用氟-18标记的氟多巴PET，评估突触前多巴胺合成与多种人格特质的关系。他们观察到躯体性焦虑、肌肉紧张、易怒方面分数较高，与尾状核摄入较低的氟-18标记氟多巴有关。使用DAT配体[^{18}F]CFT（[^{18}F]WIN 35,428），该小组人员发现壳核中DAT绑定与疏离人格分数负相关。

5-羟色胺（5-HT）系统

尽管5-羟色胺系统在情感障碍中发挥着重要作用，诸如心境障碍、攻击性和焦虑，但是在神经受体PET文献中很少有关于健康个体5-羟色胺和情绪的研究。而且现在有大量5-羟色胺受体亚型及其PET示踪剂可用，情绪研究迄今主要集中在健康被试的5-HT_{1A}、5-HT_{2A}受体，5-羟色胺摄入转运体（serotonin uptake transporter, SERT）以及5-HT合成方面。

5-HT_{1A}受体在杏仁核、海马回、下丘脑、隔膜和新皮层分布密度高。由于[羰基-^{11}C]WAY-100635具有选择性和高亲和性，所以被作为5-HT_{1A}受体示踪剂。例如，塔斯克（Tauscher）及其同事（2001）使用该示踪剂发现，背外侧前额、枕叶和顶叶皮层的基线5-HT_{1A}受体可用性与焦虑呈显著负相关。

5-HT_{2A}受体被发现在新皮层密度较高，而在小脑是缺乏的。以往针对健康被试的研究使用[^{18}F]司托哌隆和[^{18}F]阿坦色林，就情绪加工对这些受体进行了探索，两种物质都表现出很好的可重复性。[^{18}F]司托哌隆与纹状体多巴胺D2受体、皮层5-HT_{2A}受体均可结合。尽管这种示踪剂比母体化合物亲脂性更低，但也能产生放射性代谢物。通过比较[^{18}F]司托哌隆在受体低密度区域（小脑）和受体高密度区域（眶额皮层和前扣带皮层）的绑定情况，并将受体可用性与几个问卷得分相关联，格里特森（Gerretsen）及其同事（2010）提供证据表明，眶额皮层和前扣带皮层5-羟色胺能系统，在对社会关系的渴望方面发挥潜在调节作用。如今，尽管会产生亲脂性的放射性代谢物，但[^{18}F]阿坦色林仍是应用最广泛的5-HT_{2A} PET配体，它需要使用复杂的动力学模型或者一种持续两小时的输注模式。相对于[^{18}F]司托哌隆，[^{18}F]阿坦色林包含更长时间的^{18}F标记，也更有选择性。

作为许多抗抑郁药物（例如选择性5-羟色胺摄入抑制剂）的目标，相对于其他精神病，SERT广泛出现在抑郁、双相障碍和社交恐惧症的相关文献中，研究所采用的方法多种多样，包括基于配体的PET成像。尽管SERT广泛分布在整个大脑中，但是其被发现在杏仁核、海马回、纹状体、丘脑和中脑中密度最高。在几个成功的PET示踪剂中，[^{11}C]DASB的应用最广泛，而且是唯一出现在以往健康人群情绪研究文献中的示踪剂。已知[^{11}C]DASB拥有很高的选择性和亲和性，还有很高的可再生性和可靠性，需要量少。一项[^{11}C]DASB研究（Kupers et al., 2011）探索了几个脑区基线SERT绑定与伤害性热刺激的疼痛耐受评分之间的关系，进一步证实了5-羟色胺能系统在疼痛加工和调节中的作用。

总之，配体PET成为情绪加工中检查神经递质功能的强有力工具，尤其在与一些补充技术相结合时。例如，最近一项研究中，萨利姆波（Salimpoor）及其同事（2011）使用[^{11}C]雷氯必利PET和血氧水平依赖（BOLD）fMRI调查了愉快音乐的奖赏反应，不同条件下采用的刺激相同，但是进行了分别扫描。在PET实验中，他们观察到当被试听到愉快音乐时，情绪唤起相关的纹状体显著释放多巴胺。接着，使用fMRI观察反应的时间过程，发现对音乐的高峰情绪反应的期待和体验分别与尾状核和伏隔核的活跃有关。

功能性MRI（fMRI）

尽管早期的情绪神经成像研究主要使用PET，但是过去十年这个领域发生了方法学上的转变，而且现在大部分情绪有关实验都用功能性磁共振成像。采集技术和方法的进步，加之磁共振扫描仪易得性的提高，使得这项技术在认知和情感神经科学研究中已很普遍。相比于PET，fMRI有其优点：时间和空间分辨率提高，以及它不涉及离子辐射。

MRI的物理基础

MRI的基础是核磁共振（nuclear magnetic resonance, NMR）。顾名思义，这个现象和原子核与磁场之间通过共振相互作用有关。简单的NMR行为可用经典物理学讨论，但是更加完整、精确的观点需要量子物理学解释。下面简要介绍一下NMR的基本原理。感兴趣的读者可以参考许多优秀的文章和教材（例如Bernstein, King, & Zhou, 2004; Haacke, Brown, Thompson, & Venkatesan, 1999; Huettel, Song, & McCarthy, 2009），以获得关于MRI更详尽的物理基础知识。

除了质量和电荷，原子核还拥有内在的角动量，或者称为自旋。尽管自旋是粒子的量子力学属性，不能用经典力学解释，但是可以把它想象成原子核绕着自身的轴像陀螺一样旋转。带奇数个质子或中子的原子核拥有非零自旋。以氢为例，氢是宇宙中含量最丰富的元素，在人体中尤为如此（主要以水的形式存在），氢核由一个质子组成，因此拥有非零（1/2）自旋。非零自旋的原子核的一个关键属性是拥有磁矩，磁矩通过一个被称为回磁比 γ 的特定原子核乘法常数与核自旋相关。核磁矩是一个矢量，因此除了数值大小它还受空间方向限定。如果缺少外部磁场，磁矩就没有特定方向，因此自旋方向就指向不同的随机方向。这就意味着核自旋集合（例如构成物质的成分）中单个磁矩的矢量和是零，而且不存在净宏观磁矩。相比之下，当物体置于强磁场B_0中时，自旋子处于不同的能量状态。在氢原子核1/2自旋的情况下，自旋子或者处于低能量向上自旋（顺向平行）状态，或者处于高能量向下自旋（逆向平行）状态。由于顺向平行状态比逆向平行状态所拥有的能量更少，所以处于顺向平行状态的自旋子略多一些（室温1T外部磁场下大约每百万质子中有三个）。正是这些额外的方向向上的质子导致所研究物体产生了净宏观磁化作用，从而奠定了磁共振信号产生的基础。

如果施加适当能量，处于低能态（向上自旋）的自旋子就能跃迁到高能水平。跃迁所需能量等于能级间所差异的能量，可以由按照一定频率振荡的电磁场发出，该频率可以被调制到所需能量值（电磁波能量和它的频率成正比）。共振频率被称为拉莫尔频率，是回磁比 γ 与外部磁场强度B_0的乘积，回磁比是自旋原子核的属性（对于氢原子核近似为42 MHz/T）。如果电磁场持续足够长时间，那么就会有足够多的自旋子跃迁到更高能量水平，直到顺向和逆向自旋子数量相等，因此沿着磁场强度B_0方向没有净磁场。经典视角下，正交于静态主磁场方向的电磁场会使自旋倾斜90°，使得它们正好位于垂直平面。当射频脉冲关闭后，自旋子带着一个额外的自旋向上质子，回到原来的平衡状态，结果沿磁场强度B_0轴的主体磁化作用恢复。进动时通过射频脉冲所获得的能量被释放，被称为纵向弛豫或者恢复，由时间常数T_1控制，T_1依赖于质子所处的介质。在标准解剖T_1加权磁共振图像中，灰质、白质和脑脊液之间的T_1值差异，为确定这些组织类型提供了基础。

单个自旋子的“旋转轴”不完全与外部磁场方向平行，而是绕轴以拉莫尔频率进动。经典视角下，这种运动与陀螺绕着重力方向摆动相似。进动意味着除了平行于外部磁场的纵向成分外，每个自旋子磁矩还含有一个旋转的横向成分。因为不同自旋子（它们是异相的）在给定时间内横向成分的方向不同，所以横向平面的净主体磁矩为零。然而，倾斜自旋子的射频脉冲也会引起自旋子同相进动，在正交于静态磁场的方向上产生净宏观磁化作用。一旦射频脉冲停止，自旋子就会因为它们之间相互作用而失去一致性，并且逐渐变为异相，净横向磁化作用消失。横向弛豫或者衰退过程，也像纵向弛豫一样，依赖于质子进动所处的介质，但是拥有一个不同的时间常数，被称为T_2。基于横向弛豫（T_2加权）的磁共振图像也提供了有关脑结构的重要信息，并且在临床上特别有用（例如肿瘤检查）。

重要的是，局部磁场的不均匀性导致不同空间位置的自旋子感应到轻微不同的磁场。反过来导致自旋子以不同频率（因为不同的拉莫尔频率；参见前文讨论）进动，比刚刚描述的自旋子–自旋子相互作用所预测的横向弛豫衰退得更快。这种由自旋子–自旋子相互作用和局部磁场不均匀性对横向磁化衰退的联合影响，以T_2^*时间常数为特征。正如稍后将解释的，最普通的功能性磁共振成像类型依靠T_2^*加权图像。

目前大部分T_1、T_2或者T_2^*加权图像的磁共振成像方案都由序列采集的一系列二维图像或者切片构成。切片厚度，通常为2—5毫米，是一个标准的可选择采集参数。每层切片依次被分成网格像素（例如64×64，192×192），其和视场（field of view，成像的空间区域）一起决定了成像平面的分辨率，这很像一部数码照相机。最后重建的3D图像由三维像素或者体素组成，体素构成了图像的分辨元。所选体素大小通常代表空间分辨率、信噪比和扫描持续时间之间的权衡。

BOLD fMRI的原理和首批研究

物质有磁性，即置于磁场中时会表现出特定活动方式。最著名的相互作用形式是铁磁性，通过铁磁性，像铁一样的复合物被强烈地吸引到磁铁上，甚至本身变得有磁性。然而，在暴露于外界磁场中时，大部分物质都没有表现出明显的反应。但是，1845年英国物理学家迈克尔·法拉第（Michael Faraday）观察到很多种非磁性普通物质，从玻璃到木头再到牛肉，都被磁铁轻微排斥（Faraday, 1846）。他把这种微小但是可测量的结果称为逆磁性。有趣的是，法拉第也通过检查发现血有逆磁性。

大约80年后，莱纳斯·鲍林（Linus Pauling）和查尔斯·科里尔（Charles Coryell）重新检测了血液的磁性，并且获得了惊人的发现（Pauling & Coryell, 1936），而这个发现对半个世纪后开发fMRI具有深刻的意义。他们发现氧合血红蛋白（氧化的血）是轻微逆磁性的，这和法拉第最初的发现一样，但是脱氧血红蛋白（即血红蛋白缺少氧，dHb）是顺磁性的，也就是具有正性磁感应而被磁场吸引。[1]因此，血的磁属性取决于氧是否附着在血红蛋白分子上。当把这个关乎fMRI的发现与前文描述结合在一起时，相关性就显而易见了:（1）给定脑区的神经活动增加与该脑区（氧化）血流增加有关;（2）含氧和脱氧血红蛋白拥有不同磁属性;（3）T_2^*值依赖于氢自旋子驻留区域的局部磁属性。因此，脑区神经活动变化——例如比较活跃与静息两个条件——与含氧/脱氧血红蛋白浓度变化有关，改变了介质的局部磁属性，从而导致T_2^*加权图像信号强度出现差异。

1982年，萨博恩（Thulborn）及其同事提出了一种假说，血中氧的相对浓度差异能通过MRI中T_2^*的值得到定量测量。他们观察到$1/T_2$与血样的脱氧血红蛋白分数是平方关系，因此T_2值越小，dHb浓度越高，这与脱氧血红蛋白分子的顺磁性及其对局部磁场的影响一致。他们还指出$1/T_2$值会随着静态磁场强度平方增加，这样一来探测脱氧血红蛋白浓度相对差异的敏感性就提高了。

几年后，奥佳华（Ogawa）及其同事发现，这项技术可用于观察活体啮齿动物的脑血管（Ogawa, Lee, Nayak, & Glynn, 1990）。他们称这种效应为血氧水平依赖（BOLD）对照（Ogawa, Lee, Kay, & Tank, 1990）。他们认为BOLD可用于产生实时脑活动功能图像，而且其关键优点是不需要注射外来的示踪剂或者造影剂，这使之可能成为其他血液动力学技术，尤其是PET的替代品。实际上不久之后，同一年发表了三组使用BOLD fMRI追踪人类神经相关活动的研究，神经活动的外在刺激是观看视觉刺激（Kwong et al., 1992; Ogawa et al., 1992）或者执行运动任务（Bandettini, Wong, Hinks, Tikofsky, & Hyde, 1992）。

尽管首批fMRI研究大部分集中在相对简单的视觉和运动反应领域，但是研究者很快意识到这项新技术具备探索多种认知过程的潜力，包括语言（Rao et al., 1992）、记忆（Stern et al., 1996）和心理想象（Le Bihan et al., 1993）。情绪肯定不会被忽略：布雷特（Breiter）及其同事关于强迫症病人的症状诱发的一项研究，1993年在一场国际会议上得到了展示（Breiter et al., 1993），大约三年后得到了发表（Breiter et al., 1996; Breiter & Rauch, 1996）。[2]1995年格鲁德（Grodd）及其同事在《放射学》（*Der Radiologe*）上发表了一项研究，报告了相对于基线水平，左侧杏仁核在悲伤情绪诱导而不是愉快情绪诱导时显著激活（即显著的强度差异）（Grodd, Schneider, Klose, & Nagele, 1995）。紧接着更多研究使用更复杂的采集、分析方法和实验范式，探索各种心理过程，如此之多以至于fMRI成为认知神经科学，特别是情感神经科学最流行的技术，正如本书大部分章节所举的例子。

BOLD 反应

BOLD信号变化由短暂的神经事件触发，被称为血液动力学反应（hemodynamic response, HDR）。由于局部氧消耗，神经活动引起脱氧血红蛋白浓度的最初增加，这又导致了BOLD信号快速而短暂的降低（顺磁性的脱氧血红蛋白相对浓度增加使得局部磁场不一致增加，导致横向自旋运动更快去相位化，因此失去信号）。一些研究小组已经报告了这一“最初下冲”（Ernst & Hennig, 1994; Hu, Le, & Ugurbil, 1997; Yacoub & Hu, 1999），但是其存在性仍有争议（Lindauer et al., 2002; Logothetis, 2000; Vanzetta & Grinvald, 2001）。紧跟着下冲的是BOLD信号增加，它是血液动力学反应的主要成分，由活动区域氧化血流的逐渐增加引起，这种增加对于活动区域所消耗氧的补充十分必要。由于这个过程较为缓慢，该阶段HDR在神经元活动开始后的2至3秒才能观察到，再经过2至3秒达到峰值。一旦神经激活停止，HDR会慢慢地恢复到基线水平，且常常会显示出一个下冲，使得HDR低于基线水平几秒钟。因此，fMRI拥有秒级时间分辨率，差于EEG和MEG，后两者的时间分辨率处于或者低于毫秒水平（参见第4章），但是fMRI的时间分辨率要比PET更好（参见前文讨论）。

尽管大多数情况下HDR的定性表现就如刚刚所描述的那样，但是强调HDR的准确形状很重要，包括延迟、到达峰值的时间、持续时长、下冲的幅度与持续时间等，而这些取决于触发HDR的潜在神经事件、HDR发生的脑区和脑所属个体（Aguirre, Zarahn, & D'Esposito, 1998; Huettel & McCarthy, 2001）。因此当比较不同脑区或者个体的HDR时需要保持谨慎。当试图通过连接分析推断神经元的因果关系时，这种谨慎尤为重要（S. M. Smith et al., 2011）。

fMRI数据分析

在过去十年，分析fMRI数据的高级统计方法取得了引人注目的发展，包括多变量方法。但是大量fMRI实验至今仍在大规模单变量方法框架内，采用一般线性模型（general linear model, GLM）分析。这基本上意味着每个像素都是独立于其他像素得到分析的，而且事件的期望反应被纳入了建模（例如通过假设一个前文所述的典型血液动力学反应形状），还被纳入了回归分析。对于每个被试，每个事件类型有关的权重或者参数估计，都是通过普通最小二乘法估计获得的，并且进行第二水平分析，其中的典型是通过t检验或者方差分析比较感兴趣的条件。检验达到统计显著水平的像素被标记为彩色（代表显著程度），那些没有达到显著水平的像素就被忽略。所得统计参数图像（statistical parametric map, SPM）重叠在结构图像上，将显著像素和特定解剖区域联系起来。因为每个像素（多到100000）都得到了单独检验，所以通过校正显著性阈值减少I型错误（错误的显著激活）对解释这些多重检验来说很重要。目前，已在体素水平或者簇水平层面提出了多种多重比较校正方式，包括基于多重比较（Bonferroni）（Logan & Rowe, 2004）、高斯随机场理论（Worlsey et al., 1996）和错误发现率（Genovese, Lazar, & Nichols, 2002）的校正方法。关于使用GLM分析fMRI数据的更多细节，包括假设、局限性、拓展、概括化，读者可参阅关乎该主题的很多文章和书籍（例如Huettel, Song, & McCarthy, 2009; Jezzard, Matthews, & Smith, 2001; Penny, Friston, Ashburner, Kiebel, & Nichols, 2007）。

BOLD的神经相关性

尽管脑内电极通常用于记录一个或多个神经元的动作电位，但是EEG对局部场电位（local field potentials, LFPs）最敏感，而局部场电位主要表征突触活动有关的细胞外电流（详细内容见第4章）。因此，为了适当解释BOLD fMRI的实验结果，而且将它们与其他技术进行比较，了解

BOLD测量的是脑（神经元）反应的哪个方面很重要。

早期研究报告了血液动力学活动与尖峰活动（动作电位）之间的相关性（Shmuel & Grinvald, 1996; A. J. Smith et al., 2002）。对BOLD信号与多单位尖峰活动（multi-unit spiking activity, MUA）的直接比较，要么在不同人类被试中分开进行（Mukamel et al., 2005），要么在恒河猴中同时进行（Logotehtis, Pauls, Augath, Trinath, & Oeltermann, 2001），这些研究揭示了MUA和LFP都能预测fMRI反应。这一结果应当不会令人惊讶，因为一般LFPs和MUA高相关。然而，当LFPs和MUA被分离时，只有局部场电位能预测对应的BOLD反应（Logothetis et al., 2001）。LFPs和血液动力学活动之间的紧密关系，已经被几个采用多个物种和技术的研究确定（Lauritzen, 2005; Viswanathan & Freeman, 2007）。因此，现有证据强有力地证明了，fMRI实验所测量的BOLD信号主要反映了输出相关电位和局部加工，而不是输出信号（更完整的综述参见Logothetis & Wandell, 2004; Shmuel, 2010）。

这些发现与神经元信息交流不同方面的能量消耗计算结果一致。从对啮齿动物的测量推算（Attwell & Laughlin, 2001），灵长类动物逆转通过突触后膜的离子电流所消耗的能量预计达到75%；相比之下，只有总能量的10%被消耗在动作电位上（Attwell & Iadecola, 2002）。

最后，还要提到一点，尽管BOLD fMRI反映神经元活动的某些方面已得到普遍接受，但是越来越多的证据开始强调星形胶质细胞在调节血流量继而产生fMRI信号中可能产生的作用，然而我们对很多细节仍知之甚少（Takano et al., 2006）。星形胶质细胞在神经递质摄入和再循环中发挥关键作用，神经递质由相邻突触前膜神经元末梢释放到突触间隙。一种理论认为，能量消耗过程导致糖酵解过程中乳酸盐释放增加，乳酸盐发挥扩张血管作用，从而增加相应区域血流量（参见Figley & Stroman, 2011）。

负BOLD

大多数研究中，研究者都是对实验操作所导致的BOLD信号增加感兴趣，也就是在寻找“激活”。然而，在某些情况下，与实验条件有关的BOLD反应比控制或基线条件下更小。在这样的情况下，我们认为一个任务或者刺激引起了“去激活”，这通常被解释为反映了发生在相应区域的抑制加工。然而对于去激活有几种可能的替代解释，但都没有假设存在抑制性神经反应（参见Gusnard & Raichle, 2001）。第二种生理学解释与窃血现象有关。在这种情况下，活跃区域局部血流量增加与远距离区域血流量减少有关（Harel, Lee, Nagaoka, Kim, & Kim, 2002; Kannurpatti & Biswal, 2004），这是由血容积的全面保护（思考前文的莫索的实验）造成的。重要的是，根据这个模型，即使在相应区域神经反应潜在增加，也能观察到血流量和BOLD信号降低。

现在仍有强有力的证据表明，在某些情况下，负BOLD反应确实反映神经反应的实际减少。例如，锡木尔（Shmuel）及其同事（2006）同时使用电生理记录和fMRI观察被麻醉的恒河猴，结果表明视觉区负BOLD反应直接与降低到自发率水平以下的神经活动有关。而且在老鼠前脚刺激实验中，德沃尔（Devor）等（2007）确定，尽管血氧和血容积增加主要与神经元兴奋和小动脉血管舒张有关，但是在神经元抑制和小动脉血管收缩的区域观察到了血氧降低。

fMRI采集、设计和分析中的一些问题

当设计、运行或分析一个fMRI实验时，需要做很多选择以避免落入潜在陷阱。尽管这些考虑中的大部分都适用于认知神经科学的任何研究，但是它们尤其适用于与情绪有关的研究。这一部分将列举几个在笔者看来很重要的问题。

磁敏感伪影

正如“MRI的物理基础”部分所描述的，T_2^*对照对局部磁化率的非均匀性很敏感，例如脱氧血红蛋白的存在便会影响磁化率的均匀性。然而，宏观场的非均匀性，例如那些在组织和空气交界面的场域（它们拥有不同的磁化率），也影响信号并会导致重要的伪影，通常表现为图像扭曲和空腔附近像素信号丢失。

可惜的是，在情感神经科学研究中，情绪加工最重要的两个脑区——杏仁核和腹内侧前额叶，特别易受这些磁敏感伪影的影响。实际上因为这个问题，对所报告的杏仁核激活的质疑在早期fMRI中很普遍（Merboldt, Fransson, Bruhn, & Frahm, 2001）。幸运的是，这些年来已经开发了几种减少磁敏感伪影和改善成像质量的方法，都适用于杏仁核（Chen, Dickey, Yoo, Guttman, & Panych, 2003; Morawetz et al., 2008; Rick et al., 2010）和腹内侧前额叶（Preston, Thomason, Ochsner, Cooper, & Glover, 2004; Truong & Song, 2008）。但是，伪影仍然是值得注意的问题，因此对原始功能图像进行常规检查，保证在这些区域获得适当信号是明智的。

分类和参数化设计

由于BOLD信号的绝对量是任意的（即没有直接的物理或生理意义），所以一个fMRI实验通常需要比较一个（或多个）实验条件和控制条件。研究者通常会付出大量时间和努力去设计完美试验，以便探究感兴趣的心理过程。例如，知觉恐惧面孔、移情反应或者所记住的情绪事件。然而，如果想从所观察到的激活中得出适当结论，选择适当的控制条件也很重要，因为这个方法依赖于认知减法思想和纯插入原理（Donders, 1969）。也就是，假设实验和控制试次的唯一差异是感兴趣的因素（例如情绪性），而且对所产生的反应的数学减法会并且只会分离出那些只参与该过程的区域。例如，在视觉情绪刺激的脑反应的最近元分析（Sergerie, Chochol, & Armony, 2008）中，我们观察到当比较视觉情绪刺激和低水平条件，诸如注视十字或者杂乱刺激时，相对于相同刺激的中性版本（例如恐惧表对中性面孔），视觉情绪刺激的杏仁核激活效应量更大。尽管该发现表明使用更简单的控制条件就统计力而言更可取，因为它增加了敏感性，但这样做牺牲了特异性。换言之，在对比注视恐惧表情和十字时，所获得的激活可能反映了情绪（恐惧）加工脑区参与面孔加工，或者参与更一般的复杂视觉刺激加工，而这与它们的情绪价值几乎没有或者完全没有关系。

另一个值得注意的重要问题是，当比较两个试次类型时出现去激活。特别地，如果控制条件比实验条件诱发更强反应，那么标准对照就会产生负值，这被解释为与感兴趣条件有关的去激活（表征神经抑制）。尽管该结果通常不会出现在简单的低水平基线（例如注视十字）情况下，但是当比较两个同等复杂或者有类似要求的条件时，该结果相当普遍。例如，当用恐惧面孔的反应减去愉快面孔的反应时，恐惧面孔的BOLD信号会产生一个真实的下降，或者愉快条件下会有更强的反应。引入第三个条件（例如中性面孔或者

低水平基线条件）有时有助于区分这些不同的可能性。

另一种可替代的方法，不需要外显控制条件，而是使用参数设计。这种情况下，感兴趣的因素（例如情绪效价或者强度）依据一个给定的标尺确定等级大小，然后进行回归分析，而不是分类比较（例如实验和控制条件的t检验）。比如，安德森及其同事（2003）使用参数设计，发现杏仁核激活与被试对嗅觉刺激的情绪强度评价而不是效价评价相关，但是眶额皮层呈现相反模式，也就是与效价而不是强度相关。然而，这种方法假设被试及其大脑以参数形式加工目标因素，而这可能并不总是事实（例如，含20%恐惧的合成面孔可能被知觉为中性面孔，而含30%恐惧的合成面孔可能被认为是恐惧面孔）。确实，扎列特斯基（Zaretsky）、梅登森（Mendelsohn）、明茨（Mintz）和哈德勒（Hendler）（2010）的一项研究表明，杏仁核显著激活与动态面孔表情的威胁知觉水平有关，其中动态面孔表情包含多种恐惧水平（由同一被试的中性和恐惧表情按不同百分比合成），但是和刺激实际所包含的恐惧程度不相关。

区组和事件相关设计

与PET类似，早期fMRI研究应用了区组设计。然而，随着采集和分析技术的提高，以任意给定顺序呈现刺激，在GLM框架下模拟单个事件成了可能。这些事件相关的设计，按照脑电ERP研究命名（参见第4章），它们非常灵活，允许研究区组设计不可能（或者至少无法最好地）加以探究的多种现象，包括学习、oddball范式和启动效应，以及需要基于被试反应后验分配刺激到特定类别的范式，诸如探索相继记忆效应（Dolcos, LaBar, & Cabeza, 2004; Sergerie, Lepage, & Armony, 2006）或者刺激意识效应（Pessoa, Japee, Sturman, & Ungerleider, 2006; Vuilleumier et al., 2002）。而且，事件相关设计不容易遭受习惯化影响，这一问题与杏仁核尤为相关——杏仁核神经元对重复刺激的反应快速降低（Bordi & LeDoux, 1992; Wilson & Rolls, 1993）。实际上，已经有几项fMRI研究表明，杏仁核能快速习惯情绪刺激的重复呈现（Breiter et al., 1996; Fischer et al., 2003），该效应在大脑右半球表现得更明显（Sergerie et al., 2008）。尽管如此，应当注意到杏仁核激活在PET和fMRI的区组设计研究中均得到了报告，一个FDG PET实验甚至使用了长达17.5分钟的区组设计（Fernandez-Egea et al., 2009）。区组设计的优点是容易分析且不需要所诱发的血液动力学反应的精确模型。除此之外，区组设计比事件相关设计或任何其他类型的设计都拥有更高的统计力，即使在杏仁核中也是如此（Sergerie et al., 2008）。

模拟HDR

GLM方法有几个根本假设，其中有两个很重要，是使其名副其实的根源所在。正如前文所提到的，需要模拟每个事件的预期反应，也就是需要假设它的形状。这一模型的使用有时会非常特异，诸如使用“模拟的”血液动力学反应函数（hemodynamic response function, HRF）。其优点是只需要估计一个参数，而且所得的值容易解释：它直接表征特定事件类型的HDR幅度。然而，缺点是只能捕捉所模拟行为的HDR，而无法捕捉不同行为（例如潜伏期更长、持续时间更短等）的反应。这个缺点很重要，正如前文所述，HDR的精确形状可能随着脑区、个体、刺激或任务的不同而变化。为了解释HDR的潜在变异性，研究者使用一般的基函数集，诸如傅立叶、γ或者方脉冲函数（“有限脉冲反应”）。在这种情况下，每个事件被特征化为一系列参数（模型的每个函数对应一个参数），所得HDR由基函数的线性结合建立，即每个基函数都乘以其参数估计。该方法的明显优点是应用这种灵活模型能捕获大范围的HDR。相对而言，缺点是每个参数估计很难被独自解释，或许更重要的是一些结果可能与“非生理学”HDR相吻合（即HDR的形状不可能对应于真实反应，例如在模仿已知的血氧动力学缓慢时间进程方面的失败）。

两种极端选择之间，通常采用的折中办法是将标准或典型的HRF和它的时间导数一起应用。HRF这类函数在正负无穷趋近于零，拥有垂直于时间导数的特性。因此，两个基函数能解释数据变异的不同且非重叠的成分（参见“解释变量的独立性”）。而且，时间导数的形状与HRF线性组合时，会产生不同延迟的HDR，这取决于每个函数的相对权重。因此，这种组合可用于检验作为刺激类型因变量的潜在反应的差异。任德斯（Reinders）等（2006）运用该方法表明，杏仁核-海马结合处对恐惧面孔的反应比中性面孔更早。作者解释该结果支持了对于威胁相关刺激，存在前意识、皮层下调节的杏仁核反应。

HDR的线性

GLM的第二种假设是线性反应，与叠加原理一致。也就是，如果一个刺激能诱发特定的HDR，那么短时间内两次呈现这一（类）刺激会导致整体反应，而整体反应的大小应为每个独立刺激所诱发的反应大小的总和。尽管试次间距（intertrial intervals, ITI）大于几秒时似乎是这样（具体截止时间取决于多种因素），但是试次间距非常短时线性假设不再成立（Birn & Bandettini, 2005; de Zwart et al., 2009）。非线性效应通常表现为第二个刺激的HDR振幅减小，因此如果没有考虑这一点的话，会导致对刺激真实反应的低估。有趣的是，在研究特定区域神经反应的刺激特异性时，这个局限性可以转化为优势，这已被渐渐增多的所谓fMRI适应技术所证明（对该方法的描述和综述参见 Krekelberg, Boynton, & van Wezel, 2006）。洛特斯登（Rotshtein）及其同事（2001）应用fMRI适应范式探索了非愉快面孔的杏仁核和大脑皮层反应，非愉快面孔由“表情变形”（expressional transfiguration, ET）（倒置眼睛和嘴）而来，他们发现外侧枕叶复合体不受效价影响，但是会因刺激效价而表现出不同的适应模式。相比之下，杏仁核对变形表情和正常面孔的反应不同，但是其适应性不受影响。研究者提供的一种解释是，刺激的情绪效价阻止视觉皮层神经元适应ET刺激的重复出现。

解释变量的独立性

除了表征血液动力学反应（例如典型HRF及其时间导数）的基函数，模型或者设计矩阵可能包括其他能解释数据变异的变量。这些变量可在每个扫描（例如生理测量；参见第3章）、试次（例如反应时或者效价评价）或者被试（例如年龄或者焦虑分数；参见第24章）水平上纳入模型。接着，研究者能够识别被解释变量所调节的活动脑区。而且，研究者能将非兴趣变量纳入模型，以消除由与实验兴趣无关但是能解释某些数据变异的变量所带来的变异。引入混淆变量主要有两个目的：一是减少模型的残差（“误差”）进而增加统计力，二是解释一些数据干扰信息以防其被纳入实验条件。

典型例子是校准预处理步骤所获得的运动参

数，其能捕捉扫描期间与被试头动相关的信号变化。这些参数是非特异的（例如慢慢调整头部位置以便更舒适），或者与任务有关，诸如按键、说话、由大声的刺激或者视觉刺激明度突然变化所致惊吓等引起。被试水平上，典型的因素是年龄、任务的总体表现或者一些影响大脑反应的其他因素。

研究者可能试图纳入尽可能多的潜在混淆变量。然而，重要的是记住一般线性模型本质上是多元回归模型，而且参数估计代表在模型中所有其他回归源所解释变异被去除之后，数据和每个协变量的半偏相关值。因此，如果两个协变量相关（即它们能解释数据的一些相同变异），那么它们的贡献就会降低。例如，如果同一回归源被两次纳入模型，那么每个回归源实例的参数估计都是原值的一半。避免该问题的一种替代方法是相对于其他协变量，依次正交化进入模型的每个新协变量，尽管这种情况下解释对应的参数估计将变得更加困难。有时候纳入额外协变量是值得的，因为它与兴趣变量有关，以表明所获结果不是由这个额外因素（通常是不感兴趣的）所致。例如，迪克（Dickie）、布鲁纳（Bruner）、阿克里波（Akerib）和阿莫尼（2008）报告，成功记忆编码恐惧面孔的杏仁核和腹内侧前额叶激活，与个体遭受创伤后应激障碍（post-traumatic stress disorder, PTSD）的症状严重性相关。因为抑郁通常是PTSD的共病条件，其可能影响情绪加工，所以重要的是排除结果是由抑郁而不是PTSD造成的这一可能性。通过将两个变量纳入分析，研究表明，尽管正如所预测的那样，因为两个变量通常高相关，所以在排除抑郁的影响后，激活与PTSD症状严重性的相关强度降低，但是结果仍然呈现统计显著性。相比之下，与抑郁得分的相关系数没有达到统计显著，因此不能解释所观察到的激活。

结论

总之，功能性神经成像技术，特别是fMRI，帮助研究者在情感神经科学研究领域取得了很大进步。尽管早期研究大部分在证实动物实验和神经病学的发现，但是近来更多的研究者开始使用设计精巧的创新范式和分析技术，以促进我们对健康人脑情绪加工的神经基础的理解，阐明多种精神障碍中情绪脑的功能失调原理。对EEG、经颅磁刺激（transcranial magnetic stimulation, TMS）和其他方法的整合，为这个令人兴奋的领域的进一步发展铺平了道路。虽然如此，重要的是谨记，与任何实验方法一样，当使用PET或者fMRI设计、分析或解释实验时，研究者仍需要考虑其局限性和潜在的陷阱。

重点问题

· 杏仁核由几个拥有独特细胞结构和生理特性的亚核组成。但是迄今为止，大多数fMRI系统的空间分辨率，都不足以提供该结构内所观察到的特定区域激活的清晰定位。强磁场（例如7T）fMRI是解决这一问题的关键吗？

· 功能性神经成像技术是内在相关的，因此不能推论因果。那么分析技术的进一步发展，以及神经成像和其他方法的结合（例如损伤、电或磁刺激），会有助于更好地理解情绪加工中不同脑区的作用吗？

· 大部分神经成像研究所报告的结果都是基于组平均的。尽管单被试数据相当稳定而且容易解释简单的感觉或运动任务，但是对于文献中所使用的大部分情绪范式来说，事实并非如此。采集和分析方法的进一步发展，会解决这一问题吗？最终能为fMRI作为精神病学诊断工具铺平道路吗？

致谢

我们要感谢布鲁斯·派克（Bruce Pike）为本章早期版本所做的评论。乔治·阿莫尼获得了加拿大首席研究员计划的支持。

注释

1 从历史角度来看，鲍林和科里尔是通过引用法拉第提到的他已经检验出干血具有磁特性，并且需要试试（但从没试过）“新近的液态血”这一论断开启他们的开创性文章的。然而，法拉第似乎尝试了液态血，并且发现其具有逆磁性。事实上，他提到“如果一个人悬浮……并且处于磁场中，他会指向赤道方向（正交于磁感线）；形成他的所有物质，包括血液，都有这个特性（逆磁性）”。

2 作者提到的研究实际上开始于1992年第一篇fMRI文章出版之前，并且在1994年5月提交出版，但是花费了两年多时间才最终出版（Breiter & Rauch, 1996）。

参考文献

Abraham, T., & Feng, J. (2011). Evolution of brain imaging instrumentation. *Seminars in Nuclear Medicine*, *41*(3), 202–19.

Aguirre, G. K., Zarahn, E., & D'Esposito, M. (1998). The variability of human, BOLD hemodynamic responses. *Neuroimage*, *8*(4), 360–9.

Anderson, A. K., Christoff, K., Stappen, I., Panitz, D., Ghahremani, D. G., Glover, G., ... Sobel, N. (2003). Dissociated neural representations of intensity and valence in human olfaction. *Nature Neuroscience*, *6*(2), 196–202.

Anderson, C. D. (1932). The apparent existence of easily deflectable positives. *Science*, *76*(1967), 238–9.

Attwell, D., & Iadecola, C. (2002). The neural basis of functional brain imaging signals. *Trends in Neurosciences*, *25*(12), 621–5.

Attwell, D., & Laughlin, S. B. (2001). An energy budget for signaling in the grey matter of the brain. *Journal of Cerebral Blood Flow & Metabolism*, *21*(10), 1133–45.

Badgaiyan, R. D., Fischman, A. J., & Alpert, N. M. (2009). Dopamine release during human emotional processing. *Neuroimage*, *47*(4), 2041–5.

Bandettini, P. A., Wong, E. C., Hinks, R. S., Tikofsky, R. S., & Hyde, J. S. (1992). Time course EPI of human brain function during task activation. *Magnetic Resonance in Medicine*, *25*(2), 390–7.

Baxter, L. R., Jr., Schwartz, J. M., Phelps, M. E., Mazziotta, J. C., Guze, B. H., Selin, C. E., ... Sumida, R. M. (1989). Reduction of prefrontal cortex glucose metabolism common to three types of depression. *Archives of General Psychiatry*, *46*(3), 243–50.

Bernstein, M. A., King, K. F., & Zhou, Z. J. (2004). *Handbook of MRI pulse sequences*. Amsterdam: Elsevier Academic Press.

Birn, R. M., & Bandettini, P. A. (2005). The effect of stimulus duty cycle and "off" duration on BOLD response linearity. *Neuroimage*, *27*(1), 70–82.

Bordi, F., & LeDoux, J. (1992). Sensory tuning beyond the sensory system: An initial analysis of auditory response properties of neurons in the lateral amygdaloid nucleus and overlying areas of the striatum. *Journal of Neuroscience*, *12*(7), 2493–503.

Breiter, H. C., Etcoff, N. L., Whalen, P. J., Kennedy, W. A., Rauch, S. L., Buckner, R., ... Rosen, B. R. (1996). Response and habituation of the human amygdala during visual processing of facial expression. *Neuron*, *17*(5), 875–87.

Breiter, H. C., Kwong, K. K., Baker, J. R., Stern, J. W., Belliveau, J. W., Davis, T. L., ... Rosen, B. R. (1993). *Functional magnetic resonance imaging of symptom provocation in patients with obsessive-compulsive disorder versus controls*. Paper presented at the International Society for Magnetic Resonance in Medicine.

Breiter, H. C., & Rauch, S. L. (1996). Functional MRI and the study of OCD: From symptom provocation to cognitive-behavioral probes of cortico-striatal systems and the amygdala. *Neuroimage*, *4*(3 Pt. 3), S127–38.

Breiter, H. C., Rauch, S. L., Kwong, K. K., Baker, J. R., Weisskoff, R. M., Kennedy, D. N., ... Rosen, B. R. (1996). Functional magnetic resonance imaging of symptom provocation in obsessive-compulsive disorder. *Archives of General Psychiatry*, *53*(7), 595–606.

Brown, W. D., Taylor, M. D., Roberts, A. D., Oakes, T. R., Schueller, M. J., Holden, J. E., ... Nickles, R. J. (1999). FluoroDOPA PET shows the nondopaminergic as well as dopaminergic destinations of levodopa. *Neurology*, *53*(6), 1212–8.

Buxton, R. B. (2002). *Introduction to functional magnetic resonance imaging: Principles and techniques*. Cambridge: Cambridge University Press.

Chen, N. K., Dickey, C. C., Yoo, S. S., Guttmann, C. R., & Panych, L. P. (2003). Selection of voxel size and slice orientation for fMRI in the presence of susceptibility field gradients: Application to imaging of the amygdala. *Neuroimage*, *19*(3), 817–25.

de Zwart, J. A., van Gelderen, P., Jansma, J. M., Fukunaga, M., Bianciardi, M., & Duyn, J. H. (2009). Hemodynamic nonlinearities affect BOLD fMRI response timing and amplitude. *Neuroimage*, *47*(4), 1649–58.

Devor, A., Tian, P., Nishimura, N., Teng, I. C., Hillman, E. M., Narayanan, S. N., ... Dale, A. M. (2007). Suppressed neuronal activity and concurrent arteriolar vasoconstriction may explain negative blood oxygenation level-dependent signal. *Journal of Neuroscience*, *27*(16), 4452–9.

Dickie, E. W., Brunet, A., Akerib, V., & Armony, J. L. (2008). An fMRI investigation of memory encoding in PTSD: Influence of symptom severity. *Neuropsychologia*, *46*(5), 1522–31.

Dirac, P. A. M. (1928). The quantum theory of the electron. *Proceedings of the Royal Society of London A*, *117*, 15.

Dolcos, F., LaBar, K. S., & Cabeza, R. (2004). Dissociable effects of arousal and valence on prefrontal activity indexing emotional evaluation and subsequent memory: An event-related fMRI study. *Neuroimage*, *23*(1), 64–74.

Donders, F. C. (1969). Over de snelheid van psychische processen [On the speed of psychological processes]. In W. G. Koster & Instituut voor Perceptie Onderzoek (Eindhoven Netherlands) (Eds.), *Attention and performance II: Proceedings of the Donders Centenary Symposium on Reaction Time, held in Eindhoven, July 29-August 2, 1968*. Amsterdam: North-Holland Publishing.

Ernst, T., & Hennig, J. (1994). Observation of a fast response in functional MR. *Magnetic Resonance in Medicine*, *32*(1), 146–9.

Faraday, M. (1846). Experimental researches in electricity. Nineteenth series. On the magnetization of light and the illumination of magnetic lines of force. *Philosophical Transactions of the Royal Society of London*, *136*, 1–20.

Fermi, E. (1934). Versuch einer Theorie der β-Strahlen [Towards the Theory of β-Rays]. *Z. Phys.*, *88*, 17.

Fernandez-Egea, E., Parellada, E., Lomena, F., Falcon, C., Pavia, J., Mane, A., ... Bernardo, M. (2009). A continuous emotional task activates the left amygdala in healthy volunteers: (18) FDG PET study. *Psychiatry Research*, *171*(3), 199–206.

Figley, C. R., & Stroman, P. W. (2011). The role(s) of astrocytes and astrocyte activity in neurometabolism, neurovascular coupling, and the production of functional neuroimaging signals. *European Journal of Neuroscience*, *33*(4), 577–88.

Fischer, H., Wright, C. I., Whalen, P. J., McInerney, S. C., Shin, L. M., & Rauch, S. L. (2003). Brain habituation during repeated exposure to fearful and neutral faces: A functional MRI study. *Brain Research Bulletin*, *59*(5), 387–92.

Genovese, C. R., Lazar, N. A., & Nichols, T. (2002). Thresholding of statistical maps in functional neuroimaging using the false discovery rate. *Neuroimage*, *15*(4), 870–8.

George, M. S., Ketter, T. A., Parekh, P. I., Horwitz, B., Herscovitch, P., & Post, R. M. (1995). Brain activity during transient sadness and happiness in healthy women. *American Journal of Psychiatry*, *152*(3), 341–51.

Gerretsen, P., Graff-Guerrero, A., Menon, M., Pollock, B. G., Kapur, S., Vasdev, N., Houle, S., & Mamo, D. (2010). Is desire for social relationships mediated by the serotonergic system in the prefrontal cortex? An [(18) F] setoperone PET study. *Social Neuroscience*, *5*(4), 375–83.

Goldapple, K., Segal, Z., Garson, C., Lau, M., Bieling, P., Kennedy, S., & Mayberg, H. (2004). Modulation of cortical limbic pathways in major depression: Treatment-specific effects of cognitive behavior therapy. *Archives of General Psychiatry*, *61*(1), 34–41.

Grodd, W., Schneider, F., Klose, U., & Nagele, T. (1995). [Functional magnetic resonance tomography of psychological functions exemplified by experimentally induced emotions. *Radiologe*, *35*(4), 283–9.

Gusnard, D. A., & Raichle, M. E. (2001). Searching for a baseline: Functional imaging and the resting human brain. *Nature Reviews Neuroscience*, *2*(10), 685–94.

Haacke, E. M., Brown, R. W., Thompson, M. R., & Venkatesan,

R. (1999). *Magnetic resonance imaging: Physical principles and sequence design*. New York: Wiley-Liss.

Harel, N., Lee, S. P., Nagaoka, T., Kim, D. S., & Kim, S. G. (2002). Origin of negative blood oxygenation level-dependent fMRI signals. *Journal of Cerebral Blood Flow & Metabolism*, *22*(8), 908–17.

Hu, X., Le, T. H., & Ugurbil, K. (1997). Evaluation of the early response in fMRI in individual subjects using short stimulus duration. *Magnetic Resonance in Medicine*, *37*(6), 877–84.

Huettel, S. A., & McCarthy, G. (2001). Regional differences in the refractory period of the hemodynamic response: An event-related fMRI study. *Neuroimage*, *14*(5), 967–76.

Huettel, S. A., Song, A. W., & McCarthy, G. (2009). *Functional magnetic resonance imaging* (2nd ed.). Sunderland, MA: Sinauer Associates.

Jezzard, P., Matthews, P. M., & Smith, S. M. (2001). *Functional MRI: An introduction to methods*. Oxford: Oxford University Press.

Kannurpatti, S. S., & Biswal, B. B. (2004). Negative functional response to sensory stimulation and its origins. *Journal of Cerebral Blood Flow & Metabolism*, *24*(6), 703–12.

Kosslyn, S. M., Shin, L. M., Thompson, W. L., McNally, R. J., Rauch, S. L., Pitman, R. K., & Alpert, N. M. (1996). Neural effects of visualizing and perceiving aversive stimuli: A PET investigation. *Neuroreport*, *7*(10), 1569–76.

Krekelberg, B., Boynton, G. M., & van Wezel, R. J. (2006). Adaptation: From single cells to BOLD signals. *Trends in Neurosciences*, 29(5), 250–6.

Kupers, R., Frokjaer, V. G., Erritzoe, D., Naert, A., Budtz-Joergensen, E., Nielsen, F. A., ... Knudsen, G. M. (2011). Serotonin transporter binding in the hypothalamus correlates negatively with tonic heat pain ratings in healthy subjects: A [11C]DASB PET study. *Neuroimage*, *54*(2), 1336–43.

Kwong, K. K., Belliveau, J. W., Chesler, D. A., Goldberg, I. E., Weisskoff, R. M., Poncelet, B. P., ... Rosen, B. R. (1992). Dynamic magnetic resonance imaging of human brain activity during primary sensory stimulation. *Proceedings of the National Academy of Sciences*, *89*(12), 5675–9.

Laakso, A., Wallius, E., Kajander, J., Bergman, J., Eskola, O., Solin, O., ... Hietala, J. (2003). Personality traits and striatal dopamine synthesis capacity in healthy subjects. *American Journal of Psychiatry*, *160*(5), 904–10.

Lauritzen, M. (2005). Reading vascular changes in brain imaging: Is dendritic calcium the key? *Nature Reviews Neuroscience*, *6*(1), 77–85.

Le Bihan, D., Turner, R., Zeffiro, T. A., Cuenod, C. A., Jezzard, P., & Bonnerot, V. (1993). Activation of human primary visual cortex during visual recall: A magnetic resonance imaging study. *Proceedings of the National Academy of Sciences*, *90*(24), 11802–5.

Lindauer, U., Royl, G., Leithner, C., Kühl, M., Gethmann, J., Kohl-Bareis, ... Dirnagl, U. (2002). Neural activation induced changes in microcirculatory haemoglobin oxygenation: To dip or not to dip. In M. Tomita, I. Kanno, & E. Hamel (Eds.), *Brain activation and CBF control* (Vol. 1235, pp. 137–44). Amsterdam: Elsevier.

Logan, B. R., & Rowe, D. B. (2004). An evaluation of thresholding techniques in fMRI analysis. *Neuroimage*, *22*(1), 95–108.

Logothetis, N. (2000). Can current fMRI techniques reveal the micro-architecture of cortex? *Nature Neuroscience*, *3*(5), 413–4.

Logothetis, N. K., Pauls, J., Augath, M., Trinath, T., & Oeltermann, A. (2001). Neurophysiological investigation of the basis of the fMRI signal. *Nature*, *412*(6843), 150–7.

Logothetis, N. K., & Wandell, B. A. (2004). Interpreting the BOLD signal. *Annual Review of Physiology*, *66*, 735–69.

Merboldt, K. D., Fransson, P., Bruhn, H., & Frahm, J. (2001). Functional MRI of the human amygdala? *Neuroimage*, *14*(2), 253–57.

Morawetz, C., Holz, P., Lange, C., Baudewig, J., Weniger, G., Irle, E., & Dechent, P. (2008). Improved functional mapping of the human amygdala using a standard functional magnetic resonance imaging sequence with simple modifications. *Magnetic Resonance Imaging*, *26*(1), 45–53.

Morris, J. S., Frith, C. D., Perrett, D. I., Rowland, D., Young, A. W., Calder, A. J., & Dolan, R. J. (1996). A differential neural response in the human amygdala to fearful and happy facial expressions. *Nature*, *383*(6603), 812–5.

Mosso, A. (1881). *Uber den Kreislauf des Blutes immenschlichen Gehirn*. Leipzig: Veit.

Mosso, A. (1896). *Fear*. London: Longmans, Green.

Mukamel, R., Gelbard, H., Arieli, A., Hasson, U., Fried, I., & Malach, R. (2005). Coupling between neuronal firing, field potentials, and FMRI in human auditory cortex. *Science, 309*(5736), 951–4.

Ogawa, S., Lee, T. M., Kay, A. R., & Tank, D. W. (1990). Brain magnetic resonance imaging with contrast dependent on blood oxygenation. *Proceedings of the National Academy of Sciences*, *87*(24), 9868–72.

Ogawa, S., Lee, T. M., Nayak, A. S., & Glynn, P. (1990). Oxygenation-sensitive contrast in magnetic resonance image of rodent brain at high magnetic fields. *Magnetic*

Resonance in Medicine, *14*(1), 68–78.

Ogawa, S., Tank, D. W., Menon, R., Ellermann, J. M., Kim, S. G., Merkle, H., & Ugurbil, K. (1992). Intrinsic signal changes accompanying sensory stimulation: Functional brain mapping with magnetic resonance imaging. *Proceedings of the National Academy of Sciences*, *89*(13), 5951–5.

Pauling, L., & Coryell, C. D. (1936). The magnetic properties and structure of hemoglobin, oxyhemoglobin and carbonmonoxyhemoglobin. *Proceedings of the National Academy of Sciences*, *22*(4), 210–6.

Penny, W. D., Friston, K. J., Ashburner, J. T., Kiebel, S. J., & Nichols, T. E. (2007). *Statistical parametric mapping: The analysis of functional brain images*. Amsterdam: Elsevier.

Pessoa, L., Japee, S., Sturman, D., & Ungerleider, L. G. (2006). Target visibility and visual awareness modulate amygdala responses to fearful faces. *Cerebral Cortex*, *16*(3), 366–75.

Preston, A. R., Thomason, M. E., Ochsner, K. N., Cooper, J. C., & Glover, G. H. (2004). Comparison of spiral-in/out and spiral-out BOLD fMRI at 1.5 and 3 T. *Neuroimage*, *21*(1), 291–301.

Pruessner, J. C., Champagne, F., Meaney, M. J., & Dagher, A. (2004). Dopamine release in response to a psychological stress in humans and its relationship to early life maternal care: A positron emission tomography study using [^{11}C] raclopride. *Journal of Neuroscience*, *24*(11), 2825–31.

Rao, S., Bandettini, P. A., Wong, E. C., Yetkin, F. Z., Hammeke, T. A., Mueller, W. M., ... Hyde, J. S. (1992). *Gradient echo EPI demonstrates bilateral superior temporal gyrus activation during passive word presentation*. Paper presented at the 11th Annual Meeting of the Society of Magnetic Resonance in Medicine, Berlin.

Reiman, E. M., Raichle, M. E., Butler, F. K., Herscovitch, P., & Robins, E. (1984). A focal brain abnormality in panic disorder, a severe form of anxiety. *Nature*, *310*(5979), 683–5.

Reinders, A. A., Gläscher, J., de Jong, J. R., Willemsen, A. T., den Boer, J. A., & Büchel, C. (2006). Detecting fearful and neutral faces: BOLD latency differences in amygdala-hippocampal junction. *Neuroimage*, *33*(2), 805–14.

Rotshtein, P., Malach, R., Hadar, U., Graif, M., & Hendler, T. (2001). Feeling or features: Different sensitivity to emotion in high-order visual cortex and amygdala. *Neuron*, *32*(4), 747–57.

Roy, C. S., & Sherrington, C. S. (1890). On the regulation of the blood-supply of the brain. *Journal of Physiology*, *11*(1–2), 85–158.

Salimpoor, V. N., Benovoy, M., Larcher, K., Dagher, A., & Zatorre, R. J. (2011). Anatomically distinct dopamine release during anticipation and experience of peak emotion to music. *Nature Neuroscience*, *14*(2), 257–62.

Schaefer, S. M., Abercrombie, H. C., Lindgren, K. A., Larson, C. L., Ward, R. T., Oakes, T. R., ... Davidson, R. J. (2000). Six-month test-retest reliability of MRI-defined PET measures of regional cerebral glucose metabolic rate in selected subcortical structures. *Human Brain Mapping*, *10*(1), 1–9.

Sergerie, K., Chochol, C., & Armony, J. L. (2008). The role of the amygdala in emotional processing: A quantitative meta-analysis of functional neuroimaging studies. *Neuroscience & Biobehavioral Reviews*, *32*(4), 811–30.

Sergerie, K., Lepage, M., & Armony, J. L. (2006). A process-specific functional dissociation of the amygdala in emotional memory. *Journal of Cognitive Neuroscience*, *18*(8), 1359–87.

Shmuel, A. (2010). Locally measured neuronal correlates of functional MRI signals. In C. Mulert & L. Lemieux (Eds.), *EEG-fMRI: Physiological basis, technique, and applications* (pp. 63–82). Heidelberg: Springer.

Shmuel, A., Augath, M., Oeltermann, A., & Logothetis, N. K. (2006). Negative functional MRI response correlates with decreases in neuronal activity in monkey visual area V1. *Nature Neuroscience*, *9*(4), 569–77.

Shmuel, A., & Grinvald, A. (1996). Functional organization for direction of motion and its relationship to orientation maps in cat area 18. *Journal of Neuroscience*, *16*(21), 6945–64.

Smith, A. J., Blumenfeld, H., Behar, K. L., Rothman, D. L., Shulman, R. G., & Hyder, F. (2002). Cerebral energetics and spiking frequency: The neurophysiological basis of fMRI. *Proceedings of the National Academy of Sciences*, *99*(16), 10765–70.

Smith, S. M., Miller, K. L., Salimi-Khorshidi, G., Webster, M., Beckmann, C. F., Nichols, T. E., ... Woolrich, M. W. (2011). Network modelling methods for FMRI. *Neuroimage*, *54*(2), 875–91.

Stern, C. E., Corkin, S., Gonzalez, R. G., Guimaraes, A. R., Baker, J. R., Jennings, P. J., ... Rosen, B. R. (1996). The hippocampal formation participates in novel picture encoding: Evidence from functional magnetic resonance imaging. *Proceedings of the National Academy of Sciences*, *93*(16), 8660–5.

Takahashi, H., Takano, H., Kodaka, F., Arakawa, R., Yamada, M., Otsuka, T., ... Suhara, T. (2010). Contribution of dopamine D1 and D2 receptors to amygdala activity in human. *Journal Neuroscience*, *30*(8), 3043–7.

Takano, T., Tian, G. F., Peng, W., Lou, N., Libionka, W., Han,

X., & Nedergaard, M. (2006). Astrocyte-mediated control of cerebral blood flow. *Nature Neuroscience*, *9*(2), 260–7.

Tauscher, J., Bagby, R. M., Javanmard, M., Christensen, B. K., Kasper, S., & Kapur, S. (2001). Inverse relationship between serotonin 5-HT(1A) receptor binding and anxiety: A [(11) C]WAY-100635 PET investigation in healthy volunteers. *American Journal of Psychiatry*, *158*(8), 1326–8.

Thulborn, K. R., Waterton, J. C., Matthews, P. M., & Radda, G. K. (1982). Oxygenation dependence of the transverse relaxation time of water protons in whole blood at high field. *Biochimica et Biophysica Acta*, *714*(2), 265–70.

Truong, T. K., & Song, A. W. (2008). Single-shot dual-z-shimmed sensitivity-encoded spiralin/out imaging for functional MRI with reduced susceptibility artifacts. *Magnetic Resonance in Medicine*, *59*(1), 221–7.

Vanzetta, I., & Grinvald, A. (2001). Evidence and lack of evidence for the initial dip in the anesthetized rat: Implications for human functional brain imaging. *Neuroimage*, *13*(6 Pt. 1), 959–67.

Viswanathan, A., & Freeman, R. D. (2007). Neurometabolic coupling in cerebral cortex reflects synaptic more than spiking activity. *Nature Neuroscience*, *10*(10), 1308–12.

Volkow, N. D., Tomasi, D., Wang, G. J., Fowler, J. S., Telang, F., Goldstein, R. Z., ... Alexoff, D. (2011). Positive emotionality is associated with baseline metabolism in orbitofrontal cortex and in regions of the default network. *Molecular Psychiatry*, *16*(8), 818–25.

Vuilleumier, P., Armony, J. L., Clarke, K., Husain, M., Driver, J., & Dolan, R. J. (2002). Neural response to emotional faces with and without awareness: Event-related fMRI in a parietal patient with visual extinction and spatial neglect. *Neuropsychologia*, *40*(12), 2156–66.

Wilson, F. A., & Rolls, E. T. (1993). The effects of stimulus novelty and familiarity on neuronal activity in the amygdala of monkeys performing recognition memory tasks. *Experimental Brain Research*, *93*(3), 367–82.

Worsley, K. J., Marrett, S., Neelin, P., Vandal, A. C., Friston, K. J., & Evans, A. C. (1996). A unified statistical approach for determining significant signals in images of cerebral activation. *Human Brain Mapping*, *4*(1), 58–73.

Yacoub, E., & Hu, X. (1999). Detection of the early negative response in fMRI at 1.5 Tesla. *Magnetic Resonance in Medicine*, *41*(6), 1088–92.

Zaretsky, M., Mendelsohn, A., Mintz, M., & Hendler, T. (2010). In the eye of the beholder: Internally driven uncertainty of danger recruits the amygdala and dorsomedial prefrontal cortex. *Journal of Cognitive Neuroscience*, *22*(10), 2263–75.

第6章

情感神经科学的损伤研究

莱斯莉·K.费罗斯（Lesley K. Fellows）

为什么进行损伤研究？

人类行为的早期神经生物学证据源于对脑损伤的临床观察。追溯到古希腊，有一观点有助于说服持有怀疑态度的公众——大脑而非心脏是人类智力和情绪的中心（Crivellato & Ribatti, 2007; Gross, 1995）。事实上，对个别病人的临床观察一直是神经科学家、神经心理学家和认知神经科学家的灵感来源（Chatterjee, 2005; Eslinger & Damasio, 1985）。

在20世纪初期，现代神经学和实验心理学的融合，使得研究者可以采用更系统的实验方法理解脑损伤怎样影响行为（Macmillan, 2000）。在近一百年里，实验神经心理学是脑–行为关系的关键证据来源，为认知和情感神经科学领域的研究提供了基础。随后，神经成像技术的出现使研究健康人脑得以实现，在近二十年里极大地改变了该领域的状况（Fellows et al., 2005）。21世纪的情感神经科学领域已有一系列可供选择的研究方法：功能性磁共振成像（fMRI）、正电子断层扫描（PET）、脑电图（EEG）、脑磁图（MEG）、经颅磁刺激（TMS）。特别是fMRI，引起了该领域的一场风暴，成为研究人类脑–行为关系的主要技术。这些新方法提供了另一条研究之路，有鉴于此，我们需要批判性地思考损伤研究是否仍然有价值。对于这一争论，目前可以响亮回答“是”！本章将详述损伤研究主要的实验设计，并讨论其优点和缺点。虽然这些观点适用于一般的认知神经科学，但是本章强调它们与情感和社会加工研究的特定关联性。

损伤研究仍然是该领域重要的实验工具，因为这种方法可以获得实质证据。原则上，损伤研究能够检验特定脑区网必要性。换言之，提供证据支持假设，即特定脑区对于给定过程和行为成分而言必不可少（Fellows et al., 2005; Rorden & Karnath, 2004）。功能损失证据是fMRI或者EEG方法开展激活研究的重要补充。后两种方法能将脑区激活与行为联系起来，即fMRI或者EEG研究可以确认参与既定认知或者情感过程的脑区，但是不能确定脑区对于这些过程的重要程度。

这一点对于情感和社会神经科学可能特别重要，新兴的研究领域旨在理解复杂过程，可能会遭受详细剖析的挑战。例如，识别面部表情的任务也可能唤起被试相似的情绪体验，从而发生自主神经变化。从结果上看，所有这些过程可能都与情绪识别有关，但实际上只有一些过程对于识别本身发挥关键作用。由于这些副现象与fMRI激活模式有关，因而从副现象中分解感兴趣的过程非常具有挑战性（Fusar-Poli et al., 2009）。

集合损伤证据非常有帮助。可以从情绪识别的fMRI研究开始，选择候选脑区，例如腹内侧前额叶皮层，然后探究损伤该脑区是否干扰了情绪再认。结果令我们确信，该脑区参与了我们感兴趣的过程，而不是其他一些相关过程（Heberlein, Padon, Gillihan, Farah, & Fellows, 2008; Hornak et al., 2003）。

损伤方法的第二个应用是检验（假定）过程的可分离性。在行为上密切联系的多方面内容可能依赖于不同的神经解剖环路：局部损伤的患者研究能够以某种方式阐明这些脑区的涉入，而诸如fMRI的相关方法则不能。典型例子是，关于脑损伤后语言受到何种影响这一问题，可以追溯到观察布洛卡区和威尔尼克区。临床观察发现语言系统受损可伴随理解力免于损失（反之亦然），虽然自这一结果的首次发现至今已一百多年，但是该研究仍然是我们理解语言在大脑中如何组织的基础（Caplan, 2003）。

因此，损伤研究提供了特定推理优势，对其他方法进行了补充（Chatterjee, 2005; Fellows et al., 2005; Rorden & Karnath, 2004）。其他方法中的证据质量取决于实验设计谨慎和完备的程度。解剖神经成像的进步、系统招募患病被试和从fMRI领域"借"分析方法创造了新的机遇，确保现代实验神经心理学对于理解人类大脑功能能发挥有效作用。

实验设计

总则

人类损伤研究至多是准实验研究。显而易见，损伤是不受实验控制的，这意味着脑损伤程度是自然发生的，研究是在"选择"遭受损伤的个体。研究者应用一些方法进行观察研究，类似于流行病学上病例的对照研究。这项工作的基本观察本质意味着，研究者可选择是否考虑将脑区（即损伤位置）或者行为作为自变量。例如，研究可招募具有特定行为缺陷的被试，例如中风后抑郁的病人，然后再询问他们是否拥有共同的损伤区域（目前的结果是"没有"，Carson et al., 2000）或者探究特定损伤区域对行为的影响，例如选择杏仁核受损被试，查明他们的行为缺陷（Adolphs et al., 2005; Adolphs & Spezio, 2006; Adolphs & Tranel, 2003; Heberlein & Adolphs, 2004）。最后，一些研究的目的并非是关注结构–功能关系，而是关注理解不同心理过程之间的关系。如果两种能力依靠同一潜在心理过程（或者神经过程），那么便不可能仅破坏一种能力而不破坏另一种。因此，临床群体的研究能够在考虑或不考虑神经生物学基础的前提下检验过程是否共享或者可分离（Johnsen, Tranel, Lutgendorf, & Adolphs, 2009; Robinson & Sahakian, 2009）。

被试招募和选择

一个研究可能是行为驱动或者损伤驱动的，但是不可能二者兼备。如果基于临床缺陷和特定损伤选择被试，会使（可能虚假的）结构–功能关系产生强烈的偏差，是一种破坏性的"择优选择"方式（Rorden, Fridriksson, & Karnath, 2009）。选择偏差（selection bias）的其他形式不太明显，但是在解释损伤研究时仍然需要考虑。原则上，应当研究携带损伤或者感兴趣行为的每个患者。实际上，被试存在非随机局限性：至少需要患者愿意并且同意被研究，而且能够参与实验。这种选择偏差形式，可能是情感神经科学特有的问题。有些患者可能由于失去动机、心情沮丧、共情能力受损、存在社交缺陷等问题，而不大愿意主动参加实验，这意味着参与实验的被试是那些不存在这些问题的群体。相似地，损伤有时会导致非常棘手的行为改变——冲动、社交不当或者攻击行为——而这同样在大部分研究中代表性不足。在这种情况下，即使患者同意，研究者可能也无法实施实验。最后，某些人格或者人口统计学特征可能是遭受损伤的风险因素，因此相对于健康对照组，这些特征可能会被过度表征在损伤组。典型例子是，冒险使个体更可能遭受头损伤，是损伤的原因而不是损伤的结果。

行为缺陷可能有别的产生源，而不是由局部脑损伤引起的。一般被试表现不佳可能是存在非特异性额外损伤，该损伤不一定能被脑成像识别。并发损伤的例子包括创伤性脑损伤的弥漫性轴突损伤、脑积水并发脑出血或者大血管中风病人室周缺血。其他重要的一般临床混淆因素包括精神类药物使用、抑郁症、过去或现在的药物或者酒精滥用。控制这些因素主要有两种方法：一是排除存在这些因素的被试，二是确保对照组也存在这些因素。还有一种方法是在分析时把一个或者多个因素作为协变量。协变量方法是有用的，但是通常不能使用，因为大部分损伤研究的样本量都较小，即使它们存在，也极有可能无法（在统计上）探测混淆效应。

损伤慢性化也需要考虑。中风的急性效应明显不同于数周或者数月才出现的慢性效应（Ochfeld et al., 2011）。出于可行性原因，大部分损伤研究都是在病人情况稳定时执行的，一般是脑损伤后至少几个月（通常许多年）。超急性研究能在适当环境下开展（参考Marsh & Hillis, 2008; Newhart, Ken, Kleinman, Heidler-Gary, & Hillis, 2007）。考虑为什么急性和慢性损伤效应存在明显差异很重要。部分原因肯定和解释结构-功能关系有关：慢性损伤能够获得补偿，无论是通过大脑可塑性变化，或者行为策略调整，还是两者都有。有观点认为，对于存在行为缺陷的慢性损伤病人，应当考虑受损区域究竟是对于功能"恢复"是必要的，还是对功能本身是必要的。急性损伤可能有其他原因，而不只是脑成像所看到的脑损伤，例如，少量血液灌注的脑组织功能失调，或者注意的急性非特异变化，或者与脑功能失调、严重急性疾病体验相关的其他能力。无论如何，急性损伤研究有实际局限性，不可能被广泛应用，在研究情绪或者社会过程方面可能尤为如此。而且，尽管局部损伤的急性和慢性效应之间存在差异，但是差异主要体现在程度上，而不是体现在行为功能失调种类上。尽管本章旨在讨论损伤研究对基础情感神经科学的贡献，但是这些研究的结果也显然具有临床关联。更好地理解脑损伤后的恢复机制和轨迹仍是重要的临床课题，并且可以确保解决基础问题所获得的损伤证据能被更恰当地解释。

撇开这些细枝末节，被试选择主要关注的是获得合适甚至可能合适的被试群体。在这样的研究中，被试招募通常成为决定性步骤。随着认知神经科学进一步科学化，被试招募变得越发关键。一种方法是开发患者登记系统或者建立数据库，以针对性地支持损伤研究。如果会聚方法被写进认知神经科学的入门教材，那么患者登记系统应被视作必要的核心设施，由使用者付费或者公共资源提供资助，就像神经成像设施一样（尽管成本已大大降低）。登记方法能为研究的可行性提供关键信息，它能使对照组招募更高效，以及在确保被试招募符合伦理方面发挥重要作用，而且如果顺利，将允许在合理时间内执行研究。关于建立登记系统的好处和实践描述，可参考更详细的讨论文章（Fellows, Stark, Berg, & Chatterjee, 2008）。

参照组

情感神经科学的大部分研究都采用新颖的行为测量法，因此通常需要建立由健康被试构成的对照组，而且与目标患者组在人口统计学上极其相似，这有助于对患者组行为做出解释。然而，适合于实验的对照组可能不是健康被试。有时可依据假设选择脑损伤患者以提供更多的相关对照数据。最简单的损伤控制组包含所研究脑区免于受损的单被试或者一组患者（Fellows & Farah, 2003）。这种对照有利于控制病变或者脑损伤的非特异效应。在可行的情况下，更局部的实验设计或许是值得的：对比两个病变组在两个特定脑区的影响，由此既控制了非特异脑损伤效应，也检验了更明确的结构–功能假设（例如Johnsen et al., 2009）。

单一案例

详细研究单个患者能够获得大量信息。布洛卡的一个患者因脑损伤后仅能确切地说出“Tan”一词而著称，从而揭开了失语症研究的序幕（Broca, 1861）。研究患者H.M.的双侧颞叶内侧切除效应，对于理解人类记忆做出了无可估量的贡献（Corkin, 2002）。个案研究在情感神经科学中也很重要：例如，一个详细的案例报告，描述了患者E.V. R.腹内侧前额叶受损后的社会和决策缺陷，为过去二十年研究该脑区功能的大部分工作做了准备（Eslinger & Damasio, 1985），另外还对双侧杏仁核受损的一个独特患者也执行了一系列情绪再认研究（Adolphs et al., 2005; Adolphs, Tranel, Damasio, & Damasio, 1994; Adolphs, Tranel, Damasio, & Damasio, 1995; Heberlein & Adolphs, 2004）。

尽管在神经心理学历史上单一案例是灵感的丰富来源，但是原则上仅研究单一案例不够具有说服力：因为我们不可能确信无疑地将任何结果普遍化。在单个患者身上所观察到的缺陷可能是由发病前的功能差异导致的，以至于正常的个体差异被错误地归因于损伤。然而，这种归因对一些缺陷而言可能是不合理的：根据常识，轻度偏瘫和视野受损是非正常的，一般可认为与脑损伤有关。但是行为的其他方面，尤其是情绪和社交领域，健康个体之间的差异是巨大的，更有可能在脑损伤患者中偶然发现这种差异。脑组织的特性、结构–功能映射或者脑损伤的恢复，也会导致单一案例的“例外”表现。最后，单一案例的观察结果可能被损伤相关的因素混淆而不是被受损位置所影响，例如损伤的病因、并发症或者药物使用。

批判性研究单一案例时，应该考虑以下问题：怎么定义损伤？所研究的行为如何被准确特征化？是否存在临床或者人口学特征方面的混淆因素？执行控制任务是否能够排除所观察到缺陷的其他解释？还应该注意对照组：对照组应足够大，以确认患者缺陷超出正常范围，而且应当匹配相关变量，无论是临床变量还是人口学变量。应当利用有关的统计检验，解决个体表现与小对照组比较时所出现的共同问题（关于统计检验重要性的综述，参见Crawford & Garthwaite, 2012）。即使实验成功地达到了这些标准，且结果被认为是有趣的或者令人兴奋的，但在单一案例的情况下仍然具有不确定性。

组研究

单一案例的许多缺点能被组设计解决。最基本的实验，可以被简单视作一系列单一案例。如果每个具有相似损伤的患者都有相似的行为缺陷，那么做出结构–功能判断的可行性明显会更强：而个体差异——无论是发病前的还是损伤相关的——对所观察到的效应做出解释的可能性更低。

然而，通过提供机会进一步精炼损伤研究，组研究可以做得更好。相对于检验结构–功能假设的理想状态，损伤通常更广泛或者定位更不精确。如果功能被破坏，但是损伤区域很大，那么结论就不会是特异的。如果一组患者损伤程度不同，但存在小范围的重叠，且被发现拥有共同的功能损伤，那么可暂时推断功能依赖于跨被试共同的重叠区域。近期建立在该逻辑基础上的方法，允许在体素簇水平上统计检验结构–功能关系，后文会详细讨论这一问题。因此，在单一案例中，损伤程度会限制结构–功能映射，但是该问题至少能被组研究更好地解决，而且可能转化为组研究的优势。

损伤特征化

大部分实验设计都需要确定每个患者脑损伤的位置和程度。损伤特征化的第一步是获得每个患者的脑图像，要么是MRI，要么是计算机断层扫描（computed tomography, CT）。优先使用MRI，因为MRI分辨率更好，很多情况下敏感性也比CT更高，而且能避免患者暴露于电离辐射。然而，MRI也存在不宜使用的情况，例如携带起搏器、手术夹的患者或者幽闭恐惧症患者，可能无法做MRI。理想状态下，要使用标准参数和设备，尽可能在整个行为测试时间采集所有患者样本的高分辨率图像。但是依靠现有的临床成像可能更实际，而且这种成像所提供的损伤数据，对于检验假设来说通常已绰绰有余。

表征损伤数据最简单的方法是呈现每个患者的图像。这适用于单一案例，但是并不适用于组研究。的确，呈现单个扫描数据几乎没有意义，除非也呈现每个人的行为数据（即以系列案例格式）。如果行为数据被呈现为组平均值，那么图像数据也需要以允许洞察组共性的方式呈现。要实现这一点很简单，例如，列表显示特定布罗德曼分区受损的被试数量（Stuss, Murphy, Binns, & Alexander, 2003）。然而，现代成像数据以数字形式采集，允许组损伤数据被呈现为脑图像，更利于视觉读取，且更容易与fMRI研究相联系（Damasio & Damasio, 1989; Rorden & Brett, 2000）。

损伤研究最常见的总体表征是图像重叠，由损伤区域的每个体素在整个组求和产生。这些图像代表损伤影响给定患者组共同脑结构的程度（Frank, Damasio, & Grabowski, 1997; Makale et al., 2002; Rorden & Brett, 2000）。图像也能表明，两组无共同受损区域，意味着两组存在解剖差异。被表征在共同空间的数字化损伤数据，可以用于结构–功能关系的更复杂的统计分析（见后文讨论）。

任何组损伤分析，都需要先在共同空间表征个体损伤。有两种主要方式可以实现这一目标：一是在某个公共模板上手动描绘损伤（Damasio & Damasio, 1989; Kimberg, Coslett, & Schwartz, 2007）；二是在单个患者的解剖扫描图上手动或者自动确定损伤，然后把脑（和损伤）转换到标准模板上。第一种方法劳动强度大，而且需要研究者掌握大量的专业知识。第二种方法依靠相同算法，能把个体扫描图像转换到fMRI分析健康被试所使用的共同空间上，更加自动化。然而，由损伤引起的解剖扭曲会导致特别的技术问题，如果采用第二种方法需要认真解决这一问题（Nachev, Coulthard, Jager, Kennard, & Husain, 2008; Rorden & Brett, 2000）。无论哪种方式，定义损伤分界线都涉及很多判断，这都是误差的潜在来源。误差可能依损伤原因而变化：例如对于正常和受伤脑区的边界，中风情况下的可能比脑肿瘤情况下的更清楚。

行为测量

捕捉目标脑区的功能是损伤研究中极具挑战性的方面，尤其在社会和情感神经科学这块几乎未开发的领域。与所有方法一样，根据已知理论检验假设是个良好的开端。更一般地说，正如在实验心理学中，无论是反应时、误差还是其他指标（眼动、自主测量等），任务中必须涉及强有力的测量方式。重要的是，要搞清楚这些行为测量是否会受到患者组非特异或者相关的残疾的影响。例如，脑岛损伤经常伴随邻近运动通路受损，因此患者可能因为简单的运动功能失调而反应变慢。在情感神经科学损伤研究中，自主测量在对兴趣效应的探究中得到了应用（Bechara, Damasio, Tranel, & Damasio, 1997）。另外，一些患者可能会服用药物（例如高血压药），从而会影响测量结果，因此在选择对照组和解释结果时需要格外注意。

一般来说，理想的行为测量拥有以下良好的心理测量特征：没有天花板效应或者地板效应，良好的重测信度，人口统计或者教育因素影响最小化（Laws, 2005）。测量变异（即如果同一被试被重复测量，任务表现发生变化的程度）是干扰源之一，原则上应处于实验者控制之下。这对数据分析有重要影响，应当尽可能最小化（Bates, Appelbaum, Salcedo, Saygin, & Pizzamiglio, 2003）。当开发新任务时，要考虑到正式实验中的患者被试一般比预实验中的大学生被试（对研究者来说大学生被试更易招募到，所以多数研究会选择该群体开展预实验）年龄更大且受教育程度更低。因此，开发新任务时，选择健康年长的被试开展预实验是极好的尝试，尽管这类被试和脑损伤被试一样难找。

控制任务

脑损伤很少只影响单个加工过程，因此控制任务对得到几乎任何结论都很重要。至少，患者应当经历彻底的神经心理学筛选，使研究者和读者同样确信，明显重要的能力方面的困难，例如语言理解或者警惕性，不是构成实验任务所存在缺陷的原因。更好的方法是开发特定的控制任务，以模仿实验任务的要求但不涉及感兴趣的实验过程。例如，将根据面孔判断年龄作为控制任务，实验任务是判断面孔的可信赖性，两个任务可以使用相同的刺激集。

损伤－症状映射

在特征化脑损伤和精确测量感兴趣的行为之后，我们接下来检验脑的结构–功能关系。下面依次介绍三种常用方法。

行为驱动方法

认知神经科学的主要挑战是定义行为结构，也就是将复杂行为解析为可分析的组成成分，无论是概念化为模块、进程还是交互网络（Dunn & Kirsner, 2003）。挑战在于确定适当的组成成分，然后从心理和神经观点理解成分之间如何相互作用。这显然需要使用各种方法收集数据。通过确定假定成分过程之间是否相关，脑损伤患者研究为给定（复杂）行为提供了生物学相关洞察。

以行为为自变量时，选择患者就要基于一些行为表现的存在性——临床症状或者特定任务成绩。接着，执行旨在分离假定成分的额外行为测量，以确定这些过程是否不同（即可分离的）。单分离是指被试在评估特定能力的任务中表现出了受损，但是在评估另一能力的任务中未发现受损。单分离证据有利于证明实验任务测量了不同的成分过程（Damasio & Damasio, 1989; Shallice, 1988）。然而，实际问题是该行为模式可能有其他解释，例如，分离观点假设实验所采用任务的难度相似。但即使利用了相同的成分过程，简单任务和困难任务也能表现出明显分离，因为一些患者会在困难任务上失败，但是能够通过简单任务（Shallice, 1988）。

如果出现双分离，潜在解释就更不可能：例如一组患者任务A失败，但是任务B完成得很好，而另一组患者呈现出相反模式。早期实验神经心理学就认识到了双分离的解释力和实验的优越性（Teuber, 1955）。然而，分离并不总是能直接建立的（关于这方面的更多细节，参见Dunn & Kirsner, 2003）。一组被试如何在任务A中表现完好而在任务B中表现出受损？在给定被试群体和给定任务对的情况下，随机发生明显分离的概率有多大？尽管一般方法是检验两组的表现在两个实验任务中的交叉相互作用，但是也有其他更重要的模式，这取决于任务之间、给定认知过程和任务的行为表现之间的关系（Bates, Appelbaum, et al., 2003; Dunn & Kirsner, 2003; Shallice, 1988）。

正如前文所讨论的，即使没能确定分离与特定损伤的关系，分离也是重要的发现。呈现出与特定脑区损伤有关的行为分离模式，不仅更加令人相信分离不是假的，而且为结构–功能关系的存在增加了重要证据（Robertson, Knight, Rafal, & Shimamura, 1993）。

兴趣区方法

组研究检验的最常见假设是把特定脑区严格包含在特定过程中。兴趣区（region-of-interest, ROI）设计直接强调了这一问题：将损伤影响（最好仅限于影响）ROI的患者与其他人在测量兴趣过程的任务上的表现进行比较，其他人要么是人口统计学上与患者相似的对照组，要么是免于损伤ROI的患者。该方法的主要优势是假设驱动设计和由此带来的统计力。这意味着小样本可能是适合的，因为损伤研究的效应量通常相当大。这种设计的假设具有方向性，适用于单侧统计检验。

当数据是组平均值时，对比较组施用相同的统计方法在任何研究里都是合适的。ROI设计通常样本量受限，可能包含偏斜的行为数据（控制组的天花板效应和患者组的地板效应）。如果实验设计不能避免这些问题，那么在数据分析时就要考虑这些。正如前文提到的，组研究被分析为一系列单一案例研究会更好。当患者组在人口统计学或者其他变量上，甚至在任务表现上有广泛差异时，使用该方法是合适的。有时该方法被用作事后检验，这种情况下应当特别谨慎考虑结果，因为混淆变量而不是损伤位置更容易解释变异性。

ROI研究中通常包括健康控制组和脑损伤控制组。值得注意的是，即便ROI损伤的患者组行为表现显著不同于健康控制组，而脑损伤控制组与健康控制组之间无差异，也不能直接推演ROI损伤组与脑损伤控制组之间存在差异。后者能够为存在特定的结构-功能关系提供更强有力的支持（Nieuwenhuis, Forstmann, & Wagenmakers, 2011）。

更重要的是，要考虑ROI设计不能做什么，因为该设计所强加的解剖边界既可能是最优的，也可能不是。很显然，边界外脑区的潜在贡献是我们所不知的。而且与边界内损伤脑区相关的效应也可能未被有效探查到。如果所定义的ROI比实际的关键脑区大很多，这种情况就会发生，因为更小脑区的损伤所造成的效应，可能被大范围非关键脑区控制下的正常表现减弱了。另外，在给定ROI内所探查到的效应，也可能在不同解剖边界条件下更好地捕捉到。

基于体素方法

原则上，ROI可以是任意大小的。实际上，其存在由个体受伤脑组织体积所强加的下限，包括给定样本的脑体积重叠程度，或者特征化损伤所用成像方法的分辨率。损伤体积而非图像分辨率是MRI时代的典型限制因素。其上限是由概念问题决定的。例如，如果认为某功能与整个大脑的完好有关，那么ROI可能就是整个大脑。这就是说，神经心理学的许多核心概念都起始于包含完整大脑半球的ROI，而且确定如此广泛的结构-功能关系，对于认知神经科学着手处理新研究领域仍很重要，例如社会或者情感领域。

会聚证据表明，通过检查半球或者脑叶效应所捕捉的结构-功能关系更分散，但是ROI设计所获的脑区特异性实际上存在局限。如果研究仅局限于脑损伤发生在特定小区域的患者，一定时间内几乎不可能招募到合适的被试。一种替代性的方法是招募损伤范围相当大——甚至一个半球或者全脑损伤——的患者，然后分析哪个亚域导致了所观察到的功能缺失。

有三种方法可用于分析较大脑区内产生不同损伤的患者的数据，最悠久的方法包括标准ROI研究的次级分析。建立解剖结构定义损伤组，并在损伤组中观察普遍存在的变异，研究者可能会好奇变异是否存在解剖基础，也就是，特定亚区域损伤是否决定任务表现。通过研究损伤亚组和未损伤亚组的损伤模式，该问题可获得定性处理，本质上是将行为驱动分析嵌入原始的ROI研究中。损伤重叠方法经常用于以下目的：视觉检查损伤亚组和未损伤亚组的损伤重叠图像，或者将这些组的脑成像相减以确定潜在的关键亚区。其他类似方法包括列出是否存在布罗德曼区损伤，并比较有无行为损伤患者的结果。

ROI研究的亚组分析存在缺点。这些分析经常使用事后检验，而且任何发现都需要在一个旨在测试特定先验ROI的新实验中得到确认。选择偏差和混淆因素很容易影响结果。这些分析往往使用小样本，无法恰当解释所观察效应的其他成因，例如人口学变量的影响。当基于先验ROI的分析没有获得组间显著差异时，应当谨慎对待分析结果。当然，“多重ROI”方法可以被先验应用，已有研究使用了该方法（Picton et al., 2007; Stuss et al., 2003）。除了长期存在的样本量限制，主要困难是如何矫正多重对照。

近来，fMRI所开发的统计方法，已经适用于在体素水平上研究结构与功能失调间的关系。这是多重ROI设计的自然扩展，其优势是原则上控制了多重对照。一旦损伤体积被配准到共同模板上，就可以应用单变量分析，检验给定体素损伤患者和该体素未损伤患者之间行为表现是否存在差异。产生的统计图会表明解剖空间内损伤与功能失调之间的相关强度。

该方法通常被称为基于体素的损伤-症状映射

（voxel-based lesion-symptom mapping, VSLM），不需要强加ROI边界，而且任务表现可被视作二分变量（完整/受损）或者连续变量。使用连续变量可避免给数据强加次级的潜在边界。VSLM有潜力映射多个脑网络（即在单个实验中确认多个可能影响任务表现的脑区）。该方法的几个变体使用不同的统计分析方法，已经得到应用（Bates et al., 2003; Chen, Hillis, Pawlak, & Herskovits, 2008; Kinkingnehun et al., 2007; Rorden et al., 2009; Rorden & Karnath, 2004; Rorden, Karnath, & Bonilha, 2007; Solomon, Raymont, Braun, Butman, & Grafman, 2007）。

这些优点的取得是有条件的。fMRI分析中，大规模单变量分析方法需要进行很保守的多重对照矫正，反过来便需要大样本量。且被试数量不是唯一要考虑的，损伤重叠和分布也是决定研究统计力的重要因素。使用这些方法对解释VSLM分析而言很重要（Kimberg et al., 2007; Rudrauf et al., 2008）。

白质损伤与断开效应

除了神经外科切除，损伤很少限于单一结构，且它经常破坏进入或者离开给定灰质区域的白质或者纤维通路（即邻近神经束与受损灰质区域间除了位置相关，无法产生其他联系）。这些损伤对解释损伤研究结果提出了挑战。观察到的行为结果可能是由白质损伤导致的，如果损伤涉及纤维通路，就可能导致误解。现代神经成像技术可以评估白质损伤程度，或者使用标准的结构扫描，或者使用神经束成像，例如弥散张量成像。而且，白质图谱变得越来越精细。因此，诸多方法正在持续突显白质的可能贡献，而且开始应用于结构-功能映射中（Catani, Jones, & ffytche, 2005; Karnath, Rorden, & Ticini, 2009; Philippi, Mehta, Grabowski, Adolphs, & Rudrauf, 2009; Rudrauf, Mehta, & Grabowski, 2008; Thiebaut de Schotten et al., 2008; Urbanski et al., 2008）。

发展图像分析技术以研究脑网络特征，无论结构还是功能测量，都是目前为止对讨论损伤研究有用的补充（Dosenbach, Fair, Cohen, Schlaggar, & Petersen, 2008; He, Dagher, et al., 2009; He, Wang, et al., 2009）。至少，这些方法引起了对脑网络概念框架的注意，这对为复杂行为的脑基础提供更完整的描述可能很重要。

弥散损伤的临床条件

可以在多焦点或者弥散损伤条件下研究脑-行为关系，例如创伤性脑损伤，多发性硬化症和诸如额颞痴呆的脑退化。成像方法可以量化精细的或者弥散的皮层区域和白质改变，而且这些改变可以与行为相关联。已经讨论过的大部分陷阱也适用于该类研究。额外挑战包括，当多个脑区以或多或少相关（而且或多或少可探测）的方式存在功能失调时如何解释解剖数据，并且当对于给定任务来说必不可少的多种认知功能间的退化也或多或少相关时如何解释行为数据。

批判性阅读组研究

总之，相对于单一案例，组研究为脑结构-功能关系的概括化提供了更强的支持。批判性阅读组研究，首先要考虑的是行为测量是否恰当，而且参照组是否适合检验所述假设。组间差异的其他影响因素，例如：人口统计学、临床或者任务相关的因素是否被排除了？病灶的脑损伤程度如何？脑损伤在不同被试之间的一致性（按照范围、病因和慢性程度）如何？患者的招募方法会引入哪些选择偏差？样本量是否适当？当样本数量有限时，应该批判性地看待无效结果。谨记这些基本问题，严谨的读者应当做好整合损伤研究结果和其他形式证据的准备。这种行为值得被鼓励，因为它能够严谨地推进情感神经科学领域的发展。

结论

损伤研究能为脑结构和心理过程之间的必要关系提供强有力的检验，同时提供方法检验这些过程是否分离。本章讨论了常见的实验设计，突出了它们的优缺点，为这些方法所带来的挑战和机遇提供了实际洞察。损伤研究为情感神经科学做出了许多重要贡献，对于会聚复杂过程脑基础的证据尤为重要。

重点问题和未来方向

· 如何最好地结合神经成像的最新进展和行为测量，以了解局部损伤如何破坏脑网络功能？

· 急性局部脑损伤后的改善机制是什么？如何将这些改变纳入损伤研究所发现的结构–功能因果关系的推断中？

· 确保非临床人员获得合适患者的最优研究平台是什么？这有利于损伤研究继续发展认知和情感神经科学理论。

参考文献

Adolphs, R., Gosselin, F., Buchanan, T. W., Tranel, D., Schyns, P., & Damasio, A. R. (2005). A mechanism for impaired fear recognition after amygdala damage. *Nature*, *433* (7021), 68–72.

Adolphs, R., & Spezio, M. (2006). Role of the amygdala in processing visual social stimuli. *Progress in Brain Research*, *156*, 363–78.

Adolphs, R., & Tranel, D. (2003). Amygdala damage impairs emotion recognition from scenes only when they contain facial expressions. *Neuropsychologia*, *41* (10), 1281–9.

Adolphs, R., Tranel, D., Damasio, H., & Damasio, A. (1994). Impaired recognition of emotion in facial expressions following bilateral damage to the human amygdala. *Nature*, *372* (6507), 669–72.

Adolphs, R., Tranel, D., Damasio, H., & Damasio, A. R. (1995). Fear and the human amygdala. *Journal of Neuroscience*, *15* (9), 5879–91.

Bates, E., Appelbaum, M., Salcedo, J., Saygin, A. P., & Pizzamiglio, L. (2003). Quantifying dissociations in neuropsychological research. *Journal of Clinical and Experimental Neuropsychology*, *25* (8), 1128–53.

Bates, E., Wilson, S. M., Saygin, A. P., Dick, F., Sereno, M. I., Knight, R. T., & Dronkers, N.F. (2003). Voxel-based lesion-symptom mapping. *Nature and Neuroscience*, *6* (5), 448–50.

Bechara, A., Damasio, H., Tranel, D., & Damasio, A. R. (1997). Deciding advantageously before knowing the advantageous strategy. *Science*, *275* (5304), 1293–5.

Broca, P. (1861). Remarques sure la siège de la faculté de langage articulé, suivies d'une observation d'aphémie (perte de la parole). *Bulletin et Mémoires de la Société Anatomique de Paris 36*, 330–57.

Caplan, D. (2003). Aphasic syndromes. In K. M. Heilman & E. Valenstein (Eds.), *Clinical Neuropsychology* (pp. 14–34). Oxford: Oxford University Press.

Carson, A. J., MacHale, S., Allen, K., Lawrie, S. M., Dennis, M., House, A., & Sharp M. (2000). Depression after stroke and lesion location: A systematic review. *Lancet*, *356* (9224), 122–6.

Catani, M., Jones, D. K., & ffytche, D. H. (2005). Perisylvian language networks of the human brain. *Annals of Neurology*, *57* (1), 8–16.

Chatterjee, A. (2005). A madness to the methods in cognitive neuroscience? *Journal of Cognitive Neuroscience*, *17* (6), 847–9.

Chen, R., Hillis, A. E., Pawlak, M., & Herskovits, E. H. (2008). Voxelwise Bayesian lesion-deficit analysis. *Neuroimage*, *40* (4), 1633–42.

Corkin, S. (2002). What's new with the amnesic patient H.M.?

Nature Reviews Neuroscience, *3* (2), 153–60.

Crawford, J. R., & Garthwaite, P. H. (2012). Single-case research in neuropsychology: A comparison of five forms of t-test for comparing a case to controls. *Cortex*, *48* (8), 1009–16.

Crivellato, E., & Ribatti, D. (2007). Soul, mind, brain: Greek philosophy and the birth of neuroscience. *Brain Research Bulletin*, *71* (4), 327–36.

Damasio, H., & Damasio, A. R. (1989). *Lesion analysis in neuropsychology*. New York: Oxford University Press.

Dosenbach, N. U., Fair, D. A., Cohen, A. L., Schlaggar, B. L., & Petersen, S. E. (2008). A dual-networks architecture of top-down control. *Trends in Cognitive Sciences*, *12* (3), 99–105.

Dunn, J. C., & Kirsner, K. (2003). What can we infer from double dissociations? *Cortex*, *39* (1), 1–7.

Eslinger, P. J., & Damasio, A. R. (1985). Severe disturbance of higher cognition after bilateral frontal lobe ablation: Patient EVR. *Neurology*, *35* (12), 1731–41.

Fellows, L. K., & Farah, M. J. (2003). Ventromedial frontal cortex mediates affective shifting in humans: Evidence from a reversal learning paradigm. *Brain*, *126* (8), 1830–7.

Fellows, L. K., Heberlein, A. S., Morales, D. A., Shivde, G., Waller, S., & Wu, D. H. (2005). Method matters: An empirical study of impact in cognitive neuroscience. *Journal of Cognitive Neuroscience*, *17* (6), 850–8.

Fellows, L. K., Stark, M., Berg, A., & Chatterjee, A. (2008). Establishing patient registries for cognitive neuroscience research: Advantages, challenges, and practical advice based on the experience at two centers. *Journal of Cognitive Neuroscience*, *20* (6), 1107–13.

Frank, R. J., Damasio, H., & Grabowski, T. J. (1997). Brainvox: An interactive, multimodal visualization and analysis system for neuroanatomical imaging. *Neuroimage*, *5* (1), 13–30.

Fusar-Poli, P., Placentino, A., Carletti, F., Landi, P., Allen, P., Surguladze, S., et al. (2009). Functional atlas of emotional faces processing: A voxel-based meta-analysis of 105 functional magnetic resonance imaging studies. *Journal of Psychiatry and Neuroscience*, *34* (6), 418–32.

Gross, C. G. (1995). Aristotle on the brain. *Neuroscientist*, *1*, 245.

He, Y., Dagher, A., Chen, Z., Charil, A., Zijdenbos, A., Worsley, K., & Evans, A. (2009). Impaired small-world efficiency in structural cortical networks in multiple sclerosis associated with white matter lesion load. *Brain*, *132* (Pt.12), 3366–79.

He, Y., Wang, J., Wang, L., Chen, Z. J., Yan, C., Yang, H., ... Evans, A.C. (2009). Uncovering intrinsic modular organization of spontaneous brain activity in humans. *PLoS One*, *4* (4), e5226.

Heberlein, A. S., & Adolphs, R. (2004). Impaired spontaneous anthropomorphizing despite intact perception and social knowledge. *Proceedings of the National Academy of Sciences*, *101* (19), 7487–91.

Heberlein, A. S., Padon, A. A., Gillihan, S. J., Farah, M. J., & Fellows, L. K. (2008). Ventromedial frontal lobe plays a critical role in facial emotion recognition. *Journal of Cognitive Neuroscience*, *20* (4), 721–33.

Hornak, J., Bramham, J., Rolls, E. T., Morris, R. G., O'Doherty, J., Bullock, P. R., & Polkey, C.E. (2003). Changes in emotion after circumscribed surgical lesions of the orbitofrontal and cingulate cortices. *Brain*, *126* (Pt.7), 1691–712.

Johnsen, E. L., Tranel, D., Lutgendorf, S., & Adolphs, R. (2009). A neuroanatomical dissociation for emotion induced by music. *International Journal of Psychophysiology*, *72* (1), 24–33.

Karnath, H.O., Rorden, C., & Ticini, L. F. (2009). Damage to white matter fiber tracts in acute spatial neglect. *Cerebral Cortex, 19* (10), 2331– 7.

Kimberg, D. Y., Coslett, H. B., & Schwartz, M. F. (2007). Power in Voxel-based lesion-symptom mapping. *Journal of Cognitive Neuroscience*, *19* (7), 1067–80.

Kinkingnehun, S., Volle, E., Pelegrini-Issac, M., Golmard, J. L., Lehericy, S., du Boisgueheneuc, F., ... Dubois, B. (2007). A novel approach to clinical-radiological correlations: Anatomo-Clinical Overlapping Maps (Ana- COM): method and validation. *Neuroimage*, *37* (4), 1237–49.

Laws, K. R. (2005). "Illusions of normality": A methodological critique of category-specific naming. *Cortex*, *41* (6), 842–51.

Macmillan, M. (2000). *An odd kind of fame*. Cambridge, MA: MIT Press.

Makale, M., Solomon, J., Patronas, N. J., Danek, A., Butman, J. A., & Grafman, J. (2002). Quantification of brain lesions using interactive automated software. *Behavioral Research Methods*, *Instruments*, *& Computers*, *34* (1), 6–18.

Marsh, E. B., & Hillis, A. E. (2008). Dissociation between egocentric and allocentric visuospatial and tactile neglect in acute stroke. *Cortex*, *44* (9), 1215–20.

Nachev, P., Coulthard, E., Jager, H. R., Kennard, C., & Husain, M. (2008). Enantiomorphic normalization of focally lesioned brains. *Neuroimage*, *39* (3), 1215–26.

Newhart, M., Ken, L., Kleinman, J. T., Heidler-Gary, J., & Hillis, A. E. (2007). Neural networks essential for naming and word comprehension. *Cognitive and Behavioral*

Neurology, *20* (1), 25–30.

Nieuwenhuis, S., Forstmann, B. U., & Wagenmakers, E. J. (2011). Erroneous analyses of interactions in neuroscience: A problem of significance. *Nature Neuroscience*, *14* (9), 1105–7.

Ochfeld, E., Newhart, M., Molitoris, J., Leigh, R., Cloutman, L., Davis, C., ... Hillis, A. E. (2011). Ischemia in Broca area is associated with Broca aphasia more reliably in acute than in chronic stroke. *Stroke*, *41* (2), 325–30.

Philippi, C. L., Mehta, S., Grabowski, T., Adolphs, R., & Rudrauf, D. (2009). Damage to association fiber tracts impairs recognition of the facial expression of emotion. *Journal of Neuroscience*, *29* (48), 15089–99.

Picton, T. W., Stuss, D. T., Alexander, M. P., Shallice, T., Binns, M. A., & Gillingham, S. (2007). Effects of focal frontal lesions on response inhibition. *Cerebral Cortex*, *17* (4), 826–38.

Robertson, L. C., Knight, R. T., Rafal, R., & Shimamura, A. P. (1993). Cognitive neuropsychology is more than single-case studies. *Journal of Experimental Psychology, Learning, Memory, and Cognition*, *19* (3), 710–7; discussion 718–34.

Robinson, O. J., & Sahakian, B. J. (2009). A double dissociation in the roles of serotonin and mood in healthy subjects. *Biological Psychiatry*, *65* (1), 89–92.

Rorden, C., & Brett, M. (2000). Stereotaxic display of brain lesions. *Behavioral Neurology*, *12*, 191–200.

Rorden, C., Fridriksson, J., & Karnath, H. O. (2009). An evaluation of traditional and novel tools for lesion behavior mapping. *Neuroimage*, *44* (4), 1355–62.

Rorden, C., & Karnath, H. O. (2004). Using human brain lesions to infer function: A relic from a past era in the fMRI age? *Nature Reviews Neuroscience*, *5* (10), 813–9.

Rorden, C., Karnath, H. O., & Bonilha, L. (2007). Improving lesion-symptom mapping. *Journal of Cognitive Neuroscience*, *19* (7), 1081–8.

Rudrauf, D., Mehta, S., Bruss, J., Tranel, D., Damasio, H., & Grabowski, T. J. (2008). Thresholding lesion overlap difference maps: Application to category-related naming and recognition deficits. *Neuroimage*, *41* (3), 970–84.

Rudrauf, D., Mehta, S., & Grabowski, T. J. (2008). Disconnection's renaissance takes shape: Formal incorporation in group-level lesion studies. *Cortex*, *44* (8), 1084–96.

Shallice, T. (1988). *From neuropsychology to mental structure*. New York: Cambridge University Press.

Solomon, J., Raymont, V., Braun, A., Butman, J. A., & Grafman, J. (2007). User-friendly software for the analysis of brain lesions (ABLe). *Computer Methods and Programs in Biomedicine*, *86* (3), 245–54.

Stuss, D. T., Murphy, K. J., Binns, M. A., & Alexander, M. P. (2003). Staying on the job: The frontal lobes control individual performance variability. *Brain*, *126* (Pt. 11), 2363–80.

Teuber, H. L. (1955). Physiological psychology. *Annual Review of Psychology*, *6*, 267–96.

Thiebaut de Schotten, M., Kinkingnehun, S., Delmaire, C., Lehericy, S., Duffau, H., Thivard, L., et al. (2008). Visualization of disconnection syndromes in humans. *Cortex*, *44* (8), 1097–103.

Urbanski, M., Thiebaut de Schotten, M., Rodrigo, S., Catani, M., Oppenheim, C., Touze, E., et al. (2008). Brain networks of spatial awareness: Evidence from diffusion tensor imaging tractography. *Journal of Neurology, Neurosurgery, & Psychiatry*, *79* (5), 598–601.

第三部分

情绪知觉和诱发

第 7 章

情绪面孔表情

纳萨莉·乔治（Nathalie George）

经过漫长的进化，人类面孔拥有了精良的肌肉组织和稀少的毛发，借此，面孔通过表情成了主要的信息源和交流渠道。这种进化与人类直立行走是同时发生的，因为直立行走时面孔得以充分暴露，也使得视觉得以发展为从环境（包括同类个体）中获取信息的主要感觉模块。情绪面孔表情是构成非言语交流的重要部分。一般而言，信号功能和沟通功能是情绪表达的基本功能：作为诱发事件的适应性反应（参见第1章），情绪反应包括了面孔表情、身体动作（参见第8章）和声音表达（参见第11章），可告知他人个体的需求或者行为意图(例如逃跑、打斗、善意的接近)。而且，他人的情绪反应能够反映周围的环境事件。例如，恐惧表情预示危险迫近。沟通功能似乎位于人类情绪面孔表情功能的顶端。

在本章中，我们首先将回顾情绪面孔表情是如何产生的，以及哪些面孔物理特征构成了情绪表情。接着，我们探讨面孔情绪知觉的神经基础、定位相关脑区及其反应的时间动态性。最后，我们讨论与情绪知觉和诱发相关的其他面孔特征。

情绪面孔表情的产生

面孔肌肉活动产生情绪面孔表情

情绪面孔表情的科学研究，可以追溯至19世纪杜兴·布伦（Duchenne de Boulogne）（1862）所做的情绪面孔表情的肌肉控制研究，以及查尔斯·达尔文（Charles Darwin）（1872）所发表的关于人类和动物情绪表情的研究。

面孔表情是面孔肌肉联合协调运动的结果。例如，一个典型的愉快表情包括由面颊骨至嘴角的颧肌群运动，使唇角上扬形成微笑；与此同时，眼轮匝肌运动使眼睛微微眯起、面颊上扬，形成“真实的”愉快笑容。

面孔肌肉受第七对颅神经控制。第七对颅神经从脑桥和延脑之间的脑底部发出，继而分为不同分支，支配众多面孔肌肉。有趣的是，控制面孔肌肉的中枢神经系统包括两条并行通路。一条通路源自运动皮层，构成直接和间接连接面神经核（发出面神经）的神经纤维（锥体通路），负责面孔肌肉的随意运动。另一条通路源自副运动区（诸如扣带回）和腹侧端脑的皮层下结构，包括基底节和下丘脑。这条锥体外通路，通过多突触投射，经由网状结构和红核，投射到面神经核。这条通路控制面孔表情的非随意运动。因此，面孔肌肉控制的随意和非随意成分在一定程度上是分离的。因此，有些皮层下损伤或者锥体外通路损伤的患者，也许能够根据指令产生笑容，但是不能根据自身的积极情感呈现出自发微笑或者所谓的杜兴微笑。相反，另外一些皮层损伤或者锥体通路损伤的患者则能够产生自发微笑，但是无法产生一个随意的或者伪装的笑容。

基本情绪的面孔呈现：情绪面孔表情存在普遍性吗?

查尔斯·达尔文指出，不同情绪的面孔表情的肌肉活动模式是从动物进化发展而来的。他强调情绪面孔表情具有跨物种相似性，催生了人类情绪表达具有普遍性这一观点。该观点所引发的研究表明，一些面孔表情的模式存在跨文化性和跨地域性，这些面孔表情对应于所谓的基本情绪（例如Ekman, Sorenson, & Friesen, 1969）。接着，研究者开发了面孔表情编码系统，例如艾克曼团队开发的面孔动作编码系统（Facial Action Coding System）。这套系统依赖于分析面孔肌肉产生的基本面孔活动（或称动作单元），根据所含动作单元组合编码面孔表情。

一些情绪面孔表情的泛文化要素表明，可能存在一组离散情绪，对应于面孔显示的原型模式。该框架提出了6种基本情绪：厌恶、愤怒、恐惧、悲伤、愉快和惊讶（尽管有时难以区分惊讶和恐惧，见图7.1a）。有时蔑视（与厌恶共享某些特征）、羞耻和兴趣也被纳入基本情绪，正如第1章所详述的。

基本情绪对应的面孔活动，可能一定程度上是在选择压力下进化而来的，选择压力和与调节特定面孔构造有关的感官感受性有关（Susskind et al., 2008；见本书第2章）；在选择压力下，上述

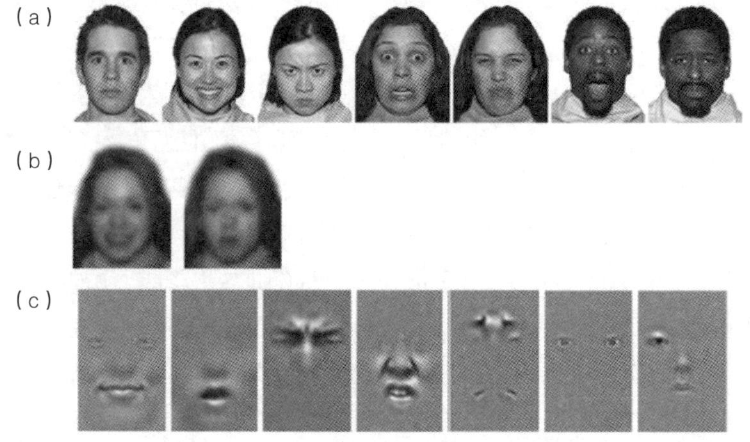

图7.1 情绪面孔表情。(a) 示例面孔显示了中性表情和6种基本情绪（从左到右分别是：中性、愉快、愤怒、恐惧、厌恶、惊讶和悲伤）。这些面孔来自NimStim面孔刺激集，免费用于研究目的，可从http://www.macbrain.org/resources.htm获得。(b) 低通滤波的愉快面孔（左侧）和愤怒面孔（右侧）。低空间频率[①]传递了情绪分类的重要信息。(c) 不同面孔组件和不同频率传递不同情绪的诊断性信息。被试利用不同频率的诊断性信息组合，对面孔进行分类，从左到右依次为愉快、惊讶、愤怒、厌恶、悲伤、恐惧、中性。改编自史密斯和斯库尼斯（Schyns）(2009)

① 空间频率被定义为空间距离单位上的亮度变化。其中，低空间频率信息主要和面孔粗略的整体加工有关，高空间频率则主要和面孔的精细加工有关，例如与年龄特征和面孔表情相关的皱纹和眼白信息等。——编者著

情绪面孔表情可能会因为感受性的不同而发生一定程度的改变。例如，典型的恐惧表情包括睁大眼睛，有利于获得寻找脱离危险所必需的视觉信息。相比之下，厌恶表情则对应于减少感觉暴露。这些情绪面孔表情的原型模式似乎出现在儿童发展早期，可能与婴儿情绪生活的分化和丰富以及与神经肌肉系统的成熟同时发生。

当然，基本情绪只是人类面孔能够表达的多种情绪的基础部分。面孔表情能够传递大量（甚至可能是无限的）微妙和/或混合的情绪，其意义取决于文化（Russell, 1991）。负罪感、羞耻、妒忌、感恩、骄傲、自负等其他情绪，可能涉及更复杂的社会认知过程和道德认知过程，正如社会情绪部分所述。道德情绪尤为如此（详见本书第21章），对其的研究构成了一个不同的研究领域，很大程度上独立于面孔表情知觉研究，因为这类情绪与目前广泛认同的面孔动作模式不一致。

此外，尽管情绪面孔表情存在一定普遍性，但是（即使是基本情绪）也存在个体差异和情境依赖性，视文化符码而定。因此，同一社会组——地理、种族或国家——成员所表达的情绪似乎能被更好地识别（例如Jack, Blais, Scheepers, Schyns, & Caldara, 2009）。研究表明，对情绪面孔表情的解释也取决于其产生的情境和知觉背景(参见Aviezer, Hassin, Bentin, & Trope, 2008）。总之，这些影响因素强调了情绪表情作为交流信号的社会性维度。然而，尽管存在长期争论，情绪面孔表情的普遍性观点以及相应的基本情绪，在情绪面孔表情知觉的神经心理机制研究领域仍然很有影响。

情绪面孔表情的模型

对情绪面孔表情进行分类的主要有两种模型。这些模型已在第1章详述，这里仅简要回顾一下。分类模型直接源于情绪表情的普遍性理论。确实，这类模型关注的是与特定可分辨面孔表情有关的基本情绪。其认为基本情绪的面孔表现被感知和识别为离散类别。随着变形技术[1]的发展，该观点获得了实证支持：通过使用跨情绪的变形面孔，研究表明6种基本情绪以类别方式被知觉和识别（Young et al., 1997）。

然而，另一种对立模型则支持面孔情绪表情知觉的低维度解释。这类模型质疑情绪面孔表情原型的存在，认为情绪沿几个潜在维度连续变化，面孔表情也随之发生相应变化，并且在所形成的低维空间中能够被系统地定位或者区分（参见Young et al., 1997）。通常考虑的是两个主要情绪维度：一种与效价有关，两端分别是愉快和不愉快情绪；另一种与强度或者唤醒度相关，两端分别是低值和高值。罗尔斯（2005）也提出了一个模型，集中关注是否传递预期奖励和惩罚。根据该模型，愤怒和宽慰被定位于轴线的两端，相对立的是不传递预期奖励和不传递预期惩罚；恐惧和享受被定位于第二条正交轴的两端，相对立的是传递预期惩罚和传递预期奖励。接近和回避是动机行为的另一个重要维度，能够据此对情绪面孔表现进行分类。在该框架下，愤怒和愉快分别被认为是与接近相关的消极和积极情绪，而恐惧和厌恶则是与回避相关的消极情绪。

此外，研究者也提出了一些混合模型。这些模型假设，几个基本/主要情绪之间的离散边界，和情绪变化强度/唤醒度的连续正交维度一起，产生了各种各样的人类情感和表现。总之，模型的多样化揭示了人类情绪及其面孔表情的丰富性。

哪些面孔视觉信息传达情绪?

情绪表情在身份等其他面孔信息之外被独立编码

面孔的哪些物理特征传达情绪?该领域的重要知识是,与情绪表情相关的面孔信息的加工很大程度上独立于与个体身份相关的面孔信息的加工。举例来说,不管某人处于何种情绪状态,你可能都能够识别出某身份;而且,不管是谁呈现出了相似表情,你也都能识别出这些情绪。然而,有趣的是在这个简单证据的基础上更进一步,探求实验心理学在该领域的发现。

情绪和身份的面孔信号最初被认为可能是相关的,因为身份和情绪的识别都受到面孔倒置的显著影响。然而,该现象被发现反映了倒置干扰了面孔结构信息(由不同特征的精细空间排列构成)的加工,而与个体身份和情绪表情有关的大量重要信息都包含在结构信息中。而且,倒置也破坏了面孔特征的方向,而方向信息对于某些表情来说至关重要(例如愉快时嘴角上扬)。然而,情绪的必要信息与身份识别的必要信息不同,是彼此独立加工的。分离证据主要源于神经心理学研究:一些脑损伤患者呈现出了情绪表情知觉和识别的选择性缺陷,但是保留了其他面孔加工能力(例如Young, Newcombe, de Haan, Small, & Hay, 1993);另一些患者则呈现了相反的临床模式,他们的身份识别能力受损,但是保留了面孔情绪知觉能力(例如Tranel, Damasio, & Damasio, 1988)。源自细胞记录的其他证据揭示,恒河猴脑部的不同颞叶区都存在"面孔神经元"。相对于大量其他对象,无论它们是否与生物相关或者是否有意义,面孔神经元都仅对面孔选择性反应。其中一些神经元只对面孔某方面选择性反应,例如面孔表情、身份或者注视方向(参见Rolls, 2007)。

面孔加工的功能模型

与上述研究一致,最有影响力的面孔知觉和识别模型指出,面孔情绪表情加工和面孔其他属性(包括身份)的加工依赖于不同的功能路径(Bruce & Young, 1986)。有趣的是,最近该模型受到了质疑(Calder & Young, 2005; Pourtois, Spinelli, Seeck, & Vuilleumier, 2010a; Tsuchiya, Kawasaki, Oya, Howard, & Adolphs, 2008)。卡尔德(Calder)和杨(Young)提出了一个主成分分析框架,据此只需单个多维编码系统就能分析身份和表情,挑战了这些面孔属性独立知觉分析的观点。该模型解释了一些研究曾经报告的情绪和身份识别相互干扰的现象。这与恒河猴颞叶皮层单个神经元能够在不同的反应时段内编码不同面孔属性的研究结果相吻合(参见Calder & Young, 2005)。最近,通过脑内记录[2],该发现被拓展到了人类对象身上(Pourtois et al., 2010a;Tsuchiya et al., 2008)。然而重要的是,尽管卡尔德和杨(2005)认为面孔身份和表情存在一个共同知觉表征的阶段,但是他们强调共同知觉表征需要编码面孔身份和表情的不同面孔信息。换言之,他们的模型强调,关于情绪表情和身份的线索似乎由不同的视觉信息传达。此外,知觉不同的情绪表情需要最佳面孔线索和不同的神经系统参与。

研究者提出了布鲁斯(Bruce)和杨模型的神经解剖学解释。戈比尼(Gobbini)和海克斯比(Haxby)(2007)假定面孔知觉分析存在一个核心系统,包括枕下回、外侧梭状回和颞上沟(superior temporal sulcus, STS;见图7.2)。我们稍后探讨情绪加工所包含的这些脑区。现在我们

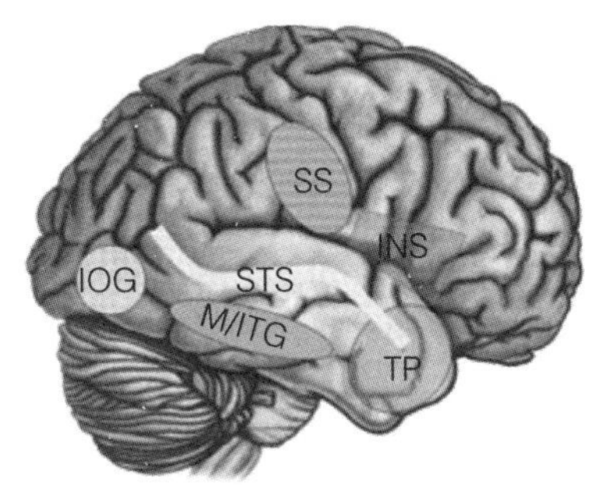

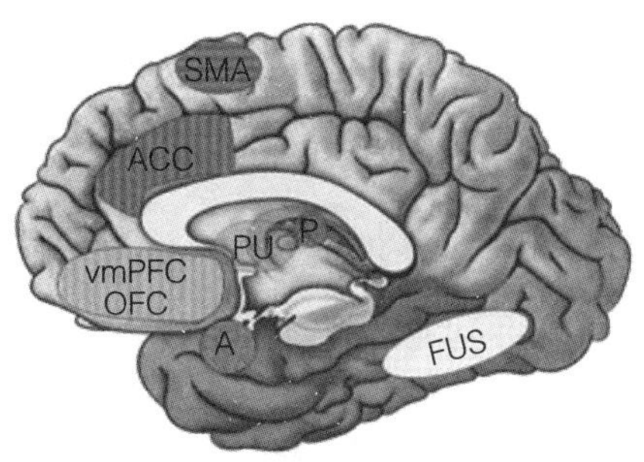

图7.2　情绪面孔加工的大脑网络。面孔知觉分析的核心系统包括枕下回（inferior occipital, IOG）、梭状回（fusiform, FUS）和颞上沟（superior temporal sulcus, STS）。枕下回和梭状回选择性参与面孔不变属性（例如身份）的知觉分析，而颞上沟选择性参与面孔变化属性或者动态特征（包括情绪表情）的知觉。图示的其他区域本质上属于情绪大脑。特别的是，杏仁核（amygdala, A）和脑岛（insula, INS；大脑外侧裂的底部）分别与恐惧和厌恶面孔相关，但是它们在情绪面孔知觉中发挥普遍作用。其他区域还包括丘脑枕核（pulvinar, P）、壳核（putamen, PU）（位于大脑两侧半球内部的核）、腹内侧前额叶皮层（vmPFC）和眶额皮层（orbitofrontal cortex, OFC）、前扣带皮层（ACC）、辅助运动区（supplementary motor area, SMA）、躯体感觉皮质（somatosensory cortex, SS）、颞中回/颞下回（middle/inferior temporal gyri, M/ITG）和颞极（temporal pole, TP）

所关心的是：该模型假定，面孔不变属性（诸如身份）和动态特征（诸如情绪表情）的知觉分析存在相互独立的神经通路（见图7.2）。因此，该模型强调运动是情绪面孔表情的基本成分。与此一致的是，已有研究表明动态面孔表情在某种程度上比其对应的静态面孔更强有力、情绪唤醒更高（例如Sato, Kochiyama, Uono, & Yoshikawa, 2010）。而且，知觉动态（相对于静态）面孔情绪似乎涉及拓展的神经网络，能诱发面孔情绪知觉网络更高水平的激活（例如Pitcher, Dilks, Saxe, Triantafyllou, & Kanwisher, 2011; Trautmann, Fehr, & Herrmann, 2009）。然而，迄今只有少量研究聚焦于动态面孔，未来研究需要精确描绘情绪表达的动态性，以及运动对情绪面孔知觉的贡献。

不同空间频率传达不同面孔情绪

哪些视觉信息传达情绪表情线索？作为面孔情绪表情的重要混合物，结构信息主要是由面孔的低空间频率内容所传达的。相应地，斯库尼斯和欧利华（Oliva）（1999）表明识别情绪表情可能选择性依赖于低空间频率。更确切地说，探测和分类情绪表情可能涉及不同过程。然而，尽管探测表情面孔和非表情面孔可能更多依赖于高空间频率，但是分类面孔表情例如愤怒、愉快或者中性等可能更多基于低空间频率的内容（Schyns & Oliva, 1999; 见图7.1b）。与此一致，研究发现对情绪面孔表情反应的脑区对面孔低空间频率选择性敏感（例如Vuilleumier, Armony, Driver, & Dolan, 2003）；相对于只包含低空间频率的中性面孔，恐惧面孔的早期脑反应增强（Vlamings, Goffaux, & Kemner, 2009）。

而且，不同情绪和不同任务可能受到不同空间频率支持（Smith & Schyns, 2009）。例如，外显识别愉快表情似乎依赖于面孔的宽波段信息，同时包括高、低空间频率（约7.5—120周期/面孔）。相比之下，恐惧似乎由高空间频率（大于30周期/面孔）所传递，而较低波段可能传递愤怒和惊讶的判断信息。识别基本情绪的最佳频段差异的起源和功能作用尚不清楚。因为随着观看距离增加，所知觉的空间频率范围被局限于更低频率，所以空间频率尤其可能影响情绪面孔表情构成有效交流信号的距离范围（Smith & Schyns, 2009）。

不同面孔部位对不同情绪是重要的

除了空间频率传达不同的视觉信息，不同面孔部位对于不同情绪表情也可能是重要的。斯库尼斯团队应用空间过滤技术，结合“气泡”法[3]研究了该问题（例如Smith & Schyns, 2009）。研究者证实了恐惧选择性位于眼睛部位。相应地，已有研究表明，位于所看面孔眼部的注视点差异解释了面孔恐惧识别的一些性别差异（Halla, Huttona, & Morgana, 2010）。相比之下，厌恶识别似乎依赖于连接鼻子下部和嘴巴的面孔区；愉快和惊讶的判断区域是嘴，但是两种表情的结构特征不同（惊讶是张大嘴巴，愉快是微笑）。而且，基于眼睛、鼻子和嘴的分布信息的面孔表情似乎会被分类为中性表情，且有右眼偏向性（见图7.1c）。与此行为证据一致，斯库尼斯团队利用EEG（见第4章）发现知觉情绪面孔时，早期脑反应的时间动态性与面孔特征整合的动态性相关。

总之，上述数据支持以下观点：不同类型的情绪依赖面孔的不同离散信息，这不同于传递个体身份的信息。尽管区分情绪表情可能优先依赖于低空间频率，但不同情绪的面孔表情的诊断特征似乎位于不同频带，而且涉及面孔的不同部位。

情绪面孔知觉的神经网络

面孔，尤其是情绪面孔，是社会和情感神经科学领域中最常用的刺激之一。这使得人们能够探究情绪面孔知觉相关的神经系统。该领域的研究受到两种数据的显著影响。第一，针对面孔表情的普遍性和基本情绪的确定的研究聚焦于知觉基本情绪的神经基础，大部分运用分类方法。第二，集中于恐惧相关的情绪反应是动物研究的悠久传统，这导致研究者聚焦于人类恐惧面孔知觉。已经被描述和讨论的特定神经基础，大部分针对恐惧情绪，也包括厌恶，所以研究主要集中于杏仁核（与恐惧相关），其次是前脑岛和基底核（与厌恶相关）。因此，我们首先回顾这些脑区参与情绪面孔知觉的证据，而后拓展情绪面孔知觉的神经网络，接着再描述其他脑区（参见Fusar-Poli et al., 2009）。

杏仁核

杏仁核是内侧颞叶中的结构，位于边缘系统内的海马前（见上页图7.2）。杏仁核引起了情绪研究领域的广泛关注，尤其是情绪面孔知觉。目前该领域的一项经典研究考察了一例双侧杏仁核选择性损伤的患者（Adolphs, Damasio, & Damasio, 1994）。这名叫作SM的患者对恐惧面孔的识别能力显著受损。然而，她既没有失去恐惧概念（尽管她似乎无法以正常方式体验恐惧），也没有任何视知觉缺陷，而视知觉缺陷有可能解释识别恐惧能力受损。特殊的是，她能够描述可能引发人们恐惧情绪的场景，以及对恐惧情绪表现出身体反应和行为。她也能够正常地识别熟人面孔，认识新面孔，并且准确区分不熟悉的面孔。因此，她似乎选择性损伤了恐惧面孔识别能力。在那之后，研究者们还检查了其他杏仁核损伤和具有相似缺陷模式的患者。此外，功能性脑成像技术的发展补充了损伤数据，对正常被试的研究发现，相较于中性和/或愉快面孔，杏仁核对恐惧面孔的激活更强烈（Breiter et al., 1996; Morris et al., 1996）。

这些杏仁核参与情绪面孔知觉的早期发现，与动物研究中累积的关于杏仁核功能的知识一致，尤其是已确认杏仁核在情绪（特别是恐惧相关情绪）加工和社会刺激加工中的作用（参见Adolphs, 2010）。然而，恐惧面孔的研究热潮引发了杏仁核参与恐惧知觉的特异性的问题，正如第1章所详论的。对此，要为开创性的和后期的研究强调以下几点。首先，尽管患者SM的缺陷在恐惧面孔识别能力上特别明显，但是她从可能不太典型而仍属常规的面孔表情中解码混合情绪的能力也受损了（Adolphs et al., 1994）。切除部分或者全部杏仁核的其他病患表现出情绪面孔识别的总体损伤，或者至少在识别消极情绪（例如愤怒、厌恶、悲伤）以及识别注视方向上有缺陷。而且，脑成像研究发现，相对于中性面孔，杏仁核不仅参与知觉恐惧面孔，而且参与知觉愤怒、厌恶、悲伤、惊讶和愉快面孔（例如Breiter et al., 1996; Derntl et al., 2009）。一些研究者甚至发现，对于不同情绪表情，其中也包括积极情绪，杏仁核激活水平不存在显著差异（例如Winston, O'Doherty, & Dolan, 2003）。因此，杏仁核的作用并不局限于知觉恐惧表情或者消极情绪表情。

另外，杏仁核的作用被拓展到了面孔以外其他线索的情绪知觉方面，正如本书其他章节所详论的。确实，尽管观察结果不一致，但是杏仁核损伤所导致的恐惧识别缺陷似乎能够拓展到声音方面。fMRI研究发现杏仁核参与知觉恐惧相关的面孔、声音和身体动作，以及跨模块整合恐惧的面孔和声音信号。然而，一项研究发现，当愤怒场景中主角的面孔表情是可见的而不是隐匿的时，患者对相关情绪场景的识别会有不同的损伤，这表明了根据面孔表情感知某些情绪时杏仁核的特殊作用（Adolphs & Tranel, 2003）。尽管如此，杏仁核显然能接收多种感觉输入，参与多种感觉通道的情绪知觉。视觉系统是灵长类的优势感觉通道，与杏仁核存在密集的双向连结，这可能解释了为什么杏仁核与情绪面孔表情知觉特别相关。

正如第14章和第15章将详述的，当面孔表情被内隐加工，以及面孔未被注意或者未被有意识知觉时，杏仁核参与情绪知觉，尤其是恐惧相关的知觉。相反，一些研究报告杏仁核的参与依赖于注意力、任务相关性和/或意识。因此，杏仁核可能涉及多种情绪相关的加工，其中一些加工是自动且很大程度上是无意识的，另一些加工则依赖于注意力和/或意识（参见Adolphs, 2010，以及第14—15章）。

此外，杏仁核参与对不同情绪的知觉似乎存在重要的个体间差异。例如，研究表明，杏仁核对愉快面孔的反应取决于人格特质的外倾性（Canli, Sivers, Whitfield, Gotlib, & Gabrieli, 2002）。性别和焦虑是个体差异的其他来源，可能调节杏仁核对不同类型情绪表情的反应，包括恐惧，详见本书第24章和第26章。除此之外，文化和对所识别的面孔所属社会群体的熟悉程度，也可以调节杏仁核对恐惧面孔的反应（例如Chiao et al., 2008）。这些调节变量至少部分解释了关于不同面孔情绪表情的杏仁核激活存在不一致结果的原因。有趣的是，这些调节变量也可以对与杏仁核损伤有关的缺陷的类型以及分离度方面结果的重要变异有所贡献，尽管病因学、疾病史（尤其是发病年龄）、对损伤的精确描述和代偿机制才是该方面的关键因素。

总之，以上对杏仁核参与情绪加工的概述提出了两个重要问题：一是该关键结构对于情绪面孔知觉的准确作用是什么？二是杏仁核对哪些面孔线索敏感？

近年来，一种普遍观点使杏仁核参与面孔和个体知觉的多种结果整合到了统一理论之下。杏仁核是处于“十字路口”的结构，同时涉及：（1）外来刺激的知觉分析；（2）与内源性知识（先天或者后天获得的）相关的刺激和事件评估；（3）情绪反应。杏仁核在情绪和记忆的交互作用中发挥关键作用：杏仁核参与对事件与其情感价值的联系，并且表征和记忆这种关联，正如情绪学习和记忆部分所详述的（参见Morrison & Salzman, 2010; Murty, Ritchey, Adcock, & LaBar, 2010）。因此，杏仁核正处于理想位置，在评价刺激和加工行为相关显著刺激中发挥着关键作用：杏仁核评估外来刺激信息，并将其与感知者的先前经验信息和当前目标信息结合，促使对刺激做出适应性反应。正如本书第1章所讨论的，杏仁核可能被视为一种相关性检测器，或者换言之，是评价事件与有机体相关性的关键结构。

上述观点便于我们更好地理解杏仁核在情绪面孔知觉中的显著作用，以及在社会认知中的一般作用（参见Adolphs, 2010）。伴随着人类的进化，社会刺激已经成为与我们最为相关的刺激，而且面孔可能是相关性最高的社会刺激。自个体生来便是如此，因为面孔传递着他人的身份、情绪、意图等信息，对面孔信号的解码和整合能指导人类的人际行为。在面孔所传达的信息中，情绪表情尤其显著和相关，因为它常常传递行动意图（例如愤怒或者愉快都与接近相关，但是传达的是完全不同的意图）和/或环境存在危险的信号（例如恐惧）。此外，情绪表情的意义同时取决于传递者和感知者，也取决于诱发情绪的背景。因此，杏仁核在情绪面孔知觉中的特殊作用，在跨被试和跨研究中的变异性，以及在社会认知中更为普遍的作用，都可以根据它在刺激相关性评价中的普遍作用来理解。这种作用同样也可以解释杏仁核对于以社会互动受损为特征的多种病理过程的意义，例如孤独症、精神分裂症或者社交恐惧症等，它们存在情绪面孔知觉和/或杏仁核反应的受损（参见Schumann, Bauman, & Amaral, 2011）。此外，评价过程是多阶段的加工，既包括自动化和潜意识机制，也包括控制性的和依赖于意识的过程，这与杏仁核参与情绪知觉的多阶段的观点相一致。

同时，杏仁核也被认为参与加工刺激模糊性，尤其是与威胁相关的刺激和决策（Adams, Gordon, Baird, Ambady, & Kleck, 2003; Hsu, Bhatt, Adolphs, Tranel, & Camerer, 2005）。这一观点与杏仁核在相关性评价中的作用并不矛盾，因为模糊刺激需要得到更深入的评估，以破解其意义和关联性。

之前提出的第二个重要问题是杏仁核对哪种面孔视觉信息敏感。有两种发现特别有趣。首先，杏仁核似乎对威胁相关面孔的低空间频率内容尤其敏感（例如Vuilleumier et al., 2003）。与此一致，前人发现低空间频率优先有助于情绪面孔表情分类（Schyns & Oliva, 1999）。然而，这与之前所述的史密斯和斯库尼斯（2009）关于高空间频率选择性促成恐惧面孔识别的研究相矛盾。但是，这些效应可能由任务本身的不同导致，对fMRI的进一步研究有必要澄清这些不一致的发现。

其次，杏仁核似乎对眼睛所传达的信息特别敏感。研究表明，即使在无意识情境下，杏仁核对于恐惧眼睛的反应也尤其灵敏。事实上，这可能解释了杏仁核对恐惧表情的选择性反应，因为正如前文所述，恐惧的表现尤其依赖眼睛，眼睛睁大——典型的恐惧表情，使得眼部区域非常突出。与此一致，最近的研究发现，阿道夫斯（Adolphs）及其同事（1994）所研究的患者SM的扫描面孔与常人不同，她忽略了眼部区域，而正常被试扫描面孔时首先而且最常注视的就是眼部。当引导语明确地要求SM注视眼部时，她识别恐惧面孔表情的障碍实际上是不存在的（Adolphs et al., 2005）。与此类似，对存在社会互动核心缺陷的孤独症患者的研究发现，面孔的杏仁核激活水平，与被呈现面孔眼部的注视点个数相关（Dalton et al., 2005）。杏仁核激活也能够预测正常被试对恐惧面孔眼部的注视情况（Gamer & Büchel, 2009）。

总之，杏仁核似乎是知觉与识别情绪面孔表情的关键结构。它对恐惧面孔的反应可能有点被高估了，而这种反应可能归因于杏仁核对眼部区域特殊的敏感性。杏仁核可能也对面孔的低空间频率内容尤其敏感，它在相关评估过程中发挥一般性作用。因此，杏仁核可能在更大程度上参与了面孔的情绪加工，因为情绪面孔是高度相关刺激，人类对其进行的觉察和评价可能是自动化的。

厌恶与前脑岛和壳核

除了恐惧，厌恶是另一种与特定神经基质最密切相关的情绪。斯普里格梅尔（Sprengelmeyer）等（1996）的一项开创性研究发现，亨廷顿症患者对厌恶的面孔和声音存在严重的选择性知觉缺陷，并伴有轻微的愤怒和恐惧识别问题。这些患者匹配不熟悉面孔的能力受损，知觉注视方向存在边缘性缺陷。有研究者发现，显性亨廷顿症基因的潜伏期携带者对厌恶的识别也存在选择性损伤。相反，这些携带者对声音情绪的识别及其情绪体验功能并未受损，说明对厌恶面孔情绪的识别缺陷可能是携带亨廷顿症基因的早期表型。这种缺陷与前脑岛和壳核（基底核的纹状体区域，见P151图7.2）激活不足有关，而控制组被试观看厌恶面孔时，相对于观看中性或者惊奇面孔，选择性激活了这些区域（Hennenlotter et al., 2004）。此外，其他神经心理学研究发现，脑岛病变并且最终延伸至壳核的患者，以及基底核功能失调的帕金森症患者，呈现出厌恶识别受损。伴有脑岛功能异常的强迫症患者也表现出了对厌恶面孔表情和场景的知觉破坏。

健康被试的fMRI研究证实了以上发现，表明前脑岛不仅被厌恶面孔激活，而且也被厌恶场景和厌恶体验激活（例如Wicker, Keysers et al., 2003）。因此，前脑岛的作用不仅局限于厌恶面孔表情加工。然而，因为在脑岛－壳核受损以及对厌恶面孔激活反应的单侧化方面发现了不一致的结果，因此目前脑岛和纹状体区域两侧半球的涉入是否均等尚不清楚。此外，与杏仁核对恐惧的作用相似，前岛叶的作用并不局限于厌恶相关加工。研究发现在知觉愤怒、恐惧、疼痛甚至愉快面孔表情时，前脑岛激活。因此，考虑到前脑岛在表征自我身体状态、内脏感觉和疼痛时的作用，前脑岛（尤其是右侧前岛叶）可能更一般性地参与由知觉他人情绪所引发的共情加工、对情绪的有意识体验以及理解他人情绪，或者参与与对应事件的预测显著性相关的更一般功能（参见文章Craig, 2011; Lamm & Singer, 2010）。前脑岛与基底核纹状体区域高度连接，通过密切互动发挥其作用。

纹状体的腹侧区域——中心位于腹侧壳核——在愤怒面孔表情的知觉中发挥突出的选择性作用（例如Calder, Keane, Lawrence, & Manes, 2004）。因此，未来研究必须确定愤怒和厌恶加工是否由纹状体的不同区域负责。前脑岛也可能参与了厌恶加工，而愤怒加工选择性地调用了腹侧纹状体系统的某些部分。

其他脑区

实际上，参与情绪面孔表情知觉的脑网络相

当广泛（见图7.2）。这可能因为面孔表情知觉诱发了多个基本过程，它们与情绪加工（例如觉察、注意定向、评价、情绪识别过程）和个体知觉(例如推断他人心理状态和意图、人格特质归因、共情）相关。本节分三个部分综述参与面孔情绪知觉的几个主要区域的作用。首先，我们探讨与杏仁核密切互动的丘脑枕可能在情绪加工的几条通路中发挥的重要作用。其次，描述与面孔知觉分析相关的经典脑区。最后，简要提及在情绪中发挥普遍作用的其他皮层区。

丘脑枕

丘脑枕是一个丘脑核，在恐惧表情加工中发挥特殊作用，特别是无意识知觉时。恐惧表情加工可能包括几条通路。首先，一条通路由上丘至丘脑枕，继而投射到杏仁核。该通路的证据最初来自功能成像研究，表明在威胁相关面孔的无意识知觉过程中这些脑区呈现出了功能连接（参见Tamietto & de Gelder, 2010）。近期，有效的解剖连接研究补充了这一观点（Garrido, Barnes, Sahani, & Dolan, 2012; Tamietto, Pullens, de Gelder, Weiskrantz, & Goebel, 2012）。该通路依赖于视觉系统的大细胞路径，对低空间频率敏感，传递粗糙的视觉信息但是反应快。因此，该通路使得杏仁核能对恐惧面孔的低空间频率内容做出反应，促进恐惧面孔表情的迅速自动觉察，随后增强这些刺激的知觉加工（例如Vuilleumier et al., 2003）。然而，该皮层下通路是否参与情绪面孔知觉尚有争论，而另一条涉及丘脑核的通路也可能发挥核心作用（参见Pessoa & Adolphs, 2010）。

丘脑枕与其他情绪相关的脑区紧密联系，例如前扣带回、眶额皮层和脑岛皮层。因此，丘脑枕也与杏仁核存在间接联系。丘脑枕的进一步投射区包括颞上沟和颞上回，它们也参与情绪表情知觉，后文将详述。最后，丘脑枕也与后顶叶相关联，和上丘脑一起属于人类大脑的注意定向系统；因而，丘脑枕可能在情绪相关刺激的快速定向中发挥作用。

综上所述，丘脑枕与参与觉察和识别情绪面孔表情的多个皮层区域存在丰富的相互联系，可能在皮层整合中发挥普遍作用，也是情绪加工中皮层和皮层下通路的聚合点。因此，正如佩索亚（Pessoa）和阿道夫斯（2010）所探讨的，丘脑枕可能是情绪面孔加工的关键结构。扩展的皮层-丘脑枕连接可以解释由丘脑枕内侧受损导致的恐惧面孔识别的选择性损伤，也可以解释为什么尽管患者SM的杏仁核双侧病变，但研究者仍发现她拥有完整感知恐惧面孔的能力。然而，目前尚不清楚为什么该功能通路只限于对恐惧面孔的知觉。有一些证据发现丘脑枕在知觉面孔或者身体所表达的其他情绪中发挥作用。未来研究必须确定情绪面孔加工中丘脑枕作用的精确程度。

面孔知觉分析的核心系统

根据戈比尼和海克斯比（2007）的面孔加工模型，面孔知觉分析的核心系统包括两组脑区：（1）梭状回和枕下区，参与加工面孔不变特征(身份识别的必要信息)；（2）颞上沟（STS）后部，参与加工面孔动态特征（包括情绪表情）(见图7.2)。研究发现，面孔所传达的情绪调节视觉通路的所有活动，但是对梭状回和STS反应的调节被研究得最为广泛。

目前已经确认，面孔的选择性梭状回反应受到面孔情绪的影响（参见Vuilleumier & Pourtois, 2007）。情绪增强面孔选择性的梭状回反应这一结果，通常是通过对比恐惧面孔和中性面孔获得的。

然而，其他情绪面孔研究也报告了该结果。此外，情绪增强刺激选择性知觉加工似乎并不仅局限于面孔，还可以拓展到身体以及场景方面。这些调节作用似乎与外纹状体视觉皮层和杏仁核之间的解剖-功能连接紧密相关。的确，研究发现相对于中性面孔，面孔的低空间频率内容导致梭状回对恐惧面孔反应增强，也使杏仁核对恐惧面孔反应增强（Vuilleumier et al., 2003）。而且杏仁核损伤消除了梭状回对恐惧面孔相对于中性面孔反应的增强（Vuilleumier, Richardson, Armony, Driver, & Dolan, 2004）。此外，正如本书第14—15章将讨论的，尽管视觉区域的活动一般更易受注意和/或意识的影响，但是梭状回和杏仁核独立于情绪面孔反应的注意模式似乎很相似。因此，主流观点认为粗糙的视觉信息首先通过亚皮层的下丘-丘脑枕通路，或是快速的视觉皮层通路抵达杏仁核，然后杏仁核对情绪加工的皮层网络（包括负责面孔知觉分析的视觉区域）施加自上而下的影响。这个过程由情绪注意机制构成，允许注意捕获高行为相关性刺激以及增强对这些刺激的加工，诸如情绪面孔（见第14章）。然而，不同情绪面孔表情的杏仁核、亚皮层和皮层反应相互作用的精确时间动态仍有待研究。

对情绪面孔表情对STS活动的调节的解释通常与对梭状回活动的调节的解释大不相同。STS参与面孔表情加工首先出现在对恒河猴的颅内记录中（参见Rolls, 2007）。根据戈比尼和海克斯比（2007）的面孔识别模型，STS后部主要参与编码可变面孔特征，因此编码情绪面孔表情。这与STS参与知觉生物动作的一般性作用有关（参见Beauchamp, 2011）。

然而令人惊讶的是，相对于情绪调节腹侧枕颞反应的证据（参见Calder & Young, 2005），STS（以及邻近的颞上回区域）参与人类情绪面孔表情知觉的证据更加有限。这可能是因为大部分研究使用的都是静态刺激。确实，相对于呈现静态面孔表情，STS对动态情绪面孔的反应似乎更强（例如Pitcher et al., 2011；Trautmann et al., 2009）。

面孔表情的STS反应似乎不特别指向某种情绪。而且，STS反应在面孔被无意识知觉时也能观测到，尽管情绪表情外显加工条件下STS反应更强。重要的是，STS反应并不特异于情绪的面孔信号，因为情绪声音信号条件下也能观测到STS反应，详见第11章。此外，STS参与其他面孔属性加工，例如注视。STS可能在整合注视和面孔表情线索，以及整合面孔表情和声音中发挥作用（参见Beauchamp, 2011）。STS也参与源自各种面孔和身体线索的动作加工。

总之，研究者根据这些发现提出，STS在情绪面孔表情知觉中的作用可能与其多感觉输入的敏感性有关。实际上，现实生活情境中的情绪信号是多维度的：它们结合了多通道信息，例如声音和面孔表情，或者注视和面孔表情线索（看着你的与看着你身后的恐惧面孔的意义是截然不同的；Calder & Young, 2005）。因此，STS的某些区域已经进化成为解码情绪面孔表情的理想神经基础，甚至单独呈现面孔情绪时，这些多维度特性也可能已暗含其中。此外，通过结合他人的情绪表情、注视和动作，STS在分析他人意图时可能发挥普遍作用（例如Wyk, Hudac, Carter, Sobel, & Pelphrey, 2009）。

其他皮层区域

知觉情绪面孔时会激活两个额叶区域：眶额皮层和腹内侧前额叶皮层（OFC/vmPFC），特别是参与加工愤怒面孔和积极情绪面孔时；前扣带皮层(ACC)，对多种情绪面孔产生反应，包括愉快、愤怒、悲伤、厌恶和恐惧等(参见Fusar-Poli et al., 2009)。这两个区域似乎对情绪加工发挥普遍性的作用。OFC/vmPFC相当普遍地参与多感觉通道的情绪识别以及情绪体验，正如早期vmPFC事故损伤案例中对菲尼亚斯·盖奇(Phineas Gage)症状的经典临床描述所揭示的。OFC/vmPFC将刺激与其情感或情绪价值相关联，并使该关联随着输入事件而变化。同时，OFC/vmPFC也参与行为的自上而下控制和调控，并且根据刺激的情感价值和行动或者事件的预期结果做出决策(参见Roy, Shohamy, & Wager, 2012)。ACC也涉及不同类型情绪刺激的知觉和情绪的主观体验。ACC整合情绪、注意、认知、自主加工和内脏信息，参与冲突监控、动机行为调控和情绪的意识体验。因此，ACC，尤其是腹侧区域，在情绪中发挥着普遍作用(参见Rushworth, Behrens, Rudebeck, & Walton, 2007)。OFC/vmPFC和ACC区域都与杏仁核存在密切的解剖学联系，并且在知觉情绪面孔时与杏仁核呈现功能连接。

而且，知觉情绪面孔时额叶前运动区激活。对癫痫患者的颅内记录发现，前辅助运动区的一个分离区域对愉快面孔选择性反应。当受到电刺激时，显示这一选择性反应的电极一接触便诱发了笑声和快乐(Krolak-Salmon, Henaff, Vighetto, et al., 2006)。该结果补充了大量证据所表明的观点，即知觉他人情绪与体验自身情绪涉及相同的脑区。杏仁核和前脑岛正是如此，它们分别参与恐惧和厌恶的体验与知觉；腹侧纹状体和多巴胺系统似乎也是如此，它们参与愤怒的体验和知觉。该网络可能涉及“情绪镜像神经元系统”，其假设对同种个体所传达情绪的识别源于调节自身情绪感受的脑结构的激活。目前右侧躯体感觉皮层参与面孔表情识别的证据也能印证该观点(例如Adolphs, Damasio, Tranel, Cooper, & Damasio, 2000; Winston et al., 2003)。

此外，知觉情绪面孔时，几个颞叶新皮层区域得到了激活(参见Fusar-Poli et al., 2009)。例如，愤怒和悲伤面孔知觉时颞极激活。尽管该区域的准确作用尚不清楚，但是它可能涉及传记体知识，尤其是情感性自传体记忆，还有多方面的语义记忆(包括社会行为的概念知识)。知觉悲伤、厌恶和愉快面孔时，颞下回、颞中回和颞上回等离散区域分别激活，这可能反映了情绪表情的知觉学习和/或知觉分析的一些方面。

结论

大规模的皮层和皮层下区域网络参与情绪面孔表情知觉，其中杏仁核似乎发挥着核心作用。尽管知觉不同情绪可能更偏向于依赖该网络的不同部分，但是也可能依赖于一些共同脑区，这取决于相应的任务、背景和个体变量。此外，还有部分脑区参与面孔情绪和非面孔刺激情绪的知觉。

情绪面孔脑反应的时间动态性

人类大脑编码情绪面孔表情有多快？面孔加工的哪个阶段受到情绪影响？尤其是当他人传递危险信号时，知觉和识别他人情绪面孔表情对适应行为的重要性如何？这些问题导致了经典假设的出现，即在面孔加工过程中大脑对情绪面孔(至少对恐惧相关面孔)的反应应该是特别快的。该观点的最佳例证是情绪面孔加工的一个早期模型(Adolphs, 2002)。根据该模型，面孔低空间频率内容所传递和表达的情绪的粗糙表征被提取出来，通过下丘-丘脑枕通路到达杏仁核，或者通过快速前馈皮层扫描信息，从视觉区域到达OFC和杏仁核。因此，这些粗糙信息在大约100 ms时被提取，继而被反馈至负责面孔知觉分析的视觉区域，导致刺激后大约150 ms时情绪面孔加工呈现增强。刺激呈现后大约300 ms时，情绪面孔加工的分散式皮层阶段允许提取所表达情绪的意义和概念知识。

然而，该模型的实验证据大多是间接的，尤其是关于第一部分的证据主要来自有意识和无意识情绪面孔知觉的fMRI和损伤研究（例如Vuilleumier et al., 2004）。这些研究缺乏评估面孔加工时间进程所必需的时间分辨率。然而，高时间分辨率的大脑反应可以采用人类电生理方法记录，包括健康被试的脑电图（EEG）和脑磁图（MEG），以及癫痫患者的颅内EEG，详见第4章。这些方法揭露了情绪面孔神经反应的一些时间动态特点（参见Vuilleumier & Pourtois, 2007）。

情绪面孔表情的脑反应通常在晚期被发现

大量的事件相关电位（ERP）研究报告了面孔所传递情绪的晚期持续效应（图7.3a和b）。相对于中性面孔，当呈现情绪面孔时，该效应通常以增强的晚期正成分形式出现，伴随更大的P300或者晚期正电位（late positive potential, LPP）（例如Krolak-Salmon, Fischer, Vighetto, & Mauguiere, 2001; Schupp et al., 2004）。这些晚期正效应在刺激呈现后250—400 ms开始，大约持续到500 ms。有时之前会有一个后部N2成分（负成分，200—300 ms达到峰值）随情绪面孔增强（例如Schupp et al., 2004）。

当任务涉及情绪面孔表情的外显加工时，这些晚期效应，尤其是P300/LPP效应似乎最为显著（例如Krolak-Salmon et al., 2001）。与此一致，癫痫患者颅内记录表明厌恶面孔（相对于恐惧、愉快、惊讶和中性面孔）的选择性前脑岛反应，在面孔呈现后300 ms开始，并且取决于情绪的外显加工。而且，恐惧面孔的选择性杏仁核反应依赖于任务的外显本质，所见情绪被报告在200—800 ms（参见Krolak-Salmon, Henaff, Bertrand, Vighetto, & Mauguiere, 2006）。近期另一项EEG研究报告，恐惧面孔的选择性晚期杏仁核反应（自700 ms开始）依赖于视觉空间注意（Pourtois, Spinelli, Seeck, & Vuilleumier, 2010b）。最后，情绪表达调节200—1000 ms时面孔特异性的梭状回电反应（Pourtois et al., 2010a）。因此，头皮表面记录的晚期效应可能反映了网络分布区域的晚期情绪面孔加工，包括杏仁核、脑岛以及对面孔具有选择性的外侧纹状体区域。MEG和EEG反应的源定位也支持这一点，表明这些效应涉及参与情绪面孔加工的已知颞叶和额叶皮层的广泛网络（例如Esslen, Pascual-Marqui, Hell, Kochi, & Lehmann, 2004）。

情绪影响面孔的晚期脑反应这一结果，在关乎不同情绪类型的研究中得到了报告，包括积极（例如愉快）和消极（例如恐惧、威胁或者厌恶）的面孔表情。因此，尽管偶有争议，但这些效应似乎并不反映某种特定情绪的选择性加工。然而，这种普遍效应的精确脑网络可能会因情绪不同而不同，这也解释了为什么选择性或者分化效应有时会得到报告（参见Vuilleumier & Pourtois, 2007）。总的来说，晚期效应反映了与解码情绪意义相关的后知觉加工阶段，评价情绪面孔所诱发的整体激活过程，和/或情绪加工的皮层整合机制。晚期效应并不是面孔情绪知觉所特有的，因为它们也适用于场景和文字等其他类型的情绪刺激。

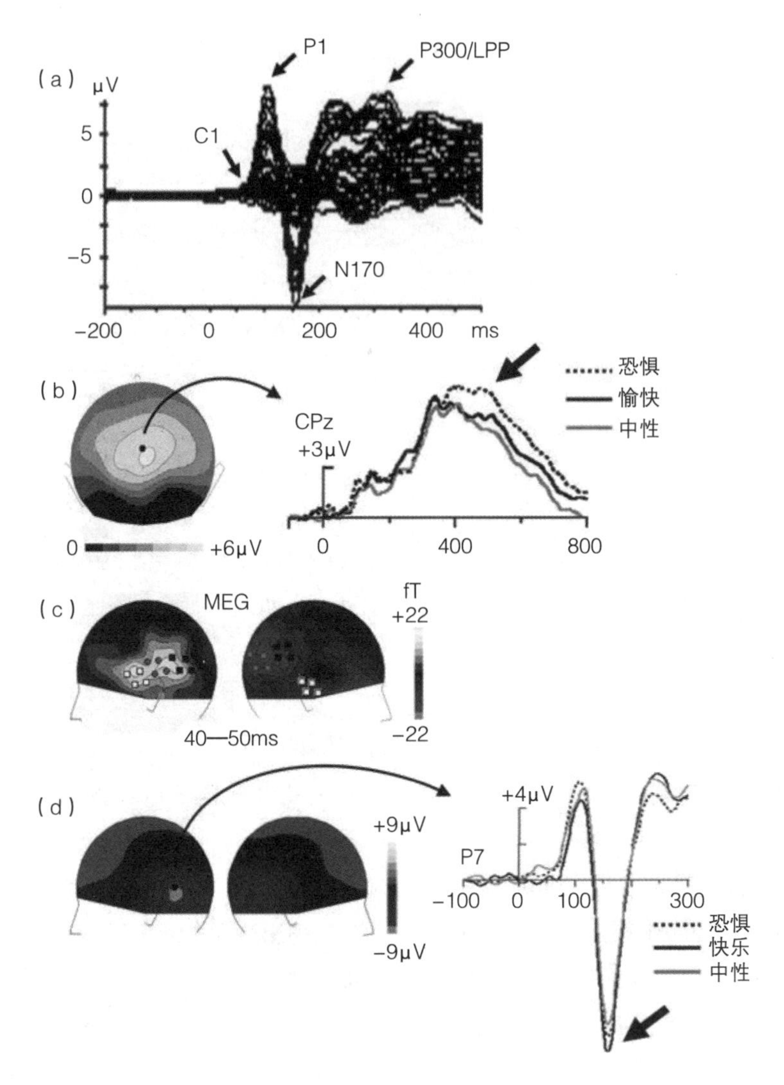

图7.3 情绪面孔的脑反应动态性。(a)诱发电位或者磁场所反映的情绪面孔的脑反应由一系列成分组成，包括C1，P1，N170和P300或者LPP（按照EEG术语）。图中所描述成分叠加在诱发电位的时间进程上，由分布于头皮的64个电极所记录（电位为纵坐标，单位μV，时间为横坐标，单位ms）。需要注意的是，C1最好由呈现在外围的刺激所记录（参见Rauss et al., 2011）。然而在这里，面孔呈现在中央凹，因此只诱发了一个非常小的C1成分。数据源自莫雷等（Morel et al., 2009）。(b)情绪效应通常被发现在晚期时间范围内。左图：300—600 ms时恐惧、愉快和中性面孔的P300总平均脑地形图（头部后视图）。右图：CPz的诱发电位时间进程，P300在中央顶叶电极达到峰值，表明相对于中性和愉快面孔，呈现恐惧面孔在300—600 ms时P300增强。数据源自莫雷等（Morel et al., 2009）。(c)越来越多的证据显示了情绪对面孔脑反应的早期甚至极早期影响，包括在C1时间范围内。图中呈现的是MEG数据。相对于中性面孔，情绪面孔在40—50 ms时出现了差异化重复效应（相对于第一次呈现的刺激，第二次呈现刺激的脑反应有所不同）。图中呈现了40—50 ms时重复效应的总平均脑地形图（头部左侧视图和右侧视图），突出显示了恐惧面孔（黑色方块）、愉快面孔（灰色圈）和中性面孔（白色方块）重复效应达到峰值的电极。数据源自莫雷等（Morel et al., 2009）。(d)情绪表情调节面孔特异性N170。左图：在峰潜伏期(160 ms)，情绪面孔和中性面孔的N170总平均脑地形图(头部左侧视图和右侧视图)。右图：左侧颞叶电极P7的诱发电位时间进程；第一次呈现恐惧、愉快和中性面孔时，情绪面孔的N170波幅显著大于呈现中性面孔时。数据源自莫雷等（Morel et al., 2009）

情绪早期至极早期效应的累积证据

面孔知觉分析的早期阶段是否真的不受面孔所传递的情绪影响呢？致力于解决这个问题的研究聚焦于情绪对面孔脑反应的两种影响类型：（1）情绪调整可能出现在视觉加工的最早期阶段，大概在前100 ms，并不特异于面孔；（2）情绪影响面孔选择性的早期脑反应，也就是N170（EEG）和M170（MEG；见图7.3a, c, d）。

越来越多的研究表明，面孔脑反应的情绪调整出现在面孔加工的前100 ms内（参见George, Morel, & Conty, 2008; Vuilleumier & Pourtois, 2007）。这种调整出现在C1时间范围内（或者MEG术语中的N70m），是视觉刺激反应最早的ERP成分，峰值产生在50—90 ms。在主要目标辨别任务中，面孔偶尔呈现在外侧时，恐惧面孔的C1反应比愉快面孔的更强烈（Pourtois, Grandjean, Sander, & Vuilleumier, 2004）。该效应似乎并非为情绪面孔所特有，因为当栅格通过条件化获得情感价值后，外侧呈现栅格时，C1也会被调整（Stolarova, Keil, & Moratti, 2006）。而且，一项结合了EEG和MEG的研究发现，居中呈现的面孔的情绪表达调节在40—50 ms时呈现的面孔在后枕颞区所诱发的重复效应（Morel, Ponz, Mercier, Vuilleumier, & George, 2009；图7.3c）。后续研究发现，先验关联于情绪性听觉言语背景的中性面孔，也在相似时间范围内调整这些面孔的脑反应（Morel, Beaucousin, Perrin, & George, 2012）。总之，这些发现为情绪刺激的极早期分化加工提供了证据，不仅反映了预测情绪的低水平视觉特征的粗糙分类机制（例如恐惧面孔睁大眼睛导致局部变异），也反映了习得显著性或者情绪显著性对视觉加工最早期阶段的影响。

这些极早期效应的神经起源尚不清楚。尽管C1一直被认为主要起源于初级视觉皮层，但是现在已经获知C1反映纹状皮层和外纹状皮层的神经活动（参见Rauss, Schwartz, & Pourtois, 2011）。它可能也受到源自皮层下神经活动的影响。实际上，对猫的丘脑枕和多个视觉皮层区的颅内记录发现，视觉系统的信息初级加工是平行的，简单刺激的丘脑枕反应潜伏期在50—85 ms。更令人惊讶的是，MEG源定位发现恐惧面孔呈现10—20 ms后出现丘脑活动（Luo, Holroyd, Jones, Hendler, & Blair, 2007）。而且，该研究发现，20—30 ms时杏仁核对恐惧面孔产生选择性反应，比视觉皮层MEG信号的第一个神经源（40—50 ms）更早。近期一项MEG研究也表明，35—96ms时STS、内侧前额叶皮层和杏仁核对恐惧、愉快和中性面孔知觉产生了不同的神经活动（Liu & Ioannides, 2010; 也可参见Garrido et al., 2012; Morel et al., 2012）。一项针对双侧初级视觉皮层受损患者的EEG研究发现，在刺激呈现70 ms后，颞上多感觉区对情绪面孔和中性面孔产生不同的反应（Andino, Menendez, Khateb, Landis, & Pegna, 2009）。尽管尚需进一步确认，但是这些结果引发了有趣的猜测：（1）指向杏仁核的亚皮层下丘-丘脑枕通路可能有效参与了情绪面孔知觉，平行于或者稍早于前馈视觉皮层通路；（2）该通路可能包含了比原来所认为的更迅速的信息流。然而，情绪面孔知觉的极早期效应也可能仅反映神经元群体对刺激相关类型（例如由过度学习的视觉刺激或者包括情绪在内的联结学习所定义）的协调反应，或者可能与预测编码机制有关（Rauss et al., 2011）。

而且，几个研究发现面孔的情绪表达能够调整C1之后的P1成分，P1成分在80—130 ms达到峰值（参见Vuilleumier & Pourtois, 2007）。P1表现出一般的面孔敏感性；然而，它并不是面孔特异性成分。对于不同的基本情绪（相对于中性面孔），以及产生积极和消极情感判断的面孔，或者情绪价值受厌恶条件作用强化的面孔，我们都观察到了P1调节。因此，P1似乎反映了一种普遍的情绪效应。而且，P1的情绪效应并不为面孔所特有，因为P1反应也可以在对非人类情绪机器人、情绪图片以及预示着痛苦电击的栅格的反应中被观察到，并且还与融合了面孔和身体情绪或者面孔和场景情绪的内容有所关联（例如Dubal, Foucher, Jouvent, & Nadel, 2011; Righart & de Gelder, 2008）。

P1的情绪效应可能由面孔刺激的低空间频率内容专门传递（例如Vlamings et al., 2009）。它们可能反映情绪所诱发刺激加工的注意调整（或者被称作情绪注意过程，见第14章讨论）。确实，P1振幅调整通常与选择性注意过程有关，艾莫（Eimer）及其同事在额中央位置记录了P1时间范围内的情绪调整，它取决于注意位置的面孔呈现，面孔被忽视时P1的情绪调整消失了。然而，当面孔居中呈现，而且任务中发生了情绪表情加工时，也出现了P1的情绪效应（例如Bayle & Taylor, 2010; 参见Eimer & Holmes, 2007; Vuilleumier & Pourtois, 2007）。因此，情绪面孔加工有关的注意过程似乎包括自动化成分，与情绪面孔的注意捕获相关。

上述P1的情绪调整可能主要起源于纹外视区，反映了情绪注意所诱发的增益控制和放大机制。然而，不能排除其他脑区的贡献。实际上，颅内记录发现厌恶视觉刺激呈现后120 ms开始，OFC区域出现早期反应（Kawasaki et al., 2001）。近期研究发现，杏仁核对恐惧和中性面孔的差别化反应大约出现在140 ms，与P1效应相一致（Pourtois et al., 2010b）。这些脑区自上而下的作用可能影响P1调整所反映的情绪注意过程。而且，EEG/MEG信号的源定位已确认P1情绪调整涉及分散的皮层网络，如脑岛、杏仁核、眶额叶、侧前额和体觉皮层区（例如Esslen et al., 2004; Hung et al., 2010），与情绪加工时早期创建的大规模网络相一致。

另一种早期情绪影响涉及面孔的N170反应。N170紧跟P1，在150—170 ms达到峰值。N170（MEG对应为M170）在历史上被认为与面孔选择性知觉分析的早期阶段有关（例如George, Evans, Fiori, Davidoff, & Renault, 1996）。根据布鲁斯和杨（1986）的模型，该阶段最初被认为不受情绪和/或认知因素影响。相应地，一些研究控制了面孔的情绪表情，发现这种控制不影响N170（例如Krolak-Salmon et al., 2001）。然而，越来越多的研究发现情绪的面孔表达影响面孔N170或者M170（例如Morel et al., 2009; 图7.3d），并开始质疑原本的观点。这种N/M170调整似乎并不特异于某种给定情绪或者情绪效价，但是会随着情绪表达的强度变化（Sprengelmeyer & Jentzsch, 2006）。目前尚不清楚它是否由面孔的某些特定空间频率所传递，因为得到的结果不一致（例如Pourtois, Dan, Grandjean, Sander, & Vuilleumier, 2005; Vlamings et al., 2009）。无论如何，它似乎反映了情绪的自动影响，因为情绪表情加工在许多研究中都有发现，其中一项研究发现相对于非恐惧面孔，掩蔽恐惧面孔条件下出现了N170调整（Pegna, Landis, & Khateb, 2008）。情绪面孔表情对N170和M170的影响可能反映了不同情绪表情的结构信息差异，提取这些信息的知觉表征阶段可能与提取面孔身份的相同，尽管情绪表达和身份识别的结构线索不相同，正如前文所述。另一种可能是N170和M170的情绪调整反映了由杏仁核驱动的情绪注意过程，类似于fMRI观察到的面孔选择性梭状区反应的情绪调整。

由此引发了情绪表达调整N170和M170的神经起源问题。首先注意到，这些EEG和MEG成分可能反映了至少部分不同的神经活动。N170被认为反映STS活动（例如Henson et al., 2003），而M170反映枕下和梭状区域的活动（例如Itier, Herdman, George, Cheyne, & Taylor, 2006）。然而，更可能的是两种成分都反映了分散的且部分重叠的腹侧和外侧枕颞网络的脑反应。总的来说，EEG和MEG信号源定位表明N170和M170的情绪调整反映了外纹视觉区活动，包括梭状回（例如Pegna et al., 2008）。而且，非视觉区域可能促进N170和M170的情绪调整，因为癫痫患者颅内记录表明，在对面孔反应的150 ms激活了一个扩展的网络区域，包括诸如杏仁核在内的颞叶内侧结构，延伸至顶叶和额叶——包括前运动区（例如Barbeau et al., 2008; Krolak-Salmon, Henaff, Vighetto, et al., 2006; Pourtois et al., 2010b）。与此一致，近期EEG源定位发现，在N170时间范围内一组扩展区域对不同面孔情绪表情反应不同，包括STS、额下回、OFC、ACC和右侧杏仁核（Andino et al., 2009）。而且，几项研究致力于以MEG信号源定位杏仁核活动，发现杏仁核对情绪表情的M170敏感（参见Dumas, Attal, Dubal, Jouvent, & George, 2011）。因此，面孔情绪表情对N170和M170的调整，似乎反映了参与情绪面孔加工的相互连接的脑区网络中的分散的以及可能是周期性的活动。

最后，有趣的是强调C1、P1和N170的情绪调整有时被发现相互独立（参见Vuilleumier & Pourtois, 2007）。这项发现强调，可能在大脑“知晓”面孔之前（也就是面孔选择性机制被触发前），面孔情绪价值的一些信息已被提取。而且，这意味着这些效应反映了不同类型的情绪影响。简言之，情绪表情的一些粗糙方面可能由低空间频率所传递，在极早期被加工，独立于面孔选择性知觉分析。这种极早期加工可能包括指向杏仁核的快速皮层下通路，或者反映通过皮层区的快速前馈信息流，它们的神经元对情绪表情的诊断性特征有反应。目前尚不清楚前部脑区（例如杏仁核和/或OFC）对后部视觉区的自上而下的第一轮影响是否发生在50 ms内。而且，具体来说，情绪表达的结构信息可能在面孔选择性知觉表征阶段被提取，尽管情绪表达和身份识别依赖于不同类型的信息，但是该知觉表征阶段可能是与身份表征所共享的。在该阶段，杏仁核与知觉区域，甚至是更宽泛区域，发生了功能整合和连接。重要的是，这些早期阶段可能和与感知到的情绪表达有关的任何意识通达、外显评价或者概念知识都无关。这些过程更可能由后期ERP成分所反映（起始于大约200 ms）。

超越情绪面孔表情：情绪多面性

中性面孔诱发情绪相关过程

从面孔信息中获得的情绪的面孔表达构成了情绪知觉和诱发的主要方面。然而，即使不呈现任何情绪，面孔也可能触发情绪相关过程。特别的是，几个社会知觉和社会认知相关过程，根植于情绪相关加工中。例如，对中性面孔人格特质的评价，诸如可信赖性，似乎与效价评价的一般过程密切相关，其基于与标示接近或回避行为的面孔的相似性，对情绪相关面孔特征进行过度概括。这个过程似乎是自动发生的，因为关于面孔可信赖性的内隐评价范式发现了杏仁核参与的证据（参见Todorov, 2008）。

同样地，情境信息的情绪价值似乎很容易被附加给同时呈现的面孔，影响面孔的情感判断和神经表征，也影响对与先前面孔相似的新面孔的评价（例如Morel et al., 2012; Verosky & Todorov, 2010）。换言之，即使是中性面孔也拥有或者能轻易获得内在情感价值。这可能是中性面孔知觉也可以激活包括杏仁核在内的分散网络区域的原因（例如Ishai, Schmidt, & Boesiger, 2005）。

注视知觉相关的情绪知觉和诱发

注视，尤其是目光接触或者相互注视，可能承载着特殊的内在情绪价值（参见George & Conty, 2008）。目光接触是一种显著刺激，常常是个体间互动的先兆。研究发现对目光接触的知觉能增强情绪唤醒，相对于目光回避或者闭眼，对直接注视的知觉能使被试皮肤电反应增强（Conty et al., 2010）。而且，相对于目光回避，直接注视能激活杏仁核，增强杏仁核与对面孔敏感的梭状回的联结，促进深度编码直接注视的面孔（George, Driver, & Dolan, 2001）。总之，这些结果可能反映了社会注意机制部分根植于情绪注意机制中（参见Senju & Johnson, 2009）。

注视也直接导致源于面孔的情绪诱发，因为注视方向影响所表达情绪的意义。当接近相关情绪（愤怒或者愉快）伴随着直接注视时，被知觉得更强；相反，回避相关情绪（例如恐惧）伴随着回避目光时，面孔情绪强度被知觉得更强（N'Diaye, Sander, & Vuilleumier, 2009）。相应地，注视方向也影响情绪表情的神经反应，尤其是在STS和杏仁核区域（Adams et al., 2003; N'Diaye et al., 2009; Wicker, Perrett, Baron-Cohen, & Decety, 2003）。

最后，知觉到的注视方向可能会影响个体对面孔和周围物体愉悦度的评价。相对于那些视线偏离观察者的面孔，观察者更喜欢注视他们的面孔（Mason, Tatkow, & Macrae, 2005）。同样地，相对于回避注视，直接注视条件下有吸引力的面孔会增强腹侧纹状体（与大脑奖赏系统有关）激活（Kampe, Frith, Dolan, & Frith, 2001）。对注视的知觉也能够影响对周围物体愉悦度的评价。研究发现，在让被试观察一个看着某物体或者不看某物体的人类面孔的实验情境下，前一种条件下物体获得了积极情感价值。而且，被愉快表情面孔观看的物体比被厌恶表情面孔观看的物体更受被试喜爱（参见Frischen, Bayliss, & Tipper, 2007）。这种情感迁移依赖于注视，因为另外那些与情绪面孔并排呈现却未被注视的物体并没有获得此类优待。

结论

面孔是研究社会认知相关的多方面情绪知觉的优先刺激。面孔情绪知觉是做出适应性行为所必需的，涉及与情绪和个人知觉密切相关的广泛脑区。这也增加了人们探讨各种神经病理学和精神病理学中情绪面孔知觉技能的兴趣：面孔情绪知觉是一项高敏感性技能，许多病症都能在行为和神经水平上体现出情绪知觉的异常，包括自闭症、精神分裂症、双相障碍、创伤后应激障碍、强迫症和阿尔茨海默病。而且，面孔情绪识别损伤可能成为易感于某些病症的表型标识。因此，未来研究将进一步阐释面孔情绪知觉技能对正常和异常社会认知功能的精确影响。同时，包含直接注视或者回避目光的情绪面孔仍然是人类情感神经科学研究领域的最佳刺激。

重点问题和未来方向

· 情绪本质上是动态的，然而目前关于情绪面孔知觉的相关知识大部分都源于对静态图片的研究。动态情绪表情知觉的神经通路和时间进程是怎样的?

· 情绪的积极方面对于面孔等社会刺激可能尤其重要，但是目前有点被忽视了。在处理积极情绪的面孔表现时，是否也有同样的空间和时间分布网络活动?

· 大量的社会心理学研究表明他人在场会影响个体的知觉和认知过程。如何在现实情境中研究面孔的情绪知觉和诱发?这类研究会揭示现实社交情境中情绪知觉的不同机制吗?

· 面孔情绪知觉与社会知觉密切相关。秉性、文化和个体差异在情绪面孔知觉的神经网络和时间动态中的相对权重如何?

· 丘脑枕在情绪面孔知觉不同阶段的精确作用是什么?快速的亚皮层下丘-丘脑枕-杏仁核通路究竟在多大程度上参与情绪面孔知觉?

注释

1 变形技术可以计算平滑、连续的转换，将一种刺激变成另一种刺激。例如，利用变形技术使同一面孔的愉快表情转变成愤怒表情，通过提取整个转变过程的中间图像，可以显示情绪在愉快和愤怒之间的连续变化。

2 对于药物难以治疗的癫痫，为病患植入颅内电极，以达到术前诊断目的。

3 这种方法可以在面孔上应用各种掩蔽，每个掩蔽是随机产生的黑色背景孔或者“气泡”。透过这些气泡被试可以看到刺激，刺激根据要探讨的不同频率呈现不同大小。这项技术可以产生大量的不完整刺激，广泛应用于各种觉察、辨别、识别或者分类任务。被试使用视觉诊断线索完成任务，接着将刺激均值作为任务反应的函数进行计算。

参考文献

Adams, R. B., Jr., Gordon, H. L., Baird, A. A., Ambady, N., & Kleck, R. E. (2003). Effects of gaze on amygdala sensitivity to anger and fear faces. *Science*, *300*(5625), 1536.

Adolphs, R. (2002). Neural systems for recognizing emotion. *Current Opinions in Neurobiology*, *12*(2), 169–77.

Adolphs, R. (2010). What does the amygdala contribute to social cognition? *Annals of the New York Academy of Sciences*, *1191*, 42–61.

Adolphs, R., Damasio, H., & Damasio, A. R. (1994). Impaired recognition of emotion in facial expressions following bilateral damage to the human amygdala. *Nature*, *372*, 669–72.

Adolphs, R., Damasio, H., Tranel, D., Cooper, G., & Damasio, A. R. (2000). A role for somatosensory cortices in the visual recognition of emotion as revealed by three-dimensional lesion mapping. *Journal of Neuroscience*, *20*(7), 2683–90.

Adolphs, R., Gosselin, F., Buchanan, T. W., Tranel, D., Schyns, P., & Damasio, A. R. (2005). A mechanism for impaired fear recognition after amygdala damage. *Nature*, *433*(7021), 68–72.

Adolphs, R., & Tranel, D. (2003). Amygdala damage impairs emotion recognition from scenes only when they contain facial expressions. *Neuropsychologia*, *41*(10), 1281–9.

Andino, S. L., Menendez, R. G., Khateb, A., Landis, T., & Pegna, A. J. (2009). Electrophysiological correlates of affective blindsight. *Neuroimage*, *44*(2), 581–9.

Aviezer, H., Hassin, R. R., Bentin, S., & Trope, Y. (2008). Putting facial expressions back in context. In N. Ambady & J. J. Skowronski (Eds.), *First impressions* (pp. 255–86). New York: Guilford Press.

Barbeau, E. J., Taylor, M. J., Regis, J., Marquis, P., Chauvel, P., & Liégeois-Chauvel, C. (2008). Spatiotemporal dynamics of face recognition. *Cerebral Cortex*, *18*(5), 997–1009.

Bayle, D. J., & Taylor, M. J. (2010). Attention inhibition of early cortical activation to fearful faces. *Brain Research*,

1313, 113–23.

Beauchamp, M. S. (2011). Biological motion and multisensory integration: The role of the superior temporal sulcus. In R. B. Adams, N. Ambady, K. Nakayama, & S. Shimojo (Eds.), *The science of social vision* (pp. 409–20). New York: Oxford University Press.

Breiter, H. C., Etcoff, N. L., Whalen, P. J., Kennedy, W. A., Rauch, S. L., Buckner, R. L., et al. (1996). Response and habituation of the human amygdala during visual processing of facial expression. *Neuron*, *17*(5), 875–87.

Bruce, V., & Young, A. (1986). Understanding face recognition. *British Journal of Psychology*, *77*, 305–27.

Calder, A. J., Keane, J., Lawrence, A. D., & Manes, F. (2004). Impaired recognition of anger following damage to the ventral striatum. *Brain*, *127*(Pt. 9), 1958–69.

Calder, A. J., & Young, A. W. (2005). Understanding the recognition of facial identity and facial expression. *Nature Reviews Neuroscience*, *6*(8), 641–51.

Canli, T., Sivers, H., Whitfield, S. L., Gotlib, I. H., & Gabrieli, J. D. (2002). Amygdala response to happy faces as a function of extraversion. *Science*, *296*(5576), 2191.

Chiao, J. Y., Iidaka, T., Gordon, H. L., Nogawa, J., Bar, M., Aminoff, E., et al. (2008). Cultural specificity in amygdala response to fear faces. *Journal of Cognitive Neuroscience*, *20*(12), 2167–74.

Conty, L., Russo, M., Loehr, V., Hugueville, L., Barbu, S., Huguet, P., et al. (2010). The mere perception of eye contact increases arousal during a word-spelling task. *Social Neuroscience*, *5*(2), 171–86.

Craig, A. D. (2011). Significance of the insula for the evolution of human awareness of feelings from the body. *Annals of the New York Academy of Sciences*, *1225*, 72–82.

Dalton, K. M., Nacewicz, B. M., Johnstone, T., Schaefer, H. S., Gernsbacher, M. A., Goldsmith, H. H., et al. (2005). Gaze fixation and the neural circuitry of face processing in autism. *Nature Neuroscience*, *8*(4), 519–26.

Derntl, B., Habel, U., Windischberger, C., Robinson, S., Kryspin-Exner, I., Gur, R. C., et al. (2009). General and specific responsiveness of the amygdala during explicit emotion recognition in females and males. *BMC Neuroscience*, *10*, 91.

Dubal, S., Foucher, A., Jouvent, R., & Nadel, J. (2011). Human brain spots emotion in non humanoid robots. *Social, Cognitive, and Affective Neuroscience*, *6*(1), 90–7.

Dumas, T., Attal, Y., Dubal, S., Jouvent, R., & George, N. (2011). Detection of activity from the amygdala with magnetoencephalography. *IRBM*, *32*(1), 42–7.

Eimer, M., & Holmes, A. (2007). Event-related brain potential correlates of emotional face processing. *Neuropsychologia*, *45*(1), 15–31.

Ekman, P., Sorenson, E. R., & Friesen, W. V. (1969). Pan-cultural elements in facial displays of emotion. *Science*, *164*(3875), 86–8.

Esslen, M., Pascual-Marqui, R. D., Hell, D., Kochi, K., & Lehmann, D. (2004). Brain areas and time course of emotional processing. *Neuroimage*, *21*(4), 1189–203.

Frischen, A., Bayliss, A. P., & Tipper, S. P. (2007). Gaze cueing of attention: visual attention, social cognition, and individual differences. *Psychology Bulletin*, *133*(4), 694–724.

Fusar-Poli, P., Placentino, A., Carletti, F., Landi, P., Allen, P., Surguladze, S., et al. (2009). Functional atlas of emotional faces processing: A voxel-based meta-analysis of 105 functional magnetic resonance imaging studies. *Journal of Psychiatry and Neuroscience*, *34*(6), 418–32.

Gamer, M., & Büchel, C. (2009). Amygdala activation predicts gaze toward fearful eyes. *Journal of Neuroscience*, *29*(28), 9123–6.

Garrido, M.I., Barnes, G.R., Sahani, M., & Dolan, R.J. (2012). Functional evidence for a dual route to amygdala. *Current Biology*, *22*, 129–34.

George, N., & Conty, L. (2008). Facing the gaze of others. *Neurophysiologie Clinique/Clinical Neurophysiology*, *38*(3), 197–207.

George, N., Driver, J., & Dolan, R. J. (2001). Seen gaze-direction modulates fusiform activity and its coupling with other brain areas during face processing. *Neuroimage*, *13*(6 Pt. 1), 1102–12.

George, N., Evans, J., Fiori, N., Davidoff, J., & Renault, B. (1996). Brain events related to normal and moderately scrambled faces. *Brain Research: Cognitive Brain Research*, *4*(2), 65–76.

George, N., Morel, S., & Conty, L. (2008). Visages et electrophysiologie. In E. Barbeau, S. Joubert, & O. Felician (Eds.), *Traitement et reconnaissance des visages: du percept à la personne* (pp. 113–42). Marseille: Solal (collection Neuropsychologie).

Gobbini, M. I., & Haxby, J. V. (2007). Neural systems for recognition of familiar faces. *Neuropsychologia*, *45*(1), 32–41.

Halla, J. K., Huttona, S. B., & Morgana, M. J. (2010). Sex differences in scanning faces: Does attention to the eyes explain female superiority in facial expression recognition? *Cognition and Emotion*, *24*(4), 629–37.

Hennenlotter, A., Schroeder, U., Erhard, P., Haslinger, B., Stahl, R., Weindl, A., et al. (2004). Neural correlates associated with impaired disgust processing in pre-symptomatic Huntington's disease. *Brain*, *127*(Pt. 6), 1446–53.

Henson, R. N., Goshen-Gottstein, Y., Ganel, T., Otten, L. J., Quayle, A., & Rugg, M. D. (2003). Electrophysiological and haemodynamic correlates of face perception, recognition and priming. *Cerebral Cortex*, *13*(7), 793–805.

Hsu, M., Bhatt, M., Adolphs, R., Tranel, D., & Camerer, C. F. (2005). Neural systems responding to degrees of uncertainty in human decision-making. *Science*, *310*(5754), 1680–3.

Hung, Y., Smith, M. L., Bayle, D. J., Mills, T., Cheyne, D., & Taylor, M. J. (2010). Unattended emotional faces elicit early lateralized amygdala-frontal and fusiform activations. *Neuroimage*, *50*(2), 727–33.

Ishai, A., Schmidt, C. F., & Boesiger, P. (2005). Face perception is mediated by a distributed cortical network. *Brain Research Bulletin*, *67*(1–2), 87–93.

Itier, R. J., Herdman, A. T., George, N., Cheyne, D., & Taylor, M. J. (2006). Inversion and contrast-reversal effects on face processing assessed by MEG. *Brain Research*, *1115*(1), 108–20.

Jack, R. E., Blais, C., Scheepers, C., Schyns, P. G., & Caldara, R. (2009). Cultural confusions show that facial expressions are not universal. *Current Biology*, *19*(18), 1543–8.

Kampe, K. K., Frith, C. D., Dolan, R. J., & Frith, U. (2001). Reward value of attractiveness and gaze. *Nature*, *413*(6856), 589.

Kawasaki, H., Kaufman, O., Damasio, H., Damasio, A. R., Granner, M., Bakken, H., et al. (2001). Single-neuron responses to emotional visual stimuli recorded in human ventral prefrontal cortex. *Nature Neuroscience*, *4*(1), 15–6.

Krolak-Salmon, P., Fischer, C., Vighetto, A., & Mauguiere, F. (2001). Processing of facial emotional expression: spatio-temporal data as assessed by scalp event-related potentials. *European Journal of Neuroscience*, *13*(5), 987–94.

Krolak-Salmon, P., Henaff, M. A., Bertrand, O., Vighetto, A., & Mauguiere, F. (2006). Part II: Recognising facial expressions. *Revue Neurologique (Paris)*, *162*(11), 1047–58.

Krolak-Salmon, P., Henaff, M. A., Vighetto, A., Bauchet, F., Bertrand, O., Mauguiere, F., et al. (2006). Experiencing and detecting happiness in humans: The role of the supplementary motor area. *Annals of Neurology*, *59*(1), 196–9.

Lamm, C., & Singer, T. (2010). The role of anterior insular cortex in social emotions. *Brain Structure and Function*, *214*(5–6), 579–91.

Liu, L., & Ioannides, A. A. (2010). Emotion separation is completed early and it depends on visual field presentation. *PLoS One*, *5*(3), e9790.

Luo, Q., Holroyd, T., Jones, M., Hendler, T., & Blair, J. (2007). Neural dynamics for facial threat processing as revealed by gamma band synchronization using MEG. *Neuroimage*, *34*(2), 839–47.

Mason, M. F., Tatkow, E. P., & Macrae, C. N. (2005). The look of love: Gaze shifts and person perception. *Psychological Science*, *16*(3), 236–9.

Morel, S., Beaucousin, V., Perrin, M., & George, N. (2012). Very early modulation of brain responses to neutral faces by a single prior association with an emotional context: Evidence from MEG. *Neuroimage*, *61*, 1461–70.

Morel, S., Ponz, A., Mercier, M., Vuilleumier, P., & George, N. (2009). EEG-MEG evidence for early differential repetition effects for fearful, happy and neutral faces. *Brain Research*, *1254*, 84–98.

Morris, J. S., Frith, C. D., Perrett, D. I., Rowland, D., Young, A. W., Calder, A. J., et al. (1996). A differential neural response in the human amygdala to fearful and happy facial expressions. *Nature*, *383*(6603), 812–5.

Morrison, S. E., & Salzman, C. D. (2010). Revaluing the amygdala. *Current Opinions in Neurobiology*, *20*(2), 221–30.

Murty, V. P., Ritchey, M., Adcock, R. A., & LaBar, K. S. (2010). fMRI studies of successful emotional memory encoding: A quantitative meta-analysis. *Neuropsychologia*, *48*(12), 3459–69.

N'Diaye, K., Sander, D., & Vuilleumier, P. (2009). Self-relevance processing in the human amygdala: Gaze direction, facial expression, and emotion intensity. *Emotion*, *9*(6), 798–806.

Pegna, A. J., Landis, T., & Khateb, A. (2008). Electrophysiological evidence for early nonconscious processing of fearful facial expressions. *International Journal of Psychophysiology*, *70*(2), 127–36.

Pessoa, L., & Adolphs, R. (2010). Emotion processing and the amygdala: From a 'low road' to 'many roads' of evaluating biological significance. *Nature Reviews Neuroscience*, *11*(11), 773–83.

Pitcher, D., Dilks, D. D., Saxe, R. R., Triantafyllou, C., & Kanwisher, N. (2011). Differential selectivity for dynamic versus static information in face-selective cortical regions. *Neuroimage*, *56*(4), 2356–63.

Pourtois, G., Dan, E. S., Grandjean, D., Sander, D., & Vuilleumier, P. (2005). Enhanced extrastriate visual response to bandpass spatial frequency filtered fearful faces: Time course and topographic evoked-potentials mapping. *Human Brain Mapping*, *26*(1), 65–79.

Pourtois, G., Grandjean, D., Sander, D., & Vuilleumier, P. (2004). Electrophysiological correlates of rapid spatial orienting towards fearful faces. *Cerebral Cortex*, *14*(6), 619–33.

Pourtois, G., Spinelli, L., Seeck, M., & Vuilleumier, P. (2010a). Modulation of face processing by emotional expression and gaze direction during intracranial recordings in right fusiform cortex. *Journal of Cognitive Neuroscience*, *22*(9), 2086–107.

Pourtois, G., Spinelli, L., Seeck, M., & Vuilleumier, P. (2010b). Temporal precedence of emotion over attention modulations in the lateral amygdala: Intracranial ERP evidence from a patient with temporal lobe epilepsy. *Cognitve Affective and Behavioral Neuroscience*, *10*(1), 83–93.

Rauss, K., Schwartz, S., & Pourtois, G. (2011). Top-down effects on early visual processing in humans: A predictive coding framework. *Neuroscience and Biobehavioral Reviews*, *35*(5), 1237–53.

Righart, R., & de Gelder, B. (2008). Rapid influence of emotional scenes on encoding of facial expressions: An ERP study. *Social, Cognitive, and Affective Neuroscience*, *3*(3), 270–8.

Rolls, E. T. (2005). *Emotion explained*. Oxford: Oxford University Press.

Rolls, E. T. (2007). The representation of information about faces in the temporal and frontal lobes. *Neuropsychologia*, *45*(1), 124–43.

Roy, M., Shohamy, D., & Wager, T.D. (2012). Ventromedial prefrontal-subcortical systems and the generation of affective meaning. *Trends in Cognitive Sciences*, *16*, 147–56.

Rushworth, M. F. S., Behrens, T. E. J., Rudebeck, P. H., & Walton, M. E. (2007). Contrasting roles for cingulate and orbitofrontal cortex in decisions and social behaviour. *Trends in Cognitive Sciences*, *11*(4), 168–76.

Russell, J. A. (1991). Culture and the categorization of emotions. *Psychological Bulletin*, *110*(3), 426–50.

Sato, W., Kochiyama, T., Uono, S., & Yoshikawa, S. (2010). Amygdala integrates emotional expression and gaze direction in response to dynamic facial expressions. *Neuroimage*, *50*(4), 1658–65.

Schumann, C. M., Bauman, M. D., & Amaral, D. G. (2011). Abnormal structure or function of the amygdala is a common component of neurodevelopmental disorders. *Neuropsychologia*, *49*(4), 745–59.

Schupp, H. T., Öhman, A., Junghöfer, M., Weike, A. I., Stockburger, J., & Hamm, A. O. (2004). The facilitated processing of threatening faces: An ERP analysis. *Emotion*, *4*(2), 189–200.

Schyns, P. G., & Oliva, A. (1999). Dr. Angry and Mr. Smile: When categorization flexibly modifies the perception of faces in rapid visual presentations. *Cognition*, *69*(3), 243–65.

Senju, A., & Johnson, M. H. (2009). The eye contact effect: Mechanisms and development. *Trends in Cognitive Sciences*, *13*(3), 127–34.

Smith, F. W., & Schyns, P. G. (2009). Smile through your fear and sadness: Transmitting and identifying facial expression signals over a range of viewing distances. *Psychological Science*, *20*(10), 1202–8.

Sprengelmeyer, R., & Jentzsch, I. (2006). Event related potentials and the perception of intensity in facial expressions. *Neuropsychologia*, *44*(14), 2899–906.

Sprengelmeyer, R., Young, A. W., Calder, A. J., Karnat, A., Lange, H., Homberg, V., et al. (1996). Loss of disgust. Perception of faces and emotions in Huntington's disease. *Brain*, *119*(Pt. 5), 1647–65.

Stolarova, M., Keil, A., & Moratti, S. (2006). Modulation of the C1 visual event-related component by conditioned stimuli: Evidence for sensory plasticity in early affective perception. *Cerebral Cortex*, *16*(6), 876–87.

Susskind, J. M., Lee, D. H., Cusi, A., Feiman, R., Grabski, W., & Anderson, A. K. (2008). Expressing fear enhances sensory acquisition. *Nature Neuroscience*, *11*(7), 843–50.

Tamietto, M., & de Gelder, B. (2010). Neural bases of the non-conscious perception of emotional signals. *Nature Reviews Neuroscience*, *11*, 697–709.

Tamietto, M., Pullens, P., de Gelder, B., Weiskrantz, L., & Goebel, R. (2012). Subcortical connections to human amygdala and changes following destruction of the visual cortex. *Current Biology*, *22*, 1449–55.

Todorov, A. (2008). Evaluating faces on trustworthiness: An extension of systems for recognition of emotions signaling approach/avoidance behaviors. *Annals of the New York Academy of Sciences*, *1124*, 208–24.

Tranel, D., Damasio, A. R., & Damasio, H. (1988). Intact recognition of facial expression, gender, and age in patients with impaired recognition of face identity. *Neurology*, *38*, 690–6.

Trautmann, S. A., Fehr, T., & Herrmann, M. (2009). Emotions in motion: Dynamic compared to static facial expressions of disgust and happiness reveal more widespread emotion-specific activations. *Brain Research*, *1284*, 100–15.

Tsuchiya, N., Kawasaki, H., Oya, H., Howard, M. A., III, & Adolphs, R. (2008). Decoding face information in time, frequency and space from direct intracranial recordings of the human brain. *PLoS One*, *3*(12), e3892.

Verosky, S. C., & Todorov, A. (2010). Generalization of affective learning about faces to perceptually similar faces. *Psychological Science*, *21*(6), 779–85.

Vlamings, P. H., Goffaux, V., & Kemner, C. (2009). Is the early modulation of brain activity by fearful facial expressions primarily mediated by coarse low spatial frequency information? *Journal of Vision*, *9*(5), 12, 1–13.

Vuilleumier, P., Armony, J. L., Driver, J., & Dolan, R. J. (2003). Distinct spatial frequency sensitivities for processing faces and emotional expressions. *Nature Neuroscience*, *6*(6), 624–31.

Vuilleumier, P., & Pourtois, G. (2007). Distributed and interactive brain mechanisms during emotion face perception: Evidence from functional neuroimaging. *Neuropsychologia*, *45*(1), 174–94.

Vuilleumier, P., Richardson, M. P., Armony, J. L., Driver, J., & Dolan, R. J. (2004). Distant influences of amygdala lesion on visual cortical activation during emotional face processing. *Nature Neuroscience*, *7*(11), 1271–8.

Wicker, B., Keysers, C., Plailly, J., Royet, J. P., Gallese, V., & Rizzolatti, G. (2003). Both of us disgusted in My insula: The common neural basis of seeing and feeling disgust. *Neuron*, *40*(3), 655–64.

Wicker, B., Perrett, D. I., Baron-Cohen, S., & Decety, J. (2003). Being the target of another's emotion: A PET study. *Neuropsychologia, 41*(2), 139–46.

Winston, J. S., O'Doherty, J., & Dolan, R. J. (2003). Common and distinct neural responses during direct and incidental processing of multiple facial emotions. *Neuroimage*, *20*(1), 84–97.

Wyk, B. C., Hudac, C. M., Carter, E. J., Sobel, D. M., & Pelphrey, K. A. (2009). Action understanding in the superior temporal sulcus region. *Psychological Science*, *20*(6), 771–7.

Young, A. W., Newcombe, F., de Haan, E. H. F., Small, M., & Hay, D. C. (1993). Face perception after brain injury: Selective impairments affecting identity and expression. *Brain*, *116*, 941–59.

Young, A. W., Rowland, D., Calder, A. J., Etcoff, N. L., Seth, A., & Perrett, D. I. (1997). Facial expression megamix: Tests of dimensional and category accounts of emotion recognition. *Cognition*, *63*(3), 271–313.

第8章

情绪身体表达：视觉线索和神经机制

安东尼·P.阿特金森（Anthony P. Atkinson）

情绪常常通过整个身体及其部分肢体的姿势和动作表达或者发出信号。尽管面孔是身体的一部分，但是面部和其他身体部分以不同形式表达情绪或者发出情绪信号。关于面孔表情及其知觉的研究已有很多，可参见第7章。本章旨在综述关乎对身体所表达的情绪的知觉及其神经机制的研究，尽管这些研究数量较少，但是仍很重要。本章尤其关注构成身体及其情绪知觉基础的视觉线索研究。

本章首先考虑情绪身体表达或情绪信号是由什么组成的，强调直接传递情绪的动作和非直接的以情绪方式执行的动作之间的差异。然后简要总结那些体现人类观察者从身体姿态和运动刺激层面识别及区分情绪的能力的研究。随后探讨人类知觉身体本身（特别是情绪身体）所使用的不同视觉线索。之后，概述当前关于大脑加工与他人身体以及情绪身体表达有关的视觉信息的研究现状。这两节将会说明当观看他人身体和身体表达时，不仅涉及初级视觉功能的神经机制，而且涉及动作计划与执行的神经机制，以及诱发情绪反应和表征那些重要的而且可能是情绪必要成分的身体状态变化的神经机制（见第1章）。在最后一节，我们将看到一些指向情绪识别的模拟或者“共享机制”假设的证据；这些假设认为识别他人的情绪表达涉及知觉者负责产生自身情绪体验和行为的神经机制。

什么构成情绪身体表达或者信号？

首先关注一些术语，区分情绪“表达”（expressions）和“信号”（signals）很重要。前者主要描述身体状态和感觉的基本内部变化，通常具有肉眼可见的（或者裸耳可听的）外部显示：个体情绪状态可以通过面部、身体和声音进行表达或者散播于外部世界。这就是有些研究者所谓的“读出”假设（例如Buck, 1994）。相比之下，将某物称为情绪信号强调了其有意交流的本质，而不管信号发出者是否体验着所表现的情绪。例如，佛罗德朗德（Fridlund）（1991）认为情绪表现特异于表现者的意图和表现的社会背景，而很少（如果有的话）直接反映潜在的情绪或者动机状态。就本文目标而言，笔者认同巴克（Buck）（1994）的观点——笔者怀疑很多情绪研究者和情绪神经科学家持有相同观点：人们有时会无意识地表达情绪，有时会有意识地发出情绪信号，即使并没有体验到这种情绪。但是很多时候，情绪是无意识表达与有意识信号的混合体。抛开这些差异不谈，我们直接使用“表达”一词简称无意识情绪表达和有意识情绪信号。然而，当考虑象征语码时，本文将重新谈及情绪表达和情绪信号的差异。

在达尔文（1872/1998）的开创性研究中，情绪表达被特征化为三个原则：“适用性习惯”“对立”“神经系统直接作用”。适用性习惯原则是具有直接或者间接适应意义的动作，与“某种心理状态相关，以缓解或者满足某种感觉、欲望”（Darwin, 1872/1998, 第34页）。这种动作是习惯性的，可以成为个体随后动作的可靠预测源和心理状态线索。而且，达尔文认为，试图有意控制习惯性动作，常常留下或者直接产生可见的表达动作。对立原则认为，有些动作本身不具有适用性（即过去和现在均无适应性功能），但是其因为本质上与适用性动作相对立而被表现出来。例如，达尔文认为耸肩是自信或者侵犯姿态的对立动作。神经系统直接作用原则指情绪包括神经系统某些部分的直接而且常常是自动化的活动，反映在特定情绪特征的动作和生理变化中，而这种情绪独立于意志并且主要是习惯性的。例如，皮肤或者内脏出现生理变化，与恐惧或者愤怒有关的颤抖，以及明显无意义的行为，例如快乐时的击掌和欢呼跳跃。

关于身体所表达情绪的视觉感知，最近的研究集中在身体姿态和动作上，而撇开了其他可见的身体变化，例如皮肤颜色和流汗。当代情绪知觉研究揭示了两种关系情绪的身体姿势与动作表达的方式之间的内隐差别，以达尔文的三个原则贯穿其中。一方面，我们称为表达动作——动作直接显示了内部情绪状态，例如恐惧时逃跑或者吓呆，恶心时干呕，愤怒时站直、扩展胸腔或者握紧拳头。另一方面，是以情绪方式执行日常动作。在这样的情况下，动作某种意义上“泄露”了情绪。例如，用激烈的、侵略性动作拿起物体、敲击或者关闭一扇门，容易被解读成愤怒，而不论是否有此意图。或者一个人缓慢地、趺趺撞撞地行走，可能意味着悲伤、抑郁的状态。

以情绪化的方式展示的情绪表达动作和非情绪动作，通常可以作为或者改变为具有象征意义的传统姿势。例如，在很多文化中，举起拳头象征愤怒，低头把脸埋在臂弯里或者抽噎拭泪是悲伤的信号。也有一些身体姿势，并不起源于情绪表达动作或者非情绪动作，我们称之为具有特定文化含义的任意信号。这样的姿势有很多，尤其是包括手部动作的手势语（例如Poizner, 1981）。继艾克曼和弗里森（Friesen）（1969）以及其他情绪研究者（例如Buck, 1984; Fridlund, 1991）之后，笔者把一般类型的象征性姿势称为标志，无论它们是任意的，还是起源于情绪表达动作或者日常非情绪动作的。情感神经科学家对任意姿势构成的身体标志研究很少，可能因为这种姿势具有文化特异性，也可能因为它们几乎很少示意特定情绪状态，尤其在没有伴随面部情绪时。然而情绪神经科学家使用的非情绪动作，特别是表达动作的特定例子，在象征性或者常规性程度上的变化是值得牢记的。

肢体情绪的视觉感知

出于理论和实践原因，情绪知觉和识别研究主要集中于辨别或者识别“基本”情绪的能力（例如Ekman, 1992），诸如愤怒、恐惧、愉快和厌恶，区别于更复杂的社会和道德情绪，诸如嫉妒、内疚和尴尬。一个原因是基本情绪某种程度上由独特的面部表情定义，包括与其他情绪不同的若干面部肌肉动作（进一步讨论请参见第1章）。尚不清楚这些基本情绪是否可以通过身体动作及面部表情的不同组合来定义（对这个问题进一步研究的时机已成熟）。不管怎样，相当多的研究已经表明，在缺乏面部和声音提示时，人类观察者能够轻松地识别或者区分至少一组身体表达的有限情绪，尤其是基本情绪。这些证据来自几种不同类型的任务，但是最常见的是迫选情绪标记任务，当要求观察者从有限列表中选择对所观察身体表达描述最为准确的单词时，观察者的表现通常显著优于随机水平。精确的迫选情绪分类以静态图片（内容为人们通过静态身体姿势对情绪进行的有意描绘）的形式显示（例如Atkinson, Heberlein, & Adolphs, 2007），计算机生成的人体模型被操纵以反映对情绪姿势的描述（Coulson, 2004），单帧图片是从所剪辑的视频中提取的，它们反映了人们对情绪的有意描绘（例如Atkinson, Dittrich, Gemmell, & Young, 2004; Atkinson, Heberlein, et al., 2007; Hadjikhani & de Gelder, 2003）。示例见图8.1。

精确的迫选情绪分类也以动态图片（内容为

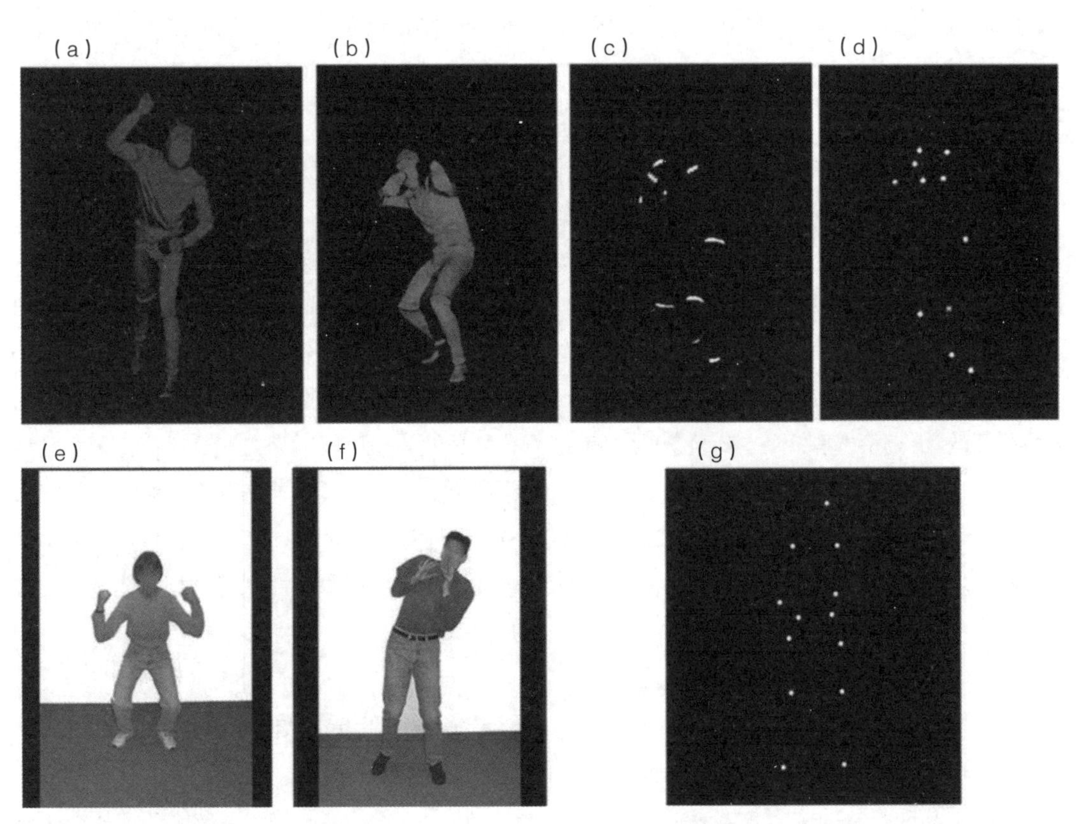

图 8.1 图a–d：从表达愤怒（a）和恐惧（b–d）的身体动作短视频中所截取的静态图片。图片a和b截取自全光或者全部显示的视频，视频中整个身体是可见的（面孔被模糊）。图片c和d是静态图片，它们以光条或光点的形式显示了与图片b相同的运动序列和时间点。关于刺激的制作细节，请参考阿特金森（2004）的研究及其与其他研究者（2012）的共同成果。图e–f：表达愤怒（e）和恐惧（f）的情绪姿态照片，节选自阿特金森、赫波利（Heberlein）和阿道夫斯（2007）所采用的图片集（由赫波利制作）。图g：光点显示人类走路时的静态帧（没有任何情绪表现）。光点和光条刺激在基于运动的情绪知觉研究中很有用，因为它们的面孔和形态学线索有所缺失，但是运动学线索得到了保留

以有表现力的动作展示的肢体情绪）（Atkinson et al., 2004; Atkinson, Heberlein, et al., 2007; Atkinson, Tunstall, & Dittrich, 2007），意在描绘特定情绪的舞蹈动作（例如 Dittrich, Troscianko, Lea, & Morgan, 1996; Hejmadi, Davidson, & Rozin, 2000），非有意表达特殊情绪的特定身体动作组合（de Meijer, 1989），以及描绘特定情绪（例如 Heberlein, Adolphs, Tranel, & Damasio, 2004; Montepare, Goldstein, & Clausen, 1987）或者反映自身所诱发的情绪状态的步行运动（Roether, Omlor, Christensen, & Giese, 2009; Roether, Omlor, & Giese, 2008）的形式显示。即便仅以执行喝水或者敲门的单臂运动有意表达特定情绪状态，都足以使观察者辨别其中情绪（Pollick, Paterson, Bruderlin, & Sanford, 2001）。比之以从同一视频片段中提取的静态单帧图片为刺激条件，以富有表现力的动作移动整个身体作为刺激条件的情况下，迫选分类更精准（Atkinson et al., 2004），表明观察者能利用运动图像中可获得的动作或者多种形态线索（或者两者都有），帮助他们识别情绪。观察者也使用运动信息帮助自己判断动作的情绪强度（Atkinson et al., 2004）。

全身运动的精确情绪分类也使用情绪评定任务，即在没有告知观察者演员想要描绘什么情绪的条件下，要求观察者评价所观看的运动与演员意图描绘的情绪间的相符程度如何（Sawada, Suda, & Ishii, 2003），或者每种展示中含有多少特定情绪（即情绪强度）（Atkinson, Heberlein, et al., 2007）。即使只是简单要求他们描述看到了什么，观察者也能够在全身舞蹈动作的单独展示（Hejmadi et al., 2000），以及在富有表现力的图像方面（Hubert et al., 2007; Moore, Hobson, & Lee, 1997），以优于随机水平的成绩识别某些情绪的有意表达。

人类知觉身体及其运动的视觉线索

人类视觉系统从他人的身体姿势和运动中提取的是什么形态和动作信息，作为判断他人情绪状态的基础？本节讨论人类的视觉系统从身体本身提取的形态和动作信息，而下节会将讨论扩展到情绪身体。

人类身体形态以几种不同方式呈现，结构性加工连续体的分界是从部分加工到整体加工。因此，身体可以用以下方式表征：个别身体部位或者特征，身体部位之间的相对位置（即一级空间关系），身体部位的结构层次（即一级结构加上全身的相对位置信息），或者全身姿势模板（Reed, Stone, Grubb, & McGoldrick, 2006）。不同于面部，身体部位的相对位置随人体运动而变化，说明有必要对身体部位的空间关系进行相对精细的结构描述。

里德（Reed）及其同事（2006）的一系列研究表明，（非情绪的）身体姿态的识别依赖于身体部位的结构层次加工。该研究利用了面孔识别中著名的倒置效应：相对于倒置非面孔物体，倒置面孔对身份识别能力损坏更强。通常认为面孔倒置破坏结构加工，尤其是二级关系信息编码，即特征之间的度量距离（例如Diamond & Carey, 1986）。在里德等（2006）的研究中，相比正立的全身姿势，被试辨别配对的倒置全身姿势的能力受损，但是辨别房屋的能力没有受损。然而，倒置不影响单个身体部位（胳膊、腿、头）的匹配，这表明单个身体部位与单个面孔特征相同，不会引发结构加工。通过围绕躯干重新排列身体部位（例如把胳膊放在腿和头部位置）破坏一级空间关系，消除了倒置效应，说明一级结构线索不会促进身体姿势识别。将身体沿中垂线分开，呈现一半身体姿势（左半侧或右半侧），保留了身体部位的结构层次，但是破坏了整体模板匹配，不会消除身体的倒置效应。与此相反，以水平中线（腰部）分开，呈现一半身体姿势（上半部或下半部），保留了重要部位（例如两条胳膊）但是破坏了结构层次信息，不会产生倒置效应。因此，结构加工的特定形态对身体姿势识别至关重要，正如倒置效应的出现所标示的那样，这种特定形态似乎是身体部位的结构层次，即身体部位相对于其本身和整个身体的位置。然而，缺少头部的身体则无倒置效应（Minnebusch, Suchan, & Daum, 2009; Yovel, Pelc, & Lubetzky, 2010），表明头部的结构信息对身体姿势加工至关重要。

三种主要信息与人类身体运动有关：结构或者形态信息随时间的变化（包括运动介导的结构信息），运动学信息（例如速度、加速度和位移）以及动力学信息（以质量和力定义的运动）。运动学在限定动作和个人知觉线索上的作用已获得相当多的关注（例如Westhoff & Troje, 2007）。这些研究通常采用光点或者光条显示人类或者其他生物的运动（见P172图8.1），其中的静态信息很少或者不存在，但是运动信息（运动学和动力学信息）和运动介导的结构信息得到了保留（Johansson, 1973）。光点显示的身体运动为观察者提供了足够依据，能够区分生物学运动与其他类型的运动，对运动个体做出准确判断，例如从步态中判断性别，从步态或者行动中判断身份，以及从全身运动中判断复杂的个人或者社会动作（参见Blake & Shiffrar, 2007）。证据表明，相对于全身可见的全光（或者实体）显示，光点显示具有相等或者近乎相等的表现（Runeson & Frykholm, 1981），说明静态线索不如动态线索重要，并且依据可见行为成功判断个体及其动作时静态线索通常不必要。

测量光点刺激运动或者结构维度变化的识别效应的研究，为运动学线索的相对重要性提供了证据。例如，在马森（Mather）和默多克（Murdoch）（1994）的研究中，判断光点步行者性别的准确性受到“身体摇摆”的影响比肩部与臀部宽度比率的影响更大。光点步行者按照身体大小标准化（仅提供运动信息）条件下的判断准确度，比按照运动信息标准化（仅提供身体大小线索）条件下的更高（Troje, 2002）。

有观点认为，无论在静态形式下还是运动介导的结构线索中，对光点展示中的简单生物运动的识别，可能基于相对低水平或者中等水平的视觉加工，不涉及身体部位或者全身形态的重构（例如Casile & Giese, 2005; Mather, Radford, & West, 1992）。然而，神经心理学和神经生理学证据表明，身体形态信息确实有益于光点条件下的生物运动知觉（例如McLeod, Dittrich, Driver, Perrett, & Zihl, 1996; Vaina, Cowey, LeMay, Bienfang, & Kikinis, 2002）。加工随时间变化的身体形态可能尤其重要（例如Beintema & Lappe, 2002），特别是在更复杂的任务背景中，例如识别情绪状态或者复杂动作（Giese & Poggio, 2003）。

生物运动知觉的倒置效应支持以上结论。当光点显示的生物运动被倒置时，自发识别受损（例如Bertenthal & Pinto, 1994; Shipley, 2003）。而且，直立的生物运动所引发的神经激活，在倒置时减弱或者消失了（Grossman & Blake, 2001; Pavlova, Lutzenberger, Sokolov, & Birbaumer, 2004）。倒置的光点显示也破坏了从演员动作中辨别其身份的能力（Loula, Prasad, Harber, & Shiffrar, 2005），而且基于步态的性别判断往往是颠倒的（Barclay, Cutting, & Kozlowski, 1978）。尽管倒置生物运动涉及的可能是地球引力场中运动相关的动态线索加工的破坏（例如Barclay et al., 1978），但是也有研究表明，倒置全身运动也可能破坏结构性信息加工（例如Pinto & Shiffrar, 1999）。

最后，近期研究表明，身体形态和运动线索对生物运动知觉的相对贡献，在不同身体部位以及不同刺激持续时间条件下是不同的（Thurman, Giese & Grossman, 2010）：当辨别光点或者线条人物的行走方向时，观察者依赖于上半身的形态信息（头和肩膀姿势）和下半身的动态信息（尤其是脚的相对运动）；而且，对持续时间更短的刺激的判断更依赖于形态信息。

人类知觉情绪身体表达的视觉线索

当识别或者区分所表达或所描述的情绪时，人们使用的是身体姿势和运动的什么特征或者属性？特定身体姿势和运动能表明特定情绪状态，演员、导演和剧作家对此早有认识并已加以利用（例如Laban & Ullmann, 1988; Stanislavski, 1936），早期心理学家也是如此（Darwin, 1872/1998; James, 1932）。近期科学和艺术研究领域对特定身体姿势和运动展开了更为详细的描述和分析。一种常见方法是令未经训练或者偶尔训练的观察者，对预先指定的描述特定特征的身体姿态和动作（是在先前研究或对步态、舞姿、表演情节的系统分析的基础上选择的）进行评定（de Meijer, 1989; Montepare et al., 1987; Wallbott, 1998）。例如，沃博特（Wallbott）（1998）发现，根据运动的特定模式及其活力状况或者特征的组合，能够辨别完全照亮的涉及全身运动的视频中所描绘的各种情绪。例如，沃博特发现，厌恶和悲伤的身体表达涉及消极、低能量或者低力量的运动，伴有肩膀向前运动以及头部向下运动。另举一例，惊骇和“热”愤怒涉及高运动活动，然而恐惧和“冷”愤怒通常以中度运动活动为特征。

特征化人们用以识别情绪身体表达的运动线索的另一种方法，是使用计算机图像加工技术来测量特定运动学参数，然后将这些参数与观察者的表现相关联。例如，泽田（Sawada）等（2003）报告，意在表达愉悦、悲伤或者愤怒的舞蹈序列中，手臂运动的速度、加速度和位移等特征有所不同，通过这些因素的差异可预测观察者辨别三种情绪的能力。在另一研究中，伯利克（Pollick）等（2001）根据被试敲门和饮酒时手臂动作的点状表现对情绪进行了分类。分类数据的多维等级揭示，情绪类别在心理空间聚类为两个维度：“激活”和“愉悦”。激活维度与手臂运动的速度、加速度和急动相关。例如，快速和急动运动倾向被判断为与高激活情绪（例如愤怒、快乐）有关，然而缓慢平稳运动对应的情绪更可能被判断为低激活情绪（例如悲伤）。相反，愉悦维度（例如区分愤怒和愉快）与肢体的相位关系更密切相关。

前面两段所强调的研究提供了初步但令人信服的证据，表明在提供知觉情绪表达的线索方面，身体和身体部位运动的运动学信息通常是重要的（本节结尾将讨论该领域最新进展）。然而也有证据表明，除了运动学信息，身体运动的形态线索也有助于情绪知觉。正如前文所指，光点显示与全光显示条件下相等或者近乎相等的行为表现表明，静止形态线索对根据可见行为判断人们及其动作贡献很小或者没有贡献。然而，情绪判断研究表明了静止形态线索对于面孔和身体刺激的作用。巴斯里（Bassili）（1978）报告，相对于光点显示的脸部运动，全光显示的情绪分类精确性更高（除了愉快表情），迪特里奇（Dittrich）（1991）的报告显示，以关键面孔结构（例如眼睛和嘴巴）为界的光点面孔刺激和光点随机分布的面孔刺激，引发同样的情绪识别表现。后一结果与希尔（Hill）、神野（Jinno）和约翰斯顿（Johnston）的研究（2003）形成对比，希尔等发现依据面孔运动判断性别，空间标准化条件下比伪随机光点条件下更精确。对于身体表达的情绪，相比全光显示身体运动，光点（Dittrich et al., 1996）与光条（Atkinson et al., 2004）显示条件下情绪识别精确性更低。

笔者和同事的研究表明，在身体情绪表达的光补丁和全光视频中，刺激倒置和运动反转稳定影响基本情绪分类（Atkinson, Tunstall, et al., 2007）。空间倒置长度为3秒的视频显著破坏了这种情况下情绪识别的精确性，但是光补丁显示比全光显示结果更糟，表明倒置破坏形态线索加工比运动学和动力学线索加工更多。视频倒放也显著破坏了情绪识别的精确性，但是光补丁条件下的破坏程度仅略甚于全光显示条件下，因此有力地论证了从身体姿势中识别情绪时形态变化序列的重要性。虽然不能肯定我们的操作完全消除了除运动学以外的其他线索，甚至各线索的组合，但是情绪分类准确度的显著降低，尤其在空间倒置、反转的光补丁显示时，证明了形态线索在情绪知觉中的重要性；然而，在空间倒置、反转的光补丁显示时，情绪分类表现实际上仍然优于随机水平，证明了运动学线索在情绪知觉中的重要性。尽管生物运动的空间倒置破坏了地球引力场中运动相关的动态线索加工，但是如果这些表现差异都是空间倒置造成的，那么光补丁显示应该不会比全光显示的影响更大。

身体表达的情绪知觉使用的是什么形态线索？一种观点是，特定身体姿态的整体形状影响情绪判断，例如身体曲度或者丰满度（Aronoff, Woike, & Hyman, 1992）。我们发现的空间倒置效应（Atkinson, Tunstall, et al., 2007）强调了关系或者结构线索的重要性，进一步证明了以往的观点：结构信息在身体表达的情绪知觉中发挥了重要作用（Dittrich et al., 1996; Stekelenburg & de Gelder, 2004）。相比而言，运动反转效应暂且表明了时空线索（形态随时间的变化）在情绪识别中可能发挥的作用。考虑到表演者运动的常规性本质（详细内容见Atkinson et al., 2004）、有时具有象征性本质（Buck, 1984），我们推断静止形态的结构及其随时间的变化，与身体运动内容而非身体运动方式的表征更紧密相关，后者主要是由运动学定义的（见Giese & Poggio, 2003）。

近期，一项综合性研究试图提取关键的运动和姿势特征，以知觉肢体情绪（Roether et al., 2008, 2009）。首先，要求25个被试通过回忆过去所体验的情绪情景以自我诱导一种情绪（愤怒、害怕、高兴和悲伤），接着他们走过一段记录区域，研究者利用动作捕捉技术记录他们的运动，在情绪诱导之前也记录了中性情绪下的步行运动。然后，使用机器学习技术，罗瑟（Roether）及其同事提取了关节（肩、肘、臀和膝）的平均弯曲角度和这些关节角度的运动轨迹，以明确地区分不同情绪步态（Roether et al., 2009）（这种方法令人联想到了面孔表情研究，详见本书第2章；Susskind, Littlewort, Bartlett, Movellan, & Anderson, 2007）。在随后的实验中，人类观察者对具有相同动作捕捉信息的计算机模拟化身进行归类并评价，结果证实，人类观察者使用的特征与机器学习算法或者“理想观察者”所使用的是高度匹配的（Roether et al., 2009）。例如，肢体曲度所定义的腿部运动变化和姿势，对于愤怒和恐惧知觉很重要，而头部倾斜对悲伤知觉更重要。

步态速度是人类观察者辨别不同情绪的另一重要线索。对比情绪步态和与之速度匹配的中性步态的运动参数发现，运动活动的定量变化独立于步态速度（Roether et al., 2009）。相对于速度匹配的中性步态，情绪步态速度越高则运动活动越多，尤其是手臂部位，情绪步态速度越低则运动活动越少。研究发现，情绪特定的身体姿势变化很大程度上独立于步态速度。而且，对于愤怒、愉快和悲伤表达，左侧身体比右侧身体拥有更显著的关节最大振幅和运动能量（由随时变化的关节角度所定义），因此可知左侧身体比右侧身体情绪表达更强（Roether et al., 2008）。

身体形态和运动的神经加工

人类（或者灵长类动物）的身体形态是一类视觉对象，在高级视觉皮层似乎存在选择性和功能特异性。选择性，意指相比其他刺激类别，脑机制多大程度上被特定的刺激类别（例如脸部或者身体）激活。功能特异性（或者简称功能），意指执行特定过程的机制是特异的。身体选择性视觉机制的证据源自人类和非人类灵长类动物研究（参见 Peelen & Downing, 2007）。对于人类，证据指向的两个不同区域分别是位于外侧枕颞皮层的外纹状身体区域（extrastriate body area, EBA）（Downing, Jiang, Shuman, & Kanwisher, 2001），以及位于梭状回的梭状回身体区域（fusiform body area, FBA）（Peelen & Downing, 2005; Schwarzlose, Baker, & Kanwisher, 2005）。相对于物体、面孔和其他对照刺激，EBA和FBA对人类身体和身体部位选择性地做出反应，尽管相当多的结构重叠存在于FBA和面孔特异性的梭状回面部区域（fusiform face area, FFA）之间（Peelen & Downing, 2005; Schwarzlose et al., 2005），以及EBA、运动加工区域V5/MT和物体形态选择性的外侧枕叶复合体之间（Downing, Wiggett, & Peelen, 2007）。此外也有一些功能成像结果，如人类颅内记录（McCarthy, Puce, Belger, & Allison, 1999; Pourtois, Peelen, Spinelli, Seeck, & Vuilleumier, 2007）和猴子单细胞记录（例如 Desimone, Albright, Gross, & Bruce, 1984）发现，相比面孔、其他物体或者复杂形状，身体或者身体部位会引起特异反应。

关于功能特异性方面，EBA表征所观察身体的静态结构（Downing, Peelen, Wiggett, & Tew, 2006; Peelen, Wiggett, & Downing, 2006），尽管表征似乎发生在个别身体部位水平而非整体结构水平（Taylor, Wiggett, & Downing, 2007; Urgesi, Calvo-Merino, Haggard, & Aglioti, 2007）。如前所述，身体知觉的结构线索包括身体部位的相对位置和它们相对于整个身体的位置（Reed et al., 2006），有证据表明，这两种结构线索的加工，主要依赖FBA而非EBA（Taylor et al., 2007）。还有研究表明，EBA和FBA都加工身体运动线索。初步报告表明，后下颞沟/颞中回对全身光点运动选择性地做出反应（例如Grossman & Blake, 2002; Saygin, Wilson, Hagler, Bates, & Sereno, 2004），反映了构成EBA的身体选择性神经群激活，而非V5/MT重叠区域的运动选择性神经群激活（Peelen et al., 2006）。也有报告称，梭状回对全身运动选择性地做出反应（例如Grossman & Blake, 2002; Jastorff & Orban, 2009），反映了身体选择性而非面孔选择性神经群激活（Peelen et al., 2006）。有人提出这些发现反映了EBA和FBA提取了动作序列构成的各种静态姿势表征的“快照”(Giese & Poggio, 2003; Peelen et al., 2006)。然而，最近一项研究结果表明，EBA和FBA都整合了形态和运动(运动学)信息(Jastorff & Orban, 2009)。然而，该研究也表明，EBA在加工运动时作用更强，而FBA在加工身体结构时作用更强(Jastorff & Orban, 2009)。还有行为证据表明，人体形态和运动反应区域——可能是EBA和FBA，表征身体三维定向(Jackson & Blake, 2010)。

一项研究(Atkinson, Vuong, & Smithson, 2012)提供了证据，表明身体选择性EBA和FBA以及面孔选择性FFA对运动相关的特定线索——尤其是源自运动的形态线索——敏感，它们以专有的刺激类别为特征，而非人类运动本身(无论是否来自面孔或者身体)。正如以往研究所操作的，我们使用fMRI直接对比光点显示的面孔和身体运动，这比某些基线刺激(例如杂乱的光点显示)为对照条件提供的选择性检验更强(例如Grossman & Blake, 2002; Peelen et al., 2006)。通过统计控制基于运动学的情绪强度知觉差异，我们特别关注源于运动的形态信息的贡献。

标准兴趣区(ROI)分析揭示，不论被试是否判断所表达的情绪或刺激点颜色变化，光点身体运动均激活外侧枕颞叶(左侧和右侧EBA)和梭状回(右侧而非左侧FBA)的身体选择性区域(Atkinson et al., 2012)。光点面孔运动激活双侧的面孔选择性FFA，尽管仅当被试外显判断所表达的情绪时，面孔光点比身体光点对右半球的激活更强。体素相关分析揭示，甚至在包含重叠的身体选择性和面部选择性神经群的双侧梭状回，光点身体引发的活动模式与静态身体而非静态面孔的体素选择性正相关(在左右侧EBA也是如此)；然而面孔光点引发的活动与静态面孔而非静态身体的体素选择性正相关。研究进一步表明，相比中性情绪运动，愉快或者愤怒的情绪运动引发几个身体和面孔选择性区域激活增强(Atkinson et al., 2012)。

EBA似乎在知觉他人的关键早期阶段发挥作用(Chan, Peelen, & Downing, 2004)，而非晚期加工阶段，例如与想象的姿势和运动有关的自上而下效应(de Gelder, 2006)。近期颅内记录或对经颅磁刺激(TMS)的研究提供了支持性证据。波特斯(Pourtois)等(2007)记录了一位患者在EBA上的高度身体选择性的视觉诱发电位，从近190 ms开始，到260 ms达到峰值。与此一致，在刺激呈现后150—250 ms(Urgesi, Berlucchi, & Aglioti, 2004; Urgesi, Calvo-Merino, et al., 2007)和150—350 ms(Urgesi, Candidi, Ionta, & Aglioti, 2007)，应用经颅刺激于EBA发现了身体形态的选择性知觉受损。然而，尽管有这些证据，但是除了其在身体形态和运动的早期视觉加工中的作用之外，EBA完全有可能在个人知觉的后期加工阶段发挥作用。FBA和腹侧前运动皮层参与身体和个人知觉的时程仍不清楚，尽管它们优先表征身体部位的结构线索，但是其参与有可能位于EBA作用之后。然而，正如泰勒(Taylor)等(2007)所评论的，考虑到视觉皮层广泛的双向连结，严格的串行模型可能过于简单。

人类脑病变、电生理以及神经成像研究证实，相比身体部位的静态图片和非生物运动，颞上皮层尤其是后部，在知觉身体和面部运动方面发挥着重要作用。人类神经成像研究也揭示，颞上沟(STS)的不同区域对不同身体部位的运动做出选择性反应(参见Blake & Shiffrar, 2007; Puce & Perrett, 2003)。使用TMS破坏右后侧STS的活动，证实了其对知觉身体运动的关键作用（Grossman, Battelli, & Pascual-Leone, 2005）。最近关于60位脑损伤患者的损伤重叠研究表明，光点显示在非生物运动条件下，辨别全身运动的能力损伤与后颞叶和腹侧前运动皮层的损伤相关程度最高，而在对应区域神经功能完整的被试对相同光点显示的全身运动存在选择性作用（Saygin, 2007）。该研究中腹侧前运动皮层的关键作用证实了早期研究的观点，即该区域对光点全身运动具有选择性（例如Saygin et al., 2004）。

STS和其周围皮层对不同身体部位运动的反应的分布表明了一种功能组织，其中不同而有所重叠的皮层提取了生物运动的身体部位的特异性表征，因而STS后部，尤其是右半球，编码了生物运动更高水平的表征，而这些运动并不依赖于特定的身体部位。相当多的证据表明了STS整合运动和形态（以及听觉的）信息的重要作用（例如Beauchamp, 2005），尤其是与社会知觉相关的信息（Puce & Perrett, 2003）。因此，正如加斯特福（Jastorff）和奥本（Orban）（2009）所提出的，当运动复杂性或者任务需求需要详细分析动作时，后部STS特别重要，因为人类运动的EBA和FBA基础加工本身是不够的。

后部STS分析的是局部图像运动和更高水平光流（例如Giese & Poggio, 2003），还是整个人物的更全面运动，现在仍存有争议（例如Lange & Lappe, 2006）。然而，后部STS可能既分析局部运动图像，也分析身体和身体部位结构随时间变化的更全面的运动信息。而且，有研究表明，STS和顶下小叶、下额回一起对人类运动做出反应，而不管运动是符合还是破坏正常的运动学原理。只有左半球的背侧前运动皮层、背外侧前额叶皮层和腹内侧前额叶皮层，对遵循运动学原理的动作激活更强（Casile et al., 2010）。

至此我们已强调了在知觉和识别身体、身体姿势和运动时结构形态和运动信息的使用。某些过程也可能在其中发挥作用，它们依赖存储在长期记忆中的与情绪类别有关的身体姿势和运动的视觉语义，尤其是象征性姿势或者标志（Dittrich, 1991）。然而，这样的图像加工描述及对其的扩展是否足以解释人类知觉和理解身体动作的能力？大多数人类姿势和运动并不是无目的的，而是指向某些目的或者目标的，因而反映了个人意图，或者可能反映了他/她的情绪和其他内部状态。此外，人类并不是被动观察者，而是像被观察姿势和运动的人们一样，拥有意图和情绪，并以目标导向的方式行动。

过去十多年的研究和理论表明，理解他人行动的一条（也许是主要的）途径取决于观察者自己的行动能力。例如，神经成像研究已经表明，腹侧前运动区和顶内皮层以躯体拓扑方式对不同的身体部位运动做出不同的选择性反应（例如Buccino et al., 2001）。而且，腹侧前运动区，尤其是左半球，以其在运动行动的计划（Johnson & Grafton, 2003）和视觉辨别（例如Urgesi, Candidi, et al., 2007）中的作用著称，在加工结构性身体线索中发挥关键作用（Urgesi, Calvo-Merino, et al., 2007）。该证据有助于形成行动理解方面的模拟描述，该模拟描述认为，观察他人行为表现时引发了观察者对被观察行动的离线模拟（例如Blakemore & Decety, 2001; Gallese, Keysers, & Rizzolatti, 2004）。

运动控制研究表明，这种模拟以正向模型、反向模型或者两者兼具的形式计算机实例化（Grush, 2004; Wolpert, Doya, & Kawato, 2003）。正向模型使用运动命令副本，将当前的感觉状态和运动命令映射到执行命令后而产生的感觉和运动状态中。反向模型执行相反转换，通过将与意图行动相关的感觉表征映射到运动命令来执行动作。例如沃尔伯特（Wolpert）等（2003）提出一种观点：观察他人行动时，观察者大脑会根据观察到的运动和个体的当前状态产生一组运动指令。该指令的目的不是驱动观察者自己的运动行为，而是用于预测所观察行动带来的感觉和运动结果，然后与观察到的行动者新状态进行比较。

情绪身体的神经加工

身体情绪知觉的神经基础是最近才开始被揭示的，本节简要总结这类研究。身体和面孔知觉的功能成像研究一致发现：相比中性的相同刺激，表达情绪的身体和面孔刺激对枕叶和颞区的激活增强（参见 Vuilleumier & Driver, 2007）。这种情绪调整被认为是通过杏仁核的反馈（Vuilleumier, Richardson, Armony, Driver, & Dolan, 2004; 也见本书第14章），优先进行情绪显著事件的视觉加工（Vuilleumier, 2005）。

功能性ROI分析表明，相比中性面孔，情绪面孔对FFA的激活更强（例如Pessoa, McKenna, Gutierrez, & Ungerleider, 2002），而且相比中性身体运动，情绪身体运动对EBA和FBA的激活增强（Peelen, Atkinson, Andersson, & Vuilleumier, 2007）。

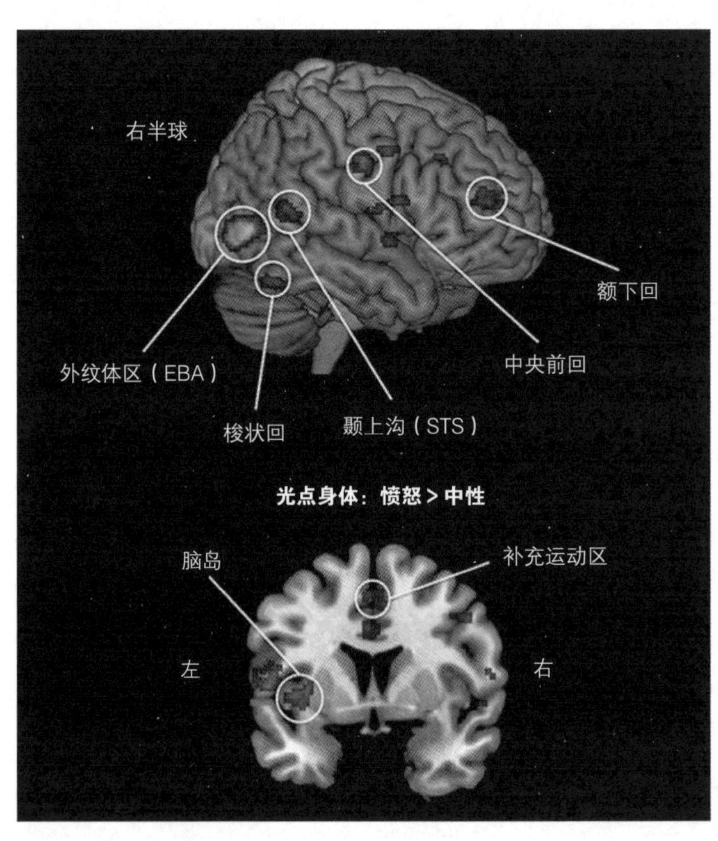

图 8.2　愤怒相对中性的光点全身运动刺激所诱发的fMRI激活。显著激活簇（$p < 0.01$，未校正，基于体素水平）重叠于标准脑的右半球，矢状面视角（上图）和冠状切片（下图）；它们呈现在所标记区域。愤怒和其他情绪的身体运动激活了标记区域，如正文所讨论的（见“情绪身体的神经加工”一节）。数据来自阿特金森等（Atkinsin et al., 2012）

图8.2提供了情绪调整皮层活动的图示，包括通过观察身体刺激而产生EBA和梭状回的情绪调整。

假定EBA和FBA的作用是提取和整合运动学与静态形态线索（正如前节所讨论的），这些研究结果表明，与中性身体姿势和运动相比，情绪增强了运动学和形态线索加工。例如，杏仁核某种程度上是EBA和FBA的情绪调整源，这可能反映了杏仁核所产生的对所观察身体的情绪效价或者显著性的初步基本评价，以及随之将更多的注意或者加工“资源”分配到涉及提取运动学和形态线索的脑区。当然，这种解释假设一些初级视觉加工已经发生，足以辨别所观察身体的情绪效价或者显著性。这些加工过程需得到进一步研究阐明。

研究所观察到的情绪性身体和面孔刺激调整身体选择性和面孔选择性区域，引起了一种有趣的可能性，源自身体或者面孔的情绪信号可能精确调整那些编码所观察刺激类别的神经元群（Sugase, Yamane, Ueno, & Kawano, 1999），而不是反映面部和身体表达知觉之间的“协同作用”（de Gelder, Snyder, Greve, Gerard, & Hadjikhani, 2004）或者外纹视觉皮层所有视觉加工的整体促进。然而，身体选择性FBA与面孔选择性FFA存在部分重叠，尽管使用高空间分辨率（Schwarzlose et al., 2005）或者多体素模式分析（Downing et al., 2007; Peelen & Downing, 2005）时这些区域是分离的。因此，梭状回的面孔和身体选择性神经元有可能都受到情绪身体表达的调整。或者，身体表达情绪仅增强身体选择性神经元群的加工，之所以能观察到FFA的显著调整是因为该区域与FBA高度重叠。皮林（Peelen）等（2007）的研究结论支持了后一种假设。体素相关分析（多体素模式分析的一种形式）表明，在梭状回和EBA所观察到的动态身体刺激的情绪调整强度与身体选择性程度相关，而与面孔选择性程度无关。

然而，皮林等（2007）仅为原本的两部分论点提供了一部分证据。这种情况类似于神经心理学中单分离和双分离的区别。一组患者在一个任务中表现出受损但是在另一个任务中未受损，这个结果不能作为令人信服的证据，以论断两个任务由不同或者独立过程促进，因为该单分离无法排除患者之所以产生表现差异，可能仅仅是因为，相比其他任务，某个任务对损伤更敏感（例如，Shallice, 1988）。同样地，皮林等（2007）发现动态情绪身体刺激增加身体选择性而非面部选择性区域激活，可能反映了身体选择性皮层比面部选择性皮层对情绪调节本身更敏感，而非类别特定情绪调节。通过身体调整的身体选择性（而非面部选择性）区域和通过面孔调整的面孔选择性（而非身体选择性）区域，将提供特定类别情绪调整的真正证据。然而，我们的最近一项研究没有得到这种发现（Atkinson et al., 2012）——光点显示的情绪面孔和身体运动都不存在这种情况。我们发现只有有限的刺激类别选择性情绪调整。具体而言，情绪身体运动增强了右侧和左侧EBA活动，但是情绪面孔运动则没有。无论什么任务条件下，这两个ROI中身体选择性更强的体素，得到的由身体运动（而非面孔运动）展示的情绪表达的调整也更强。然而，尽管情绪面孔和身体运动调整梭状回活动，而且情绪身体运动调整右侧STS后部活动，但是没有证据表明这些区域以刺激类别选择性方式进行情绪调整。因此，我们的研究（Atkinson et al., 2012）结果表明，在身体和面孔选择性区域中，身体和面孔运动的神经反应的情绪调整不对称。这种不对称动摇了以下论断：情绪表达动作调整编码所观察刺激类别的神经元群（Peelen et al., 2007）。仍需要进一步研究检验这些结果是否可推广到除了愤怒和愉快之外的情绪表达，以及是否可以推广到静态可见的全光显示的面孔和身体条件下。

到目前为止，我们回顾了神经成像证据，表明了杏仁核在加工情绪身体表达中的作用。尽管需要更多的工作揭示杏仁核对身体情绪知觉的可能作用的确切本质和其他作用，但是来自损伤研究的结果表明，与杏仁核对情绪身体知觉的必要性不一致。斯普里格梅尔（Sprengelmeyer）等（1999）发现，一个双侧杏仁核损伤的被试识别恐惧姿势的能力受损，与该个体识别用面孔和声音表达的恐惧的能力受损一致。然而，该被试的损伤不完全局限于杏仁核，也包括左丘脑的一些区域，而且损伤也不包括两侧整个杏仁核：左侧杏仁核并非全部损伤，其损伤面积小于右侧杏仁核。因此，有可能该被试识别恐惧身体姿势受损不完全是杏仁核损伤的结果。

另外两项研究已经表明，一个患有双侧杏仁核损伤的被试SM对几种不同的全身刺激拥有正常的情绪识别，该被试的脑损伤包括双侧全部杏仁核，并且之前已经表明她识别恐惧面孔表情的能力受损（后者的证据请参见Adolphs, Tranel, Damasio, & Damasio, 1994）。其中一项研究改变了富含情绪的取自戏剧视频场景的图片，使图片中的面孔表情不可见。虽然这种改变显著降低了正常被试识别角色所有情绪（包括恐惧）的能力，但是SM在迫选范式中正常识别了恐惧——事实上表现得比完整照片更好（Adolphs & Tranel, 2003）（应注意的是，另外三个双侧损伤——包括杏仁核和其他内侧颞叶结构——的被试在掩蔽和完整照片上表现同样正常）。在第二项研究（Atkinson, Heberlein, et al., 2007）中，使用四种不同的全身刺激测试SM：一组脸部模糊的情绪身体姿势照片；一组动态刺激，其中演员面向前方、以全身姿势表达情绪；一组由光补丁显示的相同刺激（类似于光点：Atkinson et al., 2004）；一组光点显示的情绪步行者视频，其中演员在走路、爬行、跳舞，或者横穿视野（Heberlein et al., 2004; Heberlein & Saxe, 2005）。另一位双侧杏仁核损伤的被试AP被安排在设置好的两组（身体姿势照片和光点步行者）中进行测试。在迫选任务中，两个被试都可以从所有刺激组中正常识别恐惧情绪（Atkinson, Heberlein, et al., 2007）。因而，这两个研究结果，使得杏仁核是正常识别情绪身体运动所必要的这一论断无法成立。

与戈尔德（de Gelder）及其同事的数据相一致（例如de Gelder et al., 2004），可能的情况是，在正常大脑中，杏仁核将所知觉的恐惧身体表达与相关的运动计划相关联。据此，尽管SM能够知道她所知觉的个体是恐惧的，但是看到另一个人的恐惧身体表达她不会计划逃跑行为。未来实验需检查杏仁核对全身表达反应的作用，可能包括：检查双侧杏仁核损伤患者的诱发运动反应或者运动相关的活动，以及进一步调查杏仁核对于动态和静态全身表达的反应，理论上应该包括个体差异测量。

到目前为止，笔者一直强调结构形态线索和运动学信息对身体运动情绪识别的作用。然而，单纯的图像加工描述可能不足以理解情绪表达，或者无法提供理解他人情绪表达的方式的细节。我们识别他人情绪状态的一种方式可能是知觉自身内部的情绪反应（例如Adolphs, 2002; Gallese et al., 2004; Heberlein & Atkinson, 2009）。对该观点的一种解释是，对他人表情的视觉表征能使我们体验到他人的感受（即情感传染），从而使我们能够推断他人的情绪状态。也就是说，推断所观察者情绪状态的依据是“内部”知识；体验自己的情绪（即使以衰减或者无意识形式）是重要的，也许是准确判断他人情绪的必要步骤。另一种并存而令人信服的不同观点是，对他人情绪的感知，是通过生成身体状态相关的体觉图像模拟所观察的情绪状态（Adolphs, 2002），或者模拟产生所观察情绪表达的运动程序（例如Gallese et al., 2004; Leslie, Johnson-Frey, & Grafton, 2004）达成的。

情绪识别模拟解释的重要证据，源自研究所表明的躯体感觉皮层参与外显判断情绪表达。使用针对脑损伤被试的损伤重叠分析，三个独立研究发现对于静态面孔（Adolphs, Damasio, Tranel, Cooper, & Damasio, 2000）、韵律（Adolphs, Damasio, Tranel, 2002）以及光点刺激表征的身体运动（Heberlein et al., 2004），一系列情绪的识别受损与右侧躯体感觉皮层损伤的相关性最高。这些研究中患者间最大的损伤重叠区域位于右侧中央后回后部，接近缘上回，因此不仅包括初级躯体感觉区，也包括更多的次级躯体感觉区后部。情绪识别能力受损也与脑岛和左侧额叶岛盖的损伤相关。考虑到只有当损伤仅限于某些结构时，损伤法才能揭示这些结构的关键作用，以下两项研究（Adolphs et al., 2002; Heberlein et al., 2004）因此显得尤为重要：限于右侧躯体感觉皮层损伤的少量被试情绪识别也受损，而右侧躯体感觉皮层无损伤——但中央后回附近运动区域损伤——的被试也无情绪识别受损。几项功能神经成像的研究证实了这些基于损伤的发现，其中两项研究已在本文提及（图8.3提供示例，说明当观察者判断身体和面部刺激的情绪表达时所激活的区域）。

温斯顿，欧多尔蒂（O’Doherty）和多兰（2003）发现，当被试做情绪判断时，相对于判断男性化的面孔，右侧躯体感觉皮层以及腹内侧前额叶皮层（也表征躯体状态）活动增强。赫波利和萨克斯（Saxe）（2005）发现，当被试对光点步行者做情绪判断（给定一组情绪词，评价刺激的适合程度）时，相比他们对相同刺激进行人格特质判断（给定特质词的类似任务），位于右侧中央后回和缘上回边界处的一个区域更加活跃。而且，基于赫波利等（2004）的研究，在损伤重叠最大的兴趣区（即右侧躯体感觉皮层后部），情绪判断比人格特质判断引起的反应更活跃。左侧额下回的一个单独区域，与损伤和fMRI研究的人格特质判断相关（Heberlein & Saxe, 2005）。

此外，有三项研究对健康大脑使用TMS，证实了右侧躯体感觉皮层对面孔（Pitcher, Garrido, Walsh, & Duchaine, 2008; Pourtois et al., 2004）和声音（van Rijn et al., 2005）情绪识别的重要作用。皮切尔（Pitcher）等（2008）的研究的主要贡献在于，表明了右侧躯体感觉皮层和右侧枕叶面孔区域（occipital face area, OFA）在情绪识别的不同关键时期发挥作用：右侧OFA精确定位在刺激开始的60—100 ms，而右侧躯体感觉皮层精确定位到后期加工阶段，即刺激开始的100—170 ms。TMS在确认右侧躯体感觉皮层是否为健康个体识别身体情绪表达的关键脑区方面尚未得到使用。在右侧和左侧躯体感觉皮层使用TMS进行进一步研究，将有助于确定躯体感觉皮层对基于面部或者身体表达的情绪识别的作用。

阿道夫斯和斯皮尔奥（Spezio）（2006）提出杏仁核在情绪识别的模仿解释中发挥作用。他们认为杏仁核以类似调整高级视觉皮层的方式调整躯体感觉和脑岛。因此，杏仁核活动可能增加躯体感觉和脑岛对观察者自身所接收信号的敏感性，增强这些区域对特定输入类型的选择性，或者重

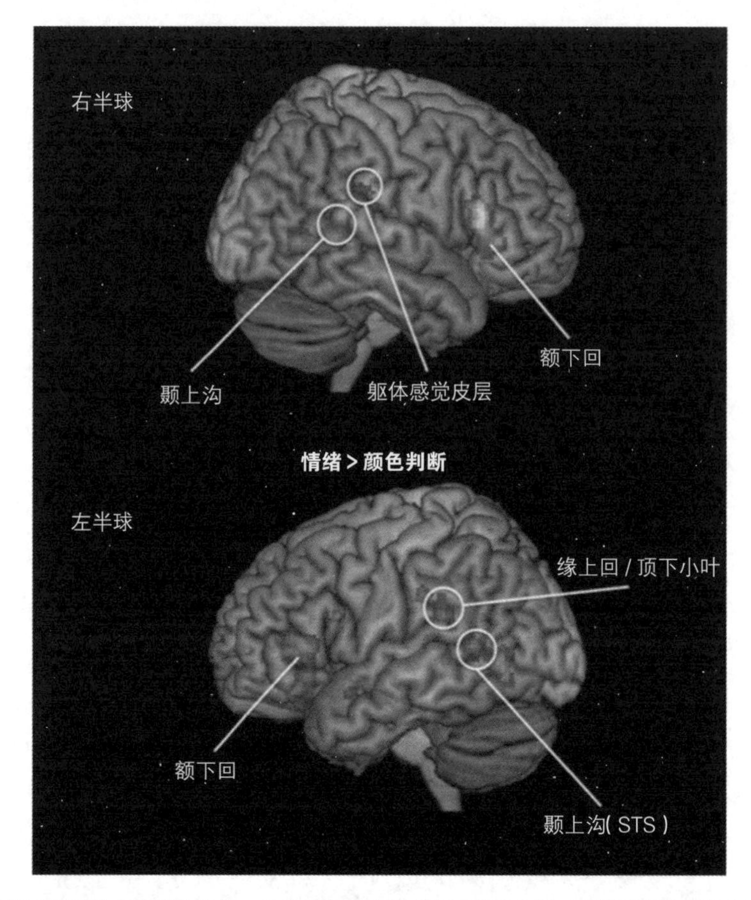

图 8.3 相对于判断相同刺激的点的颜色变化，外显判断身体和面孔运动光点显示的情绪表达时的fMRI激活。显著激活簇（p<0.01，未校正，基于体素水平）重叠在标准脑左右半球的矢状面；它们位于所标记区域。正如文中所讨论的（见“情绪身体的神经加工”一节），其他fMRI研究也表明当观察者判断身体、面孔或者声音刺激的情绪表达时躯体感觉皮层激活，包括缘上回；而且，损伤和TMS证据表明躯体感觉区在情绪识别中发挥重要作用。数据源自阿特金森等（2012），尽管文章没有报告这些特定结果

新激活先前习得的刺激-身体反应联结。虽然这一观点得到了猴子的杏仁核与躯体感觉皮层和脑岛存在直接和间接的解剖连接的支持（参见Adolphs & Spezio, 2006），但是还需要使用神经成像和单细胞记录提供进一步的证据，在人类观察者判断身体、面孔和声音所表达的情绪时，检查各区域之间的功能连接。

最后，已知参与运动计划和执行的脑区也参与身体情绪表达加工。例如，戈尔德等（2004）指出，相对于中性情绪姿势，恐惧而非愉快的静态身体姿势激活的参与运动计划和行动表征的皮层区域，包括辅助运动区、额下回和双侧中央前回。他们认为恐惧的（而非愉快或中性的）静态身体姿势增强了行动表征区域的激活，反映了与恐惧相关的运动计划的直接参与，似乎该情况下蕴含了逃走准备状态的激活。虽然格鲁兹（Grèzes），皮维（Pichon）和戈尔德（2007）发现，与中性身体相比，无论动态还是静态信息条件下的恐惧身体都激活了少量行动表征区域，恐惧身体运动相对于中性身体运动仅优先激活右侧前运

动皮层。格鲁兹等认为，仍然不清楚前运动皮层恐惧相关激活增强是否反映了运动模拟程序作为行为和情绪理解手段的参与，而非恐惧运动反应的准备。同一研究组近期的一项研究表明，与中性全身动作相比，观察威胁相关（恐惧或者愤怒）动作激活了动作相关网络，包括前运动皮层，不论是任务设置还是“注意控制”条件下——具体而言，不管是让被试指出动作表达的情绪，还是指出在视频片段中短暂出现的点的颜色（Pichon, de Gelder, & Grèzes, 2011; 更多关于情绪和自上而下注意之间的交互作用的内容，请见第14章）。

结论

本章探讨了对身体情绪表达的知觉及其神经机制这一新兴研究领域。对其的综述必然是简短的；戈尔德（2006, 2009）的研究和他与同事（2010）的共同工作为身体情绪表达的视觉和神经加工作了补充，皮林和唐宁（Downing）（2007）以及戈尔德等（2010）则丰富了身体本身的视觉和神经加工领域的研究。本章已经介绍了辨别或者识别不同身体情绪表达依赖于各种视觉线索：身体运动学线索，随时间变化的身体形态序列线索，以及静态形态线索，特别是结构形态线索。提取身体形态和运动信息的皮层区域对情绪躯体激活更强，因而在情绪知觉中发挥作用，然而其精确作用仍在探究中。视觉区域的情绪调整至少部分被杏仁核反馈促进，而杏仁核本身对于成功识别身体表达情绪不是必要的。然而，知觉身体情绪不止涉及视觉能力。观看情绪身体有时涉及参与计划和执行运动动作的区域，表明观察者通过适当的动作准备或者模仿所观察的动作（或者两者兼具）来理解身体情绪。而且，外显判断情绪表达涉及参与表征所观察情绪状态相关的躯体变化的脑区，表明了解他人感受涉及对所观察情绪状态的模拟，这通过生成相关身体状态的躯体感觉图像完成。

考虑到在日常生活中人类不止依赖于他人情绪状态这一种线索源，因而考虑知觉多模块情绪信号（即身体、面孔和声音中的两个或者多个信号）也很重要。对此感兴趣的读者可以参考凡登斯托克（Van den Stock）、里格哈特（Righart）和戈尔德（2007）的研究。而且，尽管身体、面孔和声音的情绪信号拥有不同的感觉特征，但重要的是我们都能够借以评估他人的感受。这些不同的感觉线索——身体部位的运动和姿势，面孔特征之间的大小、形状和关系变化，声音的声学变化——通常配套指向相同含义，例如某人害怕或者愉快。因此，当评估他人感受时，对他人情绪状态的表征是从特定感觉输入中抽象出来的。相关研究为此提供了证据，先前涉及情绪加工、心理状态归因和“心理理论”的两个高级脑区——内侧前额叶皮层（medial prefrontal cortex, mPFC）和左侧颞上沟（superior temporal sulcus, STS），独立于情绪表达的模块（身体、面孔和声音）——在抽象水平上表征所知觉的情绪（Peelen, Atkinson, & Vuilleumier, 2010）。在这个fMRI研究中，被试的任务是从在充分照明下的身体运动、面部运动或者声音语调中，评估所知觉的情绪强度。采用多体素模式分析后，皮林及其同事发现，mPFC和左侧STS存在刺激模块独立但是情感类别特定的活动模式。这些区域的多体素模式包括通过所有模块对比（面孔－身体、面孔－声音、身体－声音）所知觉情绪的类别信息（愤怒、厌恶、恐惧、愉快、悲伤），并且独立于所知觉的情绪强度。这些结果表明mPFC和左侧STS在理解和分类他人情绪心理状态中发挥着重要作用。未来研究需要进一步探索除了皮林及其同事所测量的情绪，当观察者未外显评价情绪内容或者注意刺激时，情绪特定的超模态表征是否存在？未来研究的另一条有趣的研究之路是考察mPFC和左侧STS在情绪知觉和自我体验的情绪方面的激活是否相似，特别是考虑到有证据表明mPFC涉及情绪知觉和体验（Kober et al., 2008; Lee & Siegle, 2009）。mPFC可能凭借其在产生知觉者自己的情绪反应中的作用参与评价他人情绪。

重点问题和未来方向

· 大脑如何处理特定的运动学、结构形态和动作线索？行为研究是否已经表明观察者利用这些线索辨别和识别身体所表达的情绪？

· 当观察情绪身体时，相比中性身体，视觉加工的哪些特定方面会得到增强？视觉皮质区的这种情绪调整反映的是对身体特定线索还是对更一般化的视觉线索（其中一些线索包含在身体刺激中）加工的增强？

· 相对于中性身体，观察情绪身体时运动计划和行动准备的哪些特定方面参与其中？所有身体情绪还是仅某些特定情绪的表达，涉及参与运动计划和行动准备的神经区域？这反映的是对所观察到的情绪做出适宜的行动准备（例如，当看到一个人恐惧或者愤怒时，吓得呆住或者逃跑），还是对所观察到的动作做出离线模拟，以有助于理解情绪和行动？

· 躯体感觉皮层和脑岛参与身体（和面部）情绪判断的重要作用，反映了内感（所观察情绪相关的内部身体状态变化的模拟）还是本体感受（尤其是对所观察的身体运动和姿势的模拟）？

· 加工身体本身，特别是情绪身体，所涉及的各区域（包括身体选择性的EBA和FBA、STS、杏仁核、躯体感觉皮层、脑岛和前额叶皮层）之间的功能关系是什么？例如，杏仁核将所知觉的身体表达情绪（例如恐惧）与相关运动计划相关联，以便促进动作准备或者动作/情绪理解？或者杏仁核调整躯体感觉皮层和脑岛活动，从而增强这些区域对观察者自身所接收信号的敏感性，或者增强这些区域对特定输入类型的选择性，或者重新激活先前所习得刺激和身体反应之间的联结？

· 自闭症个体识别身体所表达的情绪的缺陷与知觉整体连贯运动损伤有关（Atkinson, 2009）。自闭症个体也表现出参与身体视觉加工、身体动作产生与理解的脑区激活不足，以及它们之间功能连接异常（例如Grèzes, Wicker, Berthoz, & de Gelder, 2009; Hadjikhani et al., 2009）的情况。自闭症个体的视觉和注意力损伤与情绪识别损伤之间的关系是什么？ 这些损伤与自闭症症状及其并发症（例如注意力缺陷和低智商）的个体差异之间存在怎样的关系？这些损伤如何用受损的特定脑区的功能和脑区之间的功能连接解释？哪些训练技术或者干预措施能够减轻这些损伤对日常社会功能的影响？

参考文献

Adolphs, R. (2002). Recognizing emotion from facial expressions: Psychological and neurological mechanisms. *Behavioral and Cognitive Neuroscience Reviews*, *1*, 21–62.

Adolphs, R., Damasio, H., & Tranel, D. (2002). Neural systems for recognition of emotional prosody: A 3-D lesion study. *Emotion*, *2*, 23–51.

Adolphs, R., Damasio, H., Tranel, D., Cooper, G., & Damasio,

A. R. (2000). A role for somatosensory cortices in the visual recognition of emotion as revealed by three-dimensional lesion mapping. *Journal of Neuroscience*, *20*, 2683–90.

Adolphs, R., & Spezio, M. (2006). Role of the amygdala in processing visual social stimuli. *Progress in Brain Research*, *156*, 363–78.

Adolphs, R., & Tranel, D. (2003). Amygdala damage impairs emotion recognition from scenes only when they contain facial expressions. *Neuropsychologia*, *41*, 1281–9.

Adolphs, R., Tranel, D., Damasio, H., & Damasio, A. (1994). Impaired recognition of emotion in facial expressions following bilateral damage to the human amygdala. *Nature*, *372*, 669–72.

Aronoff, J., Woike, B. A., & Hyman, L. M. (1992). Which are the stimuli in facial displays of anger and happiness? Configurational bases of emotion recognition. *Journal of Personality and Social Psychology*, *62*, 1050–66.

Atkinson, A. P. (2009). Impaired recognition of emotions from body movements is associated with elevated motion coherence thresholds in autism spectrum disorders. *Neuropsychologia*, *47*, 3023–9.

Atkinson, A. P., Dittrich, W. H., Gemmell, A. J., & Young, A. W. (2004). Emotion perception from dynamic and static body expressions in point-light and full-light displays. *Perception*, *33*, 717–46.

Atkinson, A. P., Heberlein, A. S., & Adolphs, R. (2007). Spared ability to recognise fear from static and moving whole-body cues following bilateral amygdala damage. *Neuropsychologia*, *45*, 2772–82.

Atkinson, A. P., Tunstall, M. L., & Dittrich,W. H. (2007). Evidence for distinct contributions of form and motion information to the recognition of emotions from body gestures. *Cognition*, *104*, 59–72.

Atkinson, A. P., Vuong, Q. C., & Smithson, H. E. (2012). Modulation of the face- and body-selective visual regions by the motion and emotion of point-light face and body stimuli. *Neuroimage*, *59*, 1700–12.

Barclay, C. D., Cutting, J. E., & Kozlowski, L. T. (1978). Temporal and spatial factors in gait perception that influence gender recognition. *Perception and Psychophysics*, *23*, 145–52.

Bassili, J. N. (1978). Facial motion in the perception of faces and of emotional expression. *Journal of Experimental Psychology: Human Perception and Performance*, *4*, 373–9.

Beauchamp, M. S. (2005). See me, hear me, touch me: Multisensory integration in lateral occipital-temporal cortex. *Current Opinion in Neurobiology*, *15*, 145–53.

Beintema, J. A., & Lappe, M. (2002). Perception of biological motion without local image motion. *Proceedings of the National Academy of Sciences*, *99*, 5661–3.

Bertenthal, B. I., & Pinto, J. (1994). Global processing of biological motions. *Psychological Science*, *5*, 221–5.

Blake, R., & Shiffrar, M. (2007). Perception of human motion. *Annual Review of Psychology*, *58*, 47–73.

Blakemore, S. J., & Decety, J. (2001). From the perception of action to the understanding of intention. *Nature Reviews Neuroscience*, *2*, 561–7.

Buccino, G., Binkofski, F., Fink, G. R., Fadiga, L., Fogassi, L., Gallese, V., et al. (2001). Action observation activates premotor and parietal areas in a somatotopic manner: An fMRI study. *European Journal of Neuroscience*, *13*, 400–4.

Buck, R. (1984). *The communication of emotion*. New York: Guilford Press.

Buck, R. (1994). Social and emotional functions in facial expression and communication: The readout hypothesis. *Biological Psychology*, *38*, 95–115.

Casile, A., Dayan, E., Caggiano, V., Hendler, T., Flash, T., & Giese, M. A. (2010). Neuronal encoding of human kinematic invariants during action observation. *Cerebral Cortex*, *20*, 1647–55.

Casile, A., & Giese, M. A. (2005). Critical features for the recognition of biological motion. *Journal of Vision*, *5*, 348–60.

Chan, A. W., Peelen, M. V., & Downing, P. E. (2004). The effect of viewpoint on body representation in the extrastriate body area. *Neuroreport*, *15*, 2407–10.

Coulson, M. (2004). Attributing emotion to static body postures: Recognition accuracy, confusions, and viewpoint dependence. *Journal of Nonverbal Behavior*, *28*, 117–39.

Darwin, C. (1998). *The expression of the emotions in man and animals* (3rd ed.). London: Harper Collins. (Original work published in 1872)

de Gelder, B. (2006). Towards the neurobiology of emotional body language. *Nature Reviews Neuroscience*, *7*, 242–9.

de Gelder, B. (2009). Why bodies? Twelve reasons for including bodily expressions in affective neuroscience. *Philosophical Transactions of the Royal Society of London, Series B: Biological Sciences*, *364*, 3475–84.

de Gelder, B., Snyder, J., Greve, D., Gerard, G., & Hadjikhani, N. (2004). Fear fosters flight: A mechanism for fear contagion when perceiving emotion expressed by a whole body. *Proceedings of the National Academy of Sciences*, *101*, 16701–6.

de Gelder, B., Van den Stock, J., Meeren, H. K.M., Sinke,

C. B. A., Kret, M. E., & Tamietto, M. (2010). Standing up for the body: Recent progress in uncovering the networks involved in the perception of bodies and bodily expressions. *Neuroscience & Biobehavioral Reviews*, *34*, 513–27.

de Meijer, M. (1989). The contribution of general features of body movement to the attribution of emotions. *Journal of Nonverbal Behavior*, *13*, 247–68.

Desimone, R., Albright, T. D., Gross, C. G., & Bruce, C. (1984). Stimulus-selective properties of inferior temporal neurons in the macaque. *Journal of Neuroscience*, *4*, 2051–62.

Diamond, R., & Carey, S. (1986). Why faces are and are not special: An effect of expertise. *Journal of Experimental Psychology: General*, *115*, 107–17.

Dittrich, W. H. (1991). Das Erkennen von Emotionen aus Ausdrucksbewegungen des Gesichts. *Psychologische Beitrage*, *33*, 366–77.

Dittrich, W. H., Troscianko, T., Lea, S., & Morgan, D. (1996). Perception of emotion from dynamic point-light displays represented in dance. *Perception*, *25*, 727–38.

Downing, P. E., Jiang, Y., Shuman, M., & Kanwisher, N. (2001). A cortical area selective for visual processing of the human body. *Science*, *293*, 2470–3.

Downing, P. E., Peelen, M. V., Wiggett, A. J.,& Tew, B. D. (2006). The role of the extrastriate body area in action perception. *Social Neuroscience*, *1*, 52–62.

Downing, P. E., Wiggett, A. J., & Peelen, M. V. (2007). Functional magnetic resonance imaging investigation of overlapping lateral occipitotemporal activations using multi-voxel pattern analysis. *Journal of Neuroscience*, *27*, 226–33.

Ekman, P. (1992). An argument for basic emotions. *Cognition & Emotion*, *6*, 169–200.

Ekman, P., & Friesen, W. (1969). The repertoire of nonverbal behavior: Categories, origins, usage, and coding. *Semiotica*, *1*, 49–98.

Fridlund, A. J. (1991). Evolution and facial action in reflex, social motive, and paralanguage. *Biological Psychology*, *32*, 3–100.

Gallese, V., Keysers, C., & Rizzolatti, G. (2004). A unifying view of the basis of social cognition. *Trends in Cognitive Sciences*, *8*, 396–403.

Giese, M. A., & Poggio, T. (2003). Neural mechanisms for the recognition of biological movements. *Nature Reviews Neuroscience*, *4*, 179–92.

Grèzes, J., Pichon, S., & de Gelder, B. (2007).Perceiving fear in dynamic body expressions. *Neuroimage*, *35*, 959–67.

Grèzes, J., Wicker, B., Berthoz, S., & de Gelder, B. (2009). A failure to grasp the affective meaning of actions in autism spectrum disorder subjects. *Neuropsychologia*, *47*, 1816–25.

Grossman, E. D., Battelli, L., & Pascual-Leone, A. (2005). Repetitive TMS over posterior STS disrupts perception of biological motion. *Vision Research*, *45*, 2847–53.

Grossman, E. D., & Blake, R. (2001). Brain activity evoked by inverted and imagined biological motion. *Vision Research*, *41*, 1475–82.

Grossman, E. D., & Blake, R. (2002). Brain areas active during visual perception of biological motion. *Neuron*, *35*, 1167–75.

Grush, R. (2004). The emulation theory of representation: motor control, imagery, and perception. *Behavioral and Brain Sciences*, *27*, 377–96; discussion 396–442.

Hadjikhani, N., & de Gelder, B. (2003). Seeing fearful body expressions activates the fusiform cortex and amygdala. *Current Biology*, *13*, 2201–5.

Hadjikhani, N., Joseph, R. M., Manoach, D. S., Naik, P., Snyder, J., Dominick, K., et al. (2009). Body expressions of emotion do not trigger fear contagion in autism spectrum disorder. *Social Cognitive and Affective Neuroscience*, *4*, 70–8.

Heberlein, A. S., Adolphs, R., Tranel, D., & Damasio, H. (2004). Cortical regions for judgments of emotions and personality traits from point-light walkers. *Journal of Cognitive Neuroscience*, *16*, 1143–58.

Heberlein, A. S., & Atkinson, A. P. (2009). Neuroscientific evidence for simulation and shared substrates in emotion recognition: Beyond faces. *Emotion Review*, *1*, 162–77.

Heberlein, A. S., & Saxe, R. R. (2005). Dissociation between emotion and personality judgments: Convergent evidence from functional neuroimaging. *Neuroimage*, *28*, 770–7.

Hejmadi, A., Davidson, R. J., & Rozin, P. (2000). Exploring Hindu Indian emotion expressions: Evidence for accurate recognition by Americans and Indians. *Psychological Science*, *11*, 183–7.

Hill, H., Jinno, Y., & Johnston, A. (2003). Comparing solid-body with point-light animations. *Perception*, *32*, 561–6.

Hubert, B., Wicker, B., Moore, D. G., Monfardini, E., Duverger, H., Da Fonseca, D., et al. (2007). Recognition of emotional and non-emotional biological motion in individuals with autistic spectrum disorders. *Journal of Autism and Developmental Disorders*, *37*, 1386–92.

Jackson, S., & Blake, R. (2010). Neural integration of information specifying human structure from form, motion, and depth. *Journal of Neuroscience*, *30*, 838–48.

James, W. (1932). A study of the expression of bodily posture. *Journal of General Psychology*, *7*, 405–36.

Jastorff, J., & Orban, G. A. (2009). Human functional magnetic resonance imaging reveals separation and integration of shape and motion cues in biological motion processing. *Journal of Neuroscience*, *29*, 7315–29.

Johansson, G. (1973). Visual perception of biological motion and a model for its analysis. *Perception and Psychophysics*, *14*, 201–11.

Johnson, S. H., & Grafton, S. T. (2003). From 'acting on' to 'acting with': The functional anatomy of object-oriented action schemata. *Progress in Brain Research*, *142*, 127–39.

Kober, H., Barrett, L. F., Joseph, J., Bliss-Moreau, E., Lindquist, K., & Wager, T. D. (2008). Functional grouping and cortical-subcortical interactions in emotion: A meta-analysis of neuroimaging studies. *Neuroimage*, *42*, 998–1031.

Laban, R., & Ullmann, L. (1988). *The mastery of movement* (4th ed.). Plymouth, England: Northcote House.

Lange, J., & Lappe, M. (2006). A model of biological motion perception from configural form cues. *Journal of Neuroscience*, *26*, 2894–906.

Lee, K. H., & Siegle, G. J. (2009). Common and distinct brain networks underlying explicit emotional evaluation: A meta-analytic study. *Social Cognitive and Affective Neuroscience*. doi: 10.1093/scan/nsp001

Leslie, K. R., Johnson-Frey, S. H., & Grafton, S. T. (2004). Functional imaging of face and hand imitation: Towards a motor theory of empathy. *Neuroimage*, *21*, 601–7.

Loula, F., Prasad, S., Harber, K., & Shiffrar, M. (2005). Recognizing people from their movement. *Journal of Experimental Psychology: Human Perception and Performance*, *31*, 210–20.

Mather, G., & Murdoch, L. (1994). Gender discrimination in biological motion displays based on dynamic cues. *Proceedings of the Royal Society of London, Series B: Biological Sciences*, *258*, 273–9.

Mather, G., Radford, K., & West, S. (1992). Low level visual processing of biological motion. *Proceedings of the Royal Society of London, Series B: Biological Sciences*, *249*, 149–55.

McCarthy, G., Puce, A., Belger, A., & Allison, T. (1999). Electrophysiological studies of human face perception. II: Response properties of face-specific potentials generated in occipitotemporal cortex. *Cerebral Cortex*, *9*, 431–44.

McLeod, P., Dittrich, W., Driver, J., Perrett, D., & Zihl, J. (1996). Preserved and impaired detection of structure from motion by a "motion-blind" patient. *Visual Cognition*, *3*, 363–91.

Minnebusch, D. A., Suchan, B., & Daum, I. (2009). Losing your head: Behavioral and electrophysiological effects of body inversion. *Journal of Cognitive Neuroscience*, *21*, 865.

Montepare, J., Goldstein, S. B., & Clausen, A. (1987). The identification of emotions from gait information. *Journal of Nonverbal Behavior*, *11*, 33–42.

Moore, D. G., Hobson, R. P., & Lee, A. (1997). Components of person perception: An investigation with autistic, non-autistic retarded and typically developing children and adolescents. *British Journal of Developmental Psychology*, *15*, 401–23.

Pavlova, M., Lutzenberger, W., Sokolov, A., & Birbaumer, N. (2004). Dissociable cortical processing of recognizable and non-recognizable biological movement: Analysing gamma MEG activity. *Cerebral Cortex*, *14*, 181–8.

Peelen, M. V., Atkinson, A. P., Andersson, F., & Vuilleumier, P. (2007). Emotional modulation of body-selective visual areas. *Social Cognitive and Affective Neuroscience*, *2*, 274–83.

Peelen, M. V., Atkinson, A. P., & Vuilleumier, P. (2010). Supramodal representations of perceived emotions in the human brain. *Journal of Neuroscience*, *30*, 10127–34.

Peelen, M. V., & Downing, P. E. (2005). Selectivity for the human body in the fusiform gyrus. *Journal of Neurophysiology*, *93*, 603–8.

Peelen, M. V., & Downing, P. E. (2007). The neural basis of visual body perception. *Nature Reviews Neuroscience*, *8*, 636–48.

Peelen, M. V., Wiggett, A. J., & Downing, P. E. (2006). Patterns of fMRI activity dissociate overlapping functional brain areas that respond to biological motion. *Neuron*, *49*, 815–22.

Pessoa, L., McKenna, M., Gutierrez, E., & Ungerleider, L. G. (2002). Neural processing of emotional faces requires attention. *Proceedings of the National Academy of Sciences*, *99*, 11458–63.

Pichon, S., de Gelder, B., & Grèzes, J. (2011). Threat prompts defensive brain responses independently of attentional control. *Cerebral Cortex*. doi: 10.1093/cercor/bhr060

Pinto, J., & Shiffrar, M. (1999). Subconfigurations of the human form in the perception of biological motion displays. *Acta Psychologica*, *102*, 293–318.

Pitcher, D., Garrido, L., Walsh, V., & Duchaine, B. (2008). TMS disrupts the perception and embodiment of facial expressions. *Journal of Vision*, *8*, 700.

Poizner, H. (1981). Visual and "phonetic" coding of movement: Evidence from American Sign Language. *Science*, *212*, 691–3.

Pollick, F. E., Paterson, H. M., Bruderlin, A., & Sanford, A. J. (2001). Perceiving affect from arm movement. *Cognition*, *82*, B51–61.

Pourtois, G., Peelen, M. V., Spinelli, L., Seeck, M., & Vuilleumier, P. (2007). Direct intracranial recording of body-selective responses in human extrastriate visual cortex. *Neuropsychologia*, *45*, 2621–5.

Pourtois, G., Sander, D., Andres, M., Grandjean, D., Reveret, L., Olivier, E., et al. (2004). Dissociable roles of the human somatosensory and superior temporal cortices for processing social face signals. *European Journal of Neuroscience*, *20*, 3507–15.

Puce, A., & Perrett, D. (2003). Electrophysiology and brain imaging of biological motion. *Philosophical Transactions of the Royal Society of London, Series B: Biological Sciences*, *358*, 435–45.

Reed, C. L., Stone, V. E., Grubb, J. D., & McGoldrick, J. E. (2006). Turning configural processing upside down: Part and whole body postures. *Journal of Experimental Psychology: Human Perception and Performance*, *32*, 73–87.

Roether, C. L., Omlor, L., Christensen, A., & Giese, M. A. (2009). Critical features for the perception of emotion from gait. *Journal of Vision*, *9*, 1–32.

Roether, C. L., Omlor, L., & Giese, M. A. (2008). Lateral asymmetry of bodily emotion expression. *Current Biology*, *18*, R329–R330.

Runeson, S., & Frykholm, G. (1981). Visual perception of lifted weight. *Journal of Experimental Psychology: Human Perception and Performance*, *7*, 733–40.

Sawada, M., Suda, K., & Ishii, M. (2003). Expression of emotions in dance: Relation between arm movement characteristics and emotion. *Perceptual and Motor Skills*, *97*, 697–708.

Saygin, A. P. (2007). Superior temporal and premotor brain areas necessary for biological motion perception. *Brain*, *130*, 2452–61.

Saygin, A. P., Wilson, S. M., Hagler, D. J., Bates, E., & Sereno, M. I. (2004). Point-light biological motion perception activates human premotor cortex. *Journal of Neuroscience*, *24*, 6181–8.

Schwarzlose, R. F., Baker, C. I., & Kanwisher, N. (2005). Separate face and body selectivity on the fusiform gyrus. *Journal of Neuroscience*, *25*, 11055–9.

Shallice, T. (1988). *From neuropsychology to mental structure*. Cambridge: Cambridge University Press.

Shipley, T. F. (2003). The effect of object and event orientation on perception of biologicalmotion. *Psychological Science*, *14*, 377–80.

Sprengelmeyer, R., Young, A. W., Schroeder, U., Grossenbacher, P. G., Federlein, J., Buttner, T., et al. (1999). Knowing no fear. *Proceedings of the Royal Society of London. Series B: Biological Sciences*, *266*, 2451–6.

Stanislavski, K. (1936). *An actor prepares* (E. R. Hopgood, Trans.). New York: Theatre Arts Books.

Stekelenburg, J. J., & de Gelder, B. (2004). The neural correlates of perceiving human bodies: An ERP study on the body-inversion effect. *Neuroreport*, *15*, 777–80.

Sugase, Y., Yamane, S., Ueno, S., & Kawano, K. (1999). Global and fine information coded by single neurons in the temporal visual cortex. *Nature*, *400*, 869–73.

Susskind, J. M., Littlewort, G., Bartlett, M. S., Movellan, J., & Anderson, A. K. (2007). Human and computer recognition of facial expressions of emotion. *Neuropsychologia*, *45*, 152–62.

Taylor, J. C., Wiggett, A. J., & Downing, P. E. (2007). Functional MRI analysis of body and body part representations in the extrastriate and fusiform body areas. *Journal of Neurophysiology*, *98*, 1626–33.

Thurman, S. M., Giese, M. A., & Grossman, E. D. (2010). Perceptual and computational analysis of critical features for biological motion. *Journal of Vision*, *10*(12):15, 1–14. doi: 10.1167/10.12.15

Troje, N. F. (2002). Decomposing biological motion: A framework for analysis and synthesis of human gait patterns. *Journal of Vision*, *2*, 371–87.

Urgesi, C., Berlucchi, G., & Aglioti, S. M. (2004). Magnetic stimulation of extrastriate body area impairs visual processing of nonfacial body parts. *Current Biology*, *14*, 2130–4.

Urgesi, C., Calvo-Merino, B., Haggard, P., & Aglioti, S. M. (2007). Transcranial magnetic stimulation reveals two cortical pathways for visual body processing. *Journal of Neuroscience*, *27*, 8023–30.

Urgesi, C., Candidi, M., Ionta, S., & Aglioti, S. M. (2007). Representation of body identity and body actions in extrastriate body area and ventral premotor cortex. *Nature Neuroscience*, *10*, 30–1.

Vaina, L. M., Cowey, A., LeMay, M., Bienfang, D. C., & Kikinis, R. (2002). Visual deficits in a patient with 'kaleidoscopic disintegration of the visual world'. *European Journal of Neurology*, *9*, 463–77.

Van den Stock, J., Righart, R., & de Gelder, B. (2007). Body expressions influence recognition of emotions in the face and voice. *Emotion*, *7*, 487–94.

van Rijn, S., Aleman, A., van Diessen, E., Berckmoes, C., Vingerhoets, G., & Kahn, R. S. (2005). What is said or how it is said makes a difference: Role of the right fronto-parietal operculum in emotional prosody as revealed by repetitive TMS. *European Journal of Neuroscience*, *21*, 3195–200.

Vuilleumier, P. (2005). How brains beware: Neural mechanisms of emotional attention. *Trends in Cognitive Sciences*, *9*, 585–94.

Vuilleumier, P., & Driver, J. (2007). Modulation of visual processing by attention and emotion: Windows on causal interactions between human brain regions. *Philosophical Transactions of the Royal Society of London, Series B: Biological Sciences*, *362*, 837–55.

Vuilleumier, P., Richardson, M. P., Armony, J. L., Driver, J., & Dolan, R. J. (2004). Distant influences of amygdala lesion on visual cortical activation during emotional face processing. *Nature Neuroscience*, *7*, 1271–8.

Wallbott, H. G. (1998). Bodily expression of emotion. *European Journal of Social Psychology*, *28*, 879–96.

Westhoff, C., & Troje, N. F. (2007). Kinematic cues for person identification from biological motion. *Perception & Psychophysics*, *69*, 241–53.

Winston, J. S., O'Doherty, J., & Dolan, R. J. (2003). Common and distinct neural responses during direct and incidental processing of multiple facial emotions. *Neuroimage*, *20*, 84–97.

Wolpert, D. M., Doya, K., & Kawato, M. (2003). A unifying computational framework for motor control and social interaction. *Philosophical Transactions of the Royal Society of London, Series B: Biological Sciences*, *358*, 593–602.

Yovel, G., Pelc, T., & Lubetzky, I. (2010). It's all in your head: Why is the body inversion effect abolished for headless bodies? *Journal of Experimental Psychology: Human Perception and Performance*, *36*, 759–67.

第9章 疼痛和对伤害性刺激的情绪反应

皮埃尔·兰维尔（Pierre Rainville）

躯体感觉系统是情绪的核心。首先，对于潜在的转向或者偏离生物生理稳定状态（内稳态/稳态）的情况，躯体感觉系统为中枢神经系统（central nervous system, CNS）提供了最及时和直接的信息；因此，它构成了基本生理功能整合神经调节必需的基本监控要素（Craig, 2003）。当局部生理过程不足以对需要调动涉及协同情绪系统的额外资源的威胁条件做出适当反应时，整合调节是尤其重要的，这些协同系统涉及从低水平运动和自发反应到更高级的脑过程。而且，从心理学和经验的观点来看，尽管源于其他感觉模块的信号通常被知觉为外部对象的属性，但是躯体感觉系统所加工的信号提供了身体本身的信息，这是富有影响力的情绪和意识理论中自我表征的核心成分（例如Craig, 2002, 2009; Damasio, 1999; Metzinger, 2000）。

尽管躯体感觉系统提供了情绪诱发物的最基本形式，但是躯体感觉输入与自我的关系并不能被明显知觉到，因为有些也可以被当作外感受性信号。内感受性知觉指被归于机体本身状态或功能的躯体体验，构成自我表征的基本成分。根据这个一般概念，内感受性可能不仅包含内脏感觉，而且包含传递身体状态的所有感觉信号，包括皮肤、肌肉、骨骼和体液等。相比之下，外感受性知觉指被归于身体直接接触外部对象的体验。在躯体感觉系统中，外感受性信息通常由皮肤感官的组成部分（例如低阈值的机械感受器）传递，以及参与躯体表征（例如手指位置可以体现手里所持物品的形状）的其他子系统（例如本体感受器）。尽管这些外部对象与身体最接近，但是它们并不拥有内在属性，不足以被当作原始情绪诱发物，因为它们的情绪影响依赖于对它们对躯体本身潜在影响的解释。

尽管在躯体感觉系统中内、外感受性通路没有严格区分，但是通常而言，外感受性信息往往与丘系功能有关，但虽然外丘系通路对内感受性功能有主要贡献，但并不是贡献的唯一来源（一个主要例外包括通过脊柱传递的下腹部内脏输入，参见Willis, Al-Chaer, Quast, & Westlund, 1999）。在这方面，急性皮肤疼痛变得很有趣，因为该感觉信号所传递的信息，既包括身体状态（实际或潜在的组织损伤），也包括疼痛刺激属性。根据实际经验，这种信息通常转化为自我状态体验（我很疼）或者所知觉的外部对象属性（火炉很热）。

除了情绪诱发，躯体感觉系统也提供在身体上诱发情绪反应的关键信息。身体感觉和骨骼运动激活是情绪反应的基本成分，而且源自身体的感觉反馈是经典情绪理论的核心（Damasio, 1994, 1996; James, 1994; 见本书第1章）。躯体感觉反馈也有助于情绪状态的自我知觉，而且为认知加工，尤其是决策，提供了有意义的心理、生理信息（Bechara, 2004; Bechara, Damasio, Tranel, & Damasio, 1997）。

伤害性感受和疼痛

国际疼痛学会（The International Association for the Study of Pain, IASP）将疼痛定义为“一种与组织损伤或潜在组织损伤相关的不愉快的主观感觉和情感体验，或是对这种损伤的描述”（Merskey & Spear, 1967）。普瑞斯（Price）（1999）提出了一个稍有不同的疼痛定义，他认为疼痛是“一种躯体知觉，它包括（1）组织损伤时的躯体感觉，（2）与躯体感觉有关的威胁，（3）基于威胁的令人产生不愉快或其他消极情绪的感受”。在这两个定义中，至少在它们最基本的表述中，消极情绪都是疼痛体验的组成部分。重要的是，此类定义将疼痛与伤害性感受区分开了，伤害性感受指与组织损伤相关的生物过程。当然，疼痛可能源自生理伤害性感受（例如伤害性疼痛），但是也有疼痛体验不伴随组织损害，而且有些生理伤害也不伴随疼痛。

普瑞斯（1999）进一步描述了疼痛加工阶段，区分了初级痛感和次级情绪。初级感受指疼痛体验不可或缺的而且和直接威胁感相关的即刻不愉快。次级阶段产生的是和疼痛更广泛意义及未来后果评价相关的情绪。感觉体验和疼痛感的第一阶段对于疼痛体验来说是充分而且必要的，而疼痛次级阶段的情绪补充了和更广泛的意义及与未来含义有关的体验。

疼痛是情绪吗?

情绪可由几个特征限定描述，而且它们被情绪理论赋予了不同的权重（见本书第1章）。情绪是由即刻呈现的或者心理唤醒的事件或对象诱发（情绪诱发物）的。诱发物直接、预期或者模拟影响机体/自我，被有意识和/或无意识评价，以建立其生物性/情感相关性。情绪包含运动-行为和表达成分，伴随着影响身体生理状态的多种反应（例如激素）。绝大多数理论认为不同主观经验通常伴随不同情绪。

情绪理论所涵盖的这些方面显然以多种方式与疼痛加工有关。疼痛与情绪的最主要区别在于疼痛需要存在“组织损伤时的躯体感觉”（Price, 1999）。在这方面，疼痛感往往被认为是原始情绪的独特诱发物，与被广泛接受的观点一致——情绪系统与生物适应性加工密切有关（例如Izard, 1993; Plutchik, 1980）。疼痛的原型面部表情也与一些基本情绪（如恐惧、愤怒和悲伤等）存在明显区别（Craig, Prkachin, & Grunau, 2001; Simon, Craig, Gosselin, Belin, & Rainville, 2008; 进化论观点见Williams, 2002）。伤害性刺激的自主反应模式已经得到了研究（主要是动物研究）（Sato, Sato, & Schmidt, 1997），可能有助于产生疼痛相关的情绪反应以及不愉快的主观感受（Fillingim, Maixner, Bunting, & Silva, 1998; Rainville, Carrier, Hofbauer, Bushnell, & Duncan, 1999）。另外值得注意的是，前文所讨论的疼痛模型包括初级和次级两个阶段（Price, 1999）：初级阶段对应于威胁或者组织损伤恐惧的基本体验，可能包括自动引发的自主和运动反应的自我知觉；次级阶段反映次级评价过程，与情绪的认知评价加工作用的现代观点一致。这也符合经验模型：情绪体验与目标、欲望和期望有关（Price & Barrell, 1984）。这种情绪经验模型可以预测疼痛不愉悦变异，但无法预测疼痛强度（Price, Barrell, & Gracely, 1980），这跟与疼痛相关的情感可能被认为是躯体感情绪的观点一致。另外，与该理论一致，疼痛系统与大脑情绪系统紧密相关。

上行伤害性通路

人类疼痛的功能成像研究是基于从动物研究中获得的基本知识的，即关于中枢神经系统在多水平上传输及整合有害信息的知识。因此，检查和解释皮层激活首先指向从脊髓背角接收信息的脑区，这是中枢整合有害信息的第一站。几篇综述对上行通路进行了详细描述（Dostrovsky & Craig, 2006; Willis & Westlund, 1997）。这些通路包括由脊髓背角表面和深层到延髓（例如背侧网状亚核）、脑桥、中脑[例如脑桥臂旁核和导水管周围灰质区（periacqueductal gray area, PAG）]以及丘脑核的投射。几个脑干子成分也上行投射到间脑（丘脑内侧核和板内核、下丘脑、杏仁核，见Bernard, Bester, & Besson, 1996, 图9.1）。最后，这些间脑结构和特定皮层保持着密切的相互连接（例如杏仁核与眶额皮层之间的投射）。

最近的非人类灵长动物研究已经采用顺行追踪技术，阐明了脊髓背角的精确上行投射通路（Dum, Levinthal, & Strick, 2009），见图9.2。该研究清晰地表明，脊髓-丘脑-皮层上行神经系统目标为初级（SⅠ）和次级（SⅡ）躯体感觉区域，脑岛和前扣带回（ACC）。重要的是，该研究进一步表明，ACC的初级目标区域位于胼胝ACC尾端，与运动控制有关。相比之下，脑岛与自主和稳态

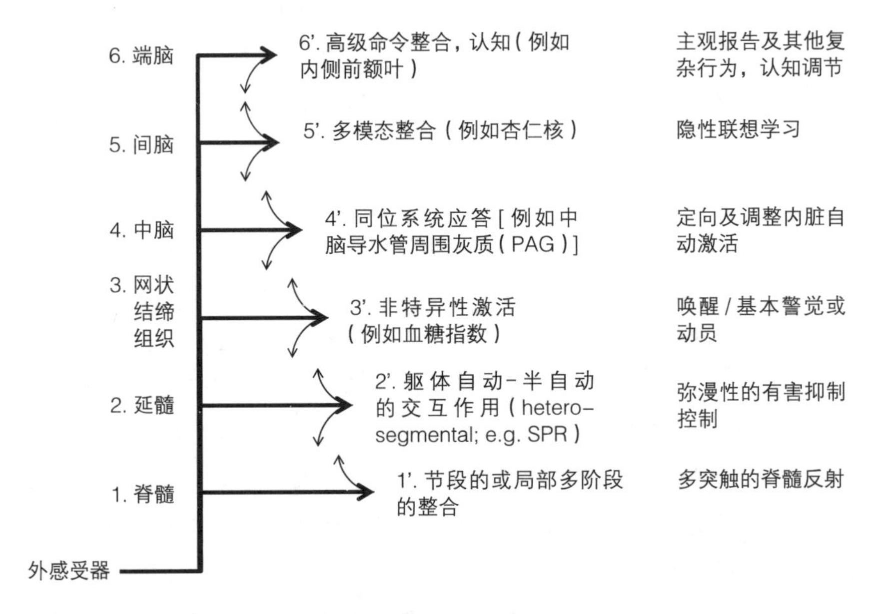

图9.1 伤害性感受系统的等级组织结构图。刺激外周伤害性感受器激活脊神经元和上行通路，上行通路传递痛觉信号至延髓、网状组织、中脑、间脑及端脑水平的多个目标。在每个水平（1—6），可能发生新整合加工（1’—6’），由输出测量和/或调节效应指示。除了上行通路，也可能通过上行和下行连接发生各水平间的交互作用

调节有关（Augustine, 1996; Craig, 2003）。尽管所有皮层区都接收有害输入的强度信息，但是躯体感觉区，包括部分脑岛，与疼痛感觉属性（时空和强度）的有意知觉和记忆、感觉辨别功能特异性相关（尽管可能不是唯一与这些功能相关的脑区）（Albanese, Duerden, Rainville, & Duncan, 2007; Hofbauer, Rainville, Duncan, & Bushnell, 2001; Ploner, Freund, & Schnitzler, 1999）。

除了经典疼痛通路中的脑区，前额叶皮层也是上行投射目标，由额外的中转核（丘脑、臂旁核和杏仁核等）激活（Bernard & Villanueva, 2009; Bourgeais, Monconduit, Villanueva, & Bernard, 2001; Monconduit, Bourgeais, Bernard, Le Bars, & Villanueva, 1999）。重要的结构连接也出现在杏仁核、脑岛（Augustine, 1996）、前额叶皮层（Sah, Faber, Lopez de, & Power, 2003）之间，可能对调节疼痛反应发挥重要作用（Ji et al., 2010）。总之，伤害性信号传递通道包含双突触脊髓-丘脑-皮层通路，与疼痛知觉和疼痛情绪反应有关，以及几个涉及额外脑区的多突触通路，在到达目标皮层之前在延髓、网状结构、中脑和间脑水平上整合信息。

急性疼痛的脑功能成像

阿普卡瑞恩（Apkarian）等将人类功能神经成像研究编撰成了一篇重要综述（Apkarian, Bushnell, Treede, & Zubieta, 2005）。该综述描述了施加疼痛刺激（热刺激、机械刺激等）所引发的脊髓-丘脑通路的目标脑区激活，包括SⅠ、SⅡ、脑岛和ACC。激活也出现在前额叶皮层，运动区和前运动区（辅助运动区域，靠近ACC尾端），顶叶后部。部分研究也报告了皮层下丘脑和基底神经节的激活，但是激活较少出现在杏仁核、小脑、下丘脑、脑干及中脑PAG。研究者通过多种实验方式探测了这些脑区激活与被试所感知疼痛水平间的联系。结果一般支持“疼痛（神经）矩阵”，即与疼痛相关的皮层分布式网络。该观点最早由梅尔扎克（Melzack）（1990）提出，他对疼痛与神经网络活动的对应关系提出了重要疑问，

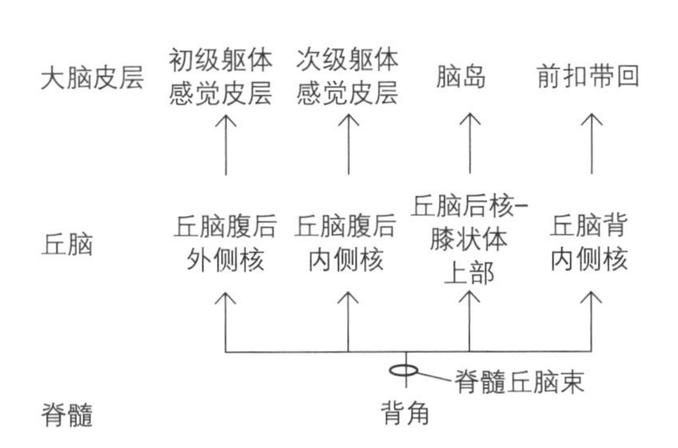

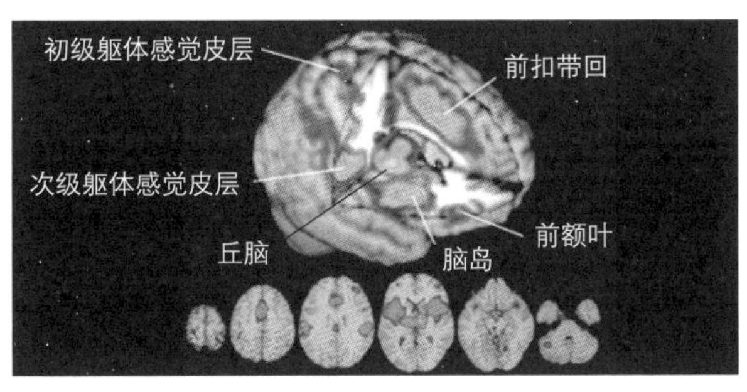

图9.2　上行神经通路（左图）将源自脊髓背角的疼痛信号传递至四个丘脑核区域和四个大脑皮层区（Dum et al., 2009）。急性疼痛期间一致地观察到丘脑－皮层激活，与针对2008年前出版的117个脑成像研究所发现的健康被试的激活似然估计（activation likelihood estimation, ALE）图（右图）所表明的反应高度显著一致（Duerden et al., 2008）

近来疼痛相关特异性脑激活方面引起了激烈争论。

疼痛有关脑活动的敏感性和特异性

测试的敏感性对应于其探测给定条件存在与否的能力，被普遍公认标准（即金标准）确定。在疼痛神经成像背景下，该参考测量一般对应于疼痛主观报告，与IASP强调疼痛现象的体验一致。对1991至2008年期间117篇疼痛脑成像研究报告执行基于坐标的元分析，确认了丘脑以及SⅠ、SⅡ、脑岛和ACC的可靠激活（Duerden, Fu, Rainville, & Duncan, 2008; 见图9.2）。被观察到激活的概率[1]超过随机水平的其他部位，包括几个前额叶皮层区和皮层下区，尤其是壳核和小脑。该基于坐标的元分析证实，不同研究的激活点可能叠加在目标结构上。研究结果也表明，脑岛和ACC对急性疼痛最敏感。然而，观察到疼痛的高敏感性尚不足以得出结论——脑激活与疼痛体验之间存在同等关系。

尽管相对于其他感觉或情绪体验，疼痛的独特本质已被确认，但是仍不完全清楚在脑功能成像研究中，疼痛是否导致了独特的脑激活模式。疼痛刺激所激活的脑区接收脊髓-丘脑-皮层输入（Dum et al., 2009），包含多种伤痛性感受神经元（Kenshalo, Iwata, Sholas, & Thomas, 2000; Shyu, Sikes, Vogt, & Vogt, 2010; Treede, Kenshalo, Gracely, & Jones, 1999; Vogt, 2005）；然而在某些条件下，无害（非疼痛）刺激也稳定激活躯体感觉区域，以及脑岛和ACC（Legrain, Iannetti, Plaghki, & Mouraux, 2011）。ACC和脑岛被认为是与认知和情绪加工相关的多感觉区域（Augustine, 1996; Shackman et al., 2011; Vogt, 2005）。这些区域也被新异但非疼痛的刺激激活，包括视觉、听觉和躯体感觉模态（Baliki, Geha, & Apkarian, 2009; Downar, Crawley, Mikulis, & Davis, 2000; Legrain et al., 2011）。一些依赖皮层唤醒电位测量的研究也获得了相似结论，强调疼痛反应可由新异性刺激所唤醒的躯体感觉皮层激活来解释（Legrain et al., 2011）。高新异性是疼痛刺激的固有属性，因此在脑功能成像研究中，疼痛相对于非疼痛的最强烈激活，可能被解释为反映了对高新异性刺激的躯体感觉加工（Legrain et al., 2011）。[2]

影响新异性的因素包括刺激强度、对比度、新颖性、内在或者外在情感价值，这些因素反映了至少存在部分差异的神经加工机制。据此，疼痛是内在新异性的，拥有强烈的感觉强度和内在厌恶属性，这两种基本属性能转换为疼痛强度和不愉快两个体验维度。这些结果表明，与疼痛有关的脑激活模式反映了参与觉察和评价生理或者心理相关感觉信息的功能网络的激活。该网络激活也可能进一步反映了对更高级资源的自发调用，以对生理和心理相关输入做出适当反应(Shackman et al., 2011）。因此，疼痛矩阵的概念指向的应该是疼痛中稳定涉及的（即高敏感性）功能系统，但是其未必特异于疼痛。疼痛加工的神经功能特异性可能在神经网络水平发现（Shyu et al., 2010），其中每个脑区都被疼痛刺激激活，而且反映疼痛强度和内在情感效价所致的高新异性。

超越疼痛有关激活的刺激模式

疼痛的皮层网络功能分析，是对简单检查有害刺激所唤起的激活脑区的拓展。事实上，脑功能成像研究通常试图将激活与被试的体验或者反应联系起来。绝大多数研究，都将被试在视觉或者数字量表上的疼痛强度自我报告作为主要的行为测量方式。该测量方式的效用已被其在临床疼痛研究中的重要作用所证实。因为疼痛的主观体验通常被认为反映了脊髓-丘脑-皮层通道的激活，所以很大程度上首要关注的是该系统皮层目标区内所观测到的激活。自我报告测量的是中枢神经系统在多水平上多阶段整合伤害性信号的结果，而不只是脊神经和丘脑对疼痛信号的被动传输。

在中枢神经系统中，伤害性信号在每个水平的整合都能引起多种额外的输出反应（见图9.1）。对源自脊髓背角初级传入神经的伤害性信号的整合，不仅激活上行伤害性传导通路，而且激活脊髓网络，参与产生脊反射，而这可通过目标末梢效应器的激活得到测量。在脑干水平上，延髓整合对于调节异段躯体相互作用是必需的，而网状脑区对于产生非特异系统反应是重要的，比如系统自主激活和一般唤醒（综述参见Bandler & Shipley, 1994; Villanueva & Bourgeais, 2009; Villanueva & Fields, 2004）。中脑和间脑神经核提供了另一个整合阶段，能产生协调的系统激活，包括复杂的肌肉骨骼、内脏和荷尔蒙反应。最后，间脑和端脑涉及模块间伤害性信息整合，对于多种形式的联想学习是必要的（例如厌恶条件化时的杏仁核、丘脑和前扣带回皮层；Gabriel, 1993; LeDoux, 2007）。它们为疼痛体验和沟通的心理调节提供了额外的机制。重要的是，这些更高级的整合脑区也调节低级整合。

刺激强度与疼痛自我报告

对疼痛体验程度的最简单、最直接的操纵是精确控制刺激强度，以验证皮层反应是否与刺激和被试所报告的疼痛强度成正比（Coghill, Sang, Maisog, & Iadarola, 1999; Derbyshire et al., 1997; Porro, Cettolo, Francescato, & Baraldi, 1998）。尽管以往研究一般都没考虑刺激强度编码和知觉强度的分离，但是研究表明，自我报告的疼痛一般与刺激驱动的皮层反应增加成正比，包含SⅠ、SⅡ、脑岛和ACC（以及邻近的补充运动区，SMA）。研究结果表明，刺激的脊髓-丘脑-皮层通路激活水平与被试的主观体验之间存在稳定的对应关系。然而，一些亚区的激活虽然随刺激强度增加而增强，但其与所知觉的疼痛间的关系并非线性的。例如，尽管ACC一般对疼痛按比例反应，但是某些子区对疼痛刺激和非疼痛刺激的反应均逐渐增加（与所编码的刺激的强度一致，但并不特异地只对疼痛有反应）。ACC其他子区域的增加主要发生在疼痛阈限水平以下，而在阈上强度水平上不再增加（Büchel et al., 2002; 其他刺激激活区域的相似刺激-反应关系分析请参见Bornhövd et al., 2002）。因此，一些子区域主要对疼痛的发生（阈限）敏感，而其他子区域则编码刺激强度或者更特异地编码疼痛强度。

脑活动与疼痛体验之间的联系，对于理解从自我报告中所观测到的个体差异很重要，而且对于理解自发变异以及使用恒定刺激的个体内范式下的不同实验操纵所诱发的变异也很重要。克格希尔（Coghill）及其同事的研究清晰表明，被试报告的疼痛敏感性越强（即疼痛评分越高），脊髓-丘脑-皮层通路目标脑区的激活也越强（例如SⅠ和ACC; Coghill, McHaffie, & Yen, 2003）。这些结果极其重要，因为它们表明疼痛主观报告中的个体差异不只是反应的结果，也部分反映了皮层区域神经加工伤害性输入的个体差异，以及脊髓-丘脑-皮层通路在更早阶段加工伤害性信息的个体差异。

多个探讨疼痛心理调整的研究，也支持多个脑区在疼痛诱发主观体验中的作用。确实，催眠、注意、预期（例如安慰剂）及情绪对疼痛的调节，通常在伤害性上行通路的一个或一个以上脑区产生激活，尤其是接收脊髓-丘脑-皮层输入的脑区（Apkarian et al., 2005）。研究也表明，多种心理操纵影响该网络的多个子区，它们被认为更具体地涉及疼痛的感觉（例如SⅠ）或者情感（例如ACC）维度，尽管不一定是唯一的（Hofbauer et al., 2001; Rainville, Duncan, Price, Carrier, & Bushnell, 1997）。

除了疼痛反应调节，对疼痛心理调节感兴趣的研究，也检查了潜在的产生痛觉缺失或者过敏效应的脑区。研究揭示在催眠（Faymonville et al., 2003; Rainville et al., 1999）、分心（Frankenstein, Richter, McIntyre, & Remy, 2001; Valet et al., 2004）或安慰剂（Bingel, Lorenz, Schoell, Weiller, & Büchel, 2006; Wager et al., 2004; Watson et al., 2009）调节疼痛期间，前额叶会产生激活。几个研究也表明痛觉缺失期间中脑激活。脑干反应一般被认为反映了下行疼痛控制机制的激活（Tracey & Mantyh, 2007）。该解释有一定的合理性，但是脑成像结果不足以确定这些激活是否反映了皮层-脊髓系统的激活，它们影响脊神经背角的伤害性激活，该观点由梅尔扎克，沃尔（Wall）和卡西（Casey）于几十年前提出（Melzack & Casey, 1968; Melzack & Wall, 1965）。

脊髓伤害性反应和脑激活

在脊髓水平整合的伤害性信息，能诱发反射性退缩反应，同时激活上行伤害性传导通路，进而激活更高级的脑系统。肌电测量（EMG）表明，感觉运动脊神经激活，能被实验中对皮肤或者皮肤神经（例如腓肠神经）的短暂电刺激所诱发，从而诱发相应肢体屈肌（例如股二头肌）快速激活。这种伤害性屈肌反射（RⅢ 反射）潜伏期是80—90 ms，持续时间是60—90 ms。在过去35年，该实验模型在研究脊髓伤害性感受方面得到了应用，而且被应用于临床、实验研究中以评估下行调节系统的参与（Sandrini et al., 2005）。将伤害性感受测量纳入fMRI研究，能够进一步探讨脊髓和大脑之间的联系。

前文讨论了脑激活的个体差异，强调了疼痛报告和脑激活所反映的疼痛体验的个体差异。一些脑差异也可能或多或少反映神经轴较低水平对伤害性信号的整合，包括脊髓。的确，检查用于诱发RⅢ反射的急性疼痛电刺激的脑反应时，一些脑区激活强度与脊反应成比例，而其他脑区似乎更特异地与疼痛主观评估有关（Piché, Arsenault, & Rainville, 2010）。其中ACC的反应特别令人感兴趣（见图9.3）。

正如前文所述，ACC从脊髓-丘脑-皮层通路接收伤害性信号，其激活水平——尤其是胼胝上部（位于ACC后部和最前端之间前后轴的中点），一般与疼痛主观体验有关（Büchel et al., 2002; Rainville et al., 1997）。相比而言，RⅢ反射所测量的感知运动脊神经加工的个体差异，更特异地与ACC较后部激活有关，该区域位于调节简单运动反应的皮层内（Dum et al., 2009）。很显然，脊反射十分快速，不直接依赖ACC激活。然而，ACC尾部激活与脊反应成比例，可能反映了低水平感知运动整合的皮层表征，这与中枢神经系统等级组织的一般描述一致。该反应模式与ACC“适应控制”的一般功能相匹配（Shackman et al., 2011），进一步表明了表征和调节低水平到高水平输出系统的尾侧-前侧连续谱。

除了有助于对脊髓-丘脑-皮层通路的皮层区域激活进行更精确的功能分析，反射测量也有助于揭示主观评价变化的调节效应。在最近两项研究中，我们对疼痛与RⅢ反射进行了探讨。第一

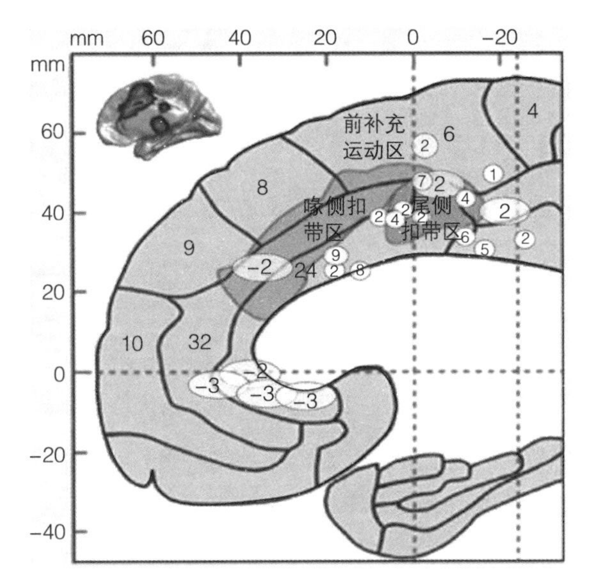

图9.3　急性疼痛唤起的ACC激活，与多种输出反应有关。ACC后部激活正相关于自发面孔表情的被试间（1）和被试内（2）变异，RⅢ反射（4，被试间和5，被试内变异）和皮肤电（SCR）（6，被试间和7，被试内变异）。相比之下，胼胝体沟ACC靠前喙部反应相关于面孔表情（2，被试内分析），疼痛强度评价（8，被试间分析）和疼痛不愉快评价（9，被试内分析）。有趣的是，额外的喙部和膝部区域与面孔反应（-2和-3）呈负相关，与对疼痛/情绪面孔表情的抑制作用一致。源自昆（Kunz）等（2011）、皮切（Piché）等（2010）和兰维尔（Rainville）等（1997）的结果重叠于扣带回的尾部和喙部运动区域，正如Strick研究小组所描述的（参见Dum et al., 2009），以及李德瑞克夫（Ridderinkhof）、奥斯博格（Ullsperger）、克荣恩（Crone）和尼欧文袆斯（Nieuwenhuiss）（2004）所表明的。结构图像中的数字指布洛卡区，左上角插图显示了急性疼痛刺激脑反应的元分析ACC激活，正如迪欧登（Duerden）等（2008）所描述的

项研究在被试脚踝处给予一系列电刺激，诱发疼痛和RⅢ反射。然后，再对侧脚踝处给予固定冷刺激，以产生抗刺激痛觉缺失。在这些条件下，被试报告的电击疼痛水平稳定降低，部分被试也显示出RⅢ振幅显著降低，与下行抑制控制激活一致（Villaneuva & Bourgeais, 2009; Villanueva & Fields, 2004）。分析抗刺激呈现期间电击所唤起激活的变化，确认了激活的预期降低，与所报告的痛觉缺失效应一致。然而，对痛觉缺失（自我报告）或者RⅢ振幅改变的调节作用的进一步检查表明，与痛觉缺失更特异相关的脑区和脊髓抑制有关脑区之间至少是部分分离的。确实，强直冷疼痛刺激引起的眶额皮层持续激活，以及SⅠ、ACC、右侧前额叶和杏仁核对疼痛电击的相位反应的相应减少，都可以预测自我报告的电击疼痛降低。相比之下，寒冷疼痛刺激所诱发的SMA、SⅠ、后扣带回和前-背侧中脑（可能是PAG）的持续激活，以及SMA、脑岛和前额叶对伤害性刺激冲击的相位减少，都可以预测RⅢ反射的减少。这些差异表明，抗刺激对疼痛的调整并不是简单反映了下行调节系统激活影响脊髓反应，而是导致了脊髓-丘脑-皮层回路在最早阶段对伤害性信息传递的抑制。RⅢ反射和疼痛报告所观察到的分离效应，可能反映了几个调节机制的共同激活，其中一些可能影响脊髓反应，而其他的可能通过影响伤害性加工后阶段的脊髓上机制，导致疼痛体验的调整。有趣的是，在抗刺激范式中两个厌恶性刺激共存会引起竞争，导致急性疼痛反应受到强直伤害性刺激的相对抑制，而疼痛和情绪的相互作用研究表明，持续消极情绪会放大急性疼痛。

情绪调节疼痛和脊髓反应

情绪影响疼痛的研究表明，消极情绪可稳定地诱发痛觉过敏效应，而积极情绪较少引发稳定的疼痛缺失效应（例如Rainville, Bao, & Chretien, 2005; Villemure, Slotnick, & Bushnell, 2003; Duquette, Roy, Lepore, Peretz, & Rainville, 2007; Rainville, 2004）。近来我们研究调查了愉快和不

愉快图片所诱发情绪对疼痛和RⅢ反应的调节效应（Roy, Piche, Chen, Peretz, & Rainville, 2009）。与以往研究表明的情绪调节脊髓伤害性反应一致（例如Rhudy, Williams, McCabe, Nguyen, & Rambo, 2005），相比中性和积极图片，源自国际情感图片系统的消极图片，和引起的消极情绪使疼痛和RⅢ反射振幅增加。与抗刺激效应的早期研究结论一致，调节疼痛或RⅢ反应的脑网络至少是部分不同的。疼痛调节与右侧前脑岛激活变化有关，正如克里格（Craig）理论模型所预测的，右侧前脑岛在整合发往情绪背景的躯体信号中发挥支配作用（Craig, 2002, 2009）。相比之下，RⅢ反应调整与SⅠ和前额叶反应以及其他几个亚皮层核有关，包括内侧下丘脑、杏仁核、脑干和小脑。这些结果暗示情绪对疼痛的调整并不简单反映脊髓疼痛反应的下行调节，该下行调节通过上行伤害性传导通路被动和辅助传递。这些数据表明，伤害性感受和疼痛的研究结果反映了激活环路至少是部分可分离的。另外，这些研究进一步表明，我们的实验范式需要合并多种疼痛相关反应，以更好地领会作用于CNS各种水平的多种调节机制之间的潜在相互作用。为了更好地解释多种疼痛反应所反映的疼痛调整的复杂性，仍需要进行多维度探索。

疼痛自主反应的脑相关性

除了脊髓反射反应，急性疼痛一般会伴随稳定的自主激活。然而，与RⅢ反射相反，自主激活并不特异地反映疼痛反应，因为自主激活能被多种非伤害性生理条件（如压力反射系统调节肺心病心律失常）或者在任何感觉模态被强烈或预料之外的伤害性刺激引起（例如前文所讨论的特异性效应）。尽管特异性差，但是自主反应一般对急性疼痛敏感，可能反映多个脑干核激活所引起的非特异性警觉。由于这些特性，自主测量不能用作选择性评估疼痛的工具。然而，它们提供了高度相关的方法，帮助我们理解疼痛反应的整合和调节机制，其中一些基于非特异地作用于疼痛的脑网络。

近来的两个研究结合fMRI和皮肤电导反应（SCR），检验了急性疼痛刺激所诱发的脑区激活和自主活动的关系。首先，评估疼痛和非疼痛的热刺激所诱发的SCR振幅个体差异和皮层反应个体差异的关系（Dube et al., 2009）。几个热刺激目标脑区和伤害性上行通路（例如SⅠ、脑岛、ACC和髓质）所表现的活动水平，与被试的交感神经反应成正比。然而，SⅠ和脑岛激活与非疼痛条件下的脑反应关联更密切。该发现反映了这些结构在监控和自上而下调节自主活动中的作用，当主要的上行伤害性信号掩盖了交感反应有关的次级效应时，这些自主反应被掩蔽了。与此相反，相对于非疼痛条件，疼痛条件下ACC、杏仁核、丘脑和下丘脑（以及SⅠ和髓质更小范围）被观察到与SCR具有更稳定的关系。因此，SCR可以反映在非伤害热刺激条件下脊髓丘脑皮层的活动，也反映疼痛条件下脑干反应的诱发包括脊髓臂旁通路，能激活下丘脑和杏仁核。该解释与这一通路在调节伤害所诱发的唤醒和情绪反应中的作用一致，与杏仁核在涉及伤害性非条件化刺激的厌恶学习中的核心作用也一致。

另一研究检查了伤害性电刺激产生的脑反应和唤起的RⅢ反射以及SCR的关系。该研究旨在探讨特异于SCR的有关脑激活的个体差异，控制了RⅢ变异和疼痛自我报告所解释的效应。SCR的个体内波动与脑岛和ACC激活有关，与这些结构监控和调节自主反应的核心作用一致（见第3章）。然而，对SCR的个体间差异的检查揭示了非常有趣的脑激活模式。电刺激所唤起的眶额皮层反应轻微消极；更重要的是，其与SCR振幅的个体间差异负相关（例如被试SCR越强表明OFC反应降低越大），却与RⅢ反应振幅的个体差异正相关（例如被试RⅢ越强表明OFC反应降低越小或者略有增加）。多元回归模型进一步表明，运动（RⅢ）和自主（SCR）反应的个体差异一起预测眶额皮层激活可以达到非常高的精度（R^2=0.93）。这种非预期关系肯定值得未来研究进行彻底检查和探讨。

这些效应可能与在轻微认知损伤和痴呆症患者身上所观察到的伤害性感受反应有关，即运动反射反应（RⅢ）增加与自主激活减少有关（Kunz, Mylius, Scharmann, Schepelman, & Lautenbacher, 2009; Kunz, Mylius, Schepelmann, & Lautenbacher, 2009）。这些临床生理迹象可能被包括眶额皮层的前额叶损伤解释，导致运动去抑制，伴随交感反应减少。这些研究清楚地说明了考虑疼痛期间所唤起的多种生理反应的优势，即可以更好地探查和解释伤害性刺激所激活脑区的功能作用。

疼痛的非言语表达

伤害性和疼痛相关反应层级体系的更高水平是调节疼痛行为表达的机制。在这些反应中，面孔表情是构成交流疼痛体验的优先输出通道之一（Craig et al., 2001; Hadjistavropoulos & Craig, 2002; Williams, 2002）。然而，这一重要表达通道在疼痛研究中常常被忽略，因为它受制于背景、社会和文化因素，会使解释变得更复杂。

最近我们在急性热刺激fMRI研究中检查了疼痛的自发面孔表情。研究中刺激强度被个性化校准，以控制被试主观报告的疼痛敏感性差异，使我们能够更明确地检查疼痛面孔表情相关的脑区（Kunz, Chen, Lautenbacher, Vachon-Presseau, & Rainville, 2011）。除了可预见的初级运动皮层面孔区域激活之外，还观察到了以下两种重要发现。

第一个是，相对于无自发面孔反应，有自发面孔反应的个体内分析发现了几个脑区的重要激活，例如丘脑、SⅠ、SⅡ、脑岛和ACC（见图9.3）。在SⅠ和脑岛，观测到激活反应跨被试与疼痛表达成比例（例如表达越强被试反应越强）。即使疼痛主观报告在有无反应两种试次下不存在差异，或者跨被试显示出弱/无或强面孔反应，这些效应仍会被观察到。这些发现表明，疼痛面孔表情能传递独特的信息，这些信息至少部分独立于主观报告，并且这两个输出反应通道至少部分反映了脊髓-丘脑通路的目标脑区激活。这些发现证实了面孔表情对疼痛评价的效用（至少在被试内条件下）。然而，未表现出面孔表情不应该简单地被解释为疼痛敏感性降低。

第二个重要发现是，在缺少自发面孔表情的条件下，疼痛热刺激激活的脑区反应更强。像这样的脑反应增强主要出现在表达较少被试的前额叶皮层（包括膝部ACC）和表达较多被试的无面孔表情的试次里（见图9.3）。而且，当要求无表达被试通过面孔表情自愿交流疼痛体验时，所增加的前额叶反应显著降低。经典的研究表明，前额叶白质切除患者对急性热疼痛刺激的“畏缩阈限”和撤回反应降低（Chapman, Rose, & Solomon, 1950），与此一致，我们的这些结果表明，疼痛期间的“恬淡寡欲”反映了前额叶皮层对面孔表情的激活抑制。

从临床角度来看，这些结果是重要的，因为

它们揭示了疼痛面孔表情的自发出现和强度标示着卷入疼痛体验的脑系统内的神经生理反应的激活和强度。然而，一名在自我报告疼痛量表中报告了强烈疼痛体验的患者，却未表现出面孔表达，可能反映了面孔表达通道的抑制。相反地，一个无法使用自我报告量表的患者有自发和强烈的疼痛面孔表达，这可能是强烈的却无法自由表达的疼痛的信号。这对于言语交流受限的群体特别重要，对于他们来说，非言语表达是另一种评定疼痛的方法（Hadjistavropoulos, von Baeyer, & Craig, 2001）。近来的研究进一步表明，对于自我报告的同等水平的疼痛，痴呆或轻微认知障碍患者可能可以通过面孔表情更充分地交流疼痛体验（Hadjistavropoulos, Voyer, Sharpe, Verreault, & Aubin, 2008; Kunz, Scharmann, Hemmeter, Schepelmann, & Lautenbacher, 2007; Kunz et al., 2009）。他们的面孔表达可能反映了他们将抑制疼痛表达的社会环境因素纳入考虑范围内的能力的降低。不受抑制影响的非言语行为表达，可能有利于疼痛反应脑系统内活动的更直接测量，并由此构成了一个测量这一人群疼痛的更有效方法。

结论

理解疼痛的更高级脑区的功能作用，主要依赖在伤害性感受和体内平衡调节系统的动物研究方面所获得的解剖和生理知识。功能神经成像研究进一步提供了关于脑区参与人类疼痛知觉和调节的重要信息，与脑区激活和被试疼痛量表的主观反应相关。这种方法对理解疼痛加工机制是必要的，但是不能为伤害性加工的复杂性提供全面解释。伤害性感受和疼痛的神经生理活动分析也必须考虑多种反应，它们伴随疼痛体验，但是不一定能在主观反应上得到充分编码。

伤害性的神经生理激活以多种方式被表达在中央神经系统整合的每个水平上。本章简要综述和强调了与脊髓退缩反射、SCR和面孔表情有关的脑区激活。每种反应通路所提供的信息都补充完善了疼痛的主观评价，并且与疼痛反应脑网络的不同脑区激活相关更强。这种疼痛研究方法某种程度上可以促进情绪研究，即疼痛相关反应被当作对直接威胁躯体完整性的事物的情绪反应。这种多变量方法也有助于更好地理解情绪反应的个体间差异，改善对多种临床群体的异常疼痛状态和情绪反应的生理病理分析。

重点问题

· 疼痛反映对身体（内感受器信号）的潜在伤害和某些情况下伤害性刺激（外感受器信号）的属性。疼痛相关的内感受器与外感受器的脑机制是什么？

· 急性疼痛的脑激活与其他特异性的感觉体验所产生的脑激活非常相似。存在特异性的疼痛体验脑激活模式吗？疼痛体验特异性的脑反应的特征是什么？

· 尽管疼痛通常不被视作情绪，但是它共享了情绪定义的几乎所有特征（除了其要由拥有特定感觉属性的躯体诱导物所引起）。共享的特征包括行为和自主反应，还有情感体验维度。疼痛和情绪的脑系统之间有多少共同之处？

· 一般而言，人类情感神经科学研究，尤其是神经成像研究，大部分集中在诱发疼痛和情绪的条件方面。然而，疼痛和情绪也由反映一些涉及行为、自主反应和激素调节的神经子系统卷入的反应模式所确定。疼痛和情绪期间所观察到的脑活动模式，包括间脑和端脑成分，是如何反映这些分离的输出系统的复杂反应模式的？

· 不同个体在疼痛和情绪期间所表现出的反应模式（例如面孔表情、自我报告、自主反应）差异很大。这种差异如何反映脑激活的不同？这些脑激活差异与包括基因倾向到文化背景在内的生物心理社会因素间的关系如何？

致谢

本研究主要由加拿大健康研究院和加拿大自然科学和工程局魁北克卫生研究基金“Fonds de la recherche en santé du Québec”项目资助。

注释

1 基于坐标的元分析研究易受主观报告偏差影响，因为先验假设（包括有效假设）经常引导使用更低的统计阈值检索和报告激活峰值。这增加了报告激活峰值的可能性，而且会在目标脑区导致更高的激活似然估计。但这并不意味着该估计没有反映真实激活，而是强调目标脑区之外的区域更不可能被报告，因为实验假设赋予这些额外区域的优先级很低，相当于给这些区域限定了更严格的激活门槛。

2 然而这与神经网络水平疼痛加工的神经功能特异性并非是不兼容的，见莱格瑞（Legrain）等（2011）的研究结论。

参考文献

Albanese, M. C., Duerden, E. G., Rainville, P., & Duncan, G. H. (2007). Memory traces of pain in human cortex. *Journal of Neuroscience*, *27*, 4612–20.

Apkarian, A. V., Bushnell, M. C., Treede, R. D., & Zubieta, J. K. (2005). Human brain mechanisms of pain perception and regulation in health and disease. *European Journal of Pain*, *9*, 463–84.

Augustine, J. R. (1996). Circuitry and functional aspects of the insular lobe in primates including humans. *Brain Research: Brain Research Reviews*, *22*, 229–44.

Baliki, M. N., Geha, P. Y., & Apkarian, A. V. (2009). Parsing pain perception between nociceptive representation and magnitude estimation. *Journal of Neurophysiology*, *101*, 875–87.

Bandler, R., & Shipley, M. T. (1994). Columnar organization in the midbrain periaqueductal gray: Modules for emotional expression? *Trends in Neuroscience*, *17*, 379–89.

Bechara, A. (2004). The role of emotion in decision-making: Evidence from neurological patients with orbitofrontal damage. *Brain and Cognition*, *55*, 30–40.

Bechara, A., Damasio, H., Tranel, D., & Damasio, A. R. (1997). Deciding advantageously before knowing the advantageous strategy. *Science*, *275*, 1293–5.

Bernard, J. F., Bester, H., & Besson, J. M. (1996). Involvement of the spinoparabrachio amygdaloid and hypothalamic pathways in the autonomic and affective emotional aspects of pain. *Progress in Brain Research*, *107*, 243–55.

Bernard, J. F. & Villanueva, L. (2009). Architecture fonctionnelle des systèmes nociceptifs. In D. Bouhassira & B. Calvino (Eds.), *Douleurs: Physiologie, physiopathologie et pharmacologie* (pp. 1–29). Paris: Arnette.

Bingel, U., Lorenz, J., Schoell, E., Weiller, C., & Büchel, C. (2006). Mechanisms of placebo analgesia: rACC recruitment of a subcortical antinociceptive network. *Pain*, *120*, 8–15.

Bornhövd, K., Quante, M., Glauche, V., Bromm, B., Weiller, C., & Büchel, C. (2002). Painful stimuli evoke different stimulus-response functions in the amygdala, prefrontal, insula and somatosensory cortex: A single-trial fMRI study. *Brain*, *125*, 1326–36.

Bourgeais, L., Monconduit, L., Villanueva, L., & Bernard, J. F. (2001). Parabrachial internal lateral neurons convey nociceptive messages from the deep laminas of the dorsal horn to the intralaminar thalamus. *Journal of Neuroscience*, *21*, 2159–65.

Büchel, C., Bornhövd, K., Quante, M., Glauche, V., Bromm, B., & Weiller, C. (2002). Dissociable neural responses related to pain intensity, stimulus intensity, and stimulus awareness within the anterior cingulate cortex: A parametric single-trial laser functional magnetic resonance imaging study. *Journal of Neuroscience*, *22*, 970–6.

Chapman, W. P., Rose, A. S., & Solomon, H. C. (1950). A follow-up study of motor withdrawal reaction to heat discomfort in patients before and after frontal lobotomy. *American Journal of Psychiatry*, *107*, 221–4.

Coghill, R. C., McHaffie, J. G., & Yen, Y. F. (2003). Neural correlates of interindividual differences in the subjective experience of pain. *Proceedings of the National Academy of Sciences*, *100*, 8538–42.

Coghill, R. C., Sang, C. N., Maisog, J. M., & Iadarola, M. J. (1999). Pain intensity processing within the human brain: A bilateral, distributed mechanism. *Journal of Neurophysiology*, *82*, 1934–43.

Craig, A. D. (2002). How do you feel? Interoception: The sense of the physiological condition of the body. *Nature Reviews Neuroscience*, *3*, 655–66.

Craig, A. D. (2003). A new view of pain as a homeostatic emotion. *Trends in Neuroscience*, *26*, 303–7.

Craig, A. D. (2009). How do you feel–now? The anterior insula and human awareness. *Nature Reviews Neuroscience*, *10*, 59–70.

Craig, K. D., Prkachin, K. M., & Grunau, R. V. E. (2001). The facial expression of pain. In D. C. Turk & R. Melzack (Eds.), *Handbook of pain assessment* (2nd ed., pp. 153–69). New York: Guilford Press.

Damasio, A. R. (1994). *Descartes' error: Emotion, reason and the human brain*. New York: Avon Books.

Damasio, A. R. (1996). The somatic marker hypothesis and the possible functions of the prefrontal cortex. *Philosophical Transactions of the Royal Society of London. Series B: Biological Sciences*, *351*, 1413–20.

Damasio, A. R. (1999). *The feeling of what happens: Body and emotion in the making of consciousness*. New York: Hartcourt Brace.

Derbyshire, S. W., Jones, A. K., Gyulai, F., Clark, S., Townsend, D., & Firestone, L. L. (1997). Pain processing during three levels of noxious stimulation produces differential patterns of central activity. *Pain*, *73*, 431–45.

Dostrovsky, J. O., & Craig, A. D. (2006). Ascending projection systems. In S. B. McMahon & M. Koltzenburg (Eds.), *Textbook of pain of Wall and Melzack* (5th ed., pp. 187–203). London: Elsevier Science.

Downar, J., Crawley, A. P., Mikulis, D. J., & Davis, K. D. (2000). A multimodal cortical network for the detection of changes in the sensory environment. *Nature Neuroscience*, *3*, 277–83.

Dube, A. A., Duquette, M., Roy, M., Lepore, F., Duncan, G., & Rainville, P. (2009). Brain activity associated with the electrodermal reactivity to acute heat pain. *Neuroimage*, *45*, 169–80.

Duerden, E. G., Fu, J. M., Rainville, P., & Duncan, G. H. (2008). *Activation likelihood estimation map of pain-evoked functional brain imaging data in healthy subjects: A meta-analysis*. Paper presented at the 12th International Association for the Study of Pain (IASP) World Congress, Glasgow.

Dum, R. P., Levinthal, D. J., & Strick, P. L. (2009). The spinothalamic system targets motor and sensory areas in the cerebral cortex of monkeys. *Journal of Neuroscience*, *29*, 14223–35.

Duquette, M., Roy, M., Lepore, F., Peretz, I., & Rainville, P. (2007). Cerebral mechanisms involved in the interaction between pain and emotion. *Revue Neurologique* (Paris), *163*, 169–79.

Faymonville, M. E., Roediger, L., Del Fiore, G., Delgueldre, C., Phillips, C., Lamy, M., et al. (2003). Increased cerebral functional connectivity underlying the antinociceptive effects of hypnosis. *Brain Research: Cognitive Brain Research*, *17*, 255–62.

Fillingim, R. B., Maixner, W., Bunting, S., & Silva, S. (1998). Resting blood pressure and thermal pain responses among females: Effects on pain unpleasantness but not pain intensity. *International Journal of Psychophysiology*, *30*, 313–8.

Frankenstein, U. N., Richter, W., McIntyre, M. C., & Remy, F. (2001). Distraction modulates anterior cingulate gyrus activations during the cold pressor test. *Neuroimage*, *14*, 827–36.

Gabriel, M. (1993). Discriminative avoidance learning: A model system. In B. A. Vogt & M. Gabriel (Eds.), *Neurobiology of cingulate cortex and limbic thalamus: A comprehensive handbook* (pp. 479–523). Boston: Birkhäuser.

Hadjistavropoulos, T., & Craig, K. D. (2002). A theoretical framework for understanding self-report and observational measures of pain: A communications model. *Behavior Research and Therapy*, *40*, 551–70.

Hadjistavropoulos, T., von Baeyer, C., & Craig, K. D. (2001). Pain assessment in persons with limited ability to communicate. In D. C. Turk & R. Melzack (Eds.), *Handbook of pain assessment* (2nd ed., pp. 134–49). New York: Guilford.

Hadjistavropoulos, T., Voyer, P., Sharpe, D., Verreault, R., & Aubin, M. (2008). Assessing pain in dementia patients with comorbid delirium and depression. *Pain Management in Nursing*, *9*, 48–54.

Hofbauer, R. K., Rainville, P., Duncan, G. H., & Bushnell, M. C. (2001). Cortical representation of the sensory dimension of pain. *Journal of Neurophysiology*, *86*, 402–11.

Izard, C. E. (1993). Four systems for emotion activation: Cognitive and noncognitive processes. *Psychological Review*, *100*, 68–90.

James, W. (1994). The physical bases of emotion: 1894. *Psychological Review*, *101*, 205–10.

Ji, G., Sun, H., Fu, Y., Li, Z., Pais-Vieira, M., Galhardo, V., et al. (2010). Cognitive impairment in pain through amygdala-driven prefrontal cortical deactivation. *Journal of Neuroscience*, *30*, 5451–64.

Kenshalo, D. R., Iwata, K., Sholas, M., & Thomas, D. A. (2000). Response properties and organization of nociceptive neurons in area 1 of monkey primary somatosensory cortex. *Journal of Neurophysiology*, *84*, 719–29.

Kunz, M., Chen, J. I., Lautenbacher, S., Vachon-Presseau, E., & Rainville, P. (2011). Cerebral regulation of facial expressions of pain. *Journal of Neuroscience*, *31*, 8730–8.

Kunz, M., Mylius, V., Scharmann, S., Schepelman, K., & Lautenbacher, S. (2009). Influence of dementia on multiple components of pain. *European Journal of Pain*, *13*, 317–25.

Kunz, M., Mylius, V., Schepelmann, K., & Lautenbacher, S. (2009). Effects of age and mild cognitive impairment on the pain response system. *Gerontology*, *55* (6), 674–82.

Kunz, M., Scharmann, S., Hemmeter, U., Schepelmann, K., & Lautenbacher, S. (2007). The facial expression of pain in patients with dementia. *Pain*, *133*, 221–8.

LeDoux, J. (2007). The amygdala. *Current Biology*, *17*, R868–R874.

Legrain, V., Iannetti, G. D., Plaghki, L., & Mouraux, A. (2011). The pain matrix reloaded: A salience detection system for the body. *Progress in Neurobiology*, *93*, 111–24.

Melzack, R. (1990). Phantom limbs and the concept of a neuromatrix. *Trends in Neurosciences*, *13*, 88–92.

Melzack, R., & Casey, K. L. (1968). Sensory, motivational, and central control determinants of pain: A new conceptual model. In D. Kenshalo (Ed.), *The skin senses* (pp. 423–43). Springfield, IL: Thomas.

Melzack, R., & Wall, P. D. (1965). Pain mechanisms: A new theory. *Science*, *150*, 971–8.

Merskey, H., & Spear, F. G. (1967). The concept of pain. *Journal of Psychosomatic Research*, *11*, 59–67.

Metzinger, T. (2000). The subjectivity of subjective experience: A representationalist analysis of the first-person perspective. In T. Metzinger (Ed.), *Neural correlates of consciousness: Empirical and conceptual questions* (pp. 285–306). Cambridge, MA: MIT Press.

Monconduit, L., Bourgeais, L., Bernard, J. F., Le Bars, D., & Villanueva, L. (1999). Ventromedial thalamic neurons convey nociceptive signals from the whole body surface to the dorsolateral neocortex. *Journal of Neuroscience*, *19*, 9063–72.

Piché, M., Arsenault, M., & Rainville, P. (2010). Dissection of perceptual, motor and autonomic components of brain activity evoked by noxious stimulation. *Pain*, *149*, 453–62.

Ploner, M., Freund, H. J., & Schnitzler, A. (1999). Pain affect without pain sensation in a patient with a postcentral lesion. *Pain*, *81*, 211–4.

Plutchik, R. (1980). A general psychoevolutionary theory of emotion. In R. Plutchik & H. Kellerman (Eds.), *Emotion: Theory, research, and experience: Vol. 1: Theories of emotion* (pp. 3–33). New York: Academic Press.

Porro, C. A., Cettolo, V., Francescato, M. P., & Baraldi, P. (1998).Temporal and intensity coding of pain in human cortex. *Journal of Neurophysiology*, *80*, 3312–20.

Price, D. D. (1999). *Psychological mechanisms of pain and analgesia*. Seattle, WA: IASP Press.

Price, D. D., & Barrell, J. J. (1984). Some general laws of human emotion: Interrelationships between intensities of desire, expectation, and emotional feeling. *Journal of Personality*, *52*, 389–409.

Price, D. D., Barrell, J. J., & Gracely, R. H. (1980). A psychophysical analysis of experimental factors that selectively influence the affective dimension of pain. *Pain*, *8*, 137–49.

Rainville, P. (2004). Pain and emotions. In D. D. Price & M. C. Bushnell (Eds.), *Psychological methods of pain control: Basic science and clinical perspectives* (pp. 117–41). Seattle WA: IASP Press.

Rainville, P., Bao, Q. V., & Chretien, P. (2005). Pain-related emotions modulate experimental pain perception and autonomic responses. *Pain*, *118*, 306–18.

Rainville, P., Carrier, B., Hofbauer, R. K., Bushnell, M. C., & Duncan, G. H. (1999). Dissociation of pain sensory and affective dimensions using hypnotic modulation. *Pain*, *82*, 159–71.

Rainville, P., Duncan, G. H., Price, D. D., Carrier, B., & Bushnell, M. C. (1997). Pain affect encoded in human anterior cingulate but not somatosensory cortex. *Science*, *277*, 968–71.

Rainville, P., Hofbauer, R. K., Paus, T., Duncan, G. H., Bushnell, M. C., & Price, D. D. (1999). Cerebral mechanisms of hypnotic induction and suggestion. *Journal of Cognitive Neuroscience*, *11*, 110–25.

Rhudy, J. L., Williams, A. E., McCabe, K. M., Nguyen, M. A., & Rambo, P. (2005). Affective modulation of nociception at spinal and supraspinal levels. *Psychophysiology*, *42*, 579–87.

Ridderinkhof, K. R., Ullsperger, M., Crone, E. A., & Nieuwenhuiss, S. (2004). The role of the medial frontal cortex in cognitive control. *Science*, *306*, 443–7.

Roy, M., Piche, M., Chen, J. I., Peretz, I., & Rainville, P. (2009). Cerebral and spinal modulation of pain by emotions. *Proceedings of the National Academy of Sciences*, *106* (49), 20900–5.

Sah, P., Faber, E. S., Lopez de, A. M., & Power, J. (2003). The amygdaloid complex: Anatomy and physiology. *Physiology Review*, *83*, 803–34.

Sandrini, G., Serrao, M., Rossi, P., Romaniello, A., Cruccu, G., & Willer, J. C. (2005). The lower limb flexion reflex in humans. *Progress in Neurobiology*, *77*, 353–95.

Sato, A., Sato, Y., & Schmidt, R. F. (1997). The impact of somatosensory input on autonomic functions. In M. P. Blaustein, H. Grunicke, D. P. Konstanz, G. Schultz, & M. Schweiger (Eds.), *Reviews of physiology biochemistry and pharmacology* (pp. 1–310). Berlin: Springer-Verlag.

Shackman, A. J., Salomons, T. V., Slagter, H. A., Fox, A. S., Winter, J. J., & Davidson, R. J. (2011). The integration of negative affect, pain and cognitive control in the cingulate cortex. *Nature Reviews Neuroscience*, *12*, 154–67.

Shyu, B. C., Sikes, R. W., Vogt, L. J., & Vogt, B. A. (2010). Nociceptive processing by anterior cingulate pyramidal neurons. *Journal of Neurophysiology*, *103*, 3287–301.

Simon, D., Craig, K. D., Gosselin, F., Belin, P., & Rainville, P. (2008). Recognition and discrimination of prototypical dynamic expressions of pain and emotions. *Pain*, *135*, 55–64.

Tracey, I., & Mantyh, P. W. (2007). The cerebral signature for pain perception and its modulation. *Neuron*, *55*, 377–91.

Treede, R. D., Kenshalo, D. R., Gracely, R. H., & Jones, A. K. P. (1999). The cortical representation of pain. *Pain*, *79*, 105–11.

Valet, M., Sprenger, T., Boecker, H., Willoch, F., Rummeny, E., Conrad, B., et al. (2004). Distraction modulates connectivity of the cingulo-frontal cortex and the midbrain during pain–an fMRI analysis. *Pain*, *109*, 399–408.

Villanueva, L., & Bourgeais, L. (2009). Systèmes de modulation dela douleur. In D. Bouhassira & B. Calvino (Eds.), *Douleurs: Physiologie, physiopathologie et pharmacologie* (pp. 30–45). Paris: Arnette.

Villanueva, L., & Fields, H. L. (2004). Endogenous central mechanisms of pain modulation. In L. Villanueva, A. Dickenson, & H. Ollat (Eds.), *The pain system in normal and pathological states: A primer for clinicians. Vol. 31: Progress in pain research and management* Seattle: IASP Press.

Villemure, C., Slotnick, B. M., & Bushnell, M. C. (2003). Effects of odors on pain perception: Deciphering the roles of emotion and attention. *Pain*, *106*, 101–8.

Vogt, B. A. (2005). Pain and emotion interactions in subregions of the cingulate gyrus. *Nature Reviews Neuroscience*, *6*, 533–44.

Wager, T. D., Rilling, J. K., Smith, E. E., Sokolik, A., Casey, K. L., Davidson, R. J., et al. (2004). Placebo-induced changes in FMRI in the anticipation and experience of pain. *Science*, *303*, 1162–7.

Watson, A., El-Deredy, W., Iannetti, G. D., Lloyd, D., Tracey, I., Vogt, B. A., et al. (2009). Placebo conditioning and placebo analgesia modulate a common brain network during pain anticipation and perception. *Pain*, *145*, 24–30.

Williams, A. C. (2002). Facial expression of pain: An evolutionary account. *Behavioral Brain Science*, *25*, 439–55.

Willis, W. D., Al-Chaer, E. D., Quast, M. J., & Westlund, K. N. (1999). A visceral pain pathway in the dorsal column of the spinal cord. *Proceedings of the National Academy of Sciences*, *96*, 7675–9.

Willis, W. D., & Westlund, K. N. (1997). Neuroanatomy of the pain system and of the path-ways that modulate pain. [Review] *Journal of Clinical Neurophysiology*, *14*, 2–31.

第 **10** 章

通过嗅觉检查情绪知觉和诱发

阿普里基塔·莫汉蒂（Aprajita Mohanty） 杰·A. 戈特弗里德（Jay A. Gottfried）

Madhavika parimala lalite naba malati jati sugandhau

*Munimanasampi mohanakarini taruna karana bandhau*①

春藤芬芳迷人，

双茉莉也散发着馥郁的香气。

这一切让人联想到青春，

连隐修人也不免心旌摇曳。②

——摘自12世纪胜天（Jayadeva）的梵文诗《牧童歌》(*Gitagovinda*)

气味能够被识别是由于气味能够诱发强烈的情绪反应。科学研究证实，气味知觉通常不仅与言语（Berglund, Berglund, Engen, & Ekman, 1973; Schiffman, 1974）、行为（Bensafi et al., 2003）和生理测量（Bensafi et al., 2002a）水平的情绪反应有关，而且与更持久的心境变化有关（Schiffman & Miller, 1995）。相对于视觉、听觉和躯体感觉参与感觉单模块脑区的早期皮层加工，化学感觉加工最初出现在边缘和旁边缘异质模块区域，大量涉及情绪加工（Carmichael, Clugnet, & Price, 1994; Gottfried, 2006）。事实上，许多上述脑区的中心功能是作为连接嗅觉、味觉、情绪和行为的关键枢纽。然而，尽管情绪和嗅觉在知觉和解剖结构方面存在很强的联系，但是人类感觉体验以视觉为中心的观点仍然长期主导情感心理学和神经科学领域——正如研究非常依赖视觉刺激，例如国际情绪图片系统（Lang, Bradley, & Cuthbert, 2008）和艾克曼与弗里森的面孔情绪图片系列（Ekman & Friesen, 1976）所印证的——一般都将基于嗅觉的情绪加工模型排除在外。

导致嗅觉刺激在情感神经科学研究中利用不足的偏见是，人们被假定嗅觉不佳。遗传学证据表明，在从老鼠到人的生物推演过程中，功能性嗅觉受体基因数量下降，这支持了以上观点（Shepherd, 2004）。然而，矛盾的行为证据表明，尽管受体基因库缩小了，但是人类仍然拥有令人惊奇的良好嗅觉。例如，乙基硫醇，一种常用气味添加剂，用于警告存在无嗅丙烷气体，即使浓度低至百亿分之二，也能够被人类探测到（Yeshurun & Sobel, 2010）。拉斯卡（Laska）及其同事的一系列研究表明，人类不仅能够探测到微

① 梵文诗原文，其意见下文。——编者注

② 此处采用的为中西书局2019年出版的《牧童歌》(葛维钧译）译文。——编者注

弱气味，而且能够通过分子标识或者浓度区分气味。人类能够辨别碳数相同但是功能组不同的脂肪族气味、碳链长度相差一个碳的不同物质的气味，还能辨别映像（镜像）分子气味，诸如（+）和（-）香芹酮（Laska & Seibt, 2002）。而且，人类能比老鼠更敏锐地探测到某些气味（Laska & Seibt, 2002），且有能力跟踪气味，大致模仿狗的追踪模式（Porter et al., 2007）。事实上，与流行观点相反，人类嗅觉的辨别能力和视觉与听觉处于相同范围（Mueller, 1951）。因此，凭借其灵敏度、唤起强烈情绪反应的能力以及与边缘情感系统的固有重叠，嗅觉模块提供了情绪加工的独特窗口。

近年来，精密成像技术的发展已经显著提高了我们对人类嗅知觉和情感神经科学的理解程度。本章重点介绍享乐嗅知觉，借此强调基本情绪加工机制以及更复杂的机制，例如情绪-认知交互作用。它描述了对参与气味知觉的边缘脑区的探究是如何推进神经机制研究取得相当大进展的，这些机制支持杏仁核、眶额皮层和嗅觉皮层的情感编码以及与情绪学习相关的不同方面。本章另一个要点在于享乐嗅知觉的可塑性。通过强调嗅知觉的该方面，我们可以描述情绪加工的背景调整与可塑性的心理和神经机制。最后，以气味记忆为例，讨论嗅觉研究如何为情绪-认知交互作用机制的探讨提供新的视角。本章首先讨论嗅知觉的基本属性，以说明嗅觉和情绪的解剖结构和功能如何紧密交织。

嗅觉刺激由什么构成？

大脑已进化到可以知觉行为相关的感觉事件。与一个物种相关的感觉事件可能完全不同于与另一个物种相关的感觉事件，但是对于每一个生物来说，感知觉系统都受到感觉刺激自然真实的形式的约束。这适用于所有感觉系统。在刺激的气味方面，一个明确的特征体现在多分子复合物上。例如，巧克力散发的气味中含有几百种挥发性有机化合物，但是嗅觉系统将这些不同要素无缝整合成知觉整体，形成结构性而非要素式的气味知觉（Gottfried, 2006）。不同气味分子的刺激综合物构成了气味对象。因此，恰如人类知觉视觉对象“巧克力”——由许多成分特征综合成整体知觉，人类也类似地知觉气味对象“巧克力”（Gottfried, 2010）。

气味对象拥有许多与视觉对象相同的属性（Gottfried, 2010）。例如，当走进面包店时，人类的嗅觉系统能够过滤不相关（背景）的气味，使巧克力气味突出为一个对象。这种属性被称为图形-背景分离，出现在视觉和听觉对象知觉中，并且该原理同样适用于气味对象知觉（Linster, Henry, Kadohisa, & Wilson, 2007）。而且，虽然新烘焙的巧克力布朗尼的香味不同于巧克力利口酒的香味，但是我们能够感知巧克力的“客体性”，该知觉特征被称为客体恒常性。提取不同刺激的知觉共性或者分类对象，是客体恒常性的重要方面，并且由辨别个体对象（例如白色巧克力与黑色巧克力）的能力平衡。气味分类和气味辨别是人脑嗅知觉的固有属性（Howard, Plailly, Grueschow, Haynes, & Gottfried, 2009; Li, Luxenberg, Parrish, & Gottfried, 2006）。总之，尽管视觉和嗅觉系统在不同生态约束下进化，但是视觉对象知觉的基本原理也适用于嗅觉对象知觉。像视觉和听觉系统一样，嗅觉系统也得到了优化，从而能够探测和编码现实世界所遭遇的行为显著事件（对象）。然而，相比视觉和听觉对象，绝大多数气味对象均凭借相关的食欲或者嫌恶结果趋向于显著。

嗅觉解剖：情绪的直接通路

哺乳动物的嗅闻始于嗅。这种简单动作能提示嗅觉系统气味的到达（Sobel et al., 1998）并且物理输送气味分子到鼻子中。气味绑定鼻上皮层的嗅感觉神经元受体，启动了信号换能过程。神经信息经嗅觉神经元轴突（即嗅觉神经）传递，通过突触到达二尖瓣和簇状细胞的树突末梢，后两者位于嗅球中被称为嗅小球的球状体单元内。每个嗅觉神经元仅支配一个或者两个嗅小球，并且每个嗅小球由表达相同类型受体的感觉神经元支配（Firestein, 2001）。因此，该加工阶段强烈促进相同类型受体输入的会聚。嗅球活动模式总体上反映对一种气味与另一种气味的辨别，但是更精密的化学型组织尚未确定（Gottfried, 2010）。然后，嗅觉信息通过二尖瓣和簇状细胞的轴突（形成侧嗅束）传递，终于基底额叶和内侧颞叶的几个区域，包括前嗅核、嗅结节、前部和后部梨状皮层、杏仁核内侧核和皮层核，以及嗅内嗅皮层（图 10.1）。有时这些区域被统称为“初级嗅觉皮层”。这里的嗅觉分类信息目前被假定以气味对象的形式表征（Gottfried, 2010）。这些嗅觉结构的更高级投射传递到眶额皮层、无颗粒的脑岛、其他杏仁核亚核、丘脑、下丘脑、基底神经节和海马（Carmichael et al., 1994）。这种复杂的连接网络成为气味引导调整行为、情绪、自主状态和记忆的

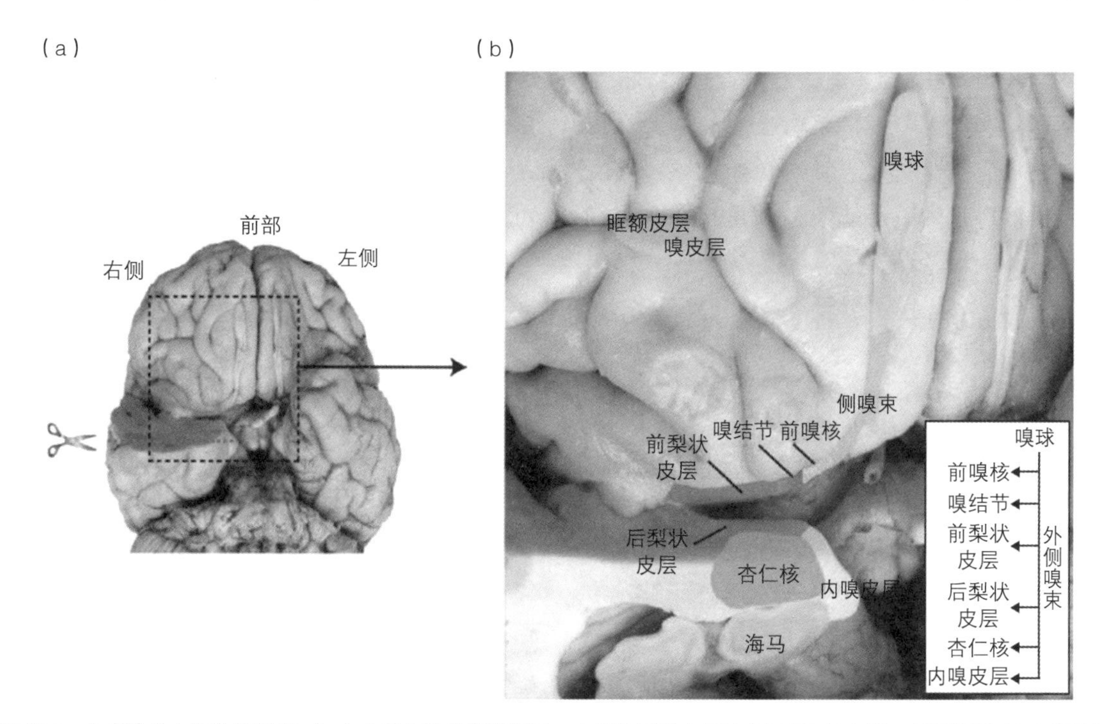

图 10.1　人类嗅觉大脑的解剖图。（a）人类大脑的腹侧视图，右侧前颞叶皮层已在冠状面中切除，以暴露图（b）所示的边缘嗅觉区域。从嗅球传入的输出通过侧嗅束，并单突触投射到许多区域，包括前嗅核、嗅结节、前梨状皮层、后梨状皮层、杏仁核和内嗅皮层。下游传递包括海马和人类眶额皮层公认的嗅觉投射位点。如图所示，信息不是通过该通路串行传输的。侧嗅束的单突触投射平行到达许多下游区域，然后这些区域相互连接（未显示）。改编自戈特弗里德（2010）。彩色版本请扫描附录二维码查看

基础。而且，初级嗅觉皮层（除了嗅结节）的每个区域都会发送密集的反馈投射到嗅球（Gottfried, 2006），借此嗅觉信息加工的中央调控或者“自上而下”调控可以发生在早期的次级神经元。

梨状皮层

梨状皮层以其梨状结构得名，是位于额叶和颞叶内侧连接处的三层旧皮层。它是嗅球投射的最大接受者。相对于嗅球粗糙的化学型模块化空间结构，梨状皮层呈现出更分散的连接模式（Stettler & Axel, 2009）。它与大脑皮层的几个高级区域广泛相互连接，包括前额叶、杏仁核、嗅周皮层和内嗅皮层（Carmichael et al., 1994; Gottfried, 2006）。一些梨状神经元投射到这些脑区的多个区域，并且相邻梨状细胞的投射目标高度不相似。这种广泛分布的连接模式，直接连接到调节认知、情绪、记忆和行为的脑功能区，表明梨状皮层是一个感觉联合皮层，其中个别成分表征组装成整体的气味对象（Gottfried, 2010; Howard et al., 2009）。

杏仁核

来自嗅球的投射终止于杏仁核背内侧边缘的若干离散亚核，包括杏仁核周围灰质、前后皮层核、外侧嗅束核和内侧核（Carmichael et al., 1994）。嗅杏仁核与梨状皮层喙部连接，不仅发送投射回嗅球，而且直接输入到杏仁核的其他部分，包括外侧、基外侧和中央杏仁核（Pitkänen, 2000），以及基底神经节、丘脑、下丘脑和前额叶皮层。事实上，嗅觉是唯一在杏仁核和初级感觉皮层之间拥有直接双向投射的感觉模块。毫不意外的是，吸入气体时，在清醒的猴子和人类身上都通过电生理测量发现了内侧杏仁核激活率增加，而且气味刺激引发了人类杏仁核的诱发电位和振荡活动（Gottfried, 2006）。

眶额皮层

眶额皮层（OFC）是嗅觉皮层投射的主要新皮层，位于额叶尾部的基表面。它从初级嗅觉皮层，包括梨状皮层、杏仁核和内嗅皮层，接收直接的信息输入（没有丘脑中转）。反过来，OFC 直接反馈投射到每个上述脑区。猴子的生理（Tanabe, Iino, & Takagi, 1975）和解剖（Carmichael et al., 1994）数据表明，在OFC内，位于Iam、Iapm和13a区域的后部眼眶皮层接受嗅觉区的输入最大。然而，人类神经影像学研究的元分析表明，OFC的次级嗅觉区似乎比猴子的对应点更靠近喙部（靠近11L区）（Gottfried & Zald, 2005）。最后，需要特别注意的是，与OFC相邻的非重叠区域从味觉和视觉中心接受感觉输入以及内脏状态信息，为联接学习和跨模块整合提供了神经基础（Rolls, 2004），支持进食和与气味相关的行为。

独有特征

嗅觉系统的中心组织有几个独特的解剖特征，使其区别于其他感觉模块。相对于视觉和听觉模块，气味加工从鼻周区一直到初级嗅觉皮层都保持同侧传递。也不同于视觉和听觉模式，嗅觉信息传到中枢脑区，包括初级嗅觉皮层和新皮层（前额叶），没有经丘脑中转。例如，从梨状皮层到OFC的单突触投射（Carmichael et al., 1994），能确保气味信息到达新皮层而不先通过丘脑。在加工等级中避开丘脑节点，有助于在刺激浓度、背景气味和呼吸模式不可预测的情况下保证原始嗅知觉的准确度。最后，如前所述，涉及嗅觉加工的结构和涉及情绪处理的结构之间存在大量解剖重叠。这种解剖重叠在激发动物行为的几乎每个方面都发挥作用，包括母婴联结、亲属关系识别、食物搜索、配偶选择、捕食者回避和领地标记。

嗅觉通过情绪发挥作用吗?

基于人类嗅觉的文献综述，史蒂文森（Stevenson）将嗅觉功能分类到三个主要方面，摄食行为、回避环境危害和社会沟通（Stevenson, 2010）。这三个功能都与情绪评价密切相关，强调嗅觉和情感之间的强烈联系。

关于摄食行为，嗅闻在味道知觉和对食物的认知和情绪反应形成中发挥了非常重要的作用。嗅觉被认为具有独特的“双重性质”（Rozin, 1982），因为它涉及感觉外部（口鼻的）和内部（鼻后的）起源信号。口鼻刺激涉及通过鼻子的外部鼻孔嗅闻外部环境气味，有助于识别食物是否适合摄入。摄取食物时鼻后刺激发生，挥发性气味分子从口中的食物中释放后，从空腔后面向上通过鼻咽到达嗅上皮。这种鼻后充满食物分子的空气赋予了食物“味道”（Shepherd, 2006）。鼻后刺激对于以状态特异的方式通过气味的享乐反应的变化调节食物摄取非常重要。在史蒂文森（2010）的综述中，调节效应的一个例子包括“开胃菜效应”，短暂暴露可口食物使得被试感到更饥饿，导致了随后的大量食物消耗。另一种调节效应包括强烈的情感成分，是感觉特异的饱腹感。相对于对照组（未吃）食物的气味，被试对吃得过饱的食物的气味的快感评级，呈现显著的负向偏移，即从一开始的喜欢到餐后的不喜欢（Rolls & Rolls, 1997），脑成像研究一致地揭示了眶额皮层激活大小的类似变化（Gottfried, O’Doherty, & Dolan, 2003）。

人类对预示危险的嗅觉信号的探测能力非常发达。这方面的论据包括人类有能力从无味的空气中检测微量挥发性试剂的存在，或者有能力探测和回避生物腐烂过程中所产生的化学物质源（Stevenson, 2010）。史蒂文森将化学危险信号分为两种功能类别，每种都与不同情绪关联，一种是非微生物危险（例如捕食者、火灾、空气稀薄和毒物），通常与恐惧反应相关；另一种是微生物危险（例如粪便、呕吐、身体异味和有机体腐烂），通常与厌恶有关。微生物危险提示存在病原体，而且暴露于诱发厌恶的气味中，可能有助于在遭受潜在的微生物攻击时启动免疫系统。对于人类和其他动物而言，气味的功能是作为刺激或抑制免疫反应的条件化线索（综述见Stevenson, 2010）。由厌恶气味所引起的面部运动反应，包括鼻孔拉伸、收缩鼻孔气道直径以及挤压嘴唇，这都有助于使潜在毒素进一步进入口鼻腔的可能性最小化（Susskind & Anderson, 2008）。脑岛似乎在加工厌恶中发挥重要作用，正如研究表明吸入诱发厌恶的气味后脑岛激活增加（Royet, Plailly, Delon-Martin, Kareken, & Segebarth, 2003; Zald & Pardo, 1997）。

在萨尔曼·鲁西迪（Salman Rushdie）的小说《午夜之子》（*Midnight's Children*）（1981）中，主角萨利姆（Saleem）继承了敏锐的嗅觉，能够探测他人情绪，例如“妈妈令人尴尬的辛辣恶臭”（第20页），“一阵隐匿气息，掺杂着生机勃勃的浪漫气味和我奶奶好奇与力量的强烈臭味”（第52页），以及“令人陶醉的但快速褪去香味的爱，以及更深、更持久的辛辣刺激的仇恨”（第298页）。与该虚构故事相比，关于人类气味社会沟通功能的科学证据仍然存在争议。作为无脊椎动物种系间沟通的手段，信息素的作用已经得到充分确立；然而，哺乳动物之间，特别是人类之间，信息素沟通的存在在科学文献中没有获得充分证实（Doty, 2010）。在汗液和唾液中所发现的假定人类信息素——雄二烯酮和雌甾四烯的情绪和行为效应，获得了充分研究。研究已经表明，施行这些类固醇导致在注意任务中对情绪信息更容易分心，交感神经唤醒增加，女性积极心境报告增加和男性积极心境报告降低（Hummer & McClintock, 2009; Jacob, Hayreh, & McClintock, 2001）。功能成像结果表明，雄二烯酮的生理效应，例如增加下丘脑激活，不仅在生理性别上存在差异，而且在性取向上也存在差异（Berglund, Lindstrom, & Savic, 2006）。除了性别依赖，类固醇的情绪效应还被发现存在背景依赖，只在男性实验者存在时女性被试才出现该效应（Jacob et al., 2001）。然而，总的来说，关于这些假定的人类信息素的研究结果有点不可靠。从这些数据推断的一般初步结论是，假定的人类信息素作为“化学信号”起作用，它们调整而不是引发刻板行为和情绪（Jacob et al., 2001）。

陈（Chen）及其同事在几个研究中检测了这些“化学信号”，调查人体气味是否能够表示信息源的情绪状态，以及该信息是否持续影响接收者的情绪或者认知状态。在一项研究中，研究者收集了志愿者观看有趣或者可怕的电影片段时的腋下汗液样品，然后将其呈现给另一组被试，并为该组被试设置了对照（无汗）条件（Chen & Haviland-Jones, 2000）。结果表明，女性能比男性更准确地识别与情绪相关的身体气味。而且，研究者认为，通过提供志愿者的身体气味所传递的情绪相关化学信号，以与其固有情绪内容一致的方式影响接收者的行为和认知。例如，恐惧或者焦虑相关的化学信号增强了惊奇反射，使判断中性面孔为愉快的偏差降低，并且提高了谨慎程度——导致女性在词语关联任务中表现得更精准，对模糊词的反应更缓慢，即这些化学信号令女性偏向于将模糊表情解释为更令人恐惧的（Zhou & Chen, 2009），而且恐惧气味比中性气味条件诱发更大的杏仁核激活（Mujica-Parodi et al., 2009）。

总之，嗅觉刺激是独特的，因为它们的三个关键行为功能涉及某种情绪反应，紧接着这些情绪反应的是对刺激的接近或者回避。记住情绪的功能——改变生理、行为和认知状态，令我们做好处理环境事件的准备，指示我们接近或者远离环境事件（Levenson, 1994）——嗅觉刺激提供了极好的工具，用于检查情绪加工及其实现的神经机制。

嗅觉享乐加工的神经相关性

如前所述，气味效价是嗅觉知觉的突出成分。实现嗅觉功能和情绪过程的脑区存在大量重叠。因此，嗅觉加工的解剖和行为特征使其成为检查大脑情绪加工的理想手段。事实上，检查气味知觉的脑边缘区，使描绘情绪编码和情绪相关学习的不同方面的神经机制获得了相当大的进步。

梨状皮层

梨状皮层作为感觉联合区，将认知、经验和情绪因素合并起来以联合知觉气味对象。该脑区在气味对象知觉的几乎每个方面都起到关键作用，包括将气味成分整合成知觉整体（气味特征合成），过滤不相关的背景气味（气味-背景分割），跨不同变异保持气味对象的“客体性”（气味恒常性），跨不同刺激提取知觉同一性（气味分类），以及辨别单个气味对象（综述见Gottfried, 2010）。

前部和后部梨状皮层对效价的表征似乎存在功能异质性。fMRI研究表明，梨状皮层前段（也包括额叶梨状皮层）对效价敏感，相比中性气味，愉快和不愉快气味导致了激活增加（Gottfried, Deichmann, Winston, & Dolan, 2002），以及在气味想象期间（Bensafi, Sobel, & Khan, 2007）或者气味知觉期间（Zelano, Montag, Johnson, Khan, & Sobel, 2007），相对于愉快气味，不愉快气味导致了激活增加。在如此早期的加工阶段编码气味效价这一发现，与以下行为结果一致，即人类对厌恶和危险气味的反应比对令人食欲大开的气味的反应更快（Bensafi et al., 2003），可能反映了嗅觉在快速决定环境刺激是否有害或者危险方面的生存价值。效价的早期编码可能受到前部梨状皮层和眶额结构之间强烈相互连接的调整（Gottfried, Deichmann, et al., 2002）。

前部梨状皮层对气味享乐品质的接受性，与后部梨状皮层对效价的不敏感性形成对比；梨状皮层似乎被广泛地卷入不同气味而无关效价（Gottfried, Deichmann, et al., 2002）。虽然梨状皮层似乎不涉及编码气味的情绪方面，但是通过与其他边缘区的广泛连接，成了编码气味对象时编码情绪学习和记忆相关变化的重要基础。对其他动物和人类的研究已经证实它参与情绪学习（Li, Howard, Parrish, & Gottfried, 2008; Sacco & Sacchetti, 2010）。例如，在厌恶学习的嗅觉fMRI研究中，被试在厌恶条件化之前和之后闻两种气味中的对映异构体（互为物体与镜像关系的立体异构体。简单地说，若视其中一个立体结构为物体，则另一个是它在镜子中的像（CS+）或者镜像分子，厌恶条件化期间会将对映异构体或镜像分子中的一个（条件化刺激，CS）与轻度电击（非条件化刺激，Li et al., 2008; Sacco & Sacchetti, 2010）反复配对。条件化后，被试能够很好地辨别先前区分不了的对映异构体或镜像分子，但是对于气味对照组来说，情况却并非如此（CS−；图10.2）。嗅觉厌恶学习与梨状皮层的fMRI总体活动模式重组相关，特别是条件化期间所使用的对映异构体对。

梨状皮层中的感觉编码的空间重组可能反映嗅觉接受场的调整变化，导致气味线索知觉改善，以至于拥有显著性“标记”的梨状表征获得优先

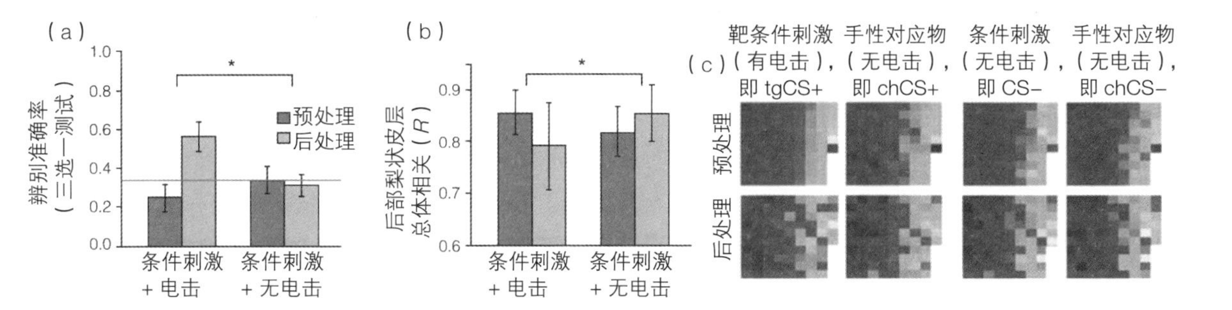

图10.2　嗅皮层在厌恶学习中的作用。在嗅觉恐惧学习的fMRI研究中，被试嗅闻知觉难以区分的成对气味异构体。这些异构体之一，被设计为靶CS+（tgCS+），随后与轻度脚底电击配对。它的手性对应物（chCS+）和对照对（CS−和chCS−）都不与电击配对。从预处理到后处理，tgCS+和chCS+之间的知觉辨别选择性地增加（a），在梨状皮层中发现了fMRI整体去相关（更少的模式重叠）（b）。一个被试跨体素的整体激活图（c）表明，在学习后tgCS+和chCS+之间模式发散增加。摘自李（Li）等人（2008）。彩色版本请扫描附录二维码查看

访问介导行为相关动作网络的特权。事实上，最近一项针对老鼠的研究报告，梨状皮层的兴奋性毒素损伤损害遥远的而非最近的恐惧记忆（Sacco & Sacchetti, 2010）。虽然类似结果也在次级听觉和视觉皮层被发现，但是记忆损伤是模块特异的，并不是由感觉或者情绪加工干扰造成的。而且，相同区域的损伤保留了完整的与恐惧不相关的感觉刺激记忆。这项研究进一步强调了在记忆存储和提取感觉刺激时（习得行为显著性作为体验结果）梨状皮层（和其他模块的次级联合皮层）的作用。

杏仁核

情感研究的主导模型假定情绪最好表征在一个圆周或者两个正交轴上（Russell, 1980）。第一个轴被称为效价轴，表征情绪的愉快或不愉快；第二个轴表征与情绪相关的唤起程度。这两个维度被假设映射到两个独立的神经生理系统，每种情感体验都是这两个独立系统线性组合的结果。虽然效价和唤醒被认为是正交的、独立地影响情绪体验，但是现实世界经验表明这些维度往往是相关的。消极刺激（例如残缺的身体）被认为比积极刺激（例如可爱的小狗）更强烈。而且，强度能够放大效价甚至转变它。例如，玫瑰气味随强度变大愉悦性增加，但是在极高强度下可能变得使人不愉悦。因为气味强度和效价高度相关，有研究者提出可以沿着单个维度评价气味愉悦度（Henion, 1971）。尽管该假设仍有待讨论，但在嗅觉相关方面，气味强度（气味的强弱程度）的主观报告已被用于代替情绪唤醒的主观报告（Anderson et al., 2003），因为它们高度相关（Bensafi et al., 2002a; Henion, 1971）。

因为相当多的证据表明杏仁核卷入情感加工（LeDoux, 2000），所以有假设认为杏仁核维持气味效价（愉悦度）的神经表征。扎德（Zald）和帕多（Pardo）（1997）首次检验了该假设，表明对高度厌恶（与最低程度厌恶相比）气味的反应激活双侧杏仁核。然而，由于不愉悦刺激非常强烈，扎德和帕多研究中的杏仁核激活可能部分表示强度而不是效价相关差异。后续实验以不同方式产生了冲突的结果。有研究发现，不愉悦气味比强度一致的愉悦气味对杏仁核的激活更大，表现了效价特异效应（Hudry, Perrin, Ryvlin, Mauguiere, & Royet, 2003; Royet et al., 2003）。另一项研究表明，杏仁核对效价不敏感，愉悦、中性和不愉悦气味对其激活相似（Gottfried, Deichmann, et al., 2002），而第三个研究表明知觉强度和与杏仁核临近的颞叶结构的神经活动相关（Rolls, Kringelbach, & de Araujo, 2003）。

为了探究这些不一致的研究结论，一项实验分离了气味强度和效价，呈现低强度或者高强度的愉快气味（柠檬醛：柠檬气味）和不愉快气味（缬草酸：汗袜子气味）（Anderson et al., 2003）。该研究发现，气味强度（高强度相比于低强度）显著激活杏仁核，但是效价则不然（不愉快相比于愉快），这表明了杏仁核编码气味强度。另一项研究对效价和强度进行了相似分离，但是加入了中性效价气味条件（Winston, Gottfried, Kilner, & Dolan, 2005）。因此，高强度和低强度的愉快、中性和不愉快气味被呈现给被试（图10.3）。该研究随后检测了两种可能的结果：（1）杏仁核编码气味强度而不管效价如何，即在三种类型条件下，高强度都比低强度激活更大；（2）编码效价和强度相关，即在愉快和不愉快气味条件下，高强度比低强度激活更大，但是在中性条件下则无差异。研究发现与后一假设一致，杏仁核编码强度和效

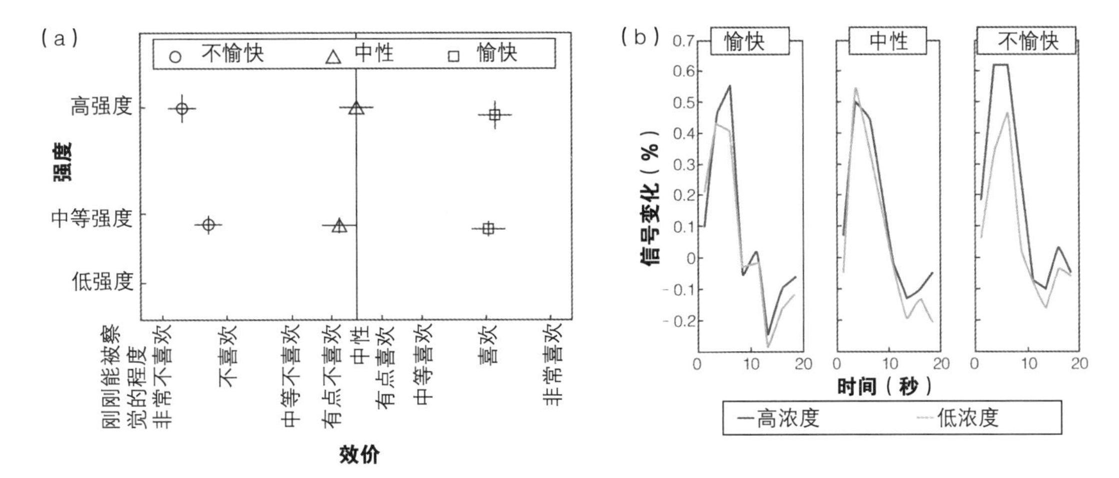

图10.3 杏仁核编码效价和强度交互作用。实验设计和行为数据显示在(a)图，在3×2因素设计中，效价(愉快、中性、不愉快)和强度(高、低)被独立操纵。行为评价被描述在心理物理气味空间的图中：横坐标为效价，纵坐标为强度。深色符号为高浓度气味，浅色符号为低浓度气味。误差条显示SEM，竖条表示强度误差，水平条表示效价误差。(b) fMRI结果表明气味不同效价影响杏仁核编码强度。不同气味浓度和类型下的杏仁核激活的反应时间进程表明，仅在气味效价为极端值时出现强度对杏仁核活动的选择性影响。源自温斯顿(Winston)等(2005)

价的交互作用，主要关注气味的整体行为显著性。

安德森等的研究(和温斯顿等的研究)的问题在于，他们反映的不是真实世界的效价–唤起关系。为了分离效价和强度，安德森等选择了狭窄的气味效价和强度范围(接近中性)。而且，气味强度是否和气味诱发唤醒相同仍存在争议。例如，薄荷的气味与自我评定的警觉性增加相关，而依兰的气味则与自我评定的警觉性降低和平静性增加相关，不管气味强度是否相同(Moss, Hewitt, Moss, & Wesnes, 2008)。在另一项研究中，与水或者薰衣草相比，柠檬油导致去甲肾上腺素水平升高(Kiecolt-Glaser et al., 2008)，表明气味诱发唤醒可能不等于气味强度。此外，刺激相关唤醒和强度间的关系，在化学感觉和听觉/视觉模块可能不同，在化学感觉模块唤醒与刺激的物理特性联系更密切(Bensafi et al., 2002a)，相反，在听觉/视觉模块两者联系没有那么密切(Junghöfer, Bradley, Elbert, & Lang, 2001)。例如，判断视觉场景的平静或者唤起性质，不会很依赖于场景的对比度、亮度或者色调。鉴于杏仁核和嗅皮质之间密切的解剖连接，杏仁核激活增加跨不同效价与物理刺激强度相关，或者杏仁核激活增加特异地与不愉快或者愉快刺激有关(Anderson et al., 2003; Winston et al., 2005)，这与初级和次级感觉区域对物理强度的视觉或者听觉刺激反应时神经活动增加一致(例如Mohamed, Pinus, Faro, Patel, & Tracy, 2002)。

眶额皮层

OFC接收几个模块的输入，包括味觉、嗅觉、躯体感觉和视觉等，对于气味的表征与味道的识别和奖励非常重要。这使得OFC处于整合不同感觉模块信息的独特位置，包括奖励或者惩罚，对于联想学习、情绪行为和动机行为至关重要。猴子电生理学研究（Critchley & Rolls, 1996b; Tanabe et al., 1975）和人类损伤与成像研究（Li et al., 2010; Zatorre, Jones-Gotman, Evans, & Meyer, 1992）发现OFC参与嗅觉加工。猴子OFC编码嗅觉信息期间，单细胞记录发现，有35%的气味反应神经元，对嗅觉刺激的表征依赖其与味道的关系，而其余65%的神经元表征气味刺激不受有关味道影响（Critchley & Rolls, 1996b）。而且，当猴子被喂饱时，OFC神经元对食物气味的反应下降（Critchley & Rolls, 1996a），表明OFC神经元不仅表征奖励刺激，而且每个刺激的奖励价值也在不断更新。

研究发现OFC参与经典（巴甫洛夫）条件反射，其中气味是非条件刺激（UCS）（Gottfried & Dolan, 2004; Gottfried, O'Doherty, & Dolan, 2002, 2003）。例如，一个中性面孔（条件刺激，CS）重复与一个愉悦或者不愉悦的气味UCS配对之后，独自呈现条件化面孔，结果发现，根据学习模式是渴望的还是嫌恶的，人脑中被诱发了不同的OFC激活，表明OFC参与了图像-气味关联的效价特异性构建（Gottfried, O'Doherty, et al., 2002）。相关研究发现了OFC编码嗅觉的预测价值。在一项强化物膨胀范式的fMRI研究中，条件化被试将两个中性面孔与两种不同厌恶气味联结（Gottfried & Dolan, 2004）。随后增加其中一种厌恶气味的强度，在条件化之后呈现该气味，厌恶价值就会增加或者"膨胀"。最后在消退期间（只向被试呈现面孔而不再伴随任何气味）执行fMRI扫描。成像数据表明，相对于控制面孔，伴随膨胀气味价值的面孔外侧OFC对激活更强，说明即使进行了消退处理，原始条件化价值也依然存在。最后，在一项选择性饱食的fMRI研究中，在嗅觉贬值程序（被试进食多种气味食物中的一种直到吃饱）之前和之后，将任意两个视觉刺激与不同的愉悦食物（含贬值程序中被试食用的食物）气味一起呈现。在贬值程序后，杏仁核和眶额皮层对预测性目标刺激的反应降低，而对非贬值刺激的反应保持不变（Gottfried et al., 2003），表明这些脑区编码奖励表征的当前预测价值。

总之，气味学习研究表明，OFC参与表征气味及其奖励价值以及视觉和气味刺激之间联结的学习和调整，这有助于阐明OFC对控制和调整情绪和动机行为的作用。

气味对象等价于它所诱发的情绪吗?

嗅觉系统与情绪加工在解剖结构、心理和功能方面紧密关联，引发了一个有趣的问题：气味对象构成了情绪"基元"吗？气味愉悦性是气味的基本方面，在嗅觉辨别任务（Schiffman, 1974）和气味分类（Berglund et al., 1973）中，被试会自发地使用。当使用大量言语描述词描述气味物质时，愉悦性作为描述词主成分分析（PCA）的基本维度反复出现（Khan et al., 2007）。研究表明，具有愉悦和不愉悦气味的物质有不同的行为和自动化反应（Bensafi et al., 2002a, 2002b, 2003）以及神经解剖基础（Anderson et al., 2003; Gottfried, Deichmann, et al., 2002; Rolls et al., 2003; Royet et al., 2003; Zald & Pardo, 1997），这进一步支持了上述观点。最后，能够为1500多种气味物质的分子结构变异提供最佳解释的主轴与气味物质的愉悦性显著相关，表明愉悦性可能是编码于气味分子结构内的固有属性（Khan et al., 2007）。该主轴被发现是气味物质的衡量标准，可以跨物种对神经活动变异进行最佳解释（Yeshurun & Sobel, 2010）。极端地说，嗅知觉是基于效价的单维表征，气味对象的愉悦性就是气味对象本身，辨别气味对象基本上就是辨别其愉悦性（Yeshurun & Sobel, 2010）。

尽管这些证据强调效价是嗅知觉的主轴，但是嗅知觉仅仅基于效价单一维度这一观点仍饱受争议。首先，愉悦和不愉悦气味拥有分离的心理和生理基础，不一定意味着愉悦-不愉悦是嗅觉的主要维度。例如，愉悦和不愉悦的图片可能诱发不同的自主或者神经成像反应，但是不能据此迅速得出结论认为效价是视觉的主要维度。其次，尽管在PCA情况下没有确定单维性的黄金标准（Hattie, 1985），但是一般原则是当数据是单维度时，PCA主成分应该能够解释大部分变异（绝对值的30%—50%，其特征值至少三倍于第二因子），并且其余成分应该大致均等地解释剩余变异。在嗅知觉中，尽管第一个主成分与效价相关，但是其他成分对剩余变异的解释也不容忽视。在许多效价作为主要维度的PCA研究中，可食性是第二潜在维度，解释了变异的重要部分（Khan et al., 2007）。该结果说明，除了效价以外，气味也能根据可食性分类。而且，近期一项研究使用了单维度效价相关量表，以期考察嗅知觉的整体体验和嗅觉享乐体验，结果没有成功（Chrea et al., 2009）。研究者使用PCA考察能对气味所诱发主观情绪体验进行最佳描述的语言标签的本质，发现气味所诱发情感反应的结构不同于情绪体验的二维模型（效价和唤醒）。结构包括五个维度，反映了嗅觉在健康、社会交往、危险预防、唤醒或者放松感以及有意回忆情绪记忆中的作用。

如果气味对象不能被还原为气味所诱发的情绪，那么人们有理由怀疑为什么情绪效价能一直作为嗅觉的主要心理物理维度。考虑该问题时，重要的是考察感觉测试方法如何解释关于嗅知觉维度的不同发现。嗅知觉背景下，在测试集中纳入特定变量或者描述词会导致因素分析结果更偏向基于效价的维度。这被形象地描述为“垃圾入垃圾出”现象，即纳入大量变量测量同一事物，就会产生与那些变量相关的维度。因此，描述词必须从所有可能指标的总体中随机取样。这对于气味来说难以实现，因为很大比例的描述词涉及气味的享乐方面。

“晕轮倾泻”是一个解释评定量表中的变量或者描述词如何影响感觉测试的理论。如果强迫使用单属性量表评定一个多属性感觉对象，知觉者会倾向于在所评定的属性上给予更高分数以过度补偿缺失属性（Abdi, 2002）。换言之，被试将其他属性“倾泻”在唯一可用的量表上，这也被称作“晕轮属性倾泻”（Clark & Lawless, 1994）。例如，如果要求被试使用知觉评定比较草莓气味和薄荷气味，但只能用愉悦性量表评定混合属性（愉悦性、可食性、强度、草莓味、薄荷味），就会迫使他们将其他属性“倾泻”在唯一可用的愉悦性量表上，那么就会出现晕轮倾泻效应。大多数进行PCA并发现效价是主要维度的研究都使用了德拉夫尼耶克图谱（Dravnieks atlas），它由146个言语描述词组成，其中每个描述词被应用到144种不同气味的物质中（Dravnieks, 1982）。重要的是，要确定该图谱描述词随机取样于所有可能描述词的总体，并且广泛采样气味属性。

使用具有极端效价的刺激或者强迫使用效价相关描述词会导致因素分析结果偏向基于效价。在近期发表的一篇关于气味特征编码的后续研究中，我们详细阐述了这种潜在混淆因素（Howard et al., 2009）。研究中，给被试呈现一系列相对熟悉的气味，包括薄荷、木头和柑橘气味。缺乏经验的被试（不知道气味物质的先验信息）使用德拉夫尼耶克问卷评定每个气味刺激，该问卷包含146个题项。接着，每种气味的描述评定跨特定气味特征类型和所属给定类型得到了平均（图10.4）。结果发现，相比愉悦性，被试可以根据知觉特性更有效地区分不同气味的物质。例如，根据薄荷味和柑橘味评定分数，被试能够轻易地区分薄荷气味（白色柱条）与柑橘气味（深灰柱条），但是根据愉悦和不愉悦评定分数不能区分这两种气味。该例说明了当给被试呈现享乐性维度上变异较小的熟悉气味时，享乐性维度效力是如何失去解释力的。

气味享乐性：先天还是后天？

正如气味编码的单维理论所述，如果气味享乐性根据气味物质分子的物理化学结构编码（Khan et al., 2007），那么气味享乐性反应应该是先天的。动物研究文献提供了信息素沟通的论据（Doty, 2010），进一步证实了气味享乐性的先天性；但是人类气味享乐性反应是先天的这一观点没有被充分证实。只有有限的研究证据支持人类对愉悦和不愉悦气味的不同反应具有跨年龄和跨种系的一致性这一论断。正如耶胥瑞（Yeshurun）和索贝尔（Sobel）（2010）所述，新生儿面孔表情（例如皱鼻子、扬起上唇）能够区分愉悦的香草醛气味和不愉悦的酪酸气味，并且成人和儿童对各种单纯气味物质和个人气味的评定存在某种一致性。而且，被人类评定为愉悦的气味物质，往往也使老鼠逗留得更久，人类被试也愿意花更长时间嗅闻它们的气味；人类对物质气味愉悦性的评定和老鼠的逗留时间都与气味物质分子的物理化学属性相关。然而，正如下文所述，大量行为和神经数据表明，气味享乐性具有高可塑性，并且依赖于学习、感觉情境以及过去经验（Rouby, Pouliot, & Bensafi, 2009; Stevenson & Wilson, 2007）。

嗅觉享乐性的可塑性

尽管证据表明存在物理化学驱动的、固有的

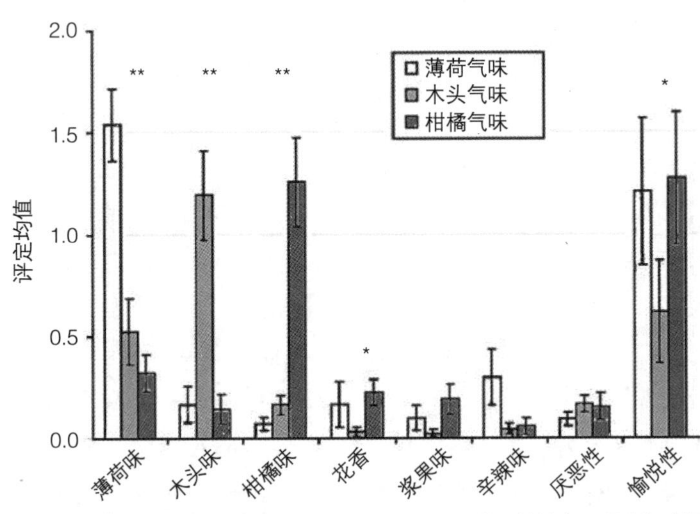

图10.4 被试根据知觉特性而不是所知觉的愉悦性区分熟悉的气味物质。使用德拉夫尼耶克问卷评定气味物质，每种气味的描述评定跨特定气味特征类型和所属给定类型得到了平均。根据薄荷味和柑橘味评定分数，被试能够轻易地区分薄荷气味（白色柱条）与柑橘气味（深灰柱条），但是根据愉悦和不愉悦评定分数不能区分两种气味

嗅觉享乐性反应，这类反应对动物来说受进化控制（例如信息素和捕食者或者寄主的气味），然而大部分反应通过经验和学习获得。例如，气味物质丁香油酚（牙科粘固粉所使用的“丁香”气味）被恐惧牙科的患者评价为消极，并且使这些患者产生了自主恐惧反应，但是不恐惧牙科的患者则不会产生该反应（Robin, Alaoui-Ismaili, Dittmar, & Vernet-Maury, 1998）。当与消极情绪状态有关的新异环境气味后来被呈现给被试时，会对个体行为产生有害影响，表明新异气味的享乐性评价随着所伴随情绪体验的变化而变化（Herz, 2005）。当不熟悉的愉悦气味伴随消极情绪体验时，个体知觉气味的愉悦性降低；然而伴随积极情绪体验的不熟悉的厌恶气味则变得更可接受——再一次证明联结学习影响气味享乐性知觉（Herz, 2005）。

对其他动物和人类的研究表明，欲望或者嫌恶刺激的联结学习能够改变气味的神经表征。例如，蜜蜂学习区分伴随着奖励（蔗糖）和无奖励的气味时，联结学习改变了气味表征，只有奖励气味在触角叶（相当于昆虫的嗅球）激活增强，奖励气味与无奖励气味的活动模式去相关，使二者更不相似（Faber, Joerges, & Menzel, 1999）。正如前文所讨论的，嗅觉厌恶学习（气味-足电击条件化）之后，人类被试能够区分原本被知觉为相同的气味。这些行为变化与伴随电击的气味和无电击气味在后部梨状皮层（见图10.2）的总体模式变化有关，表明联结学习直接影响气味刺激的知觉信息在特异感觉皮层的表征（Li et al., 2008）。

情境也对气味享乐知觉发挥重要的调节作用。根据鲁比（Rouby）等（2009）的研究，气味享乐性判断受到气味的非享乐性特征（例如气味强度和熟悉度）、知觉者特征（例如性别、激素水平、年龄、情绪状态、生理状态）以及刺激或者知觉者所处情境（例如其他模块刺激、伴随的言语信息、实验任务或者指导语、语义知识、文化背景）的影响。气味刺激概念被赋予了内在情绪价值，刺激、知觉者和情境对气味情感的影响使得对气味的探究越发不易。

刺激特征

气味物质的享乐性评价受到气味物质其他特征的强烈影响，例如先前暴露、熟悉度和强度。愉悦性通常和熟悉度高度相关。正如赫茨（Herz）（2005）所述，如果母亲在妊娠期或者哺乳期摄入了拥有独特气味的物质（例如大蒜、酒精），婴儿往往更偏好这些气味。水杨酸甲酯（冬青油）在英国通常与药剂相关，所以人们更倾向于评定其为不愉悦刺激：相反，该物质在美国常常与薄荷味糖果相关联，所以人们更倾向于认为它是令人愉悦的。一般来说，熟悉的气味往往比不熟悉的气味更容易被评定为是令人愉悦的，愉悦气味也更容易被知觉为熟悉的气味（Ayabe-Kanamura, Saito, Distel, Martinez-Gomez, & Hudson, 1998; Moskowitz, Dravnieks, & Klarman, 1976）。

熟悉度与愉悦性之间的关系被归于暴露效应。暴露效应指个体重复暴露于某种刺激时，将强化个体对该刺激的态度（Zajonc, 1968）。然而，研究者们指出简单暴露并不足以增加喜爱程度。在注意任务中均等地暴露不同气味，有的气味作为指定目标，其他的则是非目标气味，结果是只有目标气味的喜爱程度被提高了（Prescott, Kim, & Kim, 2008）。而且，愉悦性和熟悉度之间的关系可能并不是如此明确的，而会随气味愉悦性的变化而变化。例如，一项研究发现暴露30分钟后，愉悦的柠檬气味被评价为不那么令人愉快，而不愉悦的腐臭气味被评价为不那么令人不快（Cain & Johnson, 1978）。德普朗科及其同事发现愉悦性和熟悉度之间的正相关关系只特异于愉悦气味，而无关于不愉悦气味。而且，新异性/熟悉度和愉悦性评价似乎按序列推进，气味先被探测为新异的或者熟悉的，然后才被评价为愉悦或者不愉悦的（Delplanque et al., 2009）。最后，探究熟悉度和暴露效应的另一种办法是考察文化背景如何影响气味享乐性。阿布-卡那姆拉（Ayabe-Kanamura）等（1998）发现德国人和日本人在评定相同气味物质的愉悦性，以及愉悦性与可食性之间的正向关系方面存在差异，表明关于食物的文化特异性体验可能显著影响气味知觉。

享乐性判断与强度也具有复杂关系，气味物质的愉悦性和强度之间可以是正相关、负相关、呈倒U形函数或者毫无关联的（Bensafi et al., 2002a; Distel et al., 1999; Doty, 1975; Henion, 1971; Moskowitz et al., 1976）。因此，气味强度和愉悦性都取决于特定气味本身（图10.5）。例如，低强度的水杨酸甲酯是中性的，但是随着强度增加变得令人愉悦（正相关）；低强度的糠醛是中性的，但随着强度增加变得令人不愉悦（负相关）；低强度的苯甲醛是中性的，中等强度时是令人愉悦的，强度继续增加时变得令人不愉悦（呈倒U形函数）；而香叶醇在几乎任何强度下都是令人愉悦的（无关联；Doty, 1975）。

知觉者特征

气味享乐性判断不仅受到刺激特征影响，而且也受到知觉者特征影响。例如，激素水平影响对雄烯酮气味愉悦性的评定，排卵期女性对该气味不愉悦度的评定低于其他时期（Hummel, Gollisch, Wildt, & Kobal, 1991）。使用视频诱发不同心境，发现被试观看性唤起视频后，雄二烯酮和雌甾四烯（公认的人类性信息素）提高了性唤起概率，但是观看中性视频后未出现此效应（Bensafi, Brown, Khan, Levenson, & Sobel, 2004）。在另一项研究中，研究者先以视频片段诱发被试的不同心境，再给被试呈现不同类型的气味（Chen & Dalton, 2005），发现不同情绪状态或者性格的女性对积极情绪效价（即愉悦的）气味物质的反应都快于中性气味物质。性格可以调节反应时间和知觉强度，比如神经质和焦虑个体更易对愉悦和不愉悦的气味做出反应。气味享乐性也受到知觉者生理状态调整，例如，当个体摄入一种食物直到满足时（正如本章前文所讨论的），该食物气味的奖励价值下降，但是这种效应并不会泛化至其他食物（O'Doherty et al., 2000; Rolls & Rolls, 1997）。

情境特征

气味知觉受到所伴随视觉和言语线索的强烈影响。在视觉线索影响嗅知觉的一个例子中，被试评定有色（如红色）草莓气味溶液比无色相同溶液气味更浓（Zellner & Kautz, 1990）。用无气味染料把白葡萄酒变成红色后，被试将其描述为具有红葡萄酒的嗅觉属性（Morrot, Brochet, & Dubourdieu, 2001）。戈特弗里德及其同事用功能成像考察了视觉调整嗅知觉的神经机制（Gottfried & Dolan, 2003）。他们发现当气味和视觉线索语义一致时，嗅觉探测在行为上更快和更准确。该行为优势与海马前部和喙中OFC更大的神经活动相关，意味着这些脑区参与视觉和嗅觉信息的跨模块整合。

言语信息也影响气味的享乐性判断。例如，在采用日常气味作为实验条件时，相比于不告知被试这些气味的名称，当把相同气味的名称告知被试时，被试评价这些气味的愉悦性、熟悉度更高，强度更大（Ayabe-Kanamura et al., 1998; Distel

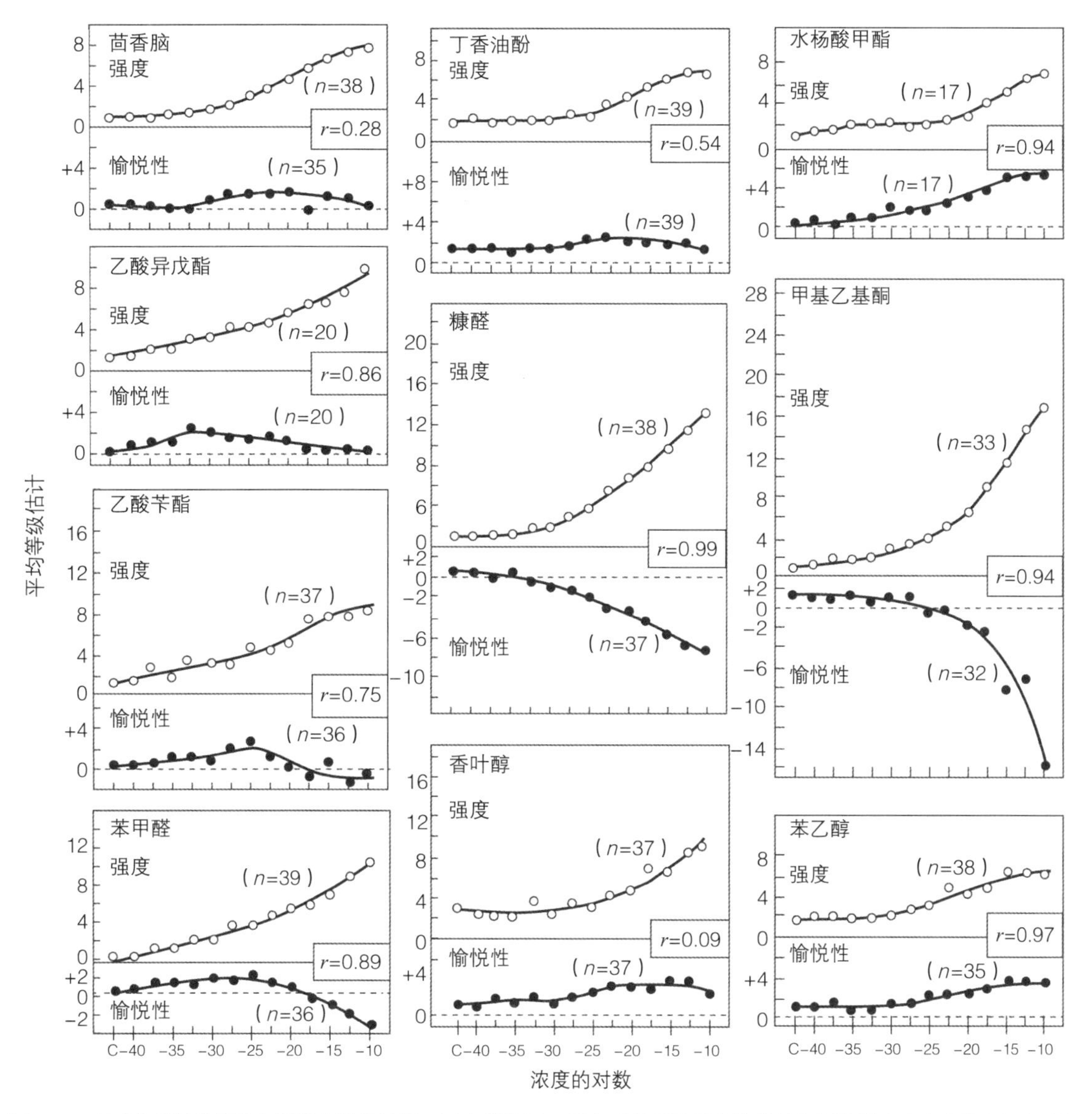

图 10.5　气味物质的愉悦性与强度之间的关系。图中描述了 10 种气味物质的平均愉悦性和平均强度大小（纵坐标），以及在丙二醇稀释剂中体积浓度的对数（横坐标）。不同气味物质的愉悦性和强度估计值之间的皮尔逊积矩相关系数在不同点有所不同。所有相关都达到了 $p < 0.01$ 显著水平，除了茴香脑（$p > 0.20$）、丁香油酚（$p < 0.06$）和香叶醇（$p > 0.20$）。摘自多蒂（Doty）（1975）

et al., 1999）。给予不熟悉气味一个积极名称时，被试评定该气味令人愉悦的可能性更高（Ayabe-Kanamura, Kikuchi, & Saito, 1997）。当把气味的言语信息告知被试时，无论是否呈现气味物质，气味的享乐性评定都与其言语标签的内涵一致。然而，单独呈现气味物质（没有言语标签）时，嗅觉评定则基于感觉和经验熟悉度（Herz, 2003）。相同气味更易被知觉为令人愉悦的（例如“帕玛森芝士”）或者令人不愉悦的（例如“呕吐物”），取决于与之相关的言语标签（Herz & von Clef,

2001）。成像结果证实了这些行为结果。相对于对照组的气体，当被标注为“车达芝士”时测试气味（异戊酸含有干酪质的、汗臭似的气味）被评定更令人愉悦，当被标注为“体味”时测试气味被评定更令人不愉悦。功能成像结果发现，相对于被标注为“体味”，当测试气味被标注为“车达芝士”时，前喙扣带回皮层、内侧OFC和杏仁核激活更强，并且激活与愉悦性评定相关（de Araujo, Rolls, Velazco, Margot, & Cayeux, 2005）。

当在更愉悦或者更不愉悦的气味背景中呈现气味时，气味的享乐价值发生了变化。例如，在一项初步研究中，莫汉蒂及其同事发现名义上的中性气味与愉悦气味一同呈现时，中性气味被评定为相对令人不愉悦的；中性气味与不愉悦气味一同呈现时，中性气味被评定为相对令人愉悦的（Mohanty et al., 2010）。通过fMRI，格拉本霍斯特（Grabenhorst）和罗尔斯研究了气味愉悦性如何受到相对更愉悦或者更不愉悦气味背景的影响（Grabenhorst & Rolls, 2009）。被试首先闻了四种气味中的两种，然后对第二种气味进行愉悦性评定。结果发现，尽管前脑岛活动与第二种气味的绝对愉悦性评定相关，但是前外侧OFC激活和第二、第一种气味的愉悦性差异相关。也就是说，前外侧OFC激活与相对愉悦性有关。因此，大脑可能同时表征气味的绝对奖励价值和相对奖励价值。

总之，行为学和生理学研究结果说明，个体嗅觉享乐性知觉具有很高的可塑性，并且似乎受到中央嗅觉的加工调整。除了强调嗅觉享乐性知觉受自上而下的影响，这些研究还阐述了情绪中央环路的可塑性，包括情境对情绪反应及其神经环路的深刻影响。

气味记忆：情绪－认知交互作用的例子

马塞尔·普鲁斯特（Marcel Proust）的小说《追忆似水年华》（*Swann's Way*）描述了气味诱发记忆的强大力量（Proust, 1919），菩提茶中浸入玛德琳饼干的气味便激起了作者对童年的强烈回忆。该体验现在被称作“普鲁斯特现象”，是气味诱发记忆情绪效力的例子。这些轶事报告被实验研究证实，发现气味拥有不同寻常的能力，能够比其他记忆感觉引发源唤醒更生动和更具情绪性的自传记忆（Herz & Engen, 1996）。赫茨和恩金（Engen）综述了气味诱发记忆文献，归纳如下：（1）气味所诱发的记忆似乎比其他感觉刺激所诱发的记忆拥有更强的情绪色彩；（2）气味诱发记忆的能力与气味的享乐属性相关；（3）情境气味是极好的提取线索，可能受到情感影响。

嗅觉皮层与杏仁核–海马复合体之间密切的解剖联系，也证实了情绪与气味诱发记忆之间的密切关系。功能成像研究探讨了气味诱发记忆的神经机制，发现回忆含有个人意义的气味（香气）比其他线索显著激活杏仁核和海马区域（Herz, Eliassen, Beland, & Souza, 2004）。行为学证据对这些结果进行了补充，证实了人体对这些气味的情绪反应最为强烈。除了海马和杏仁核，感觉皮层也对气味诱发记忆发挥重要作用。例如，戈特弗里德等在记忆编码期间同时呈现视觉图片与气味（Gottfried, Smith, Rugg, & Dolan, 2004），然后考察单独呈现这些视觉图片时，气味背景影响记忆提取的神经反应。结果发现，提取旧对象（相对于新的）时梨状皮层和海马前部激活增强，表明了嗅觉皮层对保持原始记忆痕迹的感觉特征发挥重要作用。总的来说，嗅觉刺激拥有唤醒极其生动和情绪性的自传记忆的独特能力，而且气味唤醒记忆研究为探讨记忆的情感组织提供了新的视角。

结论

近年来，嗅知觉研究极大地促进了情感神经科学领域的发展。这些研究阐述了杏仁核、眶额皮层和感觉皮层参与情绪编码和情绪相关学习的神经机制。

例如，独立操纵嗅觉刺激的效价和唤醒度，发现杏仁核编码嗅觉强度和效价之间的交互作用，表征了气味的整体行为学显著性。OFC对于表征气味及其奖励价值发挥重要作用，并且与嗅觉与非嗅觉之间的跨模块联结学习密切相关。最后，嗅觉研究阐明了在嗅觉感觉皮层(包括梨状皮层)，情绪加工的情境调整和可塑性的心理和神经机制。例如一个气味CS+和一个显著的US（电击）之间的条件化更新了CS+本身的知觉表征。尽管嗅觉研究显著促进了对情绪功能的理解，但是该领域仍有大量研究尚未涉及的潜在内容，有助于阐明执行情绪功能及其与认知过程的交互作用的神经机制。

重点问题

用于探测情绪加工的视觉刺激倾向于诱发恐惧，然而嗅觉刺激一般诱发厌恶（臭鸡蛋、汗臭味等）。厌恶和恐惧都是消极效价/高唤醒情绪，但是两者的类型不相同（Ekman, 1992），这表明视觉和嗅觉研究的情绪刺激可能涉及不同的心理和神经机制。

1. 通常用自我报告（视觉刺激令人镇静/唤醒的程度）或者生理测量（例如皮肤电）评估情绪唤醒。作为情绪唤醒的替代品，气味刺激强度真的是嗅觉研究适当的唤醒指标吗？在嗅觉和视觉领域，刺激强度与刺激唤醒度的关系是否有所不同？

2. 人类拥有探测和辨别气味的不凡能力，但是不擅于命名气味，甚至是普通气味。由于情绪是嗅知觉的主要维度，因此重要的是人类薄弱的检查识别气味的能力是否导致了对享乐性描述词的着重使用；也就是说，人们难以用言语标签来识别气味，所以转而使用情绪标签进行分类。

3. 气味的情绪和记忆效力的神经生物学机制我们尚不知晓。气味具有情绪性是因为内在如此吗（见Yeshurun & Sobel, 2010）？嗅觉刺激真的比其他感官通道的刺激具有更强的情绪唤醒力吗，或者仅因为这些刺激难以被命名而更容易被认为具有刺激性？

4. 我们回顾了大量研究，证实了嗅觉享乐性知觉受到几个因素的深刻影响，包括先行学习和情境。嗅觉刺激比视觉和听觉刺激更易遭受这种高级调整的影响吗？假如是这样，那么实现可塑性增强的神经机制是什么？

致谢

我们要感谢美国国立卫生研究院（NIH）耳聋与其他交流障碍性疾病研究所提供的资助[杰·A. 戈特弗里德（Jay A. Gottfried）的5R01DC010014 和 5K08DC007653–05]，同时也感谢2009年的NIH补充资助（3R01DC010014–01S1）。

参考文献

Abdi, H. (2002). What can cognitive psychology and sensory

evaluation learn from each other? *Food Quality and Preference*, *13*, 445–51.

Anderson, A. K., Christoff, K., Stappen, I., Panitz, D., Ghahremani, D. G., Glover, G., ... Sobel, N. (2003). Dissociated neural representations of intensity and valence in human olfaction. *Nature Neuroscience*, *6*(2), 196–202. doi: 10.1038/nn1001nn1001

Ayabe-Kanamura, S., Kikuchi, T., & Saito, S. (1997). Effect of verbal cues on recognition memory and pleasantness evaluation of unfamiliar odors. [Empirical Study]. *Perceptual and Motor Skills*, *85*(1), 275–85. doi: 10.2466/pms.85.5.275–285

Ayabe-Kanamura, S., Saito, S., Distel, H., Martinez-Gomez, M., & Hudson, R. (1998). Differences and similarities in the perception of everyday odors – A Japanese-German cross-cultural study. *Olfaction and Taste XII*, *855*, 694–700.

Bensafi, M., Brown, W. M., Khan, R., Levenson, B., & Sobel, N. (2004). Sniffing human sex-steroid derived compounds modulates mood, memory and autonomic nervous system function in specific behavioral contexts. *Behavioural Brain Research*, *152*(1), 11–22. doi: DOI 10.1016/j.bbr.2003.09.009

Bensafi, M., Rouby, C., Farget, V., Bertrand, B., Vigouroux, M., & Holley, A. (2002a). Autonomic nervous system responses to odours: The role of pleasantness and arousal. *Chemical Senses*, *27*(8), 703–9.

Bensafi, M., Rouby, C., Farget, V., Bertrand, B., Vigouroux, M., & Holley, A. (2002b). Influence of affective and cognitive judgments on autonomic parameters during inhalation of pleasant and unpleasant odors in humans. *Neuroscience Letters*, *319*(3), 162–6. doi: Pii S0304–3940(01)02572–1

Bensafi, M., Rouby, C., Farget, V., Bertrand, B., Vigouroux, M., & Holley, A. (2003). Perceptual, affective, and cognitive judgments of odors: Pleasantness and handedness effects. *Brain and Cognition*, *51*(3), 270–5. doi: 10.1016/S0278–2626(03)00019–8

Bensafi, M., Sobel, N., & Khan, R. M. (2007). Hedonic-specific activity in piriform cortex during odor imagery mimics that during odor perception. *Journal of Neurophysiology*, *98*(6), 3254–62. doi: 00349.2007 [pii]10.1152/jn.00349.2007

Berglund, B., Berglund, U., Engen, T., & Ekman, G. (1973). Multidimensional analysis of 21 odors. *Scandinavian Journal of Psychology*, *14*(2), 131–7.

Berglund, H., Lindstrom, P., & Savic, I. (2006). Brain response to putative pheromones in lesbian women. *Proceedings of the National Academy of Sciences, 103*(21), 8269–74. doi: 0600331103 [pii]10.1073/pnas.0600331103

Cain, W. S., & Johnson, F. (1978). Lability of odor pleasantness – Influence of mere exposure. *Perception*, *7*(4), 459–65.

Carmichael, S. T., Clugnet, M. C., & Price, J. L. (1994). Central olfactory connections in the macaque monkey. *Journal of Comparative Neurology*, *346*(3), 403–34.

Chen, D., & Dalton, P. (2005). The effect of emotion and personality on olfactory perception. *Chemical Senses*, *30*(4), 345–51. doi: 10.1093/chemse/bji029

Chen, D., & Haviland-Jones, J. (2000). Human olfactory communication of emotion. *Perceptual and Motor Skills*, *91*(3), 771–81.

Chrea, C., Grandjean, D., Delplanque, S., Cayeux, I., Le Calve, B., Aymard, L., & Scherer, K. R. (2009). Mapping the semantic space for the subjective experience of emotional responses to odors. *Chemical Senses*, *34*(1), 49–62. doi: 10.1093/chemse/bjn052

Clark, C. C., & Lawless, H. T. (1994). Limiting response alternatives in time-intensity scaling: An examination of the halo-dumping effect. *Chemical Senses*, *19*(6), 583–94.

Critchley, H. D., & Rolls, E. T. (1996a). Hunger and satiety modify the responses of olfactory and visual neurons in the primate orbitofrontal cortex. *Journal of Neurophysiology*, *75*(4), 1673–86.

Critchley, H. D., & Rolls, E. T. (1996b). Olfactory neuronal responses in the primate orbitofrontal cortex: Analysis in an olfactory discrimination task. *Journal of Neurophysiology*, *75*(4), 1659–72.

de Araujo, I. E., Rolls, E. T., Velazco, M. I., Margot, C., & Cayeux, I. (2005). Cognitive modulation of olfactory processing. *Neuron*, *46*(4), 671–9. doi: S0896–6273(05)00357–0 [pii]10.1016/j.neuron.2005.04.021

Delplanque, S., Grandjean, D., Chrea, C., Coppin, G., Aymard, L., Cayeux, I., ... Scherer, K. R. (2009). Sequential unfolding of novelty and pleasantness appraisals of odors: Evidence from facial electromyography and autonomic reactions. *Emotion*, *9*(3), 316–28. doi: 10.1037/A0015369

Distel, H., Ayabe-Kanamura, S., Martinez-Gomez, M., Schicker, I., Kobayakawa, T., Saito, S., & Hudson, R. (1999). Perception of everyday odors – Correlation between intensity, familiarity and strength of hedonic judgement. *Chemical Senses*, *24*(2), 191–9.

Doty, R. L. (1975). Examination of relationships between pleasantness, intensity, and concentration of 10 odorous stimuli. *Perception & Psychophysics*, *17*(5), 492–6.

Doty, R. L. (2010). *The great pheromone myth*. Baltimore: Johns Hopkins University Press.

Dravnieks, A. (1982). Odor quality: Semantically generated multidimensional profiles are stable. *Science*, *218*(4574), 799–801.

Ekman, P. (1992). An argument for basic emotions. *Cognition and Emotion*, *6*(3/4), 169–200.

Ekman, P., & Friesen, W. (1976). *Pictures of facial affect*. Palo Alto, CA Consulting Psychologists Press.

Faber, T., Joerges, J., & Menzel, R. (1999). Associative learning modifies neural representations of odors in the insect brain. *Nature Neuroscience*, *2*(1), 74–8. doi: 10.1038/4576

Firestein, S. (2001). How the olfactory system makes sense of scents. *Nature*, *413*(6852), 211–8.

Gottfried, J. A. (2006). Smell: Central nervous processing. *Advances in Otorhinolaryngology*, *63*, 44–69. doi: 10.1159/000093750 [pii]10.1159/000093750

Gottfried, J. A. (2010). Central mechanisms of odour object perception. *Nature Reviews Neuroscience*, *11*(9), 628–41. doi: nrn2883 [pii]10.1038/nrn2883

Gottfried, J. A., Deichmann, R., Winston, J. S., & Dolan, R. J. (2002). Functional heterogeneity in human olfactory cortex: An event-related functional magnetic resonance imaging study. *Journal of Neuroscience*, *22*(24), 10819–28.

Gottfried, J. A., & Dolan, R. J. (2003). The nose smells what the eye sees: Crossmodal visual facilitation of human olfactory perception. *Neuron*, *39*(2), 375–86. doi: S0896627303003921 [pii]

Gottfried, J. A., & Dolan, R. J. (2004). Human orbitofrontal cortex mediates extinction learning while accessing conditioned representations of value. *Nature Neuroscience*, *7*(10), 1144–52. doi: 10.1038/nn1314nn1314 [pii]

Gottfried, J. A., O'Doherty, J., & Dolan, R. J. (2002). Appetitive and aversive olfactory learning in humans studied using event-related functional magnetic resonance imaging. *Journal of Neuroscience*, *22*(24), 10829–37.

Gottfried, J. A., O'Doherty, J., & Dolan, R. J. (2003). Encoding predictive reward value in human amygdala and orbitofrontal cortex. *Science*, *301*(5636), 1104–7. doi: 10.1126/science. 1087919301/5636/1104 [pii]

Gottfried, J. A., Smith, A. P., Rugg, M. D., & Dolan, R. J. (2004). Remembrance of odors past: Human olfactory cortex in cross-modal recognition memory. *Neuron*, *42*(4), 687–95.doi: S0896627304002703 [pii]

Gottfried, J. A., & Zald, D. H. (2005). On the scent of human olfactory orbitofrontal cortex: Meta-analysis and comparison to non-human primates. *Brain Research: Brain Research Reviews*, *50*(2), 287–304. doi: S0165–0173(05)00118–9 [pii]10.1016/j.brainresrev.2005.08.004

Grabenhorst, F., & Rolls, E. T. (2009). Different representations of relative and absolute subjective value in the human brain. *Neuroimage*, *48*(1), 258–68. doi: DOI 10.1016/j.neuroimage.2009.06.045

Hattie. J. A. (1985). Methodology review: Assessing unidimensionality of tests and items. [Literature Review]. *Applied Psychological Measurement*, *9*(2), 139–64. doi: 10.1177/01466216-8500900204

Henion, K. E. (1971). Odor pleasantness and intensity: A single dimension? *Journal of Experimental Psychology*, *90*(2), 275–9.

Herz, R. S. (2003). The effect of verbal context on olfactory perception. *Journal of Experimental Psychology-General*, *132*(4), 595–606. doi: 10.1037/0096–3445.132.4.595

Herz, R. S. (2005). Odor-associative learning and emotion: Effects on perception and behavior. *Chemical Senses*, *30*, I250–I251. doi: 10.1093/chemse/bjh209

Herz, R. S., Eliassen, J., Beland, S., & Souza, T. (2004). Neuroimaging evidence for the emotional potency of odor-evoked memory. *Neuropsychologia*, *42*(3), 371–8. doi:10.1016/j.neuropsychologia.2003.08.009

Herz, R. S., & Engen, T. (1996). Odor memory: Review and analysis. *Psychonomic Bulletin & Review*, *3*(3), 300–13.

Herz, R. S., & von Clef, J. (2001). The influence of verbal labeling on the perception of odors: Evidence for olfactory illusions? [Empirical Study]. *Perception*, *30*(3), 381–91. doi: 10.1068/p3179

Howard, J. D., Plailly, J., Grueschow, M., Haynes, J. D., & Gottfried, J. A. (2009). Odor quality coding and categorization in human posterior piriform cortex. *Nature Neuroscience*, *12*(7), 932–8. doi: nn.2324 [pii] 10.1038/nn.2324

Hudry, J., Perrin, F., Ryvlin, P., Mauguiere, F., & Royet, J. P. (2003). Olfactory short-term memory and related amygdala recordings in patients with temporal lobe epilepsy. *Brain*, *126*(Pt. 8), 1851–63. doi: 10.1093/brain/awg192awg192 [pii]

Hummel, T., Gollisch, R., Wildt, G., & Kobal, G. (1991). Changes in olfactory perception during the menstrual cycle. *Experientia*, *47*(7), 712–5.

Hummer, T. A., & McClintock, M. K. (2009). Putative human pheromone androstadienone attunes the mind specifically to emotional information. *Hormones and Behavior*, *55*(4), 548–59. doi: 10.1016/j.yhbeh.2009.01.002

Jacob, S., Hayreh, D. J., & McClintock, M. K. (2001). Context-dependent effects of steroid chemosignals on human physiology and mood. *Physiology & Behavior*, *74*(1-2), 15–27. doi: S0031-9384(01)00537-6 [pii]

Junghöfer, M., Bradley, M. M., Elbert, T. R., & Lang, P. J. (2001). Fleeting images: A new look at early emotion discrimination. [Empirical Study]. *Psychophysiology*, *38*(2), 175–8. doi: 10.1017/s0048577201000762

Khan, R. M., Luk, C. H., Flinker, A., Aggarwal, A., Lapid, H., Haddad, R., & Sobel, N. (2007). Predicting odor pleasantness from odorant structure: pleasantness as a reflection of the physical world. *Journal of Neuroscience*, *27*(37), 10015–23. doi: 27/37/10015 [pii]10.1523/JNEUROSCI.1158–07.2007

Kiecolt-Glaser, J. K., Graham, J. E., Malarkey, W. B., Porter, K., Lemeshow, S., & Glaser, R. (2008). Olfactory influences on mood and autonomic, endocrine, and immune function. *Psychoneuroendocrinology*, *33*(3), 328–39. doi: S0306–4530(07)00264–8 [pii]10.1016/j.psyneuen.2007.11.015

Lang, P. J., Bradley, M. M., & Cuthbert, B. N. (2008). *International affective picture system (IAPS): Affective ratings of pictures and instruction manual*. Technical Report A-8. Gainesville, FL: University of Florida.

Laska, M., & Seibt, A. (2002). Olfactory sensitivity for aliphatic esters in squirrel monkeys and pigtail macaques. *Behavioural Brain Research*, *134*(1–2), 165–74. doi: Pii S0166–4328(01)00464– 8

LeDoux, J. E. (2000). Emotion circuits in the brain. *Annual Review of Neuroscience*, *23*, 155–84. doi: 10.1146/annurev.neuro.23.1.155

Levenson, R. W. (1994). Human emotion: A functional view. In P. Ekman & R. J. D. Davidson (Eds.), *The nature of emotion: Fundamental questions* (pp. 123–6). New York: Oxford University Press.

Li, W., Howard, J. D., Parrish, T. B., & Gottfried, J. A. (2008). Aversive learning enhances perceptual and cortical discrimination of indiscriminable odor cues. *Science*, *319*(5871), 1842–5. doi: 319/5871/1842 [pii]10.1126/science.1152837

Li, W., Lopez, L., Osher, J., Howard, J. D., Parrish, T. B., & Gottfried, J. A. (2010). Right orbitofrontal cortex mediates conscious olfactory perception. *Psychological Science*, *21*(10), 1454–63.

Li, W., Luxenberg, E., Parrish, T., & Gottfried, J. A. (2006). Learning to smell the roses: Experience-dependent neural plasticity in human piriform and orbitofrontal cortices. *Neuron*, *52*(6), 1097–108. doi: S0896–6273(06)00825–7 [pii]10.1016/j.neuron. 2006.10.026

Linster, C., Henry, L., Kadohisa, M., & Wilson, D. A. (2007). Synaptic adaptation and odor-background segmentation. *Neurobiology of Learning and Memory*, *87*(3), 352–60. doi: S1074–7427(06)00141–9 [pii]10.1016/j.nlm. 2006.09.011

Mohamed, F. B., Pinus, A. B., Faro, S. H., Patel, D., & Tracy, J. I. (2002). BOLD fMRI of the visual cortex: Quantitative responses measured with a graded stimulus at 1.5 Tesla. *Journal of Magnetic Resonance Imaging*, *16*(2), 128–36. doi: 10.1002/jmri.10155

Mohanty, A., Howard, J. D., Phillips, K. M., Wu, K. N., Zelano, C., & Gottfried, J. A. (2010). *Contextual modulation of odor valence coding*. Paper presented at the Association for Chemoreception Sciences, St. Pete Beach, FL.

Morrot, G., Brochet, F., & Dubourdieu, D. (2001). The color of odors. *Brain and Language*, *79*(2), 309–20.

Moskowitz, H. R., Dravnieks, A., & Klarman, L. A. (1976). Odor intensity and pleasantness for a diverse set of odorants. *Perception & Psychophysics*, *19*(2), 122–8.

Moss, M., Hewitt, S., Moss, L., & Wesnes, K. (2008). Modulation of cognitive performance and mood by aromas of peppermint and ylang-ylang. *International Journal of Neuroscience*, *118*(1), 59–77. doi: 787459816 [pii]10.1080/00207450601042094

Mueller, C. G. (1951). Frequency of seeing functions for intensity discrimination at various levels of adapting intensity. *Journal of General Physiology*, *34*, 463–74. doi: 10.1085/jgp.34.4.463

Mujica-Parodi, L. R., Strey, H. H., Frederick, B., Savoy, R., Cox, D., Botanov, Y., ... Weber, J. (2009). Chemosensory cues to conspecific emotional stress activate amygdala in humans. *PLoS One*, *4*(7). doi: Artn E6415oi 10.1371/Journal.Pone.0006415

Pitkänen, A. (2000). Connectivity of the rat amygdaloid complex. In J. P. Aggleton (Ed.), *The amygdala: A functional analysis* (2nd ed., pp. 31–116). Oxford: Oxford University Press.

Porter, J., Craven, B., Khan, R. M., Chang, S. J., Kang, I., Judkewicz, B., ... Sobel, N. (2007). Mechanisms of scent-tracking in humans. *Nature Neuroscience*, *10*(1), 27–9. doi: 10.1038/Nn1819

Prescott, J., Kim, H., & Kim, K. O. (2008). Cognitive mediation of hedonic changes to odors following exposure. *Chemosensory Perception*, *1*(1), 2–8. doi: 10.1007/s12078–007-9004-y

Proust, M. (1919). *Du cote de chez Swann* (3rd ed.). Paris: Gallimard, Editions de la Nouvelle Revue Francaise.

Robin, O., Alaoui-Ismaili, O., Dittmar, A., & Vernet-Maury, E. (1998). Emotional responses evoked by dental odors: An evaluation from autonomic parameters. *Journal of Dental Research*, *77*(8), 1638–46.

Rolls, E. T. (2004). Convergence of sensory systems in the orbitofrontal cortex in primates and brain design for emotion. *Anatomical Record: Part A. Discoveries in Mollecular, Cellular, and Evolutionary Biology*, *281*(1), 1212–25. doi: 10.1002/ar.a.20126

Rolls, E. T., Kringelbach, M. L., & de Araujo, I. E. T. (2003). Different representations of pleasant and unpleasant odours in the human brain. *European Journal of Neuroscience*, *18*(3), 695–703. doi: 10.1046/j.1460–9568.2003.02779.x

Rolls, E. T., & Rolls, J. H. (1997). Olfactory sensory-specific satiety in humans. *Physiology & Behavior*, *61*(3), 461–73.

Rouby, C., Pouliot, S., & Bensafi, M. (2009). Odor hedonics and their modulators. *Food Quality and Preference*, *20*(8), 545–9. doi:10.1016/j.foodqual.2009.05.004

Royet, J. P., Plailly, J., Delon-Martin, C., Kareken, D. A., & Segebarth, C. (2003). fMRI of emotional responses to odors: Influence of hedonic valence and judgment, handedness, and gender. *Neuroimage*, *20*(2), 713–28. doi: 10.1016/S1053–8119(03)00388–4

Rozin, P. (1982). Taste-smell confusions and the duality of the olfactory sense. *Perception & Psychophysics*, *31*(4), 397–401.

Rushdie, S. (1981). *Midnight's children [a novel]* (1st American ed.). New York: Knopf.

Russell, J. A. (1980). A circumplex model of affect. *Journal of Personality and Social Psychology*, *39*(6), 1161–78. doi: 10.1037/h0077714

Sacco, T., & Sacchetti, B. (2010). Role of secondary sensory cortices in emotional memory storage and retrieval in rats. *Science*, *329*(5992), 649–56. doi: 329/5992/649 [pii]10.1126/science.1183165

Schiffman, S. S. (1974). Physicochemical correlates of olfactory quality. *Science*, *185*(4146), 112–7.

Schiffman, S. S., & Miller, E. A. S. (1995). The effect of environmental odors emanating from commercial swine operations on the mood of nearby residents. [Empirical Study]. *Brain Research Bulletin*, *37*(4), 369–75. doi: 10.1016/0361–9230(95)00015–1

Shepherd, G. M. (2004). The human sense of smell: Are we better than we think? *PLoS Biology*, *2*(5), e146. doi: 10.1371/journal.pbio.0020146

Shepherd, G. M. (2006). Smell images and the flavour system in the human brain. *Nature*, *444*(7117), 316–21. doi: 10.1038/Nature05405

Sobel, N., Prabhakaran, V., Desmond, J. E., Glover, G. H., Goode, R. L., Sullivan, E. V., & Gabrieli, J. D. (1998). Sniffing and smelling: Separate subsystems in the human olfactory cortex. *Nature*, *392*(6673), 282–6. doi: 10.1038/32654

Stettler, D. D., & Axel, R. (2009). Representations of odor in the piriform cortex. *Neuron*, *63*(6), 854–64. doi: S0896–6273(09)00684–9 [pii]10.1016/j.neuron.2009.09.005

Stevenson, R. J. (2010). An initial evaluation of the functions of human olfaction. *Chemical Senses*, *35*(1), 3–20. doi: 10.1093/chemse/bjp083

Stevenson, R. J., & Wilson, D. A. (2007). Odour perception: An object-recognition approach. *Perception*, *36*(12), 1821–33. doi: 10.1068/P5563

Susskind, J. M., & Anderson, A. K. (2008). Facial expression form and function. *Communicative and Integrative Biology*, *1*(2), 148–9.

Tanabe, T., Iino, M., & Takagi, S. F. (1975). Discrimination of odors in olfactory bulb, pyriform-amygdaloid areas, and orbitofrontal cortex of the monkey. *Journal of Neurophysiology*, *38*(5), 1284–96.

Winston, J. S., Gottfried, J. A., Kilner, J. M., & Dolan, R. J. (2005). Integrated neural representations of odor intensity and affective valence in human amygdala. *Journal of Neuroscience*, *25*(39), 8903–7. doi: 10.1523/Jneurosci.1569–05.2005

Yarita, H., Iino, M., Tanabe, T., Kogure, S., & Takagi, S. F. (1980). A transthalamic olfactory pathway to orbitofrontal cortex in the monkey. *Journal of Neurophysiology*, *43*(1), 69–85.

Yeshurun, Y., & Sobel, N. (2010). An odor is not worth a thousand words: From multidimensional odors to unidimensional odor objects. *Annual Review of Psychology*, *61*, 219–41, C211–5. doi: 10.1146/annurev.psych.60.110707.163639

Zajonc, R. B. (1968). Attitudinal effects of mere exposure. *Journal of Personality and Social Psychology*, *9*(2 Pt. 2), 1–27.

Zald, D. H., & Pardo, J. V. (1997). Emotion, olfaction, and the human amygdala: Amygdala activation during aversive olfactory stimulation. *Proceedings of the National Academy of Sciences*, *94*(8), 4119–24.

Zatorre, R. J., Jones-Gotman, M., Evans, A. C., & Meyer, E. (1992). Functional localization and lateralization of human olfactory cortex. *Nature*, *360*(6402), 339–40.

Zelano, C., Montag, J., Johnson, B., Khan, R., & Sobel, N. (2007). Dissociated representations of irritation and valence in human primary olfactory cortex. *Journal of Neurophysiology*, *97*(3), 1969–76. doi: 01122.2006 [pii]10.1152/jn.01122.2006

Zellner, D. A., & Kautz, M. A. (1990). Color affects perceived odor intensity. *Journal of Experimental Psychology-Human Perception and Performance*, *16*(2), 391–7.

Zhou, W., & Chen, D. (2009). Fear-related chemosignals modulate recognition of fear in ambiguous facial expressions. *Psychological Science*, *20*(2), 177–83. doi: DOI 10.1111/j.1467–9280.2009.02263

第 11 章

情绪声音:（真实）情感的音调

卡罗琳·布鲁克（Carolin Brück） 本杰明·克赖费尔茨（Benjamin Kreifelts） 萨玛斯·艾瑟夫（Thomas Ethofer） 德克·维尔德格鲁伯（Dirk Wildgruber）

尽管人类声音频繁地与言语、语言关联，但是人类声音能够提供的信息量之大超过说话内容本身。无论谈话还是唱歌、尖叫或者大笑，纯嗓音不仅可能揭示个体的年龄、性别、种族，而且可能揭示个体对听者的当前情感状态（Belin, Fecteau, & Bedard, 2004）。基于声音的线索，例如说话或者微笑时的音调，提供了表达和理解情绪意义的强有力方法。在日常经验中，人类声音所携带的非言语情绪信息通常含义深刻。想象以下场景：你要求两个同事评论你所写的文章。一个同事用赞美的语调说“你这一章写得真好”。然而，另一个同事则用嘲讽、轻蔑的语调说出了相同的话。尽管两个同事使用了完全相同的句子，但是大多数人都能从言语内容所伴随的声音线索中获得完全不同的信息。

然而，人类是如何从声音信号中推断情感信息的？为了解决该问题，本章从诸如语音韵律或者非言语声音（类似笑声）的声音线索出发，综述关于促进情绪解码的脑加工研究。

韵律加工的神经生物学基础

在言语交流中，信息传递不只依赖于我们所用文字的意义。事实上，我们的说话方式比说话内容揭示的信息要多。尤其是，说话者当前的情感状态信息可能主要由声音而非词汇传达时（Mehrabian & Ferris, 1967; Mehrabian & Wiener, 1967）。例如，即使无法理解说话者使用外语或者方言时的语义内容，我们也依然擅长通过说话者声音的音调推测互动对象的情绪状态（Pell, Monetta, Paulmann, & Kotz, 2009）。

无论愉快或者悲伤、愤怒或者惊讶，每种情绪状态都是以言语韵律——一种典型的说话方式——为特征表达的，受多种不同声音参数例如声调、音质、响度、音律等的调整（Banse & Scherer, 1996）。例如，愉快时声调往往上扬，倾向于说得更大声，甚至更快。然而，悲伤时则平静地以低声调说话，节奏变慢（Banse & Scherer, 1996; Juslin & Scherer, 2005）。说话声音的韵律标记不仅“支撑词汇，而且赋予它们生命”（Krapf, 2007, 第33页）。它们不是“言语信息的补充”（Krapf, 2007, 第58页），本身便是信息的丰富来源。

反过来，听者揣测说话者情绪状态时，能够极其容易和准确地知觉和使用言语韵律线索。当前元分析综述指出（Juslin & Laukka, 2003），多种情绪的解码准确率都高于随机水平，其中愤怒和悲伤的韵律表达的解码准确率最高，恐惧和愉快次之，爱与温柔的声音表达的解码准确率最低。

但是哪些脑加工促成了韵律信号解码？早期神经解剖学模型（Ross, 1981）确定韵律加工主要是大脑右半球的功能，该皮层组织密切地反映言语产生和理解的左侧单侧化表征。这些早期模型假设，韵律产生受布洛卡区所对应的右侧额下回皮层调整，而韵律理解依赖威尔尼克区所对应的右侧颞上皮层。然而，几十年来韵律理解的神经生物基础研究已从早期的单个加工中心观点转向更加广泛的皮层网络模型（Ackermann, Hertrich, Grodd, & Wildgruber, 2004; Schirmer & Kotz, 2006; Wildgruber, Ackermann, Kreifelts, & Ethofer, 2006; Wildgruber, Ethofer, Grandjean, & Kreifelts, 2009）。几个脑区已被认为构成韵律网络：颞上回、额下回以及亚皮层结构（诸如杏仁核），都与韵律加工有关（Ackermann et al., 2004; Schirmer & Kotz, 2006; Wildgruber et al., 2006, 2009）。

除了确定韵律网络，神经科学研究也有助于特征化参与韵律知觉的几个脑区的特定功能属性。任务依赖和刺激驱动的反应模式已经被用于描述韵律加工相关的不同结构，而且基于各自特征，涉及这些结构的功能作用假设已经在文献中有所阐述（例如 Wildgruber et al., 2009）。

情感韵律加工相关的刺激驱动激活

随着现代脑成像技术的出现，（情绪）声音知觉的神经生理基础研究已经取得重大进展。尤其是 fMRI 极大地促进了我们理解大脑如何加工人类声音的情绪信息。多年来，学界已经发表了大量情绪声音知觉相关的研究。在综述该领域研究时出现了一致的结果：跨研究结果表明，颞上回中部（mid-superior temporal cortex, m-STC）促进解码情绪言语线索（图 11.1）。支持该主张的实证证据来自大量的成像研究，表明 m-STC 对情绪语音反应增强（例如 Ethofer, Kreifelts, et al., 2009; Ethofer et al., 2007; Grandjean et al., 2005; Wiethoff et al., 2008），而且 m-STC 激活增加与说话者声音的情绪强度增加（Ethofer, Anders, Wiethoff, et al., 2006）以及给定韵律信号的行为相关性有关（Ethofer et al., 2007）。最大激活所确定的 m-STC 通常表明，不管情绪含义如何，m-STC 在人类声音加工中均发挥重要作用（Ethofer et al., 2012）：有研究对比了人类声音（例如讲话声、笑声、咳嗽声、哭泣声）知觉相关脑激活模式与其他自然声音（例如动物哭泣声、音乐声或者机器声）结构所诱发的脑反应，结果一致表明，沿着右侧与左侧颞上回中部的脑结构对声音的敏感性较强（例如 Belin & Zatorre, 2003; Belin, Zatorre, & Ahad, 2002; Belin, Zatorre, Lafaille, Ahad, & Pike, 2000; 图 11.1）。

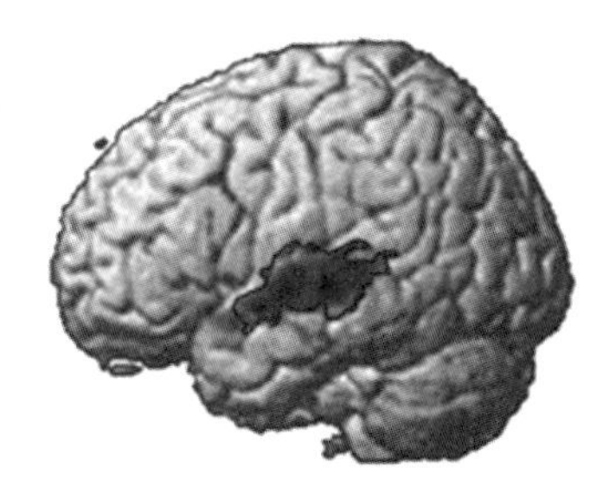

图 11.1　通过使用功能定位所确定的颞上回皮层的声音敏感部位（Belin et al., 2000）。数据来自 24 名健康志愿者的平均值

类似于梭状回面孔区域——人类面孔知觉的专门脑区（Kanwisher, McDermott, & Chun, 1997），语音敏感性较强的脑区——或者说颞叶声音区（Belin & Grosbras, 2010）——可能表征了一个加工模块，有助于对多种不同背景和情境下的与丰富的知觉能力相关的声音展开分析（Belin et al., 2000; Campanella & Belin, 2007）。确实，颞叶声音区被认为与多种语音知觉技能有关，诸如说话者识别（von Kriegstein, Kleinschmidt, Sterzer, & Giraud, 2005）、声音想象（Linden et al., 2010）或者从微笑或言语韵律中提取情感信息（Ethofer, Van De Ville, Scherer, & Vuilleumier, 2009; Grandjean et al., 2005; Szameitat et al., 2010）。

除了反应强度调整，不同韵律情感类别还与对声音敏感的m-STC不同空间的激活模式有关。诸如生气、悲伤、喜悦或者放松等情绪，每一种都能诱发特定反应，因此能基于颞叶声音区的激活数据区分情绪类别（Ethofer et al., 2009）。神经成像研究进一步强调，m-STC反应发生与任务需求（Ethofer, Anders, Wiethoff et al., 2006）、空间注意焦点（Grandjean et al., 2005）无关。例如，艾瑟夫（Ethofer）及其同事的研究表明（Ethofer, Anders, Wiethoff et al., 2006），无论被试的注意偏离还是指向韵律线索，愉快或者愤怒的声音韵律都能增强m-STC激活。为了描述联合听觉皮层的脑反应，当24个健康被试加工以愉快、中性或者愤怒的语调说出的单个形容词录音时，艾瑟夫等记录了他们的脑激活反应。呈现每个刺激之后，实验要求被试判断说话者音调所传达的情绪状态，或者根据词汇内容（积极、消极或者中性词义）分类每个刺激。数据分析表明，声音韵律评估期间和词汇内容判断期间，愤怒或者愉快音调的声音刺激比中性言语刺激诱发更强的m-STC反应。换言之，不管个体是集中注意于解码言语韵律还是词汇内容，相比于中性音调刺激，情绪音调刺激的知觉与颞叶声音区激活增强有关。

反过来，有研究结果表明，m-STC激活可能不受特定认知需求或者注意调整，本质上是刺激驱动的，与基本声音属性相关联。已有研究文献（Wiethoff et al., 2008）表明确实如此，右侧m-STC血液动力学反应和声学特性（例如平均强度、平均基频或者刺激持续时间）存在强相关。然而，当分析每个特性的贡献时，不管是刺激强度、基频或者持续时间，单个都不足以解释所观察到的激活。只有通过所有声学参数的联合建模，才足以预测情感韵律加工期间的m-STC激活增加（Wiethoff et al., 2008）。

该结果表明，m-STC反应受声学参数驱动，这些参数在信号水平上标示情绪。因此，可反过来假设：声音敏感的m-STC激活一系列韵律情绪线索，可能反映与知觉分析听觉声音属性相关的加工阶段（Ethofer, Kreifelts, et al., 2009; Wildgruber et al., 2009）。基于所观察到的m-STC反应可能只能通过声学特征组合加以解释，有假设认为，该结构对分析复杂声音模式的贡献与言语韵律有关（Wiethoff et al., 2008）。

情感韵律加工相关的任务依赖激活

尽管情感韵律的m-STC激活被证明独立于任务需求或者注意焦点，但是几个其他皮层结构参与韵律加工的反应模式被报告与任务相关，并且与要求被试集中注意于命名或者标记口头表达情绪的任务指导语有关。例如，任务依赖的反应特征已经被描述存在于额叶和颞叶皮层的几个激活簇中（Ethofer, Anders, Erb, Herbert, et al., 2006; Ethofer, Kreifelts, et al., 2009; Mitchell, Elliott,

Barry, Cruttenden, & Woodruff, 2003; Quadflieg, Mohr, Mentzel, Miltner, & Straube, 2008; Wildgruber et al., 2004）。例如，维尔德格鲁伯（Wildgruber）及其同事（2005）发现，定位于右侧颞上回后部皮层（posterior superior temporal cortex, p-STC）以及右侧额下回皮层（inferior frontal cortex, IFC）内的脑区任务相关激活增强。通过fMRI，维尔德格鲁伯等获得了年轻的成年被试加工情绪言语刺激时的脑激活模式。刺激材料由以愉快、悲伤、厌恶、恐惧或者愤怒语调说出的简短的语句组成。实验要求被试完成两类不同任务：一个任务是标记说话者音调所表达的情绪（识别任务），而另一个任务是指明所呈现句子在第一个/a/之后的第一个元音（对照任务）。系统比较与两种实验条件相关的脑激活模式，可以揭示参与各自任务的皮层结构。结果揭示，相比元音识别任务，外显评估韵律情绪线索与右侧p-STC和右侧IFC激活增加有关。

基于已有发现，类似于前额脑区被一致认为有助于工作记忆加工（Chein, Ravizza, & Fiez, 2003; D'Esposito et al., 1998），韵律加工相关的额叶皮层反应可能被认为反映了与情感言语线索解码相关的工作记忆投入（Mitchell, 2007）。

考虑到p-STC的贡献，研究指出该结构与非言语情绪信号的视听整合加工有关（见本书“背景下的情绪声音：情绪信号的视听整合”部分），从而引出了p-STC激活反映多模态绑定阶段这一假设，这反过来有助于情绪信息识别（Wildgruber et al., 2009）。但是多模块整合如何与（单模块）韵律线索评价相关？一种假设是，即使在没有其他通道感觉信息输入的情况下，额外线索也可能从已建立的多模块联结中被提取出来，并且通过回忆和整合所提取的线索与所呈现的韵律信号，基于额外信息的情绪推论变得可能。举例来说，电话交流可能会勾起对之前经历过的相似背景下产生的面孔表情的记忆。因此，听到愉快声音可能几乎自动诱发微笑面孔的心理图像，因为这些特定的面孔和言语信号已在过去紧密关联。在脑水平上，提取和整合匹配面孔线索的加工可能不仅受p-STC本身调节，而且可能依赖于特定形式的加工模块，例如梭状回面孔区域（FFA；Kanwisher et al., 1997），该脑区除了与知觉加工相关，也和面孔的心理想象有关（O'Craven & Kanwisher, 2000）。从该结果出发，一种可能的假设是，情绪声音所触发的“图像”，受到FFA激活的支持，并且通过p-STC内的这种形式特定的加工模块与整合点之间的复杂交互作用，心理图像和所知觉声音线索被结合，从而最大化整合可用信息。然而，到目前为止，该观点本质上仍是假设，需要进一步研究。

任务依赖去激活：内隐加工和外显加工

除了激活增加，实验任务指导语要求被试集中注意于韵律言语线索评定，还可能与特定脑区去激活相关。尤其是亚皮层边缘脑区，例如杏仁核，所观察到的反应模式为血氧动力反应的任务相关性降低提供了实证基础。考虑到杏仁核在韵律解码中的贡献，文献似乎出现了相冲突的实证证据：加工声音表达情绪期间杏仁核反应增强（Wiethoff et al., 2009）、减弱（Morris, Scott & Dolan, 1999）或者无明显变化（Adolphs & Tranel, 1999），从而使杏仁核在情绪声音解码时的作用成为争论热点。然而，跨研究的结果模式的出现，可以解决存在不一致结论的问题：杏仁核激活增强常常与要求更多前注意或者内隐[1]加工韵律信号相关（Bach et al., 2008; Ethofer, Anders, Erb, Droll, et al., 2006; Wiethoff et al., 2009)，而关注外显[2]评估声音表达情绪的研究很少报告杏仁核激活增强，而是揭示了强烈的额叶反应（Ethofer, Anders, Erb, Herbert, et al., 2006; Wildgruber et al., 2004, 2005）。基于这些发现，也许能够得出以下结论：尽管对注意焦点之外的韵律信号的加工导致边缘系统反应增加，但是相比之下，外显注意加工导致边缘系统去激活。后一假设获得研究支持，表明执行需要认知参与的任务时边缘系统的反应受额叶皮层抑制（Blair et al., 2007; Mitchell et al., 2007）。

然而，对内隐加工韵律信号（需要证实上述假设）的研究遭遇了方法学上的困难，限制了对所获结果的解释。该方面研究遇到的最重要的方法学挑战可以被总结为一个简单问题：在允许描述大脑皮层对该加工模式选择性反应的实验中，如何操作化定义内隐加工？

一种方法是，通过设计不同任务条件并采用相同韵律刺激集：一种（外显）任务需要分类韵律表达的情绪，另一种（内隐）控制任务用于使被试注意力偏离情绪线索，例如，要求被试基于所呈现的刺激判断说话者性别。接着，比较任务间情感韵律相关的脑活动，阐明每个加工条件下的特定激活模式。然而，所选控制条件下的脑反应，只反映情感韵律的内隐加工吗？或者，所获激活模式可能反映与注意力偏离韵律言语线索任务相关的认知加工？

研究内隐加工的第二种方法克服了竞争效应问题，采用被动倾听设计，即给被试呈现所有语音刺激而无任务指导语。考虑到没有引导注意情绪信号解码，被动倾听也许被认为模拟了内隐加工条件。然而，缺乏确定听者注意力确切集中的行为控制阻碍了对结果的直接解释。而且即使缺少特定指导语，被试也可能集中注意于刺激所呈现的情绪信号。另外，如果被试认识到对情绪效价和强度的调整标志所用刺激材料的主要特征，他们甚至可能自己建立外显情绪辨别任务。

当试图确定内隐加工的神经生理相关时，最有说服力的方法可能是评估分心任务和被动倾听任务期间所获结果的会聚性。

然而，尽管受到方法限制，本部分所综述的实证证据和假设仍表明言语韵律加工有两种不同模式，二者在人脑中的执行方式不一：

1. 外显加工与集中注意于言语韵律中所呈现的情绪信息的评估相关。

2. 在言语韵律解码的内隐加工中，注意力未直接指向韵律信号，甚至常常处于无意识状态。

总之，就两种加工模式的脑相关而言，实验数据表明，额下回以及颞上回后部在外显解码情绪信号中发挥主要作用，而内隐加工模式被认为依赖边缘通路（Critchley et al., 2000; Hariri, Mattay, Tessitore, Fera, & Weinberger, 2003; Tamietto & de Gelder, 2010），包括杏仁核以及内侧额叶的前侧喙部（anterior rostral mediofrontal cortex, arMFC; Bach et al., 2008; Ethofer, Anders, Erb, Droll, et al., 2006; Sander et al., 2005; Szameitat et al., 2010; Wiethoff et al., 2009）。

两种加工模式分别与边缘加工通路和皮层通路对应的观点，与勒杜（1998）情绪信息加工的经典模型相一致。勒杜认为，在丘脑感觉分析基本阶段之后，情绪加工依靠两条不同的神经环路：（1）低级通路，直接连接丘脑和杏仁核；（2）高级通路，从丘脑传递信息到皮层，反过来投射到杏仁核。低级通路被认为代表“安全系统”，能绕过意识觉察，以快速有效的方式触发情绪反应，警醒并做出身体反应准备。相反，第二条环路——所谓高级通路，是有意识的更慢而且更精致的加工方式，能够建立更准确的环境表征和更彻底的情境评估。而且，通过投射到杏仁核，该通路能控制和微调低级通路所触发的情绪反应，以适应给定环境需求。

将勒杜的观点应用到韵律加工，能够推导出以下假设：韵律加工内隐模式相关的边缘激活可能反映情绪反应的自动诱发，相比之下，外显加工条件下所观察到的皮层激活模式可能与认知控制以及加工评估相关，从而有助于调节边缘反应，二者使得全面评估沟通中同伴所发出的韵律线索成为可能。

总结：韵律理解的脑网络模型

在本章所提供的所有单个实证证据汇聚到一起后，可以发现韵律理解是很复杂的，和几个皮层以及亚皮层脑组织相关。研究已经确定了例如p-STC和m-STC等额叶结构，含额下回的前部结构以及例如杏仁核和arMFC的边缘区域的贡献。这些脑结构分别被认为与从声学分析基本阶段到高级评价加工的韵律解码的不同方面有关。

另外，脑皮层相关的定位还得到了实证证据补充，这些证据进一步细述了参与韵律解码的脑结构之间的复杂相互作用。研究模拟了韵律网络不同节点的交互作用，指出额叶和颞叶之间有强烈耦合，并发现了情绪言语韵律加工期间从右侧STC到右侧和左侧IFC的信息流（Ethofer, Anders, Erb, Herbert et al., 2006）。

总之，当前研究结果提出观点，认为韵律理解受序列多阶段加工调整，从声学分析的基本阶段（绑定颞叶脑区），到分类和识别的高级阶段（与额叶部分脑区相关）。耳内听觉信息加工之后，有脑干、丘脑以及初级听觉皮层（A1）三个连续的韵律解码步骤：

步骤1：提取韵律线索的声音特征；

步骤2：通过多模块整合识别声音表达情绪；

步骤3：外显评估与认知精细化加工声音表达情绪。

每一步骤依次被不同地表征在人类大脑中。尽管提取声学特征和m-STC的声音敏感结构相关，但是右侧p-STC被认为有助于对言语韵律所表达情绪信号的识别和整合（请参考“情感韵律加工相关的刺激驱动激活”和“情感韵律加工相关的任务依赖激活”两小节）。而声音表达情绪的评估和认知精细化加工等子过程与双侧额下回结构有关。在韵律网络中，从初级听觉皮层到m-STC的信息传递本质上主要被描述为刺激驱动，然而投射到p-STC和IFC后被描述为依赖集中注意于所表达情绪的外显评估（请参考“情感韵律加工相关的刺激驱动激活”和“情感韵律加工相关的任务依赖激活”两小节）。

上文所述加工步骤的序列本质，获得了电生理研究的进一步证实，以区分韵律解码多方面的时间进程。例如，事件相关电位（ERP）记录，将给定言语线索的声学分析与刺激开始之后前100 ms的脑激活变化联系了起来。然而，情绪意义评价相关加工似乎被反映在更高潜伏期的大脑反应变异中：例如，研究发现，诸如频率和强度的声学属性调整会影响ERP成分（即N1），峰值出现在听觉事件开始后大约60—80 ms（Woods, 1995；ERP证据见Schirmer & Kotz, 2006），因此突出了以下观点——听觉输入信号分析发生在言语韵律解码加工的早期阶段。然而，要求被试基于说话者声音的韵律标记集中注意于识别情绪——这一实验条件调整刺激出现后360 ms左右的ERP信号（Wambacq, Shea-Miller, & Abubakr, 2004），表明情绪信息外显评估相关的加工步骤在时间上位于声

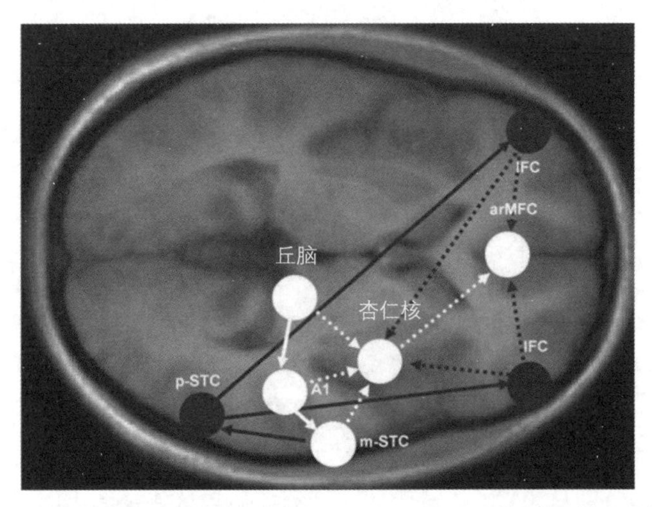

图 11.2 韵律加工的皮层网络模型：图示皮层结构是韵律加工的外显以及内隐模式得以施行的基础。A1＝初级听觉皮层，m-STC＝颞上皮层中部，p-STC＝颞上皮层后部，IFC＝额下皮层，arMFC＝内侧额叶前侧喙部。白色虚线表示内隐加工信息流。白色箭头表示脑反应的刺激驱动调整。黑色箭头表示脑反应的任务相关调整（实线黑色箭头＝激活；虚线黑色箭头＝去激活）。注意，所描述连接不一定意味着不同脑区之间的直接神经元连接；这些信息流可能受到额外神经结构的中介

学分析阶段之后。

除了前文所述与外显解码相关的三个加工步骤，假设已经存在韵律加工的次级内隐模式。相比外显评估，内隐加工被认为发生在未将注意力放到对韵律信号的解释上时。考虑该加工模式相关的脑基础时，研究表明，脑网络——包括杏仁核和arMFC，促进韵律言语线索的内隐分析（请参考“任务依赖去激活：内隐加工和外显加工”一节）。

最近的神经影像研究揭示了内隐和外显加工脑结构之间的复杂交互作用，结果支持以下观点——当个体主动注意情绪信号时，参与韵律线索外显分析的额叶皮层可能抑制边缘激活。抑制边缘激活被认为反映了情绪调节过程的参与，该过程减弱了边缘激活相关情绪反应的自动诱发，从而有助于避免情绪干扰目标导向行为（Blair et al., 2007）。

然而，问题在于所提出的韵律加工模型的完整性如何？针对这一点，当前解释只能提供一个框架，以理解额颞区和亚皮层结构一致参与韵律解码加工的作用。然而，几篇已发表的文献报告表明其他脑区也参与其中：例如，不断增长的临床数据表明，基底神经节创伤或者退化损伤后韵律解码受损（Breitenstein, Van Lancker, Daum, & Waters, 2001; Cancelliere & Kertesz, 1990; Pell & Leonard, 2003）。临床结果进一步获得了神经成像研究支持，即韵律线索编码期间有基底神经节环路的参与（Bach et al., 2008; Kotz et al., 2003）。相似地，损伤（Hornak et al., 2003）和fMRI数据（Ethofer, Kreifelts, et al., 2009; Quadflieg et al., 2008; Wildgruber et al., 2004）表明，眶额皮层参与声音韵律标记加工。然而，尽管有越来越多的证据出现，但基底神经节和眶额皮层在韵律加工中的确切作用仍不清楚。早期的证据将这两个脑结构与韵律加工的后期认知评定阶段联系了起来（Paulmann, Ott, & Kotz, 2011; Schirmer & Kotz, 2006），但是仍需要进一步特异化。

非言语发声

虽然言语和语言毫无疑问构成了人类最复杂的信息传递方式，但是情绪的声音交流也很好地拓展升华了言语相关现象。事实上，人类相当频繁地依赖多种非言语发声[3]表达他们的感受，例如叹息、啜泣、尖叫、呻吟、抱怨以及笑声。而且，尽管非言语发声在某种意义上可能类似于动物的呼叫（Scott, Sauter, & McGettigan, 2009），而非更加精细化的人类发声行为，例如语言，但是非言语符号被证明有效携带了情绪信息。不仅听者能够高准确率（分辨10种不同情绪的平均正确率为81%）地解码非言语发声（Schröder, 2003），而且研究表明，在声音沟通过程中，一些情绪可能由短暂发声有效表达，而不是言语相关线索（Schröder, 2003）。以厌恶作为基本例子，尽管通过言语韵律表达时识别率相当低（Banse & Scherer, 1996），但是厌恶的发声（例如"呸！""唠！"）是情感爆发的最可靠解码类型（Schröder, 2003; 平均解码准确率为93%）。

然而，尽管在可识别性上存在差异，但是在声学特征水平上言语韵律与非言语发声呈现相似性：例如，索特（Sauter）及其同事（2010）最近研究发现，通过非言语发声方式所表达的不同情绪映射到不同声学轮廓，某种程度上类似于不同情绪状态所获得的言语韵律标记的声学模式（详见Banse & Scherer, 1996; Juslin & Laukka, 2003; Sauter, Eisner, Calder, & Scott, 2010）。

非言语发声和韵律声音情绪线索的共同点可以进一步拓展到有关的脑结构上：与言语韵律相似，颞上皮层（Meyer, Baumann, Wildgruber, & Alter, 2007; Meyer, Zysset, von Cramon, & Alter, 2005; Sander & Scheich, 2005; Scott et al., 2009）、亚皮层结构例如杏仁核（Fecteau, Belin, Joanette, & Armony, 2007）或者基底神经节（Morris et al., 1999）被表明参与非言语情绪发声加工。

然而，相比相当多的情感韵律解码研究，关于非言语发声加工的知识依然有限。尽管如此，近年来，非言语发声，特别是笑声——或者更精确地说是允许我们知觉笑声信号的（大脑）加工——获得了越来越多的关注。

笑声知觉的神经生物学基础

如果询问词汇"笑声"的简单定义，大多数人可能将其描述为以喜悦与愉快为特征的声音表达。然而，挑战性地回忆我们体验笑声的不同情境时，大多数人一定会得出结论：除了喜悦和愉快，笑声还可能编码多种其他情绪状态，并且可能在各种社会背景和情绪情境中充当有价值的沟通信号。

不同情绪似乎和笑声的不同声音特征相关，受不同音高、响度或者持续时间所调整（Szameitat et al., 2009; Szameitat, Darwin, Szameitat, Wildgruber, & Alter, 2011）。想象一下，说话者突然发出了一阵笑声，这笑既可能是讲话思路中断而发出的不安的笑，也可能是在讽刺和嘲笑听者。因此，个体对沟通对象持有的内隐情绪，例如感到喜悦或者轻蔑，可能只被基于构成人类笑声的声学信号所区分。实际上，正如莎麦泰特（Szameitat）、艾尔特（Alter）和达尔文等（2009）的研究所述，即使没有其他信息，仅靠纯粹的笑声，人类依然能够准确地推断和分类沟通对象的情绪状态。

为了评价笑声作为交流信号的作用，莎麦泰特及其同事研究了健康成人是否能够基于笑声断定一个人当前的情绪状态。在实验准备过程中，研究者从八个专业演员处记录了不同类型的“情绪笑声”。为了帮助他们表演，要求演员们想象或者回忆四种心理状态或者情境之一：（1）被挠痒痒，（2）感到愉快，（3）嘲笑某人，（4）享受他人的不幸。一旦演员们感受到给定情境对应的心情，就鼓励他们基于此刻内心的状态发出笑声。每一段笑声都被数字录音，由此生成了四种基本类型的笑声组成的笑声序列集：咯吱笑（tickling）、嘲笑、喜悦、幸灾乐祸。然后研究者要求72名健康志愿者根据声音片段所传递的情绪分类笑声序列。尽管事实上没有提供其他信息，但是听者能够基于所呈现的笑声信号推断所表达的情绪状态，每种笑声解码准确率均超过随机水平（25%正确识别率），其中喜悦44%、咯吱笑45%、嘲笑50%、幸灾乐祸37%。

考虑笑声知觉的神经生物学基础时，文献中描述了颞叶皮层（尤其是颞上皮层）以及额叶和边缘区（Meyer et al., 2005, 2007; Sander & Scheich, 2001, 2005; Szameitat et al., 2010）。而且，不同类型的笑声与不同脑激活模式相关：例如，喜悦和嘲笑的笑声诱发了特别强的arMFC反应，而咯吱笑的笑声与声音敏感结构右侧m-STC的增强相关（Szameitat et al., 2010）。m-STC激活差异被认为反映不同类型情绪笑声的声音复杂性变异，而arMFC激活差异被认为与社会意义差异有关（Szameitat et al., 2010）。与不同类型的情绪笑声可能在多种社会背景下携带不同信息不同，咯吱笑可能被认为是更明确的，与促进社会联结的有趣互动相关（Szameitat et al., 2010）。考虑到前文所述的社会意义差异，情绪笑声加工可能需要更多的社会认知—— 一系列支持社会功能的加工过程（见Amodio & Frith, 2006）——的参与，因此会更强地激活参与社会认知加工的脑结构，例如arMFC（见Amodio & Frith, 2006）。

总之，当前的实证证据只能窥探笑声知觉的脑机制，以及鼓励未来研究将探究内容扩展到洞察大脑如何理解例如笑声等情绪发声。

背景下的情绪声音：情绪信号的视听整合

尽管单个情绪证据片段，例如声音信号，可能本身也已提供了有价值的线索，但是我们推断沟通对象的心理状态还是基于源自不同沟通通道的多样化信息的。

例如，声音信号经常获得面孔表情的补充，面孔表情为判断他人可能在想什么或者感受到了什么提供了进一步的信息。一方面，联合或者整合视觉和听觉情绪信号，可能促进情绪判断；正如行为数据所表明的（Dolan, Morris, & de Gelder, 2001; de Gelder & Vroomen, 2000; Kreifelts, Ethofer, Grodd, Erb, & Wildgruber, 2007; Massaro & Egan, 1996），匹配面孔和声音信息（例如愉快的面孔表情和说话时愉快的声音配对）后，反应潜伏期缩短，分类准确率增高。另一方面，从一个沟通通道所收集的信息也可能调整或者改变对他人所传递情绪信号的解释。例如，同一面孔表情图片搭配不同情绪内涵的声音线索时可能获得相当不同的评价（de Gelder & Vroomen, 2000; Ethofer, Anders, Erb, Droll, et al., 2006; Massaro & Egan, 1996; Müller et al., 2010）。又如，即使要求被试忽视同时出现的声音信息，当中性面孔与恐惧声音搭配时，仍被认为更令人恐惧（de Gelder & Vroomen, 2000）。

总之，看到情绪表情的同时听见情绪声音，易触发视听绑定的无意识加工（Pourtois, de Gelder, Vroomen, Rossion, & Crommelinck, 2000），

从而改变情感判断。近年来，越来越多神经科学研究旨在确定听觉与视觉情感信息整合的脑机制。开创性洞察大脑如何加工多感觉刺激，已经在人类和其他动物的解剖学和电生理方面得到了研究（见Campanella & Belin, 2007; Ethofer, Pourtois, & Wildgruber, 2006）。基于这些研究结果，很多脑区都和多感觉加工有关："感觉特异"脑区，例如听觉皮层（Kayser, Petkov, & Logothetis, 2009），以及会聚区（Damasio, 1989）——接收几种感觉输入的脑区，例如颞上皮层（Seltzer & Pandya, 1978）、眶额皮层（Chavis & Pandya, 1976）、脑岛（Mesulam & Mufson, 1982）、上丘（Fries, 1984）、屏状核（Pearson, Brodal, Gatter, & Powell, 1982）、丘脑（Mufson & Mesulam, 1984），或者杏仁核（McDonald, 1998）——被认为是视听整合的潜在位置。

解剖学和电生理研究成果进一步补充了越来越多的fMRI研究。尽管探究视听整合的方法在不同研究中倾向于不同，但是有种模式开始出现，表明颞上皮层在面孔和声音情绪线索的整合中起决定性作用。例如，克赖费尔茨（Kreifelts）及其同事（Kreifelts et al., 2007; Kreifelts, Ethofer, Huberle, Grodd, & Wildgruber, 2010; Kreifelts, Ethofer, Shiozawa, Grodd, & Wildgruber, 2009）完成了一系列fMRI实验，有力地表明颞上皮层参与视听整合。为了揭示人类大脑视听整合的位置，克赖费尔茨及其同事比较了视听情绪刺激与单模态（视觉或者听觉）刺激引起的脑激活。他们要求被试依据刺激传递的情绪对一系列视听（视频片段）、视觉（无声视频片段）以及听觉（声音片段）刺激进行分类。每个视频或者音频片段描述的内容是男性或女性通过言语、声音和面孔信号表达的不同情绪状态，并且要求每个被试基于非言语线索（面孔表情、声音音调）标记情绪类别。基于行为数据（例如反应时和解码准确率）和脑激活数据，对比视听与单模态加工条件下的差异，能在行为和脑水平上细致描述视听整合效应。相比单模态加工条件，非言语情绪刺激的视听呈现与显著的知觉收益相关，准确率明显提高。在脑水平上，所观察到的解码的准确率提高，和加工视听非言语情绪线索期间右侧和左侧p-STC激活增强有关，表明p-STC是视听整合的位置（Kreifelts et al., 2007）。连接分析进一步支持了该观点：不仅来自初级听觉皮层和初级视觉皮层的投射聚合于p-STC，而且不同脑区的功能连接分析揭示加工视听非言语信号期间，两侧p-STC和m-STC内听觉声音区，以及梭状回面孔敏感区激活同步化增强（Kreifelts et al., 2007）。基于所观察到的单模态联合皮层与和视听情绪刺激相关的p-STC之间功能连接增强，视听整合加工过程被认为如下所述：来自不同空间（例如梭状回面孔区，Kanwisher et al., 1997；颞叶声音区，Belin et al., 2000）的模块特异化信息，被传递到整合区p-STC，在这里信息被绑定成单个知觉对象（Kreifelts et al., 2007）。总之，当前实证证据表明，整合声音情绪信息和同时发生的面孔信号，可能依靠共同的跨模块加工步骤[与一般视听整合的结构（例如p-STC）相关联]以及模块特异化加工步骤（与单模态皮层有关）（Campanella & Belin, 2007）。

结合该观点和关于加工情绪面孔表情与情绪声音线索的当前数据，我们可以设想情感面孔-声音整合工作模型。它基于两种感觉模块情绪加工之间的相似性，如下所述：

（1）依赖于模态特异性的加工模块（即梭状回面孔区，Kanwisher et al., 1997；颞叶声音区，

Belin et al., 2000），与知觉分析的基本阶段相关。

（2）外显评价视觉和听觉所表达情绪期间，卷入眶额以及额下脑结构（证据见Posamentier & Abdi, 2003；Wildgruber et al., 2009）。

（3）两条加工路线：外显皮层和内隐边缘加工，在情绪面孔和情绪声音加工方面得到了报告（证据见Posamentier & Abdi, 2003；Wildgruber et al., 2009）。

然后，由此提出与知觉视听非言语情绪信号有关的三步骤模型（Wildgruber et al., 2009）：

（1）在各自模态特异的初级皮层和特异性加工模块，提取视觉和听觉沟通信号；

（2）在p-STC内将听觉和视觉信息整合成单个知觉对象；

（3）认知精细化及外显评价情绪信息，与额下或眶额脑结构激活有关。

我们的工作模型假设，加工视听情绪信息能够通过两种方式发生，每种方式都有不同的神经回路和功能意义：一方面，视听情绪信号可能依据前文所述三个步骤的外显、认知控制方式被解码；另一方面，非言语情绪线索可能通过边缘通道，以内隐或者无意识方式被加工（见图11.3）。

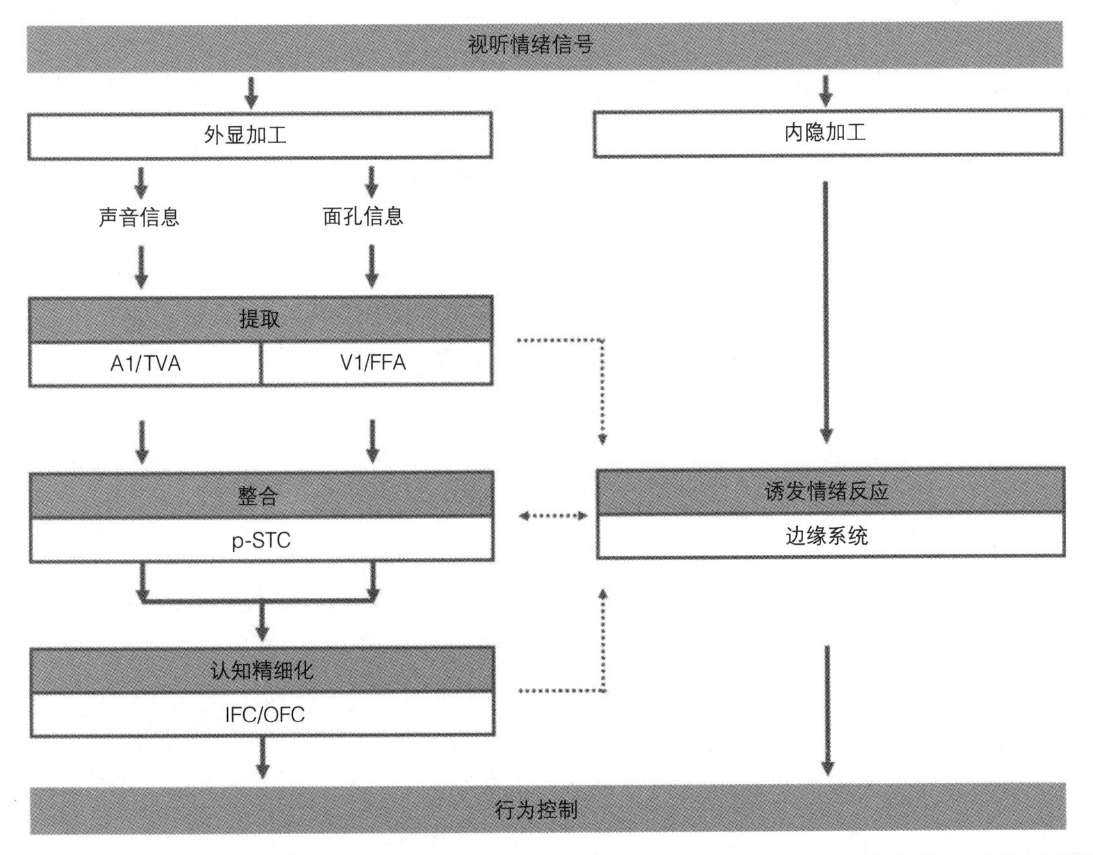

图11.3 视听情绪信号整合与知觉的工作模型：描述内隐和外显加工模式的加工步骤及其相关神经基础。脑皮层之间假设的交互作用被虚线箭头标记。A1=初级听觉皮层，TVA=颞叶声音区，V1=初级视觉皮层，FFA=梭状回面孔区，p-STC=颞上皮层后部，IFC=额下皮层，OFC=眶额皮层

总结：当前知识与未来研究

与例如面孔表情或者姿势等视觉情绪信号相似，声音信号为情感沟通提供了强有力的途径。在日常生活中，我们被情绪声音所包围，而且我们使用基于声音的声学线索，例如笑声或者言语韵律，能够推断和描述互动同伴所传送的情绪信息。

在皮层水平上，人类从声音信号中获取情绪信息的能力，依赖于几个皮层脑区之间复杂的相互作用——p/m-STC、额叶以及例如杏仁核或者丘脑等亚皮层结构。每个脑结构依次与解码情绪声音的不同方面有关，从声学分析的基本阶段，到高级评价阶段：STC被认为对声学分析和多模态绑定起作用，而额叶皮层参与情绪声音知觉，与子过程（包括外显评价声音所表达的情绪或者一般社会认知有关）。尽管过去几十年的研究已经极大扩展了对情绪声音知觉的神经生物学基础的理解，但是当前证据和理论模型仅仅是我们努力理解大脑如何加工情绪声音线索的开始，而不是结束。当前知识不能提供全面且连贯的声学图景，但可为将来研究奠定坚实基础。事实上，尽管关于该主题有大量数据可用，但是许多问题仍未解决。下面是一些例子：

・我们能够进一步限定和拓展情绪声音加工模型吗？

尽管许多脑结构被认为在情绪声音加工方面起作用，但是参与加工的一些脑结构的功能有待进一步精细化。能够引导我们更好地理解大脑如何解码情绪声音标记的方法，可能在下述问题子集的引导下产生：中介情感韵律或者声音刺激（例如笑声）解码的皮层加工有何相似和差异之处？我们能描述不同情绪类别之间的差异吗？例如，愉快声音加工是否不同于恐惧声音加工？大脑是如何对我们在日常生活中频繁遇到的混合情绪的声音模式做出反应的（例如，离职到另一公司担任新职务，可能使个体对新挑战感到兴奋，同时离开老朋友和同事又令其感到悲伤）？

・个体间差异的潜在决定因素，例如年龄、性别、过去经验或者性格，如何影响情绪声音线索的皮层加工？

尽管在某些方面每个人都与其同胞共享信息加工的基本机制，但是人类知觉和加工情绪环境的方式在个体间通常存在巨大差异。考虑情绪信号的皮层加工时，研究表明个体差异调整面孔表情和情绪图片引发的情绪脑反应（见本书第24、25章；Hamann & Canli, 2004）。

然而，关于情绪声音加工的个体差异，实证证据依然稀少。尽管如此，部分差异尤其是性别差异已在文献中得到了讨论（见第26章）。例如，神经成像研究表明，性别调整与解码情绪声音相关的脑反应（Schirmer, Zysset, Kotz, & Yves von Cramon, 2004），男性与女性在情绪声音加工时存在差异（Schirmer, Kotz, & Friederici, 2002）。除了性别差异，研究结果也表明，人格强烈影响与声音情绪线索加工相关的脑激活（Brück, Kreifelts, Kaza, Lotze, & Wildgruber, 2011）。然而，至今，关于个体差异影响的研究似乎仍完全集中于性别和人格方面。因此，未来研究不仅应当重新评价当前研究，而且要研究被忽略的参数，例如年龄、个人经验，对大脑加工情绪声音线索的影响。

·基于典型的脑激活模式，我们能够区分擅长解码声音所表达情绪的个体，和难以解读这种社会信号的个体吗？

尽管大多数个体可能认为声音情绪信号解码是容易解决的任务，但是情绪声音加工的困难之处也在几个病理组得到了报告，包括被诊断为精神分裂症（Hoekert, Kahn, Pijnenborg, & Aleman, 2007）、抑郁症（Kan, Mimura, Kamijima, & Kawamura, 2004; Uekermann, Abdel-Hamid, Lehmkamper, Vollmoeller, & Daum, 2008），以及自闭症（Chevallier, Noveck, Happe, & Wilson, 2011; Van Lancker, Cornelius, & Kreiman, 1989）的个体。而且，最近的研究证据表明，声音情绪信号的脑加工差异与上述疾病有关（Bach et al., 2009; Gervais et al., 2004; Leitman et al., 2007）。基于上述结果，也许有人会问，脑激活模式能够被用来区分正常和功能紊乱的声音知觉吗？ 或者说，基于声音情绪线索所诱发的脑反应，我们能够区分特定心理病理吗？

·加工背景如何影响情绪声音编码的神经生物学基础？

除了个人特异性变量，如性格、年龄或者性别，背景因素需要被当作另一个可能调整情绪声音脑加工的影响因素。相比指向个体自身的声音社会线索，大脑对发送至其他陌生第三者或者一组人的信号的反应是否存在差异？相比陌生情绪线索或者几个个体同时发出的声音线索，我们加工熟悉情绪线索的方式是否存在差异？大脑如何处理声音线索与随之出现的对立情绪信息之间的冲突？

·加工自然、自发的声音表达是否区别于加工演员表演的声音表达？

最后，关于实验设计和刺激选择，尤其需要未来研究解决的一个问题是，自然发生的情绪声音表达是否区别于演员表演的对应情绪状态？情绪声音知觉领域的大部分研究都依赖所表演的情绪描述。原因并不难寻找：表演描述相对容易收集到大量不同类型的情绪，并且它们在高度控制的声学环境中被高质量录制。然而，演员表演真的能够反映人们日常生活中所遇到的情绪表达吗？或者他们只是夸大地反映了人们自我表达的惯用方式？当然，研究的最终目的是推广结果到现实世界而不只是拘泥于任何实验室环境，使用自然、自发的情绪呈现材料将极大受益。但是，如何收集具有高生态效度并且能控制或者匹配基本知觉特征（满足脑研究当前标准）的大量刺激？使用自然刺激材料又一复杂的问题是，难以确定自发表情所传递的情绪标记，因为人们从来不能确定发送者的真实情绪状态或者意图。一种解决或者至少缓解该问题的方法是，在日常社会交流中采用长期行为观察，并且关注背景线索以解码潜在情绪状态。当然，这种事情说比做容易，尤其这些现实生活事件还要被录制成可用的刺激材料。获取该刺激材料的潜在来源是真人秀——一种电视节目，它们会记录真实生活情景并且以高质量画面和音质播放（关于获取声音样本的问题，详见 Juslin & Scherer, 2005）。

这里所列的问题只是无数亟待进一步精细化研究的主题的个例反映。当然，会有更多问题接踵而至，它们中的每个都有可能加深我们对大脑如何加工声音线索情绪的理解。

致谢

本章部分内容摘自一篇作者们最初为杂志《生命物理评论》（*Physics of Life Reviews*）准备的综述文章，见第8卷第4期，383—403页。

缩写

arMFC　内侧额叶前侧喙部
ERP　事件相关电位
fMRI　功能性磁共振成像
FFA　梭状回面孔区
IFC　额下皮层
OFC　眶额皮层
m-STC　颞上皮层中部
p-STC　颞上皮层后部

注释

1 术语“内隐”用来描述与任务无关，并且自然或者无意识发生的韵律信号加工（Tamietto & de Gelder, 2010）。

2“外显”指韵律信号评价的加工条件与任务相关，而且需要投入注意以解释言语韵律所表达的情绪。

3 在一些出版物中，非言语发声也指声音的“情感爆发”（Scherer, 1994）。

参考文献

Ackermann, H., Hertrich, I., Grodd, W., & Wildgruber, D. (2004). Das Hören von Gefühlen: Funktionell-neuroanatomische Grundlage der Verarbeitung affektiver Prosodie. *Aktuelle Neurologie*, *31*, 449–60.

Adolphs, R., & Tranel, D. (1999). Intact recognition of emotional prosody following amygdala damage. *Neuropsychologia*, *37*(11), 1285–92.

Amodio, D. M., & Frith, C. D. (2006). Meeting of minds: The medial frontal cortex and social cognition. *Nature Reviews Neuroscience*, *7*(4), 268–77.

Bach, D. R., Grandjean, D., Sander, D., Herdener, M., Strik, W. K., & Seifritz, E. (2008). The effect of appraisal level on processing of emotional prosody in meaningless speech. *Neuroimage*, *42*(2), 919–27.

Bach, D. R., Herdener, M., Grandjean, D., Sander, D., Seifritz, E., & Strik, W. K. (2009). Altered lateralisation of emotional prosody processing in schizophrenia. *Schizophrenia Research*, *110*(1–3), 180–7.

Banse, R., & Scherer, K. R. (1996). Acoustic profiles in vocal emotion expression. *Journal of Personality and Social Psychology*, *70*(3), 614–36.

Belin, P., Fecteau, S., & Bedard, C. (2004). Thinking the voice: Neural correlates of voice perception. *Trends in Cognitive Science*, *8*(3), 129–35.

Belin, P., & Grosbras, M. H. (2010). Before speech: Cerebral voice processing in infants. *Neuron*, *65*(6), 733–5.

Belin, P., & Zatorre, R. J. (2003). Adaptation to speaker's voice in right anterior temporal lobe. *Neuroreport*, *14*(16), 2105–9.

Belin, P., Zatorre, R. J., & Ahad, P. (2002). Human temporal-lobe response to vocal sounds. *Brain Research: Cognitive Brain Research*, *13*(1), 17–26.

Belin, P., Zatorre, R. J., Lafaille, P., Ahad, P., & Pike, B. (2000). Voice-selective areas in human auditory cortex. *Nature*, *403*(6767), 309–12.

Blair, K. S., Smith, B. W., Mitchell, D. G., Morton, J., Vythilingam, M., Pessoa, L., et al. (2007). Modulation of emotion by cognition and cognition by emotion. *Neuroimage*, *35*(1), 430–40.

Breitenstein, C., Van Lancker, D., Daum, I., & Waters, C. H. (2001). Impaired perception of vocal emotions in Parkinson's disease: Influence of speech time processing and executive functioning. *Brain Cognition*, *45*(2), 277–314.

Brück, C., Kreifelts, B., Kaza, E., Lotze, M., & Wildgruber, D. (2011). Impact of personality on the cerebral processing of emotional prosody. *Neuroimage*, *58*(1), 259–68.

Campanella, S., & Belin, P. (2007). Integrating face and voice in person perception. *Trends in Cognitive Science*, *11*(12),

535–43.

Cancelliere, A. E., & Kertesz, A. (1990). Lesion localization in acquired deficits of emotional expression and comprehension. *Brain Cognition*, *13*(2), 133–47.

Chavis, D. A., & Pandya, D. N. (1976). Further observations on corticofrontal connections in the rhesus monkey. *Brain Research*, *117*(3), 369–86.

Chein, J. M., Ravizza, S. M., & Fiez, J. A. (2003). Using neuroimaging to evaluate models of working memory and their implications for language processing. *Journal of Neurolinguistics*, *16*, 315–39.

Chevallier, C., Noveck, I., Happe, F., & Wilson, D. (2011). What's in a voice? Prosody as a test case for the Theory of Mind account of autism. *Neuropsychologia*, *49*(3), 507–17.

Critchley, H., Daly, E., Phillips, M., Brammer, M., Bullmore, E., Williams, S., et al. (2000). Explicit and implicit neural mechanisms for processing of social information from facial expressions: A functional magnetic resonance imaging study. *Human Brain Mapping*, *9*(2), 93–105.

D'Esposito, M., Aguirre, G. K., Zarahn, E., Ballard, D., Shin, R. K., & Lease, J. (1998). Functional MRI studies of spatial and nonspatial working memory. *Brain Research: Cognitive Brain Research*, *7*(1), 1–13.

Damasio, A. R. (1989). Time-locked multiregional retroactivation: A systems-level proposal for the neural substrates of recall and recognition. *Cognition*, *33*(1–2), 25–62.

de Gelder, B., & Vroomen, J. (2000). The perception of emotions by ear and by eye. *Cognition and Emotion, 14*(3), 289–311.

Dolan, R. J., Morris, J. S. & de Gelder, B. (2001). Crossmodal binding of fear in voice and face. *Proceedings of the National Academy of Sciences of the United States of America, 98*(17), 10006–10.

Ethofer, T., Anders, S., Erb, M., Droll, C., Royen, L., Saur, R., et al. (2006). Impact of voice on emotional judgment of faces: An event-related fMRI study. *Human Brain Mapping*, *27*(9), 707–14.

Ethofer, T., Anders, S., Erb, M., Herbert, C., Wiethoff, S., Kissler, J., et al. (2006). Cerebral pathways in processing of affective prosody: A dynamic causal modeling study. *Neuroimage*, *30*(2), 580–7.

Ethofer, T., Anders, S., Wiethoff, S., Erb, M., Herbert, C., Saur, R., et al. (2006). Effects of prosodic emotional intensity on activation of associative auditory cortex. *Neuroreport*, *17*(3), 249–53.

Ethofer, T., Bretscher, J., Gschwind, M., Kreifelts, B., Wildgruber, D., & Vuilleumier, P. (2012). Emotional voice areas: Anatomic location, functional properties, and structural connections revealed by combined fMRI/DTI. *Cerebral Cortex*, *22*(1), 191–200.

Ethofer, T., Kreifelts, B., Wiethoff, S., Wolf, J., Grodd, W., Vuilleumier, P., et al. (2009). Differential influences of emotion, task, and novelty on brain regions underlying the processing of speech melody. *Journal of Cognitive Neuroscience*, *21*(7), 1255–68.

Ethofer, T., Pourtois, G., & Wildgruber, D. (2006). Investigating audiovisual integration of emotional signals in the human brain. *Progress in Brain Research*, *156*, 345–61.

Ethofer, T., Van De Ville, D., Scherer, K., & Vuilleumier, P. (2009). Decoding of emotional information in voice-sensitive cortices. *Current Biology*, *19*(12), 1028–33.

Ethofer, T., Wiethoff, S., Anders, S., Kreifelts, B., Grodd, W., & Wildgruber, D. (2007). The voices of seduction: Cross-gender effects in processing of erotic prosody. *Social Cognition and Affective Neuroscience*, *2*(4), 334–7.

Fecteau, S., Belin, P., Joanette, Y., & Armony, J. L. (2007). Amygdala responses to nonlinguistic emotional vocalizations. *Neuroimage*, *36*(2), 480–7.

Fries, W. (1984). Cortical projections to the superior colliculus in the macaque monkey: A retrograde study using horseradish peroxidase. *Journal of Comparative Neurology*, *230*(1), 55–76.

Gervais, H., Belin, P., Boddaert, N., Leboyer, M., Coez, A., Sfaello, I., et al. (2004). Abnormal cortical voice processing in autism. *Nature Neuroscience*, *7*(8), 801–2.

Grandjean, D., Sander, D., Pourtois, G., Schwartz, S., Seghier, M. L., Scherer, K.R., et al. (2005). The voices of wrath: Brain responses to angry prosody in meaningless speech. *Nature Neuroscience*, *8*(2), 145–6.

Hamann, S., & Canli, T. (2004). Individual differences in emotion processing. *Current Opinion in Neurobiology*, *14*(2), 233–8.

Hariri, A. R., Mattay, V. S., Tessitore, A., Fera, F., & Weinberger, D. R. (2003). Neocortical modulation of the amygdala response to fearful stimuli. *Biological Psychiatry*, *53*(6), 494–501.

Hoekert, M., Kahn, R. S., Pijnenborg, M., & Aleman, A. (2007). Impaired recognition and expression of emotional prosody in schizophrenia: Review and meta-analysis. *Schizophrenia Research*, *96*(1–3), 135–45.

Hornak, J., Bramham, J., Rolls, E. T., Morris, R. G., O'Doherty, J., Bullock, P. R., et al.(2003). Changes in emotion after circumscribed surgical lesions of the orbitofrontal and cingulate cortices. *Brain*, *126*(Pt. 7), 1691–712.

Juslin, P. N., & Laukka, P. (2003). Emotional expression in

speech and music: Evidence of cross-modal similarities. *Annals of the NewYork Academy of Sciences*, *1000*, 279–82.

Juslin, P. N., & Scherer, K. R. (2005). Vocal expression of affect. In J. Harrigan, R. Rosenthal, & K. R. Scherer (Eds.), *The new handbook of methods in nonverbal behavior research* (pp. 65–135). Oxford: Oxford University Press.

Kan, Y., Mimura, M., Kamijima, K., & Kawamura, M. (2004). Recognition of emotion from moving facial and prosodic stimuli in depressed patients. *Journal of Neurology, Neurosurgery and Psychiatry*, *75*, 1667–71.

Kanwisher, N., McDermott, J., & Chun, M. M. (1997). The fusiform face area: A module in human extrastriate cortex specialized for face perception. *Journal of Neuroscience*, *17*(11), 4302–11.

Kayser, C., Petkov, C. I., & Logothetis, N. K. (2009). Multisensory interactions in primate auditory cortex: fMRI and electrophysiology. *Hearing Research*, *258*(1–2), 80–8.

Kotz, S. A., Meyer, M., Alter, K., Besson, M., von Cramon, D. Y., & Friederici, A. D. (2003). On the lateralization of emotional prosody: An event-related functional MR investigation. *Brain and Language*, *86*(3), 366–76.

Krapf, A. (2007). *The human voice: The story of a remarkable talent*. London: Bloomsbury.

Kreifelts, B., Ethofer, T., Grodd, W., Erb, M., &Wildgruber, D. (2007). Audiovisual integration of emotional signals in voice and face: An event-related fMRI study. *Neuroimage*, *37*(4), 1445–56.

Kreifelts, B., Ethofer, T., Huberle, E., Grodd, W., & Wildgruber, D. (2010). Association of trait emotional intelligence and individual fMRI activation patterns during the perception of social signals from voice and face. *Human Brain Mapping*, *31*(7), 979–91.

Kreifelts, B., Ethofer, T., Shiozawa, T., Grodd, W., & Wildgruber, D. (2009). Cerebral representation of non-verbal emotional perception: fMRI reveals audiovisual integration area between voice- and face-sensitive regions in the superior temporal sulcus. *Neuropsychologia*, *47*(14), 3059–66.

LeDoux, J. (1998). *The emotional brain: The mysterious underpinnings of emotional life*. London: Phoenix.

Leitman, D. I., Hoptman, M. J., Foxe, J. J., Saccente, E., Wylie, G. R., Nierenberg, J., et al. (2007). The neural substrates of impaired prosodic detection in schizophrenia and its sensorial antecedents. *American Journal of Psychiatry*, *164*(3), 474–82.

Linden, D. E., Thornton, K., Kuswanto, C. N., Johnston, S. J., van de Ven, V., & Jackson, M.C. (2010). The brain's voices: Comparing nonclinical auditory hallucinations and imagery. *Cerebral Cortex*, *21*(2), 330–7.

Massaro, D. W., & Egan, P. B. (1996). Perceiving affect from the voice and the face. *Psychonomic Bulletin & Review*, *3*(2), 215–21.

McDonald, A. J. (1998). Cortical pathways to the mammalian amygdala. *Progress in Neurobiology*, *55*(3), 257–332.

Mehrabian, A., & Ferris, S. R. (1967). Inference of attitudes from nonverbal communication in two channels. *Journal of Consulting Psychology*, *31*(3), 248–52.

Mehrabian, A., & Wiener, M. (1967). Decoding of inconsistent communications. *Journal of Personality and Social Psychology*, *6*(1), 109–14.

Mesulam, M. M., & Mufson, E. J. (1982). Insula of the old world monkey. III: Efferent cortical output and comments on function. *Journal of Comparative Neurology*, *212*(1), 38–52.

Meyer, M., Baumann, S., Wildgruber, D., & Alter, K. (2007). How the brain laughs. Comparative evidence from behavioral, electrophysiological and neuroimaging studies in human and monkey. *Behavioural Brain Research*, *182*(2), 245–60.

Meyer, M., Zysset, S., von Cramon, D. Y., & Alter, K. (2005). Distinct fMRI responses to laughter, speech, and sounds along the human peri-sylvian cortex. *Cognitive Brain Research*, *24*(2), 291–306.

Mitchell, D. G., Nakic, M., Fridberg, D., Kamel, N., Pine, D. S., & Blair, R. J. (2007). The impact of processing load on emotion. *Neuroimage*, *34*(3), 1299–309.

Mitchell, R. L. (2007). fMRI delineation of working memory for emotional prosody in the brain: Commonalities with the lexico-semantic emotion network. *Neuroimage*, *36*(3), 1015–25.

Mitchell, R. L., Elliott, R., Barry, M., Cruttenden, A., & Woodruff, P. W. (2003). The neural response to emotional prosody, as revealed by functional magnetic resonance imaging. *Neuropsychologia*, *41*(10), 1410–21.

Morris, J. S., Scott, S. K., & Dolan, R. J. (1999). Saying it with feeling: Neural responses to emotional vocalizations. *Neuropsychologia*, *37*(10), 1155–63.

Mufson, E. J., & Mesulam, M. M. (1984). Thalamic connections of the insula in the rhesus monkey and comments on the paralimbic connectivity of the medial pulvinar nucleus. *Journal of Comparative Neurology*, *227*(1), 109–20.

Müller, V. I., Habel, U., Derntl, B., Schneider, F., Zilles, K., Turetsky, B. I., et al. (2010). Incongruence effects in crossmodal emotional integration. *Neuroimage*, *4*(3), 2257–66.

O'Craven, K. M., & Kanwisher, N. (2000). Mental imagery of faces and places activates corresponding stimulus-specific brain regions. *Journal of Cognitive Neuroscience*, *12*(6), 1013–23.

Paulmann, S., Ott, D. V. M., & Kotz, S. A. (2011). Emotional speech perception unfolding in time: The role of the basal ganglia. *PLoS One*, *6*(3), e17694.

Pearson, R. C., Brodal, P., Gatter, K. C., & Powell, T. P. (1982). The organization of the connections between the cortex and the claustrum in the monkey. *Brain Research*, *234*(2), 435–41.

Pell, M. D., & Leonard, C. L. (2003). Processing emotional tone from speech in Parkinson's disease: A role for the basal ganglia. *Cognitive, Affective & Behavioral Neuroscience*, *3*(4), 275–88.

Pell, M. D., Monetta, L., Paulmann, S., & Kotz, S.A. (2009). Recognizing emotions in a foreign language. *Journal of Nonverbal Behavior*, *33*(2), 107–20.

Posamentier, M. T., & Abdi, H. (2003). Processing faces and facial expressions. *Neuropsychology Reviews*, *13*(3), 113–43.

Pourtois, G., de Gelder, B., Vroomen, J., Rossion, B., & Crommelinck, M. (2000). The time course of intermodal binding between seeing and hearing affective information. *Neuroreport*, *11*(6), 1329–33.

Quadflieg, S., Mohr, A., Mentzel, H. J., Miltner, W. H., & Straube, T. (2008). Modulation of the neural network involved in the processing of anger prosody: The role of task-relevance and social phobia. *Biological Psychology*, *78*(2), 129–37.

Ross, E. D. (1981). The aprosodias. Functional anatomic organization of the affective components of language in the right hemisphere. *Archives of Neurology*, *38*(9), 561–9.

Sander, D., Grandjean, D., Pourtois, G., Schwartz, S., Seghier, M. L., Scherer, K. R., et al. (2005). Emotion and attention interactions in social cognition: Brain regions involved in processing anger prosody. *Neuroimage*, *28*(4), 848–58.

Sander, K., & Scheich, H. (2001). Auditory perception of laughing and crying activates human amygdala regardless of attentional state. *Cognitive Brain Research*, *12*, 181–98.

Sander, K., & Scheich, H. (2005). Left auditory cortex and amygdala, but right insula dominance for human laughing and crying. *Journal of Cognitive Neuroscience*, *17*, 1519–31.

Sauter, D. A., Eisner, F., Calder, A. J., & Scott, S. K. (2010). Perceptual cues in nonverbal vocal expressions of emotion. *Quarterly Journal of Experimental Psychology (Colchester)*, *63*(11), 2251–72.

Scherer, K. R. (Ed.). (1994). *Affect bursts*. Hillsdale, NJ: Erlbaum.

Schirmer, A., & Kotz, S. A. (2006). Beyond the right hemisphere: Brain mechanisms mediating vocal emotional processing. *Trends in Cognitive Science*, *10*(1), 24–30.

Schirmer, A., Kotz, S. A., & Friederici, A. D. (2002). Sex differentiates the role of emotional prosody during word processing. *Brain Research: Cognitive Brain Research*, *14*(2), 228–33.

Schirmer, A., Zysset, S., Kotz, S. A., & von Cramon, Y. D. (2004). Gender differences in the activation of inferior frontal cortex during emotional speech perception. *Neuroimage*, *21*(3), 1114–23.

Schröder, M. (2003). Experimental study of affect bursts. *Speech Communication*, *40*(1–2), 99–116.

Scott, S. K., Sauter, D. A., & McGettigan, C. (2009). Brain mechanisms for processing perceived emotional vocalizations in humans. In S. M. Brudzynski (Ed.), *Handbook of mammalian vocalization: An integrative neuroscience approach* (pp. 187–98). Oxford: Academic Press.

Seltzer, B., & Pandya, D. N. (1978). Afferent cortical connections and architectonics of the superior temporal sulcus and surrounding cortex in the rhesus monkey. *Brain Research*, *149*(1), 1–24.

Szameitat, D. P., Alter, K., Szameitat, A. J., Wildgruber, D., Sterr, A., & Darwin, C. J. (2009). Acoustic profiles of distinct emotional expressions in laughter. *Journal of Acoustic Society of America*, *126*(1), 354–66.

Szameitat, D. P., Darwin, C. J., Szameitat, A. J., Wildgruber, D., & Alter, K. (2011). Formant characteristics of human laughter. *Journal of Voice*, *25*(1), 32–7.

Szameitat, D. P., Kreifelts, B., Alter, K., Szameitat, A. J., Sterr, A., Grodd, W., et al. (2010). It is not always tickling: Distinct cerebral responses during perception of different laughter types. *Neuroimage*, *53*(4), 1264–71.

Tamietto, M., & de Gelder, B. (2010). Neural bases of the non-conscious perception of emotional signals. *Nature Reviews Neuroscience*, *11*(10), 697–709.

Uekermann, J., Abdel-Hamid, M., Lehmkamper, C., Vollmoeller, W., & Daum, I. (2008). Perception of affective prosody in major depression: A link to executive functions? *Journal of the International Neuropsychology Society*, *14*(4), 552–61.

Van Lancker, D., Cornelius, C., & Kreiman, J. (1989). Recognition of emotional-prosodic meaning in speech by autistic, schizophrenic, and normal children. *Developmental Neuropsychology*, *5*(2), 207–26.

von Kriegstein, K., Kleinschmidt, A., Sterzer, P., & Giraud, A. L. (2005). Interaction of face and voice areas during speaker recognition. *Journal of Cognitive Neuroscience*, *17*(3), 367–76.

Wambacq, I. J., Shea-Miller, K. J., & Abubakr, A. (2004). Non-voluntary and voluntary processing of emotional prosody: An event-related potentials study. *Neuroreport*, *15*(3), 555–9.

Wiethoff, S., Wildgruber, D., Grodd, W., & Ethofer, T. (2009). Response and habituation of the amygdala during processing of emotional prosody. *Neuroreport*, *20*(15), 1356–60.

Wiethoff, S., Wildgruber, D., Kreifelts, B., Becker, H., Herbert, C., Grodd, W., et al. (2008). Cerebral processing of emotional prosody — influence of acoustic parameters and arousal. *Neuroimage*, *39*(2), 885–93.

Wildgruber, D., Ackermann, H., Kreifelts, B., & Ethofer, T. (2006). Cerebral processing of linguistic and emotional prosody: fMRI studies. *Progress in Brain Research*, *156*, 249–68.

Wildgruber, D., Ethofer, T., Grandjean, D., & Kreifelts, B. (2009). A cerebral network model of speech prosody comprehension. *International Journal of Speech-Language Pathology*, *11*(4), 277–81.

Wildgruber, D., Hertrich, I., Riecker, A., Erb, M., Anders, S., Grodd, W., et al. (2004). Distinct frontal regions subserve evaluation of linguistic and emotional aspects of speech intonation. *Cerebral Cortex*, *14*(12), 1384–9.

Wildgruber, D., Riecker, A., Hertrich, I., Erb, M., Grodd, W., Ethofer, T., et al. (2005). Identification of emotional intonation evaluated by fMRI. *Neuroimage*, *24*(4), 1233–41.

Woods, D. L. (1995). The component structure of the N1 wave of the human auditory evoked potential. *Electroencephalography and Clinical Neurophysiology. Supplement*, *44*, 102–9.

第12章

情绪与音乐

斯蒂芬·克尔施（Stefan Koelsch）

音乐是情感神经科学的工具

音乐是使人之所以为人的因素之一。迄今发现的最古老的乐器是秃鹫骨笛，大约出现于三万五千年前（Conard, Malina, & Münzel, 2009）。然而，人类创作音乐的实践可以追溯到二十万至十万年前。在每种已知文化中，音乐均由小组合作产生。童声取向的摇篮曲和儿歌具有跨文化的相似性（Papousek, 1996; Trehub, Unyk, & Trainor, 1993），这可能是因为音乐的许多普遍情绪效应。研究表明，音乐所表达的情绪能够被跨文化识别（Fritz et al., 2009），并且人类拥有天生的神经结构，出生时就对音乐敏感（例如，新生儿已经对主音调以及和谐音与不和谐音的差别具有敏感性；Perani et al., 2010）。音乐对于人类的重要性，以及音乐能够强烈影响大部分人的情绪和心境的特点，使其成为情感神经科学家极为感兴趣的实验刺激。实际上，因为音乐是人类所特有的，如果不能透彻地理解音乐所激发的情绪及其神经关联，那么我们对人类情绪的理解就是不完整的。

使用音乐研究情绪的神经关联具有以下优点：

（1）音乐是诱发情绪的强有力工具（通常比静态面孔更强）。

（2）音乐可以诱发许多种情绪（Zentner, Grandjean, & Scherer, 2008）。例如，在积极情绪方面，音乐可以诱发喜悦、开心、惊奇、极度愉悦感（如音乐战栗——躯体感觉，包括起鸡皮疙瘩或者沿脊柱向下的颤抖）、活力感、释然、灵性、镇静以及成就感。

（3）听音乐或者制作音乐都能诱发情绪，从而使研究者能够研究情绪与动作之间的相互作用。

（4）就人类进化而言，音乐最初是一项社会活动。因此，音乐非常适合用于研究情绪和社会因素之间的相互作用。

（5）音乐可以用于研究情绪加工的时间过程：包括短时情绪现象（数秒钟范围内）和长期情绪现象（数分钟范围内）。

（6）音乐可以用于研究混合情绪，例如“愉快的悲伤”。

（7）研究情绪与音乐的神经关联也与音乐治疗应用直接相关。

基于以上原因，利用音乐开展功能神经影像学研究，通常可以使我们进一步认识情绪的神经关联。

然而，利用音乐开展情绪研究还存在一些困难：

（1）个体间音乐偏好存在巨大差异（死亡金属爱好者可能十分蔑视激流金属），必要地控制刺激材料可能导致不同被试的不同情绪反应。

（2）被试必须对不同实验条件所使用的不同音乐作品或者风格具有相同的熟悉度（以避免不同情绪状态的神经活动差异源于熟悉度差异）。

（3）通常难以控制不同实验条件所使用作品的音乐或者声学参数。例如，当比较愉快和悲伤音乐的效果时，通过功能神经成像数据所观察到的条件间差异可能仅仅源于作品节奏差异，而节奏差异可能导致心血管反应差异，从而可能与一些脑边缘结构活动发生相互作用。

（4）与音乐相比，某些情绪更适合使用其他刺激进行研究。例如，虽然个体可能对某些音乐感到厌恶，但是通过气味或者图像研究厌恶可能更恰当。而且，研究涉及高负荷认知加工和认知评价的情绪现象，例如嫉妒、羞愧和悔恨时，音乐可能不是最佳选择。尽管如此，音乐仍可能引起与之相关的情感起伏。

值得注意的是，一种普遍误解认为音乐诱发的情绪仅仅涉及审美体验，而缺乏动机成分和目的相关性（详细讨论见 Juslin & Västfjäll, 2008; Koelsch, Siebel, & Fritz, 2010）。该观点认为，音乐不能引发“日常情绪”，因此不适于研究“真实情绪”的神经基础。以下几点对该观点进行了反驳。

仅仅听音乐能够唤起情绪的主要反应成分变化：（1）生理唤醒变化（即自主神经活动和内分泌活动）；（2）主观感受（例如产生愉快、幸福、悲伤等感觉）；（3）运动表情（例如，微笑、哭泣）；（4）行动倾向（例如舞蹈、脚部节拍、拍手、甚至仅前运动活动）；（5）可能的（但非必然的）认知评价。而且，正如后文所述，音乐调整脑边缘结构活动，所以音乐能够诱发真实情绪。

关于所谓的基本情绪方面，许多个体能通过听音乐体验到愉悦唤起（实际上，对于许多人来说，这通常是听音乐的动机；Sloboda, 1992）。音乐可以唤起悲伤（Zentner et al., 2008）和惊讶（Koelsch, Kilches et al., 2008; Meyer, 1956），而在更早的一项研究中（Koelsch, Fritz, Cramon, Müller, & Friederici, 2006），一些被试指出，该研究中所使用的持续、极度刺耳的刺激引起了厌恶感和头晕。大部分人在不得不听他们非常不喜欢的音乐时变得相当愤怒，有时候音乐甚至被用于激发被试的愤怒和斗志（例如部分军乐）。

一些人在音乐中寻求消极情绪，例如悲伤（悲伤音乐的奖赏效应见 Levinson, 1990，以及本书第 10 章）。然而，解释该现象的（众多机制的）一种机制（Levinson, 1990）认为，音乐能诱发“真实”悲伤（就潜在神经活动而言，难以与“日常”悲伤区分），而且实际上未发生坏事的心理认识导致了奖赏相关的愉悦感。显然，比之损失导致的悲伤，聆听悲伤音乐的运动表情、认知和神经生理学模式可能存在差别。重要的是，听音乐时悲伤的主观经验与“日常”悲伤的主观经验存在区别，但是不能排除悲伤神经相关因素在两种情况中都活跃。这实际上证明了听音乐能诱发悲伤。同样，即使音乐所诱发基本情绪的强度与真实生活中的情况所引起的不同，但是二者的潜在脑回路可能相同（不管是非常愉快还是中等程度愉快——情绪都是愉快）。

而且，音乐的社会功能，例如交流、协调动作、促进合作和提高集体凝聚力（参见 Koelsch, Offermanns, & Franzke, 2010），对人类生存和个体健康都至关重要。因此，践行这些社会功能所引起的愉悦确实与生存功能有关。

最后，音乐的再生效应（例如有益的激素和

免疫作用；Koelsch & Siebel, 2005）是对个体的物质效应（例如多肽由物质组成），因此满足“实用情绪”（与“审美情绪”相对；区别见Scherer, 2004）标准。

音乐唤起情绪的机制

许多情绪学家都对音乐引起情绪这一事实感到困惑，因为音乐不是一种明显干扰或者支持人类个体、种族生存的刺激。那么音乐是怎样“把人的灵魂从肉体中抽出来”[莎士比亚（Shakespeare）戏剧《无事生非》（*Much Ado About Nothing*），第二幕第三场①]的？尤斯林（Juslin）和瓦斯特菲亚（Västfjäll）（2008）提出了音乐唤起情绪的几种机制，包括脑干反射（源于音乐的基本声学特性，例如音色、起音时间、强度以及和谐音/不和谐音）、评价条件化（音乐唤起的情绪重复与其他积极或者消极刺激配对的过程）、情绪感染（听者知觉到音乐的情绪相关特征或者表达，然后内在复刻该特征或者表达；也见Juslin & Laukka, 2003）、视觉表象（音乐唤起情绪品质形象）、情节记忆（音乐勾起特定事件记忆，例如“亲爱的，他们在演奏我们的旋律”②；Davies, 1978）以及音乐预期（当特定音乐特征违背、延迟或者验证了听者预期时，听者产生紧张和悬念感受）。

研究者还提出了其他因素，包括重复暴露同样能够促成或者改变音乐爱好（Moors & Kuppens, 2008）、情绪效价的语义关联（Fritz & Koelsch, 2008）、运动（音乐所引发的活动，即使不直接表达情绪，也可以改变情绪状态，例如促进抑郁者运动；Bharucha & Curtis, 2008）以及参与社会活动（参见Koelsch et al., 2010）。然而，音乐通过何种机制引发情绪仍然存在争议，目前仅有少量功能成像研究探索了音乐唤起情绪的不同机制的神经相关（Ball et al., 2007; Koelsch et al., 2006; Koelsch, Fritz, & Schlaug, 2008）。后续几节综述了音乐和情绪的功能性神经成像研究，以说明该领域可能深化我们对人类情绪的理解；这些结果与上述情绪唤起机制有关。

音乐唤起情绪的边缘和旁边缘相关性

虽然尚未明确定义，但“边缘”和“旁边缘”结构都被认为是情绪加工的核心结构，因为该结构损伤或者功能障碍与情绪受损相关（参见Dalgleish, 2004）。而边缘/旁边缘结构如何相互作用，以及形成了怎样的功能网络尚未明晰。

边缘/旁边缘神经回路的一个中心结构是杏仁核，它参与情绪的开始、产生、察觉、维持和终止，对个体与种族生存非常重要（Price, 2005）。许多功能神经成像研究（Ball et al., 2007; Baumgartner, Lutz, Schmidt, & Jäncke, 2006; Blood & Zatorre, 2001; Eldar, Ganor, Admon, Bleich, & Hendler, 2007; Koelsch et al., 2006; Koelsch et al., 2008; Lerner, Papo, Zhdanov, Belozersky, & Hendler, 2009）和损伤研究（Dellacherie, Ehrlé, & Samson, 2008; Gosselin et al., 2005; Gosselin, Peretz, Johnsen, & Adolphs, 2007）已经表明，杏仁核参与音乐的情绪反应（见图12.1）。第一个表明杏仁核活动变化的神经成像研究，是布拉德（Blood）和扎特瑞（Zatorre）（2001）的一项PET研究。该研究测量

① 莎士比亚的戏剧《无事生非》一场景中旁白形容剧中人物听音乐时心理状态的语句“hale souls out of men's bodies”。——编者注

② 影视剧《双峰》（*Twin Peaks*）中的台词。——编者注

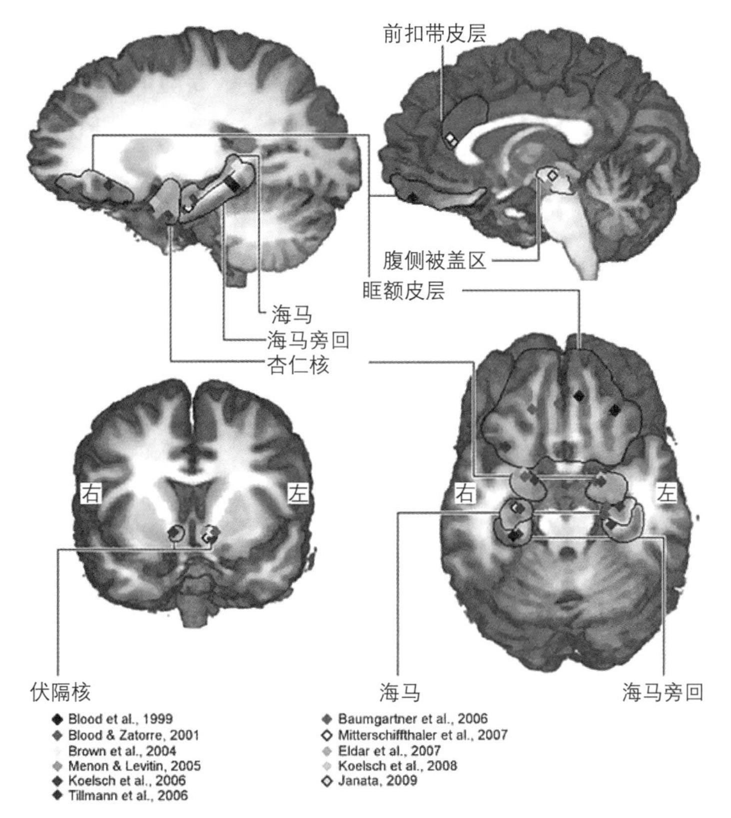

图 12.1 边缘结构（杏仁核、伏隔核、前扣带皮层和海马）和旁边缘结构（眶额皮层、海马旁回）。菱形表示音乐在这些结构中所诱发的活动变化（参考文献见图例，详见正文）。注意，杏仁核、伏隔核和海马激活的重复报告，反映了音乐能够调整情绪的核心结构中的活动（详见正文）。左上：右半球视图；右上：内侧视图；左下：前视图；右下：底视图。彩色版本请扫描附录二维码查看

了“战栗”（即包括鸡皮疙瘩或者沿脊柱颤抖的广泛情绪体验）期间局部脑血流量（regional cerebral blood flow, rCBF）的变化。被试聆听了他们最喜欢而且经常发生战栗体验的音乐片段。战栗强度增加与杏仁核和海马前部rCBF降低相关。在腹侧纹状体、中脑、脑岛前部、扣带回皮质前部和眶额皮层观察到，rCBF增加与战栗强度增加相关（音乐唤起愉悦的患者研究见Griffiths, Warren, Dean, & Howard, 2004; Matthews et al., 2009; Stewart, von Kriegstein, Warren, & Griffiths, 2006）。

即使个体没有强烈的“战栗”体验，音乐也能诱发杏仁核、腹侧纹状体和海马活动的变化。为了探索音乐的情绪效价维度，克尔施等（2006）对比了愉悦的器乐曲调（由专业音乐家演奏）与相对应的持续性不和谐电子曲调所唤起的脑反应（使用和谐以及不和谐音乐的其他研究见Ball et al., 2007; Blood, Zatorre, Bermudez, & Evans, 1999; Gosselin et al., 2006; Khalfa et al., 2008; Sammler, Grigutsch, Fritz, & Koelsch, 2007; Mueller et al., 2011）。呈现愉悦音乐时，观察到腹侧纹状体（推测为伏隔核）和脑岛前部（包括其他结构）血氧水平依赖（BOLD）信号增加。与之相对，不和谐音乐诱发杏仁核、海马、海马旁回和颞极BOLD信号增加（并且观察到愉悦音乐降低这些

结构的BOLD信号）。值得注意的是，单侧内侧颞叶（包括海马旁回）被切除的患者对不和谐音乐的情绪敏感性降低（Gosselin et al., 2006; Khalfa et al., 2008）；与此一致，功能神经影像学研究使用不同程度的不和谐音乐作为刺激，观察到了海马旁回的活动变化（Blood et al., 1999; Koelsch et al., 2006）。这些研究（Blood et al., 1999; Gosselin et al., 2006; Khalfa et al., 2008; Koelsch et al., 2006）结果表明，海马旁回中部对于加工声学糙度具有特定作用，可能也与解码声音信号的情感内容有关。

在探索悲伤、恐惧和喜悦之间神经关联的过程中，鲍姆加特纳（Baumgartner）和卢兹（Lutz）等（2006）观察到，听觉信息和视觉信息在一些边缘和旁边缘结构中相互作用，包括杏仁核和海马（使用喜悦和悲伤音乐的其他研究见Gosselin et al., 2006; Khalfa et al., 2008; Mitterschiffthaler, Fu, Dalton, Andrew, & Williams, 2007）。与仅呈现视觉信息相比，联合呈现恐怖或者悲伤图片和音乐时，上述结构活动变化更大。联合呈现图片和音乐也诱发海马旁回和颞极激活更强。另一项fMRI研究也发现了杏仁核、海马结构、海马旁回和颞极活动改变（Koelsch et al., 2006），表明这些结构形成了网络，在情绪加工中发挥着重要作用（也见Koelsch, 2010）。

与鲍姆加特纳和卢兹等（2006）的研究结果一致，埃尔达（Eldar）等（2007）的研究表明，相对于仅播放音乐或者仅播放电影片段，同时播放中性情绪电影片段和积极（喜悦）或者消极（恐怖）音乐，诱发了杏仁核与腹外侧额叶皮层更强的信号变化。而且，与仅播放音乐或者仅播放电影片段相比，同时播放消极音乐与中性电影片段诱发海马结构前部更强的信号变化。但主观评价表明，同时播放音乐及影片并未比单独播放音乐被知觉得显著更积极或者消极。因此，（杏仁核和海马结构）信号变化增加的功能意义仍需进一步明确。然而，数据表明，聆听恐怖音乐时简单的闭眼动作也可以导致杏仁核活动增强，证明视觉系统可以调整杏仁核信号变化（Lerner et al., 2009）。

埃尔达等（2007）研究的另一项重要发现是，观测到了联合呈现积极和消极刺激时杏仁核活动变化。该发现支持杏仁核不仅参与消极情绪加工而且参与积极情绪加工的观点（例如Murray, 2007），明确挑战了杏仁核主要是人脑“恐惧中心”的简单观点。值得注意的是，杏仁核不是解剖统一体，它由几个不同核（外侧核、基底核、副基底核、中央核、内侧核以及皮层核）组成，尽管杏仁核已成为研究最多的脑结构之一，但是这些核的功能意义以及与其他脑结构的相互作用尚未得到解答（LeDoux, 2007）。

鲍尔（Ball）等（2007）的音乐研究首次洞察了在对听觉刺激进行反应时人类杏仁核亚区的不同功能特征。该研究采用原始钢琴曲（主要是和谐音）作为愉悦刺激，而采用这些钢琴曲的持续不和谐版本作为非愉悦刺激（与其他使用音乐探索效价维度的研究相似；Blood et al., 1999; Koelsch et al., 2006; Sammler et al., 2007）。作者研究了对和谐音乐与不和谐音乐反应时的杏仁核信号变化。结果发现了杏仁核基外侧BOLD信号增加（对于两种音乐类型皆如此），而杏仁核表面和中央内侧信号降低（同样对于两种音乐类型）。

同样使用和谐与不和谐音乐作为刺激，弗里兹（Fritz）和克尔施（2005）发现杏仁核中央（可能为外侧和/或基底杏仁核）BOLD信号随情绪效价增加而降低，而杏仁核上部（杏仁核表面，延伸至无名质）BOLD信号随效价增加而增加。重要的是，杏仁核中央与颞极、海马和海马旁回存在功能连接，而杏仁核上部（可能为杏仁核表面）则与腹侧纹状体和眶额皮层存在功能连接。这表明杏仁核的不同核团参与调整不同情绪网络活动。

如前所述，杏仁核和相关的边缘结构在对个体或者种族具有生存价值的一些情绪中发挥关键作用（Dalgleish, 2004）。本节所提到的研究证实了音乐能够引发这些脑结构的活动变化，表明至少某些音乐所唤起的情绪涉及进化适应性神经情感机制的根本核心。该证据支持了音乐能够唤起“真实情绪”这一观点，下一节将进一步支持该观点，综述音乐唤起愉悦的神经相关研究。

音乐影响多巴胺能神经活动

一些研究表明，聆听愉快音乐激活与奖赏和愉快体验相关的脑结构。布拉德和扎特瑞（2001）报告称，对音乐的强烈愉悦“战栗”反应涉及腹侧纹状体[可能是伏隔核（nucleus accumbens, NAc），见图12.1]。相似地，布朗（Brown）、马丁内斯（Martinez）和帕森斯（Parsons）（2004）的另一项PET研究表明，相对于静息条件，聆听两段陌生的愉快音乐时腹侧纹状体激活（其他脑区包括胼胝体扣带皮层、脑岛前部以及海马后部）。另外三项fMRI研究也观察到愉悦音乐激活腹侧纹状体：其中一项研究探索了效价维度（Koelsch et al., 2006），另一项研究检测了由音乐可预测性所导致的愉悦差异（Menon & Levitin, 2005），第三项研究探究了音乐所唤起的记忆（Janata, 2009）。梅侬（Menon）和勒文廷（Levitin）（2005）的研究报告，腹侧纹状体激活与腹侧被盖区（ventral tegmental area, VTA）、下丘脑活动存在联系。该发现表明，在腹侧纹状体所观测到的血液动力学变化反映了多巴胺能活动：NAc在某种程度上接受脑干神经元（主要位于VTA和黑质）的神经支配，是所谓奖赏回路（例如Berridge, Robinson, & Aldridge, 2009）的一部分。该回路包括由外侧下丘脑经由内侧前脑束投射到中脑边缘的多巴胺通路（包括VTA向NAc投射）（Björklund & Dunnett, 2007）。萨利姆波、本尼弗（Benovoy）、拉尔谢（Larcher）、达格尔（Dagher）和扎特瑞（2011）的PET研究表明，音乐所唤起的强烈愉悦（包括“音乐战栗”）与NAc的多巴胺绑定增加有关，进一步支持了前述假设——腹侧纹状体血液动力学变化（Blood & Zatorre, 2001; Brown et al., 2004; Janata, 2009; Koelsch et al., 2006; Menon & Levitin, 2005）涉及多巴胺能神经活动。

重要的是，NAc活动（与腹侧苍白球活动相同；Berridge et al., 2009）与动机和奖赏相关产生的愉悦体验相关。例如，在达成目标过程中遭遇未意料的但可实现的动机，或者遇到奖赏线索（参见Berridge et al., 2009; Nicola, 2007）。已在诸多活动中发现了人类NAc活动，如性行为、服药、吃巧克力以及脱水时饮水（Berridge et al., 2009; Nicola, 2007）。因此，以往研究表明NAc活动与享受的主观体验相关（Koelsch, Siebel, & Fritz, 2010），但是为了确定NAc对其他情绪的可能作用，其功能意义需要得到更多详细信息支撑。

NAc似乎也在选择和指导对刺激的行为反应以及对此类行为的激发和奖赏方面发挥作用（Nicola, 2007）。NAc被认为是一个“边缘运动接口”（Nieuwenhuys, Voogd, & Huijzen, 2008），原因是：（1）它接受来自例如杏仁核和海马等边缘结构的输入；（2）在NAc中注射多巴胺引起运动增加；（3）NAc投射至基底节其他部位，在动作的学习、选择和执行方面发挥重要作用。NAc的运动相关功能使其处于关键位置，驱动人们随着愉快音乐移动、投入音乐以及跟随音乐舞蹈，但是该驱动作用的神经基础尚不明确。

值得注意的是，在前述三项研究（Brown et al., 2004; Koelsch et al., 2006; Menon & Levitin, 2005）中，被试聆听音乐期间未产生“战栗”反应，表明音乐一旦被知觉为愉悦的，就会激活包括NAc在内的多巴胺能通路（即甚至在缺乏战栗等极端情绪体验的情况下也是如此）。综述研究结果表明，音乐容易引发愉悦或者享受体验，与奖赏回路活动相关，包括下丘脑、VTA和NAc。需要进一步探索音乐的情绪力量，以提供更多系统性知识，支持与中脑边缘奖赏通路功能紊乱相关的情感障碍治疗（例如抑郁或者帕金森病；见Koelsch, 2010）。前文已经论证了音乐不仅引发享受的主观体验（涉及NAc），而且引发喜悦和幸福的体验（Koelsch, Siebel, & Fritz, 2010）。下一部分将提出喜悦与享受体验涉及不同神经系统的假设。

音乐和海马

相对于以情绪面孔、情感图片、疼痛刺激或者奖赏刺激等探索情绪的研究，音乐和情绪的功能性神经成像研究综述揭示了一个特别引人注意的特征：得到音乐引起（前部）海马结构活动变化结果的研究所占比重非常高（此类活动变化报告见Baumgartner, Lutz, et al., 2006; Blood & Zatorre, 2001; Brown et al., 2004; Eldar et al., 2007; Fritz & Koelsch, 2005; Koelsch et al., 2006, 2007; Mitterschiffthaler et al., 2007；也见图12.1）。当前研究已经明确海马在学习和记忆、空间定位、新奇和预期方面发挥着重要作用（参见Moscovitch, Nadel, Winocur, Gilboa, & Rosenbaum, 2006; Nadel, 2008）。然而，有利用音乐探索情绪的功能性神经成像的研究发现海马激活似乎不仅仅由这些过程诱发。例如在记忆方面，梅特史福特菲勒（Mitterschiffthaler）等（2007）的研究发现，在被试对中性和悲伤音乐的熟悉度相当的情况下，悲伤音乐（相对于中性音乐）引起前部海马结构变化[例如，悲伤刺激音乐包括罗德里戈（Rodrigo）的《阿兰胡埃兹协奏曲》（*Concierto de Aranjuez*）以及辛丁（Sinding）的小提琴和管弦乐队组曲；中性音乐包括舒曼（Schumann）的《预言鸟》（*L'oiseau prophete*）或者贝多芬（Beethoven）的第二小提琴罗曼史]。相似地，在埃尔达等（2007）的研究中，被试对愉快和恐怖音乐的不熟悉程度一致。更重要的是，布拉德和扎特瑞（2001）研究发现，当只分析被试自己带到实验室的刺激时，也观察到了前部海马结构的rCBF变化（见Blood & Zatorre, 2001的图5）。所以，该研究中的所有被试均非常熟悉所分析的音乐。

因此，音乐和情绪的研究使我们想起詹姆斯·帕派兹（James Papez）（1937）和保罗·马克里（Paul MacLean）（1990）的观点，即海马也在情绪过程中发挥重要作用。海马与调节生存必需行为（例如消化、生殖和防御行为）的结构以及调节自主神经系统、内分泌系统和免疫系统活动的结构之间存在密集的相互连接（Nieuwenhuys et al., 2008）。这些结构包括杏仁核、下丘脑、丘脑核、内侧隔-斜带复合体、扣带回、脑岛以及自主神经脑干核团。它们的传出纤维投射至NAc、纹状体其他部分以及许多其他边缘、旁边缘和非边缘结构（Nieuwenhuys et al., 2008）。这些连接的功能显著性使海马（以及杏仁核和眶额皮层）处于情绪加工的中枢位置。因此，正如前文所指出的，理解海马功能的关键在于，海马的主要投射区不仅包括皮层联合区，而且包括皮层下的边缘结构（Nieuwenhuys et al., 2008）。

海马参与情绪过程（除了例如记忆和空间表征等认知功能以外）这一观点获得了大量实验证据支持。第一，海马损伤导致大鼠母性行为受损（Kimble, Rogers, & Hendrickson, 1967），表现为照料频率和效率降低、筑巢能力下降、食崽行为增加、寻回能力减弱以及断奶前幼仔存活率下降。第二，抑郁个体呈现了海马结构和功能异常（参见Videbech & Ravnkilde, 2004; Warner-Schmidt & Duman, 2006）。第三，海马对慢性情绪应激源的易感性是独特的：在动物中，无助和绝望相关的慢性应激导致海马神经元死亡和相关的海马萎缩（Warner-Schmidt & Duman, 2006）；与此一致，人类研究表明遭受儿童性虐待（Stein, Koverola, Hanna, Torchia, & McClarty, 1997）和创伤后应激障碍（Bremner, 1999）的个体的海马体积减小。情感创伤期间或者之后以及抑郁期间海马体积减小，可能源于海马结构神经再生水平下降和海马神经元死亡（Warner-Schmidt & Duman, 2006）。第四，在温柔积极感受（即被描述为柔软、爱、温暖和幸福的感受）减退的个体中，愉悦和非愉悦音乐所引起的前部海马结构（以及杏仁核）活动变化比之正常对照组降低（Koelsch et al., 2007）。虽然目前关于海马参与情绪加工的可用具体信息很少，但是此处提及的研究结果推进了以下假设，即海马是产生喜悦和愉快的关键结构，因此对于在社会依恋方面发挥特定作用的情绪而言也是关键结构。

我们将这些情绪称为“温柔情绪”（Koelsch et al., 2007），该术语源于查尔斯·达尔文的《人类与动物的情绪表达》（*The Expression of Emotions in Man and Animals*）（Darwin, 1872/1998），在该书中达尔文写道：“温柔感受……可能由喜爱、愉悦，尤其是怜悯组成。”（第247页）（注意达尔文所指怜悯现在常用“共情”表示，即为他人的悲痛而同情他人或者感受到他人的幸福或好运）这些感受具有“愉悦本质”（第247页）。有趣的是，在关于爱、喜悦和奉献的篇章中，达尔文也写到了“音乐的美妙力量”（第250页），该观点在他的《人类起源》（*The Descent of Man*）中有详尽阐述。社会依恋体验与积极的温柔情绪（例如喜悦和愉快）相关，而社会损失与消极的温柔情绪（例如悲伤）相关。动物的依恋相关行为包括舔舐、梳毛、筑巢以及寻回幼崽，而人类还包括拥抱、亲吻、爱抚、抚摸、轻触以及低语。至少对于人类而言，一个重要的依恋相关情绪是爱。根据我们从以音乐作为刺激唤起情绪的实验中积累的经验，海马活动可能与被试所描述的“感动”情绪体验相关。

消极感受，例如焦虑和压抑，可能与海马活动抑制相关。值得注意的是，因为海马对情绪应激源特别敏感，在知觉不愉悦刺激时，抑制投射到海马的神经通路可能表征了一种敏锐的神经机制，防止海马神经元遭受破坏。因此需要强调的是，在知觉不愉悦（或者威胁性）刺激时，研究者将杏仁核和海马活动变化简单归因于恐惧（或者其他不愉悦情绪）的产生时，应当更加谨慎；相反，研究者也应当考虑到，这些活动变化可能反映暴露于潜在有害刺激时，为保护海马（特别敏感的脑结构）免受创伤而自动激活的抑制过程。

区分与奖赏回路（包括下丘脑外侧区，以及含投射至NAc的VTA的中脑边缘多巴胺通路，见前文讨论）激活相关的感受和涉及海马活动的积极温柔情绪（尽管二者不互斥）也很重要。我们已经提到（Koelsch, Siebel, & Fritz, 2010），奖赏回路（涉及NAc）活动所产生的感受可能更适合被称为享受，而依恋相关情绪（积极温柔的），如喜悦、爱和幸福，似乎涉及海马活动（见Siebel, 2009）。奖赏相关和依恋相关情绪的另一个重要区别是前者可厌腻：一旦机体的躯体需要得到满足并达到平衡，就产生了厌腻，之前作为激励的刺激甚至可能引起嫌恶（因为过多化合物可能对机体有害）。相反，以海马为中心的情绪不会厌腻。注意，无厌腻的依恋相关情感的脑系统具有进化适应性，因为例如感受到孩子的依恋、爱孩子以及与孩子在一起感到愉悦，是利于持久保护和养育后代的。相似地，社会团体的归属感和社会接纳感（二者似乎不会厌腻）促进社会纽带形成和维持，由此增强社会凝聚力。前文已经论证了音乐可以促进社会凝聚（参见Koelsch, 2010），在情绪、社会凝聚力和音乐的进化适应性价值之间建立了有趣的联系。

当前，不论海马中心情绪的概念是已经足够充分还是仍需要拓展，重要的是，要认识到在情感神经科学领域海马对情绪加工的重要性。未来情绪神经成像研究应当仔细控制不同刺激类型引发的熟悉度、新颖性和记忆过程，以排除海马激活由上述因素引起的可能性。值得注意的是，因为音乐能够引起海马活动变化，可以想象，抑郁和创伤后应激障碍患者的音乐治疗对海马神经再生具有积极影响，但是这仍然是一个未解决的问题。

音乐影响脑岛和前扣带皮层活动

当前的情绪理论强调情绪与生理唤醒（主要涉及自主神经和内分泌活动变化）之间的关联。已有报告称自主活动变化与前扣带皮层（ACC）和脑岛活动变化相关联（Craig, 2009; Critchley, 2005; Critchley, Corfield, Chandler, Mathias, & Dolan, 2000），使用PET或者fMRI的音乐研究已经观察到，在音乐引发战栗期间（Blood & Zatorre, 2001），以及经历恐惧和悲伤体验期间（Baumgartner, Lutz, et al., 2006），两个脑区出现活动变化。然而需要注意的是，ACC或脑岛活动变化不一定与情绪过程相关。例如，ACC也参与表现控制、运动相关功能调控以及语言和音乐知觉（例如Cole, Yeong, Freiwalkd, & Botvinick, 2009; Koelsch, Siebel, & Fritz, 2010; Mutschler et al., 2007）。一项研究（Koelsch, Siebel, & Fritz, 2010）表明，ACC参与生物子系统同步（该术语来自Scherer, 2000）。这里的“子系统”包括生理唤醒、运动表达、动机过程、控制过程以及认知评价。上述子系统的活动同步可能作用于每种情绪实例，甚至可能是主观情绪体验（通常称为感觉）必不可少的。ACC对于实现上述同步具有独特作用，因为它参与认知过程、自主神经系统活动、肌肉活动、动机过程以及监控过程。情绪通常不仅伴随自主神经效应出现，而且伴随内分泌系统效应出现，反过来影响免疫系统功能（Dantzer, O'Connor, Freund, Johnson, & Kelley, 2008; Koelsch & Siebel, 2005）。在音乐方面，当与应激降低或者抑郁和焦虑缓解有关时，这些效应的相关性尤为显著（Koelsch, 2009; Koelsch et al., 2011）。这种相关性也促进了更多系统性实验证据的汇集，以支持使用音乐疗法治疗内分泌、自主神经或者免疫系统功能障碍等相关疾病（例如自身免疫病）。

音乐预期和情绪反应

目前为止所综述的研究都使用了实验范式，利用了“愉悦的”“不愉悦的”“恐怖的”“愉快的”或者“平和的”主调。然而，正如本章开头所提到的，唤起情绪反应的一个重要机制是音乐预期。莱纳德·梅耶（Leonard Meyer）是20世纪最具影响力的音乐心理学家之一，根据音乐预期的满足和延缓，他提出了一个音乐情绪理论（Meyer, 1956），即符合或者违背音乐预期使聆听者产生情绪。与此一致，斯洛博达（Sloboda）（1991）发现特定的音乐结构与特定的心理生理学反应相关联（例如，战栗经常由新的或者未预期的和声唤起）。

斯丹柏斯（Steinbeis）、克尔施和斯洛博达（2006）研究检验了未预期的和弦能唤起情绪反应这一假设。在这项研究中，当被试聆听巴赫（Bach）赞美诗的三种版本时，记录了他们的生理测量指标，包括EEG、皮肤电活动（EDA）和心率。其中一个版本是巴赫作曲的原始版本，具有和谐序列，以未预期的和弦功能（也被称为“伪终止”）结尾。相同和弦也被表达为预期的（使用主音和弦）和非常违背预期的（那不勒斯第六和弦）。在预期和未预期的和弦之间（以及预期和非常违背预期的和弦之间）呈现了清晰的EDA差异。由于EDA反映交感神经系统活动，并且该系统与情绪体验密切相关，这些数据证实了以下假设——未预期的和声唤起情绪反应。该研究结果随后被另一项研究印证（Koelsch, Kilches, et al., 2008），它所获的行为数据也表明，相对于规则和弦，不规则和弦被聆听者知觉的更令人惊讶、更具唤醒度和更令人不愉悦。

功能性神经成像实验使用带有未预期和声的和弦序列，支持了这些发现，表明未预期的和弦功能激活杏仁核（Koelsch, Fritz, & Schlaug, 2008）、眶额皮层（Tillmann et al., 2006）和眶外侧皮层（Koelsch, Fritz, Schulze, Alsop, & Schlaug, 2005）。这些发现联合表明，未预期的音乐事件不仅能唤起音乐结构（例如语法）加工相关的反应，而且会唤起情绪反应。值得注意的是，对于句子中未预期的词，以及其他被知觉为或多或少有所预期的刺激，该结论可能依然适用。

大调–小调和愉快–悲伤音乐

几个功能性神经成像研究，使用大调和小调音乐探索了“愉快与悲伤”（Khalfa, Schon, Anton, & Liégeois-Chauvel, 2005; Mitterschiffthaler et al., 2007）、“音乐美”（Suzuki et al., 2008）或者“喜爱”（Green et al., 2008）。然而，这些研究并未产出一致结果，除了有两项研究（Green et al., 2008; Khalfa et al., 2005）指出小调音乐与大调音乐相比，可能更能激活前部额内侧皮层（BA10m/9m）。这些研究存在的问题包括：（1）不同的被试群体：例如一项研究仅有男性被试（Suzuki et al., 2008），而另一项研究包含8名男性和5名女性被试（Khalfa et al., 2005）；（2）解释不系统：例如播放“美丽大调”音乐期间纹状体区rCBF降低，播放“美丽小调”音乐期间纹状体区rCBF增加，播放“丑陋大调”音乐期间纹状体区rCBF增加，播放“丑陋小调”音乐期间纹状体区rCBF降低（Suzuki et al., 2008）；（3）一方面使用“真实演奏”（Khalfa et al., 2005; Mitterschiffthaler et al., 2007），另一方面使用没有音乐表达的旋律（Green et al., 2008）或者和弦（Mizuno & Sugishita, 2007; Suzuki et al., 2008）；（4）使用不同任务：询问被试“有多么喜欢”（Green et al., 2008），“评价和弦序列的美感”（Suzuki et al., 2008），“从悲伤到愉快评价心境状态”（Mitterschiffthaler et al., 2007），或者“从悲伤到愉快判断音乐所表征的情绪”（Khalfa et al., 2005）。

而且，尽管一些研究旨在从节奏和音色方面匹配大调和小调刺激（Green et al., 2008; Mizuno & Sugishita, 2007; Suzuki et al., 2008），但是在其他一些研究中，幸福和悲伤刺激的声学和音乐特征差异很大（例如，“愉快的”音乐片段与“悲伤的”音乐片段相比，具有较快节奏; Khalfa et al., 2005; Mitterschiffthaler et al., 2007）。因此，关于愉快和悲伤的神经关联、大调和小调声调特征如何影响愉快和悲伤相关的情绪效应，以及这些效应如何与音乐演奏和文化经验相关联，需要未来研究提供更多信息。

音乐唤起情绪的电生理效应

该部分简要综述音乐和情绪的电生理研究。目前仅有少量EEG研究（Altenmüller, Schürmann, Lim, & Parlitz, 2002; Baumgartner, Esslen, & Jäncke, 2006; Sammler et al., 2007; Schmidt & Trainor, 2001）对该问题进行了探索（至今仍缺乏使用脑磁图的音乐和情绪研究）。所有研究都探索了效价维度：比较了愉快音乐与不愉快音乐的效应。施密特（Schmidt）和特雷纳（Trainor）（2001）以及埃尔顿穆勒（Altenmüller）等（2002）报告，对于具有积极效价的音乐，左侧额叶神经活动比右侧更强（具有消极效价的音乐呈现相反的半球权重）。其中一项研究（Altenmüller et al., 2002）测量了直流EEG，而另一项研究（Schmidt & Trainor, 2001）测量了 α 波段的振荡性神经活动。

然而，鲍姆加特纳、艾斯利（Esslen）和杰卡克（Jäncke）（2006）以及扎姆勒（Sammler）等（2007）的研究未观察到该效应。相反，鲍姆加特纳及其同事（2006）报告，相对于悲伤和恐怖音乐（结合悲伤和恐怖图片），愉快音乐（结合愉快图片）的双侧 α 功率增加，扎姆勒等（2007）未发现在愉悦音乐和不愉悦音乐之间存在 α 波段（或者 α 频率范围的亚带）的任何差异。然而，后者（Sammler et al., 2007）报告，愉悦音乐刺激使额中线 θ 功率增高。他们认为该振荡活动增加反映了情绪加工与注意功能之间的相互联系，这种联系可能起源于背侧ACC。为了更深入地洞察音乐唤起情绪的电生理关联，需要进行进一步研究，解决该问题的最好方法是分析不同频带的振荡活动。

在情绪时间过程中研究音乐

音乐的另一个有趣属性是允许研究情绪加工的时间过程及其潜在的神经机制——该问题尚未引起科学研究关注。直观地说，嫌恶声音可能诱发快速的情绪反应（尽管此类声音的长时间持续可能增加不愉悦程度），而温柔情绪产生较慢。

克里姆汉斯（Krumhansl）（1997）的研究是探索情绪时间过程的少量心理生理学研究之一。该研究在被试聆听音乐片段（每段大约3分钟，每段各代表悲伤、恐惧或愉快）时，记录了其生理学指标（包括心脏、血管、皮肤电活动以及呼吸功能）。发现所记录的大部分生理反应和时间（从每段音乐开始以1秒间隔测量）之间存在显著相关。每种情绪类型的最强生理效应随着时间增加，表明知觉音乐片段期间情绪体验强度可能随着时间增强。有研究测量了音乐所致的心率和呼吸率变化，发现两种生理指标主要在音乐片段的前20秒内发生改变，然后保持相对稳定（Orini et al., 2010; 也见Lundqvist, Carlsson, Hilmersson, & Juslin, 2009）。也有研究表明，音乐所唤起的随时间发生的生理变化与情绪效价和唤醒有关（Grewe, Nagel, Kopiez, & Altenmüller, 2007a, b）。

以往的fMRI研究（Koelsch et al., 2006）也观察到情绪加工活动随时间变化。在该研究中，愉悦和不愉悦音乐片段大约长1分钟，数据建模时不仅包括了整段音乐，还分别包括了前30秒以及剩余30秒，以探索脑活动在不同时间的可能差异。检查前30秒和剩余30秒激活的差异时，发现杏仁核、海马旁回、颞极、脑岛以及腹侧纹状体的激活在音乐片段的第二部分更强，可能因为知觉愉悦和不愉悦音乐片段期间被试的情绪体验强度有所增加。

萨利姆波等（2011）使用fMRI和PET表明了预期音乐战栗期间背侧纹状体的多巴胺能活动，以及战栗体验期间腹侧纹状体的多巴胺能活动。背侧纹状体激活与未预期（音乐–句法不规则）和弦功能所引起的该结构激活一致（Koelsch, Fritz, & Schlaug, 2008），可能反映了不规则和弦唤起预期解决[①]（随后可能唤起腹侧纹状体活动）。

情绪加工的神经结构变得活跃或者不活跃的时间顺序信息尚不明确。需要注意的是，音乐是探索时间过程的理想刺激，因为音乐总是随时间展开（也见研究Blood & Zatorre, 2001，该研究所选的唤起战栗的音乐刺激长约90秒）。为了更好地理解该效应，使用音乐研究情绪加工的实验应当探索参与情绪加工的脑结构随时间活动变化的信息（例如分段分析数据）。情绪相关脑结构随时间活动变化的信息（例如一个结构的活动如何影响其他结构的活动），有助于深入洞察这些结构的功能意义。

结论

尽管情感神经科学领域的研究十分活跃，但是与情绪相关的多个脑区的不同作用尚未完全明确。该综述表明，音乐是获得这些知识的重要甚至必要工具。使用音乐研究许多积极和消极情绪以及混合情绪都存在特殊优势，未来音乐研究有助于探索不同情绪背后的神经网络，以及探索情绪的时间过程。到目前为止，音乐唤起情绪的不同心理机制的神经关联尚未明确，例如情绪感染、音乐预期或者音乐记忆。通过系统操纵这些过程确定它们的神经关联，可以获得特定知识。最后，未来研究可以通过确定什么音乐类型（考虑个体经验和偏好）最适宜刺激特定边缘和旁边缘脑结构（例如抑郁患者的海马或者帕金森患者的多巴胺能系统），从而进一步探寻音乐的治疗潜能。深入探索音乐唤起情绪的神经基础，也有助于将音乐更系统地应用于疾病治疗。

重点问题和未来方向

· 音乐唤起情绪背后的不同机制的神经关联是什么？本章已经概括了音乐唤起情绪的几条机制，但是很大程度上尚未知晓这些机制的神经关联。

· 混合情绪的神经关联是什么？因为音乐可能诱发“愉悦的悲伤”“迷人的恐惧”以及其他混合情绪，所以它是研究此类情绪的有趣工具。

· ACC在生物子系统同步中发挥什么作用？

① 指和弦从不和谐音进至和谐音。——编者注

功能神经成像研究联合外周-生理测量，也许能回答ACC是否参与同步化外周-生理唤醒、动作表达和可能的行为趋势。

· 海马活动所产生情绪的本质是什么？本章提出，海马的情绪活动与依恋相关情绪，以及享受、爱和愉快有关。然而该假设需要得到直接的实证检验。

· 如何运用音乐的情感唤醒力量治疗快感缺失相关的情感障碍，例如抑郁或者帕金森？目前，支持音乐在治疗抑郁方面具有有益效果的实证证据较少，并且这些潜在效果的神经关联尚未可知。该领域研究可能为音乐疗法的应用提供实证基础。探索音乐用途的一个方法是，研究接受音乐疗法的抑郁患者或者创伤后应激障碍患者的海马活动和海马体积。

参考文献

Altenmüller, E., Schürmann, K., Lim, V., & Parlitz, D. (2002). Hits to the left, flops to the right: Different emotions during listening to music are reflected in cortical lateralization patterns. *Neuropsychologia*, *40*(13), 2242–56.

Ball, T., Rahm, B., Eickhoff, S., Schulze-Bonhage, A., Speck, O., & Mutschler, I. (2007). Response properties of human amygdala subregions: Evidence based on functional MRI combined with probabilistic anatomical maps. *PLoS One*, *2*(3).

Baumgartner, T., Esslen, M., & Jäncke, L. (2006). From emotion perception to emotion experience: Emotions evoked by pictures and classical music. *International Journal of Psychophysiology*, *60*(1), 34–43.

Baumgartner, T., Lutz, K., Schmidt, C., & Jäncke, L. (2006). The emotional power of music: How music enhances the feeling of affective pictures. *Brain Research*, *1075*(1), 151–64.

Berridge, K., Robinson, T., & Aldridge, J. (2009). Dissecting components of reward: Liking, wanting, and learning. *Current Opinions in Pharmacology*, *9*(1), 65–73.

Bharucha, J., & Curtis, M. (2008). Affective spectra, synchronization, and motion: Aspects of the emotional response to music. *Behavioral & Brain Sciences*, *31*, 579.

Björklund, A., & Dunnett, S. (2007). Dopamine neuron systems in the brain: An update. *Trends in Neurosciences*, *30*(5), 194–202.

Blood, A., & Zatorre, R. (2001). Intensely pleasurable responses to music correlate with activity in brain regions implicated in reward and emotion. *Proceedings of the National Academy of Sciences*, *98*(20), 11818.

Blood, A. J., Zatorre, R., Bermudez, P., & Evans, A. C. (1999). Emotional responses to pleasant and unpleasant music correlate with activity in paralimbic brain regions. *Nature Neuroscience*, *2*(4), 382–7.

Bremner, J. (1999). Does stress damage the brain? *Biological Psychiatry*, *45*(7), 797–805.

Brown, S., Martinez, M., & Parsons, L. (2004). Passive music listening spontaneously engages limbic and paralimbic systems. *NeuroReport*, *15*(13), 2033–7.

Cole, M., Yeung, N., Freiwald, W., & Botvinick, M. (2009). Cingulate cortex: Diverging data from humans and monkeys. *Trends in Neurosciences*, *32*(11), 566–74.

Conard, N., Malina, M., & Münzel, S. (2009). New flutes document the earliest musical tradition in southwestern Germany. *Nature*, *460*(7256), 737–40.

Craig, A. (2009). How do you feel – now? The anterior insula and human awareness. *Nature Reviews Neuroscience*, *10*, 59–70.

Critchley, H. (2005). Neural mechanisms of autonomic, affective, and cognitive integration. *Journal of Comparative Neurology*, *493*(1), 154–66.

Critchley, H., Corfield, D., Chandler, M., Mathias, C., & Dolan, R. (2000). Cerebral correlates of autonomic cardiovascular arousal: A functional neuroimaging investigation in humans. *Journal of Physiology*, *523*(1), 259–70.

Dalgleish, T. (2004). The emotional brain. *Nature Reviews Neuroscience*, *5*(7), 583–9.

Dantzer, R., O'Connor, J., Freund, G., Johnson, R., & Kelley, K. (2008). From inflammation to sickness and depression: When the immune system subjugates the brain. *Nature Reviews Neuroscience*, *9*(1), 46–56.

Darwin, C. (1998). *The expression of emotion in man and animals. London: Murray*. (Original work published 1872)

Davies, J. (1978). *The psychology of music*. Stanford: Stanford University Press.

Dellacherie, D., Ehrlé, N., & Samson, S. (2008). Is the neutral condition relevant to study musical emotion in patients? *Music Perception*, *25*(4), 285–94.

Eldar, E., Ganor, O., Admon, R., Bleich, A., & Hendler, T.

(2007). Feeling the real world: Limbic response to music depends on related content. *Cerebral Cortex*, *7*(12), 2828–40.

Fritz, T., Jentschke, S., Gosselin, N., Sammler, D., Peretz, I., Turner, R., et al. (2009). Universal recognition of three basic emotions in music. *Current Biology*, *19*(7), 573–6.

Fritz, T., & Koelsch, S. (2005). Initial response to pleasant and unpleasant music: An fMRI study. *Neuroimage*, *26*.

Fritz, T., & Koelsch, S. (2008). The role of semantic association and emotional contagion for the induction of emotion with music. *Behavioral & Brain Sciences*, *31*, 579–80.

Gosselin, N., Peretz, I., Johnsen, E., & Adolphs, R. (2007). Amygdala damage impairs emotion recognition from music. *Neuropsychologia*, *45*(2), 236–44.

Gosselin, N., Peretz, I., Noulhiane, M., Hasboun, D., Beckett, C., Baulac, M., et al. (2005). Impaired recognition of scary music following unilateral temporal lobe excision. *Brain*, *128*(3), 628–40.

Gosselin, N., Samson, S., Adolphs, R., Noulhiane, M., Roy, M., Hasboun, D., et al. (2006). Emotional responses to unpleasant music correlates with damage to the parahippocampal cortex. *Brain*, *129*(10), 2585.

Green, A., Bærentsen, K., Stødkilde-Jørgensen, H., Wallentin, M., Roepstorff, A., & Vuust, P. (2008). Music in minor activates limbic structures: A relationship with dissonance? *Neuroreport*, *19*(7), 711–5.

Grewe, O., Nagel, F., Kopiez, R., & Altenmüller, E. (2007a). Emotions over time: Synchronicity and development of subjective, physiological, and facial affective reactions of music. *Emotion*, *7*(4), 774–88.

Grewe, O., Nagel, F., Kopiez, R., & Altenmüller, E. (2007b). Listening to music as a re-creative process: Physiological, psychological, and psychoacoustical correlates of chills and strong emotions. *Music Perception*, *24*(3), 297–314.

Griffiths, T., Warren, J., Dean, J., & Howard, D. (2004). "When the feeling's gone": A selective loss of musical emotion. *British Medical Journal*, *75*(2), 344.

Janata, P. (2009). The neural architecture of music-evoked autobiographical memories. *Cerebral Cortex*, *19*(11), 2579.

Juslin, P., & Laukka, P. (2003). Communication of emotions in vocal expression and music performance: Different channels, same code? *Psychological Bulletin*, *129*(5), 770–814.

Juslin, P., & Västfjäll, D. (2008). Emotional responses to music: The need to consider underlying mechanisms. *Behavioral and Brain Sciences*, *31*(05), 559–75.

Khalfa, S., Guye, M., Peretz, I., Chapon, F., Girard, N., Chauvel, P., et al. (2008). Evidence of lateralized anteromedial temporal structures involvement in musical emotion processing. *Neuropsychologia*, *46*(10), 2485–93.

Khalfa, S., Schon, D., Anton, J., & Liégeois-Chauvel, C. (2005). Brain regions involved in the recognition of happiness and sadness in music. *Neuroreport*, *16*(18), 1981–4.

Kimble, D., Rogers, L., & Hendrickson, C. (1967). Hippocampal lesions disrupt maternal, not sexual, behavior in the albino rat. *Journal of Comparative and Physiological Psychology*, *63*(3), 401–7.

Koelsch, S. (2009). A neuroscientific perspective on music therapy. *Annals of the New York Academy of Sciences*, *1169* (The Neurosciences and Music III Disorders and Plasticity), 374–84.

Koelsch, S. (2010). Towards a neural basis of music-evoked emotions. *Trends in Cognitive Sciences*, *14*(3), 131–7.

Koelsch, S., Fritz, T., Cramon, D., Müller, K., & Friederici, A. (2006). Investigating emotion with music: An fMRI study. *Human Brain Mapping*, *27*(3), 239–50.

Koelsch, S., Fritz, T., & Schlaug, G. (2008). Amygdala activity can be modulated by unexpected chord functions during music listening. *Neuroreport*, *19*(18), 1815–9.

Koelsch, S., Fritz, T., Schulze, K., Alsop, D., & Schlaug, G. (2005). Adults and children processing music: An fMRI study. *Neuroimage*, *25*(4), 1068–76.

Koelsch, S., Fuermetz, J., Sack, U., Bauer, K., Hohenadel, M., Wiegel, M., et al. (2011). Effects of music listening on cortisol levels and propofol consumption during spinal anesthesia. *Frontiers in Psychology*, *2*, 210.

Koelsch, S., Kilches, S., Steinbeis, N., & Schelinski, S. (2008). Effects of unexpected chords and of performer's expression on brain responses and electrodermal activity. *PLoS One*, *3*(7).

Koelsch, S., Offermanns, K., & Franzke, P. (2010). Music in the treatment of affective disorders: An exploratory investigation of a new method for music-therapeutic research. *Music Perception*, *27*(4), 307–16.

Koelsch, S., Remppis, A., Sammler, D., Jentschke, S., Mietchen, D., Fritz, T., et al. (2007). A cardiac signature of emotionality. *European Journal of Neuroscience*, *26*(11), 3328–38.

Koelsch, S., & Siebel, W. (2005). Towards a neural basis of music perception. *Trends in Cognitive Sciences*, *9*(12), 578–84.

Koelsch, S., Siebel, W. A., & Fritz, T. (2010). Functional neuroimaging. In P. Juslin & J. Sloboda (Eds.), *Handbook of music and emotion: Theory, research, applications* (2nd ed., pp. 313–46). Oxford: Oxford University Press Oxford.

Krumhansl, C. (1997). An exploratory study of musical emotions and psychophysiology. *Canadian Journal of Experimental Psychology*, *51*(4), 336–53.

LeDoux, J. (2007). The amygdala. *Current Biology*, *17*(20), R868.

Lerner, Y., Papo, D., Zhdanov, A., Belozersky, L., & Hendler, T. (2009). Eyes wide shut: Amygdala mediates eyes-closed effect on emotional experience with music. *PLoS One*, *4*(7), e6230.

Levinson, J. (1990). *Music and negative emotion*. Ithaca, NY: Cornell University Press.

Lundqvist, L., Carlsson, F., Hilmersson, P., & Juslin, P. (2009). Emotional responses to music: Experience, expression, and physiology. *Psychology of Music*, *37*(1), 61.

MacLean, P. (1990). *The triune brain in evolution: Role in paleocerebral functions*. New York: Plenum Press.

Matthews, B., Chang, C., De May, M., Engstrom, J., & Miller, B. (2009). Pleasurable emotional response to music: A case of neurodegenerative generalized auditory agnosia. *Neurocase*, *15*(3), 248–59.

Menon, V., & Levitin, D. (2005). The rewards of music listening: Response and physiological connectivity of the mesolimbic system. *Neuroimage*, *28*(1), 175–84.

Meyer, L. (1956). *Emotion and meaning in music*. Chicago: University of Chicago Press.

Mitterschiffthaler, M. T., Fu, C.H., Dalton, J. A., Andrew, C. M., & Williams, S. C. (2007). A functional MRI study of happy and sad affective states evoked by classical music. *Human Brain Mapping*, *28*, 1150–62.

Mizuno, T., & Sugishita, M. (2007). Neural correlates underlying perception of tonality-related emotional contents. *Neuroreport*, *18*(16), 1651–5.

Moors, A., & Kuppens, P. (2008). Distinguishing between two types of musical emotions and reconsidering the role of appraisal. *Behavioral & Brain Sciences*, *31*, 588–9.

Moscovitch, M., Nadel, L., Winocur, G., Gilboa, A., & Rosenbaum, R. (2006). The cognitive neuroscience of remote episodic, semantic and spatial memory. *Current Opinions in Neurobiology*, *16*(2), 179–90.

Mueller, K., Mildner, T., Fritz, T., Lepsien, J., Schwarzbauer, C., Schroeter, M., & Möller, H. (2011). Investigating brain response to music: A comparison of different fmri acquisition schemes. *Neuroimage*, *54*, 337–43.

Murray, E. (2007). The amygdala, reward and emotion. *Trends in Cognitive Sciences*, *11*(11), 489–97.

Mutschler, I., Schulze-Bonhage, A., Glauche, V., Demandt, E., Speck, O., & Ball, T. (2007). A rapid sound-action association effect in human insular cortex. *PLoS One*, *2*(2), e259.

Nadel, L. (2008). Hippocampus and context revisited. In S. Mizumori (Ed.), *Hippocampal place fields: Relevance to learning and memory* (pp. 3–15). New York: Oxford University Press.

Nicola, S. (2007). The nucleus accumbens as part of a basal ganglia action selection circuit. *Psychopharmacology*, *191*(3), 521–50.

Nieuwenhuys, R., Voogd, J., & Huijzen, C. V. (2008). *The human central nervous system*. Berlin: Springer.

Orini, M., Bailón, R., Enk, R., Koelsch, S., Mainardi, L., & Laguna, P. (2010). A method for continuously assessing the autonomic response to music-induced emotions through HRV analysis. *Medical and Biological Engineering and Computing*, *48*(5), 423–33.

Papez, J. (1937). A proposed mechanism of emotion. *Archives of Neurology and Psychiatry*, *38*(4), 725–43.

Papousek, M. (1996). Intuitive parenting: A hidden source of musical stimulation in infancy. *Musical Beginnings: Origins and Development of Musical Competence*, 88–112.

Perani, D., Saccuman, M., Scifo, P., Spada, D., Andreolli, G., Rovelli, R., et al. (2010). Functional specializations for music processing in the human newborn brain. *Proceedings of the National Academy of Sciences*, *107*(10), 4758.

Price, J. (2005). Free will versus survival: Brain systems that underlie intrinsic constraints on behavior. *Journal of Comparative Neurology*, *493*(1), 132–9.

Salimpoor, V., Benovoy, M., Larcher, K., Dagher, A., & Zatorre, R. (2011). Anatomically distinct dopamine release during anticipation and experience of peak emotion to music. *Nature Neuroscience*, *14*(2), 257–62.

Sammler, D., Grigutsch, M., Fritz, T., & Koelsch, S. (2007). Music and emotion: Electrophysiological correlates of the processing of pleasant and unpleasant music. *Psychophysiology*, *44*(2), 293–304.

Scherer, K. R. (2000). Emotions as episodes of subsystem synchronization driven by nonlinear appraisal processes. In M. Lewis & I. Granic (Eds.), *Emotion, development, and self-organization: Dynamic systems approaches to emotional development* (pp.70–99). Cambridge: Cambridge University Press.

Scherer, K. (2004). Which emotions can be induced by music? What are the underlying mechanisms? And how can we measure them? *Journal of New Music Research*, *33*(3), 239–51.

Schmidt, L., & Trainor, L. (2001). Frontal brain electrical activity (EEG) distinguishes valence and intensity of musical emotions. *Cognition & Emotion*, *15*(4), 487–500.

Siebel, W. A. (2009). Thalamic balance can be misunderstood as happiness. *Journal for Interdisciplinary Research*, *3*, 48–50.

Sloboda, J. A. (1991). Music structure and emotional response: Some empirical findings. *Psychology of Music*, *19*, 110–20.

Sloboda, J. A. (1992). Empirical studies of emotional response to music. In M. Jones & S. Holleran (Eds.), *Cognitive bases of musical communication* (pp. 33–46). Washington: American Psychological Association.

Stein, M., Koverola, C., Hanna, C., Torchia, M., & McClarty, B. (1997). Hippocampal volume in women victimized by childhood sexual abuse. *Psychological Medicine*, *27*(4), 951–9.

Steinbeis, N., Koelsch, S., & Sloboda, J. (2006). The role of harmonic expectancy violations in musical emotions: Evidence from subjective, physiological, and neural responses. *Journal of Cognitive Neuroscience*, *18*(8), 1380–93.

Stewart, L., von Kriegstein, K., Warren, J., & Griffiths, T. (2006). Music and the brain: Disorders of musical listening. *Brain*, *129*(10), 2533–53.

Suzuki, M., Okamura, N., Kawachi, Y., Tashiro, M., Arao, H., Hoshishiba, T., et al. (2008). Discrete cortical regions associated with the musical beauty of major and minor chords. *Cognitive*, *Affective & Behavioral Neuroscience*, *8*(2), 126–31.

Tillmann, B., Koelsch, S., Escoffier, N., Bigand, E., Lalitte, P., Friederici, A., et al. (2006). Cognitive priming in sung and instrumental music: Activation of inferior frontal cortex. *Neuroimage*, *31*(4), 1771–82.

Trehub, S., Unyk, A., & Trainor, L. (1993). Adults identify infant-directed music across cultures. *Infant Behavior and Development*, *16*(2), 193–211.

Videbech, P., & Ravnkilde, B. (2004). Hippocampal volume and depression: A meta-analysis of MRI studies. *American Journal of Psychiatry*, *161*(11), 1957.

Warner-Schmidt, J., & Duman, R. (2006). Hippocampal neurogenesis: Opposing effects of stress and antidepressant treatment. *Hippocampus*, *16*(3), 239–49.

Zentner, M., Grandjean, D., & Scherer, K. (2008). Emotions evoked by the sound of music: Characterization, classification, and measurement. *Emotion*, *8*(4), 494–521.

第13章

情书与恐吓信：情绪语言内容的脑加工

乔安娜·凯斯勒（Johanna Kissler）

语言作为情绪的符号系统

人类是善用象征符号的物种。我们使用语言交流，这显然是其他物种所不具备的手段。尽管我们和其他动物共享非言语交流，而且呈现进化连续性，但是人类语言的产生和指称特征似乎是独特的。人类语言是关于世界的，而不像摄影和视觉艺术的图片渲染，语言符号和所指代对象的映射是任意的。符号和其含义之间没有清晰的物理联系，也许例外情况是口语的拟声词——模拟指定活动的声音所形成的词，比如嘘声、嗡嗡声、砰砰声或者叮当声，其加工可能与韵律加工有关。除此之外，人类语言符号和含义的映射是任意的，任何符号或者字母组合都可能表征物体、行动或者其他内容。因此，词义以及词汇或者句子的情绪意义要完全通过学习才能获得。该特性被用于支持以下论点：语言比其他情绪信号更缺少生理准备；由于缺乏明确的参照背景（正如实验室实验中常见的那样），相对于其他情绪诱发和交流手段，情绪语言可能是唤醒度更低的刺激。

然而，在实际生活中，人类语言提供了多样且有效的情绪诱发方法。尽管神经学个案报告表明情绪内容在语言中的特殊地位可追溯到19世纪，但是直到最近，情感神经科学研究才开始系统探讨语言的情绪内容加工（Hughlings Jackson, 1866）。本章综述人类语言中情绪内容加工的实证证据，整合总结现存成果，确定未来研究的新视角。

通常认为，情绪具有文化普遍性，很大程度上是天生且不断进化的“古老”的信号和激活系统，属于大脑的古老亚皮层部分。它们得到了系统设计以促进在关键情形下更好地生存（即传达和激发有关战斗、逃跑、哺乳、依恋和性行为的信号）。相反，一般来说，语言尤其是阅读和写作，表征人类历史相对新近的发展状况；在个体发展方面，语言似乎比基本情绪表达更晚，而后者在出生后几周内出现（Meltzoff & Moore, 1983；也见第27章对情绪发展的回顾）。语言和情绪共享交流功能，但是语言的交流功能明显不限于情感交流。

静态语言拥有丰富的情感内容，情绪研究中富有影响的方法，已经通过分析书面语言提取了情绪的基本维度（Russell, 2003；见第1章）。奥斯古德（Osgood）及其同事采用“语言差别”技术，首次从实证角度表明，词汇的情感内涵是由三个主要维度决定的：评价或者效价（积极—消极）、激活度或者唤醒度（平静—活动/唤醒）和强度（弱—强）。语义差别技术通过七点评分决定了词汇的评价性内涵，包括反义词对，例如热—冷、软—硬、高兴—悲伤等。通过大样本数据对许多词汇评价进行因素分析，揭示了三维评价空间。该结构在跨文化背景中被多次验证（Osgood, Miron, & May, 1975）。奥斯古德提出的主要维度是情感环状理论的核心（Russell, 2003）；该理论通常只涉及两个主要维度——唤醒度和效价，用其解释大部分变异（Bradley & Lang, 1994）。依托该方法产生了大量情感神经科学研究，部分研究将在后文提到。

一项研究调查了情绪语言的维度，确定了情绪的四个基本维度：效价、强度、唤醒度以及预测度（Fontaine, Scherer, Roesch, & Ellsworth, 2007）。然而，四个维度的神经机制还没有得到探索。与之类似，尽管新兴实验证据一致认为，与不同种类情绪相关的语言诱发了不同的脑活动，但是当前流行的其他情绪分类理论还没有激发出语言相关的研究（见后文讨论）。

情绪加工的脑半球非对称性研究，在神经心理学领域有着很久远的传统。特别是对脑损伤患者的研究，经常用来验证关于情绪加工半球单侧化的两个竞争理论。“右脑”假说认为，大脑右半球支配情绪刺激加工（Borod et al., 1998）。而“效价”假说认为：左半球（尤其前额叶）负责积极刺激加工，右半球（同样假定是前额叶）主要涉及消极刺激加工（Davidson & Irwin, 1999）。情绪语言可能是这些半球单侧化理论的一种特别有趣的测试途径，因为右利手人群的核心语言区主要位于左半球。关于情绪语言加工单侧化的详细研究集中在情感韵律方面（见本书第11章），大量证据表明，大脑右半球主要提取口头语言中编码情绪调整的超音段、低频率方面的内容。右半球在情绪语义方面是否发挥特殊作用，是一个相当具有理论意义的问题，因为总体上它对语义系统具有组织的意义。语义系统多大程度上以分布式方式组织，还是包括专门编码情绪语义的右半球区域？情绪多大程度上发挥了主要的调整作用，以改变左半球语义系统的刺激通达性？

在不同方法学所产生的实证框架下，学界对这些问题展开了讨论。很显然，理论思考影响刺激选择策略，反过来也影响实验结果，致使难以跨研究进行概括。例如，检验“右脑”假说时，有时比较了情绪语言和中性语言，但没有进一步区分效价。有时仅比较了消极和中性刺激，而没有提到情绪的其他维度，例如唤醒度，或者比较了消极效价和积极效价语言，而未考虑刺激强度（唤醒度）。而且，比较情绪因素时，其他非情绪变量，例如词长、词频等应当保持恒定，而现有研究并不总是如此（对情绪语言加工的刺激选择效应的详细综述，见Kissler, Assadollahi, & Herbert, 2006）。

在情绪语言加工方面，情绪和语言脑网络如何交互作用？一些理论认为，语言表达存储在语义网络中，包括语言、语用，以及情绪内涵等所有方面的连接。例如，“炸弹”一词表征的不仅是物体本身，而且包括连接到它的语言特征、现实运用、目标和后果，以及情绪评估（Lang, 1979）。神经语言学（Pulvermüller, 1999）和认知语义学（Barsalou, 2008）科学家认为：关于词汇的所有信息都被假设存储在动态网络中。图13.1描绘了一次情绪事件的动态网络，表明了刺激知觉如何与表征刺激及其相关反应的语义编码交互作用。

图13.2描绘了实现语言和情绪语义编码及其交互作用的神经模型。尽管语言网络的核心单元位于左半球的外侧裂——初级语言加工的脑区，

但是表征词汇不同方面的子网络被单独激活。流行的观点认为，语义系统以模式方式被表征在大脑，意味着神经组织反映了输入和输出模式以及属性的组织。例如，皮层组织功能分区所反映的语义系统功能反复表明，动词与视知觉和不同类型动作相关。普弗穆勒（Pulvermüller）及其同事（2010）研究四肢（或者身体）运动有关动词后表明，动词的指代含义与运动和前运动皮层的躯体拓扑激活有关（参见Pulvermüller & Fadiga, 2010）。这些共同激活模式可能反映了个体学习历史，即意义的符号表征通过躯体运动和描述性言语模式的反复共同激活而获得。例如，孩子跳跃的同时听到抚养者说"跳"。在书面语言习得中，这种语音编码后来被映射到了视觉词形式上（Perfetti & Sandak, 2000）。

类似地，对于情绪概念，朗、格林沃德（Greenwald）、布里德利和哈姆（Hamm）（1993）认为，不只相关语义和动作，情绪特异的生理反应信息也在这些关联网络中被共同激活。因此，核心语言加工区域的激活，和加工相关情绪的神经环路一起，表征语言的情绪显著性（见Cato-Jackson & Crosson, 2006）。由边缘系统和前额叶的特定结构组成的"情绪脑"预期卷入其中。在功能神经成像研究中，应明显看到这些脑区的激活，而且这些脑区损伤会导致特定缺陷。如果边缘系统在情绪语言加工中被激活，那么关于激活状态的一个问题在于：它们是表达意义的组成部分，还是它们由次级加工导致？

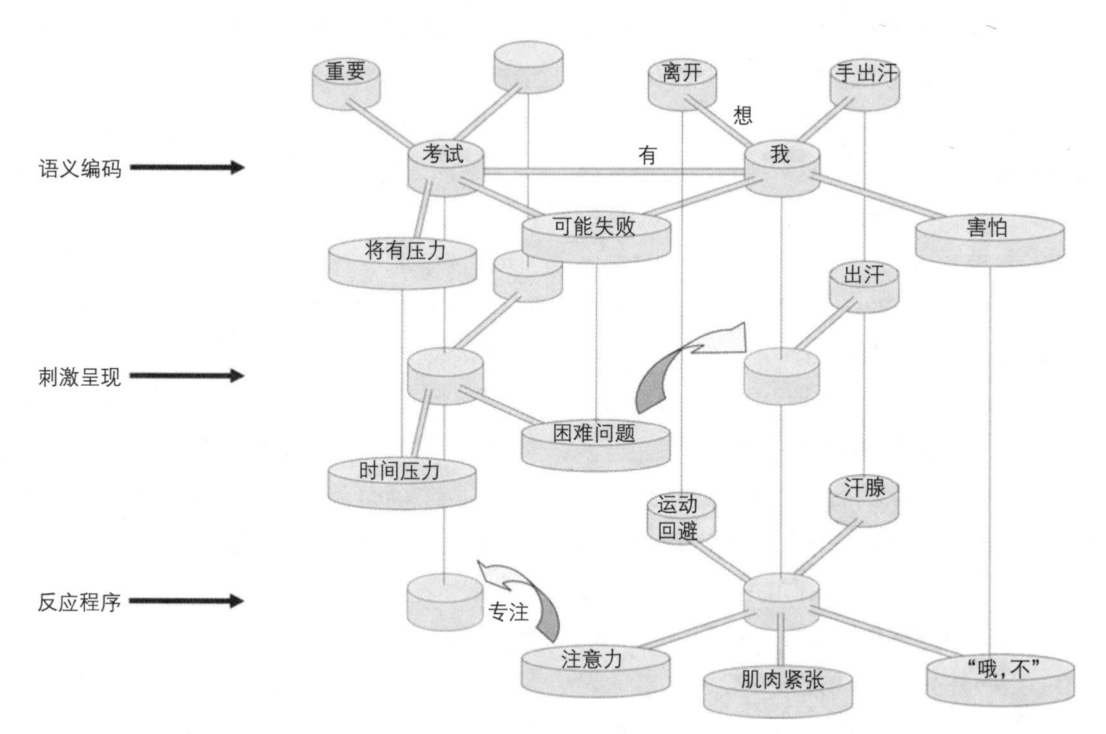

图13.1 复杂情绪场景（考试场景）的多层次关联网络表征图。该图展现了在动态情绪加工中知觉系统、语义系统和反应系统如何相互联系。该系统任何一个层次的激活都将扩散到其他子系统。转载自凯斯勒等（2006）

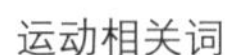

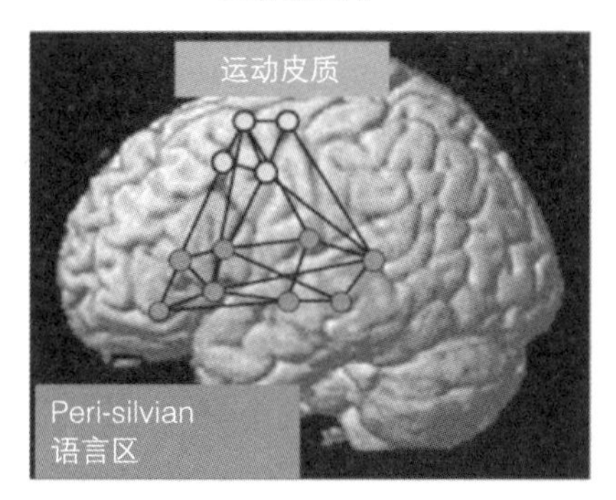

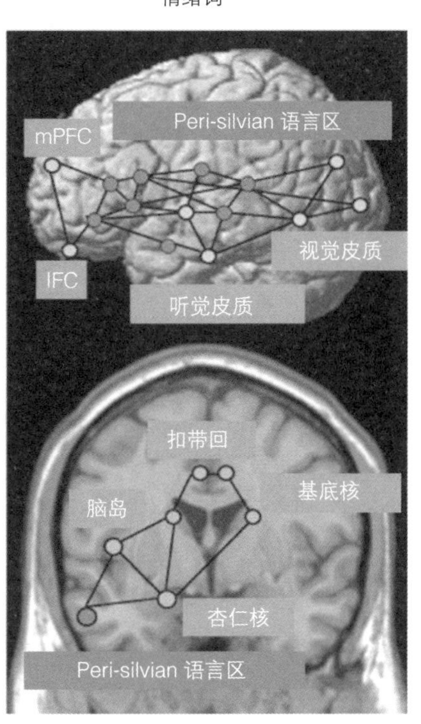

图 13.2　语言意义在神经网络的分布式表征。词义加工以模式方式激活了左半球外侧裂的语言区和相关的知觉与运动系统。左图展示了运动相关词汇的神经表征（Pulvermüller, 1999；Pulvermüller & Fadiga, 2010）。右图展示了与情绪语言加工相关的脑区，包括次级感觉皮层、前额叶，尤其是边缘系统结构，以及经典语言区。深色节点表示经典语言区，浅色节点表示该网络的模块依赖性扩展，分别编码运动相关语言（左）或者情绪相关语言（右）的特定区域

围绕运动皮层激活在动作词加工期间的理论地位（如Hauk, Davis, Kerif, & Pulvermüller, 2008）的讨论，可追溯到双重编码理论（Paivio, 1991）和具身化（Barsalou, 2008）争议。双重编码理论认为，人类拥有象征性地以及知觉性地存储和提取符号信息的能力。关于符号语言系统，概念相关知觉信息在多大程度上是概念的必要部分、补充想象，或者甚至干扰概念本身，仍处于争论之中。就此，提出了半球非对称性。传统上左半球被视为符号加工的场所，右半球被视为知觉加工的场所。为了支持双重编码，高形象词有时被发现比抽象词更能激活右半球（Gazzaniga & Hillyard, 1971; Holcomb, Kounios, Anderson, & West, 1999）。类似地，“具身化”或者“扎根认识”理论认为，抽象语言概念植根于具身和情景化知识。人们拥有大量关于自己身体的知识，能在运动和情绪过程中体验身体生理变化，而且抽象语言概念被认为是伴随这些体验立即产生的，所以加工运动相关语言激活运动相关脑区，加工情绪相关语言激活情绪相关脑区。图13.2以示意图的方式解释了该观点，对比了运动相关语言的假设表征（左）和情绪语言加工（右）。所涉及脑区的证据在本章脑损伤和功能成像部分细述。

正如具体而形象的语言那样，右半球对情绪语义的特殊贡献也经常被探讨。是否有证据表明，右半球能够促进理解词语或句子的情绪显著

性（独立于韵律结构）？如果右半球在编码语言的情绪意义上发挥特殊作用，那么它的精确功能是什么？鉴于损伤影响理解语言的情绪成分的能力，右半球功能对于理解情绪语言很关键吗？或者右半球呈现的是相对倾向——可能是双编码的结果（Paivio, 1991），也许继发于情绪形象化？

心理语言学相当大的理论兴趣在于，探讨词汇-语义信息和情绪信息在加工进程中的时间整合。词汇或者话语的情绪内涵只有在词汇-语义得到完全分析后才能被激活吗？情绪显著性是否从属于其他词汇属性？作为语义的特殊层面，情绪意义是否跟其他词汇-语义属性同时被加工？或者对语言情绪特征的反应，是与其他语言特征分析交互作用，还是有时甚至先于其他语言特征的分析？关于神经事件的时程问题，最好使用具有毫秒级时间分辨率的电磁学设备测量脑活动（见第4章）。

在简述理论背景和所涉及的问题之后，下面将总结情绪语言加工神经机制的实验证据，该部分整合了情绪语言加工的解剖和功能脑知识，以及时间动态进程。损伤研究、fMRI以及电磁图（EEG）和脑磁图（MEG）等神经科学方法的贡献引人注目，研究结果的理论意义也十分突出。最后，确定了需要未来研究解决的重点问题。

情绪语言加工的损伤研究

脑损伤研究揭示了参与执行情感或者认知功能的关键脑区，特别当脑损伤影响到了甚至致使个体彻底丧失了特定功能时。然而，该部分证据没有表明，这些损伤脑区是唯一甚至主要参与正常功能的脑区。而且，脑损伤大小常常有所不同，阻碍了脑结构-功能的精准映射。虽然如此，脑损伤研究仍有助于详尽描述对特定功能重要的脑区，当然，对于判断特定脑损伤后的预期缺陷范围，也具有重要的临床价值。

在情绪神经科学史上，流行的研究方法是关注左半球和右半球损伤对加工不同类型情绪刺激的相对作用，其中多数研究的目的是检验右半球假设和效价假设。早在19世纪60年代，约翰·休林斯·杰克森（John Hughlings Jackson）就发现，左半球严重损伤而导致严重广泛性失语症的患者，选择性保留了加工情绪语词（脏话）的能力（Jackson, 1866）。该发现得到了脑左半球切除术研究的支持（Smith, 1966）。据杰克森报告，患者手术之后首次说话的内容包括粗话和情绪言辞。相反地，布鲁姆（Bloom）及其同事发现，右半球损伤患者存在表达情绪性内容的缺陷（Bloom, Borod, Obler, & Gerstman, 1992）。

通过研究左侧脑损伤的失语症患者，兰蒂斯（Landis）、格雷福斯（Graves）和古德格拉斯（Goodglass）（1982）也发现，相对于中性词，患者在大声朗读或听写情绪词时成绩更好。使用半视野方法，以健康被试为控制组，格雷福斯、兰蒂斯和古德格拉斯（1981）确认情绪词呈现在右半球（左视野）时更有利，而且失语症患者也保持了该模式（Graves et al., 1981; Landis et al., 1982）。虽然健康被试的最优表现出现在情绪词呈现在左半球（右视野）时，但是数据也表明了右半球在情绪语言加工中的特殊作用：跨研究表明，情绪词的相对优势通常在右半球最大。

为了比较左右半球的参与程度，博罗德（Borod）及其同事执行了几项研究，探讨了单侧脑损伤患者的听觉识别和辨别以及情绪语言的口头表达。总的来说，这些研究发现，无论是单词还是句子（不考虑效价），相对于左半球损伤，右半球损伤后知觉和产生情绪语言的能力的减弱程度更大（例如Borod, Bloom, Brickman, Nakhutina, & Curko, 2002）。此外，左半球损伤后，情绪和非情绪语义受损程度大致相同；相对而言，右半球损伤后，情绪内容功能减弱程度更大，说明加工情绪语义是右半球的特定语言功能之一。

因此，右半球在加工情绪语言方面可能一般并无优势。更精准地说，可能右半球更专门化地保留了情绪语言的语言能力，而在加工非情绪语言方面存在不成比例的弱势。而且，右半球加工情绪语言的能力，可能局限于具体和相对较短的词语（Eviatar & Zaidel, 1991），这也许表明右半球在语言加工上的情绪优势可能利用了想象和双重编码。

布隆德（Blonder）等（1991）指出，右半球损伤患者的情绪内容缺陷具有主题特异性，即患者主要损伤了口头描述情绪韵律或者面孔表情的能力。韵律和面孔情感加工受损是右半球损伤患者所具有的主要加工缺陷（Kucharska-Pietura, Phillips, Gernand, & David, 2003）。因此，该发现对语义加工的一般组织很有意义，与经典语言区之外的领域特定语言缺陷的研究结果一致（Neininger & Pulvermüller, 2003）。然而，由于脑损伤研究中患者的数量通常很少（通常每组10人）且具有损伤异质性，所以对结果的详细分析和推断会很复杂。

因此，单侧化研究排除了左半球或右半球中的一个的特定区域对情绪语义加工存在作用的推断。基于理论，人们会预期额叶和边缘系统损伤显著影响情绪语言加工，而且基于更早证据，单侧化效应可能受到质疑。实际上，阿道夫斯及其同事（2000）在一项大样本（N=108）脑损伤成像研究中，采用面孔情绪识别的不同子成分任务，发现特定情绪命名受损——包括提取面孔表情的适当词汇标签——而不是知觉辨认，与额叶岛盖或者缘上回双侧损伤、右侧颞叶损伤存在相关。以往个案研究报告（Rapcsak, Comer, & Rubens, 1993），右颞叶与命名面孔表情（即成功提取面孔表情的词汇标签）的能力以及知觉完备性相关，尽管这些报告中可能存在非典型语言单侧化。

大量研究表明，杏仁核参与情绪知觉。在注意瞬脱任务中，单侧颞叶（包括杏仁核）切除患者没有表现出情绪词的识别优势（Anderson & Phelps, 2001）。左侧杏仁核对于提高情绪词而非场景的记忆能力发挥特定作用（Buchanan, Denburg, Tranel, & Adolphs, 2001）。左侧杏仁核在情绪语言知觉方面的特殊作用，也获得了功能成像研究和颅内记录支持（见后文讨论）。

已有研究证明，杏仁核激活受多巴胺输入调整（Takahashi et al., 2010）；另外，这种神经递质也参与加工情感和语言。特别地，以基底神经节的多巴胺耗尽为特征的帕金森病患者对情绪词的效价和唤醒度评估表现得“迟钝”（Hillier, Beversdorf, Raymer, Williamson, & Heilman, 2007）。跨不同输入通道，包括词汇-语义通道，帕金森病患者情绪识别的准确性降低（Paulmann & Pell, 2010）。基底神经节一般参与整合动态知觉输入，在句法（Kotz, Frisch, von Cramon, & Friederici, 2003）、语义（Lieberman, 2001）和韵律（Van Lancker Sidtis, Pachana, Cummings, & Sidtis, 2006）等语言加工中发挥特殊作用。保尔曼（Paulmann）等对基底神经节参与情绪言语加工进行了探究，发现左侧基底神经节损伤破坏了整合语义和韵律情绪信息的能力，尤其是与厌恶和恐惧相关的信息（Paulmann, Pell, & Kotz, 2009）。尽管这些数据并未解决这些结果是否特异于通过听觉通道或视频片段动态呈现的情绪这一问题，但是这些研究明确指出，选择性脑损伤可能导致识别和理解情绪语义的类别缺陷。沿着这些思路可以猜测，例如，脑岛损伤患者可能选择性损害厌恶相关词加工，因为脑岛加工身体信号的本体感觉，且似乎尤其有助于厌恶情绪的体验（Phillips et al., 1997）。的确，厌恶敏感性的个体差异会影响厌恶相关词的词汇决定反应时间（Silva, Montant, Ponz, & Ziegler, 2012）。

总之，脑损伤研究表明，右半球拥有加工特定情绪语义的能力。该能力代表的可能不是右半球比左半球拥有绝对优势，而是左半球损伤患者会利用右半球的相对倾向。因此，现有研究结果与右半球支配情绪的理论部分一致，但是不能为效价非对称提供确切依据。脑损伤研究表明，杏仁核至少参与情绪语言的视觉加工，而且现有证据表明左侧杏仁核特别重要。此外，多巴胺可用性影响情绪语言加工，基底神经节损伤和多巴胺耗尽似乎特别损害厌恶和恐惧等消极情绪的加工，尽管这些效应可能依赖感觉通道或局限于听觉通道。采用大样本的、依据更明确的损伤对患者进行区别处理的未来研究，也许可能揭示半球内或半球间情绪语言语义组织中更精细的或者甚至更明确的区分。

功能成像研究补充和拓展了脑损伤研究，对于理解情绪和语言的脑功能解剖做出了巨大贡献。下文将讨论这些研究。

情绪语言加工的血液动力学研究

与脑损伤研究相比，脑功能成像研究能够更细致洞察情绪语言加工的脑结构组织，因为其能提供健康脑功能成像。近年来，fMRI得到了最广泛的使用，流行程度超越了PET（更多细节见本书第5章），只有一项情绪语言研究采用了PET技术（Beauregard et al., 1997）。

与脑损伤研究不同，脑功能成像研究一般没有发现右半球在情绪语义加工中的重要作用。尽管发现了一些右半球活动，但是跨研究的一致结论是左半球具有活动优势。对情绪和中性内容语言的比较表明，对于情绪语言，活动增强发生在外侧颞叶和前额叶、部分扣带回，有时在杏仁核。最可能参与知觉和加工语言刺激的脑区是枕颞结构，例如梭状回，或者枕回（视觉刺激），或者拓展听觉皮层（声音刺激）。更可能参与语义加工本身的脑区包括角回、颞中回和颞下回，以及内侧前额叶皮层和额下回。这些脑区的活动调整没有呈现出模块依赖。更后部的脑区被假设用以存储大脑的语义信息，而额叶区域被假设涉及语义提取和词汇选择（参见Binder, Desai, Graves, & Conant, 2009）。总之，参与语言知觉和语义分析的脑区，对情绪语言输入反应增强。

情绪语言加工（Cato et al., 2004）以及一般语义加工（Binder et al., 2009）期间，后扣带回皮层压部活跃。然而，跨研究揭示该脑区的真正作用可能是充当语义和情节系统的交界面，在扫描期间帮助进行刺激的情节编码。因此，它在情绪语言加工期间的活动增强与随后更好地回忆情绪词有关（Maddock, Garrett, & Buonocore, 2003）。

致力于情绪刺激（包括情绪语言）加工的脑结构有眶额区和内侧额叶区、扣带皮层前部和膝下部、脑岛以及杏仁核。因此，相比中性语言，在加工情绪语言期间，额叶、颞叶和内侧结构的扩展网络得到了一致激活。

关于情绪语义脑组织的一个重要问题是，脑成像研究所观测到的激活，多大程度上代表分离的语义子系统对情绪的不同激活，或者大脑远距离情绪加工中心对统一语义库短暂调整的影响？艾莉森·卡特-杰克森（Allison Cato-Jackson）和布鲁斯·克劳森（Bruce Crosson）（2006）认为他们的三个关于情绪词加工的成像研究的结果呈现了一种分离的提取机制，情绪语义的不同“输出词汇表”一致激活了左侧额上皮层的主要部分。从概念上讲，关于情绪命名缺陷的前述损伤研究支持了该观点。

相反，情绪词诱发的外纹状体视觉区激活增强，与杏仁核活动增强同步或者相关，表明存在受杏仁核中介的放大加工，即所谓的重入加工（Herbert et al., 2009; Isenberg et al., 1999）。外纹状体区位于颞下回和枕叶的腹侧和外侧部分，对一个词的词法和语义敏感（Cohen et al., 2002）。因此，这些脑区可能代表着杏仁核所驱动的重入加工的目标区域。图13.3描绘了本课题组关于该加工过程的证据（Herbert et al., 2009）。该发现与非人灵长类动物的杏仁核和外纹状体皮层间存在双向调节连接一致，也获得了关于情绪词加工（Anderson & Phelps, 2001）和情绪面孔加工（Vuilleumier, Richardson, Armony, Driver, & Dolan, 2004）的人类脑损伤研究的支持。许多研究者支持以重入加工作为模型，解释面孔和图片在视觉皮层的感觉加工易化（深度综述和讨论见第14章），而且证据表明，重入加工也应用于情绪语言的视觉加工。因此，对于具有进化基础的以及习得情绪显著性的内容，视觉加工易化发生了。尽管情绪知觉的重入加工与杏仁核最广泛相关，但是调节放大的脑区间交互作用可能在大脑中更广泛。例如，对于情绪图片加工，重入放大机制在顶枕网络中得到了证明（Keil et al., 2009）。

短暂的放大机制和暂时稳定的不同语义组织可能导致大脑对情绪语言的差别加工。自然地，

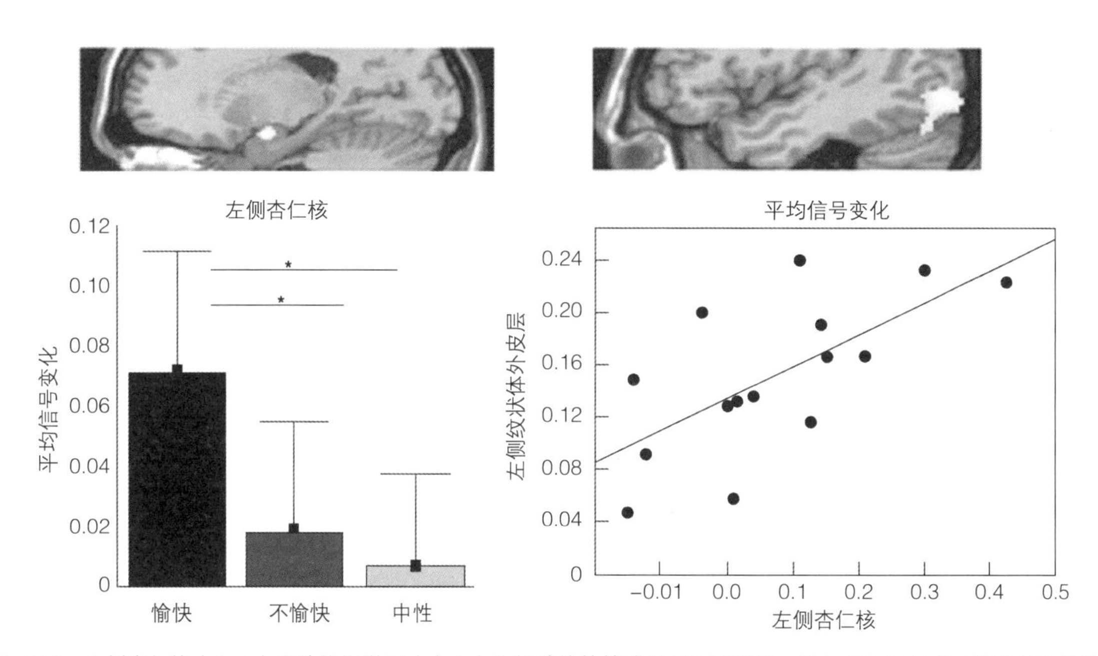

图13.3　左侧杏仁核（左上）和外纹视觉区（右上）在阅读愉快情绪词时fMRI激活。杏仁核与视觉皮层激活存在相关，支持以下观点：杏仁核通过反向投射放大广泛刺激的视觉加工，包括情绪的符号语言表征。转载自赫伯特（Herbert）等（2009）

实验任务在决定机制中发挥重要作用，而且可能解释某些跨研究激活差异。

需要主动提取情绪词或者外显评价词汇的研究发现，尤其是左侧额叶激活，通常发生在眶额区和额叶喙部（参见Cato-Jackson & Crosson, 2006）。库兴克（Kuchinke）等（2005）也发现了类似模式，即情绪词确实诱发了眶额和额下回的特定活动。眶额活动被认为主要标示着刺激评价，而额下回主要在语义提取时激活。而且很多研究也支持后扣带回激活的结论，该区被认为中介情绪相关的情景记忆增强（Maddock et al., 2003）。

情绪词加工的几个脑成像研究报告，相对于中性词，情绪词加工激活了背外侧前额叶、内侧前额叶和中颞脑区，但是没有发现杏仁核激活（例如Kuchinke et al., 2005）。这些研究经常使用“主动任务”，即明确要求被试根据词的情绪、词法或语义分类或者提取词。虽然注意通常促进情绪知觉，但是具有认知需求的实验任务涉及更高级的控制加工，可以减轻刺激驱动的知觉加工，从而使杏仁核激活衰减（Pessoa, McKenna, Gutierrez, & Ungerleider, 2002）。还有研究表明，当被试对恐惧或者中性面孔执行性别辨别，或者对重叠于面孔上的词进行判断时，任务需求和情绪刺激内容会发生交互作用。尽管在性别辨别任务方面，任务无关的恐惧表情导致杏仁核激活增强，但是被试执行语言任务时激活大大衰减。同时，随着实验任务难度增加，内侧前额叶和感觉皮层活动减少，背侧前额叶和顶叶皮层激活增强（Mitchell et al., 2007）。这项研究为任务无关的情绪刺激属性影响认知加工，以及认知负荷调整情绪刺激的脑反应提供了证据。

同样，对于是否存在效价特异性激活，或者激活是否反映情绪空间更精细、更明确的细分仍有争论。几项研究专门探讨了情绪词加工期间，与效价和唤醒度相关的脑激活。肯辛格（Kensinger）和沙克特（Schacter）使用非评价任务时发现，左侧杏仁核、背内侧额叶皮层和腹内侧前额叶皮层对刺激唤醒度产生反应（Kensinger & Schacter, 2006）。效价特异效应被确定出现在额叶皮层，左侧腹外侧（额下）前额叶皮层特别对消极刺激产生反应。该研究确定唤醒度效应出现于靠近颞极和颞顶交界处。而且，效价效应被发现在颞上回，颞上回对于消极词比积极词激活更强，而积极词更强地激活颞中回和梭状回。顶下皮层则偏好积极词汇。肯辛格和科金（Corkin）（2004）使用唤醒/无唤醒的积极/消极（同等效价）的实验材料，采用抽象以及具体决定任务，考察情绪性词汇的记忆效果，在左侧额下皮层和腹外侧前额叶皮层发现了效价特异效应，而杏仁核同时对唤醒词汇和高效价词汇反应（对情景记忆的情绪效应的深入讨论见本书第20章）。李维斯（Lewis）等探讨了词语的效价和唤醒度对大脑活动的分离和联合效应（Lewis, Critchley, Rotshtein, & Dolan, 2007）。他们让被试决定词语的自我参照，发现了外侧眶额皮层的效价敏感性。而且，效价特异效应被确定发生在脑岛和前扣带回。这与肯辛格和沙克特（2006）以及库兴克等（2005）的研究结果不同，后两者发现这些效价效应主要是右半球单侧化的，然而没有明显的积极—消极非对称性。唤醒度所诱发的活动被确定出现在左侧杏仁核、脑岛、基底节，这些结构内活动分布的差别在某种程度上取决于正性和负性词的唤醒度是否有所增加。

在效价或者唤醒度特异活动方面，一般经验是背侧额叶和眶额结构对词汇效价有反应，而杏仁核、脑岛和基底节对唤醒度更敏感。在

fMRI研究中，词语加工时左半球活动通常比右半球更多。然而，当考虑以下事实时，这种简单表象会变得复杂，即在这些脑结构内，至今没有明确描绘出编码不同情绪维度的子结构。例如，杏仁核有时对效价反应而不对唤醒度反应（Kensinger & Corkin, 2004），可能是因为杏仁核背侧区域对唤醒度反应，而腹侧区域对效价反应（Kim, Somerville, Johnstone, Alexander, & Whalen, 2003）。类似地，虽然前文所述证据表明基底节参与唤醒和/或消极刺激加工，但是基底节的多巴胺能伏隔核对奖赏或者愉快刺激产生了一致激活（Sabatinelli, Versace, Costa, Bradley, & Lang, 2006）。相似地，李维斯等（2007）确定脑岛尤其对词汇唤醒度产生反应，脑岛前部编码积极词汇的唤醒度，而后部对消极词汇的唤醒度产生反应。同时，脑岛也特异地参与厌恶体验以及非言语厌恶刺激的加工（Wicker et al., 2003）。

需要注意的是，大部分实验使用的情绪词分类很广，可能会掩盖更细致的差异，正如运动相关词和视觉相关词研究所表明的（Hauk et al., 2008）。实际上，最近研究发现，相比在唤醒度和效价方面都匹配的一般消极词，疼痛相关消极词加工诱发特定脑激活（Richter, Eck, Straube, Miltner, & Weiss, 2010）。有趣的是，该研究也表明巨大脑区激活的差异取决于词语是否被外显评价或者内隐加工。值得注意的是，额叶激活在内隐加工时衰减明显。这不禁让人回想起那些采用“被动任务”（例如阅读）的情绪词研究，它们发现的主要是唤醒度驱动的知觉放大效应，但是基于效价评价的证据很少。

在所有研究中，积极词和消极词对大脑活动的相对影响还有些含糊不清。当控制唤醒度后，许多研究发现正负效价的脑激活相对对称，但是一些研究称消极刺激的影响更大，而其他研究则揭示积极信息影响更大。该非对称性被认为可能源自普遍的（Fredrickson, 2001）、自我参照（Fossati et al., 2003）或者心境一致（Herbert et al., 2009）方面的加工偏差或语义网络中积极和消极材料的内部结构差异（Ashby, Isen, & Turken, 1999; Kuchinke et al., 2005）。另外，评价理论提出了情绪网络的动态调整观点（Sander, Grandjean, & Scherer, 2005; 也见本书第1章）。评价理论认为，情绪加工取决于一连串刺激–评估检查：情境和个人相关性检查被认为确定了刺激是否会诱发情绪反应和会导致何种反应。尽管缺乏更具体的证据，但是该理论能够解释情绪刺激反应的实证变异性，已作为论据越来越多地出现在文献中。

总之，情绪词加工的脑功能成像研究描绘了视听知觉脑区、外侧裂语言区、边缘和额叶区结构的激活网络。虽然也发现了右半球活动，但是活动主要表现为左半球单侧化。这些活动部分反映了情绪相关加工增强，其中一些似乎由杏仁核驱动。效价依赖激活主要集中在前额叶脑结构中，但是也在脑岛和扣带回被观察到。关于情绪语言加工，迄今尚无脑成像研究结果支持效价假设，即效价依赖半球非对称性。到目前为止，实际上没有研究在情绪词加工中考察类别特异激活，这似乎是未来研究富有前景的方向。

根据fMRI或者PET的空间分辨率确定情绪词加工的类别特异激活，可能有点复杂。虽然这类方法比脑损伤更精确，但是与细胞神经科学方法相比，仍然非常粗糙。而且，所测量的活动被整合在几秒钟内，可能掩盖了更短暂或者更弱的局部活动。最后，脑成像和脑损伤研究都没有提供情绪语言加工的时间动态信息，事实上，不同加工可能发生在不同的时域加工阶段。情绪语言加工的时间动态将在下面一部分讨论。

情绪语言加工的时间动态——EEG/MEG研究

脑电图（EEG）和脑磁图（MEG）技术最适合用于确定情绪和认知加工脑活动的时间进程（见第4章）。而且，使用足够密集的电极点，能够估计所测量活动的脑源，尽管源重建从来不是完全精确的。关于情绪语言加工，事件相关电位（ERP）一直是主流的研究方法。ERP和稳态视觉诱发电位（ssVEP）被用于测量刺激呈现所诱发的皮层活动。在情绪语言加工的ssVEP研究中，偶尔会使用时频分析评价刺激所诱发的活动，但是该方法还没有得到充分利用。

情绪语义的电生理研究，通常关注情绪与中性刺激所诱发脑反应存在差异的时间阶段，试图将它们与已知的认知功能阶段，尤其是语言加工阶段联系起来。

有些研究也通过评估中性语言和情绪语言所唤起的活动是否存在地形图差异来指示分离的产生源，从而考察单侧化效应。两个ERP研究使用半视野范式，探讨了情绪词加工的单侧化。奥缇格（Ortigue）及其同事（2004）发现，当情绪词呈现在右侧视野时，被试表现最好。然而，与前文所述行为研究一致，情绪词相对于中性词的优势在呈现于左半视野时最显著。电生理结果显示，情绪词在刺激呈现后100—140 ms诱发更大的后部激活，溯源分析揭示该效应产生在双侧——但是主要在右侧视觉皮层。

这些结果与右半球具有情绪词加工相对优势的观点一致。然而，尽管凯斯克（Kanske）和科特兹（Kotz）（2007）确定了情绪词加工的行为和神经生理促进作用，但是他们没有提供右半球特异参与的证据。同样地，另外两个研究使用EEG溯源分析发现，情绪和中性条件下的皮层差异主要发生在左侧颞枕源，尽管这两个研究没有使用半视野范式（Hofmann, Kuchinke, Tamm, Vo, & Jacobs, 2009; Kissler, Herbert, Peyk, & Junghöfer, 2007）。

该领域的许多ERP研究试图确定语言加工的情绪调整速度。甚至在早期ERP研究中，情绪词已被用作影响视觉诱发电位的强有力刺激。在最早的一项研究中，里夫史特兹（Lifshitz）使用视觉检查后没有发现情绪词与中性词之间显著的ERP差异（Lifshitz, 1966）。本格雷特（Begleiter）和普拉特兹（Platz）可能首次定量探讨了情绪内容对视觉ERP的影响，发现消极“禁忌词”与中性词在刺激呈现后200 ms存在脑电差异（Begleiter & Platz, 1969）。迄今为止，大量证据表明，词语加工时情绪内容影响视觉ERP。这些影响分为两类：早期效应（即刺激呈现后的300 ms内）和晚期效应（即300 ms后）。早期效应通常反映为早期后部负波（early posterior negativity, EPN），大约在200 ms出现（Kissler et al., 2007; Schacht & Sommer, 2009; Scott, O'Donnell, Leuthold, & Sereno, 2009）。情绪刺激和中性刺激的EPN被许多刺激所确定（Junghöfer, Bradley, Elbert, & Lang, 2001），包括面孔、场景、手势甚至商品（参见Schupp, Flaisch, Stockburger, & Junghöfer, 2006）。这些结果均表明，对于有进化基础的情绪显著刺激，以及通过学习获得情绪显著性的刺激，其视觉加工存在领域一般性放大机制（情绪面孔加工的相关解释见本书第14章）。图13.4描述了默读任务的该效应。

刺激呈现后300 ms内的情绪内容所驱动的

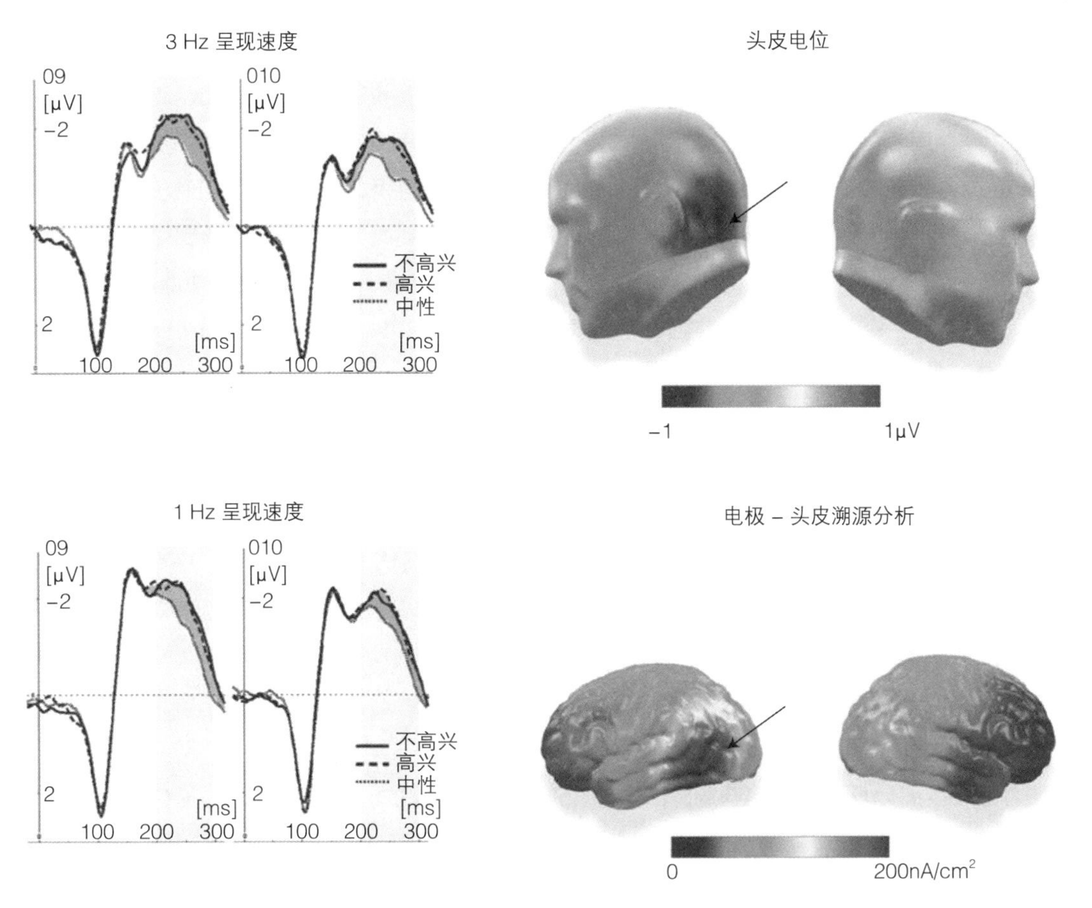

图13.4 左图：阅读情绪唤起名词时，ERP波幅比中性词条件下更大。这种波幅放大在多种刺激呈现频率中均有发现（左上，3 Hz；左下，1 Hz），表现为在刺激呈现后250 ms左右出现负波（EPN）。它主要分布在左半球的颞枕头皮（见右上箭头所指）。该活动源主要定位在左侧顶颞皮层区域（见右下箭头所指）。转载自凯斯勒等人（2007）。彩色版本请扫描附录二维码查看

ERP调整，得到了众多研究支持，也表现为P2，有时甚至是N1或者P1成分。在健康组（Begleiter & Platz, 1969; Herbert, Junghöfer, & Kissler, 2008; Ortigue et al., 2004）和临床组（Pauli, Amrhein, Muhlberger, Dengler, & Wiedemann, 2005）中均发现了这些成分。这些早期成分不可能反映有意识刺激评价——它与刺激呈现300 ms后的ERP成分有关（Del Cul, Baillet, & Dehaene, 2007）。然而，刺激呈现后200 ms左右的ERP增强，与情绪能够增强早期词加工的词汇-语义分析的观点一致（Kissler et al., 2006），因为语义加工的早期ERP效应大约出现在250 ms（Hinojosa, Martin-Loeches, Munoz, Casado, & Pozo, 2004）。近期研究直接比较了反映在ssVEP的早期知觉增强和反映词汇-语义加工的EPN/P2，发现情绪词调节EPN/P2，而不影响前者，支持了该效应的词汇-语义轨迹（Trauer, Andersen, Kotz, & Müller, 2012）。

然而，许多研究指出，词汇加工的情绪依赖ERP差异甚至早在150 ms前就出现了（Hofmann et al., 2009; Scott et al., 2009; Skrandies, 1998）。这表明情绪内容加工有时候先于或者会绕过完整语义分析。有些研究也发现，阈下呈现时“未被

看见”的情绪词诱发非常早的ERP效应（Bernat, Bunce, & Shevrin, 2001）。其他结果表明，未被看见的非愉悦词诱发皮肤电反应更强（Silvert, Delplanque, Bouwalerh, Verpoort, & Sequeira, 2004）。纳卡什（Naccache）及其同事（2005）为亚皮层加工不可见情绪词提供了进一步证据，表明阈下呈现时威胁词比中性词在杏仁核诱发了更强场电位，但是时间窗口较晚（大约在词汇呈现后800 ms）。当阈下呈现时，情绪词的检测阈限低于中性词，尽管该研究没有揭示神经起源，但是也支持情绪内容阈下影响词语加工（Gaillard et al., 2006）。

对疾病相关刺激具有注意偏向的患者群体，在刺激呈现150 ms内情绪内容的ERP效应最常被报告，尽管该结果并不特异地来源于患者群体（Pauli et al., 2005）。疾病相关刺激的最早脑电反应，可能至少部分反映了对这些刺激的条件反应。厌恶条件化对词语加工的影响可在N100成分观察到（Montoya, Larbig, Pulvemüller, Flor, & Birbaumer, 1996），且简单几何模式的厌恶条件化甚至影响C1 ERP成分，即最早的初级视觉皮层反应（Stolarova, Keil, & Moratti, 2006）。最新数据支持了条件化加工在习得早期情绪词ERP中的作用，但是不特异于消极联结。沙哈特（Schacht）等（2012）的研究表明，通过操作性条件化程序建立汉字和赚钱之间的联结，非汉语阅读者在150 ms左右诱发了情绪效应。不管内在机制如何，大量ERP研究表明，对于不同实验设计、任务和被试群体，即使非常早期的脑电——反映前意识，有时反映前词汇加工——也能区分情绪词和非情绪词。

许多研究也发现，情绪内容影响词呈现后300 ms左右的电生理皮层活动。因此，至于早期效应，它们的任务依赖及其与所呈现刺激的效价或唤醒度的共变目前仍不清楚。尽管如此，相对于非常早期的效应，它们在词义对皮层反应的调整期内发生本身很平常。刺激呈现后300—400 ms，ERP迹象反映意识加工阶段，清晰地随着语义预期（Kutas & Federmeier, 2000）、任务相关性（Sutton, Tueting, Zubin, & John, 1967）和心理投入深度（Dien, Spencer, &Donchin, 2004）变化。因此，该时间窗口的ERP成分反映不同情绪内容的词汇间加工差异。如果把情绪内容看作词的语义方面，那么N400可能代表评估情绪效应的“经典”ERP候选成分。事实上，一些研究发现了情绪词的N400反应调整，即情绪词通常比中性词诱发更小的N400激活，意味着情绪促进语义整合（Herbert et al., 2008; Kiehl, Hare, McDonald, & Brink, 1999）。

尽管如此，关于情绪词调整N400的研究相当少，考虑到N400通常被认为是大脑语义加工的电生理指标，这可能部分反映了令人惊奇的研究者偏差。然而，N400反应反映的并不是词汇通达和语义加工本身，而是较大背景下的语义整合，该背景产生于对句子内容的预期或者实验中的其他背景限制（Kutas & Federmeier, 2000）。因此，在独词研究中，只有对情绪词内容产生强烈预期时，才会产生N400变化。启动研究或者在句子背景下创设情绪预期的实验，可以比独词研究更好地检验情绪语言内容对N400的调整。有些研究发现目标与先前句子的韵律语义（不）匹配时会引发N400变 化（Schirmer, Kotz, & Friederici, 2002; 见本书第26章）；而语义和句中韵律（不）匹配时会产生不同效应（Paulmann & Kotz, 2008）。心境可能作为N400效应的中介，影响语义整合难易度，以及对心境一致或者不一致信息的主观预期。菲德梅尔（Federmeier）等（2001）发现，轻微积极的心境促进语义加工。奇维拉（Chwilla）及其同事（2011）也发现了类似的心境效应。有趣的是，本课题组发现，在默读任务中N400波幅特异性地在积极词条件下有所减小，表明积极词比中性和消极词更容易被语义整合（Herbert et al., 2008），这可能是因为大部分健康学生被试都处于轻微积极的心境下（Diener & Diener, 1996）。因此，尽管相关论据不是非常丰富，但是许多研究表明，词汇的情绪内容和被试的情绪状态可能影响N400。

关于情绪内容影响语言加工的许多研究都关注了中央-顶叶区的晚期正电位（LPP），它出现在刺激呈现后500 ms左右。这些晚期顶叶正波反映注意分配和评价，能够预测随后的情节记忆（Dolcos & Cabeza, 2002），表明了其在编码中的功能角色。在情绪词加工过程中，LPP波幅增加被反复报告，但也有例外结果（Vanderploeg, Brown, & Marsh, 1987）。菲施勒（Fischler）和布里德利（Bradley）（2006）在进行一系列研究后发现，LPP对词汇唤醒度敏感，但是对效价不敏感，正负情绪词诱发的LPP波幅比中性词更大。而且，只有任务需要语义加工时，情绪内容诱发的LPP波幅才更大。例如，沙哈特和萨姆尔（Sommer）（2009）发现，刺激结构加工时，情绪刺激和中性刺激LPP差异减小甚至消失。

正如情绪神经科学的许多子领域的争论那样，词语加工的情绪效应在多大程度上依赖于资源和任务，还是它是（相对）自动化发生的，仍存在争论（深入探讨见本书第14和15章）。几项研究发现，在缺少明显指导语或者阈下呈现刺激时，情绪刺激比中性刺激诱发更大的ERP，支持了存在“无意识的”加工增强。然而，单是该研究结果并不能支持严格的自动化加工和竞争任务的完全不干扰性。为了发现EPN或者LPP情绪效应，似乎最起码需要使用词汇-语义加工(如单词阅读）任务，因为只涉及低水平知觉特征区分的简单任务不能诱发这两种脑电成分（Hinojosa, Mendez-Bertolo, & Pozo, 2010; Rellecke, Palazova, Sommer, & Schacht, 2011）。关于词汇决定的近期研究发现情绪效应一致发生在EPN/P2的时间窗口（从200 ms开始），即情绪效应伴随或者跟随词汇效应出现（Palazova, Mantwill, Sommer, & Schacht, 2011; Scott et al., 2009）。事实上，有研究表明，EPN效应是情绪词比中性词更快通达词汇的结果（Kissler & Herbert, 2012）。

关于词汇加工的情绪效应的自动化程度，有研究发现，语法决定任务不干扰情绪的EPN效应（Kissler, Herbert, Winkler, & Junghöfer, 2009），即使面对竞争任务，情绪效应也相当稳定。准确确定竞争任务的最小干扰程度是未来研究的方向。当然，特定竞争任务的不干扰性可能无法推广到其他任务，这为未来研究提出了进一步挑战。

情绪词的LPP增强效应，在语义刺激加工，尤其是情绪评价中最为常见。在刺激的结构加工过程中，情绪和非情绪词的LPP差异减小甚至消失；词汇决定任务的LPP效应比评价决定显著降低（Fischler & Bradley, 2006; Schacht & Sommer, 2009）。近期，在语法决定任务中，虽然在LPP上没有发现基本任务和情绪加工之间的显著干扰（Kissler et al., 2009），但是情绪效应明显比任务效应更小。在默读任务中，LPP效应也更弱，而且LPP反应模式不同于前面的EPN（Herbert et al., 2008），意味着LPP与EPN存在分离的潜在机制。到目前为止，结果表明在驱动情绪词EPN反应的过程中存在更高程度的自动化（Schacht &

Sommer, 2009）。这也受到最近两个情绪图片加工研究支持：科迪斯波蒂（Codispoti）及其同事发现LPP会对情绪内容产生习惯化，而EPN则不会（Codispoti, Mazzetti, & Bradley, 2009）；舒普（Schupp）及其同事发现，定向注意情绪内容增强LPP波幅，而基于初级特征的注意任务干扰削弱LPP波幅（Schupp et al., 2006）。

虽然近期研究已经探讨了定向注意在多大程度上干扰情绪面孔（Eimer & Holmes, 2007; 见本书第14章）、情绪图片（Schupp et al., 2006）以及情绪词（Kissler et al., 2009）加工的不同阶段，但是很少有研究探讨其他背景因素，例如心境、自我参照、人格变量。然而，操纵被试心境影响反映句法违背的P600波幅（Vissers et al., 2010），患者组对障碍相关词语的反应更快更显著，这些都支持了背景因素和个体差异的重要性。在健康被试中，积极形容词诱发更大的LPP可能是偶然结果。原因如下，具有情绪内涵的形容词通常描述情绪状态或者特质，例如愉快和恐惧，这可能诱发更多的自我参照加工，从而在更长时期投入更多资源。基于人格特质，这种自我参照加工可能导致对积极或者消极刺激的偏爱，而对健康年轻的大学生来说，可能就产生了对积极刺激的偏好。

如上所述，并不是所有情绪语言加工研究都分别评估或者报告了刺激唤醒度和效价，更别提其他潜在维度或者情绪类型。即使是报告了效价和唤醒度的研究，也不容易确定唤醒度和效价影响ERP的清晰模式。尽管非施勒和布里德利（2006）报告他们实验的所有效应都受唤醒度驱动，但是其他研究呈现了更可变的模式。实际上，行为和神经加工机制优势更频繁地体现在积极语言上（Herbert, Kissler, Junghöfer, Peyk, & Rockstroh, 2006; Hofmann et al., 2009; Schapkin, Gusev, & Kuhl, 2000）。莎普金（Schapkin）及其同事（2000）报告，在效价评定任务中，积极词比中性词和消极词诱发更大的LPP波幅（Schapkin et al., 2000）。赫伯特及其同事（2006）也使用评价任务发现了词汇唤醒度的更早期正波（P2, P3a），而积极形容词加工期间后期LPP选择性增强（见图13.5）。

被试在无外显加工指导语情况下阅读情绪形容词时，出现了类似的脑电反应模式，即最初由唤醒度驱动，随后由积极效价主导（Herbert et al., 2008）。该序列强调了前文所表明的情感加工在中早期和晚期ERP之间的功能差异。本课题组的几个研究表明，早期ERP例如EPN对刺激的唤醒度敏感，即对于令人愉快和不愉快的情绪唤醒词早期ERP增强。相比之下，在健康被试中，N400或者LLP等后期电位对积极唤醒刺激比中性刺激反应增强，而中性刺激和消极刺激之间没有差异。图13.5描述了早期唤醒度驱动、晚期效价驱动的反应序列。因为当描述状态和特质的形容词被用作刺激时该反应模式最清楚（Herbert et al., 2006, 2008），所以词汇所诱发的自我参照加工程度可能确定了LPP窗口的加工。

语言参照变化（例如“你的成功”和“我的成功”或者“你的恐惧”和“我的恐惧”）影响阅读期间早期和晚期情绪相关的ERP成分（Herbert, Herbert, Ethofer, & Pauli, 2011）。这也使该领域的研究朝更复杂的语言学和社会学设计方向上迈出了重要一步。此外，积极语言与消极语言的内部语义结构可能也导致效价特异性加工偏差（Hofmann et al., 2009; Kuchinke et al., 2005）。积极信息可能比消极信息被更好地整合在关联网络中，而且以更紧密的方式表征，从而促进了积极词加工。

总之，现有研究表明，在词汇呈现后200 ms左右，情绪词的视觉ERP反应比中性词更大。虽然唤醒度相同的积极词和消极词都诱发更强反应，但是在后期加工阶段积极内容影响更大。在不同时间加工阶段，效价和唤醒度对情绪语言所诱发的ERP的相对作用，还有待进一步探讨。类似地，现有ERP研究结果还不能确定哪个半球在情绪语言加工中处于主导地位。然而，现有结果与下列观点一致：最初刺激确认后，情绪内容会放大词法-语义词加工。这种增强作用可能通过外纹视觉

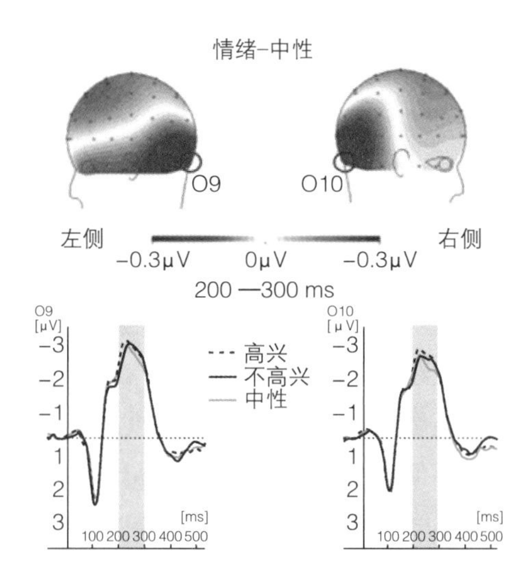

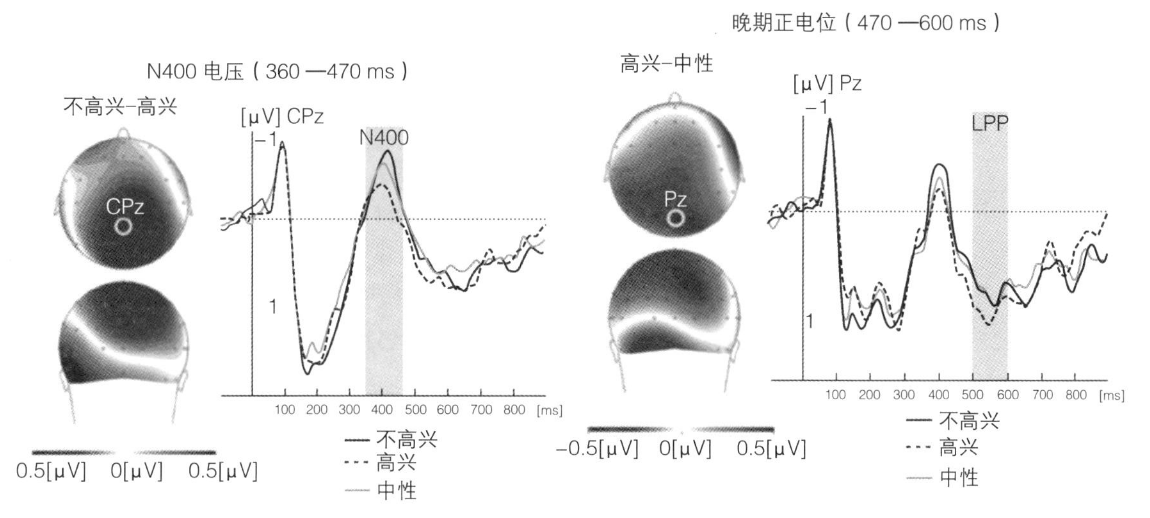

图13.5　评定中性和情绪形容词时不同时间窗口的事件相关脑电反应，显示了情绪唤醒词的初始注意增强。情绪词呈现后230 ms左右的P2和300—400 ms的P3对情绪唤醒词反应，而不管效价如何（上图：差异波地形图和Pz的ERP波形）。相比之下，积极词语比中性和消极词语诱发更大的晚期正成分，表明被试对积极刺激有更强的精细加工（左下：差异波地形图和顶叶电极的ERP）。数据表明，尽管积极词和消极词获得初始注意之后的模式可能不同，选择性地偏好某种效价，但是情绪唤醒词在不同阶段得到了优先加工。转载自赫伯特等（2006）

皮层和杏仁核的双向联结，放大重入加工来实现。然而，考虑到情绪词更早的前词汇反应已经被确认，其他机制可能也发挥作用。例如，前语义的反应增强可能反映了个体高度相关词语的快速条件化反应。实际上，证据表明，操作性条件化导致了词语加工非常早期的情绪效应。正如在情绪神经科学的许多领域中的那样，杏仁核在情绪词加工中会得到激活，而且考虑到其一般在情感条件化和情绪视觉方面发挥主要作用，因此，杏仁核可能对其中一些ERP增强有所助益。然而，当前对杏仁核在情绪语言加工方面精确作用的了解，尚不如对它在情绪面孔中的作用的了解多。因此，上述几个实验效应也许不依赖杏仁核的在线活动（或者其他反向投射结构的在线激活），而是个体心理词汇的固有属性招致的结果。可以想象，杏仁核之类的脑区仅在习得词语或者短语情绪显著性时激活，会永久增强词语的可通达性。因此，研究语言符号获取情绪显著性的加工过程，与在不同阶段情绪词ERP增强的功能特征高度相关。

总结与展望

本章从不同方法学的角度，概述了情绪语言内容加工与中性语言加工的不同之处。由于左半球中风的失语症患者部分保留了情绪语言能力，因此情绪语言是独特的。脑损伤研究表明，右半球在加工情绪语言方面具有特殊能力，但是健康被试的功能脑成像结果表明了左半球的加工优势。情绪语言比中性语言对脑区的激活更强：次级视觉和听觉皮层、颞中和额下区通常在语义加工时激活；内侧额叶和眶额区通常在情绪评价时激活；此外还涉及杏仁核、脑岛和基底神经节的激活。关于词加工中情绪效应的时间进程：在最早期的阶段（N100，EPN），情绪效应似乎能快速使个体知觉到词汇或者短语的情绪显著性；而且在后期阶段，影响晚期背景整合（N400）、评价和记忆编码（LPP）。总体而言，现有结果表明了多个脑区的广泛网络激活，包括但不限于传统的语义加工系统。因此，从神经语言学角度，现有结果似乎呈现出一个分布式“模态”语义加工系统，而且勾画了情绪语义加工系统的构成要素。

然而，当前对大脑加工情绪语言内容的认识仍很不全面：尽管脑损伤和脑成像研究成功确认了情绪语义加工系统的要素（脑区），但是这些要素的交互作用及其时间进程实际上仍不清楚。而且，我们也不知道大脑如何区分情绪的亚型。目前，大部分数据揭示了情绪事件和中性事件的差异，但是我们仍不清楚大脑是如何区分“好与坏”（即区分积极与消极语言）的，即使两者差异显著。很明显，我们的语言能力远不限于对好、中性与坏的意义的区分，我们的大脑也应是如此。此外，大多数研究是关于加工单词或者很短的短语的。然而，语言谈话通常更复杂，因此神经科学应该在努力保持实验控制的同时捕捉这种复杂性。最后，语言是和他人沟通的工具。虽然语言的情绪显著性通常源于它在沟通背景下的显著性，但是实际上没有研究采用更加现实的沟通环境，以建立明确的信息传递者–接收者关系。因此，与认知和情感神经科学的许多领域一样，虽然该领域的学科基础框架已经构建，但是还有很多有趣的问题亟待解决。

重点问题

· 情绪语言加工的时空动态特征：不同脑区如何且何时发生交互作用并解码语言的情绪

信息？

·情绪亚型之间的脑差异：大脑是如何区分听众或者读者所能解释的情绪类型和细微情绪差别的？

·复杂情绪语言加工：大脑是如何整合复杂情绪语言（所含内容多于单个单词和简单短语）的显著性，为诗歌和文学的情绪体验提供基础的？

·现实沟通情境中的情绪语言：在情绪语言加工时，如何整合沟通背景以及传达者和接收者的社会关系？

参考文献

Adolphs, R., Damasio, H., Tranel, D., Cooper, G., & Damasio, A. R. (2000). A role for somatosensory cortices in the visual recognition of emotion as revealed by three-dimensional lesion mapping. *Journal of Neuroscience*, *20*(7), 2683–90.

Anderson, A. K., & Phelps, E. A. (2001). Lesions of the human amygdala impair enhanced perception of emotionally salient events. *Nature*, *411*(6835), 305–9.

Ashby, F. G., Isen, A. M., & Turken, A. U. (1999). A neuropsychological theory of positive affect and its influence on cognition. *Psychology Review*, *106*(3), 529–50.

Barsalou, L. W. (2008). Grounded cognition. *Annual Review of Psychology*, *59*, 617–45.

Beauregard, M., Chertkow, H., Bub, D., Murtha, S., Dixon, R., & Evans, A. (1997). The neural substrate for concrete, abstract, and emotional word lexica: A positron emission tomography study. *Journal of Cognitive Neuroscience*, *9*(4), 20.

Begleiter, H., & Platz, A. (1969). Cortical evoked potentials to semantic stimuli. *Psychophysiology*, *6*(1), 91–100.

Bernat, E., Bunce, S., & Shevrin, H. (2001). Event-related brain potentials differentiate positive and negative mood adjectives during both supraliminal and subliminal visual processing. *International Journal of Psychophysiology*, *42*(1), 11–34.

Binder, J. R., Desai, R. H., Graves, W. W., & Conant, L. L. (2009). Where is the semantic system? A critical review and meta-analysis of 120 functional neuroimaging studies. *Cerebral Cortex*, *19*(12), 2767–96.

Blonder L. X., Bowers D., & Heilman K. M. (1991). The role of the right hemisphere in emotional communication. *Brain*, *114*(3), 1115–27.

Bloom, R. L., Borod, J. C., Obler, R. K., & Gerstman, L. J. (1992). Impact of emotional content on discourse production in patients with unilateral brain damage. *Brain and Language*, *42*(2), 153–64.

Borod, J. C., Bloom, R. L., Brickman, A. M., Nakhutina, L., & Curko, E. A. (2002). Emotional processing deficits in individuals with unilateral brain damage. *Applied Neuropsychology*, *9*(1), 23–36.

Borod, J. C., Cicero, B. A., Obler, L. K., Welkowitz, J., Erhan, H. M., Santschi, C., et al. (1998). Right hemisphere emotional perception: Evidence across multiple channels. *Neuropsychology*, *12*(3), 446–58.

Bradley, M. M., & Lang, P. J. (1994). Measuring emotion: The self-assessment manikin and the semantic differential. *Journal of Behavioral Therapy and Experimental Psychiatry*, *25*(1), 49–59.

Buchanan, T. W., Denburg, N. L., Tranel, D., & Adolphs, R. (2001). Verbal and nonverbal emotional memory following unilateral amygdala damage. *Learning and Memory*, *8*(6), 326–35.

Cato, M. A., Crosson, B., Gokcay, D., Soltysik, D., Wierenga, C., Gopinath, K., et al. (2004). Processing words with emotional connotation: an FMRI study of time course and laterality in rostral frontal and retrosplenial cortices. *Journal of Cognitive Neuroscience*, *16*(2), 167–77.

Cato-Jackson, M. A., & Crosson, B. (2006). Emotional connotation of words: Role of emotion in distributed semantic systems. *Progress in Brain Research*, *156*, 205–16.

Chwilla, D.J., Virgillito, D., Vissers, C. T. (2011). The relationship of language and emotion: N400 support for an embodied view of language comprehension. *Journal of Cognitive Neuroscience*, *23*(9), 2400–14.

Codispoti, M., Mazzetti, M., & Bradley, M. M. (2009). Unmasking emotion: Exposure duration and emotional engagement. *Psychophysiology*, *46*(4), 731–8.

Cohen, L., Lehericy, S., Chochon, F., Lemer, C., Rivaud, S., & Dehaene, S. (2002). Language-specific tuning of visual cortex? Functional properties of the Visual Word Form Area. *Brain*, *125*(Pt. 5), 1054–69.

Davidson, R. J., & Irwin, W. (1999). The functional neuroanatomy of emotion and affective style. *Trends in Cognitive Sciences*, *3*(1), 11–21.

Del Cul, A., Baillet, S., & Dehaene, S. (2007). Brain dynamics underlying the nonlinear threshold for access to consciousness. *PLoS Biology*, *5*(10), e260.

Dien, J., Spencer, K. M., & Donchin, E. (2004). Parsing the late positive complex: Mental chronometry and the ERP components that inhabit the neighborhood of the P300. *Psychophysiology*, *41*(5), 665–78.

Diener, E., & Diener, C. (1996). Most people are happy. *Psychological Science*, *7*(3), 181–5.

Dolcos, F., & Cabeza, R. (2002). Event-related potentials of emotional memory: Encoding pleasant, unpleasant, and neutral pictures. *Cognitive, Affective & Behavioral Neuroscience*, *2*(3), 252–63.

Eimer, M., & Holmes, A. (2007). Event-related brain potential correlates of emotional face processing. *Neuropsychologia*, *45*(1), 15–31.

Eviatar, Z., & Zaidel, E. (1991). The effects of word length and emotionality on hemispheric contribution to lexical decision. *Neuropsychologia*, *29*(5), 415–28.

Federmeier, K. D., Kirson, D. A., Moreno, E. M., & Kutas, M. (2001). Effects of transient, mild mood states on semantic memory organization and use: An event-related potential investigation in humans. *Neuroscience Letters*, *305*(3), 149–52.

Fischler, I., & Bradley, M. (2006). Event-related potential studies of language and emotion: Words, phrases, and task effects. *Progress in Brain Research*, *156*, 185–203.

Fontaine, J. R., Scherer, K. R., Roesch, E. B., & Ellsworth, P. C. (2007). The world of emotions is not two-dimensional. *Psychological Science*, *18*(12), 1050–7.

Fossati, P., Hevenor, S. J., Graham, S. J., Grady, C., Keightley, M. L., Craik, F., et al. (2003). In search of the emotional self: An fMRI study using positive and negative emotional words. *American Journal of Psychiatry*, *160*(11), 1938–45.

Fredrickson, B. L. (2001). The role of positive emotions in positive psychology. The broaden-and-build theory of positive emotions. *American Psychologist*, *56*(3), 218–26.

Gaillard, R., Del Cul, A., Naccache, L., Vinckier, F., Cohen, L., & Dehaene, S. (2006). Non-conscious semantic processing of emotional words modulates conscious access. *Proceedings of the National Academy of Sciences*, *103*(19), 7524–9.

Gazzaniga, M. S., & Hillyard, S. A. (1971). Language and speech capacity of the right hemisphere. *Neuropsychologia*, *9*(3), 273–80.

Graves, R., Landis, T., & Goodglass, H. (1981). Laterality and sex differences for visual recognition of emotional and non-emotional words. *Neuropsychologia*, *19*(1), 95–102.

Hauk, O., Davis, M. H., Kherif, F., & Pulvermüller, F. (2008). Imagery or meaning? Evidence for a semantic origin of category-specific brain activity in metabolic imaging. *European Journal of Neuroscience*, *27*(7), 1856–66.

Herbert, C., Ethofer, T., Anders, S., Junghöfer, M., Wildgruber, D., Grodd, W., et al. (2009). Amygdala activation during reading of emotional adjectives—an advantage for pleasant content. *Social Cognition and Affective Neuroscience*, *4*(1), 35–49.

Herbert, C., Herbert, B. M., Ethofer, T., & Pauli, P. (2011). His or mine? The time course of self-other discrimination in emotion processing. *Social Neuroscience*, *6*(3), 277–88.

Herbert, C., Junghöfer, M., & Kissler, J. (2008). Event related potentials to emotional adjectives during reading. *Psychophysiology*, *45*(3), 487–98.

Herbert, C., Kissler, J., Junghöfer, M., Peyk, P., & Rockstroh, B. (2006). Processing of emotional adjectives: Evidence from startle EMG and ERPs. *Psychophysiology*, *43*(2), 197–206.

Hillier, A., Beversdorf, D. Q., Raymer, A. M., Williamson, D. J., & Heilman, K. M. (2007). Abnormal emotional word ratings in Parkinson's disease. *Neurocase*, *13*(2), 81–5.

Hinojosa, J. A., Martin-Loeches, M., Munoz, F., Casado, P., & Pozo, M. A. (2004). Electrophysiological evidence of automatic early semantic processing. *Brain and Language*, *88*(1), 39–46.

Hinojosa, J. A., Mendez-Bertolo, C., & Pozo, M. A. (2010). Looking at emotional words is not the same as reading emotional words: Behavioral and neural correlates. *Psychophysiology*, *47*(4), 748–57.

Hofmann, M. J., Kuchinke, L., Tamm, S., Vo, M. L., & Jacobs, A. M. (2009). Affective processing within 1/10th of a second: High arousal is necessary for early facilitative processing of negative but not positive words. *Cognitive, Affective & Behavioral Neuroscience*, *9*(4), 389–97.

Holcomb, P. J., Kounios, J., Anderson, J. E., & West, W. C. (1999). Dual-coding, context-availability, and concreteness effects in sentence comprehension: an electrophysiological investigation. *Journal of Experimental Psychology: Learning, Memory & Cognition*, *25*(3), 721–42.

Hughlings Jackson, J (1866). Clinical remarks on emotional and intellectual language in some cases of disease of the nervous system. *Lancet*, *i*, 5.

Isenberg, N., Silbersweig, D., Engelien, A., Emmerich, S., Malavade, K., Beattie, B., et al. (1999). Linguistic threat activates the human amygdala. *Proceedings of the National Academy of Sciences*, *96*(18), 10456–9.

Junghöfer, M., Bradley, M. M., Elbert, T. R., & Lang, P. J. (2001). Fleeting images: A new look at early emotion discrimination. *Psychophysiology*, *38*(2), 175–8.

Kanske, P., & Kotz, S. A. (2007). Concreteness in emotional words: ERP evidence from a hemifield study. *Brain Research*, *1148*, 138–48.

Keil, A., Sabatinelli, D., Ding, M., Lang, P. J., Ihssen, N., & Heim, S. (2009). Re-entrant projections modulate visual cortex in affective perception: Evidence from Granger causality analysis. *Human Brain Mapping*, *30*(2), 532–40.

Kensinger, E. A., & Corkin, S. (2004). Two routes to emotional memory: Distinct neural processes for valence and arousal. *Proceedings of the National Academy of Sciences*, *101*(9), 3310–5.

Kensinger, E. A., & Schacter, D. L. (2006). Processing emotional pictures and words: Effects of valence and arousal. *Cognitive, Affective & Behavioral Neuroscience*, *6*(2), 110–26.

Kiehl, K. A., Hare, R. D., McDonald, J. J., & Brink, J. (1999). Semantic and affective processing in psychopaths: An event-related potential (ERP) study. *Psychophysiology*, *36*(6), 765–74.

Kim, H., Somerville, L. H., Johnstone, T., Alexander, A. L., & Whalen, P. J. (2003). Inverse amygdala and medial prefrontal cortex responses to surprised faces. *Neuroreport*, *14*(18), 2317–22.

Kissler, J., Assadollahi, R., & Herbert, C. (2006). Emotional and semantic networks in visual word processing: Insights from ERP studies. *Progress in Brain Research*, *156*, 147–83.

Kissler, J., Herbert, C., Peyk, P., & Junghöfer, M. (2007). Buzzwords: Early cortical responses to emotional words during reading. *Psychological Science*, *18*(6), 475–80.

Kissler, J., Herbert, C., Winkler, I., & Junghöfer, M. (2009). Emotion and attention in visual word processing: An ERP study. *Biological Psychology*, *80*(1), 75–83.

Kissler, J. & Herbert, C. (2012). Emotion, Emntooi, Emitoon? Faster lexical access to emotional words during reading. Manuscript accepted for publication in *Biological Psychology*. doi:pii: S0301-0511(12)00195-0. 10.1016/j.biopsycho.2012.09.004. [Epub ahead of print] PMID:23059636 [PubMed – as supplied by publisher].

Kotz, S. A., Frisch, S., von Cramon, D. Y., & Friederici, A. D. (2003). Syntactic language processing: ERP lesion data on the role of the basal ganglia. *Journal of the International Neuropsychology Society*, *9*(7), 1053–60.

Kucharska-Pietura, K., Phillips, M. L., Gernand, W., & David, A. S. (2003). Perception of emotions from faces and voices following unilateral brain damage. *Neuropsychologia*, *41*(8), 1082–90.

Kuchinke, L., Jacobs, A. M., Grubich, C., Vo, M. L., Conrad, M., & Herrmann, M. (2005). Incidental effects of emotional valence in single word processing: An fMRI study. *Neuroimage*, *28*(4), 1022–32.

Kutas, M., & Federmeier, K. D. (2000). Electrophysiology reveals semantic memory use in language comprehension. *Trends in Cognitive Science*, *4*(12), 463–70.

Landis, T., Graves, R., & Goodglass, H. (1982). Aphasic reading and writing: Possible evidence for right hemisphere participation. *Cortex*, *18*(1), 105–12.

Lang, P. J. (1979). Presidential address, 1978: A bio-informational theory of emotional imagery. *Psychophysiology*, *16*(6), 495–512.

Lang, P. J., Greenwald, M. K., Bradley M. M., & Hamm, A. O. (1993). Looking at pictures: affective, facial, visceral, and behavioral reactions. *Psychophysiology*, *30*(3), 261–73.

Lewis, P. A., Critchley, H. D., Rotshtein, P., & Dolan, R. J. (2007). Neural correlates of processing valence and arousal in affective words. *Cerebral Cortex*, *17*(3), 742–8.

Lieberman, P. (2001). Human language and our reptilian brain. The subcortical bases of speech, syntax, and thought. *Perspectives in Biological Medicine*, *44*(1), 32–51.

Lifshitz, K. (1966). The averaged evoked cortical response to complex visual stimuli. *Psychophysiology*, *3*(1), 55–68.

Maddock, R. J., Garrett, A. S., & Buonocore, M. H. (2003). Posterior cingulate cortex activation by emotional words: fMRI evidence from a valence decision task. *Human Brain Mapping*, *18*(1), 30–41.

Meltzoff, A. N., & Moore, M. K. (1983). Newborn infants imitate adult facial gestures. *Child Development*, *54*(3), 702–9.

Mitchell, D. G., Nakic, M., Fridberg, D., Kamel, N., Pine, D. S., & Blair, R. J. (2007). The impact of processing load on emotion. *Neuroimage*, *34*(3), 1299–309.

Montoya, P., Larbig, W., Pulvermüller, F., Flor, H., & Birbaumer, N. (1996). Cortical correlates of semantic classical conditioning. *Psychophysiology*, *33*(6), 644–9.

Naccache, L., Gaillard, R., Adam, C., Hasboun, D., Clémenceau, S., Baulac, M., Dehaene, S., & Cohen, L. (2005). A direct intracranial record of emotions evoked by subliminal words. *Proceedings of the National Academy of Sciences*, *102*(21), 7713–7.

Neininger, B., & Pulvermüller, F. (2003). Word-category specific deficits after lesions in the right hemisphere. *Neuropsychologia*, *41*(1), 53–70.

Ortigue, S., Michel, C. M., Murray, M. M., Mohr, C., Carbonnel, S., & Landis, T. (2004). Electrical neuroimaging reveals early generator modulation to emotional words.

Neuroimage, *21*(4), 1242–51.

Osgood, C. E., Miron, M. S., & May, W. H. (1975). *Cross-cultural universals of affective meaning*. Urbana: University of Illinois Press.

Paivio, A. (1991). Dual coding theory: retrospect and current status. *Canadian Journal of Psychology-Revue Canadienne De Psychologie*, *45*(3), 255–87.

Palazova, M., Mantwill, K., Sommer, W., & Schacht, A. (2011). Are effects of emotion in single words non-lexical? Evidence from event-related brain potentials. *Neuropsychologia*, *49*(9), 2766–75.

Pauli, P., Amrhein, C., Muhlberger, A., Dengler, W., & Wiedemann, G. (2005). Electrocortical evidence for an early abnormal processing of panic-related words in panic disorder patients. *International Journal of Psychophysiology*, *57*(1), 33–41.

Paulmann, S., & Kotz, S. A. (2008). An ERP investigation on the temporal dynamics of emotional prosody and emotional semantics in pseudo- and lexical-sentence context. *Brain and Language*, *105*(1), 59–69.

Paulmann, S., & Pell, M. D. (2010). Dynamic emotion processing in Parkinson's disease as a function of channel availability. *Journal of Clinical and Experimental Neuropsychology*, 1–14.

Paulmann, S., Pell, M. D., & Kotz, S. A. (2009). Comparative processing of emotional prosody and semantics following basal ganglia infarcts: ERP evidence of selective impairments for disgust and fear. *Brain Research*, *1295*, 159–69.

Perfetti, C. A., & Sandak, R. (2000). Reading optimally builds on spoken language: Implications for deaf readers. *Journal of Deaf Studies and Deaf Education*, *5*(1), 32–50.

Pessoa, L., McKenna, M., Gutierrez, E., & Ungerleider, L. G. (2002). Neural processing of emotional faces requires attention. *Proceedings of the National Academy of Sciences*, *99*(17), 11458–63.

Phillips, M. L., Young, A. W., Senior, C., Brammer, M., Andrew, C., Calder, A. J., et al. (1997). A specific neural substrate for perceiving facial expressions of disgust. *Nature*, *389*(6650), 495–8.

Pulvermüller, F. (1999). Words in the brain's language. *Behavioral Brain Science*, *22*(2), 253–79; discussion 280–336.

Pulvermüller, F., & Fadiga, L. (2010). Active perception: Sensorimotor circuits as a cortical basis for language. *Nature Reviews Neuroscience*, *11*(5), 351–60.

Rapcsak, S. Z., Comer, J. F., & Rubens, A. B. (1993). Anomia for facial expressions: Neuropsychological mechanisms and anatomical correlates. *Brain and Language*, *45*(2), 233–52.

Rellecke, J., Palazova, M., Sommer, W., & Schacht, A. (2011). On the automaticity of emotion processing in words and faces: Event-related brain potentials evidence from a superficial task. *Brain and Cognition*, *77*(1), 23–32.

Richter, M., Eck, J., Straube, T., Miltner, W. H., & Weiss, T. (2010). Do words hurt? Brain activation during the processing of pain-related words. *Pain*, *148*(2), 198–205.

Russell, J. A. (2003). Core affect and the psychological construction of emotion. *Psychological Review*, *110*(1), 145–72.

Sabatinelli, D., Versace, F., Costa, V. D., Bradley, M. M., & Lang, P. J. (2006). Selective nucleus accumbens and medial frontal cortex activation in appetitive picture processing. *Psychophysiology*, *43*, S84.

Sander, D., Grandjean, D., & Scherer, K. R. (2005). A systems approach to appraisal mechanisms in emotion. *Neural Networks*, *18*(4), 317–52.

Schacht, A., Adler, N., & Chen, P., Guo, T., Sommer, W. (2012). Association with positive outcome induces early effects in event-related brain potentials. *Biological Psychology*, *89*(1), 130–6.

Schacht, A., & Sommer, W. (2009). Time course and task dependence of emotion effects in word processing. *Cognitive, Affective & Behavioral Neuroscience*, *9*(1), 28–43.

Schapkin, S. A., Gusev, A. N., &Kuhl, J. (2000). Categorization of unilaterally presented emotional words: An ERP analysis. *Acta Neurobiologiae Experimentalis* (Warsaw), *60*(1), 17–28.

Schirmer, A., Kotz, S. A., & Friederici, A. D. (2002). Sex differentiates the role of emotional prosody during word processing. *Brain Research: Cognitive Brain Research*, *14*(2), 228–33.

Schupp, H. T., Flaisch, T., Stockburger, J., & Junghöfer, M. (2006). Emotion and attention: Event-related brain potential studies. *Progress in Brain Research*, *156*, 31–51.

Scott, G. G., O'Donnell, P. J., Leuthold, H., & Sereno, S. C. (2009). Early emotion word processing: Evidence from event-related potentials. *Biological Psychology*, *80*(1), 95–104.

Silva, C., Montant, M., Ponz, A., & Ziegler, J.C. (2012). Emotions in reading: Disgust, empathy and the contextual learning hypothesis. *Cognition*. 2012 Aug 9. [Epub aheadofprint] PMID: 22884243.

Silvert, L., Delplanque, S., Bouwalerh, H., Verpoort, C., & Sequeira, H. (2004). Autonomic responding to aversive words without conscious valence discrimination. *International Journal of Psychophysiology*, *53*(2), 135–45.

Skrandies, W. (1998). Evoked potential correlates of semantic meaning—A brain mapping study. *Brain Research: Cognitive Brain Research*, *6*(3), 173–83.

Smith, A. (1966). Speech and other functions after left (dominant) hemispherectomy. *Journal of Neurology, Neurosurgery and Psychiatry, 29*(5), 467–71.

Stolarova, M., Keil, A., & Moratti, S. (2006). Modulation of the C1 visual event-related component by conditioned stimuli: Evidence for sensory plasticity in early affective perception. *Cerebral Cortex*, *16*(6), 876–87.

Sutton, S., Tueting, P., Zubin, J., & John, E. R. (1967). Information delivery and the sensory evoked potential. *Science*, *155*(768), 1436–9.

Takahashi, H., Takano, H., Kodaka, F., Arakawa, R., Yamada, M., Otsuka, T., et al. (2010). Contribution of dopamine D1 and D2 receptors to amygdala activity in human. *Journal of Neuroscience*, *30*(8), 3043–7.

Trauer, S.M., Andersen, S.K., Kotz, S.A., & Müller, M.M. (2012). Capture of lexical but not visual resources by task-irrelevant emotional words: a combined ERP and steady-state visual evoked potential study. *Neuroimage*, *60*(1), 130–8.

Van Lancker Sidtis, D., Pachana, N., Cummings, J. L., & Sidtis, J. J. (2006). Dysprosodic speech following basal ganglia insult: toward a conceptual framework for the study of the cerebral representation of prosody. *Brain and Language*, *97*(2), 135–53.

Vanderploeg, R. D., Brown, W. S., & Marsh, J. T. (1987). Judgments of emotion in words and faces: ERP correlates. *International Journal of Psychophysiology*, *5*(3), 193–205.

Vissers, C.T., Virgillito, D., Fitzgerald, D.A, Speckens, A.E, Tendolkar, I., van Oostrom, I., & Chwilla, D. J. (2010). The influence of mood on the processing of syntactic anomalies: Evidence from P600. *Neuropsychologia*, *48*(12), 3521–31.

Vuilleumier, P., Richardson, M. P., Armony, J. L., Driver, J., & Dolan, R. J. (2004). Distant influences of amygdala lesion on visual cortical activation during emotional face processing. *Nature Neuroscience*, *7*(11), 1271–8.

Wicker, B., Keysers, C., Plailly, J., Royet, J. P., Gallese, V., & Rizzolatti, G. (2003). Both of us disgusted in My insula: The common neural basis of seeing and feeling disgust. *Neuron*, *40*(3), 655–64.

第四部分

认知－情绪交互

第14章

注意和知觉的情感偏向

朱蒂丝·多明格斯-博里斯（Judith Domínguez-Borràs） 帕特里克·维里米尔

在现实生活中，与感官行为相关的刺激必然与分心刺激竞争意识表征，从而引发个体适当的反应。选择性注意指的是解决这种竞争的大脑加工过程，其通过将外部事件的突显性和观察者内部目标看作控制加工资源的分配的函数来实现。情感过程与这些注意机制密切相关。就像注意一样，情绪或许是基于感觉信息的生物学意义或动机意义，以及个体内部状态来指导知觉和行为（Pourtois, Schettino, & Vuilleumier, 2012; Vuilleumier, 2005）。在本章中，我们将概述以上这些效应及其神经机制，重点关注情绪对注意的影响，佩索亚（Pessoa）及其同事在第15章将概述两者相反的交互作用。

情绪对协调生理反应尤为重要，能促使机体更好地适应环境。调整行动倾向和当前意识焦点是许多（也许不是大部分）情绪定义的重要成分（Scherer & Peper, 2001）。在这些效应中，强有力的证据表明，一些情绪显著刺激大脑注意，从而调节感觉加工。这种知觉和注意的情绪偏向在某些情况下有利于适应性行为和生存，但是也可能潜在地导致精神疾病，例如焦虑和恐惧症（见本书第24章）。涉及这些效应的准确机制，以及它们和其他注意过程的特异性和共性仍不完全清楚。然而，最近的研究通过使用大量的实验技术，包括行为测量、人类功能成像和动物单细胞记录技术，对以上问题提出了许多新的见解。大量研究关注了负性情绪事件（例如威胁），而且经常只关注了视觉通道方面。但是情绪的注意偏向效应拓展到了除恐惧以外的其他领域，越来越多的关于情绪维度的研究表明，情绪维度包括积极的线索（高兴、食物）或非威胁性的负性线索（诸如悲伤和厌恶）。然而，也有一些观点认为恐惧可能代表一种特异的情绪，本质上对注意焦点的影响更强。而且，许多关于注意的情绪偏向的神经机制研究集中于杏仁核（Vuilleumier, 2005），但是其他脑区也可能发挥着重要的作用，尤其是（所谓边缘的）前额叶区域[例如，眶额皮层（OFC）和前扣带回（ACC）]和皮层下区域基底神经节、丘脑和脑干。然而，它们的实际作用机制仍然有待确定。

在本章中，我们会介绍关于威胁及其他情绪对注意和知觉的影响的行为和神经成像数据。我们将阐述关于这些效应的脑机制的现有模型和存在的问题。

注意中情绪偏向的行为证据

大量研究表明，当同时发生的刺激竞争加工资源和意识时，情绪意义相关的信息常常比中性信息更容易被探测到，或者更可能干扰另一个伴随任务。经典的视觉搜索实验表明，在分心物中搜索视觉目标时，情绪目标快于中性目标。呈现消极或者威胁相关刺激时经常出现该效应。例如，在中性面孔中搜索愤怒和恐惧表情的面孔，或者在水果和植物图片中搜索蛇和蜘蛛的图片（见图14.1a, b; Flykt & Caldara, 2006; Gerritsen, Frischen, Blake, Smilek, & Eastwood, 2008）。但是该效应也出现在积极刺激中（Cunningham & Brosch, 2012）。此外，当情绪刺激是嵌入在搜索或者选择性注意任务的分心物时，它们会使个体进行目标探测的速度降低，表明在个体做任务时，可能发生了某种程度的无意识情绪加工，即使情绪刺激与任务成绩无关（或者起反作用）。

然而，对情绪目标刺激探测的增强（或被情绪分心物干扰）并不意味着情绪刺激不受当前注意焦点的影响或是它们只是被情境凸显了出来(例如，红色目标出现在蓝色形状中)。因此，搜索情绪刺激仍然是序列加工，其促进作用仅是相对的，反映了注意情绪刺激位置的优先引导作用，

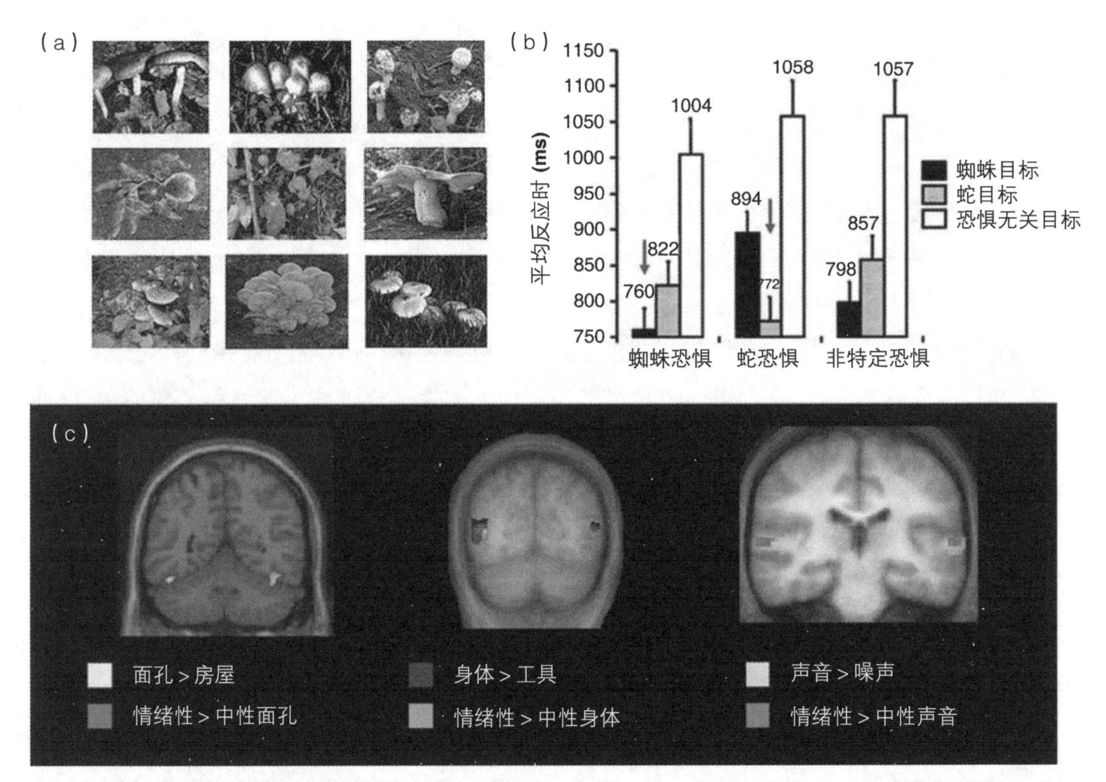

图14.1 刺激的情绪意义影响注意和脑反应。(a)视觉搜索任务例子：在中性图片(蘑菇)中探测情绪目标(蜘蛛或者蛇)。(b)对蜘蛛恐惧、蛇恐惧和没有特定物体恐惧的被试的搜索绩效（反应时）。相对于非特定恐惧和非情绪目标，对特定物体恐惧的被试探测他们的恐惧目标的速度更快。摘自弗里克特（Flykt）和卡尔达拉（Caldara）(2006)。(c)磁共振血氧水平依赖发现情绪调整效应和面孔分类选择区域（梭状回面孔区，FFA）、身体（外纹状体身体区，EBA）、声音加工大脑区域出现高度重叠，表明情绪调整是类别特异的。摘自维里米尔等（2001），格朗让等（2005）和皮林等（2007）。彩色版本请扫描附录二维码查看

而不是强行进入注意。在具有不同低水平特征的目标视觉搜索任务中，探测潜伏期并不随着分心物数量增加而显著延长。反之，情绪目标的探测潜伏期随分心物数量增加而增加，但是其斜率比中性目标的更小（Gerritsen et al., 2008; Lucas & Vuilleumier, 2008）。这表明情绪加工可能产生偏向并加快探测加工，但是不构成意识知觉的捷径。然而，该情绪优势仅在所有项目同时呈现在阵列中才能观察到，当被试用鼠标指针连续逐个探寻项目时，该优势消失（Smilek, Frischen, Reynolds, Gerritsen, & Eastwood, 2007）。这些结果表明，探测的促进依赖于在注视点之外或者之前的粗略知觉分析，而不是注意集中之后的加工（比如更快的识别或者更快的反应选择）。而且，这种前注意分析可能局限于视野中的某些区域或者某些刺激特征，原因是与任务无关的情绪面孔出现在预期目标位置时自动捕获更强，但是当分心物出现在其他位置时，该效应变弱（Huang, Chang, & Chen, 2011; Notebaert, Crombez, Van Damme, De Houwer, & Theeuwes, 2010）。同样地，哈恩（Hahn）和格荣朗德（Gronlund）（2007）发现，相比中性面孔，当在众多同类面孔中搜寻不同面孔时，威胁（例如愤怒）面孔优先得到加工，但是在搜索其他特定面孔（例如愉快）时不会出现优先加工；此研究结果表明，无意识偏向对个体注意（促使个体倾向于注意凸显的情绪刺激）产生影响，但当前的自上而下目标搜索加工能在其中起调节作用。总之，这些发现表明情绪影响视觉搜索和知觉，可能是无意的和前注意的，但并不是完全自动化的，还部分取决于注意目标、资源或者观察者的内部状态。

其他的注意任务也受到情绪线索的影响。尽管视觉搜索强调在位置相近且同时出现的刺激之间竞争加工资源，但是与注意瞬脱现象中时间上接近的刺激间竞争类型不同。在快速序列视觉呈现（rapid serial visual presentation, RSVP）任务中，当不同项目序列呈现在注视点处时，在一个靶刺激呈现后，个体要在短时间内（200—500 ms）探测给定靶刺激，个体的成绩表现欠佳，就像注意资源瞬间失灵了一样。然而，当第二个目标是情绪词时，个体表现有所改善，但是当第二个目标是中性词时则不然（Anderson & Phelps, 2001; De Martino, Kalisch, Rees, & Dolan, 2009; Schwabe et al., 2011）。该效应也出现在积极或者消极意义的词语中（Anderson & Phelps, 2001）。相反，当第一个靶刺激是情绪词，第二个靶刺激是中性词时，中性靶刺激的注意瞬脱时间会增加（Schwabe et al., 2011）。这些情绪效应在需要双重靶刺激探测的任务中被观察到，这些任务中加工资源受到限制，但是在没有竞争发生的单个靶刺激探测任务中不会出现（Anderson & Phelps, 2001）。这些结果再一次表明，情绪加工在知觉阶段进行，该阶段资源有限，因此是控制了意识通达，而不是刺激识别本身。有趣的是，在注意瞬脱条件下，相比中性词，更好地探测情绪刺激可能只发生在需要语义加工的阶段，而不是在纯粹知觉或者音韵任务中（Huang, Baddeley, & Young, 2008）。因此，任务目标和期望可能在这些情况下和无意识情绪偏向发生交互作用。

在变化盲视范式（场景中的一个刺激非预期地变换成了另外一个也观测到了情绪优势）（Peelen, Lucas, Mayer, & Vuilleumier, 2009）。其他例子包括使用双眼竞争（每个眼睛呈现不同刺激，Alpers & Gerdes, 2007），或者连续闪烁抑制（通过给主视眼呈现连续闪烁的随机噪声图片抑制非主视眼呈现的刺激，使之无法看见）（Yang, Zald,

& Blake, 2007）。在这些条件中，进入意识层面的恐惧面孔比中性面孔数量更多且速度更快，然而厌恶和愉快面孔没有出现同样的优势（Amting, Greening, & Mitchell, 2010）。

最后，在点探测任务中，中性靶刺激（例如，点）出现在一个具有情绪意义的（例如面孔或者图片，见图14.2a）非预测性的线索之后（Armony & Dolan, 2002; Pourtois, Grandjean, Sander, & Vuilleumier, 2004），该线索短暂呈现在相同或者不同位置。当情绪线索出现在同一位置时（有效

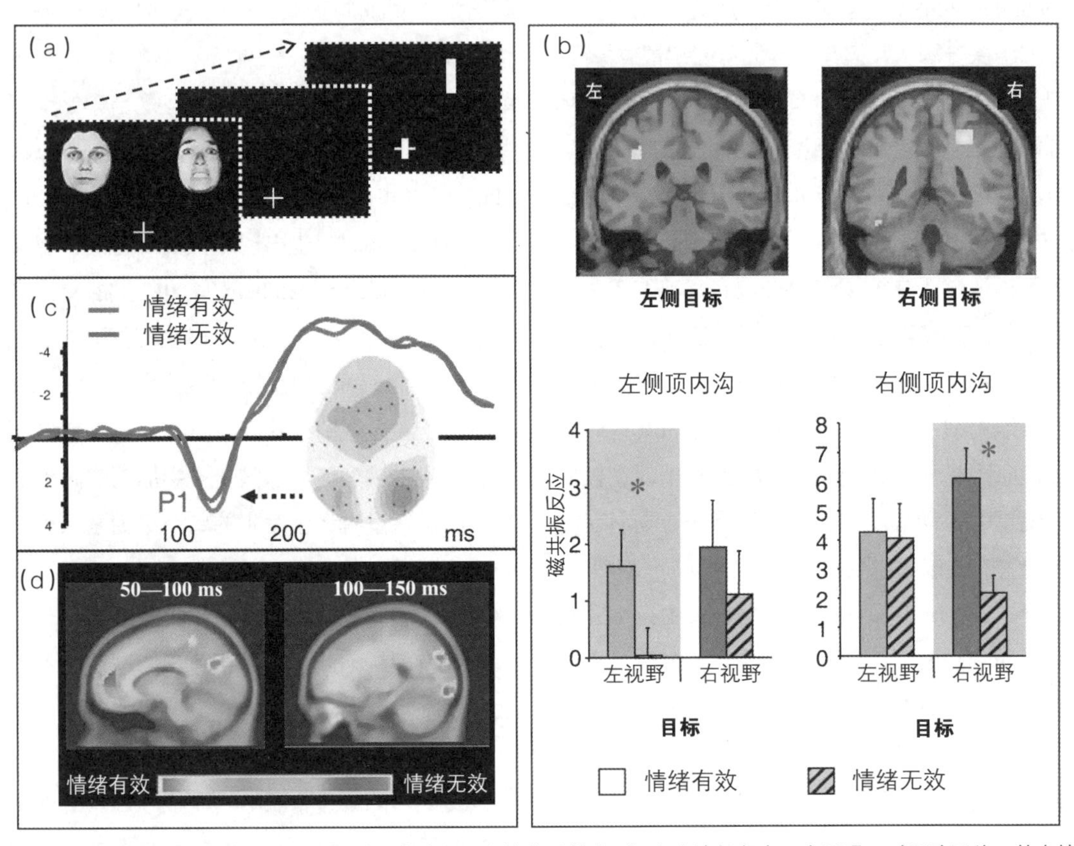

图 14.2 空间点探测任务中情绪线索所诱发的神经反应的典型模式。(a)在该任务中，先呈现一对面孔图片，其中情绪和中性面孔各一个，且这对面孔和之后所呈现的目标刺激位置无关。之后所呈现的目标刺激是垂直或者水平线条。为了避免眼动，当呈现在左上或者右上侧视野的线条朝向和十字注视点处粗线条的朝向相匹配时，要求被试按键。摘自波特斯，格朗让，桑德尔和维里米尔（2004）。(b)相比情绪线索同侧出现的目标（情绪有效条件），那些出现在中性线索同侧的目标（例如，恐惧面孔出现在对侧；情绪无效条件）导致目标同侧的顶内沟（IPS）的fMRI反应减弱。这表明对侧情绪线索的注意捕获以及重新定向目标能力减弱。摘自波特斯，施瓦兹（Schwartz），赛格黑尔（Seghier），拉萨拉斯（Lazeyras）和维里米尔（2006）。(c)在EEG记录中，跟随在情绪刺激后的目标（情绪有效条件），比中性刺激后的目标（情绪无效条件）诱发更大的视觉P1成分。这与受到情绪线索时增强的目标视觉加工是一致的。摘自波特斯等（2004）。(d)在目标启动后不同潜伏期EEG调整的神经源估计。当目标前所呈现情绪有效线索，目标的激活活动第一次在顶叶增强（50—100 ms），可能反映了情绪线索所诱发的自上而下的注意信号，并且导致更快的空间定向，以及在P1潜伏期（100—150 ms）增强外纹状体视觉皮层加工。相反，当目标前所呈现无效中性线索，前扣带回活动更强，反映了由于对侧恐惧面孔初始捕获所导致的注意定向中的一些干扰和冲突。摘自波特斯，萨特（Thut），格雷夫·佩拉尔塔（Grave de Peralta），米希尔（Michel）和维里米尔（2005）。彩色版本请扫描附录二维码查看

的），目标探测更快；但是当出现在不同位置时（无效的），目标探测更慢。这表明注意最初朝向情绪刺激并促进对随后呈现的目标的反应。这种促进涉及反射（外源性的）朝向机制，因为它发生在目标和线索之间的短间隔（<300 ms）之后，即使线索被掩蔽时也能出现（Mogg & Bradley, 2002）。类似地，短暂情绪刺激（例如，恐惧面孔呈现75 ms）提高对比度敏感性和加强空间注意影响对随后视觉目标的探测准确性，表明初级视觉皮层的早期知觉加工有调节作用（Phelps, Ling, & Carrasco, 2006）。与反射朝向一致，眼动研究表明，相比中性面孔，情绪面孔的眼跳更快，注视时间更早，但是该结果在跨表情分类中存在差异（Nummenmaa, Hyona, & Calvo, 2009）。

总的来说，这些行为结果表明，在许多条件下情感偏向可能会引导注意并且强化对情绪显著性刺激的知觉。尽管情感偏向可能受到期望、任务特性和可获得性内隐注意的影响，但是它们一般是单维的、独立于外在相关性的、不需要外显注意就能引发的。然而，在大范围刺激、情绪和范式所观测的所有注意的情绪偏向中，是否由相似的或者部分不同的脑机制支配仍待考察。

情绪突显线索的本质

什么导致了情绪刺激的注意捕获？这仍然是尚未解决的主要问题。一般假设认为，情绪意义本身是最关键的，但是部分效应也可能被物理特征影响，诸如视觉模块对比度和空间分辨率，听觉响度和频谱，或者更普遍的知觉差异。事实上，视觉搜索中通过简明情绪面孔进行的注意捕获也发生在使用简笔画作为刺激时——物理上相当于消极（皱眉）、积极（微笑），但是不包含其他的面孔相关信息。这表明一些低级的情绪特征足以引起情绪刺激的注意捕获（Coelho, Cloete, &Wallis, 2010）。但是，使用真实面孔图片的实验却得到了不同的结果。一些研究表明，注意捕获可能由情绪表情相关面部特征的形状和对比度的系统差异引起（例如Coelho et al., 2010）。而其他研究表明，恐惧面孔图片能够在中性和情绪分心物中被探测出来，其中分心物也存在细微差异（Pinkham, Griffin, Baron, Sasson, & Gur, 2010）。

相比之下，当面孔被倒置或者被以单一特征区分（画一条嘴巴曲线区分不同的表情）时，消极表情（相对于中性或积极）的情绪优势消失了，这强调了整体面孔知觉在诱发情绪偏向中的重要作用（Gerritsen et al., 2008）。积极表情的研究也出现类似的结果（见Cunningham & Brosch, 2012）。同样地，空间忽略（spatial neglect）患者——由于右侧顶叶损伤导致难以注意左侧视野，他们对左侧视野蜘蛛图片的探测比对左侧花朵图片更好，这两张图片使用的元素相同但是轮廓不同（见Domínguez-Borràs, Saj, Armony, & Vuilleumier, 2012）。然而，在一些研究中，整体面孔加工作用机制仍不清楚，或者对某种情绪类型缺乏整体面孔加工，因为一些表情（惊讶、恶心、愉快）即使倒置时仍然有促进作用（Calvo & Nummenmaa, 2008）。

然而，一些研究者已经证实了在注意偏向中情绪意义起着重要作用。首先，一些效应由厌恶条件化的刺激诱发，但是刺激物理特性不变。格里森（Gerritsen）等（2008）在研究中，将不同情绪意义和面孔匹配，以消除物理特性和情绪效价之间混淆的可能性。相比积极条件化面孔，搜索厌恶条件化面孔更能起到促进作用。视觉搜索简单彩色目标任务（Notebaert, Crombez,

Van Damme, De Houwer, & Theeuwes, 2011）和点探测任务的空间朝向任务中（Armony & Dolan, 2002; Stolarova, Keil, & Moratti, 2006），都出现了相似的厌恶条件化现象。

其次，有证据表明，许多任务的情绪偏向被扩大，诸如高焦虑（Mogg & Bradley, 2002）、特定恐惧症（Flykt & Caldara, 2006）或者其他情绪障碍（Leppanen, 2006）。例如，蛇恐惧症患者在搜索任务中探测蛇图片比蜘蛛图片更快，蜘蛛恐惧症则相反（Flykt & Caldara, 2006; 见图14.1b）。所有被试看到的蛇和蜘蛛图片都相同，视觉特征不能解释这种反应的差异。搜索任务中情绪刺激的注意捕获程度与主观消极评价并不一定关系密切。因此，研究蛇和蜘蛛的专家并没有将这些刺激与情绪相联系，甚至产生内隐启动（Purkis & Lipp, 2007）。该结果表明，情绪评价和反射性注意朝向可能具有不同机制，或者可能是个体经验和情绪调节对评价的影响比对朝向的影响更强。

再次，有研究支持情绪加工在注意的情绪偏向中发挥作用。结果表明，在视觉搜索中探测情绪目标较快，可能伴随特定的生理反应，诸如微弱的心率改变，但是在探测物理突显目标任务时没有观测到这种生理反应（Flykt, 2005）。

最后，言语刺激是进行考察的一种方法。这种材料（词语）比简单的（更加自然的）刺激可能需要更多的精细加工，而且对认知因素更敏感。例如，在注意瞬脱范式中快速连续地呈现刺激，个体探测情绪词语比中性词语的成绩更好（Anderson & Phelps, 2001）。与掩蔽积极词语相比，掩蔽消极词语更容易被探测到（Nasrallah, Carmel, & Lavie, 2009），尽管积极和消极词语在注意瞬脱范式下都出现了探测降低的现象（Anderson & Phelps, 2001; Keil & Ihssen, 2004）。词类间的视觉差异不能解释这些效应，因为控制了词频或者言语差别之后效应仍然存在，正如前文所述，当被试必须加工词义而不是语音时效应更强（Huang et al., 2008）。总而言之，这些结果意味着，书面词语在注意资源有限时仍存在语义加工（Naccache et al., 2005），而且语义降低了知觉刺激的阈限值（Anderson & Phelps, 2001; Huang et al., 2008）。然而，这些结果并不排除情绪和语义加工在注意资源进一步耗损时减少的可能性（见本书第13和15章）。此外，在非情绪判断任务（例如，数词），或者在涉及情绪刺激另一维度（例如，分类叠加的面孔表情）的情绪判断任务中，呈现情绪词语时也观测到了Stroop干扰效应。这些数据表明，即使不需要语义加工，情绪词意义也会无意识影响选择性注意。然而，面孔表情会增加对面孔颜色进行判断所需的时长，而且通过条件化，与情绪相关的非词会干扰词语识别表现。

总之，这些证据表明，注意和知觉中的情绪偏向至少部分受到情绪加工的中介作用，而不是仅辨别不同知觉特征。然而，有效情绪信号的本质仍然不太清楚。一方面，许多结果表明是刺激的唤醒价值而不是效价起着关键作用。另一方面，消极威胁刺激（例如，恐惧或者愤怒）比积极刺激诱发的偏向效应更大。消极情绪线索更容易影响注意，这可能反映人类大脑在长期进化和经验积累中优先调节经验习得或者进化而来的威胁信号。例如，新生儿转向蛇图片比花朵或者其他动物图片的速度更快（Blue, 2010）。然而，不同类型的消极情绪可能对注意和知觉成绩产生不同的影响。例如，相比恐惧表情，厌恶表情减缓并未加快面孔的视觉搜索（Krusemark & Li, 2011），紧跟厌恶面孔时第二个靶刺激的注意瞬脱时间减少，然而紧跟恐惧面孔的靶刺激注意瞬脱时间增加

(Vermeulen, Godefroid, & Mermillod, 2009)。这些差异支持了厌恶线索可能导致感觉抑制的观点(见本书第2章)。最后，积极或者欲望刺激(诸如愉快面部表情、婴儿图片、食物或者色情场景)也能影响注意(见Cunningham & Brosch, 2012)。一些注意效应也可能通过非情绪信息诱发。当它与观察者个人相关时，诸如食物图片，或者甚至是熟悉的电视节目的图片(见Cunningham & Brosch, 2012)。这些结果支持评价理论，表明情绪加工及其影响注意朝向的核心机制，可能反映评价刺激与目标、需求和个体幸福感的相关性，而与效价无关(见本书第1章)。

因此，需要更多研究阐述负责情绪注意偏向的情感维度，及其与个体差异的交互作用，诸如焦虑等人格特质(也见本书第24章)。此外，知觉驱动和情绪驱动效应之间的区别并没有看起来那样突出。实际上，原始知觉线索通过其他关联机制可能能充分诱发特定的情绪效应，这已经被动物轮廓(Forbes, Purkis, & Lipp, 2011)、恐惧面孔睁大的眼睛(Whalen et al., 2004)，甚至尖锐形状(Bar & Neta, 2007)等相关实验研究所证实。知觉系统对探测特定感觉特征具有更高的敏感性，可能可以强化对情绪意义信息的注意，但是仍然需要进行更系统的考察。

知觉加工中情绪偏向的神经基础

人类神经成像和电生理研究结果表明，情绪信号能够使注意产生偏向且影响个体意识。不仅直接通过感觉加工，而且也间接通过调整注意系统产生影响。因此，行为研究(见前文讨论)所观察到的对情绪刺激的探测，通常在感觉区域的神经反应比中性刺激更强。该增强出现在早期感觉皮层，包括枕叶的初级视觉皮层(V1; Lang et al., 1998; Pessoa, McKenna, Gutierrez, & Ungerleider, 2002; Pourtois et al., 2004)，颞叶的初级听觉皮层(Grandjean et al., 2005; Ethofer et al., 2012)，以及与物体识别有关的更高级皮层区域(Keil et al., 2011; Morris et al., 1998; Sabatinelli, Bradley, Fitzsimmons, & Lang, 2005)。此外，这些增强反应通常仅限于相应刺激(见图14.1c)。例如，观看情绪内容场景(与中性场景比较)，诸如残缺身体或者威胁性动物，在外侧枕叶(LOC)的激活更强(Lang et al., 1998)。情绪表情面孔，例如恐惧，相对于中性面孔在梭状回面孔区(FFA)会产生选择性增强的结果(Morris et al., 1998; Vuilleumier, Armony, Driver, & Dolan, 2001)。同样地，情绪身体表达主要在梭状回身体区和外纹状皮层身体区(FBA和EBA)引发激活，而情绪书面词与中性词相比，在双侧视觉皮层诱发更强的活动(见本书第13章)。类似地，情绪性语音韵律的声音，例如愤怒、恐惧、喜悦，以及非言语声音(例如，动物哭泣或者枪响的声音)，在听觉皮层诱发更强的神经反应(Grandjean et al., 2005; 见本书第11章)，尤其是与语音加工和声音识别相关的颞上回(STG)(Ethofer et al., 2011)。

这些研究表明，刺激的情绪意义不能诱发视觉或听觉皮层加工，而是引发皮层对特定刺激有选择性的反应。这与额顶叶系统所中介的外源性和内源性注意产生的效应相似(Driver, 2001)，导致这些刺激对注意捕获产生了更强的神经表征和竞争权重。这也和一项fMRI研究的元分析结果一致(Sabatinelli et al., 2011)，情绪面孔表情的主要效应重叠于FFA和颞叶的面孔选择区域，但是情绪场景特定地影响了LOC，即使减去基本的视觉效应之后仍然存在(Sabatinelli et al., 2011)。而且，一项研究采用多体素模式分析方法，比较了面孔和肢体情绪（恐惧、愤怒、厌恶、悲伤和愉快）的fMRI反应，结果表明尽管两类情绪刺激增强了梭状回皮层的激活水平，但是在体素水平上，肢体情绪效应和身体（相对于工具）的分类选择反应相关，却不与面孔（相对于工具）反应程度相关，反之亦然（Peelen et al., 2007）。一些调整效应也涉及更多的全脑活动，可能通过额顶注意系统或者其他神经调节机制的间接调整产生作用。

正如行为任务所表明的，分类选择区域的情绪效应通常由刺激的唤醒度决定，而不是效价（例如，Peelen et al., 2007）。然而，一些研究的确发现，恐惧面孔比中性面孔激活的FFA更强，即使二者唤醒度相同（例如，Morris et al., 1998）。通过经典条件反射将中性刺激和厌恶价值关联，也观测到情绪加强皮层加工（Armony & Dolan, 2002），再次证明了刺激的情绪意义而不是物理特征起到关键作用。唤醒度和效价仍然可能进行相互作用，这取决于任务需求或者共存的内源性注意（Monroe et al., 2011），但是这两个因素尚未进行系统的实验验证。

人类研究采用高时间分辨率技术，诸如事件相关电位（ERP）或者脑磁图（MEG）技术，研究所得的结果也支持这样的观点：情绪影响知觉发生在刺激加工的早期阶段（见本书第4章）。视觉注意相关的早期成分出现在刺激呈现后100—200 ms，情绪面孔、情绪场景或者恐惧条件化刺激诱发更强的早期成分（Dolan, Heinze, Hurlemann, & Hinrichs, 2006; Pourtois et al., 2004）。这些效应与早期外纹状体皮层所产生的外源性P1和N1成分重叠，这些波形也通过自上而下或者自下而上的注意而增强。情绪词也发生类似的效应（见本书第13章）。更少的调节效应也出现在物体分类加工相关成分中，诸如颞枕N170成分，该成分编码更多的面孔特征和结构信息（见本书第7章）。相应地，对颅内梭状回的情绪面孔反应的直接记录显示仅在N170峰值后出现了情绪增强效应（Pourtois, Spinelli, Seeck, & Vuilleumier, 2010a; 见图14.3a）。在一些情况下，例如当恐惧或者威胁条件化面孔呈现在外周视野时，会更早产生C1成分（该成分出现在刺激呈现后80—90 ms，可能产生于初级视觉皮层）（Pourtois et al., 2004; Stolarova et al., 2006）。在听觉领域，与中性声音刺激相比，恐惧声音或者愉悦和非愉悦条件化声音也能够在刺激呈现150 ms后诱发更大的ERP成分（见本书第11章）。然而，一些情绪效应可能并不总是进行优先加工，而是出现在对情绪刺激的持续减少的习惯的后（见本书第11章）。

除了调节这些早期知觉反应，情绪刺激也能引发不同的晚期成分（即300—400 ms），例如P3或者持续晚期正电位（LPP；见本书第4章）。这些效应可能与更详细的情绪和认知评价，以及记忆有关（见本书第4章）。溯源定位分析表明，这些LPP来源于广泛的大脑皮层网络，包括前额叶、扣带回和顶叶，与注意控制和情绪调节相关。然而，收集同一批被试的EEG和fMRI结果发现，LPP幅度与颞枕区的血氧动力反应增加相关（Sabatinelli, Lang, Keil, & Bradley, 2007）。而且，面孔反应梭状回皮层可能对恐惧表情呈现持续激活（>700—800 s），远超刺激持续时间本身（Pourtois et al., 2010a）。

与fMRI结果一致，在EEG方面，消极和积极刺激都呈现了感觉反应的情绪增强。因此，尽管大量研究集中于恐惧和愤怒面孔，但是越来越多的实验表明愉悦和唤醒刺激也会诱发相似的增强效应（早期和晚期），包括婴儿图片（见

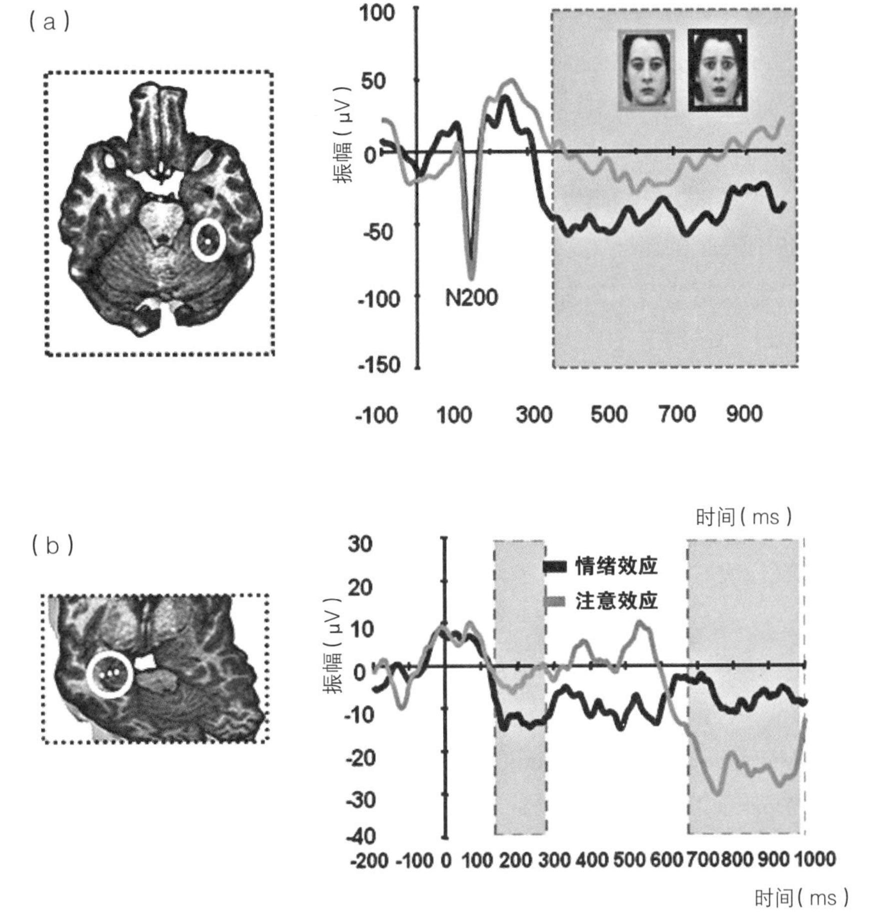

图14.3　癫痫手术前颅内记录患者在面孔加工的情绪和注意效应。（a）右侧梭状回电极所记录的平均局部场电位，表明1-back重复任务期间中性和恐惧面孔的平均反应。恐惧面孔比中性面孔呈现更强的皮层反应，出现在面孔特异性N200之后（N170的颅内对应成分），持续负成分一直延续超过500 ms。摘自波特斯、斯皮内利（Spinelli）、瑟克（Seeck）和维里米尔（2010a）。（b）图a所示面孔-房子注意任务期间杏仁核的平均局部场电位，表明了情绪主效应（中性和恐惧面孔相减）和注意主效应（任务相关面孔和任务无关面孔相减）。情绪调整效应开始于约130—140 ms，然而注意调整效应则出现较晚，约在刺激起始后600—700 ms。摘自波特斯、斯皮内利、瑟克和维里米尔（2010b）

Cunningham & Brosch, 2012）。尽管如此，威胁刺激仍比积极刺激出现更早，效应更强（Weymar, Low, Öhman, & Hamm, 2011）。然而，不同类型消极情绪可能产生不同效应。例如，尽管厌恶表征身体威胁，而且在行为研究中目标探测加快（Bayle, Schoendorff, Henaff, & KrolakSalmon, 2011），但是一些EEG研究发现厌恶诱发更弱的反应，可能与感觉拒绝机制有关（Krusemark & Li, 2011; 见本书第2章）。而且，在外周水平上，厌恶主要由副交感神经系统中介，而恐惧涉及交感神经系统（也见本书第3章）。然而，这些效应可能依赖于其他因素，与复杂语义加工和场景整合机制有关，而不是更基础的和反射性的刺激评价加工（与情绪注意相关）。而且，如果不分别操纵注意和情绪，它们可能很难从自上而下的注意效应中分离。

总之，功能成像和电生理数据表明，对于不同感觉模块和不同种类的刺激，情绪信号可能促进早期感觉皮层的知觉加工。这种促进可能由知觉加工中的刺激特异和非特异增加构成，从而引发情感相关事件更稳定的表征。该增强也可能有助于增强情绪信息反应时皮层的可塑性和学习能力，尤其是与晚期持续的皮层增强相关联时（例如，Pourtois et al., 2010a）。值得注意的是，情绪引发的早期知觉调节在许多方面可以与内源性（自上而下）或者外源性（自下而上）注意系统相媲美，这些机制在P1和N1时间窗口进行知觉分析。因此，情绪脑系统可以提供额外的知觉调节处理的来源，在相似的知觉阶段对意识竞争起到偏向作用。

然而，情绪和注意机制似乎相对独立，涉及部分不同的神经环路，并互为补充（Amting et al., 2010; Brosch, Pourtois, Sander, & Vuilleumier, 2011; Keil, Moratti, Sabatinelli, Bradley, & Lang, 2005; Lucas & Vuilleumier, 2008）。而且，情绪偏向不能简单设计为自上而下或者自下而上，因为它们共享两个注意系统的成分（见图14.2和图14.5b）。这些偏向可能被理解为反映情绪性注意（Vuilleumier, 2005）或者动机性注意（Lang et al., 1998）的特定神经机制，与其他自上而下和自下而上的注意机制同时促进选择感觉信息。但是，有待阐明的是，这些情绪效应中哪个真正和其他注意增强共享（就神经位置和潜伏期而言），哪个与情绪更加相关，哪个区分不同情绪种类或者不同情绪维度（诸如效价和唤醒）。好像不可能所有情绪线索对知觉加工都存在相似的关联和影响。而且，也需要更多研究将注意任务中的大脑反应与行为联系起来。在视觉搜索或者注意瞬脱任务中，鲜有研究直接探讨感觉反应和情绪刺激之间的相关性（例如，De Martino, Kalisch, Rees, & Dolan, 2009; Krusemark & Li, 2011）。

最后必须指出的是，除了增加感觉皮层反应，情绪信号也可能增加注意控制相关的脑区活动，包括后顶叶（Vuilleumier, 2005）。这可能会影响感觉通道上自上而下的注意信号。尤其是在点探测任务中展示恐惧条件化图片（Armony & Dolan, 2002）、威胁面孔（Pourtois, Thut, Grave de Peralta, Michel, & Vuilleumier, 2005），甚至是积极的情绪刺激（例如婴儿面孔；见Cunningham & Brosch, 2012），都能观察到该效应。在这些任务中，外周呈现威胁相关线索激活额顶网络，可能反映注意转换到情绪线索位置（Armony & Dolan, 2002）。而且，当中性目标（点）前面呈现一对面孔线索（中性和情绪各一个）时，前面是中性线索的目标，比前面是情绪线索的目标，在目标同侧的顶内沟（IPS）诱发更少的血氧含量依赖反应，与对侧情绪线索的注意捕获和同侧目标的重新定向能力下降的情况相一致（Pourtois, Schwartz, Seghier, Lazeyras, & Vuilleumier, 2006；见图14.2b）。而且，情绪线索后出现的目标在外侧枕叶皮层产生更强的血氧水平依赖反应（Pourtois et al., 2006），在EEG中产生更大的P1成分（Pourtois et al., 2004; 图14.2c），与视觉加工优化和更好的目标探测相一致（Phelps et al., 2006）。采用EEG（Pourtois et al., 2005）详细分析这些效应的时间进程，结果表明，该范式中顶叶调节效应可能是由情绪线索的初始反应诱发的，而且随后引发了自上而下的空间注意信号，从而增强目标加工，但是仅限目标出现在情绪线索相同位置时（见图14.2d）。然而，需要进一步研究阐明情绪输入是如何到达顶叶的，而且空间线索效应多大程度依赖于对可能目标位置的期望（例如，Huang et al., 2011; Notebaert et al., 2010)。

情绪偏向信号中杏仁核的作用

什么大脑环路负责促进情绪刺激的感觉神经反应？这和额–顶驱动的注意系统有何不同？大量解剖、神经成像和神经心理学证据表明：杏仁核可能是知觉和注意中情绪偏向的重要来源，与它在协调情绪反应时的重要作用保持一致（也见本书第1、5章）。

首先，皮层感觉区的情绪调整强度常常与杏仁核激活幅度相关（Morris et al., 1998; Peelen et al., 2007; Pessoa et al., 2002; Sabatinelli et al., 2005）。有些条件下杏仁核激活增强，例如患蛇恐惧症的个体相对于正常个体，其杏仁核对蛇图片反应敏感，与视觉区域增强的激活有关（例如 Sabatinelli et al., 2005），行为反应也增强（Flykt & Caldara, 2006）。杏仁核反应通常与所观察到的感觉区域激活和行为表现的偏向相一致。的确，杏仁核主要对感觉刺激的唤醒或者相关性价值敏感，而不是仅对消极效价敏感，尽管许多研究经常发现，唤醒–效价的交互作用和个体对威胁性刺激的反应敏感（见本书第1章）。

其次，杏仁核参与对感知觉和注意力的皮层通路的调节，因为它和所有感觉系统存在双向联系。在视觉模块方面，恒河猴追踪研究表明，视觉皮层投射经过了高度组织，从而实现了杏仁核喙部到视觉皮层喙部（高水平）的投射，杏仁核尾部到视觉皮层尾部（低水平）的投射（Freese & Amaral, 2006）。在微观水平，有证据表明杏仁核投射到拥有兴奋性反馈突触模式的早期视觉皮层的椎体神经元（Freese & Amaral, 2006）。听觉和躯体感觉模块也观察到相似反馈投射。人类的 MRI研究采用弥散张量成像（DTI），确定了下纵束的拓扑组织纤维直接联结杏仁核和早期视觉皮层，其中可能包括反向投射（Gschwind, Pourtois, Schwartz, Van De Ville, & Vuilleumier, 2012）。

关于杏仁核反馈的因果作用的更多直接证据可以通过脑损伤研究获得。特别是fMIR实验表明，内侧颞叶硬化患者，选择性损伤了杏仁核和海马。当患者观看恐惧面孔时，相对于中性面孔，没有呈现梭状回调整作用，不像健康被试中所观察到的梭状回激活增加（Vuilleumier, Richardson, Armony, Driver, & Dolan, 2004; 见图 14.4）。然而，当颞叶硬化仅影响海马但是杏仁核完整时，观察到正常调整。而且，视觉皮层的调整损失和同侧杏仁核硬化程度相关。也就是说，右侧杏仁核硬化越严重，右侧梭状回的情绪效应损失越多，反而左侧杏仁核硬化预示左侧梭状回的情绪效应损失。这些发现意味着，每个杏仁核主要投射到同侧半球，这与猴子的解剖示踪数据保持一致（Freese & Amaral, 2006）。在右内侧颞叶癫痫的患者的视觉区域对面孔做出反应时，也观察到相似的情绪增强效应损失（Benuzzi et al., 2004）。

重要的是，杏仁核硬化患者以相同距离注意面孔[比之注意其他刺激（房子）]时，仍发现梭状回的强烈激活（Vuilleumier et al., 2004），这表明其他在有意控制之下的自上而下的注意影响是完整的。这些结果指出除了杏仁核参与情绪评价和学习这一已得到公认的结论外，杏仁核在视觉皮层的情绪调节面孔加工中也发挥更直接的作用，还揭示了无意识的情绪注意机制和有意识的自上而下的注意机制之间的分离。在健康被试（Vuilleumier et al., 2001）和杏仁核完整的患者（Vuilleumier et al., 2004）中，当恐惧面孔呈现在注意焦点之外时（相对于中性面孔），他们的梭状

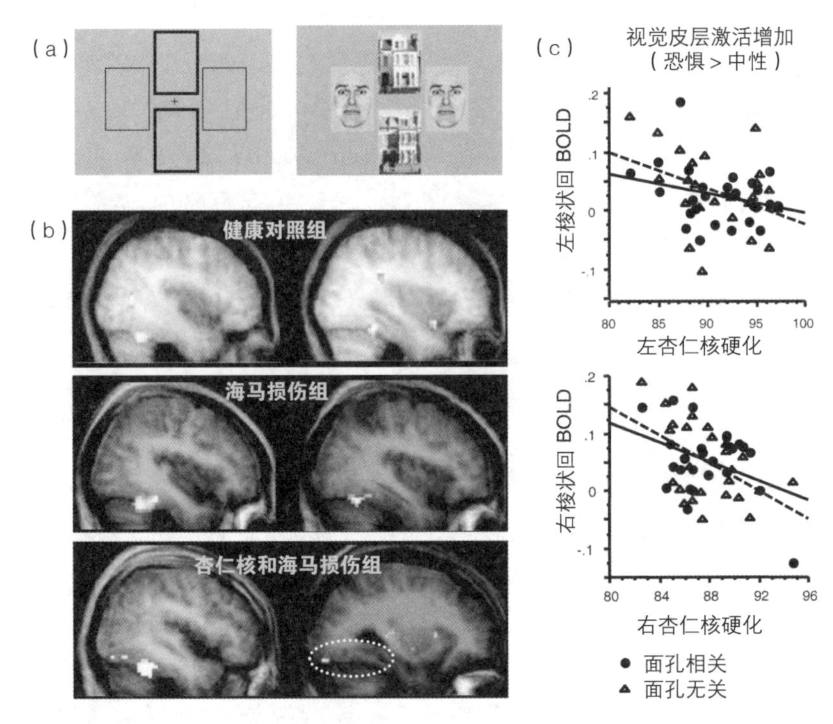

图14.4 颞叶内侧硬化患者在杏仁核损伤后出现情绪注意损失。(a)视觉匹配任务，用于检验面孔刺激是任务相关(注意面孔)或者任务不相关(忽略面孔)时恐惧面孔表情的脑反应。两个面孔和两个房子出现在每个试次，相互正交(右侧)。要求被试根据先前线索(左)对水平对或者垂直对进行反应。(b)恐惧面孔和中性面孔对照，不管任务相关性。相对于中性面孔，健康被试和海马硬化患者(杏仁核完整)都呈现梭状回对恐惧面孔反应的完整调整。然而，海马和杏仁核都损伤的患者则不出现情绪增强效应。(c)视觉区域的调整损失与FFA同侧的杏仁核硬化程度相关，表明杏仁核主要投射到同侧视觉皮层，而且因果中介视觉皮层所观察的情绪增强。摘自维里米尔、理查德森(Richardson)、阿莫尼、德伊弗(Driver)和多兰(2004)

回激活更强。该研究结果表明，杏仁核对视觉皮层的调节一定程度上可能持续存在，甚至当内源性注意没有集中在情绪刺激上，这与先于外显注意的分离影响视觉加工的观点相一致。

内侧颞叶硬化症患者的EEG研究结果也表明大脑皮层对恐惧面孔的异常反应(Rotshtein et al., 2010)。杏仁核损伤导致早期P1(100—150 ms左右)和晚期P3(500—600 ms左右)时间窗呈现情绪效应的选择性缺失，该情况也出现在杏仁核完好的癫痫患者中。这些变化与知觉加工及其随后的注意或者记忆编码阶段的破坏相一致。相比之下，在中期(150—250 ms)时间窗口，N1-N2成分可能与面孔和表情的视觉结构加工相关，在该时间窗杏仁核损伤没有影响对不同情绪调节效应。这些数据也与啮齿动物的研究一致(Armony, Quirk, & LeDoux, 1998)，表明损伤杏仁核能够消除听觉皮层对恐惧条件化声音的晚期(500—1500 ms)调节作用，但是对最初的自上而下的短潜伏期(0—50 ms)反应没有影响。

杏仁核损伤患者的行为研究也报告，在包含情绪刺激的视觉和注意任务中，患者的行为绩效受损。例如，患者PS选择性损伤杏仁核(Kennedy

& Adolphs, 2010)，识别恐惧面孔缺陷主要是因为缺少注意眼睛部分（包含最明显信息），表明杏仁核损伤没有消除恐惧表情的内部表征，而是破坏了探索面孔特征的眼部动作。而且，注意瞬脱任务快速呈现词语序列，结果发现颞叶切除后，左侧杏仁核损伤患者虽然能够识别词语的情感语义，但是没有观测到情绪优势效应（Anderson & Phelps, 2001）。与此一致，词语注意瞬脱的fMRI研究报告（Schwabe et al., 2011）指出，情绪T2目标的左侧杏仁核激活和探测率增加相关。而且，情绪T1目标后延长的注意瞬脱，相对于中性T1目标，引发更强的前扣带回和眶额皮层的激活，可能反映了更深层的情绪评价和/或与注意皮层网络的更强的交互作用。然而，另一个fMRI研究发现（De Martino et al., 2009），前扣带回反应与情绪T2探测改善相关，但是在杏仁核没有发现这种效应。双眼竞争的其他研究结果表明，相比视觉抑制，情绪刺激探测增强与杏仁核/腹侧视觉区的功能连接加强有关（Amting et al., 2010）。总之，这些研究数据表明，杏仁核可能在增强情绪刺激的皮层加工中发挥重要作用，从而促进情绪刺激通达意识。

相比之下，对单侧和双侧杏仁核损伤的患者的研究发现，在注意瞬脱任务中当情绪刺激作为分心物（T1; Piech et al., 2011）和目标（T2; Bach, Talmi, Hurlemann, Patin, & Dolan, 2011），或者出现在视觉搜索任务（Piech et al., 2010; Tsuchiya, Moradi, Felsen, Yamazaki, & Adolphs, 2009）中时，存在保留的情绪刺激优势。在这些条件下，探测增强仍然基于不同特征的操作；这些特征经过深度学习，在前扣带回和眶额皮层引发强烈的激活，因为这些区域也和情绪的注意捕获有关（De Martino et al., 2009; Lucas & Vuilleumier, 2008; Schwabe et al., 2011）。因此，知觉和注意中情绪偏向的神经源，可能不是完全依赖杏仁核，而是在杏仁核功能失调时还具有替代结构。同样地，有研究表明，丘脑核可能与杏仁核并行或者协调，整合不同皮层区编码的感觉信息，并扩大感觉加工，以引导注意潜在相关的刺激（Pessoa & Adolphs, 2010）。这与亚皮层丘脑核在其他注意过程的重要作用、丘脑核和杏仁核频繁共激活相一致（Tamietto & de Gelder, 2010; Vuilleumier, Armony, Driver, & Dolan, 2003）。以后研究需要更好地理解这些不同环路对加工刺激突显性的作用、相对于其他特性（例如新颖性，异常性，和模糊性）的情绪信息的特异性。

情绪和注意偏向的不同来源

本节的重点问题是，知觉能同时受到多个源调节，不仅包括内源的、外源的或者基于对象的视觉注意，而且包括来自杏仁核的情绪反馈，以及其他情绪加工脑区（Pourtois et al., 2012）。正如前文所提到，由于不同来源产生的加工偏向可能相对独立和相互叠加，它们在某些条件下相互作用，共同调整知觉通路。因此，正像外源性和基于物体的注意被认为与内源性机制存在交互作用（Driver, 2001），基于情绪的偏向系统可能并行操作，但是受到其他同时发生的注意影响的限制（Pessoa et al., 2002）或者加强（Phelps et al., 2006）。

情绪和内源性注意的独立和叠加效应证据，来自诸多研究分别操纵或者测量两个因素。例如，正如前文提到的fMRI实验，当面孔和房子图片在不同的位置呈现，要求被试必须集中注意面孔或者房子（见图14.4a的例子）。而且，面孔可能是恐惧的或者中性的。选择性注意面孔而不是房子会增强梭状回皮层激活，但是不管注意或忽略，恐惧面孔在相同区域都会产生额外激活。该模式被范式相同但是被试不同的几个研究重复验证（Bentley, Vuilleumier, Thiel, Driver, & Dolan, 2003; Vuilleumier et al., 2001, 2004），表明当注意朝向其他刺激（例如房子）时，情绪信号仍然起作用。类似地，无论注意或忽视，杏仁核也被恐惧面孔激活，这与杏仁核调整梭状回活动的作用一致。在另一研究中使用稳态脑电（steady-state EEG；Keil et al., 2005），情绪或者中性场景在右侧或左侧视野闪现，同时在不同试次注意转向一侧或者另一侧视野。不管注意与否，注意图片或者情绪图片都增强了对侧视觉区域的视觉反应。相比之下，在另一范式中，情绪面孔呈现在中央视野，而外周栅条目标呈现在上方外周视野中（Pessoa et al., 2002），结果发现梭状回反应完全消失了（尽管面孔出现在中央），而且当被试注意栅条时没有发现情绪调节效应。这些结果表明，任务较难时情绪加工及其随后的反馈不会出现，而且会导致皮层加工对未注意刺激的完全抑制（见本书第15章）。然而，注意条件的区组设计和fMRI数据缺少梭状回活动，所以无法可靠地测量非注意刺激的情绪效应。

在行为研究中也观察到注意和情绪效应之间相互分离的情况。正如前文所述，在视觉搜索任务中情绪目标促进的探测随着分心物增多而减缓（Gerritsen et al., 2008）。同样地，右侧顶叶损伤后左侧视野消失的患者，通常能更好地在对侧视野空间探测情绪刺激，尽管他们不能有意集中注意于对侧视野，并且在对侧视野比同侧视野错失更多情绪刺激（见Domínguez-Borràs et al., 2012）。该模式表明，尽管控制内源性或外源性注意的额顶网络损伤，情绪偏向仍可以在这些病人中运行和促进注意（或者部分抵消注意缺陷）。有趣的是，在调查左侧忽视面孔（Lucas & Vuilleumier, 2008）和声音（Grandjean, Sander, Lucas, Scherer, & Vuilleumier, 2008）的两个研究中，解剖损伤数据分析表明，患者顶叶损伤程度越大，情绪刺激的相对优势越强，然而患者损伤扩展到眶额皮层和亚皮层基底神经节环路时，情绪效应减弱。这些结果进一步支持了独立神经基质介导感知中的情绪和空间偏向，而且眶额皮层可能为情绪加工和注意控制之间提供重要干扰（见前文讨论）。

而且，忽视左侧视野的患者的fMRI研究结果表明，在视觉皮层保留情绪效应，即与中性刺激相比，锁状区对恐惧面孔反应更强（Vuilleumier et al., 2002），而旁海马回皮层对消极场景激活更强（Grabowska et al., 2011）。甚至刺激呈现在左侧视野也会引起这些效应，尽管顶叶损伤导致自上而下的注意丧失，这可能解释了在被忽视空间中对情绪刺激探测的相对改善。而且，在忽视左侧视野的顶叶患者个案研究中（Domínguez-Borràs et al., 2012），把巨大噪声和红色形状反复配对建立厌恶条件后，发现左侧视野对红色形状的错失选择性减少，并且伴随着视觉皮层对该刺激激活的增强，以及杏仁核的显著激活。这些结果和健康被试的研究结果表明，简单视觉刺激的情感条件反射可以促进它们在早期视觉皮层中的表征并提高探测效能（Stolarova et al., 2006）。更一般地说，这些发现表明情绪和注意影响视觉感知的不同来源。

最后，一项研究使用点探测范式系统操纵三种类型注意偏向（Brosch et al., 2011），表明了自下而上（外源性）、自上而下（内源性）和情绪线索对空间定向的叠加效应。目标（小矩形）在屏幕任意一侧呈现，同时通过指示箭头（涉及内源性注意）、明亮闪烁（外源性）或恐惧面孔操纵注意。每个线索可能是有效的或者是无效的，并且彼此正交。行为结果表明，目标探测潜伏期的促进以线性方式随不同线索的联合增加有效性（以至于目标前的有效恐惧面孔或者外源性闪烁加快反应时，甚至当注意是内源性定向到另一侧，但是小于当所有线索定向到正确一侧时）。后续脑电研究采用类似的方法，比较由情绪和外源性线索所诱发的两个无意识效应（Brosch et al., 2011），结果揭示这两个因素在两个不同时间窗口运行：外源性线索的锁时事件相关电位在N2pc成分特定增强，表明注意快速转换到线索侧；然而，情绪线索提高了目标的P1成分，说明视知觉增强。因此，ERP清楚区分了不同加工，它们是由情绪意义或者刺激的外源性物理特性所诱发的注意偏向的中介。

不仅如此，尽管这些结果表明了情绪偏向的独立来源，但是一些数据也指出在一些情况下出现交互作用。例如，fMRI（Pessoa et al., 2002; Vuilleumier et al., 2001）和心理生理（Phelps et al., 2006）研究表明，情绪线索可能增强注意刺激而不是非注意刺激的早期皮层活动（例如，V1）。这是否反映了V1在整合不同自上而下信号以建立视觉显著性地图中起到的关键作用，引导注意或促进有意识的视觉，这仍然需要进一步研究（Li, 2002）。相比之下，其他区域的情绪效应（例如，梭状回面孔区）可能更与注意叠加有关，而与刺激的意识知觉无关（Vuilleumier et al., 2001, 2002）。

情绪线索的前注意或者无意识加工

知觉的情绪偏向甚至在同时或者完全注意到相关刺激之前就应该出现。尽管围绕该问题的观点存在大量争议（见本书第15章；Pourtois et al., 2012），但是在许多（尽管不是所有）情景中，没有外显注意或者意识时刺激会激活杏仁核（Tamietto & de Gelder, 2010; Whalen et al., 2004）。然而，杏仁核反应及其投射到感觉区域受到不同脑区信号的调节，例如前额叶皮层（见图14.5a），从而根据皮层产生不同的偏向效应（Vuilleumier, 2008）。因此，杏仁核反应可能被与任务相关的需求调节，包括有意注意或认知负荷（见本书第15章），以及当前情绪状态和人格特质（见本书第24章）。因此，急性应激不仅增加杏仁核反应，抵消任务负荷效应，而且降低威胁的选择性（van Marle, Hermans, Qin, & Fernandez, 2009）。

前注意刺激加工的神经通路仍然不清楚。在视觉模块，一个假设认为初级视觉信号可能通过亚皮层视觉通路（也许是大分子通路）进行提取，包括上丘和丘脑核，然后直接投射到杏仁核（Tamietto & de Gelder, 2010）。该亚皮层通路（见图14.5a）的存在基础被假设是枕叶皮层损伤的视盲患者仍然残存的情绪加工（Tamietto & de Gelder, 2010），以及没有感觉皮层的动物仍然保存的恐惧条件化功能（Romanski & LeDoux, 1992）。人类视觉丘脑核和杏仁核的直接联系仍然存在疑问（Pessoa & Adolphs, 2010），但是该联系出现在低级灵长类动物中（Day-Brown, Wei, Chomsung, Petry, & Bickford, 2010）。从脑干到杏仁核的其他亚皮层视觉通路在鼠类中也被发现（尽管在人类中是否发现仍未知；Usunoff, Itzev, Rolfs, Schmitt, & Wree, 2006）。此外，视盲可能依赖外侧膝状体到颞叶皮层的直接输入（Schmid et al., 2010），或从丘脑核到人类梭状回的通路感知世界（Clarke, RiahiArya, Tardif, Eskenasy, & Probst,

1999)。这就提供了另外一条亚皮层通路，它绕过早期枕叶皮层，先于意识投射到杏仁核（或其他脑区）。然而，在健康被试无意识或者前注意情绪加工中可能不必通过特定的亚皮层路径实现。一些视觉输入可能通过皮层-皮层通路扩散，共享意识和注意加工，但是存在不同的潜伏期、震荡频率或者波幅（Pourtois et al., 2012; Vuilleumier, 2005）。同样地，阈下刺激能够诱发无意识语义加工，而无须特定亚皮层通路参与（Dehaene, Changeux, Naccache, Sackur, & Sergent, 2006）。

人们现在对杏仁核对情绪线索的反应潜伏期仍然知之甚少。情绪面孔的杏仁核激活时间不同，人类MEG发生在刺激后约40—140 ms（Luo et al., 2010），但是颅内记录发生在刺激后约140 ms（Pourtois et al., 2010b），或者200 ms（例如，Krolak-Salmon, Henaff, Vighetto, Bertrand, & Mauguiere, 2004）。因此，这些效应可能出现在皮层刺激识别的神经印迹之前或者并行出现。应用颅内记录（Kawasaki et al., 2001）和头皮记录（Pourtois, Dan, Grandjean, Sander, & Vuilleumier, 2005; Pourtois, et al., 2004; 见本书第7章），眶额皮层早期激活在刺激呈现后120 ms。这些发现表明眶额皮层可能在情绪对注意的调节中起到了关键作用（Grandjean et al., 2008; Lucas & Vuilleumier, 2008; 见本书第6章和图14.5a）。而且，当恐惧图片出现在注意或者非注意位置时，颅内记录揭示在刺激后140 ms左右也出现了相似的杏仁核反应（见图14.4a任务），但是600 ms后出现了晚期持续反应，是因为外显注意面孔增强（见图14.3b）。在相同任务中，头皮记录也发现额叶早期情绪效应出现在约100 ms，但是自上而下的注意效应约从200 ms开始（Holmes, Vuilleumier, & Eimer, 2003）。

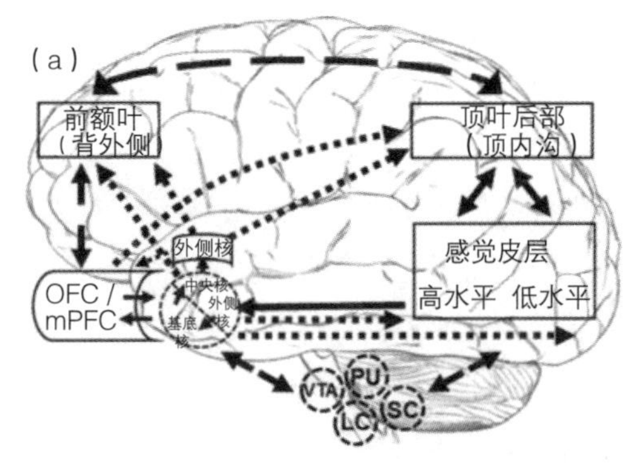

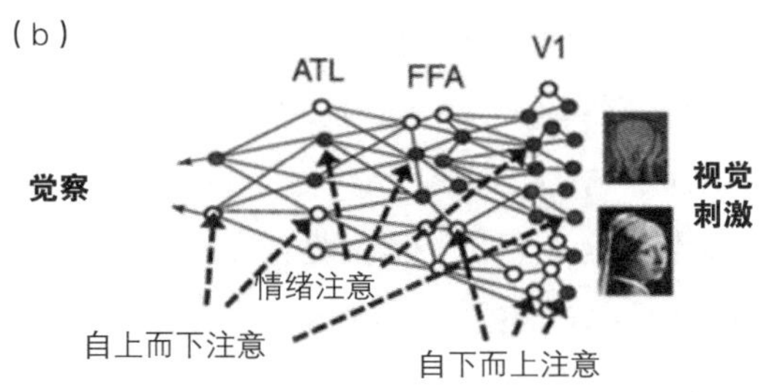

图14.5 情绪和注意控制互相连接通路结构图。(a) 自上而下的感觉输入主要投射到杏仁核的外侧核，但是反馈主要是来源于外侧核和基底核 (b)，并且在感觉通路的不同阶段放大情绪相关信息的神经表征（例如，基底核和外侧核，对应于低级和高级视觉皮层）。杏仁核输出通过中央核也能激活端脑基底核的类胆碱能投射，反过来影响顶叶和额叶皮层的神经活动。顶叶和额叶皮层的类胆碱效应可能促进警觉反应和注意转移。投射到脑干的其他系统（LC：蓝斑；VTA：腹侧被盖区；PU：丘脑核；SC：上丘）也同样存在，但是没有出现在本图中。顶叶皮层和感觉区域自上而下交互作用，集中注意资源在任务相关信息上，或者通过杏仁核反应和感觉区域的调制反馈信号，集中于情绪刺激影响的前注意阶段。尽管反馈环路是反射性和无意识的，但是它们的增益也受到来自眶额皮层（OFC）和内侧前额叶皮层（mPFC）的直接影响，以及来自前扣带回（ACC）和背外侧前额叶皮层（dlPFC）相互作用的间接影响。摘自Vuilleumier，2008）。(b) 注意和情绪机制可能以相似的增益控制方式，在部分重叠的感觉阶段，偏向刺激加工，但是影响具有独立和潜在叠加来源。情绪偏向效应不能只是自上而下或者自下而上，因为它们共享了两个注意系统的成分。缩写：前颞叶（ATL），梭状回面孔区（FFA）和初级视觉皮层（V1）。摘自塞仁斯（Serences）、耶缇斯（Yantis）(2006)

因此，合理的解释似乎是，杏仁核和涉及情绪评价的其他边缘系统，诸如眶额皮层，可能在早潜伏期便通过前反馈输入得到了激活，这一过程发生在内源性和外源性注意系统参与之前或与之同时发生（Vuilleumier, 2005）。在杏仁核中，快速情绪分类可能在情绪意义相关的知觉特征上操作，例如通过视觉大分子通道传递的低空间频率（例如，Alorda, Serrano-Pedraza, Campos-Bueno, Sierra-Vázquez, & Montoya, 2007; Pourtois, Dan, et al., 2005; Vuilleumier et al., 2003; 见 Morawetz, Baudewig, Treue, & Dechent, 2011），或者其他简单形状属性，例如尖锐轮廓（Bar & Neta, 2007）。该观点和一项反直觉发现相一致，当以更高离心率呈现在视野时，恐惧和厌恶面孔表情能被更好地探测到，即使视觉分辨率降低（Bayle et al., 2011）。早期激活的杏仁核，通过直接反馈（Amaral et al., 2003; Vuilleumier, 2005）或者间接投射到前额和顶叶的背侧注意系统（Vuilleumier, 2005; 见图 14.5a），接着调节感觉皮层。显然，这需要更多研究探讨情绪和注意效应在不同脑区的精确时程以及两者之间的因果关系。

类胆碱能和肾上腺素通路的神经调节作用

情绪注意的另外一条通路，是通过激活类胆碱能和肾上腺素系统的调制性神经递质，杏仁核间接影响大脑皮层。端脑基底的胆碱核群接收杏仁核的密集输入，通过投射到额叶、顶叶和感觉皮层调节警醒性（Holland & Gallagher, 2004）。相对于安慰剂，前类胆碱药物毒扁豆碱，不能调节梭状回皮层对恐惧面孔的情绪增强效应（Bentley et al., 2003）。然而，当恐惧面孔未被注意时，毒扁豆碱导致外侧眶额皮层和前扣带回反应增加，但是降低了顶内沟的反应。这些研究表明，乙酰胆碱不负责感觉区域的激活，但是可能通过额顶交互作用促进对未注意情绪信息的“分散”加工（Bentley et al., 2003）。

中央杏仁核也对肾上腺素通道和脑干蓝斑有很强的输出。蓝斑向大脑广泛区域发送去甲肾上腺素，从而调节唤醒和自主神经功能。这些投射都以时相性或者持续性方式运行，分别促进内源性注意或灵活性，并且调节感觉神经元的接受野（例如，Aston-Jones, Rajkowski, & Cohen, 1999）。而且，即使缺乏有意识的觉察，蓝斑也对恐惧面孔产生反应（Liddell et al., 2005）。这些效应可能导致情绪注意加工，但是没有人类研究系统调查与该特定功能的联系。

奖赏和积极情绪

大多数关于知觉和注意中的情绪增加的神经机制结果和模型，都涉及消极情感负载的刺激。然而，在积极刺激中也能观测到相似的脑激活模式，尤其是高唤醒度刺激。因此，欲望的视觉场景、微笑面孔、开心声音，都可能激活杏仁核（Sabatinelli et al., 2005; 见本书第 11 章），而且有时也产生类似威胁的注意偏向（见前文讨论）。相比之下，积极刺激或积极心境也被报告产生了不同效应，这与消极情绪相反。例如，在空间定向或者侧翼过滤任务中，当与积极事件相联系时注意广度更大，但是当与消极事件相联系时注意广度更小（Fenske & Eastwood, 2003）。积极情绪也可能扩大注意宽度，例如增加外周分心物的视觉皮层反应（Schmitz, De Rosa, & Anderson, 2009）。因此，需要更多研究来进一步阐释效价对注意的影响——尤其是探究产生这种效应的关键的情感维度，并且确定对于不同情绪分类或任务，哪些机制是共同的、哪些是不同的。

积极或者食欲线索可能与奖赏有关。除了杏仁核，奖赏信号激活多巴胺能从腹侧被盖区投射到纹状体和前额叶。多巴胺也可能在增强情绪显著事件的加工和探测中发挥作用。例如，中脑边缘和纹状体的多巴胺神经元对变化的环境条件做出反应，无论欲望的还是厌恶的（见本书第19章）。而且，几项研究发现，在视觉搜索任务中，与奖赏配对条件化的目标或者特征能更快被探测到（Hickey, Chelazzi, & Theeuwes, 2010），这表明高价值刺激无意识地捕获注意。在具有追求奖赏的人格特征的被试中，这些效应更强（Hickey et al., 2010）。

与这些行为效应一致，动物神经生理数据表明，奖赏强化了许多控制注意或眼动的脑区的神经活动，诸如内侧顶叶皮层、额叶眼睛区域或者上丘脑（见Vuilleumier, 2005），与自上而下注意所涉及的网络重叠。奖赏关联还可能强化对有价值的刺激的感知觉皮层表征，包括初级视觉皮层，尤其是在早潜伏期（Shuler & Bear, 2006）。正如在其他刺激下所观测到的威胁相关效应，该效应好像无须注意或者随意控制。神经心理学结果表明，顶叶损伤和空间忽略患者仍然存在该效应，它改善了忽视侧注意，表明该效应可能部分独立于额顶注意系统（Domínguez-Borràs et al., 2012）。然而，奖赏偏向的精确机制及其与多巴胺系统的关系仍不清楚。奖赏神经环路与杏仁核功能相关的神经环路，是相似的还是存在一定的差异，这仍然存疑。

结论

与情绪卷入有机体适应环境潜在挑战的观点一致，行为和神经成像数据表明情绪和注意的紧密联系，共同引发知觉和意识偏向。情绪似乎通过反馈调制信号与注意机制共享相关的功能。二者都影响感觉输入选择（诸如行动或者记忆表征）（见图14.5b）。许多任务（简单探测和定向搜索、双眼竞争）的结果表明，情绪分心物优先引导注意目标或者捕捉注意。尽管威胁线索常常被调查并且被发现产生最强的效应，然而其他情绪，包括愉悦或者奖赏，也可能诱发相似的注意绩效优势。然而，积极和消极情感也可能存在效应差异。从现象学角度来看，恐惧与其他情绪相比可能与注意改变有某种特定的联系。不同类型的厌恶情绪刺激可能产生不同效应，例如威胁吸引注意，而厌恶转移注意。然而，该观点仍然需要更多研究支持。

在神经层面上，也有相当多证据表明情绪影响知觉和注意，既以感觉皮层内刺激表征的直接强化为中介，也以更间接的额顶注意系统调节为中介。通过直接反馈投射到感觉区域和间接投射到额顶区域（可能通过眶额皮层和前扣带皮层），以及通过类胆碱能和去甲肾上腺素亚皮层系统，杏仁核似乎在这些调节中发挥关键作用。除了杏仁核，其他系统也可能促进基于情感意义的感觉加工偏向，尤其是在与奖赏价值相关的任务时，中脑缘多巴胺系统明显活跃。杏仁核损伤患者在一些注意任务中仍然表现出一定的情感偏向。我们仍需要对不同情绪引发的神经机制做深入的研究，探讨情绪在不同任务所起的作用，以及对不同种类刺激的反应性。

最后，有证据表明，情绪系统所产生的调节

效应与有意注意系统所控制的效应之间可能部分上相互独立，也可能相互补充（叠加或竞争）。然而，尽管在很多情况下这些效应可能是反射性的或无意识的，如同神经系统的其他反射环路一样，但是这些效应可能受到多种因素影响（放大或最小化）。这些因素可能包括任务需求，期望、实验背景、经验，或者诸如焦虑和紧张的内部状态。总的来说，该神经系统表明知觉加工的“多注意增益控制”模型（Pourtois et al., 2012），神经偏向的不同来源在竞争刺激中通过不同的通路和时间进程共同作用于引导相关信息的选择。因此，在基于空间位置和特征线索和在基于感觉事件的潜在情感价值任务中，注意选择调节神经反应的强度。

总之，注意易被刺激特征或者客体效应所影响，注意也易被情绪或者价值的表征所影响，这反映了知觉系统会优先编码某些刺激表征。这些效应表明，情绪注意或动机注意可能存在特定的脑环路，在自下而上和基于意识知觉的自上而下之间的动态交互中起着一定的补充作用。

重点问题和未来方向

· 基于情绪的注意机制是否还依赖其他神经环路（除了杏仁核）？如果这样，是哪一个？不同系统的作用是什么？是否不同情况下所涉及的系统会不同？

· 不同情绪线索所观察到的情绪注意的特定和共同效应是什么？尤其是消极（例如威胁）或者积极（例如奖赏）相关信息。什么是产生这些效应的关键情绪维度？

· 不同刺激种类（面孔、场景、声音、语气）或者不同任务产生的基于情绪的注意效应是否相似？与刺激情感意义相反，特定物理特征在诱发这些效应的特定作用是什么？

· 哪些条件（或者刺激）允许情绪无外显注意或者无意识觉察时影响知觉？

· 个体或者情境因素在调整基于情绪的注意效应中所起的作用是什么（例如，当前情感状态或者心境、期望、先验经验、习惯或者任务目标）？

· 人类直接神经元记录（例如颅内脑电）或者因果干预的动物模型（例如微刺激、光遗传），能否帮助确定情绪和注意加工时不同脑区活动功能的相互作用及其时间进程？

参考文献

Alorda, C., Serrano-Pedraza, I., Campos-Bueno, J. J., Sierra-Vázquez, V., & Montoya, P. (2007). Low spatial frequency filtering modulates early brain processing of affective complex pictures. *Neuropsychologia*, *45*(14), 3223–33.

Alpers, G. W., & Gerdes, A. B. (2007). Here is looking at you: Emotional faces predominate in binocular rivalry. *Emotion*, *7*(3), 495–506.

Amaral, D. G., Capitanio, J. P., Jourdain, M., Mason, W. A., Mendoza, S. P., & Prather, M. (2003). The amygdala: Is it an essential component of the neural network for social cognition? *Neuropsychologia*, *41*(2), 235–240.

Amting, J. M., Greening, S. G., & Mitchell, D. G. (2010). Multiple mechanisms of consciousness: The neural correlates of emotional awareness. *Journal of Neuroscience*, *30*(30), 10039–47.

Anderson, A. K., & Phelps, E. A. (2001). Lesions of the human amygdala impair enhanced perception of emotionally salient events. *Nature*, *411*(6835), 305–9.

Armony, J. L., & Dolan, R. J. (2002). Modulation of spatial attention by fear-conditioned stimuli: An event-related fMRI study. *Neuropsychologia*, *40*(7), 817–26.

Armony, J. L., Quirk, G. J., & LeDoux, J. E. (1998). Differential effects of amygdala lesions on early and late plastic components of auditory cortex spike trains during fear conditioning. *Journal of Neuroscience*, *18*(7), 2592–2601.

Aston-Jones, G., Rajkowski, J., & Cohen, J. (1999). Role of locus coeruleus in attention and behavioral flexibility.

Biological Psychiatry, *46*(9), 1309–20.

Bach, D. R., Talmi, D., Hurlemann, R., Patin, A., & Dolan, R. J. (2011). Automatic relevance detection in the absence of a functional amygdala. *Neuropsychologia*, *49*(5), 1302–5.

Bar,M.,&Neta,M.(2007).Visual elements of subjective preference modulate amygdala activation. *Neuropsychologia*, *45*(10), 2191– 2200.

Bayle, D. J., Schoendorff, B., Henaff, M. A., & Krolak-Salmon, P. (2011). Emotional facial expression detection in the peripheral visual field. *PLoS One*, *6*(6), e21584.

Bentley, P., Vuilleumier, P., Thiel, C. M., Driver, J., & Dolan, R.J. (2003). Cholinergic enhancement modulates neural correlates of selective attention and emotional processing. *Neuroimage*, *20*(1), 58–70.

Benuzzi, F., Meletti, S., Zamboni, G., Calandra-Buonaura, G., Serafini, M., Lui, F., Nichelli, P. (2004). Impaired fear processing in right mesial temporal sclerosis: A fMRI study. *BrainResearch Bulletin*, *63*(4), 269–81.

Blue, V. L. (2010). And along came a spider: An attentional bias for the detection of spiders in young children and adults. *Journal of Experimental Child Psychology*, *107*, 8.

Brosch, T., Pourtois, G., Sander, D., & Vuilleumier, P. (2011). Additive effects of emotional, endogenous, and exogenous attention: Behavioral and electrophysiological evidence. *Neuropsychologia*, *49*(7), 1779–87.

Calvo, M.G., & Nummenmaa, L. (2008). Detection of emotional faces: Salient physical features guide effective visual search. *Journal of Experimental Psychology: General*, *137*(3), 471–94.

Clarke, S., Riahi-Arya, S., Tardif, E., Eskenasy, A. C., & Probst, A. (1999). Thalamic projections of the fusiform gyrus in man. *European Journal of Neuroscience*, *11*(5), 1835–38.

Coelho, C. M., Cloete, S., & Wallis, G. (2010). The face-in-the-crowd effect: When angry faces are just cross(es). *Journal of Vision*, *10*(1), 7, 1–14.

Cunningham, W. A., Brosch, T. (2012). Motivational salience: Amygdala tuning from traits, needs, values, and goals. *Current Directions in Psychological Science*, *21*(1), 54–9.

Day-Brown, J. D., Wei, H., Chomsung, R. D., Petry, H. M., & Bickford, M. E. (2010). Pulvinar projections to the striatum and amygdala in the tree shrew. *Frontiers in Neuroanatomy*, *4*, 143.

De Martino, B., Kalisch, R., Rees, G., & Dolan, R.J. (2009). Enhanced processing of threat stimuli under limited attentional resources. *Cerebral Cortex*, *19*(1), 127–33.

Dehaene, S., Changeux, J. P., Naccache, L., Sackur, J., & Sergent, C. (2006). Conscious, preconscious, and subliminal processing: A testable taxonomy. *Trends in Cognitive Science*, *10*(5), 204–11.

Dolan, R. J., Heinze, H. J., Hurlemann, R., & Hinrichs, H. (2006). Magnetoencephalography (MEG) determined temporal modulation of visual and auditory sensory processing in the context of classical conditioning to faces. *Neuroimage*, *32*(2), 778–89.

Domínguez-Borràs, J., Saj, A., Armony, J. L., & Vuilleumier, P. (2012). Emotional processing and its impact on unilateral neglect and extinction. *Neuropsychologia*, *50*(6), 1054–71.

Driver, J. (2001). A selective review of selective attention research from the past century. *British Journal of Psychology*, *92*, 53–78.

Ethofer, T., Bretscher, J., Gschwind, M., Kreifelts, B., Wildgruber, D., & Vuilleumier, P. (2012). Emotional voice areas: Anatomic location, functional properties, and structural connections revealed by combined fMRI/DTI. *Cerebral Cortex*, *22*(1), 191–200.

Fenske, M. J., & Eastwood, J. D. (2003). Modulation of focused attention by faces expressing emotion: Evidence from flanker tasks. *Emotion*, *3*(4), 327–43.

Flykt, A. (2005). Visual search with biological threat stimuli: Accuracy, reaction times, and heart rate changes. *Emotion*, *5*(3), 349–53.

Flykt, A., & Caldara, R. (2006). Tracking fear in snake and spider fearful participants during visual search: A multi-response domain study. *Cognition and Emotion*, *20*(8), 16.

Forbes, S.J., Purkis, H.M., & Lipp, O.V. (2011). Better safe than sorry: Simplistic fear-relevant stimuli capture attention. *Cognition and Emotion*, *25*(5), 794–804.

Freese, J. L., & Amaral, D. G. (2006). Synaptic organization of projections from the amygdala to visual cortical areas TE and V1 in the macaque monkey. *Journal of Comparative Neurology*, *496*(5), 655–67.

Gerritsen, C., Frischen, A., Blake, A., Smilek, D., & Eastwood, J. D. (2008). Visual search is not blind to emotion. *Perception and Psychophysics*, *70*(6), 1047–59.

Grabowska, A., Marchewka, A., Seniow, J., Polanowska, K., Jednorog, K., Krolicki, L., Kossut, M., Czlonkowska, A. (2011). Emotionally negative stimuli can overcome attentional deficits in patients with visuo-spatial hemineglect. *Neuropsychologia*, *49*(12), 3327–37.

Grandjean, D., Sander, D., Lucas, N., Scherer, K. R., & Vuilleumier, P. (2008). Effects of emotional prosody on auditory extinction for voices in patients with spatial neglect. *Neuropsychologia*, *46*(2), 487–96.

Grandjean, D., Sander, D., Pourtois, G., Schwartz, S., Seghier, M. L., Scherer, K. R., & Vuilleumier, P. (2005). The voices of wrath: Brain responses to angry prosody in meaningless speech. *Nature Neuroscience*, *8*(2), 145–46.

Gschwind, M., Pourtois, G., Schwartz, S., Van De Ville, D., & Vuilleumier, P. (2012). White-matter connectivity between face-responsive regions in the human brain. *Cerebral Cortex*, *22*(7), 1564–76.

Hahn, S., & Gronlund, S. D. (2007). Top-down guidance in visual search for facial expressions. *Psychonomic Bulletin and Review*, *14*(1), 159–65.

Hickey, C., Chelazzi, L., & Theeuwes, J. (2010). Reward guides vision when it's your thing: Trait reward-seeking in reward-mediated visual priming. *PLoS One*, *5*(11), e14087.

Holland, P. C., & Gallagher, M. (2004). Amygdala-frontal interactions and reward expectancy. *Current Opinion in Neurobiology*, *14*(2), 148–55.

Holmes, A., Vuilleumier, P., & Eimer, M. (2003). The processing of emotional facial expression is gated by spatial attention: Evidence from event-related brain potentials. *Brain Research: Cognitive Brain Research*, *16*(2), 174–84.

Huang, S. L., Chang, Y. C., & Chen, Y. J. (2011). Task-irrelevant angry faces capture attention in visual search while modulated by resources. *Emotion*, *11*(3), 544–52.

Huang, Y. M., Baddeley, A., & Young, A. W. (2008). Attentional capture by emotional stimuli is modulated by semantic processing. *Journal of Experimental Psychology: Human Perception Performance*, *4*(2), 328–39.

Kawasaki, H., Kaufman, O., Damasio, H., Damasio, A. R., Granner, M., Bakken, H., ... Adolphs, R. (2001). Single-neuron responses to emotional visual stimuli recorded in human ventral prefrontal cortex. *Nature Neuroscience*, *4*(1), 15–6.

Keil, A., Costa, V., Smith, J. C., Sabatinelli, D., McGinnis, E. M., Bradley, M. M., & Lang, P. J. (2011). Tagging cortical networks in emotion: A topographical analysis. *Human Brain Mapping*. doi: 10.1002/hbm.21413

Keil, A., & Ihssen, N. (2004). Identification facilitation for emotionally arousing verbs during the attentional blink. *Emotion*, *4*(1), 23–35.

Keil, A., Moratti, S., Sabatinelli, D., Bradley, M. M., & Lang, P. J. (2005). Additive effects of emotional content and spatial selective attention on electrocortical facilitation. *Cerebral Cortex*, *15*(8), 1187–97.

Kennedy, D. P., & Adolphs, R. (2010). Impaired fixation to eyes following amygdala damage arises from abnormal bottom-up attention. *Neuropsychologia*, *48*(12), 3392–98.

Krolak-Salmon, P., Henaff, M. A., Vighetto, A., Bertrand, O., & Mauguiere, F. (2004). Early amygdala reaction to fear spreading in occipital, temporal, and frontal cortex: A depth electrode ERP study in human. *Neuron*, *42*(4), 665–76.

Krusemark, E. A., & Li, W. (2011). Do all threats work the same way? Divergent effects of fear and disgust on sensory perception and attention. *Journal of Neuroscience*, *31*(9), 3429–34.

Lang, P. J., Bradley, M. M., Fitzsimmons, J. R., Cuthbert, B. N., Scott, J. D., Moulder, B., & Nangia, V. (1998). Emotional arousal and activation of the visual cortex: An fMRI analysis. *Psychophysiology*, *35*(2), 199–210.

Leppanen, J. M. (2006). Emotional information processing in mood disorders: A review of behavioral and neuroimaging findings. *Current Opinion in Psychiatry*, *19*(1), 34–9.

Li, Z. (2002). A saliency map in primary visual cortex. *Trends in Cognitive Science*, *6*(1), 9–16.

Liddell, B. J., Brown, K. J., Kemp, A. H., Barton, M. J., Das, P., Peduto, A., Williams, L. M. (2005). A direct brainstem-amygdala-cortical "alarm" system for subliminal signals of fear. *Neuroimage*, *24*(1), 235–43.

Lucas, N., & Vuilleumier, P. (2008). Effects of emotional and non-emotional cues on visual search in neglect patients: Evidence for distinct sources of attentional guidance. *Neuropsychologia*, *46*(5), 1401–14.

Luo, Q., Holroyd, T., Majestic, C., Cheng, X., Schechter, J., & Blair, R. J. (2010). Emotional automaticity is a matter of timing. *Journal of Neuroscience*, *30*(17), 5825–29.

Mogg, K., & Bradley, B. P. (2002). Selective orienting of attention to masked threat faces in social anxiety. *Behavior Research and Therapy*, *40*(12), 1403–14.

Monroe, J. F., Griffin, M., Pinkham, A., Loughead, J., Gur, R. C., Roberts, T. P., & Edgar, J. (2011). The fusiform response to faces: Explicit versus implicit processing of emotion. *Human Brain Mapping*. doi: 10.1002/hbm.21406

Morawetz, C., Baudewig, J., Treue, S., & Dechent, P. (2011). Effects of spatial frequency and location of fearful faces on human amygdala activity. *Brain Research*, *1371*, 87–99.

Morris, J. S., Friston, K. J., Büchel, C., Frith, C. D., Young, A. W., Calder, A. J., & Dolan, R. J. (1998). A neuromodulatory role for the human amygdala in processing emotional facial expressions. *Brain*, *121*(Pt. 1), 47–57.

Naccache, L., Gaillard, R., Adam, C., Hasboun, D., Clemenceau, S., Baulac, M., Cohen, L. (2005). A direct intracranial record of emotions evoked by subliminal words. *Proceedings of the National Academy of Sciences*, *102*(21), 7713–17.

Nasrallah, M., Carmel, D., & Lavie, N. (2009). Murder, she wrote: Enhanced sensitivity to negative word valence.

Emotion, *9*(5), 609–18.

Notebaert, L., Crombez, G., Van Damme, S., De Houwer, J., & Theeuwes, J. (2010). Looking out for danger: An attentional bias towards spatially predictable threatening stimuli. *Behavior Research and Therapy*, *48*(11), 1150–54.

Notebaert, L., Crombez, G., Van Damme, S., De Houwer, J., & Theeuwes, J. (2011). Signals of threat do not capture, but prioritize, attention: A conditioning approach. *Emotion*, *11*(1), 81–9.

Nummenmaa, L., Hyona, J., & Calvo, M. G. (2009). Emotional scene content drives the saccade generation system reflexively. *Journal of Experimental Psychology: Human Perception and Performance*, *35*(2), 305–23.

Peelen, M. V., Atkinson, A. P., Andersson, F., & Vuilleumier, P. (2007). Emotional modulation of body-selective visual areas. *SCAN – Social Cognitive and Affective Neuroscience*, *2*, 274–83.

Peelen, M. V., Lucas, N., Mayer, E., & Vuilleumier, P. (2009). Emotional attention in acquired prosopagnosia. *Social Cognitive and Affective Neuroscience*, *4*(3), 268–77.

Pessoa, L., & Adolphs, R. (2010). Emotion processing and the amygdala: From a "low road" to "many roads" of evaluating biological significance. *Nature Reviews. Neuroscience*, *11*(11), 773–83.

Pessoa, L., McKenna, M., Gutierrez, E., & Ungerleider, L. G. (2002). Neural processing of emotional faces requires attention. *Proceedings of the National Academy of Sciences*, *99*(17), 11458–63.

Phelps, E. A., Ling, S., & Carrasco, M. (2006). Emotion facilitates perception and potentiates the perceptual benefits of attention. *Psychological Science*, *17*(4), 292–99.

Piech, R. M., McHugo, M., Smith, S. D., Dukic, M. S., Van Der Meer, J., Abou-Khalil, B., & Zald, D. H. (2010). Fear-enhanced visual search persists after amygdala lesions. *Neuropsychologia*, *48*(12), 3430–35.

Piech, R. M., McHugo, M., Smith, S. D., Dukic, M. S., Van Der Meer, J., Abou-Khalil, B., & Zald, D. H. (2011). Attentional capture by emotional stimuli is preserved in patients with amygdala lesions. *Neuropsychologia*, *49*(12), 3314–19.

Pinkham, A. E., Griffin, M., Baron, R., Sasson, N. J., & Gur, R. C. (2010). The face in the crowd effect: Anger superiority when using real faces and multiple identities. *Emotion*, *10*(1), 141–46.

Pourtois, G., Dan, E. S., Grandjean, D., Sander, D., & Vuilleumier, P. (2005). Enhanced extrastriate visual response to bandpass spatial frequency filtered fearful faces: Time course and topographic evoked-potentials mapping. *Human Brain Mapping*, *26*(1), 65–79.

Pourtois, G., Grandjean, D., Sander, D., & Vuilleumier, P. (2004). Electrophysiological correlates of rapid spatial orienting towards fearful faces. *Cerebral Cortex*, *14*(6), 619–33.

Pourtois, G., Schettino, & Vuilleumier, P. (2012). Brain mechanisms for emotional influences on perception and attention: what is magic and what is not. *Biological Psychology*. doi:10.1016/j.biopsycho.2012.02.007

Pourtois, G., Schwartz, S., Seghier, M. L., Lazeyras, F., & Vuilleumier, P. (2006). Neural systems for orienting attention to the location of threat signals: An event-related fMRI study. *Neuroimage*, *31*(2), 920–33.

Pourtois, G., Spinelli, L., Seeck, M., & Vuilleumier, P. (2010a). Modulation of face processing by emotional expression and gaze direction during intracranial recordings in right fusiform cortex. *Journal of Cognitive Neuroscience*, *22*(9), 2086–107.

Pourtois, G., Spinelli, L., Seeck, M., & Vuilleumier, P. (2010b). Temporal precedence of emotion over attention modulations in the lateral amygdala: Intracranial ERP evidence from a patient with temporal lobe epilepsy. *Cognitive, Affective & Behavioral Neuroscience*, *10*(1), 83–93.

Pourtois, G., Thut, G., Grave de Peralta, R., Michel, C., & Vuilleumier, P. (2005). Two electrophysiological stages of spatial orienting towards fearful faces: Early temporo-parietal activation preceding gain control in extrastriate visual cortex. *Neuroimage*, *26*(1), 149–63.

Purkis, H. M., & Lipp, O. V. (2007). Automatic attention does not equal automatic fear: Preferential attention without implicit valence. *Emotion*, *7*(2), 314–23.

Romanski, L. M., & LeDoux, J. E. (1992). Equipotentiality of thalamo-amygdala and thalamocortico-amygdala circuits in auditory fear conditioning. *Journal of Neuroscience*, *12*(11), 4501–9.

Rotshtein, P., Richardson, M. P., Winston, J. S., Kiebel, S. J., Vuilleumier, P., Eimer, M., Dolan, R. J. (2010). Amygdala damage affects event-related potentials for fearful faces at specific time windows. *Human Brain Mapping*, *31*(7), 1089–1105.

Sabatinelli, D., Bradley, M. M., Fitzsimmons, J. R., & Lang, P. J. (2005). Parallel amygdala and inferotemporal activation reflect emotional intensity and fear relevance. *Neuroimage*, *24*(4), 1265–70.

Sabatinelli, D., Fortune, E. E., Li, Q., Siddiqui, A., Krafft, C., Oliver, W. T., Jeffries, J. (2011). Emotional perception:

Meta-analyses of face and natural scene processing. *Neuroimage*, *54*(3), 2524–33.
Sabatinelli, D., Lang, P. J., Keil, A., & Bradley, M. M. (2007). Emotional perception: Correlation of functional MRI and event-related potentials. *Cerebral Cortex*, *17*(5), 1085–91.
Scherer, K. R., & Peper, M. (2001). Psychological theories of emotion and neuropsychological research. In G. Gainotti (Ed.), *Handbook of neuropsychology. Vol. 5: Emotional behavior and its disorders* (pp. 17–48). New York: Elsevier.
Schmid, M. C., Mrowka, S. W., Turchi, J., Saunders, R. C., Wilke, M., Peters, A. J., ... Leopold, D. A. (2010). Blindsight depends on the lateral geniculate nucleus. *Nature*, *466*(7304), 373–77.
Schmitz, T. W., De Rosa, E., & Anderson, A. K. (2009). Opposing influences of affective state valence on visual cortical encoding. *Journal of Neuroscience*, *29*(22), 7199–207.
Schwabe, L., Merz, C. J., Walter, B., Vaitl, D., Wolf, O. T., & Stark, R. (2011). Emotional modulation of the attentional blink: The neural structures involved in capturing and holding attention. *Neuropsychologia*, *49*(3), 416–25.
Serences, J. T., & Yantis, S. (2006). Selective visual attention and perceptual coherence. *Trends in Cognitive Science*, *10*(1), 38–45.
Shuler, M. G., & Bear, M. F. (2006). Reward timing in the primary visual cortex. *Science*, *311*(5767), 1606–9.
Smilek, D., Frischen, A., Reynolds, M. G., Gerritsen, C., & Eastwood, J. D. (2007). What influences visual search efficiency? Disentangling contributions of preattentive and postattentive processes. *Perception and Psychophysics*, *69*(7), 1105–16.
Stolarova, M., Keil, A., & Moratti, S. (2006). Modulation of the C1 visual event-related component by conditioned stimuli: Evidence for sensory plasticity in early affective perception. *Cerebral Cortex*, *16*(6), 876–87.
Tamietto, M., & de Gelder, B. (2010). Neural bases of the non-conscious perception of emotional signals. *Nature Reviews. Neuroscience*, *11*(10), 697–709.
Tsuchiya, N., Moradi, F., Felsen, C., Yamazaki, M., & Adolphs, R. (2009). Intact rapid detection of fearful faces in the absence of the amygdala. *Nature Neuroscience*, *12*(10), 1224–25.
Usunoff, K. G., Itzev, D. E., Rolfs, A., Schmitt, O., & Wree, A. (2006). Brain stem afferent connections of the amygdala in the rat with special references to a projection from the parabigeminal nucleus: A fluorescent retrograde tracing study. *Anatomy and Embryology*, *211*(5), 475–96.
van Marle, H. J., Hermans, E. J., Qin, S., & Fernandez, G. (2009). From specificity to sensitivity: How acute stress affects amygdala processing of biologically salient stimuli. *Biological Psychiatry*, *66*(7), 649–55.
Vermeulen, N., Godefroid, J., & Mermillod, M. (2009). Emotional modulation of attention: Fear increases but disgust reduces the attentional blink. *PLoS One*, *4*(11), e7924.
Vuilleumier, P. (2005). How brains beware: Neural mechanisms of emotional attention. *Trends in Cognitive Science*, *9*(12), 585–94.
Vuilleumier, P. (2008). The role of human amygdala in perception and attention. In P. J. Whalen & E. A. Phelps (Eds.), *The human amygdala* (pp. 220–49). New York: Guilford Press.
Vuilleumier, P., Armony, J. L., Clarke, K., Husain, M., Driver, J., & Dolan, R. J. (2002). Neural response to emotional faces with and without awareness: Event-related fMRI in a parietal patient with visual extinction and spatial neglect. *Neuropsychologia*, *40*(12), 2156–66.
Vuilleumier, P., Armony, J. L., Driver, J., & Dolan, R. J. (2001). Effects of attention and emotion on face processing in the human brain: An event-related fMRI study. *Neuron*, *30*(3), 829–41.
Vuilleumier, P., Armony, J. L., Driver, J., & Dolan, R. J. (2003). Distinct spatial frequency sensitivities for processing faces and emotional expressions. *Nature Neuroscience*, *6*(6), 624–31.
Vuilleumier, P., Richardson, M. P., Armony, J. L., Driver, J., & Dolan, R. J. (2004). Distant influences of amygdala lesion on visual cortical activation during emotional face processing. *Nature Neuroscience*, *7*(11), 1271–78.
Weymar, M., Low, A., Öhman, A., & Hamm, A. O. (2011). The face is more than its parts – Brain dynamics of enhanced spatial attention to schematic threat. *Neuroimage*, *58*(3), 946–54.
Whalen, P. J., Kagan, J., Cook, R. G., Davis, F. C., Kim, H., Polis, S., Johnstone, T. (2004). Human amygdala responsivity to masked fearful eye whites. *Science*, *306*(5704), 2061.
Yang, E., Zald, D. H., & Blake, R. (2007). Fearful expressions gain preferential access to awareness during continuous flash suppression. *Emotion*, *7*(4), 882–86.

第15章

自上而下注意和情绪刺激加工

路易兹·佩索亚(Luiz Pessoa)　勒提西亚·奥利弗拉(Leticia Oliveira)　米尔特斯·佩雷拉(Mirtes Pereira)

优先加工

情绪有助于信息的收集，使得个体注意动机与项目产生关联（Lang & Davis, 2006）。但是情绪如何依赖于注意？在本章中，我们从认知/情感神经科学角度探讨该问题，正如在情绪负载的视觉刺激加工期间，应用实验范式操纵注意去考察该问题（对于相关综述，请参见Adolphs, 2008；Vuilleumier, 2005；对于注意和意识作用，请参见Pessoa, 2005）。

情绪负载视觉刺激加工常常被认为是“自动”发生的。更普遍的是，尽管“自动化”概念在认知和社会心理学研究中运作方式有很大不同，但是“自动化”被描述为独立于可用加工资源发生加工，而不被注意和策略影响，也不必依赖意识加工（Jonides, 1981; Posner & Snyder, 1975）。

大量实验范式表明，存在很多优先加工情绪负载视觉刺激的方式（见本书第14章）。这些范式包括探测、搜索、干扰、掩蔽以及注意瞬脱范式。例如，在注意瞬脱范式中，要求被试在分心物刺激流中报告第一个（T1）和第二个（T2）视觉目标（Raymond, Shapiro, & Arnell, 1992）。探测第二个目标被认为受到初始T1目标加工的阻碍（因为有限加工资源）。有趣的是，情绪T2目标比中性T2目标更好地被探测到，表明项目的情感维度抵消了瞬脱（Anderson, 2005; Anderson & Phelps, 2001）。情绪刺激也诱发注意瞬脱本身，表明它们被优先加工。例如，在视觉项目快速呈现中，消极刺激引发被试注意和维持，这削弱了被试对随后目标刺激的反应（Most, Chun, Widders, & Zald, 2005）。

许多研究关注情绪优先加工机制的问题。研究者普遍认为这种优先加工与情感刺激的感觉加工增强有关（Pessoa, 2010a, 2010b; 见本书第14章）。相对于中性刺激，情绪刺激在腹侧颞枕叶诱发更强的fMRI反应，包括早期、中间和晚期视觉区域。例如，布里德利及其同事报告，被试观看情绪图片比中性图片激活更多的视觉皮层(Bradley et al., 2003）。最近，派德玛拉（Padmala）和佩索亚发现，加工情绪刺激时，良好的行为表现与早期视觉皮层（包括初级视觉皮层）存在紧密的联系（Padmala & Pessoa, 2008）。视觉皮层对于情绪刺激的皮层反应可能由于源自杏仁核的修正信号，与杏仁核输入投射到许多水平的视觉皮层一致（Amaral, Behniea, & Kelly, 2003; Freese & Amaral, 2005）。确实，杏仁核损伤患者观看情绪面孔时，视觉皮层没有呈现不同反应(Vuilleumier,

Richardson, Armony, Driver, & Dolan, 2004）。同样重要的是，在某些情况下左侧杏仁核损伤个体没有对T2情绪刺激呈现出瞬脱注意减弱（Anderson & Phelps, 2001），但是新发现挑战了这种因果关系（Bach, Talmi, Hurlemann, Patin, & Dolan, 2011; Piech et al., 2011）。

正如前文所述，情绪刺激加工被认为是快速的而且在许多“严峻条件”下仍能发生。这些条件可能包括短暂呈现、拥挤呈现、掩蔽或者刺激与任务无关及其后果是意外的情况。因此，情绪加工常常被认为是前注意的、自动的或者无意识的。因此，简要介绍这些术语的内涵很重要。

“早期视觉”通常包括两个序列加工阶段（Treisman & Gelade, 1980）。第一，前注意阶段，加工被认为是快速且在整个视觉区域并行加工。第二，注意阶段，加工容量有限，因此是序列加工。心理物理学家认为前注意阶段存在“内置分析器”，能够确定几个基本刺激属性（例如朝向）。前注意阶段所收集的信息可用于随后的注意阶段，把基本特征整合成有意义的客体（Treisman & Gelade, 1980）。早期观点认为注意加工是自动的，加工不需要努力，是无意识或者随意的（Tzelgov, 1997）。特兹高夫（Tzelgov）比较认同此观点，因为它允许在单一理论框架下包含不同的心理机制。这些现象包括前注意加工、熟练的认知或者运动知觉技能，甚至社会信息加工。最后，无意识加工指被试似乎无法表征所加工的项目。例如，词语以一种方式呈现以至于被试无法意识到，但是Stroop效应仍然存在（Marcel, 1983）。

尽管对前注意、自动化和无意识三个概念进行深入的评价超出了本章范围，但我们仍简单讨论下它们的缺陷。第一，单独的前注意阶段流入容量有限的注意阶段的观点存在几个问题（Di Lollo, Kawahara, Zuvic, & Visser, 2001; Nakayama & Joseph, 1998）。第二，自动化问题不仅要考虑其反面证据，也与其术语本身有关，该术语被运用于多种情境中（Logan, 1988）。第三，在意识情况下，一些研究者认为无意识效应是自动化的。但是，近来一些实证研究表明（Koch & Tsuchiya, 2007; Lamme, 2003; Most, Scholl, Clifford, & Simons, 2005），自动化和无意识之间的关系并不简单。因此，前注意、自动化和无意识术语常常被用于描述情绪信息效应，存在许多未被注意的意义和关系。虽然在一些情况下（例如在前注意情况下）需要回避这些问题，但是研究者们为了取得研究进展，应当尽可能准确地使用自动化和无意识。在随后的介绍中，我们引用了有力的证据来反驳或支持这一观点——情绪加工需要注意。

情绪知觉不需要注意

情绪刺激能有效转移加工资源和干扰任务成绩，即使它们与当前任务不相关（Pessoa & Ungerleider, 2004; Vuilleumier, 2005）。例如，当被试执行听觉任务（词汇辨别任务）的同时观看分心图片，观看不愉悦干扰图片时的反应比中性干扰图片更慢（Bradley, Cuthbert, & Lang, 1996; Buodo, Sarlo, & Palomba, 2002）。显然，即使任务很简单，比如探测简单视觉刺激，也能观测到这类干扰（Pereira et al., 2006）。干扰效应不仅出现在行为表现方面，而且在生理上也发现此效应。例如，观看图片时所激活的特定事件相关电位（ERP）成分，也受到情绪内容影响，即使任务是简单探测和图片刺激交替呈现的棋盘刺激（Schupp, Junghöfer, Weike, & Hamm, 2003）。总之，这些研究结果支持了以下观点：情绪刺激加工是强制的，个体需要分配资源来加工这些刺激，即使此类刺激与当前任务无关。

一个更有力的论点是，情绪加工是强制性的，这是基于明确操纵空间注意力焦点的研究结论——注意，在前一段描述的实验中，情绪刺激尽管与任务无关，但被完全关注。在一项著名的研究中（Vuilleumier, Armony, Driver, & Dolan, 2001），当被试被要求比较两张面孔或两所房子时，他们通过保持注视中心来控制注意力的集中。在每一个试次中，被试要么相互比较面孔，要么相互比较房屋（见图15.1a）。因此，通过让被试注意注视的左侧和右侧来改变注意焦点（而忽略顶部/底部的刺激）或者注意顶部和底部的刺激（忽略左右刺激）。每种条件下，被试都要指明实验所涉及的刺激是否相同。当将涉及恐惧面孔的条件与涉及中性面孔的条件相比较时，在经常被视为情绪加工的特征的杏仁核反应方面有所差异，且该差异不受注意关注点的调节，这与情绪对象的加工不需要注意参与这一观点一致（见图15.1b）。在保持空间注意力轨迹不变的情况下操纵被试的注意力时，观察到相关的结果显示（Anderson, Christoff, Panitz, De Rosa E., & Gabrieli, 2003）：无论被试是否在场，恐惧面孔引起的杏仁核反应都是相同的。然而，有趣的是，在不被注意的情况下，由恐惧和厌恶的面孔引起的反应是相似的，这与需要注意力来辨别情绪内容的观点是一致的（这两种表情都比中性脸引起了更大的反应）。现在我们来回顾一些证据，这些证据表明情绪知觉需要注意。

情绪知觉需要注意

基于前一部分的结果，如果情绪刺激包含优先加工的刺激类型，不仅会被优先加工，而且还以强迫方式发生并独立于注意。然而，视觉容量有限，视觉项目间的竞争被认为在任何时候都会“选择”更加重要的信息（Desimone & Duncan, 1995; Grossberg, 1980）。当注意资源没有被耗尽时，剩余资源用于加工未注意项目（Lavie, 1995）。这种推理被成功运用到常规的、非情绪刺激当中，表明情感加工的自动化可以通过占用更多注意资源的注意操纵来检测。因此，理解非注意加工程度的一个关键变量是任务的注意需求，也就是任务使用资源的程度。

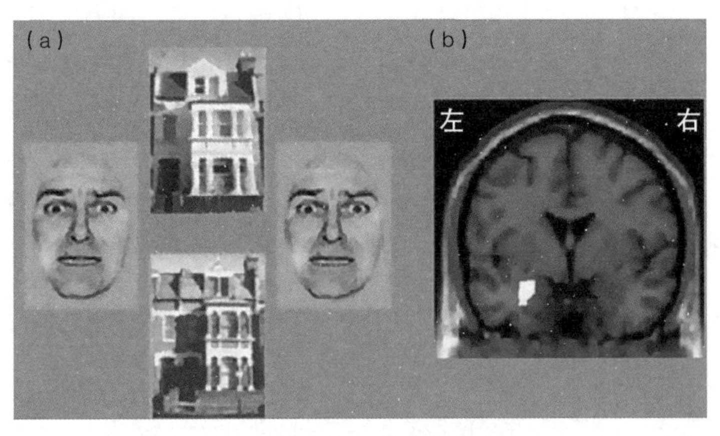

图15.1　注意和情绪刺激加工。（a）情绪面孔呈现期间操纵注意空间焦点的范式。（b）不看注意焦点时，左侧杏仁核对恐惧面孔比对中性面孔激活更强。经授权改编自维里米尔等（2001）

一些fMRI研究试图遵循以上策略。例如，当执行注意要求高的外侧注意任务时，被试被要求评价中央呈现的情绪面孔。在这些情况下，杏仁核和视觉皮层对恐惧面孔相对于中性面孔的差异反应被消除了（Pessoa, McKenna, Gutierrez, & Ungerleider, 2002）。和该观点一致——任务需求对于确定面孔刺激的加工程度很重要，当参数操纵外侧任务难度时发现，低需求条件下观察到的效价效应（例如，恐惧>中性），在中等或者高需求条件下没有出现（Pessoa, Padmala, & Morland, 2005）。情绪知觉依赖注意的结论，也被应用中央呈现、重叠竞争刺激的研究所证实（即操纵基于对象注意的范式）（Mitchell et al., 2007），包括情感显著性更高的情绪刺激与电击配对（Lim, Padmala, & Pessoa, 2008）——或者通过使用高厌恶性残缺图片（Erthal et al., 2005）。波斯纳类型的注意操作也表明杏仁核激活依赖注视点（Brassen, Gamer, Rose, & Büchel, 2010）。而且，情绪效价的注意调整效应也在外周视野所呈现面孔中被观察到（Silvert et al., 2007）。

一些研究也采用ERP来探究了情绪知觉如何依赖注意因素（见本书第4、5章）。舒普等（2007）在研究中，采用国际情绪图片库（IAPS）的情绪图片，当被试执行注意任务时，情绪图片加工强烈衰减[由ERP成分中的早期后部负波（early posterior negativity）所测量]；相反，被动观看相同情绪图片比中性面孔产生更强的反应。同样地，外周视野所呈现的刺激诱发不同反应，因此情绪IAPS图片也依赖注意资源的可用性（De Cesarei, Codispoti, & Schupp, 2009）。外周视野附近所呈现的情绪图片，仅仅在它们被被试注意时引发大脑的活动，但是当被试参与分心任务时则不会引发。

情绪知觉又不需要注意

结果表明，情绪知觉虽是自动的但仍与注意力相关，是能够利用注意需求概念来进行协调的（Lavie, 1995）。当需求低时，“溢出”容量可用于加工与任务无关的情绪刺激。然而，随着需求提高，可用资源变少，而且受此限制，情绪知觉被消除。虽然该观点被用于解释很多相关的研究，但是一些研究者似乎并不赞同这种观点（关于“负荷”概念的最近曲解，见Tsal & Benoni, 2010; Wilson, Muroi, & MacLeod, 2011）。在一项研究中，被试执行困难的目标探测任务，与任务无关的情绪唤醒图片呈现在背景处（Müller, Andersen, & Keil, 2008）。尽管任务困难，但是情绪图片仍会干扰主任务的行为结果。稳态视觉唤醒电位研究也同样发现，相比于中性背景图片，呈现情绪背景图片时，稳态视觉唤醒电位减小（该减小被认为反映了被分心物从主任务中所撤回的加工资源）。

最近另一项MEG研究的结果为恐惧面孔的神经机制问题提供了证据（Fenker et al., 2010）。低需求条件和高需求条件分别在不同的实验中进行了研究。在高需求条件下，目标是一些联合特征，例如，红—绿（相比于蓝—黄）的垂直细条。在低需求条件下，被试需要判断不同颜色细条的朝向（垂直或者水平）。在低需求条件下，当面孔呈现在细条目标的同侧（相比于细条呈现在对侧时），任务不相关的恐惧面孔减少了被试的判断反应时间。任务不相关的面孔对判断反应时间的影响主要体现在N2pc成分上，这可能反映了视觉搜索的注意焦点加工。他们观察到，单侧恐惧面孔在240—400 ms在对侧视觉区域诱发了N2pc成分。更重要的是，虽然没有行为结果，在高需要任务中也观测到了N2pc成分。

阶段总结

总之，行为和神经成像结果表明，尽管情绪加工优先进行，但是在许多情况下它依赖加工资源。这些结果来自不同范式，包括使用外周视野情绪刺激，或者情绪和中性刺激在空间上分离。一般来说，情绪自动化的研究与情绪知觉依赖注意的研究之间观点不一致，主要冲突是在解释容量有限和竞争概念的方面。因此，为了揭示情绪知觉并非不受注意的影响，研究需要消耗大量的加工资源；否则，表现会显得相对自动化。然而，正如前文概述，该观点不可能解释所有情况。目前，解释不一致的原因还不清楚，如果未来研究能直接解决该问题将会更有意义。一种可能是个体差异是情绪刺激敏感性的重要预测源，有助于解释情绪刺激作用。例如，焦虑研究揭示，焦虑被试受到威胁相关刺激的更大干扰（MacLeod, Mathews, & Tata, 1986）。最近研究探究了分心物（威胁）诱发的杏仁核激活在多大程度上依赖于个体焦虑水平（Bishop, Duncan, & Lawrence, 2004; Dickie & Armony, 2008; 见本书第24章）。尽管低焦虑个体只有在注意恐惧面孔呈现时杏仁核反应增强，但是高焦虑被试对注意和非注意威胁相关刺激都呈现杏仁核激活。这些发现表明，刺激的威胁价值变化是个体焦虑水平的函数，尽管注意对高焦虑被试很重要（Bishop, Jenkins, & Lawrence, 2007; Fox, Russo, & Georgiou, 2005）。

优先加工的时间范式和机制

广泛使用的研究容量有限的范式是注意瞬脱范式，该范式操作了时间维度，与前文所讨论几个操纵的空间维度相反。正如所指出的，注意瞬脱的强度受到刺激情绪内容影响，当情绪刺激出现时，被试探测第二个目标的成绩表现更好。然而，直至目前情绪内容影响知觉加工的神经机制仍不清楚（也见本书第15章）。

在最近的一项研究中（Lim, Padmala, & Pessoa, 2009），我们调查了注意瞬脱范式联合厌恶条件化期间情感如何影响视知觉（见图15.2a）。行为上，厌恶学习后，情感显著的T2场景（CS+）比中性场景（CS−）被更好地探测（72%对62%）。在大脑活动上，杏仁核和视觉皮层反应在CS+试次比CS−试次更强。这些脑区反应增强与行为表现改善相关，遵循类似中介的模式（见图15.2b）。特别地，尽管杏仁核能预测到行为成绩，但是一旦考虑视觉皮层反应，最初关系统计就不显著，可能是杏仁核受到视觉皮层中介调节的作用。

我们假设，如果所诱发的脑反应影响到了探测第二个目标的准确性，那么反应幅值的试次变异应当预测行为结果。而且，因为T2成绩在CS+比CS−更好，所以该关系在CS+应该更强。为了评价这些预测，我们进行逻辑回归分析，将命中试次（例如正确报告“房子”或者“建造”）的概率，作为单试次幅值的函数。在视觉皮层，平均逻辑回归斜率（反映预测效应的强度）在CS+和CS−试次都显著，表明fMRI信号稳定预测了T2知觉决策（见P314图15.3a, b）。更重要的是，直接比较CS+和CS−表明，CS+比CS−的逻辑回归预测效应更显著。类似的试次分析也运用在杏仁核（见图15.3c, d）。平均逻辑回归斜率在CS+显著，但是在CS−不显著，表明当刺激情感显著时（直接配对比较也显著），杏仁核的fMRI信号变异引发更稳定的T2知觉决策。

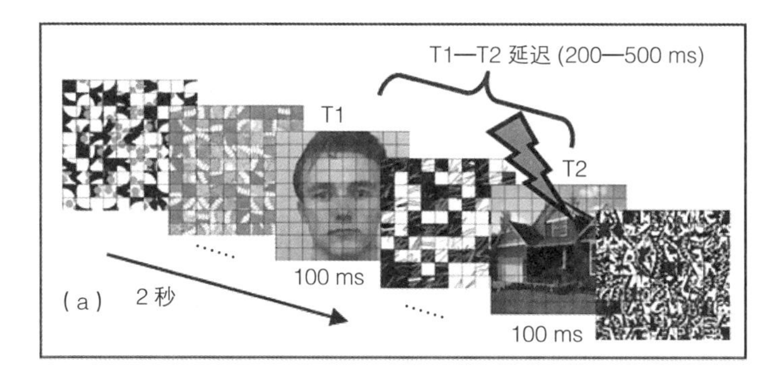

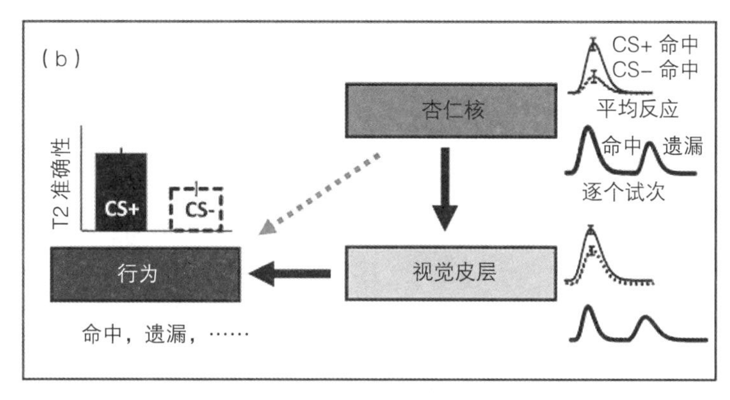

图 15.2　注意瞬脱范式。(a) 要求被试报告面孔刺激 (T1) 和在整个刺激流中是否包含房子、建筑或者没有场景 (T2)。在最初学习阶段，房子或者建筑与微弱电击配对 (被试间平衡)。(b) 杏仁核反应与行为 (例如，T2 探测) 之间的联系受到视觉皮层特定区域的中介作用——在这种情况下，海马旁回被假定涉及场景和空间布局加工。这种关系是在平均反应方面 (跨被试，图示红色和蓝色) 以及脑反应和行为瞬间波动 (图示紫色) 观察到的。经授权改编自利姆 (Lim) 等 (2000)

结合其他的研究结果表明，情感显著性通过增强感觉加工潜在决定了竞争交互作用期间视觉项目的命运。在建立情感显著性的过程中，杏仁核帮助区分了情感显著和中性刺激。使用杏仁核的注意功能是解释这些结果的方法之一 (Pessoa, 2010b)。例如，在注意和视觉皮层功能研究中，视觉皮层的活动反应常常被认为依赖顶-额叶皮层的“源”区域 (Corbetta & Shulman, 2002; Kastner & Ungerleider, 2000)，并且这些机制通常被认为与注意客体的优先加工相关。在我们的注意瞬脱研究中也观察到类似的结果。杏仁核的反应预测了视觉皮层和行为之间的联结强度。既然这样，杏仁核表现得更像“注意装置”——有助于优先加工某种刺激而非其他刺激 (Pessoa, 2010b; 也见 Vuilleumier, 2005； 本书第14章)。与此密切相关的研究结果表明丘脑枕在加工情感显著刺激中起着重要作用 (Padmala et al., 2010; Pessoa & Adolphs, 2010)。

在这节内容中，最重要的研究发现是在情感显著刺激和中性失误的试次没有发现杏仁核的激活差异。相比之下，情感显著和中性的命中试次二者差异显著。换言之，如果T2未被探测到，反应不会有明显差异。该结果表明，在时间“瓶颈”条件下和在空间竞争条件下，情感知觉确实处于注意机制控制之下。这些发现很有趣，因为它们所用的刺激特别有效 (考虑到电击配对历史)。以

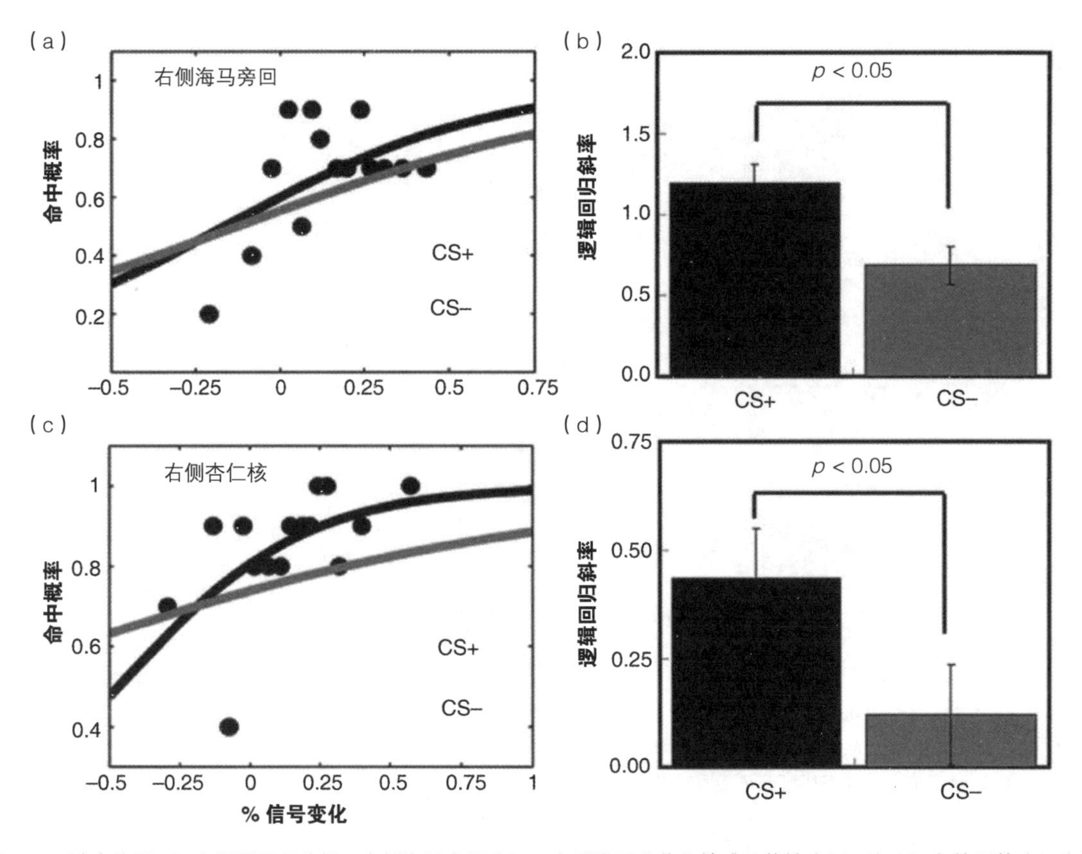

图15.3 试次分析。(a)逻辑回归分析，右侧海马旁回(PHG)诱发反应作为情感显著性(CS+和CS–)的函数(二分变量：命中和失误)。逻辑拟合的斜率表示预测效应的强度。为了清晰，只显示了CS+条件的箱式数据(红色点)。(b)跨个体海马旁回的平均逻辑回归斜率。(c)右侧杏仁核(AMYG)和(a)相同分析。(d)跨个体杏仁核的平均逻辑回归斜率。已获授权改编自利姆等(2009)

往一项研究报告显示，恐惧条件面孔(通过与高音调配对)也产生了注意瞬脱(Milders, Sahraie, Logan, & Donnellon, 2006)。

最近的注意瞬脱研究引入了一种先进的实验操纵方法，试图影响第一个目标的加工需求(Stein, Peelen, Funk, & Seidl, 2010)。瞬脱通过变换两侧干扰来诱发目标的知觉需求的变化(见图15.4)。在低需求条件下，中央面孔和两侧面孔相同。在高需求条件下，中央面孔的两侧是随机出现的面孔。在第一个任务(T1)中，要求被试报告中央面孔的性别；在第二个任务(T2)中，要求被试探测(存在或者不存在)注意瞬脱阶段所呈现的面孔(恐惧或者愉快表情)。与以往研究一致，对于低需求条件，恐惧面孔比愉快面孔更频繁地被探测到。重要的是，恐惧面孔易被探测到的优势在高需求条件下消失，即恐惧和愉快面孔被同等探测到。这些结果表明，恐惧面孔的优势加工不会强制地发生，而是依赖注意资源。而且，需要注意的是，所有条件下都能观察到瞬脱——似乎所有情感情绪瞬脱实验共享该特征。在高需求条件下，恐惧面孔的加工优势被消除了。换言之，两个需求水平都受到了情绪面孔加工的容量

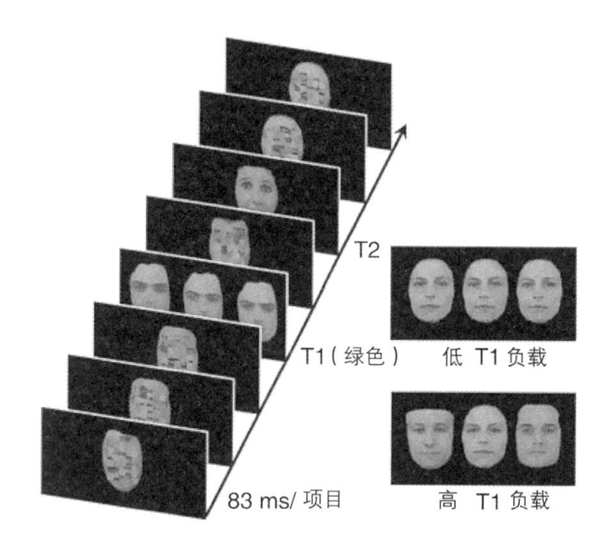

图15.4　斯坦（Stein）等（2010）的注意瞬脱范式。注意瞬脱需求在包含T1的刺激期间通过两侧刺激类型被操纵。在低需求条件下，中央面孔和两侧面孔一致。在高需求条件下，中央面孔两侧是随机出现的面孔，这使得任务需要更多资源。已获授权改编自斯坦等（2010）

限制。在相对更温和的T1需求下，即使恐惧面孔出现瞬脱，它们也比愉快面孔更大程度地抵消瞬脱。在更严格的T2需求下，这种优势消失了。相似效应出现在神经心理注意障碍（见本书第14章）。

总之，注意瞬脱实验结果表明，情绪刺激负载也遭受瞬脱，与强自动化的观点相反。与情绪项目受到优先加工的观点相一致，情感项目呈现更大程度的瞬脱降低，该效应与前文所述的视觉皮层和杏仁核之间的交互效应有关（Lim et al., 2009）。然而，与空间研究范式一致，一些研究者用自动化来解释情绪注意瞬脱效应（Anderson, 2005）。

情绪和注意效应的时程

快速时间进程的著名技术，特别是EEG和MEG，被用于探讨情绪加工的时程。最近两项研究尤其值得注意，研究外显地操纵了情绪和注意，同时采用MEG或者颅内记录测量脑信号，测量所诱发的杏仁核反应。尽管fMRI研究深入探究了该问题，但是fMRI时间分别率比较低，所以上述这些研究仍很重要。换言之，情绪项目的快速效应独立于注意，fMRI技术无法有效地捕捉到情绪加工的时程效应。

在第一项研究中，当被试观看到与任务无关的恐惧和中性面孔时，采用MEG记录被试杏仁核的反应（Luo et al., 2010）。虽然杏仁核是深脑的结构（尽管该观点还存在争议），通过诸如EEG和MEG技术很难探测到，但是高级溯源分析能够测量该结构信号（Ioannides et al., 1995; Streit et al., 2003）。在每个试次中，被试的任务是区分外侧细条朝向（相同或者不同）。与以往研究一致，通过改变任务难度操纵注意水平。在低需求条件下，细条方向差异很明显（90度），任务很简单。在高需求任务下，细条方向差异很小（15度），任务变得很难。

MEG发现在左侧杏仁核中呈现面孔表情的显著主效应。尤其是在刺激呈现很短的时间内（30—60 ms），恐惧面孔比中性面孔诱发了更强的 γ 频段。与自动化观点一致，在早期时间窗口，不存在注意需求主效应或者需求和表情的交互作用。然而，该交互作用在后期（280—340 ms）出现在右侧杏仁核。更重要的是，在高需求条件下，面孔表情在该后期时间窗口不引发右侧杏仁核的反应；然而在低需求条件下，恐惧面孔比中性面孔诱发了更强的 γ 频段活动。情绪自动化可能是时程问题，而fMRI研究可能错过快速、第一时程的信息（可能是自动化的）。

EEG或MEG溯源定位是一个复杂问题，而且定位诸如杏仁核的深脑结构的信号的精确性仍不清楚。避开该问题的方法是直接测量人类杏仁核（例如在手术准备期间）。波特斯及其同事采用该策略（Pourtois, Spinelli, Seeck, & Vuilleumier, 2010），使用和以往fMRI一样的范式（Vuilleumier et al., 2001），采用两座房子（例如，注视点左右两侧）和两张面孔（注视点上下两侧）的实验范式（见图15.1a）。被试的任务是确定水平或垂直方向的刺激对是否相同。对外侧杏仁核的面孔敏感区的记录表明，在140到290 ms观察到了差异，且恐惧和中性面孔之间呈现的早期的、系统的神经反应差异与注意无关。而且，比较任务相关和不相关的面孔（不管情绪表情），在左侧杏仁核呈现持续注意效应，但是该效应出现在刺激呈现后710 ms。

这两项研究为理解注意和情绪交互作用提供了重要依据。它们通过采用毫秒级时间分辨率技术，试图确定情感加工的时间进程以及对注意的影响。然而，这两项研究也存在一些很重要的问题。

首先考虑MEG研究。已有研究表明，杏仁核内的反应在30—40 ms可能通过较快的通路受到情感内容的调节。然而，已知视觉系统的反应潜伏期的时程仍是个谜。例如，在外侧膝状体（LGN）的最早反应（直接接收到视网膜输入）大约在30 ms左右观察到，平均发生在33 ms（对于大分子通道）和50 ms（对于小分子通道）（Lamme & Roelfsema, 2000）。当考虑到神经反应潜伏期，其他问题也同样重要。除了潜伏期本身，还要考虑“计算时间”。据估计（Tovee & Rolls, 1995），视觉神经元编码的大多数信息可用于长达100 ms的活动，相当数量信息可用于50 ms分段，或者甚至20—30 ms分段（注意这些分段要考虑到反应潜伏期，考虑了神经元动作电位延迟）。尽管这些估计表明了神经元卓越的计算速度（至少在某种条件下），但是它们为刺激辨别所需要的时间增添了宝贵的毫秒（例如，LGN本身的假定差异反应预期不可能早于刺激呈现后60 ms）。另一个问题是，人类反应可能比猴子更慢，需要更多时间。例如，在一项人类实验（Yoshor, Bosking, Ghose, & Maunsell, 2007）中，最快记录的潜伏期在60 ms左右，可能位于V1（或者可能是V2）。而在猴子实验中，V1区的最快反应在40 ms（Lamme & Roelfsema, 2000）。

杏仁核神经元的反应潜伏期是多少？猴子杏仁核的反应时间通常在100—200 ms（Gothard, Battaglia, Erickson, Spitler, & Amaral, 2007; Kuraoka & Nakamura, 2007; Leonard, Rolls, Wilson, & Baylis, 1985; Nakamura, Mikami, & Kubota, 1992）——尽管有时报告对特异刺激（例如注视点）反应更快（Gothard et al., 2007）。在猴子的杏仁核中，威胁和中性面孔表情所唤起反应的差异在120—250 ms（Gothard et al., 2007）。人类颅内研究发现，单个单元的反应最早出现在200 ms（Mormann et al., 2008; Oya, Kawasaki, Howard, & Adolphs, 2002）。而且，损伤个案在200 ms时也观察到杏仁核反应的情感调节（Krolak-Salmon, Henaff, Vighetto, Bertrand, & Mauguiere, 2004； 也见Oya et al., 2002; Adolphs, 2010）。

我们支持皮层旁路系统可能在整个大脑中快速传递情感信息（Pessoa & Adolphs, 2010）的观点——参见情绪和注意优先加工的两阶段机制相关概念（Rudrauf et al., 2008; Vuilleumier, 2005）。这种“并行加工”结构允许在刺激后100—150 ms做出快速情绪反应。有趣的是，该潜在时间进程和波特斯（Pourtois）及其同事（2010）的颅内研究的观察一致，他们观察到情感影响在140 ms左右。然而，这项研究的问题是采用的任务很简单。具体说来，患者在面孔试次中正确率为95%，在房子试次中正确率为97%。尽管这样设置的目的是平衡面孔和房子的任务表现（可能是通过对神经外科患者的反应的测查确定的），但是这个任务的要求显然不高。正如所讨论的那样，当主任务不复杂时，加工资源可能“溢出”（Lavie, 1995）。因此，在这些条件下效价效应不完全令人惊讶。而且尽管效价效应从内隐加工任务无关信息的角度被认为是“自动的”，但是其在必要的方面未表现出严格的自动化。

基于容量限制的这些相关问题，值得考虑的是，即使在MEG研究中，注意操纵也可能不够强。在高需求任务中，被试正确率达到83%。相反，在相似的细条朝向任务中，最高需求任务条件下的正确率为64%（Pessoa et al., 2002）。尤其是在另一个细条朝向任务中，当正确率79%时观察到反应的效价效应，但是当正确率大约60%时没有观察到效价效应（Erthal et al., 2005）。总之，必须寻找更彻底消耗加工容量的注意操纵，就如在场景知觉期间也需要注意类似问题，这清晰地表明了注意操纵的影响（Li, VanRullen, Koch, & Perona, 2002）。

第二个重要问题是颅内研究注意效应时程约在700 ms。注意影响感觉加工的时程最早在60—100 ms（Luck, Woodman, & Vogel, 2000）。正如我们表明的，晚期效应可能是由于加工面孔情绪显著性有关的任务的影响。该效应与注意机制对视觉加工的调节似乎有不同的起源。

最后一个值得讨论的问题是对fMRI研究的普遍反对意见是它对短暂事件不敏感。尽管考虑到BOLD信号的低通特性可能令人担忧，但是一些研究表明担忧是不必要的。也许这最初令人惊讶，但BOLD信号确实对短暂事件敏感，正如萨伏伊及其同事（1995）的研究最初表明的那样（图15.5）。而且，当刺激短暂呈现（~30 ms）甚至掩蔽呈现时，fMRI反应结果一致（Morris, Öhman, & Dolan, 1998; Whalen et al., 1998），比如fMRI结果得到了情感刺激的重复验证。因此，虽然使用诸如MEG技术的毫秒级数据显然是可取的，但是fMRI肯定也不会对短暂、瞬时的刺激“视而不见”（如图15.6所示）。的确，亚毫秒级的刺激也能引起可检测到的血液动力学反应（Hirano, Stefanovic, & Silva, 2011）。

总之，这两项研究为大脑情感反应的时程研究提供了重要见解。两项研究都认为，情绪效应在时间上先于注意效应，与以往文献的结果不一

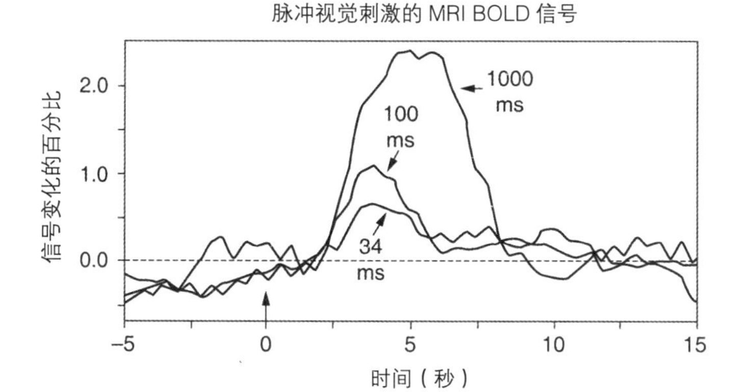

图15.5　短暂刺激的fMRI反应。萨伏伊（Savoy）及其同事的原始数据结果表明，短暂事件诱发清晰的信号变化。数据源自萨伏伊等（1995）。经授权改编自罗森（Rosen）、巴克纳（Buckner）和达勒（Dale）（1998）

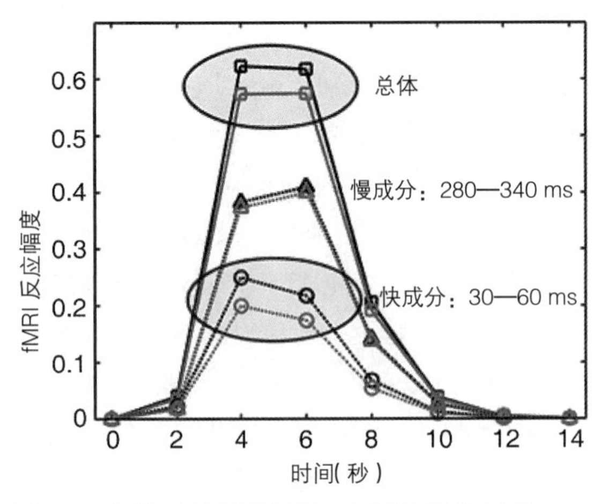

图15.6 模拟fMRI反应和时程。在高难度条件下（Luo et al., 2010），快速反应变换为效价的函数，但是后期反应不是这样——注意影响后期反应，但是不影响前期反应。然而，快速反应不是在fMRI内不可见，而是期望fMRI产生不同反应，正如模拟标签“快”（底部两行）所示。“慢”成分也被模拟，但是没有差异反应被期望（中间两行；轻微位移仅用于显示）。典型的fMRI研究应当获得所有信号（上面两行），包括早期和晚期成分贡献，而且在理论上，应当对第一个时间窗所呈现差异敏感（也见图15.5）。对这些模拟基于fMRI信号采样率为两秒的假设。黑线：消极刺激，灰线：中性刺激；实线：总反应；虚线：快成分反应（底部两行），慢成分反应（中间两行）。经授权改编自佩索亚（2010c）

致可能由fMRI信号的时间特征导致。然而，前文所提出的观点表明，这些结论还不能被全盘接受：情绪和注意的关系比上文两项研究所提到的关系可能更紧密。

结论

总之，现在看到一个僵局：尽管研究者们对情绪视觉加工的范围和局限性有了更多了解，但是两个阵营（“没有限制”对“限制加工”）间的观点沟壑好像仍无法平填。这并不太奇怪，因为所有情绪刺激都是强有力的，以致它们表现出了一系列从中性刺激中所不能观测到的特性。同时，情感加工会受到加工限制的影响，正如几个实验操纵所揭示的那样。

僵局能被打破吗？一方面，有效加工观点的拥护者常常声称，加工资源没有完全被消耗——只是当操作更强时，情绪项目的影响才会消失。另一方面，情绪效应消失总是面临“虚无假设问题”。也就是，证明效应不存在，充满了巨大的困难。例如，尽管佩索亚等（2002）的研究探测到显著的交互作用，但是有人认为左侧杏仁核反应模式与自动化加工一致（见Pessoa et al., 2002）。换言之，非注意面孔诱发的反应模式是在“正方向”，图中所示恐惧面孔的负偏向更小。因此，虽然没有探测到恐惧和中性面孔之间在统计上的显著差异，但是仍然有观点认为如果实验更有统计效力（样本量足够大，任何差异都可能是显著的），那么差异会是显著的。有趣的是，当为非限制加工提供证据时，统计效力也开始起作用。例如，当无法探测到情绪-注意交互作用时，结果可能被解释为支持自动化加工（Luo et al., 2010）。这里值得注意的是，获得足够统计力来评估交互作用比获得其他简单效应或者主效应更具挑战性（Murphy & Myors, 2004）。

本章综述了注意在情绪负载的视觉信息加工中的作用，并且对支持和反对自动化的证据进行了讨论。除了呈现实证结果，我们指出描述情感加工常用的三个概念——前注意、自动化以及无意识，涉及有意和无意。因此，“自动化辩论”需要更多的理论和实证研究的支持。

重点问题和未来方向

· 应当采用不同实验范式和时间分辨率更高的研究设备考察注意和情绪的机制，促进对注意更深刻的理解。理想状态下，不同的行为范式都应得到检验。

· 注意需求应当被如何操纵？尽管不同任务难度的正确率是一种合理测量，但是需要更复杂的测量指标。例如，任务可能由于感觉限制变得困难，令容量限制变得更少（Lavie & de Fockert, 2003）。这意味着低准确率相关任务，不必消耗很多的加工资源。因此，需要认真考虑影响任务绩效的各种因素。值得注意的是，最近"稀释"效应的研究（通过例如演示"反向负荷"效应）从集合大小的角度挑战了"负荷"操作化（Tsal & Benoni, 2010; Wilson et al., 2011）。

· 尽管本章没有过多讨论视觉感知，但是当试图描述情感加工效能时其仍是重要的变量。既然理论和实证研究都正在描述注意和意识之间的区别，那么根据这些研究进展考察情感加工可能更有价值。

· 一般来说，在情感刺激加工中，个体差异的作用是什么？需要特别注意的作用是什么？虽然一些研究已经探讨过该问题，但是需要更多研究把个体差异作为情绪刺激敏感性的重要预测变量，以澄清个体差异的作用，以及注意的作用。

· 情绪加工的注意作用在视觉领域被广泛研究。这种研究如何推广到包括听觉、躯体感觉和嗅觉在内的其他类别？最近已有研究报告了听觉加工容量受限的结果（Mothes-Lasch, Mentzel, Miltner, & Straube, 2011）。

致谢

我们要感谢乔治·阿莫尼和帕特里克·维里米尔为本章节内容提供的帮助，感谢国家心理健康研究院的大力支持（MH071589）。

参考文献

Adolphs, R. (2008). Fear, faces, and the human amygdala. *Current Opinions in Neurobiology*, *18*(2), 166–72.

Amaral, D. G., Behniea, H., & Kelly, J. L. (2003). Topographic organization of projections from the amygdala to the visual cortex in the macaque monkey. *Neuroscience*, *118*(4), 1099–120.

Anderson, A. K. (2005). Affective influences on the attentional dynamics supporting awareness. *Journal of Experimental Psychology: General*, *134*(2), 258–81.

Anderson, A. K., Christoff, K., Panitz, D., De Rosa E., & Gabrieli, J. D. (2003). Neural correlates of the automatic processing of threat facial signals. *Journal of Neuroscience*, *23*(13), 5627–33.

Anderson, A. K., & Phelps, E. A. (2001). Lesions of the human amygdala impair enhanced perception of emotionally salient events. *Nature*, *411*(6835), 305–9.

Bach, D. R., Talmi, D., Hurlemann, R., Patin, A., & Dolan, R. J. (2011). Automatic relevance detection in the absence of a functional amygdala. *Neuropsychologia*, *49*(5), 1302–5.

Bishop, S. J., Duncan, J., & Lawrence, A. D. (2004). State anxiety modulation of the amygdala response to unattended threat-related stimuli. *Journal of Neuroscience*, *24*(46), 10364–68.

Bishop, S. J., Jenkins, R., & Lawrence, A. D. (2007). Neural processing of fearful faces: Effects of anxiety are gated by perceptual capacity limitations. *Cerebral Cortex*, *17*(7), 1595–1603.

Bradley, M. M., Cuthbert, B. N., & Lang, P. J. (1996). Picture media and emotion: Effects of a sustained affective context. *Psychophysiology*, *33*(6), 662–70.

Bradley, M. M., Sabatinelli, D., Lang, P. J., Fitzsimmons, J. R., King, W., & Desai, P. (2003). Activation of the visual cortex in motivated attention. *Behavioral Neuroscience*, *117*(2), 369–80.

Brassen, S., Gamer, M., Rose, M., & Büchel, C. (2010). The influence of directed covert attention on emotional face processing. *Neuroimage*, *50*(2), 545–51.

Buodo, G., Sarlo, M., & Palomba, D. (2002). Attentional resources measured by reaction times highlight differences within pleasant and unpleasant, high arousing stimuli. *Motivation and Emotion*, *26*, 123–38.

Corbetta, M., & Shulman, G. L. (2002). Control of goal-directed and stimulus-driven attention in the brain. *Nature Reviews Neuroscience*, *3*(3), 201–15.

De Cesarei, A., Codispoti, M., & Schupp, H.T. (2009).

Peripheral vision and preferential emotion processing. *Neuroreport*, *20*(16), 1439–43.

Desimone, R., & Duncan, J. (1995). Neural mechanisms of selective attention. *Annual Review of Neuroscience*, *18*, 193–222.

Di Lollo, V., Kawahara, J., Zuvic, S. M., & Visser, T. A. (2001). The preattentive emperor has no clothes: A dynamic redressing. *Journal of Experimental Psychology: General*, *130*(3), 479–92.

Dickie, E. W., & Armony, J. L. (2008). Amygdala responses to unattended fearful faces: Interaction between sex and trait anxiety. *Psychiatry Research*, *162*(1), 51–7.

Erthal, F. S., de Oliveira, L., Mocaiber, I., Pereira, M. G., Machado-Pinheiro, W., Volchan, E., & Pessoa, L. (2005). Load-dependent modulation of affective picture processing. *Cognitive, Affective, & Behavioral Neuroscience*, *5*(4), 388–95.

Fenker, D. B., Heipertz, D., Boehler, C. N., Schoenfeld, M. A., Noesselt, T., Heinze, H. J., ... Hopf, J. M. (2010). Mandatory processing of irrelevant fearful face features in visual search. *Journal of Cognitive Neuroscience*, *22*(12), 2926–38.

Fox, E., Russo, R., & Georgiou, G. A. (2005). Anxiety modulates the degree of attentive resources required to process emotional faces. *Cognitive, Affective, & Behavioral Neuroscience*, *5*(4), 396–404.

Freese, J. L., & Amaral, D. G. (2005). The organization of projections from the amygdala to visual cortical areas TE and V1 in the macaque monkey. *Journal of Comparative Neurology*, *486*(4), 295–317.

Gothard, K. M., Battaglia, F. P., Erickson, C. A., Spitler, K. M., & Amaral, D. G. (2007). Neural responses to facial expression and face identity in the monkey amygdala. *Journal of Neurophysiology*, *97*(2), 1671–83.

Grossberg, S. (1980). How does a brain build a cognitive code? *Psychological Review*, *87*(1), 1– 51.

Hirano, Y., Stefanovic, B., & Silva, A. C. (2011). Spatiotemporal evolution of the functional magnetic resonance imaging response to ultrashort stimuli. *Journal of Neuroscience*, *31*(4), 1440–47.

Ioannides, A. A., Liu, M. J., Liu, L. C., Bamidis, P. D., Hellstrand, E., & Stephan, K. M. (1995). Magnetic field tomography of cortical and deep processes: Examples of "real-time mapping" of averaged and single trial MEG signals. *International Journal of Psychophysiology*, *20*(3), 161–75.

Jonides, J. (1981). Voluntary vs. automatic control over the mind's eye's movement. In J. B. Long & A.D. Baddeley (Eds.), *Attention and performance XI* (pp. 187–203). Hillsdale, NJ: Erlbaum.

Jonides, J., & Yantis, S. (1988). Uniqueness of abrupt visual onset in capturing attention. *Attention, Perception, & Psychophysics*, *43*(4), 346–54.

Kastner, S., & Ungerleider, L. G. (2000). Mechanisms of visual attention in the human cortex. *Annual Review of Neuroscience*, *23*, 315–41.

Koch, C., & Tsuchiya, N. (2007). Attention and consciousness: Two distinct brain processes. *Trends in Cognitive Sciences*, *11*(1), 16–22.

Krolak-Salmon, P., Henaff, M. A., Vighetto, A., Bertrand, O., & Mauguiere, F. (2004). Early amygdala reaction to fear spreading in occipital, temporal, and frontal cortex: A depth electrode ERP study in human. *Neuron*, *42*(4), 665–76.

Kuraoka, K., & Nakamura, K. (2007). Responses of single neurons in monkey amygdala to facial and vocal emotions. *Journal of Neurophysiology*, *97*(2), 1379–87.

Lamme, V. A. (2003). Why visual attention and awareness are different. *Trends in Cognitive Sciences*, *7*(1), 12–8.

Lamme, V. A., & Roelfsema, P. R. (2000). The distinct modes of vision offered by feedforward and recurrent processing. *Trends in Neurosciences*, *23*(11), 571–79.

Lang, P. J., & Davis, M. (2006). Emotion, motivation, and the brain: Reflex foundations in animal and human research. *Progress in Brain Research*, *156*, 3–29.

Lavie, N. (1995). Perceptual load as a necessary condition for selective attention. *Journal of Experimental Psychology: Human Perception and Performance*, *21*(3), 451–68.

Lavie, N., & de Fockert, J. W. (2003). Contrasting effects of sensory limits and capacity limits in visual selective attention. *Attention, Perception, & Psychophysics*, *65*(2), 202–12.

Leonard, C. M., Rolls, E. T., Wilson, F. A., & Baylis, G. C. (1985). Neurons in the amygdala of the monkey with responses selective for faces. *Behavioural Brain Research*, *15*(2), 159–76.

Li, F. F., VanRullen, R., Koch, C., & Perona, P. (2002). Rapid natural scene categorization in the near absence of attention. *Proceedings of the National Academy of Sciences*, *99*(14), 9596–601.

Lim, S. L., Padmala, S., & Pessoa, L. (2008). Affective learning modulates spatial competition during low-load attentional conditions. *Neuropsychologia*, *46*(5), 1267–78.

Lim, S. L., Padmala, S., & Pessoa, L. (2009). Segregating the significant from the mundane on a moment-to-moment basis via direct and indirect amygdala contributions.

Proceedings of the National Academy of Sciences, *106*(39), 16841–6.

Logan, G. D. (1988). Automaticity, resources, and memory: Theoretical controversies and practical implications. *Human Factors*, *30*(5), 583–98.

Luck, S. J., Woodman, G. F., & Vogel, E. K. (2000). Event-related potential studies of attention. *Trends in Cognitive Sciences*, *4*, 432–40.

Luo, Q., Holroyd, T., Majestic, C., Cheng, X., Schechter, J., & Blair, R. J. (2010). Emotional automaticity is a matter of timing. *Journal of Neuroscience*, *30*(17), 5825–9.

MacLeod, C., Mathews, A., & Tata, P. (1986). Attentional bias in emotional disorders. *Journal of Abnormal Psychology*, *95*(1), 15–20.

Marcel, A. J. (1983). Conscious and unconscious perception: Experiments on visual masking and word recognition. *Cognitive Psychology*, *15*(2), 197–237.

Milders, M., Sahraie, A., Logan, S., & Donnellon, N. (2006). Awareness of faces is modulated by their emotional meaning. *Emotion*, *6*(1), 10–7.

Mitchell, D. G., Nakic, M., Fridberg, D., Kamel, N., Pine, D. S., & Blair, R. J. (2007). The impact of processing load on emotion. *Neuroimage*, *34*(3), 1299–309.

Mormann, F., Kornblith, S., Quiroga, R. Q., Kraskov, A., Cerf, M., Fried, I., & Koch, C. (2008). Latency and selectivity of single neurons indicate hierarchical processing in the human medial temporal lobe. *Journal of Neuroscience*, *28*(36), 8865–72.

Morris, J. S., Öhman, A., & Dolan, R. J. (1998). Conscious and unconscious emotional learning in the human amygdala. *Nature*, *393*(6684), 467–70.

Most, S. B., Chun, M. M., Widders, D. M., & Zald, D. H. (2005). Attentional rubbernecking: Cognitive control and personality in emotion-induced blindness. *Psychonomic Bulletin & Review*, *12*(4), 654–61.

Most, S. B., Scholl, B. J., Clifford, E. R., & Simons, D. J. (2005). What you see is what you set: Sustained inattentional blindness and the capture of awareness. *Psychological Review*, *112*(1), 217–42.

Mothes-Lasch, M., Mentzel, H. J., Miltner, W. H., & Straube, T. (2011). Visual attention modulates brain activation to angry voices. *Journal of Neuroscience*, *31*(26), 9594–98.

Müller, M. M., Andersen, S. K., & Keil, A. (2008). Time course of competition for visual processing resources between emotional pictures and foreground task. *Cerebral Cortex*, *18*(8), 1892– 99.

Murphy, K. R., & Myors, B. (2004). *Statistical power analysis: A simple and general model for traditional and modern hypothesis tests* (2nd ed.). Mahwah, NJ: Erlbaum.

Nakamura, K., Mikami, A., & Kubota, K. (1992). Activity of single neurons in the monkey amygdala during performance of a visual discrimination task. *Journal of Neurophysiology*, *67*(6), 1447–63.

Nakayama, K., & Joseph, J. S. (1998). Attention, pattern recognition, and pop-out in visual search. In R. Parasuraman (Ed.), *The attentive brain* (pp. 279–98). Cambridge: MIT Press.

Oya, H., Kawasaki, H., Howard, M. A., III, & Adolphs, R. (2002). Electrophysiological responses in the human amygdala discriminate emotion categories of complex visual stimuli. *Journal of Neuroscience*, *22*(21), 9502–12.

Padmala, S., Lim, S.-L., & Pessoa, L. (2010). Pulvinar and affective significance: Responses track moment-to-moment visibility. *Frontiers in Human Neuroscience*, *4*, 1–9.

Padmala, S., & Pessoa, L. (2008). Affective learning enhances visual detection and responses in primary visual cortex. *Journal of Neuroscience*, *28*(24), 6202–10.

Pereira, M. G., Volchan, E., de Souza, G. G., Oliveira, L., Campagnoli, R. R., Pinheiro, W. M., & Pessoa, L. (2006). Sustained and transient modulation of performance induced by emotional picture viewing. *Emotion*, *6*(4), 622–34.

Pessoa, L. (2005). To what extent are emotional visual stimuli processed without attention and awareness? *Current Opinions in Neurobiology*, *15*(2), 188–96.

Pessoa, L. (2010a). Emergent processes in cognitive-emotional interactions. *Dialogues in Clinical Neuroscience*, *12*(4), 433–48.

Pessoa, L. (2010b). Emotion and cognition and the a mygdala: From “what is it?” to “what’s to be done?” *Neuropsychologia*, *48*(12), 3416–29.

Pessoa L. (2010c). Emotion and attention effects: Is it all a matter of timing? Not yet. *Frontiers in Human Neuroscience*, *4*, 172.

Pessoa, L., & Adolphs, R. (2010). Emotion processing and the amygdala: From a ‘low road’ to ‘many roads’ of evaluating biological significance. *Nature Reviews Neuroscience*, *11*(11), 773–83.

Pessoa, L., McKenna, M., Gutierrez, E., & Ungerleider, L. G. (2002). Neural processing of emotional faces requires attention. *Proceedings of the National Academy of Sciences*, *99*(17), 11458–63.

Pessoa, L., Padmala, S., & Morland, T. (2005). Fate of unattended fearful faces in the amygdala is determined by both attentional resources and cognitive modulation. *NeuroImage*, *28*(1), 249–55.

Pessoa, L., & Ungerleider, L. G. (2004). Neuroimaging studies of attention and the processing of emotion-laden stimuli. *Progress in Brain Research*, *144*, 171–82.

Piech, R. M., McHugo, M., Smith, S. D., Dukic, M. S., van der Meer, E., AbouKhali, B., ... Zald, D. H. (2011). Attentional capture by emotional stimuli is preserved in patients with amygdala lesions. *Neuropsychologia*, *49*(12), 3314–19.

Posner, M. I., & Snyder, C. R. R. (1975). Attention and cognitive control. In R. L. Solso (Ed.), *Information processing and cognition: The Loyola symposium* (pp. 55–85). Hillsdale, NJ: Erlbaum.

Pourtois, G., Spinelli, L., Seeck, M., & Vuilleumier, P. (2010). Temporal precedence of emotion over attention modulations in the lateral amygdala: Intracranial ERP evidence from a patient with temporal lobe epilepsy. *Cognitive, Affective, & Behavioral Neuroscience*, *10*(1), 83–93.

Raymond, J. E., Shapiro, K. L., & Arnell, K. M. (1992). Temporary suppression of visual processing in an RSVP task: An attentional blink? *Journal of Experimental Psychology: Human Perception and Performance*, *18*(3), 849–60.

Rosen, B. R., Buckner, R. L., & Dale, A. M. (1998). Event-related functional MRI: Past, present, and future. *Proceedings of the National Academy of Sciences*, *95*(3), 773–80.

Rudrauf, D., David, O., Lachaux, J. P., Kovach, C. K., Martinerie, J., Renault, B., & Damasio, A. (2008). Rapid interactions between the ventral visual stream and emotion-related structures rely on a two-pathway architecture. *Journal of Neuroscience*, *28*(11), 2793– 803.

Savoy, R. L., Bandettini, P. A., O'Craven, K. M., Kwong, K. K., Davis, T. L., Baker, J. R., ... Rosen, B. R. (1995). Pushing the temporal resolution of fMRI: Studies of very brief visual stimuli, onset variability and asynchrony, and stimulus-correlated changes in noise. Presented at the Annual Meeting of the Society of Magnetic Resonance in Nice, France, August.

Schupp, H. T., Junghöfer, M., Weike, A. I., & Hamm, A. O. (2003). Attention and emotion: An ERP analysis of facilitated emotional stimulus processing. *Neuroreport*, *14*(8), 1107–10.

Schupp, H. T., Stockburger, J., Bublatzky, F., Junghöfer, M., Weike, A. I., & Hamm, A. O. (2007). Explicit attention interferes with selective emotion processing in human extrastriate cortex. *BMC Neuroscience*, *8*, 16.

Silvert, L., Lepsien, J., Fragopanagos, N., Goolsby, B., Kiss, M., Taylor, J. G., ... Nobre, A. C. (2007). Influence of attentional demands on the processing of emotional facial expressions in the amygdala. *Neuroimage*, *38*(2), 357–66.

Stein, T., Peelen, M. V., Funk, J., & Seidl, K. N. (2010). The fearful-face advantage is modulated by task demands: Evidence from the attentional blink. *Emotion*, *10*(1), 136–40.

Streit, M., Dammers, J., Simsek-Kraues, S., Brinkmeyer, J., Wolwer, W., & Ioannides, A. (2003). Time course of regional brain activations during facial emotion recognition in humans. *Neuroscience Letters*, *342*(1–2), 101–4.

Tovee, M. J., & Rolls, E. T. (1995). Information encoding in short firing rate epochs by single neurons in the primate temporal visual cortex. *Visual Cognition*, *2*(1), 35–58.

Treisman, A. M., & Gelade, G. (1980). A feature-integration theory of attention. *Cognitive Psychology*, *12*(1), 97–136.

Tsal, Y., & Benoni, H. (2010). Diluting the burden of load: Perceptual load effects are simply dilution effects. [Research Support, Non-U.S. Gov't]. *Journal of Experimental Psychology: Human Perception and Performance*, *36*(6), 1645–56.

Tzelgov, J. (1997). Specifying the relations between automaticity and consciousness: A theoretical note. *Consciousness and Cognition*, *6*(2–3), 441–51.

Vuilleumier, P. (2005). How brains beware: Neural mechanisms of emotional attention. *Trends in Cognitive Sciences*, *9*(12), 585–94.

Vuilleumier, P., Armony, J. L., Driver, J., & Dolan, R. J. (2001). Effects of attention and emotion on face processing in the human brain: An event-related fMRI study. *Neuron*, *30*(3), 829–41.

Vuilleumier, P., Richardson, M. P., Armony, J. L., Driver, J., & Dolan, R. J. (2004). Distant influences of amygdala lesion on visual cortical activation during emotional face processing. *Nature Neuroscience*, *7*(11), 1271–78.

Whalen, P. J., Rauch, S. L., Etcoff, N. L., McInerney, S. C., Lee, M. B., & Jenike, M. A. (1998). Masked presentations of emotional facial expressions modulate amygdala activity without explicit knowledge. *Journal of Neuroscience*, *18*(1), 411–18.

Wilson, D. E., Muroi, M., & MacLeod, C. M. (2011). Dilution, not load, affects distractor processing. [Research Support, Non-U.S. Gov't]. *Journal of Experimental Psychology: Human Perception and Performance* *37*(2), 319–35.

Yoshor, D., Bosking, W. H., Ghose, G. M., & Maunsell, J. H. (2007). Receptive fields in human visual cortex mapped with surface electrodes. *Cerebral Cortex*, *17*(10), 2293–302.

第16章 情绪调节

潘经纶（Kinh Luan Phan） 卓拉·克哈尔·斯里巴达（Chandra Sekhar Sripada）

情绪一直存在于我们的日常生活中。观看恐怖电影、聆听有趣的故事、目睹孩子的出生、怀念离世的爱人、感受到明显的无礼时，我们都会体验到情绪。事实上，很难想象一个人经历了这些事件而没有深刻的情绪体验，这表明情绪在给予生活事件结构和意义方面的重要性。情绪赋予环境中目标相关方面的显著性一旦被触发，就会以特征化方式产生偏向认知和行为，而这已被证明在整个进化过程中具有适应性。因此，情绪经常是有益的而且确实是生存必需的。然而，情绪并不总是有用的或者具有适应性的；当情绪强度过大，持续时间太久，不可预见地出现，或者在情境以外被诱发时，就会出现问题。当情绪反应不恰当时，人类能够独有地运用一系列策略灵活调节情感体验。人类可以改变基于当前情景的情绪体验的开端、呈现时间、内容和质量，以更加有效地对情景进行反应，并追求他们的长期目标（Gross, 1999）。

在过去二十年间，人们对情感神经科学产生了浓厚的兴趣，情绪产生和体验的心理、社会和生物基础都得到了研究。几乎同时，认知神经科学领域已经明确了更高级认知过程的脑基础，例如注意、推理、记忆和问题解决。情绪调节研究整合了两个视角的理论和研究结果。在情绪的认知调节研究中，“热”情绪过程（例如恐惧、快乐、生气）和“冷”认知过程（例如决策、记忆、注意）密不可分（见本书第14、15、17章）。本章将利用现有框架分析情绪调节，批判地综述情感和认知神经科学关于情绪的认知调节。本章关注神经成像的应用研究，它是一种有效的、广泛应用的方法，能用以描述人类灵活分配资源、重塑情绪体验的神经机制。

什么是情绪调节？

要理解情绪调节，关键是要更加清楚地认识情绪。根据目前的整合模型（Levenson, 1994），情绪由短暂的、不同效价的、典型环境条件所诱发的反应构成（见本书第1章）。一旦情绪被激发，就会产生一系列协调的跨多个认知和生理系统的变化，并且产生特定的行为倾向，而且通常伴随着独特的主观感觉和面部表情。把情绪展开划分为知觉/评价阶段和反应阶段是有用的，尽管这样做并不意味着各阶段在时间上不重叠，或者各阶段之间的因果联系是单向的。在知觉/评价阶段，个体面临情境并将注意力分配到关键的知觉特征上。此时个体卷入认知重评，采用快速的、自动的或者较慢的、有意的方式，评估情景如何和他/她的目标相关（Ortony, Clore, & Collins, 1990）。该目标是短暂的或者持久的，可被意志有意识维持，或者被无意识反映（Gross & Thompson, 2007）。接着特定情绪是否被激发，取决于个体相对于目标如何评价环境（例如，如果生存相关的核心目标受威胁，恐惧就会被激发；如果目标受挫，愤怒就会被激发等）（Ortony et al., 1990）。

在反应阶段，情绪被多个反应系统表达，包括（1）认知系统（注意、记忆）（见本书第15、20章）；（2）生理系统（副交感神经和交感神经、外周血管）（见本书第3章）；（3）动机/行为系统（见本书第19章）。整个反应系统的协调效应被视为进化保守的“反应剖面”，它在复发性适应挑战中被证明是有效的（Nesse, 1990）。例如，突然遇到蛇所引起的恐惧情绪，会产生一系列协调有序的适应性反应，包括增强交感神经唤醒、木僵、畏缩、后退。

虽然对于环境中的重复情景，情绪限定评价和反应具有某些原型方式，但是情绪展开的许多方面仍需做重要调整。例如，尽管有些评估通常被认为是快速的、自动的，很大程度上处在意识之外（Ortony et al., 1990），但是其他评估可能随后被意识、意志策略调整。而且情绪相关的自动反应和行为趋向可能被调整或者抑制（Gross, 1998; Gross & Thompson, 2007）。事实上，上述对情绪的描述表明个体可能在情绪展开的多个点上对情绪进行干预，并从根本上调整和改变情绪。第三部分讨论由格罗斯（Gross）所提出和细化的特定情绪调节策略（Gross, 1998, 1999, 2002; Gross & Thompson, 2007）。

此处要先说明两个术语。首先，可以说情绪调节包含有调节思想和行为的过程（例如，被情绪所调节；Campos, Frankel, & Camras, 2004）。事实上，关于这些过程的相关文献已经发表，通过这些过程情绪可以影响感知觉和认知功能，例如注意、工作记忆、决策和相关的脑结构，详细讨论可见本书第14章和16章。例如，情绪信息可以促进和干扰认知加工，诸如威胁调节的回避和欲望调节的趋近，被认为分别促进行为反应和杏仁核与纹状体激活（见本书第19章）。然而，格罗斯指出，如果“情绪调节”也是指情绪协调和调节后续反应的路径（和认知），那么该词本身是一个多余的“情绪”词——果真如此的话，所有包含情绪的情景也包含情绪调节（Gross, 1999, 2002），这表明“情绪调节”这一术语应指情绪的认知调节而不是反过来。

其次，情绪概念的广义解释可包括几种其他相关的心理状态——情感、心境、感觉、动机。在文献中这些术语有时被互换使用；人类成像神经科学研究往往采用相同的或密切相关的范式。有人争辩说情绪不同于心境，因为前者涉及离散心理状态变化，与特定的持续时间和可识别的触发因素相关。尽管如此，我们尚不清楚情绪和心境的区别是否是情绪调节研究的关键，或者出于研究调节的目的，是否可以将情绪、心境和相关概念，诸如应激反应、动机冲动，归入更广泛的“情感”概念（Gross & Thompson, 2007）。下文将关注调节“情绪”，并为未来工作表明更广泛的情感调节概念，这可能更加合理或者更加有意义。

总之，情绪调节被定义为情绪反应被中断或改变的过程，它致使情绪状态的体验和表达不同于未调节的情况。这种调节可以潜在地改变情绪情节的多维度特征，包括潜伏期（何时开始）、峰值时间（多快出现）、幅度（表现多激烈）、呈现时间（持续多久）和消退速度（如何缓慢消失）。本章关注情绪调节的神经机制：人们调节情绪经验的脑基础是什么？

情绪调节为什么重要？

情绪调节的重要性，可以在一系列具有影响的心理学传统中找寻到根基，包括冲动的心理防御以及焦虑状态的抑制（Freud, 1946）、压力应对（Lazarus, 1966）、亲子依恋（Bowlby, 1969）、治疗抑郁的认知行为策略（Beck, 1963）以及情绪的增长和发展（Thompson, 1994）研究等。而且在超过一半的精神障碍分类中，情绪失调是一个突出的临床表型，当代心理病理学过程模型主要涉及错误的、不充分的或是缺失的情绪调节。甚至在不以情绪障碍为核心的精神疾病中，情绪调节仍可能是重要的。例如，在物质使用障碍中，应对日常压力方面的缺陷与药物导向冲动控制恶化、戒断意图不坚定、治疗成功率低以及成瘾复发增加相关（Fox, Hong, & Sinha, 2008）。此外，有效调节情绪能力的益处，也超越了精神疾病，更关乎更广泛意义上的幸福感。例如，更多使用情绪调节策略的血液透析者，提高了主观幸福感并加强了肾脏疾病的自我管理（Gillanders, Wild, Deighan, & Gillanders, 2008）。情绪调节的干预，为普通医疗患者和精神病患者带来了生理和社会心理的改善（Smyth & Arigo, 2009）。简而言之，情绪调节在健康、疾病、人际功能等多个方面产生深远影响，是目前心理学、精神病学和神经科学研究的一个关键领域。

情绪调节使用什么策略？

我们在前面曾经描述了一个情绪模型，把情绪展开分为知觉/评价阶段和反应阶段。图16.1展示了本章讨论的研究背景——一个当代富有影响的情绪调节模型，该模型由格罗斯及其同事开发，他们提出了大量策略，可以在情绪展开期间的相

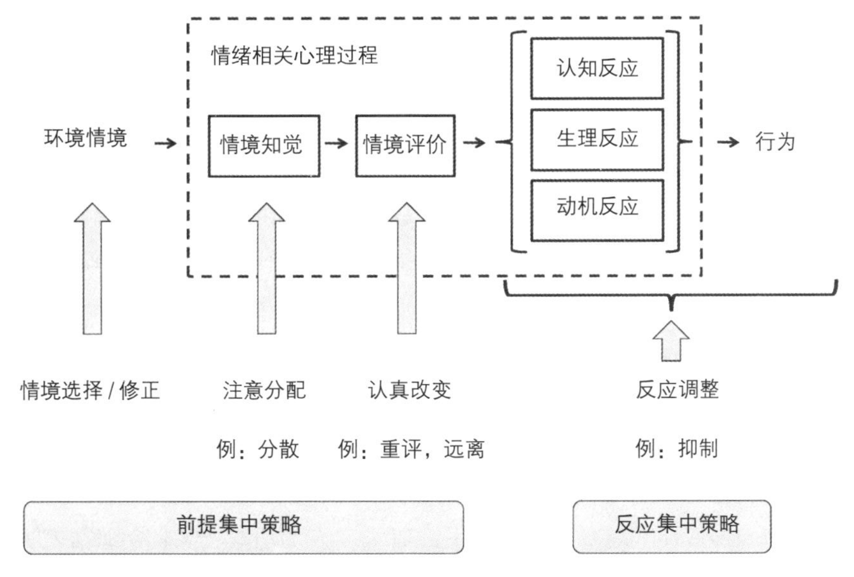

图16.1 情绪调节策略的原理图。在情绪展开过程模型中，每种策略都以特定的阶段为目标

对特定位置进行介入（Gross, 1998, 1999, 2002; Gross & Thompson, 2007）。首先，在情绪反应诱发前的知觉/评价阶段，可以至少使用两个前提集中策略（或者先于行为反应）：（1）“情境选择”，采取行动改变情境发生的可能性，该情境可能导致不期望/期望的情绪结果；（2）“情境修正”，改变情境以改变其情绪影响。其次，在评价阶段，可以使用另外两个前提集中策略：（1）“注意分配”，注意力朝向或者远离情境内的刺激物，以改变其情绪感受；（2）“认知改变”，改变情境评价，以改变其意义或者情绪意义。最后，“反应调整”是指在情绪/行为反应已经产生后发生的改变，代表反应集中的情绪调节策略。本文定义的反应调整可以发生在内部（例如，心率变化）或者外部（例如，面部表情变化）。

正如描述相对较新的、快速发展的、不断变化的研究领域的所有框架一样，格罗斯及其同事指出并承认，他们的概念化模型并不包含所有应该包含的元素（见 Gross & Thompson, 2007）。第一，情绪是一个动态过程，从刺激/情境到反应过程，可能并不总是按顺序逐步推进的，连续的后馈和前馈可能出现在每一步，并且情绪展开可以跳过某些步骤。第二，情绪调节是一个交互过程，通过交互过程一种策略可以影响另一种策略的出现和影响。第三，调节情绪的意图是反复的、附加的和协同的。人类可能会用试误来测试，在特定时间和情景下众多备选策略中哪一种最佳；在任何给定时刻，可能尝试和采用不止一种策略；基于当前策略是否成功改变了针对目标的情绪反应，可能对策略进行排序和重排。虽然存在这些状况，但是格罗斯所提出的模型仍然是一种简单的、非常有用的、具有探索性的模型，是基于过去几十年我们对如何产生和调节情绪的思想汇聚的综合（Gross, 1999）。大量使用脑功能成像的人类神经科学研究（大多数是fMRI，但是也有PET和事件相关电位），已经实验证明了这些加工成分及其神经关联。下文将综述、梳理和批判性评价这些研究成果。

首先，值得注意的是，当代人类成像神经科学主要关注需要意志努力的认知策略——注意分配和认知改变，很少关注选择和修正外部环境/情境的前提意图，或者自动、无意识的策略。其中部分原因是功能性脑成像环境的限制性，使功能成像更加难以接近真实生活场景和行为；而且缺乏有效技术客观测量和归因无意识现象的脑功能解释。然而，越来越多有关情绪认知控制的功能性神经解剖文献发表，极大地丰富了关于认知策略改变情绪主观体验的脑机制及其与情绪相关的神经认识，在不同的研究和实验中产生了会聚性的研究成果。因此，现有文献的成功，促使我们将研究扩展到至今尚未得到深入认识的情绪调节领域。

像所有结合功能性脑成像方法与实验任务的研究以及从脑激活地图所观察到的变化进行脑–行为推断研究一样，确实需要额外证据（除了脑激活差异模式）去解释“情绪调节成功了”“情绪确实发生变化了”的结论。这些佐证数据不应该仅仅局限于情绪的大脑指标。首先，“调节成功”的指标可取自个体对情感强度或唤醒强度变化的主观感受，通过要求被试评估成像实验中的情绪状态变化来测量。其次，外周生理变化也可以通过皮肤电阻、惊跳反射、心脏–呼吸反应来标记情绪变化。最后，情绪修正也可以采用中脑反应指标。丰富的、不断增长的、汇聚性的动物和人类损伤研究和人类功能成像研究证据表明，情绪评价、加工与产生与大脑中的一组区域有关（见本书第

前提集中策略			反应集中策略	
分散 / 重新集中注意	自我集中 例：远离	情境集中 例：重构	抑制	消退
Frankenstein et al., 2001 Mitchell et al., 2003 Anderson et al., 2004 Erk et al., 2006 Kalisch et al., 2006 Blair et al., 2007 Delgado et al., 2008 Kompus et al., 2009	Beauregard et al., 2001 Levesque et al., 2003 Ochsner et al., 2004 Kalisch et al., 2005 Goldin et al., 2008 Goldin et al., 2009a Koenigsberg et al., 2010 Erk et al., 2010	Ochsner et al., 2002 Ochsner et al., 2004 Phan et al., 2005 Urryet al., 2006 Banks et al., 2007 Eippert et al., 2007 Kim et al., 2007 Wager et al., 2008 Goldin et al., 2009b	Ohira et al., 2006 Goldin et al., 2008	Phelps et al., 2004 Kalisch et al., 2006 Milad et al., 2007 Delgado et al., 2008

图 16.2　研究各种情绪调节策略的大脑相关的功能性神经影像学研究的代表性引用

6—13章和以前的综述及元分析）（Adolphs, 2002; Fusar-Poli et al., 2009; Phan et al., 2003）。

这组脑区的中心是杏仁核，也被看作是情绪表达和知觉的门户（Adolphs, 2002）。在与人类情绪调节这一主题最相关的研究中，一些研究者已经观察到杏仁核反应的程度取决于：（1）知觉威胁程度；（2）主观和生理唤醒程度；（3）刺激/环境变化的显著性（Adolphs, 2002; Phan et al., 2003）。而且一系列的边缘系统结构也日益被认为是人类情绪感知和产生环路的一部分，包括但不限于脑岛（Craig, 2009）、纹状体（包括伏隔核）和眶额皮层（OFC; Rolls, 2000）。此外，消极情绪体验和维持消极情感的意图，也和杏仁核与脑岛活动增加相关。与被动观看消极效价图片的控制条件相比，主动维持一种消极情感状态产生更多的自我报告消极情感和更大的杏仁核反应（Schaefer et al., 2002）。而且，有意主动诱发的悲伤被证明会产生更多的消极情感，这也与杏仁核激活增加相关（Posse et al., 2003）。有趣的是，自我报告的较高的经常/日常使用认知重评的程度，和在fMRI扫描期间被试加工消极信息时杏仁核活动减少、前额叶与顶叶参与活动增加相关（Drabant, McRae, Manuck, Hariri, & Gross, 2009）。因此，大量情绪调节的功能性神经成像研究（见图16.2总结，以及稍后的讨论）已经在广泛关注这些结构，尤其是杏仁核，研究者把这些结构作为改变情绪中调节功效的神经标记。在这里，情绪调节的神经表征被归类为情绪的认知控制，纳入到更广泛的情绪-认知双向交互结构中，如图16.3和早期综述所述（Ochsner & Gross, 2005, 2007）。目前为止，兴趣区的概念代表了当前研究界的普遍观点，即不同的脑区在功能和模块上是分离的。然而，随着对脑功能理解的深入，以及关于脑活动的更复杂分析，我们可能会加深对该观点的理解，即整合的（而不是分离的）神经网

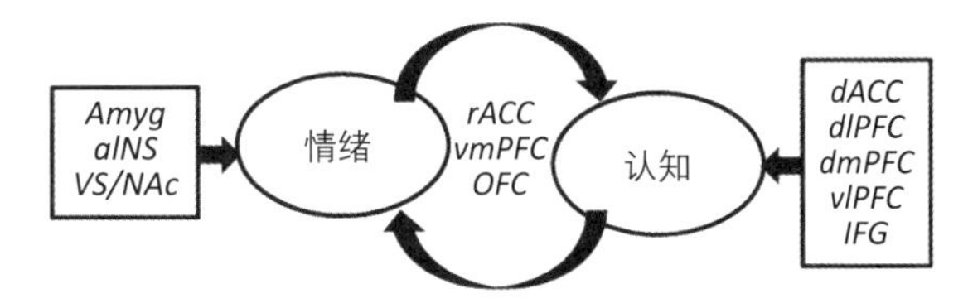

图 16.3　情绪调节背景下认知-情绪交互的大脑加工模型。缩写：Amyg，杏仁核；aINS，脑岛前部；VS，腹侧纹状体；NAc，伏隔核；rACC，吻侧前扣带皮层；vmPFC，腹内侧前额叶皮层；OFC，眶额皮层；dACC，背侧前扣带皮层；dlPFC，背外侧前额叶皮层；dmPFC，背内侧前额叶皮层；vlPFC，腹外侧前额叶皮层；IFG，额下回

络有助于多种情绪调节策略。

执行情绪调节的脑功能机制是什么？

知觉改变：注意控制和分散

知觉改变是指情绪调节过程，这个过程中我们可以直接通过感官改变我们的感知或者意识到的东西，尤其是视觉。我们可以通过注意朝向或者远离环境中突出的情境线索，控制注意的状态（即“注意分配”）。例如，为了下调情感，我们可以使用分散注意力，重新集中注意于刺激物的其他方面，以减少其情绪影响；当看到个体表达愤怒时，我们可以把注视点从他的眼睛转移到鼻子，或者把注意力集中于对方的鼻子宽度而不是他有多生气。同样，通过唤醒与刺激无关的思想（思想分散），或者通过执行转移注意远离刺激的任务（认知分散），我们可以改变自己的知觉。为了上调情感，我们可以利用相反策略，直接和持久地关注显著刺激的最容易唤起情绪的方面（即专注和沉思），以唤起更多的情绪反应。当然，除非个体有外显意识指引注意，否则许多知觉改变是自动的，处于意识阈限以下，因此更不适合采用功能性神经成像进行考察。

在这里我们首先介绍使用实验操纵注意方向的研究，即通过指导被试将注意集中于唤醒刺激的非情绪非知觉方面（相对于情绪方面）来引导其注意方向。研究假设，分配注意或者远离情绪刺激源会改变负责情绪评价/产生/反应的脑系统激活程度（例如，杏仁核、纹状体包括伏隔核、脑岛和腹侧前额叶包括眶额皮层）。例如，格尔（Gur）及其同事发现，关注情绪面孔的年龄（相对于情绪表达）与杏仁核反应降低相关（Gur et al., 2002）。因为前者的任务与更多努力相关，所以可以推断，任务难度使得注意偏离了情绪特征（也即注意越少，情绪参与越少）。佩索亚等关于情绪面孔加工的大量研究支持该观点：杏仁核反应取决于注意分配，和自上而下机制有关（见第15章）。虽然几个前额叶脑区，包括前扣带回和背外侧前额叶，被认为是执行注意控制的功能区（Carter, Botvinick, & Cohen, 1999），但是从前很少有经典研究评估和报告，当分配注意远离刺激的情绪方面时，这些脑区或者其他的前额叶脑区是否存在特异性参与。有趣的是，康姆珀斯（Kompus）及其同事发现，转移注意远离面孔的消极情绪（从标记愤怒、恐惧或中性表情转移为评价个人吸引力），与前部/腹内侧前额叶和顶上回激活增加、杏仁核反应减少相关（Kompus, Hugdahl, Öhman, Marklund, & Nyberg, 2009）。

另一种操纵注意分配的方式，源于重新分配注意资源远离情绪任务的研究。例如，艾克（Erk）等的一项研究表明，当预期到情绪刺激（也即消极词）时，分等级的认知分散（采用工作记忆负荷操作）会激活背外侧前额叶、腹外侧前额叶、前扣带皮层、顶下皮层，而内侧前额叶和杏仁核的活动减弱（Erk, Abler, & Walter, 2006）。布莱尔（Blair）及其同事特别确定，腹外侧前额叶参与不一致分散物的目标导向、负荷驱动加工，同时减弱杏仁核对积极和消极效价图片的反应（Blair et al., 2007）。而且，他们观察到腹外侧前额叶与杏仁核存在消极连接，腹外侧前额叶与背侧前扣带皮层、额上回包括背外侧前额叶存在积极连接，和当今公认的情绪调节环路模型相一致（Ochsner, 2004, Ochsner & Gross, 2005）。

然而应该注意两点。第一，将注意远离情绪输入可以有效抑制杏仁核反应这一观察结果，和流行观点形成对照，即杏仁核的情绪加工，尤其是恐惧加工很少依赖注意资源，而是以自动化方式执行（Anderson, Christoff, Panitz, DeRosa, & Gabrieli, 2003; Whalen et al., 1998）；第二，关于注意修正是大脑情绪反应的有效调节器的研究结果并不一致。例如，几项研究观察到，当被试注意知觉（而不是情绪）特征时，杏仁核反应增加（例如 Critchley et al., 2000; Hariri, Bookheimer, & Mazziotta, 2000）。一项元分析证实了研究结果的可变性，但是也报告，相对于情绪面孔的内隐加工（注意指向非情绪特征），各研究总体上显示情绪面孔的外显加工（注意情绪表情）会与更多的杏仁核反应有关（Fusar-Poli et al., 2009）。

思想分散是修正注意分配的另一种策略，即指导被试使用另外的注意焦点（例如自我产生的焦点或者集中于偶然的外部/内部刺激），而不是刺激的情绪内容,一些研究用这种方法考察支配思想分散的神经环路。凯里希（Kalisch）及其同事要求被试自主分散疼痛的预期焦虑（“抑制任何关于焦虑感或电刺激的想法”）。思想分散和焦虑的行为测量减少没有必然关系，仅和左外侧前额叶（靠近背外侧前额叶）激活相关，这表明自我分散在调节焦虑和情绪反应时不如其他认知改变策略有效（Kalisch, Wiech, Herrmann, & Dolan, 2006）。这一发现与另一个冷压疼痛诱发情境下采用分散言语注意任务的研究结果相反，在那个研究中，人们发现疼痛的认知分散任务会激活吻部前扣带皮层而不是外侧前额叶（Frankenstein, Richter, McIntyre, & Remy, 2001）。

自传体记忆的自我生成，尤其是那些和当前诱发的或者即将被诱发的消极情绪状态不一致的记忆的生成，可能是另外一种令注意偏离当前状态的方式。例如，库尼（Cooney）及其同事指导被试观看诱发悲伤情绪的视频时回忆积极记忆；情绪与回忆不一致时，他们观察到腹外侧前额叶和眶额皮层激活，而更背侧的前额叶网络则没有被激活（Cooney, Joormann, Atlas, Eugene, & Gotlib, 2007）。作者推测积极记忆打断消极情感状态的过程可能与其他诸如认知重评和疏远的策略（稍后讨论）不同，是通过更腹侧的调节环路执行的。

生理疼痛被认为是一种类似情绪的状态，是高唤醒的和消极效价的（因此具有情感色彩），倾向于激活与情绪反应相联系的脑区（见第9章综述）。将注意限制到疼痛刺激的主动分散策略，诸如参与平行的语言流畅任务（Frankenstein et al., 2001）、Stroop任务（Bantick et al., 2002）或者简单地思考其他事（Tracey et al., 2002），都与中扣带回皮层、脑岛、中脑导水管周围灰质的疼痛反应减少相关；它会增强眶额皮层、扣带回前部、背外侧前额叶、腹内侧前额叶激活，降低疼痛强度的主观知觉。不同于使用低强度刺激的其他情绪唤醒范式，使用物理诱发疼痛的研究，认知向远离情绪唤醒刺激的方向分散时产生了更一致和直接的前额叶参与证据，表明前额叶的参与有力地降低了刺激的情感意义。然而，疼痛分散不可能受认知负荷本身增加驱动。通过使用并发工作记忆任务的高认知负荷来作为预期焦虑的调节策略的代表方式，凯里希及其同事发现，高认知负荷和背侧前扣带皮层、背内侧前额叶、背外侧前额叶和腹外侧前额叶活动降低（而不是增加）有关（Kalisch, Wiech, Critchley, & Dolan, 2006）。

总之，检验对情绪内容的注意转移分配和认知标签（即使标记的是情绪内容）的研究产生了不一致的结果。注意转移可能会限制大脑的情绪产生系统（杏仁核、脑岛）的激活，但是这些效应是否构成情绪调节；如果构成调节，调节的发生是否是通过前额叶皮质实现，至今仍不清楚。现有研究有一定局限性，留下一些悬而未决的问题。首先，面孔等情绪刺激被认为是情绪的知觉探针，在缺少社会背景的情况下，它们通常和情绪体验唤醒毫无关系，也缺乏情绪显著性。其次，目前尚不清楚一些任务是否真正通过注意调节而不是强加更高认知负荷才起到作用；虽然这两种方式都可能限制情绪的生成，但它们发生作用的路径有着明显的区别。再次，各研究使用的“控制”条件变化非常大，这使得研究结果的解释更加困难（当我们更详细讨论情感标签作为情绪调节策略时，还会返回到这个主题）。最后，大多数研究几乎都以大脑激活模式作为情绪变化指标。最好能收集其他情绪变化指标，包括主观的、行为的和外周生理测量。

解释改变：认知重评和疏离

如前所述（图16.1），认知改变是一个前提集中的情绪调节策略，包括修正情境评估，以改变其含义和意义，由此影响随后的行为反应。因此，认知改变是一个需要意志和努力的主观过程。借此，个体重组情绪唤醒情境的情绪内容。认知改变策略得到神经成像的广泛研究（确实远远多于其他策略）。此类研究通常指导被试使用认知重评策略，改变他们对刺激或情境情绪内容的解释。被试被要求以一种不再唤起从前毫无防备时被动体验到的情感反应的视角来看待这一情境的内容。实施认知重评的方法之一是重新定义厌恶情境的意义，使消极解释转变为积极解释（例如，一张女子在教堂外哭泣的图片，最初被知觉为表现了女子在忧郁事件中的悲伤，但是可以被重新定义为在婚礼上流下了“喜悦的泪水”）。另外一种认知重评相关的策略，要求被试在加工情绪内容时采用疏离策略，采取一个分离而遥远的观察者视角。对情绪调节神经环路的了解，很多是基于认知重评策略的研究。

最早借助认知重评来研究认知改变的是奥克斯纳及其同事，他们在研究中指导被试重评高度消极和唤醒的图片，以改变情绪反应。他们发现相对于未调节的被动体验，认知重评降低了被试的主观消极情感，增加了背外侧前额叶、腹外侧前额叶和背内侧前额叶激活，而情绪评价/产生的区域（杏仁核、眶额叶）活动减弱。而且，认知重评中介背侧扣带回前部变化程度能预测消极情感衰减的程度（Ochsner, Bunge, Gross, & Gabrieli, 2002）。得到这些初步结果之后，作者使用另外一项研究进一步剖析认知改变过程中不同加工成分的神经机制（Ochsner et al., 2004）。第一，要求被试使用认知重评策略，以自我关注（即疏离、降低情境的自我相关性）或情境关注（即积极重组情境）的方法减少消极情绪。第二，要求被试根据指导语下调或上调消极情绪。作者发现，自我关注和情境关注策略同样会降低被试的消极情感，衰减杏仁核反应，主要涉及前额叶和扣带回重叠区域。当下调（而不是上调）情绪时，疏离引起更强的吻部内侧前额叶和前扣带回活动，这些区域涉及自我参照加工（Kelley et al., 2002）；然而基于情境的重新解释涉及更多的外侧前额叶区域，这些区域和基于当前与过去的经验维持和操作给定事件的替代意义相关。相似地，上调或者下调情绪的过程都会激活外侧前额叶活动，这被认为与当前目标背景下维持各种策略有关，而且背侧前扣带回活动可能涉及对手头任务的监督（Botvinick, Braver, Barch, Carter, & Cohen, 2001），而对杏仁核活动、消极情感的调整则和目标调节一致（上调和更强的杏仁核活动、更强的消极情感相关，而下调和更弱的杏仁核活动、更弱的消极情感相关）。总之，上调和下调目标都涉及相似的、重叠的前额叶区域，反映了两种策略共享的加工过程。左侧吻部内侧前额叶的更大激活与情绪上调有关，被作者解释为与情绪知识提取有关；右侧吻部前额叶和眶额皮层的更大激活和下调情绪有关，被认为表征行为抑制、干扰解决，和反转学习。作者们还提到，下调与左侧和右侧前额叶的更广泛激活相关，而上调主要定位在左侧前额叶。

大量研究已经证实并详尽阐述了关于认知重评的神经基础的最初研究结果（见 Harenski & Hamann, 2006; van Reekum et al., 2007）。潘经纶及其同事比较了在重评中，用以维持由高唤醒厌恶图片所诱发的消极情绪状态的意识努力（与奥克斯纳及其同事相似），发现背内侧前额叶、背外侧前额叶、外侧眶额叶、右侧腹外侧前额叶和背侧前扣带回激活增加，广泛的杏仁核、伏隔核和外侧前额叶活动减少（Phan et al., 2005; 图 16.4a）。而且研究者们报告，背侧前扣带回和脑岛前部的更大激活和消极情感降低相关，而杏仁核和枕叶视觉联合皮层的更大激活和消极情感增加相关。之后的功能连接分析表明：（1）背外侧前额叶、背内侧前额叶、扣带回前部、眶额叶、顶下皮层活动，以任务依赖的方式和杏仁核活动共变（也即耦合在重评任务比维持任务更强；图 16.4）；（2）杏仁核–眶额叶、杏仁核–背内侧前额叶的耦合强度可以预测认知重评之后的消极情感降低程度（Banks, Eddy, Angstadt, Nathan, & Phan, 2007）。

将多种情绪测量作为有效情绪调节的指标，爱珀特（Eippert）及其同事在实验中使用 fMRI 和外周生理记录（惊恐眨眼反应和皮电反应），同时要求被试重评威胁相关的图片，上调或者下调他们的情绪反应。研究结果表明，下调和杏仁核反应降低，以及前扣带回、背外侧前额叶和眶额叶激活增强相关，而上调和惊恐眨眼反应、皮电反

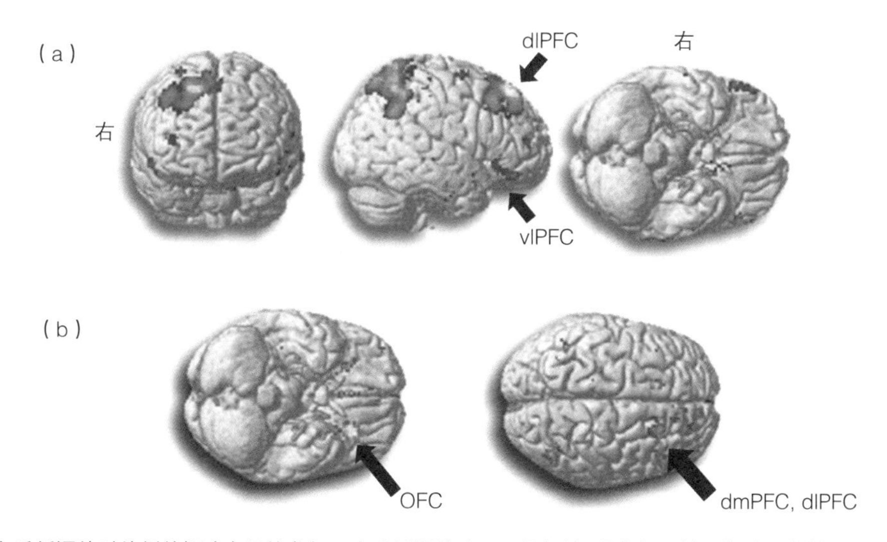

图 16.4 （a）重新评估时外侧前额叶皮层的参与。在重新评估（而不是保持/观察）阴性图像时，右侧 dlPFC、双侧 vlPFC 和右侧顶叶皮层有更大的激活；同时激活 OFC 和 dmPFC，背侧 ACC 没有显示。摘自潘经纶等（2005）。（b）重新评估时的任务依赖杏仁核–额叶连接性。在重新评估（而不是保持/观察）阴性图像时，右侧 dlPFC、双侧 vlPFC 和顶叶皮层耦合更强；杏仁核–亚系 ACC 未显示。摘自班克斯（Banks）等（2008）。彩色版本请扫描附录二维码查看

应以及杏仁核反应增强，以及大部分前额叶激活有关。研究者注意到两种策略相关的前额叶激活存在显著重叠（Eippert et al., 2007）。随着重评的外周生理效应新证据出现，该研究也表明，重评成功的“逐试次”（trial-by-trial）指标（被试的情感评定），和上调时的杏仁核反应、下调时的眶额皮层活动相关。

到目前为止，仍不清楚调节消极情绪的同一神经环路是否参与重评积极情绪。为了回答这一问题，金（Kim）和哈曼（Hamann）要求被试观看消极、积极和中性效价图像，指导他们使用认知重评增强或减弱所唤醒的情绪，或者仅观看图片（Kim & Hamann, 2007）。该研究同奥克斯纳及其同事（2004）的研究结果一致，都表明当被试上调或者下调由消极、积极图片引发的情感反应时，前额叶和扣带回皮层（背内侧前额叶、左侧外侧前额叶、前扣带回，左侧眶额叶）存在广泛的共同激活，同时杏仁核反应衰减。该结果进一步支持观点：不管是调节目标（即上调或者下调）还是重评目标的效价（积极或消极），都会有一个核心认知过程（工作记忆、行动监控、反应抑制、反转学习等）参与认知重评。然而，除了这些共同的核心过程之外，研究者也指出一些基于情绪和任务的脑激活的显著差异。对于消极情绪，虽然上调激活的前额叶活动不比下调时更大（消极，上调>下调），但是两侧眶额皮层、右侧前额叶和右侧顶叶区则相反（消极，下调>上调）。相比而言，对于积极情绪，下调激活不比上调时更大(积极，下调>上调）。然而，上调选择性地激活腹内侧前额叶（眶额皮层），以及内侧前额叶和左额丘脑、尾状核（积极，上调>下调）。

这些结果得到后续实验部分重复验证（Mak, Hu, Zhang, Xiao, & Lee, 2009）。他们采用消极和积极图片设计实验，要求被试自己选择调节策略（见Delgado, Gillis, & Phelps, 2008; Staudinger, Erk, Abler, & Walter, 2009; Staudinger, Erk, & Walter, 2011）。下调消极、积极情绪和背外侧前额叶、背内侧前额叶/扣带回激活增加相关，眶额皮层选择性参与消极情感调节。最后，特别是在消极情绪调节期间，在线（扫描时收集）唤醒度评价和脑岛、腹侧和背侧内侧前额叶活动相关，而且眶额皮层和积极、消极情绪调节相关。如前所述，情绪刺激的杏仁核反应是根据和调节目标调整的。有趣的是，因为该研究也使用了积极图片，研究者能够证明对积极情绪的调节和腹侧纹状体反应变化相关，该区域和奖励、快乐相关（见本书第19章）。

虽然现有证据的集合支持情绪重评系统（背内侧前额叶、背外侧前额叶、前扣带皮层、眶额皮层、腹外侧前额叶）和情绪评价/产生区域（杏仁核、杏仁核扩展部分、腹侧纹状体）之间明显的双向关系，但是研究者仍不清楚这些系统如何相互作用，以及这些回路如何调节主观情绪体验所观察到的变化（例如消极情感）。已经表明的是，杏仁核–眶额叶、杏仁核–背内侧前额叶的重评依赖耦合可以预测消极情感的衰减程度（Banks, et al., 2007）。伟杰（Wager）及其同事使用新的中介效应参数映射分析（MEPM），正式检验了两个竞争性假设：（1）中介假设，前额叶和亚皮层/边缘系统相互作用构成调节机制，因此前额叶通过影响情绪评价/反应系统的反应降低消极情绪。（2）直接路径假设，前额叶激活是成功降低消极情绪的直接原因，且几乎不影响评价/反应系统（Wager, Davidson, Hughes, Lindquist, & Ochsner, 2008）。首先，和以往研究一致，重评期间观察到认知改变网络的激活更强，包括两侧背外侧前额叶、腹外侧前额叶（包括额下回）、腹侧前额叶、前额叶前部、背侧前扣带回和顶下小叶。重评策略的成功（消极情感降低）和两侧腹外侧前额叶、背内侧前额叶和顶下小叶激活相关。选取右侧腹外侧前额叶作为预测源脑区，重评成功作为结果变量，研究者发现重评所诱发的该脑区活动和两个情绪评价和/或产生的脑区激活相关——杏仁核和腹侧纹状体/伏隔核。其次，这两个脑区中腹外侧前额叶激活的调节与消极情感降低相联系，尽管方向相反——腹外侧前额叶增强伏隔核激活，导致重评成功增加；而腹外侧前额叶也增加杏仁核激活，降低重评成功率。伏隔核（更少的消极情绪）路径和杏仁核（更多的消极情绪）路径解释了50%的主观消极情感变异。

后续分析以杏仁核和伏隔核作为中介变量，进行全脑预测变量搜索研究。他们发现杏仁核和伏隔核也调节其他前额叶区和重评成功的关系。特别是，杏仁核中介眶额皮层，而伏隔核中介吻侧内侧前额叶、前额叶前部、背外侧前额叶和背内侧前额叶。该研究使用新的路径分析法，发现重评期间前额叶通过两条路径影响情绪（伏隔核路径和杏仁核路径）。

并不是所有的消极图片重评研究，都能产生期望的前额叶激活和杏仁核衰减模式。例如，奥伊（Urry）及其同事要求老年志愿者（62—64岁）使用重评策略增强（相对于注意）非愉悦图片所唤醒的消极情感时，发现与前人的研究结果一致（Ochsner et al., 2004），腹外侧前额叶、背外侧前额叶、背内侧前额叶和杏仁核被激活。然而，比较减弱与注意这两个条件时，他们几乎没有发现额叶或者杏仁核激活的差异（Urry et al., 2006）。相反，他们发现，在重评（注意>降低）中杏仁核激活衰减更大的个体，表现出腹内侧前额叶/内侧眶额皮层激活更大，应激激素皮质醇“更陡、更常规”的日间下降。有趣的是，这一模式只选择性针对下调意图，在上调消极情绪时没有被观察到。该研究也发现，杏仁核和背内侧前额叶在重评中也存在类似的双向关系，而且腹内侧前额叶中介杏仁核和背内侧前额叶的关系。

其他支持情绪调节的证据来自瞳孔反应测量，消极情绪增强或者降低都会引起瞳孔直径更大比例的变化。利用该指标，研究者发现，在尝试降低消极情绪时，瞳孔直径和背外侧前额叶/额下回激活程度呈正相关，而和杏仁核激活程度呈负相关。总之，这些研究结果支持这一观点：下调消极情感和脑活动有意义的个体差异有关，尤其是腹内侧前额叶和杏仁核之间的差异，以及皮质醇日间变异和瞳孔反应的相应变化。

大多数fMRI和PET重评研究使用的情绪唤醒图片取自富有效度的国际情感图片系统（IAPS; Lang, Bradley, & Cuthbert, 1997）的刺激集；相对来说，很少有实验室使用其他情绪探针。戈尔丁（Goldin）及其同事开展了这样一项实验，他们指导被试重评“严厉（愤怒、鄙视）”面孔的情绪解释（使用语言-认知自我对话，例如“这不针对我”“这不影响我”“这对我没用”），并对健康控制组（HC）以及社会焦虑障碍（SAD，也被称为社交恐惧症）组进行比较（Goldin, Manber, Hakimi, Canli, & Gross, 2009）。虽然不是研究的重点，但是研究者确实报告了健康被试组内分析的主观评定和脑激活数据。相对于中性面孔，观看严厉面孔会使被试产生更高水平的主观消极情绪和双侧背侧杏仁核激活。相对于非调节的“观看”条件，当观看严厉面孔时，重评任务会降低消极情感，增强两侧腹外侧前额叶/额下回和背内侧前额叶激活，降低双侧脑岛激活。在另一项社会焦虑障碍和健康控制组相比较的研究中（Goldin, Manber-Ball, Werner, Heimberg, & Gross, 2009），同一批研究者采用了消极自我信念（NSBs）的语言探针（例如，“没有人喜欢我”“别人都认为我傻”“我很奇怪”），训练被试使用语言-认知自我对话想法（例如，“并不总是这样”），以重新解释减少消极内容的方式，重组消极自我信念。相对于非调节的“反应”条件，仅在健康控制组，重评消极自我信念产生了更少的消极情绪，衰减了杏仁核反应，并且激活了背内侧额叶、背外侧前额叶和腹外侧前额叶。而且，重评任务的后续功能连接分析把杏仁核作为种子区，表明杏仁核与背外侧前额叶、腹内侧前额叶之间存在逆向/双向关系，但是与任何前额叶区缺乏积极连接。这两项研究结果补充了嫌恶图片作为情绪探针的研究，并且拓展了腹外侧前额叶和背内侧前额叶参与对嫌恶社会信号的认知重评的证据。

几乎没有研究直接比较认知重评和另一种情绪调节策略，以研究其共享和非共享的神经基础。在一项研究中，麦克雷（McRae）及其同事对比了重评和分散（McRae et al., 2010）；而另一项研究，戈尔丁及其同事比较了重评和抑制（Goldin, McRae, Ramel, & Gross, 2008）。在观看嫌恶图片的研究中，重评和分散（使用工作记忆作为干扰物）都减弱了消极情感和杏仁核反应，增强了外侧前额叶中部和前部、背内侧前额叶和背侧前额叶激活。有趣的是，分散比重评更有效地减弱了杏仁核反应，而且分散选择性激活了外侧前额叶、外下侧前额叶和顶上皮层；而重评激活了背内侧前额叶、背外侧前额叶和腹外侧前额叶。基于认知重评策略时，消极情感降低和背内侧前额叶、背外侧前额叶激活相关；然而基于分散策略，消极情感降低仅和顶上皮层相关。这些研究结果初步表明，两种调节情绪的方法涉及不同脑区，和/或不同程度地涉及相同的前额叶区，这或许可以用不同可能由策略背后的不同认知过程解释（例如，分散中的注意分配和重评中的重构和重新解释变化）。

如前所述，另一种不同的重评相关策略涉及疏离，即以分离或者远距离的观察者视角加工情绪内容的过程。博勒加德（Beauregard）及其同事属于第一批采用功能成像研究需要意识和努力的有意情绪调节的团队（Beauregard, Levesque, & Bourgouin, 2001）。他们使用电影片段，诱发被试的唤醒，指导被试“远离刺激，也就是成为一个远距离观察者”，有意地降低电影所诱发的唤醒强度（值得注意的是，作者把这种情绪调节策略称作“抑制”，但是根据本章采用的分类，它被分类为认知重评的一种形式）。正如所料，被试在抑制任务中体验到更少的主观唤醒（相对于被动观看/正常反应任务）。通常，当允许唤醒发生时，杏仁核、颞极和下丘脑反应更强；而疏离任务会降低杏仁核（还有颞极和下丘脑）反应，激活右前侧腹侧前额叶（额上回）、右侧扣带回、左侧腹外侧前额叶（额下回）和双侧顶上小叶。该实验室后续的一项研究也包括疏离，这次是关于悲伤视频片段的反应，确证疏离选择性唤醒悲伤和情绪相关的腹内侧前额叶、杏仁核、脑岛和颞极激活（Levesque, et al., 2003）。随着主观悲伤程度降低，疏离和右侧眶额叶、背外侧前额叶以及更小程度的腹外侧前额叶激活也呈现出相关。悲伤的自我报告评估和眶额叶、背外侧前额叶激活呈正相关，他们将其解释为，重评任务残留的悲伤情绪会导致眶额皮层和背外侧前额叶调节环路更强的激活。总之，这些结果和奥克斯纳及其同事（2004）的发现一致，表明疏离采用相同的神经机制和下调嫌恶图片所唤醒的一般消极情感，以及下调视频片段所唤醒的更特定情绪状态（例如性唤醒和悲伤）所采用的神经机制相同。

凯里希及其同事也采用疏离策略训练被试，但是在他们的实验中，被试需要抑制预期接受电击所唤醒的状态性焦虑（Kalisch, Wiech, Herrmann, & Dolan, 2006）。研究者指导被试想象自己处在自己选择的“特殊位置”以实现疏离，尤其是想象“我正处在我的‘特殊位置’，很安全、很舒适。这些远距离情绪不能到达我这里。也不能干扰我”。在对照条件下，被试被要求在皇后广场的真实实验室环境中想象“我现在正在皇后广场的实验室。我能清楚地感受到自己的情绪。它们影响我的身体和思想”。在一项行为实验中，研究者证实疏离任务可以降低主观焦虑、心率和皮电反应（SCR）。在随后的fMRI实验中，那些在疼痛预期中执行疏离任务的被试，报告焦虑降低，疼痛相关的心率加速反应降低，以及和疼痛预期相关的内侧前额叶/前部扣带回激活降低，而前外侧前额叶激活增加（背外侧前额叶和腹外侧前额叶的交叉位置）。该研究拓展了以往研究结果，表明疏离可以产生抗焦虑效应，体现在疼痛的主观、生理和神经指标，而且确定外侧前额叶前部的一个独立脑区与这些效应相关。

在另一项研究中，康尼格斯博格（Koenigsberg）及其同事对由社会内容（例如，包含损失、悲伤、物理威胁等的情境图片）而不是非社会内容（可怕的动物、武器）引发的消极情绪带来的疏离的神经关联特别感兴趣（Koenigsberg et al., 2010）。他们在实验中，训练被试疏离了嫌恶情绪图片相关的情绪材料，想象他们自己没有通过任何方式与非愉悦情境图片中的个体有任何关联。正如预期，相对于中性图片，社会嫌恶图片诱发了杏仁核、背内侧前额叶，以及对视觉显著刺激做出反应的感觉皮层（例如梭状回、丘脑）的激活。相对于观看条件，疏离消极刺激（>中性）的调节与更低的消极情绪指数，更强的背侧前扣带回/背内侧前额叶、腹外侧前额叶（包括额下回、腹内侧前额叶前部）和颞上回激活，更弱的杏仁核活动相关。这些结果证实了奥克斯纳及其同事（2004）的研究，他们也训练被试使用疏离策略调节由社会和非社会内容所诱发的消极情感。这些研究结果也表明，对诱发嫌恶的社会线索的疏离会调用与社会知觉、观点采择以及注意控制相关的社会认知网络脑区。

总之，疏离策略似乎涉及前额叶网络（前部扣带回、背内侧前额叶、背外侧前额叶、眶额皮层），这与情境集中的重新解释策略（例如将消极内容重构为中性或者积极）所涉及的脑区相似。最近，艾克及其同事发现，一年后的测试表明疏离策略对情景记忆和随后的脑激活模型有长期影响（Erk, von Kalckreuth, & Walter, 2010）。研究者发现，成功地再认受到过疏离调节的消极图片，和背外侧前额叶激活呈正相关，然而杏仁核的激活则存在相反关系——当使用疏离的方法下调消极情绪时，对这些图片的记忆越少，杏仁核激活的程度就越高。

另外还有一种和疏离、重新解释紧密相关的策略。克罗斯（Kross）及其同事首先通过要求被试回忆一系列高唤醒度的消极传记体记忆，唤醒其消极情感（Kross, Davidson, Weber, & Ochsner, 2009）；然后，他们训练被试使用情绪调节策略，例如接纳（“承认回忆时所体验到的情感是正在流逝的精神事件，它们在心理上和自我相隔甚远，不要控制它们”）和分析（客观分析情感背后的原因和理由）。研究者并没有发现这些策略比对照组的“感受”（“集中体会当他们思考回忆经历时自然出现的那些特定感受”）激活更多的前额叶区。相反，以往与病理性冗思、功能失调性应对相关的感受条件，和吻部、前部内侧前额叶和腹外侧前额叶以及膝下前部扣带回相关，而且“冗思网络”活动和被试自我报告的消极情感呈正相关。不同于其他许多关于认知策略的研究，分析条件对消极情感效应的降低更少，也即相对于接纳条件，分析条件激活更多的“冗思网络”区域。这些研究结果提供了一个理解非适应性消极记忆的神经模型，因此可能与对一些心理病理学（例如抑郁、一般性焦虑）的理解存在潜在的高度相关。然而，该模型还未正式进行临床测试。

赫维希（Herwig）及其同事研究了一种相对独特的前提集中策略。他们指导被试在预期自己将要看到消极图片时执行“现实检查”任务，以减少消极情感；要求被试重复考虑他们所处的真实情景，例如思考：“我正躺在扫描仪里”“他们将呈现图片给我，这是研究的一部分”（Herwig et al., 2007）。相对于没有参与现实检验策略的控制组，对实验背景采取现实立场的被试表现出更高的内侧前额叶和背外侧前额叶激活，而杏仁核扩展区和感觉区（例如梭状回）活动则有所衰减。而且，现实检查时杏仁核的激活程度与情绪调节问卷的认知重评分数呈负相关（ERQ; Gross & John, 2003）。

前提集中情绪调节的以往研究在调节持续时间上存在广泛差异，被试参与的单试次调节持续时间大约是5到25 s。凯里希使用激活似然估计（ALE）元分析方法，考察了调节消极刺激时调节持续时间在解释脑激活变异中的作用（Kalisch, 2009）。他发现，随着调节时间增加，额叶激活呈视出从左到右、从前到后的可靠转换。凯里希提出，这种转换反映了情绪调节的两个分离阶段：早期实施阶段——选择特定调节策略；晚期维持阶段——为了调节成功，继续和监督所选择的策略。凯里希的定量综述研究揭示了情绪调节中时间动态的重要性，而且强调需要进一步探索这个研究主题。

反应改变：抑制和消退

抑制是一种“反应调整”策略，它在知觉和评价阶段完成之后，情绪反应已经展开时发生（图16.1; Gross, 1998; Gross & Levenson, 1993; Gross & Thompson, 2007）。抑制涉及相当直接的影响情绪反应的认知、生理和行为表现的意图，例如，试图抑制面部表情和其他与情绪有关的生理表现。与认知重评不同，抑制很少或者不会导致主观消极情绪变化，并且和交感神经激活增加、情绪记忆减少相关（Gross, 1998, 2002; Gross & Levenson, 1997）。除了抑制，消退是另外一种降低消极情绪反应表达的方法，但是它更适用于通过刺激强化或条件联结已经习得的反应。尽管格罗斯提出的“反应调整”模型没有直接考虑消退（Gross, 2002; Gross & Thompson, 2007），因为人们认为消退其实包括主动学习和抑制加工两个方面（Milad, Rauch, Pitman, & Quirk, 2006），但它仍可以被视为一种潜在的更加自动和省力的情绪调节策略（Ochsner & Gross, 2005）。

抑制

欧西拉（Ohira）及其同事使用PET检查了抑制的神经关联。他们指导被试在观看消极、积极和中性图片时，“自愿抑制任何情绪反应”。应当指出的是他们没有扩展该指导语（抑制表情或者体验），也没有具体说明被试采用了何种策略实施抑制，所有被试仅表示没有使用认知分散或言语加工刺激（Ohira et al., 2006）。无论情绪反应的效价如何，情绪抑制都没有导致消极情感、心率和应激相关的促肾上腺皮质激素（ACTH）变化；但是增加了SCR和双侧眶额皮层、吻部腹内侧前扣带皮层、顶上回和外侧前额叶活动。而且，内侧眶额皮层的激活和抑制时SCR幅度呈正相关。相反，非调节的"注意"条件会引起更强的杏仁核活动。

除了前面提到的麦克雷等的研究，仅有一项研究直接比较了两种情绪调节策略。戈尔丁及其同事研究了使用重评和抑制[指导被试"保持面部静止"（表情抑制）]在调节消极/嫌恶视频片段的情绪反应（Goldin, et al., 2008）。根据以往研究预测，重评衰减脑岛和杏仁核反应，腹内侧前额叶、背外侧前额叶、腹外侧前额叶、外侧眶额皮层和额下回会激活。有趣的是，分析这些前额叶区的时间动态表明，它们的激活发生在早期（视频片段开始5秒以内）。抑制并没有改变杏仁核反应，反而实际上增加了脑岛反应。抑制也增加了腹外侧前额叶、背内侧前额叶和背外侧前额叶活动，但是这发生于情绪反应的晚期阶段（视频片段最后5秒）。尽管两种策略都减弱了主观消极情感并降低了面部厌恶表情的厌恶程度，但是重评在减弱消极情感上更有效，而抑制在降低面部表情厌恶程度上更有效。在脑水平上，重评比抑制更有效减弱了杏仁核和脑岛对消极情绪的反应，可能是因为重评比抑制在反应的更早阶段激活前额叶。与以往研究有关抑制的主观和自主心理生理变化一致（Gross, 1998），这些结果表明不同调节策略（重评或抑制）在影响情绪体验、行为表达和脑反应的能力上，具有不同效果。而且相对于重评，和抑制有关的前额叶参与的不同时间模式（抑制显著更晚参与），提供了抑制衰减效能的潜在脑机制。

恐惧学习和消退

现在转向恐惧学习和消退的新兴成像神经科学（见本书第18章）。消极情绪，尤其是恐惧，通过巴甫洛夫经典条件反射习得，也即一个先前的中性刺激（条件刺激，CS，诸如声音）和嫌恶刺激（无条件刺激，US，诸如电击）配对后就习得了情绪重要性（Quirk, Garcia, & Gonzalez-Lima, 2006）。几次配对后，单独呈现条件刺激可以诱发条件性恐惧反应（CR）。在消退中，当条件性刺激不再和非条件刺激配对反复出现后，条件反应将逐渐减弱。通过之后再次呈现条件刺激，观察条件反应减弱，并检验消退学习是否成功。

当今模型认为，在消退期间条件刺激–无条件刺激的联结没有被消除或者覆盖。相反，消退涉及新的条件刺激–无条件刺激联结的主动学习；旧的条件刺激–无条件刺激联结仍在编码，但是其表达被抑制了（Bouton, 2004）。由于条件化恐惧反应被新习得的学习抑制，因此消退可以被概念化为一种情绪调节。动物会使用各种情绪策略（例如积极应对、记忆巩固），但是消退学习最常作为人类特有的行为被研究。

在一项探查认知情绪调节的传统策略和恐惧消退之间相互联系的研究中，德尔加多（Delgado）及其同事使用部分强化程序，将条件化恐惧逐渐施加给被试（Delgado, Nearing, LeDoux, & Phelps, 2008）。然后，让被试在条件化恐惧刺激反应中使用有意情绪调节策略[放松和分散（尽力思考大自然中令人平静的事情）]，并将结果和该研究小组先前恐惧消退的神经成像结果进行比较。恐惧反应的认知调节激活了外侧前额叶区，该脑区通过腹内侧前额叶调节杏仁核活动。与有意调节相关的腹内侧前额叶和杏仁核激活，大量重叠于先前消退学习与恢复的研究所确定的相似区域。作者提出，有意情绪调节策略的区域包括背外侧前额叶区，该区域互动和控制种系更古老的情绪调节环路，该环路连接腹内侧前额叶和杏仁核（见 Schiller & Delgado, 2010）。由于该领域数据缺乏，需要更多研究直接比较和对照恐惧的有意认知调节与无须努力抑制之间的神经机制。

其他策略：精神状态变化、冥想

许多其他策略并不适合本章提出的情绪调节分类方案（知觉改变、解释改变、反应改变）。这些策略可能跨越情绪的多个阶段（知觉、体验和反应），包括自我和情境关注立场。此外，很难定义这些策略是否能与某一特定认知构想（例如注意、重评等）关联起来。

主要的例子是唤起自我意识增强的一组策略，即所谓的正念或者其他冥想策略。理解正念作为一种情绪调节策略是如何起作用的，最有效的方法是重新查阅先前的神经成像研究。已有研究表明，标记视觉显著刺激的情绪影响的动作似乎简单，但改变了主观和脑反应（例如杏仁核和旁边缘系统）效果。例如，当看到嫌恶刺激时，既可以被动地观看、加工和体验使个体不愉快的内容，也可以转移注意使用语言标记自身的主观情绪反应，例如问"这幅图为什么使我不愉快"，这种以认知标记唤醒刺激和注意，并将其转移到自己心理状态的程序，表征一种心理过程（混合了认知、体验和语言成分），使被试能够调节对突显情绪刺激的体验。值得注意的是，评价焦虑产生情景的强度是行为疗法的支柱，使被试获得焦虑控制感（Marks, 1985）。

泰勒及其同事的研究是关于这种现象的首批成像研究之一。他们发现，从被动观看嫌恶图片转移到评价图片的不愉快情绪，可以降低被试主观悲伤和杏仁核及脑岛活动，激活背内侧前额叶和旁扣带回，包括前扣带皮层（Taylor, Phan, Decker, & Liberzon, 2003）。评价任务本身需要几个心理操作：比较该情绪图片与其他情绪图片的体验，从比例尺回忆适当的锚点，给图片赋值。不止一个过程可能降低消极情感的主观体验（例如，悲伤）和消极效价内容有关的边缘系统反应。而且观看消极图片时，情感标记（语言描述情绪）会降低杏仁核活动反应，增加右侧腹外侧前额叶活动。有趣的是，存在情感标记时，腹外侧前额叶活动和杏仁核活动呈负相关，受到内侧前额叶中介（mPFC; Lieberman, et al., 2007）。其他研究也表明，存在情感标记时前额叶活动和杏仁核反应之间存在逆向、双向关系（Hariri et al., 2000; Taylor et al., 2003）。

与之相反，哈彻森（Hutcherson）及其同事发现，当观看诱发情绪的视频片段（娱乐或者悲伤）时，评价自己情绪状态没有降低主观情感或情绪相关的杏仁核和旁边缘系统区的激活。然而，相对于被动观看，这的确增加了前扣带皮层、脑岛、背侧前额叶/额中回和顶下小叶激活（Hutcherson et al., 2005）。这表明时间扩展的视频片段期间，相对于评价自己对静态刺激的情感反应，报告自己情绪状态激活不同的加工过程。

最近研究为自我相关意识和情绪调节的联系提供了额外视角。例如，"认知"自我反省和情绪内省（意识到自己的真实情绪和感受），可能以不同方式激活不同脑区，影响情绪相关的杏仁核反应。赫维希及其同事指导被试参与三种心理任务：

（1）“思考”条件，“思考你自己，反省你是谁，你的目标是什么”。（2）“感受”条件，“感受你自己，意识到你当前的情绪和身体感受”。（3）“中性”条件，“不做特定事情，只是看着中性图片”（Herwig, Kaffenberger, Jancke, & Bruhl, 2010）。他们发现，情绪内省的“感受”条件与最低的杏仁核激活以及更大的内侧前额叶后部相关，而认知自我反省与更高的内侧前额叶前部激活有关。而且，自我思考与毗邻额下回的左侧腹外侧前额叶激活相关，情绪内省则激活更多的双侧额下回/前运动区后部，以及脑岛中部的部分区域。他们得出结论，认为意识到情绪状态改变的心理状态，可以下调情绪唤醒，以杏仁核反应减弱作为指标，尽管该范式本身不存在情绪遭遇或者唤醒。

如前所述，利伯曼及其同事发现，标记情感（相对于标记性别）的基本行为导致腹外侧前额叶激活和杏仁核的负激活（Lieberman, et al., 2007）。事后分析发现，更高水平的正念特质[由正念注意觉知量表（the Mindful Attention Awareness Scale, MAAS）测量得到]能够预测双侧腹外侧前额叶、腹内侧前额叶、内侧前额叶、背外侧前额叶和左侧脑岛的更大活动，也能够预测双侧杏仁核活动的减少（Creswell, Way, Eisenberger, & Lieberman, 2007）。这些结果和前文所报告的赫维希等的研究形成对照。赫维希等研究指出，另一种正念气质测量即弗莱堡正念量表（Freiburg Mindfulness Inventory），与几个前额叶区呈负相关，包括认知自我反省激活脑区（吻侧前扣带皮层、背内侧前额叶）和情绪内省激活脑区（内侧前额叶后部、扣带皮层中部）（Herwig et al., 2010）。

莫迪那斯（Modinos）及其同事直接验证了在认知重评消极情绪时，气质正念和脑激活之间的关系。像以往的重评研究一样，研究者发现重新解释消极图片（相对于观看）激活背外侧前额叶、背内侧前额叶、包含腹内侧前额叶的额下回和背侧前部扣带皮层，衰减杏仁核反应；而且双侧背侧前额叶激活，尤其是背内侧前额叶能够预测重评成功（Modinos, Ormel, & Aleman, 2010）。几个前额叶兴趣区的相关分析显示，重评时背内侧前额叶活动和正念特质[由肯塔基州正念技能清单（Kentucky Inventory of Mindfulness Skills, KIMS）测量得到]呈正相关，和消极情绪的杏仁核反应负相关。法波（Farb）及其同事支持该结果，他们研究发现具有中等水平抑郁和焦虑的被试，运用基于正念的减压技术并经过8周正念训练后，症状得到了减轻，而且观看诱发悲伤的视频片段时，表现出脑岛、外侧前额叶和膝下扣带皮层激活增加（Farb et al., 2010）。这些结果支持了该小组先前关于正念冥想训练神经效应的结果（Farb et al., 2007）。

正念训练如何起效？一种可能是正念训练提高集中和维持注意力的控制，增强个体利用前额网络降低分散而更好集中的能力（Lutz et al., 2009）。相对于未训练的个体或者新手，正念实践专家似乎拥有检测情绪声音的更强能力，而且这样做可以激活共情和心理理论的神经环路（Lutz, Brefczynski-Lewis, Johnstone, & Davidson, 2008）。即便如此，正念如何对消极情感和脑激活施加情绪调节效应，其精确的心理机制仍需进一步研究。总的来说，现有研究增加了相关文献，将增强自我意识、冥想和正念作为不同于解释改变的情绪调节形式，尽管它们是否包括不同的特定脑环路仍是一个悬而未决的问题。

问题和未来方向

时间动态——应用ERP/EEG

尽管通常认为情绪及其调节是随着时间动态展开的过程，但是大多数中枢生理测量（例如功能性磁共振）受到时间分辨率限制（大约几秒），因此对2—3秒时间窗内发生的神经过程敏感性低（见第5章）。诸如使用脑电的事件相关电位（ERP）方法拥有更好的时间分辨率（见第4章）。运用这些方法，研究者已经确认了几个与情绪信息自动化或者控制加工相关的成分[例如300毫秒的正电位（P300），300—1500毫秒的晚期正电位（LPP）]，可以为情绪调节的时间动态提供更加详细的信息（Hajcak, MacNamara, & Olvet, 2010）。然而，还没有研究把同一批被试的ERP和fMRI数据相关联，或者在进行情绪调节时同时采集ERP和fMRI数据。

精神病理学的情绪调节

情绪失调是精神障碍的标志，包括心境障碍（例如抑郁症和双向障碍）、焦虑障碍、人格障碍（边缘型人格障碍），这表明情绪调节缺陷在各种障碍的病理生理学中发挥重要作用（Aldao, Nolen-Hoeksema, & Schweizer, 2010）。神经成像学研究正逐步揭示精神疾病中情绪调节异常的脑基础。抑郁症与情绪调节的关系被研究得最广泛。在早期研究中，博勒加德及其同事表明，抑郁被试（相对于控制组）表示疏离自己和悲伤视频片段时遇到更大的主观困难；而且所报告的困难程度和内侧前额叶区激活相关，该研究组曾经把这个脑区和情绪调节联系起来（Beauregard, Paquette, & Levesque, 2006）。约翰斯托（Johnstone）及其同事采用瞳孔扩张作为努力指标，在确定抑郁被试情绪调节时付出了更多努力。他们也表明，出现在控制组被试的调节环路在抑郁被试中没有出现，该环路联结腹外侧前额叶和腹内侧前额叶抑制杏仁核活动，反而在抑郁被试中杏仁核和腹内侧前额叶呈现正相关（Johnstone, van Reekum, Urry, Kalin, & Davidson, 2007）。情绪产生脑区的过度激活（例如杏仁核和脑岛）和情绪调节脑区的激活不足（背外侧前额叶、背部扣带回、背内侧前额叶）模式在其他精神疾病也有相似报告，包括社会焦虑障碍（Goldin, Manber, et al., 2009; Goldin, Manber-Ball, et al., 2009）、边界型人格障碍（Koenigsberg et al., 2009; Schulze et al., 2011）和创伤后应激障碍（New et al., 2009）。障碍间的结果模式是否代表跨疾病的统一情绪调节缺陷，或者是否存在各障碍特异的情绪调节微妙缺陷，期待未来研究的进一步澄清。

结论

情绪调节是人类特有的能力，越来越被认为是理解心理健康、人际功能和精神疾病的关键。过去十年的研究已经阐明了情绪调节的功能性神经解剖，着眼于旨在注意调整和解释改变的认知策略。成功的情绪调节涉及更广阔的前额叶网络（包括背外侧前额叶、腹外侧前额叶、背内侧前额叶、扣带皮层和眶额皮层）。而且，最近的研究开始探究关于情绪调节、人格、基因和精神病理学之间复杂的内在联系。尽管已经了解很多，但是还有更多问题仍未解决。此外，现有研究还有待联系转化方法，将理论演化和fMRI之外的结果联系起来，以确定个体心理病理的易感性，改进和革新现有的临床干预方法。情绪调节的人类情感神经科学正在采用的方法和新方法，有望成为未来许多年基础和转化神经科学中最有趣和最有影响力的探寻途径之一。

重点问题

· 虽然很少有研究直接考察不同策略的重叠和分离激活，但是越来越多的研究开始强调情绪调节策略涉及广泛的前额叶调节环路（Goldin et al., 2008; McRae et al., 2010; Ochsner et al., 2004）。这些研究结果是否暗示各种情绪调节策略享有共同的脑机制，或者神经水平上是否存在区分不同策略的细微差异？

· 越来越多的证据表明，药理策略尤其是那些实证有效的抗焦虑药、抗抑郁药和调节心境的药物，能像认知策略一样调节消极情绪刺激的杏仁核反应（例如Paulus, Feinstein, Castillo, Simmons, & Stein, 2005; Phan et al., 2008）。情绪调节的药理和认知策略是否享有共同的前额叶环路？

· 情绪调节是精神疾病中实证有效的认知和行为治疗的核心。而且，神经成像正在被用来研究精神疾病治疗效果和治疗反应的脑机制，包括心理干预。然而，至今没有研究成功利用功能脑成像研究去直接检验心理治疗临床试验背景下的情绪调节策略。认知−行为治疗是否直接改变支配情绪调节的神经基础？是否存在运用不同认知（注意调整、重评）和行为（抑制）策略背后已知的脑机制，以精进干预手段和提高治疗成功的可能性吗？

· 现有fMRI技术的进步，创造了实时测量脑激活的机会（例如Phan et al., 2004; Posse et al., 2003），使脑信号可能作为“神经反馈”源引导情绪调节环路的训练和再训练。考虑到情绪调节存在大量的个体差异，尤其是与非适应性人格风格和精神疾病的关系，基于fMRI的实时神经反馈提供了一种可行办法，帮助人们改变其性格的情绪调节风格。实时fMRI能揭示人类调控情绪调节的动态机制吗？

缩写

ACC　前扣带皮层
dlPFC　背外侧前额叶皮层
dmPFC　背内侧前额叶皮层
vlPFC　腹外侧前额叶皮层
OFC　眶额皮层

参考文献

Adolphs, R. (2002). Neural systems for recognizing emotion. *Current Opinions in Neurobiology*, *12*(2), 169–77.

Aldao, A., Nolen-Hoeksema, S., & Schweizer, S. (2010). Emotion-regulation strategies across psychopathology: A meta-analytic review. *Clinical Psychology Review*, *30*(2), 217–37.

Anderson, A. K., Christoff, K., Panitz, D., De Rosa, E., & Gabrieli, J. D. (2003). Neural correlates of the automatic processing of threat facial signals. *Journal of Neuroscience*, *23*(13), 5627–33.

Banks, S. J., Eddy, K. T., Angstadt, M., Nathan, P. J., & Phan, K. L. (2007). Amygdala–frontal connectivity during emotion regulation. *Social*, *Cognitive*, *& Affective Neuroscience*, *2*, 303–12.

Bantick, S. J., Wise, R. G., Ploghaus, A., Clare, S., Smith, S. M., & Tracey, I. (2002). Imaging how attention modulates pain in humans using functional MRI. *Brain*, *125*(Pt. 2), 310–19.

Beauregard, M., Levesque, J., & Bourgouin, P. (2001). Neural correlates of conscious self-regulation of emotion. *Journal of Neuroscience*, *21*(18), RC165.

Beauregard, M., Paquette, V., & Levesque, J. (2006). Dysfunction in the neural circuitry of emotional self-regulation in major depressive disorder. *Neuroreport*,

17(8), 843–46.

Beck, A. T. (1963). Thinking and depression. I. Idiosyncratic content and cognitive distortions. *Archives of General Psychiatry*, *9*, 324–33.

Blair, K. S., Smith, B. W., Mitchell, D. G., Morton, J., Vythilingam, M., Pessoa, L., et al. (2007). Modulation of emotion by cognition and cognition by emotion. *Neuroimage*, *35*(1), 430–40.

Botvinick, M. M., Braver, T. S., Barch, D. M., Carter, C. S., & Cohen, J. D. (2001). Conflict monitoring and cognitive control. *Psychological Review*, *108*(3), 624–52.

Bouton, M. E. (2004). Context and behavioral processes in extinction. *Learning & Memory*, *11*(5), 485–494.

Bowlby, J. (1969). *Attachment and loss: Attachment*. New York: Basic Books.

Campos, J. J., Frankel, C. B., & Camras, L. (2004). On the nature of emotion regulation. *Child Development*, *75*(2), 377–94.

Carter, C. S., Botvinick, M. M., & Cohen, J. D. (1999). The contribution of the anterior cingulate cortex to executive processes in cognition. *Reviews in the Neurosciences*, *10*(1), 49–57.

Cooney, R. E., Joormann, J., Atlas, L. Y., Eugene, F., & Gotlib, I. H. (2007). Remembering the good times: Neural correlates of affect regulation. *Neuroreport*, *18*(17), 1771–4.

Craig, A. D. (2009). How do you feel – now? The anterior insula and human awareness. *Nature Reviews Neuroscience*, *10*(1), 59–70.

Creswell, J. D., Way, B. M., Eisenberger, N. I., & Lieberman, M. D. (2007). Neural correlates of dispositional mindfulness during affect labeling. *Psychosomatic Medicine*, *69*(6), 560–65.

Critchley, H., Daly, E., Phillips, M., Brammer, M., Bullmore, E., Williams, S., et al. (2000). Explicit and implicit neural mechanisms for processing of social information from facial expressions: A functional magnetic resonance imaging study. *Human Brain Mapping*, *9*(2), 93–105.

Delgado, M. R., Gillis, M. M., & Phelps, E. A. (2008). Regulating the expectation of reward via cognitive strategies. *Nature Neuroscience*, *11*(8), 880–81.

Delgado, M. R., Nearing, K. I., LeDoux, J. E., & Phelps, E. A. (2008). Neural circuitry underlying the regulation of conditioned fear and its relation to extinction. *Neuron*, *59*(5), 829–38.

Drabant, E. M., McRae, K., Manuck, S. B., Hariri, A. R., & Gross, J. J. (2009). Individual differences in typical reappraisal use predict amygdala and prefrontal responses. *Biological Psychiatry*, *65*(5), 367–73.

Eippert, F., Veit, R., Weiskopf, N., Erb, M., Birbaumer, N., & Anders, S. (2007). Regulation of emotional responses elicited by threat-related stimuli. *Human Brain Mapping*, *28*(5), 409–23.

Erk, S., Abler, B., & Walter, H. (2006). Cognitive modulation of emotion anticipation. *European Journal of Neuroscience*, *24*(4), 1227–36.

Erk, S., von Kalckreuth, A., & Walter, H. (2010). Neural long-term effects of emotion regulation on episodic memory processes. *Neuropsychologia*, *48*(4), 989–96.

Farb, N. A., Anderson, A. K., Mayberg, H., Bean, J., McKeon, D., & Segal, Z. V. (2010). Minding one's emotions: Mindfulness training alters the neural expression of sadness. *Emotion*, *10*(1), 25–33.

Farb, N. A., Segal, Z. V., Mayberg, H., Bean, J., McKeon, D., Fatima, Z., et al. (2007). Attending to the present: mindfulness meditation reveals distinct neural modes of self-reference. *Social, Cognitive, & Affective Neuroscience*, *2*(4), 313–22.

Fox, H. C., Hong, K. A., & Sinha, R. (2008). Difficulties in emotion regulation and impulse control in recently abstinent alcoholics compared with social drinkers. *Addictive Behaviors*, *33*(2), 388–94.

Frankenstein, U. N., Richter, W., McIntyre, M. C., & Remy, F. (2001). Distraction modulates anterior cingulate gyrus activations during the cold pressor test. *Neuroimage*, *14*(4), 827–36.

Freud, S. (1946). *The ego and the mechanisms of defense*. New York: International Universities Press.

Fusar-Poli, P., Placentino, A., Carletti, F., Landi, P., Allen, P., Surguladze, S., et al. (2009). Functional atlas of emotional faces processing: A voxel-based meta-analysis of 105 functional magnetic resonance imaging studies. *Journal of Psychiatry and Neuroscience*, *34*(6), 418–32.

Gillanders, S., Wild, M., Deighan, C., & Gillanders, D. (2008). Emotion regulation, affect, psychosocial functioning, and well-being in hemodialysis patients. *American Journal of Kidney Disease*, *51*(4), 651–62.

Goldin, P. R., Manber, T., Hakimi, S., Canli, T., & Gross, J. J. (2009). Neural bases of social anxiety disorder: Emotional reactivity and cognitive regulation during social and physical threat. *Archives of General Psychiatry*, *66*(2), 170–80.

Goldin, P. R., Manber-Ball, T., Werner, K., Heimberg, R., & Gross, J. J. (2009). Neural mechanisms of cognitive reappraisal of negative self-beliefs in social anxiety disorder. *Biological Psychiatry*, *66*(12), 1091–9.

Goldin, P. R., McRae, K., Ramel, W., & Gross, J. J. (2008). The neural bases of emotion regulation: Reappraisal and suppression of negative emotion. *Biological Psychiatry*, *63*(6), 577–86.

Gross, J. J. (1998). Antecedent- and response-focused emotion regulation: Divergent consequences for experience, expression, and physiology. *Journal of Personality and Social Psychology*, *74*(1), 224–37.

Gross, J. J. (1999). Emotion regulation: Past, present, future. *Cognition and Emotion*, *13*(5), 551–73.

Gross, J. J. (2002). Emotion regulation: Affective, cognitive, and social consequences. *Psychophysiology*, *39*(3), 281–91.

Gross, J. J., & John, O. P. (2003). Individual differences in two emotion regulation processes: Implications for affect, relationships, and well-being. *Journal of Personality and Social Psychology*, *85*(2), 348–62.

Gross, J. J., & Levenson, R. W. (1993). Emotional suppression: Physiology, self-report, and expressive behavior. *Journal of Personality and Social Psychology*, *64*(6), 970–86.

Gross, J. J., & Levenson, R. W. (1997). Hiding feelings: The acute effects of inhibiting negative and positive emotion. *Journal of Abnormal Psychology*, *106*(1), 95–103.

Gross, J. J., & Thompson, R. A. (2007). Emotion regulation: Conceptual foundations. In J. J. Gross (Ed.), *Handbook of emotion regulation* (pp. 3–24). New York: Guilford Press.

Gur, R. C., Schroeder, L., Turner, T., McGrath, C., Chan, R. M., Turetsky, B. I., et al. (2002). Brain activation during facial emotion processing. *Neuroimage*, *16*(3 Pt. 1), 651–62.

Hajcak, G., MacNamara, A., & Olvet, D. M. (2010). Event-related potentials, emotion, and emotion regulation: An integrative review. *Developmental Neuropsychology*, *35*(2), 129–55.

Harenski, C. L., & Hamann, S. (2006). Neural correlates of regulating negative emotions related to moral violations. *Neuroimage*, *30*(1), 313–24.

Hariri, A. R., Bookheimer, S. Y., & Mazziotta, J. C. (2000). Modulating emotional responses: Effects of a neocortical network on the limbic system. *Neuroreport*, *11*(1), 43–8.

Herwig, U., Baumgartner, T., Kaffenberger, T., Bruhl, A., Kottlow, M., Schreiter-Gasser, U., et al. (2007). Modulation of anticipatory emotion and perception processing by cognitive control. *Neuroimage*, *37*(2), 652–62.

Herwig, U., Kaffenberger, T., Jancke, L., & Bruhl, A. B. (2010). Self-related awareness and emotion regulation. *Neuroimage*, *50*(2), 734–41.

Hutcherson, C. A., Goldin, P. R., Ochsner, K. N., Gabrieli, J. D., Barrett, L. F., & Gross, J. J. (2005). Attention and emotion: Does rating emotion alter neural responses to amusing and sad films? *Neuroimage*, *27*(3), 656–68.

Johnstone, T., van Reekum, C. M., Urry, H. L., Kalin, N. H., & Davidson, R. J. (2007). Failure to regulate: Counterproductive recruitment of top-down prefrontal-subcortical circuitry in major depression. *Journal of Neuroscience*, *27*(33), 8877–84.

Kalisch, R. (2009). The functional neuroanatomy of reappraisal: Time matters. *Neuroscience and Biobehavioral Review*, *33*(8), 1215–26.

Kalisch, R., Wiech, K., Critchley, H. D., & Dolan, R. J. (2006). Levels of appraisal: A medial prefrontal role in high-level appraisal of emotional material. *Neuroimage*, *30*(4), 1458–66.

Kalisch, R., Wiech, K., Herrmann, K., & Dolan, R. J. (2006). Neural correlates of self-distraction from anxiety and a process model of cognitive emotion regulation. *Journal of Cognitive Neuroscience*, *18*(8), 1266–76.

Kelley, W. M., Macrae, C. N., Wyland, C. L., Caglar, S., Inati, S., & Heatherton, T. F. (2002). Finding the self? An event-related fMRI study. *Journal of Cognitive Neuroscience*, *14*(5), 785–94.

Kim, S. H., & Hamann, S. (2007). Neural correlates of positive and negative emotion regulation. *Journal of Cognitive Neuroscience*, *19*(5), 776–98.

Koenigsberg, H. W., Fan, J., Ochsner, K. N., Liu, X., Guise, K., Pizzarello, S., et al. (2010). Neural correlates of using distancing to regulate emotional responses to social situations. *Neuropsychologia*, *48*(6), 1813–22.

Koenigsberg, H. W., Fan, J., Ochsner, K. N., Liu, X., Guise, K. G., Pizzarello, S., et al. (2009). Neural correlates of the use of psychological distancing to regulate responses to negative social cues: A study of patients with borderline personality disorder. *Biological Psychiatry*, *66*(9), 854–63.

Kompus, K., Hugdahl, K., Öhman, A., Marklund, P., & Nyberg, L. (2009). Distinct control networks for cognition and emotion in the prefrontal cortex. *Neuroscience Letters*, *467*(2), 76–80.

Kross, E., Davidson, M., Weber, J., & Ochsner, K. (2009). Coping with emotions past: The neural bases of regulating affect associated with negative autobiographical memories. *Biological Psychiatry*, *65*(5), 361–66.

Lang, P. J., Bradley, M. M., & Cuthbert, B. N. (1997). *International Affective Picture System (IAPS): Technical manual and affective ratings*. Gainesville, FL: NIMH Center for the Study of Emotion and Attention, University of Florida.

Lazarus, R. S. (1966). *Psychological stress and the coping process*. New York: McGraw Hill.

Levenson, R. W. (1994). Human emotions: A functional view. In P. Ekman & R. J. Davidson (Eds.), *The nature of emotion*. (pp. 123–126). New York: Oxford University Press.

Levesque, J., Eugene, F., Joanette, Y., Paquette, V., Mensour, B., Beaudoin, G., et al. (2003). Neural circuitry underlying voluntary suppression of sadness. *Biological Psychiatry*, *53*(6), 502–10.

Lieberman, M. D., Eisenberger, N. I., Crockett, M. J., Tom, S. M., Pfeifer, J. H., & Way, B. M. (2007). Putting feelings into words: Affect labeling disrupts amygdala activity in response to affective stimuli. *Psychological Science*, *18*(5), 421–28.

Lutz, A., Brefczynski-Lewis, J., Johnstone, T., & Davidson, R. J. (2008). Regulation of the neural circuitry of emotion by compassion meditation: Effects of meditative expertise. *PLoS One*, *3*(3), e1897.

Lutz, A., Slagter, H. A., Rawlings, N. B., Francis, A. D., Greischar, L. L., & Davidson, R. J. (2009). Mental training enhances attentional stability: Neural and behavioral evidence. *Journal of Neuroscience*, *29*(42), 13418–27.

Mak, A. K., Hu, Z. G., Zhang, J. X., Xiao, Z. W., & Lee, T. M. (2009). Neural correlates of regulation of positive and negative emotions: An fmri study. *Neuroscience Letters*, *457*(2), 101–6.

Marks, I. (1985). Behavioral psychotherapy for anxiety disorders. *Psychiatric Clinics of North America*, *8*(1), 25–35.

McRae, K., Hughes, B., Chopra, S., Gabrieli, J. D., Gross, J. J., & Ochsner, K. N. (2010). The neural bases of distraction and reappraisal. *Journal of Cognitive Neuroscience*, *22*(2), 248–62.

Milad, M. R., Rauch, S. L., Pitman, R. K., & Quirk, G. J. (2006). Fear extinction in rats: Implications for human brain imaging and anxiety disorders. *Biological Psychology*, *73*(1), 61–71.

Modinos, G., Ormel, J., & Aleman, A. (2010). Individual differences in dispositional mindfulness and brain activity involved in reappraisal of emotion. *Social, Cognitive, & Affective Neuroscience*, *5*(4), 369–77.

Nesse, R. (1990). Evolutionary explanations of emotions. *Human Nature*, *1*(3), 261–89.

New, A. S., Fan, J., Murrough, J. W., Liu, X., Liebman, R. E., Guise, K. G., et al. (2009). A functional magnetic resonance imaging study of deliberate emotion regulation in resilience and posttraumatic stress disorder. *Biological Psychiatry*, *66*(7), 656–64.

Ochsner, K. N. (2004). Current directions in social cognitive neuroscience. *Current Opinions in Neurobiology*, *14*(2), 254–58.

Ochsner, K. N., Bunge, S. A., Gross, J. J., & Gabrieli, J. D. (2002). Rethinking feelings: An FMRI study of the cognitive regulation of emotion. *Journal of Cognitive Neuroscience*, *14*(8), 1215–29.

Ochsner, K. N., & Gross, J. J. (2005). The cognitive control of emotion. *Trends in Cognitive Sciences*, *9*(5), 242–49.

Ochsner, K. N., & Gross, J. J. (2007). The neural architecture of emotion regulation. In J. J. Gross (Ed.), *Handbook of emotion regulation* (pp. 87–109). New York: Guilford Press.

Ochsner, K. N., Ray, R. D., Cooper, J. C., Robertson, E. R., Chopra, S., Gabrieli, J. D., et al. (2004). For better or for worse: Neural systems supporting the cognitive down- and up-regulation of negative emotion. *Neuroimage*, *23*(2), 483–99.

Ohira, H., Nomura, M., Ichikawa, N., Isowa, T., Iidaka, T., Sato, A., et al. (2006). Association of neural and physiological responses during voluntary emotion suppression. *Neuroimage*, *29*(3), 721–33.

Ortony, A., Clore, G., & Collins, A. (1990). *The cognitive structure of emotions*. Cambridge: Cambridge University Press.

Paulus, M. P., Feinstein, J. S., Castillo, G., Simmons, A. N., & Stein, M. B. (2005). Dose-dependent decrease of activation in bilateral amygdala and insula by lorazepam during emotion processing. *Archives of General Psychiatry*, *62*(3), 282–88.

Phan, K. L., Angstadt, M., Golden, J., Onyewuenui, I., Povpovska, A., & de Wit, H. (2008). Cannabinoid modulation of amygdala reactivity to social signals of threat in humans. *Journal of Neuroscience*, *28*(9).

Phan, K. L., Fitzgerald, D. A., Gao, K., Moore, G. J., Tancer, M. E., & Posse, S. (2004). Real-time fMRI of cortico-limbic brain activity during emotional processing. *Neuroreport*, *15*(3), 527–32.

Phan, K. L., Fitzgerald, D. A., Nathan, P. J., Moore, G. J., Uhde, T. W., & Tancer, M. E. (2005). Neural substrates for voluntary suppression of negative affect: A functional magnetic resonance imaging study. *Biological Psychiatry*, *57*(3), 210–19.

Phan, K. L., Taylor, S. F., Welsh, R. C., Decker, L. R., Noll, D. C., Nichols, T. E., et al. (2003). Activation of the medial prefrontal cortex and extended amygdala by individual ratings of emotional arousal: A functional magnetic resonance imaging study. *Biological Psychiatry*, *53*, 211–

15.

Posse, S., Fitzgerald, D., Gao, K., Habel, U., Rosenberg, D., Moore, G. J., et al. (2003). Real-time fMRI of temporolimbic regions detects amygdala activation during single-trial self-induced sadness. *Neuroimage*, *18*(3), 760–68.

Quirk, G. J., Garcia, R., & Gonzalez-Lima, F. (2006). Prefrontal mechanisms in extinction of conditioned fear. *Biological Psychiatry*, *60*(4), 337–43.

Rolls, E. T. (2000). Précis of The brain and emotion. *Behavioral Brain Sciences*, *23*(2), 177–91; discussion 192–233.

Schaefer, S. M., Jackson, D. C., Davidson, R. J., Aguirre, G. K., Kimberg, D. Y., & Thompson-Schill, S. L. (2002). Modulation of amygdalar activity by the conscious regulation of negative emotion. *Journal of Cognitive Neuroscience*, *14*(6), 913–21.

Schiller, D., & Delgado, M. R. (2010). Overlapping neural systems mediating extinction, reversal and regulation of fear. *Trends in Cognitive Sciences*, *14*(6), 268–76.

Schulze, L., Domes, G., Kruger, A., Berger, C., Fleischer, M., Prehn, K., et al. (2011). Neuronal correlates of cognitive reappraisal in borderline patients with affective instability. *Biological Psychiatry*, *69*(6), 564–73.

Smyth, J. M., & Arigo, D. (2009). Recent evidence supports emotion-regulation interventions for improving health in at-risk and clinical populations. *Current Opinion in Psychiatry*, *22*(2), 205–10.

Staudinger, M. R., Erk, S., Abler, B., & Walter, H. (2009). Cognitive reappraisal modulates expected value and prediction error encoding in the ventral striatum. *Neuroimage*, *47*(2), 713–21.

Staudinger, M. R., Erk, S., & Walter, H. (2011). Dorsolateral prefrontal cortex modulates striatal reward encoding during reappraisal of reward anticipation. *Cerebral Cortex*, *21*(11), 2578–88.

Taylor, S. F., Phan, K. L., Decker, L. R., & Liberzon, I. (2003). Subjective rating of emotionally salient stimuli modulates neural activity. *Neuroimage*, *18*(3), 650–59.

Thompson, R. A. (1994). Emotion regulation: a theme in search of definition. *Monographs of the Society for Research in Child Development*, *59*(2–3), 25–52.

Tracey, I., Ploghaus, A., Gati, J. S., Clare, S., Smith, S., Menon, R. S., et al. (2002). Imaging attentional modulation of pain in the periaqueductal gray in humans. *Journal of Neuroscience*, *22*(7), 2748–52.

Urry, H. L., van Reekum, C. M., Johnstone, T., Kalin, N. H., Thurow, M. E., Schaefer, H. S., et al. (2006). Amygdala and ventromedial prefrontal cortex are inversely coupled during regulation of negative affect and predict the diurnal pattern of cortisol secretion among older adults. *Journal of Neuroscience*, *26*(16), 4415–25.

van Reekum, C. M., Johnstone, T., Urry, H. L., Thurow, M. E., Schaefer, H. S., Alexander, A. L., et al. (2007). Gaze fixations predict brain activation during the voluntary regulation of picture-induced negative affect. *Neuroimage*, *36*(3), 1041–55.

Wager, T. D., Davidson, M. L., Hughes, B. L., Lindquist, M. A., & Ochsner, K. N. (2008). Prefrontal-subcortical pathways mediating successful emotion regulation. *Neuron*, *59*(6), 1037–50.

Whalen, P. J., Rauch, S. L., Etcoff, N. L., McInerney, S. C., Lee, M. B., & Jenike, M. A. (1998). Masked presentations of emotional facial expressions modulate amygdala activity without explicit knowledge. *Journal of Neuroscience*, *18*(1), 411–18.

第17章 价值决策的神经机制

约翰·P. 欧多尔蒂（John P. O'Doherty）

基于价值的决策是指基于最大化未来可能收益和最小化可能惩罚的原则，从几个备选项选择行动的过程。这种决策能力基于多种神经信号。第一种重要信号是“体验效用”或结果价值。这种信号本质上是个体在消费或者体验刺激时，所产生的主观情绪反应的神经表征。第二种重要信号是选择价值，即做出选择时特定选项的期望效用。第三种重要信号是决策价值（和/或行动价值）——根据期望效用赋予被选择的选项及其后续的行动路径价值。这些决策价值信号作为输入进入决策过程。最后，通过比较决策价值信号做出决定，即最终选择哪个选项。

本章将依次介绍以上几种信号，并会综述考察有关这几种信号的神经科学研究。本文重点关注选项信息存在大量不确定性的情形（即个体必须通过试误体验了解决策相关的信息），而不关注选项信息被明确完备地告知的情形。前一情形也许是研究真实世界决策的最现实框架。日常生活中特定决策选项的所有相关信息常常须通过先验经验推断，而不是直接呈现给个体。关于决策机制和奖赏加工机制的认识，不仅对于神经科学具有重要意义，对经济学、药物依赖和社会行为等领域也意义重大（见本书第19章）。

结果价值

结果价值对应于给定的结果传递给机体后的总体主观效用或者收益。当结果被体验和被诸如饥饿、口渴等内部动机状态所调整时，结果价值会被实时更新。关于结果价值神经表征的实证研究表明，结果价值信号似乎被表征在包括眶额皮层（orbitofrontal cortex, OFC）在内的多个关键脑区。早期非人类灵长类神经生理学研究发现，眶额皮层神经元会对嗅觉和味觉刺激的信息输入做出反应（Critchley & Rolls, 1996; Rolls, Sienkiewicz, & Yaxley, 1989; Thorpe, Rolls, & Maddison, 1983）。而且，这些神经元的反应会随动物的动机状态而变化：如果动物对特定食物感到餍足，那么该神经元对该食物味道或者气味的反应激发率会下降（Critchley & Rolls, 1996; Rolls et al., 1989）。人类功能神经成像研究也发现了相似的结果：OFC对所呈现嗅觉和味觉刺激做出反应，而且如果特定刺激的价值能使人达到餍足状态，那么OFC的反应也会做出相应的调整（de Araujo, Kringelbach, Rolls, & McGlone, 2003; O'Doherty et al., 2000; Small, Zatorre, Dagher,

Evans, & Jones-Gotman, 2001）。研究发现OFC不仅对食物相关刺激有反应，而且对其他刺激也有反应：视觉刺激的体验价值，诸如漂亮的面孔（Cloutier, Heatherton, Whalen, & Kelley, 2008; Kranz & Ishai, 2006; O'Doherty, Winston, et al., 2003）；视觉艺术的主观美感（Kawabata & Zeki, 2004; Kirk, Skov, Hulme, Christensen, & Zeki, 2009）；以及听觉刺激的体验价值，诸如优美的音乐（Blood, Zatorre, Bermudez, & Evans, 1999）。而且研究发现，OFC对抽象强化物的体验价值也有反应，而且不局限于特定的感觉模式，例如赢钱或者输钱（O'Doherty, Kringelbach, Rolls, Hornak, & Andrews, 2001）、获得社会赞扬或者回馈（Elliott, Frith, & Dolan, 1997; Vrtička, Andersson, Grandjean, Sander, & Vuilleumier, 2008）。需要强调的是，OFC对结果价值的表征不是固定不变的。该表征不仅受到前文所说的内部动机状态的影响，而且还会受到认知因素影响，诸如价格信息（Plassmann, O'Doherty, Shiv, & Rangel, 2008），或者单纯的语义标签（de Araujo, Rolls, Velazco, Margot, & Cayeux, 2005）。因此，OFC的结果价值的实时计算是高度灵活的，受到多种内外因素的直接影响。

眶额皮层结果价值的功能分区

大量研究聚焦于确定OFC的不同区域是否表征了结果价值的不同的信号类型或模式，诸如不同区域是否分别表征了积极的和消极的结果价值。有观点声称，可能存在OFC表征奖赏–惩罚刺激的内侧–外侧梯度（Kringelbach & Rolls, 2004）。文献中极其一致的观点是，相对于惩罚刺激，内侧OFC对奖赏刺激的反应更强，而且激活程度与这些刺激的主观愉悦度呈正相关（O'Doherty et al., 2001; O'Doherty, Winston, et al., 2003; Plassmann et al., 2008; Small et al., 2001）。当结果是奖赏大于惩罚时，内侧OFC活动增加；而当结果是惩罚大于奖赏时，内侧OFC活动相对于基线减少。在外侧OFC，许多研究报告了相反的反应模式：厌恶或者惩罚强化物，诸如疼痛、缺乏吸引力或愤怒面孔、输钱，将会激活外侧OFC，而且激活程度与所体验的厌恶程度相关（Blair, Morris, Frith, Perrett, & Dolan, 1999; Cloutier et al., 2008; Kirk et al., 2009; O'Doherty et al., 2001; O'Doherty, Winston, et al., 2003; Ursu & Carter, 2005）。然而，也有少数研究发现，外侧OFC对奖赏结果也产生反应（Breiter, Aharon, Kahneman, Dale, & Shizgal, 2001; Elliott, Newman, Longe, & Deakin, 2003; O'Doherty, Critchley, Deichmann, & Dolan, 2003），而且外侧OFC涉及结果价值之外的一些功能，诸如改变刺激的联结后抑制先前习得的反应（Cools, Clark, Owen, & Robbins, 2002）、编码厌恶的预测误差（Seymour et al., 2005）、探测联结的改变（O'Doherty, Critchley, et al., 2003）。

因为厌恶结果价值常被这些额外因素所混淆，厘清人类OFC在编码厌恶结果中的确切作用仍是目前的研究热点。尽管如此，目前能够明确的是，在单个神经元水平上，OFC外侧和中心部分的空间混合神经元群体同时编码了奖赏和惩罚结果（Morrison & Salzman, 2009）。因此，在fMRI研究的低空间分辨率的情况下，简单地对比奖赏和厌恶结果价值，可能无法确定具体哪些脑区在编码结果中的价值，即使在单个神经元水平上能明确某个神经元同时编码了两种类型结果信号。应用多变量模式分析方法（Kahnt, Heinzle, Park, & Haynes, 2010）可能为该问题提供了新的思路，以澄清内外侧OFC在编码积极和消极结果价值信号中的作用。

有观点认为，OFC的结果价值能够依照强化物的“复杂”程度区分。元分析揭示了一种趋势，诸如金钱、输赢等抽象强化物被表征在更前端，而气味、味道等基本强化物被表征在更后端（Kringelbach & Rolls, 2004）。虽然近期研究表明，金钱结果的反应比性奖赏反应位于更前侧OFC（Sescousse, Redoute, & Dreher, 2010），但是除元分析之外几乎没有直接证据支持这种趋势。

选择价值

决策过程的另一个关键信号是选择价值，对应于最终所选项相关的期望结果的预期价值。和结果价值一样，选择价值也是决策后产生的信号，因为它们发生在决策之后而不是进入决策过程之前。许多研究表明，选择价值信号出现在内侧OFC，向后扩展到前额叶内侧壁。例如，汉普顿（Hampton）、博塞特斯（Bossaerts）和欧多尔蒂（O'Doherty）（2006）扫描正在完成概率选择任务的被试，任务要求被试在两个刺激之间选择，这些刺激以不同概率产生奖赏和惩罚结果。并且，两个刺激所产生结果的概率随时间变换或者逆转。汉普顿等应用计算模型，基于每个被试的选择模式和选择选项所获得的结果，随着被试实验的进行，逐试次估计特定决策选项的期望价值。接着，基于模型的预测与fMRI数据进行相关分析，该程序被称为“基于模型的fMRI”（Gläscher, Daw, Dayan, & O'Doherty, 2010）。汉普顿等运用该方法，考察在结果呈现前的选择时刻哪个脑区与所选刺激的价值相关，他们发现了内侧OFC及临近的内侧前额皮层活动（见图17.1a），这表明这些脑区编码所选选项的期望价值。所选选项的期望价值越大，该脑区激活越强；相比之下，如果被试所选选项的期望价值较小时，该脑区激活程度减弱。

类似地，道（Daw）、欧多尔蒂、达扬（Dayan）、西摩（Seymour）和多兰（2006）的“四臂强盗”任务，主试要求被试在每个试次从四个不同颜色的角子机中选择其一。每个角子机的奖赏大小随时间变化，尽管被试不知道特定奖赏间的关联，但是可以通过取样推断每个角子机的奖赏。道等也采用计算模型，逐试次估计每个角子机相关的期望价值，将选择时脑区活动与最终所选选项对应的期望价值预估值进行相关分析，再次表明内侧OFC及临近的内侧前额皮层编码了期望价值预估值（见图17.1b）。在一项非人类灵长类OFC中心记录研究中，帕多-斯基奥帕（Padoa-Schioppa）和阿萨德（Assad）（2006）也发现单个神经元编码所选选项的价值。总之，这些结果表明，腹内侧前额叶皮层（vmPFC）编码了决策期间的选择价值信号。

选择价值：与动作或者刺激相关？

关于vmPFC在选择价值信号中编码作用的发现，引发了人们对于这种联系背后的实质的思考。个体做出选择时通常执行特定动作反应，以表示决策选项的特定刺激。例如，前文所述的道等的研究，角子机被不同颜色（不同刺激）标示，为了选择其中一种刺激，被试必须根据屏幕上刺激对应的位置按下四个按键中的一个。因此，选择价值相关的神经活动，可能被刺激与相应结果已建立的联系所驱动，也可能被特定动作与结果间的联系所驱动。为了确定哪个联系支撑选择价值编码，格拉希尔（Gläscher）、汉普顿和欧多尔蒂（2009）采用fMRI扫描，其间被试执行两种决策

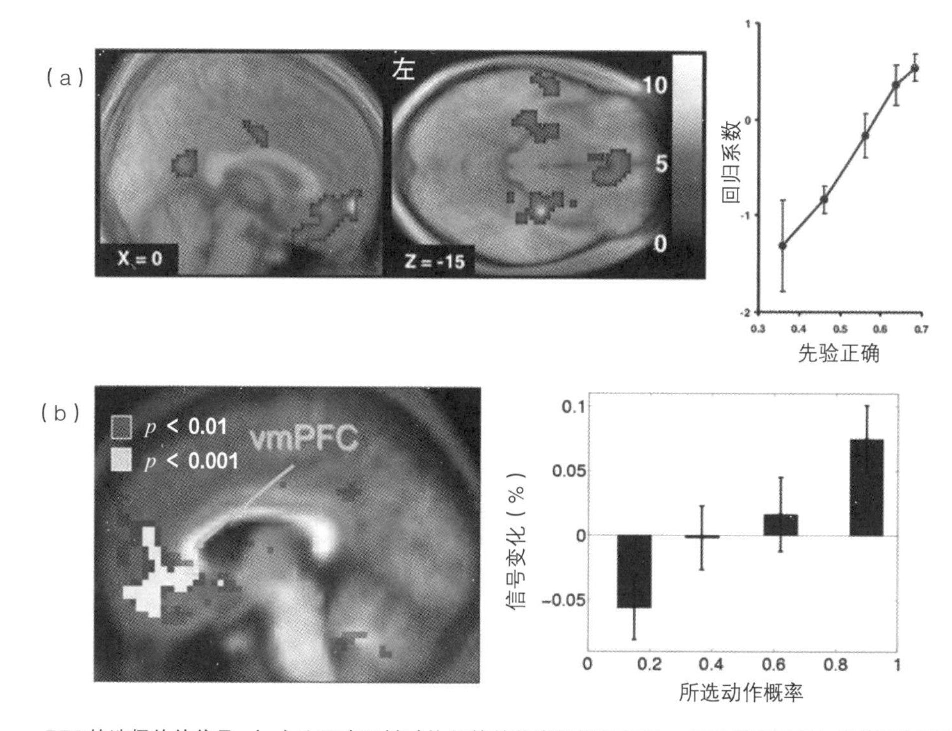

图 17.1　vmPFC 的选择价值信号。(a)左图表示被试执行简单奖赏选择任务时 vmPFC 激活区域与选择时刻所选动作期望价值显著相关(Hampton et al., 2006)。右图表示该区域 BOLD 活动，横坐标是计算模型所产生的期望奖赏(先验正确)值。(b)源自道(Daw)等(2006)研究的相似结果

任务。与汉普顿等(2006)的研究任务完全相同，在“基于刺激”的任务中，被试观察到注视点两侧随机出现的两个不规则刺激。被试被要求用左键或者右键在两个刺激中选择其一，短暂延迟后得到结果(赢钱或者输钱)。在这类任务中，被试最有可能学会将特定刺激和结果联系起来，接着采用所习得的关联性或者运用更复杂的条件性“刺激-反应-结果”的联系，确定选择的期望价值。和汉普顿等人(2006)的研究结果一致，基于模型的 fMRI 分析发现了大脑编码在选择时刻选择价值信号的脑区。

格拉希尔等(2009)采用的“基于动作”的任务与“基于刺激”的任务类似，但有两处不同：第一，不是呈现两个不规则刺激，而是仅在屏幕上呈现一个刺激；第二，要求被试在“按键”“操作追踪球”这两种物理动作中选择其一。需要指出的是，在该设计中没有视觉刺激指示需要选择哪种物理动作。因此，被试必须学会将不同物理动作与相应结果联系起来，并基于习得的联系做出选择。格拉希尔等应用相同的基于模型的分析方法，确定任务二的选择价值信号。结果表明，与选择价值显著相关的脑区是 vmPFC，与基于刺激任务的激活一致(见图 17.2a)。即使在基于动作的任务期间没有辨别用于驱动选择的刺激，选择价值信号仍出现在 vmPFC，表明选择价值信号可以通过基于动作-结果的r联系被编码，而不是只能通过基于刺激-结果的联系。

选择价值表征与特定选择动作关联的更多证据来自文德利希(Wunderlich)、兰格尔(Rangel)和欧多尔蒂(2009)的研究。在该研究中，文德

利希等也采用了基于动作的选择任务，不同的是每个试次要求被试在两种物理动作模块间选择：眼动（从中心注视点眼跳到右侧视野的目标）和手动（用右手按键）。每个动作所获奖赏的概率随时间变化，被试必须持续对两种动作进行分析，以找出哪个动作产生最大奖赏概率，从而做出该动作，直到动作与奖赏的关联发生改变。文德利希等再次发现，vmPFC与选择动作价值显著相关，这些结果一致表明，选择价值受动作-结果关系驱动，而不是纯粹地与刺激绑定。然而更关键的是，关于所选的特定动作模块，他们观测到vmPFC内选择价值的拓扑排列：虽然无论是眼动还是手动，vmPFC前部都与选择价值有关，但是vmPFC中部只与手动的选择价值相关，vmPFC后部则只与眼动的选择价值相关（图17.2b）。这种模块特异的信号不容易被基于刺激的观点所解释，可能反映了该脑区编码动作特异的选择价值信号。

这些发现引出了新的问题：vmPFC仅编码基于动作的选择价值，还是能够同时编码基于刺激和基于动作的选择价值？为了解决该问题，文德利希、兰格尔和欧多尔蒂（2010）采用了一项新的任务，将决策选项的刺激呈现，和所选的特定动作在时间上暂时分离。试次开始时，三个可能刺激中的两个刺激被呈现给被试选择，每个刺激

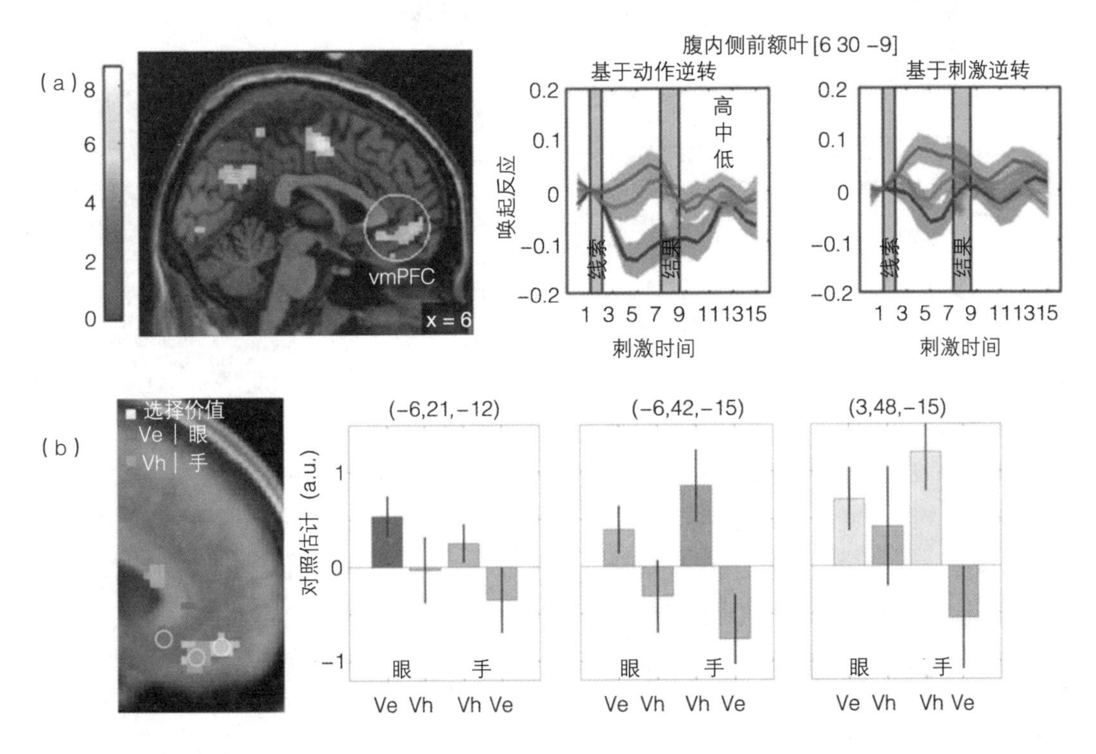

图17.2 vmPFC编码基于动作和基于刺激的选择价值信号。（a）左图表明vmPFC与基于动作和基于刺激选择任务的选择价值都存在相关。右图表明该脑区的激活强度受不同水平选择价值（高、中、低）的影响。数据源自格拉希尔等（2009）。（b）左图表明vmPFC所呈现选择价值相关取决于实现选择的特定动作。与眼动选择价值相关的脑区用红色表示，与手动选择价值相关的脑区用绿色表示，而与和所涉及的动作的效应模式无关的选择价值相关的脑区用黄色表示。右图表明每个脑区的每个动作价值信号的估计参数，正如颜色代码所示（Vh=手动的动作价值，Ve=眼动的动作价值）。例如，红色条状图表明仅当眼动被选择时眼动价值的显著反应。数据源自文德利希等（2009）。彩色版本请扫描附录二维码查看

关联所获奖赏浮动的不同概率。短暂延迟后，呈现给被试额外符号，告知被试是否以眼动或者手动的方式选择特定刺激。关键是在选择刺激出现时没有告知被试选择特定刺激需要什么特定动作，刺激-动作映射只在短暂间隔后才可用。因此，被试可以在做出特定动作实现选择之前，潜在地进行刺激选择。文德利希等再次使用计算模型，生成逐试次预测选择价值的信号，在两个时间点检验该信号是否存在于vmPFC：第一个时间点是选择刺激初次呈现时，第二个时间点是实现选择所需的动作可用而尚未执行动作时。值得注意的是，只有在第一个时间点即刺激呈现时，才能观察到稳定的选择价值信号，而在动作可用时没有发现该信号（图17.3）。该结果表明（或许并不令人惊讶），至少在一些条件下，个体能够在获悉实现选择所需的特定动作前选择刺激。对当前讨论更重要的是，该结果也表明，缺乏特定动作时选择价值信号也能被计算，即vmPFC的选择价值信号不必与特定动作关联，可以被纯粹的刺激所诱发。

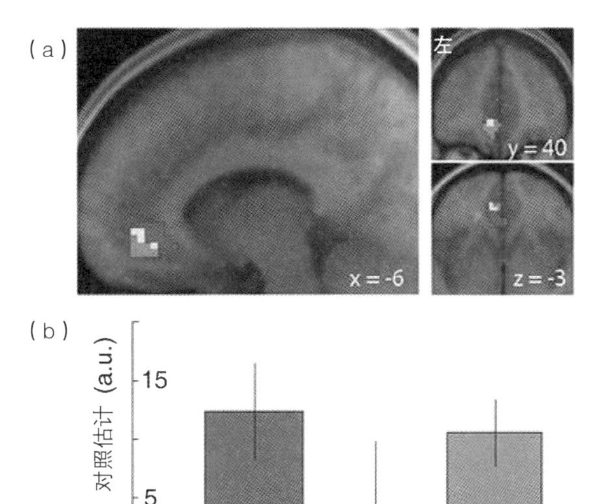

图17.3　vmPFC编码纯粹基于刺激的选择价值信号的证据。(a) 最终所选刺激价值显著相关的脑区用红色表示。该信号源于选择刺激所需动作可用之前刺激呈现给被试的试次。绿色区域也是选择价值信号，但是源于刺激和动作同时呈现的试次。黄色区域是两种信号的重叠部分。(b) 编码不同选择价值信号的脑区的参数估计[红色和绿色对应于a图；SC刺激＝在动作可用之前呈现刺激时的选择价值；SC动作＝动作选择（一旦动作出现）时的选择价值；AC刺激/动作＝刺激与动作同时呈现时的选择价值]。彩色版本请扫描附录二维码查看

选择前价值信号：动作价值和决策价值

迄今为止，所谈及的价值信号都是决策后信号：它们与已经做出的决策完全相关，因此不可能对决策过程产生直接影响，而是反映了决策过程的结果。为了理解决策的机制，重要的是考虑必须使用的价值信号作为决策过程输入而不是决策过程的结果。为了在不同选项间做出决策，必须表征不同选项的价值，才能最终比较这些价值。价值表征存在两种方式：价值被赋予实现特定选择的单个动作，或者价值与表示不同决策选项及不同结果的刺激相联结。

首先，考虑价值被赋予单个动作的情况。在计算强化学习文献中，这种信号被称为“动作价值”。试想在一个世界状态s，一个动作a可用，那么如果动作a被选择，期望获得的未来平均奖赏表示为Q（s, a）。假设相同状态下，动作b和动作c也可以被选择，那么它们相应的价值信号为Q（s, b）和Q（s, c）。简言之，在状态s下所追求的动作过程所选择的策略是价值最高的动作。加工这种策略选择时，大脑需要同时编码每个动作价值：Q（s, a）、Q（s, b）和Q（s, c）。重要的是，这些信号不应当被选择价值的选择方式所调整或者依赖选择价值的选择方式，而是保持相同，不

管给定试次的选择如何（至少在结果被体验前）。

对于人类的单纯动作的价值信号，鲜有研究曾探究或提供过直接证据。在一项猴子实验中（Samejima, Ueda, Doya, & Kimura, 2005），当猴子执行简单选择任务时，研究者记录了猴子纹状体的活动。任务要求猴子在不同刺激条件下，从四个关联着不同强化程度的动作选项中选择其一。通过将神经信号与强化学习模型预测的动作价值相关联，研究者发现一些神经元似乎独特编码每个动作的价值（而不是最终所选择动作的价值）。通过类似的猴子选择范式，劳（Lau）和格利姆彻（Glimcher）（2007）发现了纹状体的动作价值信号。多项神经生理研究也验证了纹状体、外侧顶内沟（LIP）、辅助运动皮层存在基于动作的价值信号（Lee, Conroy, McGreevy, & Barraclough, 2004; Platt & Glimcher, 1999; Sohn & Lee, 2007; Sugrue, Corrado, & Newsome, 2004）。然而，对于外侧顶内沟，这些信号并非单纯的动作价值信号，因为它们被作为最终所选动作的函数而受到调整。在辅助运动皮层，虽然所报告的价值信号可能是动作价值，但是猴子实验范式至今仍无法将动作价值与其他价值信号（诸如动作依赖的选择价值）完全区分。

在人类研究中，如前文所提及，文德利希等（2009）的研究尝试探讨人脑除了选择价值是否也存在动作信号。回想一下，该范式要求被试在眼动和手动之间选择，动作选择后所获奖赏的概率随实验进程变化。实验要求被试在效应器模块间选择，而不是在同一模块内单个动作间选择。这是因为尽管期望同一模块内编码动作价值的神经元可能被定位于皮层或/和纹状体重叠区从而在fMRI扫描中难以分辨，但是模块效应器间所选动作价值被表征在空间上分离的不同脑区从而能被fMRI确定。为了确认眼动的动作价值，研究者寻找眼动中与强化-学习-产生价值相关的脑区。值得注意的是，不管眼动是否被选择，这些价值信号是不变的。同样地，为了确定手动的动作价值，也需要去寻找与手动价值有关（无论手动是否被选择）的脑区。在额叶皮层内侧，前辅助眼区活动被发现与眼动的动作价值相关，临近的辅助运动皮层被发现与手动的动作价值相关（见图17.4）。这些发现表明，在人脑中确实可能存在选择前的动作价值信号，而且这些信号可能就在辅助运动皮层。基于前文所述的单细胞神经生理结果，这些信号也可能存在于人脑的其他位置，诸如背侧纹状体；然而，如果其他脑区的这种信号在神经元群体水平上混合，那么传统的单变量fMRI是无法区分这些信号的。

比动作价值更早的另一种决策前信号是特定决策选项的价值（与选择它们所需的动作无关），这种价值通常被称为决策价值。这种价值信号不与特定动作相关，而是与表示特定选项的特定刺激相关。根据帕多-斯基奥帕（Padoa-Schioppa）和阿萨德（Assad）（2006）的研究，该信号可能存在于猴子OFC。研究者在猴子选择表示不同数量的两种果汁时，记录猴子的OFC反应，结果发现，单神经元与每个刺激所表示的特定额度果汁的主观价值相关，不同神经元分别编码每种果汁的价值，独立于猴子所执行的特定动作。帕多-斯基奥帕和阿萨德（2006）认为，这些信号相当于“物品”价值，在输入进入决策过程中被使用。

在人类fMRI实验（Plassmann, O'Doherty, & Rangel, 2007）中，给饥饿被试呈现多种食物，诱发他们对每项食物的支付意愿（最初价格4美元），从中获取他们对每项食物的主观价值。实验结束后，随机挑选一个试次，如果被试愿意支付这个试次食物的价格高于彩票随机抽取的值，那么被试可以得到这项食物并享用它（他们需要为之付费）；否则他们保留手里的钱，也得不到食物。设计该程序是为了确保被试能对每项食物给出他们心里真实的潜在价值。vmPFC活动被发现与试次间支付意愿的变化相关，表明该脑区在编码潜在结果的价值时起到了作用。该信号被认为与“决策价值”表征对应，而决策价值被用作决策过程的输入信息；在该实验中，与愿意为每项食物支付多少钱对应。

决策价值和动作价值：哪个是选择必需的？

动作价值和决策价值不仅是不同类型的选择前价值信号，而且两者都是核心信号，是计算选择的两种不同方式。就动作价值来说，通过考虑给定选择的每个可用动作，在“动作空间”决策，将价值附加于这些动作，接着执行动作以获得最高的期望奖赏。就决策价值来说，在“物品空间”计算决策，从而形成更抽象的决策，无论选择的是特定“物品”还是“目标”，决策价值都独立于决策后期发生的为实现选择所产生的动作。关于哪种机制能够解释个体如何计算选择，决策神经科学文献为此争论不断：一些人强烈支持基于动作的解释（Glimcher, Dorris, & Bayer, 2005; Shadlen, Britten, Newsome, & Movshon, 1996），而其他人又倾向于支持基于物品的观点（Padoa-Schioppa, 2007; Padoa-Schioppa & Assad, 2006）。

虽然这仍是活跃的研究领域，但是基于前文所述格拉希尔等和文德利希等的研究结果，可能

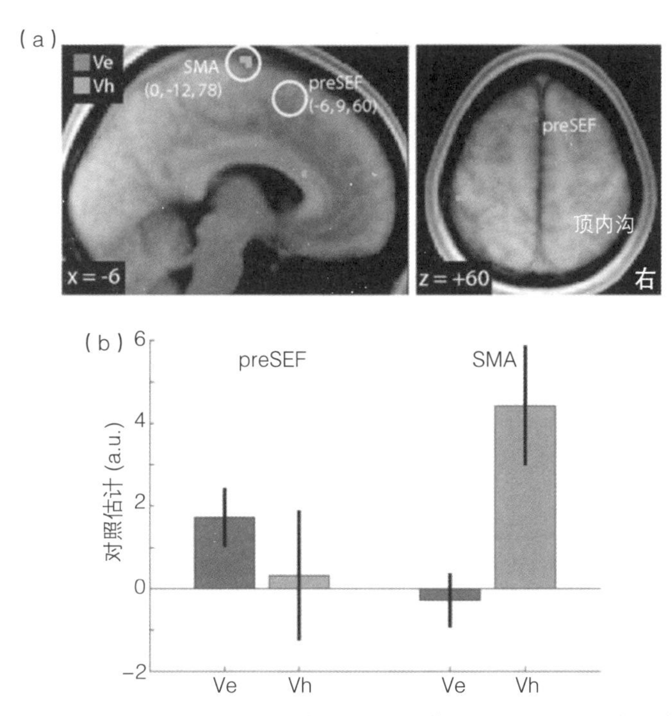

图 17.4　辅助运动皮层（SMA）中的作用值。(a) 分别表示与手部动作（绿色；Vh）和眼部动作（红色；Ve）的动作价值相关的辅助运动区和前辅助眼球运动区（preSEF）。(b) 参数估算图，描述了这些区域中眼睛和手部运动与动作价值的相关性。彩色版本请扫描附录二维码查看

的“居中”的建议是：存在两种机制同时被计算选择，而特定决策问题在多大程度上是特定的机制，这可能主要取决于决策问题如何被设计，诸如强调结果还是动作（Wunderlich et al., 2010）。vmPFC似乎同时处理这两种决策，而且在两种过程中，都借助于目标价值与单个动作或者单个刺激的关联，通过提取目标价值来最终实施决策。该建议也能解释另一类结果——vmPFC参与目标导向学习（包括根据刺激、动作和结果的当前动机价值来学习）（Valentin, Dickinson, & O'Doherty, 2007）。

比较决策价值或者动作价值：定位比较器过程

为了做出实际选择，必须比较任务中不同选项的特定价值，以明确哪个选项能产生最高效用。尽管基于动作和刺激的决策在比较系统的输入信号和实现比较过程的神经系统方面可能存在不同，但是不管是基于与结果相关的动作还是刺激，情况都是一样的。若暂时搁置动作与物品争议，在计算水平上比较过程看起来是怎样的？

最简单的可用比较工具包含不同类的神经元，每个神经元为特定选项“投票”。假定召集每类神经元的个数并直接与每个决策选项所相关动作价值成比例。经过随机竞争性抑制机制，某类神经元可能最终获胜，在决策最后该类的某些神经元仍然得到了激活，而其他类神经元则被抑制关闭。大多数情况下，胜出的神经元恰巧对应最有价值的选项（借助于神经元群体作为价值的函数来度量）。但在其他时候，因为竞争过程是随机的，从而满足机体偶尔的探索需要，而不是出于信息目的选择最有价值的选项，即所谓的探索-开发权衡（Daw et al., 2006），因此易选出不被偏好的选项。

就脑信号而言，该过程看起来像什么？如果该过程在脑内实现，那么执行比较过程的脑区首先与各个决策选项的价值总和相关（表征激活的所有类神经元）。通过竞争性相互作用过程，在决策过程结束后，结束信号（二元选择的简单情形）——类似于所选选项的价值减去未选选项的价值（关于该简单模型的精细化和假定的神经信号的更详细解释，参见Wunderlich et al., 2009）。

文德利希等（2009）的研究表明，背内侧前额叶皮层（dmPFC）表征该信号（见图17.5），但请注意，dmPFC信号不是与“选择价值-未选择价值”相关（正如模型所预测），而是正好相反，与“未选择价值-选择价值”相关。一个可能的解释是“未选择价值-选择价值”信号反映抑制机制，相对于最终所选动作，抑制未选择动作所对应的激活。文德利希等未发现任何脑区与“选择价值-未选择价值”相关。然而，在另一项fMRI研究（Boorman, Behrens, Woolrich, & Rushworth, 2009）中，vmPFC的活动被发现与“选择价值-未选择价值”相关。请注意，“选择价值-未选择价值”及其相反数都对应了假定的决策比较器的结果或者输出。因此，虽然某些脑区发现该信号的证据很有趣，但是如果决策过程是定位于特定脑区，那么决策过程本身（即动作或者决策价值之间竞争）究竟是发生在哪个脑区仍未可知，又或者如果决策过程是跨多脑区分布式计算的，其计算机制目前也仍未可知。

简单的基于价值的决策过程在最初呈现决策选项后不到1秒钟就能完成，而血液动力学成像技术的时间分辨率不高，这阻碍了探测支撑竞争过程的快速变化神经信号的可能性。然而，高时间分辨率的电动力学成像技术诸如EEG、MEG，

(a)

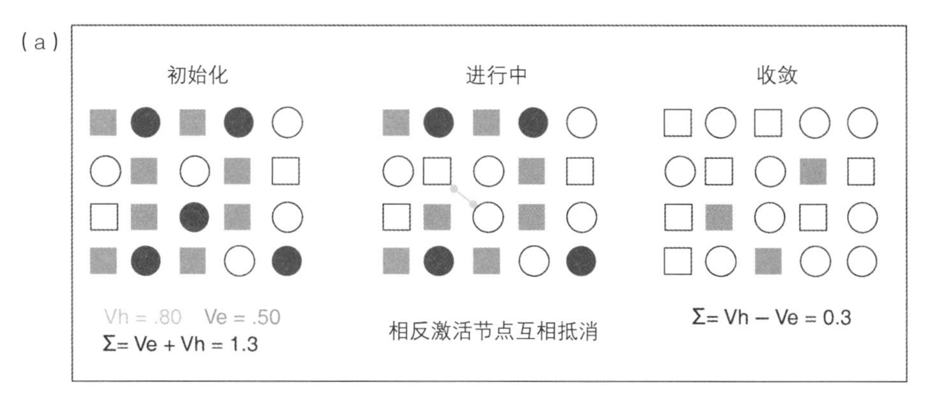

(b)

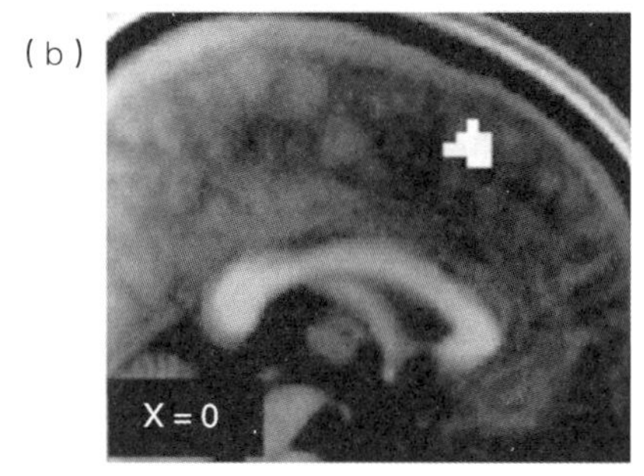

图 17.5　dmPFC 的决策比较器信号。(a) 图示是决策过程的简单模型。眼动（圆形）和手动（方形）的神经元激活与相应动作的预测价值大小成比例。平均活动对应于所构成的动作价值总和。激活的神经元通过相互抑制来竞争。最终仅有一些神经元的激活被保留下来，它们的平均活动对应于所选动作价值（而不是未选动作的价值）。(b) dmPFC 对应于未选择动作和选择动作差异的区域（与之前所述决策信号结果相反）。数据源自文德利希等（2009）

与 fMRI 整合，为在哪里和如何实现决策过程提供了进一步研究的机会。值得注意的是，这里所提的是非常简单的决策模型，只是复杂计算模型的低级形式。复杂的计算模型，诸如累积器和扩散模型，它们在捕捉诸如反应时的差异（Busemeyer & Townsend, 1993; Ratcliff & McKoon, 2008; Smith & Ratcliff, 2004）等人类选择数据的丰富行为特征方面表现很好。一个颇有前景的研究方向是，运用功能成像和神经生理数据比较和对照不同假定比较器的机制，根据神经信号来实现不同种类比较过程的特定预测。

选择过程中决策后价值信号的功能相关性

既然本文已经讨论过用于选择过程输入的价值信号，也简要地回顾了存在类似决策过程结果的比较信号的证据，现在回到本章前文所说的决策后价值信号。概括来说，这些信号是结果价值（对应所体验结果的享乐评价）和选择价值（对应选择时刻最终所选选项的期望奖赏）。鉴于选择价值和结果价值信号都是决策后信号，因此它们是决策过程的结果而非前提，那么问题来了：这些信号有什么用？一个似乎合理的观点是，这些决策后信号在更新和学习决策前价值信号（不论是动作价值还是决策价值）中发挥着关键作用。如今，奖赏学习领域广泛接受的概念是，价值信号（不论与动作还是与刺激联结）是通过预测误差信号习得，预测误差信号编码了期望（当前价值预测）和最终所获结果价值的差异。

大量证据表明，中脑多巴胺神经元的相位运动参与编码奖赏预测误差信号（Hollerman & Schultz, 1998; Schultz, 1998），而且人类奖赏学习期间一部分中脑和纹状体参与加工预测误差（McClure, Berns, & Montague, 2003; O'Doherty, Dayan, Friston, Critchley, & Dolan, 2003; O'Doherty et al., 2004）。准确地说，决策后的选择价值和结果价值被当作输入信息，从而产生预测误差信号，被用于更新决策前价值信号。预测误差信号对应于结果价值（体验的价值）和选择价值（预测的价值）的差异。因此，对决策后信号的功能非常合理的解释是，它被用于产生预测误差信号的输入，继而被用于更新计算未来选择所需的价值信号。

结论

本章综述了几种价值信号，它们作为输入或者输出，在决策过程中都发挥重要作用。动作价值和决策价值能使决策初步被计算，因为它们需要被用来比较和对照以做出选择。本章回顾的证据表明，动作和决策价值可能被定位于不同皮层。决策价值出现在腹内侧前额叶，而动作价值出现在辅助运动皮层（猴子神经生理学研究表明而非fMRI研究表明）和人类纹状体的一部分。两种信号在决策过程中所发挥的作用，可能取决于决策背后的计算过程是基于结果相关的刺激还是结果相关的动作。本章还回顾了反映决策输出信号的存在性证据，最突出的是最终所选的选项价值和未选择的选项价值的差异，以及它们的相反数，这些信号分别在腹内侧前额叶皮层和背内侧前额叶皮层上被发现。而且，选择价值、结果价值等其他决策后信号似乎也定位于腹内侧前额叶皮层。这些决策后信号可能通过试误学习来更新动作或决策价值，从而发挥重要作用。综上所述，这些发现似乎表明基于价值的决策需要两个关键脑区：腹内侧前额叶皮层、背内侧前额叶皮层以及邻近的辅助运动皮层。不管决策背后的计算过程是基于刺激还是动作，腹内侧前额叶皮层似乎都参与决策过程，但是背内侧前额叶只选择性地参与了基于动作的决策过程，而不是基于刺激的决策过程。

价值决策的潜在神经机制研究仍处于早期阶段，许多问题还悬而未决。或许最基本的问题是比较不同选项的价值所对应的脑机制。迄今为止，仍不知道比较过程发生在哪些脑区，也不知道在计算水平上如何发生。另一个重要问题是，虽然存在机制能使决策被基于刺激或者动作的模式计算，但是不清楚是什么因素影响或者控制给定决策应用哪个机制。虽然可以开发实验范式，使任务中动作比刺激更显著，从而引导被试偏向基于动作和基于刺激决策，但是这些决策机制在复杂的日常决策中的作用仍不清楚。此外，也需要澄清性别（见本书第26章）和基因（见本书第25章）相关的个体差异影响。而且，决策可能是许多不同脑区相互作用的结果——不仅包括本章关注的两个脑区，而且包括额外脑区，诸如杏仁核、纹状体、顶内沟皮层等。只有完全明晰了决策过程中各脑区间的因果关系本质，才能完全理解价值决策的神经机制。最后，不可能仅依靠血液动力学成像促进人类决策的神经生理研究。为了回答上述关键问题，有必要结合血液动力学和电动力学方法，获得足够的时间分辨率，来表征价值比较过程的快速动态变化。

重点问题和未来方向

· 价值比较如何在计算水平上实现？该过程发生在大脑内何处？

· 赋值给动作和赋值给刺激的神经系统如何相互作用、竞争或者合作促进价值决策？如何实现？

· 决策网络的哪些特征导致决策行为的个体差异？基因因素发挥什么作用？

· 在价值决策过程中，不同脑区间是如何相互作用的？

· 不同脑区影响决策过程的时间动态是怎样的？

参考文献

Blair, R. J., Morris, J. S., Frith, C. D., Perrett, D. I., & Dolan, R. J. (1999). Dissociable neural responses to facial expressions of sadness and anger. *Brain*, *122*(Pt. 5), 883–93.

Blood, A. J., Zatorre, R. J., Bermudez, P., & Evans, A. C. (1999). Emotional responses to pleasant and unpleasant music correlate with activity in paralimbic brain regions. *Nature Neuroscience*, *2*(4), 382–87.

Boorman, E. D., Behrens, T. E., Woolrich, M. W., & Rushworth, M. F. (2009). How green is the grass on the other side? Frontopolar cortex and the evidence in favor of alternative courses of action. *Neuron*, *62*(5), 733–43.

Breiter, H. C., Aharon, I., Kahneman, D., Dale, A., & Shizgal, P. (2001). Functional imaging of neural responses to expectancy and experience of monetary gains and losses. *Neuron*, *30*(2), 619–39.

Busemeyer, J. R., & Townsend, J. T. (1993). Decision field theory: A dynamic-cognitive approach to decision making in an uncertain environment. *Psychological Review*, *100*(3), 432–59.

Cloutier, J., Heatherton, T. F., Whalen, P. J., & Kelley, W. M. (2008). Are attractive people rewarding? Sex differences in the neural substrates of facial attractiveness. *Journal of Cognitive Neuroscience*, *20*(6), 941–51.

Cools, R., Clark, L., Owen, A. M., & Robbins, T. W. (2002). Defining the neural mechanisms of probabilistic reversal learning using event-related functional magnetic resonance imaging. *Journal of Neuroscience*, *22*(11), 4563–67.

Critchley, H. D., & Rolls, E. T. (1996). Hunger and satiety modify the responses of olfactory and visual neurons in the primate orbitofrontal cortex. *Journal of Neurophysiology*, *75*(4), 1673–86.

Daw, N. D., O'Doherty, J. P., Dayan, P., Seymour, B., & Dolan, R. J. (2006). Cortical substrates for exploratory decisions in humans. *Nature*, *441*(7095), 876–79.

de Araujo, I. E., Kringelbach, M. L., Rolls, E. T., & McGlone, F. (2003). Human cortical responses to water in the mouth, and the effects of thirst. *Journal of Neurophysiology*, *90*(3), 1865–76.

de Araujo, I. E., Rolls, E. T., Velazco, M. I., Margot, C., & Cayeux, I. (2005). Cognitive modulation of olfactory processing. *Neuron*, *46*(4), 671–79.

Elliott, R., Frith, C.D., & Dolan, R. J. (1997). Differential neural response to positive and negative feedback in planning and guessing tasks. *Neuropsychologia*, *35*(10), 1395–1404.

Elliott, R., Newman, J. L., Longe, O. A., & Deakin, J. F. (2003). Differential response patterns in the striatum and orbitofrontal cortex to financial reward in humans: A parametric functional magnetic resonance imaging study. *Journal of Neuroscience*, *23*(1), 303–7.

Gläscher, J., Daw, N., Dayan, P., & O'Doherty, J. P. (2010). States versus rewards: Dissociable neural prediction error signals underlying model-based and model-free reinforcement learning. *Neuron*, *66*(4), 585–95.

Gläscher, J., Hampton, A. N., & O'Doherty, J. P. (2009). Determining a role for ventromedial prefrontal cortex in encoding action-based value signals during reward-related decision making. *Cerebral Cortex*, *19*(2), 483–95.

Glimcher, P. W., Dorris, M. C., & Bayer, H. M. (2005). Physiological utility theory and the neuroeconomics of choice. *Games and Economic Behavior*, *52*(2), 213–56.

Hampton, A. N., Bossaerts, P., & O'Doherty, J. P. (2006). The role of the ventromedial prefrontal cortex in abstract state-based inference during decision making in humans. *Journal of Neuroscience*, *26*(32), 8360–67.

Hollerman, J. R., & Schultz, W. (1998). Dopamine neurons report an error in the temporal prediction of reward during learning. *Nature Neuroscience*, *1*(4), 304–9.

Kahnt, T., Heinzle, J., Park, S. Q., & Haynes, J. D. (2010). The neural code of reward anticipation in human orbitofrontal cortex. *Proceedings of the National Academy of Sciences*, *107*(13), 6010–15.

Kawabata, H., & Zeki, S. (2004). Neural correlates of beauty. *Journal of Neurophysiology*, *91*(4), 1699–1705.

Kirk, U., Skov, M., Hulme, O., Christensen, M. S., & Zeki, S. (2009). Modulation of aesthetic value by semantic context: an fMRI study. *Neuroimage*, *44*(3), 1125–32.

Kranz, F., & Ishai, A. (2006). Face perception is modulated by sexual preference. *Current Biology*, *16*(1), 63–68.

Kringelbach, M. L., & Rolls, E. T. (2004). The functional neuroanatomy of the human orbitofrontal cortex: Evidence from neuroimaging and neuropsychology. *Progress in Neurobiology*, *72*(5), 341–72.

Lau, B., & Glimcher, P. W. (2007). Action and outcome encoding in the primate caudate nucleus. *Journal of Neuroscience*, *27*(52), 14502–14.

Lee, D., Conroy, M. L., McGreevy, B. P., & Barraclough, D. J. (2004). Reinforcement learning and decision making in monkeys during a competitive game. *Brain Research: Cognitive Brain Research*, *22*(1), 45–58.

McClure, S. M., Berns, G. S., & Montague, P. R. (2003). Temporal prediction errors in a passive learning task activate human striatum. *Neuron*, *38*(2), 339–46.

Morrison, S. E., & Salzman, C. D. (2009). The convergence of information about rewarding and aversive stimuli in single neurons. *Journal of Neuroscience*, *29*(37), 11471–83.

O'Doherty, J., Critchley, H., Deichmann, R., & Dolan, R. J. (2003). Dissociating valence of outcome from behavioral control in human orbital and ventral prefrontal cortices. *Journal of Neuroscience*, *23*(21), 7931–39.

O'Doherty, J., Dayan, P., Friston, K., Critchley, H., & Dolan, R. J. (2003). Temporal difference models and reward-related learning in the human brain. *Neuron*, *38*(2), 329–37.

O'Doherty, J., Dayan, P., Schultz, J., Deichmann, R., Friston, K., & Dolan, R. J. (2004). Dissociable roles of ventral and dorsal striatum in instrumental conditioning. *Science*, *304*(5669), 452–54.

O'Doherty, J., Kringelbach, M. L., Rolls, E. T., Hornak, J., & Andrews, C. (2001). Abstract reward and punishment representations in the human orbitofrontal cortex. *Nature Neuroscience*, *4*(1), 95–102.

O'Doherty, J., Rolls, E. T., Francis, S., Bowtell, R., McGlone, F., Kobal, G., et al. (2000). Sensory-specific satiety-related olfactory activation of the human orbitofrontal cortex. *Neuroreport*, *11*(4), 893–97.

O'Doherty, J., Winston, J., Critchley, H., Perrett, D., Burt, D. M., & Dolan, R. J. (2003). Beauty in a smile: The role of medial orbitofrontal cortex in facial attractiveness. *Neuropsychologia*, *41*(2), 147–55.

Padoa-Schioppa, C. (2007). Orbitofrontal cortex and the computation of economic value. *Annals of the New York Academy of Sciences*, *1121*, 232–53.

Padoa-Schioppa, C., & Assad, J. A. (2006). Neurons in the orbitofrontal cortex encode economic value. *Nature*, *441*(7090), 223–26.

Plassmann, H., O'Doherty, J., & Rangel, A. (2007). Orbitofrontal cortex encodes willingness to pay in everyday economic transactions. *Journal of Neuroscience*, *27*(37), 9984–88.

Plassmann, H., O'Doherty, J., Shiv, B., & Rangel, A. (2008). Marketing actions can modulate neural representations of experienced pleasantness. *Proceedings of the National Academy of Sciences*, *105*(3), 1050–4.

Platt, M. L., & Glimcher, P. W. (1999). Neural correlates of decision variables in parietal cortex. *Nature*, *400*(6741), 233–38.

Ratcliff, R., & McKoon, G. (2008). The diffusion decision model: Theory and data for two choice decision tasks. *Neural Computation*, *20*(4), 873–922.

Rolls, E. T., Sienkiewicz, Z. J., & Yaxley, S. (1989). Hunger modulates the responses to gustatory stimuli of single neurons in the caudolateral orbitofrontal cortex of the macaque monkey. *European Journal of Neuroscience*, *1*(1), 53–60.

Samejima, K., Ueda, Y., Doya, K., & Kimura, M. (2005). Representation of action-specific reward values in the striatum. *Science*, *310*(5752), 1337–40.

Schultz, W. (1998). Predictive reward signal of dopamine neurons. *Journal of Neurophysiology*, *80*(1), 1–27.

Sescousse, G., Redoute, J., & Dreher, J. C. (2010). The architecture of reward value coding in the human orbitofrontal cortex. *Journal of Neuroscience*, *30*(39), 13095–13104.

Seymour, B., O'Doherty J, P., Koltzenburg, M., Wiech, K., Frackowiak, R., Friston, K., et al. (2005). Opponent appetitive-aversive neural processes underlie predictive learning of pain relief. *Nature Neuroscience*, *8*(9), 1234–40.

Shadlen, M. N., Britten, K. H., Newsome, W. T., & Movshon, J. A. (1996). A computational analysis of the relationship between neuronal and behavioral responses to visual motion. *Journal of Neuroscience*, *16*(4), 1486–1510.

Small, D. M., Zatorre, R. J., Dagher, A., Evans, A. C., & Jones-Gotman, M. (2001). Changes in brain activity related to eating chocolate: From pleasure to aversion. *Brain*, *124*(Pt. 9), 1720–33.

Smith, P. L., & Ratcliff, R. (2004). Psychology and neurobiology of simple decisions. *Trends in Neurosciences, 27*(3), 161–68.

Sohn, J. W., & Lee, D. (2007). Order-dependent modulation of directional signals in the supplementary and presupplementary motor areas. *Journal of Neuroscience*, *27*(50), 13655–66.

Sugrue, L. P., Corrado, G. S., & Newsome, W. T. (2004). Matching behavior and the representation of value in the parietal cortex. *Science*, *304*(5678), 1782–87.

Thorpe, S. J., Rolls, E. T., & Maddison, S. (1983). The orbitofrontal cortex: Neuronal activity in the behaving monkey. *Experimental Brain Research*, *49*(1), 93–115.

Ursu, S., & Carter, C. S. (2005). Outcome representations, counterfactual comparisons and the human orbitofrontal cortex: Implications for neuroimaging studies of decision-making. *Brain Research: Cognitive Brain Research*, *23*(1), 51–60.

Valentin, V. V., Dickinson, A., & O'Doherty, J. P. (2007). Determining the neural substrates of goal-directed learning in the human brain. *Journal of Neuroscience*, *27*(15), 4019–26.

Vrtička, P., Andersson, F., Grandjean, D., Sander, D., & Vuilleumier, P. (2008). Individual attachment style modulates human amygdala and striatum activation during social appraisal. *PLoS One*, *3*(8), e2868.

Wunderlich, K., Rangel, A., & O'Doherty, J. P. (2009). Neural computations underlying action-based decision making in the human brain. *Proceedings of the National Academy of Sciences*, *106*(40), 17199–204.

Wunderlich, K., Rangel, A., & O'Doherty, J. P. (2010). Economic choices can be made using only stimulus values. *Proceedings of the National Academy of Sciences*, *107*(34), 15005–10.

第五部分

情绪学习和记忆

第18章 人类恐惧学习的神经基础

约瑟夫・E. 邓斯穆尔（Joseph E. Dunsmoor） 凯文・S. 拉巴尔（Kevin S. LaBar）

情绪研究的重要目标是通过实验室研究来帮助人们理解现实行为。恐惧是一种可以从实验室研究很好地过渡到现实世界的情绪反应模型。在实验室情景中，能够较好地诱发、观察和测量恐惧相关行为。而且，许多涉及恐惧学习和表达的生物学机制跨物种共享，使得恐惧成为比较心理学研究的情绪模型。事实上，因为许多物种都倾向于快速学习和保留恐惧记忆，尽管神经科学的几个分支对人类情绪缺乏直接兴趣，但是仍然使用恐惧学习作为工具。

然而，从恐惧行为的基本特征来看，它不属于简单情绪。例如，尽管对紧迫威胁的恐惧反应或多或少是固有反应，但是有机体必须学会适应这些行为，以预测和回避环境的各种潜在威胁。此外，虽然进化促使行为系统能够迅速对危险信号做出反应（但并非总是适当地），但是如何知觉和解释这些信号涉及许多其他系统。在试图理解恐惧障碍时，了解恐惧与其他情绪和认知系统如何整合可能尤其复杂。

大脑的恐惧环路

对人类恐惧学习的认知神经科学认识，主要基于非人类动物的神经电生理学研究。几十年来，动物研究已经描述了加工和回应习得恐惧和先天恐惧的重要神经环路。尽管系统综述动物恐惧学习的神经生理机制超出了本章范围，但是综述该领域的主要发现，对于完全领会人类恐惧学习很重要。

为了研究有机体如何学习和应对威胁，研究者经常使用经典条件学习范式。在该程序中，会涉及预测中性情绪刺激（条件刺激，CS），诸如音调或光，预测先天的厌恶或者威胁刺激（无条件刺激，US），诸如电击。正如巴甫洛夫实验中狗听到与食物配对的声音会流口水，经历恐惧条件化的动物，会对先前配对呈现的CS表达出许多自主情绪反应（例如，心率、排汗或者呼吸率变化）。这些条件化恐惧反应（CR）反映了著名的战斗–逃跑–僵硬（fight-or-flight-or-freezing）行为，表明US和CS间已经形成联结。

恐惧条件化的研究，主要通过啮齿类动物，揭示了CS–US联结形成和CR产生的神经通路。神经生理学研究表明，CS和US相关感觉信息在杏仁核会聚（综述请参见Pape & Pare, 2010; 见图18.1）。杏仁核是内侧颞叶（MTL）前部的结构，从许多脑神经系统接收广泛输入投射，包括所有

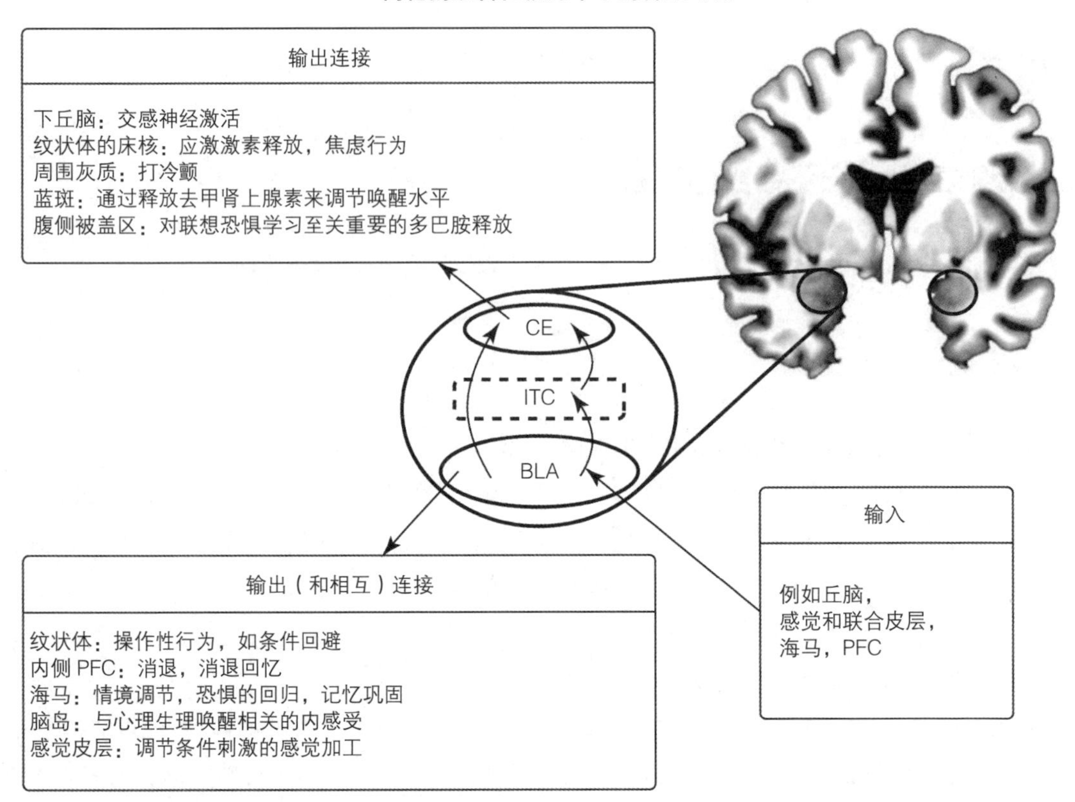

图18.1 恐惧条件化环路简图，描述杏仁核的输入和输出，以及输出区域在恐惧条件化的作用。该图简化了杏仁核亚核布局，组合了几个不同核，构成基底外侧复合体。杏仁核亚核和ITC间的内在连接在这里没有被详细描述。BLA = 基底外侧复合体; CE = 中心核; ITC = 闰细胞

感觉系统和高级联合皮层。从杏仁核输出的广泛分布投射，对于调整整个大脑的信息加工很重要。例如，从杏仁核投射到腹侧视觉流，对于情绪体验相关的感觉刺激表征可能具有重要调节作用（Vuilleumier, 2005）。重要的是，杏仁核不是一个同质结构，而是一个互相连接的亚核集合。最常参与恐惧条件化的核团包括基底核（B）、副基底核（AB）、外侧核（LA）和中央核（CE）。其中，L、AB和B通常统称为基底外侧复合体（BLA），该复合体内亚核进一步分解成不同的解剖区域。BLA和CE之间插入的细胞弥散束，在杏仁核亚核之间的闸门活动中发挥作用。在恐惧条件化的经典解剖模型中，BLA是接收感觉信息的主要位置，对CS和US之间联结的形成很重要。该区域可能也参与条件化恐惧记忆的巩固和存储（Schafe, Nader, Blair, & LeDoux, 2001）。CE接收BLA投射，主要通过输出投射到海马和脑干结构，启动条件化恐惧反应。

值得注意的是，恐惧条件化的解剖模型在不断发展。例如，BLA形成CS-US联结，以及CE产生CR的作用可能不是完全分离的。一些证据表明，在某些情况下，CE可能参与形成CS-US联结和巩固恐惧记忆（Wilensky, Schafe, Kristensen, & LeDoux, 2006）的过程。而且，与杏仁核关系密

切的其他脑区，在恐惧相关行为中可能发挥不同作用。尤其是终纹核（BNST），可能负责促进焦虑相关的持续调式恐惧状态的行为，而非相位恐惧反应（Davis, Walker, Miles, & Grillon, 2010）。

杏仁核神经环路的一个重要特点在于，感觉信息从部分分离的两个神经通路传递到杏仁核：（1）相对缓慢的皮层通路，从丘脑流向初级感觉皮层，然后到达高级联合皮层，再到达杏仁核；（2）更快速的亚皮层通路，直接从丘脑投射到杏仁核。皮层通路提供了关于感觉刺激的详细信息，而亚皮层通路快速探测潜在威胁对象，产生即时恐惧反应。杏仁核的双加工通路可能对理解复杂恐惧行为有意义（LeDoux, 1996）。例如，因为丘脑-杏仁核通路包含较少突触，在皮层彻底加工刺激之前，潜在威胁信息被传递到杏仁核。因此，有机体可能对潜在威胁迅速做出反应（例如，启动惊呆反应），一瞬间后才意识到威胁已过或者并不存在。然而，CR一旦产生就很难迅速停止，因为生理反应系统的时间过程相对神经反应较慢。

虽然恐惧条件化的神经生理学基础主要是使用侵入性方法对啮齿动物进行研究，但是现在研究者开始使用非侵入性功能性脑成像技术对人类被试开展研究，以探讨特定脑区在恐惧条件化的作用。在接下来的内容中，本文将重点关注脑损伤患者，以及fMRI研究结果，揭示杏仁核和其他脑区在恐惧习得、表达和控制等方面的关键作用。虽然PET也被运用于恐惧加工，但是PET技术固有的组块设计使得结果解释存在局限。特别地，由于PET信号在许多秒内被整合，很难区分只与CS和US相关的脑活动，并且不同试次类型无法在实验设计中混合（见本书第5章）。虽然可以运用PET开展条件化前和条件化后的比较（例如，Morris, Öhman, & Dolan, 1998），但是事件相关fMRI设计已经被证明是检查恐惧条件化神经系统的最佳方法。这不仅是因为问题设计，还与fMRI空间分辨率更高有关（例如，区分杏仁核和邻近海马激活）。

习得恐惧

古往今来的条件化恐惧学习观

最早的人类恐惧条件化的行为研究表明，基于实验室的恐惧条件学习可能是探讨情绪体验的心理与生理反应的有效方式。早期行为主义研究者，如詹姆斯·华生（James Watson），以这些条件化原则为基础，反驳基于弗洛伊德心理学的焦虑理论，该焦虑理论将神经官能症的起源问题归于各种情结和发展问题，忽视直接刺激学习作用。

或许最臭名昭著的人类恐惧条件化的实验是华生和雷纳（Raynor）（1920）的“小艾伯特”实验。在该实验中，11个月的婴儿在被恐惧条件化后变得害怕白老鼠（条件化前并不害怕）。实验者通过给小艾伯特呈现一只白老鼠（CS）与锤子敲击钢管的刺耳噪声（US），使小艾伯特习得了条件化恐惧。在几次老鼠-噪声配对后，当老鼠出现时，小艾伯特就开始哭，试图通过爬离（CR）避开它。接着，小艾伯特对白老鼠的恐惧被泛化到了其他中性但知觉相关的刺激上，诸如白兔子或白胡子。因为这些反应与恐惧症患者反应类似，早期巴甫洛夫恐惧条件化研究支持焦虑是刺激-反应（S-R）学习的反映。S-R学习过程被广泛作为病理行为习得背后的解释机制（Pavlov, 1927; Watson & Rayner, 1920）。

关于S-R学习如何导致精神疾病的理论，在20世纪中后期不再受到研究者的青睐，部分原因在于研究思潮从行为主义转向学习和行为的认知模型。对行为主义的主要批评之一在于，它过于简化不能解释恐惧和焦虑障碍的病因。例如，行为主义几乎不考虑人类和其他动物之间的条件化能力差异，认为所有类型的条件化刺激或多或少是同等的（等位谬误）（Seligman, 1970）。而且，S-R模型不能很好地解释为什么一些个体具有条件化体验后比其他个体更易遭受恐惧障碍。呈现CS与产生行为反应之间的直接对应，即S-R理论所指的特征化，不足以解释CS如何诱发多样化的行为。最后，个体经常对那些从未直接接触的刺激或情况产生恐惧，似乎完全绕过了S-R学习。

20世纪经典条件化模型的发展使研究者对恐惧学习有了新的认识。从行为主义转向认知模型之所以具有里程碑意义的原因在于，条件化概念包含形成条件化和无条件化刺激（S-S学习）的心理表征。与S-R理论的黑箱方法相反，这些更具认知导向的学习模型描述了CS-US配对相关的关联性如何影响学习行为的习得。例如，条件化仅发生在对US具有预测作用的刺激，而学习是体验CS的预期结果和实际发生结果之间差异的过程（例如，Rescorla & Wagner, 1972）。重要的是，因为条件化涉及CS和US表征，即使CS-US没有直接配对也能进行学习。例如，在条件化后，增加或者减少US的厌恶强度，会导致今后遇到CS时的恐惧感增加或者减少——分别称为US紧缩和膨胀效应(Davey, 1992)。联接学习认知模型的发展，已经被有效地运用到从行为理论角度理解恐惧障碍（Mineka & Zinbarg, 2006）。

恐惧习得理论的一个重要发展在于CS的定性性质。动物研究表明，对特定类别刺激学习时效果最好，在很多情况下具有物种特异性。例如，大鼠容易学习味觉（CS）与疾病（US）或者噪声（CS）与电击（US）联结，但是很难形成交叉联结（味觉与电击或者疾病与噪声；Garcia & Koelling, 1966）。塞利格曼（Seligman）（1971）提出，人类也倾向于形成特定类型的CSs和USs之间的关联。例如，正如人们易于条件化的刺激选择性证据，塞利格曼指出，恐惧症通常发生在选定数目的“恐惧相关”的对象或情况中，它们是整个哺乳动物发育进化的显著刺激。这些刺激包括某些动物（例如蛇和蜘蛛）、环境现象（例如雷电和闪电）、物理位置（例如在封闭空间或者高地）和社会交往（例如情绪的交流或者评价）。相比与恐惧无关的条件刺激，进化恐惧相关的条件刺激和厌恶US间的恐惧学习更容易发生。

相关研究支持塞利格曼的理论，认为相对于恐惧无关的环境刺激（例如花朵和蘑菇图片），恐惧相关刺激（例如蛇和蜘蛛图片）更易导致条件化，而且延迟消退，这表明恐惧相关刺激和厌恶USs之间具有更强的选择性联结（综述请参见Öhman & Mineka, 2001）。欧曼和明尼卡（2001）将选择性联结纳入“恐惧模块”，该模块支持恐惧相关刺激和生物显著刺激之间快速和自动化的恐惧学习。一般认为，该恐惧模块的公认解剖基础是杏仁核，在恐惧学习和表达期间独立于意识控制操作。然而，正如后文所述，神经成像研究已经表明，在恐惧学习期间，杏仁核反应受到调节过程制约。杏仁核情绪反应特征不仅与恐惧相关，也参与其他功能，诸如社会认知和动机（见本书第19章）。

恐惧习得的人类损伤研究

早期非人类灵长类动物研究揭示，MTL大面积损伤会导致恐惧反应显著丧失和异常社会行为（Kluver & Bucy, 1939）。虽然最初的观点将这些结果归因于动物海马损伤，但是当只损伤杏仁核时行为效应被重复（Weiskrantz, 1956）。癫痫、病毒性脑炎或者被称为乌尔巴赫-维特（Urbach-Wiethe）综合征的先天性疾病导致MTL损伤的人类患者研究表明，MTL的完整性和恐惧学习之间存在必然联系。在这些研究中，通过测量皮肤电导反应（SCR）变化评估恐惧条件化，SCR测量由于交感唤起所致手掌表面的皮肤电传导变化（见本书第3章）。MTL（包括杏仁核）损伤患者，在习得和表达条件化SCR方面表现出了缺陷，但是对厌恶US的反应与控制组类似。这些结果模式表明，杏仁核及其附近皮层对于学习和启动条件反应至关重要（图18.2a, b; LaBar, LeDoux, Spencer, & Phelps, 1995）。重要的是，杏仁核损伤不影响恐惧学习事件的陈述性知识——杏仁核损伤的非遗忘症患者能够明确地指出CS与US配对（关联觉察）。相比之下，海马损伤而杏仁核完好

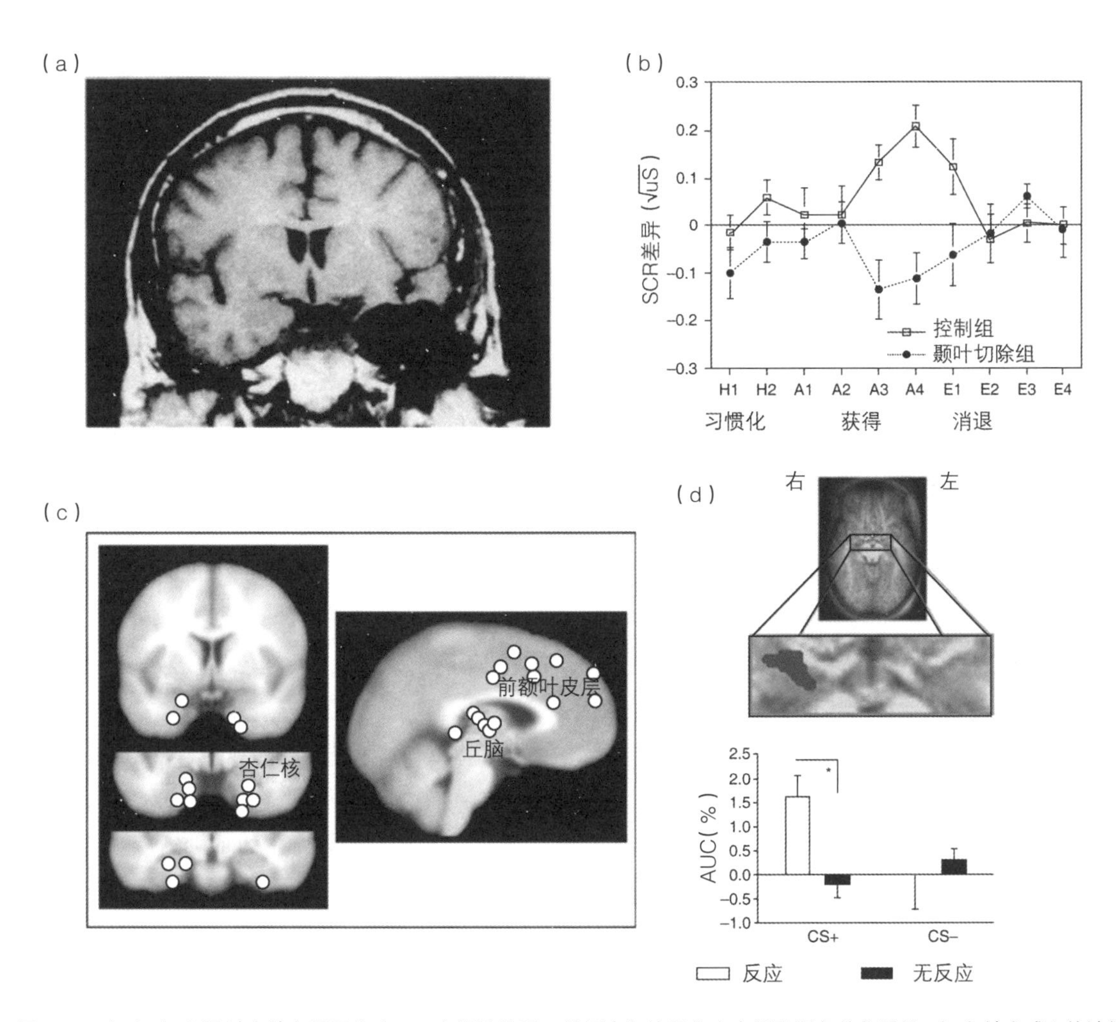

图18.2　（a）、（b）通过皮肤电导反应（SCR）评估发现，单侧杏仁核损伤患者的恐惧条件化受损。（c）健康成人的神经成像研究表明，杏仁核、丘脑和前额叶皮层等几个区域对恐惧条件刺激反应。（d）杏仁核活动跟踪恐惧条件刺激（CS+）诱发的条件化恐惧反应，而未配对的控制刺激（CS−）所诱发恐惧反应与杏仁体活动无关。（a）和（b）已获授权源自拉巴尔等（1995）；（c）源自拉巴尔和卡贝扎（Cabeza）（2006）；（d）源自程（Cheng）等（2006）

的患者虽然保留了恐惧条件化能力，但是缺乏刺激关联的陈述性知识（Bechara et al., 1995; LaBar & Phelps, 2005）。学习的生理表达和外显觉察之间的双分离，表明恐惧条件化操作处于内隐加工水平。

在另一项研究中，杏仁核损伤患者的恐惧增强惊奇反应受损（Weike et al., 2005），这是另一种广泛依赖于杏仁核的条件恐惧测量（Davis, 1992）。惊奇反应是对突然刺激的反射性反应，通常使用面部肌肉的肌电图测量（例如100 dB白噪声的50 ms爆发）。恐惧状态下的惊奇幅度比平静状态下的更大。相对于对照组被试，单侧颞叶切除的患者表达恐惧增强的惊恐反应受损。有趣的是，与早期结果相反，在实验后成功报告CS–US联结的患者确实表现出条件化SCRs。然而，只有少数患者正确报告CS–US联结，这可能表明损伤进一步扩展到MTL。

科庞（Coppens）等（2009）也发现，当整个实验期间评估关联觉察时，杏仁核损伤患者表现出完整的条件化SCR。在整个实验期间使用不同等级的US预期时，在CS–US关系的陈述性知识和条件化SCR幅度方面，单侧杏仁核损伤患者的表现与对照组类似。该发现与以往研究存在明显差异（Bechara et al., 1995; LaBar et al., 1995），这可能归结于在整个恐惧条件化中使用了关联觉察的在线测量，而不是在实验结束时评估陈述性知识。例如，同时评价预期促使被试在学习期间关注刺激关联性，使得恐惧条件化成为更外显任务，更少依赖于杏仁核。

总之，尽管脑损伤研究对于探讨杏仁核在人类恐惧学习中的作用至关重要，但是杏仁核的局灶性双侧病变是罕见的，并且杏仁核在恐惧学习的精确作用很难通过具有相邻皮层和亚皮层结构额外损伤的个体进行评估。而且在一些情况下，单侧杏仁核损伤患者可能通过完整杏仁核获得补偿，这可能足以支持某些个体的恐惧条件化。

巴甫洛夫恐惧条件化的人类神经成像研究

随着非侵入性脑功能成像技术进步，研究者已经能够考察健康人群和临床人群在恐惧学习期间所涉及的大脑系统。恐惧条件化的早期fMRI研究揭示了杏仁核在形成CS–US联结中的作用。这些研究表明，与没有外显配对的CS–相比，预测性CS+会更大诱发杏仁核激活（Büchel, Morris, Dolan, & Friston, 1998; LaBar, Gatenby, Gore, LeDoux, & Phelps, 1998）。其他区域的脑网络也涉及人类恐惧条件化，包括感觉皮层、前扣带皮层、海马、脑岛、丘脑和前额叶皮层（见图18.2c; LaBar & Cabeza, 2006; Sehlmeyer et al., 2009）。

脑成像研究表明，无论是基于试次，还是基于个体差异测量，SCR幅度与杏仁核激活均呈正相关（Cheng, Knight, Smith, Stein, & Helmstetter, 2003; LaBar et al., 1998），表明杏仁核在人类条件学习表达方面发挥重要作用。通过与控制身体反射和自主神经系统活动区域（例如脑干和下丘脑）的解剖连接，杏仁核调控恐惧反应表达（Davis, 1992）。与杏仁核损伤患者的数据一致，杏仁核对产生条件化的SCR进行选择性激活，而对于自发的、定向的或无条件的SCR没有激活（Knight, Nguyen, & Bandettini, 2005）。程及其同事（Cheng, Knight, Smith, & Helmstetter, 2006）比较了被试在CS+试次产生或不产生SCR时的杏仁核激活情况，发现杏仁核仅参与被试产生条件化SCR的试次（如图18.2d）。综合结果表明，杏仁核可能对习得恐惧的行为表达特别重要，尽管在人类研究中将学习和表现效应分离开来存在很大挑战，因为情感学习指标反映了生理反应变化。

虽然恐惧条件化关注的核心问题是对CS的习得反应，但是学习相关变化在US到UR也能观察到。即使UR通常被认为是天生的（例如，食物出现引起唾液），这些反应也反映了与刺激学习相关的大量信息，诸如US是否被预测（Domjan, 2005）。金姆鲍（Kimble）和奥斯特（Ost）（1961）采用眨眼条件化的方式进行研究，结果表明当先呈现条件刺激时，由空气吹到眼睛所致的非条件眨眼反应减弱。紧跟一个信号化的US后，UR减少，有时被称为无条件反应减少（Domjan, 2005），这可能与准备减少迫近威胁有关，以减少威胁影响（Domjan, 2005）。神经成像数据也支持该假设：可预测的US导致UR减少。在邓斯穆尔（Dunsmoor）等（2008）的fMRI研究中，厌恶白噪声US（100 dB）总是在100%试次紧随一个音调出现，而仅在50％试次紧随另一个音调出现。该结果表明，当US伴随具有可靠预测的CS出现时，US诱发的无条件SCR较小。可预测的US刺激诱发fMRI信号降低的情况，通常在恐惧学习期间也观测到，包括杏仁核、丘脑和听觉皮层。而且，背外侧PFC和前扣带皮层激活与接收US刺激的主观期望成反比，以至于US被高度预期时，这些区域的无条件fMRI激活降低。有趣的是，增强非预期US的活动，这在许多方面与预测误差信号类似，对于以期望和实际结果之间的差异为基础来控制学习非常重要（Rescorla & Wagner, 1972）。事实上，邓斯穆尔等（2008）指出，许多脑区对不可预期US的反应相对于可预期US增强，表明了在啮齿动物和人类预测间的误差相关活动（McNally, Johansen, & Blair, 2011）。

间接恐惧学习

尽管从未体验某些生物厌恶的US的对象和情景，恐惧仍然很普遍地存在。因为第一次遇到的危险刺激（例如捕食者）也可能是最后一次遭遇，所以学习威胁信号而没有直接遭遇威胁本身，这使有机体能够适应。拉赫曼（Rachman）（1977）提出，恐惧习得具有三种基本通路（见图18.3）。第一种是详细描述的“直接”途径，个体同时经历CS和US刺激。第二种是替代通路，个体通过观察其他个体遭受CS相关的恐惧或者痛苦结果来学习。第三种通路由关于CS-US关系的信息沟通组成，而不需要直接见证这些线索。由于后两个过程不涉及直接接触CS和US，所以它们被认为是间接恐惧的学习通路。

非人类灵长类动物的替代或者观察学习研究表明，恐惧可以通过观察同物种个体经历CS的厌恶体验传递。例如，在观看同伴对玩具蛇或者真蛇产生恐惧反应的视频后，实验室饲养的猴子能够迅速习得蛇恐惧（Mineka, Davidson, Cook, & Keir, 1984）。有趣的是，该类恐惧学习似乎特异于恐惧相关刺激，不能扩展到模特对中性情感刺激产生恐惧反应的情景（Cook & Mineka, 1989）。在老鼠身上也发现了，观察恐惧学习，并且当观察者老鼠是受电击老鼠的兄弟姐妹或者长期配偶时，替代恐惧的学习效果更强（Jeon, 2010）。内侧疼痛系统（包括前扣带皮层）失活减少了观察者老鼠的观察恐惧学习，表明这种恐惧学习形式需要完整的疼痛通路，以便替代性获得习得恐惧反应。

奥尔森（Olsson）和费尔普斯（Phelps）（2004）表明，人类观察者在观看他人恐惧反应后习得CS恐惧，类似于自己接受CS配对电击。观察习得CR在随后阈下呈现CS时也被诱发。神经成像研究揭示，杏仁核参与直接恐惧学习，在观察恐惧学习中也被激活。例如，当被试观察个体经历恐惧条件化的视频时，fMRI扫描期间，暴露于观察性条件CS也诱发杏仁核激活（Olsson & Phelps, 2007）。

另一条间接恐惧学习通路包括言语交流威胁。一些动物会通过发声沟通来警示同伴有威胁。例如，当身处厌恶环境时，老鼠会发出超声波，这可能是对同类发出附近有威胁的警报（Blanchard, Blanchard, Agullana, & Weiss, 1991）。符号语言交流能力极大地提高了人类的这种能力。在指导性恐惧条件化的实验室研究中，只告诉被试CS将与

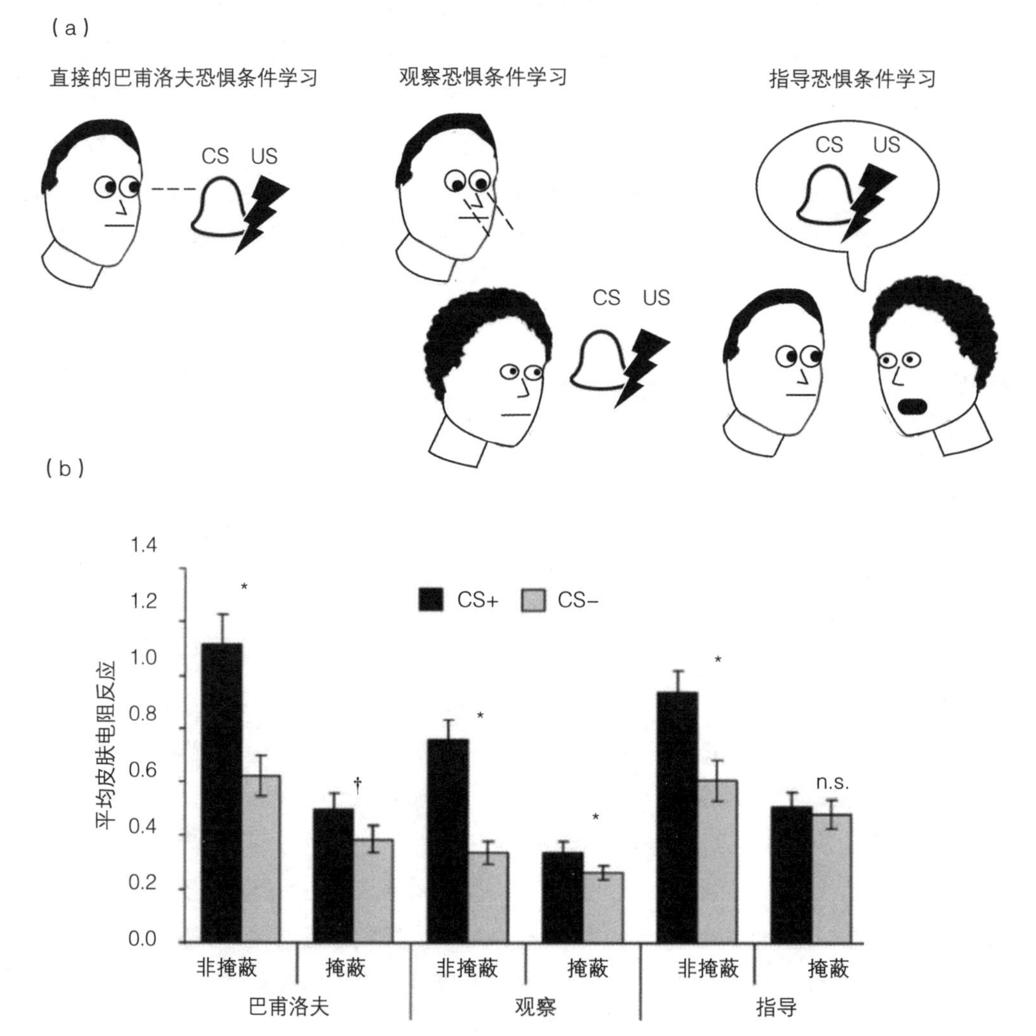

图18.3 直接和间接恐惧学习范式。（a）在标准的巴甫洛夫恐惧条件化中，个体直接遭遇CS和US。在观察恐惧条件化中，个体通过观察另一个体经历巴甫洛夫条件化替代性习得CS的恐惧。在指导性恐惧条件化中，个体通常通过语言习得CS的恐惧，尽管从未同时经历CS和US。（b）行为研究结果。采用阈上（未屏蔽）和阈下（屏蔽）方式，呈现恐惧条件刺激（CS+）和未配对的控制刺激（CS−），跨个体直接比较三种形式恐惧条件学习。虽然使用三个程序都获得了对CS+的恐惧，但是只有通过巴甫洛夫或者观察恐惧条件化习得恐惧时，掩蔽条件CS+才诱发恐惧反应。CS=条件刺激。（b）摘自奥尔森和费尔普斯（2004）

US配对，但他们从未亲身经历CS-US配对。尽管如此，单独呈现CS仍然唤起CR，表明直接性恐惧学习和指导性恐惧学习具有类似的恐惧条件化环路（Olsson & Phelps, 2007）。不同于观察性恐惧条件刺激，阈下呈现指导性CS不会唤起CR，表明意识觉察对于检测通过语言习得的威胁是必要的（图18.3; Olsson & Phelps, 2004）。尽管CS和US从未直接配对出现，但当告知被试US将随着CS出现时，CS刺激也诱发了左侧杏仁核激活（Phelps et al., 2001）。

应激激素参与人类恐惧学习

恐惧情境所释放的应激激素，对于学习和记忆相关的脑系统具有广泛影响（综述请参见Rodrigues, LeDoux, & Sapolsky, 2009）。例如，在回避学习中，杏仁核参与引发肾上腺皮层外周释放糖皮质激素。接着，外周释放的应激激素循环到大脑，绑定到杏仁核和海马（以及其他区域），调节这些脑区的活动（McGaugh, Cahill, & Roozendaal, 1996）。对于人类而言，应激激素对恐惧学习的影响存在性别差异（Jackson, Payne, Nadel, & Jacobs, 2006）。例如，在恐惧条件化前，引入心理社会应激源（例如公开演讲）增加男性恐惧习得，减少女性恐惧习得（Jackson et al., 2006）。类似地，恐惧习得后，内源性皮质醇水平与男性（而非女性）的CRs呈正相关（Zorawski, Cook, Kuhn, & LaBar, 2005）。研究者假设，这些性别差异与雌激素对女性应激反应的神经保护作用有关。恐惧学习期间，具有高内源性皮质醇水平的被试，在24小时内提取的测试中也拥有更高的条件SCR，这表明条件化期间所释放的应激激素加强巩固了恐惧记忆（Zorawski, Blanding, Kuhn, & LaBar, 2006）。

对厌恶事件周围环境的恐惧学习

在恐惧学习期间，线索一般很少单独出现，而是存在于一系列的环境刺激当中。这些背景特征提供了恐惧学习事件的场景。在场景条件化中，学习者得知CS不是US的唯一预测因子，场景本身也是一种威胁。重要的是，场景由许多感觉、空间和时间特征组成，因此构成场景的特征与更容易定义的感觉CS明显不同。由于场景线索在环境中相对稳定，所以在恐惧经历相关场景中，有机体可能长期处于恐惧状态，即使线索化恐惧只在CS存在时出现（Davis, Walker, Miles, & Grillon, 2009）。因此，习得恐惧场景和线索可能涉及不同的神经系统和认知过程。

场景条件化的动物模型主要关注海马在编码和表征恐惧环境的作用。海马被认为是多种场景特征绑定成整体表征的基础；海马被特异化召集，通过模式完成过程从部分信息记住恐惧场景的完整表征（O'Reilly & Rudy, 2001）。例如，在特定环境中，动物经历线索恐惧条件化，随后对该场景表达恐惧；但是条件化后，背侧海马损伤的动物会降低恐惧反应（Anagnostaras, Maren, & Fanselow, 1999）。尽管部分杏仁核对于线索和场景条件化是必需的，但是主要参与场景条件化的是背侧海马（Phillips & LeDoux, 1992）。

绝大多数场景条件化研究是在动物身上进行的，因为改变动物的测试场景只需要把动物从一个测试笼关到另一个具有独特特征的测试笼。在人类研究中，操纵实验场景更加困难，因为人类不可能将传统实验室中发生的微妙变化解释为另一个全新场景。一种场景操作的人类行为研究方法是，在具有不同环境特征的完全不同的房间执行不同的实验阶段（LaBar & Phelps, 2005）。虽然房间数量和操作种类在很多研究环境受限，而且操作很难迁移到神经成像应用，但是该方法具有多模态和拟真的优点。第二种方法是通过简单改变呈现CS的计算机环境，从而改变场景环境。该方法具有便携和背景图片选择范围广的优点，但是仅限于单模态场景转换。采用后一种方法的fMRI研究表明，相对于US从未出现的视觉场景，当给被试呈现不可预期厌恶US相关的视觉场景时，海马和杏仁核激活增强（Alvarez, Biggs, Chen, Pine, & Grillon, 2008）。然而，在该研究中，没有呈现外显CS，因此不能确定区分线索恐惧和场景恐惧的神经基础。

恐惧条件化是纯粹的内隐学习形式吗?

在斯夸尔（Squire）的记忆分类学中（Squire, 1986），简单条件化被认为是非陈述性学习。支持该观点的研究发现，包括海马的MTL损伤会损害陈述性记忆，而线索恐惧条件化仍会被完整保留（Bechara et al., 1995; LaBar & Phelps, 2005）。有趣的是，一些患者能够在生理上对外显CS表达完整的CR，但是不能陈述性描述CS预测强化物。然而，意识觉察在巴甫洛夫条件化中发挥多大作用，是一个长期存在的难题（LaBar & Disterhoft, 1998; Lovibond & Shanks, 2002）。

行为研究表明，健康被试的意识觉察对恐惧条件化是必需的。例如，哈姆和凡托（Vaitl）（1996）的研究表明，不能准确报告CS-US联结的被试没有呈现条件化SCR。罗维邦德（Lovibond）和协科斯（Shanks）（2002）认为，有机体产生CR以便为US做准备，因此觉察CS-US关系对于习得恐惧表达至关重要。他们认为，没有觉察但表现条件化的研究，使用了不准确的觉察测量，例如实验后使用问卷进行觉察的回顾评定。何时评估觉察，对于评估MTL损伤患者的关联觉察尤为重要，因为这些患者在延迟回忆事件细节时存在困难。而且，觉察的回顾评定会激活长时记忆加工，该系统可能不同于参与最初恐惧习得的系统。因此，有些研究使用在线测量觉察（即逐试次评定US预期）解决回顾性报告相关问题。然而，这些程序改变了任务需求，引起被试关注刺激关联性（LaBar & Disterhoft, 1998），从而在恐惧学习期间更加重视陈述性系统。

许多研究致力于解决觉察和条件化之间的关系。在大多数情况下，这些研究建立在该观点的基础上：恐惧学习期间使用分离的记忆系统（LeDoux, 1996）。一方面，陈述性记忆系统在恐惧学习体验的意识方面很重要。该系统可能对于加工恐惧学习事件的场景细节，以及将其与先前经验和习得知识相关联很重要。例如，基于过去经验——空中气流是普遍的，经常乘飞机者可能忽视空中气流影响。另一方面，非陈述性系统关注获得和生成习得行为反应的自动加工（Squire & Zola, 1996）。该系统可能较少关注过去有关潜在危险的解释，而是更关注当前反应。例如，即使乘客能够意识到空中气流通常是没有危险的，但海拔突然变化也会使最经常乘机的旅客感到恐慌。勒杜（1996, 2000）指出，杏仁核是这些系统神经重叠的部位，接受高级皮层和较低级亚皮层的投射。杏仁核处于独特位置，最初可能绕过皮层的高级感觉系统，快速探测和回应低级感觉信息。刺激有关的更详细信息（例如感觉信息和相关记忆），然后通过感觉和联结皮层传递到杏仁核，这有助于告知个体刺激的威胁相关性和修正情绪反应。

行为研究操纵健康成人的CS-US关联性的意识觉察，往往采用反向掩蔽范式。先快速呈现CS

（大约10—30 ms），然后使用其他刺激快速“掩蔽”。在这种情况下，尽管被试没有意识到CS呈现，但是当随后阈上呈现CS时仍然可能产生CR（Esteves, Parra, Dimberg, & Öhman, 1994）。然而，后掩蔽范式的潜在问题是一些被试可能能够有意识知觉CS或者在知觉上区分掩蔽的CS+和CS-，但是他们不能精确描述掩蔽刺激的细节（Lovibond & Shanks, 2002）。为了避免后掩蔽范式的这个问题，纳伊特（Knight）、沃特斯（Waters）和班迪蒂尼（Bandettini）（2009）使用了一种新方法，基于试次操纵听觉CS阈值的结果，考察恐惧条件化的主观觉察程度。在fMRI实验中，被试通过按键表示他们听过的两个CS之一，其中一个刺激（CS+）与US配对。被试不知情，如果被试报告他们听过这个声音，那么下一个CS的音调降低5 dB；反之，如果他们没有按键表明听到音调，下一个CS的音调提高5 dB。在整个实验期间持续测量US预期评定，结果表明，被试只对所知觉的CS+试次产生US预期，而对未知觉CS+没有产生US预期。相比于未知觉的CS+试次，知觉到的CS+试次诱发了海马的激活增强，表明关联觉察在该区域可以诱发不同激活。相比之下，无论是否知觉到，CS+试次都会诱发条件化SCR和杏仁核激活。该发现表明，个体能够习得阈下呈现刺激的条件恐惧，并且这种学习可能受到杏仁核调整。条件化过程中觉察测量的一个问题是合并CS觉察与CS-US关联觉察（Lovibond & Shanks, 2002），并强调如何定义觉察的复杂性（见第15章）。

另一种考察觉察在条件化的作用方式是通过痕迹性条件化程序。在CS消失到US起始之间的时间间隔引入痕迹条件化，在此期间，有机体必须保持CS表征以便成功学习CS-US关系。这种形式联接学习涉及海马，并且所需意识觉察程度可能高于标准延迟条件化（即CS与US同时结束）。例如，已有研究表明，相对于延迟条件化，习得期间繁重的工作记忆加工会不同程度地损害痕迹条件化（Carter, Hofstotter, Tsuchiya, & Koch, 2003）。痕迹条件化也被执行在最小意识觉察的个体（即植物状态；Bekinschtein et al., 2009）。使用痕迹眨眼条件化任务，以厌恶空气吹向眼睛作为US，最小意识的个体能够对预测US递送的声调产生条件眨眼反应。痕迹条件化任务表现与患者康复程度呈正相关。相反，全身麻醉被试（即接近完全失去知觉）没有表现出条件眨眼反射。

总之，行为和fMRI结果均表明，条件化在某种程度上是内隐学习的自动形式，发生在高级认知觉察之外。当然，关于有意系统和自动系统在调节条件化的不同作用存在疑惑，即是否确实存在分离的恐惧学习系统（Shanks, 2010）。也许不同系统在学习情感刺激时会产生相互作用和重叠，而正如斯夸尔分类法所述，这些系统可能不容易分离。

学习回避恐惧刺激

一旦有机体通过经典条件化学会CS能够预示厌恶US出现，就能采取措施回避US。后一过程涉及操作性行为，即有机体学会了特定行动过程（即反应）会导致特定结果。在主动回避情况下，期望的结果是避开US。在一些情况下，可通过学习逃避到另一位置或者通过中止CS的行动来实现该结果。

麦高（McGaugh）及其同事的大量研究表明，杏仁核在习得和表达回避学习方面具有重要作用（综述请参见McGaugh, 2004）。杏仁核的基底核提供了到达纹状体的输出联结，可能对于发起逃避行为或者“主动应对”相关的运动动作十分重要（LeDoux & Gorman, 2001）。杏仁核和纹状体之间的该通路，可能与CE和脑干之间的通路竞争行为表达。例如，CE到脑干的投射导致冻结行为，从而抑制回避逼近US所需的运动动作。然而，如果CE被阻塞，那么动物可能表达逃避行为，诸如逃避到另一个房间避免电击（Choi, Cain, & LeDoux, 2010）。关于人类主动回避的神经科学研究很少，但是有fMRI研究表明，主动回避US（在CS+试次按特定键实现）会导致纹状体激活增加，而且与杏仁核激活呈正相关（Delgado, Nearing, LeDoux, & Phelps, 2008）。

控制恐惧

虽然获得和表达习得恐惧是进化上的适应能力，但是当恐惧不再服务于适应目的时，对其进行控制也很重要。例如，一旦刺激不再能预测威胁，再发出那些毫无争议的危险信号，将会浪费时间和能量资源。对于人类和其他物种，控制恐惧反应能力广泛地依赖于前额叶皮层。

消退

通过条件学习，有机体形成CS和厌恶US之间的联结，产生CR。如果重复呈现CS而没有US，所习得CR将会随着时间减弱。导致CR反应降低的过程（通过消除CS和US之间的预测关系）即为消退，它是巴甫洛夫实验室最初所确定的一种重要学习方式。反复暴露于恐惧刺激是形成几种认知行为疗法的基础，旨在治疗临床焦虑障碍，诸如恐惧症和强迫症。暴露疗法基于巴甫洛夫条件化原则，已经被证明是某些焦虑障碍的有效治疗方案（例如Foa et al., 2005）。

恐惧消退意味着有机体不再将CS当作威胁。那么问题出现了，有机体是单纯忘记了CS曾经是威胁性的，还是在保留CS是危险信号的先前记忆的同时，形成了CS是安全的新记忆。后一观点得到事实支持：即被消退的恐惧反应可能会重新出现。例如，大量动物和人类研究表明，消退训练（自发恢复）随着时间流逝，当CS不同于最初消退的场景时（恐惧更新），或者当US单独呈现时（复原），消退的CR返回并被表达（综述请参见Bouton, Westbrook, Corcoran, & Maren, 2006）。这些现象（统称为恐惧返回）表明，CS−US的旧联结尚未被遗忘，可能和消退后形成的CS新记忆竞争（Bouton, 2004）。

恐惧消退的神经机制在动物模型中被深入探讨。神经生理研究已经表明，内侧PFC对于消退学习具有关键作用。具体而言，腹内侧PFC（vmPFC）似乎对杏仁核施加抑制控制的行为而言很重要，该行为旨在减少恐惧表达（Milad & Quirk, 2002）。vmPFC可能对巩固消退学习记忆非常重要，因为恐惧消退之前该区域损伤的患者不会在训练过程中延迟消退，但在后续测试中会损害消退效果（Quirk, Russo, Barron, & Lebron, 2000）。杏仁核也是消退学习的关键；阻断基底外侧杏仁核活动可以阻断消退（Kim et al., 2007）。海马也对消退学习的背景特异性发挥作用（Bouton et al., 2006）。例如，US呈现或者US提醒，能够复原先前已经消失的CS恐惧反应。该效应是背景依赖的，以至于只有在相同背景中遇到CS时（就像US提醒），才导致恐惧返回。然而，海马损伤的失忆症患者没有表现出背景依赖复原，表明海马对于调节消退学习后的恐惧表达十分重要（LaBar & Phelps, 2005；见图18.4）。总之，内侧PFC、杏仁核和海马为恐惧消退提供了重要的神经回路，尽管它们的相对贡献和相互作用尚未被确定。

动物消退研究结果已经扩展到人类fMRI研究。在最早的fMRI研究中，拉巴尔等（1998）发现，在最初消退试次中杏仁核激活增加，随着消退继续杏仁核激活程度降低。费尔普斯等关于持续两天恐惧消退的fMRI研究表明，延迟24小时后的消退回忆与vmPFC激活有关，重复了动物研究结果（Milad & Quirk, 2002）。米拉德（Milad）等（2009）在消退学习时采用背景操纵，发现在消退背景下消退记忆的唤起与海马、vmPFC激活有关，验证了非人类动物研究结果（Milad & Quirk, 2002）。

消退后恐惧返回的大量临床观察表明，消退记忆可能比其竞争的恐惧记忆更弱。一种支持消退记忆的新方法是，使用药理助手充当N–甲基–D–天冬氨酸（NMDA）受体兴奋剂，恐惧消退期间增强学习和记忆过程（Ledgerwood, Richardson, & Cranney, 2003）。动物研究表明，在消退期间阻断杏仁核NMDA受体将会损害消退学习，这说明消退学习时杏仁核活动对于学习至关重要（Falls, Miserendino, & Davis, 1992）。相反，将被称为D–环丝氨酸（DCS）的NMDA兴奋剂注入杏仁核，呈现增强恐惧消退的相反效果（Walker, Ressler, Lu, & Davis, 2002）。人类研究表明，在暴露治疗期间使用DCS能成功减少恐高症（Ressler et al., 2004）和社交恐惧症（Hofmann et al., 2006），但是实验室控制研究尚未发现DCS能够有效减少

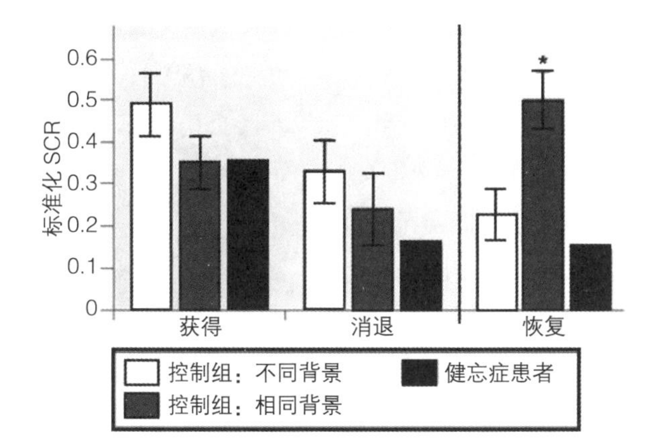

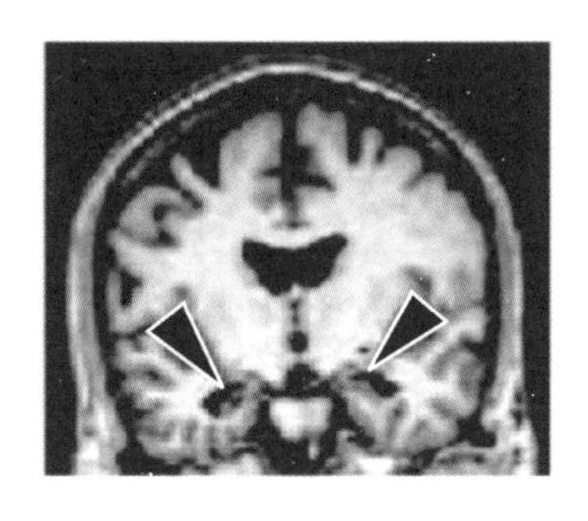

图18.4　恐惧消退回忆很大程度上是由消退的CS随后所遭遇环境调节。例如，消退学习后单独呈现US，通常会复原消退的恐惧反应。复原取决于背景，诸如在新背景遇到CS不会经历复原。背景复原也依赖海马，因为海马损伤的失忆症患者即使在相同背景遇到CS也不会呈现背景复原。数据源于拉巴尔和费尔普斯（2005）

健康被试的条件恐惧（Grillon, 2009）。格里纶（Grillon）（2009）认为，DCS可能影响低级条件化过程所习得的恐惧，例如，使用恐惧相关刺激和高强度US。

其他形式的情绪调节

人类具有为厌恶情境的情绪反应制定策略的非凡能力。例如，观看恐怖片时，有些人会捂住他们的眼睛，抓住身边的朋友，或者用更愉快的想法分散注意。这些反应似乎是人类特有的，但是其实这与消退学习相同——减少情绪反应。人类情绪调节的神经成像研究使用范式来评估有意调节策略如何减少情绪加工区域的激活，例如杏仁核相对于关注情感材料的消极特征（Ochsner & Gross, 2008）的研究：指导被试采用认知重评策略，将潜在消极图片（例如受伤战士）的消极程度降低（例如该战士将接受医疗帮助并存活下来）。情绪调节策略，诸如认知重评，涉及扣带回、顶叶皮层和外侧PFC，包括背侧和腹侧区域，会反过来导致杏仁体活动减少（Ochsner & Gross, 2008）。关于情绪调节更详细的讨论参见本书第16章。

虽然诸如重评的情绪调节策略所涉及的认知过程可能是人类所特有的，但是重评可能和更自动化的情绪控制方式，比如消退，共享潜在的最终共同通路。德尔加多等（2008）在研究中训练被试在恐惧条件化实验里使用情绪调节策略。其中，CS为简单彩色图形。被试被告知要么注意CS，要么重评CS以减少恐惧，例如通过CS颜色想象一片平静花海。类似以往消退研究（Phelps, Delgado, Nearing, & LeDoux, 2004），恐惧减少导致杏仁核激活减少。而且，主动调节条件恐惧导致背外侧PFC激活增加，与不涉及联接恐惧学习成分的情绪调节研究一致。有意情绪调节的神经环路也与vmPFC激活相关，由于vmPFC涉及恐惧消退，这些结果表明高级认知调节与恐惧消退系统有关（Delgado et al., 2008）。

再巩固恐惧记忆

情绪神经科学研究的新兴前沿领域涉及修正恐惧体验的现有记忆（Nader & Hardt, 2009）。在标准记忆模型中，短时记忆痕迹被加深，存储于长时记忆，并在提取时被激活。另一种假设认为，要想重新激活稳定长时记忆，需要记忆被再巩固。在记忆再次恢复到稳定状态前，再巩固会暂时使得长时记忆变得不稳定。与情绪记忆相关，再巩固假说认为，不稳定的记忆能够被修正，因此在记忆再次进入稳定状态前，新信息能够改变现有记忆（图18.5; Nader & Hardt, 2009）。

通过再巩固过程改变现有恐惧记忆的观点，已经获得人类和动物实验支持。例如，纳德（Nader）、莎弗（Schafe）和勒杜（2000）在实验中恐惧条件化老鼠，使它们形成音调和厌恶US联结，并在之后重新播放该音调，但是不呈现US，以重新激活老鼠的记忆。记忆重新激活后不久，他们将蛋白质合成抑制剂茴香霉素注射到老鼠的杏仁核中，在再巩固时间窗口阻断蛋白质合成会导致CS恐惧反应减少，表明恐惧记忆被修正。这些发现使用非选择性β-阻断剂心得安，已被扩展到人类研究。例如，金特（Kindt）、舍特尔（Soeter）和凡弗利特（Vervliet）（2009）发现，重新激活恐惧记忆会导致24小时后恐惧表达的显著降低——但是这种现象只在重新激活前给被试施加心得安时才会发生。重新激活前按组施行安慰剂，24小时后测试恐惧表达时没有呈现相同效果。重要的是，被试关于CS-US关联的陈述

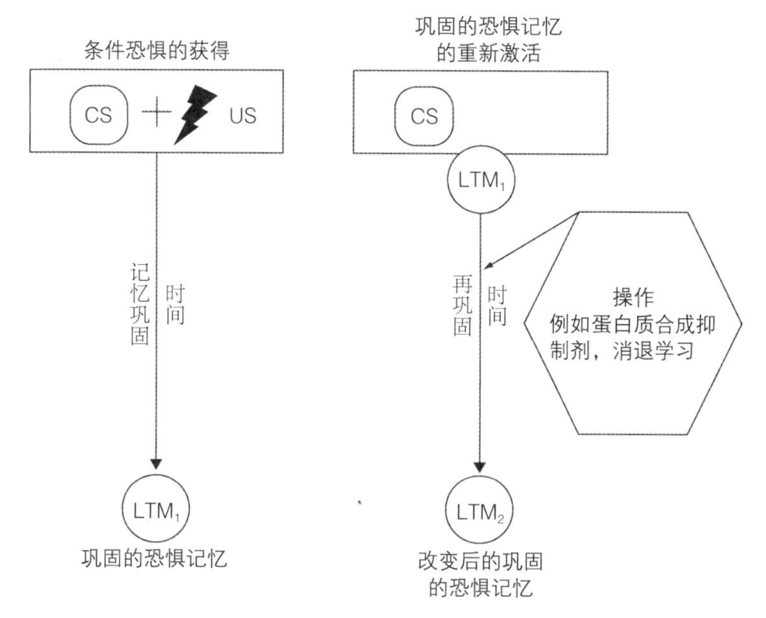

图18.5　条件恐惧记忆的再巩固。恐惧学习后，CS记忆被巩固，并且存储进长时记忆（LTM_1）。根据再巩固假设，恐惧记忆被重新激活，使记忆返回到不稳定状态。在此期间，通过操纵减少甚至终止恐惧记忆与CS联结，可以使记忆被修正。因此，个体现在保留CS的新记忆（LTM_2），其中CS不再情感显著

性知识不受心得安影响，这表明药理学阻断β肾上腺素系统能不同程度地影响恐惧表达，同时保持外显记忆完整。在心得安的作用下，重新激活恐惧记忆的影响能够延伸到一个月后的恐惧表达（Kindt & Soeter, 2010）。

不使用蛋白质阻断药物或者药理学试剂，行为上改变恐惧记忆的能力也表现在啮齿动物和人类身上（Monfils, Cowansage, Klann, & LeDoux, 2009; Schiller et al., 2010）。这些研究充分利用再巩固所提供的重新激活时间窗口，引入关于恐惧CS的新信息。在一项人类行为研究中，当被试在再巩固时间窗口（重新激活后的10分钟）内接受消退学习时，可观察到的恐惧表达减少，并且这种效应持续到恐惧条件化后的一年（Schiller et al., 2010）。相反，在再巩固时间窗口之外（重新激活后6小时）接受消退学习时，被试在重新激活24小时后确实表现出恐惧恢复。这些结果表明，记忆再巩固期间的新学习能够控制恐惧表达。该程序对于治疗焦虑障碍具有特别的临床意义，尤其是考虑到恐惧记忆通常随着时间变迁持续和恢复。然而，关于再巩固需要谨慎的是，实验参数的微小变化能够极大地影响结果，继而影响行为结果解释（Soeter & Kindt, 2011）。因此，为了更好地理解人类的再巩固效应，以及评估实验室控制研究多大程度被泛化到治疗焦虑症，需要后续研究进一步使用药物和非药物干预（Schiller & Phelps, 2011）。

未来问题

自巴甫洛夫最初的发现以来，基于动物模型的细胞和系统神经科学研究已经稳步发展了几十年。在功能脑成像技术推动下，人类对恐惧学习的认知神经科学研究已经开展起来。而要把动物研究结果扩展到人类，特别是开发新的临床治疗

手段，仍然面临许多重要挑战。此外，关于人类恐惧学习不同方面的生物行为系统的许多问题也有待解决。

习得恐惧泛化

人类恐惧学习研究受到较少关注的一个重要问题是，特定条件刺激所习得的恐惧如何泛化到从未直接预测厌恶结果的其他刺激。刺激泛化现象，被巴甫洛夫实验室早期经典条件化实验揭示（Pavlov, 1927）。他发现动物对特定刺激（例如1000 Hz音调）条件化分泌唾液后，也对与CS知觉相似的其他刺激（例如高于和低于1000 Hz音调）分泌唾液。值得一提的是，唾液分泌量与非条件刺激和CS之间的相似性成比例。因为音调本身不会导致动物自发地分泌唾液，巴甫洛夫推断，刺激的学习也能迁移到其他知觉相似的刺激。其他使用操作性条件范式的刺激泛化研究表明，根据个体的反应模式可以量化泛化梯度（Guttman & Kalish, 1956）。研究发现，泛化梯度和感觉维度本身保持相似性，并且不受生物体在知觉上区分CS和另一种刺激能力的影响。该发现构成了当代观点的基础，即刺激泛化很大程度上是一个认知过程，而不是简单的无法区分条件和非条件的刺激（Shepard, 1987）。

当CS以外的刺激诱发恐惧相关CR时，恐惧泛化就发生了。对于人类而言，恐惧泛化在焦虑症患者身上体现得很明显，其特征是对无害线索表现出过度恐惧，诸如PTSD。在PTSD中，许多刺激充当创伤事件的提示，导致患者出现与最初经历创伤事件相似的恐惧状态。行为研究报

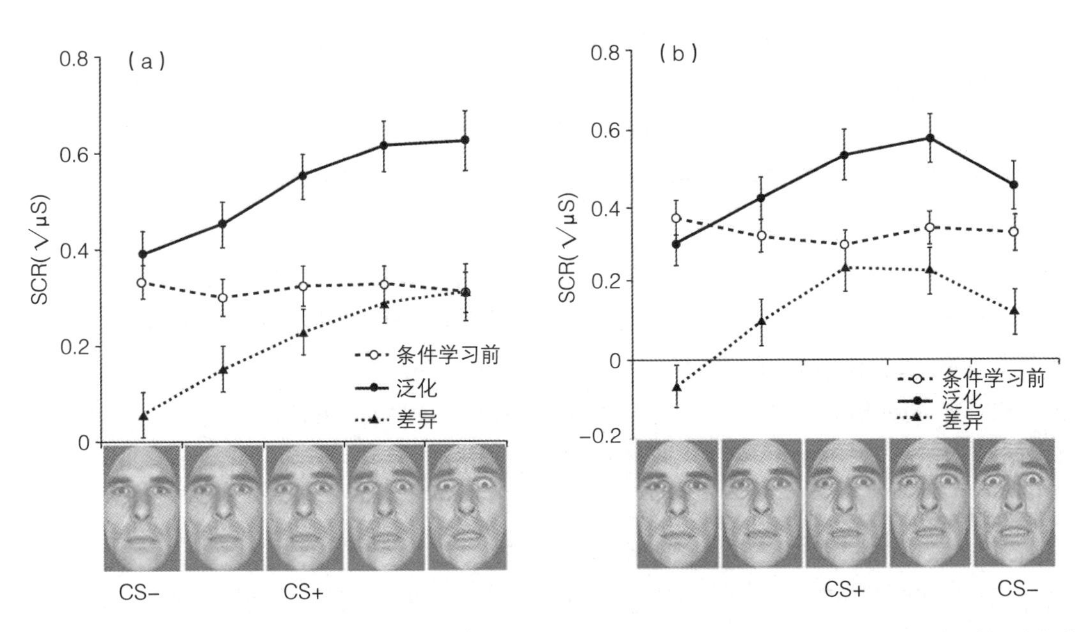

图18.6 邓斯穆尔等（2009）的恐惧泛化研究结果。在辨别之前（条件化前）和之后（泛化），给被试呈现相同身份的变形面孔。恐惧条件化期间，中间变形值（CS+）与厌恶电击配对，而控制面孔（CS−）不与厌恶电击配对。（a）皮肤电传导反应（SCR）在恐惧条件化之前没有差异，但是在恐惧条件化之后SCR反应幅值的梯度增加。（b）被试接受CS+和最大情绪强度面孔的CS−之间辨别恐惧条件化，呈现SCR梯度，但是梯度更大，并且对于该组最强面孔SCR降低。这些结果表明，恐惧泛化受非条件化刺激的强度值影响，但是辨别恐惧学习过程可能导致刺激控制

告，当给被试呈现与CS具有不同相似程度的刺激时，恐惧条件化后存在CR泛化梯度（Dunsmoor, Mitroff, & LaBar, 2009; Lissek et al., 2008）。惊恐症患者的泛化梯度更广，表明对于该群体恐惧容易被更大范围刺激诱发（Lissek et al., 2010）。

邓斯穆尔等（2009）发现了一种人类恐惧泛化的特有形式，即它受非条件刺激的恐惧强度影响（图18.6）。在恐惧条件化期间，被试接受中等恐惧强度的面孔刺激（CS+）与电击US配对。控制刺激（CS−）也被呈现，并且被交替呈现在最高强度和最低强度的恐惧面孔组之间。恐惧条件化之前，刺激诱发无区别SCR；恐惧条件化之后，比CS+强度更大的刺激恐惧反应程度达到峰值。有趣的是，被试组接受相同CS+和CS−（表达最大恐惧）之间的辨别恐惧条件化，泛化梯度降低，表明联结学习过程对抗恐惧强度的天然梯度，能够影响个体条件恐惧的泛化程度。fMRI研究表明，恐惧泛化相关脑区参与早期恐惧学习，包括纹状体、脑岛、丘脑和中脑导水管周围灰质（Dunsmoor et al., 2011）。而且，恐惧泛化的行为表达（即SCR）与杏仁核和脑岛激活相关，并且恐惧泛化期间杏仁核和脑岛之间的功能连接与个体差异特质焦虑有关。

为数不多的考察人类恐惧泛化的行为和神经成像研究表明，刺激从未直接与US建立联结，但是与CS知觉相似，诱发了泛化性CR。然而，控制人类泛化的生物行为机制及其在焦虑症中的作用仍有很多疑问。

人类恐惧学习的遗传基础

恐惧条件化的遗传基础在人类行为和成像研究中受到越来越多的关注。使用该模型系统的优点是，药物和神经递质的作用在非人类动物的类似研究中得到了证明，因此更容易推断遗传标记的假定作用。早期研究表明，人类条件恐惧表达与涉及情绪反应的基因（即5−羟色胺转运蛋白基因，5-HTTLPR多态性）和神经可塑性的基因（即脑源性神经营养因子，BDNF）存在关联（Garpenstrand, Annas, Ekblom, Oreland, & Fredrikson, 2001; Mahan & Ressler, 2012）。例如，盖皮斯川德（Garpenstrand）等（2001）发现，通过SCR评估的强恐惧条件化与短5−羟色胺转运蛋白启动子等位基因有关，而延迟消退（即在消退试次过程中持续恐惧反应）与长多巴胺D4受体等位基因有关。恐惧条件化的遗传基础与特定脑区作用的证据结合起来，有助于了解恐惧学习的综合模型，对于简要描述某些焦虑症很重要。然而，需要重点注意的是，当前关于人类恐惧学习的遗传研究十分有限，该领域需要进一步研究，尤其是涉及将这些研究结果推广到理解焦虑症的分子基础时。

使用虚拟现实的实验室和真实世界恐惧学习

人类恐惧条件化研究通常涉及实验室或者神经成像考察，即通过电脑显示器给被试呈现二维物体作为CSs。虽然这类研究提供了真实世界遭遇恐惧刺激的模型，但是它们与真实世界的某些复杂恐惧经历不太一样。例如，动态交流期间经常遭遇环境CS，而非被动呈现，并且真实世界背景远比典型实验室的情景丰富得多。恐惧学习对理解和治疗焦虑症具有直接意义的，其前沿是运用虚拟现实环境。该技术的优点是，它能通过模拟真实世界场景，包括拟真的3D应用程序，定制适合特定患者或者患者群体经历的恐惧刺激或者环境。这项技术不仅用于模拟基于消退治疗焦虑症的结果，而且可以作为基础研究工具考察条件恐惧的背景特异性（Huff et al., 2011）。如前所述，以往动物研究表明，消退学习对恐惧习得环境具有特异性（Bouton, 2004）。研究表明该效应在治疗焦虑障碍上存在问题，因为焦虑通常在治疗师办公室以外的环境复发。消退学习背景特异性的人类研究，受到实验室操纵环境的限制，然而，沉浸式虚拟现实有望阐明，在各种逼真的环境中遭遇CS时恐惧如何返回，这允许深入考察调节消退记忆的情境回忆的不同参数。

结论

本章着重于人类恐惧学习行为和神经成像的研究，受到非人类动物研究进展的启发和支持。研究者正在逐步揭示人类恐惧的习得、表达和消退的脑机制。这些知识被用于开发焦虑障碍的先进神经行为模型，引导创新疗法，包括使用药物增强学习系统促进暴露疗法的效果。然而，需要未来研究解决很多人类和非人类恐惧学习领域的问题。

重点问题和未来方向

· 在什么情况下人类会泛化单一学习情境恐惧？恐惧泛化仅受到CS和非条件刺激之间知觉相似性的影响，还是泛化也受刺激或者情境间概念或者类别关系的影响？什么神经系统调节习得恐惧泛化，以及什么程序（例如消退，基于认知的情绪调节）能够最好地限制恐惧泛化？

· 恐惧学习的遗传基础是什么？一些个体的基因是否倾向于形成刺激和厌恶结果之间的联结？一些个体是否能更好地抑制恐惧反应？什么环境因素能削弱遗传风险因素的影响？

· 使用记忆神经科学知识能够选择性消除恐惧记忆吗？这些实践被成功修正后是否用于临床焦虑障碍治疗？运用恐惧消除技术治疗焦虑症时会出现什么伦理问题？

致谢

这项工作部分由美国国家科学基金会（NSF）编号为 0745919的基金和美国国立卫生研究院编号为 2 P01 NS041328和R01 DA027802的基金支持。约瑟夫·E.邓斯穆尔获国家研究服务奖F31MH090682支持。

参考文献

Alvarez, R. P., Biggs, A., Chen, G., Pine, D. S., & Grillon, C. (2008). Contextual fear conditioning in humans: Cortical-hippocampal and amygdala contributions. *Journal of Neuroscience*, *28*(24), 6211–9.

Anagnostaras, S. G., Maren, S., & Fanselow, M. S. (1999). Temporally graded retrograde amnesia of contextual fear after hippocampal damage in rats: Within-subjects examination. *Journal of Neuroscience*, *19*(3), 1106–14.

Bechara, A., Tranel, D., Damasio, H., Adolphs, R., Rockland, C., & Damasio, A. R. (1995). Double dissociation of conditioning and declarative knowledge relative to the amygdala and hippocampus in humans. *Science*, *269*(5227), 1115–18.

Bekinschtein, T. A., Shalom, D. E., Forcato, C., Herrera, M., Coleman, M. R., Manes, F. F., & Sigman, M. (2009). Classical conditioning in the vegetative and minimally conscious state. *Nature Neuroscience*, *12*(10), 1343–49.

Blanchard, R. J., Blanchard, D. C., Agullana, R., & Weiss, S. M. (1991). 22 khz alarm cries to presentation of a predator, by laboratory rats living in visible burrow systems. *Physiology & Behavior*, *50*(5), 967–72.

Bouton, M. E. (2004). Context and behavioral processes in extinction. *Learning & Memory*, *11*(5), 485–94.

Bouton, M. E., Westbrook, R. F., Corcoran, K. A., & Maren, S. (2006). Contextual and temporal modulation of extinction:

Behavioral and biological mechanisms. *Biological Psychiatry*, *60*(4), 352–60.

Büchel, C., Morris, J., Dolan, R. J., & Friston, K. J. (1998). Brain systems mediating aversive conditioning: An event-related fMRI study. *Neuron*, *20*(5), 947–57.

Carter, R. M., Hofstotter, C., Tsuchiya, N., & Koch, C. (2003). Working memory and fear conditioning. *Proceedings of the National Academy of Sciences*, *100*(3), 1399–404.

Cheng, D. T., Knight, D. C., Smith, C. N., & Helmstetter, F. J. (2006). Human amygdala activity during the expression of fear responses. *Behavioral Neuroscience*, *120*(6), 1187–95.

Cheng, D. T., Knight, D. C., Smith, C. N., Stein, E. A., & Helmstetter, F. J. (2003). Functional MRI of human amygdala activity during Pavlovian fear conditioning: Stimulus processing versus response expression. *Behavioral Neuroscience*, *117*(1), 3–10.

Choi, J. S., Cain, C. K., & LeDoux, J. E. (2010). The role of amygdala nuclei in the expression of auditory signaled two-way active avoidance in rats. *Learning & Memory*, *17*(3), 139–47.

Cook, M., & Mineka, S. (1989). Observational conditioning of fear to fear-relevant versus fear-irrelevant stimuli in rhesus-monkeys. *Journal of Abnormal Psychology*, *98*(4), 448–59.

Coppens, E., Spruyt, A., Vandenbulcke, M., Van Paesschen, W., & Vansteenwegen, D. (2009). Classically conditioned fear responses are preserved following unilateral temporal lobectomy in humans when concurrent US-expectancy ratings are used. *Neuropsychologia*, *47*(12), 2496–503.

Davey, G. C. L. (1992). Classical-conditioning and the acquisition of human fears and phobias: A review and synthesis of the literatures. *Advances in Behaviour Research and Therapy*, *14*(1), 29–66.

Davis, M. (1992). The role of the amygdala in fear and anxiety. *Annual Review of Neuroscience*, *15*, 353–75.

Davis, M., Walker, D. L., Miles, L. A., & Grillon, C. (2009). Toward an operational definition of fear vs. anxiety: The role of the extended amygdala in phasic vs. sustained fear. *Neuroscience Research*, *65*, S21-S21.

Davis, M., Walker, D. L., Miles, L., & Grillon, C. (2010). Phasic vs. sustained fear in rats and humans: Role of the extended amygdala in fear vs anxiety. *Neuropsychopharmacology*, *35*(1), 105–35.

Delgado, M. R., Nearing, K. I., LeDoux, J. E., & Phelps, E. A. (2008). Neural circuitry underlying the regulation of conditioned fear and its relation to extinction. *Neuron*, *59*(5), 829–38.

Domjan, M. (2005). Pavlovian conditioning: A functional perspective. *Annual Review of Psychology*, *56*, 179–206.

Dunsmoor, J. E., Bandettini, P. A., & Knight, D. C. (2008). Neural correlates of unconditioned response diminution during Pavlovian conditioning. *Neuroimage*, *40*(2), 811–17.

Dunsmoor, J. E., Mitroff, S. R., & LaBar, K. S. (2009). Generalization of conditioned fear along a dimension of increasing fear intensity. *Learning & Memory*, *16*(7), 460–69.

Dunsmoor, J. E., Prince, S. E., Murty, V. P., Kragel, P. A., & LaBar, K. S. (2011). Neurobehavioral mechanisms of human fear generalization. *Neuroimage*, *55*(4), 1878–88.

Esteves, F., Parra, C., Dimberg, U., & Öhman, A. (1994). Nonconscious associative learning: Pavlovian conditioning of skin-conductance responses to masked fear-relevant facial stimuli. *Psychophysiology*, *31*(4), 375–85.

Falls, W. A., Miserendino, M. J. D., & Davis, M. (1992). Extinction of fear-potentiated startle: Blockade by infusion of an NMDA antagonist into the amygdala. *Journal of Neuroscience*, *12*(3), 854–63.

Foa, E. B., Hembree, E. A., Cahill, S. P., Rauch, S. A. M., Riggs, D. S., Feeny, N. C., & Yadin, E. (2005). Randomized trial of prolonged exposure for posttraumatic stress disorder with and without cognitive restructuring: Outcome at academic and community clinics. *Journal of Consulting and Clinical Psychology*, *73*(5), 953–64.

Garcia, J., & Koelling, R. A. (1966). Relation of cue to consequence in avoidance learning. *Psychonomic Science*, *4*, 123–24.

Garpenstrand, H., Annas, P., Ekblom, J., Oreland, L., & Fredrikson, M. (2001). Human fear conditioning is related to dopaminergic and serotonergic biological markers. *Behavioral Neuroscience*, *115*(2), 358–64.

Grillon, C. (2009). D-cycloserine facilitation of fear extinction and exposure-based therapy might rely on lower-level, automatic mechanisms. *Biological Psychiatry*, *66*(7), 636–41.

Guttman, N., & Kalish, H. I. (1956). Discriminability and stimulus-generalization Journal of Experimental *Psychology*, *51*(1), 79–88.

Hamm, A. O., & Vaitl, D. (1996). Affective learning: Awareness and aversion. *Psychophysiology*, *33*(6), 698–710.

Hofmann, S. G., Meuret, A. E., Smits, J. A. J., Simon, N. M., Pollack, M. H., Eisenmenger, K., ... Otto, M. W. (2006). Augmentation of exposure therapy with D-cycloserine for social anxiety disorder. *Archives of General Psychiatry*, *63*(3), 298–304.

Huff, N. C., Hernandez, J. A., Fecteau, M. E., Zielinski, D.

J., Brady, R., & Labar, K. S. (2011). Revealing context-specific conditioned fear memories with full immersion virtual reality. *Frontiers in Behavioral Neuroscience*, *5*, 75.

Jackson, E. D., Payne, J. D., Nadel, L., & Jacobs, W. J. (2006). Stress differentially modulates fear conditioning in healthy men and women. *Biological Psychiatry*, *59*(6), 516–22.

Jeon, D. E. A. (2010). Observational fear learning involves affective pain system and Cav1.2 Ca2 +channels in ACC. *Nature Neuroscience*, *13*(4), 482–88.

Kim, J., Lee, S., Park, H., Song, B., Hong, I., Geum, D.,...Choi, S. (2007). Blockade of amygdala metabotropic glutamate receptor subtype 1 impairs fear extinction. *Biochemical and Biophysical Research Communications*, *355*(1), 188–93.

Kimble, G. A., & Ost, J. W. P. (1961). Conditioned inhibitory process in eyelid conditioning. *Journal of Experimental Psychology*, *61*(2), 150–56.

Kindt, M., & Soeter, M. (2010). Dissociating response systems: Erasing fear from memory. *Neurobiology of Learning and Memory*, *94*(1), 30–41.

Kindt, M., Soeter, M., & Vervliet, B. (2009). Beyond extinction: Erasing human fear responses and preventing the return of fear. *Nature Neuroscience*, *12*(3), 256–58.

Kluver, H., & Bucy, P. C. (1939). Preliminary analysis of functions of the temporal lobes in monkeys. *Archives of Neurology and Psychiatry*, *42*(6), 979–1000.

Knight, D. C., Nguyen, H. T., & Bandettini, P. A. (2005). The role of the human amygdala in the production of conditioned fear responses. *Neuroimage*, *26*(4), 1193–200.

Knight, D. C., Waters, N. S., & Bandettini, P. A. (2009). Neural substrates of explicit and implicit fear memory. *Neuroimage*, *45*(1), 208–14.

LaBar, K. S., & Cabeza, R. (2006). Cognitive neuroscience of emotional memory. *Nature Reviews Neuroscience*, *7*(1), 54–64.

LaBar, K. S., & Disterhoft, J. F. (1998). Conditioning, awareness, and the hippocampus. *Hippocampus*, *8*(6), 620–26.

LaBar, K. S., Gatenby, J. C., Gore, J. C., LeDoux, J. E., & Phelps, E. A. (1998). Human amygdala activation during conditioned fear acquisition and extinction: A mixed-trial fMRI study. *Neuron*, *20*(5), 937–45.

LaBar, K. S., LeDoux, J. E., Spencer, D. D., & Phelps, E. A. (1995) . Impaired fear conditioning following unilateral temporal lobectomy in humans. *Journal of Neuroscience*, *15*(10), 6846–55.

LaBar, K. S., & Phelps, E. A. (2005). Reinstatement of conditioned fear in humans is context dependent and impaired in amnesia. *Behavioral Neuroscience*, *119*(3), 677–86.

Ledgerwood, L., Richardson, R., & Cranney, J. (2003). Effects of D-cycloserine on extinction of conditioned freezing. *Behavioral Neuroscience*, *117*(2), 341–49.

LeDoux, J. E. (1996). *The emotional brain*. New York: Simon and Schuster.

LeDoux, J. E. (2000). Emotion circuits in the brain. *Annual Review of Neuroscience*, *23*, 155– 84.

LeDoux, J. E., & Gorman, J. M. (2001). A call to action: Overcoming anxiety through active coping. *American Journal of Psychiatry*, *158*(12), 1953–55.

Lissek, S., Biggs, A. L., Rabin, S. J., Cornwell, B. R., Alvarez, R. P., Pine, D. S., & Grillon, C. (2008). Generalization of conditioned fear-potentiated startle in humans: Experimental validation and clinical relevance. *Behaviour Research and Therapy*, *46*(5), 678–87.

Lissek, S., Rabin, S., Heller, R. E., Lukenbaugh, D., Geraci, M., Pine, D. S., & Grillon, C. (2010). Overgeneralization of conditioned fear as a pathogenic marker of panic disorder. *American Journal of Psychiatry*, *167*(1), 47–55.

Lovibond, P. F., & Shanks, D. R. (2002). The role of awareness in Pavlovian conditioning: Empirical evidence and theoretical implications. *Journal of Experimental Psychology – Animal Behavior Processes*, *28*(1), 3–26.

Mahan, A. L., & Ressler, K. J. (2012). Fear conditioning, synaptic plasticity and the amygdala: Implications for posttraumatic stress disorder. *Trends in Neurosciences*, *35*(1), 24–35.

McGaugh, J. L. (2004). The amygdala modulates the consolidation of memories of emotionally arousing experiences. *Annual Review of Neuroscience*, *27*, 1–28.

McGaugh, J. L., Cahill, L., & Roozendaal, B. (1996). Involvement of the amygdala in memory storage: Interaction with other brain systems. *Proceedings of the National Academy of Sciences*, *93*(24), 13508–14.

McNally, G. P., Johansen, J. P., & Blair, H. T. (2011). Placing prediction into the fear circuit. *Trends in Neurosciences*, *34*(6), 283–92.

Milad, M. R., Pitman, R. K., Ellis, C. B., Gold, A. L., Shin, L. M., Lasko, N. B., ... Rauch, S. L. (2009). Neurobiological basis of failure to recall extinction memory in posttraumatic stress disorder. *Biological Psychiatry*, *66*(12), 1075–82.

Milad, M. R., & Quirk, G. J. (2002). Neurons in medial prefrontal cortex signal memory for fear extinction. *Nature*, *420*(6911), 70–4.

Mineka, S., Davidson, M., Cook, M., & Keir, R. (1984).

Observational conditioning of snake fear in rhesus-monkeys. *Journal of Abnormal Psychology*, *93*(4), 355–72.

Mineka, S., & Zinbarg, R. (2006). A contemporary learning theory perspective on the etiology of anxiety disorders: It's not what you thought it was. *American Psychologist*, *61*(1), 10–26.

Monfils, M. H., Cowansage, K. K., Klann, E., & LeDoux, J. E. (2009). Extinction-reconsolidation boundaries: Key to persistent attenuation of fear memories. *Science*, *324*(5929), 951–55.

Morris, J. S., Öhman, A., & Dolan, R. J . (1998). Conscious and unconscious emotional learning in the human amygdala. *Nature*, *393*(6684), 467–70.

Nader, K., & Hardt, O. (2009). A single standard for memory: The case for reconsolidation. *Nature Reviews Neuroscience*, *10*(3), 224–34.

Nader, K., Schafe, G. E., & Le Doux, J. E. (2000). Fear memories require protein synthesis in the amygdala for reconsolidation after retrieval. *Nature*, *406*(6797), 722–26.

Ochsner, K. N., & Gross, J. J. (2008). Cognitive emotion regulation: Insights from social cognitive and affective neuroscience. *Current Directions in Psychological Science*, *17*(2), 153–58.

Öhman, A., & Mineka, S. (2001). Fears, phobias, and preparedness: Toward an evolved module of fear and fear learning. Psychological Review, *108*(3), 483–522.

Olsson, A., & Phelps, E. A. (2004). Learned fear of "unseen" faces after Pavlovian, observational, and instructed fear. *Psychological Science*, *15*(12), 822–28.

Olsson, A., & Phelps, E. A. (2007). Social learning of fear. *Nature Neuroscience*, *10*(9), 1095–1102.

O'Reilly, R. C., & Rudy, J. W. (2001). Conjunctive representations in learning and memory: Principles of cortical and hippocampal function. *Psychological Review*, *108*(2), 311–45.

Pape, H. C., & Pare, D. (2010). Plastic synaptic networks of the amygdala for the acquisition, expression, and extinction of conditioned fear. *Physiological Reviews*, *90*(2), 419–63.

Pavlov, I. P. (1927). *Conditioned reflexes*. London: Oxford University Press.

Phelps, E. A., Delgado, M. R., Nearing, K. I., & LeDoux, J. E. (2004). Extinction learning in humans: Role of the amygdala and vmPFC. *Neuron*, *43*(6), 897–905.

Phelps, E. A., O'Connor, K. J., Gatenby, J. C., Gore, J. C., Grillon, C., & Davis, M. (2001). Activation of the left amygdala to a cognitive representation of fear. *Nature Neuroscience*, *4*(4), 437–41.

Phillips, R. G., & LeDoux, J. E. (1992). Differential contribution of amygdala and hippocampus to cued and contextual fear conditioning. *Behavioral Neuroscience*, *106*(2), 274–85.

Quirk, G. J., Russo, G. K., Barron, J. L., & Lebron, K. (2000). The role of ventromedial prefrontal cortex in the recovery of extinguished fear. *Journal of Neuroscience*, *20*(16), 6225–31.

Rachman, S. (1977). Conditioning theory of fear-acquisition – critical-examination. *Behaviour Research and Therapy*, *15*(5), 375–87.

Rescorla, R. A., & Wagner, A. R. (1972). *A theory of Pavlovian conditioning: Variations in the effectiveness of reinforcement and nonreinforcement*. New York: Appleton-Century-Crofts.

Ressler, K. J., Rothbaum, B. O., Tannenbaum, L., Anderson, P., Graap, K., Zimand, E., ... Davis, M. (2004). Cognitive enhancers as adjuncts to psychotherapy: Use of Dcy-closerine in phobic individuals to facilitate extinction of fear. *Archives of General Psychiatry*, *61*(11), 1136–44.

Rodrigues, S. M., LeDoux, J. E., & Sapolsky, R. M. (2009). The Influence of stress hormones on fear circuitry. *Annual Review of Neuroscience*, *32*, 289–313.

Schafe, G. E., Nader, K., Blair, H. T., & LeDoux, J. E. (2001). Memory consolidation of Pavlovian fear conditioning: A cellular and molecular perspective. *Trends in Neurosciences*, *24*(9), 540–46.

Schiller, D., Monfils, M. H., Raio, C. M., Johnson, D. C., LeDoux, J. E., & Phelps, E. A. (2010). Preventing the return of fear in humans using reconsolidation update mechanisms. *Nature*, *463*(7277), 49–51.

Schiller, D., & Phelps, E. A. (2011). Does reconsolidation occur in humans? *Frontiers in Behavioral Neuroscience*, *5*, 24.

Sehlmeyer, C., Schoning, S., Zwitserlood, P., Pfleiderer, B., Kircher, T., Arolt, V., & Konrad, C. (2009). Human fear conditioning and extinction in neuroimaging: A systematic review. *PLoS One*, *4*(6), 16.

Seligman, M. E. (1970). On the generality of the laws of learning. *Psychological Review*, *77*(5), 406–18.

Seligman, M. E. (1971). Phobia and preparedeness. *Behavior Therapy*, *2*(3), 307–20.

Shanks, D. R. (2010). Learning: From association to cognition. *Annual Review of Psychology*, *61*, 273–301.

Shepard, R. N. (1987). Toward a universal law of generalization for psychological science. *Science*, *237*(4820), 1317–23.

Soeter, M., & Kindt, M. (2011). Disrupting reconsolidation: Pharmacological and behavioral manipulations. *Learning & Memory*, *18*(6), 357–66.

Squire, L. R. (1986). Mechanisms of memory. *Science*,

232(4758), 1612–19.

Squire, L. R., & Zola, S. M. (1996). Structure and function of declarative and non-declarative memory systems. *Proceedings of the National Academy of Sciences*, *93*(24), 13515– 22.

Vuilleumier, P. (2005). How brains beware: Neural mechanisms of emotional attention. *Trends in Cognitive Sciences*, *9*(12), 585–94.

Walker, D. L., Ressler, K. J., Lu, K. T., & Davis, M. (2002). Facilitation of conditioned fear extinction by systemic administration or intra-amygdala infusions of D-cycloserine as assessed with fear-potentiated startle in rats. *Journal of Neuroscience*, *22*(6), 2343–51.

Watson, J. B., & Rayner, R. (1920).Conditioned emotional reactions. *Journal of Experimental Psychology*, *3*, 1–14.

Weike, A. I., Hamm, A. O., Schupp, H. T., Runge, U., Schroeder, H. W. S., & Kessler, C. (2005). Fear conditioning following unilateral temporal lobectomy: Dissociation of conditioned startle potentiation and autonomic learning. *Journal of Neuroscience*, *25*(48), 11117– 24.

Weiskrantz, L. (1956). Behavioral changes associated with ablation of the amygdaloid complex in monkeys. *Journal of Comparative and Physiological Psychology*, *49*(4), 381–91.

Wilensky, A. E., Schafe, G. E., Kristensen, M. P., & LeDoux, J. E. (2006). Rethinking the fear circuit: The central nucleus of the amygdala is required for the acquisition, consolidation, and expression of Pavlovian fear conditioning. *Journal of Neuroscience*, *26*(48), 12387–96.

Zorawski, M., Blanding, N. Q., Kuhn, C. M., & LaBar, K. S. (2006). Effects of stress and sex on acquisition and consolidation of human fear conditioning. *Learning & Memory*, *13*(4), 441– 50.

Zorawski, M., Cook, C. A., Kuhn, C. M., & LaBar, K. S. (2005). Sex, stress, and fear: Individual differences in conditioned learning. *Cognitive Affective & Behavioral Neuroscience*, *5*(2), 191–201.

第19章

奖赏学习：皮层-基底节环路对奖赏价值信号的贡献

多米尼克·S.法雷里（Dominic S. Fareri） 莫里西奥·R.德尔加多（Mauricio R. Delgado）

人类一生都在学习评价环境中可能带来满足或者成就的行为和刺激。例如，人们可能学习评价某些食物，因为它们比其他食物更健康、更能消除饥饿感，或者人们可能学习评价某些事物，诸如午间学校铃声，因为它提示午餐时间。作为人类，人们也逐渐评价更多次级的更非即时的强化物，诸如金钱，或者允许财富累积的行为（例如，为了奖金加班）。跨物种研究表明，特定神经环路支配目标的定向行为，主要集中在皮层-基底神经节环路。价值化的社会结果和社会关切在环境中起到额外动机作用，因为人们常常努力寻求社会认同，在社会互动中对价值化行为的偏好会被激发，例如互惠、公平的行为。社会价值帮助人们了解他人，熟悉各种社会行为。近期研究开始探究社会奖赏是否被以与初级奖赏相似的方式价值化和体验到，它们是否依赖共同的神经奖赏环路？是否学习社会相关信息并通过相似的奖赏学习机制实现？

本章旨在概述奖赏学习的神经机制，着重介绍皮层-基底节环路。首先主要详细介绍人类神经成像研究结果，着重于阐释神经环路如何促进计算自然和更抽象社会奖赏的价值信号，以及价值信号如何促进学习。

奖赏加工的神经解剖

大量非人类动物研究试图在细胞和更基于环路水平上描述潜在奖赏加工的神经机制。许多研究共同发现，皮层基底神经节环路是奖赏加工环路的关键部分（Haber & Knutson, 2010; Sesack & Grace, 2010）。这些功能环路的形成不仅基于基底神经节和前额叶皮层之间的沟通，而且基于中脑多巴胺对神经元调节的影响，例如黑质（SN）和腹侧被盖区（VTA）。这些脑区间连接和交互作用的完整性支配动作和认知行为（参见Middleton & Strick, 2000）。鉴于连接和功能的异质性，基底神经节及其相关投射是假定奖赏环路的关键部分，是本章所述的研究重点。

基底神经节包括以下几个部分：纹状体、苍白球[又分为内（GPi）和外（GPe）两部分]和丘脑底核（参见Middleton & Strick, 2000），纹状体接受前额叶和中脑多巴胺系统的关键投射。纹状体充当基底神经节的输入单位，转而在加工和整合奖赏相关信息中起作用（Haber & Knutson, 2010）。纹状体又进一步分为背侧和腹侧区域（见图19.1），各自拥有重要的输入和输出连接（Haber & Knutson, 2010）。尾状核及壳核组成背侧纹状

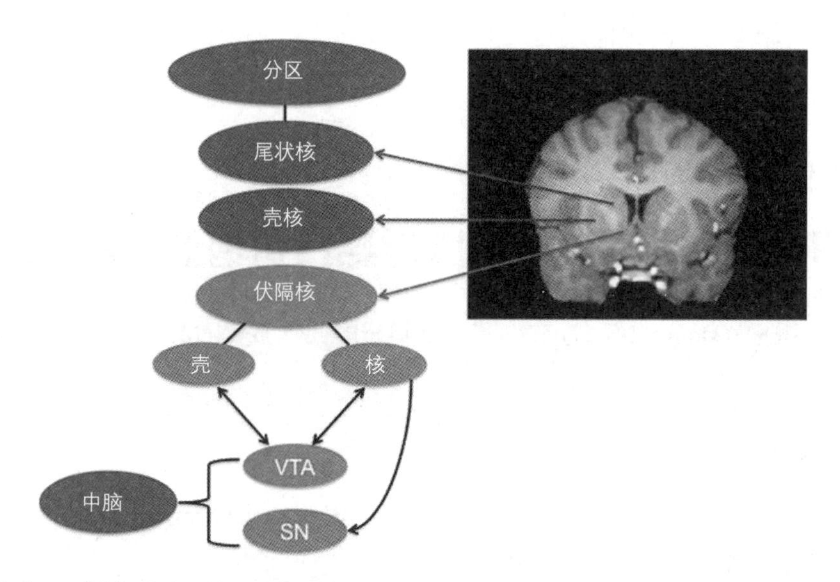

图19.1 纹状体分区。背侧纹状体包括尾状核和壳核。腹侧纹状体包括伏隔核（NAc）、腹侧尾状核和腹侧壳核，伏隔核进一步分为核和壳两部分。NAc与多巴胺中脑紧密联系，特别是黑质（SN）和腹侧被盖区（VTA）；NAc壳投射到黑质致密部（SNc），而NAc核投射到SNc和黑质下网状部分（SNr）。NAc两个亚区与VTA存在相互联结

体，共享高级认知、运动及感觉区域连接。背侧纹状体接受背外侧前额叶皮层（dlPFC; Haber & Knutson, 2010）、额叶眼区和运动皮层（Alexander, Crutcher, & DeLong, 1990; Middleton & Strick, 2000），以及可能促进奖赏加工连接的输入投射。例如，内侧前额叶皮层前部到背侧纹状体内侧区域的投射被认为对学习奖赏相关动作很重要（例如Ostlund & Balleine, 2005），而感觉运动皮层到背侧纹状体的外侧区域的投射对习惯学习很重要（Barnes, Kubota, Hu, Jin, & Graybiel, 2005）。这两条通路又通过黑质/内侧苍白球和丘脑的背中部、后核的投射回起源脑区（参见Sesack & Grace, 2010）。

腹侧纹状体与腹侧皮层和亚皮区域共享连接，包括了尾状核和壳核的腹侧部分，以及伏隔核（NAc），而伏隔核又分为核心（内侧）、壳（外侧）两个子部分（参见Sesack & Grace, 2010）。对非人类灵长类的研究表明，腹侧尾状核、腹侧壳核接收眶额皮层（OFC）和背侧前扣带回皮层（dACC）的投射输入（Haber & Knutson, 2010）。相比之下，NAc接收前额叶皮层（腹内侧前额叶皮层，vmPFC）和亚皮层结构，包括丘脑中缝核、丘脑板内核、基底外侧杏仁核和海马的腹下脚（Haber & Knutson, 2010; Sesack & Grace, 2010）。腹侧纹状体，特别是NAc，已被证明是奖赏加工的欲望和满足方面，以及刺激与奖赏之间的学习联结的组成部分（Belin, Jonkman, Dickinson, Robbins, & Everitt, 2009）。而且，与腹侧纹状体相连的结构与情感学习、奖赏评价和表征的不同方面有关（参见Haber & Knutson, 2010; Kringelbach, 2005; Sesack & Grace, 2010）。NAc也与VTA存在相互抑制的连接，通过该连接多巴胺调整NAc活动（Sesack & Grace, 2010）。源自VTA的多巴胺投射被证明对于学习奖赏的相关信息很重要（Niv, 2009）。

存在其他功能和结构的神经模型，补充和扩

展了当前奖赏加工的知识，即从皮层–基底神经节功能环路和腹侧–背侧纹状体的划分所获得的知识。这类模型的其中之一是基于纹状体亚区内信息加工和整合建立的，认为纹状体–黑质–纹状体环路，以螺旋上升方式与黑质的中脑多巴胺细胞连接，促进纹状体内信息交流，提供了情感、认知和动作信息的整合机制（参见 Haber & Knutson, 2010）。另一个模型依据解剖和功能考虑，提出了划分纹状体的替代方法。具体来说，该模型认为比起传统的背腹侧二分法，将纹状体亚区视作背外侧到腹内侧连续体，可以更好地分割纹状体亚区（更多内容参见 Voorn, Vanderschuren, Groenewegen, Robbins, & Pennartz, 2004）。因此，研究表明纹状体解剖和功能考虑是奖赏加工环路的焦点。

奖赏相关信息的神经加工

奖赏加工中多巴胺的作用

进入纹状体的初级调整输入之一源自中脑多巴胺能神经细胞。对啮齿类动物和非人类灵长类的广泛研究已经验证了多巴胺神经细胞在初级奖赏和线索（预测初级奖赏）反应中的作用（参见 Wise, 2004），该研究还促进了关于奖赏加工中多巴胺功能意义的几种理论的形成。其中一个主要理论认为，加工奖赏和奖赏预测线索存在两个分离成分：需求和喜好。奖赏需求指渴望给定奖赏，而奖赏喜好指消费的实际享乐体验（参见 Wise, 2004）。多巴胺被认为特别参与了奖赏需求。例如，维威尔（Wyvell）和贝里奇（2000）的实验表明，将苯丙胺（一种多巴胺兴奋剂）注射到老鼠 NAc，增加奖赏预期线索的工具性反应，但是没有增加奖赏消费的享乐反应相关行为。然而，其他证据表明，多巴胺可能参与奖赏的享乐体验：相对于控制组，接受安定药（用于阻断多巴胺受体）的老鼠对食物的反应持续下降，说明了多巴胺在奖赏中具有强化刺激的作用（例如食物；请参见 Wise, 2004）。多年来该理论不断修正，认为多巴胺对于动机（例如按压杠杆获取食物）很重要，而且多巴胺水平增加有助于强化动作和结果之间的联结（Wise, 2004）。第三种假设认为，中脑多巴胺信号有助于新行为的学习或者强化（请参见 Redgrave & Gurney, 2006）。该假设的前提是多巴胺能信号确实对预注意感觉加工有反应，因为相位多巴胺信号的时间过程（即发生太快），不允许对意外奖赏的价值进行编码。

一个极富影响的多巴胺功能的功能模型，源于非人类灵长类中脑多巴胺神经元的精致电生理实验研究（Schultz, Dayan, & Montague, 1997）。该研究表明，多巴胺神经元对意外奖赏呈现（即未觉察关联导致了果汁呈现）和奖赏的最早预测信号（即条件化线索提示期望奖赏）进行反应。当期望奖赏被取消，这些神经元激发频率降低。综上所述，这些结果表明多巴胺神经元编码被称为"预测误差"的学习信号（例如，期望奖赏和获得奖赏之间的差异；Niv & Schoenbaum, 2008）。该理论进一步被量化表明，通过比较先前奖赏历史均值和当前体验奖赏计算误差信号，伴随正的预测误差特异性（即意外奖赏；Bayer & Glimcher, 2005）时，该理论持续发展，与时间预测学习信号等其他特定加工联系起来（参见 Niv, 2009）。总之，奖赏相关中脑多巴胺活动，有助于告知动物环境中最能实现积极结果的动作和刺激价值。这个概念和强化学习理论所提出的计算观点存在相似之处，认为个体探索环境以获得最优结果时，试图学习采取哪种行动（参见 Niv, 2009）。

这种非人类灵长类动物的学习信号证据，促

进了研究者在人脑中寻找相似性。然而，应用神经成像技术的研究，诸如PET、fMRI，大多数是间接的。利用放射性示踪剂的能力（如雷氯必利）绑定纹状体多巴胺受体，PET可测量纹状体多巴胺释放的变化；示踪剂绑定电位降低被认为是纹状体多巴胺释放的标志。因为可卡因会阻断纹状体多巴胺的再摄取，PET实验发现，相比控制组，可卡因成瘾者的多巴胺功能普遍受损：当被给予哌醋甲酯（可卡因类似物）和安慰剂，成瘾者对雷氯必利的纹状体绑定电位降低（Volkow et al., 1997）。

通过测量BOLD反应，fMRI提供了另一种被认为反映了突触输入脑区（Logotheetis, Pauls, Augath, Trinath, & Oeltermann, 2001）的间接测量神经活动的方式。高分辨率fMRI扫描结果表明，VTA的BOLD信号增加，对应于意外初级奖赏（液体）和次级奖赏（金钱）的正性奖赏预测误差信号（D'Ardenne, McClure, Nystrom, & Cohen, 2008）。因此，虽然存在一些人类奖赏与多巴胺功能相关的证据，但是大多数人脑神经成像研究主要集中于中脑多巴胺脑区等目标区域，诸如纹状体和前额叶皮层。

人类纹状体的估价：情感学习和决策

因为纹状体是中脑多巴胺神经元的主要目标脑区，丰富的动物研究文献已经探究了纹状体在奖赏相关信息加工的作用，特别是多巴胺输入到纹状体的功能意义（综述请参见Belin et al., 2009）。例如，多巴胺投射到伏核（NAc）被认为对加工药物（诸如可卡因）的强化效果至关重要，通过损伤中脑投射多巴胺，NAc对多巴胺的消耗会扰乱可卡因的自我给药（参见Belin et al., 2009）。而且，多巴胺投射到背侧纹状体被认为与奖赏的相关加工有关（Haber & Knutson, 2010），特别是当学习动作和结果之间的联结时，加工不同目标导向动作有关的价值，编码已习得的动作序列（参见 Delgado, 2007）。因此，纹状体参与多种奖赏的相关过程，有助于形成不同的估价信号，编码奖赏期望和递送，可以促进学习和决策的效果。动物研究为应用神经成像技术集中人脑纹状体的相似性奠定了基础——本章主题之一——已有大量动物文献的证据支持。

奖赏期望和结果期间纹状体的价值信号

和动物研究一致，早期人类奖赏加工研究表明，纹状体活动与奖赏加工的价值信号有关。最初的神经成像实验探究了一些物质（诸如可卡因）对欲望和享乐的影响，借此解析奖赏加工中价值相关的不同成分。相对于动物，人类研究的优势在于，人类能够在不同时刻外显地报告他们的感受。可卡因成瘾者呈现出不同的神经活动模式，对应于毒品寻求/消费的不同方面（Risinger et al., 2005）。一项早期研究表明，NAc的BOLD信号增加与主观报告的药物渴望感相关（例如对即将到来药物的期望/欲望），而VTA、尾状核、壳核中的激活与逍遥感相关（毒品消费的高反应；Breiter et al., 1997）。

后续研究转向更为常见的初级强化物，例如食物和果汁。对于这类强化物，与奖赏期望相关的神经活动，受到刺激的情感属性和个体的内在状态的调整。与不愉悦相比，期待可预测的愉悦味道奖赏与脑区子集BOLD信号增加有关，包括纹状体、VTA、OFC和杏仁核（O'Doherty, Deichmann, Critchley, & Dolan, 2002），而基于PET测量，饥饿被试对潜在食物刺激的期待导致背侧纹状体多巴胺释放量增加（Volkow et al., 2002）。类

(a)

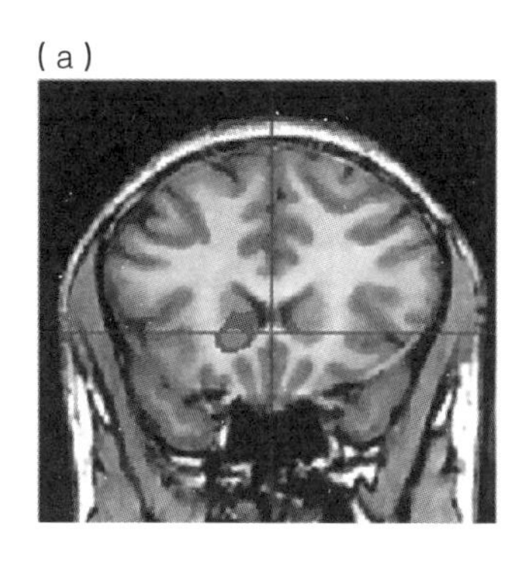

(b)

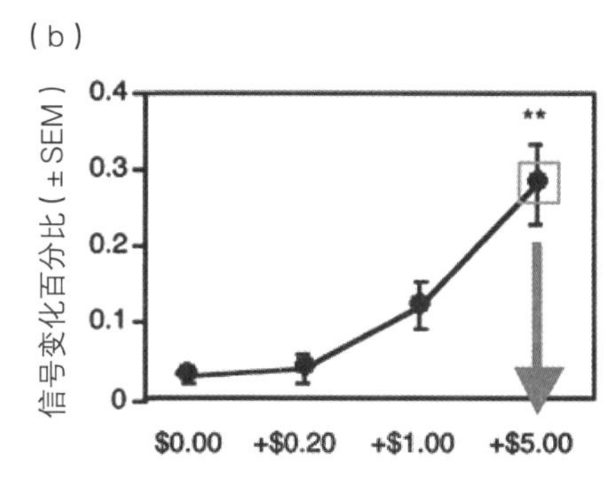

图 19.2　高额金钱奖赏期望诱发腹侧纹状体（NAc）BOLD 信号显著增加。经授权改编自克努森（Knutson）、亚当斯（Adams）、方（Fong）和荷马（Hommer）(2001)

似的期待反应类型也在次级奖赏中被观察到，诸如金钱，可被用以实现其他目标。在博弈任务中，背侧（尾状核）和腹侧（伏隔核）纹状体，对即将到来的金钱奖赏敏感，伏隔核对高额奖赏特别敏感（Knutson, Fong, Bennett, Adams, & Hommer, 2003; 见图 19.2）。fMRI 结果也支持 PET 的发现（Schott et al., 2008），即背侧和腹侧纹状体、中脑（黑质和 VTA）对预测金钱奖赏的线索激活增加（与中性反馈相比），同时在奖赏条件下，腹侧纹状体多巴胺释放量增加。近期研究也发现风险决策时，纹状体 BOLD 反应随着期望奖赏概率呈非线性增长（Hsu, Krajbich, Zhao, & Camerer, 2009），这说明了纹状体编码对主观价值的潜在作用——即基于个体对可用选择和结果的客观属性知觉的一系列考虑（关于估价和决策的详述请参见 Doya, 2008）。

奖赏价值信号也在接受或者消费潜在奖赏结果时产生，从而促进了后续行为和期望的形成。最早的使用金钱强化物的 fMRI 研究发现，在结果出现时，诸如 OFC（O'Doherty, Kringelbach, Rolls, Hornak, & Andrews, 2001）、内侧前额叶皮层（Knutson et al., 2003）等脑区参与奖赏的情感估价。在结果加工中，背侧和腹侧纹状体主要作用于区分积极（增益）和消极（损失）结果（Delgado, Nystrom, Fissell, Noll, & Fiez, 2000）。背侧纹状体对结果相关奖赏价值信号的反应特别有趣，它受额度（Nieuwenhuis et al., 2005）、概率（Haruno et al., 2004）及结果的动机属性（Delgado, Stenger, & Fiez, 2004）调节，这表明它对价值所表征的特定环境非常敏感（De Martino, Kumaran, Holt, & Dolan, 2009）。

进一步研究表明，与奖赏–结果相关的纹状体激活受到该奖赏获得方式的调节。例如，当通过成功按键得到奖赏时，背侧和腹侧纹状体（尾状核和伏隔核）激活增加（Zink, Pagnoni, Martin-Skurski, Chappelow, & Berns, 2004），尽管作者以条件显著性解释激活。这种现象的另一种解释是，背侧纹状体，特别是尾状核，对于建立动作和结果的关联十分重要。有证据表明，当呈现预测奖赏的线索期间需要做动作时，特别是当被试认为结果效价（金钱奖赏/惩罚）关联于该反应时，尾状核开始加工（Tricomi, Delgado, & Fiez, 2004）。该发现不限于金钱强化物。实验结果表明，奖赏结果反映描述性记忆任务的表现和目标成就，诱发尾状核激活，类似于金钱强化物（Tricomi & Fiez, 2008）；该激活也特别受到个体目标和动机调节（Han, Huettel, Raposo, Adcock, & Dobbins, 2010）。这些研究表明，人类纹状体价值信号在奖赏结果时可能并不是编码奖赏本身，而是编码促进学习的强化价值信号（O'Doherty et al., 2004; Tricomi et al., 2004）。

情感学习和人类纹状体

期望奖赏价值信号和奖赏-结果价值信号等概念，可能有助于形成综合的神经学习机制，诸如里斯科勒（Rescorla）和维格纳（Wagner）（1972）所提出的联结学习模型。该模型认为，当个体期望和体验不匹配时，发生学习刺激价值最有效，因为此时允许更新个体的环境模型。虽然里斯科勒-维格纳模型最初是针对巴甫洛夫学习情境，但是它的基本原理被不断拓展，以开发学习模型来解释更多样化（例如工具性）和复杂的情境的行为。这些更细化的模型背后的共同准则是，在预测结果和体验结果存在误差时发生学习（Niv & Schoenbaum, 2008）。

因为这些价值学习模型似乎体现了舒尔茨（Schultz）及其同事（1997）所提出的多巴胺奖赏预测误差模型的功能，近期研究努力检验人类奖赏学习机制是否遵循相似功能。最初人类研究寻求确认预测误差学习信号，集中在中脑多巴胺目标对预测和未预测奖赏的反应，主要是纹状体。人类腹侧纹状体、OFC被发现对被动递送的未预测奖赏特别敏感（Berns, McClure, Pagnoni, & Montague, 2001），纹状体也对期望奖赏的时间延迟敏感（Pagnoni, Zink, Montague, & Berns, 2002）。这些发现支持非人类灵长类动物研究，表明多巴胺神经元编码的时间预期存在误差（参见Niv, 2009）。

初步尝试之后，基于模型的fMRI研究开始爆发，旨在将强化学习模型拟合到奖赏学习范式的BOLD信号反应。富有影响力的模型是时间差距（temporal difference, TD）学习模型（参见Niv, 2009），正如其名称所暗示的那样，该模型试图基于合并关于刺激和任意时间点可能发生奖赏之间的时间关系信息，预测未来事件结果（综述请参见 Niv & Schoenbaum, 2008）。在对奖赏预测线索反应以及对巴甫洛夫学习任务的正负时间预测误差反应时，腹侧纹状体BOLD信号增强（O'Doherty, Dayan, Friston, Critchley, & Dolan, 2003）。而且，左腹侧壳核激活随时间从结果转换到线索，这表明了学习有一种神经表征（O'Doherty, Dayan, et al., 2003）。

操作性奖赏学习和巴甫洛夫奖赏学习任务期间，纹状体亚区的不同作用也被提出（O'Doherty et al., 2004），类似于被称为“行动者-评估者”模型的强化学习模型（参见Niv, 2009）。简言之，该模型认为，评估者运用时间差异学习信号概括评价当前情况，而行动者继续保持过去的学习结果，从而选择有效的行动计划（参见Niv & Schoenbaum, 2008）。在巴甫洛夫和操作性学习条件下，在腹侧纹状体，特别是腹侧壳核和NAc，观察到了与预测误差相关的激活，这表明腹侧纹状体承担了“评估者”作用（O'Doherty et al., 2004）。有趣的是，在尾状核也发现了与误差预测相关的激活，但是只出现在操作性学习期间，正好与背侧纹状体“行动者”的角色相吻合，将评估者所编码的评价信息付诸行动（O'Doherty et al., 2004; Tricomi et al., 2004）；该发现与行为学习指标改善相关（Haruno et al., 2004）。多项研究报告，纹状体中出现的预测误差学习信号（Daw, Gershman, Seymour, Dayan, & Dolan, 2011; Hare, O'Doherty, Camerer, Schultz, & Rangel, 2008），在中脑中也有所体现（D'Ardenne et al., 2008）；近期研究结果表明，这些信号不仅在试误学习而且在其他形式学习时也发挥作用（Burke, Tobler, Baddeley, & Schultz, 2010），并且可以受到关于情境的外显知识的调整（Li, Delgado, & Phelps, 2011）。

人类对误差信号结果的预测，能够更加详细地阐述纹状体在奖赏学习的作用，类似于奖赏学习和非人类灵长类动物预测误差的电生理研究。最后，结合药理学和神经成像（例如Pessiglione, Seymour, Flandin, Dolan, & Frith, 2006），以及研究多巴胺系统缺陷群体（例如帕金森患者）的学习模型（例如Rutledge et al., 2009），有助于增强假设——在奖赏相关加工期间多巴胺学习信号影响纹状体功能。

前额叶皮层和奖赏估价

前额叶皮层（PFC）是皮层-基底节环路的另一个关键成分，能够协助计算中介目标导向行为的奖赏价值信号。在前额叶皮层，参与奖赏估价最具共识的脑区包括腹侧PFC、内侧PFC、背外侧PFC和前扣带回。虽然这些脑区在奖赏加工的特定作用已有综述（例如Doya, 2008），但是OFC在奖赏估价的作用被广泛研究，值得注意。关于非人类灵长类动物电生理的记录长期表明，OFC参与奖赏表征和情感学习，证明该脑区内神经元群的不同功能（Kringelbach, 2005; Ostlund & Balleine, 2007）。OFC损伤导致刺激的奖赏价值学习缺陷，也导致奖赏关联性变化的适应缺陷（Clarke, Robbins, & Roberts, 2008）。OFC其他神经元群编码结果预测线索选择时的相对偏好和价值，并追踪随时间变化的奖赏期望和偏好（例如学习行动-结果关联性前后；参见Ostlund & Balleine, 2007）。

神经成像研究表明，人类OFC上呈现相似的功能分离；它涉及参与奖赏的享乐反应——监控奖赏价值和编码的正性和负性的结果（参见Kringelbach, 2005）。例如，BOLD信号幅度增加表明，内侧OFC（mOFC）对奖赏比惩罚更敏感，而外侧OFC和腹侧OFC则对惩罚更敏感（O'Doherty et al., 2001）。人类mOFC也参与更复杂的表征加工，当表征体验奖赏、想象奖赏（Bray, Shimojo, & O'Doherty, 2010），以及产生/诱发复杂主观价值信号时，诸如个体愿意为了某项物品出价多少——即目标价值，mOFC呈现相似的BOLD信号（Hare et al., 2008）。在控制所表现出的行为时，这种目标价值表征易受来自认知的背侧区域（例如dlPFC）的自上而下控制的影响[例如选择健康（相对于不健康但是喜欢）的食物; Hare, Camerer, & Rangel, 2009]。

前额叶皮层也发挥重要整合作用，协助引导行为。OFC尾部对于追踪结果历史很重要，借此促进随后的行为选择（O'Doherty, Critchley, Deichmann, & Dolan, 2003）。非人类灵长类动物记录表明，ACC的禁区（ACC沟）以相似方式起作用（Kennerley, Walton, Behrens, Buckley, & Rushworth, 2006），类似的人类神经成像研究指出ACC特定脑区对依赖总体奖赏历史很关键，特别是在快速变化（破坏性）的情形下（Behrens, Woolrich, Walton, & Rushworth, 2007）。因此，前额叶皮层对于表征和推断不同奖赏相关价值信号很重要，能够引导个体理解所处环境和行为。

奖赏加工的其他脑区

在动态环境中学习奖赏，关键是依赖皮层-基底神经节环路的完整性。然而，值得注意的是，其他负责情绪加工和学习的脑区，也在计算奖赏价值信号中起着直接或者间接作用。虽然杏仁核通常被认为参与厌恶加工和恐惧学习——将刺激与厌恶结果联结，例如电击（参见Phelps & LeDoux, 2005），但是它也参与奖赏加工，产生奖赏价值信号。非人类灵长类动物的杏仁核神经元记录表明（Paton, Belova, Morrison, & Salzman, 2006），在情感反转学习任务期间，一些杏仁核神经元在预测线索呈现后反应，而其他神经元对预测积极和消极结果的线索反应。有趣的是，杏仁核神经元反应模式随关联性变化而改变。一项相关研究聚焦于奖赏或者惩罚预测线索呈现前的期待阶段，发现杏仁核神经元呈现不同的反应模式（Belova, Paton, & Salzman, 2008）。奖赏倾向神经元在期待阶段的反应频率增加，而惩罚倾向神经元反应频率则下降，证实杏仁核在加工或者表征机体状态价值中起作用。

支持这些动物研究结果的神经成像研究表明，饱食后食物价值降低时，杏仁核中的BOLD信号降低（Gottfried, O'Doherty, & Dolan, 2003）。与对照组相比，两侧杏仁核损伤的患者也表现出运用积极反馈调节行为上的缺陷并引导后续行为选择的缺陷（Hampton, Adolphs, Tyszka, & O'Doherty, 2007）。在该研究中，杏仁核损伤的患者的mPFC中也呈现出不规律的期望奖赏相关的BOLD信号活动：BOLD信号活动的增强和预期奖赏增加间的线性关系只出现在对照组中，表明杏仁核和前额叶的联结可能对促进奖赏价值的适当评价有影响。

除了杏仁核，脑岛与奖赏加工的多个阶段相联系。尽管众多研究强调脑岛参与一般情感加工和疼痛体验（见Hein & Singer, 2008），但是脑岛功能激活也与预测学习相关。在疼痛的厌恶学习研究，脑岛编码时间差异学习信号（Seymour et al., 2004）。而且，报告也指出脑岛BOLD信号在操作性学习任务，仅与预测损失线索的厌恶预测误差信号相关（Pessiglione et al., 2006）。最后，脑岛与风险行为和编码风险预测误差相关（例如Preuschoff, Quartz, & Bossaerts, 2008）。这些结果都强调一个事实，尽管奖赏相关的加工和学习高度依赖皮层-基底神经节环路，特别是纹状体和前额叶皮层，但是其他脑区也在潜在选择和结果的评价中发挥关键作用。

总结

奖赏相关信息加工高度依赖皮层-基底神经节环路的各部分，诸如纹状体、OFC、ACC，同时受到多巴胺输入调整。这些脑区间的沟通，对于计算奖赏期望和结果相关价值信号是必需的，包括初级和次级强化物，诸如果汁或者金钱奖赏。脑区间沟通整合多种价值信号促进学习和调整随后的行为和选择。

奖赏相关加工和社会价值

人类不仅能够专注于满足生存的强化物（例如水），而且能够专注于更抽象的目标和想法。估价更社会性的奖赏，诸如同伴反馈和上级表扬，被认为与初级强化物一样对目标导向行为有着相似影响（参见Rilling & Sanfey, 2011）。其他社会考虑或许也影响价值信号，例如利他行为（如给予不幸的人帮助）比追求个人获益得到更多尊敬（见 Rilling & Sanfey, 2011）。而且，在日常生活中，人们经常在不同环境中与他人互动从而达到共同目的，因而必须依赖社会相关信息（例如这个人是否可信，这个人是否提供了公平价格），形成社会期望并引导行为（参见 Fehr & Camerer, 2007）。因此，一个逻辑问题是：社会价值考虑是否通过神经奖赏环路。

社会奖赏和偏好

人们所努力追求和珍视的最基本、最普遍的社会体验之一是社会赞许。当新认识一个人时，人们可能想知道自己如何被知觉，该知觉是否与自我期待匹配。有证据表明，社会期望违反（例如，认为某人喜欢你，但是发现他/她并不喜欢）部分依赖腹侧纹状体（腹侧壳核）和背侧ACC加工，而区分积极和消极社会反馈（例如被某人接受还是拒绝）则激活腹侧ACC（Somerville, Heatherton, & Kelley, 2006）。ACC激活分离模式与以往研究结果一致，表明该脑区参与认知冲突和情绪唤起加工（参见Amodio & Frith, 2006）。支持该结论的结果表明，接受金钱和社会奖赏（例如他人怎么看待你）会诱发重叠的纹状体BOLD反应模式（Izuma, Saito, & Sadato, 2008），并且社会（情绪面孔）和金钱奖赏学习涉及相似的皮层–基底神经节机制（Lin, Adolphs, & Rangel, 2012）。因此，基本社会性奖赏，似乎在初级和次级强化物研究所发现的重叠的皮层–基底神经节环路得到加工。

人们也可能从目睹他人成功中感受快乐。例如，观看他人（被认为社会性相似于游戏获胜）产生积极感受，皮层–基底神经节环路中诸如腹侧纹状体、vmPFC和腹侧ACC（Mobbs et al., 2009）等区域被激活，而当个体与亲密朋友但不是关系疏远者分享金钱奖赏时腹侧纹状体激活被进一步调整（Fareri, Niznikiewicz, Lee, & Delgado, 2012）。关于他人成功和增益（例如慷慨给予）的更复杂社会行动，可能保持与自己增益相似的价值。向慈善机构被迫捐赠诱发纹状体BOLD信号增强，和被迫将钱交给被试时所观察到的激活重叠；然而，背侧和腹侧纹状体激活对捐赠行动比被迫捐赠更敏感（Harbaugh, Mayr, & Burghart, 2007）。更高的慈善捐赠倾向（相对于自己持有金钱）及其相关腹侧纹状体激活，受他人在场和基于自己决策的社会赞许（或者不赞许）期望调节（Izuma, Saito, & Sadato, 2010）。这些研究表明，对于他人的态度可能在目标导向行为和社会结果加工调节中起着重要作用。

类似地，某种竞争行为或者状态也可能给人带来满足或愉悦，特别是在社会比较背景下。腹侧纹状体的结果相关反应受到相对社会比较调节，当被试比同样优秀表现的同伴获得更多正向反馈时，腹侧纹状体反应增加，相反情形则减少（Fliessbach et al., 2007）。而当被试接收所嫉妒的他人的不幸消息时，OFC以及背侧和腹侧纹状体（Takahashi et al., 2009）被激活，表明该信息可能被评价为积极结果。社会比较期间所观察到的反应背后的潜在动机是对社会不平等的厌恶（Fehr & Camerer, 2007; Tricomi, Rangel, Camerer, & O'Doherty, 2010）。金钱不平等在两人间建立之后，在随后获得积极金融结果时，最初捐款更多的被试比同伴呈现更少的主观愉悦感和腹侧纹状体及vmPFC反应，而对于最初捐款更少的被试则模式相反（Tricomi et al., 2010）。因此，这些研究结果表明，社会考虑和偏好在计算奖赏价值信号中起着重要的调节作用。

社会互动

人们的日常体验通常被社会互动影响，通过社会互动人们获得社会价值信号，进而促进学习和决策。近年来，研究者采用经济学博弈范式研究互动行为，在神经经济学新兴领域开始探究社会信息在社会互动中调节神经奖赏环路的神经机制。经济学理论一般认为典型人类行为应该是利己主义的，即无论何种情况个体都旨在最大化个人结果（Camerer & Fehr, 2006）。然而，社会互动行为关注他人的偏好（例如共情关注），可能因为这些偏好赋予未来收益或者被视作内在奖赏（Fehr & Camerer, 2007）。双人互动经济博弈表明社会偏好，诸如合作、互惠、信任和公平，在他人互动中激发行为，部分原因是这些社会考虑进化适应的需要（Axelrod & Hamilton, 1970）。

例如，被称为"囚徒困境"的合作经济学游戏（Rapoport & Chammah, 1965）让两名被试为了金钱结果或者其他"好处"选择合作或者背叛。虽然双方决定合作会导致各自收益比最大收益略低，但选择合作仍是这类游戏中最常发生的情况，即使单方面背叛导致牺牲他人（一无所获）可以收获最大利益（参见Fehr & Camerer, 2007）。

另一个被称为"信任游戏"的互动经济学范式检验互惠和合作。其中一名被试（投资者）被给予一笔钱，可以将任意金额送给同伴（托管者）。送给托管者的金额通常翻了3或4倍，而托管者接着选择返回多少钱给投资者。尽管标准的利己行为表明最优决策应该是投资者不给同伴任何资金，以保证最大利益结果，但是被试常常会选择送给同伴一定的金额，可能因为关注自己声望或者希望互惠（Berg, Dickhaut, & McCabe, 1995）。

最后，在讨价还价范式（最后通牒游戏）中，一名被试（提议者）提议和另一名被试（回应者）商讨如何分享固定数额资金，而回应者决定是否接受或者全盘拒绝（双方一无所获）。回应者通常拒绝他们认为不公平的决议，即使按照经济学原理，任何非零决议都应该被接受（Güth, Schmittberger, & Schwarze, 1982）。

神经成像研究建立在行为经济学基础上，探索互动中影响行为的社会偏好如何影响奖赏期望和神经奖赏环路。早期研究着眼于社会互动的合作行为，使用了信任和囚徒困境范式。在信任游戏中，当被试与人类对手合作后、期待对手回应时，较之电脑对手，内侧PFC的BOLD信号增强（McCabe, Houser, Ryan, Smith, & Trouard, 2001），表明互动的社会因素增强了期望感。另外，内侧PFC参与加工关于自我和他人的社会信息（参见Amodio & Frith, 2006），以及特定社会背景的奖赏期望（Hampton, Bossaerts, & O'Doherty, 2008）。行为经济学研究结果确认，互相合作是当被试与真实的自主行为人类同伴玩囚徒困境游戏时的选择行为（Rilling et al., 2002），再次表明了对利己行为的普遍偏好，而该偏好在与人类群体或者电脑同伴游戏时是观察不到的。而且，观察互相合作结果时，腹侧纹状体、腹内侧PFC/OFC、膝下前扣带回（sgACC）呈现BOLD信号增强，根据互惠原则决定合作激活尾状核和ACC。对比互相合作和非互惠性合作（例如单方背叛；BOLD信号减弱；Rilling, Sanfey, Aronson, Nystrom, & Cohen, 2004），结果相关的BOLD信号的分离模式呈现在腹侧纹状体和sgACC。社会期望可能调整奖赏相关环路（Rilling et al., 2004），这一结果可能被社会预测误差信号解释。

在社会互动中，个体并不总是以值得信任或者公平的方式行动（例如合作可能不是互惠的）。该行为可能被认为违背了社会准则，证据表明该行为的加工发生在前脑岛（详见Rilling & Sanfey, 2011）。在有些社会互动中，人们可能有机会对所知觉到的违背规则的行为做出反应，但是人们会为此付出代价。一项有趣的PET实验在信任游戏中探究了惩罚侵犯性行为的决策过程（de Quervain et al., 2004）。惩罚分为三种类型：有代价惩罚（惩罚者自己失去一些所得）、无代价惩罚（惩罚者不会为惩罚付出任何代价）、象征性惩罚（惩罚者可以发送一条惩罚信息，但互动双方都不会产生实际损失）。做出惩罚有意违背准则的所有决定之前尾状核激活最强，而相对于无代价惩罚，在有代价惩罚的决定之前，腹内侧PFC和OFC敏感性增强。虽然这些研究者认为利他惩罚（例如惩罚时自己付出代价）被估价和奖赏，但是他们的结果也可能被不平等厌恶所解释（Fehr & Camerer, 2007; Tricomi et al., 2010）。因此，社会互动行为能够被考虑他人以及对照社会成功的价值所采取的行动所激发，编码该价值的神经结构也编码初级和次级奖赏价值。

社会互动习得

很多早期神经经济学研究着重于研究一次性博弈（见Rilling & Sanfey, 2011），尽管这些研究表明，社会偏好既可以调整行为，又可以调整神经奖赏环路激活，但是它们无法提供社会价值考虑如何影响互动对方随着时间推进所进行的学习的信息。人们有很多机会将自己的观点告知他人（例如工作同事、社交网络上的人），使自己被其他人了解（例如我应该信任这个人吗？），并辨别是否进行进一步互动或者建立关系。一项fMRI研究采用迭代信任游戏（例如重复互动），探究一个人在和同一伙伴的持续互动中其行为和神经活动如何变化（King-Casas et al., 2005）。该研究发现，互惠（例如偿还过去行为）是被试行为的重要预测源：托管者反应最能被投资者的中性互惠偏差（例如实际偿还过去行动）准确预测。当投资者对托管者的背叛给予慷慨偿还，托管者尾状核BOLD信号增加被激发。而且，扣带回激活和尾状核激活之间的相关性具有时间敏感性，受尾状核激活峰值影响。在信任游戏的早期几轮，在披露投资者反应时，托管者尾状核BOLD信号最大；而在后期几轮，在披露决定前，尾状核BOLD信号达到峰值。该BOLD信号模式说明纹状体可能加工社会学习信号，类似于舒尔茨（Schultz）等（1997）所报告的多巴胺能奖赏预测误差信号，但是这源于学习社会价值信息（例如，这个人是否回报我的信任?）。

互惠是信任游戏中神经活动的重要调节信号（van den Bos, van Dijk, Westenberg, Rombouts, & Crone, 2009），以至于个人会做出与自身气质不相符的决策（例如，亲社会个体选择背叛），诱发ACC、前脑岛、右侧颞顶联合区及楔前叶BOLD信号增强。值得注意的是，扣带回皮层特定区域，为双人信任互动中代理人所特定相关的信息加工奠定基础：中部扣带回对自我行动敏感，而前部和后部扣带回对他人行动有关的信息加工更敏感（Tomlin et al., 2006）。而且，腹侧纹状体BOLD对信任游戏的同伴互惠模式敏感，表明当同伴选择合作而非背叛时反应增加，尤其是与已有互惠行为声望的个体互动时（Phan, Sripada, Angstadt, & McCabe, 2010）。

有些时候，先前获得的社会信息会影响后续的互动行为。例如，一位朋友可能提示我们要特别提防和某人互动，这可能引导人们未来的决定，以及能够合并人们所采取互动的结果。简单虚构关于他人道德品质的先验信息，确实能够影响信任游戏的行为和信任知觉（Delgado, Frank, & Phelps, 2005）。在这项研究中，被试与三名虚构人物参加修订版迭代信任游戏，虚构人物的道德品质通过短文简介进行展示，被试游戏前阅读该短文简介。重要的是，预先设置每个虚构人物均以50%的概率强化其品质（例如，给被试金钱回报）。即使以相同概率强化所有人物的品质，且被试在后测的主观报告中明确表明对此知情，但是他们最常投资的仍是那些被认为道德品质值得称颂的人物。区分正、负性结果（例如伙伴分享/背叛）的纹状体神经信号，对中性品质反应最强，与以往发现的金钱奖赏差异信号一致（参见Delgado, 2007），表明纹状体存在学习信号（Haruno et al., 2004; O'Doherty et al., 2004; Tricomi et al., 2004）。然而，与好同伴互动时，没有观察到正负结果的差异反应，表明先前获得的社会信息具有调整尾状核有效反应和反馈学习的能力（图19.3）。相似地，违背社会期望的记忆会诱发部分皮层–基底神经节环路激活增加，包括背侧、腹侧纹状体和ACC，支持先前社会价值考虑调节奖赏学习的观点（Chang & Sanfey, 2009）。

神经内分泌在目标导向情景的影响可能构成了展现涉他倾向的基础。后叶催产素激发动物的亲和社会行为（参见Insel & Young, 2001）；在信任游戏向投资者注射后叶催产素后，他们比安慰剂组显著更慷慨地给予托管人金钱，说明后叶催产素对亲和行为的作用（Kosfeld, Heinrichs, Zak, Fischbacher, & Fehr, 2005）。近期一项神经成像研究运用相似的信任游戏范式（Baumgartner, Heinrichs, Vonlanthen, Fischbacher, & Fehr, 2008），并新增一项学习内容：投资者给匿名同伴特定数目报价后，反馈呈现表明多少报价获得回报或者遭到

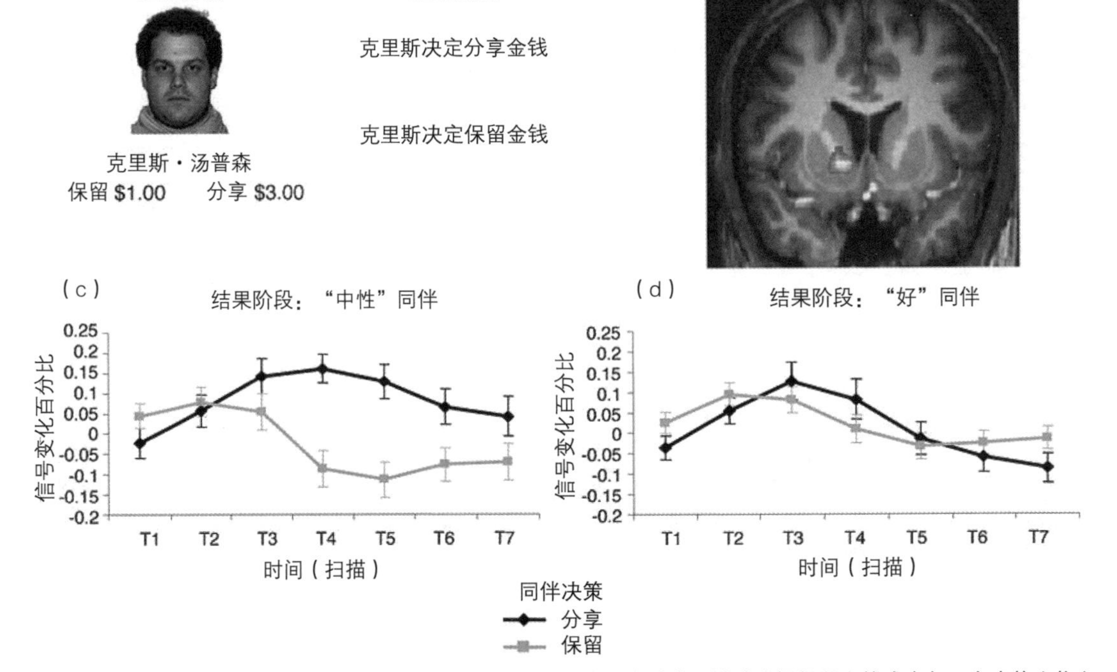

图19.3 （a）德尔加多等（2005）描述的信任游戏任务。在任意给定试次，被试选择保留金钱或者与三名虚构人物之一分享。如果被试选择分享，那么被试获得积极（同伴分享）或者消极（同伴不分享）反馈。如果被试选择保留金钱给自己，那么被试获得“已经决定保留金钱”的反馈。（b）相比于消极结果，积极结果的尾状核BOLD信号显著增加。（c）在中性同伴的结果阶段，尾状核兴趣区激活的时间进程对积极（分享）或者消极（保留）结果呈现不同反应。（d）在好同伴的结果阶段，尾状核兴趣区激活的时间进程对于积极或者消极结果没有显著差异反应。经授权改编自德尔加多、弗兰克（Frank）和费尔普斯（Phelps）（2005）

背叛。重要的是，对于所有被试，反馈比例被固定在50%左右。在收到反馈后，接受了后叶催产素的被试没有改变投资比率，而对照组的平均投资比率显著降低。而且，后叶催产素组呈现尾状核和杏仁核BOLD信号减弱，它们的后叶催产素受体密集（Insel & Young, 2001），表明可能由于欺骗（例如背叛）恐惧减少，信任行为被后叶催产素所调整。

社会价值习得建模

已有证据表明，社会互动学习需要皮层–基底神经节环路的参与。这同时带来新的问题，即这种学习是否与食物、果汁、金钱等相关刺激存在相似的联结机制。因此，合作和竞争等社会互动研究开始应用强化学习模型，进一步特征化社会信息习得如何影响行为。

正如前文所述，基于众多研究的重要社会现象是信任。辨别他人是否值得信任，引导人们进行社会互动行动，例如表明我们何时可能想听从他人建议。近期研究表明，选择何时相信他人以引导未来行动，可以通过强化学习机制习得，类似于特征化联结学习初级奖赏价值的机制（Behrens, Hunt, Woolrich, & Rushworth, 2008）。在社会概率学习任务，关于如何选择，人类合作者提供正确或者错误建议（需要同时学习变化的奖赏关联性和合作者可信度），被试遵循贝叶斯学习法则，追踪和整合社会和奖赏的相关信息（Behrens et al., 2007）。对于社会[背内侧PFC、内侧颞回和颞上沟（STS）/ TPJ]和奖赏[腹侧纹状体、腹内侧PFC和前扣带回沟（ACCs）]预测误差信号，以及波动信号（例如关联稳定性），在ACC中均发现了分离的神经活动——ACCs：追踪奖赏历史波动；ACC回（ACCg）：追踪社会历史波动。而且，决策期间的腹内侧PFC活动，在结果出现时能通过ACCg或者ACCs的激活强度进行预测，证实了腹内侧PFC具有整合信息的作用。因此，追踪奖赏相关和社会信息以引导决策，以及社会环境下的学习，都表明了神经功能的分离和整合。

评估和学习一个人是否值得信任，可能不仅仅需要考虑建议。通过非常迅速地观察面孔、考虑特定面部特点，人们能够评估他人是否值得信任；该结果暗示杏仁核对社会判断很重要（参见Said, Haxby, & Todorov, 2011）。当与他人互动时，人们可能形成初始判断，然后基于随后体验不断更新，使得可信度判断具有可塑性（Fareri, Chang & Delgado, 2012）。支持该观点的证据源于基于模型的研究，该研究采用迭代信任游戏（Chang, Doll, van't Wout, Frank, & Sanfey, 2010），给投资者被试呈现高、低可信度同伴的照片。应用许多强化学习模型拟合被试行为，结果表明可信度概念是动态的：一个模型合并初始判断（例如基于面孔评价）和交往结果作为持续影响信任度的知觉，最好地解释了被试的投资行为。相比于基于单独初始判断或者结果的模型，该模型提供了更好的拟合，表明学习引导行为的复杂社会信息不仅仅需要简单的联结学习机制。

尽管确定可信度能够帮助人们决定是否与某人合作以期获取最优结果，但是其他场合需要更多竞争性或者策略性行为来影响决策（Delgado, Schotter, Ozbay, & Phelps, 2008）。例如，个体可能试图预测对手博弈的下一步，或者诉讼期间对方律师的策略。这样做可能不仅需要合并所体验的奖赏相关信息，而且需要了解对手过去的行为，或者自己行为如何影响对手。在一项二人策略游戏中，被试结果很大程度上直接取决于对手行为（Hampton et al., 2008），实验中被试确实考虑了对手过去的行为和自己行为对对手的影响。在腹侧纹状体发现简单奖赏预测误差。然而，相比于简单强化模型（例如预测错误）或者仅考虑对手行为的模型，当在竞争任务中选择和计算奖赏期望时，包含更多前文所提社会考虑的学习模型，更好地特征化行为和内侧前额叶BOLD信号。而且，在内侧PFC和STS中观察到社会更新信号相关，正如早期表明对于表征自我/他人和心智化过程很重要（Amodio & Frith, 2006）；内侧PFC活动与STS和纹状体的信号组合关联性最强，而不是每个单独脑区。该发现强调竞争互动中整合多种信息的重要性。

因此，在合作和竞争社会互动中能够建模社会信息习得，虽然某些成分似乎依赖皮层–基底神经节环路，但是其他脑区对社会期望编码的支持也是必不可少的。进一步特征化脑区间相互作用，对于推进和理解复杂社会环境下奖赏相关学习的认识至关重要。

结论

社会因素是皮层–基底神经节奖赏相关活动的重要调节源。社会奖赏，诸如受到他人赞许或者与朋友分享成功，与典型的初级强化物（例如食物）的价值表征的前额叶和纹状体机制相类似。合作和竞争等社会互动行为也受到价值社会考虑影响，通过整合性联结学习机制学习了解他人。

重点问题和未来方向

· 有研究也强调纹状体在厌恶加工的潜在作用，该领域与杏仁核功能典型相关（Delgado, Li, Schiller, & Phelps, 2008）。在厌恶加工中，纹状体的特定作用是什么？如何与其他结构（诸如杏仁核）结合产生积极作用应对厌恶环境？

· 青少年有时表现出更多冒险行为、不良决策和对同辈影响敏感。对这些行为模式的一种可能解释是相对于亚皮层灰质，前额叶灰质发展延迟并且持续到成年早期（Somerville & Casey, 2010）。在社会背景下，奖赏相关学习和决策的发展模式的意义是什么？也就是说，青少年评价社会奖赏是否不同于非社会奖赏？该区别如何影响决策？

· 如何将社会和非社会奖赏价值应用到临床？例如，有证据表明，扣带回中不同部分对加工社会信息敏感，特别是与他人社会互动背景下（Tomlin et al., 2006）。有趣的是，自闭症障碍患者在社会互动中，有效激活该脑区的能力减弱。考虑到当前正开始研究促进社会信息学习的神经机制，自闭症障碍患者的异常社会学习模式是造成他们社会缺陷的基础吗？

致谢

本文受到了国家心理卫生研究所的资助（MH084081），特此致谢。

参考文献

Alexander, G. E., Crutcher, M. D., & DeLong, M. R. (1990). Basal ganglia-thalamocortical circuits: Parallel substrates for motor, oculomotor, "prefrontal" and "limbic" functions. *Progress in Brain Research*, *85*, 119–46.

Amodio, D. M., & Frith, C. D. (2006). Meeting of minds: The medial frontal cortex and social cognition. *Nature Reviews Neuroscience*, *7*(4), 268–77.

Axelrod, R., & Hamilton, W. (1970). The evolution of cooperation. *Science*, *211*, 1390–96.

Barnes, T. D., Kubota, Y., Hu, D., Jin, D. Z., & Graybiel, A.

M. (2005). Activity of striatal neurons reflects dynamic encoding and recoding of procedural memories. *Nature*, *437*(7062), 1158–61.

Baumgartner, T., Heinrichs, M., Vonlanthen, A., Fischbacher, U., & Fehr, E. (2008). Oxytocin shapes the neural circuitry of trust and trust adaptation in humans. *Neuron*, *58*(4), 639–50.

Bayer, H. M., & Glimcher, P. W. (2005). Midbrain dopamine neurons encode a quantitative reward prediction error signal. *Neuron*, *47*(1), 129–41.

Behrens, T. E., Hunt, L. T., Woolrich, M. W., & Rushworth, M. F. (2008). Associative learning of social value. *Nature*, *456*(7219), 245–49.

Behrens, T. E., Woolrich, M. W., Walton, M. E., & Rushworth, M. F. (2007). Learning the value of information in an uncertain world. *Nature Neuroscience*, *10*(9), 1214–21.

Belin, D., Jonkman, S., Dickinson, A., Robbins, T. W., & Everitt, B. J. (2009). Parallel and interactive learning processes within the basal ganglia: Relevance for the understanding of addiction. *Behavioral Brain Research*, *199*(1), 89–102.

Belova, M. A., Paton, J. J., & Salzman, C. D. (2008). Moment-to-moment tracking of state value in the amygdala. *Journal of Neuroscience*, *28*(40), 10023–30.

Berg, J., Dickhaut, J., & McCabe, K. (1995). Trust, reciprocity, and social history. *Games and Economic Behavior*, *10*, 122–42.

Berns, G. S., McClure, S. M., Pagnoni, G., & Montague, P. R. (2001). Predictability modulates human brain response to reward. *Journal of Neuroscience*, *21*(8), 2793–98.

Bray, S., Shimojo, S., & O'Doherty, J. P. (2010). Human medial orbitofrontal cortex is recruited during experience of imagined and real rewards. *Journal of Neurophysiology*, *103*(5), 2506–12.

Breiter, H. C., Gollub, R. L., Weisskoff, R. M., Kennedy, D. N., Makris, N., Berke, J. D., ... Hyman, S. E. (1997). Acute effects of cocaine on human brain activity and emotion. *Neuron*, *19*(3), 591–611.

Burke, C. J., Tobler, P. N., Baddeley, M., & Schultz, W. (2010). Neural mechanisms of observational learning. *Proceedings of the National Academy of Sciences*, *107*(32), 14431–36.

Camerer, C. F., & Fehr, E. (2006). When does "economic man" dominate social behavior? *Science*, *311*(5757), 47–52.

Chang, L. J., Doll, B. B., van't Wout, M., Frank, M. J., & Sanfey, A. G. (2010). Seeing is believing: Trustworthiness as a dynamic belief. *Cognitive Psychology*, *61*(2), 87–105.

Chang, L. J., & Sanfey, A. G. (2009). Unforgettable ultimatums? Expectation violations promote enhanced social memory following economic bargaining. *Frontiers in Behavioral Neuroscience*, *3*, 36.

Clarke, H. F., Robbins, T. W., & Roberts, A. C. (2008). Lesions of the medial striatum in monkeys produce perseverative impairments during reversal learning similar to those produced by lesions of the orbitofrontal cortex. *Journal of Neuroscience*, *28*(43), 10972–82.

D'Ardenne, K., McClure, S. M., Nystrom, L. E., & Cohen, J. D. (2008). BOLD responses reflecting dopaminergic signals in the human ventral tegmental area. *Science*, *319*(5867), 1264–67.

Daw, N. D., Gershman, S. J., Seymour, B., Dayan, P., & Dolan, R. J. (2011). Model-based influences on humans' choices and striatal prediction errors. *Neuron*, *69*(6), 1204–15.

Delgado, M. R. (2007). Reward-related responses in the human striatum. *Annals of the New York Academy of Sciences*, *1104*, 70–88.

Delgado, M. R., Frank, R. H., & Phelps, E. A. (2005). Perceptions of moral character modulate the neural systems of reward during the trust game. *Nature Neuroscience*, *8*, 1611–18.

Delgado, M. R., Li, J., Schiller, D., & Phelps, E. A. (2008). The role of the striatum in aversive learning and aversive prediction errors. *Philosophical Transactions of the Royal Society of London. Series B: Biological Sciences*, *363*(1511), 3787–800.

Delgado, M. R., Nystrom, L. E., Fissell, C., Noll, D. C., & Fiez, J. A. (2000). Tracking the hemodynamic responses to reward and punishment in the striatum. *Journal of Neurophysiology*, *84*(6), 3072–77.

Delgado, M. R., Schotter, A., Ozbay, E. Y., & Phelps, E. A. (2008). Understanding overbidding: Using the neural circuitry of reward to design economic auctions. *Science*, *321*(5897), 1849–52.

Delgado, M. R., Stenger, V. A., & Fiez, J. A. (2004). Motivation-dependent responses in the human caudate nucleus. *Cerebral Cortex*, *14*(9), 1022–30.

De Martino, B., Kumaran, D., Holt, B., & Dolan, R. J. (2009). The neurobiology of reference-dependent value computation. *Journal of Neuroscience*, *29*(12), 3833–42.

de Quervain, D. J., Fischbacher, U., Treyer, V., Schellhammer, M., Schnyder, U., Buck, A., & Fehr, E. (2004). The neural basis of altruistic punishment. *Science*, *305*(5688), 1254–58.

Doya, K. (2008). Modulators of decision making. *Nature Neuroscience*, *11*(4), 410–6.

Fareri, D. S., Chang, L. J., & Delgado, M. R. (2012). Effects of direct social experience on trust decisions and neural reward circuitry. *Frontiers in Decision Neuroscience*, *6*(148).

Fareri, D. S., Niznikiewicz, M. A., Lee, V. K. & Delgado, M. R. (2012). Social network modulation of reward-related signals. *Journal of Neuroscience*, *32*(26), 9045–52.

Fehr, E., & Camerer, C. F. (2007). Social neuroeconomics: The neural circuitry of social preferences. *Trends in Cognitive Sciences*, *11*(10), 419–27.

Fliessbach, K., Weber, B., Trautner, P., Dohmen, T., Sunde, U., Elger, C. E., & Falk, A. (2007). Social comparison affects reward-related brain activity in the human ventral striatum. *Science*, *318*(5854), 1305–8.

Gottfried, J. A., O'Doherty, J., & Dolan, R. J. (2003). Encoding predictive reward value in human amygdala and orbitofrontal cortex. *Science*, *301*(5636), 1104–7.

Güth, W., Schmittberger, R., & Schwarze, B. (1982). An experimental analysis of ultimatum bargaining. *Journal of Economic Behavior & Organization*, *3*, 367–88.

Haber, S. N., & Knutson, B. (2010). The reward circuit: Linking primate anatomy and human imaging. *Neuropsychopharmacology*, *35*(1), 4–26.

Hampton, A. N., Adolphs, R., Tyszka, M. J., & O'Doherty, J. P. (2007). Contributions of the amygdala to reward expectancy and choice signals in human prefrontal cortex. *Neuron*, *55*(4), 545–55.

Hampton, A. N., Bossaerts, P., & O'Doherty, J. P. (2008). Neural correlates of mentalizing-related computations during strategic interactions in humans. *Proceedings of the National Academy of Sciences*, *105*(18), 6741–46.

Han, S., Huettel, S. A., Raposo, A., Adcock, R. A., & Dobbins, I. G. (2010). Functional significance of striatal responses during episodic decisions: Recovery or goal attainment? *Journal of Neuroscience*, *30*(13), 4767–75.

Harbaugh, W. T., Mayr, U., & Burghart, D. R. (2007). Neural responses to taxation and voluntary giving reveal motives for charitable donations. *Science*, *316*(5831), 1622–5.

Hare, T. A., Camerer, C. F., & Rangel, A. (2009). Self-control in decision-making involves modulation of the vmPFC valuation system. *Science*, *324*(5927), 646–48.

Hare, T. A., O'Doherty, J., Camerer, C. F., Schultz, W., & Rangel, A. (2008). Dissociating the role of the orbitofrontal cortex and the striatum in the computation of goal values and prediction errors. *Journal of Neuroscience*, *28*(22), 5623–30.

Haruno, M., Kuroda, T., Doya, K., Toyama, K., Kimura, M., Samejima, K., ... Kawato, M. (2004). A neural correlate of reward-based behavioral learning in caudate nucleus: A functional magnetic resonance imaging study of a stochastic decision task. *Journal of Neuroscience*, *24*(7), 1660–5.

Hein, G., & Singer, T. (2008). I feel how you feel but not always: The empathic brain and its modulation. *Current Opinion in Neurobiology*, *18*(2), 153–58.

Hsu, M., Krajbich, I., Zhao, C., & Camerer, C. F. (2009). Neural response to reward anticipation under risk is nonlinear in probabilities. *Journal of Neuroscience*, *29*(7), 2231–37.

Insel, T. R., & Young, L. J. (2001). The neurobiology of attachment. *Nature Reviews Neuroscience*, *2*(2), 129–36.

Izuma, K., Saito, D. N., & Sadato, N. (2008). Processing social and monetary rewards in the human striatum. *Neuron*, *58*(2), 284–94.

Izuma, K., Saito, D. N., & Sadato, N. (2010). Processing of the incentive for social approval in the ventral striatum during charitable donation. *Journal of Cognitive Neuroscience*, *22*(4), 621–31.

Kennerley, S. W., Walton, M. E., Behrens, T. E., Buckley, M. J., & Rushworth, M. F. (2006). Optimal decision making and the anterior cingulate cortex. *Nature Neuroscience*, *9*(7), 940–47.

King-Casas, B., Tomlin, D., Anen, C., Camerer, C. F., Quartz, S. R., & Montague, P. R. (2005). Getting to know you: Reputation and trust in a two-person economic exchange. *Science*, *308*(5718), 78–83.

Knutson, B., Fong, G. W., Bennett, S. M., Adams, C. M., & Hommer, D. (2003). A region of mesial prefrontal cortex tracks monetarily rewarding outcomes: Characterization with rapid event-related fMRI. *Neuroimage*, *18*(2), 263–72.

Kosfeld, M., Heinrichs, M., Zak, P. J., Fischbacher, U., & Fehr, E. (2005). Oxytocin increases trust in humans. *Nature*, *435*(7042), 673–76.

Kringelbach, M. L. (2005). The human orbitofrontal cortex: Linking reward to hedonic experience. *Nature Reviews Neuroscience*, *6*(9), 691–702.

Li, J., Delgado, M. R., & Phelps, E. A. (2011). How instructed knowledge modulates the neural systems of reward learning. *Proceedings of the National Academy of Sciences*, *108*(1), 55–60.

Lin, A., Adolphs, R., & Rangel, A. (2012). Social and monetary reward learning engage overlapping neural substrates. *Social Cognitive & Affective Neuroscience*, *7*(3), 274–81.

Logothetis, N. K., Pauls, J., Augath, M., Trinath, T., & Oeltermann, A. (2001). Neurophysiological investigation of the basis of the fMRI signal. *Nature*, *412*(6843), 150–57.

McCabe, K., Houser, D., Ryan, L., Smith, V., & Trouard, T.

(2001). A functional imaging study of cooperation in two-person reciprocal exchange. *Proceedings of the National Academy of Sciences*, *98*(20), 11832–5.

Middleton, F. A., & Strick, P. L. (2000). Basal ganglia and cerebellar loops: Motor and cognitive circuits. *Brain Research Review*, *31*(2–3), 236–50.

Mobbs, D., Yu, R., Meyer, M., Passamonti, L., Seymour, B., Calder, A. J., ... Dalgleish, T. (2009). A key role for similarity in vicarious reward. *Science*, *324*(5929), 900.

Nieuwenhuis, S., Heslenfeld, D. J., von Geusau, N. J., Mars, R. B., Holroyd, C. B., & Yeung, N. (2005). Activity in human reward-sensitive brain areas is strongly context dependent. *Neuroimage*, *25*(4), 1302–9.

Niv, Y. (2009). Reinforcement learning in the brain. *Journal of Mathematical Psychology*, *53*(3), 139–54.

Niv, Y., & Schoenbaum, G. (2008). Dialogues on prediction errors. *Trends in Cognitive Sciences*, *12*(7), 265–72.

O'Doherty, J., Critchley, H., Deichmann, R., & Dolan, R. J. (2003). Dissociating valence of outcome from behavioral control in human orbital and ventral prefrontal cortices. *Journal of Neuroscience*, *23*(21), 7931–39.

O'Doherty, J. P., Dayan, P., Friston, K., Critchley, H., & Dolan, R. J. (2003). Temporal difference models and reward-related learning in the human brain. *Neuron*, *38*(2), 329–37.

O'Doherty, J., Dayan, P., Schultz, J., Deichmann, R., Friston, K., & Dolan, R. J. (2004). Dissociable roles of ventral and dorsal striatum in instrumental conditioning. *Science*, *304*(5669), 452–4.

O'Doherty, J. P., Deichmann, R., Critchley, H. D., & Dolan, R. J. (2002). Neural responses during anticipation of a primary taste reward. *Neuron*, *33*(5), 815–26.

O'Doherty, J., Kringelbach, M. L., Rolls, E. T., Hornak, J., & Andrews, C. (2001). Abstract reward and punishment representations in the human orbitofrontal cortex. *Nature Neuroscience*, *4*(1), 95–102.

Ostlund, S. B., & Balleine, B. W. (2005). Lesions of medial prefrontal cortex disrupt the acquisition but not the expression of goal-directed learning. *Journal of Neuroscience*, *25*(34), 7763–70.

Ostlund, S. B., & Balleine, B. W. (2007). The contribution of orbitofrontal cortex to action selection. *Annals of the New York Academy of Sciences*, *1121*, 174–92.

Pagnoni, G., Zink, C. F., Montague, P. R., & Berns, G. S. (2002). Activity in human ventral striatum locked to errors of reward prediction. *Nature Neuroscience*, *5*(2), 97–8.

Paton, J. J., Belova, M. A., Morrison, S. E., & Salzman, C. D. (2006). The primate amygdala represents the positive and negative value of visual stimuli during learning. *Nature*, *439*(7078), 865–70.

Pessiglione, M., Seymour, B., Flandin, G., Dolan, R. J., & Frith, C. D. (2006). Dopamine-dependent prediction errors underpin reward-seeking behaviour in humans. *Nature*, *442*(7106), 1042–5.

Phan, K. L., Sripada, C. S., Angstadt, M., & McCabe, K. (2010). Reputation for reciprocity engages the brain reward center. *Proceedings of the National Academy of Sciences*, *107*(29), 13099–104.

Phelps, E. A., & LeDoux, J. E. (2005). Contributions of the amygdala to emotion processing: from animal models to human behavior. *Neuron*, *48*(2), 175–87.

Preuschoff, K., Quartz, S. R., & Bossaerts, P. (2008). Human insula activation reflects risk prediction errors as well as risk. *Journal of Neuroscience*, *28*(11), 2745–52.

Rapoport, A., & Chammah, A. M. (1965). *Prisoner's dilemma*. Ann Arbor: University of Michigan Press.

Redgrave, P., & Gurney, K. (2006). The short-latency dopamine signal: a role in discovering novel actions? *Nature Reviews Neuroscience*, *7*(12), 967–75.

Rescorla, R. A., & Wagner, A. R. (1972). A theory of Pavolovian conditioning: Variations in the effectiveness of reinforcement and nonreinforcement. In A. H. Black & W. F. Prokasy (Eds.), *Classical conditioning II* (pp. 64–99). New York: Appleton-Century-Crofts.

Rilling, J., Gutman, D., Zeh, T., Pagnoni, G., Berns, G., & Kilts, C. (2002). A neural basis for social cooperation. *Neuron*, *35*(2), 395–405.

Rilling, J. K., & Sanfey, A. G. (2011). The neuroscience of social decision-making. *Annual Review of Psychology*, *62*, 23–48.

Rilling, J. K., Sanfey, A. G., Aronson, J. A., Nystrom, L. E., & Cohen, J. D. (2004). Opposing BOLD responses to reciprocated and unreciprocated altruism in putative reward pathways. *Neuroreport*, *15*(16), 2539–43.

Risinger, R. C., Salmeron, B. J., Ross, T. J., Amen, S. L., Sanfilipo, M., Hoffmann, R. G., ... Stein, E. A. (2005). Neural correlates of high and craving during cocaine self-administration using BOLD fMRI. *Neuroimage*, *26*(4), 1097–108.

Rutledge, R. B., Lazzaro, S. C., Lau, B., Myers, C. E., Gluck, M. A., & Glimcher, P.W. (2009). Dopaminergic drugs modulate learning rates and perseveration in Parkinson's patients in a dynamic foraging task. *Journal of Neuroscience*, *29*(48), 15104–14.

Said, C. P., Haxby, J. V., & Todorov, A. (2011). Brain systems for assessing the affective value of faces. *Philosophical*

Transactions of the Royal Society of London. Series B: Biological Sciences, *366*(1571), 1660–70.

Schott, B. H., Minuzzi, L., Krebs, R. M., Elmenhorst, D., Lang, M., Winz, O. H., ... Bauer, A. (2008). Mesolimbic functional magnetic resonance imaging activations during reward anticipation correlate with reward-related ventral striatal dopamine release. *Journal of Neuroscience*, *28*(52), 14311–19.

Schultz, W., Dayan, P., & Montague, P. R. (1997). A neural substrate of prediction and reward. *Science*, *275*(5306), 1593–99.

Sesack, S. R., & Grace, A. A. (2010). Corticobasal ganglia reward network: Microcircuitry. *Neuropsychoph-armacology*, *35*(1), 27–47.

Seymour, B., O'Doherty, J. P., Dayan, P., Koltzenburg, M., Jones, A. K., Dolan, R. J., ... Frackowiak, R. S. (2004). Temporal difference models describe higher-order learning in humans. *Nature*, *429*(6992), 664–67.

Somerville, L. H., & Casey, B. J. (2010). Developmental neurobiology of cognitive control and motivational systems. *Current Opinions in Neurobiology*, *20*(2), 236–41.

Somerville, L. H., Heatherton, T. F., & Kelley, W. M. (2006). Anterior cingulate cortex responds differentially to expectancy violation and social rejection. *Nature Neuroscience*, *9*(8), 1007–8.

Takahashi, H., Kato, M., Matsuura, M., Mobbs, D., Suhara, T., & Okubo, Y. (2009). When your gain is my pain and your pain is my gain: Neural correlates of envy and schadenfreude. *Science*, *323*(5916), 937–39.

Tomlin, D., Kayali, M. A., King-Casas, B., Anen, C., Camerer, C. F., Quartz, S. R., & Montague, P. R. (2006). Agent-specific responses in the cingulate cortex during economic exchanges. *Science*, *312*(5776), 1047–50.

Tricomi, E. M., Delgado, M. R., & Fiez, J. A. (2004). Modulation of caudate activity by action contingency. *Neuron*, *41*(2), 281–92.

Tricomi, E., & Fiez, J. A. (2008). Feedback signals in the caudate reflect goal achievement on a declarative memory task. *Neuroimage*, *41*(3), 1154–67.

Tricomi, E., Rangel, A., Camerer, C. F., & O'Doherty, J. P. (2010). Neural evidence for inequality-averse social preferences. *Nature*, *463*(7284), 1089–91.

van den Bos, W., van Dijk, E., Westenberg, M., Rombouts, S. A., & Crone, E. A. (2009). What motivates repayment? Neural correlates of reciprocity in the Trust Game. *Social, Cognitive, & Affective Neuroscience*, *4*(3), 294–304.

Volkow, N. D., Wang, G. J., Fowler, J. S., Logan, J., Gatley, S. J., Hitzemann, R., ... Pappas, N. (1997). Decreased striatal dopaminergic responsiveness in detoxified cocaine-dependent subjects. *Nature*, *386*(6627), 830–33.

Volkow, N. D., Wang, G. J., Fowler, J. S., Logan, J., Jayne, M., Franceschi, D., ... Pappas, N. (2002). "Nonhedonic" food motivation in humans involves dopamine in the dorsal striatum and methylphenidate amplifies this effect. *Synapse*, *44*(3), 175–80.

Voorn, P., Vanderschuren, L. J., Groenewegen, H. J., Robbins, T. W., & Pennartz, C. M. (2004). Putting a spin on the dorsal-ventral divide of the striatum. *Trends in Neurosciences*, *27*(8), 468–74.

Wise, R. A. (2004). Dopamine, learning and motivation. *Nature Reviews Neuroscience*, *5*(6), 483–94.

Wyvell, C. L., & Berridge, K. C. (2000). Intra-accumbens amphetamine increases the conditioned incentive salience of sucrose reward: Enhancement of reward "wanting" without enhanced "liking" or response reinforcement. *Journal of Neuroscience*, *20*(21), 8122–30.

Zink, C. F., Pagnoni, G., Martin-Skurski, M. E., Chappelow, J. C., & Berns, G. S. (2004). Human striatal responses to monetary reward depend on saliency. *Neuron*, *42*(3), 509–17.

第20章

情景记忆中的情绪：情绪内容、情绪状态和动机目标的效应

艾丽莎·C.霍兰德（Alisha C. Holland） 伊丽莎白·A.肯辛格（Elizabeth A. Kensinger）

记忆存在多种形式。记忆可以反映有意识获取的事实和知识，或者过去的经验（外显或者陈述性记忆），也可以表现为源自过去经验的行为变化（内隐或者非陈述性记忆）。本章关注情景记忆，一种意识可获取的记忆形式（关于情绪影响内隐学习的讨论见本书第18章）。更确切地说，情景记忆指对特定事件的记忆。情景记忆通常包括事件本身的内容，以及事件发生的时间和空间信息（Tulving, 1972）。

为了以情景方式记住事件，必须发生三阶段加工。首先，原始事件信息必须被编码成记忆可存储的格式。其次，信息必须被巩固或者被稳定为持续表征。最后，表征必须被提取并且有意识地归于个人过去。并非所有经验都能通过三个阶段成为情景记忆存储的一部分。人们也许能记住昨天发生的大部分事件，但是只能记住一个月前发生的少数事件。尽管很多因素影响经验变成记忆存储的可能性，但其中一个很重要的因素是情绪体验。许多情景记忆和诱发情绪反应的体验有关；随着事件发展，人们体验到生理或者躯体反应改变，或者主观感受变化（关于情绪定义最佳方式的讨论详见第1章）。术语“情绪记忆”指人们记住这些情景事件的能力。

大量情绪记忆研究表明，情绪能够以许多方式与情景记忆加工交互作用，影响加工的编码、存储和提取阶段。当事件诱发情绪时，情绪影响最初编码事件的那些细节，以及编码需要的认知需求。伴随事件或者事件后不久所体验到的情绪，也能够影响编码信息进入记忆巩固的可能性。人们正在提取的事件情绪内容，能够影响体验丰富记忆的主观程度，或者当记忆线索呈现时，影响想起体验细节的难易程度。不仅伴随最初事件的情绪体验能够影响记忆过程，而且后期记忆阶段的情绪体验也影响记忆过程。例如，提取事件时，人们所体验的情绪能够最容易想起哪个事件，也能够影响过去经历的不同方面被重构的方式。本章讨论情绪和编码、巩固以及提取过程交互作用的方式，关注事件情绪内容和个体情绪状态如何影响记忆。

情绪体验的编码

编码指最初体验转换成记忆存储格式的一系列过程。正如使用电脑时按键信号必须转换成文档可识别和存储的格式，事件的视觉、听觉以及其他细节信息必须被转换成记忆存储格式。因

此，人们初始加工事件的方式，对记忆所存储的信息类型有很大意义。如果事件的某部分吸引人们注意，或者具备深思体验的特定特征，那么这些方面更可能被编码。实际上，编码最好视作人们最初加工体验方式的副产品（Paller & Wagner, 2002）。

广义上来说，影响情绪事件编码的因素能够被分为两类，一类是相对自动化的影响，另一类是涉及更多控制加工的影响（见图20.1）。相对自动化的影响包括情绪刺激吸引注意力、情绪刺激的前注意或者优先加工、情绪刺激加工流动性增强（见本书第14和15章；也见Whittlesea, 1993）。控制加工包括情绪信息的精细加工和复述，以及持续注意（Talmi, Luk, McGarry, & Moscovitch, 2007）。

几项证据表明，相对自动化加工和控制加工在情绪信息和不同情感特征之间存在差别。情绪通常被描述为二维空间，由两个维度构成——效价（愉悦或者不愉悦）和唤醒度（激活水平；Russell, 1980）。正如后文所述，不同维度的情绪反应可能会影响加工类型（使信息编码更便捷）。

高唤醒情绪影响编码过程

对于高唤醒信息，许多情绪影响编码加工都是相对自动化发生的。相对于低唤醒信息，高唤醒信息能被更快、更频繁地注意到，而且注意被选择性指向高的唤醒信息（例如Leclerc & Kensinger, 2008）。高唤醒信息可能也比低唤醒信息需要更少的注意加工资源（见本书第14章；也见Matthews & Margetts, 1991）并且被优先加工，因此注意资源不足时，高唤醒信息会赢得竞争（见第15章）。

高唤醒信息加工的这种改变，能下行影响人们所记住信息的可能性。例如，在情绪Stroop任务中，人们探测高唤醒刺激的能力增强，也更可能记住高唤醒项目（例如MacKay et al., 2004）。类似地，当人们试图编码信息，注意力被分散到两个任务时（例如要求被试编码单词，同时监测声音模式），人们加工高唤醒信息比低唤醒信息似乎更好，而且高唤醒信息记忆损失更少（Kensinger & Corkin, 2004; Kern, Libkuman, Otani, & Holmes, 2005）。这些结果支持了以下观点：高唤醒信息拥有自动化加工优势，因而增加了信息被记忆编码的可能性。

在神经水平，很多相对自动化影响似乎来自杏仁核激活。对杏仁核损伤患者的研究揭示了该脑区对增强高唤醒信息探测的必要性：杏仁核损伤个体没有像正常个体一样进行自动探测，并迅速加工高唤醒信息（例如LaBar & Phelps, 1998）。神经成像最近研究证实，杏仁核的激活模式使其成为自动化影响的可能的候选位置。特别地，当呈现显著刺激（例如恐惧面孔或者蛇）时，即使仅有最少注意资源，杏仁核也呈现激活增强（例如Whalen et al., 2004）。在缺乏注意时，杏仁核是否能被激活存在争议（见本书第14、15章），因而人们质疑不动用任何认知资源时高唤醒刺激是否能被编码（也见Pottage & Schaefer, 2012）。但是证据表明，即使没有给予高唤醒刺激执行注意，杏仁核也能加工，说明高唤醒刺激编码比低唤醒刺激所需的认知资源更少。

尽管杏仁核似乎在快速编码显著信息方面发挥重要作用，但是杏仁核并没有独自施加作用。事实上，杏仁核对成功编码所做的最多贡献，似乎反映在杏仁核调整其他感觉和记忆加工上。一旦被激活，杏仁核就向很多脑区发送输出连结的信号（例如Amaral, Price, Pitkanen, & Carmichael, 1992），神经支配对感觉和记忆加工重要的脑区。

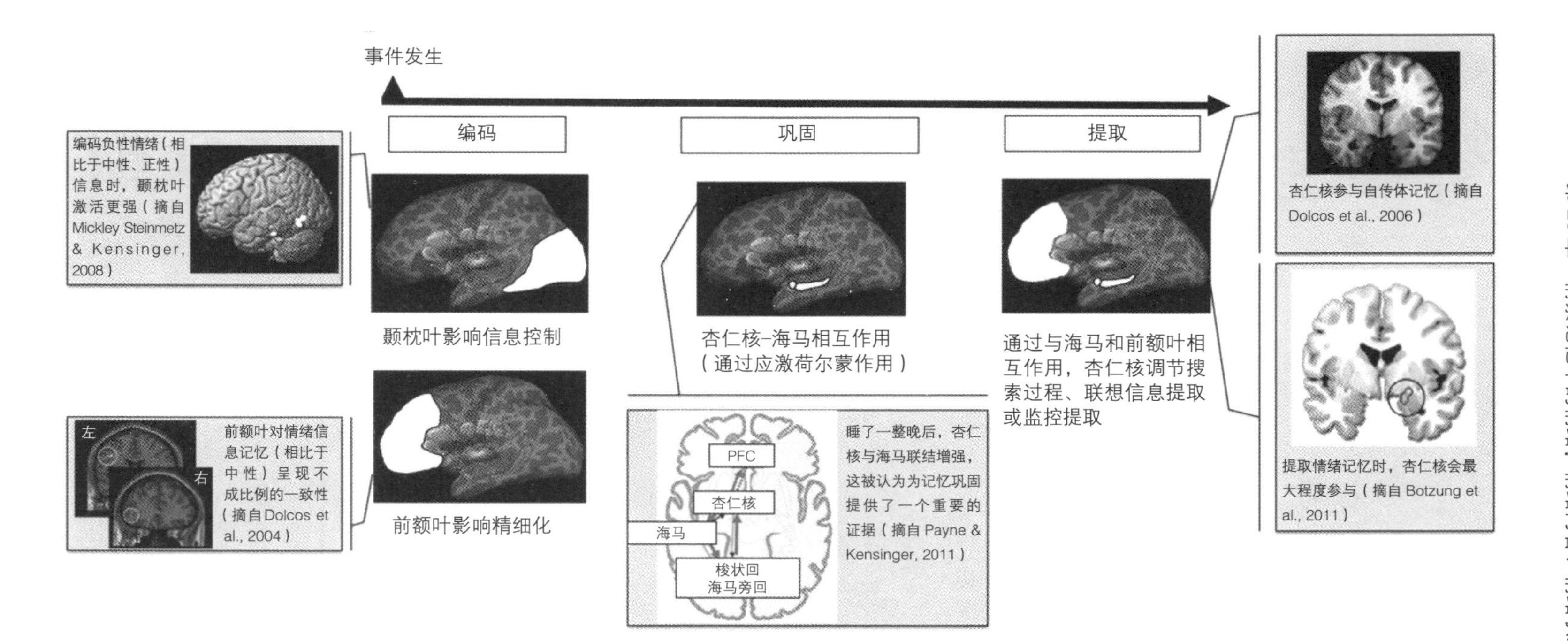

图 20.1　情感内容影响记忆方式的基本机制。彩色版本请扫描附录二维码查看

神经成像分析表明，杏仁核与梭状回、纹外视觉皮层（例如Tabert et al., 2001）以及海马（综述见LaBar & Cabeza, 2006），存在强大的功能联结。杏仁核也可能诱发情感–注意网络的更广泛激活（元分析见Murty, Ritchey, Adcock, & LaBar, 2010），该网络包括眶额皮层、前扣带回以及尾状核（讨论见Kensinger, 2009）。当任务需要注意情感刺激时，这个更广泛的网络便会"上线"工作（例如Robbins & Everitt, 1996），这有助于选择注意高唤醒信息，增加记住该信息的可能性（讨论见Kensinger, 2009）。

因此，成功编码高唤醒项目似乎源于领域–普遍因素（可增强任何种类的信息编码）和领域–特异因素（只特异性地与情绪信息编码有关）的联合。感觉皮层（例如Talmi, Anderson, Riggs, Caplan, & Moscovitch, 2008）或者内侧颞叶（Dolcos, LaBar, & Cabeza, 2004）被视为领域–普遍的。因为这些脑区不仅对高唤醒刺激的激活增强，而且也对非唤醒性刺激激活，从而参与编码中性信息与情绪信息。事实上，在某些情况下，这些脑区独立于杏仁核被激活（例如Talmi et al., 2008），表明情绪信息编码有时能被领域–普遍加工解释。然而，在迄今为止的大部分研究中，感觉和记忆激活调整，似乎被杏仁核以及其他情感加工区域（诸如眶额皮层）激活所增强。除非信息被解释为拥有独特显著性，否则这些脑区不参与加工（例如Sander, Grafman, & Zalla, 2003；见本书第1章），因此这些脑区参与被视为领域–特异的。因此，尽管最终结果可能是领域–普遍激活，但是激活所增强的通路似乎特异于加工情绪显著信息。换言之，通过调整领域–普遍的感觉和助记加工，情绪特异加工能够影响记忆。

低唤醒情绪影响编码过程

对于低唤醒情绪项目，自动化加工在引导编码中所发挥的作用更少。低唤醒项目比高唤醒项目更不太可能被探测到（见本书第14、15章），其编码过程被次级任务破坏（Kensinger & Corkin, 2004）。相比于编码高唤醒项目，编码低唤醒任务似乎更得益于控制加工。正如本节所讨论，可能影响低唤醒项目编码的关键过程包括其所引发的精加工、语义聚类和组织。

精加工指新信息与先前存储信息形成联系的过程。这种联系能够通过以下方式建立：提取新信息意义；与其他语义知识或者情景体验关联；整合信息进入个人的自我观念。众所周知，这些精加工能促进编码成功（参见Symons & Johnson, 1997），而且几项证据表明，这些精加工类型也许对于增强低唤醒信息编码尤为重要。首先，例如神经成像研究确认，诸如外侧前额叶皮层等涉及精加工的脑区，在成功编码情绪信息时不成比例地激活（例如Dolcos et al., 2004），特别是情绪信息低唤醒时（例如Kensinger & Corkin, 2004）。其次，当被试编码信息时注意力被分散，低唤醒项目记忆不成比例地受损。因为精加工是注意需求过程，所以注意分散任务破坏精加工能力；低唤醒信息编码受这种破坏影响最大，该事实说明低唤醒信息记忆特别依赖精加工（例如Kensinger & Corkin, 2004; Kern et al., 2005）。

情绪也能通过提供语义关联和组织原则有益于记忆的形成（例如Talmi et al., 2007）。"情绪"可以被视为一种类别，因此诱发任何情绪（或者特定情绪）的刺激可能被聚类在记忆中。众所周知，这种组织有助于信息编码，并且随后被用作强有力的提取线索，因此情绪信息聚类能力可能影响记忆保持方式。情绪信息错误再认增加（例如Brainerd, Stein, Silveira, Rohenkohl, & Reyna, 2008），为此提供了证据。这些结果被解释为，个体使用情绪信息的主题一致性编码“要点”或者相关信息的一般主题，然后记录下与所编码主题一致的任何信息。有趣的是，很多揭示情绪影响错误记忆的研究，使用的是低唤醒的单词或者其他刺激（例如Brainerd et al., 2008; Kapucu, Rotello, Ready, & Seidl, 2009）。尽管情绪影响错误记忆不囿于低唤醒刺激（例如Gallo, Foster, & Johnson, 2009），而且需要更多研究阐明是否高唤醒刺激比低唤醒更不易产生错误记忆，但是有可能因为低唤醒信息更依赖语义聚类，所以信息低唤醒比高唤醒时更倾向于编码要点信息（讨论见Kapucu et al., 2009）。也有可能，高、低唤醒刺激被语义聚类方式同等编码，但是因为高唤醒刺激得益于额外自动化加工，所以关于高唤醒项目人们更容易编码项目特异信息，以及基于要点的类别信息。某些情况下，该项目特异信息被用于对抗类别一致的错误记忆。

总之，大量证据表明，高唤醒项目记忆可能得益于自动化加工，而低唤醒项目记忆更可能得益于控制加工。这种差异并不代表控制加工仅特异性地服务于低唤醒信息；高唤醒项目也可能被精加工和语义组织。然而，因为高唤醒信息的记忆受到自动化加工相对强烈的影响，所以这种控制性较强的加工方式不太可能施加影响。相比之下，因为低唤醒信息似乎不拥有和高唤醒信息相同的自动化加工优势，所以编码低唤醒信息受到控制加工支配。

效价影响编码

目前为止已经讨论了唤醒度影响自动化和控制加工，除此以外，信息效价也可能影响这些加工。换言之，即使积极和消极体验诱发同等的唤醒，这两种信息也可能因为效价而得到不同编码。尽管当前没有大量研究探讨该主题，但是两项证据表明，消极效价可能增加情绪信息的自动化加工。首先，和积极信息相比，操纵注意分散似乎更少影响消极信息（Kern et al., 2005; Talmi et al., 2007），说明编码消极信息可能比积极信息更自动化。其次，神经成像研究揭示，成功编码消极信息比成功编码积极信息更可能与感觉脑区活动有关（例如Mickley Steinmetz & Kensinger, 2009）。相反，高唤醒积极信息与基于主题或者要点加工的脑区更相关，以至于编码更易被注意分散破坏（Kern et al., 2005; Talmi et al., 2007），并且与外侧前额叶皮层激活相关，这些脑区与精细编码和语义组织有关（例如Mickley Steinmetz & Kensinger, 2009）。

情绪状态和情绪目标影响编码

到目前为止，本文讨论了事件内容所诱发情绪如何影响事件的编码方式，但是加工事件的方式也受到当前情感状态和情绪目标影响。情绪状态调整人们所关注和编码的事件细节（见图20.2）。一般来说，人们更可能注意到与当前情绪状态效价一致的信息。例如，沉浸在消极心境（短暂的或者长期的，比如抑郁）可能增强对消极信息的注意，并且该消极信息更可能被记忆储存（Mathews & MacLeod, 2005）。

动机目标也能够以心境类似方式影响记忆编码。例如，在任务期间接近动机导致高估愉快记忆，反而在编码期间回避动机导致高估焦虑记忆（Lench & Levine, 2010）。人们的情绪目标——换言之，人们想如何感受——能够类似地影响所

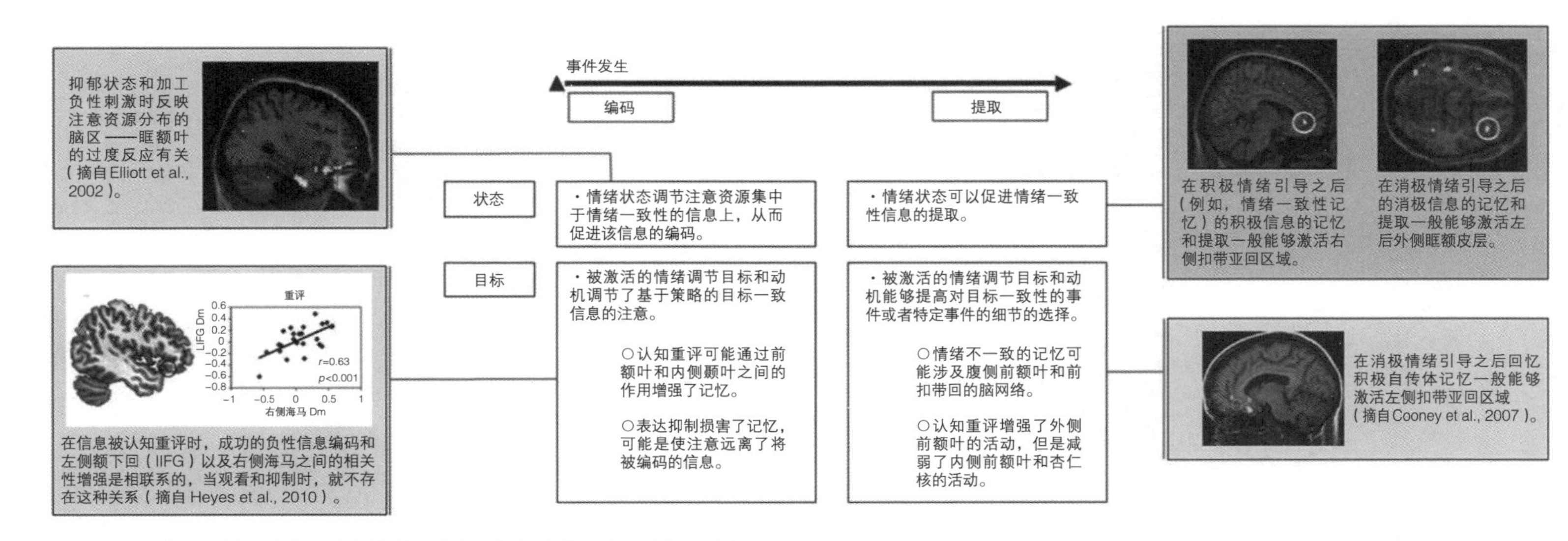

图 20.2　一个人的情绪状态和目标能够影响事件编码或检索方式的基本机制

编码的信息。情绪目标影响记忆的最清晰依据之一，是所记住体验类型的年龄相关变化。当成人从中年发展到老年，会额外重视情绪满足，使得情绪调节目标长期被激活；这种转换是因为老年人知觉到时间有限，并且想最大化情绪幸福感（综述见Mather, 2006）。与情绪目标一致，老年人比年轻人更可能注意进而编码积极信息（Mather, 2006）。

情绪目标变化可能通过影响情绪信息的控制产生积极偏向（Mather, 2006）。老年人比年轻人更可能以控制方式加工积极信息。与该观点一致，如果老年人拥有良好的认知控制能力，而且分配所有认知资源到任务执行中，那么他们更可能出现积极偏向；如果他们编码低唤醒项目，正如前文所述，保持这类信息特别依赖控制加工（Mather, 2006）。情绪目标影响情绪信息的控制加工，该结论得到了神经成像研究进一步支持。老化似乎对杏仁核活动没有很大影响，但是编码时前额叶皮层（尤其是内侧）似乎激活增加（见本书第28章）。所增加的前额叶活动，似乎反映积极信息反应时情绪调节增强和/或自我参照加工增强（见本书第28章；Kensinger & Leclerc, 2009）。

尽管情绪记忆的年龄差异研究为探索情绪目标影响记忆提供了可能性，但是需要进一步阐明情感相关目标如何影响年轻人记忆。以年轻人为对象的研究很重要，因为当前难以区分年龄差异是由情绪目标改变引起的，还是由认知功能或者脑功能的更普遍差异引起的（讨论见Nashiro, Sakaki, & Mather, 2012）。

检查情绪目标影响年轻人记忆的大部分研究，关注区分情绪调节不同策略的影响。关于情绪调节的很多研究都对比了两种不同的情绪调节策略。第一种是认知重评，一种特殊的情绪调节策略，涉及改变对情绪刺激的反应以及思考的方式（Gross, 1998）。第二种策略涉及抑制刺激的外显情绪反应（Gross, 1998；也见本书第16章）。

编码阶段所使用策略类型，对随后所记住的内容有重要意义。一些研究表明，认知重评信息的消极情绪，促进短时间延迟的自由回忆，但是情绪表达抑制损害回忆（例如Dillon, Ritchey, Johnson, & LaBar, 2007; Richards & Gross, 1999）。正如情绪记忆的年龄相关变化，情绪调节策略的不同记忆意义，与编码时的控制加工方式有关。当情绪刺激被注意时，认知重评涉及前额叶的认知控制脑区，似乎抑制了杏仁核激活。简言之，认知重评会导致前额叶激活增加和杏仁核激活减弱（例如Ochsner, Bunge, Gross, & Gabrieli, 2002）。相反，抑制与杏仁核活动反弹有关（Goldin, McRae, Ramel, & Gross, 2008）。认知重评导致编码最大化的事实表明，助记效益源于前额叶皮层所进行的控制加工而非杏仁核的参与。

更控制化（前额叶）和更自动化（杏仁核）加工的交互作用也可能导致记忆痕迹稳定。事实上，认知重评期间（相对于抑制和被动观看），成功编码消极图片更强烈地激活了左额下回、海马以及杏仁核（Hayes et al., 2010）。而且，另一项研究发现，编码时额叶–杏仁核神经环路参与重评情绪图片（相对于被动观看），长达一年后提取时又重新激活（Erk, von Kalckreuth, & Walter, 2010），说明这些脑区内的连接可能存在持久改变，这有助于记忆巩固。重要的是，未来研究需要阐明为什么认知重评的神经活动能导致如此强的记忆力，在记忆持久性方面为什么情绪抑制可能拥有不同的长期神经作用。

情绪体验的记忆巩固和保持

正如前节所强调，情绪会对人们最初注意和编码信息的方式施加重要影响。如果情绪仅影响编码过程，那么不论测试短时还是长时延迟记忆，情绪效应应当保持一致：跨所有可能延迟的间隔应当存在相当的情绪效应。然而事实上，长时延迟后，情绪效应变得夸大。如果回想今晨，可能记住某些平凡时刻（我们早晨吃了什么，早班时交通状况是什么样子），但是如果回想上星期，就不可能记得那些细节，除非它们特别具有情绪性（也许会记得牛奶洒了或者堵车，但是不可能记得日常的琐事）。事实上，尽管情绪对记忆甚至是短时延迟记忆有益（例如Talmi et al., 2007），但是该促进作用会随着延迟拉长而变得夸大（例如Sharot & Yonelinas, 2008）。如果情绪仅仅影响编码，那么很难解释该模式。即该模式表明情绪不仅在编码时发挥影响，而且在情景记忆的后期巩固阶段也起作用。

巩固是指留存记忆痕迹并使之不易受到损害的一系列过程（见McGaugh, 2004）。一般认为巩固需要海马参与，尽管海马参与的时间进程仍有争议（见Nadel & Moscovitch, 1997; Squire & Zola, 1998）。正如前文所述，杏仁核与海马等很多脑区联系密切，而且杏仁核被认为具有能调整海马功能，增加情绪体验被巩固的可能性。事实上，杏仁核损伤患者在短时延迟后仍表现出正常的情绪记忆增强（例如 LaBar & Phelps, 1998），但是在长时延迟后不再保持该增强作用，这说明杏仁核通过影响海马巩固发挥它的许多作用。

很多神经成像研究证实了杏仁核能通过和海马的交互作用，从而塑造长时情景记忆（综述见LaBar & Cabeza, 2006）。而且，情绪影响长时情景记忆受到应激激素调整。皮质醇能够增强情绪信息的长时回忆，然而 β 受体阻滞剂能够抵消这种增强作用（综述见McGaugh, 2004）。因此，神经成像和神经药理结果一致表明，唤醒依赖的杏仁核调节具有记忆巩固作用。

研究者尝试分离情绪影响巩固过程的另外一种方式是，保持编码阶段恒定，但是操纵编码后被试睡眠或保持清醒。因为睡眠被认为是巩固情景记忆的理想环境（综述见Walker & Stickgold, 2006），所以编码后进入睡眠的被试有望比仍然保持清醒的被试更好地巩固记忆加工。

至今，研究对比睡眠影响情绪与非情绪信息，发现睡眠特别有利于情绪记忆。大部分研究将编码后不久睡眠的被试的后续记忆表现与清醒的被试对比，发现睡眠组被试记得更多情绪单词或者图片，而对中性信息受益较少（例如Wagner, Hallschmid, Rasch, & Born, 2006）。睡眠对情绪记忆的约束效应是持久的。例如，被试学习情绪和中性故事后打盹，比不打盹被试，三年后更可能记住情绪故事，但是睡眠对记忆中性故事没有影响（Wagner et al., 2006）。

神经成像证据支持情绪影响记忆巩固，表明记忆痕迹能被相当狭小的脑网路提取，包括杏仁核、海马以及腹内侧或者眶额皮层（脑区描述见图20.3）。在仅仅12小时的睡眠延迟后，该精细的网络被揭示能支持情绪记忆提取（Payne & Kensinger, 2011）甚至延迟更长时，该网络似乎也能表现出相同功能（Dolcos, LaBar, & Cabeza, 2005; Sterpenich et al., 2009）。这些结果表明，巩固后（诸如晚上睡觉）情绪记忆的提取加工更高效。

尽管至此所讨论的证据表明情绪能促进记忆巩固，但是需要注意，情绪不能促进事件所有方

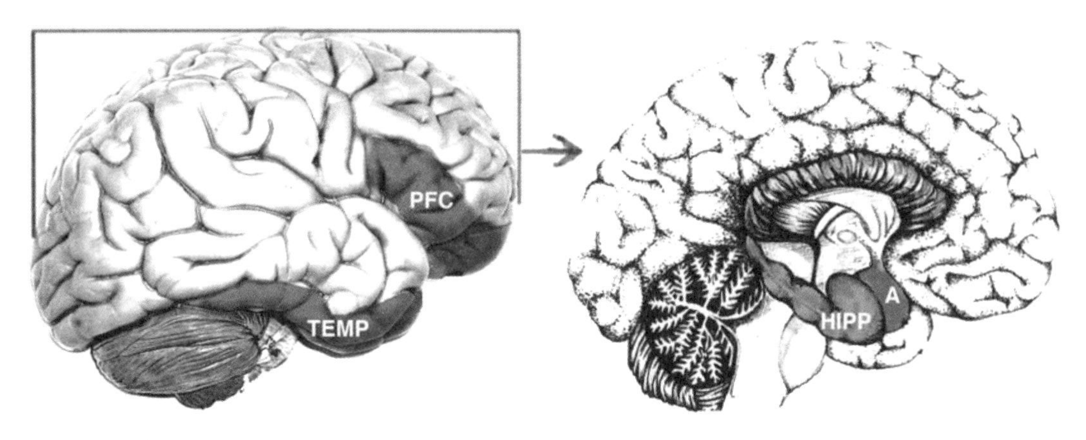

图 20.3　情绪调整记忆编码和巩固的关键脑区。PFC = 前额叶皮层（阴影部分突出腹外侧或者眶额皮层，最常出现在情绪记忆研究中），TEMP = 下颞叶，HIPP = 海马，A = 杏仁核

面的记忆巩固。事实上，情绪可能导致事件某些方面被巩固，而其他方面消退了。例如，在非情绪背景（例如，森林）中呈现情绪项目（例如蛇），被试编码场景后睡觉，被试保留了情绪项目的记忆，但是没有保留相应背景的记忆（Payne, Swanberg, Stickgold, & Kensinger, 2008）。这些结果表明，记忆巩固不影响情绪体验的整体表征；若仅选择性影响情绪的要素，并且仅提取这些要素，那么情绪和记忆巩固间的交互作用可能更复杂（更多讨论见Payne & Kensinger, 2011）。

情绪体验的提取

考虑到编码和巩固阶段情绪能有助于记忆，那么情绪影响记忆输出阶段，也许并不令人意外。记忆提取涉及通达过去经历的内部表征，而且需要重构（而非复制）过去事件的细节（见Bartlett, 1932; Conway & Pleydell-Pearce, 2000）。情景记忆重构在行为和神经方面的本质属性有：提取阶段会发生各种记忆错误，提取过程中会涉及广泛分布的脑网络激活（Schacter & Addis, 2008）。尤其是自传体记忆提取激活脑网络，包括内侧和外侧前额叶、内侧颞叶、内侧和外侧顶叶（综述见Cabeza & St. Jacques, 2007; Svoboda, McKinnon, & Levine, 2006）。

海马复合体位于内侧颞叶（见图20.3），也许是记忆重构加工所需的最关键脑区。大脑皮层存储情景的不同细节，而海马发挥“指针系统”作用（Nadel & Moscovitch, 1997），协调细节组合成连贯记忆。海马激活受到杏仁核调节，杏仁核可能增强记忆搜索和提取过程；正如后文将讨论的，海马活动也受到情绪记忆有关的现象学特征的调整。

相对于中性或者虚构记忆，能回忆更生动的情绪自传体记忆（例如 Rubin & Kozin, 1984）并感到更自信（例如Talarico & Rubin, 2003）。回想携带更多感觉细节的情绪信息，导致更高程度的回忆感和重温感（Rubin, Schrauf, & Greenberg, 2003）。有时情绪也与更精确的细节提取方式相关，至少对于聚焦于情景情绪方面的信息是这样（Kensinger, 2009; Sharot, Delgado, & Phelps, 2004）。

尽管大量神经成像研究关注了记忆编码阶段表现出来的可用以预测后续记忆的脑活动，但是很少有研究涉及情绪记忆提取。部分原因是难以区分支持提取脑激活和支持情绪线索加工或者情绪再体验的神经激活。两类设计巧妙地避免了这些问题。第一类实验室记忆任务，测试在情绪背景下所呈现的中性信息的记忆（例如再认情绪句子中的中性单词）。任务仅使用中性信息作为提取线索，避免了可能诱发的情绪性加工（综述见LaBar & Cabeza, 2006）。第二类设计考察了自传体记忆，区分该记忆延迟提取过程中的神经活动（例如Daselaar et al., 2008; Greenberg et al., 2005）。

实验室记忆任务与自传体研究证据表明，重叠的神经网络参与情绪信息的编码和提取过程（Dolcos et al., 2005; Maratos, Dolan, Morris, Henson, & Rugg, 2001）。特别是杏仁核、海马以及前额叶皮层，不仅参与编码体验，而且参与情绪信息回忆。因此某种程度来说，提取情绪体验包括再现最初体验时情绪实例化所呈现的脑活动。正如编码阶段，情绪记忆提取与中性记忆提取似乎包括很多相同区域——前额叶皮层引导记忆选择和监控，海马参与过去事件特征重构记忆——但是这些脑区活动受到对情绪加工重要性的边缘系统的调节（Kensinger & Schacter, 2007；见上页图20.3）。功能连接分析揭示，当在提取情绪背景下编码信息时，杏仁核和海马之间，以及前额叶与内侧颞叶之间存在相互连接（Smith, Stephan, Rugg, & Dolan, 2006）。这些结果表明，情绪信息提取可能受到前额叶皮层自上而下的加工协调，继而影响情绪关键脑区（杏仁核）以及情景记忆关键脑区活动（海马；Buchanan, 2007；Greenberg et al., 2005）。杏仁核在调节提取过程中的作用，可能标志着事件的过去行为的显著性（Dolan, Lane, Chua, & Fletcher, 2000）；如果杏仁核是编码时的“显著侦察器”（Sander et al., 2003），那么提取时杏仁核激活可能有助于回忆事件的重要性。

有趣的是，尽管情绪信息编码和提取包括重叠的神经加工结构，但是情绪记忆的两阶段仍存在单侧化差异。例如一项研究发现，右侧杏仁核激活预测成功编码情绪信息，然而左侧杏仁核激活预测成功提取（Sergerie, LePage, & Armony, 2006）。尽管其他研究发现了相反的单侧化效应（见Cabeza & St. Jacques, 2007），但是那些数据不能提供有力证据证明杏仁核参与了编码和提取两个阶段。

尽管情绪记忆提取时杏仁核和海马存在功能连接，但是现存疑问是该连接如何导致情绪和中性记忆提取的定量与定性差异。一种可能原因是情绪促进记忆搜索过程。有人认为通过情绪事件的部分线索，杏仁核和内侧前额叶在早期被激活，从而产生情感状态。反过来，该情感状态用于进一步提取情绪信息的线索；随后，前额叶和杏仁核增强海马所中介事件的细节提取（Buchanan, 2007）。海马提取额外情感细节，导致最初知觉这些细节时活跃的脑区再度活跃（Buchanan, 2007）。事件相关电位（ERP）研究拥有高时间分辨率，表明相比于中性信息，提取情绪信息涉及额外的早期和晚期加工，可能反映出早期促进情绪记忆搜索和晚期重现情绪回忆（综述请参见Buchanan, 2007）。近期fMRI研究进一步表明，相比于高级认知区域，情绪提取线索可能引发早期感觉区域激活更强（Hofstetter, Achaibou, & Vuilleumier, 2012），说明情绪能增强提取阶段的感觉重现。

其他fMRI研究进一步提供证据支持了以下假设，即情绪可能促进提取阶段记忆表征搜索。研究者利用自传体记忆提取所需较长的时程和大部分自传体记忆所拥有的情绪特征，检查情绪调整记忆提取的时间过程（Daselaar et al., 2008）。研究测量了自传体记忆最初构建阶段和后期精加工以及保持阶段的神经活动。分析揭示，记忆提取的关键区域包括海马、后扣带回以及前额叶皮层，在提取的早期初始阶段激活。重要的是，被试的情绪强度评定与杏仁核和海马的激活程度相关，且该现象只出现在初始阶段，而不出现在后期精加工阶段。杏仁核的早期激活——在记忆完全构建之前——支持以下假设：情绪起到早期警告作用，提示正在提取个人重要事件；并且杏仁核活动有助于引导记忆搜索过程（Daselaar et al., 2008）。在精加工阶段，杏仁核激活没有增强，说明杏仁核并非只对已提取事件的情绪评价作反应（Daselaar et al., 2008）。

杏仁核和海马活动对情绪记忆提取非常关键，也与本节开始所提到的情绪记忆的现象学特征有关。例如，海马与杏仁核的活动，与提取自传体记忆的情绪强度有关（Daselaar et al., 2008）。杏仁核激活增强与回想感呈正相关（Sharot et al., 2004）。提取过程中的杏仁核激活与体验所涉及细节的精确性和数量是否具有一致性，或者提取阶段的杏仁核活动是否仅服务于主观生动性或者对相关记忆的自信度（Sharot et al., 2004），仍存在争议。本章后文讨论情绪影响记忆信心时，会回到该话题的探讨。

心境一致性记忆

本章关于该主题的研究表明，当事件发生时人们所体验的情绪能够影响编码、巩固和提取事件的方式。然而，记忆提取时人们的情绪体验也能够影响记忆。提取时情绪状态既影响什么事件最易被回想起，也影响哪些事件细节最可能被记住。

心境影响记忆的有力证据是心境一致性回忆，即趋向于回忆与当前心境效价一致的事件（例如，处于消极心境时回忆消极信息；参见Rusting, 1988）。除了影响哪段记忆被回忆，心境一致性效应也影响回忆速度以及如何评定消极或者积极记忆。心境一致性记忆似乎在诱发和自然心境的情况下（诸如抑郁中皆可）发生，并且可出现在实验室和自传体记忆任务中（参见Rusting, 1998）。鲍尔（Bower, 1981）的情绪网络理论通常用以解释该效应，认为当特定情绪“节点”参与时，与节点相关的信息会被激活，正如心境状态中那样（替代观点综述见Rusting, 1998）。因此，消极心境激活消极节点及与该节点相关的信息，促进与消极心境一致的记忆提取。

在过去几年，神经成像研究开始探索心境一致性记忆背后的神经机制（Lewis & Critchley, 2003）。也许这并不奇怪，参与情绪状态体验和编码情绪体验的某些边缘和旁边缘脑区，同样参与心境一致性信息回忆（综述见Buchanan, 2007）。例如，引发愉快心境后，积极信息的成功编码和提取都能激活膝下扣带回，而引发悲伤心境后，消极信息成功编码和提取与后外侧眶额皮层激活相关（Lewis, Critchley, Smith, & Dolan, 2005）。编码和心境一致性提取消极或者积极信息时涉及的脑区有所重叠，为鲍尔（1981）的网络理论提供了证据，膝下扣带回用作积极情绪节点，而后外侧眶额皮层用作消极情绪节点（Lewis et al., 2005）。

杏仁核也在心境一致性记忆中发挥作用：诱发悲伤心境后，具有复发高风险的抑郁患者的杏仁核激活增强，与心境一致性提取消极自我参照信息有关（Ramel et al., 2007）。尽管该关联的机制尚未知，但是可能的解释是，杏仁核引导心境一致性提取，因为正如前文所述，杏仁核能促进对个人来说显著的记忆的搜索（Daselaar et al., 2008），激活显著信息（Sander et al., 2003）。处于抑郁复发高风险中的个体，可能就是因为知觉消极记忆为最自我相关和显著的。

尽管心境一致性常常作为提取效应被讨论，但是正如前文所提到的，心境也影响注意和编码的信息类别。实际上，神经成像证据表明，心境一致性效应发生在编码和提取阶段。就语义加工而言，编码心境一致情绪信息似乎可付出更少努力，因为心境一致信息比心境不一致信息需要更少语义加工的神经标记（N400; Kiefer, Schuch, Schenck, & Fiedler, 2007）。ERP和fMRI研究也表明，抑郁个体给消极信息分配更多工作记忆（与背内侧前额叶活动有关）和注意资源（与外侧眶额皮层有关）（例如Elliott, Rubinsztein, Sahakian, & Dolan, 2002）。如果情绪一致信息更容易加工且拥有更多认知资源，那么这可能就解释了心境一致信息的后期助记效益。

情景记忆和情绪调节

尽管心境一致性常常是一种能被重复验证的效应，但情绪有时也与相反的效应有关：在诱发（例如Josephson, Singer, & Salovey, 1996）或者自然心境条件下（例如Parrott & Sabini, 1990）提取效价相反记忆，心境不一致性记忆就发生了。心境不一致性记忆有时发生在心境一致性的最初阶段（例如Josephson et al., 1996），因此通常被归于心境调节或者修复功能（例如Isen, 1984）。实际上，情绪或者心境调节被报告为是日常自传体记忆的功能（Bluck, Ale, Habermas, & Rubin, 2005）。该目标可能至少通过两条通路影响情景提取。首先，情绪调节目标可能影响给定背景下哪些记忆被回忆。例如，当研究要求被试玩游戏，且告知游戏中侵犯行为会得到奖励时，被试参与游戏时倾向回忆愤怒记忆（Tamir, Mitchell, & Gross, 2008）。也有一些证据表明，调节目标能够影响记住特定事件的哪些特殊情绪细节（Holland, Tamir, & Kensinger, 2010）。

情绪调节目标影响记忆提取的第二种方式，是调整所回想记忆的特异性水平。建构自传体记忆，既发生在暂时和背景特异的情况下（例如我的大学第一节课），也发生在合并相似重复或事件的一般事件中（例如，每周四去听课）（见Conway & Pleydell-Pearce, 2000）。大量文献表明，情感障碍个体更可能回忆重复出现的一般自传体事件，而不是特定时间和地点的自传体事件（综述见Williams et al., 2007）。所谓过度概括化记忆现象的可能解释之一是情感调节（综述见Williams et al., 2007）。威廉姆斯（Williams）及其同事（2007）认为，过度概括化回忆为特定消极事件相关细节的功能回避提供了可能（需要注意的是，实际上该回避可能是功能失调的）（Phillipot, Baeyens, Douilliez, & Francart, 2004）。

一些利用对情绪图片的反应探究情绪调节的神经机制的研究，表明下行调节的消极情绪激活背外侧前额叶、眶额皮层和扣带回，而这些脑区似乎能抑制与情绪反应相关的腹侧和边缘脑区，包括杏仁核和脑岛（参见Ochsner & Gross, 2008; 情绪调节关键脑区讨论见本书第16章）。正如前文所讨论的，只有少量研究关注记忆编码的调节效应。也很少有研究在神经水平上探讨情绪调节和情绪自传体记忆提取的关系。一项研究发现，相对于更背侧脑区参与自上而下情绪调节，在诱发消极心境后指导被试回想积极记忆，会导致腹侧脑区激活，激活区域包括腹内侧前额叶、眶额皮层以及膝下扣带回（Cooney, Joormann, Atlas, Eugène, & Gotlib, 2007）。

相对于心境不一致性记忆，通过改变解释事件的方式，调节特定过去体验相关情绪也许正如不同神经回路参与，是更需认知努力的任务。一项研究发现，回忆消极自传体记忆时，主观情绪评定和神经活动依赖于调节策略类型（Kross, Davidson, Weber, & Ochsner, 2009）。当被试关注消极感受时（类似于冗思），情绪评定和膝下扣带前回、内侧前额叶激活最大；当被试采取类似于认知重评策略时中等；当被试心理疏离事件时最弱。该研究表明，成功调节消极记忆与调节其他刺激不同，前者抑制内侧前额叶皮层（与自我参照加工相关）。有趣的是，最近研究进一步表明，情绪调节方向可能影响与调节相关的神经活动何时参与。在记忆最初被建构和被评估为消极的活动中，通过认知重评进行下行调节的策略似乎能激活内侧、外侧前额叶皮层和内侧颞叶，然而当被试准备回忆事件时（例如记忆线索呈现前），以及后期精加工记忆细节时，上行调节策略能激活类似区域（Holland & Kensinger, 2012）。总之，该研究表明，提取阶段情绪调节的神经环路和时间进程，取决于调节策略类型（类似讨论见Cooney et al., 2007）。

情绪记忆的建构属性

到目前为止，本文已经讨论了情绪和情绪性目标影响编码和记忆细节的方式。讨论的内隐假设是记忆相当精确。然而正如前文所综述的，记忆的建构属性易使记忆产生偏差和扭曲；这些记忆错误在编码和提取时受到情绪状态和目标影响。例如，尽管人们经常觉得从未忘记情景事件相关的情绪，但是大量研究表明，情绪细节也受到同类型建构加工（因而也会错误）（参见Levine, Safer, & Lench, 2006）。特别地，相较于事件发生时所表达的感受，所记得的情绪感受常常与事件前个体如何预测感受（Mitchell, Thompson, Peterson, & Cronk, 1997），以及回忆时个体感受如何（Levine, 1997）更相关。例如，“乐观视角”现象被用来描述以下观测，如果个体期待诸如假期的事件是积极的，那么回忆也如此，尽管实际经历是积极和消极情绪混杂（Mitchell et al., 1997）。人们期待为消极的事件（例如周一）亦如此：即使被试经历比较中性，但是在他们记忆中它们是消极的（Areni & Burger, 2008）。认知重评也与情绪记忆偏差有关。对选举结果初始持消极反应的被试重评后，比没有重评的被试，记住更少关于选举的消极感受（Levine, 1997）。正如前文所提到的，老年群体呈现情绪调节增强以及注意和记忆的积极偏向，也倾向于记得过去经历比实际经历更积极（参见Mather, 2006）。

从行为角度来看，情绪记忆的建构属性源于和其他记忆细节建构属性相同的机制。如果记录和储存每时每刻经历的所有细节，那么记忆系统是低效的。也许出于这个原因，特定的知觉和概念细节，在情景事件结束后会相对迅速地被遗忘（参见Robinson & Clore, 2002），而且能基于启发式被重构。启发式信息可能包括情景事件期间情绪强度的峰值和结束时刻的情绪（例如Frederickson, 2000）。除此之外，背景信息（例如记得事件发生时在想什么），或者语义信息（例如知道假期通常是积极的），也能引导建构过程（Robinson & Clore, 2002）。

与其他类别的细节一样，情绪细节建构可能是相当功能性的，因为加工允许记忆更新（Levine

et al., 2006）。假定情景记忆建构的关键功能是创建模拟未来继而引导未来行为（Schacter & Addis, 2008），那么理解重构过去情绪的神经机制很重要。该领域的很多证据源于神经心理学患者，指出情景细节和情绪细节的记忆系统存在差异（参见Conway & Pleydell-Pearce, 2000）。内侧颞叶损伤的遗忘症患者呈现陈述性细节记忆受损，但是能保留对他人情感印象的记忆（Johnson, Kim, & Risse, 1985）。暂时或者永久左半球损伤患者呈现相反情况：他们能正常报告事件相关细节，但是不能报告情绪细节（见Conway & Pleydell-Pearce, 2000）。

最近，更多研究深入调查海马、杏仁核以及附近脑区是否作为消极情绪自传体记忆提取的潜在支持脑区（Buchanan, Tranel, & Adolphs, 2006）。右侧前内侧颞叶（不单独是海马）发生损伤时，消极细节数量以及负性记忆相关的情绪强度评定下降（Buchanan et al., 2006）。这些病患研究与前文所综述证据一致，即杏仁核参与情绪记忆提取，与提取时的情绪强度有关（Daselaar et al., 2008; Greenberg et al., 2005）。考虑到缺乏情感细节时提取事件相关细节也能发生（Conway & Pleydell-Pearce, 2000），似乎重构情景细节与情绪细节的神经机制可能也是分离的。

闪光灯记忆

至此本文所回顾的证据表明，情绪事件和情绪细节在提取阶段被重构，因此易产生和中性信息相同类型的错误和偏差。但是存在一种特殊类型的高情绪性、个人显著性和令人惊奇的事件，布朗（Brown）和库利克（Kulik）（1977）称之为“闪光灯记忆”。最初认为，闪光灯记忆比其他事件被记得更精确（即更少重构错误）。布朗和库利克的开创性论文检查了个体对许多消极公众事件的记忆程度，使用最多的是约翰·F.肯尼迪遇刺事件。研究者报告，个人显著性、令人惊奇的事件属性导致记忆生动和富有细节。细节具体程度之高，与事件相关但是似乎对个人不重要的背景细节（例如听到消息时我和谁在一起）也能被报告。布朗和库利克（1977）假设，令人惊奇和个人相关的闪光灯事件表示与个体的生物相关性，能引发大量神经活动，在最初学习事件时导致生动的细节“快照”—— 甚至那些怪异细节。

后续研究确认，个体的确能对闪光灯事件产生非常生动和详细的记忆（参见Talarico & Rubin, 2003）。然而，闪光灯记忆随时间变化的精确性和一致性研究揭示，闪光灯记忆能产生与其他中性和情绪事件相同的重构错误。指出闪光灯记忆会随时间流逝产生不一致的第一批研究之一，调查了当得知1986年“挑战者”号航天飞机爆炸时被试所体验的个人细节记忆（Neisser & Harsch, 1992）。被试的记忆检查设置在爆炸发生后不久和30个月后；即使被试相信自己的回忆是生动和准确的，但是实际上包含很多扭曲信息。对于O. J. 辛普森（O. J. Simpson）案（Schmolck, Buffalo, & Squire, 2000）和“9·11”恐怖袭击（Pezdek, 2003），人们的记忆都呈现出不一致。

几项研究可能阐明为什么极富情绪的经历存在不精确和不一致的记忆。其中一项研究关注所谓的情绪记忆术语“折中”。情绪不会同等增加所有类型细节的记忆。相反，以事件的情绪方面为核心的细节获得助记效益，牺牲了背景或者周围细节（参见Levine & Edelstein, 2009）。阐释记忆折中应依据被记得最一致和最精确的细节种类——直接与事件或者个人背景相关。皮兹德克

（Pezdek）（2003）询问被试关于“9・11”恐怖袭击的细节（例如第一座塔倾倒是什么时间）以及当天他们经历的个人细节（当你得知恐怖袭击消息时谁和你在一起）。当天处在世贸中心附近的被试，比加利福尼亚州或者夏威夷的被试，对事件相关细节记忆更准确。尽管存在事件事实的助记获益，但是相比于更远地区的被试，曼哈顿的被试的报告相对缺少个人细节。这些结果能够用折中效应解释：曼哈顿的被试的重点细节是与事件相关的，这对于他们的人身安全具有重要的潜在意义。当天的个人细节构成了更不重要的背景信息，因而可能被记得差些（Pezdek, 2003）。有趣的是，布朗和库利克（1977）在他们的开创性论文中间接提到了该现象，他们注意到闪光灯记忆远非细节完整，并且会像照相机遗漏焦点外细节一样漏掉细节。因此，闪光灯记忆的测量精确性和一致性取决于什么信息被记住。

影响闪光灯记忆的第二个因素是所知觉的事件效价。大部分闪光灯记忆研究沿用高消极公众事件，诸如自然灾害、恐怖袭击，以及公众人物死亡。检查事件效价如何影响后期提取的一种方法是，利用结果被知觉为积极与消极的事件，诸如体育赛事（Kensinger & Schacter, 2006）或者政治选举（Holland & Kensinger, 2012; Levine, 1997）。这些研究一般一致地发现，消极情绪似乎为事件的细节记忆提供了特别的助记效益，而且超过了事件被视为积极时的助记优势。记忆的效价依赖差异，可能归于消极和积极情绪所引发的信息加工模式。消极情绪与细节性的、项目-特异性加工有关，增加注意引发消极情绪的细节。相反，积极情绪更依赖启发式和关系加工（参见Kensinger, 2009），会增加后期提取阶段的重构错误数量。

情绪记忆的信心

情景记忆的定义要求事件被归于个人过去，而且情景记忆特点是伴随重构过去事件特征的再体验感受（Tulving, 1972）。许多研究表明，当信息是情绪性的时候，再体验感受可能特别显著。人们更可能宣称他们非常生动地记得情绪经历（例如Ochsner, 2000; Sharot et al., 2004），并且正如闪光灯记忆所讨论的，人们通常对情绪事件的回忆感到自信。

很多研究讨论了被试的主观报告是否反映了对情绪事件被记录的高忠诚度的准确阐释或者是否情绪使个人偏向相信保持了生动的记忆（见Kensinger, 2009; Mather, 2007; Sharot et al., 2004）。关于杏仁核对情绪记忆的作用存在类似的混淆。一些研究揭示，编码或者提取时的杏仁核活动与精确记忆相对应（例如Smith et al., 2006），然而其他研究表明，杏仁核活动不对应于记住情景细节的能力（例如Sharot et al., 2004）。

近期一项神经影像研究可能有助于阐明产生冲突结果的原因。在这项研究（Kensinger, Addis, & Atapattu, 2011）中，被试观看一些情绪物体，后来要求被试报告对这些物体记忆的生动程度，并且回忆与物体呈现有关的许多背景细节。结果揭示，杏仁核活动对应于记忆主观生动性的持久增加，但是杏仁核仅促进了被试编码物体的视觉细节，而不是其他情景细节。这些结果表明，杏仁核仅对应于特定部分情景细节的记忆，但是人们可能会利用这些细节估计记忆生动性。换言之，情绪记忆生动的原因，不是许多不同细节被记住，而是一小部分细节被记得非常好。

结论

本章回顾了信息的情绪内容影响——选择性地增强——记忆每个阶段，即编码、巩固和提取。人们当前的情绪状态和情绪目标进一步调整人们可能编码或者提取哪些信息。重要的是，神经成像证据已经阐明，情绪信息记忆依赖于与中性信息记忆相同的内侧颞叶以及前额叶皮层，但是该记忆网络额外受到情绪加工相关脑结构的调整。

由于情绪记忆的神经成像研究已经建立了坚实基础，未来工作不仅要检查情绪如何影响记忆每个阶段，而且要研究情绪如何影响记忆不同阶段的交互作用，以及我们试图控制或者改变这些情绪会对所编码或者提取的内容产生何种影响。

重点问题和未来方向

· 不同动机状态通过什么机制影响记忆编码和提取？动机状态似乎影响信息编码时的注意资源（缩窄或者扩展注意），而且可能调整提取时特定事件细节的可获得性。在神经水平，这些变化可能与内侧颞叶和前额叶皮层的交互作用有关。需要更多研究来阐明不同动机状态如何影响不同脑区交互作用，尤其是超越效价维度定义的情绪（例如离散情绪）。研究已经表明，特定的离散情绪（例如悲伤、愉快、愤怒以及恐惧）与独特的动机状态相关，诸如接近或者回避（综述见Levine & Edelstein, 2009），因此这些动机状态可能以不同方式调整记忆网络。一项研究对比了消极与积极事件回忆，表明前额叶、颞叶以及压后皮层呈现分离贡献（Piefke, Weiss, Ziller, Markowitsch, & Fink, 2003），但是尚不清楚这些效应是由事件的情绪效价引起，还是由与每种效价相关的动机状态（例如积极效价的接近动机与消极效价的回避动机）引起。检查不同离散情绪相关事件可能进一步厘清效价和动机目标对记忆的贡献。

· 人们试图如何调节情绪以影响所编码和提取的内容？以往研究揭示了记忆效价和强度影响编码和提取，但是探索改变效价和强度如何影响记忆还处于初始阶段。迄今为止，在记忆提取背景下只检查了少量情绪调节策略，但是尚不清楚在提取时调节策略卷入哪些脑结构，诸如积极信息的下行调节、消极信息的上行调节或者抑制。有可能情绪调节既影响所编码和提取的体验内容，也影响信息品质（例如生动性和精确度）。理解情绪调节影响记忆的机制，可能可以阐明情绪失调相关的情感障碍。

· 编码、存储和提取如何交互影响情绪体验保持？尽管大部分研究单独关注了每个阶段，但是各阶段之间可能存在许多交互作用。编码阶段注意的细节，或者最初经历所引发的心境，都可能影响记忆所巩固的事件维度，或者影响提取加工引导信息恢复的功效。由于人们对情绪内容或者情绪状态调整每个单独记忆阶段的方式拥有了基础认识，未来研究最好在其他记忆阶段背景下考虑特定的记忆阶段。

· 当编码阶段所呈现动机目标与提取阶段所唤起情绪目标不匹配时，记忆被如何影响？检查动机目标如何影响记忆的研究，要么关注了编码阶段，要么关注了提取阶段所呈现的目标，然而动机目标可能在这两个时间节点都存在。到目前为止，尚不清楚编码和提取时目标及其相关神经活动可能如何交互作用。艾克等（2010）发现，编码时调节情绪反应导致被试认知化情绪图片（相对于再认未被情绪调节的图片），而且随后提取时依赖于更多前额叶皮层。如果在提取阶段其他调节目标被唤起，或者如果每个阶段涉及不一致目标（例如编码时下行调节消极情绪，而提取时上行调节积极情绪），那么会发生什么还不得而知。未来研究应当探究编码和提取时所呈现目标如何相互作用，而且如何影响所提取信息的内容和品质，特别是当这些目标相互不一致的时候。

致谢

本章的编写得到了美国国立卫生研究院（MH080833）、塞尔学者项目以及科学与工程研究生奖学金的支持。我们要感谢唐纳·艾迪斯（Donna Addis）、安吉拉·古切斯（Angela Gutchess）、布雷登·默里（Brendan Murray）、杰西卡·佩恩（Jessica Payne）、克里斯提娜·勒克莱尔（Christina Leclerc）、凯瑟琳·米奇里·斯坦梅茨（Katherine Mickley Steinmetz）、玛雅·塔米尔（Maya Tamir）和吉尔（Jill）对本章所回顾的问题进行的有益讨论。

参考文献

Amaral, D., Price, J., Pitkanen, A., & Carmichael, S. (1992). The amygdala: Neurobiological aspects of emotion, memory, and mental dysfunction. In J. P. Aggleton (Ed.), *The amygdala: Neurobiological aspects of emotion, memory, and mental dysfunction* (pp. 1–66). New York: Wiley-Liss.

Areni, C., & Burger, M. (2008). Memories of "bad" days are more biased than memories of "good" days: Past Saturdays vary, but past Mondays are always blue. *Journal of Applied Social Psychology*, *38*, 1395–415.

Bartlett, F. C. (1932). *Remembering: A study in experimental and social psychology.* Cambridge: Cambridge University Press.

Bluck, S., Alea, N., Habermas, T., & D. C. Rubin. (2005). A tale of three functions: The self-reported uses of autobiographical memory. *Social Cognition*, *23*, 91–117.

Bower, G. H. (1981). Mood and memory, *American Psychologist*, *36*, 129–48.

Brainerd, C. J., Stein, L. M., Silveira, R. A., Rohenkohl, G., & Reyna, V. F. (2008). Does negative emotion cause false memories? *Psychological Science*, *19*, 919–25.

Brown, R., & Kulik, J. (1977). Flashbulb memories. *Cognition*, *5*, 73–99.

Buchanan, T.W. (2007). Retrieval of emotional memories. *Psychonomic Bulletin*, *133*, 761–79.

Buchanan, T.W., Tranel, D., & Adolphs, R. (2006). Memories for emotional autobiographical events following unilateral damage to medial temporal lobe. *Brain*, *129*, 115–27.

Cabeza, R., & St. Jacques, P. (2007). Functional neuroimaging of autobiographical memory. *Trends in Cognitive Sciences*, *11*, 219–27.

Conway, M. A., & Pleydell-Pearce, C.W. (2000). The construction of autobiographical memories in the self-memory system. *Psychological Review*, *107*, 261–88.

Cooney, R. E., Joormann, J., Atlas, L. Y., Eugene, F., & Gotlib, I. H. (2007). Remembering the good times: Neural correlates of affect regulation. *Neuroreport*, *18*, 1771–4.

Daselaar, S. M., Rice, H. J., Greenberg, D. L., Cabeza, R., LaBar, K. S., & Rubin, D. C. (2008). The spatiotemporal dynamics of autobiographical memory: Neural correlates of recall, emotional intensity, and reliving. *Cerebral Cortex*, *18*(1), 217–29.

Dillon, D. G., Ritchey, M., Johnson, B. D., & LaBar, K. S. (2007). Dissociable effects of conscious emotion regulation strategies on explicit and implicit memory. *Emotion*, *7*, 354–65.

Dolan, R. J., Lane, R., Chua, P., & Fletcher, P. (2000). Dissociable temporal lobe activations during emotional episodic memory retrieval. *Neuroimage*, *11*, 203–9.

Dolcos, F., LaBar, K. S., & Cabeza, R. (2004). Interaction between the amygdala and the medial temporal lobe memory system predicts better memory for emotional events. *Neuron*, *42*(5), 855–63.

Dolcos, F., LaBar, K. S., & Cabeza, R. (2005). Remembering one year later: Role of the amygdala and the medial temporal lobe memory system in retrieving emotional memories. *Proceedings of the National Academy of Sciences*, *102*, 2626–31.

Elliott, R., Rubinsztein, J. S., Sahakian, B. J., & Dolan, R. J. (2002). The neural basis of mood-congruent processing biases in depression. *Archives of General Psychiatry*, *59*, 597– 604.

Erk, S., von Kalckreuth, A., & Walter, H. (2010). Neural long-term effects of emotion regulation on episodic memory processes. *Neuropsychologia*, *48*, 989–96.

Fredrickson, B. L. (2000). Extracting meaning from past affective experiences: The importance of peaks, ends, and specific emotions. *Cognition and Emotion: Special Issue: Emotion, Cognition, and Decision Making*, *14*(4), 577– 606.

Gallo, D. A., Foster, K. T., & Johnson, E. L. (2009). Elevated false recollection of emotional pictures in young and older adults. *Psychology and Aging*, *24*, 981–8.

Goldin, P. R., McRae, K., Ramel, W., & Gross, J. J. (2008). The neural bases of emotion regulation: Reappraisal and suppression of negative emotion. *Biological Psychiatry*, *63*, 577–86.

Greenberg, D. L., Rice, H. J., Cooper, J. J., Cabeza, R., Rubin, D. C., & LaBar, K. S. (2005). Coactivation of the amygdala, hippocampus, and inferior frontal gyrus during autobiographical memory retrieval. *Neuropsychologia*, *43*, 659–74.

Gross, J. (1998). The emerging field of emotion regulation: An integrative review. *Review of General Psychology*, *2*, 271–99.

Hayes, J. P., Morey, R. A., Petty, C. M., Seth, S., Smoski, M. J., McCarthy, G., & LaBar, K. S. (2010). Staying cool when things get hot: Emotion regulation modulates neural mechanisms of memory encoding. *Frontiers in Human Neuroscience*, *4*, 1–10.

Hofstetter, C., Achaibou, A., & Vuilleumier, P. (2012). Reactivation of visual cortex during memory retrieval: Content specificity and emotional modulation. *Neuroimage*, *60*, 1734– 45.

Holland, A. C., & Kensinger, E. A. (2012). The neural correlates of cognitive reappraisal during emotional autobiographical memory recall. *Journal of Cognitive Neuroscience*, *25* (1), 87–108. doi:10.1162/jocn_a_00289

Holland, A. C., & Kensinger, E. A. (2012). Younger, middle-aged, and older adults' memories for the 2008 U.S. Presidential Election. *Journal of Applied Research in Memory and Cognition*. doi.org/10.1016/j.jarmac.2012.06.001

Holland, A. C., Tamir, M., & Kensinger, E. A. (2010). The effect of regulation goals on emotional event specific knowledge. *Memory*, *18*, 504–18.

Isen, A. M. (1984). Toward understanding the role of affect in cognition. In R. S. Wyer & T. K. Srull (Eds.), *Handbook of social cognition* (pp.179–236). Hillsdale, NJ: Erlbaum.

Johnson, M. K., Kim, J. K., & Risse, G. (1985). Do alcoholic Korsakoff's syndrome patients acquire affective reactions? *Journal of Experimental Psychology: Learning, Memory, and Cognition*, *11*(1), 22–36.

Josephson, B. R., Singer, J. A., & Salovey, P. (1996). Mood regulation and memory: Repairing sad moods with happy memories. *Cognition and Emotion*, *10*, 437–44.

Kapucu, A., Rotello, C. M., Ready, R. E., & Seidl, K. N. (2009). Response bias in "remembering" emotional stimuli: A new perspective on age differences. *Journal of Experimental Psychology: Learning, Memory, and Cognition*, *34*,703–11.

Kensinger, E. A. (2009). Remembering the details: Effects of emotion. *Emotion Review*, *1*, 99–113.

Kensinger, E. A., Addis, D. R., & Atapattu, R. (2011). Amygdala activity at encoding corresponds with memory vividness and with memory for select episodic details. *Neuropsychologia*, *49*, 663–73.

Kensinger, E. A., & Corkin, S. (2004). Two routes to emotional memory: Distinct neural processes for valence and arousal. *Proceedings of the National Academy of Sciences*, *101*, 3310–5.

Kensinger, E. A., & Leclerc, C. M. (2009). Age-related changes in the neural mechanisms supporting emotion processing and emotional memory. *European Journal of Cognitive Psychology*, *21*(2–3), 192–215.

Kensinger, E. A., & Schacter, D. L. (2006). When the Red Sox shocked the Yankees: Comparing negative and positive memories. *Psychonomic Bulletin and Review*, *13*, 757–63.

Kensinger, E. A., & Schacter, D. L. (2007). Remembering the specific visual details of presented objects: Neuroimaging evidence for effects of emotion. *Neuropsychologia*, *45*, 2951–62.

Kern, R. P., Libkuman, T. M., Otani, H., & Holmes, K. (2005). Emotional stimuli, divided attention, and memory. *Emotion*, *5*, 408–17.

Kiefer, M., Schuch, S., Schenck, W., & Fiedler, K. (2007). Mood states modulate activity in semantic brain areas during emotional word encoding. *Cerebral Cortex*, *17*, 1516–30.

Kross, E., Davidson, M., Weber, J., & Ochsner, K. (2009). Coping with emotions past: The neural bases of regulating affect associated with negative autobiographical memories. *Biological Psychiatry*, *65*, 361–6.

LaBar, K. S., & Cabeza, R. (2006). Cognitive neuroscience of emotional memory. *Nature Reviews Neuroscience,* 7(1), 54–64.

LaBar, K. S., & Phelps, E. A. (1998). Arousal-mediated memory consolidation: Role of the medial temporal lobe in humans. *Psychological Science*, *9*, 490–3.

Leclerc, C. M., & Kensinger, E. A. (2008). Effects of age on detection of emotional information. *Psychology and Aging*,

23, 209–15.

Lench, H. C., & Levine, L. J. (2010). Motivational biases in memory for emotions. *Cognition and Emotion*, *24*, 401–18.

Levine, L. J. (1997). Reconstructing memory for emotions. *Journal of Experimental Psychology: General*, *126*, 165–77.

Levine, L. J., & Edelstein, R. S. (2009). Emotion and memory narrowing: A review and goal-relevance approach. *Cognition and Emotion*, *23*(5), 833–75.

Levine, L.J., Safer, M.A., & Lench, H.C. (2006). Remembering and misremembering emotions. In L. J. Sanna & E. C. Chang (Eds.), *Judgments over time: The interplay of thoughts, feelings, and behaviors* (pp. 271–90). New York: Oxford University Press.

Lewis, P. A., & Critchley, H. D. (2003). Mood-dependent memory. *Trends in Cognitive Sciences*, *7*, 431–3.

Lewis, P. A., Critchley, H. D., Smith, A. P., & Dolan, R. J. (2005). Brain mechanisms for mood congruent memory facilitation. *NeuroImage*, *25*, 1214–23.

MacKay, D. G., Shafto, M., Taylor, J. K., Marian, D. E., Abrams, L., & Dyer, J. R. (2004). Relations between emotion, memory, and attention: Evidence from taboo Stroop, lexical decision, and immediate memory tasks. *Memory and Cognition*, *32*, 474–88.

Maratos, E. J., Dolan, R. J., Morris, J. S., Henson, R. N., & Rugg, M. D. (2001). Neural activity associated with episodic memory for emotional context. *Neuropsychologia*, *39*, 910–20.

Mather, M. (2006). Why memories may become more positive as people age. In B. Uttl, N. Ohta, & A. L. Siegenthaler (Eds.), *Memory and emotion: Interdisciplinary perspectives* (pp. 135–59). Oxford: Blackwell.

Mather, M. (2007). Emotional arousal and memory binding: An object-based framework. *Perspectives on Psychological Science*, *2*, 33–52.

Mathews, A., & MacLeod, C. (2005). Cognitive vulnerability to emotional disorders. *Annual Review of Clinical Psychology*, *1*, 167–95.

Matthews, G., & Margetts, I. (1991). Self-report arousal and divided attention: A study of performance operating characteristics. *Human Performance*, *4*, 107–25.

McGaugh, J. L. (2004). The amygdala modulates the consolidation of memories of emotionally arousing experiences. *Annual Review of Neuroscience*, *27*, 1–28.

Mickley Steinmetz, K. R., & Kensinger, E. A. (2009). The effects of valence and arousal on the neural activity leading to subsequent memory. *Psychophysiology*, *46*, 1190–9.

Mitchell, T. R., Thompson, L., Peterson, E., & Cronk, R. (1997). Temporal adjustments in the evaluation of events: The "rosy view". *Journal of Experimental Social Psychology*, *33*(4), 421–48.

Murty, V. P., Ritchey, M., Adcock, R. A., & LaBar, K. S. (2010). fMRI studies of successful emotional memory encoding: A quantitative meta-analysis. *Neuropsychologia*, *48*, 3459–69.

Nadel, L., & Moscovitch, M. (1997). Memory consolidation, retrograde amnesia and the hippocampal complex. *Current Opinion in Neurobiology*, *7*(2), 217–27.

Nashiro, K., Sakaki, M., & Mather, M. (2012). Age differences in brain activity during emotion processing: Reflections of age-related decline or increased emotion regulation? *Gerontology*, *58*, 156–63.

Neisser, U., & Harsch, N. (1992). Phantom flashbulbs: False recollections of hearing the news about Challenger. In E. Winograd & U. Neisser (Eds.), *Affect and accuracy in recall: Studies of 'flashbulb' memories* (pp. 9–31). New York: Cambridge University Press.

Ochsner, K. N. (2000). Are affective events richly"remembered" or simply familiar? The experience and process of recognizing feelings past. *Journal of Experimental Psychology: General*, *129*, 242–61.

Ochsner, K. N., Bunge, S. A., Gross, J. J., & Gabrieli, J. D. (2002). Rethinking feelings: An FMRI study of the cognitive regulation of emotion. *Journal of Cognitive Neuroscience*, *14*, 1215–29.

Ochsner, K., & Gross, J. J. (2008). Cognitive emotion regulation: Insights from social cognitive and affective neuroscience. *Current Directions in Psychological Science*, *17*, 153–8.

Paller, K. A., & Wagner, A.D. (2002). Observing the transformation of experience into memory. *Trends in Cognitive Sciences*, *6*(2), 93–102.

Parrott, W. G., & Sabini, J. (1990). Mood and memory under natural conditions: Evidence for mood incongruent recall. *Journal of Personality and Social Psychology*, *59*, 321–36.

Payne, J. D., & Kensinger, E. A. (2011). Sleep leads to changes in the emotional memory trace: Evidence from fMRI. *Journal of Cognitive Neuroscience*, *23*, 1285–97.

Payne, J. D., Swanberg, K., Stickgold, R., & Kensinger, E. A. (2008). Sleep preferentially enhances memory for emotional components of scenes. *Psychological Science*, *19*, 781–8.

Pezdek, K. (2003). Event memory and autobiographical memory for the events of September 11, 2001. *Applied Cognitive Psychology*, *17*, 1033–45.

Philippot, P., Baeyens, C., Douilliez, C., & Francart, B. (2004). Cognitive regulation of emotion: Application to clinical disorders. In P. Philippot & R. S. Feldman (Eds.), *The regulation of emotion* (pp. 71–98). Mahwah, NJ: Erlbaum.

Piefke, M., Weiss, P. H., Zilles, K., Markowitsch, H. J., & Fink, G. R. (2003). Differential remoteness and emotional tone modulate the neural correlates of autobiographical memory. *Brain*, *126*, 650–68.

Pottage, C. L., & Schaefer, A. (2012). Visual attention and emotional memory: Recall of aversive pictures is partially mediated by concurrent task performance. *Emotion*, *12*, 33–8.

Ramel, W., Goldin, P. R., Eyler, L. T., Brown, G. G., Gotlib, I. H., & McQuaid, J. R. (2007). Amygdala reactivity and mood-congruent memory in individuals at risk for depressive relapse. *Biological Psychiatry*, *61*, 231–9.

Richards, J. M., & Gross, J. J. (1999). Composure at any cost? The cognitive consequences of emotion suppression. *Personality and Social Psychology Bulletin*, *25*, 1033–44.

Robbins, T. W., & Everitt, B. J. (1996). Neurobehavioural mechanisms of reward and motivation. *Current Opinion in Neurobiology*, *6*, 228–36.

Robinson, M. D., & Clore, G. L. (2002). Belief and feeling: Evidence for an accessibility model of emotional self-report. *Psychological Bulletin*, *128*, 934–60.

Rubin, D. C., & Kozin, M. (1984). Vivid memories. *Cognition*, *16*(1), 81–95.

Rubin, D. C., Schrauf, R. W., & Greenberg, D. L. (2003). Belief and recollection of autobiographical memories. *Memory and Cognition*, *31*, 887–901.

Russell, J. A. (1980). A circumplex model of affect. *Journal of Personality and social Psychology*, *39*, 1161–78.

Rusting, C. L. (1998). Personality, mood, and cognitive processing of emotional information: Three conceptual frameworks. *Psychological Bulletin*, *124*, 165–96.

Sander, D., Grafman, J., & Zalla, T. (2003). The human amygdala: An evolved system for relevance detection. *Reviews in the Neurosciences*, *14*, 303–16.

Schacter, D. L., & Addis, D. R. (2008). The cognitive neuroscience of constructive memory: Remembering the past and imagining the future. In J. Driver, P. Haggard, & T. Shallice (Eds.), *Mental processes in the human brain* (pp. 27–47). Oxford: Oxford University Press.

Schmolck, H., Buffalo, E. A., & Squire, L. R. (2000). Memory distortions develop over time: Recollections of the O.J. Simpson trial verdict after 15 and 32 months. *Psychological Science*, *11*, 39–45.

Sergerie, K., Lepage, M., & Armony, J. L. (2006). A process-specific functional dissociation of the amygdala in emotional memory. *Journal of Cognitive Neuroscience*, *18*, 1359–67.

Sharot, T., Delgado, M. R., & Phelps, E. A. (2004). How emotion enhances the feeling of remembering. *Nature Neuroscience*, *12*, 1376–80.

Sharot, T., & Yonelinas, A. P. (2008). Differential time-dependent effects of emotion on the recollective experience and memory for contextual information. *Cognition*, *106*, 538–47.

Smith, A. P., Stephan, K. E., Rugg, M. D., & Dolan, R. J. (2006). Task and content modulate amygdala-hippocampal connectivity in emotional retrieval. *Neuron*, *49*, 631–8.

Squire, L. R., & Zola, S. M. (1998). Episodic memory, semantic memory, and amnesia. *Hippocampus*, *8*, 205–11.

Sterpenich, V., Albouy, G., Darsaud, A., Schmidt, C., Vandewalle, G., et al. (2009). Sleep promotes the neural reorganization of remote emotional memory. *Journal of Neuroscience*, *29*, 5143–52.

Svoboda, E., McKinnon, M. C., & Levine, B. (2006). The functional neuroanatomy of autobiographical memory: A meta-analysis. *Neuropsychologia*, *44*(12), 2189–v208.

Symons, C. S., & Johnson, B. T. (1997). The self-reference effect in memory: A meta-analysis. *Psychological Bulletin*, *121*(3), 371–94.

Tabert, M. H., Borod, J. C., Tang, C. Y., Lange, G., Wei, T. C., Johnson, R., et al. (2001). Differential amygdala activation during emotional decision and recognition memory tasks using unpleasant words: An fMRI study. *Neuropsychologia*, *39*, 556–73.

Talarico, J. M., & Rubin, D. C. (2003). Confidence, not consi stency, characterizes flashbulb memories. *Psychological Science*, *14*, 455–61.

Talmi, D., Anderson, A. K., Riggs, L., Caplan, J. B., & Moscovitch, M. (2008). Immediate memory consequences of the effect of emotion on attention to pictures. *Learning & Memory*, *15*, 172–82.

Talmi, D., Luk, T. C. B., McGarry, L., & Moscovitch, M. (2007). Are emotional pictures remembered better just because they are semantically related and relatively distinct? *Journal of Memory and Language*, *56*, 555–74.

Tamir, M., Mitchell, C., & Gross, J. J. (2008). Hedonic and instrumental motives in anger regulation. *Psychological Science*, *19*, 324–28.

Tulving, E. (1972). Episodic and semantic memory. In E. Tulving & W. Donaldson (Eds.), *Organization of memory* (pp. 381–403). New York: Academic Press.

Wagner, U., Hallschmid, M., Rasch, B., & Born, J. (2006). Brief sleep after learning keeps emotional memories alive for years. *Biological Psychiatry*, *60*, 788–90.

Walker, M. P., & Stickgold, R. (2006). Sleep, memory, and plasticity. *Annual Review of Psychology*, *57*, 139–66.

Whalen, P. J., Kagen, J., Cook, R. G., Davis, F. C., Hackjin, K., et al. (2004). Human amygdala responsivity to masked fearful eye whites. *Science*, *306*, 2061.

Whittlesea, B. W. A. (1993). Illusions of familiarity. *Journal of Experimental Psychology: Learning, Memory, and Cognition*, *19*, 1235–53.

Williams, J. M. G., Barnhofer, T., Crane, C., Hermans, D., Raes, F., et al. (2007). Autobiographical memory specificity and emotional disorder. *Psychological Bulletin*, *133*, 122–48.

第六部分

社会情绪

第21章

道德情绪

罗兰·扎恩（Roland Zahn） 里卡多·德·奥利弗拉-索萨（Ricardo de Oliveira-Souza） 乔治·莫尔（Jorge Moll）

道德情感促使人类行动符合他人需要（例如施舍乞丐金钱）或者道德价值（例如慷慨、诚实），即使不那样做也不会遭受消极后果，诸如受到法律系统惩罚。18世纪苏格兰启蒙时代的哲学家强调道德情感的重要性（Bishop, 1996），其中最突出的人物当属弗朗西斯·哈奇森（Francis Hutcheson）、亚当·斯密（Adam Smith）和大卫·休谟（David Hume）。亚当·斯密认为最重要的道德情操是“同情”（Lamb, 1974）。德国哲学家伊曼努尔·康德（Immanuel Kant）反对把道德情操作为行动正确与否的标准。然而，他强调把道德情感作为行为力量的重要性。相对于苏格兰哲学学院派，他强调“尊重道德法则”是唯一真实的“道德”动机。这里的“尊重”不是由感觉体验所产生的情感，而是直接源于个体内化的道德准则（Kant, 1786）。这种区分是重要的，因为根据康德的观点，源自感觉的情感或者情操不拥有道德显著性，因为它们不是源于自由意志——道德动机的先决条件。

正如早期哲学家所承认的，因果代理（例如意志行动）和道德评价存在密切关系（Hume, 1777）。如果人们在有意控制的情况下破坏道德规则或者违犯他人需求，比之无意的情况，人们更可能谴责他们。同理，道德情感品质变化取决于人们是否直接指责自身（例如内疚）或他人（例如愤怒）。同样地，称赞自身行动（例如骄傲）和他人行动亦如此：作为接受者时会感恩，而作为观测者时感到敬畏。当看到他人遭难时感到同情（遗憾、怜悯），当看到他人作为受害者而不是自己悲惨情境的始作俑者时，通常同情更强烈。某些情感，诸如蔑视、憎恨、厌恶和愤怒，在道德背景下能被指向自身和他人。

在分解复杂道德情感为认知成分，并且探索其神经解剖基础之前，需要定义什么是情感，更确切地说什么是道德情感。在这里提出一个可行的定义而不是提供明确答案，因为解决这些术语不同定义有效性争议的直接证据太少。这里使用术语“情感”（feelings）代表复杂主观情绪体验。因此，术语“情感”可能指相当多变的体验。本研究使用术语“情操”（sentiment）作为“情感”同义词，并且尽量避免使用术语“情绪”（emotion），因为它在情感的心理和神经解剖模型拥有独特内涵。本研究使用术语“道德情感”（moral feelings）和“情操”代表主观体验，能使人们受到他人需要（例如人际利他主义）或者社会文化规范驱动（Moll, De Oliveira-Souza, &

Zahn, 2008）。

在本章中道德动机的定义包括：（1）动机/情绪状态/驱力（例如焦虑）；（2）动机状态相关目标（抚慰小孩）。该定义强调道德动机的第二个重要成分：了解他人需要和服务于道德行动目标的社会规范（即社会知识）。社会知识不仅有利于理解他人行为和推断他们的需要，而且有利于存储更普遍的社会信息，诸如行动准则（例如问候同事）和描述价值的社会概念（例如礼貌）。一种可能性是道德情感由社会知识诱发，但它本身缺乏社会知识内容。另一种可能——通常认为更合理——是社会知识和道德情感紧密相关，以至于道德情感总是内隐地蕴含社会知识（Moll, Zahn, de Oliveira-Souza, Krueger, & Grafman, 2005）。对于紧密联系的一个重要观点是，道德情感可以通过因果代理的复杂归因（包含社会知识）彼此区分清楚，正如后文将描述的。接着，本文将简要提及以下证据，道德情感体验异常是特定神经精神障碍的重要症状。随后，本文将综述道德情感的神经解剖学基础，并且总结如何解释这些证据的两个对立模型。之后将解决大脑是否为道德动机（与自私动机对立）发展了特定系统（例如帮助他人或者社会）的问题。本章最后讨论这个富有挑战性和充满希望的研究领域的未来研究方向。

因果归因和道德情感

情感与动机和意志密切相关。动机心理学提供了丰富证据，人类不仅受到简单条件化学习行动和正负目标之间的联系驱动，而且人类动机促使人类努力理解自己和周围世界（Weiner, 1992）。人类动机关键取决于因果代理归因（例如理解执行社会行动的缘由）。道德情感的不同品质和不同类型与因果归因直接相关（Weiner, 1985）。表21.1描述了如何基于因果归因区分不同道德情感。除了情感效价（正性或负性），基于不同类型代理角色（代理者、接受者、观察者）和代理的因果归因（可控的/不可控的、稳定的/不稳定的）（Weiner, 1985），能够区分道德情感。本文合并了基诺夫–布尔曼（Janoff-Bulman, 1979）所提出的归因于个人稳定性格缺陷和特定情况可控行为的不同之处。前者与羞耻相关，后者与内疚有关（Tangney, Wagner, & Gramzow, 1992）。蔑视和受到他人长期的社会排斥更相关，指向稳定性格归因；而道德愤怒与短期攻击相关，但需要长期调节，指向行为归因（Fischer & Roseman, 2007）。一些情感和内部道德责任（例如自我轻视）更密切相关；其他道德情感与贬低他人更密切相关（羞耻；Higgins, 1987）。除了遗憾、同情、怜悯，大多数道德情感似乎都与责备和称赞他人有关。

他人导向道德情感的一个重要特点是，情感主体和情感所指向个体拥有不同的代理角色。例如，如果对某人感到遗憾，就需要成为这个接受者或者受害者的观察者。相反，共情模仿他人情感不需要代理者角色（de Vignemont & Singer, 2006）。共情模仿可能是遗憾的先决条件，因为人们不可能对自己不能读懂的人感到遗憾。然而，模仿他人情感不一定导致遗憾产生，也可能因为痛苦导致退缩（Decety & Jackson, 2004）。其他重要的（责备）情感，诸如愤怒和蔑视，对社会文化规范实施很重要，特别是法律实施缺失或者不足的时候。已有假设，冒着生命危险惩罚社会群体中触犯道德准则的其他成员，对于在小群体间竞争，提高群体生存率具有进化重要性（Gintis, Henrich, Bowles, Boyd, & Fehr, 2008）。下节将描述，在责备自我和责备他人的道德情感中保持适

表21.1 因果归因、代理角色和效价与不同道德情感相关

效价	情操主体的代理角色	指向	因果代理归因	个体是否需要观察者	道德情感
正性	观察者	他人	控制他人	否	敬畏/欣赏
	接受者	他人	控制他人	否	感激
	代理者	自身	控制自身	否	骄傲
负性	观察者	他人	未控制他人	否	遗憾/同情/怜悯
	接受者/观察者	他人	控制他人	否	愤慨/生气（指向他人）
			他人有性格缺陷	否	蔑视/厌恶（指向他人）
	代理者	自身	控制自身	否	内疚
			自身有性格缺陷	至少想象有	羞耻
			未控制自身	是	尴尬
			自身有性格缺陷	否	自我轻视/厌恶/讨厌

改编自莫尔（Moll）、奥利弗拉-索萨（Oliveira-Souza）、扎恩（Zahn）和格拉夫曼（Grafman）(2007)。请注意不是表内所有分类均已有实证基础，而且文献间存在不一致（推荐进一步阅读Eisenberg, 2000; Fischer & Roseman, 2007; Haidt, 2003; Higgins, 1987; Tangney, Stuewig, & Mashek, 2007; Tracy & Robins, 2006; Tracy, Shariff, & Cheng, 2010; Weiner, 1985）

当平衡，对个体心理健康的重要性。

道德情感的精神病理学

精神病理学关注给个人或者社会带来痛苦的异常体验或者行为。缺乏悔恨、内疚、同情等情感，是在早期被描述为“悖德症”的核心特征（Augstein, 1996; Cleckley, 1976）。如今，该障碍被贴上了“精神病”标签，可以被心理测量量表确切地评估（Hare, 2003）。相反，过度内疚（在不适当背景下泛化）和其他自责类情感，通常也在抑郁症患者中观察到（Berrios et al., 1992; O'Connor, Berry, Weiss, & Gilbert, 2002）。羞愧倾向增加和临床上没有被诊断为抑郁个体的抑郁症状相关（Tangney et al., 1992），但是和临床诊断为抑郁的个体的严重程度不相关，而临床抑郁症的内疚异常更突出（Alexander, Brewin, Vearnals, Wolff, & Leff, 1999）。情绪不稳定（边缘型）人格障碍的羞愧倾向大幅度增加（Rusch et al., 2007）。双相情感障碍的躁狂症患者临床报告显示具有更多的骄傲、愤怒或者愤慨。然而，躁狂症患者可能发展出不同类型的行为，这也许取决于他们的整体人格。例如，本研究观察到一个患者在躁狂期将她的所有钱给了需要的人，而其他人仅拿钱给自己购物。

进一步的实验需要探究不同精神障碍的特定道德情感倾向。相比于研究基本情绪混乱的实验，缺乏实验研究探索情感障碍的特定道德情感混乱（Elliott, Zahn, Deakin, & Anderson, 2011）。然而，

相比于其他类型的障碍（例如惊恐），特定道德情感损伤更可能解释特定情感障碍的发病机制（例如抑郁症）（Zahn, 2009）。下节将描述脑结构损伤相关的道德情感异常。

道德情感的神经解剖基础

脑损伤患者证据

1888年，利奥诺·威特（Leonore Welt）综述了自己已发表的系列脑损伤案例，包括著名的菲尼亚斯·盖奇（Damasio, Grabowski, Frank, Galaburda, & Damasio, 1994）。她总结发现，眶额皮层，特别是右内侧部分，是以下功能受损时受影响最一致的脑区，即性格发生变化却保留了完整的智力。性格变化描述主要和社会行为相关，诸如和陌生人谈论亲密的事情，或者表现出滑稽的孩童行为和攻击行为。在20世纪80年代，随着计算机断层扫描出现，埃斯兰格（Eslinger）和达马西奥观察了一位腹侧额叶损伤患者，尽管他的执行功能完好，但是该患者的日常行为和人际关系发生严重变化（Eslinger & Damasio, 1985），这一发现重新点燃了埃斯兰格和达马西奥对人类特定脑损伤与社会行为变化关系的研究兴趣。

另一类证据源于腹侧和前侧颞叶皮层神经退化患者，被称为额颞痴呆（Neary et al., 1998）：他们一致表现出缺乏共情关注和不恰当的社会行为，护理人员从他们身上发现了明显的性格变化。有趣的是，这些患者通常在标准测验中（例如威斯康星卡片分类测验）呈现出完整的执行功能（Hodges, 2001）。

现代fMRI和正电子发射断层扫描技术，利用额颞痴呆患者群体的病理脑区分布模式的个体差异，解析前侧颞叶和腹侧额叶病变对社会异常行为的贡献程度。已有研究表明，右前侧颞叶和腹内侧前额叶皮层与这些病人的异常社会行为有关（Liu et al., 2004）。额颞痴呆患者右前侧颞上皮层萎缩与缺乏认知共情和情感共情有关（Rankin et al., 2006）。亚皮层中脑边缘结构，诸如杏仁核、下丘脑、隔区和基底神经节病变，也可能导致反社会行为（综述见Moll, de Oliveira-Souza, & Eslinger, 2003）。

综上所述，对脑损伤患者的研究证据表明，特定额叶–颞叶–中脑边缘区域的脑网络对正常社会行为是必要的（见图21.1; Moll, Zahn, et al., 2005）。该网络脑区的微小体积变化和发展性精神障碍的冷漠密切相关（de Oliveira-Souza et al., 2008）。相反，与典型的阿尔茨海默病早期症状相似（Herholz, 2003），在外侧顶叶、楔前叶、后扣带皮层和内侧颞叶等部位发生损伤的患者没有表现出显著异常的社会行为（Bozeat, Gregory, Ralph, & Hodges, 2000）。

挑战在于如何确定该脑网络的每部分对恰当社会行为的不同贡献程度。不恰当社会行为可能源于缺乏恰当的社会行为知识（即社会知识），或者缺乏动机按照这种知识行动（即道德动机），或者是二者结合。第三种被广泛用于解释不恰当社会行为的机制是个体无法控制不恰当的驱力。不恰当社会行为的“去抑制”或者“驱力抑制”模型假设，人们拥有适当的社会行为知识并且拥有实施动机。有趣的是，额叶皮层抑制亚皮层边缘驱力的观点，最初可能源于非人类动物的条件化实验（Brutkowski, 1965）；尽管该观点被广泛传播，但是笔者没有注意到令人信服的解剖证据；也就是说，一个单独来源于前额叶到亚皮层结构的抑制通路，缺乏额外证据表明这些结构之间存在兴奋性或者相互连接。关于额叶边缘系统抑制

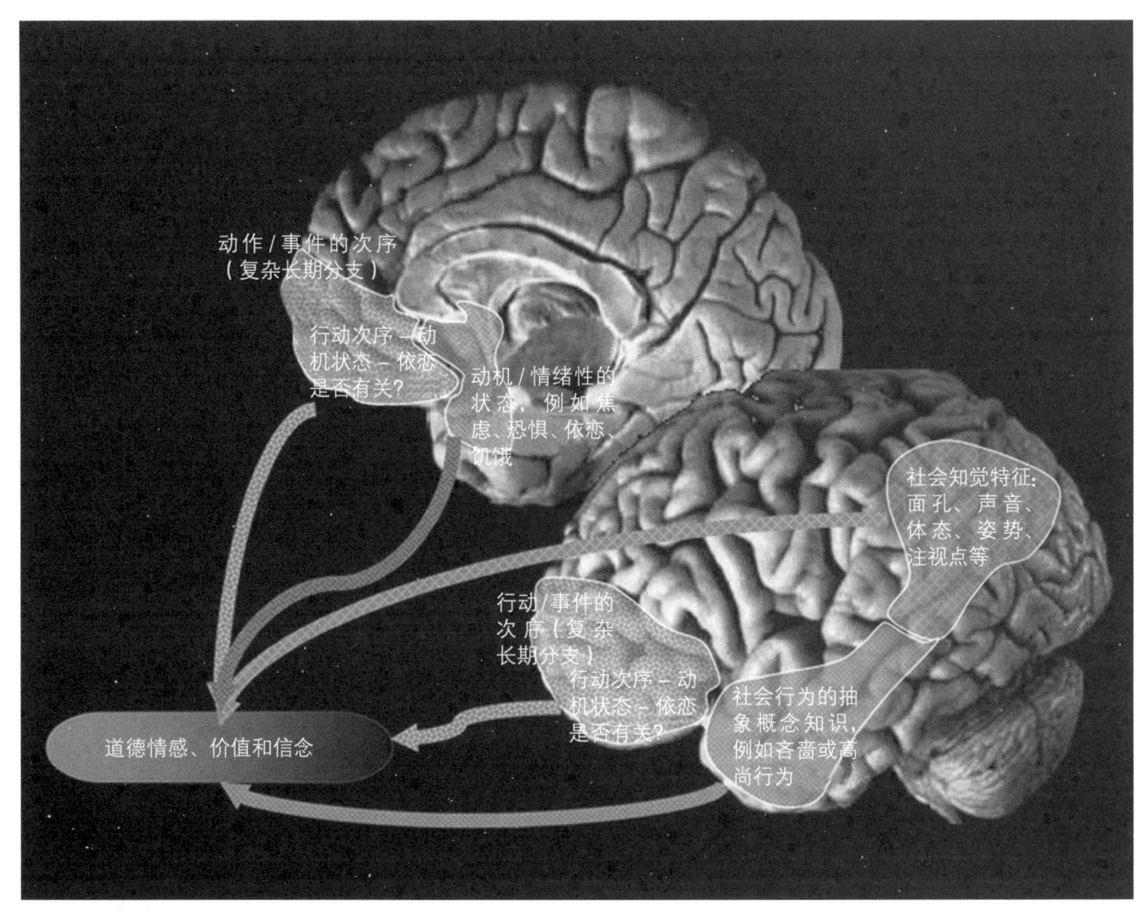

图21.1 基于大脑损伤和功能神经成像的证据，大脑区域涉及道德功能。经授权改编自莫尔、扎恩、德·奥利弗拉-索萨等（2005）；莫尔、斯丘金（2009）

模型的详细讨论超出了本章范围，但是本章随后将讨论更符合解剖证据的额叶边缘控制系统，尽管这些证据并不主张把额叶亚皮层抑制作为额叶控制功能的唯一机制。

脑损伤患者的不适当社会行为可能部分源于社会知识损失，证据表明右前侧颞上叶选择性表征社会行为的概念知识（例如“吝啬”行动意味着什么；Zahn et al., 2007），该脑区神经退化导致选择性损失概念性社会知识，而相对完整地保留其他类型概念知识（Zahn, Moll, Iyengar, et al., 2009）。而且，概念性社会知识选择性受损患者，比没有该方面损坏的患者，表现出更高程度的不恰当社会行为（即“去抑制”）。这些结果也可能解释了，为什么腹侧额叶损伤患者在有人为他们总结情境要点后似乎拥有完整的社会知识（Eslinger & Damasio,1985; Saver & Damasio, 1991）。因为要点描述可能允许他们的前颞叶皮层判断他们行为的社会恰当性。正如伍德（Wood）和格拉夫曼（Grafman）（2003）所提出的疑问：腹侧额叶脑区是否储存着另一种社会知识，与个体现实决策以及计划和执行社会行为所需行动序列的详细知识密切相关？一个富有影响的解释认为，腹侧额叶皮层仅仅存储亚皮层（下丘脑）动机状态（“躯体标记”）和其他位置所存储的社会知识之间的联系（Bechara, Damasio, & Damasio, 2000）。

直接探究脑损伤患者不同道德情感体验的证据较为缺乏，但是最近研究发现，内疚、尴尬和同情的缺失和额颞痴呆者的额极神经退化显著相关（Moll et al., 2011）。而且，内疚和怜悯的损失与隔区神经退化相关。这些效应特异于上述情绪，而与此相对的是，厌恶和愤怒的损失与杏仁核和背内侧前额叶的神经退化相关。护理者问卷表明，腹内侧前额叶损伤（包括额极皮层损伤）患者的内疚感降低（Koenigs et al., 2007）。下一节综述与此部分所述损伤证据一致的功能性神经成像数据。

健康被试的功能性神经成像证据

在道德情感的fMRI研究中，最初使用实验前评定的道德或者非道德相关图片或者简短口头陈述为实验材料。控制情绪强度之后，对比道德相关条件与道德无关条件的脑激活模式。这些研究采用外显道德判断（道德正误）或者没有外显道德决策任务（即内隐道德任务）的范式。总而言之，这些证据表明，道德相关任务激活额极、腹侧额叶、前颞、后颞上沟、中脑边缘区域，而激活与任务需求无关（见Moll, Zahn, et al., 2005）。

最近，有些研究调查了特定道德情感的激活模式差异。本节仅报告损伤患者研究中与道德行为改变相关的脑区（见图21.1），这些脑区被不止一个研究系统探索过。

内疚：关于所需因果归因，内疚、羞耻或者尴尬可能完全不同（Eisenberg, 2000; O’Connor et al., 2002; Tangney, Stuewig, & Mashek, 2007; Tracy & Robins, 2006; 见表21.1）。大多数神经成像研究关注内疚，跨研究的最一致结果是额极皮层激活。该结果使用不同控制条件获得，诸如其他重要的情感（例如愤慨）（Moll, Oliveira-Souza, Zahn, & Grafman, 2007; Zahn, Moll, Paiva, et al., 2009）、尴尬（Takahashi et al., 2004），或者自我指向愤怒（Kedia, Berthoz, Wessa, Hilton, & Martinot, 2008）。第一个使用功能成像探索内疚的神经关联的研究表明，与中性条件相比，该条件下胼胝体膝部背侧的前扣带回激活（Shin et al., 2000）。扣带回膝下部被检测到与内疚选择有关，但是仅在建模内疚体验频率（Zahn, Moll, Paiva, et al., 2009）或者共情关注（Zahn, de Oliveira-Souza, Bramati, Garrido, & Moll, 2009）的个体具有差异时出现。确保匹配负性效价和概念细节时，扣带回膝下部对内疚——相对于其他重要情感（愤怒）——选择性激活。

遗憾（同情、怜悯）：遗憾和情绪共情密切相关，然而情绪共情通常被认为是共情模拟他人情感而不是感到遗憾（情绪和认知共情的神经基础）（见Decety & Jackson, 2004; de Vignemont & Singer, 2006; Eslinger, 1998; Shamay-Tsoory, Aharon-Peretz, & Perry, 2009; 见本书第23章）。与内疚研究相似，怜悯研究发现，相比于中性条件（Immordino-Yang, McColl, Damasio, & Damasio, 2009）、唤起自我指向愤怒（Kedia et al., 2008）或者对他人愤慨（Moll et al., 2007）的控制条件，怜悯条件下额极激活。有趣的是，共情道德情感（同情和内疚）比其他重要情感（厌恶、愤怒）呈现更多腹侧纹状体和腹侧被盖区的激活（Moll et al., 2007）。

其他重要道德情感（责备他人）：fMRI研究发现，对他人的道德愤慨/愤怒和蔑视/厌恶导致外侧眶额皮层和前脑岛激活模式重叠（Zahn, Moll, Paiva, et al., 2009）。一项研究报告，右侧杏仁核对非道德厌恶的激活比道德厌恶条件下更强，而愤慨和道德厌恶比非道德厌恶激活更大面积的双侧眶额皮层（Moll, de Oliveira-Souza, et al., 2005）。另一项研究比较了不同道德厌恶、代理者健康风险相关行为的厌恶（病原体厌恶）与情绪性道德中性条件的不同形式（Borg, Lieberman, & Kiehl, 2008）。所有厌恶条件共享以下激活区域：额极皮层、前颞叶、左外侧前额叶皮层、双侧杏仁核和基底节。没有研究直接对比诸如内疚等亲社会道德情感，以调查额极激活是否特异于厌恶。另一项研究也发现，对他人愤怒比对自己愤怒更能激活额极皮层（Kedia et al., 2008）。而且，关于惩罚的fMRI研究表明，相对于被试不期望惩罚违反社会规范条件，在惩罚违反社会规范条件下左外侧前额叶和右背外侧额叶呈现激活（Spitzer, Fischbacher, Herrnberger, Gron, & Fehr, 2007）。这些结果可以通过以下内容解释，外侧眶额共享表征他人对自己的愤怒和自己对他人的愤怒。

骄傲：亚当·斯密视骄傲为利己情感，假定单独追求“尊严感”可以激励“道德提升”（Lamb, 1974）。大卫·休谟认为存在“好形式和坏形式的骄傲”（Hume, 1777）。骄傲的神经成像研究目标是骄傲的道德变体。一项研究发现，相对于中性条件，骄傲诱发刺激与右后侧颞上沟和左前颞叶激活有关（Takahashi et al., 2008）。相对于感激和内疚条件，骄傲条件激活中脑边缘系统（腹侧被盖区）及其基底端脑投射（后隔）和腹侧额极皮层（见图21.2；Zahn, Moll, Paiva, et al., 2009）。

综上所述，这些特定道德情感研究指出，网络中某些额叶–中脑–边缘亚区更优先激活某些道德情感而不是其他情感。一般来说，额极激活可能对大部分道德情感最一致（Moll, Zahn, et al., 2005）。这些研究对比了亲社会道德情感（特别是内疚、同情）和其他重要道德情感，揭示亲社会道德情感选择性激活额极皮层。和亲社会道德情感相比，其他重要道德情感（责备他人）和眶额皮层和前岛叶激活紧密联系。调查骄傲和感激的研究很少，但是有研究发现了中脑边缘和基底端脑的激活（见图21.2）。

最近一项fMRI研究显示，道德价值和社会价值，与额–颞–中脑缘脑网络激活相关，该脑网络表征背景独立的抽象概念知识（在前颞叶皮层），和归属于相同概念的背景依赖的道德情感（在额叶–中脑–边缘的不同亚区）（见图21.2；Zahn, Moll, Paiva, et al., 2009）。虽然同一道德价值的情感和行为不同，但是该神经构筑能够使个体在跨社会文化群体中交流道德价值观，诸如“荣誉”。例如，一个环境活动家也许把阻塞铁路以阻止放射性材料运输的行动和“荣誉”“勇气”“责任”等道德价值联系起来，并且感到骄傲，而交警把不顾困难疏导交通的行动和“荣誉”“勇气”“责任”等道德价值联系起来，并且感到骄傲。一些人也许鄙视“荣誉”“勇气”“责任”等道德价值，并且蔑视与之相关的行动。然而，不同个体都能够理解“荣誉”“勇气”“责任”等道德价值的普遍核心（情境依赖的）意义。在更抽象水平上找到普遍价值维度，能够增加不同社会文化群体间的交流。最近研究表明，价值的重要维度被不同文化共享（Schwartz, 1992）。尽管本节关注不同道德情感可能的神经解剖差异，但是一些人认为，加工或者任务类型比内容，对于理解道德情感和认知更重要。该争论在下节讨论。

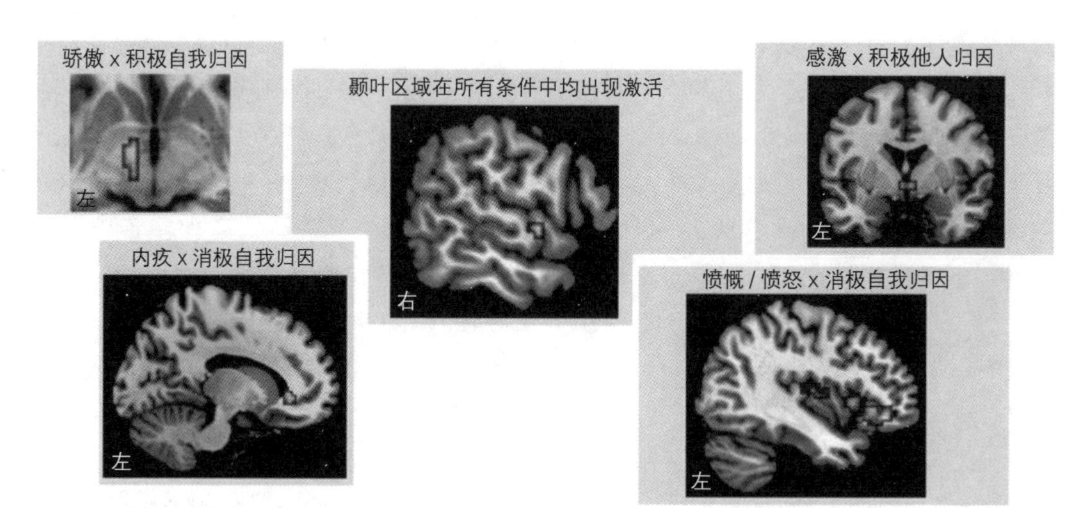

图21.2 本研究使用功能磁共振成像技术研究健康被试抽象道德和社会价值的神经解剖学基础（图转引自Zahn, Moll, Paiva, et al., 2009）。被试必须根据与句子所描述一致或者相反的价值内涵来想象动作，并决定他们对该动作是否感到愉快。扫描后，他们利用量表对不愉快/愉快感来进行评定，并选择最能描述他们的感受的标签（分析比较了每种道德情感与视觉注视以及两种其他道德情感；仅报告了选择性效果）。有四个实验条件：（1）积极自我归因："汤姆（参与者的名字）对山姆（最好的朋友的名字）很慷慨"，这种情况下的骄傲与腹侧被盖、中隔和腹内侧有关前额皮层的激活（未显示）有关；（2）积极他人归因："山姆对汤姆很慷慨"，这种情况下的感激与下丘脑有关；（3）消极自我归因："汤姆对山姆很小气"，在这种情况下的内侧前额皮层与次生扣带皮层以及腹内侧FPC激活有关；（4）消极他人归因："山姆对汤姆很小气"，在这种情况下的愤慨/愤怒与眶额/外侧激活有关。在图片中心，可以看到右脑的颞叶区域在所有道德情感和能动性情境中都表现出同样强大的激活力；该区域随着描述社会行为的概念细节的丰富性增加而活动增加，这与语义判断任务中的激活作用相同（Zahn et al., 2007）。这些结果证实了右脑的前颞叶是与背景无关的社会概念知识的存储场所，这使我们能够理解社会和道德价值观的核心含义，而不管我们对这些价值有何感受或行动。彩色版本请扫描附录二维码查看

道德认知－情感交互作用的神经解剖模型

道德推理的fMRI研究，一致发现了前背外侧前额叶皮层和额极激活（Greene, Nystrom, Engell, Darley, & Cohen, 2004; Greene, Sommerville, Nystrom, Darley, & Cohen, 2001; Moll, Eslinger, & Oliveira-Souza, 2001）。然而，分歧在于如何解释这些激活，不同额叶区域在道德认知和情绪中发挥什么功能作用。一个观点认为，认知（假定为纯粹"认知的"）和情绪（等同于情感的主观体验）依赖于在解剖意义上独立的系统（认知位于背外侧前额叶和顶叶区域，情绪位于腹内侧前额叶和亚皮层边缘区域），而且在决策中两者可能相互冲突和竞争（McClure, Botvinick, Yeung, & Cohen, 2006）。

道德两难情境常被用于检验道德认知和情感双过程模型的预测。一类典型道德两难情境，即所谓的电车两难：必须决定是否使一个无辜者葬身于轨道之上，牺牲他/她的生命以拯救其他五个人。当面对该决策时，情绪（直觉的）系统被预测偏向回避该选择，而认知系统被预测支持该决定，因为它会做出"功利主义"（理性的）选择，将带来利益最大化（Greene et al., 2004）。因此，双过程模型预测，决定牺牲无辜者是认知脑区成功克服或者抑制了避免该行动的情绪偏向——对

一个有影响力的关乎道德认知的认知控制模型（Miller & Cohen, 2001）的扩展。

在一项研究中，局灶性脑损伤（包含腹内侧前额叶皮层两侧损伤）患者参与了“电车类”道德两难任务（Ciaramelli, Muccioli, Ladavas, & di Pellegrino, 2007; Koenigs et al., 2007）。在高冲突场景下，他们比健康控制组做出更多“功利主义”决策（高情绪性厌恶决策，导致更大的整体利益，例如拯救更多生命）。几个解释被用来说明腹内侧前额叶损伤患者的“功利主义”（理性的）决策倾向增强。一个解释是，腹内侧前额叶损伤所造成的情绪迟钝和自主信号降低，导致理性决策偏向增加——躯体-标记假说支持该解释（Bechara et al., 2000）。然而，该解释不被另一项研究支持（Koenigs & Tranel, 2007），该研究采用二人最后通牒游戏考察了同组患者。在最后通牒游戏中，被试匿名和另一名玩家仅互动一次，并且必须决定是接受不公平的经济奖赏提议（经济学上的理性选择），还是拒绝提议惩罚不公平分配的玩家（“情绪”选择）（见本书第19章）。腹内侧前额叶损伤患者比控制组更倾向于做出“情绪”决策，更易于选择拒绝不公平提议。该选择通常伴随愤怒。因此，腹内侧前额叶损伤患者似乎在道德两难决策中更“理性”，而在经济互动中更“情绪”。所以，本文的观点是他们的表现既不能被整体情感迟钝的单一机制解释，即被躯体标记模型所预测，也不能被背侧皮层认知抑制腹侧皮层-亚皮层情绪的双过程模型所解释（Greene et al., 2004）。对本文批判的文章，请见相关研究（Greene, 2007）。

这些结果的另一个可能解释是采用额叶皮层的表征模型（Wood & Grafman, 2003），本文将该模型拓展到道德认知（Moll, Zahn, et al., 2005）。如果额叶皮层像其他皮层区一样存储信息，那么应该预测，拓扑编码取决于所表征信息的内容和/或格式，正如可以从运动皮层例子中所发现的那样（Wood & Grafman, 2003）。正如上节所总结的，一些fMRI研究证据支持以下观点：相比于其他重要的道德情感（愤慨、蔑视他人），额极皮层和膝下区域（腹内侧前额叶皮层一部分），参与亲社会道德情感（内疚，同情）的程度更强。这可能解释了腹内侧前额叶损伤患者体验内疚和同情的能力选择性下降，但是保留了其他重要情感的原因。这就解释了不公平提议背景下愤怒增加和面临道德两难情境时内疚或者同情降低。

人们的道德认知模型强调亚皮层边缘和额颞叶皮层之间信息的功能整合，并将其作为推理和情感的连接（Moll, Zahn, et al., 2005）。根据该道德认知的额-颞-中脑缘整合模型，“情绪”和“理性思想”之间不再对立；然而，表征主观经验的不同额-颞-中脑缘连接复合之间存在竞争，这些主观体验有时称其为“情感”或者“理性思维”、“规则”或者“价值”——取决于多么生动的体验被表征在亚皮层区的情绪/动机状态、激活了表征多久，或者多么详细和多么生动地激活额颞皮层的抽象规则和概念表征。

道德认知的额-颞-中脑边缘综合视角，利用意识神经关联研究，表明主观体验取决于大规模分布的网络神经活动的时间绑定，而不是单独区域的神经活动（Tononi & Koch, 2008）。通常认为，亚皮层中脑边缘系统最可能以“自由浮动”方式表征动机状态，诸如依恋或者饥饿，而不是以背景化方式——几乎总是体验这些状态（例如“依恋家人”或者“渴望食物”）。拥有目标的动机/情绪背景化对于激发行为是必要的。大量非灵长类动物电生理证据，以及人类神经成像数据表明，眶额皮层表征特定目标的奖励和惩罚价值（Kringelbach & Rolls, 2004；见本书第19章）。更复杂的目标，诸如道德价值，取决于前颞叶表征（Zahn, Moll, Paiva, et al., 2009）。如果目标表征需要额颞区，那么动机被表征在额–颞–中脑边缘环路，而不仅仅在亚皮层中脑边缘区。

不管该模型的合理性如何，都需要更多工作提供直接和明确的证据，支持一个模型的同时排除其他模型。关于额叶皮层在道德和社会行为中所发挥作用的三个替代模型的总结见表21.2。

道德动机和自私动机的神经解剖分离

前一节列出了道德动机所必需的却富有争议的认知–情感交互的模型。没有研究清晰解释为什么道德行为受损患者经常能够保留相对良好的自私行为；这种能力在具有发展性精神问题的个体中尤其明显。虽然一些分离可以采用道德行为的高度认知复杂性解释，但是这些观察强烈表明，在人类大脑中道德动机和自私动机至少是部分分离的。

现实道德决策经常是在自私与他人需要或者道德准则之间的竞争中做出选择。因此问题是，自私和道德动机之间的竞争在人们大脑中是如何被组织的？基于神经经济学游戏关于合作的早期工作，第一个采用慈善捐款范式在直接的人际范围之外探索道德动机的研究。其结果确实表明，相比自己获得金钱的决策，捐赠的利他决策选择性激活了大脑特定区域（见图21.3；Moll et al., 2006）。在两个更大的脑区，隔区–膝下扣带回和前眶额/额极区域呈现利他决策选择性。后续研究已经证实，捐赠行为激活隔区（基低端脑一部分）和伏隔核的隔区部分（Harbaugh, Mayr, & Burghart, 2007; Hsu, Anen, & Quartz, 2008）。该区域也被经济互动的无条件信任激活（Krueger et al., 2007）。未来研究需要确认这些脑网络的功能

表21.2　社会与道德行为中的额叶皮层的替代模型

假说名称	主要观点
前额叶的自上而下认知控制	前额叶不储存刺激–反应连接，但是可以控制其他皮层和亚皮层之间的皮层信息流，例如当有些自发反应需要被抑制时就可以工作（Miller & Cohen, 2001）。
亚皮层的自下而上控制	腹内侧前额叶储存亚皮层“躯体标记”和脑后部行动经验之间的连接，前额叶受损后表现出快速和复杂决策困难的问题同样佐证了上述机制。
额叶–颞叶–亚皮层相互整合	情境依赖的经验的社会行动/事件的次序被储存在腹侧前额叶（和额极皮层），这对人类产生情境适应的社会行是十分有必要的（Moll, Zahn, de Oliveira-Souza, Krueger, & Grafman, 2005）。在这个模型中，前额叶皮层储存了不同情境中刺激和反应的次序信息连接。

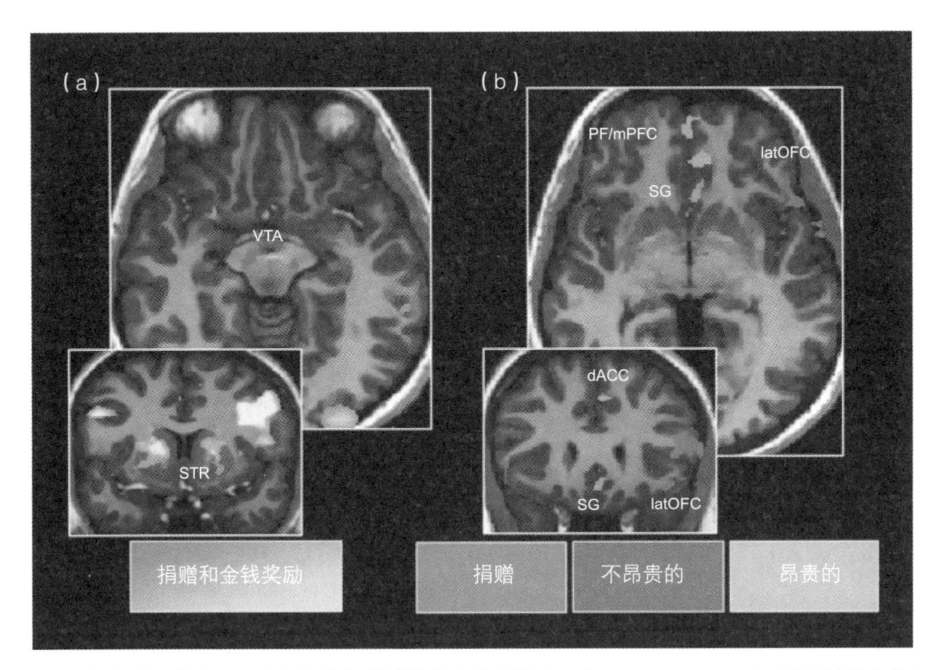

图21.3 当被试选择捐赠给慈善组织或者拒绝捐赠时的大脑激活模式图（Moll et al., 2006）；该图转引自莫尔（Moll）和斯丘金（2009）。（a）呈现的是在纯粹的金钱奖励和捐赠决定（有或没有个人经济成本）两种条件下都激活了中边缘的奖励制度，包括腹侧被盖区（VTA）以及腹侧和背侧纹状体。（b）表示与纯金钱奖励条件（无论是昂贵的决定还是非昂贵的决定）相比，隔下亚区（SG）仅在被试的捐赠决定条件下被激活。被试反对慈善组织的决定则激活了眶额外侧皮质（latOFC）。这种激活作用延伸到前岛和下背外侧前额皮层，并且这一结果在昂贵和不昂贵的决定中均被发现（联合分析）。前额皮层和腹内侧前额皮层激活在被试进行损失决策（指个体自愿拿出自己的金钱以捐给慈善组织或者抵制慈善组织）时出现（联合分析）。彩色版本请扫描附录二维码查看

特异性，以及道德动机是否确实存在选择性子区。

复杂道德动机的天然动机成分是依恋。依恋支持人类和非人类动物的配偶联接和母子联接（Insel & Young, 2001），可能是动机状态的进化前身，能够使人类采取道德行动。依恋已经被证明依赖催产素（Zak, Kurzban, & Matzner, 2004）、阿片受体和单胺能（Depue & Morrone-Strupinsky, 2005）神经化学物质，同时所关联的脑网络与中脑边缘奖赏和基底端脑系统重叠（Insel & Young, 2001）。一个假设认为，人类道德动机源于基底端脑的依恋相关动机状态与额颞环路的复杂人际目标和道德价值表征的结合（Moll & Schulkin, 2009）。

结论和未来方向

综上所述，额–颞–中脑边缘网络相当一致地被认为与道德情感密切相关。而且，不同类型的道德情感不同程度地依赖该网络的不同部分。额极皮层可能对亲社会道德情感（例如内疚）比其他重要情感（对他人愤慨）更重要。然而，主要争议在于，关于该网络亚区的确切功能是什么（特别是额叶皮层的作用），以及是否应该主要研究不同类型的道德过程（认知的相对于情绪的）或者不同类型的道德情感（例如内疚相对于愤慨）。而且，如何细分不同类型道德情感还没有达成共识。未来研究将不得不更直接检验道德情绪替代模型

（自上而下额叶控制、自下而上皮层下控制、额-颞-中脑缘整合）的预测。

为了解决这些问题，需要实验控制心理语言学和其他方面的重要差异，以及控制很多以往研究没有严格执行的条件。另外，该领域需要开发道德功能认知模型的神经生物学效度标准。目前还不清楚的是，根据哲学传统（例如“功利主义”或者“非功利主义”）定义道德功能是否对神经生物学研究有效，或者道德功能分解为源自其他认知神经科学领域的认知成分是否更好，不是所有这些认知成分都需要特异于道德功能（例如“概念语义”“知觉语义”等）。采用不同类型方法、不同人群包括脑损伤患者的重复研究，对于验证道德认知神经科学的未来认知模型至关重要。综上所述，道德脑功能研究将受益于科学家的专业知识，这些科学家专注于认知神经科学传统领域，致力于提高该领域方法和术语的严谨性，并且为解决这一在进化层面上最新的人脑功能的问题做出了极大贡献。

我们期待令人兴奋的未来：允许我们以更严谨的实验研究人类最复杂的能力之一。重要的是，这些新思路将革新方法，改善神经精神疾病干预和治疗，以及在复杂社会系统中平衡道德动机（Zahn, 2009）。

重点问题和未来方向

· 相对于腹内侧额叶损伤，背外侧和腹外侧额叶损伤后是否存在特定类型道德情感和判断受损？

· 额叶不同部分是否存储行动/事件序列的不同内容/格式？或者这些区域对于存储在其他脑区的行动知识的内容/格式独立加工是否是必要的？

· fMRI能够重复特定道德情感与特定脑区的关联吗？

· 在道德认知/情绪网络中特定脑区的特异性功能是什么？

参考文献

Alexander, B., Brewin, C. R., Vearnals, S., Wolff, G., & Leff, J. (1999). An investigation of shame and guilt in a depressed sample. *British Journal of Medical Psychology*, *72*, 323–38.

Augstein, H. F. (1996). J. C. Prichard's concept of moral insanity: A medical theory of the corruption of human nature. *Medical History*, *40*(3), 311–43.

Bechara, A., Damasio, H., & Damasio, A. R. (2000). Emotion, decision making and the orbitofrontal cortex. *Cerebral Cortex*, *10*(3), 295–307.

Berrios, G. E., Bulbena, A., Bakshi, N., Dening, T. R., Jenaway, A., Markar, H., et al. (1992). Feelings of guilt in major depression – conceptual and psychometric aspects. *British Journal of Psychiatry*, *160*, 781–87.

Bishop, J. D. (1996). Moral motivation and the development of Francis Hutcheson's philosophy. *Journal of the History of Ideas*, *57*(2), 277–95.

Borg, J. S., Lieberman, D., & Kiehl, K. A. (2008). Infection, incest, and iniquity: Investigating the neural correlates of disgust and morality. *Journal of Cognitive Neuroscience*, *20*(9), 1529–46.

Bozeat, S., Gregory, C. A., Ralph, M. A., & Hodges, J. R. (2000). Which neuropsychiatric and behavioral features distinguish frontal and temporal variants of frontotemporal dementia from Alzheimer's disease? *Journal of Neurology, Neurosurgery, & Psychiatry*, *69*(2), 178–86.

Brutkowski, S. (1965). Functions of prefrontal cortex in animals. *Physiological Reviews*, *45*(4), 721–46.

Ciaramelli, E., Muccioli, M., Ladavas, E., & di Pellegrino, G. (2007). Selective deficit in personal moral judgment following damage to ventromedial prefrontal cortex. *Social Cognitive & Affective Neuroscience*, *2*(2), 84–92.

Cleckley, H. M. (1976). *The mask of sanity* (5th ed.). St. Louis: Mosby.

Damasio, H., Grabowski, T., Frank, R., Galaburda, A. M., & Damasio, A. R. (1994). The return of Phineas Gage: Clues about the brain from the skull of a famous patient. *Science*, *264*(5162), 1102–5.

Decety, J., & Grèzes, J. (2006). The power of simulation: Imagining one's own and other's behavior. *Brain Research*, *1079*, 4–14.

Decety, J., & Jackson, P. L. (2004). The functional architecture of human empathy. *Behavioral Cognitive Neuroscience Review*, *3*, 71–100.

de Oliveira-Souza, R., Hare, R. D., Bramati, I. E., Garrido, G. J., Azevedo Ignácio, F., Tovar-Moll, F., et al. (2008). Psychopathy as a disorder of the moral brain: Fronto-temporolimbic grey matter reductions demonstrated by voxel-based morphometry. *NeuroImage*, *40*(3), 1202–13.

Depue, R. A., & Morrone-Strupinsky, J. V. (2005). A neurobehavioral model of affiliative bonding: Implications for conceptualizing a human trait of affiliation. *Behavioral and Brain Sciences*, *28*(3), 313–350.

de Vignemont, F., & Singer, T. (2006). The empathic brain: How, when and why? *Trends in Cognitive Sciences*, *10*(10), 435–41.

Eisenberg, N. (2000). Emotion, regulation, and moral development. *Annual Review of Psychology*, *51*, 665–97.

Elliott, R., Zahn, R., Deakin, J. F., & Anderson, I. M. (2011). Affective cognition and its disruption in mood disorders. *Neuropsychopharmacology. REVIEWS*. doi:10.1038/npp.2010.77

Eslinger, P. J. (1998). Neurological and neuropsychological bases of empathy. *European Neurology*, *39*(4), 193–99.

Eslinger, P. J., & Damasio, A. R. (1985). Severe disturbance of higher cognition after bilateral frontal lobe ablation: patient EVR. *Neurology*, *35*(12), 1731–41.

Fischer, A. H., & Roseman, I. J. (2007). Beat them or ban them: The characteristics and social functions of anger and contempt. *Journal of Personality and Social Psychology*, *93*(1), 103–15.

Gintis, H., Henrich, J., Bowles, S., Boyd, R., & Fehr, E. (2008). Strong reciprocity and the roots of human morality. *Social Justice Research*, *21*(2), 241–53.

Greene, J. D. (2007). Why are vmPFC patients more utilitarian? A dual-process theory of moral judgment explains. *Trends in Cognitive Sciences*, *11*(8), 322–23.

Greene, J. D., Nystrom, L. E., Engell, A. D., Darley, J. M., & Cohen, J. D. (2004). The neural bases of cognitive conflict and control in moral judgment. *Neuron*, *44*(2), 389–400.

Greene, J. D., Sommerville, R. B., Nystrom, L. E., Darley, J. M., & Cohen, J. D. (2001). An fMRI investigation of emotional engagement in moral judgment. *Science*, *293*(5537), 2105–8.

Haidt, J. (2003). The moral emotions. In R. J. Davidson, K. R. Scherer, & H. H. Goldsmith (Eds.), *Handbook of affective sciences* (pp. 852–70). Oxford: Oxford University Press.

Harbaugh, W. T., Mayr, U., & Burghart, D. R. (2007). Neural responses to taxation and voluntary giving reveal motives for charitable donations. *Science*, *316*(5831), 1622–5.

Hare, R. D. (2003). *The hare psychopathy checklist-revised* (2nd ed.). Toronto: Multi-Health Systems.

Herholz, K. (2003). PET studies in dementia. *Annals of Nuclear Medicine*, *17*(2), 79–89.

Higgins, E. T. (1987). Self-discrepancy – a theory relating self and affect. *Psychological Review*, *94*(3), 319–40.

Hodges, J. R. (2001). Frontotemporal dementia (Pick's disease): Clinical features and assessment. *Neurology*, *56*(11 Suppl. 4), S6–10.

Hsu, M., Anen, C., & Quartz, S. R. (2008). The right and the good: Distributive justice and neural encoding of equity and efficiency. *Science*, *320*(5879), 1092–95.

Hume, D. (1777). *An enquiry into the principles of morals* (Vol. 2). London: T. Cadell.

Immordino-Yang, M. H., McColl, A., Damasio, H., & Damasio, A. (2009). Neural correlates of admiration and compassion. *Proceedings of the National Academy of Sciences*, *106*(19), 8021–26.

Insel, T. R., & Young, L. J. (2001). The neurobiology of attachment. *Nature Reviews Neuroscience*, *2*(2), 129–36.

Janoff-Bulman, R. (1979). Characterological versus behavioral self-blame – inquiries into depression and rape. *Journal of Personality and Social Psychology*, *37*(10), 1798–809.

Kant, I. (1786). *Grundlegung zur Metaphysik der Sitten* (2nd ed.). Riga: Johann Friedrich Hartknoch.

Kedia, G., Berthoz, S., Wessa, M., Hilton, D., & Martinot, J. L. (2008). An agent harms a victim: A functional magnetic resonance imaging study on specific moral emotions. *Journal of Cognitive Neuroscience*, *20*(10), 1788–98.

Koenigs, M., & Tranel, D. (2007). Irrational economic decision-making after ventromedial prefrontal damage: Evidence from the Ultimatum Game. *Journal of Neuroscience*, *27*(4), 951–56.

Koenigs, M., Young, L., Adolphs, R., Tranel, D., Cushman, F., Hauser, M., et al. (2007). Damage to the prefrontal cortex increases utilitarian moral judgements. *Nature*, *446*(7138), 908–11.

Kringelbach, M. L., & Rolls, E. T. (2004). The functional neuroanatomy of the human orbitofrontal cortex: Evidence from neuroimaging and neuropsychology. *Progress in Neurobiology*, *72*(5), 341–72.

Krueger, F., McCabe, K., Moll, J., Kriegeskorte, N., Zahn, F, Strenziok, M., et al. (2007). Neural correlates of trust. *Proceedings of the National Academy of Sciences*, *104*(50),

20084–89.

Lamb, R. B. (1974). Adam Smith's system: Sympathy not self-interest. *Journal of the History of Ideas*, *35*(4), 671–82.

Liu, W., Miller, B. L., Kramer, J. H., Rankin, K., Wyss-Coray, C., Gearhart, R., et al. (2004). Behavioral disorders in the frontal and temporal variants of frontotemporal dementia. *Neurology*, *62*(5), 742–8.

McClure, S. M., Botvinick, M. M., Yeung, J. D., & Cohen, J. D. (2006). Conflict monitoring in cognition-emotion competition. In J. J. Gross (Ed.), *Handbook of emotion regulation*. New York Guilford Press.

Miller, E. K., & Cohen, J. D. (2001). An integrative theory of prefrontal cortex function. *Annual Review of Neuroscience*, *24*, 167–202.

Moll, J., de Oliveira-Souza, R., & Eslinger, P. J. (2003). Morals and the human brain: A working model. *Neuroreport*, *14*(3), 299–305.

Moll, J., de Oliveira-Souza, R., Garrido, G. J., Bramati, I. E., Caparelli-Daquer, E. M. A., Paiva, M. M. F., et al. (2007). The self as a moral agent: Linking the neural bases of social agency and moral sensitivity. *Social Neuroscience*, *2*(3 & 4), 336–52.

Moll, J., de Oliveira-Souza, R., Moll, F. T., Ignacio, F. A., Bramati, I. E., Caparelli-Daquer, E. M., et al. (2005). The moral affiliations of disgust: A functional MRI study. *Cognitive & Behavioral Neurology*, *18*(1), 68–78.

Moll, J., De Oliveira-Souza, R., & Zahn, R. (2008). The neural basis of moral cognition: Sentiments, concepts, and values. *Annals of the New York Academy of Sciences*, *1124*(1), 161–80.

Moll, J., Eslinger, P. J., & Oliveira-Souza, R. (2001). Frontopolar and anterior temporal cortex activation in a moral judgment task: Preliminary functional MRI results in normal subjects. *Arquivos de Neuro-Psiuiatria*, *59*(3-B), 657–64.

Moll, J., Krueger, F., Zahn, R., Pardini, M., de Oliveira-Souza, R., & Grafman, J. (2006).Human fronto-mesolimbic networks guide decisions about charitable donation. *Proceedings of the National Academy of Sciences*, *103*(42), 15623–8.

Moll, J., Oliveira-Souza, R., Zahn, R., & Grafman, J. (2007). The cognitive neuroscience of moral emotions. In W. Sinnott-Armstrong (Ed.), *Moral psychology, Vol. 3: Morals and the brain*. Cambridge, MA: MIT Press.

Moll, J., & Schulkin, J. (2009). Social attachment and aversion in human moral cognition. *Neuroscience and Biobehavioral Reviews*, *33*(3), 456–65.

Moll, J., Zahn, R., de Oliveira-Souza, R., Bramati, I. E., Krueger, F., Tura, B., et al. (2011). Impairment of prosocial sentiments is associated with frontopolar and septal damage in frontotemporal dementia. *Neuroimage*, *54*(2), 1735–42.

Moll, J., Zahn, R., de Oliveira-Souza, R., Krueger, F., & Grafman, J. (2005). Opinion: The neural basis of human moral cognition. *Nature Reviews Neuroscience*, *6*(10), 799–809.

Neary, D., Snowden, J. S., Gustafson, L., Passant, U., Stuss, D., Black, S., et al. (1998). Frontotemporal lobar degeneration: A consensus on clinical diagnostic criteria. *Neurology*, *51*(6), 1546–54.

O'Connor, L. E., Berry, J. W., Weiss, J., & Gilbert, P. (2002). Guilt, fear, submission, and empathy in depression. *Journal of Affective Disorders*, *71*(1–3), 19–27.

Rankin, K. P., Gorno-Tempini, M. L., Allison, S. C., Stanley, C. M., Glenn, S., Weiner, M. W., et al. (2006). Structural anatomy of empathy in neurodegenerative disease. *Brain*, *129*(11), 2945–56.

Rusch, N., Lieb, K., Gottler, I., Hermann, C., Schramm, E., Richter, H., et al. (2007). Shame and implicit self-concept in women with borderline personality disorder. *American Journal of Psychiatry*, *164*(3), 500–8.

Saver, J. L., & Damasio, A. R. (1991). Preserved access and processing of social knowledge in a patient with acquired sociopathy due to ventromedial frontal damage. *Neuropsychologia*, *29*(12), 1241–49.

Schwartz, S. H. (1992). Universals in the content and structure of values – theoretical advances and empirical tests in 20 countries. *Advances in Experimental Social Psychology*, *25*, 1–65.

Shamay-Tsoory, S. G., Aharon-Peretz, J., & Perry, D. (2009). Two systems for empathy: A double dissociation between emotional and cognitive empathy in inferior frontal gyrus versus ventromedial prefrontal lesions. *Brain*, *132*, 617–27.

Shin, L. M., Dougherty, D. D., Orr, S. P., Pitman, R. K., Lasko, M., Macklin, M. L., et al. (2000). Activation of anterior paralimbic structures during guilt-related script-driven imagery. *Biological Psychiatry*, *48*(1), 43–50.

Spitzer, M., Fischbacher, U., Herrnberger, B., Gron, G., & Fehr, E. (2007). The neural signature of social norm compliance. *Neuron*, *56*(1), 185–96.

Takahashi, H., Matsuura, M., Koeda, M., Yahata, N., Suhara, T., Kato, M., et al. (2008). Brain activations during judgments of positive self-conscious emotion and positive basic emotion: Pride and joy. *Cerebral Cortex*, *18*(4), 898–903.

Takahashi, H., Yahata, N., Koeda, M., Matsuda, T., Asai, K.,

& Okubo, Y. (2004). Brain activation associated with evaluative processes of guilt and embarrassment: an fMRI study. *Neuroimage*, *23*(3), 967–74.

Tangney, J. P., Stuewig, J., & Mashek, D. J. (2007). Moral emotions and moral behavior. *Annual Review of Psychology*, *58*, 345–72.

Tangney, J. P., Wagner, P., & Gramzow, R. (1992). Proneness to shame, proneness to guilt, and psychopathology. *Journal of Abnormal Psychology*, *101*(3), 469–78.

Tononi, G., & Koch, C. (2008). The neural correlates of consciousness–An update. *Year in Cognitive Neuroscience*, *1124*, 239–61.

Tracy, J. L., & Robins, R. W. (2006). Appraisal antecedents of shame and guilt: Support for a theoretical model. *Personality and Social Psychology Bulletin*, *32*(10), 1339–51.

Tracy, J. L., Shariff, A. F., & Cheng, J. T. (2010). A naturalist's view of pride. *Emotion Review*, 163–77.

Weiner, B. (1985). An attributional theory of achievement-motivation and emotion. *Psychological Review*, *92*(4), 548–73.

Weiner, B. (1992). *Human motivation: Metaphors, theories, and research*. Beverly Hills, CA: Sage.

Welt, L. (1888). Über Charakterveränderungendes Menschen. *Dtsch Arch Klin Med*, *42*, 339–90.

Wood, J. N., & Grafman, J. (2003). Human prefrontal cortex: processing and representational perspectives. *Nature Reviews Neuroscience*, *4*(2), 139–47.

Zahn, R. (2009). The role of neuroimaging in translational cognitive neuroscience. *Topics in Magnetic Resonance Imaging*, *20*(5), 279–89.

Zahn, R., de Oliveira-Souza, R., Bramati, I., Garrido, G., & Moll, J. (2009). Subgenual cingulate activity reflects individual differences in empathic concern. *Neuroscience Letters*, *457*(2), 107–10.

Zahn, R., Moll, J., Iyengar, V., Huey, E. D., Tierney, M., Krueger, F., et al. (2009). Social conceptual impairments in frontotemporal lobar degeneration with right anterior temporal hypometabolism. *Brain*, *132*(Pt. 3), 604–16.

Zahn, R., Moll, J., Krueger, F., Huey, E. D., Garrido, G., & Grafman, J. (2007). Social concepts are represented in the superior anterior temporal cortex. *Proceedings of the National Academy of Sciences*, *104*(15), 6430–5.

Zahn, R., Moll, J., Paiva, M. M. F., Garrido, G., Krueger, F., Huey, E. D., et al. (2009). The neural basis of human social values: Evidence from functional MRI. *Cerebral Cortex*, *19*(2), 276–83.

Zak, P. J., Kurzban, R., & Matzner, W. T. (2004). The neurobiology of trust. *Annals of the New York Academy of Sciences*, *1032*, 224–7

第22章

社会应激和社会接近

马库斯·赫里奇斯（Markus Heinrichs） 弗朗西斯·S. 陈（Frances S. Chen） 格雷戈尔·多姆斯（Gregor Domes） 罗伯特·库姆斯塔（Robert Kumsta）

应激的心理生物学

应激是一种日常现象。我们机体时刻面临来自心理的或者生理的、真实的或者预期的内外力挑战。内稳态是一种动态的协调平衡，而应激被定义为真实的或预期的内稳态破坏。应激反应已经进化为高级的适应反应，旨在当生理或者心理健康受到威胁时，维持生理系统完整性(Chrousos, 2009)。

应激影响表现在多个方面，包括行为、主观体验、认知功能和生理机能，可以导致唤醒、集中注意、警醒、警觉和认知加工骤然增加。就外周神经系统而言，生理反应旨在通过自主神经系统（ autonomic nervous system, ANS ）和下丘脑–垂体–肾上腺轴(hypothalamus-pituitary-adrenal, HPA)激活恢复内稳态。

这两种连锁应激反应系统具有不同的动态反应特征。ANS通过激活交感神经系统和副交感神经系统快速对应激进行反应。交感神经系统激活代表了经典的"战斗或者逃跑"反应。几秒钟之内，交感神经–肾上腺髓质分支使得末梢组织和肾上腺髓质兴奋，导致肾上腺素（主要源自肾上腺髓质）和去甲肾上腺素（主要来自交感神经）的循环水平提高、心率及心脏收缩、外周血管收缩，和能量代谢的增加。副交感神经活动也受应激调节，通常与交感神经系统拮抗。由于副交感神经激活的反向作用，所以ANS兴奋是短暂反应。

HPA轴是层级激素系统，连接中枢神经系统和内分泌系统。相对于ANS激活的突触机制，激素机制显得迟缓。下丘脑环路通过整合边缘系统和脑干的多种输入调节HPA轴反应。通过整合下丘脑室旁核（ paraventricular nucleus, PVN ）神经元释放的促皮质素释放激素(corticotropin-releasing hormone, CRH)，兴奋和抑制输入被整合为脑垂体的净内分泌信号。促皮质素释放激素和神经肽抗利尿激素（ arginine vasopressin, AVP ）的共同响应对协调应激反应和调控HPA轴活动至关重要。它们触发脑垂体释放促肾上腺皮质激素（ adrenocorticotropic hormone, ACTH ）进入外周循环，作用于肾上腺皮层，诱发肾上腺糖皮质激素（ glucocorticoids, GCs ）合成和分泌增加，对于人类主要是皮质醇分泌（见图22.1）。

通过绑定肾上腺糖皮质激素受体（ glucocorticoid receptor, GR)，皮质醇几乎影响身体所有水平。GCs的末端效应包括能量代谢，一些免疫功能抑制，交感神经系统调节血管收缩的增强和生殖功能抑制。皮质醇的另一重要功能是在大脑多个位置施加负反馈，终止释放CRH和ACTH（Sapolsky, Romero, & Munck, 2000）。

HPA轴具有两种操作模式。一种是昼夜节律调节皮质醇分泌，另一种是应激反应时的皮质醇分泌。在未受刺激的无应激情境下，皮质醇水平在早晨最高，然后在白天逐渐降低，在午夜达到最低点。有趣的是，皮质醇水平在醒后的30—45分钟之内上升50%—75%，即所谓的皮质醇觉醒反应（cortisol awakening response, CAR）。最近睡眠实验室研究表明，觉醒上升是叠加在生物钟上的离散实体，被视为觉醒反应（Wilhelm, Born, Kudielka, Schlotz, & Wüst, 2007）。

关于应激反应，已经提出了应激激活的两个不同领域。刺激所触发的“反应性”反应表征了躯体或者内脏感觉通路所识别的真正的内稳态挑战。这些应激源包括疼痛、体液内稳态信号（例如葡萄糖和胰岛素水平变化）或者体液炎症信号。从一些脑区到PVN的直接神经中介这些输入，而这些脑区接受源自躯体伤害性感受器、内脏传入神经或者体液感觉通路的初级和次级输入，因此能够诱发HPA轴快速的反射兴奋。

HPA轴激活在缺乏生理挑战时也能发生，对于理解心理或者社会心理应激的生理反应非常重要。这些反应被称为“预期性”反应，是增加的中枢产生的皮质醇反应，以预期性而非反应性对内稳态破坏做出反应。预期反应可以通过经典的或者背景的条件刺激（即记忆程序）诱发，或者被先天种系特异性倾向诱发。这些先天程序包括，啮齿类动物对掠夺者或照明空间的识别，人类面临社会挑战或不熟悉的环境。1968年，约翰·马森（John Mason）指出，“心理作用是影响垂体-肾上腺皮层活动最强的天然刺激”（Mason,

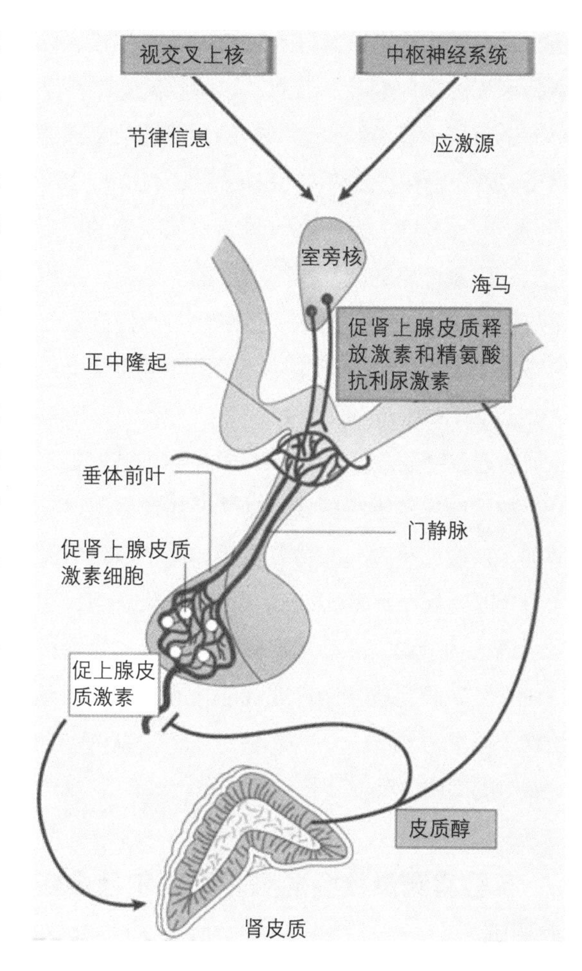

图22.1　下丘脑-垂体-肾上腺轴（HPA轴）是应激反应的关键系统。当探测到威胁时，下丘脑室旁核的神经元释放促肾上腺皮质释放激素（CRH）和精氨酸抗利尿激素（AVP）。这触发脑垂体分泌促肾上腺皮质激素（ACTH），导致肾上腺皮层释放糖皮质激素增加（对于人类主要是皮质醇）。HPA轴受到包括垂体、下丘脑和海马位点反馈环路支配。经麦克米兰公司授权转载

1968, 第595—596页）。像新颖的、不可控的、不可预知的、知觉到威胁的或自我卷入的情境能诱发HPA轴反应。近期元分析研究印证了该观点，表明在不可控和威胁性的社会评价情况下观察到最显著的皮质醇反应（Dickerson & Kemeny, 2004）。预期反应受到边缘系统脑区控制，这些脑区处于感觉信息输入和评价过程的交界面。影响

应激反应的边缘系统脑区包括海马、杏仁核、外侧隔区和内侧前额叶。然而，这些脑区都缺少至PVN的直接神经投射。对PVN的激活调节是通过脑干、下丘脑和终纹床核（bed nucleus of the stria terminalis, BNST）等与PVN具有直接联系的“反应式”应激环路的交互作用实现的。因此，边缘系统输入被映射到脑干和下丘脑的应激效应器上，形成层级系统，调节反应性和预期性应激反应（Ulrich-Lai & Herman, 2009）。

最近，脑成像研究使用fMRI应激范式发现了一个特异的应激激活模式，其特征为边缘脑区的激活。该模式具体为海马去激活启动了激素应激反应（Pruessner et al., 2008）。在基线状态下，边缘系统结构呈现高活动水平，因此可以作为警报系统。当探测到危险接近或威胁信号时，应激系统抑制被主动削减——“脚离开刹车”，从而启动对威胁的适应性反应。

实验室测量社会应激：特里尔社会应激测试

为了在控制条件下研究应激反应，需要一种能够在大多数被试中诱发荷尔蒙、心脏强化运动和主观参数显著增加的研究工具。约二十年前，研究者开发了特里尔社会应激测试（Trier Social Stress Test, TSST）（Kirschbaum, Pirke, & Hellhammer, 1993）。从1993年起，全球各地实验室使用TSST超过四千次（Kudielka, Wüst, Kirschbaum, & Hellhammer, 2007）。TSST已经成为实验诱发心理应激的黄金标准。

TSST如何工作？

TSST包括在面试小组和摄像机前完成自由发言和心算任务（详述见Kudielka et al., 2007）。简言之，要求被试扮演参加面试的某工作应聘者角色。3分钟准备后，要求被试向小组进行自我介绍，说服面试官自己是空缺职位的最佳申请人。5分钟自由发言后，要求被试完成心算任务（从2023重复减17）并持续5分钟。面试官被介绍为评审他们非言语行为的专家，录像将用于分析其面试表现。专家组由两至三位不熟悉被试的实验者同伴组成。实验前，面试官被告知要以中性方式与被试沟通，且不能给予任何面部或言语反馈。

应激测量

为了捕获所选测量指标的完整动态反应过程，必须收集多种样本。这些通常包括应激前水平、初始应激反应、峰值水平和恢复水平。ACTH和唾液皮质醇的典型反应曲线如图22.2所示。应激后ACTH立即达到峰值，但是皮质醇反应稍微延迟，在任务结束后约10—20分钟达到峰值。70%—80%的被试经历TSST任务后，皮质醇反应提升程度在50%—200%之间。除HPA轴激素以外，也常常能够检测到其他指标显著增加。这些指标包括肾上腺素和去甲肾上腺素、心率、血管收缩压和舒张压、生长激素、催乳素、睾酮和免疫参数。

儿童版和小组版TSST

研究者开发了能适用于7—14岁儿童的TSST修订版本。TSST-C同样包括准备期、自由发言和心算任务（Buske-Kirschbaum et al., 1997）。不同于工作面试，儿童收到一个只有开头的故事，然后被要求将之补充完整并尽可能地使故事令人兴奋。心算任务数目符合相应年龄组的表现水平。

最近，我们实验室开发了一个团体版TSST

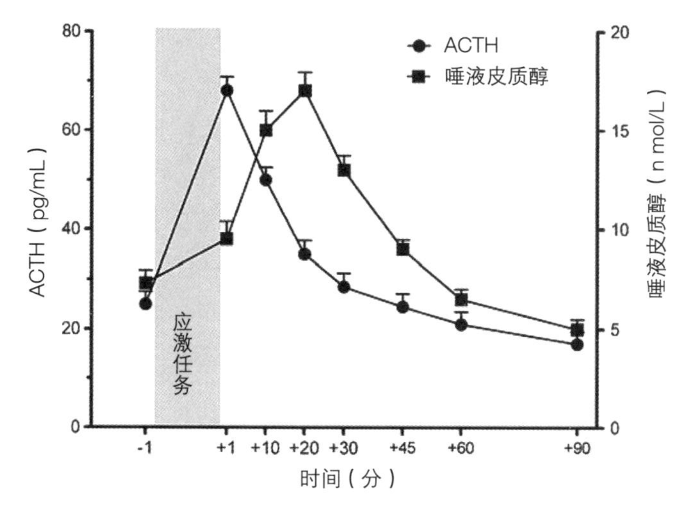

图22.2　TSST反应ACTH（左Y轴）和唾液皮质醇（右Y轴）的典型曲线。ACTH通常在应激后立即达到峰值水平，而唾液皮质醇通常在应激任务结束10分钟后达到峰值水平

（TSST-G; von Dawans, Kirschbaum, & Heinrichs, 2011），一次最多可以同时测试6个被试。该程序和单被试版本相似。在应激暴露期间，被试被隔离墙分开，避免相互之间眼神接触和互动。每个被试按照随机顺序发言2分钟。剩余8分钟内，每个被试需要执行80秒心算任务。需要注意的是，TSST-G包含特定的控制条件，该条件除了心理应激成分（例如社会评价威胁和不可控性），具有正式TSST-G的所有因素（例如静态平衡位、言语任务、认知负荷、时间表）。

TSST如何产生应激?

对200多个实验室应激范式的元分析概括了诱发HPA轴反应的情境要素（Dickerson & Kemeny, 2004）。研究表明，能观察到稳定皮质醇反应的任务具有三个特征：（1）不可控性；（2）被迫失败背景的创建；（3）具有社会评价威胁的特征。在这些任务中，被试无法回避消极结果，或者即使尽了最大努力也无法成功，且任务表现会被他人给予消极评价。同时包含不可控性和社会评价威胁成分的任务，具有最强的HPA轴反应以及最长的恢复时间。TSST是少数能够同时包含两个关键成分的可用实验范式之一（Dickerson & Kemeny, 2004）。

fMRI实验环境的应激

蒙特利尔成像应激测验

为了研究涉及应激反应和应激调节的脑激活模式，研究者开发了功能神经成像环境下的应激范式。正如前文所述，诱发HPA轴激活的一个重要情境要素是社会评价威胁（例如，任务表现被他人消极评价）。蒙特利尔成像应激测验（Montreal Imaging Stress Test, MIST; Dedovic et al., 2005）能够在神经成像环境下创建社会评价威胁。MIST包括具有自适应算法的心算任务与内置的社会比较成分。这种算法会根据被试能力来调整计算任务难度，所以被试只能获得50%的正确率，无论其数学资质如何。此外，通过给予反馈让被试相信他们的表现比平均水平差得多。在任务期间，告知被试他们应在后续阶段中努力提升表现。

相对于TSST等包含与观众面对面互动的实验室应激源，MIST被认为是强度稍差的心理应激。大约50%参与MIST的被试的皮质醇会表现出显著增加（响应者），而无响应被试在实验过程中皮质醇水平会典型地生理节律性降低。而且，MIST响应者皮质醇水平总体增加30%—50%，而TSST则增加50%—200%。在参与MIST后，反应者和无反应者脑激活变化不同。在相关比较中能看到明显的脑激活差异（社会威胁条件下的心算和控制条件下的心算）。对于反应者，在边缘系统特定区域观察到去激活，包括下丘脑、海马、杏仁核和内侧眶额皮层。另外，海马去激活程度与皮质醇应激反应总体水平显著相关（Pruessner et al., 2008；请参阅前文讨论）。

扫描应激

最近，研究者引入一项基于fMRI环境的新应激范式，旨在增加任务表现中的社会评价威胁成分。在扫描应激测试中，被试完成心算任务和心理旋转任务。被试需要在倒计时的时间压力下做出反应，同时程序会调整任务速度和难度以适应被试的表现。重要的是，在扫描期间以及扫描序列之间，通过视频直播将观察者小组呈现给被试，从而诱发社会评价威胁。虽然观察者在控制组块保持被动，但是在任务组块中和扫描序列间他们给出不满意的视觉和口头反馈。在首次评估研究中，扫描应激任务诱发了显著的ACTH和皮质醇反应；在神经水平方面，出现了明显的激活和去激活模式（未发表数据）。最近扫描应激和MIST测试已被用于调查城市生活和都市抚育对应激加工的影响。都市抚育影响前扣带皮层，它是调控杏仁核活动的关键脑区，而且当前城市生活与杏仁核的活动增加相关（Lederbogen et al., 2011）。

HPA轴反应的决定因素

在过去几年中，随着标准化实验室应激范式的推出，HPA轴应激反应的大量表现型研究得以开展。无论是从基础研究角度，还是从更好地理解应激和心理健康之间的关系机制角度，认识影响HPA轴反应的中介和调节变量都非常重要。研究表明，心理社会挑战的HPA轴反应的一致特点是个体内和个体间差异很大。目前已确定的因素包括性别、年龄、内源和外源的性激素水平、吸烟、咖啡和酒精消耗、饮食能量供应、哺乳和母乳喂养以及人格因素。本文并不详细讨论所有这些因素，读者可以参考更全面的综述（例如Kudielka, Hellhammer, & Wüst, 2009）。本章重点关注遗传因素——包括基因-环境交互作用和表观遗传学，以及早期生活经验对成年期HPA轴调节的影响。

遗传因素

本部分目标不是全面综述与HPA轴调节相关的所有基因研究。相反，仅列举几个最相关的基因——包括糖皮质激素受体（GR）和盐皮质激素受体（mineralocorticoid receptor, MR），以及情绪调节其他情境的多态性（5-HTTLPR、GABA、BDNF）。

双生子研究表明，急性挑战的HPA轴反应显著受到遗传因素影响（Wüst et al., 2004）。人类基因组测序使得探讨HPA轴相关基因多态性与HPA轴反应模式差异之间的关系变成可能。由于HPA轴是一个复杂的调节系统，很多基因参与不同的外周和中枢通路，导致个体间反应的变异。假定的候选基因是负责编码激素和受体的基因，其主要参与直接调控HPA轴活动（例如糖皮质激素受体），或者间接调控（例如阿片样物质、儿茶酚胺能或者氨基丁酸能）。其他候选基因编码特定蛋白质或者酶类，它们参与皮质醇生物合成、生物可用性（例如11-β羟基类固醇脱氢酶）、转运（例如结合皮质醇球蛋白）、系统吸收（例如P-糖蛋白），或者在皮质醇信号换能的细胞通路发挥作用（例如热休克蛋白或者辅因子）。

编码中介皮质醇作用的两种受体基因，被认为是HPA轴调控的主要候选基因。皮质醇通过双受体系统运行，由高亲和性盐皮质激素受体（MR）和10倍的低亲和性糖皮质激素受体（GR）组成。GR调制HPA轴负反馈调节（即应激反应终止）（de Kloet, Joels, & Holsboer, 2005）。皮质醇施加功能的功效由GR敏感性等许多因素决定，反过来受到常见遗传变异的影响。

糖皮质激素受体基因（GR, NR3C1）

GR的几种常见单核苷酸多态性（single nucleotide pdymor phisms, SNPs），与影响心理社会应激的ACTH和皮质醇反应有关。*Bcl*I C/G（rs41423247; 位于内含子B）和N363S A/G（rs6195; 位于外显子2）多态性最先被研究。对于TSST反应，*Bcl*I G等位基因的纯合子携带者呈现唾液皮质醇水平降低，而N363S AG携带者皮质醇水平相对增加。后续研究（Kumsta et al., 2007）分析了另外两种GR SNPs：R23K A/G（rs6190）SNP（位于外显子2）和A3669G（rs6198）SNP（位于外显子9β），发现了和A3669G（rs6198）多态性相似的结果：男性*Bcl*I GG携带者呈现最低的血清皮质醇水平。有趣的是，相同基因型女性的血清皮质醇水平最高，导致了基因型和性别的交互作用。与其他组相比，9β AG基因型男性与更高ACTH和血清皮质醇反应有关（但不是唾液皮质醇）。最近有研究发现，在GR启动子区域的SNP（rs10482605 T/C；位于外显子1C的启动子区），和9β A/G SNP呈现几乎完全的连锁不平衡（Kumsta et al., 2009）。因此，所观察到的联系实际上必须归因于具有两种功能SNPs的单倍型（SNPs或者等位基因的组合）。第三个调查GR基因SNPs与应激反应关系的研究，验证了前人的发现：*Bcl*I GG基因型被试的血清皮质醇对TSST反应下降，然而没有发现性别和基因型的交互作用（Ising et al., 2008）。

盐皮质激素受体基因（MR, NR3C2）

相对于GR抑制应激反应，MR维持基本HPA轴节律波动，控制应激反应的神经内分泌激活（de Kloet, Fitzsimons, Datson, Meijer, & Vreugdenhil, 2009）。常见的MR I180V多态性（rs5522 A/G；位于外显子2），和重复性TSST时的激素、心血管反应相关（Derijk et al., 2006）。180V变异的携带者呈现唾液和血浆皮质醇反应增加，以及在TSST时所有被试的心跳所测量的自主输出增加。有趣的是，该多态性似乎特异于边缘脑的皮质醇反应性MR功能，因为没有观察到和钠平衡的醛固醇依赖效应的联系。

FK506结合蛋白51基因（FKBP5）

GR敏感性受一种多蛋白复合体影响，该多蛋白复合体调节适当的配体绑定和受体激活。它由热休克蛋白和其他几个伴侣蛋白组成。艾森（Ising）等（2008）研究了FKBP5基因的多态性，它编码FKBP51、一个Hsp 90的辅伴侣蛋白、肾上腺糖皮质激素作用的负调节蛋白。三个次要等位基因SNPs（rs4713916, rs1360780, rs3800737）的纯合子携带者，在两个TSST恢复期呈现最高的血浆皮质醇水平，而且三个SNPs结果几乎相同。rs4713916 AA和rs3800373 GG携带者，在第二次TSST后恢复期间自我报告焦虑显著升高，但是对于ACTH反应没有产生该效应。三个FKBP5 SNPs位于非编码区，没有这方面的功能研究。然而，前人发现内含子rs1360780多态性和FKBP5蛋白质水平提高相关，这支持了应激后延迟恢复的结果。

GABAA α 6 亚组（GABRA6）

HPA轴活动抑制也通过γ-氨基丁酸（γ-aminobutyric acid, GABA）施加，它是中枢神经系统主要的抑制性神经递质。PVN内CRH神经元和蓝斑核内去甲肾上腺素能神经元都表达GABA受体。在TSST后，SNP rs3219151的T等位基因携带者比C / C基因型携带者拥有更高的ACTH、皮质醇和血压反应。而且，对于C等位基因纯合子被试，NEO人格量表外倾性因子得分更低（Uhart, McCaul, Oswald, Choi, & Wand, 2004）。

5-羟色胺转运体基因（5-HTT, SLC6A4）

五羟色胺能系统和中枢HPA轴成分之间存在功能联系。5-HTT基因启动子区常见多态性，即5-HTTLPR（参见本书第25章），重复表明能够调节生活应激对抑郁的影响（Karg, Burmeister, Shedden, & Sen, 2011），并且这些发现的可能机制涉及应激反应差异。

哥特里博（Gotlib）及其同事（2008）研究了有无抑郁家族史的女孩样本。他们评估了测验时的唾液皮质醇反应，包括心算和半结构化访谈，旨在诱发情绪应激和唤醒度。与母亲或者儿童抑郁分数不同的是，S-等位基因纯合子女孩携带者遭受应激后皮质醇水平显著增加。相比之下，L-等位基因携带者没有呈现任何皮质醇反应。在非临床男性成年样本中，研究者测试了应激生活事件与TSST内分泌反应之间的相互作用，没有观察到5-HTTLPR基因型的主效应；然而，与所有其他组相比，具有生活应激事件史的S-等位基因携带者，对应激源皮质醇反应显著增加，表明存在显著的环境和基因交互作用（Alexander et al., 2009）。

脑源性神经营养因子

动物研究表明，脑源性神经营养因子（brain-derived neurotrophic factor, BDNF）参与调节HPA轴活动。研究发现，急性重复的束缚应激和皮质酮注射能够降低大鼠海马的BDNF表达(Scaccianoce, Del Bianco, Caricasole, Nicoletti, & Catalani, 2003)，BDNF注射能够调节成年雄性大鼠的HPA轴活动（Givalois et al., 2004）。已确定人类BDNF基因常见多态性（rs6265 G/A），其中A等位基因在密码子66（Val66Met）产生氨基酸替代物（缬氨酸转变为甲硫氨酸）。该SNP功能被体外和脑成像研究所支持（Hariri et al., 2003）。在TSST后，男性val/val纯合子携带者比val/met异合子携带者呈现更高的唾液皮质醇；然而，女性被试呈现相反趋势。在血压、心率和应激测量自我报告中观察到相同的性别特异性反应模式（Shalev et al., 2009）。

早期生活经历和基因-环境交互作用

早期生活经历可以产生深远的终身影响。某些童年经历是成人心理和身体疾病的主要风险因素。这些经历包括性虐待和/或身体虐待、成长在有明显冲突的家庭中、家庭关系冷漠等（综述见Repetti, Taylor & Seeman, 2002）。研究发现，重性抑郁障碍（Kendler, Kuhn, & Prescott, 2004）、焦虑障碍（Young, Abelson, Curtis, & Nesse, 1997）、创伤后应激障碍（PTSD; Bremner, Southwick, Johnson, Yehuda, & Charney, 1993）、药物成瘾（Kendler et al., 2000）和行为障碍（Holmes, Slaughter, & Kashani, 2001）的成年患者都有童年受虐史。这些发现引出了一个问题：在早期逆境抚养条件下如何保持长期持续的健康结果？早期逆境和成年健康不良之间关系的生物机制研究发现，生理应激反应系统发挥着重要的调节作用。

大量的研究表明，童年创伤（精神和身体虐待）与HPA轴失调关系密切。HPA轴既是环境影响的目标，也是早期逆境与成年期心理健康之间关系的调节者。主要假说是早期创伤导致HPA轴失调和急性应激效应的敏感性增强（Heim & Nemeroff, 2001）。童年创伤与HPA轴动态反应变化相关。例如，TSST后，在有受虐经历女性中观察到HPA轴反应增加，在当前有抑郁和焦虑症状的被试中稳定性最高（Heim et al., 2000）。根据不同药理学激发测试反应，评估HPA轴动态反应，发现其在多种调节水平出现失调（Heim, Newport, Mletzko, Miller, & Nemeroff, 2008），而且证据表明，童年虐待导致HPA轴驱动增加，并依靠中央应激反应去抑制。然而，卡皮特（Carpenter）等（2009）发现，在经受童年虐待的男性样本中，TSST的皮质醇和ACTH反应降低。而且，PTSD肾上腺皮质功能相对减退，表现为低水平基本皮质醇浓度、低唤醒皮质醇反应、低剂量的地塞米松给药增加ACTH和抑制皮质醇（Yehuda, 2002）。

因此，创伤可以使应激系统反应产生增强或者减弱，并且HPA轴失调本质（即过度和过低反应性）似乎部分取决于创伤事件已经过去了多久，以及应激经历的本质和长期性（Miller, Chen, & Zhou, 2007）。因为HPA轴控制涉及多种调节机制，允许不同水平反向调节，所以观察到这些结果并不稀奇。然而，其中最关键的结论是逆境经历导致HPA轴反应动态变化，并且过高和过低的反应性都与生理和心理疾病有关。

基因-环境交互作用

尽管早期创伤与精神病理风险增加之间存在紧密联系，但是大量证据表明，个体对生理和心理社会环境危害反应存在大量的异质性（Rutter, 2006）。因此，并非所有具有童年不良经历的个体都患有心理健康问题。后果异质性所涉及的重要机制是基因和环境（G×E）相互作用，当环境危害对健康的影响受到基因型调节时就观测到G×E作用（Moffitt, Caspi, & Rutter, 2005）。例如，研究反复发现，5-HTTLPR常见启动子多态性，能够调节个体早期生活应激之后发展成为抑郁的可能性（Karg et al., 2011）。这种G×E发现也出现在关乎HPA轴基因的抑郁、PTSD，以及童年创伤史患者的HPA轴调节中。例如，布里德利（Bradley）等（2008）研究了CRH1受体基因的15个SNP（总样本：n=621），确定两种CRHR1单倍体与童年虐待交互作用，预测当前抑郁症状和重度抑郁的终身诊断。最显著的联系出现在SNPs rs7209436、rs4792887、rs110402（跨越内含子1）的TCA等位基因所形成的单倍体中，而且似乎以剂量依赖方式给予相对保护。

另一个例子由宾德尔（Binder）等（2008）提供，他们测试了FKBP5基因8个SNP、童年虐待和成年创伤之间的交互作用，以预测都市低收入黑人样本（n = 762）的PTSD严重性。研究发现基因型与成人创伤之间没有交互作用；然而，发现4个FKBP5 SNP（rs9296158、rs3800373、rs1360780、rs9470080）与童年虐待严重性有交互作用，能预测成人PTSD症状水平。

表观遗传学

心理社会经验，尤其是那些在生命早期发挥作用的、铭心刻骨的经历，是如何影响生理机能并最终引发疾病风险的？对此，表观遗传学可能可以提供答案：控制基因表达的机制，独立于潜在的DNA序列变化。这些机制包括DNA甲基化作用、组蛋白和染色质修饰，以及非编码RNA控制的mRNA表达（Jaenisch & Bird, 2003）。研究表明，HPA轴活动被早期生活经历程序化，潜在机制涉及GR的表观遗传修饰。通过一系列啮齿动物研究，迈克尔·米妮（Michael Meaney）课题组发现，母性行为自然发生的变异、导致基因表达变化的特异表观遗传修饰，和生理和行为的稳定的终身表型差异（包括HPA轴反应性）之间存在功能联系。在成年啮齿动物中，高哺育呵护（在生命前10天给予幼仔更多舔舐和梳洗）母亲的后代不太容易产生恐惧，呈现HPA轴应激反应降低，海马GR mRNA表达增加和糖皮质激素反馈敏感性增强。随后研究表明，哺育呵护差异与DNA甲基化模式变化有关。低哺育呵护相关于绑定于GR基因外显子17启动子的神经生长因子诱导蛋白A（nerre-growth-factor-inducible protein A, NGFI-A）的甲基化作用增强，导致GR表达下降（Weaver et al., 2004）。最近人类研究发现了类似结果。麦高文及其同事（McGowan et al., 2009）收集了一些死者的海马组织，包括24名自杀被试（12名有童年虐待和12名没有童年虐待）和12名没有童年虐待经历、死于非自杀的其他偶然因素的对照组被试。童年虐待与海马GR mRNA水平降低以及外显子1F启动子的不同甲基化模式相关，该启动子对应于大鼠研究的外显子17启动子。甲基化差异仅限于特定位点，包括NGFI-A的非典型绑定位点。体外研究外显子1F启动子结构，其甲基化状态模拟受虐自杀受害者甲基化模式，表明该转录因子结合水平降低，与NGFI-A诱导型基因转录水平降低相关。这些发现提供了：（1）早期环境刺激可以转换成分子水平的机制，（2）表型结果如何保持其整个生命稳定性的生物解释，（3）通过GR的表观遗传修饰程序化HPA活动，代表了早期不良经验与后期精神病理学之间的重要调节因素。

社会接近行为的心理生物学

很少有其他分子对情感和社会神经科学的作用比神经肽催产素（oxytocin, OXT）更重要。对于社会接近行为、社会识别和依恋（Insel & Young, 2001）以及其他复杂社会接近行为的调节（Heinrichs, von Dawans, & Domes, 2009; Meyer-Lindenberg, Domes, Kirsch, & Heinrichs, 2011），OXT发挥重要作用。最近研究表明，OXT功能受损会导致社会接近行为表达受阻，诸如自闭症和社交焦虑症。OXT，特别是结合心理疗法，正在成为新兴治疗方法的重要成分，治疗范围包括以这些障碍和社交功能失调为特征的其他心理障碍。

神经生物学基础

OXT由下丘脑旁核与视上核的大细胞神经元合成。OXT加工沿着轴突投射到脑垂体后叶，存储在分泌小泡中，释放到外周循环。OXT释放一般从轴突终端或者树突到细胞外空隙，导致局部活动和扩散，到达离大脑较远的靶位置（Ludwig & Leng, 2006）。而且，室旁核更小的小细胞神经元产生OXT，直接投射到大脑其他区域，包括杏仁核、海马、纹状体、视交叉上核、终纹床核和脑干。在这些脑区OXT相当于神经调质或者神经递质。例如，OXT调节中央杏仁核的神经元群（Viviani et al., 2011）。关于OXT内源性水平和人类行为研究，请参阅赫里奇斯（Heinrichs）等（2009）。关于OXT系统的神经基因机制概述，包括神经成像，请参阅库姆斯塔（Kumsta）和赫里奇斯（2012）。

人类催产素研究的方法学问题

研究者使用几种方法研究人类催产素功能。本章剩余部分关注鼻腔给药方法研究，该方法近年来与行为和神经成像既定范式成功结合，阐明OXT在人脑的作用。鼻腔给药提供了一种相对无创伤的方法，直接将OXT传递到大脑（Born et al., 2002; Heinrichs & Domes, 2008）。

外周OXT水平通过血浆体测量。虽然这些结果非常有趣，但是外周OXT水平与CNS的OXT可用性之间的关系尚不清楚（Anderson, 2006; Carter et al., 2007; Landgraf & Neumann, 2004）。因此需要进一步研究该问题，然后才能推断外周OXT水平和脑功能的直接关系。

研究OXT效应的第三种方法涉及测量脑脊液（cerebrospinal fluid, CSF）OXT水平。CSF神经肽水平被认为可以反映它们在大脑中的瞬时可用性（Born et al., 2002），CSF神经肽水平与行为或者精神病理学的关系，比外周神经肽水平更直接（Heinrichs & Domes, 2008）。然而，获得CSF样本涉及使用侵入性方法，这很难应用到常规的人类研究中。

分子遗传学方法非常适合对被试进行OXT系统天然的变异调查，以及它们对人类社会行为的影响（Kumsta & Heinrichs, 2012）。在几项研究中，位于OXT受体基因（oxytocin receptor gene, OXTR）第三内含子的SNP——rs53576（G / A），与社会情绪功能有关。具体来说，rs53576的A等位基因与更大的惊奇反应（Rodrigues, Saslow, Garcia, John, & Keltner, 2009）和情绪面孔加工期间杏仁核激活程度降低相关（Inoue et al., 2010）。rs53576的A等位基因也与自闭症风险增加（Lerer et al., 2008）、对儿童行为的母性敏感性降低（Bakermans-Kranenburg & van Ijzendoorn, 2008）、共情降低（Rodrigues et al., 2009）、男性积极情感降低（Lucht et al., 2009）相关。

催产素和情绪识别

研究已发现，OXT对识别面孔表情所编码的微妙社会信号发挥作用，该能力对社会接近行为具有重要意义。在一项针对健康男性的研究中，鼻腔给药OXT提高了“眼神读心”测试的行为表现（Domes, Heinrichs, Michel, Berger, & Herpertz, 2007），该测试评估成年自闭症谱系障碍（autism spectrum disorder, ASD）患者的社会认知能力（Baron-Cohen, Wheelwright, Hill, Raste, & Plumb, 2001）。基于他人眼睛照片确定他人情绪或者心理状态，接受OXT的被试明显比安慰剂组被试的判断更准确（见图22.3）。

OXT也可能对情绪识别准确性的个体差异发挥作用（Bartz et al., 2010）。在测量“共情精确性”任务（被操作为推断他人在视频中所呈现的情绪的能力）中，鼻腔OXT仅改善了高水平自闭特质被试的共情精确性，这些被试基线共情能力

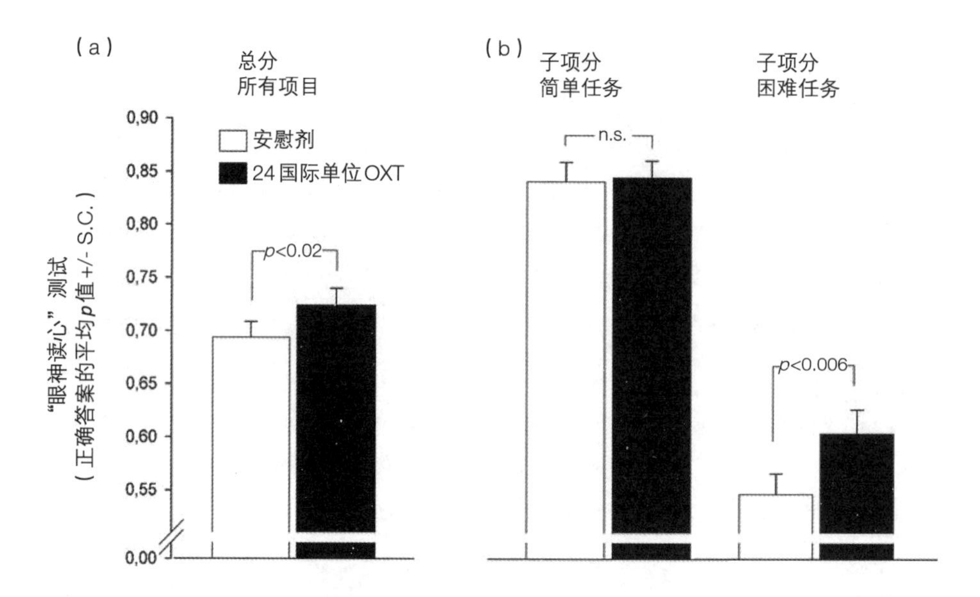

图22.3 (a)催产素比安慰剂增强了"眼神读心"测试(Reading the Mind in the Eyes Test, RMET)表现。(b)RMET表现是任务难度的函数:催产素提高困难任务表现,但是不能提高简单任务表现。2007年获生物精神病学协会授权,该图修改于多姆斯(Domes)等(2007)。经生物精神病学学会(society of biological psychiatry)授权转载

可能很差。与这些结果一致,研究表明共情能力与OXTR rs53576所标记的催产素系统遗传变异相关(Rodrigues et al., 2009)。

OXT在多大程度上选择性影响特定情绪识别尚不清楚。现有研究结果混杂,一些研究表明OXT增强积极面孔表情加工(Di Simplicio, Massey-Chase, Cowen, & Harmer, 2009; Marsh, Yu, Pine, & Blair, 2010),或者降低愤怒面孔厌恶(Evans, Shergill, & Averbeck, 2010);其他研究表明,OXT提高恐惧面孔识别(Fischer-Shofty, Shamay-Tsoory, Harari, & Levkovitz, 2010)。在视觉搜索任务中,没有观察到OXT影响情绪识别(Guastella et al., 2010)。近来研究表明,在视觉加工早期阶段(面孔呈现只有17—83 ms),OXT促进快乐和愤怒面孔识别(Schulze et al., 2011)。未来研究需要进一步调查这些结果。

中性和情绪面孔的视觉注意在面孔情绪识别中起着重要作用(Adolphs, 2002)。迄今为止,四项研究考察了OXT影响面孔视觉注意模式。除一项研究(Domes et al., 2010)外,其余研究都发现眼部注视时间比面孔其他部位更长(Domes, Steiner, Porges, & Heinrichs, 2012)。虽然这些结果表明OXT处理之后面孔情绪识别改善可能至少部分是由于眼睛注视增加,但是该假设尚未被确切地验证。因为涉及社交缺陷的几种精神障碍,与情绪表情加工受损或者偏差,以及眼部注视减少或者异常相关,所以更完整地理解哪些条件下催产素增强情绪识别和眼睛注视,可能对治疗这些疾病具有借鉴意义。

相比于OXT影响共情认知方面的研究,诸如情绪识别,OXT影响情绪共情(诸如情绪的共感作用)的研究目前相对稀少(Hurlemann et al., 2010)。最近研究已经开始填补文献空白,其中一项研究表明,报告鼻腔OXT正面影响情绪共情而

不是认知共情（Hurlemann et al., 2010）。

催产素、应激、社会支持

大量研究表明，OXT是抑制应激性社会交互作用的典型内分泌反应，包括HPA轴激活和CRH、ACTH和皮质醇分泌（见前文讨论）。OXT内源性分泌相关的母乳哺育，与女性被试心理社会应激源的皮质醇反应抑制有关（Heinrichs et al., 2001）。在另一项研究中，TSST准备期间健康男性被随机分组，包括接受/不接受社会支持、安慰剂/OXT。接受社会支持和OXT的被试呈现出最低的TSST皮质醇反应，而没有接受社会支持而接受安慰剂的被试呈现出最高的皮质醇反应（图22.4；Heinrichs, Baumgartner, Kirschbaum, & Ehlert, 2003）。值得注意的是，接受社会支持和OXT的被试也呈现出最低水平的主观应激（更低焦虑和更高平静）。OXT的应激缓冲效应被近期其他研究重复验证（Quirin, Kuhl, & Dusing, 2011）。作为补充，应激反应的个体间差异与OXT受体基因变异有关：OXTR rs53576 AA基因型与寻求社会支持的减弱趋势相关（Kim et al., 2010），也与社会支持的心理和生理反应性降低相关（Chen, Kumsta, von Dawans, Monakhov, Ebstein, & Heinrichs, 2011）。

在一项情侣研究中，OXT给药增加了冲突期间男性和女性的正面沟通，并且降低了血浆皮质醇水平（Ditzen et al., 2009），表明中枢OXT促进人类伴侣联接，与先前动物研究所观测方式类似。对于不安全依恋模式的男性，OXT增强了被试对模糊的依恋相关场景的安全解释（Buchheim et al., 2009）。因为人类安全依恋与更低的应激反应性和更好的社会互动能力相关（Ditzen et al., 2009），因此理解OXT对依恋的作用，可能对于应激和社

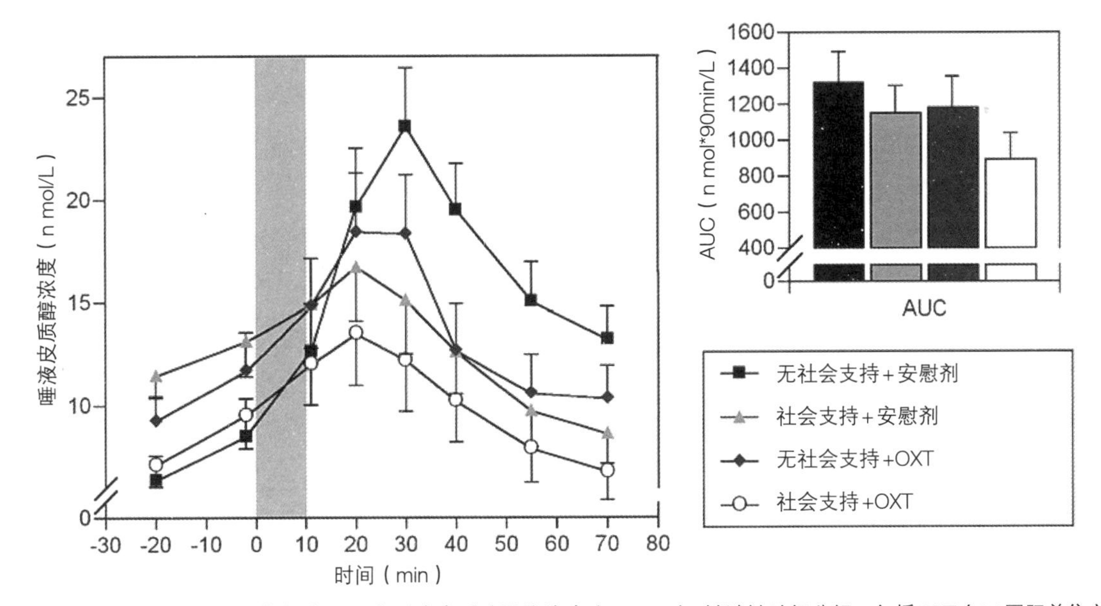

图22.4　心理社会应激暴露期间（TSST）唾液皮质醇平均浓度（±SEM）。被试被随机分组，包括OXT（24国际单位）/安慰剂、接受/不接受应激前最好朋友的社会支持。阴影区代表应激任务时期（在评估专家小组面前公开演讲之后心算）。个体反应曲线下面积（AUC）代表累计皮质醇释放（通过8个唾液取样点数据计算）。观察到皮质醇的显著交互作用（社会支持×时间效应，$p<0.001$；社会支持×催产素×时间效应，$p<0.001$）。经生物精神病学学会授权改编自赫里奇斯（Heinrichs）等（2003）

会接近行为相关的几种精神和发展障碍具有临床意义。

这些结果表明，OXT增强了积极社会互动对应激反应性的缓冲效应，尽管该效应的潜在生物机制和发展机制仍不清楚（Gamer & Büchel, 2012）。CNS对OXT的基线敏感性很可能受到生命早期所发生的显著事件影响。例如，早期亲本分离应激表明降低OXT对皮质醇水平具有抑制作用（Meinlschmidt & Heim, 2007）。因为应激增加许多精神障碍的风险，但积极社会互动能降低风险，所以进一步研究这些问题可能增加对这些疾病进行治疗和早期干预的可能性。

催产素和社会记忆

一项早期研究发现，OXT与一般语义记忆受损相关（Fehm-Wolfsdorf, Born, Voigt, & Fehm, 1984）。然而，有研究表明，OXT会选择性调节社会记忆。一项研究发现，OXT鼻腔给药会选择性削弱男性社会相关（非中性）词语的内隐记忆（Heinrichs, Meinlschmidt, Wippich, Ehlert, & Hellhammer, 2004）。另一项研究表明，OXT鼻腔给药选择性加深了面孔再认记忆，非社会刺激条件下未发现这一结果（Rimmele, Hediger, Heinrichs, & Klaver, 2009）。研究表明，与中性和愤怒面孔相比，在学习任务前OXT鼻腔给药显著增强了愉悦面孔记忆（Guastella, Carson, Dadds, Mitchell, & Cox, 2009）。然而，OXT用药是否以及如何影响特定情绪记忆仍不清楚。

催产素和接近行为

对于许多哺乳物种来说，OXT能促进社会接近行为，降低避免与陌生人接近的倾向性。对于人类，OXT能增加信任，被认为是社会接近心理准备的指标。在第一项考察OXT影响人际信任的研究（Kosfeld, Heinrichs, Zak, Fischbacher, & Fehr, 2005）中，接受OXT的被试比安慰剂组更愿意在信任游戏中承担社会风险（见图22.5）。值得注意的是，只有在互动涉及社会层面时，OXT才能增加被试冒风险的意愿。

另一项研究表明，OXT可以在违反信任之后维持信任行为（Baumgartner, Heinrichs, Vonlanthen, Fischbacher, & Fehr, 2008）。经过几轮信任游戏，被试获知他们的社交伙伴已经做出了对他们不利的自私决定（即辜负了被试的信任）。尽管接受安慰剂的被试随后做出决定降低社交伙伴信任，但是接受鼻腔OXT的被试仍然做出继续信任的决定。在另一项研究中，OXT增加了包容经历后持续社交互动的动机（在虚拟的抛球游戏“cyberball”中），尽管OXT没有缓和与社会排斥相关的消极情绪（Alvares, Hickie, & Guastella, 2010）。

其他领域的相关研究也发现，OXT影响社会接近相关的行为和认知。研究表明，OXT会增强对面孔信任度和吸引力的知觉（Theodoridou, Rowe, Penton-Voak, & Rogers, 2009）。在一项研究中，OXT积极影响父亲对他们学步幼儿的反应性，从而可能促进积极互动（Naber, van Ijzendoorn, Deschamps, van Engeland, & Bakermans-Kranenburg, 2010）。社会情境似乎是OXT影响社会互动的关键调节因素：与社会伙伴短暂面对面接触，能增强OXT对合作或者亲社会行为的影响（Declerck, Boone, & Kiyonari, 2010），而且组内与组间的成员身份调节OXT对合作的影响（Chen et al., 2011; De Dreu et al., 2010; De Dreu, Greer, Van Kleef, Shalvi, & Handgraaf, 2011）。

总之，OXT似乎能增强进行社交互动的动机，

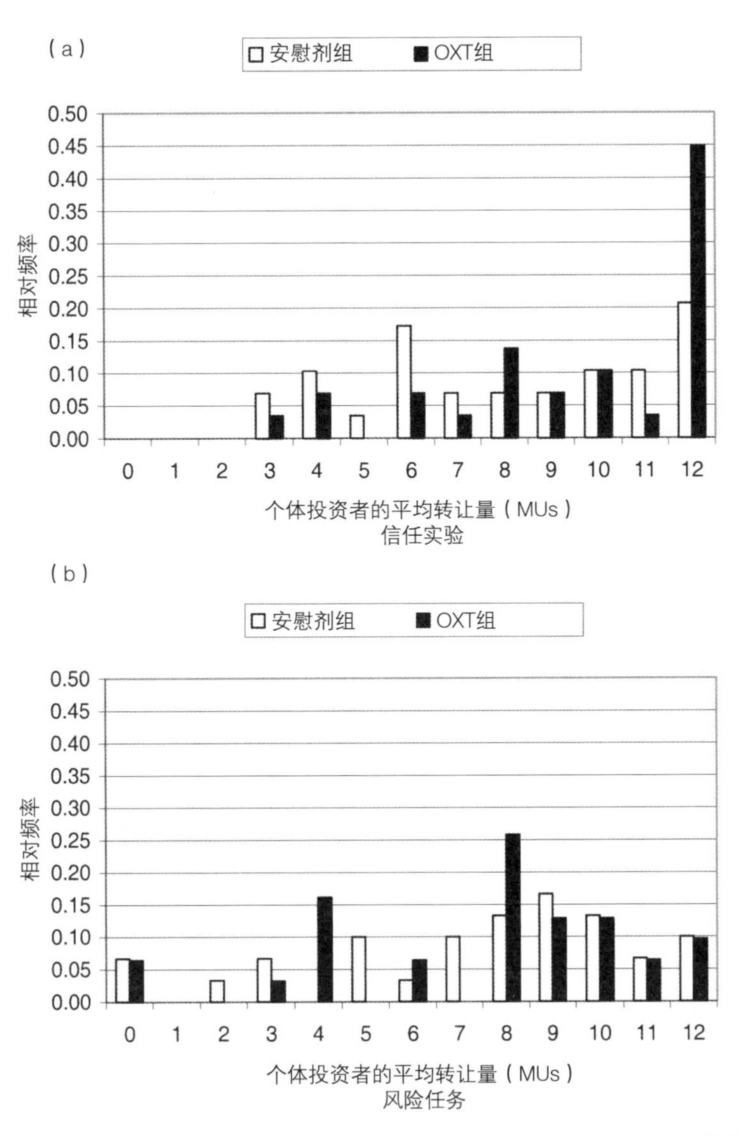

图22.5　信任和风险实验的转让。每个观察值代表每个投资者在四个转让决策中的平均转让量（按货币单位，MU）。（a）在信任实验催产素组（黑色条）和安慰剂组（白色条）投资者平均转让的相对频率：给予OXT的被试呈现出显著更高的转让水平。（b）在风险任务催产素组（黑色条）和安慰剂组（白色条）投资者平均转让的相对频率：催产素组和安慰剂组的转让水平统计相同。经自然出版集团授权改编自科斯菲尔德（Kosfeld）、赫里奇斯等（2005）

增强解码和回忆关键社会线索的能力，诸如情绪面孔表情，并且能促进信任行为、合作和承担社会风险的意愿。少数实验包括社会和非社会刺激，直接研究了这些效应的特异性，表明这些效应在社会刺激条件下更显著（Norman et al., 2011; Rimmele et al., 2009）。

社会神经肽的转化视角

OXT对社会障碍的潜在治疗价值，源于对社会行为的影响、非典型内源性催产素水平与心理疾病之间的联系（综述请参见Heinrichs et al., 2009）、OXTR多态性与社会行为之间的联系以及OXTR多态性与以严重社会缺陷为特征的精神障碍风险的联系（Kumsta & Heinrichs, 2012）。因为只有一小部分通过静脉注射的神经肽能够通过血脑障壁，所以OXT静脉注射的方法在临床环境中的应用范围非常有限。而且，由于影响激素系统，静脉注射可能存在潜在副作用。目前，最有希望用于临床干预的方法是鼻腔给药，它能直接通达人脑（Born et al., 2002; Heinrichs et al., 2009）。

迄今为止，没有系统的随机对照试验评价鼻腔OXT治疗的疗效。为了充分评估OXT的治疗价值，需要大规模的临床样本进行神经药理研究，系统操纵神经肽在CNS的可用性。然而，患者前期临床研究表明，单剂量鼻腔OXT对各种精神障碍具有较好疗效。以下部分综述是使用OXT作为精神病理状态治疗措施的最新进展。

对于健康被试，OXT鼻腔给药能改善社会认知、情绪识别，安全依恋和共情（Buchheim et al., 2009; Ditzen et al., 2009; Domes, Heinrichs, Michel, et al., 2007; Guastella, Mitchell, & Dadds, 2008; Heinrichs et al., 2004; Rimmele et al., 2009），降低生理和心理应激反应（Heinrichs et al., 2003），调节社会支持的应激保护（“社会缓冲”）（Heinrichs et al., 2003），衰减社会刺激的杏仁核反应（Baumgartner et al., 2008; Domes, Heinrichs, Gläscher, et al., 2007; Gamer et al., 2010; Kirsch et al., 2005）。OXT系统的药理学干预，代表了治疗这些领域病患的特别有希望的新角度（见图22.6）。特别是结合基于互动的心理治疗，实施OXT或者有选择性的、更长效的OXTR激动剂，诸如卡贝缩宫素，代表了精神障碍的有效治

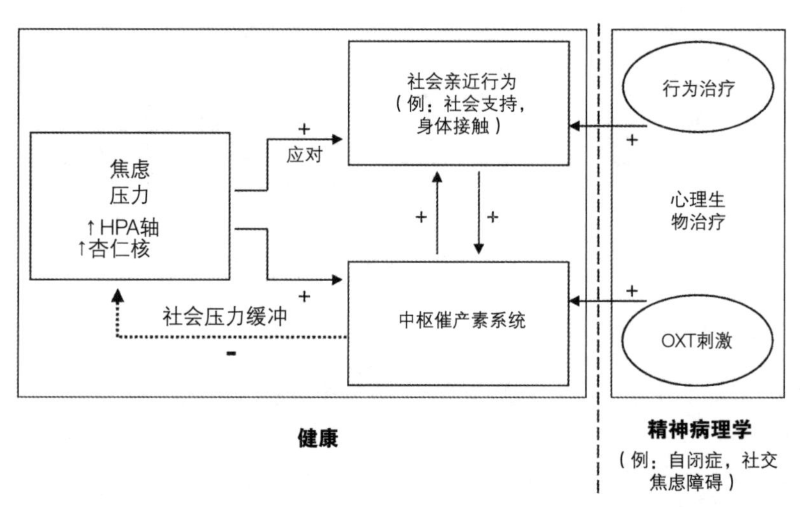

图22.6 催产素系统社会亲近行为和人类社交应激之间交互作用的整合转化模型。左侧：社会应激和社交焦虑刺激杏仁核–扣带环路和下丘脑–垂体–肾上腺轴（HPA轴）。对于健康被试，应激和焦虑作为应对策略促进亲社会行为。它们也刺激催产素释放，进一步促进亲社会行为。而且，积极社会互动（诸如身体接触）本身与OXT释放相关，因此促进连续的社会亲近行为。OXT降低社会应激的杏仁核和HPA轴反应，作为积极社会互动的抗焦虑和应激保护作用的重要调节者（“社会缓冲”）。右侧：以社交互动严重缺陷为特点的心理和发展障碍（例如自闭症、社交焦虑症、边缘型人格障碍）患者，可能受益于新型“心理生物治疗”方法，心理治疗结合OXT或者OXT受体激动剂给药。经爱思唯尔公司授权改编自赫里奇斯和多姆斯（Domes）（2008）

疗选项，它们以社会互动极度困难和/或依恋关系受损为特征，诸如社交焦虑症和自闭症（Meyer-Lindenberg et al., 2011）。在这些患者组，实验性神经肽给药的初步结果令人鼓舞。

社交焦虑症（social anxiety disorder, SAD）是继抑郁症和酗酒之后的第三大心理健康障碍（Kessler et al., 1994），是一个重大的公共健康问题。SAD特点为害怕他人消极评价，接触社交场合之前、之中和之后都存在极度焦虑和不适。一项研究对SAD患者使用鼻腔OXT给药，而且加入了每周五次的简短暴露干预（Guastella, Howard, Dadds, Mitchell, & Carson, 2009）。结果表明，OXT给药在暴露过程中改善了言语表现；然而，可能由于干预频次较低，没有观测到治疗效果更普遍的总体改善。在另一项研究（Labuschagne et al., 2010）中，SAD患者和健康对照组被施予鼻腔OXT或者安慰剂，执行情绪面孔匹配任务，包括浏览恐惧、愤怒和愉快面孔图片。摄入安慰剂后，SAD患者对恐惧面孔比健康对照组呈现出过度活跃的杏仁核反应。虽然OXT给药没有改变对照组情绪面孔的杏仁核反应性，但是它抑制了SAD组对恐惧面孔的杏仁核反应性（Labuschagne et al., 2010）。这些结果表明，OXT特异影响恐惧相关的杏仁核活动，特别是当杏仁核正如SAD组过度活跃时。

OXT具有治疗前景的另一障碍是自闭症谱系障碍（ASD）。ASD是一种神经发育障碍，特点是社交功能具有严重缺陷、沟通缺陷以及兴趣有限的重复或者强迫行为。在最近一项研究（Guastella et al., 2010）中，对患有ASD的青少年男性（12—19岁）给予鼻腔OXT或者安慰剂治疗。OXT给药改善了“眼神读心”任务表现（Baron-Cohen et al., 2001）。在另一项ASD研究（Andari et al., 2010）中，鼻腔OXT给药增加了模拟抛球游戏的社会互动和信任感，该游戏需要与虚拟伙伴互动（cyberball）。而且，OXT给药增加了ASD患者对面孔图片眼睛部位的注视时间。静脉注射OXT也诱发了ASD个体微妙的行为和心理变化，包括增强情绪语言理解和减少重复行为（Bartz & Hollander, 2008），虽然实际上静脉注射的OXT只有一小部分通过了血脑屏障。但总的来说，这些研究表明，通过增强情绪识别、减少重复行为、改善社交行为和对他人的反应，OXT拥有治疗潜力（特别是干预发生在生命早期）。

目前有几项临床试验正在进行（见clinicaltrials.gov项目列表），旨在开发和评估新的临床相关的神经肽给药方法。预期鼻腔OXT治疗增强患者的社会互动意愿（例如认知–行为小组治疗），以及通过抑制应激反应性，改善面对治疗之外的恐惧社交情境。图22.6呈现了社交焦虑与应激、社会接近行为和人类中枢OXT系统之间关系的整合模型。该模型强调了系统调查“预心理治疗”（propsychothe-rapeutic）神经药理学的重要性，即药理学干预支持和增强心理治疗干预措施，而不是单独作为替代治疗途径。 因此，本文提出了术语“心理生物治疗”来总结这种新型整合方法。

该模型也提醒注意未来研究的重要课题。例如，需要更多研究明确在不同形式给药之后OXT、受体激动剂和拮抗剂到达大脑的机制，以及明确外周和中枢OXT水平之间的关系。这些知识将推动发展最佳策略，以操纵神经肽可用性或者潜在应用它们作为有益治疗的标记。在正电子发射断层扫描技术领域，开发神经肽的特异放射性标记有助于阐明OXT受体在人脑的精确位置。结合确定人脑OXT结合位点的体外研究、确定OXT给药响应脑区的fMRI研究（Heinrichs &

Domes, 2008）、OXT的正电子发射断层扫描，将提供很多关于社会信息加工脑环路的必要信息。开发作用于OXT受体的非神经肽药物是另一个重要研究目标。进一步研究关于特定遗传变异如何影响行为以及大脑对OXT用药的反应，对于解码社会脑功能的个体差异以及定制个体差异敏感的新治疗策略至关重要。这些研究也可能澄清OXT受体的神经解剖分布和敏感性如何受到它们各自基因调节区域变异的影响。总体来说，该领域的巨大发展不仅提供了探索社会大脑神经内分泌学充满希望的新途径，而且也为发展新型社交障碍治疗策略提供了新视角。

重点问题和未来方向

· 应激反应测量（荷尔蒙和/或神经的）与遗传信息结合如何被用于定制应激相关障碍的治疗方法?

· 表观遗传学影响HPA轴调节。然而，该效应似乎具有组织特异性。研究人类外周易得标记是否有用非常重要，因为可以反映中枢神经组织的表观遗传变化。

· 能够渗透大脑的神经肽给药方法目前哪些是可用的？如何提高它们的效力（例如半衰期、特异性）？

· 如何联合神经肽受体基因型多态性和神经肽给药提高潜在临床效果?

参考文献

Adolphs, R. (2002). Recognizing emotion from facial expressions: Psychological and neurological mechanisms. *Behavioral and Cognitive Neuroscience Review*, *1*(1), 21–62.

Alexander, N., Kuepper, Y., Schmitz, A., Osinsky, R., Kozyra, E., & Hennig, J. (2009). Gene-environment interactions predict cortisol responses after acute stress: Implications for the etiology of depression. *Psychoneuroendocrinology*, *34*(9), 1294–1303.

Alvares, G. A., Hickie, I. B., & Guastella, A. J. (2010). Acute effects of intranasal oxytocin on subjective and behavioral responses to social rejection. *Experimental and Clinical Psychopharmacology*, *18*(4), 316–21.

Andari, E., Duhamel, J. R., Zalla, T., Herbrecht, E., Leboyer, M., & Sirigu, A. (2010). Promoting social behavior with oxytocin in high-functioning autism spectrum disorders. *Proceedings of the National Academy of Sciences*, *107*(9), 4389–94.

Anderson, G. M. (2006). Report of altered urinary oxytocin and AVP excretion in neglected orphans should be reconsidered. *Journal of Autism and Developmental Disorders*, *36*(6), 829–30.

Bakermans-Kranenburg, M. J., & van Ijzendoorn, M. H. (2008). Oxytocin receptor (OXTR) and serotonin transporter (5-HTT) genes associated with observed parenting. *Social, Cognitive & Affective Neurosciences*, *3*(2), 128–34.

Baron-Cohen, S., Wheelwright, S., Hill, J., Raste, Y., & Plumb, I. (2001). The "Reading the Mind in the Eyes" Test revised version: A study with normal adults, and adults with Asperger syndrome or high-functioning autism. *Journal of Child Psychology and Psychiatry*, *42*(2), 241–51.

Bartz, J. A., & Hollander, E. (2008). Oxytocin and experimental therapeutics in autism spectrum disorders. *Progress in Brain Research*, *170*, 451–62.

Bartz, J. A., Zaki, J., Bolger, N., Hollander, E., Ludwig, N. N., Kolevzon, A., et al. (2010). Oxytocin selectively improves empathic accuracy. *Psychological Science*, *21*(10), 1426–8.

Baumgartner, T., Heinrichs, M., Vonlanthen, A., Fischbacher, U., & Fehr, E. (2008). Oxytocin shapes the neural circuitry of trust and trust adaptation in humans. *Neuron*, *58*(4), 639–50.

Binder, E. B., Bradley, R. G., Liu, W., Epstein, M. P., Deveau, T. C., Mercer, K. B., et al. (2008). Association of FKBP5 polymorphisms and childhood abuse with risk of posttraumatic stress disorder symptoms in adults. *Journal of the American Medical Association*, *299*(11), 1291–305.

Born, J., Lange, T., Kern, W., McGregor, G. P., Bickel, U., & Fehm, H. L. (2002). Sniffing neuropeptides: A transnasal approach to the human brain. *Nature Neuroscience*, *5*(6), 514–6.

Bradley, R. G., Binder, E. B., Epstein, M. P., Tang, Y., Nair, H.

P., Liu, W., et al. (2008). Influence of child abuse on adult depression: Moderation by the corticotropin-releasing hormone receptor gene. *Archives of General Psychiatry*, *65*(2), 190–200.

Bremner, J. D., Southwick, S. M., Johnson, D. R., Yehuda, R., & Charney, D. S. (1993). Childhood physical abuse and combat-related post-traumatic stress disorder in Vietnam veterans. *American Journal of Psychiatry*, *150*(2), 235–9.

Buchheim, A., Heinrichs, M., George, C., Pokorny, D., Koops, E., Henningsen, P., et al. (2009). Oxytocin enhances the experience of attachment security. *Psychoneuroendocrinology*, *34*(9), 1417–22.

Buske-Kirschbaum, A., Jobst, S., Wustmans, A., Kirschbaum, C., Rauh, W., & Hellhammer, D. (1997). Attenuated free cortisol response to psychosocial stress in children with atopic dermatitis. *Psychosomatic Medicine*, *59*(4), 419–26.

Carpenter, L. L., Tyrka, A. R., Ross, N. S., Khoury, L., Anderson, G. M., & Price, L. H. (2009). Effect of childhood emotional abuse and age on cortisol responsivity in adulthood. *Biological Psychiatry*, *66*(1), 69–75.

Carter, C. S., Pournajafi-Nazarloo, H., Kramer, K. M., Ziegler, T. E., White-Traut, R., Bello, D., et al. (2007). Oxytocin: behavioral associations and potential as a salivary biomarker. *Annals of the New York Academy of Sciences*, *1098*, 312–22.

Chen, F. S., Kumsta, R., von Dawans, B., Monakhov, M., Ebstein, R. P., & Heinrichs, M. (2011). Common oxytocin receptor gene (OXTR) polymorphism and social support interact to reduce stress in humans. *Proceedings of the National Academy of Sciences of the United States of America* (PNAS), 108, 19937–42.

Chen, F. S., Kumsta, R., & Heinrichs, M. (2011). Oxytocin and intergroup relations: Goodwill is not a fixed pie. *Proceedings of the National Academy of Sciences, 108*(13), E45; author reply E46.

Chrousos, G. P. (2009). Stress and disorders of the stress system. *Nature Reviews: Endocrinology*, *5*(7), 374–81.

Declerck, C. H., Boone, C., & Kiyonari, T. (2010). Oxytocin and cooperation under conditions of uncertainty: The modulating role of incentives and social information. *Hormones and Behavior*, *57*(3), 368–74.

Dedovic, K., Renwick, R., Mahani, N. K., Engert, V., Lupien, S. J., & Pruessner, J. C. (2005). The Montreal Imaging Stress Task: Using functional imaging to investigate the effects of perceiving and processing psychosocial stress in the human brain. *Journal of Psychiatry & Neuroscience*, *30*(5), 319–25.

De Dreu, C. K., Greer, L. L., Handgraaf, M. J., Shalvi, S., Van Kleef, G. A., Baas, M., et al. (2010). The neuropeptide oxytocin regulates parochial altruism in intergroup conflict among humans. *Science*, *328*(5984), 1408–11.

De Dreu, C. K., Greer, L. L., Van Kleef, G. A., Shalvi, S., & Handgraaf, M. J. (2011). Oxytocin promotes human ethnocentrism. Proceedings of the National Academy of Sciences, 108(4), 1262–6.

de Kloet, E. R., Fitzsimons, C. P., Datson, N. A., Meijer, O. C., & Vreugdenhil, E. (2009). Glucocorticoid signaling and stress-related limbic susceptibility pathway: About receptors, transcription machinery and microRNA. *Brain Research*, *13*(1293), 129–41.

de Kloet, E. R., Joels, M., & Holsboer, F. (2005). Stress and the brain: From adaptation to disease. *Nature Reviews Neuroscience*, *6*(6), 463–75.

Derijk, R. H., Wüst, S., Meijer, O. C., Zennaro, M. C., Federenko, I. S., Hellhammer, D. H., et al. (2006). A common polymorphism in the mineralocorticoid receptor modulates stress responsiveness. *Journal of Clinical Endocrinology and Metabolism*, *91*(12), 5083–9.

Di Simplicio, M., Massey-Chase, R., Cowen, P., & Harmer, C. (2009). Oxytocin enhances processing of positive versus negative emotional information in healthy male volunteers. *Journal of Psychopharmacology*, *23*(3), 241–8.

Dickerson, S. S., & Kemeny, M. E. (2004). Acute stressors and cortisol responses: A theoretical integration and synthesis of laboratory research. *Psychological Bulletin*, *130*(3), 355–91.

Ditzen, B., Schaer, M., Gabriel, B., Bodenmann, G., Ehlert, U., & Heinrichs, M. (2009). Intranasal oxytocin increases positive communication and reduces cortisol levels during couple conflict. *Biological Psychiatry*, *65*(9), 728–31.

Domes, G., Heinrichs, M., Gläscher, J., Büchel, C., Braus, D. F., & Herpertz, S. C. (2007). Oxytocin attenuates amygdala responses to emotional faces regardless of valence. *Biological Psychiatry*, *62*(10), 1187–90.

Domes, G., Heinrichs, M., Michel, A., Berger, C., & Herpertz, S. C. (2007). Oxytocin improves "mind-reading" in humans. *Biological Psychiatry*, *61*(6), 731–3.

Domes, G., Lischke, A., Berger, C., Grossmann, A., Hauenstein, K., Heinrichs, M., et al. (2010). Effects of intranasal oxytocin on emotional face processing in women. *Psychoneuroendocrinology*, *35*(1), 83–93.

Domes, G., Steiner, A., Porges, S. W., & Heinrichs, M. (2012). Oxytocin differentially modulates eye gaze to naturalistic social signals of happiness and anger. *Psychoneuroendocrinology*, in press (doi: 10.1016/j.psyneuen.2012.10.002).

Evans, S., Shergill, S. S., & Averbeck, B. B. (2010). Oxytocin decreases aversion to angry faces in an associative learning task. *Neuropsychopharmacology*, *35*(13), 2502–9.

Fehm-Wolfsdorf, G., Born, J., Voigt, K. H., & Fehm, H. L. (1984). Human memory and neurohypophyseal hormones: Opposite effects of vasopressin and oxytocin. *Psychoneuroendocrinology*, *9*(3), 285–92.

Fischer-Shofty, M., Shamay-Tsoory, S. G., Harari, H., & Levkovitz, Y. (2010). The effect of intranasal administration of oxytocin on fear recognition. *Neuropsychologia*, *48*(1), 179–84.

Gamer, M., & Büchel, C. (2012). Oxytocin specifically enhances valence-dependent parasympathetic responses. *Psychoneuroendocrinology*, *37*(1), 87–93.

Gamer, M., Zurowski, B., & Büchel, C. (2010). Different amygdala subregions mediate valence-related and attentional effects of oxytocin in humans. *Proceedings of the National Academy of Sciences*, *107*(20), 9400–5.

Givalois, L., Naert, G., Rage, F., Ixart, G., Arancibia, S., & Tapia-Arancibia, L. (2004). A single brain-derived neurotrophic factor injection modifies hypothalamo-pituitary-adrenocortical axis activity in adult male rats. *Molecular and Cellular Neuroscience*, *27*(3), 280–95.

Gotlib, I., Joormann, J., Minor, K., & Hallmayer, J. (2008). HPA axis reactivity: A mechanism underlying the associations among 5-HTTLPR, stress, and depression. *Biological Psychiatry*, *63*(9), 847–51.

Guastella, A. J., Carson, D. S., Dadds, M. R., Mitchell, P. B., & Cox, R. E. (2009). Does oxytocin influence the early detection of angry and happy faces? *Psychoneuroendocrinology*, *34*(2), 220–5.

Guastella, A. J., Einfeld, S. L., Gray, K. M., Rinehart, N. J., Tonge, B. J., Lambert, T. J., et al. (2010). Intranasal oxytocin improves emotion recognition for youth with autism spectrum disorders. *Biological Psychiatry*, *67*(7), 692–4.

Guastella, A. J., Howard, A. L., Dadds, M. R., Mitchell, P., & Carson, D. S. (2009). A randomized controlled trial of intranasal oxytocin as an adjunct to exposure therapy for social anxiety disorder. *Psychoneuroendocrinology*, *34*(6), 917–23.

Guastella, A. J., Mitchell, P. B., & Dadds, M. R. (2008). Oxytocin increases gaze to the eye region of human faces. *Biological Psychiatry*, *63*(1), 3–5.

Hariri, A. R., Goldberg, T. E., Mattay, V. S., Kolachana, B. S., Callicott, J. H., Egan, M. F., et al. (2003). Brain-derived neurotrophic factor val66met polymorphism affects human memory-related hippocampal activity and predicts memory performance. *Journal of Neuroscience*, *23*(17), 6690–4.

Heim, C., & Nemeroff, C. B. (2001). The role of childhood trauma in the neurobiology of mood and anxiety disorders: Preclinical and clinical studies. *Biological Psychiatry*, *49*(12), 1023–39.

Heim, C., Newport, D. J., Heit, S., Graham, Y. P., Wilcox, M., Bonsall, R., et al. (2000). Pituitary-adrenal and autonomic responses to stress in women after sexual and physical abuse in childhood. *Journal of the American Medical Association*, *284*(5), 592–7.

Heim, C., Newport, D. J., Mletzko, T., Miller, A. H., & Nemeroff, C. B. (2008). The link between childhood trauma and depression: Insights from HPA axis studies in humans. *Psychoneuroendocrinology*, *33*(6), 693–710.

Heinrichs, M., Baumgartner, T., Kirschbaum, C., & Ehlert, U. (2003). Social support and oxytocin interact to suppress cortisol and subjective responses to psychosocial stress. *Biological Psychiatry*, *54*(12), 1389–98.

Heinrichs, M., & Domes, G. (2008). Neuropeptides and social behavior: Effects of oxytocin and vasopressin in humans. *Progress in Brain Research*, *170*, 337–50.

Heinrichs, M., Meinlschmidt, G., Neumann, I., Wagner, S., Kirschbaum, C., Ehlert, U., et al. (2001). Effects of suckling on hypothalamic-pituitary-adrenal axis responses to psychosocial stress in postpartum lactating women. *Journal of Clinical Endocrinology and Metabolism*, *86*(10), 4798–804.

Heinrichs, M., Meinlschmidt, G., Wippich, W., Ehlert, U., & Hellhammer, D. H. (2004). Selective amnesic effects of oxytocin on human memory. *Physiology and Behavior*, *83*(1), 31–8.

Heinrichs, M., von Dawans, B., & Domes, G. (2009). Oxytocin, vasopressin, and human social behavior. *Frontiers in Neuroendocrinology*, *30*(4), 548–57.

Holmes, S. E., Slaughter, J. R., & Kashani, J. (2001). Risk factors in childhood that lead to the development of conduct disorder and antisocial personality disorder. *Child Psychiatry and Human Development*, *31*(3), 183–93.

Hurlemann, R., Patin, A., Onur, O. A., Cohen, M. X., Baumgartner, T., Metzler, S., et al. (2010). Oxytocin enhances amygdala-dependent, socially reinforced learning and emotional empathy in humans. *Journal of Neuroscience*, *30*(14), 4999–5007.

Inoue, H., Yamasue, H., Tochigi, M., Abe, O., Liu, X., Kawamura, Y., et al. (2010). Association between the oxytocin receptor gene and amygdalar volume in healthy adults. *Biological Psychiatry*, *68*(11), 1066–72.

Insel, T. R., & Young, L. J. (2001). The neurobiology of

attachment. *Nature Reviews Neuroscience*, *2*(2), 129–36.

Ising, M., Depping, A., Siebertz, A., Lucae, S., Unschuld, P., Kloiber, S., et al. (2008). Polymorphisms in the FKBP5 gene region modulate recovery from psychosocial stress in healthy controls. *European Journal of Neuroscience*, *28*(2), 389–98.

Jaenisch, R., & Bird, A. (2003). Epigenetic regulation of gene expression: How the genome integrates intrinsic and environmental signals. *Nature Genetics*, *33*(Suppl.), 245–54.

Karg, K., Burmeister, M., Shedden, K., & Sen, S. (2011). The serotonin transporter promoter variant (5-HTTLPR), stress, and depression meta-analysis revisited: Evidence of genetic moderation. *Archives of General Psychiatry*, *68*(5), 444–54.

Kendler, K. S., Bulik, C. M., Silberg, J., Hettema, J. M., Myers, J., & Prescott, C. A. (2000). Childhood sexual abuse and adult psychiatric and substance use disorders in women: An epidemiological and co-twin control analysis. *Archives of General Psychiatry*, *57*(10), 953–9.

Kendler, K. S., Kuhn, J. W., & Prescott, C. A. (2004). Childhood sexual abuse, stressful life events and risk for major depression in women. *Psychological Medicine*, *34*(8), 1475–82.

Kessler, R. C., McGonagle, K. A., Zhao, S., Nelson, C. B., Hughes, M., Eshleman, S., et al. (1994). Lifetime and 12-month prevalence of DSM-III-R psychiatric disorders in the United States. Results from the National Comorbidity Survey. *Archives of General Psychiatry*, *51*(1), 8–19.

Kim, H. S., Sherman, D. K., Sasaki, J. Y., Xu, J., Chu, T. Q., Ryu, C., et al. (2010). Culture, distress, and oxytocin receptor polymorphism (OXTR) interact to influence emotional support seeking. *Proceedings of the National Academy of Sciences*, *107*(36), 15717–21.

Kirsch, P., Esslinger, C., Chen, Q., Mier, D., Lis, S., Siddhanti, S., et al. (2005). Oxytocin modulates neural circuitry for social cognition and fear in humans. *Journal of Neuroscience*, *25*(49), 11489–93.

Kirschbaum, C., Pirke, K. M., & Hellhammer, D. H. (1993). The "Trier Social Stress Test" – a tool for investigating psychobiological stress responses in a laboratory setting. *Neuropsychobiology*, *28*(1–2), 76–81.

Kosfeld, M., Heinrichs, M., Zak, P. J., Fischbacher, U., & Fehr, E. (2005). Oxytocin increases trust in humans. *Nature*, *435*(7042), 673–76.

Kudielka, B. M., Hellhammer, D. H., & Wust, S. (2009). Why do we respond so differently? Reviewing determinants of human salivary cortisol responses to challenge. *Psychoneuroendocrinology*, *34*(1), 2–18.

Kudielka, B., Wüst, S., Kirschbaum, C., & Hell-hammer, D. H. (Eds.). (2007). *Trier Social Stress Test* (Vol. 3). Oxford: Academic Press.

Kumsta, R., Entringer, S., Koper, J., Vanrossum, E., Hellhammer, D., & Wust, S. (2007). Sex specific associations between common glucocorticoid receptor gene variants and hypothalamus-pituitary-adrenal axis responses to psychosocial stress. *Biological Psychiatry*, *62*(8), 863–9.

Kumsta, R., Moser, D., Streit, F., Koper, J. W., Meyer, J., & Wust, S. (2009). Characterization of a glucocorticoid receptor gene (GR, NR3C1) promoter polymorphism reveals functionality and extends a haplotype with putative clinical relevance. *American Journal of Medical Genetics B: Neuropsychiatric Genetics*, *150B*(4), 476–82.

Kumsta, R., & Heinrichs, M. (2012). Oxytocin, stress and social behavior: neurogenetics of the human oxytocin system. *Current Opinion in Neurobiology*, in press (doi: 10.1016/j.conb.2012.09.004).

Labuschagne, I., Phan, K. L., Wood, A., Angstadt, M., Chua, P., Heinrichs, M., et al. (2010). Oxytocin attenuates amygdala reactivity to fear in generalized social anxiety disorder. *Neuropsychopharmacology*, *35*(12), 2403–13.

Landgraf, R., & Neumann, I. D. (2004). Vasopressin and oxytocin release within the brain: A dynamic concept of multiple and variable modes of neuropeptide communication. *Frontiers in Neuroendocrinology*, *25*(3–4), 150–76.

Lederbogen, F., Kirsch, P., Haddad, L., Streit, F., Tost, H., Schuch, P., et al. (2011). City living and urban upbringing affect neural social stress processing in humans. *Nature*, *474*(7352), 498–501.

Lerer, E., Levi, S., Salomon, S., Darvasi, A., Yirmiya, N., & Ebstein, R. P. (2008). Association between the oxytocin receptor (OXTR) gene and autism: Relationship to Vineland Adaptive Behavior Scales and cognition. *Molecular Psychiatry*, *13*(10), 980–8.

Lucht, M. J., Barnow, S., Sonnenfeld, C., Rosenberger, A., Grabe, H. J., Schroeder, W., et al. (2009). Associations between the oxytocin receptor gene (OXTR) and affect, loneliness and intelligence in normal subjects. *Progress in Neuropsychopharmacology and Biological Psychiatry*, *33*(5), 860–6.

Ludwig, M., & Leng, G. (2006). Dendritic peptide release and peptide-dependent behaviors. *Nature Reviews Neuroscience*, *7*(2), 126–36.

Marsh, A. A., Yu, H. H., Pine, D. S., & Blair, R. J. (2010). Oxytocin improves specific recognition of positive facial expressions. *Psychopharmacology (Berl)*, *209*(3), 225–32.

Mason, J. W. (1968). A review of psychoendocrine research on the pituitary-adrenal cortical system. *Psychosomatic Medicine*, *30*(5), 576–607.

McGowan, P. O., Sasaki, A., D'Alessio, A. C., Dymov, S., Labonte, B., Szyf, M., et al. (2009). Epigenetic regulation of the glucocorticoid receptor in human brain associates with childhood abuse. *Nature Neuroscience*, *12*(3), 342–8.

Meinlschmidt, G., & Heim, C. (2007). Sensitivity to intranasal oxytocin in adult men with early parental separation. *Biological Psychiatry*, *61*(9), 1109–11.

Meyer-Lindenberg, A., Domes, G., Kirsch, P., & Heinrichs, M. (2011). Oxytocin and vasopressin in the human brain: Social neuropeptides for translational medicine. *Nature Reviews Neuroscience*, *12*(9), 524–38.

Miller, G. E., Chen, E., & Zhou, E. S. (2007). If it goes up, must it come down? Chronic stress and the hypothalamic-pituitary-adrenocortical axis in humans. *Psychological Bulletin*, *133*(1), 25–45.

Moffitt, T. E., Caspi, A., & Rutter, M. (2005). Strategy for investigating interactions between measured genes and measured environments. *Archives of General Psychiatry*, *62*(5), 473–81.

Naber, F., van Ijzendoorn, M. H., Deschamps, P., van Engeland, H., & Bakermans-Kranenburg, M. J. (2010). Intranasal oxytocin increases fathers' observed responsiveness during play with their children: A double-blind within-subject experiment. *Psychoneuroendocrinology*, *35*(10), 1583–6.

Norman, G. J., Cacioppo, J. T., Morris, J. S., Karelina, K., Malarkey, W. B., Devries, A. C., et al. (2011). Selective influences of oxytocin on the evaluative processing of social stimuli. *Journal of Psychopharmacology*, *25*(10), 1313–9.

Pruessner, J. C., Dedovic, K., Khalili-Mahani, N., Engert, V., Pruessner, M., Buss, C., et al. (2008). Deactivation of the limbic system during acute psychosocial stress: Evidence from positron emission tomography and functional magnetic resonance imaging studies. *Biological Psychiatry*, *63*(2), 234–40.

Quirin, M., Kuhl, J., & Dusing, R. (2011). Oxytocin buffers cortisol responses to stress in individuals with impaired emotion regulation abilities. *Psychoneuroendocrinology*, *36*(6), 898–904.

Repetti, R. L., Taylor, S. E., & Seeman, T. E. (2002). Risky families: Family social environments and the mental and physical health of offspring. *Psychological Bulletin*, *128*(2), 330–66.

Rimmele, U., Hediger, K., Heinrichs, M., & Klaver, P. (2009). Oxytocin makes a face in memory familiar. *Journal of Neuroscience*, *29*(1), 38–42.

Rodrigues, S. M., Saslow, L. R., Garcia, N., John, O. P., & Keltner, D. (2009). Oxytocin receptor genetic variation relates to empathy and stress reactivity in humans. *Proceedings of the National Academy of Sciences*, *106*(50), 21437–41.

Rutter, M. (2006). Implications of resilience concepts for scientific understanding. *Annals of the New York Academy of Sciences*, *1094*, 1–12.

Sapolsky, R. M., Romero, L. M., & Munck A. U. (2000). How do glucocorticoids influence stress responses? Integrating permissive, suppressive, stimulatory, and preparative actions. *Endocrine Review*, *21*(1), 55–89.

Scaccianoce, S., Del Bianco, P., Caricasole, A., Nicoletti, F., & Catalani, A. (2003). Relationship between learning, stress and hippocampal brain-derived neurotrophic factor. *Neuroscience*, *121*(4), 825–28.

Schulze, L., Lischke, A., Greif, J., Herpertz, S. C., Heinrichs, M., & Domes, G. (2011). Oxytocin increases recognition of masked emotional faces. *Psychoneuroendocrinology*, *36*(9), 1378–82.

Shalev, I., Lerer, E., Israel, S., Uzefovsky, F., Gritsenko, I., Mankuta, D., et al. (2009). BDNF Val66Met polymorphism is associated with HPA axis reactivity to psychological stress characterized by genotype and gender interactions. *Psychoneuroendocrinology*, *34*(3), 382–8.

Theodoridou, A., Rowe, A. C., Penton-Voak, I. S., & Rogers, P. J. (2009). Oxytocin and social perception: Oxytocin increases perceived facial trustworthiness and attractiveness. *Hormones and Behavior*, *56*(1), 128–32.

Uhart, M., McCaul, M. E., Oswald, L. M., Choi, L., & Wand, G. S. (2004). GABRA6 gene polymorphism and an attenuated stress response. *Molecular Psychiatry*, *9*(11), 998–1006.

Ulrich-Lai, Y. M., & Herman, J. P. (2009). Neural regulation of endocrine and autonomic stress responses. *Nature Reviews Neuroscience*, *10*(6), 397–409.

Viviani, D., Charlet, A., van den Burg, E., Robinet, C., Hurni, N., Abatis, M., et al. (2011). Oxytocin selectively gates fear responses through distinct outputs from the central amygdala. *Science*, *333*(6038), 104–7.

von Dawans, B., Kirschbaum, C., & Heinrichs, M. (2011). The Trier Social Stress Test for Groups (TSST-G): A new research tool for controlled simultaneous social stress exposure in a group format. *Psychoneuroendocrinology*, *36*(4), 514–22.

Weaver, I. C., Cervoni, N., Champagne, F. A., D'Alessio, A. C., Sharma, S., Seckl, J. R., et al. (2004). Epigenetic programming by maternal behavior. *Nature Neuroscience*, *7*(8), 847–54.

Wilhelm, I., Born, J., Kudielka, B. M., Schlotz, W., & Wust, S. (2007). Is the cortisol awakening rise a response to awakening? *Psychoneuroendocrinology*, *32*(4), 358–66.

Wüst, S., Federenko, I. S., van Rossum, E. F., Koper, J. W., Kumsta, R., Entringer, S., et al. (2004). A psychobiological perspective on genetic determinants of hypothalamus-pituitary-adrenal axis activity. *Annals of the New York Academy of Sciences*, *1032*, 52–62.

Yehuda, R. (2002). Post-traumatic stress disorder. *New England Journal of Medicine*, *346*(2), 108–14.

Young, E. A., Abelson, J. L., Curtis, G. C., & Nesse, R. M. (1997). Childhood adversity and vulnerability to mood and anxiety disorders. *Depression and Anxiety*, *5*(2), 66–72.

第23章

共情的社会神经科学视角

奥尔加·克雷麦克（Olga Klimecki） 塔尼亚·森格（Tania Singer）

共情，广义上被定义为一种分享和理解他人情绪的能力（全面回顾请参见 Batson, 2009a; Decety & Jackson, 2006; de Vignemont & Singer, 2006; Eisenberg, 2000; Hoffman, 2000; Singer & Lamm, 2009; Singer & Leiberg, 2009），最近成为社会神经科学领域的一个重要关注点。那么是什么激励人们去探索自己理解他人情绪的神经机制的呢？

这类研究主要集中于认知和感觉加工的神经科学研究，多年之后逐步转向探索人脑如何处理情绪和社会互动，毕竟这两者都是人类社会化的核心现象。现在，社会神经科学开始关注社会认知和情绪的神经机制，例如人们的共情能力。除了基本理解健康人群社会情绪和共情的生物学机制，共情神经机制研究也可以帮助理解缺乏情感和社交技能相关的临床现象，例如自闭症——社会互动和沟通功能的损伤（American Psychiatric Association, 2000），或者述情障碍——难以识别和描述情绪的亚临床现象（Nemiah, Freyberger, & Sifneos, 1976）。

尝试想象生活在一个完全没有共情的世界里，共情对日常生活的重要性就会变得清晰。以下面这个场景为例：一个婴儿开始啼哭，而她的母亲正在读书。如果没有共情，这位妈妈可能会继续阅读而不是照看婴儿。然而，她所拥有的共情能力使她能够意识到婴儿的需要，并对这些需要做出适当反应。正如该例所阐明的，共情不仅激发了与他人相关的亲社会行为，而且也使人们能够更好地预测他人行为和相应地调整自己的行为。最后，共情在观察学习中也发挥关键作用，通过目睹他人不同情形的情绪反应，人们可以学会哪些情况对自身有益，哪些情况最好避免。

本章开始重新审视共情的定义，通过从其他途径到社会理解来描述共情；换言之，即从心理理论和动作理解的角度对其加以定义。接着，本章检查情绪感染和模仿概念的理论和神经基础，这些被认为是共情的前身，而同情和共情悲伤是共情的结果。在将注意力转向社会神经科学研究如何促进人们对人脑共情的理解之前，本章回顾了心理学研究对于理解共情及其与亲社会行为关系的主要贡献。因为共情神经基础已经在疼痛共情领域获得了最显著的研究，所以本章先总结该领域成果，根据共享网络假说讨论研究结果。其中，本章突出脑岛作为一种神经结构在加工内感受和共情中的特异作用。随后，在转向诸如触觉、嗅觉等领域共情的神经相关之前，本章阐述调节疼痛共情体验的因素及其神经基础。最后，本章呈现社会神经科学研究的初步发现，重点阐述共情的积极方面，比如同情。通过概括该领域的突出问题结束本章。

共情的定义及相关概念

共情一般被定义为理解和分享他人情绪的能力，同时没有与自己的情绪状态混淆（全面回顾请参见 Batson, 2009a; Decety & Jackson, 2006; de Vignemont & Singer, 2006; Eisenberg, 2000; Hoffman, 2000; Singer &Lamm, 2009; Singer & Leiberg, 2009）。换言之，当个体替代性分享他人情绪状态时，个体即在共情他人，但是同时意识到是他人情绪正在引起个体的反应。

本节首先指出共情、心智化和动作理解的概念差异，将它们视作理解他人的不同途径。在阐明三个概念心理差异和神经网络差异后，本节进一步探索共情的同类型概念——情绪传染、模仿、同情和怜悯，这些都与共情紧密相关。

心智化和动作理解作为理解他人的其他途径

除了共情——被视为理解他人的情绪途径，至少还有另外两种。一方面，人们拥有理解他人思维、信念和意图的认知能力，被称为心智化、观点采择或者心理理论（theory of mind, ToM; Frith & Frith, 2003; Premack & Woodruff, 1978）。另一方面，人们拥有理解他人动作意图的能力，与镜像神经元的发现密切相关（回顾请参见 Rizzolatti & Sinigaglia, 2010）。尽管理解他人的三条路径在日常社会认知中常常同时发生，但是三者背后的心理和神经过程具有明显区分（综述请参见 de Vignemont & Singer, 2006; Preston & de Waal, 2002; Singer & Lamm, 2009）。心理理论有关的认知过程，与腹内侧前额叶（mPEC）、颞上回（STS）和颞顶联合区（TPJ）的激活有关（综述请参见 Amodio & Frith, 2006; Frith & Frith, 2006; Mitchell, 2009; Saxe, 2006; Saxe & Baron-Cohen, 2006），而行动理解的神经相关网络分布在顶下小叶（LPL）、额下回和腹侧前运动区（最近综述见 Rizzolatti & Sinigaglia, 2010）。对猴子镜像神经元对应脑区的记录揭示，这些神经元既编码动作执行也编码观察相同动作（Gallese et al., 1996; Rizzolatti, Fadiga, Gallese, & Fogassi, 1996）。确立猴子镜像神经元网络的同时，研究借助脑磁图（MEG; Hari et al., 1998）、经颅磁刺激（TMS; Cattaneo, Sandrini, & Schwarzbach, 2010; Fadiga, Fogassi, Pavesi, & Rizzolatti, 1995）和功能性磁共振成像（fMRI）等方法，将这些结果扩展到人类研究领域（Iacoboni et al., 2005）。总之，这些研究表明猴子和人类可能使用相同的神经结构，编码自己动作和理解他人动作（综述请参见 Rizzolatti & Craighero, 2004, 或 Rizzolatti & Sinigaglia, 2010）。格鲁兹（Grèzes）和代斯提（Decety）（2001）通过元分析比较了许多研究的激活顶点，发现动作执行、模拟和观测的重叠激活区位于补充运动区、背侧前运动皮层、缘上回和顶上小叶。最后，正如后文将详述的，共情的相关脑神经区域主要位于边缘系统和旁边缘区，如前脑岛（AI）和前扣带回（ACC; 综述请参见 Lamm & Singer, 2010; Singer & Lamm, 2009; Singer & Leiberg, 2009）。总之，心理理论、动作理解和共情允许人们推断他人的思维、动作意图和情绪，从而促进社会互动。

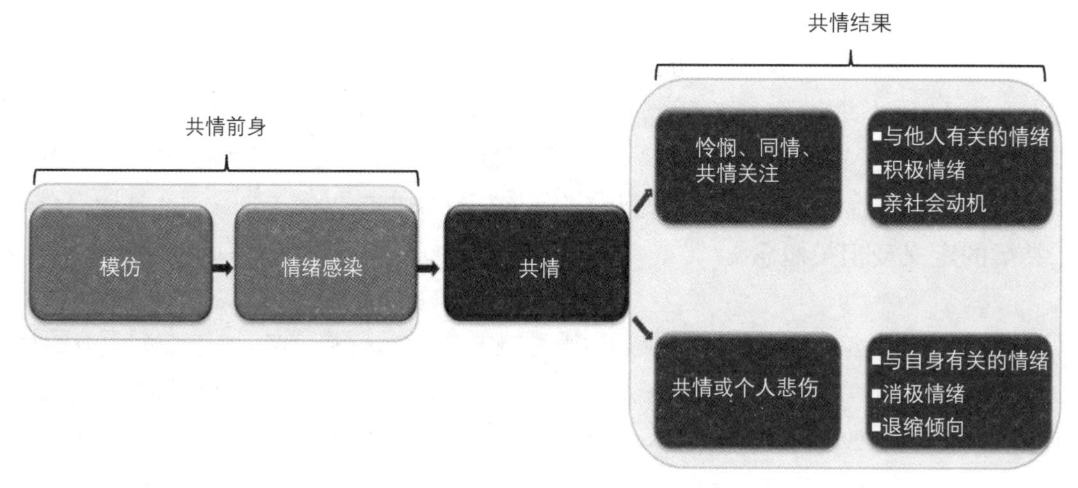

图23.1 简略图模型表明共情的前身和结果

共情的不同成分

介绍了三条理解他人的途径——心理理论、动作理解和共情拥有不同神经网络之后，还需要描述共情有关现象的不同方面。共情现象包含从自动化原始反应，诸如从模仿和情绪感染（被认为是共情前身），到同情或者共情悲伤状态，这二者由共情产生，是行为的重要决定因素（图23.1; Batson, 2009b; de Vignemont & Singer, 2006; Eisenberg, 2000; Goetz, Keltner, & Simon-Thomas, 2010; Klimecki & Singer, 2012; Singer & Lamm, 2009）。

模仿和情绪感染

模仿被认为是一种自动诱发反应，通过面孔表情、声音、姿势及动作模仿他人情绪表达（综述请参见Hatfield, Rapson, & Li, 2009）。例如，在面孔模仿领域，肌电图（EMG）记录揭示，情绪面孔的视觉表征诱发观察者产生相应的情绪面孔表情（综述请参见Dimberg & Öhman, 1996）；愉快面孔知觉诱发颧大肌运动增强（微笑时嘴角上扬），而愤怒面孔知觉导致皱眉肌（与皱眉有关）活动增强。刺激呈现和面孔反应之间的短暂潜伏期（300—400 ms），支持了以下观点——面孔模仿是自动的、前注意发生的。作为面孔模仿领域的补充，研究者观察到，人们倾向于同步化他们的声音表达，并采用他人的姿势和动作（例如，综述见Hatfield et al., 2009）。

情绪感染在自动模拟和同步化情绪方面比模仿更进一步，无论面孔表情、声音、姿势还是动作水平，都会导致实际情绪体验的会聚（综述见 Hatfield et al., 2009; Dimberg & Öhman, 1996）。这与外周生理反馈塑造了人们的情绪体验的观点一致（例如 Adelmann & Zajonc, 1989），也与观察者处于某种特定情绪状态知觉他人时诱发相同的情绪状态的结果一致（例如 Gottman & Levenson, 1985; Harrison, Singer, Rotshtein, Dolan, & Critchley, 2006; Neumann & Strack, 2000）。更具体地说，该发现表明看到他人微笑会使观察者微笑，让观察者感到快乐。因此，模仿和情绪感染被视为共情前身。然而，相对于模仿和情绪感染在不区分自身和他人的情况下发生，共情的关键是具有区分自身和他人的能力。换言之，共情观测者能意识到自己正在替代性体验一些感受，这些感受是由他人所体验的情绪诱发的，而不是自己的初级体验（de Vignemont & Singer, 2006）。

共情悲伤

虽然模仿和情绪感染被视为共情前身，但是共情可能产生两种相反的结果：共情悲伤和同情。共情悲伤，又被称为个人悲伤，是对他人痛苦的嫌恶和自我指向的情感反应。由于想要保护自己免受负面情绪，共情悲伤常常伴随退缩行为（Batson, O'Quin, Fultz, Vanderplas, & Isen, 1983; Eisenberg et al., 1989）。尽管共情悲伤被视作共情结果之一，但是它是介于情绪感染和共情之间的，这是因为他人痛苦所诱发的共情体验如此势不可挡，以至于变成自身痛苦时，自我与他人的区分界限模糊。共情悲伤，对于卫生保健行业的人员尤为重要，因为反复遭受痛苦会导致职业倦怠（综述见Klimecki & Singer, 2012）。因此，寻找其他方法处理他人痛苦至关重要：共情未必会使人卷入共情悲伤，相反可以导致积极情绪——同情。

同情、共情关注和怜悯

同情、共情关注和怜悯[1]都表示被体验的情感状态，作为共情的结果，不能与他人共享，但可以感知他人（Batson, 2009a; Singer & Lamm, 2009）。共情或者"感同身受"表示共情者替代性共享他人感受的状态，因此感受到一种同构状态（de Vignemont & Singer, 2006）：目睹一个人悲伤，共情者自己变得悲伤。相比之下，同情他人是指不必同构他人情感状态的状态，反而依赖于关心他人的感受。更确切地说，同情被定义为"当感受到他人痛苦并渴望提升其福祉时所体验的情绪"（Keltner & Goetz, 2007）。换言之，同情包括两个主要步骤：首先关心他人痛苦感受，接着激发了旨在减轻他人痛苦的行为。正如后文将详述的，社会和发展心理学研究表明共情关注能促进亲社会和助人行为（综述见Batson, 2009b; Eisenberg, 2000）。总之，尽管共情是对他人体验的替代性情绪同构，同情、共情关注以及怜悯的体验都是关于他人的情感状态的，不包含消极情感共享，而是依赖于关心和关注他人，从而激发亲社会行为。在描述共情可以促进亲社会行为的实验性证据之前，本文提供了心理学家所开发的评定共情及其不同成分的测量综述。

共情的心理学研究

各领域的心理学家一直研究共情及其与亲社会行为的关系。在总结社会和发展心理学如何建立共情和亲社会行为关系之前，本文首先描述共情的自我报告、行为及生理测量。斯奥德·利普斯（Theodor Lipps）（1903）首次提出共情概念，认为人们模仿他人姿势和动作是为了理解他人内部状态。为了测量共情，戴维斯（Davis）（1980）开发了人际反应指数（IRI）问卷，该问卷包含四个不同部分：观点采择、共情关注、个体悲伤、幻想。观点采择非常相近于前文所提及的心理理论概念，因为它测量人们从认知角度采纳他人观点的倾向。相反，共情关注与前文所讨论的怜悯或同情的关系更密切。个体悲伤分量表测量目睹他人痛苦时个体倾向于如何体验不适感。幻想分量表测量人们多大程度上能识别书本或电影中的虚构人物。平衡情绪共情量表（BEES; Mehrabian,1997; Mehrabian & Epstein, 1972）是另一种测量情绪共情的问卷，包括了诸如"情绪传染的易感性”“怜悯倾向”等分量表。

这些自我报告测量方法通过评估共情准确性加以补充。例如，利文森和罗弗（Ruef）（1992）向被试呈现婚姻互动录像，通过比较被试对录像中积极和消极情绪的评价与录像中真实人物的自我报告，获得共情准确性评分，以评价被试在多大程度上正确识别了他人情感状态。而且关于目标人物和共情被试之间的生理联系水平，可以比较诸如皮肤电传导、心率等生理指标（见 Gottman & Levenson, 1985）。爱克斯（Ickes）及其同事也使用类似方法确定被试在多大程度上能够正确推断出他人思维和情绪内容（请参见Ickes, 1993）。

共情及其与亲社会行为的关系

为了建立共情与亲社会行为的联系，发展和社会心理学研究表明，之所以共情产生两种对立的结果，是因为于共情体验本质。在社会心理学领域，柏特森（Batson）及其同事开展了几项实验（见Batson, Duncan, Ackerman, Buckley, & Birch, 1981; Batson, Fultz, & Schoenrade, 1987; Batson et al., 1983），结果表明体验到共情关注的被试急切地想帮助需要帮助的人，而不管摆脱逆境是否容易。与此相反，遭受共情悲伤的被试更趋向于自我指向，想要尽可能摆脱消极体验，仅当难以摆脱嫌恶情境时他们才选择帮助他人。这种趋向可能源于通过降低自身消极情感以保护自己。

在发展心理学研究中，共情关注或共情悲伤与亲社会行为的联系已经扩展到儿童，而且建立了情绪反应的生理相关性与助人行为之间的关系（请参见Eisenberg, 2000）。例如，艾森伯格及其同事（1989）发现成人怜悯的自我报告和面孔表情可以预测亲社会行为。相反，儿童对悲伤和怜悯的口头报告不能预测助人行为倾向。然而，儿童悲伤的面孔表情与助人行为呈负相关。成人与儿童之间的差异可能表明儿童确切报告自己情绪体验的能力有待发展。总之，这些结果表明，尽管成人和儿童之间存在差异，但是共情关注（或者怜悯）能促进亲社会行为，而共情悲伤与退缩倾向有关。有趣的是，最近研究表明，通过短期同情训练可以增加对陌生人的亲社会行为（Leiberg, Klimecki, & Singer, 2011）。这些研究发现，在学校和其他公共组织实施同情心训练有广泛意义，因为同情是一种可训练和可泛化的技能，能激发亲社会行为，甚至扩展至陌生人。

共情的社会神经科学

回顾了社会和发展心理学家研究共情及其相关概念所使用的方法之后，本文转向社会神经科学家所开发的研究范式。由于大部分fMRI共情研究都是基于疼痛共情范式的变式，本节主要描述疼痛共情研究的主要方法、结果和意义，然后将这些研究结果与其他多个领域的共情神经科学研究相整合。

疼痛共情

由于共情是一种高度社会化的现象，研究者对其的探究一直面临着一个难题，即如何提出一种既与fMRI测量兼容又具有生态效度的范式。为了协调这两个目标，森格及其同事（2004）设计了一个疼痛共情范式，两个被试在同一扫描环境中交替接受附在他们手背的电极所产生的疼痛刺激。更具体地说，躺在扫描仪里的被试与坐在扫描仪旁边的被试均接受疼痛或非疼痛电刺激。这样的实验设计允许比较接受扫描的被试经历疼痛刺激时所引发的大脑反应，与另一被试目击体验痛苦的神经激活程度。在扫描大脑期间，被试通过反射镜系统看到不同颜色的箭头，得知接下来谁将受到刺激，以及刺激是否疼痛。森格及其同事（2004）假设关系非常亲密的人们彼此存在强烈共情，开展了夫妻间的疼痛共情研究。有趣的是，研究结果表明，疼痛共情的神经特征与自我体验疼痛的神经过程非常相似（调整疼痛的脑回路，即疼痛矩阵，见本书第9章）。更具体地说，疼痛共情激活了神经疼痛矩阵的选择性部分，包括前脑岛（AI）和前扣带回皮质（ACC），二者均是处理身体和情感状态的关键区域（请参见Singer, Critchley, & Preuschoff, 2009；以及本书第3章）。这些结果得到了几项类似范式的研究验证（Bird et al., 2010; Hein, Silani, Preuschoff, Batson, & Singer, 2010; Singer et al., 2006, 2008）。其他几项研究（部分会在后文详述）使用不同范式，从在扫描仪内施行同步疼痛，到描述疼痛事件的照片和视频，均证实前脑岛和ACC（对该脑区进行探究的结果一致性相对较低）是疼痛共情的关键脑区（例如Botvinick et al., 2005; Cheng, Chen, Liu, Chou, & Decety, 2010; Chen et al., 2007; Danziger, Faillenot, & Peyron, 2009; Decety, Echols, & Correll, 2010; Gu & Han, 2007; Jackson, Brunet, Meltzoff, & Decety, 2006; Lamm, Batson, & Decety, 2007; Lamm & Decety, 2008; Lamm, Nusbaum, Meltzoff, & Decety, 2007; Moriguchi et al., 2007; Morrison, Lloyd, di Pellegrino, & Roberts, 2004; Ogino et al., 2007; Saarela et al., 2007; Zaki, Ochsner, Hanelin, Wager, & Mackey, 2007）。

作为观察到的神经激活模式与心理学家所定义的共情概念密切相关的证据，森格及其同事（2004）发现，在BEES和IRI测量上共情自我报告得分越高，疼痛共情期间左侧脑岛和ACC神经活动越强，从而证实了疼痛共情范式的外部效度。而且，脑反应与共情体验之间联系的进一步证据，源于研究表明特定的共情相关脑区神经激活模式与自我报告的印象、实际助人行为（Hein et al., 2010）以及个体不愉快程度具有相关性（例如Jabbi, Swart, & Keysers, 2007; Lamm, Nusbaum, et al., 2007; Saarela et al., 2007; Singer et al., 2008）。重要的是，自我体验疼痛和疼痛共情存在共享神经网络，该结论受到莱姆（Lamm）、代斯提（Decety）和森格（2011）元分析研究的支持，表明前脑岛和ACC在9个独立的fMRI研究中出现了一致重叠，正如后文将详论的。虽然这里所描述的研究都指出了自我体验疼痛和替代体验疼痛存在共享神经表征，但是前脑岛和ACC激活是否在神经元亚群及单个神经元水平上是否重叠依然存在疑问（例如Singer & Lamm, 2009）。

疼痛共情的共享和差别神经网络

除了在前脑岛和ACC确定存在直接和替代的疼痛体验重叠，莱姆及其同事（2011）所做的元分析还表明，共享神经网络是否可以通过多条途径访问，取决于实验所用的范式。尽管使用基于图片的共情范式，与顶下小叶、腹侧运动前区和背内侧皮层（在动作理解中观察到的神经回路）的额外激活增加有关，但是基于线索的范式所诱发的脑网络激活与心理理论紧密相关，诸如腹侧前额叶、楔前叶、颞上沟和颞顶联合区。

扎基（Zaki）及其同事（2007）考察了自我体验疼痛与疼痛共情时，前脑岛和ACC与其他脑区的不同连接模式。结果表明自我体验疼痛在脑岛和负责痛觉传递脑区的卷入之间连接更强，包括中脑、导水管周围灰质和脑岛中部。相反，疼痛共情在前脑岛、ACC和负责社会认知、情感加工脑区的卷入连接更强，如内侧前额叶。

自我疼痛激活感觉脑结构的依据源于前文提及的元分析结果（Lamm et al., 2011），直接疼痛体验的激活区域除了前脑岛和ACC，还包括脑岛中部和后部以及初级感觉皮层（见图23.2）。自我体验疼痛时加工感觉信息的脑区有更强的卷入，表明人们通过访问表征自己情感状态的神经结构共享他人痛苦，而不考虑感觉和疼痛感受成分。

而且，疼痛共情元分析表明，对侧初级躯体感觉皮层激活最有可能编码痛觉的躯体感觉方面，而且仅限于基于线索研究的自我体验疼痛。相反，疼痛和非疼痛共情期间图片唤起了双侧躯体感觉皮层激活，表明了躯体感觉皮层在疼痛共情中具有非特异性作用，这通常被认为与看到身体部位被触碰有关。有趣的是，当指示被试评价疼痛刺激诱发的感觉时，躯体感觉皮层激活也增加，表明注意力影响共情体验的质量，并且注意焦点的转变往往伴随着相应脑区激活（Lamm, Nusbaum, et al., 2007）。作为补充，经颅磁刺激（TMS）（Avenanti, Bueti, Galati, & Aglioti, 2005; Avenanti, Pauuello, Bufalari, &Aglioti, 2006）和脑电（EEG）（Bufalari, Aprile, Avenanti, Di Russo, & Aglioti, 2007; Valeriani et al., 2008）研究表明，对视觉呈现疼痛刺激的共情反应伴随着感觉运动的参与。总之，这些研究结果表明前脑岛和ACC是自我体验疼痛与疼痛共情的核心共享网络，但它们与其他脑区的功能连接是变化的。因此，当独自体验疼痛时，前脑岛和ACC与负责伤害体验中的自我相关成分加工的脑区共同激活。然而，当共情他人时，前脑岛和ACC与涉及社会认知能力（心理理论和动作观察）的网络共同激活。该发现表明任务可获得信息和情境需求决定了哪个社会认知网络显著参与。

关于共情体验质量，已发表的研究表明，人们主要通过模拟情感分享疼痛体验，而不涉及过多的感觉和疼痛反应成分。但是需要注意的是，

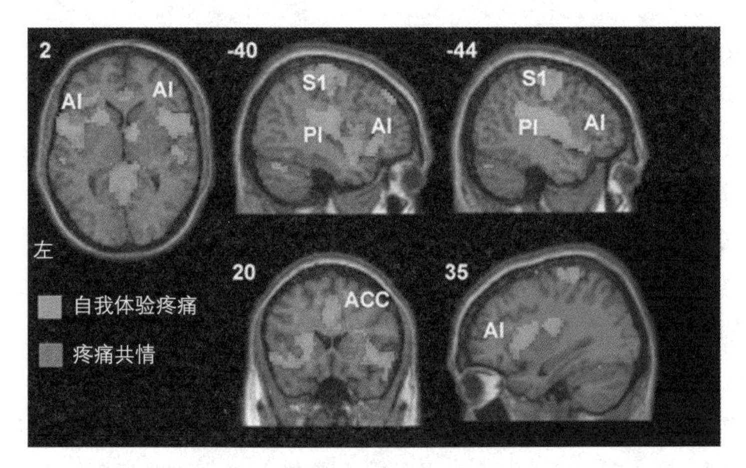

图23.2 用于体验自我性疼痛和共情性疼痛的共享与独特神经网络。图示的功能性神经激活是基于9项fMRI研究的元分析的结果。这些研究调查了个体对疼痛的理解（Lamm et al., 2011）。与自我性疼痛相关的激活（绿色）涵盖了绝大部分的脑岛，包括中、后部，而与疼痛共情相关的激活（红色）仅限于脑岛的最前面的部分，它们与自我性疼痛有关的激活存在重叠。功能激活图叠加在标准立体定位空间（MNI空间）中的高分辨率结构。白色标签表示立体定向空间中的切片编号，L代表左半球，AI代表前脑岛，ACC表示前扣带状皮层，PI代表后脑岛，S1代表原代体感皮层。经施普林格科学（Springer Science）和商业媒体（Business Media）许可使用。彩色版本请扫描附录二维码查看

神经疼痛矩阵似乎逐级激活，以至于如果被试采用第一人称视角（Jackson et al., 2006）或者简单想象痛苦事件（Ogino et al., 2007），即使没有施加疼痛刺激，也可以观察到脑岛后部和次级躯体感觉皮层激活。这是因为激活区域不包括初级躯体感觉皮层，但是似乎存在一个由不同神经基础反映的关乎直接和替代疼痛体验的连续谱。

脑岛在共情和内感受中的作用

研究表明，初级伤害的感受信息首先在脑岛背侧后部被加工，随后其他信息在脑岛前部被重新映射和整合（情绪访问意识）（Craig, 2002, 2009），反映了自我体验疼痛和疼痛共情过程中脑岛由后向前的梯度。这些研究结果符合一般观点，即脑岛在加工身体的内感受信息方面发挥关键作用（Craig, 2002; Damasio, 1994; Ostrowsky et al., 2000, 2002; 见本书第3章），在情绪中发挥更普遍作用（元分析请参见 Kober et al., 2008）。根据这些研究结果，森格等（2004, 2009）提出脑岛具有双重作用：（1）加工身体信息，诸如心跳或者温度有关感觉（被整合到总的感觉状态）；（2）在共情加工过程中预测他人情感状态。换言之，人们使用自身身体表征和情感表征理解他人的情绪体验。该解释意味着，如果人们在理解自己感受方面存在缺陷，那么共情他人感受时可能遇到阻碍。事实上，这一结论在述情障碍（难以识别或描述情绪的亚临床现象）研究中获得证实（Nemiah et al., 1976）。斯拉尼（Silani）及其同事（2008）发现，情绪刺激的内感受加工期间前脑岛激活程度随述情障碍分数增加而降低，而前脑岛激活与特质共情正相关。而且，该研究表明述情障碍程度越高特质共情水平越低。博德（Bird）及其同事（2010）使用森格等（2004）的疼痛共情范式扩展了以上研究，发现当要求高度述情障碍的被试共情他人疼痛时，前脑岛激活降低。

共情调整

本节所讨论的结果表明，前脑岛的共情脑反应不仅受个人特质（例如述情障碍）调节，而且受到共情对象（例如喜欢或者厌恶）、情境与注意因素以及情境评估的影响（综述见 de Vignemont & Singer, 2006; Singer & Lamm, 2009）。几项研究表明，正常情况下能引起共情反应的刺激在某些特定情境下不能引起共情，甚至可能造成相反结果，比如“幸灾乐祸”——目睹他人不幸时感到快乐。

共情者和共情对象的关系

森格及其同事（2006）研究公平觉知如何影响疼痛共情时，观察到对他人疼痛的情绪反应逆转。在实验中，被试首先与另外两个志愿者一起玩经济决策游戏，其中一个志愿者公平操作，而另一个志愿者不公平操作。随后扫描被试时，公平玩家和不公平玩家（两人实际上是同伙）坐在扫描仪旁边，三人手背部轮流接受电极的疼痛或非疼痛刺激。与以往研究结果一致，直接体验疼痛和共情公平玩家疼痛依赖于前脑岛和ACC的神经表征。然而，当共情不公平玩家的疼痛时，只有女性被试的这些脑区表现出激活。相比之下，男性被试目睹不公平玩家疼痛时前脑岛激活减弱，而面对公平玩家疼痛时表现相反。男性神经系统的共情反应减少，伴随着伏隔核——参与奖励加工的关键脑区——激活增加（综述见 Knutson & Cooper, 2005; Schultz, 2000; 第 19章）。而且，伏隔核激活程度与主观表达的复仇愿望正相关。换言之，当男性对不公平玩家产生更强烈的复仇愿望时，与奖励相关的脑部结构活动增加。该激活模式可能意味着男性目睹不公平玩家被惩罚时会幸灾乐祸。

在另一研究中，赫恩(Hein) 及其同事(2010) 扩展了以上结果，表明前脑岛的共情脑反应与随后的亲社会行为之间存在关系。他们考察了当男性球迷目睹所喜欢球队的粉丝（组内）或者竞争球队的粉丝（组外）遭受疼痛电击时，男性球迷的组内和组外偏差。正如所期望的，当观测到组内成员遭受疼痛时，男性的前脑岛激活增强。更重要的是，前脑岛激活强度实际预测了被试多大程度上愿意通过自己接受疼痛刺激来帮助组内成员。相比之下，目睹组外成员遭受疼痛时，伏隔核激活预测了他们将拒绝帮助组外成员，反映被试消极评价组外成员的程度。这些研究结果意味着，共情相关的脑岛激活促进利他行为，而伏隔核拮抗信号降低助人倾向。影响社会关系本质、共情程度及其神经相关的其他因素有种族（Xu, Zuo, Wang, & Han, 2009）和亲密性（Cheng et al., 2010）。

共情者特征

与前文所述相似，共情障碍研究建立了高共情障碍和低共情之间的联系（Silani et al., 2008），以及共情障碍患者在疼痛共情过程中前脑岛激活减少（Bird et al., 2010），共情者特征也影响其他领域的共情体验。程（Cheng）及其同事（2007）研究表明，当观察针刺人身体不同部位时，没有针灸经历的被试激活了疼痛共情神经网络，而实行针灸的医生没有这种神经表现。

情境背景、注意和评价

研究探讨了共情相关的情境评价与责任归因之间的关系。例如，代斯提（Decety）及其同事（2010）考察了艾滋病患者对疼痛视频的共情反应在多大程度上随共情对象的行为（通过输血感染或吸毒）不同而不同。被试的自我报告和神经系统激活表明责任归因影响共情反应程度。相对于吸毒感染，被试报告他们对输血感染的艾滋病患者的疼痛共情程度更高，伴随的疼痛加工神经网络激活更强（前脑岛和ACC）。

影响共情的另一个因素是注意。顾（Gu）和韩（Han）（2007）研究表明，与评价疼痛刺激强度相比，要求被试去数中性图片内疼痛事件所呈现的次数时，ACC激活更低。最后，通过在医学治疗期间播放痛苦面孔表情的视频，莱姆（Lamm）和纳斯班姆（Nusbaum）等（2007）研究了认知评价和观点采择对共情反应的影响。通过指示被试想象自己是患者并置身于视频情境中和想象患者在治疗中的感受来控制观点采择。为了操纵认知评价，被试被告知治疗有效或者无效。当告知被试治疗无效时，他们的疼痛感更强，不愉快评分更高。脑相关数据进一步证实了这些结果，表明治疗无效条件下膝下ACC激活更强。关于不同的观点采择，结果表明当被试想象自己置身于患者情境时（自我视角）会报告产生更多的个体悲伤，而当能够区分自己和患者时（他人视角）报告产生了更多的共情关注。当采取自我视角时共情悲伤增加，支持了以下观点——由于过分认同他人痛苦导致共情悲伤增加。在神经水平，采取自我视角与神经疼痛矩阵激活增加有关。该发现支持了悲伤中疼痛共享更强，突出作为两种对立的共情结果，共情悲伤和共情关注伴随不同的情绪体验，存在重要差别。

触觉、嗅觉和味觉的共情

正如前文所述，大多数关于共情的神经科学研究集中在疼痛领域。但是有一项早期研究聚焦考察了嗅觉和厌恶的共享表征（Wicker et al., 2003）。在他们的实验中，维克科（Wicker）及其同事研究了加工自己的厌恶嗅觉刺激和加工他人的厌恶视觉刺激之间有何不同。这项fMRI研究结果表明，自我相关和他人相关的厌恶都伴随前脑岛和ACC激活。加毕（Jabbi）及其同事（2008）的研究进一步支持了该结果，发现被试品尝厌恶的食品、观察厌恶表情或者阅读厌恶情节时前脑岛都会激活。此外，凯瑟（Keyser）及其同事（2004）的研究表明，尽管触摸的感觉体验与对侧初级躯体感觉皮层激活有特定联系，但是触摸与观察触摸的神经特征在次级躯体感觉皮层重叠。总之，这些研究与疼痛领域的共情研究并行，为诸如触觉、嗅觉和味觉等其他模式下共情卷入的神经共享网络探究提供了路径。

富有同情心的头脑

到目前为止，尽管大部分社会神经科学主要致力于探索神经共享网络及其变化，但最近的研究开始关注共情的积极结果，例如共情关注、同情或者怜悯。在近期一项干预研究中，克雷麦克（Klimecki）及其同事（Klimecki, Leiberg, Lamm, & Singer, 2012）考察了同情训练如何改变神经功能和主观情绪体验。为此，研究者特地设计了一种新范式——社会情感录像任务（SoVT），即被试亲眼看见他人遭受痛苦。预训练时，这种刺激材料诱发了强烈的共情和负面情绪。与最近一项疼痛共情元分析结果一致（Lamm et al., 2011），对他人痛苦的共情评价与前脑岛和ACC激活有关。为期几天的同情训练改变了这种反应模式：被试报告对他人痛苦感受到更多积极情绪，同时被试的内侧前额叶、腹盖区/黑质（VTA/SN）、壳核和苍白球激活增加。这些脑区参与同情也获得了共情和爱的横断研究支持。金（Kim）及其同事（2009）研究发现，对悲伤面孔图片采用同情态度，腹侧纹状体和腹盖区/黑质激活增加。而且，浪漫和母爱（Bartels & Zeki, 2000, 2004）与脑岛中部、背侧ACC以及纹状体（由壳核、苍白球和尾状核构成）激活有关。博勒加德（Beauregard）及其同事（2009）也得到了相似结果，发现当被试对智障患者图片持无条件关爱立场时，被试的脑岛、背侧ACC、苍白球和尾状核激活增强。最后，一项横断研究发现，当听到悲伤声音时，专业冥想者脑岛比冥想初学者激活更大（Lutz, Brefczynski-Lewis, Johnstone, & Davidson, 2008）。考虑到所观察脑区不仅与奖赏加工有关，而且包含高密度的催产素和抗利尿激素受体——神经肽（在依恋和情感联结中起重要作用）（综述请参见Depue & Morrone-Strupinsky, 2005; Zeki, 2007），该结果可能被解释为反映了体验爱和温暖的奖赏本质，即便在面对他人痛苦的情况下也是如此。

总之，这些结果表明，如前文所述，作为共情的两种结果，共情悲伤和同情是有差别的，两者涉及不同的神经基础。共情悲伤与前脑岛和ACC有关，同情和爱似乎与内侧眶额叶、脑岛中部以及纹状体有关。因为缺少该领域的研究，所以需要更多研究完善同情和爱等积极情绪所涉及的神经网络，并与共享消极情绪（例如疼痛、刺激性味道）所涉及的神经网络进行比较。

结论

社会神经科学正在快速发展，本章所描述的研究促进了对共情神经基础的理解。最重要的是，开发和应用拥有生态效度的实验范式，揭示了自我体验和替代体验疼痛依赖位于前脑岛和ACC的共享神经基础。结合自我体验情感状态的不同激活模式，人们通过模仿所观察状态的情感成分来理解他人感受。在这种情况下，脑岛发挥特殊作用，因为作为内感受皮层，脑岛一般支持表征和预测自己或者他人的感受状态。尽管对共情脑的理解取得了重要进展，但是仍存在许多问题有待回答，因为获得新发现的同时也会产生新问题。

重点问题和未来方向

· 根据自我体验和替代体验情绪的共享神经网络结果，神经基础共享在单神经元水平上差距有多远？这些现象可以通过脑结构（如脑岛）的功能梯度区分吗？

· 哪些机制可以影响共情体验，使共情不产生共情悲伤，而是产生同情？哪些神经变化会伴随着这些干预？同情背后的神经通路与因感受他人痛苦而产生消极体验的神经特征有何不同？

· 神经递质，诸如催产素和抗利尿激素，在共情中发挥什么作用？它们在情绪加工回路上如何相互作用？

· 考虑到习得共情和同情可能取决于某些皮层结构的成熟，那么从儿童早期到青春期的发展过程中哪些神经变化与共情及其相关概念有关？这些结果与情绪可塑性的关系如何？

致谢

奥尔加·克雷麦克获得了苏黎世大学的资助。塔尼亚·森格获得了苏黎世神经科学中心资助，贝提和大卫·科斯特脑研究基金以及欧洲研究委员会（ERC，项目编号205557）资助。

注释

1 因为这三个术语通常指代相同概念（Batson, 2009a）——柏特森最初使用共情关注概念（Batson, 2009b），而艾森伯格使用同情（Eisenberg, 2000）——因此本章中互换使用这几个术语。

参考文献

Adelmann, P. K., & Zajonc, R. B. (1989). Facial efference and the experience of emotion. *Annual Review of Psychology*, *40*, 249–80.

American Psychiatric Association. (2000). *Diagnostic and statistical manual of mental disorders* (Revised 4th ed.). Washington, DC: Author.

Amodio, D. M., & Frith, C. D. (2006). Meeting of minds: The medial frontal cortex and social cognition. *Nature Reviews Neuroscience*, *7*, 268–77.

Avenanti, A., Bueti, D., Galati, G., & Aglioti, S.M. (2005). Transcranial magnetic stimulation highlights the sensorimotor side of empathy for pain. *Nature Neuroscience*, *8*, 955–60.

Avenanti, A., Paluello, I. M., Bufalari, I., & Aglioti, S. M. (2006). Stimulus-driven modulation of motor-evoked potentials during observation of others' pain. *Neuroimage*, *32*, 316–24.

Bartels, A., & Zeki, S. (2000). The neural basis of romantic love. *Neuroreport*, *11*, 3829–34.

Bartels, A., & Zeki, S. (2004). The neural correlates of maternal and romantic love. *Neuroimage*, *21*, 1155–66.

Batson, C. D. (2009a). These things called empathy: Eight related but distinct phenomena. In J. Decety & W. Ickes (Eds.), *The social neuroscience of empathy* (pp. 3–15).

Cambridge, MA: MIT Press.

Batson, C. D. (2009b). Empathy-induced altruistic motivation. In M. Mikulincer & P. R. Shaver (Eds.), *Prosocial motives, emotions, and behavior* (pp. 15–34). Washington, DC: American Psychological Association.

Batson, C. D., Duncan, B. D., Ackerman, P., Buckley, T., & Birch, K. (1981). Is empathic emotion a source of altruistic motivation? *Journal of Personality and Social Psychology*, *40*, 290–302.

Batson, C. D., Fultz, J., & Schoenrade, P. A. (1987). Distress and empathy: Two qualitatively distinct vicarious emotions with different motivational consequences. *Journal of Personality*, *55*, 19.

Batson, C. D., O'Quin, K., Fultz, J., Vanderplas, M., & Isen. A. (1983). Influence of self-reported distress and empathy on egoistic versus altruistic motivation to help. *Journal of Personality and Social Psychology*, *45*, 706–18.

Beauregard, M., Courtemanche, J., Paquette, V., & St-Pierre, E. L. (2009). The neural basis of unconditional love. *Psychiatry Research*, *172*, 93–8.

Bird, G., Silani, G., Brindley, R., White, S., Frith, U., & Singer, T. (2010). Empathic brain responses in insula are modulated by levels of alexithymia but not autism. *Brain*, *133*, 1515–25.

Botvinick, M., Jha, A. P., Bylsma, L. M., Fabian, S. A., Solomon, P. E., & Prkachin, K. M. (2005). Viewing facial expressions of pain engages cortical areas involved in the direct experience of pain. *Neuroimage*, *25*, 312–19.

Bufalari, I., Aprile, T., Avenanti, A., Di Russo, F., & Aglioti, S. M. (2007). Empathy for pain and touch in the human somatosensory cortex. *Cerebral Cortex*, *17*, 2553–61.

Cattaneo, L., Sandrini, M., & Schwarzbach, J. (2010). State-dependent TMS reveals a hierarchical representation of observed acts in the temporal, parietal, and premotor cortices. *Cerebral Cortex*, bhp*291*.

Cheng, Y., Chen, C., Lin, C. P., Chou, K. H., & Decety, J. (2010). Love hurts: An fMRI study. *Neuroimage*, *51*, 923–9.

Cheng, Y., Lin, C. P., Liu, H. L., Hsu, Y. Y., Lim, K. E., Hung, D., et al. (2007). Expertise modulates the perception of pain in others. *Current Biology*, *17*, 1708–13.

Craig, A. D. (2002). How do you feel? Interoception: The sense of the physiological condition of the body. *Nature Reviews Neuroscience*, *3*, 655–66.

Craig, A. D. (2009). How do you feel – now? The anterior insula and human awareness. *Nature Reviews Neuroscience*, *10*, 59–70.

Damasio, A. R. (1994). Descartes' error and the future of human life. *Scientific American*, *271*, 144.

Danziger, N., Faillenot, I., & Peyron, R. (2009). Can we share a pain we never felt? Neural correlates of empathy in patients with congenital insensitivity to pain. *Neuron*, *67*, 203–12.

Davis, M. H. (1980). A multidimensional approach to individual differences in empathy. *JSAS Catalogue of Selected Documents in Psychology*, *10*, 85.

Decety, J., Echols, S., & Correll, J. (2010). The blame game: The effect of responsibility and social stigma on empathy for pain. *Journal of Cognitive Neuroscience*, *22*, 985–97.

Decety, J., & Jackson, P. L. (2006). A social-neuroscience perspective on empathy. *Current Directions in Psychological Science*, *15*, 54–8.

Depue, R. A., & Morrone-Strupinsky, J. V. (2005). A neurobehavioral model of affiliative bonding: Implications for conceptualizing a human trait of affiliation. *Behavioral and Brain Sciences*, *28*, 313–50.

de Vignemont, F., & Singer, T. (2006). The empathic brain: How, when and why? *Trends in Cognitive Sciences*, *10*, 435–41.

Dimberg, U., & Öhman, A. (1996). Behold the wrath: Psychophysiological responses to facial stimuli. *Motivation and Emotion*, *20*, 149–82.

Eisenberg, N. (2000). Emotion, regulation, and moral development. *Annual Review of Psychology*, *51*, 665–97.

Eisenberg, N., Fabes, R. A., Miller, P. A., Fultz, J., Shell, R., Mathy, R. M., et al. (1989). Relation of sympathy and personal distress to prosocial behavior: A multimethod study. *Journal of Personality and Social Psychology*, *57*, 55–66.

Fadiga, L., Fogassi, L., Pavesi, G., & Rizzolatti, G. (1995). Motor facilitation during action observation: A magnetic stimulation study. *Journal of Neurophysiology*, *73*, 2608–11.

Frith, C., & Frith, U. (2006). The neural basis of mentalizing. *Neuron*, *50*, 531–4.

Frith, U., & Frith, C. D. (2003). Development and neurophysiology of mentalizing. *Philosophical Transactions of the Royal Society of London. Series B: Biological Sciences*, *358*, 459–73.

Gallese, V., Fadiga, L., Fogassi, L., & Rizzolatti, G. (1996). Action recognition in the premotor cortex. *Brain*, *119* (Pt. 2), 593–609.

Goetz, J. L., Keltner, D., & Simon-Thomas, E. (2010). Compassion: An evolutionary analysis and empirical review. *Psychological Bulletin*, *136*, 351–74.

Gottman, J. M., & Levenson, R. W. (1985). A valid measure for obtaining self-report of affect. *Journal of Consulting and Clinical Psychology*, *53*, 151–60.

Grèzes, J., & Decety, J. (2001). Functional anatomy of execution, mental simulation, observation, and verb generation of actions: A meta-analysis. *Human Brain Mapping*, *12*, 1–19.

Gu, X., & Han, S. (2007). Attention and reality constraints on the neural processes of empathy for pain. *Neuroimage*, *36*, 256–67.

Hari, R., Forss, N., Avikainen, S., Kirveskari, E., Salenius, S., & Rizzolatti, G. (1998). Activation of human primary motor cortex during action observation: A neuromagnetic study. *Proceedings of the National Academy of Sciences*, *95*, 15061–5.

Harrison, N. A., Singer, T., Rotshtein, P., Dolan, R. J., & Critchley, H. D. (2006). Pupillary contagion: Central mechanisms engaged in sadness processing. *Social Cognitive and Affective Neuroscience*, *1*, 5–17.

Hatfield, E., Rapson, R. L., & Le, Y. L. (2009). Emotional contagion and empathy. In J. Decety & W. Ickes (Eds.), *The social neuroscience of empathy* (pp. 19–30) Cambridge, MA: MIT.

Hein, G., Silani, G., Preuschoff, K., Batson, C. D., & Singer, T. (2010). Neural responses to ingroup and outgroup members' suffering predict individual differences in costly helping. *Neuron*, *68*, 149–60.

Hoffman, M. L. (2000). *Empathy and moral development*. Cambridge: Cambridge University Press.

Iacoboni, M., Molnar-Szakacs, I., Gallese, V., Buccino, G., Mazziotta, J. C., & Rizzolatti, G. (2005). Grasping the intentions of others with one's own mirror neuron system. *PLoS Biology*, *3*, e79.

Ickes, W. (1993). Empathic accuracy. *Journal of Personality*, *61*, 587–610.

Jabbi, M., Bastiaansen, J., & Keysers, C. (2008). A common anterior insula representation of disgust observation, experience and imagination shows divergent functional connectivity pathways. *PLoS One*, *3*, e2939.

Jabbi, M., Swart, M., & Keysers, C. (2007). Empathy for positive and negative emotions in the gustatory cortex. *Neuroimage*, *34*, 1744–53.

Jackson, P. L., Brunet, E., Meltzoff, A. N., & Decety, J. (2006). Empathy examined through the neural mechanisms involved in imagining how I feel versus how you feel pain. *Neuropsychologia*, *44*, 752–61.

Keltner, D., & Goetz, J. L. (2007). Compassion. In R. F. Baumeister & K. D. Vohs (Eds.), *Encyclopedia of social psychology* (pp. 159–60).Thousand Oaks, CA: Sage.

Keysers, C., Wicker, B., Gazzola, V., Anton, J. L., Fogassi, L., & Gallese, V. (2004). A touching sight: SII/PV activation during the observation and experience of touch. *Neuron*, *42*, 335–46.

Klimecki, O.M., Leiberg, S., Lamm, C., & Singer, T. (2012). Functional Neural Plasticity and Associated Changes in Positive Affect After Compassion Training. *Cerebral Cortex*. doi:10.1093/cercor/bhs142

Klimecki, O., & Singer, T. (2012). Empathic distress fatigue rather than compassion fatigue? Integrating findings from empathy research in psychology and social neuroscience. In B. Oakley, A. Knafo, G. Madhavan, & D. S. Wilson(Eds.), *Pathological altruism* (pp. 368–83). New York: Oxford University Press.

Knutson, B., & Cooper, J. C. (2005). Functional magnetic resonance imaging of reward prediction. *Current Opinion in Neurology*, *18*, 411–7.

Kober, H., Barrett, L. F., Joseph, J., Bliss-Moreau, E., Lindquist, K., & Wager, T. D. (2008). Functional grouping and cortical-subcortical interactions in emotion: A meta-analysis of neuroimaging studies. *Neuroimage*, *42*, 998–1031.

Lamm, C., Batson, C., & Decety, J. (2007). The neural substrate of human empathy: Effects of perspective-taking and cognitive appraisal. *Journal of Cognitive Neuroscience*, *19*, 42–58.

Lamm, C., & Decety, J. (2008). Is the extrastriate body area (EBA) sensitive to the perception of pain in others? *Cerebral Cortex*, *18*, 2369–73.

Lamm, C., Decety, J., & Singer, T. (2011). Meta-analytic evidence for common and distinct neural networks associated with directly experienced pain and empathy for pain. *Neuroimage*, *54*, 2492–502.

Lamm, C., Nusbaum, H. C., Meltzoff, A. N., & Decety, J. (2007). What are you feeling? Using functional magnetic resonance imaging to assess the modulation of sensory and affective responses during empathy for pain. *PLoS One*, *2*, e1292.

Lamm, C., & Singer, T. (2010). The role of anterior insular cortex in social emotions. *Brain Structure and Function*, *214*, 579–91.

Leiberg, S., Klimecki, O., & Singer, T. (2011). Short-term compassion training increases prosocial behavior in a newly developed prosocial game. *PLoS One*, *6*, e17798.

Levenson, R.W., & Ruef, A. M. (1992). Empathy: A physiological substrate. *Journal of Personality and Social Psychology*, *63*, 234–46.

Lipps, T. (1903). Einfühlung, innere Nachahmung, und

Organempfindungen [Empathy, inner imitation, and sense-feelings]. *Archiv für die gesamte Psychologie*, *1*, 185–204.

Lutz, A., Brefczynski-Lewis, J., Johnstone, T., & Davidson, R. J. (2008). Regulation of the neural circuitry of emotion by compassion meditation: Effects of meditative expertise. *PLoS One*, *3*, e1897.

Mehrabian, A. (1997). Relations among personality scales of aggression, violence, and empathy: Validational evidence bearing on the risk of eruptive violence scale. *Aggressive Behavior*, *23*, 433–45.

Mehrabian, A., & Epstein, N. (1972). A measure of emotional empathy. *Journal of Personality*, *40*, 525–43.

Mitchell, J. P. (2009). Inferences about mental states. *Philosophical Transactions of the Royal Society of London. Series B: Biological Sciences*, *364*, 1309–16.

Moriguchi, Y., Decety, J., Ohnishi, T., Maeda, M., Mori, T., Nemoto, K., et al. (2007). Empathy and judging other's pain: An fMRI study of alexithymia. *Cerebral Cortex*, *17*, 2223–34.

Morrison, I., Lloyd, D., di Pellegrino, G., & Roberts, N. (2004). Vicarious responses to pain in anterior cingulate cortex: Is empathy a multisensory issue? *Cognitive*, *Affective & Behavioral Neuroscience*, *4*, 270–8.

Nemiah, J. C., Freyberger, H., & Sifneos, P. E. (1976). Alexithymia: A view of the psychosomatic process. In O. W. Hill (Ed.), *Modern trends in psychosomatic medicine* (pp. 430–39). London: Butterworths.

Neumann, R., & Strack, F. (2000). "Mood contagion": The automatic transfer of mood between persons. *Journal of Personality & Social Psychology*, *79*, 211–23.

Ogino, Y., Nemoto, H., Inui, K., Saito, S., Kakigi, R., & Goto, F. (2007). Inner experience of pain: Imagination of pain while viewing images showing painful events forms subjective pain representation in human brain. *Cerebral Cortex*, *17*, 1139–46.

Ostrowsky, K., Isnard, J., Ryvlin, P., Guénot, M., Fischer, C., &Mauguière, F. (2000). Functional mapping of the insular cortex: Clinical implication in temporal lobe epilepsy. *Epilepsia*, *41*, 681–86.

Ostrowsky, K., Magnin, M., Ryvlin, P., Isnard, J., Guenot, M., & Mauguiere, F. (2002). Representation of pain and somatic sensation in the human insula: A study of responses to direct electrical cortical stimulation. *Cerebral Cortex*, *12*, 376–85.

Premack, D., & Woodruff, G. (1978). Does the chimpanzee have a theory of mind? *Behavioral and Brain Sciences, 1,* 515–26.

Preston, S. D., & de Waal, F. B.M. (2002). Empathy: Its ultimate and proximate bases. *Behavioral and Brain Science*, *25*, 1–72.

Rizzolatti, G., & Craighero, L. (2004). The mirror neuron system. *Annual Review of Neuroscience*, *27*, 169–92.

Rizzolatti, G., Fadiga, L., Gallese, V., & Fogassi, L. (1996). Premotor cortex and the recognition of motor actions. *Brain Research: Cognitive Brain Research*, *3*, 131–41.

Rizzolatti, G., & Sinigaglia, C. (2010). The functional role of the parieto-frontal mirror circuit: Interpretations and misinterpretations. *Nature Reviews Neuroscience*, *11*, 264–74.

Saarela, M. V., Hlushchuk, Y., Williams, A. C., Schurmann, M., Kalso, E., & Hari, R. (2007). The compassionate brain: Humans detect intensity of pain from another's face. *Cerebral Cortex*, *17*, 230–7.

Saxe, R. (2006).Why and how to study Theory of Mind with fMRI. *Brain Research*, *1079*, 57–65.

Saxe, R., & Baron-Cohen, S. (2006). The neuroscience of theory of mind. *Social Neuroscience*, *1*, i–ix.

Schultz, W. (2000). Multiple reward signals in the brain. *Nature Reviews Neuroscience*, *1*, 199–207.

Silani, G., Bird, G., Brindley, R., Singer, T., Frith, C., & Frith, U. (2008). Levels of emotional awareness and autism: An fMRI study. *Social Neuroscience*, *3*, 97–112.

Singer, T., Critchley, H. D., & Preuschoff, K. (2009). A common role of insula in feelings, empathy and uncertainty. *Trends in Cognitive Sciences*, *13*, 334–40.

Singer, T., & Lamm, C. (2009). The social neuroscience of empathy. *Year in Cognitive Neuroscience 2009: Annals of the New York Academy of Sciences*, *1156*, 81–96.

Singer, T., & Leiberg, S. (2009). Sharing the emotions of others: The neural bases of empathy. In M. S. Gazzaniga (Ed.), *The cognitive neurosciences IV* (pp. 971–84). Cambridge, MA: MIT.

Singer, T., Seymour, B., O'Doherty, J., Kaube, H., Dolan, R., & Frith, C. (2004). Empathy for pain involves the affective but not sensory components of pain. *Science*, *303*, 1157–62.

Singer, T., Seymour, B., O'Doherty, J. P., Stephan, K. E., Dolan, R. J., & Frith, C. D. (2006). Empathic neural responses are modulated by the perceived fairness of others. *Nature*, *439*, 466–9.

Singer, T., Snozzi, R., Bird, G., Petrovic, P., Silani, G., Heinrichs, M. et al. (2008). Effects of oxytocin and prosocial behavior on brain responses to direct and vicariously experienced pain. *Emotion*, *8*, 781–91.

Valeriani, M., Betti, V., Le Pera, D., De Armas, L., Miliucci, R., Restuccia, D., et al. (2008). Seeing the pain of others while being in pain: A laser-evoked potentials study. *Neuroimage*, *40*, 1419–28.

Wicker, B., Keysers, C., Plailly, J., Royet, J. P., Gallese, V., & Rizzolatti, G. (2003). Both of us disgusted in My insula: The common neural basis of seeing and feeling disgust. *Neuron*, *40*, 655–64.

Xu, X., Zuo, X., Wang, X., & Han, S. (2009). Do you feel my pain? Racial group membership modulates empathic neural responses. *Journal of Neuroscience*, *29*, 8525–9.

Zaki, J., Ochsner, K. N., Hanelin, J., Wager, T. D., & Mackey, S. C. (2007). Different circuits for different pain: Patterns of functional connectivity reveal distinct networks for processing pain in self and others. *Social Neuroscience*, *2*, 276–91.

Zeki, S. (2007). The neurobiology of love. *FEBS Letters*, *581*, 2575–9.

第七部分

情绪的个体差异

第 24 章

特质焦虑、神经质和情感障碍易感性的脑基础

索尼亚・比思绍普（Sonia Bishop）　索菲・福斯特（Sophie Forster）

“正常的”或者“健康的”加工情绪突显刺激的脑机制研究在过去二十年里一直蓬勃发展。最初关注涉及探测情绪突显刺激的脑区（Morris et al., 1996; Whalen et al., 1998），随后扩展到探究调节功能的机制（Bishop, Duncan, Brett, & Lawrence, 2004; Davidson, 2002; Ochsner, Bunge, Gross, & Gabrieli, 2002; Kim, Somerville, Johnstone, Alexander, & Whalen, 2003; Phelps, Delgado, Nearing, & LeDoux, 2004）。与这些研究并行的精神病学成像研究探究了广泛的焦虑和抑郁障碍脑功能的改变（综述和元分析见Etkin & Wager, 2007; Ressler & Mayberg, 2007; Shin & Liberzon, 2010; Stein 2009）。出于一些原因，情感障碍易感性的脑机制的研究并未得到重点关注。我们认为这类研究至关重要，不仅能够连接正常人与病人的研究，而且能够确认情绪障碍风险是通过什么途径产生的。

理解情感障碍易感性的脑基础，离不开探究情绪刺激觉察和控制加工机制的个体变异（尤其是特质差异）的研究。我们是如何研究焦虑和抑郁易感性的特质差异，并尝试揭示影响它们的脑机制的？本文采用了许多方法，并且它们拥有共同与独特的优势和局限性。

情感障碍易感性脑基础研究通常需要招募非临床的志愿者，接着将个体自我报告的特质情感分数或者障碍相关症状与脑功能或结构指标做回归。需要明白的是，这种方法本质上只是相关，是无法做出因果方向性推断的。例如，如果发现被试的神经质得分与额叶的卷入程度负相关，那么这可能反映神经质得分较高的个体不太能应对环境应激，导致额叶功能的减少；也可能额叶功能受损个体更可能发展成神经质人格风格；抑或高神经质和受损的额叶功能都源于神经递质功能的破坏；或者是这些因素综合作用的结果。在对脑活动进行相关分析的实践中还有一些重要的方法问题，本章稍后会对此进行简单讨论。

该领域研究存在一个共有的积极特征：特质焦虑或者神经质能够作为连续变量来探索它与局部脑活动的线性与非线性关系。相对于DSM分类评估的有病与无病的二分法，连续变量的方法能更详尽、精确地描述研究变量之间的关系。并且DSM的“诊断”存在局限性，它在区分焦虑和抑郁障碍等高共病性的问题方面存在不足，并且诊断可靠性较差（Brown & Barlow, 2009）。

基于特质性情感风格个体差异的测量，情感障碍易感性的脑基础研究大概分为三类。第一类

涉及源于临床或非临床人群的测量来评估情绪障碍相关症状、情感与认知风格的个体倾向。典型的例子是运用斯皮尔伯格状态–特质焦虑量表（State Trait Anxiety Inventory, STAI; Spielberger, Gorsuch, Lushene, Vagg, & Jacobs, 1983）大范围筛选学生被试来研究特质焦虑相关的认知。第二类来自人格测量，诸如艾森克人格问卷（Eysenck Personality Questionnaire, EPQ; Eysenck & Eysenck, 1975）或者大五人格问卷测量神经质（Costa & MacCrae, 1992）。第三类关注个体间存在差异的基因标记（携带两个或者更多常见变异的功能多态性），而且与人类和其他物种的情感相关行为差异有关。本章集中讨论前两类，简单评论第三类（进一步讨论见第25章）。在这些分类范围内，情感障碍易感性脑基础的大多研究主要使用特质焦虑（分类1）或者神经质（分类2）测量。我们使用这些例子探索该领域的当前研究进展，提出未来需要解决的问题。

特质焦虑和神经质：通过自我报告表征情感障碍易感性

斯皮尔伯格STAI的特质子量表（Spielberger et al., 1983），被广泛应用于测量焦虑特质倾向。它具有良好的同时效度，焦虑症患者在STAI特质子量表的得分比控制组更高（Bieling, Antony, & Swinson, 1998）。尽管很少有研究检验该问卷的预测效度，但是创伤前特质焦虑得分能够预测创伤后应激障碍的症状（Weems et al., 2007）。然而，受到批评的是STAI的辨别效度较差，因为重度抑郁症患者在特质焦虑量表上的得分也很高（Mathews, Ridgway, & Williamson, 1996）。一种可能性是，较低的辨别效度反映该量表焦虑特异题项的选择不当。第二种可能性是，焦虑、抑郁障碍易感性具有共同的变异基础。

重度抑郁患者不仅在特质焦虑量表上得分高，而且在其他焦虑量表中亦如此，例如泰勒显性焦虑量表（Taylor, 1953）得分被发现与抑郁症状自我报告测量分数高相关，贝克抑郁量表（Beck Depression Inventory, BDI; Beck Ward, Mendelson, Mock, & Erbaugh, 1961）和神经质的人格指标（Luteijn & Bouman, 1988）高相关。神经质以消极情感倾向为特征（Watson & Clark, 1984）。该特质通过大五人格问卷和艾森克人格问卷广泛测量，两者均为上世纪使用最广泛的人格特质问卷（Costa & MacCrae, 1992; Eysenck & Eysenck, 1975; John, 1990）。在人格与情感障碍易感性的关系方面，神经质比其他人格维度得到了更多、更全面的研究（Brown, 2007; Brown & Rosellini, 2011; Kendler, Gardner, Gatz, & Pedersen, 2007）。强有力的证据支持神经质、焦虑障碍和抑郁障碍不仅存在共同变异，而且受共同基因的影响（Hettema et al., 2008; Kendler et al., 2007）。

对于焦虑、抑郁以及神经质之间的高相关性，一种解释是它们可能拥有共同的潜在特质（见图24.1）。根据流行的三元模型，焦虑和抑郁不仅拥有共同的成分——消极情感（被认为映射在神经质结构中的概念）的倾向性——而且各自拥有独特的焦虑唤醒和快感缺失成分（Clark & Watson, 1991）。基于该观点开发的心境与焦虑症状问卷（Mood and Anxiety Symptoms Questionnaire, MASQ; Watson & Clark, 1991），旨在测量这些共同成分和独特成分。可惜的是，MASQ强调“状态”或者当前心境水平，而不是关注个体间的特质差异。实际上，缺少焦虑和抑郁倾向的特质测量，是研究者探究这些倾向的脑

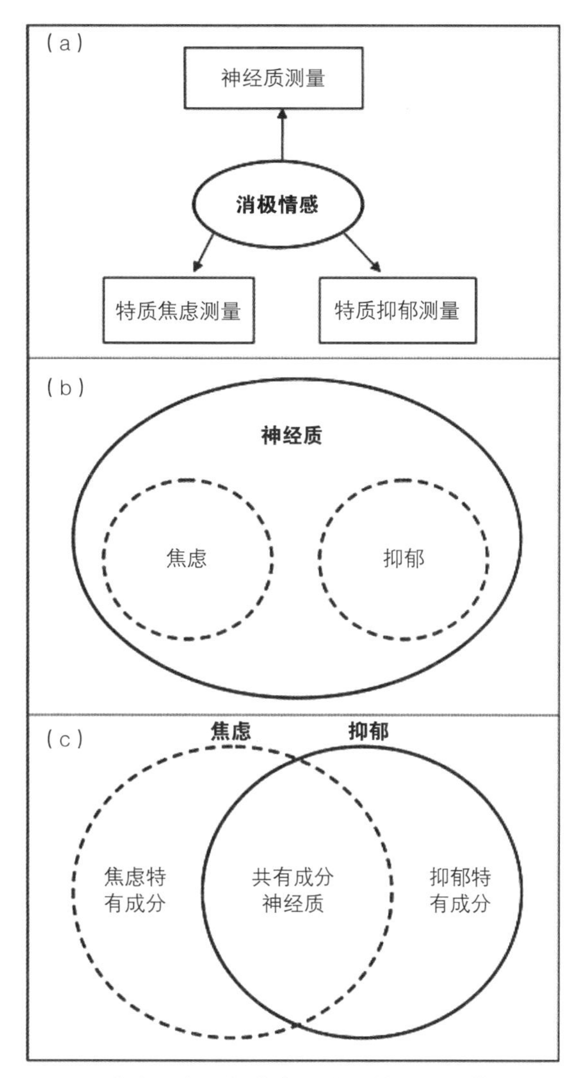

图24.1　焦虑、神经质和抑郁：重叠构想？三个替代模型。(a)焦虑、抑郁和神经质的自我报告测量都采用同一潜在特质。(b)或者，焦虑和抑郁可能是更大范围特质神经质的独立成分。与该观点一致，NEO-PI-R将焦虑和抑郁作为神经质的子因素或者“一方面”(Costa & McCrae, 1995)。(c)第三个理论立场，以克拉克(Clark)和沃森(Watson)(1991)的三元模型为代表，认为焦虑和抑郁不仅拥有共同的消极情感或者一般苦恼成分(与神经质构想具有潜在一致性)，而且拥有独特成分“焦虑唤醒”(自主活动过度)和“快感缺失抑郁”(低积极情感)

基础的主要困难。不仅MASQ，而且重度抑郁问卷——包括BDI和流调中心抑郁量表（Center for Epidemiologic Studies Depression Scale, CES-D; Radloff, 1977）——都只关注症状的当前水平。这可能可以解释很多成像研究都使用神经质作为抑郁易感性的代表，但是这样做必然有碍于确定神经质、特质焦虑以及特质抑郁在多大程度上涉及共同或者特异的机制紊乱，包括在认知或系统分析水平（局部脑结构和功能）上。

研究认知和脑功能上的情感特质相关差异：过去十年的经验

过去十年，运用神经成像技术探究个体在认知神经功能上的差异取得了很大进步；最近的挑战和发展为接下来十年取得同样大的进步奠定了基础。在20世纪早期，人格的神经成像研究导致研究人脑功能方法的观念发生了转变。这些研究认为，个体变异不能仅被视为一种用以探究团体研究中“标准的”神经认知功能的变量，而应该充分考虑被试间的差异，检验特质（诸如外倾性或神经质）和局部脑功能之间的联系（综述请参见Canli, 2004）。

尽管这些研究正如很多新领域所迈出的第一步一样，开创性地促进了认知神经功能个体的差异研究，但是其中一些研究一直受到批评（Vul, Harris, Winkielman, & Pashler, 2009）。然而，所提出的很多问题——全脑相关分析、不够严格的多重比较矫正和感兴趣区选择的偏差——都能被避免，如果研究人格指标或者特质情感风格在局部脑功能中的差异时，可以将区域明确限制到认知或社会心理理论提出的脑区。克斯里（Kosslyn）等（2002）最早提出这种方法。在这篇文章中，克斯里及其同事采纳了安德伍德（Underwood）（1975）所提出的观点——自然发生的个体差异可以用于检验心理理论并揭示心理过程的结构，这可能比基于组的方法提供更多信息——而且认为相同逻辑可以应用于使用个体差异探讨认知过程中的生物学机制。作者提出了以下观点：在每个中心趋势周围都有自然变异，个体可能在机制效率和激活上有所不同（可以在不同的层次上研究这些机制，包括区域大脑激活和认知处理），跨个体的总体信息池可能缺乏有效信息或信息具有误导性。他们也指出，通过基于理论的研究设计、结果解释和分析，可以避免相关研究失控的主要危险，针对某种观察到的联系的理论阐释可以用来衍生出更进一步的假设，这类假设也可以反过来检验原理论。接下来的部分将以研究特质焦虑与威胁信息注意捕获之间联系的脑基础为例，阐述如何应用克斯里及其同事所提出的方法。除此之外，本文还将探索我们能否确定神经质与这些机制功能间是否存在相似的潜在共同关系。

特质焦虑、神经质和选择注意中的威胁相关偏向：认知模型和发现

焦虑患者和高特质焦虑被试都会对威胁相关的刺激表现出更强的注意捕获（Mathews & Mackintosh, 1998）。根据选择注意的偏向竞争模型，注意竞争既受到“自下而上”感觉驱动机制的影响——优先加工突显刺激，也受到“自上而下”注意控制机制的影响——支持加工任务相关刺激（图24.2; Desimone & Duncan, 1995; Kastner & Ungerleider, 2000）。刺激效价——特定刺激与威胁或奖励相关的程度——是刺激突显性的重要维度。许多选择注意任务被用来考察刺激效价（特别是威胁相关性）如何影响注意竞争。两个典型的例子是情绪Stroop任务和点探测任务（图24.3）。在情绪Stroop任务中，被试需要指明刺激词的颜色而忽视其语义内容。在该任务中，高特质焦虑被试指名威胁相关词的颜色比情绪中性词更慢；对于低特质焦虑被试，该差异减小或者不存在（Richards & Millwood, 1989）。在点探测任务中，给被试呈现两个词或者图片（例如面孔图片），接着在两个刺激之一先前所占位置上呈现一个点或者一对点。当点探测出现在威胁相关刺激先前所在位置时，高特质焦虑被试能更快探测到一个点或者确定两个点的方向（Macleod & Mathews, 1988）。

这些发现充实了焦虑的认知模型，它将选择注意的偏差竞争模型推广到特异处理威胁相关刺激的注意捕获中（Mathews & Mackintosh, 1998; Mogg & Bradley, 1998）。这些模型通常认为，焦虑放大了自下而上的前注意威胁探测机制（在注意竞争中偏向注意与威胁相关的刺激）的信号。当这些刺激（即威胁词的语义）是干扰刺激（非任务相关）时，会妨碍目标刺激（即词语颜色）加工，这反映在更长的反应时（RTs）和/或增加的错误率上。

许多研究使用改编的点探测任务研究注意偏差与高神经质得分的相关性。这些研究产生了相当混杂的结果。里德（Reed）和戴瑞巴瑞（Derryberry）（1995）发现的证据表明，神经质得分和消极特质形容词的注意偏向相关，这些形容词事先被被试评价为是自我适用的。然而，该相关性仅在三个只存在形容词探测刺激启动时间差异的条件之一（即500 ms条件下，而250 ms或者750 ms条件不成立）中被观察到。而且，陈（Chan）等（2007）和里吉斯戴克（Rijsdijk）等（2009）在神经质和点探测任务表现中没有发现任何关系，该实验分别使用了社会威胁词和在阈下

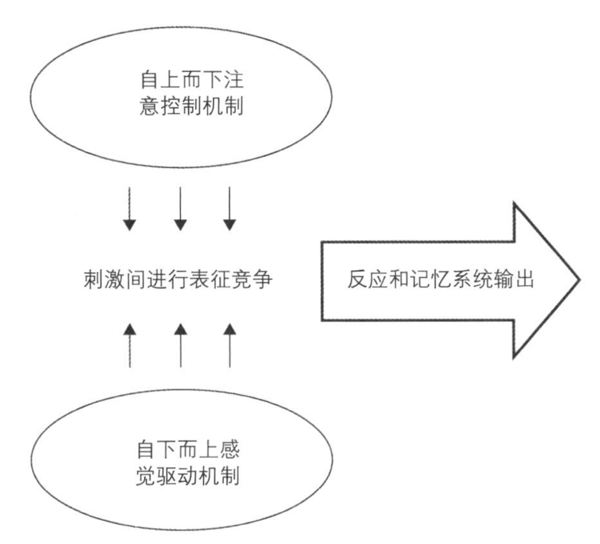

图24.2　根据选择注意的偏差竞争模型（Desimone & Duncan, 1995; Kastner & Ungerleider, 2000），自上而下注意控制机制支持任务相关刺激，自下而上感觉驱动机制对刺激显著性敏感，它们联合决定选择哪个刺激进一步加工。经许可改编自比思绍普（2008）；卡斯特纳（Kastner）和安格莱德（Ungerleider）（2000）

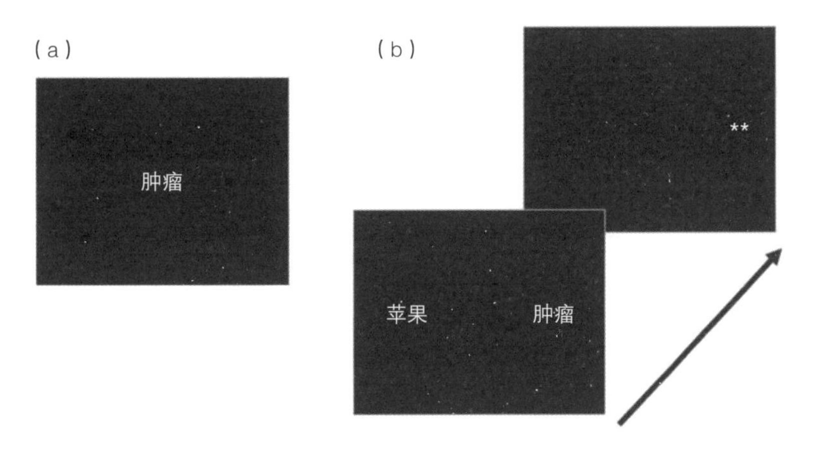

图24.3　两种任务广泛应用于威胁注意文献中。（a）在情绪Stroop任务中，要求被试指明词汇的颜色，忽视词汇意义，无论效价是威胁有关的还是中性的。高特质焦虑被试对威胁相关词汇的反应时（RT）更长。（b）在点探测任务中，呈现给被试两个词，接着在其中一个词位置上出现“探测信号”（两个星号）。通常要求被试表明探针何时出现或者明确探针方向。在关键试次，一个词是威胁相关的，而另一个词是中性的。当探针位置先前被威胁词（如图所示）占据时，高特质焦虑个体反应更快，表明注意被分配到威胁词位置

呈现威胁相关面孔。这些研究在刺激选择、刺激起始异步性和神经质测量（EPQ对NEO）方面存在差异，这也使得结果的解释复杂化。

有趣的是，虽然有证据表明神经质与消极效价刺激注意偏向有关，但也存在不同的实验结果。两个研究采用情绪Stroop任务报告了这一相关性，结果显示对消极效价词的颜色命名的反应时增加，是BDI（Beck Depression Inventory）分数的函数。在间隔一年的两个时间点，高BDI分数被试的该效应最强（Williams & Nulty, 1986），而在低BDI分数被试被诱发抑郁心境条件下则没有发现该效应（Gotlib & McCann, 1984），这可能表明是持久特质赋予了抑郁易感性而不是状态情感在起作用。在情绪Stroop任务和点探测任务中，其他研究没有发现亚临床抑郁水平的个体差异和消极或者威胁相关刺激的注意偏向之间存在关系（Bradley, Mogg, Falla, & Hamilton, 1998; Gotlib, MacLachan, & Katz, 1988; Hill & Dutton, 1989; Hill & Knowles, 1991; Macleod & Hagan, 1992）。

一种可能性是与抑郁分数呈偏相关，诸如与特质焦虑水平相关而不是抑郁本身，这可能解释了为何报告的注意干扰效应存在不一致性。关于神经质也有类似观点。神经质的NEO测量由不同子因素组成，其中一个与焦虑相关而另一个与抑郁相关（Costa & MacCrae, 1992; 也见图24.1）。研究中测量高神经质问卷项目的变异可能可以解释偶然存在但不一致的注意偏向结果。

也可能，存在多种影响威胁刺激注意捕获的机制——特质焦虑、神经质和抑郁，它们可能与这些机制之一共享相同关系而和其他机制间的关系不同。最明显的可能机制是那些包含自下而上对威胁的反应和自上而下的注意控制的。探究这些机制的脑基础，为验证不同特质特征如何与这些加工功能相联系提供了新路径。具体而言，很可能可以基于不同脑区的已知功能，探索特质焦虑是否相关于涉及刺激威胁效价加工的脑机制激活的增加，还是注意控制的脑机制激活的降低，或者两种加工功能都发生改变。同时能够探索神经质是否表现出类似的与特定任务相关的活动过度和激活过低的模式。下文将会综述尝试解决这一问题的相关研究。

从网络到模块，再从模块到网络

20世纪30年代末到20世纪50年代初出现了以下理论，即脑网络负责情绪加工，包括海马、扣带回、杏仁核和眶额皮层（MacLean, 1949; Papez, 1937）。对“Papez环路”和“边缘系统”的支持受到了批评反驳，即这些解释更多是描述性而非功能性的，并且具体包含哪些区域、排除哪些区域缺乏清晰的依据（对于这些批评更广泛的讨论，见Gazzaniga, Ivry, & Mangun, 2009）。

20世纪90年代末到21世纪初，早期情绪神经成像研究开始采用更模块化的方法。许多研究关注杏仁核及其在威胁探测或者评价中的作用（Morris et al., 1996; Vuilleumier, Armony, Driver, & Dolan, 2001; Whalen et al., 1998, 2004）。事实上，20世纪后期，很多研究开始使用扫描参数——从薄切片中获取数据，该切片包括杏仁核，但是排除了大脑其他部分。

相比之下，在20世纪最后的五到十年，越来越多的研究关注涉及威胁刺激评价的脑区与涉及调节情绪状态和生理恐惧反应、刺激重评和注意控制脑区的相互作用（Bishop, Duncan, Brett, & Lawrence, 2004a; Kim et al., 2003; Ochsner et al., 2002; Phelps et al., 2004）。伴随着从考察单个脑区转向脑网络研究，网络激活因任务卷入不同而存在差异，甚至未激活的状态有时也是有意义的（Deco, Jirso, & McIntosh, 2011）。探讨特质焦虑与脑功能和结构之间联系的神经成像研究，在该时期内发生了相似演变。在本章余下部分，我们聚焦于这些研究的其他信息，特质焦虑与威胁注意捕获联系的脑基础、与神经质共享或者相区别的关系、情绪加工其他领域功能的潜在共同基础。

威胁捕获注意中杏仁核和额叶机制：特质焦虑相关活动过强和过弱

基于基础神经科学文献的发现，一个得到相对广泛支持的观点是（该观点最近被重新审查；Pessoa & Adolphs, 2010；也见第15章）皮层–丘脑–杏仁核通路促进威胁相关刺激的前注意加工（LeDoux, 2000; Tamietto & de Gelder, 2010）。与该观点一致，在21世纪早期很多神经成像研究报告，威胁相关刺激的杏仁核反应，诸如恐惧面孔的加工不受空间注意的调节（Anderson, Christoff, Panitz, De Rosa, & Gabrieli, 2003; Vuilleumier et al., 2001）。这些发现支持以下观点——杏仁核可能为焦虑认知模型所描述的前注意威胁探测机制提供了生物基础或者实例。根据该观点，杏仁核激活可能影响威胁相关刺激的竞争成功率，通过增益函数赢得注意资源，类似于通过自上而下的注意控制易化目标加工（见第14章）。

最初的发现似乎进一步支持了该观点，高焦虑个体对威胁刺激表现出杏仁核活动的增强（Bishop, Duncan, & Lawrence, 2004）。然而，在该研究中，状态焦虑而不是特质焦虑与威胁刺激诱发的杏仁核反应存在关系。而且，这些结果未必一定表明高焦虑个体面对威胁相关干扰时会表现出前注意杏仁核激活的增加。还有一种可能是，注意资源没有被目标任务完全占据，而注意的“溢出”导致了对威胁相关干扰的加工。的确，已经有研究表明当知觉需求或者主要任务“负荷”增加时，与威胁相关的和与中性干扰项相关的杏仁核反应差异不复存在（Pessoa, McKenna, Gutierrez, & Ungerleider, 2002）；对于威胁干扰项增强的杏仁核反应的被试间差异也看不到了（Bishop, Jenkins, & Lawrence, 2007）。

一个有趣的模型是莱维（Lavie）提出的负荷理论（例如Lavie, 2005），对于概念化这些结果具有重要价值。莱维认为，选择视觉注意（即某种刺激特征加工是否是强制性的、不受注意资源的限制）的“早期”与“晚期”解释争论，或许能通过考虑当前任务知觉负荷和考虑注意竞争的两个分离阶段而解决。根据该模型，首先，存在早期知觉竞争阶段。当主要任务的知觉负荷很高时，干扰加工在该阶段结束。其次，在低知觉负荷条件下，保持竞争以进一步加工资源，包括行为反应启动，伴随所需控制机制主动激活，抑制显著干扰项加工和支持任务相关加工。莱维的早期/晚期选择模型主要被用于解释以下结果——知觉负荷增加会降低或者消除情感中性的显著干扰项的加工，诸如点移动模式、当下目标所要求的增强竞争反应的词汇刺激源、色彩或者新奇的场景（Lavie, 2005; Rees, Frith, & Lavie, 1997）。然而，有趣的是，是否可以推测：在高负荷下威胁干扰项的杏仁核反应减少（Bishop et al., 2007; Pessoa et al., 2002），可能与杏仁核加工威胁相关刺激遭受相似的知觉加工限制一致，而该限制影响突显干扰项的视觉刺激加工。

马修斯（Mathews）和马金托斯（Mackintosh）（1998）提出了另一种理论解释，认为高特质焦虑与注意控制任务所需额叶机制卷入的匮乏有关。如果高特质焦虑被试呈现出注意控制机制的受损，那么这可能导致威胁相关干扰项对注意资源"捕获"的增加。正如刚刚概述的，莱维认为，在低知觉负荷条件下特别需要支持目标加工和抑制干扰加工的注意控制机制主动激活，阻止显著干扰项接受进一步加工。为支持该主张，莱维引用了以下结果，以注意控制变弱为特征的被试组——尤其是老年人和孩子——在低知觉负荷条件下呈现出更大的反应竞争效应（Huang-Pollock, Carr, & Nigg, 2002; Maylor & Lavie, 1998）。一项有趣的类似研究发现，在低而不是高知觉负荷条件下，高特质焦虑与反应威胁干扰的背外侧前额叶皮层（dlPFC）、腹外侧前额叶皮层（vlPFC）和前扣带皮层（ACC）的激活减弱有关（Bishop et al., 2007）。该发现表明，特质焦虑可能与所需注意控制的额区激活匮乏有关，任务条件需要这些机制，以调节情绪显著干扰项竞争加工的试次间波动。

这引出了另外两个问题。首先，高特质焦虑被试的外侧前额叶和ACC注意控制功能相对较弱说明了什么？其次，如果特质焦虑与使用这些额叶区调整注意的困难有关，那么当干扰显著性与威胁无关时，它们也会出现吗？关于第一个问题，前额叶皮层的特定子区在自上而下注意控制中可能发挥不同作用，即ACC参与探测加工资源竞争的存在性、外侧前额叶皮质（lPFC）对加工竞争的期望增加做出反应，通过增强自上而下的控制来支持任务相关刺激的加工（Botnivick, Cohen, & Carter, 2004; 见图24.4所示相关脑区）。该解释的证据主要来自使用情绪中性刺激的反应竞争任务（例如Carter et al., 2000; Macdonald, Cohen, Stenger, & Carter, 2000），包括操纵高竞争试次的频率和期望（Carter et al., 2000）。通过操纵需要注意控制威胁干扰项的试次频次有助于考察ACC和lPFC对非预期的（低频次）和预期的（高频次）威胁干扰项的反应的差异。结果也确实发现了这种情况（Bishop, Duncan, Brett, & Lawrence, 2004）。而且该研究结果表明，焦虑使得这两个机制激活匮乏（状态焦虑分析被报告，特质焦虑观察到相似结果，未发表数据）。

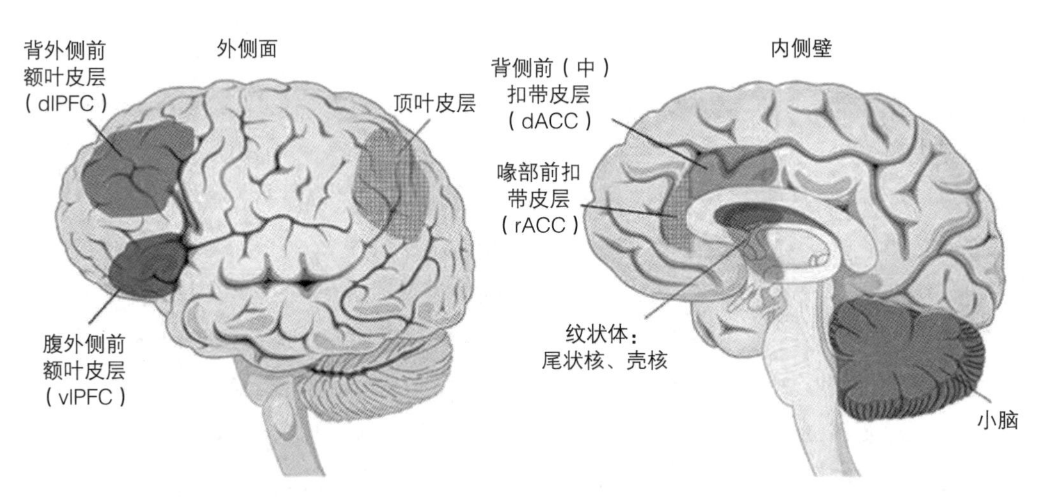

图24.4　额叶脑区参与情绪和非情绪显著刺激的注意调节，包括背外侧前额叶皮层（dlPFC）、腹外侧前额叶皮层（vlPFC）、喙部前扣带皮层（rACC）和背侧前（中）扣带皮层（dACC）。膝下前扣带皮层在图中没有标示。经许可改编自布什（Bush）（2010）

有趣的是，一项最近的研究结果与比思绍普及其同事（2004）以及早期的“反应-竞争”研究所发现的结果不一致。艾特金（Etkin）等（2006）使用Stroop任务的“面孔/词”版本，要求志愿者辨别面孔表情为恐惧还是愉快，而忽视叠加在每个面孔上“愉快”或者“恐惧”的词。他们报告，当加工竞争被预期时（在多个试次中，面孔/词频繁的不一致），ACC而不是lPFC激活增加；当加工竞争较少出现或未被预期时，lPFC激活增加。与比思绍普、邓肯（Duncan）、百利特（Brett）以及劳伦斯（2004）研究设计的不同之处是，在艾特金的任务中，干扰和目标都富含情绪效价，目标和干扰的效价在“高冲突”和“低冲突”试次间平衡；相反，那些条件在面孔/词一致时存在不同。在这种设计中很难理清反应一致性效应和情绪一致性效应。然而，这仍然没有解释为什么lPFC和ACC被激活的条件，不同于以往情绪干扰和“反应-竞争”范式所观察到的条件。希望这些不一致结果能引起进一步研究来帮助解决和统一这些结果，而且促进在理论层面理解ACC和lPFC在探测和解决不同类型的竞争加工中的作用。

值得进一步考虑的一点是，ACC喙侧和背侧的作用是什么（见图24.4）。早期研究报告显示，当加工竞争源于反应竞争时，背侧ACC激活；而当加工竞争由情绪显著干扰而非任务无关干扰所致时，喙侧ACC激活（Bishop, Duncan, Brett, & Lawrence, 2004; Bush, Luu, & Posner, 2000）。该区别也出现在精神病学成像文献（Bush et al., 1999; Shin et al., 2001）中。然而，最近该区别受到一系列研究质疑，它们表明背侧ACC在情绪加工中的作用，不仅出现在情绪干扰任务中，而且出现在疼痛期望和体验以及条件恐惧表达的研究中（更全面的综述请见Bishop et al., 2007; Milad, Quirk, et al., 2007; 见Shackman et al., 2011）。这要求进一步研究该脑区的准确功能。研究组间命名惯例的差异和随时间术语的变化使得研究复杂化。本章遵循麦博格（Mayberg）及其同事（1999）所引进的命名习惯，而且早期工作（Bishop, Duncan, Brett, & Lawrence, 2004, 2007）已采用此方式，即ACC喙侧排除膝下ACC（胼胝体腹侧）。背侧ACC或者dACC部分（见图24.4），在他处被称为背侧前扣带回，因为该术语可以更精确反映所考虑的区域（Bush, 2010）。

第二个问题是关注特质焦虑和额叶注意控制机制激活缺陷之间的联系本质。这种联系是威胁的注意控制所特有的吗？或是杏仁核对威胁相关刺激反应过度的副产品吗？或者它反映更一般的独立于杏仁核对威胁响应性的额叶注意功能失调吗？认知文献表明后者可能是事实，特质焦虑与注意控制的匮乏或者低效相关（Derryberry & Reed, 2002; Eysenck, Derakshan, Santos, & Calvo, 2007）。有研究检验了该假设——在缺少威胁相关刺激时特质焦虑与额叶注意控制机制激活降低，当志愿者在低、高知觉负荷条件下执行“反应-竞争”任务时，比思绍普（2009）检查了dlPFC激活。与莱维模型一致，高特质焦虑志愿者在低而不是高知觉负荷条件下对高“反应-竞争”试次呈现dlPFC激活降低，与特质焦虑相关的额叶注意机制的失调，拓展到了对威胁的注意控制状况之外。ERP研究进一步支持特质焦虑和额叶注意控制机制激活匮乏之间的关系独立于威胁。安萨里（Ansari）和戴里克什（Derakshan）（2011）使用反向眼跳任务（志愿者必须眼跳离开线索出现位置），发现高特质焦虑个体的反向眼跳潜伏期更长，反向眼跳准备期间额中央活动同时降低。

这里所讨论的研究提供了一些初始证据表明特质焦虑与额叶激活匮乏之间的联系，并且前额叶的注意控制在威胁相关干扰项加工以及反应冲突所导致的竞争中都起到重要作用。这提出了以下问题：认知干预（诸如注意训练）是否能够矫正高焦虑者前额叶参与的匮乏。一些早期研究为给出肯定答案提供了可能性（Amir, Weber, Beard, Bomyea, & Taylor, 2008; Hakamata et al., 2010）。

尽管已回顾的研究表明，在缺乏任务相关的杏仁核激活差异时，特质焦虑与额叶功能失调之间存在关系（Bishop, 2009），但是在缺乏额叶激活差异时，特质焦虑是否也与杏仁核对威胁的过度反应有关。为了解决该问题，需要将目光转向以下任务：在缺乏注意需求或执行控制加工时，相对被动地加工威胁相关刺激的任务。令人意外的是，几乎没有研究在满足以上条件的情况下考察杏仁核功能与特质焦虑之间的联系。在一项早期研究中，艾特金等（2004）报告，特质焦虑调节阈下掩蔽而非阈上威胁面孔的杏仁核激活。在第二项研究中，斯坦等（2007）报告，相比于形状匹配任务，情绪匹配任务诱发了更大的高特质焦虑者的杏仁核激活。

一个有趣的可能性是，特质焦虑与杏仁核威胁相关刺激反应的联系，可能主要在刺激模糊或者需要辨别刺激的威胁值时观测到（Whalen, 2007）。相对于非掩蔽面孔，观测掩蔽威胁相关面孔时更是这样，而且需要判断情绪表情变化的不同面孔效价。这很明显是一个暂定假设，仍然需要进一步探究特质焦虑与杏仁核对威胁的过度反应相关的特定条件。而且，考虑到额叶机制对特定形式的模糊分辨也很重要（Kim et al., 2003; Nomura et al., 2003），因此需要确定，对于较弱的或者模糊的威胁刺激，特质焦虑相关的杏仁核反应差异并非额叶机制激活差异的附属品。

神经质影响威胁刺激注意捕获的脑机制

正如本章前一节所综述的，近年来日益增多的研究检验了特质焦虑与额叶和杏仁核机制激活之间的关系，它们参与威胁干扰项的注意控制。这可能引出了相对特异的问题，即在高特质焦虑个体中，神经网络的哪些部分通过功能变化影响威胁的注意捕获。尽管关于神经质的相应文献更有限，但是能够查看初始文献并评估神经质和特质焦虑是否与局部脑功能呈现相似关系——正如本文构想它们两者是否表征同一潜在结构那样——或者神经质和特质焦虑是否在它们与各自可能的脑机制功能的关系上仅部分共变，例如，可能正如克拉克（Clark）和沃森（Watson）的三元模型所预测的那样（见图24.1）。

在写作本章时，三个研究检验了被试执行fMRI任务时的神经质相关性，任务包括操纵选择注意和情绪刺激。其中两个研究——一个使用情绪Stroop任务，另一个使用点探测任务——结果报告在情绪刺激的注意竞争条件下，神经质分数与局部脑活动之间没有显著相关（Amin, Constable, & Canli, 2004; Canli, Amin, Haas, Omura, & Constable, 2004）。然而，由于每种情况下的样本量对于相关研究来说都相当小（12个或者更少被试），因此难以从这些结果中推断确切结论。

在随后的更大样本研究（n = 36）中，哈斯（Haas）等（2007）实施类似Stroop的任务，与艾特金等（2006）的任务相似，其中目标词和背景面孔表情的情绪一致性试次有所不同。在该研究中，目标词没有直接映射到面孔表情名称上，从而减少了情绪不一致性和反应冲突之间的联系。在情绪不一致的面孔/词配对（分为积极面孔/消极词汇、消极面孔/积极词汇）的试次中，高神经质水平个体呈现出杏仁核和膝下ACC激活增加。该结果很有趣，但是很难与特质焦虑影响威胁选择注意调节的神经机制成像研究结果联系起来，因为哈斯及其同事所使用的任务操纵不是干扰的威胁相关性，而是正交于干扰的效价。一种可能的解释是，高神经质个体所报告的情绪不一致刺激的杏仁核反应增强，可能主要反映对情绪意义模糊刺激的敏感性，这与温勒（Whalen）及其同事所提出的观点一致（Whalen, 2007）。

为了进一步探讨“模糊敏感性”假设，本文综述了一些研究，它们使用被动观看或者认知需求不高的任务考察神经质对情绪刺激下的局部脑活动的影响。有趣的问题是，当刺激的效价或者威胁相关存在某种形式的不确定性时，神经质是否尤其与情绪刺激的杏仁核反应增强相关。坎里（Canli）及其同事报告，尽管愉快面孔和积极图片引起的杏仁核反应被外倾性预测，但是神经质与消极情绪面孔或者消极情绪图片的杏仁核反应之间没有关系（Canli et al., 2001, 2002）。类似地，布里顿（Britton）等（2007）发现，被动观看情绪图片、面部表情和情绪视频时，神经质与杏仁核反应之间没有关系。克里莫斯（Cremers）等（2010）也发现，在性别辨别任务期间，神经质与消极情绪面孔的杏仁核反应之间没有关系。一个例外是，陈等（2009）研究在性别辨别任务期间，检验高、低神经质个体对恐惧、愉快、中性和人工合成面孔表情的杏仁核反应。高神经质得分与介于中性和恐惧表情中间的合成面孔的更强杏仁核激活有关。可以认为这些合成面孔刺激的威胁值，比其他研究所使用的“完全”的消极刺激更柔和或者更模糊。然而，没有进一步实证研究，该结果不能得出任何支持“模糊性”解释的最终结论。

仍需要确定是否在非情绪任务表现时，以所观察到特质焦虑的相似方式，神经质与支持注意控制的额叶机制激活匮乏有关。很少现存任务与该问题有关。艾森伯格、利伯曼（Lieberman）和塞特普斯（Satpute）（2005）使用Oddball探测任务，发现神经质与外侧前额叶皮层和ACC喙侧激活降低有关，但是与ACC背侧激活增加有关。需要详细研究神经质与外侧额叶和前扣带回激活之间的关系，明确神经质、特质焦虑与局部脑功能之间关系的共性和差别。实际上，正如前文所述，ACC背侧在认知和情绪加工中的确切作用仍是备受争论的问题。

与克斯里（Kosslyn）及其同事的观点一致，本章有望为实施神经成像研究提供好的建议，这既可以促进理解威胁刺激注意捕捉的脑机制，也可以促进特质焦虑和这些机制功能变异的关系。尽管关于神经质的研究很少，但是当前研究可以产生假设，形成未来研究的基础。这里所综述的研究也提出了问题，即特质焦虑倾向、杏仁核激活过度和额叶激活过低之间的联系多大程度上依赖任务领域。特别是，这里所述的联系在其他任务背景下，或者甚至缺乏任何任务时也能观察到吗？下面两节将针对这些问题综述做研究。

特质焦虑与杏仁核功能增强和额叶功能削弱：恐惧条件化

啮齿动物恐惧条件化的相关文献提供了强有力的证据，表明额叶抑制影响杏仁核，衰减生理和行为的恐惧反应。结果表明，杏仁核参与恐惧线索习得与表达，同时在消退训练之后内侧前额叶皮层输入抑制条件恐惧刺激（conditioned fear stimuli, CSs）的杏仁核反应（Maren & Quirk, 2004; Sotres-Bayon, Bush, & LeDoux, 2004）。相关人类研究发现，条件恐惧与前额叶皮层的腹内侧部分（vmPFC）有相似环路，能促进特定背景下的消退训练期间所形成的“CS-非条件刺激（UCS）缺少”关联的回忆（Milad, Wright, et al., 2007; Phelps et al., 2004）。有文献表明患有创伤后应激障碍的成人该环路异常（Milad et al., 2009），而且这被认为与其他焦虑障碍存在潜在关系。

一些研究开始探究特质焦虑易感性是否与该环路功能变化有关。两项研究初步表明，高特质焦虑个体在消退期间呈现出杏仁核激活增加（Barrett & Armony, 2009; Sehlmeyer et al., 2011）。消退相关ACC激活和特质焦虑的关联也得到了报告，但是这些结果的方向性和特定焦点在两个研究中都没有得到重复。笔者所在的实验室最近研究发现，对预测厌恶刺激（UCS）的CS杏仁核激活增加，该激活中介特质焦虑与预测性CS的原始皮电反应初始采集强度之间的关系（Indovina et al., 2011）。同时也发现，特质焦虑与腹侧额叶激活负相关。层次回归揭示，特质焦虑与预测性CS杏仁核反应之间的关系，独立于特质焦虑与背景适当的腹侧PFC激活之间的关系。需要注意的是，这项研究报告所显示的腹侧前额叶皮层的内侧和外侧激活与线索和背景恐惧反应降低有关，而且它们与其他研究所报告的有意情绪调节和情感刺激重评期间的激活重叠（见第16章）。德尔加多及其同事进一步报告，伴随条件恐惧减少，不管是因为消退还是情绪调节，都激活了相似的腹侧PFC（Delgado, Nearing, LeDoux, & Phelps, 2008）。

结合前文所述研究，这些发现提出了以下可能性，即额叶皮层不同子区激活的个体变异可能影响志愿者调节他们对厌恶刺激预期的情绪反应，以及影响他们对威胁相关视觉刺激的注意焦点。需要强调的是，诸如特质焦虑个体的差异可能不仅体现在对厌恶刺激的情绪调节方面，而且体现在情绪调节策略的选择上。初步研究已经开始考察不同情绪调节策略所激活的脑区（例如Vrtička, Sander, & Vuilleumier, 2011），但是该项工作没有整合策略选择或者成功实施的个体差异研究。

情感障碍的特质易感性：我们能从静息态研究中学到什么？

近期，学者对于在缺少任务表现时不同脑区之间的结构和功能连接是否能提供有价值的信息的兴趣日益增加。一个备受瞩目的例子是最近启动的人脑连接组项目，该项目旨在“综合绘制人脑环路图……使用非侵入性神经成像的前沿方法……产生关于脑连接的无价信息、脑连接与行为的关系、基因和环境因素对脑环路个体差异的贡献”（连接组协调组织）。与该兴趣相伴随的是检验网络背景下的脑区功能也得到了重视，它们在网络中被嵌入为“节点”。这也重新认识了以理解标准脑功能为目的的个体差异研究。该方面文献的全面综述超出了本章范围（见Deco et al., 2011）。本节把这部分局限于迄今的一些成果上，这可能告知理解情感障碍特质易感性的脑基础。

罗伊（Roy）等（2009）提供了静息态时杏仁核与其他脑区之间连接的详细报告。他们发现，静息态下杏仁核血氧水平依赖性（BOLD）活动与很多脑区存在正相关，包括额内侧回、ACC喙侧和背侧、脑岛、丘脑和纹状体。同时也观察到杏仁核与一些脑区存在负相关，包括额上回、双侧额中回、后扣带回皮层、楔前叶、顶叶和枕叶。进一步的分析描绘了杏仁核不同亚核之间的连接，提供证据表明杏仁核的基底外侧核和中央核之间存在负相关，而且这些亚核与额内侧回和前扣带皮层之间的连接呈现相反模式。

这些发现很有趣，但是存在一些局限。首先，正如作者所提到的，在回波平面图像上限定杏仁核亚核非常困难。尽管罗伊及其同事所采用的概率方法能够提供大概信息，但是所达到的精确水平是否足够分析该属性仍不清楚。其次，关于所有静息态研究的问题是，静息态下如何解释BOLD连接的正性和负性模式仍不清楚。神经元水平的抑制连接可能被反映为负性BOLD连接模式吗？这常常被假设但是还远没有确定。第三个问题是，使用什么标准包含或者排除不同“静息态”网络的脑区仍不清楚，这也对帕兹（1937）和马克里恩（1949）环路提出了一系列批判。特别地，对于基于种子和基于成分的方法，问题是相同的，即关于使用什么临界值——是全脑种子驱动分析的显著水平还是独立或者主成分分析的成分个数。随着该领域的发展，面临的挑战将能找到解决问题的方法。

基于罗伊及其同事的研究，金（Kim）等（2011）检查了扫描前自我报告焦虑的个体差异如何影响静息态功能连接。他们报告，焦虑水平仅仅显著调整杏仁核与两个脑区的连接。高状态焦虑个体呈现杏仁核-vmPFC负连接，而低状态焦虑个体在这些区域间呈现功能正连接。而且，对于低状态焦虑个体，杏仁核和背内侧PFC之间缺乏负连接。在该研究中，焦虑效应因为其选择性变得特别有趣。尽管这能促进理解情感障碍的特质易感性，但是局限性在于所呈现的主要分析使用状态焦虑测量，而使用特质焦虑测量的分析呈现相似但更弱的倾向。希望未来研究进一步探索，静息态杏仁核-额叶功能连接的焦虑相关变异，以及在多大程度上能反映稳定个体的差异或者暂时的心境状态效应。

情感障碍的特质易感性：从相关到因果?

基于本章所述的研究，如果得出结论——杏仁核-额叶环路存在稳定的特质相关差异，那么是什么导致了这些差异呢？有很多可能性，但是绝不会互相排斥。这些可能性包括反映基因或者环境影响的一个或两个脑区结构和功能差异，连接这些区域的纤维束完整性差异，以及一个或者两个脑区的神经化学的调控差异，潜在地反映基因或者环境的独特影响或者联合影响。

关于这些改变的证据还相对有限。扩散张量成像结果表明，在人脑中连接杏仁核与vmPFC的白质束完整性（各向异性指数）减少，可能确实与焦虑的特质易感性有关（Kim & Whalen, 2009）。同时，正电子断层扫描研究指出，神经质与静息态额叶灌注过低有关（Deckersbach et al., 2006）。可以说最有趣的发现源自啮齿动物和人类文献，文献指出关于应激和基因-环境相互作用影响杏仁核-额叶环路（见Arnsten, 2009, 以及第22和25章）。急性应激期与神经化学变化有关，包括去甲肾上腺素和多巴胺释放水平增加（Goldstein, Rasmusson, Bunney, & Roth, 1996）。这些儿茶酚胺类高水平增强了杏仁核功能（Debiec & LeDoux, 2006），但是破坏了前额叶皮层功能（Arnsten, Mathew, Ubriani, Taylor, & Li, 1999）。慢性应激导致额叶-杏仁核网络的长期改变，有研究报告了额叶和杏仁核树突变化的对比模式。尽管杏仁核树突增加（Vyas, Mitra, Shankaranarayano Rao, & Chattarji, 2002），但是PFC神经元树突分支减少，这似乎与执行功能的缺陷有关（综述请参见Holmes & Wellman, 2009）。基因差异，包括影响额叶皮层儿茶酚胺新陈代谢的常见基因多态性（例如COMT val158met多态性）、影响杏仁核激活的五羟色胺能调节（例如五羟色胺转运体基因多态性），可能与环境影响相互作用（Hyde, Bogdan, & Hariri, 2011），也与基因表达的早期应激效应相互作用（Francis, Champagne, Liu, & Meaney, 1999）。因此，基因和环境联合影响可能导致额叶和杏仁核完整性和功能的改变。应激、表观遗传学和功能基因组学文献，与本章前几节所述的文献日益整合，超越了情感障碍特质易感性的认知和神经相关描述，开始概述所观测多方面个体差异的因果轨迹，包含情感方式、障碍相关症状、情绪突显刺激加工和相关脑功能。

结论

研究情感障碍的特质易感性不仅能促进理解健康脑功能，而且为研究精神障碍架起了重要桥梁。这也是推动建立精神疾病风险增加的标志，用于识别个体状态，从而在演变成临床重大疾病之前能进行预防干预（例如认知训练）。迄今，跨组标准脑功能研究和组间特定情感障碍研究的数量远超使用连续特质测量调查情感障碍易感性脑基础的研究。后者面临着许多挑战。除了需要情感方式和易感性具有良好的特质测量效度，神经成像设计和分析的严密性可能是该领域进展的重要决定因素。在神经成像和会聚方法领域，可用的方法和技术正在取得令人兴奋的进步。结合这些进展，利用人类认知和基础神经科学文献的模型，有可能验证关于情感障碍易感性脑基础的假设。

重点问题和未来方向

- 人格的不同维度如何与情感障碍易感性联系起来？
- 杏仁核/额叶环路失调是否会通过多条“通路”导致情感障碍易感性？
- 上述这种失调在多大程度上反映了基因影响，早期生活压力对基因表达的影响，以及慢性或者急性应激对该环路的直接影响？
- 在方法论上，如何最好地平衡“假设-驱动”研究和探索性研究？在神经成像领域，数据采集和分析的不同方法（兴趣区方法和全脑分析法）的局限各是什么？
- 如果试图理解基因对情感障碍易感性脑机制的影响，那么由于体素和基因多态性阵列大小不同，应如何处理多重比较问题？

参考文献

Amin, Z., Constable, R. T., & Canli, T. (2004). Attentional bias for valenced stimuli as a function of personality in the dot-probe task. *Journal of Research in Personality*, *38*, 15–23.

Amir, N., Weber, G., Beard, C., Bomyea, J., & Taylor, C. T. (2008). The effect of a single-session attention modification program on response to a public-speaking challenge in socially anxious individuals. *Journal of Abnormal Psychology*, *117*(4), 860–68.

Anderson, A. K., Christoff, K., Panitz, D., De Rosa, E., & Gabrieli, J. D. (2003). Neural correlates of the automatic processing of threat facial signals. *Journal of Neuroscience*, *23*(13), 5627–33.

Ansari, T. L., & Derakshan, N. (2011). The neural correlates of impaired inhibitory control in anxiety. *Neuropsychologia*,

49(5), 1146–53.

Arnsten, A. F. T. (2009). Stress signaling pathways that impair prefrontal cortex structure and function. *Nature Reviews Neuroscience*, *10*, 410–22.

Arnsten, A. F. T., Mathew, R., Ubriani, R., Taylor, J. R., & Li, B. -M. (1999). α-1 noradrenergic receptor stimulation impairs prefrontal cortical cognitive function. *Biological Psychiatry*, *45*, 26–31.

Barrett, J., & Armony, J. L. (2009). Influence of trait anxiety on brain activity during the acquisition and extinction of aversive conditioning. *Psychological Medicine*, *39*(2), 255–65.

Beck, A. T., Ward, C. H., Mendelson, M., Mock, J., & Erbaugh, J. (1961). An inventory for measuring depression. *Archives of General Psychiatry*, *4*, 561–71.

Bieling, P. J., Antony, M. M., & Swinson, R. P. (1998). The state–trait anxiety inventory, trait version: Structure and content re-examined. *Behaviour Research and Therapy*, *36*, 777–88.

Bishop, S. J. (2008). Neural mechanisms underlying selective attention to threat. *Annals of the New York Academy of Sciences*, *1129*, 141–52.

Bishop, S. J. (2009) Trait anxiety and impoverished prefrontal control of attention. *Nature Neuroscience*, *12*, 92–8.

Bishop, S. J., Duncan, J., Brett, M., & Lawrence, A. D. (2004). Prefrontal cortical function and anxiety: Controlling attention to threat-related stimuli. *Nature Neuroscience*, *7*(2), 184–8.

Bishop, S. J., Duncan, J., & Lawrence, A. (2004b). State anxiety modulation of the amygdala response to unattended threat-related stimuli. *Journal of Neuroscience*, *24*, 10364–68.

Bishop, S. J., Jenkins, R., & Lawrence, A. (2007). The neural processing of task-irrelevant fearful faces: Effects of perceptual load and individual differences in trait and state anxiety. *Cerebral Cortex*, *17*, 1595–603.

Botvinick, M. M., Cohen, D. D., & Carter, C. S. (2004). Conflict monitoring and anterior cingulated cortex: An update. *Trends in Cognitive Sciences*, *12*, 539–46.

Bradley, B. P., Mogg, K., Falla, S. J., & Hamilton, L. R. (1998). Attentional bias for threatening facial expressions in anxiety: Manipulation of stimulus duration. *Cognition Emotion*, *12*, 737–53.

Britton, J. C., Ho, S. H., Taylor, S. F., & Liberzon, I. (2007). Neuroticism associated with neural activation patterns to positive stimuli. *Psychiatric Research – Neuroimaging*, *156*(3), 263–7.

Brown, T. A. (2007). Temporal course and structural relationships among dimensions of temperament and DSM-IV anxiety and mood disorder constructs. *Journal of Abnormal Psychology*, *116*, 313–28.

Brown, T. A., & Barlow, D. H. (2009). A proposal for a dimensional classification system based on the shared features of the DSM-IV anxiety and mood disorders: Implications for assessment and treatment. *Psychological Assessment*, *21*(3), 256–71.

Brown, T. A., & Rosellini, A. J. (2011). The direct and interactive effects of neuroticism and life stress on the severity and longitudinal course of depressive symptoms. *Journal of Abnormal Psychology*, *120*(4), 844–56.

Bush, G. (2010). Attention-deficit/hyperactivity disorder and attention networks. *Neuropsychopharmacology*, *35*, 278–300.

Bush, G., Frazier, J. A., Rauch, S. L., Seidman, L. J., Whalen, P. J., Jenike, M. A., & Biederman, J. (1999). Anterior cingulate cortex dysfunction in attention-deficit/hyperactivity disorder revealed by fMRI and the Counting Stroop. *Biological Psychiatry*, *45*(12), 1542–52.

Bush, G., Luu, P., & Posner, M. I. (2000). Cognitive and emotional influences in anterior cingulated cortex. *Trends in Cognitive Sciences*, *4*(6), 215–22.

Canli, T. (2004). Functional brain mapping of extraversion and neuroticism: Learning from individual differences in emotion processing. *Journal of Personality*, *72*, 1105–32.

Canli, T., Amin, Z., Haas, B., Omura, K., & Constable, R. T. (2004). A double dissociation between mood states and personality traits in the anterior cingulate. *Behavioral Neuroscience*, *18*, 897–904.

Canli, T., Sivers, H., Whitfield, S. L., Gotlib, I. H., & Gabrieli, J. D. (2002). Amygdala response to happy faces as a function of extraversion. *Science*, *296*, 2191.

Canli, T., Zhao, Z., Desmond, J. E., Kang, E., Gross, J., & Gabrieli, J. D. E. (2001). An fMRI study of personality influences on brain reactivity to emotional stimuli. *Behavioral Neuroscence*, *115*, 33–42.

Carter, C. S., Macdonald, A. M., Botvinick, M., Ross, L. L., Stenger, V. A., Noll, D., & Cohen, J. D. (2000). Parsing executive processes: Strategic vs. evaluative functions of the anterior cingulated cortex. *Proceedings of the National Academy of Sciences*, *97*, 1944–8.

Chan, S. W., Goodwin, G. M., & Harmer, C. J. (2007). Highly neurotic never-depressed students have negative biases in information processing. *Psychological Medicine*, *37*, 1281–91.

Chan, S.W. Y., Norbury, R., Goodwin, G. M., & Harmer C. J. (2009). Risk for depression and neural responses to fearful facial expressions of emotion. *British Journal of*

Psychiatry, *194*, 139–45.

Clark, L. A., & Watson, D. (1991). Tripartite model of anxiety and depression: Psychometric evidence and taxonomic implications. *Journal of Abnormal Psychology*, *100*(3), 16–36.

Costa, P. T, Jr., & McCrae, R. R. (1995). Domains and facets: Hierarchical personality assessment using the Revised NEO Personality Inventory. *Journal of Personality Assessment*, *64*, 21–50.

Costa, P., & McCrae, R. R. (1992). Normal personality assessment in clinical practice: The NEO Personality Inventory. *Psychological Assessment*, *4*, 5–13.

Cremers, H. R., Demenescu, L. R., Aleman, A., Renken, R., van Tol, M.J., van der Wee, N. J., & Roelofs, K. (2010). Neuroticism modulates amygdala-prefrontal connectivity in response to negative emotional facial expressions. *Neuroimage*, *49*, 963–70.

Davidson, R. J. (2002). Anxiety and affective style: Role of prefrontal cortex and amygdala. *Biological Psychiatry*, *51*(1), 68–80.

Debiec, J., & LeDoux, J. E. (2006). Noradrenergic signaling in the amygdala contributes to the reconsolidation of fear memory: Treatment implications for PTSD. *Annals of the New York Academy of Sciences*, *1071*, 521–4.

Deckersbach, T., Miller, K. K., Klibanski, A., Fischman, A., Dougherty, D. D., Blais, M. A., & Rauch, S. L. (2006). Regional cerebral brain metabolism correlates of neuroticism and extraversion. *Depression and Anxiety*, *23*(3), 133–38.

Deco, G., Jirsa, V. K., & McIntosh, A. R. (2011). Emerging concepts for the dynamical organization of resting-state activity in the brain. *Nature Reviews Neuroscience*, *12*(1), 43–56.

Delgado, M. R., Nearing, K. I., LeDoux, J. E., & Phelps, E. A. (2008). Neural circuitry underlying the regulation of conditioned fear and its relation to extinction. *Neuron*, *59*(5), 829–38.

Derryberry, D., & Reed, M. A. (2002). Anxiety-related attentional biases and their regulation by attentional control. *Journal of Abnormal Psychology*, *111*, 225–36.

Desimone, R., & Duncan, J. (1995). Neural mechanisms of selective attention. *Annual Review of Neuroscience*, *18*, 193–222.

Eisenberger, N. I., Lieberman, M. D., & Satpute, A. B. (2005). Personality from a controlled processing perspective: An fMRI study of neuroticism, extraversion, and self-consciousness. *Cognitive Affective & Behavioral Neuroscience*, *5*, 169–81.

Etkin, A., Egner, T., Peraza, D. M., Kandel, E. R., & Hirsch, J. (2006). Resolving emotional conflict: A role for the rostral anterior cingulate cortex in modulating activity in the amygdala. *Neuron*, *51*, 871–82.

Etkin, A., Klemenhagen, K. C., Dudman, J. T., Rogan, M. T., Hen, R., Kandel, E. R., & Hirsch, J. (2004). Individual differences in trait anxiety predict the response of the basolateral amygdala to unconsciously processed fearful faces. *Neuron*, *44*(6), 1043–55.

Etkin, A., & Wager, T. D. (2007) Functional neuroimaging of anxiety: A meta-analysis of emotional processing in PTSD, social anxiety disorder, and specific phobia. *American Journal of Psychiatry*, *164*(10), 1476–88.

Eysenck, H. J., & Eysenck, S. B. G. (1975). *Eysenck Personality Questionnaire manual*. San Diego: Educational and Industrial Testing Service.

Eysenck, M. W., Derakshan, N., Santos, R., & Calvo, M. G. (2007). Anxiety and cognitive performance: Attentional control theory. *Emotion*, *7*, 336–53.

Francis, D. D., Champagne, F. A., Liu, D., & Meaney, M. J. (1999). Maternal care, gene expression, and the development of individual differences in stress reactivity. *Annals of the New York Academy of Sciences*, *896*, 66–84.

Gazzaniga, M. S., Ivry, R. B., & Mangun, G. R. (2009). Emotion. In M.S. Gazzaniga, R. B. Ivry, & G. R. Mangun (Eds.), *Cognitive neuroscience–the biology of the mind* (3rd ed.). New York: Norton.

Goldstein, L. E., Rasmusson, A. M., Bunney, S. B., & Roth, R. H. (1996). Role of the amygdala in the coordination of behavioral, neuroendocrine and prefrontal cortical monoamine responses to psychological stress in the rat. *Journal of Neuroscience*, *16*, 4787–98.

Gotlib, I. H., MacLachlan, A., & Katz, A. (1988). Biases in visual attention in depressed and nondepressed individuals. *Cognition Emotion*, *2*, 185–200.

Gotlib, I. H., & McCann, C. D. (1984). Construct accessibility and depression: An examination of cognitive and affective factors, *Journal of Personality and Social Psychology*, *47*, 427–39.

Haas, B. W., Omura, K., Constable, R. T., & Canli, T. (2007). Emotional conflict and neuroticism: Personality-dependent activation in the amygdala and subgenual anterior cingulate. *Behavioral Neuroscience*, *121*, 249–56.

Hakamata, Y., Lissek, S., Bar-Haim, Y., Britton, J. C., Fox, N. A., Leibenluft, E., & Pine, D. S. (2010). Attention bias modification treatment: A meta-analysis toward the establishment of novel treatment for anxiety. *Biological Psychiatry*, *68*(11), 982–90.

Hettema, J. M., An, S. S., Bukszar, J., vanden Oord, E. J., Neale, M. C., Kendler, K. S., & Chen, X. (2008). Catechol-O-methyltransferase contributes to genetic susceptibility shared among anxiety spectrum phenotypes. *Biological Psychiatry*, *64*(4), 302–10.

Hill, A. B., & Dutton, F. (1989). Depression and selective attention to self-esteem threatening words. *Personality and Individual Differences*, *10*, 915–7.

Hill, A. B., & Knowles, T. H. (1991). Depression and the emotional Stroop effect. *Personality and Individual Differences*, *12*, 481–5.

Holmes, A., & Wellman, C. L. (2009). Stress-induced prefrontal reorganization and executive dysfunction in rodents. *Neuroscience and Biobehavioral Reviews*, *33*, 773–83.

Huang-Pollock, C. L., Carr, T. H., & Nigg, J. T. (2002). Development of selective attention: Perceptual load influences early versus late attentional selection in children and adults. *Developmental Psychology*, *38*, 363–75.

Hyde, L. W., Bogdan, R., & Hariri, A. R. (2011). Understanding risk for psychopathology through imaging gene-environment interactions. *Trends in Cognitive Sciences*, *15*(9), 417–27.

Indovina, I., Robbins, T. W., Núñez-Elizalde, A.O., Dunn, B. D., Bishop, S. J. (2011). Fear-conditioning mechanisms associated with trait vulnerability to anxiety in humans. *Neuron*, *69*(3), 563–71.

John, O. P. (1990). The "Big Five" factor taxonomy: Dimensions of personality in the natural language and in questionnaires. In L. A. Pervin (Ed.), *Handbook of personality theory and research* (pp. 66–100). New York: Guilford Press.

Kastner, S., & Ungerleider, L.G. (2000). Mechanisms of visual attention in the human cortex. *Annual Review of Neuroscience*, *23*, 315–41.

Kendler, K. S., Gardner, C. O., Gatz, M., & Pedersen, N. L. (2007). The sources of comorbidity between major depression and generalized anxiety disorder in a Swedish national twin sample. *Psychological Medicine*, *37*(3), 453–62.

Kim, M. J., Gee, D. G., Loucks, R. A., Davis, F. C., & Whalen, P. J. (2011). Anxiety dissociates dorsal and ventral medial prefrontal cortex functional connectivity with the amygdala at rest. *Cerebral Cortex*, *21*(7), 1667–73.

Kim, H., Somerville, L. H., Johnstone, T., Alexander, A. L., & Whalen, P. J. (2003). Inverse amygdala and medial prefrontal cortex responses to surprised faces. *Neuroreport*, *14*(18), 2317–22.

Kim, M. J., & Whalen, P. J. (2009). The structural integrity of an amygdala-prefrontal pathway predicts trait anxiety. *Journal of Neuroscience*, *29*(37), 11614–18.

Kosslyn, S. M., Cacioppo, J. T., Davidson, R.J., Hugdahl, K., Lovallo, W. R., Spiegel, D., & Rose, R. (2002). Bridging psychology and biology. *American Psychologist*, *57*, 341–51.

Lavie, N. (2005). Distracted and confused?: Selective attention under load. *Trends in Cognitive Sciences*, *9*, 75–82.

LeDoux, J. E. (2000). Emotion circuits in the brain. *Annual Review of Neuroscience*, *23*, 155–84.

Luteijn, F., & Bouman, T. K. (1988). The concepts of depression, anxiety, and neuroticism in questionnaires. *European Journal of Personality*, *2*, 113–20.

MacDonald, A. W., Cohen, J. D., Stenger, V. A., & Carter, C. S. (2000). Dissociating the role of dorsolateral prefrontal cortex and anterior cingulate cortex in cognitive control. *Science*, *288*, 1835–8.

MacLean, P. D. (1949). Psychosomatic disease and the "visceral brain": Recent developments bearing on the Papez theory of emotion. *Psychosomatic Medicine*, *11*, 338–53.

MacLeod, C., & Hagan, R. (1992). Individual differences in the selective processing of threatening information, and emotional responses to a stressful life event. *Behaviour Research and Therapy*, *30*, 151–61.

MacLeod, C., & Mathews, A. (1988). Anxiety and the allocation of attention to threat. *Quarterly Journal of Experimental Psychology*, *40*, 653–70.

Maren, S., & Quirk, G. J. (2004). Neuronal signaling of fear memory. *Nature Reviews Neuroscience*, *5*, 844–52.

Mathews, A., & Mackintosh, B. (1998). A cognitive model of selective processing in anxiety. *Cognitive Therapy Research*, *22*, 539–60.

Mathews, A., Ridgeway, V., & Williamson, D. A., (1996). Evidence for attention to threatening stimuli in depression. *Behaviour Research and Therapy*, *34*, 695–705.

Mayberg, H. S., Liotti, M., Brannan, S. K., McGinnis, S., Mahurin, R. K., Jerabek, P. A., & Fox, P. T. (1999). Reciprocal limbic-cortical function and negative mood: Converging PET findings in depression and normal sadness. *American Journal of Psychiatry*, *156* , 675–82.

Maylor, E., & Lavie, N. (1998). The influence of perceptual load on age differences in selective attention. *Psychology and Aging*, *13*, 563–73.

Milad, M. R., Pitman, R. K., Ellis, C. B., Gold, A. L., Shin, L. M., Lasko, N. B., & Rauch, S. L. (2009). Neurobiological basis of failure to recall extinction memory in posttraumatic stress disorder. *Biological Psychiatry*, *66*(12), 1075–82.

Milad, M. R., Quirk, G. J., Pitman, R. K., Orr, S. P., Fischl, B.,

& Rauch, S.L. (2007). A role for the human dorsal anterior cingulate cortex in fear expression. *Biological Psychiatry*, *62*(10), 1191–4.

Milad, M. R, Wright, C. I., Orr, S. P., Pitman, R. K., Quirk, G. J., & Rauch, S. L. (2007). Recall of fear extinction in humans activates the ventromedial prefrontal cortex and hippocampus in concert. *Biological Psychiatry*, *62*(5), 446–54.

Mogg, K., & Bradley, B. P. (1998). A cognitive motivational analysis of anxiety. *Behaviour Research and Therapy*, *36*, 809–48.

Morris, J. S., Frith, C.D., Perrett, D. I., Rowland, D., Young, A. W., Calder, A. J., & Dolan, R. J. (1996). A differential neural response in the human amygdala to fearful and happy facial expressions. *Nature*, *383*(6603), 812–5.

Nomura, M., Iidaka, T., Kakehi, K., Tsukiura, T., Hasegawa, T., Maeda, Y., & Matsue, Y. (2003). Frontal lobe networks for effective processing of ambiguously expressed emotions in humans. *Neuroscience Letters*, *348*(2), 113–6.

Ochsner, K. N., Bunge, S. A., Gross, J. J., & Gabrieli, J. D. (2002). Rethinking feelings: An FMRI study of the cognitive regulation of emotion. *Journal of Cognitive Neuroscience*, *14*(8), 1215–29.

Papez, J. W. (1937). A proposed mechanism of emotion. *Archives of Neurology and Psychiatry*, *38*, 725–74.

Pessoa, L., & Adolphs, R. (2010). Emotion processing and the amygdala: From a "low road" to "many roads" of evaluating biological significance. *Nature Reviews Neuroscience*, *11*(11), 773–83.

Pessoa, L., McKenna, M., Gutierrez, E., & Ungerleider, L.G. (2002). Neural processing of emotional faces requires attention. *Proceedings of the National Academy of Sciences*, *99*(17), 11458–63.

Phelps, E. A., Delgado, M.R., Nearing, K. I., & LeDoux, J. E. (2004). Extinction learning in humans: Role of the amygdala and vmPFC. *Neuron*, *43*(6), 897–905.

Radloff, L. S. (1977). The CES-D Scale: A self-report depression scale for research in the general population. *Applied Psychological Measurement*, *1*, 385–401.

Reed, M. A., & Derryberry, D. (1995). Temperament and attention to positive and negative trait information. *Personality and Individual Differences*, *18*, 135–47.

Rees, G., Frith, C. D., & Lavie, N. (1997). Modulating irrelevant motion perception by varying attentional load in an unrelated task. *Science*, *278*(5343), 1616–9.

Ressler, K. J., & Mayberg, H.S. (2007). Targeting abnormal neural circuits in mood and anxiety disorders: From the laboratory to the clinic. *Nature Neuroscience*, *10*, 1116–24.

Richards, A., & Millwood, B. (1989). Colour-identification of differentially valenced words in anxiety. *Cognition Emotion*, *3*, 171–76.

Rijsdijk, F. V., Riese, H., Tops, M., Snieder, H., Brouwer, W. H, Smid, H. G. O. M., & Ormel, J. (2009). Neuroticism, recall bias and attention bias for valenced probes: A twin study. *Psychological Medicine*, *39*(1), 45–54.

Roy, A .K., Shehzad, Z., Margulies, D. S., Kelly, A. M., Uddin, L. Q., Gotimer, K., Biswal, B. B., & Milham, M. P. (2009). Functional connectivity of the human amygdala using resting state fMRI. *Neuroimage*, *45*(2), 614–26.

Sehlmeyer, C., Dannlowski, U., SchÃning, S., Kugel, H., Pyka, M., Pfleiderer, B., Zwitserlood, P., & Konrad, C. (2011). Neural correlates of trait anxiety in fear extinction. *Psychological Medicine*, *41*(4), 789–98.

Shackman, A. J., Salomons, T. V., Slagter, H. A., Fox, A. S., Winter, J. J., & Davidson, R. J. (2011). The integration of negative affect, pain and cognitive control in the cingulate cortex. *Nature Reviews Neuroscience*, *12*(3), 154–67.

Shin, L. M., & Liberzon, I. (2010). The neurocircuitry of fear, stress, and anxiety disorders. *Neuropsychopharmacology*, *35*(1), 169–91.

Shin, L. M., Whalen, P. J., Pitman, R. K., Bush, G., Macklin, M. L., Lasko, N. B., Orr, S. P., & Rauch, S. L. (2001). An fMRI study of anterior cingulate function in posttraumatic stress disorder. *Biological Psychiatry*, *50*(12), 932–42.

Sotres-Boyen, F., Bush, D. E. A., & LeDoux, J. E. (2004). Emotional perseveration: An update on prefrontal–amygdala interactions in fear extinction. *Learning and Memory*, *11*, 525–35.

Spielberger, C. D., Gorsuch R. L., Lushene P. R., Vagg P. R., & Jacobs, A. G. (1983). *Manual for the State-Trait Anxiety Inventory* (Form Y). Palo Alto, CA: Consulting Psychologists Press.

Stein, M. B. (2009). Neurobiology of generalized anxiety disorder. *Journal of Clinical Psychiatry*, *70*(Suppl. 2), 15–9.

Stein, M. B., Simmons, A. N., Feinstein, J. S., & Paulus, M. P. (2007). Increased amygdala and insula activation during emotion processing in anxiety-prone subjects. *American Journal of Psychiatry*, *164*(2), 318–27.

Tamietto, M., & de Gelder, B. (2010). Neural bases of the non-conscious perception of emotional signals. *Nature Reviews Neurosciences*, *11*(10), 697–709.

Taylor, J. A. (1953). A personality scale of manifest anxiety. Journal of Abnormal and Social Psychology, 48, 285–90.

Underwood, B. J. (1975). Individual differences as a crucible in theory construction. *American Psychologist*, *30*, 128–34.

Vrtička, P., Sander, D., & Vuilleumier, P. (2011). Effects of emotion regulation strategy on brain responses to the valence and social content of visual scenes. *Neuropsychologia*, *49*(5), 1067–82.

Vuilleumier, P., Armony, J. L, Driver, J., & Dolan, R. J. (2001). Effects of attention and emotion on face processing in the human brain: An event-related fMRI study. *Neuron*, *30*, 829–41.

Vul, E., Harris, C., Winkielman, P., & Pashler, H. (2009). Puzzlingly high correlations in fMRI studies of emotion, personality, and social cognition. *Perspectives on Psychological Science*, *4*, 274–290.

Vyas, A., Mitra, R., Shankaranarayana Rao, B. S., & Chattarji, S. (2002). Chronic stress induces contrasting patterns of dendritic remodeling in hippocampal and amygdaloid neurons. *Journal of Neuroscience*, 22, 6810–8.

Watson, D., & Clark, L. A. (1984). Negative affectivity: The disposition to experience aversive emotional states. *Psychological Bulletin*, *96*, 465–90.

Watson, D., & Clark, L. A. (1991). *The Mood and Anxiety Symptom Questionnaire*. Iowa City: University of Iowa.

Weems, C. F., Pina, A. A., Costa, N. M., Watts, S. E., Taylor, L. K., & Cannon, M. F. (2007). Pre-disaster trait anxiety and negative affect predict posttraumatic stress in youth after Hurricane Katrina. *Journal of Consulting and Clinical Psychology*, *75*, 154–9.

Whalen, P. J. (2007). The uncertainty of it all. *Trends in Cognitive Sciences*, *11*(12), 499–500.

Whalen, P. J., Kagan, J., Cook, R. G., Davis, F. C., Kim, H., Polis, S., McLaren, D. G., & Johnstone, T. (2004). Human amygdala responsivity to masked fearful eye whites. *Science*, *306*(5704), 2061.

Whalen, P. J., Rauch, S. L., Etcoff, N. L., McInerney, S. C., Lee, M. B., & Jenike, M. A (1998). Masked presentations of emotional facial expressions modulate amygdala activity without explicit knowledge. *Journal of Neuroscience*, *18*(1), 411–8.

Williams, J. M. G., & Nulty, D.D. (1986). Construct accessibility, depression and the emotional Stroop task: Transient mood or stable structure? *Personality and Individual Differences*, *7*, 485–491.

第25章

映射情感个体差异的神经基因机制

艾哈迈德·R.哈里里（Ahmad R. Hariri）

特质情感、人格和气质的个体差异，对于塑造复杂人类行为、成功引导社会交往和克服源于变化环境的挑战很重要。个体差异也被用作神经精神障碍易感性的重要预测源，包括抑郁、焦虑和成瘾，尤其是暴露于不良处境之后。因此，识别产生特质个体差异的生物机制，提供了有助于深入理解复杂人类行为、疾病倾向和治疗的独特机会。除了建立多模态神经加工以支持复杂行为加工的特定方面，人类神经学研究——特别是运用血氧水平依赖（BOLD）fMRI——现在已经开始揭示这些加工及其相关结构个体间差异的神经基础。而且，有研究已经证实，BOLD fMRI测量代表时间上稳定、可靠的脑功能指标（见第5章）。因此，类似于行为对应物，脑激活模式表征一种持久的、类特质现象，本身可以作为个体差异以及疾病倾向和病理生理学的重要标志。

随着神经研究继续阐明脑区激活和类特质行为之间的预测性关系（例如杏仁核反应的增强能预测特质焦虑；见第24章），下一个重要步骤是系统识别驱动脑环路功能变异的潜在机制。就这一点而言，近来神经成像研究运用药理学挑战范式主要以单胺类神经递质作为目标，揭示了即使是多巴胺能、去甲肾上腺素以及5-羟色胺能信号的微小改变，也对维持情感、个性和气质的脑环路产生深远影响。同样地，多模态神经成像方法也提供了证据，支持单胺类信号流的关键成分（放射性正电子发射断层扫描评估，PET）和脑功能（BOLD fMRI评估）之间有定向的特定关系。总的来说，药理学挑战的神经成像和多模态PET/fMRI揭示了行为相关的脑激活变异是如何作为关键脑信号通路潜在变异的因变量的（例如5-羟色胺信号增加预测杏仁核反应增加）。下一个逻辑步骤是识别这些关键神经化学信号机制个体间变异的来源。

在现代人类分子遗传学中，该步骤深深植根于识别基因的共同变异方向，这些基因影响通路成分的功能和可用性。因为跨个体的DNA序列变异代表分子、神经生物学和相关行为加工变异性的最终源泉，所以理解基因、脑和行为之间的关系，对于建立行为个体差异和相关精神疾病的机制基础很重要。而且，基因多态性容易通过DNA确定，通过使用相对耐受良好的、便宜的标准化实验室协议，从个体血液和唾液样本细胞中收集DNA。一旦收集和分离DNA，个体DNA被反复放大，就为额外候选基因多态性的基因分型鉴定提供了几乎无穷无尽的材料库。当相关神经生物学和行为效应之间建立起一系列确切联系时，常见多态性可以表征所出现特征非常强大的预测标记，相对于神经成像和神经药理学相应技术，这些特征更易获取（例如在医生办公室收集样本）、更适用（例如新生儿甚至可以被基因分型）、更经济（例如相对于花费数百甚至数千美元的fMRI和PET，每个样本只需花费几十美元）。当然，达到最终成本减少需要巨大而广泛的努力，所有技术以及流行病学和临床研究都需要详细阐述生物机制，该机制能够调节特质行为个体差异和神经精神疾病的相关风险。

过去五年，在描述多个常见遗传多态性对于复杂行为表型和疾病倾向性个体差异的贡献方面取得了显著进展——尤其是在识别功能遗传变异对调节环境挑战行为反应的神经加工影响方面（Brown & Hariri, 2006; Caspi & Moffitt, 2006）。本章综述通过整合心理学、神经成像、神经药理学以及分子遗传学的相关研究以实现最终目标，理解调节人类行为个体差异的详细机制；反过来，建立疾病易感性的预测标志。本章通过综述近年来的研究，强调该整合方法的巨大潜力；这些综合结果表明了人类基因的共同序列变异，分子信号流的关键成分偏向导致脑环路功能改变，调节复杂行为特质的个体差异，诸如气质、焦虑和冲动性（图25.1）。随着使用范围的增加和持续扩展，整合策略的每个分析水平——脑环路功能、神经信号流，分子遗传学——也有潜力自树一帜地阐明临床相关信息，用于设计个性化治疗方案，建立预测疾病的标志。本章使用三个例子阐明整合策略不是描述一般框架，而是在解析调节复杂行为个体差异的生物机制方面具有有效性。在每一个例子中，根据所存储DNA样本的候选功能多态性，被试被回顾性基因分型，而且该信息被用于

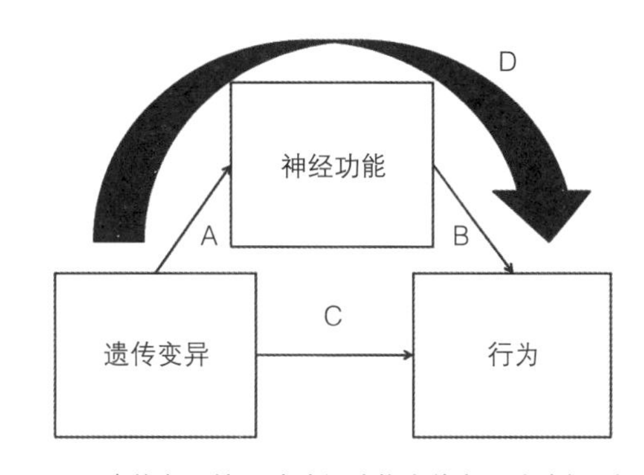

图25.1　遗传变异性导致神经功能个体变异（路径A），神经功能个体变异性导致行为或者精神病理学差异（路径B）。遗传变异可能会或者可能不会直接影响远距离复杂行为（路径C）。通过影响神经功能，遗传变异对行为拥有间接或者中介效应（路径D）

基于个体基因型对被试进行分组。值得注意的是，在三个例子中，作为更大母协议成分的行为评估先于BOLD fMRI所测量的任务相关脑区功能被执行，平均间隔29周。事实上观察到稳定的脑–行为相关（尽管时间上分离），与两种测量非常稳定而且可能表明特质相关的变异一致。这种关系进一步强调，有可能脑–行为关联个体间变异受到遗传多态性的影响，而遗传多态性影响调节潜在神经环路的信号通路功能。

多种机制，包括全程生物合成、囊泡释放、主动再摄取、代谢降解和大量突触前和突触后受体，有助于神经递质调节及其随后对脑功能的调节。一般来说，影响信号幅度（例如生物合成、再摄取、自调节、降解）而不是影响局部目标神经元（例如突触后受体）的成分加工，表征神经环路功能的神经递质调节的关键瓶颈。为了阐明功能基因多态性的强大能力以建模信号通路变异，三个例子中的每一个都强调调节神经递质幅度的不同关键节点；也就是说，自调节负反馈、主动的突触再摄取和酶降解。在第一个示例中，特质焦虑个体差异被映射到恐惧相关杏仁核反应中。

杏仁核反应变异，反过来映射到5-羟色胺信号。最后，5-羟色胺变异映射到常见的功能性多态性，影响中脑5-羟色胺能神经元的负反馈抑制能力。在第二个示例中，冲动、奖赏相关的腹侧纹状体反应、多巴胺信号和影响纹状体多巴胺突触间隙的多态性等方面的变异性之间呈现相似关系。在第三个即最后一个例子中，影响内源性大麻素酶降解的常见多态性，与恐惧相关的杏仁核反应和奖赏相关的腹侧纹状体反应的扩散效应相联系。

特质焦虑、杏仁核和5-羟色胺

在人类和非人类灵长类动物以及其他高等社会性动物中，焦虑普遍存在。在社会互动背景下，尤其是在上下级划定界限的社会等级内，焦虑用于对突发事件形成适当的、常常相反的反应，如竞争有限资源（例如食物、水、伴侣）。潜在威胁性社会线索的敏感性（例如情感面孔表情）存在很大的个体差别，代表通常所采用构想表征特质焦虑的核心成分（见第24章）。较于他人，高特质焦虑个体倾向于更频繁地评价环境具有威胁性，并且通常对社会线索更敏感，包括那些表征外显和内隐威胁的线索(例如愤怒和恐惧的面孔表情)。反过来，这些人患神经精神疾病的风险增加，呈现出异常的社会和情绪行为，例如常常因暴露于慢性或者严重应激源中累加而成的抑郁。检查气质（例如特质焦虑）个体差异的神经相关性，是理解关键社会情绪行为的重要步骤，也是阐明导致相关障碍状态的病理生理过程的有效方法。

源自动物和人类研究的会聚证据清楚地表明，杏仁核主要参与调节生理（例如自主神经反应）和行为（例如注意资源再分配）的效应，使个体对多变环境和社会挑战做出适应反应。大量人类神经研究表明，杏仁核较多地参与显著生物学刺激的加工，最显著的是表征恐惧的情绪面孔表情（见第7章）。然而，个体暴露于情绪面孔表情时，杏仁核激活大小存在明显不同，这些个体差异似乎随时间保持稳定（David et al., 2005; Manuck, Brown, Forbes, & Hariri, 2007）。因此，它们可能导致气质出现稳定差异，诸如特质焦虑。

最近神经成像研究表明，对于情感刺激，尤其是威胁刺激，杏仁核反应大小与特质焦虑和状态焦虑的个体间变异性呈正相关。在一项研究中，斯坦及其同事报告，高特质焦虑与更强的杏仁核激活有关，这不仅体现在愤怒和恐惧面孔表情方面，也体现在愉快面孔表情条件下（Stein, Simmons, Feinstein, & Paulus, 2007）。与该正常变异模式一致，多种心境和焦虑障碍，例如单相和双相抑郁症、广泛性焦虑障碍、社交恐惧症，与恐惧和愤怒以及悲伤和厌恶面孔表情的更强杏仁核反应相联系，但是杏仁核对情绪中性面孔表情的反应更易变。这些发现表明，焦虑相关的精神病理学与杏仁核对各种情绪刺激的反应增加有关。更重要的是，在缺乏该疾病的情况下，威胁相关杏仁核反应幅度的变异性是特质焦虑个体差异的重要预测指标。

驱动脑功能的行为相关变异的一些因素，第一次在杏仁核激活和特质焦虑之间建立了预测性联系，现在可以在详述调节气质焦虑个体差异生物机制的更大背景下识别这些因素。会聚临床前和临床证据表明，杏仁核功能对中枢5-羟色胺效应敏感，它们的主要端脑神经分布由中脑背侧中缝核（DRN）提供。动物研究现存数据表明，局部5-羟色胺相对增加导致杏仁核激活增强，这也与一些行为现象相关，例如条件化恐惧（Amat, Matus-Amat, Watkins, & Maier, 1998; Amat et al.,

2004; Burghardt, Sullivan, McEwen, Gorman, & LeDoux, 2004; Forster et al., 2006; Maier & Watkins, 2005）。

正如本章前言所呈现的，最近神经成像研究使用多模态PET/fMRI或者药理学挑战的BOLD fMRI，为人类5-HT类似效应提供了直接证据。具体来说，活体PET揭示，内源性5-HT再摄取能力降低（Rhodes et al., 2007），与杏仁核反应的相对增加有关。服用急性IV选择性5-HT再摄取抑制剂，降低5-HT再摄取能力，同样地，在fMRI BOLD信号采集期间，不仅与杏仁核反应增加有关，而且与杏仁核激活随时间习惯化减弱有关（Bigos et al., 2008）。这些数据清楚地表明，5-HT信号调节的变异性是杏仁核反应个体差异的重要来源。

5-HT神经递质成分调节及其随后脑功能调节的关键是激活树突5-HT_{1A}自受体，调节DRN神经元负反馈，从而导致端脑突触后目标的5-HT释放减少。本研究使用多模态PET/fMRI发现5-HT_{1A}自受体密度可以解释健康成年人杏仁核反应变异性的30%—44%（Fisher et al., 2006），确定了5-HT_{1A}自受体在调节5-羟色胺能目标脑区激活的重要作用。鉴于5-HT_{1A}自受体在调节5-HT信号及其主要脑目标功能（诸如杏仁核）以及复杂行为加工中发挥重要作用，因此识别5-HT_{1A}功能变异性的来源非常重要。

人类5-HT_{1A}基因（HTR_{1A}）的常见序列变异，代表该个体间变异性的一个潜在来源。最近，在HTR_{1A}的启动区，一个相对频繁的单核苷酸多态性C（-1019）G，被表明通过改变转录因子绑定从而影响基因转录调控。具体来说，-1019G等位基因取消或者削弱了该启动子的转录抑制，因此与5-HT_{1A}表达增加有关（Lemonde et al., 2003），该现象似乎特异于自受体（Czesak, Lemonde, Peterson, Rogaeva, & Albert, 2006）。与该发现一致，活体人类PET研究表明，携带-1019G等位基因的健康成年人和抑郁症患者呈现出5-HT_{1A}自受体密度明显增加（Parsey et al., 2006）。然而，一项早期PET研究没有发现类似效应（David et al., 2005）。无论如何，HTR_{1A} -1019G等位基因的体外效应、5-HT_{1A}自受体密度增加与杏仁核反应降低之间的更一般关系（Fisher et al., 2006），表明这种常见的功能遗传变异可能导致个体间5-HT信号明显变异，反过来影响杏仁核反应。

与现有数据一致（即5-HT_{1A}自受体增加导致DRN负反馈抑制增加、降低5-HT释放），最近有研究表明HTR_{1A} -1019G等位基因与恐惧相关杏仁核反应的显著降低有关（Fakra et al., 2009）。而且，本研究发现HTR_{1A}基因型对特质焦虑的影响，受到它对恐惧相关杏仁核反应的影响的调节，可能反映了基因型调节突触后5-HT释放。具体来说，尽管路径模型揭示基因型没有直接显著影响特质焦虑，但是它们表明了HTR_{1A} C（-1019）G和杏仁核反应通过各自的间接和直接路径，间接地预测了特质焦虑个体差异的显著部分（9.2%）。与该研究数据一致，其他常见的功能多态性也与5-HT信号相对增加有联系，最著名的是5-HTTLPR的短等位基因（Hariri, Mattay, Tessitore, Kolachana, et al., 2002; Munafo, Brown, & Hariri, 2008）。这些发现代表该研究领域迈出了重要一步，为基本假设提供了实证资料，即通过影响潜在神经环路反应，神经信号流的基因变异间接地影响突发行为加工。然而，未来需要进一步研究基因、杏仁核功能以及焦虑之间的预测关系，包括阐明5-羟色胺信号对杏仁核反应的基因驱动变异性的发展效应，以及杏仁核和前额叶皮层控制区域之间的结构和功能连接模式（见第24章）。

冲动、腹侧纹状体和多巴胺

未来回报是人类决策行为的基础（见第17章），并且主要体现在几个重叠的心理构想上，诸如自我调节、冲动控制、延迟满足以及跨期选择（Manuck, Flory, Muldoon, & Ferrell, 2003）。而且，个体强烈偏好即时奖赏而不是更多的延迟奖赏，但是这种偏好往往是冲动的或者缺乏自我控制，具有成瘾障碍风险，诸如病态赌博、吸烟、药物和酒精成瘾（Alessi & Petry, 2003; Bickel, Odum, & Madden, 1999; Kirby, Petry, & Bickel, 1999; Madden, Petry, Badger, & Bickel, 1997）。在跨期选择实验研究中，未来奖赏或者延迟奖赏（DD），是对偏好即时奖赏而不是延迟奖赏的行为的测量，为人类冲动倾向提供了指标。产生估计DD的行为测试，通常要求被试在价值变化的多个即时奖赏和一个延迟间隔可变的更大恒定奖赏之间做出选择。在该类任务中，个体间折扣率通常有明显区别。因此，DD代表了现在和未来导向个体差异的潜在重要心理指标。

类似于对特质焦虑和杏仁核反应的研究，阐明了产生这些个体间变异的潜在神经过程，可以更全面地理解导致该行为正常变异的机制，以及导致成瘾和相关疾病的病理生理机制的潜力。通过皮层和亚皮层相互连接，伏隔核（NAc）和更广泛的腹侧纹状体（VS）能促进显著的刺激动机性，驱动欲望或者奖赏-依赖行为。VS激活增加奖赏刺激的期望和接受反应，包括初级（诸如食物）和次级（诸如钱）强化物（见第19章）。而且，在成瘾方面，渴求和强迫性药物寻求、药物线索敏感性与VS激活增加失调有关（Kalivas & Volkow, 2005）。因为VS反应包含奖赏的即时反应，VS激活幅度可能导致相对偏好即时而非延迟奖赏的个体差异。

有BOLD fMRI研究表明VS反应幅度预测DD简单实验测量的个体差异（Hariri et al., 2006）。分析揭示，DD个体差异与VS对正负反馈反应的激活幅度成正相关，也与奖赏相关VS激活对正反馈相对于负反馈的差异有关。与DD和冲动性传统自我报告测量存在很强的一般相关一致（de Wit, 2009），研究也发现奖赏相关的VS反应与巴瑞特（Barratt）冲动量表分数呈正相关（Forbes et al., 2009）。总之，研究结果表明，自我报告冲动性增加和偏好较小即时奖赏而不是较大延迟奖赏，反映了不加鉴别的、反应过度的VS环路。VS功能的类似变化也与基于动机的决策更复杂测量相关（Knutson, Rick, Wimmer, Prelec, & Loewenstein, 2007）。而且，VS功能失调导致成瘾，可能受到冲动决策影响（Kalivas & Volkow, 2005）。同样地，奖赏相关刺激VS反应的个体差异，可能导致出现成瘾的即时行为危险因素差异和临床表现方面差异。识别导致VS功能个体差异的神经信号通路变异，为寻找潜在生物学机制提供了额外的动力。

多巴胺（DA）调节神经元活动，尤其是在VS（例如中脑边缘系统），可作为奖赏相关行为水平上DA信号表达的节点。DA系统功能与奖赏相关特质的正常个体差异、涉及奖赏寻求增强的障碍（例如成瘾）存在关系，被假设反映了中脑边缘奖赏系统的不良适应变化（Hyman, Malenka, & Nestler, 2006; Volkow, Fowler, & Wang, 1999）。多模态和药理学神经成像为研究DA影响脑功能提供了独特的机会，可以更直接地评估调节该环路的潜在分子机制。一项研究报告表明，

PET所评估的纹状体DA合成，和BOLD fMRI所评估的脑活动之间存在直接关系（Siessmeier et al., 2006）。口服安非他明导致DA释放急剧增加，与BOLD fMRI所评估的VS激活相对增加有关（Menon et al., 2007）。更一般来说，健康志愿者（Hariri, Mattay, Tessitore, Fera, et al., 2002）和帕金森疾病患者（Tessitore et al., 2002）的DA急性药理作用增强，导致BOLD fMRI所评估的密切相关边缘脑区（即杏仁核）激活相对增强。因此，鉴于DA在调节该行为相关神经环路中的重要性，识别决定DA信号个体差异及其对VS反应产生相关影响的一些因素，促进理解支配奖赏相关行为的神经生物学机制，努力改善治疗甚至预防病理行为，诸如药物滥用和成瘾。

本文已经探究了DA信号变化——源于常见功能多态性影响纹状体主动的突触再摄取，在决定奖赏相关VS反应的个体间变异和行为冲动性相关变异所发挥的作用。与5-羟色胺信号、杏仁核反应、特质焦虑研究一致，候选基因多态性选择由体外和/或活体试验驱动，表明基因变异体显著影响DA神经递质相关的生物功能而不是由行为相关研究（诸如冲动性）或者临床（诸如酗酒）表型中的数据驱动。尽管关联研究对于理解基因多态性，对行为和临床现象差异的最终贡献是必要的，但是目前不能推断多态性影响基因或者蛋白质功能。该推断对于发展生物学合理假设是有帮助的，这些假设是关于基因变异影响脑功能和相关行为（例如笔者工作中正在探究的那些）个体差异的。

多巴胺转运蛋白负责突触DA的主动清除，从而在调节突触后的DA信号持续时间发挥重要作用，特别是在纹状体。越来越多证据表明，在DAT基因（DAT1）的3’非编码区，40-碱基对可变串联重复数量（VNTR）多态性，影响DAT的表达和可用性（Bannon, Michelhaugh, Wang, & Sacchetti, 2001）。尽管不是所有研究都观察到了一致的基因型效应，但是一些研究表明，相比于9-重复等位基因，10-重复等位基因与活体内（Cheon, Ryu, Kim, & Cho, 2005; Heinz et al., 2000）和体外（Mill, Asherton, Browes, D’Souza, & Craig, 2002; VanNess, Owens, & Kilts, 2005）DAT水平相对增加相联系。研究假设VS反应相对增加与9-重复等位基因有关，即相对于10-重复等位基因，9-重复等位基因与DAT表达减少、可能更高的纹状体突触DA有关。与上述假设一致，DAT1 9-重复等位基因与VS反应相对增加有关，并且能够解释将近12%的个体间差异。相比之下，仅在前额叶皮层，基因变异直接影响DA信号（即COMT Val158Met），但是与VS反应变异性无关。这些结果强调基因多态性的重要作用，它影响调节奖赏相关VS反应个体差异的纹状体DA神经递质。它们进一步表明，VS反应改变可能代表了关键的神经生物学通路，通过该通路这些多态性导致了行为冲动性变异以及物质滥用障碍的相关风险。

内源大麻素、威胁/奖赏相关的脑功能

现代神经科学方法，极大地促进理解中介和调节CNS内源大麻素信号或者内源大麻素（eCB）的内在机制（Piomelii, 2003）。该eCB信号作为神经环路的强有力调节器，调节基本生理反应和高级行为反应。实验操纵这些机制揭示了显著的行为效应，尤其在威胁和奖赏相关领域，一般与大麻中毒效应一致，主要由化学成分Δ9-四氢大麻醇所致。阐明调节eCB信号的分子机制，类似于5-羟色胺和多巴胺，激发了可能导致脑环路功能

变异性以及导致精神障碍风险增加相关的行为特性（诸如焦虑或者冲动气质）个体差异。

从花生四烯酸生物合成后，eCBs，诸如花生四烯乙醇胺（AEA）和2–花生酰基甘油（2-AG），常常通过刺激CB1调节突触神经递质，而CB1是CNS中主要的大麻素受体，在多个神经元亚型及其分布环路中广泛地传递。反之，eCB信号的持续时间和强度，尤其是AEA，受到两个互补机制控制：通过脂肪酸酰胺水解调节酶（FAAH）的酶降解（Cravatt et al., 1996），以及通过AEA转运体的主动突触清除（Piomelli et al., 1999）。然而，AEA的精神药物效应和THC类效应，似乎与FAAH结合，但是没有AEA转运体功能（Solinas, Tanda, et al., 2007）。因此，FAAH作为完整酶膜，通过调节AEA水解成为花生四烯酸和乙醇胺，可以独特地调节行为相关eCB信号。

再次，常见遗传变异（即多态性）影响eCB神经递质成分的功能（诸如AEA、CB1、FAAH），可能代表eCB信号个体差异的重要潜在来源，eCB信号调节情绪和奖赏相关行为所出现的差异。笔者检查了一个常见功能性非同义单核苷酸多态性（SNP）的神经生物和行为效应，由于它在调节AEA信号持续时间和强度中发挥关键作用，以及它对AEA的精神药物效应的选择作用，该SNP在FAAH的氨基酸序列导致遗传所保留的脯氨酸残余物转换为苏氨酸（P129T）（Hariri et al., 2009）。在体外，FAAH 385A与正常的催化特征有关，但是可能通过提高蛋白质降解的敏感性，减少了FAAH的细胞表达（Chiang, Gerber, Sipe, & Cravatt, 2004; Sipe, Chiang, Gerber, Beutler, & Cravatt, 2002）。而且，C385A是FAAH的唯一常见变异（Flanagan, Gerber, Cadet, Beutler, & Sipe, 2006），以及385A被假定通过降低酶降解增加AEA信号，385A与奖赏相关疾病有关，包括街头吸毒和药物滥用/酗酒等问题，以及超重和肥胖（Flanagan et al., 2006; Sipe et al., 2002）。

在动物模型中，FAAH功能的药理学和基因破坏导致降低类焦虑行为，以及增加乙醇的消耗和偏好（Basavarajappa, Yalamanchili, Cravatt, Cooper, & Hungund, 2006; Blednov, Cravatt, Boehm, Walker, & Harris, 2007; Kathuria et al., 2003; Moreira, Kaiser, Monory, & Lutz, 2008; Solinas, Yasar, & Goldberg, 2007）。而且，最近一项人类被试的药理学fMRI研究报告表明，急性口服THC与威胁相关情绪面孔表情的杏仁核反应减少有关（Phan et al., 2008）。与这些效应一致，我们假设FAAH 385A与威胁相关的杏仁核反应相对减少有关，但是与奖赏相关的腹侧纹状体VS反应增加有关。分析揭示，FAAH 385A携带者，与酶表达减少有关并且可能增加AEA信号，因而降低了威胁相关的杏仁核反应。相比之下，FAAH 385A携带者比C385纯合子增加了奖赏相关的VS反应。而且，FAAH 385A基因型对脑功能的相异效应，以一致方式表现在脑–行为关系水平。相对于C385纯合子，FAAH 385A携带者呈现杏仁核反应和特质焦虑之间关系减弱。与此相反，他们呈现VS反应和延迟折扣之间关系增强，其中延迟折扣是冲动和奖赏敏感性的行为指标。

需要重点指出的是，在该研究中FAAH基因型与行为表现型（即焦虑或者冲动性）之间没有直接联系，而该关系经常发生在相对较小的样本中；这可能反映了任何基因型相关近端近生物学影响对任何远端行为表现型的极小效应，以及环境应激源在揭露行为的基因驱动效应方面的重要性（Caspi & Moffitt, 2006）。然而，局部脑功能和复杂行为之间的关系，作为FAAH C385A基因型的函数，存在稳定差异。这些所观察到的脑-行为模式，可能反映内源eCB的FAAH C385A相关差异，影响刺激驱动神经环路功能，而该环路功能调节复杂行为加工。FAAH 385A携带者的杏仁核相对高水平AEA，可能降低该结构对显著输入的反应（可能通过CB1调节局部氨基丁酸能的中间神经元电位），因而导致由杏仁核功能所预测的类焦虑行为减少。相反，高水平AEA可能增加FAAH 385A携带者VS反应（可能通过CB1调节多巴胺释放增加和VS神经元活动增强），导致由VS功能所预测的奖赏敏感性增强。已有研究报告支持了该猜测，在剔除FAAH的小鼠或者接受FAAH抑制剂的动物中，限制应激对杏仁核激活效应改变失败（Patel, Cravatt, & Hillard, 2005），而且在伏隔核抑制局部FAAH导致食物摄取增加（Sorice-Gomez et al., 2007）。因此，eCB信号内源状态与基因变异成分（诸如FAAH C385A）或者急性药物学操纵有关，可能影响神经环路对行为相关信息的反应，而且影响它们随后所调节的复杂行为。

威胁相关杏仁核反应降低及其相关特质焦虑，可能通过降低这些个体对潜在环境威胁或者伤害的敏感性，导致例如成瘾和肥胖等病理出现，这些病理曾经与FAAH 385A基因型相关（Flanagan et al., 2006; Sipe et al., 2002; Tyndale, Payne, Gerber, & Sipe, 2007）。实际上，已有研究报告显示，家族有酗酒高风险的个体的杏仁核反应减弱，这被解释为在这些遗传倾向个体中可能存在威胁敏感性降低和随后冒险行为增加的表现（Glahn, Lovallo, & Fox, 2007）。奖赏相关VS反应增加和相关冲动性（例如相对于即时奖赏，未来奖赏更大折现），可能同样地通过提高奖赏敏感性和冲动决策，导致去抑制的精神疾病。成瘾患者研究表明奖赏神经环路的敏感化作用，包括VS（Kalivas & Volkow, 2005）。行为冲动性和奖赏敏感性的增加是成瘾的重要风险因素（de Wit & Richards, 2004）。因此，通过威胁和奖赏相关脑功能的相异效应，FAAH C385A影响eCB信号，可能对风险或者相关疾病具有混合的加速效应。

结论与未来方向

正如本章所详述的，神经成像技术，尤其是BOLD fMRI，已经开始确定特定形式信息加工的相关神经基础变异，如何导致人类行为稳定和持久方面的个体差异，诸如人格和气质。同时，应用药理学fMRI和多模态PET/fMRI，有助于理解特定分子信号通路变异如何影响这些行为相关脑环路功能的个体差异。而且，关于人类DNA序列变异信息和相关功能遗传多态性确定，现在正被用于理解分子信号传导通路成分加工变异的生物来源，并且有效地模拟这些变异如何影响行为相关脑功能。在脑环路功能、分子信号通路以及功能性遗传多态性等水平上，不断努力理解调节复杂行为特质和相关神经精神疾病个体差异的详细机制，具有阐明临床相关问题的潜力，为开发更有效的个性化治疗方案提供指导原则。而且，阐明该机制，特别是映射到功能性遗传多态性的机制，可以确定与独特环境因素相互作用造成疾病的预测性风险标志。

虽然本章所强调的三个例子为潜在的明智而综合的研究策略提供了可能性，可以确定复杂行为的特质及其相关临床端点的个体差异的神经生物机制，但是仍需要做许多工作。首先，考虑到现有样本实验设计的易操作性和实验假设的可检验性，本章强调研究关注单信号通路对行为相关脑环路的影响。当然，非常清楚的是，信号通路之间存在复杂的相互作用，不止一条通路导致脑环路调节。例如，我们知道DA在调节杏仁核功能和焦虑中发挥重要作用（Hariri, Mattay, Tessitore, Fera, et al., 2002; Tessitore et al., 2002），5-HT能够影响奖赏相关脑环路和冲动性（Manuck et al., 1998）。然而，在BOLD fMRI、药理学MRI或者多模态PET/fMRI方案背景下，尽管有效控制了其他重要调节因素（例如年龄、性别），但是现有研究在模拟复杂相互作用方面缺乏效力和精妙性。为此，我们必须积极扩大研究规模和范围，最好包括数百个甚至数千个被试。这将提供机会，通过模拟多个功能多态性（例如HTR_{1A}-1019和DAT1），有效检查脑功能和行为方面信号通路（例如5-HT 和 DA）之间的相互作用方面，从而检查信号通路的基因驱动变异如何影响多个行为相关的脑环路。

第二个重要考虑是，现有研究主要在相同血统和种族群体中进行。因此，所观察到的效应可能无法推广到其他群体。对于功能性遗传多态性研究尤其如此，因为在大约20000—25000个人类基因中，在可能包含许多其他神经生物学相关功能变异，在这个背景下，任何单个基因变异对复杂生物和行为表型的潜在影响可能都很小。实际上，在杏仁核反应性方面，我们已经看到，在高加索被试中常见功能多态性影响5-HT信号，这一得到较好验证的效应可能在其他人种被试中被推翻（Munafo et al., 2008）。重要的是，我们的大部分研究实验控制了隐匿的遗传分层（即表面上看起来相似的个体的遗传背景差异），而不管血统或者种族以及目标基因型区别于在研究中影响脑功能的其他功能多态性。尽管这种尝试可以将脑和行为的变异归因于感兴趣的候选基因变异体，而不是归因于其他可能的多态性或者遗传背景的基因型分组间的更一般差异，但是重要的是，通过在更大样本中严格统计模拟，明确检验功能多态性的独立性，并且检验在一个样本群体中对于不同遗传背景群体的效度所获得的任何关联。

未来研究的第三个重要考虑是，需要从儿童开始执行大规模前瞻性研究，确定调节行为个体差异的神经遗传通路的任何发育变化，以及它们作为环境或者其他应激源的函数在识别神经精神疾病风险中的预测效应（见第27章）。本章所描述的所有研究和文献中的大部分实验，都是在经过精神病理学仔细筛选的成年人中进行的。因此，这些发现仅确定了导致正常范围内的行为变异机制。这些行为个体差异的标记——无论是神经、分子还是遗传——在预测神经精神障碍易感性方面的效用均尚不清楚。该预测效用理想上通过发病前群体的前瞻性研究来检验，考虑了随着时间推移在临床障碍出现时环境应激的调节效应（Caspi & Moffitt, 2006; Viding, Williamson, & Hariri, 2006）。

第四个问题是，需要进一步整合使用多模态PET/fMRI和药理学挑战方案，以确定信号通路的分子成分变异是否中介特定神经递质或者神经调质对行为相关脑环路功能的影响。例如，尽管有较高的一致性表明在威胁和奖赏相关脑功能中存在eCB信号变异，但是通过该通路FAAH C385A调节神经元和神经回路功能，从可获得的结果中不能确定下游信号通路的本质。FAAH催化水解其他生物活性内源脂肪酸酰胺（例如油酰胺和油酰乙醇酰胺），独立于AEA影响威胁和奖赏相关的行为。虽然FAAH对AEA具有高选择性（Desarnaud, Cadas, & Piomelli, 1995），但是如果没有额外数据，FAAH C385A效应就不能特异地与

AEA神经递质相关联。如果FAAH C385A的神经和行为效应由AEA的基因型驱动的不同可用性调节，那么这些效应应该对CB1受体操纵敏感。一种有趣的验证该假定机制的方式，就是使用药理学fMRI，检查CB1拮抗剂（诸如利莫那班）对FAAH C385A基因型相关的神经表型影响。CB1的PET放射性示踪剂可用性（Burns et al., 2007），能够确定任何FAAH C385A对内源性受体浓度的影响。如果该多态性通过AEA刺激CB1而影响脑功能，那么受体拮抗应该消除本章所记载的杏仁核和VS反应性的差别影响。AEA浓度的任何基因型相关改变，也可能被反映在PET所测定CB1受体的相对上行或者下行调节中。如果CB1拮抗作用不能消除FAAH C385A对脑功能的差别作用，或者如果基于基因型的CB1浓度没有差异，那么现存效应可能由非eCB的脂肪酸酰胺调节。除了使用药理学fMRI和多模态PET/fMRI检验该机制假说，未来有较大样本量的研究，可以建模FAAH 385A的等位基因负载效应，以及FAAH与功能性遗传多态性影响eCB神经递质的其他成分的潜在相互作用。

最后，开发大数据库（最好拥有数千被试）拥有详细测量行为特征、基于神经测量的多个脑环路和广泛的基因分型的巨大潜力。分子遗传学最令人兴奋的应用之一是确定导致复杂特征的新的生物路径。整个人类基因组（即SNPs“标记”每个基因）序列变异的详细图谱的持续改进，以及支持高效率高通量确定个体该变异的技术的产生，极大地加快了基因发现，这些发现涉及复杂疾病过程（Fellay et al., 2007; Link et a!., 2008）以及连续特质的正常变异（Lettre et al., 2008）。在该类研究中所确定的很多基因已经阐明以往这些过程或者特质尚未涉及的新通路，激励我们更努力地理解这些基因所产生的蛋白质的潜在生物效应。

因此，“基因组范围”筛选提供了以下机会，促进在解析复杂生物过程机制中使可获得的候选分子和环路取得突破。因为基于神经成像的脑功能测量揭示了涉及行为特征个体差异出现的关键机制，并且更接近功能遗传多态性的生物效应，所以它们是基因组筛选的理想基础。例如，BOLD fMRI估计杏仁核反应能够预测气质焦虑变异，都可能被用作基因组筛选的连续特质。遗传变异性和杏仁核反应性之间出现的任何显著性关联，都可能确认现有关系（例如基因影响5-HT信号的重要性），或者更重要的是，揭示意想不到的候选分子或者环路（例如某个基因所产生的分子在大脑中表达，并且或许可以在第二信使信号通路中起作用）。一旦被确定，并且有足够理想的大规模数据库的重复，有效地解决了基因组筛选常见的混淆（例如控制由检验表型与数十万或者数百万个SNPs的关联所致的多重比较），那么杏仁核反应有关的新基因变异的影响，可以在导致特质焦虑的每个生物通路水平上被探索到（即反馈到图25.1所概述的发现环路中）。除了指数级推动理解导致复杂行为特质个体差异的神经生物学环路，这些努力还可能促进发现针对相关疾病过程的新治疗策略。

重点问题和未来方向

· 研究正在探究的单个脑区（诸如杏仁核）和行为之间的关系，可能是当前尚不清楚的多个脑结构更复杂的相互作用的结果吗？

· 基因变异在多大程度上通过影响脑功能、结构和连接而影响行为？

· 大多数兴趣基因何时以及如何影响脑和

行为？

·发生时间不同，经验与基因多态性会存在不同的相互作用吗？

·通过中间神经表型和最终的基因多态性中的哪一个可以预测有效诊断和治疗？

致谢

本章主要是基于哈里里2009年发表于《神经科学年度回顾》（*Annual Review of Neuroscience*）上的文章完成的。一些材料来源于海迪（Hyde）、伯格登（Bogdan）和哈里里2011年发表于《认知科学趋势》（*Trends in Cognitive Sciences*）上的文章。

参考文献

Alessi, S. M., & Petry, N. M. (2003). Pathological gambling severity is associated with impulsivity in a delay discounting procedure. *Behavioral Processes*, *64*, 345–54.

Amat, J., Matus-Amat, P., Watkins, L. R., & Maier, S. F. (1998). Escapable and inescapable stress differentially alter extracellular levels of 5-HT in the basolateral amygdala of the rat. *Brain Research*, *812*, 113–20.

Amat, J., Tamblyn, J. P., Paul, E. D., Bland, S. T., Amat, P., et al. (2004). Microinjection of urocortin 2 into the dorsal raphe nucleus activates serotonergic neurons and increases extracellular serotonin in the basolateral amygdala. *Neuroscience*, *129*, 509–19.

Bannon, M. J., Michelhaugh, S. K., Wang, J., & Sacchetti, P. (2001). The human dopamine transporter gene: Gene organization, transcriptional regulation, and potential involvement in neuropsychiatric disorders. *European Neuropsychopharmacology*, *11*, 449–55.

Basavarajappa, B. S., Yalamanchili, R., Cravatt, B. F., Cooper, T. B., & Hungund, B. L. (2006). Increased ethanol consumption and preference and decreased ethanol sensitivity in female FAAH knockout mice. *Neuropharmacology*, *50*, 834–44.

Bickel, W. K., Odum, A. L., & Madden, G. J. (1999). Impulsivity and cigarette smoking: Delay discounting in current, never, and ex-smokers. *Psychopharmacology (Berl)*, *146*, 447–54.

Bigos, K. L., Pollock, B. G., Aizenstein, H., Fisher, P. M., Bies, R. R., & Hariri, A. R. (2008). Acute 5-HT reuptake blockade potentiates human amygdala reactivity. *Neuropsychopharmacology*, *33*(13), 3221–5.

Blednov, Y. A., Cravatt, B. F., Boehm, S. L., 2nd, Walker, D., & Harris, R. A. (2007). Role of endocannabinoids in alcohol consumption and intoxication: studies of mice lacking fatty acid amide hydrolase. *Neuropsychopharmacology*, *32*, 1570–82.

Brown, S. M., & Hariri, A. R. (2006). Neuroimaging studies of serotonin gene polymorphisms: Exploring the interplay of genes, brain, and behavior. *Cognitive, Affective, & Behavioral Neuroscience*, *6*, 44–52.

Burghardt, N. S., Sullivan, G.M., McEwen, B. S., Gorman, J. M., & LeDoux, J. E. (2004). The selective serotonin reuptake inhibitor citalopram increases fear after acute treatment but reduces fear with chronic treatment: A comparison with tianeptine. *Biological Psychiatry*, *55*, 1171–8.

Burns, H. D., Van Laere, K., Sanabria-Bohorquez., S., Hamill, T. G., Bormans, G., et al. (2007). [18F]MK-9470, a positron emission tomography (PET) tracer for in vivo human PET brain imaging of the cannabinoid-1 receptor. *Proceedings of the National Academy of Sciences*, *104*, 9800–5.

Caspi, A., & Moffitt, T. E. (2006). Gene environment interactions in psychiatry: Joining forces with neuroscience. *Nature Reviews Neuroscience*, *7*, 583–90.

Cheon, K. A., Ryu, Y. H., Kim, J. W., & Cho, D. Y. (2005). The homozygosity for 10-repeat allele at dopamine transporter gene and dopamine transporter density in Korean children with attention deficit hyperactivity disorder: Relating to treatment response to methylphenidate. European *Neuropsychopharmacology*, *15*, 95–101.

Chiang, K. P., Gerber, A. L., Sipe, J. C., & Cravatt, B. F. (2004). Reduced cellular expression and activity of the P129T mutant of human fatty acid amide hydrolase: Evidence for a link between defects in the endocannabinoid system and problem drug use. *Human Molecular Genetics*, *13*, 2113–9.

Cravatt, B. F., Giang, D. K., Mayfield, S. P., Boger, D. L., Lerner, R. A., & Gilula, N. B. (1996). Molecular characterization of an enzyme that degrades neuromodulatory fatty-acid amides. *Nature*, *384*, 83–7.

Czesak, M., Lemonde, S., Peterson, E. A., Rogaeva, A., &

Albert, P. R. (2006). Cell-specific repressor or enhancer activities of Deaf-1 at a serotonin 1A receptor gene polymorphism. *Journal of Neuroscience*, *26*, 1864–71.

David, S. P., Murthy, N. V., Rabiner, E. A., Munafo, M. R., Johnstone, E. C., et al. (2005). A functional genetic variation of the serotonin (5-HT) transporter affects 5-HT_{1A} receptor binding in humans. *Journal of Neuroscience*, *25*, 2586–90.

de Wit, H. (2009) . Impulsivity as a determinant and consequence of drug use: A review of underlying processes. *Addictive Biology*, *14*: 22–31.

de Wit, H., & Richards, J. B. (2004). Dual determinants of drug use in humans: Reward and impulsivity. *Nebraska Symposium on Motivation*, *50*, 19–55.

Desarnaud, F., Cadas, H., & Piomelli, D. (1995). Anandamide amidohydrolase activity in rat brain microsomes. *Journal of Biological Chemistry*, *270*, 6030–35.

Fakra, E., Hyde, L. W., Gorka, A., Fisher, P. M., Munoz, K. E., et al. (2009). Effects of HTR_{1A} C (-1019) G on amygdala reactivity & trait anxiety. *Archives of General Psychiatry*, *66*(1), 33–40.

Fellay, J., Shianna, K. V., Ge, D., Colombo, S., Ledergerber, B., et al. (2007). A whole-genome association study of major determinants for host control of HIV-1. *Science*, *317*, 944–7.

Fisher, P. M., Meltzer, C. C., Ziolko, S. K., Price, J. C., & Hariri, A. R. (2006). Capacity for 5-HT_{1A}-mediated autoregulation predicts amygdala reactivity. *Nature Neuroscience*, *9*, 1362–63.

Flanagan, J. M., Gerber, A. L., Cadet, J. L., Beutler, E., & Sipe, J. C. (2006). The fatty acid amide hydrolase 385 A/A (P129T) variant: Haplotype analysis of an ancient missense mutation and validation of risk for drug addiction. *Human Genetics*, *120*, 581–8.

Forbes, E. E., Brown, S. M., Kimak, M., Ferrell, R. E., Manuck, S. B., & Hariri, A. R. (2009). Genetic variation in components of dopamine neurotransmission impacts ventral striatal reactivity associated with impulsivity. *Molecular Psychiatry*, *14*, 60–70.

Forster, G. L., Feng, N., Watt, M. J., Korzan, W. J., Mouw, N. J., et al. (2006). Corticotropin-releasing factor in the dorsal raphe elicits temporally distinct serotonergic responses in the limbic system in relation to fear behavior. *Neuroscience*, *141*, 1047–55.

Glahn, D. C., Lovallo, W. R., & Fox, P. T. (2007). Reduced amygdala activation in young adults at high risk of alcoholism: Studies from the Oklahoma family health patterns project. *Biological Psychiatry*, *61*, 1306–9.

Hariri, A. R., Brown, S. M., Williamson, D. E., Flory, J. D., de Wit, H., & Manuck, S. B. (2006). Preference for immediate over delayed rewards is associated with magnitude of ventral striatal activity. *Journal of Neuroscience*, *26*, 13213–7.

Hariri, A. R., Gorka, A., Hyde, L. W., Kimak, M., Halder, I., et al. (2009). Divergent effects of genetic variation in endocannabinoid signaling on human threat- and reward-related brain function. *Biological Psychiatry*, *66*, 9–16.

Hariri, A. R., Mattay, V. S., Tessitore, A., Fera, F., Smith, W. G., & Weinberger, D. R. (2002a). Dextroamphetamine modulates the response of the human amygdala. *Neuropsychopharmacology*, *27*, 1036–40.

Hariri, A. R., Mattay, V. S., Tessitore, A., Fera, F., Smith, W. G., & Weinberger, D. R. (2002b). Serotonin transporter genetic variation and the response of the human amygdala. *Science*, *297*, 400–3.

Heinz, A., Goldman, D., Jones, D.W., Palmour, R., Hommer, D., et al. (2000). Genotype influences in vivo dopamine transporter availability in human striatum. *Neuropsychopharmacology*, *22*, 133–9.

Hyman, S. E., Malenka, R. C., & Nestler, E. J. (2006). Neural mechanisms of addiction: the role of reward-related learning and memory. *Annual Review of Neuroscience*, *29*, 565–98.

Kalivas, P.W., & Volkow, N. D. (2005). The neural basis of addiction: A pathology of motivation and choice. *American Journal of Psychiatry*, *162*, 1403–13.

Kathuria, S., Gaetani, S., Fegley, D., Valino, F., Duranti, A., et al. (2003). Modulation of anxiety through blockade of anandamide hydrolysis. *National Medicine*, *9*, 76–81.

Kirby, K. N., Petry, N. M., & Bickel, W. K. (1999). Heroin addicts have higher discount rates for delayed rewards than non-drug-using controls. *Journal of Experimental Psychology: General*, *128*, 78–87.

Knutson, B., Rick, S., Wimmer, G. E., Prelec, D., & Loewenstein, G. (2007). Neural predictors of purchases. *Neuron*, *53*, 147–56.

Lemonde, S., Turecki, G., Bakish, D., Du, L., Hrdinam P. D., et al. (2003). Impaired repression at a 5-hydroxytryptamine 1A receptor gene polymorphism associated with major depression and suicide. *Journal of Neuroscience*, *23*, 8788–99.

Lettre, G., Jackson, A. U., Gieger, C., Schumacher, F. R., Berndt, S. I., et al. (2008). Identification of ten loci associated with height highlights new biological pathways in human growth. *Nature Genetics*, *40*, 584–91.

Link, E., Parish, S., Armitage, J., Bowman, L., Heath, S., et al.

(2008). SLCO1B1 variants and statin-induced myopathy – a genomewide study. *New England Journal of Medicine*, *359*, 789–99.

Madden, G. J., Petry, N. M., Badger, G. J., & Bickel, W. K. (1997). Impulsive and self-control choices in opioid-dependent patients and non-drug-using control participants: Drug and monetary rewards. *Experimental and Clinical Psychopharmacology*, *5*(3), 256–62.

Maier, S. F., & Watkins, L. R. (2005). Stressor controllability and learned helplessness: The roles of the dorsal raphe nucleus, serotonin, and corticotropin-releasing factor. *Neuroscience and Biobehavioral Reviews*, *29*, 829–41.

Manuck, S. B., Brown, S. M., Forbes, E. E., & Hariri, A. R. (2007). Temporal stability of individual differences in amygdala reactivity. *American Journal of Psychiatry*, *164*, 1613–4.

Manuck, S. B., Flory, J. D., McCaffery, J. M., Matthews, K.A., Mann, J. J., & Muldoon, M. F. (1998). Aggression, impulsivity, and central nervous system serotonergic responsivity in a non-patient sample. *Neuropsychopharmacology*, *19*, 287–99.

Manuck, S. B., Flory, J. D., Muldoon, M. F., & Ferrell, R. E. (2003). A neurobiology of intertemporal choice In G. Loewenstein, D. Read, & R. F. Baumeister (Eds.), *Time and decision: Economic and psychological perspectives on intertemporal choice* (pp. 139–72). New York: Sage.

Menon, M., Jensen, J., Vitcu, I., Graff-Guerrero, A., Crawley, A., et al. (2007). Temporal difference modeling of the blood-oxygen level dependent response during aversive conditioning in humans: Effects of dopaminergic modulation. *Biological Psychiatry*, *62*(7), 765–72.

Mill, J., Asherson, P., Browes, C., D'Souza, U., & Craig, I. (2002). Expression of the dopamine transporter gene is regulated by the 3' UTRVNTR: Evidence from brain and lymphocytes using quantitative RT-PCR. *American Journal of Medical Genetics*, *114*, 975–99.

Moreira, F. A., Kaiser, N., Monory, K., & Lutz, B. (2008). Reduced anxiety-like behavior-induced by genetic and pharmacological inhibition of the endocannabinoid-degrading enzyme fatty acid amide hydrolase (FAAH) is mediated by CB1 receptors. *Neuropharmacology*, *54*, 141–50.

Munafo, M. R., Brown, S. M., & Hariri, A. R. (2008). Serotonin transporter (5-HTTLPR) genotype and amygdala activation: A meta-analysis. *Biological Psychiatry*, *63*, 852–7.

Parsey, R. V., Oquendo, M. A., Ogden, R. T, Olvet, D. M., Simpson, N., et al. (2006). Altered serotonin 1A binding in major depression: A [carbonyl-C-11] WAY100635 positron emission tomography study. *Biological Psychiatry*, *59*, 106–13.

Patel, S., Cravatt, B. F., & Hillard, C. J. (2005). Synergistic interactions between cannabinoids and environmental stress in the activation of the central amygdala. *Neuropsychopharmacology*, *30*, 497–507.

Phan, K. L., Angstadt, M., Golden, J., Onyewuenyi, I., Popovska, A., & de Wit, H. (2008). Cannabinoid modulation of amygdala reactivity to social signals of threat in humans. *Journal of Neuroscience*, *28*, 2313–19.

Piomelli, D. (2003). The molecular logic of endocannabinoid signalling. *Nature Reviews Neuroscience*, *4*, 873–84.

Piomelli, D., Beltramo, M., Glasnapp, S., Lin, S. Y., Goutopoulos, A., et al. (1999). Structural determinants for recognition and translocation by the anandamide transporter. *Proceedings of the National Academy of Sciences*, *96*, 5802–7.

Rhodes, R. A., Murthy, N. V., Dresner, M. A., Selvaraj, S., Stavrakakis, N., et al. (2007). Human 5-HT transporter availability predicts amygdala reactivity in vivo. *Journal of Neuroscience*, *27*, 9233–37.

Siessmeier, T., Kienast, T., Wrase, J., Larsen, J. L., Braus, D. F., et al. (2006). Net influx of plasma 6-[18F] fluoro-l-DOPA (FDOPA) to the ventral striatum correlates with prefrontal processing of affective stimuli. *European Journal of Neuroscience*, *24*, 305–13.

Sipe, J. C., Chiang, K., Gerber, A. L., Beutler, E., & Cravatt, B. F. (2002). A missense mutation in human fatty acid amide hydrolase associated with problem drug use. *Proceedings of the National Academy of Sciences*, *99*: 8394–99.

Solinas, M., Tanda, G., Justinova, Z., Wertheim, C. E., Yasar, S., et al. (2007). The endogenous cannabinoid anandamide produces delta-9-tetrahydrocannabinol-like discriminative and neurochemical effects that are enhanced by inhibition of fatty acid amide hydrolase but not by inhibition of anandamide transport. *Journal of Pharmacology and Experimental Therapy*, *321*, 370–80.

Solinas, M., Yasar, S., & Goldberg, S. R. (2007). Endocannabinoid system involvement in brain reward processes related to drug abuse. *Pharmacological Research*, *56*, 393–405.

Sorice-Gomez, E., Matias, I., Rueda-Orozco, P. E., Cisneros, M., Petrosino, S., et al. (2007). Pharmacological enhancement of the endocannabinoid system in the nucleus accumbens shell stimulates food intake and increases c-Fos expression in the hypothalamus. *British Journal of Pharmacology*, *151*, 1109–16.

Stein, M. B., Simmons, A. N., Feinstein, J. S., & Paulus, M. P.

(2007). Increased amygdala and insula activation during emotion processing in anxiety-prone subjects. *American Journal of Psychiatry*, *164*, 318–27.

Tessitore, A., Hariri, A. R., Fera, F., Smith, W. G., Chase, T. N., et al. (2002). Dopamine modulates the response of the human amygdala: A study in Parkinson's disease. *Journal of Neuroscience*, *22*, 9099–103.

Tyndale, R. F., Payne, J. I., Gerber, A. L, & Sipe, J. C. (2007). The fatty acid amide hydrolase C385A (P129T) missense variant in cannabis users: Studies of drug use and dependence in Caucasians. *American Journal of Medical Genetics B: Neuropsychiatric Genetics*, *144*, 660–6.

VanNess, S. H., Owens, M. J., & Kilts, C. D. (2005). The variable number of tandem repeats element in DAT1 regulates in vitro dopamine transporter density. *BMC Genetics*, *6*, 55.

Viding, E., Williamson, D. E., & Hariri, A. R. (2006). Developmental imaging genetics: Challenges and promises for translational research. *Developmental Psychopathology*, *18*, 877–92.

Volkow, N. D., Fowler, J. S., & Wang, G. J. (1999). Imaging studies on the role of dopamine in cocaine reinforcement and addiction in humans. *Journal of Psychopharmacology*, *13*, 337–45.

第26章 情绪的性别差异

安尼特·席尔默（Annett Schirmer）

“女人永远不会因为奉承而解除武装，但是男人会。这就是性别之间的差异。”
——奥斯卡·王尔德（Oscar Wilde）

在现有刻板印象中，性别差异似乎是最普遍的。跨越时间和文化，女性通常被认为是更公平但较弱势的群体。情绪敏感性和同情更多地用来形容女性而不是男性，而男性常常被认为更博学和有能力（Kimmel, 2000）。而且，传统的性别特异的行为规范认可女性社会反应与适应的互动方式，反而认可男性支配和决断的互动方式。

与这些主流观点一致，并且可能正是受到这些观点的影响，女性和男性在气质上的确存在差异。跨越不同的地理区域，女性通常比男性更加容易抑郁、焦虑和躁郁交替，而男性则通常比女性更加易怒和情绪高涨（Figueira et al., 2008; Pompili et al., 2008）。这些气质差异在婴儿时期已经出现，那时候的女孩比男孩更不主动，更不喜欢探寻新事物（Maccoby & Jacklin, 1974）。到了儿童时期，女孩比男孩更擅长抑制不恰当的反应和行为，但是倾向于表现出更多的恐惧（Else-Quest, Hyde, Goldsmith, & Van Hulle, 2006）。因此，对于女孩来说，应激性生活事件更容易唤起内部问题，表现为退缩、躯体症状、恐惧或者悲伤；而男孩则倾向于展示出更多的外部问题，表现为品行缺陷或者攻击性行为（Crijnen, Achenbach, & Verhulst, 1997）。到了成年期，这种差异转化为精神疾病患病率上的性别差异。具体来说，女性在焦虑症和抑郁症方面的发病率是男性的2倍（Hamann, 2005; Nolen-Hoeksema, 2001）。相反，行为障碍和精神变态则在男性中更为普遍和严重（Rogstad & Rogers, 2008; Simonoff et al., 1997）。

男女的精神状况都有明显的社会和经济影响，不仅影响个人，还影响社交圈子甚至整个社会。因此，刻画性别特异性的弱点及其发展是非常重要的。本章首先综述那些通过对健康男女在情绪反应、情绪调节策略以及情绪影响方面的考察，整理性别特异性弱点的研究。然后，讨论性别特异性来源以及生物和环境因素的挑战，并且考虑这些影响和挑战是如何塑造男性和女性思想的。

情绪知觉和表达

从男女之间不同的气质、行为和精神状况可明显看出，两性的情绪差异不是存在于一个维度上的。所谓的情绪差异不是简单的“情绪化”，两性在情绪体验上存在质的差异。而且，某些特定的情绪，如恐惧、悲伤和幸福，似乎在女性身上发挥更大影响，而其他情绪，如愤怒、轻蔑和厌恶，则在男性身上发挥更大影响。研究者把它们分别分为亲社会或软弱的情绪和反社会或强有力的情绪（Hess, Adams, & Kleck, 2005; Safdar et al., 2009）。表达恐惧、悲伤和幸福感，被认为是求助他人、传达依赖和合作意愿；从这个意义来说，这些情绪可以被认为是“亲社会的”。相比之下，表达愤怒、轻蔑和厌恶，则是发出拒绝某人和某物的信号、捍卫自己利益的意愿，因此具有更多的“反社会”倾向。如后文所见，这种分类不能映射到存在的性别差异上：女性并不总是比男性拥有更高的亲社会得分和更低的反社会得分。尽管如此，这种分类代表了一种有用的方法，能够分析情绪加工和行为类型的性别差异，并能将这些差异与精神病理学联系起来。

亲社会情绪

恐惧

恐惧是在应对威胁时产生的情绪，如果直接面对威胁，可能会引起直接的身体或社会损害。受到惊吓的个体会把刺激的威胁值评估得更大，因此会设法回避。支持威胁评估的大脑系统已经得到了广泛研究，其中杏仁核是关键结构。杏仁核位于内侧颞叶，从皮层和皮层下结构接收感觉信息，并且根据评估结果调整这些脑区和其他脑区的活动。杏仁核的评估被认为是自动的，因而可能独立于认知和反馈过程（见第14章和第15章）。然而，如果认知和反馈过程发生了，那么就会影响杏仁核功能（见第16章）。

威胁一旦激活杏仁核，就会启动一系列生理和认知反应，旨在避免伤害或使伤害最小化。交感神经肾上腺髓质系统和下丘脑–垂体–肾上腺（HPA）轴被激活后，分别释放出肾上腺素/去甲肾上腺素和皮质类固醇。然后这些激素附着到靶受体上，从而调节自主神经系统、代谢系统和免疫系统的活动。短期来看，它们通过促进生理过程，如心率、血压和出汗，为身体行动做准备。从长远来看，它们会消耗身体能量储存并削弱免疫系统。除了这些生理效应，应激激素的释放还能反馈给中枢神经系统并调节大脑活动。在其他脑区，这种反馈到达杏仁核，从而影响其认知活动效应（McGaugh, 2004）。杏仁核以延缓其他正在进行的过程为代价，与外周反馈一起易化对威胁性刺激的注意，优先它们的表征和评价（McGaugh, 2004；见本书第14章）。因此，威胁通常会“蹦出来”，比其他常规信息更容易获得注意并保留在记忆中（见本书第20章）。

虽然男性和女性对恐惧相关的神经、生理和认知反应大体相当，但差异仍然存在，并且也表现在行为差异上。在神经层面，男女的结构和功能上存在差异。具体而言，结构研究发现女性的杏仁核比男性更小（控制脑大小情况下；Goldstein et al., 2001）。此外，杏仁核和其他脑区结构存在共变差异。在左杏仁核和右角回的灰质密度相关性上，女性比男性更大，而在左杏仁核和双侧颞下皮层前部的灰质密度相关性上，男性则比女性更大（Mechelli, Friston, Frackowiak, & Price, 2005）。而且女性在静息态下杏仁核与其他脑结构的功能连接偏左侧化，而男性偏右侧化（Kilpatrick, Zald, Pardo, & Cahill, 2006）。

考虑到这些结构和功能差异，大脑对威胁的反应在男女之间存在差异便不足为奇。在愤怒（McClure et al., 2004）或恐惧面孔（Williams et al., 2005）的知觉方面，相比于男性，威胁诱发女性杏仁核更大的反应。同样，言语威胁激发的神经反应女性比男性更大（Schirmer, Simpson, & Escoffier, 2007; 图 26.1）。相反，与男性相比，描绘源自人类或动物攻击的身体威胁图片引起女性杏仁核和梭状回更低的激活，尽管女性对恐惧有着更强的自我主观报告（Schienle, Schäfer, Stark, Walter, & Vaitl, 2005）。因此，与身体搏斗相关的信息似乎与男性有更多的相关，而战斗之外的社会威胁与女性更相关。这符合狩猎/采集社会中男、女两性的角色，以及所提出的威胁反应本质上的性别差异：威胁反应与男性的战斗-攻击有关，而女性则更多为照顾-结盟（Taylor et al., 2000）。根据这一观点，由于女性肩负生殖责任，她们更不愿意卷入身体搏斗。相反，她们参与养育活动——保护自己和后代、与其他女性结成联盟，必要时在较低水平上与提供帮助的男人结盟。

如前所述，杏仁核一旦被激活，就触发一系列生理、认知和行为反应；这些反应也由性别决定。特别地，对威胁的防御性激活的生理指标，包括心率减速、惊跳反射，或面部肌肉活动，女性比男性更强（Anokhin & Golosheykin, 2010; Bradley, Codispoti, Cuthbert, & Lang, 2001）。在认知层面，女性更容易注意到威胁，尤其是具有社会性的威胁（Schirmer et al., 2005, 2007）。而且，在威胁与学习的关系之间存在性别差异。压力源过后，男性的学习得到增强，而女性的学习受到削弱（Wood & Shors, 1998）。此外，非人类的动物研究发现，如果将木僵（freezing）作为因变量，那么雄性更容易习得条件恐惧，而如果把惊跳反射作为因变量，那么雌性更容易习得条件恐惧（见 Dalla & Shors, 2009）。这一发现与雌性更容易学会躲避脚底电击一样，被用来表示传承性别特异恐惧反应的基线行为差异。相对于男性，更强的基线活动水平可以使女性更容易产生防御或回避行为（Dalla & Shors, 2009）。

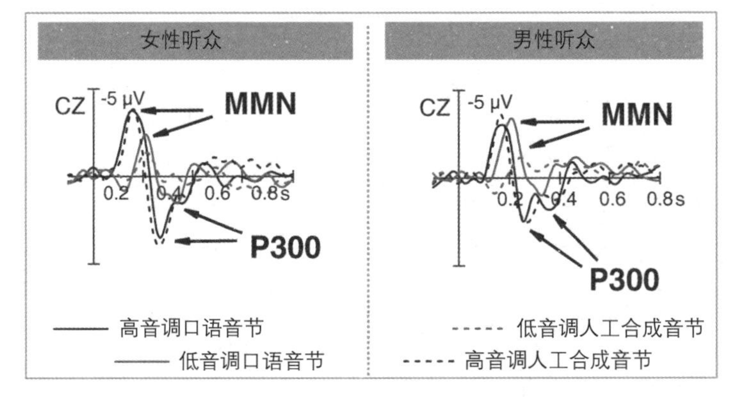

图26.1 未被注意的声音序列的听觉偏差刺激诱发听觉事件相关电位成分，被称为失匹配负波（MMN）。图示为研究结果，实验时被试所聆听的声音序列由口语音节（词汇）或人工合成音节（非词汇；Schirmer et al., 2007）组成。MMN对口语音节强度变化的反应（反映负性情绪唤醒的增加或减少）存在性别差异。相对于声音幅度的减小（低音调），在声音幅度增大（高音调）的条件下，仅女性表现出较大的MMN增加，表明她们知觉负性词汇唤醒增加比减少更显著。合成声音强度变化加工没有观察到性别差异。经爱思唯尔公司授权转载自希尔姆（Schirme），西姆珀森（Simpson）和伊思克菲尔（Escoffier）（2007）

悲伤

悲伤常常由无法挽回的重大损失所诱发。这种损失通常是有社会意义的，例如一个人失去了工作或者伴侣。因此悲伤很难在实验室中模拟，而且研究中所采用的威胁手段无效，这也对研究悲伤的脑环路构成了挑战。呈现悲伤图片或者面部表情的神经影像研究得到了不一致的结果，可能是因为这些刺激没能有效唤起观察者的悲伤情绪（Eugène et al., 2003）。不像威胁拥有适应性的自动化恐惧反应，当觉察到他人悲伤时，悲伤不会自动唤起。如果人们在观察他人或他事时感到悲伤，会有什么好处？人们将变得缺乏活力和退缩，使事情更糟而不是改善。因此，研究环境中唤起悲伤可能需要具有个人意义的事件体验或想象（见第23章）。在一项神经影像学研究中，艾森伯格及其同事（2003）通过让被试与其他两个玩家参与网络掷球游戏来操纵该事件的个人意义。在一种情况下，玩家们将球传递给被试，而在另一种情况下不把球传递给被试来排斥他。排斥与社会苦恼的增加相关，而且苦恼的等级评定与前扣带回活动呈正相关。前扣带回的作用也出现在正电子发射断层扫描（PET）研究中。该研究要求被试回忆悲伤事件，发现回忆与前扣带回 μ-阿片受体效用的增加相关（Zubieta et al., 2003）。鉴于前扣带回和 μ-阿片系统在疼痛中的作用，这些结果表明，疼痛和悲伤之间可能存在密切相关。而且他们提出，悲伤是由古老的疼痛系统进化而来的。

疼痛和悲伤的性别差异可以在不同分析水平上再次观察到。有研究比较了前扣带回的形态学，发现女性比男性更大（Goldstein et al., 2001）。而且，痛苦和悲伤都以性别特异性方式激活前扣带回。有害刺激激活女性前扣带的可能性比男性大（Paulson, Minoshima, Morrow, & Casey, 1998），并且与脑区连接的性别特异模式存在关联（Labus et al., 2008）。当感知到他人处于疼痛中时，女性比男性更自动地激活前扣带回（Singer et al., 2006）。社交排斥所激活的前扣带回活动不存在性别差异。然而只在女性被试中，这种激活才与免疫系统活动的增加相关（Eisenberger, Inagaki, Rameson, Mashal, & Irwin, 2009）。男性缺乏这种相关，可能与男性潜在更强的、旨在降低社会苦恼的调节活动有关。这种活动缓冲社交排斥、社交疼痛和免疫系统活动之间的连接，从而降低抑郁风险。

考虑到女性对疼痛和悲伤的知觉与神经阈值较低（Paulson et al., 1998），女性在哭泣这一关键生理反应上不同于男性就不足为奇了。与男性相比，女性哭泣频率更高、时间更长、程度更强烈，尤其在涉及“柔情”、批评或者与他人争执的情境下（Williams & Morris, 1996）。抑郁女性相比于抑郁男性，也有类似结果（Romans, Tyas, Cohen, & Silverstone, 2007），而且似乎在婴儿早期就开始出现这种趋向（Fuller, 2002）。一项对33个不同国家的被试进行的调查显示，在月经周期的黄体期，当雌激素增高时女性哭泣频率增加（但要考虑到文化差异；见van Tilburg, Becht, & Vingerhoets, 2003）。而且黄体期内疼痛知觉增强，再次证实了悲伤和疼痛之间的联系，暗示性类固醇在性别差异上起调节或中介作用（Martin, 2009）。

快乐和吸引

类似于其他情绪，当期待或者获得所渴望的东西时，所唤起的正性情感是行为的根本动机。然而与其他情绪不同，它们对于赋予生活意义或满足感至关重要。调节正性情绪的大脑系统通常被称为奖励系统，与多巴胺能系统重叠（见本书第19章）。多巴胺能系统起源于中脑，而位于中脑的腹侧被盖区和黑质神经元向上投射到皮层下和皮层目标。奖励系统中最重要的是投射到伏隔核和投射到杏仁核的中脑边缘通路。一旦激活，这些投射就会触发多巴胺释放，使之与脑区各部分的受体结合。多巴胺活动，特别是位于伏隔核的，与几种维持生命的活动有关，例如进食或繁殖。它创造愉快感，从而使这些活动获得奖励（Wise, 2004）。通过植入电极刺激多巴胺能结构，或应用多巴胺能激动剂，也可以引起愉快感。然而，无论是奖赏、电极刺激还是药物使用，愉快感会使人类和动物不停重复相关行为，从而导致成瘾。

正如前文所述，形态学研究发现男性杏仁核比女性更大，但在伏隔核未发现形态上的差异（Goldstein et al., 2001）。然而，动物模型在较低水平上已经确认了多巴胺能及其他结构存在性别二态性。雌性与雄性在多巴胺能神经元和受体的数量以及激活期间释放的多巴胺量方面存在差异。例如，与雄性相比，雌性在纹状体和伏隔核表现出长期较低的多巴胺能水平和数量较少的D1受体（见Becker, 2009）。研究者使用这些及类似观察证据，解释为什么男女对奖励刺激有不同反应。这些差异已得到了成瘾方面研究的记录。虽然男性比女性更易物质滥用和成瘾，但如果暴露于药物条件下，女性比男性更容易成瘾（见Kuhn et al., 2010）。这一发现已在啮齿动物模型中得到验证，这与多巴胺和雌激素相关。特别是，多巴胺系统的药物成瘾效应和性别二态性随着雌激素水平的增加而增加。成瘾行为的性别差异出现在青春期，当性激素促成性成熟，会引起女性雌激素增强和周期变化（Kuhn et al., 2010）。

当然，人类奖励系统的进化不是为了享受兴奋性药物，而是为了激励自我进而维持生存。通过这个系统，那些维持自我生存的刺激或方法就变成了奖励。除此之外，刺激包括食物、平静的自然场景、富有积极精神的人类以及繁殖机会。鉴于所观察到的药物成瘾效应，可以大胆预测，在对进化上更加适当的奖励做出反应时，男女之间存在差异。然而在正性场景或面孔的大脑激活模式上，研究并未发现显著的性别差异（Sabatinelli, Flaisch, Bradley, Fitzsimmons, & Lang, 2004）。但在面对愉快语言表达时能观察到这种性别差异（Schirmer et al., 2005），女性的神经元反应比男性更强。色情反应也存在性别差异。虽然色情作品对伏隔核的激活不存在性别差异，但是男性在包括视觉皮层（Sabatinelli et al., 2004）和性别二态杏仁核的扩展网络活动方面更强（Hamann, Herman, Nolan, & Wallen, 2004）。因此该证据表明，女性对来自其他人的亲密线索更敏感，而男性对性交相关线索更敏感。由于女性性腺荷尔蒙对奖励系统有影响，而且影响随月经周期变化，可能解释了为什么所报告的性别差异不一致。

男性和女性在愉快的有关行为方面存在显著差异。尽管不同文化所报告的愉快感相似，但是女性比男性更频繁地微笑（Safdar et al., 2009）。类似于人类微笑，面部表情也存在于其他灵长类动物中，在社交活动中通过传递服从或妥协信号来发挥调节作用。这些功能在一定程度上仍然保留在人类微笑中，因此微笑反映个人权力（LaFrance & Henley, 1994）。然而，支持这种观点的证据还不统一，而且已有证据表明，相比于非微笑个体，微笑个体被认为是更加友好而不是更少主导的（Hess et al., 2005）。因此，妇女更倾向于微笑可能反映她们对友好关系更感兴趣。值得注意的是，一项研究发现了另一个增大妇女微笑频率的因素（Becker, Kenrick, Neuberg, Blackwell, & Smith, 2007）。一系列的巧妙实验表明，即使没有微笑，女性面孔也比男性看起来更愉快（图 26.2）。因此可以推测，面孔的性别二态性进化使女性面孔看起来更加平易近人，男性面孔看起来则没那么和蔼可亲，从而促进了不同的互动风格。

反社会情绪

愤怒

当个体的权利或者其他重要事物受到不合理剥夺时，就会引起愤怒。例如，当我们已经发出信号并缓慢开向停车位时，车位却被别人抢走了，这时可能会变得火冒三丈。而且，如果这种行为被认为是故意的，并且冒犯者拥有和我们平等或更低的社会地位时，那么愤怒情绪会更激烈。因此，如果冒犯者已经注意到我们的停车意图但选择忽略，或者冒犯者是同一公司的下属，我们就可能做出愤怒反应。相反，如果冒犯者从其他方向开过来没有注意到我们的意图，或者冒犯者是我们的上司，则愤怒情绪就可能会被抑制住。

支配人类愤怒的脑系统目前仍不清楚。与悲伤一样，在不违反被试人权情况下，很难成功（并且可重复地）用实验范式唤起被试的愤怒情绪。而且，呈现愤怒相关刺激，例如愤怒面孔或暴力场景，可能比一般神经成像实验所诱发的愤怒更具威胁性。在这种实验中被试被阻止或限制移动，可能偏向导致回避而非接近的动机倾向（Harmon-Jones & Peterson, 2009）。通用的解决方案是在成像背景之外，研究脑损伤、性激素和其他神经化学调节对攻击行为的影响。然而由于攻击行为未必反映愤怒，这种方法也存在问题。有些形式的攻击是工具性的或者有计划的，甚至与愉快感联系起来。例如，与猫相处过的任何人都知道，猫非常享受捕猎鸟等小动物。

以上文内容为基础，现在可以考虑愤怒和攻击的研究结果。研究表明，多个脑结构的损伤会影响啮齿动物、灵长类动物和人类的攻击行为。例如，跨物种研究发现，杏仁核损伤减少攻击，而眶额皮层损伤增加攻击，表明攻击行为由兴奋性和抑制性机制共同产生（Nelson & Trainor, 2007）。与此一致，攻击包含几种神经化学物质：5-羟色胺活动增加与攻击减少相关，而多巴胺和睾酮水平增加与攻击增加相关。例如，期待战斗导致血清素分泌减少（Ferarri, Van Erp, Tornatzky, & Miczek, 2003），睾酮（Oliveira et al., 2001）和多巴胺分泌增加（Ferarri et al., 2003）。

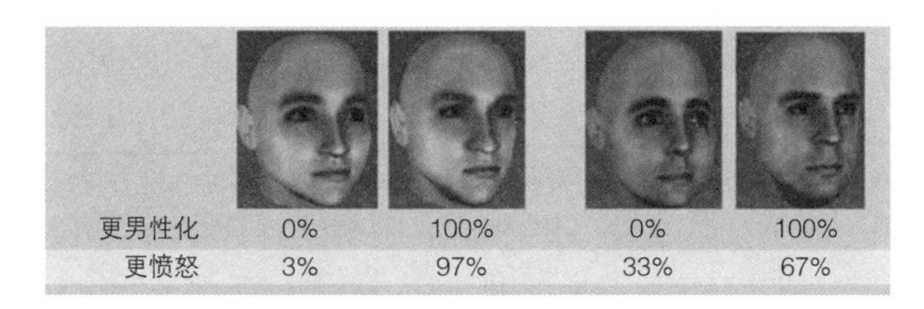

图26.2　男性和女性面部结构存在差异，这种差异与他们被感知到的快乐或愤怒程度有关。刺激和结果源自贝克尔（Becker）及其同事的一项研究（2007）。相比更女性化面孔，更男性化面孔被评价为更愤怒和更不快乐。男性化和愤怒评价分别呈现在第一和第二行数据中。经美国心理协会授权转载自贝克尔、肯里克（Kenrick）、纽伯格（Neuberg）、布莱克维尔（Blackwell）和史密斯（2007）

愤怒和攻击的神经基础研究从多种水平揭示了性别差异。首先，脑结构存在性别差异。除了上文提到的男性杏仁核更大之外，男性的眶额皮层比女性更小（Goldstein et al., 2001）。而且，攻击相关的神经化学系统也存在男女差异，例如多巴胺系统（见前文）。另外，循环系统的睾酮水平在不同发育阶段也存在性别差异。因此，睾酮拥有性别二态的组织和激活效应。男性睾酮的早期激增影响了神经元变化，并且促进了随后的攻击性行为（Bronson & Desjardin, 1968）。在成年期，睾酮增加会下调γ-氨基丁酸能（GABA）活动，从而限制大脑的主要抑制机制、增加即时身体攻击的可能性（Pinna, Costa, & Guidotti, 2005）。此外，睾酮水平似乎和攻击的脑结构激活差异有关。尽管愤怒面孔背景下女性睾酮水平与脑区激活无关，但是在男性中存在一定关联。在愤怒面孔背景下，男性睾酮水平与腹内侧前额叶皮层激活呈正相关，而与杏仁核激活呈负相关（Stanton, Wirth, Waugh, & Schultheiss, 2009）。可能的解释是，愤怒面孔诱发了愤怒相关的加工模式，从而易化睾酮水平的增加。然而，处于fMRI扫描仪的受限情境下，认识到只是图片而不是真实的互动对象，可能促使男性下调他们的愤怒感（见第16章）。

研究攻击和愤怒的性别特异脑机制的情绪和行为结果发现，女性的情绪脑机制与男性相似，但行为脑机制存在差异。特别是评估愤怒感的调查发现，两性体验愤怒感的频率和强度相等（Archer, 2004）。然而，有人可能会认为，该发现不能完全忽视愤怒体验的性别差异，因为许多情绪是自动引发的，不经意识反应就被体验，所以判断外显情绪很困难且并不可靠。例如，研究者观察到，即使自我报告的情绪不存在性别差异，但情绪诱导的心脏反应存在性别差异（Labouvie-Vief, Lumley, Jain, & Heinze, 2003）。此外，一些证据发现男性比女性更频繁地控制愤怒，表明相对于女性，男性的愤怒感更频繁和/或更强烈（Doster, Purdum, Martin, Goven, & Moorefield, 2009）。

虽然愤怒感是否存在性别差异目前还存在争议，但是攻击行为存在性别差异获得了一致的结论。在美国，男性犯谋杀罪比女性高10倍，受到“矫正监督”的可能性也比女性高5倍（Craig & Halton, 2009）。其他国家也收集到类似统计数据，表明男性比女性更易于做出暴力行为。由于愤怒的自我报告缺乏性别差异，这些发现可能与男性眶额皮层较小有关，因此他们难以抑制攻击性冲动（Jones, 2008）。然而，也可能是冲动受到了男性多巴胺能和睾酮活动上调的影响。

厌恶和蔑视

厌恶是对憎恶对象的反应，这一对象的存在可能通过视觉、嗅觉、味觉、触觉或听觉等感知。因此，虽然厌恶和愤怒相似，都是一种负性情绪，但厌恶与各感官的联系更紧密，促进个体回避而不是接近。研究者认为，厌恶是对疾病刺激的适应性反应（Curtis, Aunger, & Rabie, 2004），能防止人们被病毒、细菌，或是食物、尸体和病患身上的寄生虫所污染。此概念已扩展到同一社交圈子的个人犯规行为上。注意到这种行为并产生厌恶的社交情感，称之为蔑视。

与厌恶体验紧密关联的感觉中，味觉特别重要。即使距离较远，厌恶刺激仍会激活前脑岛的味觉基本皮层，因此可能在个体口中留下不好的味道。脑成像研究发现，与中性信息相比，厌恶刺激或人类非言语的厌恶信号更强地激活前脑岛（Wicker et al., 2003）。其他证据来自病理学患者。例如，NK，是一个损伤由脑岛延伸至基底神经节的患者，对通常令人憎恶的、与疾病相关的刺激不再感到厌恶，也难以识别他人的厌恶表情（Calder, Keane, Manes, Antoun, & Young, 2000）。

脑岛和基底神经节的总体形态学分析，没有发现显著的性别差异（Goldstein et al., 2001; 也见 Welborn et al., 2009，他们发现女性壳核和苍白球更大）。然而，脑功能似乎存在性别差异。神经成像研究表明，女性比男性对厌恶图片有更大的神经元活动，这些活动差异反映在双侧脑岛、额叶和颞叶皮层上（Aleman & Swart, 2008）。有趣的是，蔑视的面部表情诱发女性比男性更小的神经元活动（Aleman & Swart, 2008），表明厌恶与其社会对应行为——蔑视存在分离。

神经成像结果与自我报告的厌恶敏感性相一致。跨文化研究表明，女性比男性感到的厌恶程度更深，而且似乎终生一致（Curtis et al., 2004）。相比而言，蔑视的主观体验研究较少。然而，有限的研究表明，蔑视对男性的作用更大。相比女性，观察者更容易将男性的行为感知为蔑视，特别是如果男性同时被感知为高支配性和低从属性（Hess et al., 2005）。而且，自我报告的社会支配已被证明与蔑视面孔的脑反应相关联，使得研究者推测相对于女性，男性的社会支配调节蔑视敏感性更强（Aleman & Swart, 2008）。

情绪调节

情绪是行为的基本动机因素。如果没有情感，人们不会采取行动。但是有时候，一个完整的情绪反应可能不适当，甚至会损害行为结果。例如，过度恐惧可能妨碍个人面试成功，而愤怒则可能导致小争执变成暴力冲突。因此，虽然情绪会引发重要的行为冲动，但是也有内置的制动器，防止冲动不受控制。

研究者将自然制动器称为情绪调节（见第16章）。过去十年，研究者确定了许多实现情绪调节的机制，开发了一系列分类系统。有关它们神经基础的两个研究最完善的机制是：（1）认知重评，指调节注意力和/或认知的情绪调节策略，进而以目标导向方式重新评价情绪事件；（2）情绪表达抑制，指以身体（例如面部肌肉）为目标的情绪调节策略，像认知重评一样，服务于情境目标（Welborn et al., 2009）。

相关研究发现，存在两个专门的脑系统（Ochsner & Gross, 2005）负责不同的调节策略。一个是位于眶额皮层中的腹侧系统，支持情绪刺激的内隐和背景敏感性评价，以及选择合适的反应。另一个位于背侧前额叶皮层，负责事件的外显推理，而且可能通过影响腹侧系统或者通过影响知觉和记忆系统来影响情绪。像依赖背侧前额皮层的其他功能一样，当练习或体验外显情绪调节变得内隐时，背侧系统对情绪调节的作用可能会降低。

在情绪调节相关的脑系统中，腹侧系统表现出比较一致的性别差异。形态学研究发现，男性拥有比女性更小的眶额皮层，特别是右侧和腹内侧部分（Goldstein et al., 2001; Welborn et al., 2009）。而且，情绪挑战情境下，腹内侧前额叶皮层的体积与自我报告的表达抑制频率呈负相关，并且在情绪的表达抑制上存在性别差异（Gross & John, 2003）。由于腹内侧前额皮层体积的差异，男性报告使用表达抑制的频率比女性更高（Welborn et al.，2009）。

除了体积差异，研究表明情绪调节过程中男

性与女性腹侧系统的卷入不同。对于男性，该系统损伤导致应激挑战任务期间血液皮质醇水平所测量的应激反应降低。相反，相似的损伤导致女性血液皮质醇水平升高（Buchanan et al., 2010）。情绪调节任务中也观察到脑活动的性别差异。例如，马克（Mak）及其同事（2009）发现，男性更大程度地使用背侧情绪调节系统，而女性更大程度地使用腹侧情绪调节系统。可惜的是，该研究和前文提到的脑损伤研究，没有限定被试任务期间所使用的情绪调节策略。因此，所观察到的性别差异可能反映了习惯化情绪调节策略的两性差异。例如，男性可能更多使用表达抑制，更强烈地依赖背侧系统。而且当潜在的竞争者——腹侧系统受损时，通过该系统的调节可能变得更容易。相反，女性可能更倾向于通过腹侧系统进行情绪调节，而当该系统受损时，可能体验到更强的情绪压力。

探究在特定情绪调节策略上是否存在性别差异的研究较少。在一项研究中，马克劳（McRae）及其同事（2008）向被试呈现了负性图片，要求被试“观看”或者“调节”他们的情绪反应。在“观看”情绪反应条件下，被试被动地观看图片。在“调节”情绪反应条件下，要求被试使用认知重评策略减少可能的负性情绪。相对于“观看”条件，“调节”条件诱发更大的腹侧和背侧系统活动，降低了杏仁核活动。在腹侧和背侧系统都观察到了性别差异，表现为女性比男性激活更强。杏仁核效应则相反，杏仁核活动随男性而不是女性的调节减弱。值得注意的是，女性腹侧纹状体呈现情绪调节效应，而男性则不存在。因此作者推测，女性不是下调负性情绪反应，而是重评事件以引起正性情绪反应。虽然是推测，但是该解释与自我报告的情绪调节证据相吻合。虽然女性比男性更可能通过冗思或灾难化沉浸在负性事件中（Garnefski, Teerds, Kraaij, Legerstee, & van den Kommer, 2004），但她们更可能会积极重评。也即，如果她们有意改善好情绪，她们显然比男性更可能思考快乐经历（Garnefski et al., 2004）。

正如前文讨论所示，是否以及如何进行情绪调节等方面存在性别差异。因此，人们可能会问，这些差异在多大程度上能够解释所观察到的基本情绪体验和神经相关的性别差异。研究者已经表明习惯性情绪调节和情绪加工的关系。例如，相对于较少使用认知重评策略的个体，日常生活中频繁使用该策略的个体会表现出杏仁核激活的降低和前额皮层激活的增加（Drabant, McRae, Manuck, Hariri, & Gross, 2009）。因此，性别特异的情绪调节策略可能产生性别特异的情绪反应。

虽然考虑情绪加工的性别差异时，我们想保留这种可能性，但下文的观察结果使情绪调节显得混乱。一般来说，女性体验亲社会情绪比男性更强烈，而男性体验反社会情绪比女性更强烈。因此，情绪加工的性别差异不是单向的，而是来自所体验情绪的社会功能。因为目前没有证据表明，情绪调节机制和相关的性别差异同样是情绪特异性的，现有研究不能充分解释我们所看到的情绪反应的性别差异。然而，基于缺乏证据的假设是有问题的，未来研究必须解决这个问题。

情绪影响认知的性别差异

到目前为止，本文已经综述了男女在情绪事件反应的多个方面存在性别差异。情绪反应的必要部分是事件所引起的认知过程，而且影响个体当前和未来的行为。下面第一部分简要描述认知过程的子集，它随情绪变化，而且情绪变化差异是性别的函数。

第一个过程与注意有关。现在已经确定，情绪事件比中性事件更能捕捉和维持注意。而且有证据表明男女在这方面存在差异。例如，女性似乎更可能注意到呈现在注意焦点之外的情绪信息。具体而言，当未被注意的听觉序列突然被情绪偏差刺激而不是中性偏差刺激打断时，女性比男性更可能出现增强的失匹配负波——听觉变化觉察的一种事件相关电位指标（Schirmer et al., 2005; 图 26.1）。该效应仅呈现于言语而不是非言语的偏差刺激中，表明了社会相关性在解释情绪性别差异方面的重要性（Schirmer et al., 2007）。情绪影响语言加工也存在男女差异。其他研究结果表明，语言理解时女性更容易整合背景的情绪信息（Schirmer, Kotz, & Friederici, 2002）。因此，她们加工背景相关词汇时困难较小。而且与男性相比，正性情绪会更促进女性与概念相关的远距离加工（Federmeier, Kirson, Moreno, & Kutas, 2001）。正性情绪使女性的语义网络激活传播得更远，使得概念连接更容易，更可能产生想法。

最后，研究表明男女在情绪与记忆关系上也存在性别差异。虽然情绪能促进两性随后的记忆，但是背后机制不同。脑功能成像研究发现，记忆编码期间的情绪效应引起男性右侧杏仁核活动，反而引起女性左侧化杏仁核活动（Cahill et al., 2001）。这些差异与静息状态的杏仁核连接差异（Kilpatrick et al., 2006），以及记忆的不同形式有关。关于记忆形式，情绪记忆任务之前应用 β 受体阻断剂，能够分别损害男性对整体/主旨信息的提取和女性对局部/细节信息的提取（Cahill & van Stegeren, 2003）。因此有研究者提出，男性右杏仁核支持储存整体/主旨信息，而女性左杏仁核支持储存局部/细节信息。这些及其他记忆效应已被确定受女性月经周期影响（Andreano & Cahill, 2008），表明受到激素调节。

性别分化的影响因素

科学家和哲学家对情绪和人类思想的其他方面存在性别差异的原因进行了长期的辩论。例如，亚里士多德认为“女性通常天生存在缺陷”（Whitback, 1976）。相反，他的导师柏拉图认为，尽管女性身体素质处于劣势，但是女性智力可能不会处于劣势，如果接受相同的指导，她们可能有相似的追求（Plato, 2000）。性别平等的观念在 20 世纪西方文化中也很受欢迎。随着行为主义作为一个思想学派的出现，研究者将明显的两性差异解释为他们所处环境的不同。男性所处的环境需要他们拥有更负责任和更权威的地位，这培养了男性的责任感和权威性，并削弱了女性相似的能力。斯金纳的名言“给我一个男孩，我能把他培养成任何人”，就很好地反映了这些观点。

随着科学家克服行为主义教条，开始探索人类思想及其基础——大脑，发现了男性和女性的一些生物学差异。如前所述，大脑结构和功能差异可能与心理过程和行为差异相关。然而，这些发现没有完全说明先天的重要性。毕竟，性别化环境为男孩和女孩发展提供了不同的挑战和资源，从而造成他们大脑的不同发展（Kimmel, 2000）。此外，怀疑者认为出生时的性别差异可以忽略，如果以同样方式教养男孩和女孩，那么成年后的差异仍然可以忽略。

当研究者发现环境未能成功塑造两性的典型行为时，行为主义的错误信念就变得清晰起来，案例之一是布鲁斯·利莫尔（Bruce Reimer）（Colapinto, 2000）。婴儿时期他在割礼中失去了生殖器，父母当时遵循医生建议，把布鲁斯作为女孩来抚养。尽管接受这样的教养方式和女性荷尔蒙治疗，但是布鲁斯仍经历了性别认同困难。后来父母透露了他的生理性别后，他决定重新成为一名男性，并接受必要的医学治疗。然而童年经历留下了深刻的印记，他的生活并不令人满意。由此所带来的严重心理障碍，使其在38岁时结束了自己的生命，尽管他当时已经成家并收养了孩子。

其他强调先天作用的观察研究，是在先天性肾上腺皮质增生症（CAH）儿童中展开的。CAH是一种遗传病，影响肾上腺皮质醇的合成酶。后果之一是性类固醇亢奋或过度合成。CAH女孩的雄性激素（即雄性类固醇）分泌量增加，她们比未患该疾病的女孩更偏爱男性偏爱的玩具。当在一堆玩具中挑选时，她们更喜欢玩具枪和积木，而不是洋娃娃和美丽的物件。重要的是，即使父母在一旁鼓励其选择女孩偏爱的玩具，她们仍会那样挑选（Pasterski et al., 2005）。事实上，玩具偏好也在雄性和雌性灵长类动物中观察到，这进一步强调了先天遗传决定性别特异行为的重要性（Alexander & Hines, 2002; 图26.3）。

最后，越来越多的证据表明了性激素在健康成人的情绪反应中的作用。前文描述的几种情绪现象依赖于睾酮、雌激素和孕酮水平，而这些激素在人一天的不同时间、不同年龄阶段以及女性月经周期中不断变化。例如，未被注意的语音异常随情绪和雌激素不同，诱发不同的早期皮层反应（Schirmer et al., 2008）。而且雌激素和孕酮似乎增强负性图片的杏仁核和海马激活（Andreano

图26.3 黑长尾猴表现出性别特定的玩具偏好（Alexander & Hines, 2002）。雌猴在女孩通常喜欢的玩具（例如，洋娃娃）上花费更多时间，而雄猴在男孩通常喜欢的玩具（例如，小汽车）上花费更多时间。经爱思唯尔公司授权转载

& Cahill, 2010）。这些激素与睾酮一起影响情绪调节。其中，凡·维根（van Wingen）等（2011）的综述表明，孕酮增强杏仁核和内侧前额叶皮层之间的连接，而睾酮降低杏仁核和眶额皮层之间的连接，因此它们可能分别促进情绪调节和抑制干扰行为。最后，有证据表明性激素影响情绪事件学习（Milad et al., 2006, 2010）。重要的是，相对于高水平，当雌激素水平低时，女性在恐惧条件化和消退后更容易恢复。研究人员推测，这种激素调节学习可能与女性焦虑症高发病率相关。

尽管大量证据表明了性激素的组织和调节效应，但是就此推断它们与环境影响对立，可以完全解释情绪的性别差异，也是不恰当的。相反，情绪的性别差异似乎既受先天生物机制影响，也受后天环境影响。这种观点的证据来自于表观遗传学研究领域，它研究基因组所存储信息的基因表达变化。甲基化就是这样的信息，指甲基组与细胞DNA的一部分相结合，从而调节转录因子结合和细胞特异性蛋白质合成。

研究表明甲基化作用会随着环境条件而变化。该观点得到动物相关研究的支持，即父母的照顾通过基因表达影响大脑功能。母亲和后代之间的早期触觉互动，会影响海马糖皮质激素受体的表达。比起很少受到母亲舔舐和梳理的后代，受到母亲频繁舔舐和梳理的后代在海马分泌更多的糖皮质激素受体（Zhang & Meaney, 2010）。海马在调节HPA轴活动中发挥关键作用，因为它接收关于肾上腺所释放的糖皮质激素水平的反馈。因此，随着开始接触应激源，更多的糖皮质激素受体转化为更大的HPA活动抑制。舔舐和梳理也被证明影响内侧前眼区雌激素受体的表达，和催产素受体的发展相关（Zhang & Meaney, 2010）。经历频繁舔舐和梳理的雌性后代分泌出更多催产素受体，并且更容易密切关心那些不属于自己的巢穴（Zhang & Meaney, 2010）。

这些效果是显著的，因为它们证明了生命早期经历会导致持续的脑功能变化。而且，关于影响人脑甲基化和基因表达的近期证据表明，动物研究所观察到的表观遗传学效应也存在于人类中（McGowan et al., 2009）。因此，研究性别差异时，将环境因素，如父母照顾，作为关键因素是合理的。特别是，大量证据表明父母和男孩、女孩互动的方式不同。例如，一些研究者发现，相比于女孩，父母很少对男孩谈论情感，并且更强烈地限制男孩表达悲伤（Maccoby, 1998）。其他研究报告显示，与男婴相比，女性倾向于更多地向女婴微笑，为其选择不同玩具（Will, Self, & Datan, 1976），以不同方式抚摸她们（Fleishman, 1983）。与女婴相比，男婴接受的母亲腹部接触更少。然而，在生命前3个月，他们接受的一般抚摸比女婴更多。在6个月时模式逆转了。从那时起到成年，女孩比男孩接受的触觉接触更频繁（Fleishman, 1983）。

考虑到早期触觉经验对基因表达的作用，很容易设想早期性别特异的养育方式影响婴儿脑发育。而且可以推测，对女孩更多的触觉刺激促进了其社交脑发展和相关的亲社会情绪；相反，限制男孩的触觉接触，可能削弱他们的社交发展。因此，先天遗传和后天环境共同塑造人类思想，创造了两种具有不同情绪倾向的个体。

结论

男女在情绪上存在多方面的性别差异。对于某些情绪，男性比女性表现出更强烈的主观感觉、认知和/或行为反应（例如，愤怒、蔑视），而对于其他情绪，则正好相反（例如，悲伤、恐惧、厌恶）。并且，笔者所观察到的一系列情绪的性别差异，并不依赖于情绪本身而是依赖于诱发刺激的属性（例如，社会的与非社会的）。男性和女性不同的情绪调节机制可能进一步促进了性别特异化。

虽然所报告的性别差异是非常复杂的，但是可以从性别分化的其他方面推断组织原则。具体而言，人类与大多数动物一样表现出性别二态性，和生殖与后代照顾的性别特异作用一致。在人类进化中，这些二态性可能有助于不同生活方式的出现和社会分工的开始——也是现代人类社会的一个关键特征。一些研究者认为，早期人类男性从事狩猎和女性参与食物收集与儿童保育的倾向，发展为更加多样化的分工，最终使现代人类驯养动物，培育植物，创造出所谓的“文明”（Kuhn & Stiner, 2006）。

本章所综述的证据表明，情绪特异化可能是发展的必要部分。而且可以推测，男性和女性分工任务的出现促进了性别特异的情绪倾向。例如，狩猎，特别是大型狩猎活动，需要有一定准备的攻击活动并接受对生命的潜在伤害。这同样适用于领地行为，这种行为在人类和其他灵长类动物的雄性中发展得更突出。因此，对于男性来说，促进攻击（例如，愤怒/蔑视）的情绪反应可能比减少攻击（例如，恐惧/悲伤）的情绪反应产生更大的益处。相反，食物收集和儿童保育等早期女性的典型任务的对抗性和危险性较低。因此，攻击行为对于女性来说并不重要，反而可能阻碍团体凝聚力。由于女性体力较弱，繁殖后代投入较大，女性比男性更依赖社交纽带保护（Taylor et al., 2000）。因此，自我保护相关的情绪（例如，恐惧/厌恶）和促进亲社会行为相关的情绪（例如，恐惧/悲伤/幸福），可能比触发攻击冲动的情绪对女性更有益。

情绪特异化的一个后果是，男性和女性将自身定位在“基本情绪连续体”的不同点。因此，

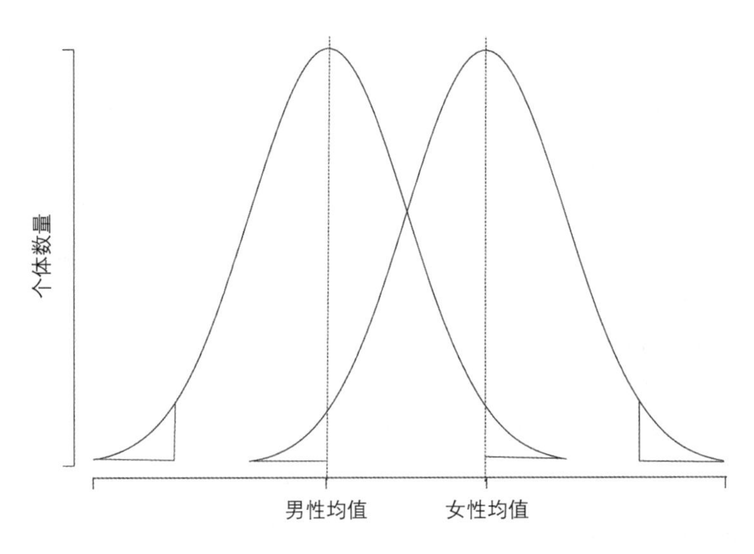

图26.4 男性和女性被诊断为特异社会情绪障碍的频率存在差异。这可能反映了这些疾病涉及的情绪系统反应性/敏感性的性别差异。女性表现出更容易感受社交相关情绪（例如悲伤、幸福、恐惧），而男性表现出更容易感受社会冲突相关情绪（例如愤怒、蔑视）。心理障碍诊断的性别特异偏差，可能是由于心理障碍诊断是参照两性平均值所定义的正常行为，而不是参照性别特异的平均值

如果他们存在情绪困扰，当他们偏离两性平均值，相对于偏离自身性别的平均值而偏向异性性别的平均值时，他们更可能被认为是异常的（图 26.4）。因此，情绪障碍的诊断可能因性别而异，女性比男性更常出现亲社会性情绪障碍。也就是说，她们比男性更可能遭受强烈和长期的恐惧或悲伤。相反，男性更常出现反社会性情绪障碍，他们比女性更可能被诊断为反社会型人格障碍或社交障碍。为了成功地处理这些状况，认识健康情绪加工过程及其两性变体至关重要。虽然情绪研究长期忽视了性别这一重要变量，但是过去十年发生了显著变化。在此期间，研究者已经发现了男性和女性大脑之间的化学物质、细胞、总体结构和功能的差异，而且揭示了先天遗传与后天教养之间的相互作用。有鉴于此，可知先天机制和后天环境以性别特异方式共同塑造了人类思维。虽然两个决定性因素相互作用的研究主要在早期发育期展开，但是已表明它们对于整个生命期有效（Weaver, Meaney, & Szyf, 2006）。因此，更好地理解先天与后天的相互作用，能为预防和治疗儿童与成人精神病提供新的视角。

重点问题和未来方向

· 本章指出，男女在不同情绪方面产生了质的性别差异。差异背后的一个原则是：情绪倾向于引发亲社会还是反社会行为。该原则是否有效，是否有其他原则导致性别差异，仍然是一个需要探究的问题。

· 目前尚未清楚脑形态性别差异和脑功能的关系。而且，对神经元连接和神经化学信号的性别差异知之甚少。解决这些问题将完全理解男女情绪的性别差异。

· 基于目标或情境的情绪自动调节能力，为探究情绪相关的性别差异带来了巨大的挑战。未来情绪加工的研究需要考虑情绪调节效应，并找到模拟其影响的方法。

参考文献

Abler, B., Hofer, C., & Viviani, R. (2008). Habitual emotion regulation strategies and baseline brain perfusion. *Neuroreport*, *19*, 21–4.

Andreano, J. M., & Cahill, L. (2008). Menstrual cycle modulation of the relationship between cortisol and long-term memory. *Psychoneuroendocrinology*, *33*, 874–82.

Andreano, J. M., & Cahill, L. (2010). Menstrual cycle modulation of medial temporal activity evoked by negative emotion. *Neuroimage*, *53*, 1286–93.

Aleman, A., & Swart, M. (2008). Sex differences in neural activation to facial expressions denoting contempt and disgust. *PLoS One*, *3*, e3622.

Alexander, G. M., & Hines, M. (2002). Sex differences in response to children's toys in nonhuman primates (Cercopithecus aethiops sabaeus). *Evolution and Human Behavior*, *23*, 467–79.

Archer, J. (2004). Sex differences in aggression in real-world settings: A meta-analytic review. *Review of General Psychology*, *8*, 291–322.

Anokhin, A. P., & Golosheykin, S. (2010). Startle modulation by affective faces. *Biological Psychology*, *83*, 37–40.

Becker, D. V., Kenrick, D. T., Neuberg, S. L., Blackwell, K. C., & Smith, D. M. (2007). The confounded nature of angry men and happy women. *Journal of Personality and Social Psychology*, *92*, 179–90.

Becker, J. B. (2009). Sexual differentiation of motivation: A novel mechanism? *Hormones and behavior*, *55*, 646–54.

Bradley, M. M., Codispoti, M., Cuthbert, B. N., & Lang, P. J. (2001). Emotion and motivation I: Defensive and appetitive reactions in picture processing. *Emotion*, *1*, 276–98.

Bronson, F. H., & Desjardins, C. (1968). Aggression in adult mice: Modification by neonatal injections of gonadal hormones. *Science*, *161*, 705–6.

Buchanan, T. W., Driscoll, D., Mowrer, S. M., Sollers III, J. J., Thayer, J. F., Kirschbaum, C., et al. (2010). Medial prefrontal cortex damage affects physiological and psychological stress responses differently in men and women. *Psychoneuroendocrinology*, *35*, 56–66.

Cahill, L., Haier, R. J., White, N. S., Fallon, J., Kilpatrick, L., Lawrence, C., et al. (2001). Sex-related difference in amygdala activity during emotionally influenced memory storage. *Neurobiology of Learning and Memory*, *75*, 1–9.

Cahill, L., & van Stegeren, A. (2003). Sex-related impairment of memory for emotional events with ß-adrenergic blockade. *Neurobiology of Learning and Memory*, *79*, 81–8.

Calder, A. J., Keane, J., Manes, F., Antoun, N., & Young, A. W. (2000). Impaired recognition and experience of disgust following brain injury. *Nature Neuroscience*, *3*, 1077–8.

Colapinto, J. (2000). *As nature made him: The boy who was raised as a girl*. New York: Harper-Collins.

Craig, I. W., & Halton, K. E. (2009). Genetics of human aggressive behaviour. *Human Genetics*, *126*, 101–13.

Crijnen, A. A. M., Achenbach, T. M., & Verhulst, F. C. (1997). Comparisons of problems reported by parents of children in 12 cultures: Total problems, externalizing, and internalizing. *Journal of the American Academy of Child and Adolescent Psychiatry*, *36*, 1269–77.

Curtis, V., Aunger, R., & Rabie, T. (2004). Evidence that disgust evolved to protect from risk of disease. *Proceedings of the Royal Society of London*, *271*, 131–3.

Dalla, C., & Shors, T. J. (2009). Sex differences in learning processes of classical and operant conditioning. *Physiology & Behavior*, *97*, 229–38.

Doster, J. A., Purdum, M. B., Martin, L. A., Goven, A. J., & Moorefield, R. (2009). Gender differences, anger expression, and cardiovascular risk. *Journal of Nervous and Mental Disease*, *197*, 552–4.

Drabant, E. M., McRae, K., Manuck, S. B., Hariri, A. R., & Gross J. J. (2009). Individual differences in typical reappraisal use predict amygdala and prefrontal responses. *Biological Psychiatry*, *65*, 367–73.

Eisenberger, N. I., Inagaki, T. K., Rameson, L. T., Mashal, N. M., & Irwin, M. R. (2009). An fMRI study of cytokine-induced depressed mood and social pain: The role of sex differences. *NeuroImage*, *47*, 881–90.

Eisenberger, N. I., Lieberman, M. D., & Williams, K. D. (2003). Does rejection hurt? An fMRI study of social exclusion. *Science*, *302*, 290–2.

Else-Quest, N. M., Hyde, J. S., Goldsmith, H. H., & Van Hulle, C. A. (2006). Gender differences in temperament: A meta-analysis. *Psychological Bulletin*, *132*, 33–72.

Eugène, F., Lévesque, J., Mensour, B., Leroux, J. M., Beaudoin, G., Bourgouin, P., et al. (2003). The impact of individual differences on the neural circuitry underlying sadness. *Neuroimage*, *19*, 354–64.

Federmeier, K. D., Kirson, D. A., Moreno, E. M., & Kutas, M. (2001). Effects of transient, mild mood states on semantic memory organization and use: An event-related potential investigation in humans. *Neuroscience Letters*, *305*(3), 149–52.

Ferrari, P. F., Van Erp, A. M. M., Tornatzky, W., & Miczek, K. A. (2003). Accumbal dopamine and serotonin in anticipation of the next aggressive episode in rats. *European Journal of Neuroscience*, *17*, 371–8.

Figueira, M. L., Caeiro, L., Ferro, A., Severino, L., Duarte, P. M., Abreu, M., et al. (2008). Validation of the Temperament Evaluation of Memphis, Pisa, Paris and San Diego (TEMPS-A): Portuguese-Lisbon version. *Journal of Affective Disorders*, *111*(2–3), 193–203.

Fleishman, E. G. (1983). Sex-role acquisition, parental behavior, and sexual orientation: Some tentative hypotheses. *Sex Roles*, *9*, 1051–9.

Fuller, B. F. (2002). Infant gender differences regarding acute established pain. *Clinical Nursing Research*, *11*, 190–203.

Garnefski, N., Teerds, J., Kraaij, V., Legerstee, J., & van den Kommer, T. (2004). Cognitive emotion regulation strategies and depressive symptoms: Differences between males and females. *Personality and Individual Differences*, *36*, 267–76.

Goldstein, J. M., Seidman, L. J., Horton, N. J., Makris, N., Kennedy, D. N., Caviness Jr, V. S., et al. (2001). Normal sexual dimorphism of the adult human brain assessed by in vivo magnetic resonance imaging. *Cerebral Cortex*, *11*, 490–7.

Gross, J. J., & John, O. P. (2003). Individual differences in two emotion regulation processes: Implications for affect, relationships, and well-being. *Journal of Personality and Social Psychology*, *85*, 348–62.

Hamann, S. (2005). Sex differences in the responses of the human amygdala. *Neuroscientist*, *11*, 288–93.

Hamann, S., Herman, R. A., Nolan, C. L., & Wallen, K. (2004). Men and women differ in amygdala response to visual sexual stimuli. *Nature Neuroscience*, *7*, 411–6.

Harmon-Jones, E., & Peterson, C. K. (2009). Supine body position reduces neural response to anger evocation. *Psychological Science*, *20*, 1209–10.

Hess, U., Adams Jr, R., & Kleck, R. (2005). Who may frown and who should smile? Dominance, affiliation, and the display of happiness and anger. *Cognition & Emotion*, *19*, 515–36.

Jones, D. (2008). Killer instincts: What can evolution say about why humans kill – and about why we do so less than we used to? *Nature, 451*, 512–5.

Kilpatrick, L. A., Zald, D. H., Pardo, J. V., & Cahill, L. (2006). Sex-related differences in amygdala functional connectivity during resting conditions. *Neuroimage, 30*, 452–61.

Kuhn, C., Johnson, M., Thomae, A., Luo, B., Simon, S. A., Zhou, G., et al. (2010). The emergence of gonadal hormone influences on dopaminergic function during puberty. *Hormones and Behavior, 58*, 122–37.

Kuhn, S. L., & Stiner, M. C. (2006). What's a mother to do? The division of labor among Neandertals and modern humans in Eurasia. *Current Anthropology, 47*, 953–80.

Kimmel, M. S. (2000). *The gendered society*. New York: Oxford University Press.

Labouvie-Vief, G., Lumley, M. A., Jain, E., & Heinze, H. (2003). Age and gender differences in cardiac reactivity and subjective emotion responses to emotional autobiographical memories. *Emotion, 3*, 115–26.

Labus, J. S., Naliboff, B. N., Fallon, J., Berman, S. M., Suyenobu, B., Bueller, J. A., et al. (2008). Sex differences in brain activity during aversive visceral stimulation and its expectation in patients with chronic abdominal pain: A network analysis. *Neuroimage, 41*, 1032–43.

LaFrance, M., & Henley, N. M. (1994). On oppressing hypotheses: Or differences in nonverbal sensitivity revisited. In H. L. Radtke & H.J. Stam (Eds.), *Power/gender: Social relations in theory and practice. Inquiries in social construction* (pp. 287–311). London: Sage.

Maccoby, E. E. (1998). The socialization component. In E. E. Maccoby (Ed.), *The two sexes: Growing up apart, coming together* (pp. 118–52). Cambridge, MA: Belknap Press.

Maccoby, E. E., & Jacklin, C. N. (1974). *The psychology of sex differences*. Stanford, CA: Stanford University Press.

Mak, A. K., Hu, Z., Zhang, J. X., Xiao, Z., & Lee, T. M. (2009). Sex-related differences in neural activity during emotion regulation. *Neuropsychologia, 47*, 2900–08.

Martin, V. T. (2009). Ovarian hormones and pain response: A review of clinical and basic science studies. *Gender Medicine: Official Journal of the Partnership for Gender-Specific Medicine at Columbia University, 6*(Suppl. 2), 168–92.

McClure, E. B., Monk, C. S., Nelson, E. E., Zarahn, E., Leibenluft, E., Bilder, R. M., et al. (2004). A developmental examination of gender differences in brain engagement during evaluation of threat. *Biological Psychiatry, 55*, 1047–55.

McGaugh, J. L. (2004). The amygdala modulates the consolidation of memories of emotionally arousing experiences. *Annual Review of Neuroscience, 27*, 1–28.

McGowan, P. O., Sasaki, A., D'Alessio, A. C., Dymov, S., Labonté, B., Szyf, M., et al. (2009). Epigenetic regulation of the glucocorticoid receptor in human brain associates with childhood abuse. *Nature Neuroscience, 12*, 342–8.

McRae, K., Hughes, B., Chopra, S., Gabrieli, J. D., Gross, J. J., & Ochsner, K. N. (2010). The neural bases of distraction and reappraisal. *Journal of Cognitive Neuroscience, 22*, 248–62.

McRae, K., Ochsner, K.N., Mauss, I. B., Gabrieli, J. J., & Gross, J. J. (2008). Gender differences in emotion regulation: An fMRI study of cognitive reappraisal. *Group Processes & Intergroup Relations, 11*, 143–62.

Mechelli, A., Friston, K. J., Frackowiak, R. S., & Price, C. J. (2005). Structural covariance in the human cortex. *Journal of Neuroscience, 25*, 8303–10.

Milad, M. R., Goldstein, J. M., Orr, S. P., Wedig, M. M., Klibanski, A., Pitman, R. K., & Rauch, S. L. (2006). Fear conditioning and extinction: Influence of sex and menstrual cycle in healthy humans. *Behavioural Neuroscience, 120*, 1196–1203.

Milad, M. R., Zeidan, M. A., Contero, A., Pitman, R. K., Klibanski, A., Rauch, S. L., & Goldstein, J. M. (2010). The influence of gonadal hormones on conditioned fear extinction in healthy humans. *Neuroscience, 168*, 652–58.

Nelson, R. J. & Trainor, B. C. (2007). Neural mechanisms of aggression. *Nature Reviews Neuroscience, 8*, 536–46.

Nolen-Hoeksema, S. (2001). Gender differences in depression. *Current Directions in Psychological Science, 10*, 173–76.

Ochsner, K. N., & Gross, J. J. (2005). The cognitive control of emotion. *Trends in Cognitive Sciences, 9*, 242–9.

Oliveira, R. F., Lopes, M., Carneiro, L. A., & Canário, A. V. (2001). Watching fights raises fish hormone levels. *Nature, 409*, 475.

Pasterski, V. L., Geffner, M. E., Brain, C., Hindmarsh, P., Brook, C., & Hines, M. (2005). Prenatal hormones and postnatal socialization by parents as determinants of male-typical toy play in girls with congenital adrenal hyperplasia. *Child Development, 76*, 264–78.

Paulson, P. E., Minoshima, S., Morrow, T. J., & Casey, K. L. (1998). Gender differences in pain perception and patterns of cerebral activation during noxious heat stimulation in humans. *Pain, 76*, 223–9.

Pinna, G., Costa, E., & Guidotti, A. (2005). Changes in brain testosterone and allopregnanolone biosynthesis elicit aggressive behavior. *Proceedings of the National Academy of Sciences, 102*, 2135–40.

Plato. (2000). *The republic*. Mineola, NY: Dover Publications.

Pompili, M., Girardi, P., Tatarelli, R., Iliceto, P., De Pisa, E., Tondo, L., et al. (2008). TEMPSA (Rome): Psychometric validation of affective temperaments in clinically well subjects in mid- and south Italy. *Journal of Affective Disorders*, *107*, 63–75.

Rogstad, J. E., & Rogers, R. (2008). Gender differences in contributions of emotion to psychopathy and antisocial personality disorder. *Clinical Psychology Review*, *28*, 1472–84.

Romans, S. E., Tyas, J., Cohen, M. M., & Silverstone, T. (2007). Gender differences in the symptoms of major depressive disorder. *Journal of Nervous and Mental Disease*, *195*, 905–11.

Sabatinelli, D., Flaisch, T., Bradley, M. M., Fitzsimmons, J. R., & Lang, P. J. (2004). Affective picture perception: gender differences in visual cortex? *Neuroreport*, *15*, 1109–12.

Safdar, S., Matsumoto, D., Kwantes, C.T., Friedlmeier, W., Yoo, S.H., Kakai, H., et al. (2009). Variations of emotional display rules within and across cultures: A comparison between Canada, USA, and Japan. *Canadian Journal of Behavioural Science*, *41*, 1–10.

Schienle, A., Schäfer, A., Stark, R., Walter, B., & Vaitl, D. (2005). Gender differences in the processing of disgust- and fear-inducing pictures: An fMRI study. *Neuroreport*, *16*, 277–80.

Schirmer, A., Escoffier, N., Li, Q. Y., Li, H., Strafford-Wilson, J., & Li, W.-I. (2008). What grabs his attention but not hers? Estrogen correlates with neurophysiological measures of vocal change detection. *Psychoneuroendocrinology*, *33*, 718–27.

Schirmer, A., Kotz, S. A., & Friederici, A. D. (2002). Sex differentiates the role of emotional prosody during word processing. *Cognitive Brain Research*, *14*, 228–33.

Schirmer, A., Simpson, E., & Escoffier, N. (2007). Listen up! Processing of intensity change differs for vocal and nonvocal sounds. *Brain Research*, *1176*, 103–12.

Schirmer, A., Striano, T., & Friederici, A.D. (2005). Sex differences in the pre-attentive processing of vocal emotional expressions. *Neuroreport*, *16*, 635–9.

Simonoff, E., Pickles, A., Meyer, J. M., Silberg, J. L., Maes, H. H., Loeber, R., et al. (1997). The Virginia Twin Study of Adolescent Behavioral Development: Influences of age, sex, and impairment on rates of disorder. *Archives of General Psychiatry*, *54*, 801–8.

Singer, T., Seymour, B., O'Doherty, J. P., Stephan, K. E., Dolan, R. J., & Frith, C. D. (2006). Empathic neural responses are modulated by the perceived fairness of others. *Nature*, *439*, 466–9.

Stanton, S. J., Wirth, M. M., Waugh, C. E., & Schultheiss, O. C. (2009). Endogenous testosterone levels are associated with amygdala and ventromedial prefrontal cortex responses to anger faces in men but not women. *Biological Psychology*, *81*, 118–22.

Taylor, S. E., Klein, L. C., Lewis, B. P., Gruenewald, T. L., Gurung, R. A. R., & Updegraff, J. A. (2000). Biobehavioral responses to stress in females: Tend-and-befriend, not fight-or-flight. *Psychological Review*, *107*, 411–29.

van Tilburg, M. A., Becht, M. C., & Vingerhoets, A. J. (2003). Self-reported crying during the menstrual cycle: Sign of discomfort and emotional turmoil or erroneous beliefs? *Journal of Psychosomatic Obstetrics and Gynaecology*, *24*, 247–55.

van Wingen, G.A., Ossewaarde, L., Bäckström, T., Hermans, E. J., Fernández, G. (2011). Gonadal hormone regulation of the emotion circuitry in humans. *Neuroscience*, *191*, 38–45.

Weaver, I. C., Meaney, M. J., & Szyf, M. (2006). Maternal care effects on the hippocampal transcriptome and anxiety-mediated behaviors in the offspring that are reversible in adulthood. *Proceedings of the National Academy of Sciences*, *103*, 3480–5.

Welborn, B. L., Papademetris, X., Reis, D. L., Rajeevan, N., Bloise, S. M., & Gray, J. R. (2009). Variation in orbitofrontal cortex volume: Relation to sex, emotion regulation and affect. *Social Cognitive and Affective Neuroscience*, *4*, 328–39.

Whitbeck, C. (1976). Theories of sex difference. In C. C. Gould, & M. W. Wartofsky (Eds.), *Women and philosophy: Toward a theory of liberation* (pp. 54–80). New York: Putnam.

Wicker, B., Keysers, C., Plailly, J., Royet, J. P., Gallese, V., & Rizzolatti, G. (2003). Both of us disgusted in My insula: The common neural basis of seeing and feeling disgust. *Neuron*, *40*, 655–64.

Will, J. A., Self, A., & Datan, N. (1976). Maternal behavior and perceived sex of infant. *American Journal of Orthopsychiatry*, *46*(1), 135–39.

Williams, D. G., & Morris, G. H. (1996). Crying, weeping or tearfulness in British and Israeli adults. *British Journal of Psychology*, *87*, 479–505.

Williams, L. M., Barton, M. J., Kemp, A. H., Liddell, B. J., Peduto, A., Gordon, E., et al. (2005). Distinct amygdala-autonomic arousal profiles in response to fear signals in healthy males and females. *Neuroimage*, *28*, 618–26.

Wise, R. A. (2004). Dopamine, learning and motivation. *Nature Reviews Neuroscience*, *5*, 483–94.

Wood, G. E., & Shors, T. J. (1998). Stress facilitates classical conditioning in males, but impairs classical conditioning in females through activational effects of ovarian hormones. *Proceedings of the National Academy of Sciences*, *95*, 4066–71.

Zhang, T.Y. & Meaney, M. J. (2010). Epigenetics and the environmental regulation of the genome and its function. *Annual Review of Psychology*, *61*, 439–66.

Zubieta, J. K., Ketter, T. A., Bueller, J. A., Xu, Y., Kilbourn, M. R., Young, E. A., et al. (2003). Regulation of human affective responses by anterior cingulate and limbic mu-opioid neurotransmission. *Archives of General Psychiatry*, *60*, 1145–53.

第27章

情感回路发展

埃希·维丁（Essi Viding） 凯瑟琳·L.赛巴斯提安（Catherine L. Sebastian） 埃门·J.麦克罗里（Eamon J. McCrory）

本章综述与情绪知觉和调节相关的神经结构和认知神经功能发展。为了给发展情感神经科学的特定结果提供背景，我们首先简要回顾了情绪脑系统——儿童发展研究的焦点。然后，我们综述了源自儿童典型发展研究的情感神经科学结果。我们特别关注婴儿、儿童早期和青少年期的情绪和情绪调节环路，强调该领域面临的挑战，概述几个突出的研究问题。在本章最后一部分，我们关注儿童情绪发展的个体差异。我们也强调遗传和环境因素，可以解释大脑情感环路发展的个体差异（尤其是儿童虐待），以及应用发展情感神经科学框架，提高我们对儿童障碍机制的理解。我们使用行为障碍作为案例研究，阐明情感神经科学在跨学科背景下的潜在贡献。我们得出结论，情感神经科学只能阐明一部分发展难题，需要考虑其他领域的额外信息，诸如基因学和发展精神病理学。此外，也提到了未来研究的几个途径。

情感加工和调节的核心环路

大多数情感神经科学的发展研究大致分为两部分：基本情感加工发展（包括奖赏加工）和情绪调节发展。在我们综述典型发展儿童的研究结果之前，先简要概述儿童情感神经科学研究所涉及的核心情绪环路。因为第19章（纹状体）、第18章（杏仁核）、第16和24章（前额叶）已经详细介绍了情绪脑系统，所以本章部分只提供纲要性概述，以强调本章所呈现的发展性结果。

杏仁核

杏仁核是亚皮层脑区，对加工刺激当前值很重要（Adolphs, 2010）。该结构在一些情感加工中发挥重要作用，诸如调节条件化情绪反应，对多种情绪刺激做出反应（包括情绪面孔表情）并影响同种个体的社会行为（例如见Adolphs, 2010; Sergerie, Chochol, & Armony, 2008; 第1章）。

纹状体

纹状体是亚皮层脑区，对调整潜在奖赏刺激行为发挥重要作用，特别是刺激对个体具有很高主观奖赏值时（例如见Peters & Büchel, 2010; Rosen & Levenson, 2009; 第19章）。

前扣带皮层

前扣带皮层（ACC）被认为在情绪加工的多个方面发挥不同作用，诸如道德情绪加工、消极情绪自我调节、行动强化（奖赏历史影响行动选择的途径；例如见Kédia, Berthoz, Wessa, Hilton, & Martinot, 2008; Levesque et al., 2004; Rushworth, Behrens, Rudebeck, & Walton, 2007；本书第16、24章）。

前额叶

前额叶多个部分都参与情绪加工（例如见Davidson, Jackson, & Kalin, 2000; Vuilleumier & Pourtois, 2007以及第16、24章）。在儿童情感神经科学研究中受到关注最多的区域包括眶额皮层（OFC）、腹内侧前额叶皮层（vmPFC）、腹外侧前额叶皮层（vlPFC）和背外侧前额叶皮层（dlPFC）。OFC被认为能实现快速刺激–强化联结，而且当强化关联改变时能矫正这些联结（例如Mitchell, Richell, Pine, & Blair, 2008; O'Doherty, 2004; Rolls & Grabenhorst, 2008）；而在其他功能中，vmPFC被认为在缺少即时呈现刺激时表征基本的积极和消极情感状态，而且对结果期望编码很重要（例如Davidson & Irwin, 1999; Mitchell, 2011）。内侧前额叶与背侧脑区参与更复杂的社会情绪加工，诸如内疚和尴尬（Burnett, Bird, Moll, Frith, & Blakemore, 2009; Takahashi et al., 2004）。最近研究表明，vlPFC整合情感信息，通过与纹状体交互作用，增强交替运动反应选择表征的显著性，以支持反应选择（例如Mitchell, 2011; Mitchell et al., 2008）。vlPFC通过与杏仁核等亚皮层结构连接，也努力实现对消极情绪的调节（effortful regulation）（Ochsner & Gross, 2005; Wager, Davidson, Hughes, Lindquist, & Ochsner, 2008）。反过来，dlPFC增强任务相关刺激特征的注意控制，表征目标状态直接朝向更基本的积极和消极情感状态（Mitchell, 2011）。

当然，这只是非常简洁地概述了形成大情感脑环路的脑区。我们只是简短地略微提及PFC联结现象。然而，大部分大脑情感加工都通过不同脑区的功能整合实现。也就是说，虽然本节呈现了单个脑区的许多功能，但是许多脑区需要一起工作以完成个体的适当行为结果。例如，杏仁核与PFC和腹侧纹状体构成结构网络加工当前刺激价值，多个PFC/ACC直接或者间接与杏仁核联结，通过各种机制实现情绪调节，诸如认知重评。

情感环路的典型发展

大量证据表明，情感神经环路发展是相对延迟的（Paus, Keshavan, & Giedd, 2008）。尤其是杏仁核和PFC调节区之间的双向连接会持续发展到二十多岁（Nelson, Leibenluft, McClure, & Pine, 2005）。PFC的发展特别持久，灰质体积和厚度的减少持续到青春期甚至二十多岁（Shaw et al., 2008）。亚皮层情绪加工结构，诸如杏仁核在出生时就起作用了，而且从出生早期开始就在情绪面孔加工中发挥作用（Johnson, 2005）。杏仁核体积在7.5—18.5岁间增长（Schumann et al., 2004），表明即使到了青春期亚皮层结构仍在继续成熟。所有脑叶白质体积在儿童期和青少年期持续增大（Giedd et al., 1999），可能反映了持续的轴突髓鞘化，从而提高了不同脑区之间神经递质的传递效率。

情绪加工发展及其神经基础

大量情感知觉发展研究集中在社会信号领域，诸如情绪面孔表情（Leppanen & Nelson, 2009）。他人面孔表情可以提供重要的社会沟通和关于周围环境属性的重要线索（见本书第7章）。例如，恐惧表情可能向观测者传达存在潜在未察觉的威胁信号。探测这种线索而且赋予适当效价可能具有很强的适应价值（Leppanen & Nelson, 2009）。

婴儿期

研究一致表明，辨别面孔表情的能力出现在婴儿早期。5个月时，婴儿习惯于不同身份同一表情的面孔（Bornstein & Arterberry, 2003）。7个月时，婴儿能够从恐惧和愤怒面孔表情中辨别出习惯化面孔表情（愉快），但是仅限于正置而不是倒置的面孔（Kestenbaum & Nelson, 2010）。这表明该阶段已形成类似成人的情绪识别结构策略。相对于愉快面孔，类似成人的观看恐惧面孔的偏好也出现在7个月时（Nelson, Morse, & Leavitt, 1979）。最近一项研究显示，在周围出现分心刺激时，相对于中性和愉快面孔，7个月的婴儿很少能从恐惧面孔中注意瞬脱，表明恐惧面孔注意增强（Peltola, Leppanen, Palokangas, & Hietanen, 2008）。

尽管诸如fMRI等具有良好空间特异性的方法，对于年幼婴儿不太实用，但是EEG/ERP和近红外光谱学（NIRS）等方法，被广泛用于研究该年龄段的情绪加工。一些ERP研究表明，7个月（而不是5个月）的婴儿对恐惧面孔的反应比愉快面孔在额中央（FC）电极点呈现出负性增强（Nelson & de Haan, 1996）。这个“负性中央”或者Nc成分出现在刺激开始后的400—800 ms，被认为反映注意的增强，可能产生于ACC（Reynolds & Richards, 2005）。

虽然大多数研究集中在恐惧面孔的高突显性方面，但是也有研究探讨了婴儿对正性面孔表情的神经反应。最近NIRS研究发现，9—13个月婴儿对愉快面孔表情的OFC反应因对象不同而有所区别（Minagawa-Kawai et al., 2009）。相对于熟悉和不熟悉的他人，婴儿看到母亲时OFC反应最大。研究者认为，这种背景下的OFC活动可能通过诱发共享的情感反应，表征对主要照料者的依恋的神经基础。因此，即使是对不同面孔表情的初步理解，也能提供外部环境线索以及和照料者共享沟通的基础。

虽然证据越来越多，但是仍需要大量研究探究婴儿情绪知觉的认知神经和功能系统。首先，还不清楚杏仁核——对成人情感知觉非常重要——是否导致诸如恐惧面孔注意增强等效应。杏仁核被认为出生时即发挥功能而且使婴儿朝向显著的社会刺激，诸如面孔（Johnson, 2005），该作用似乎有可能但是仍缺少直接证据。另一个问题是，情绪表情知觉多大程度上产生类似情感状态。正如前文所述，婴儿期的恐惧面孔注意偏向可能提供生存优势（Leppanen & Nelson, 2009）。然而，只有经验才能使面孔表情线索和婴儿的情感反应产生联系（即学习一个面孔表情真正意味着什么）。未来研究需要确定该联系如何发展以及在什么年龄发展。

儿童期和青少年期

虽然情绪刺激的行为和神经反应发生在1岁阶段，但是它们在儿童期和青少年期持续发展。识别不同表情准确率的行为研究表明在儿童期准确率随年龄增加，但是不同表情准确率增加比率不同。在学前期，识别愉快表情的能力最先发展，其次是悲伤/愤怒，最后是惊奇和恐惧（综述请参见Herba & Phillips, 2004）。更细微的表情识别（诸如尴尬）需要更长的发展时间，也许因为洞察自己和他人感受混合情绪状态的能力，只出现在儿童中期和晚期（Larsen, To, & Fireman, 2007）。另外，通常而言识别复杂情绪状态能力取决于一定水平的言语能力。

为了研究儿童末期和青少年期更细微的情绪识别能力发展，最近一项研究使用人工合成面孔进行探索，这种面孔表情连续变化，从中性到恐惧，从中性到愤怒，从恐惧到愤怒（Thomas, De Bellis, Graham, & LaBar, 2007）。在所有变化的表情中，成人的准确率都比儿童（7—13岁）和青少年（14—18岁）更高。然而，恐惧的发展轨迹不同于愤怒。在三个年龄组，恐惧识别准确性呈现线性增长，而愤怒呈现二次曲线趋势，在青少年期和成年期之间出现快速增长。研究者认为，这种差异可能反映了探测这两种表情的不同神经关联。该观点至少部分被成人fMRI研究证据支持，最近一项元分析表明，相对于中性面孔，恐惧和双侧杏仁核、梭状回和额中回反应有关，而愤怒诱发左侧脑岛和右侧枕回反应（Fusar-Poli et al., 2009）。

正如前文所述，萨玛斯（Thomas）等（2007）发现青少年比幼儿的准确率更高。然而，麦吉福纳（McGivern）、安德斯（Andersen）、毕瑞德（Byrd）、玛特（Mutter）和雷利（Reilly）（2002）在匹配样本任务表现中发现了“青春期识别准确率下降”的证据，该任务要求被试必须匹配面孔和文字。青春期初期的男性和女性反应时间比幼儿延长10%—20%。16—17岁时，行为表现重回青春期前期水平。这种下降可能由青春期初期的神经重组所致。然而，青春期下降效应在简单表情识别中没有被重复，而且青春期和实际年龄对人类情绪脑环路发展和功能的不同效应仍未知晓。

最近一些研究使用fMRI确定儿童和青少年情感加工有关的神经基础。最早的相关研究之一使用fMRI，在被动观看恐惧和中性面孔时比较青少年（平均年龄11岁）和成人的表现（Thomas et al., 2001）。结果发现，成人对恐惧面孔比中性面孔激活杏仁核反应更大，但是青少年呈现相反反应。这可能是因为中性图片被解释得更模糊，从而对青少年更有威胁；或者可能是因为在早期发展中杏仁核更缺少选择性。然而，关于青少年期杏仁核反应存在不一致的结果。例如，顾耶尔（Guyer）及其同事发现，青少年（9—17岁）对恐惧面孔的杏仁核激活比成人更强（Guyer et al., 2008）。该结果和最近的青少年认知神经发展理论一致，表明在青少年早期和中期前额叶没有适当调节杏仁核和纹状体等皮层下结构活动（例如Nelson et al., 2005）。

应该指出，任务需求是影响青少年和成人在面孔表情加工中表现出差异的重要因素（Monk et al., 2003）。在被动观看恐惧面孔（相对于中性面孔）时，青少年（9—17岁）比成人（25—36岁）杏仁核、ACC和OFC激活程度更强。类似地，当要求被试注意刺激的非情绪方面时（例如，鼻子多宽？），青少年ACC激活程度比成人更强。然而，当指导被试评价观看每张面孔时感受到的恐惧程度时，成人右侧OFC激活比青少年更强。研究者认为，成人能够基于任务需求调整神经反应，OFC选择性参与集中情绪内容需求的反应。相比之下，青少年反应受到刺激的情绪属性调整，表明不管任务需求如何，该年龄组可能更难摆脱情绪突显信息。这些研究结果强调考虑测量情绪反应的背景的重要性，因为不同任务需求可能需要不同的亚皮层和皮层情感结构参与。

性别差异进一步使情绪脑发展变得复杂化（见第26章）。在情绪表情识别的整个发展阶段，从婴儿到青少年期，女性在行为水平上都表现出小优势（McClure, 2000）。一些研究发现杏仁核和PFC的情绪面孔反应存在性别差异，尽管这些差异的确切本质和出现时间不一致。例如，一项研究报告9—17岁女孩对恐惧面孔的PFC反应增强，但是该年龄段男孩没有这种反应（Killgore, Oki, & Yurgelun-Todd, 2001）。另外一项研究发现，9—17岁的青少年女孩和男孩对面孔表情的神经反应没有差异；但是成年女性比男性对恐惧面孔的OFC和杏仁核反应更强（McClure et al., 2004），这表明青少年期和成年期之间出现性别差异。跨整个发展过程，研究面孔表情知觉性别差异的神经基础及其与行为的相关是未来研究的重要任务。

大量关于儿童和青少年情绪加工的fMRI研究使用情绪面孔。部分是因为情绪面孔反应相关的神经环路在成人中已经建立完好；此外，理解面孔情绪比其他情绪刺激更少依赖言语能力（Herba & Phillips, 2004）。然而，运用非面孔刺激的研究，能通过使用丰富详细和/或具有生态效度的情绪刺激，提供补充证据。例如，顾耶尔及其同事使用聊天室范式，研究9—17岁青少年对期望同辈评价的神经反应。相对于被试不感兴趣的同伴，当观看被试感兴趣的同伴时，参与情感加工的脑区激活随着年龄增大，女性激活脑区包括伏隔核、下丘脑、海马和脑岛，但是在男性中没有年龄相关的变化（Guyer, McClure-Tone, Shiffrin, Pine, & Nelson, 2009）。

另一项使用情绪插图的fMRI研究（Burnett et al., 2009），发现社会情绪（诸如羞愧）反应的神经环路发展比基本情绪（诸如恐惧）反应脑区更晚，一些区域（诸如内侧PFC）的发展时间持续到青少年晚期。赛巴斯提安等（2012）使用卡通插图范式发现在内侧PFC的更腹侧区青少年和成人存在反应差异——但是仅当理解卡通情节需要情感加工和心智理论（情感ToM）共同参与时，相对于物理因果控制条件，而单独心智理论正好相反（认知ToM；见图27.1）。这些类型研究有助于促进我们对嵌入社会情景的更多复杂情绪反应发展的理解。这些方法特别适用于青少年研究，因为社会和同伴影响发挥日益重要的作用。

本节我们主要关注fMRI研究，因为该技术在研究儿童和青少年群体的情绪加工方面被日益广泛应用。fMRI对阐明整个发展中个体神经结构反应特别有用，诸如杏仁核。然而，因为fMRI是相关的（见第5章），所以它不能研究发展过程中特定脑区对认知加工因果贡献的潜在变化。因此，辅助方法非常重要，诸如发展损伤研究（见第6章）。然而，这样的研究数量有限，这里我们简要概述一些研究结果。

一项研究表明，在生命早期持久双侧杏仁核损伤会导致恐惧识别缺陷（Adolphs, Tranel, Damasio, & Damasio, 1994），而成年期持久类似损伤则不会导致该结果（Hamann et al., 1996）。因此，可能是杏仁核支持“恐惧是什么”和“恐惧表情看起来像什么”之间的联结学习。这种联结一旦建立，没有杏仁核也可以发生恐惧识别，尽管这种识别可能不会伴随主观恐惧反应。一个类似结果模式也被表明出现在PFC损伤（包括部分OFC）患者中（Anderson, Bechara, Damasio, Tranel, & Damasio, 1999）。该研究发现，出生后16个月前损伤这些区域的两例患者，呈现出社会和道德推理受损，类似精神病，而且比成年后损伤的相似患者群表现出更多反社会行为。

这里的综述研究表明，儿童和青少年时期促进情绪加工的神经环路存在相当程度的持续发展。未来研究应该使用相同任务参数，扩展任务范式，考察不同年龄段的情绪加工，例如，将包括广阔的模块刺激（诸如情绪声音和身体姿势）常规化。使用更具生态效度范式的测量社会交往的方式应

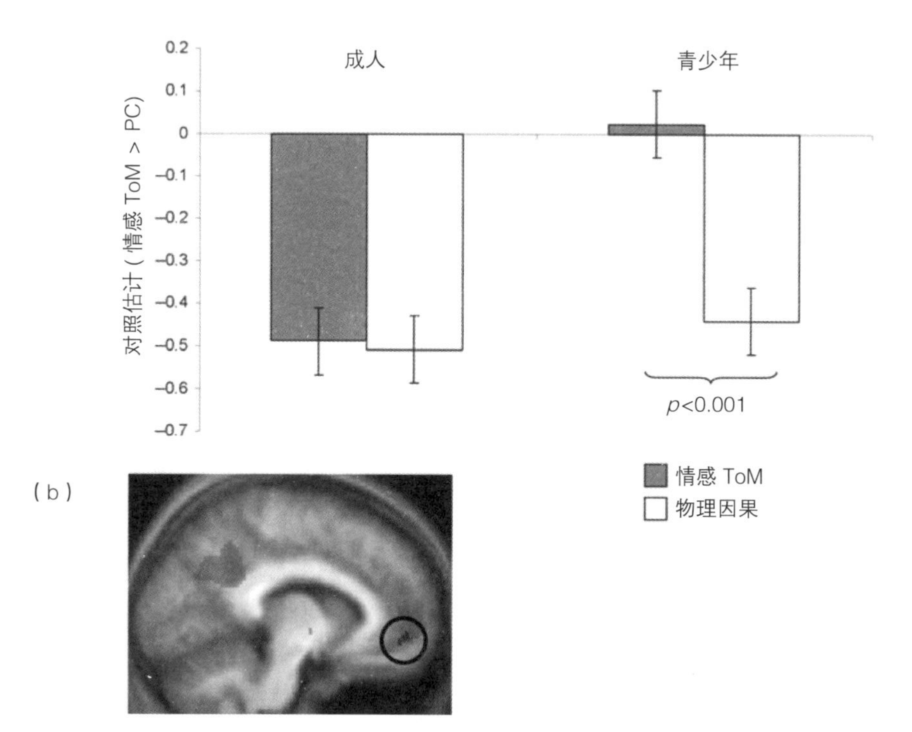

图27.1　研究表明，复杂的情感加工的功能神经基础的发展在青春期和成年之间持续进行。图中显示了与成年对照组相比，青春期男性（平均年龄14.1岁；n = 15）的腹内侧前额叶皮层的区域（峰值体素：−10 46 8）的反应程度更高。与需要因果推理（物理因果关系）的情境相比，需要情感心理理论（在社交环境中理解情感）的场景。在需要认知心理理论（心理化）的情况下，未看到该区域存在明显的群体间差异，这表明整合情感和社会认知可能对发育中的青少年大脑构成独特的挑战。转引自塞巴斯提安等（2011）。彩色版本请扫描附录二维码查看

增多。而且，大多数功能研究本质上是横断研究；未来研究应该包括纵向研究，能够跟踪个体内情绪加工随时间的发展。也有必要探究情绪脑区功能连接的发展变化，而不只是研究脑区差异随年龄的变化。一个特别有意义的研究领域是情感调节，因为它取决于皮层和皮层下结构之间的连接，诸如前额叶和杏仁核。

情绪调节神经环路的发展

情绪调节包括负责监控、评估和改变情绪反应的外在和内在过程（Thompson, 1994, 第27页）。因此，如果将情绪调节从情绪本身中剥离出来进行讨论未免有些不切实际，因为这些过程通过边缘和皮层的双向联结共同进化（Lewis & Stieben, 2004）。下面本节探索情绪调节的发展，从可用于婴儿的呆板自动化资源，到能够调整情绪反应的更努力和有意识指向的认知策略出现（更全面的关于成人情绪调节的讨论，见第16、24章）。

婴儿期

就情绪调节定义而言，婴儿期比其他人生阶

段更依赖外在资源而不是内在资源。因此，婴儿和主要照料者的关系可能发挥重要作用，主要照料者帮助“构架”婴儿的情感和调节环路发展（Fonagy, Gergely, Jurist, & Target, 2002）。例如，照料者可以抱着或摇晃婴儿减少其痛苦，或者从痛苦根源转移他/她的注意。随着时间推移，婴儿以这种训练为基础，能够自我安慰，这可能通过额区认知控制系统的发展实现（Posner & Rothbart, 2000）。因此，婴儿-照料者关系的质量是情感调节系统早期成功发展的关键。未来研究应该因地制宜采用外显测试，并改进依恋、反射功能、情感镜像和代理者的当前模型，提供一个连贯框架，使得我们能够明确情绪反应和调节相关的神经生物机制（Fonagy et al., 2002）。

到6个月的时候，证据表明存在对显著情感刺激定向注意的初级系统。我们所引用的婴儿情感加工相关证据表明，到7个月的时候，认知控制区，诸如ACC（正如Nc成分所标识的），似乎参与恐惧面孔注意的优先分配，可能使威胁显著（Nelson & de Haan, 1996）。然而，该成分仅反映对潜在威胁的自动化反应。有观点认为，有意自我调节功能直到三岁才开始发展，很大程度上取决于有意控制的发展或者为了完成目标而抑制优势反应的能力（Posner & Rothbart, 2000）。需要解决冲突的任务，诸如Stroop任务或者go/no-go任务，通常作为抑制控制的指标。大约在30个月的时候成功执行这些任务，这与该早期阶段较低消极情感相关（Gerardi-Caulton, 2000）。下面主要关注情绪调节的两个关键方法：在儿童和青少年期抑制控制及其神经基础的发展和外显情绪调节策略的使用。

儿童期和青少年期

抑制控制受到许多前额叶结构调节，包括背外侧、腹外侧、腹内侧前额叶和前扣带回。行为和神经成像研究表明，在整个童年和青春期，抑制控制持续发展（例如Davidson, Amso, Anderson, & Diamond, 2006），特别是在儿童期和青少年期之间，抑制任务中的前额叶反应变得更有效率（例如Lewis, Lamm, Segalowitz, Stieben, & Zelazo, 2006），接着是青少年期和成年期之间（Luna et al., 2001）。然而，关于该发展轨迹存在一些争论。研究使用无情感成分的标准抑制控制任务，诸如go/no-go和西蒙任务，表明抑制控制随年龄增长线性改善（Davidson et al., 2006）。然而，正如后文将讨论的，存在证据表明线性趋势可能不能适当描述情感抑制控制的发展轨迹，尤其是所设计范式模拟富含情绪的、具有“现实世界”效度的情景时（Somerville & Casey, 2010）。

有青少年模型表明，前额叶调节结构发展滞后于调节最初情感反应的边缘结构（例如Nelson et al., 2005）。这些模型预测，情感反应抑制控制遵循U形轨迹，相对于儿童期和成人期，青少年期前额叶调节皮层下结构（诸如杏仁核）的有效性较低。最近一项fMRI实验调查被试（7—32岁）完成情绪go/no-go任务时前额叶和杏仁核功能的年龄差异，实验的面孔包括恐惧、愉快和平静表情（Hare et al., 2008）。结果发现，相对于儿童和成人，青少年对恐惧面孔的杏仁核反应更强；相对于愉快表情，杏仁核与恐惧表情的反应时延迟有关。腹侧前额叶活动（一个调节区）和反应时差异呈负相关，但不随年龄变化。研究者认为，相对于腹侧前额叶调节，边缘系统活动增强可能导致青少年期情感反应增加和决策能力变弱。

研究使用博弈任务，探究纹状体奖赏反应

发展，获得了类似结论。一项研究发现（Van Leijenhorst et al., 2010），相对于10—12岁和18—23岁被试，14—15岁被试对期望奖赏的纹状体反应增强。另一项研究发现，相对于儿童和成人，青少年对纹状体更大的预测错误信号驱动纹状体反应增强（Cohen et al., 2010）。研究者认为，反应增强促使青少年对潜在积极结果更敏感（或者对潜在消极结果的敏感减少），因此可能激发他们比其他年龄段采取更多冒险行为。这些研究所呈现的模式是，青少年期情绪诱发刺激的亚皮层反应增强，而调节脑区缺乏类似的增强反应。研究进一步表明，青少年在情感任务中比成人前额区调节反应更弱。艾希尔（Eshel）等（2007）和赛巴斯提安等（2011）发现了青少年比成人腹外侧前额叶反应减弱的证据：前者采用博弈任务，后者测量社会拒绝的神经反应。

这些研究聚焦于情感刺激出现时需要努力控制的任务中前额叶对皮层下结构的调整。虽然需要被试外显注意指向刺激的具体方面以成功完成任务，但是调节自身情绪反应是内隐需求。对于情绪调节的外显目标，个体也能够有意识激活这些神经系统：学会有意识调节情绪反应，对成功社会化非常重要（Posner & Rothbart, 2000）。根据格罗斯（Gross）（1998）的情绪调节过程模型，情绪调节的策略很多，其中抑制和重评受到大量实证关注。抑制包括直接抑制情绪反应，而重评包括采用更积极方式解释情绪诱发体验，而且重评被认为在调节消极心境方面比抑制更有效。

从发展上来说，使用抑制策略的频率在9—15岁随年龄减少（Gullone, Hughes, King, & Tonge, 2010），这与以下观点一致——随着个体的日益成熟，更具适应性的情绪调节策略被使用。令人惊讶的是，顾朗恩（Gullone）及其同事发现，在相同年龄段自我报告的重评使用也减少了。可能该策略随着年龄增长变得更自动化而且不需要太多努力就能控制，因此不适合使用自我报告测量研究。很少有研究探索这些策略的认知神经发展。利文斯克（Levesque）等（2004）的fMRI研究探究了8—10岁女孩被动观看悲伤视频与使用重评策略的神经反应。重评和一些前额叶区更大激活相关，包括外侧、腹外侧、眶额和内侧前额叶以及前扣带回。关于成年女性的类似早期研究发现，在相同条件下更少前额叶区激活（Levesque et al., 2003），并且发展样本更广泛激活可能反映前额叶控制的不成熟。

总之，这些证据表明情绪加工和情绪调节存在行为和神经发展的延迟。下节主要探索发展期间情感加工的个体差异，而且讨论这些系统的易感性如何导致情感环路的发展障碍，特别是行为障碍和焦虑。

情感发展的个体差异

很显然，情绪加工、调节风格和能力以及这些方式和能力如何发展存在个体差异（例如Braver, Cole, & Yarkoni, 2010）。情绪加工和调节及其相关环路紊乱也是多种发展性精神病理学的标志。本节首先讨论基因和环境风险因素如何改变情感加工和调节脑区的发展。我们也概括了情感环路不同部分的易感期——一定程度上它们是人类所熟知的。儿童期反社会行为作为一个例子，特别是联合其他分析水平时，可以用来描述情感神经科学研究如何为发展性精神病理学提供证据基础（见下一部分的案例研究）。最后，我们考虑情感神经科学如何在发展性精神病理学转化上发挥作用。

基因型差异的影响

在典型的发展个体差异以及发展性精神病理学背景下，基因代表了直接或者与环境事件共同导致疾病的机制基础（见第25章）。遗传变异在整个生命周期中发挥作用，主要影响几个脑和荷尔蒙环路（对产生应激反应很重要）功能。尽管基因不能单独解释大多数人类行为，而且情感加工方面的变异肯定不能由遗传直接决定，但是可以预期，基因序列变化影响基因功能，为所产生的复杂行为现象贡献了相当的变异。该结论在双生子研究结果中更加显见，这类研究揭示遗传决定了个体认知、气质和人格40%—70%的变化。基因影响行为，受到影响大脑信息加工的与基因有关的分子和细胞的中介。因此，检查基因对大脑的影响，代表理解它们最终贡献于行为变异和精神病理学发展的关键一步。

因为基因直接参与促进特定认知和情绪加工的脑区的发展和作用过程，所以基因的功能多态性可能与这些特定神经系统的功能强相关，反过来中介/调节它们参与行为结果。这是研究基因和神经系统关系的潜在假设，被称为“成像遗传学”（见第25章）。在候选基因关联方法背景下，成像遗传学为进一步理解生物机制提供了理想的机会，这种机制可能导致行为个体差异和精神病理学发展。

成像遗传学仍是相对崭新的领域。虽然以成人为样本的研究势头正旺，并且提供了一些可重复的基因多态性研究结果，这些基因多态性影响情感神经环路的结构和功能，但是目前几乎没有以儿童为样本的研究。我们自己的一项研究探讨了COMT缬氨酸（val）158蛋氨酸（met）（val158met）多态性——调整成人消极心境和情感障碍易感性——影响10—12岁儿童大脑结构和功能（Mechelli, Tognin, McGuire, Prata, Sartori, Fusar-Poli, De Brito, Hariri, Viding, 2009）。和成人数据一致，我们发现met158等位基因和左侧海马头的灰质体积呈正相关，基因型解释59%的个体差异。而且，在右侧海马旁回，相对于中性表情，met158等位基因与恐惧表情的神经反应呈正相关，基因型解释14%的个体差异。这些初步结果表明，met158等位基因与10—12岁儿童边缘系统的灰质体积增加和情绪加工中的反应增加有关。这些研究结果支持以下观点：从儿童期开始，遗传因素影响脑功能，进而调整情感精神病理学的易感性。

再例如，劳（Lau）及其同事（2009）检查5-HTT多态性和发展性精神病理学（青少年抑郁和焦虑）对情绪面孔杏仁核反应的影响。和健康成人数据一致，该研究报告相对于具有5-HTT长等位基因的健康青少年，至少具有一个短等位基因副本（或者功能等价基因，Lg）的健康青少年对恐惧面孔呈现更强的杏仁核反应。然而，在心境障碍青少年中发现了相反模式。当特别要求被试注意监测恐惧时，所有的基因型效应都出现了。研究者们认为一些焦虑有关的情绪加工偏向呈现发展差异。例如，虽然焦虑成人对威胁刺激呈现出选择性注意朝向，但是焦虑青少年对这些刺激表现出注意力的转移。这些类型的情绪加工差异是否反映了成人相对于青少年的不同偏向或者代偿反应，这一点仍不清楚。然而，这些研究结果和发展性差异的观点一致，而且整个发展过程中特定多态性的不同效应也可能被其他研究发现。

总之，当前大脑情感环路发展（及其个体差异）的研究强调使用基因型信息的功效。尽管研究局部的结构和功能异常，已经为情感认知神经科学的功能和行为结果的个体差异提供了有力证据，但是在神经系统动态相互作用水平上展开发展相关研究仍至关重要。这些关系研究能获得基因影响神经发展加工的更近似的功能结果，从而改变人类气质和精神障碍有关的环路功能。

我们假设基于成人的成像遗传学研究结果是进入系统的窗口，该系统的结构和功能源于独特可塑性时期的发展变化，出现在成年期神经成像所获得生理联结的很久以前[即它们代表“机器中的幽灵”（ghosts in the machine）[①]]。发展系统卓有成效的研究方法之一是应用始于儿童期的纵向研究。该方法代表了检查基因和环境影响发展神经环路（支持行为、给精神病理学带来风险的神经环路）的理想方式（环境影响情感环路的综述见本章下一节）。在反映关键成熟加工的时间窗口，该方法考虑到遗传驱动变异对结构和功能脑发展的决定性。

肖（Shaw）等（2009）研究检验了在童年期和青少年期，多巴胺受体4型基因（DRD4）的7-重复微卫星多态性影响注意缺失多动障碍（ADHD）的临床结果和皮层发展。他们发现，拥有多巴胺受体4型的7-重复等位基因，和更薄的右侧眶额/额下回和后顶叶相关。携带多巴胺受体4型的7-重复等位基因的ADHD儿童，拥有更好的临床结果和不同的皮层发展轨迹。他们呈现出右侧顶叶皮层的正常化，该模式与早期研究中更好的临床结果相关。研究者们推断，多巴胺受体4型的7-重复等位基因与ADHD和更好的临床结果的诊断相关，而且和注意控制脑区的皮层变薄相关。脑区变薄在儿童期最明显，在青少年期并不明显。虽然该研究未直接评价支持情感加工和情感调节的神经环路发展，但是它强调从纵向成像遗传学数据中能够获得丰富信息。

发展成像遗传学方法拥有巨大前景，能够增进我们对情感环路发展的个体差异和随之发生的情感精神病理学易感性的个体差异的理解。它们可能对更好地理解潜伏易感性有帮助，当个体经历环境风险时，这些易感性如何使个体暴露于不适应结果。

案例研究：儿童期反社会行为

一些脑区的差异以及与情绪知觉、调节相关的信息加工功能的差异，与成人反社会行为相关（Blair, 2010）。尤其是，这些人常呈现出OFC/腹侧PFC、ACC、杏仁核、联结脑区的结构和功能异常。这些异常可能反映了反社会行为的基因易感性和环境风险。

结构MRI和fMRI近年来才被用于儿童反社会行为研究，因此目前只有少量的发展性研究。这些研究结果通常和成人反社会行为研究一致，表明在儿童期已经观察到一些脑区异常，诸如杏仁核、ACC、OFC异常（Sterzer & Stadler, 2009）。

成人成像遗传学研究表明，诱发反社会行为的遗传变异，诸如MAOA，也影响情绪加工杏仁核、ACC、OFC等环路关键脑区的结构和功能（Buckholtz & Meyer-Lindenberg, 2009）。而且，儿童研究表明，诱发反社会行为的环境风险因素，诸如虐待，也影响大脑情感环路的结构发展，包括OFC（McCrory, DeBrito, & Viding, 2010）。

行为数据清晰表明，具有反社会行为的儿童不能被视为同质群体（Viding, McCrory, Blakemore, & Frederickson, 2011）。情感神经科学

---

① “Ghosts in the machine” 源于拉丁语 “deus ex machine”（God from the machine）。“deus ex machine” 是古戏剧中的解围之神，能使不合理的事情变得合理，在戏剧演出中，该神会被舞台机关送到台上，消除剧情冲突或使主人公摆脱困境。后来，“deus ex machine” 就泛指解围的人或事件。此处借以表达成人成像遗传学研究的重要性。——编者注

研究有助于确立是否存在不同的反社会行为轨迹，他们是否以不同认知神经易感性为基础。这类研究能真正为研究者和从业者提供持久反社会行为的发展模型，反过来形成干预方法（Viding et al., 2011）。

当前证据表明，基于情感加工风格，早发反社会行为儿童至少被描述为两个亚组。一个以情绪反应不足为特征（冷漠的–无情绪的；CU+），一个以情绪反应过度为特征（非冷漠的，CU–）（Viding et al., 2011）。现有神经成像学研究为该差异提供了初步支持（Sterzer & Stadler, 2009; Viding et al., 2011）。选择性综述儿童反社会行为的杏仁核功能研究，阐明了该领域的现状。斯特泽（Sterzer）等（2005）首次使用fMRI研究年轻人反社会行为。他们报告，反社会行为的年轻人群对被动观看消极和威胁性图片的杏仁核反应不足，但是仅当焦虑分数作为协变量时才出现该结果。另一项fMRI研究使用相似范式发现，对于反社会行为儿童，杏仁核活动增强和共病焦虑部分相关（Herpertz et al., 2008）。最近研究使用情感面孔刺激发现，反社会行为青少年和年轻人对悲伤面孔杏仁核反应不足，而对中性面孔杏仁核反应过度（Passamonti et al., 2010）。除了这些关注了一般反社会行为的研究，目前还有两个研究明确招募了CU+型反社会儿童，检验假设——该群体对其他痛苦呈现杏仁核反应不足（Jones, Laurens, Herba, Barker, & Viding, 2009; Marsh et al., 2008）。两个研究使用内隐情绪加工任务（性别判断）发现，和正常发展儿童或者ADHD儿童相比，CU+型反社会儿童对恐惧面孔杏仁核反应不足。跨研究和跨刺激类型的不同结果模式值得进一步研究，这也部分反映了所研究样本的异质性。最近研究表明，情感刺激的杏仁核反应，能够形成反映反社会行为儿童CU特质的函数（Sebastian et al., 2012）。

这些脑成像研究的初步结果是非常有价值的，因为这有助于阐明通过反社会行为不同发展通路所发现的情感差异的神经学基础（例如CU+和CU–）。例如，它们有助于明确CU+和CU–群体所呈现的不同反社会行为模式：CU+群体呈现更显著的预谋攻击，而CU–群体在控制反应性攻击方面存在主要问题（Viding et al., 2011）。提炼反社会行为不同亚型的情感神经科学表型，对理解认知神经机制是很重要的，遗传倾向和环境逆境可以通过该机制使儿童置身于反社会特质发展的风险中。联合其他分析水平（例如基因和环境）的情感神经科学数据和纵向数据的使用，对促进理解相同诊断结果的不同通路具有深远意义。

环境影响情感发展

人类和动物研究已经确认，社会心理应激和不良照料影响调节应激和情感环路的发展（McCrory, De Brito, & Viding, 2010）。日益增加的研究调查了很多环境应激源，包括生理、情绪失控和较长时间的母婴分离。这方面工作强调照料者在建立儿童情感系统发展的背景中起着重要作用。事实上，照料者发挥支架作用，支持婴儿监督和调节应激反应，随着时间塑造婴儿对社会情感线索的反应。例如，研究调查了虐待和不良照料影响HPA轴，进而增加个体对未来精神疾病的易感性。在考虑虐待如何导致情感加工脑结构变化之前，我们先简短综述该证据。我们特别强调时间的重要性，强调情感环路如何因何时经历虐待而呈现不同易感性。最后，我们描述身体虐待作为不利环境经验的例子，如何影响情感系统功能。我们认为，尽管情感系统的早期应激适应能够在短期内发挥功能，但是该适应可能产生长期的代价，导致情感系统变化，增加个体患精神疾病的风险。

应激、HPA系统和精神病理学风险

HPA轴是神经内分泌系统的一部分，受到应激对情感环路的影响（综述请参见Lupien, McEwen, Gunnar, & Heim, 2009）。一旦检测到威胁，下丘脑会释放促肾上腺皮质激素释放激素（CRH）。这种激素的目标是脑垂体，脑垂体释放促肾上腺皮质激素（ACTH），然后ACTH诱发肾上腺皮层释放糖皮质激素（对于人类是皮质醇）。反馈回路出现在许多水平上，调节HPA轴反应，将系统恢复到稳态（Lupien et al., 2009）。

虽然这一机制在短期是适应的，但是长期应激源所致皮质醇的慢性释放，能够带来不良适应后果。外周皮质醇能够穿过血–脑屏障（Zarrow, Philpott, & Denenberg, 1970），意味着它能够对神经环路施加调节作用。杏仁核和海马等脑区存在高密度的糖皮质激素受体，因此这些区域对皮质醇水平波动特别敏感。关于皮质醇在不同发展阶段如何影响这些结构的全面讨论，请参考托特汉姆（Tottenham）和谢里丹（Sheridan）（2010）的文章。

动物研究证据一致报告，个体在反复或者延长的母婴分离之后呈现出非典型HPA轴功能（过度兴奋或兴奋衰减）（Francis, Caldji, Champagne, Plotsky, & Meaney, 1999; Sanchez, Ladd, & Plotsky, 2001）。然而，关于虐待影响HPA 功能的儿童和青少年研究较为混乱（综述请参见McCrory et al., 2010）。例如，在CRH刺激的HPA轴反应研究中，凯弗曼（Kaufman）等（1997）报告了ACTH反应过度，但是仅出现在儿童虐待的子样本中，这些儿童身患抑郁或者被暴露在应激家庭环境中；皮质醇测量没有发现差异。相比之下，哈特（Hart）等（1995）在学前儿童虐待研究中报告，在和社会能力相关的应激情景中存在皮质醇抑制模式。反应过度可能取决于当前威胁环境的出现。

也应该注意，一些反社会行为儿童研究报告，当暴露于应激情景时，会导致基底皮质醇浓度减少和皮质醇水平降低（全面综述请参见van Goozen & Fairchild, 2008）。一种可能是，儿童在早期逆境中的暴露和逐渐的应激习惯化相关，这种模式可能与情绪和行为调节困难有关；同样，应激反应降低可能作为遗传因素或者基因–环境相互作用的结果出现（van Goozen & Fairchild, 2008）。元分析表明，日间和清晨的皮质醇水平模式变化依赖于反社会行为类型、内化共病模式和早期逆境（Hawes, Brennan, & Dadds, 2009）。例如，抚育受到危害但是没有虐待——诸如母亲抑郁，与非典型HPA活动有关。哈里根（Halligan）及其同事发现，与非暴露的同伴相比，暴露于母亲产后抑郁环境中的青少年清晨唾液中的皮质醇升高且更可变，这与抑郁风险增加相关（Halligan, Herbert, Goodyer, & Murray, 2004）。

早期逆境（例如缺乏母亲关怀，包括虐待）和后来精神病理学高风险的联系与非典型HPA功能相关，这一假设逐渐得到更多支持（McCrory et al., 2010）。例如，赫姆（Heim）及其同事在令人信服的综述中证实，由于HPA系统的敏感性，童年期的虐待会增加成年抑郁风险（Heim, Newport, Mletzko, Miller, & Nemeroff, 2008）。相比之下，PTSD风险增加可能与肾上腺皮质功能减退相关；梅维斯（Meewisse）及其同事指出，在身体和性虐待背景下皮质醇水平低和PTSD存在关系（Meewisse, Reitsma, De Vries, Gersons, & Olff,

2007）。这些研究结果表明可能存在分离关系，受虐待PTSD的HPA活动减退，而受虐待抑郁个体呈现HPA活动过度。两种结果可能反映了HPA轴对不同形式虐待和（也许）不同起始时间以及不同持续时间的虐待的反应适应。

虐待和脑结构：时间重要性

日益增多的MRI和DTI研究调查了儿童虐待和具有儿童虐待史的成人；该研究提供了这些群体灰质和白质可测量变化的证据（McCrory et al., 2010, 2011）。现有可靠证据表明，胼胝体体积减小与虐待相关；该白质结构控制大脑半球之间一系列过程的沟通，包括但不限于唤醒、情绪和高级认知能力（Giedd et al., 1996）。杏仁核研究结果更复杂。尽管两个最近研究报告了杏仁核体积增大（Mehta et al., 2009; Tottenham et al., 2010），但是虐待相关PTSD儿童的元分析没有发现虐待和非虐待儿童之间存在显著差异（Woon & Hedges, 2008）。值得注意的是，杏仁核体积增加仅在被领养的婴儿期时有机构抚养背景的条件下发生（Tottenham et al., 2010）。因此，这些儿童可能曾被暴露于早期应激环境中，那时儿童的杏仁核结构仍不成熟。这种解释和动物研究的文献结果一致。例如，研究猴子1周时母婴分离对行为和杏仁核基因表达模式的影响，不同于1个月时母婴分离带来的影响（Sabatini et al., 2007），尽管相对于未分离猴子，两组母婴分离的猴子都呈现出异常的社会和情绪行为。该结果表明，杏仁核不但对生命早期应激敏感，而且即使是几周的时间差异也足以对它的完整性产生可测量的影响。在生命早期杏仁核结构的经验依赖改变，为个体准备面对未来逆境发挥适应性作用（Tottenham & Sheridan, 2010）。

关于早期逆境或者虐待之后前额叶皮层的结构差异的证据更复杂（综述请参见McCrory et al., 2010）。一项研究报告，可能在较长时间内经历过身体虐待的儿童和青少年的OFC体积减小（Hanson et al., 2010）。明显地，遭受身体虐待的儿童右侧OFC体积越小，越能预测儿童社会领域功能的更多问题。这些研究结果表明，身体虐待的逆境环境与情感环路的结构变化相关，反过来影响儿童社会和情绪功能。

以下任一结构——胼胝体、杏仁核和OFC——可能对虐待和心理社会应激存在不同的易感性，取决于何时经历环境应激源（例如Tottenham & Sheridan, 2010）。我们已经知道，不同年龄的虐待经验可能和以后不同形式的精神病理风险增高相关。卡普罗（Kaplow）和维德姆（Widom）对童年经历虐待和忽视的成人研究（2007）指出，虽然早期虐待与成人抑郁以及焦虑增加相关，但是晚期虐待与行为问题增加相关。尽管该研究没有检查这些效应的神经基础，但是在不同年龄社会心理应激对脑发展的影响不同，可能至少部分解释了这些不同结果。

换言之，在神经系统发育中很大可能存在敏感期。也就是说，神经系统或者脑区存在特别具有可塑性而更易受环境影响的时间点（Tottenham & Sheridan, 2010）。以前我们注意到，杏仁核损伤影响情绪知觉，和损伤的发展时间相关；虐待和环境应激经验可能对儿童脑发展存在类似的不同影响，取决于儿童的发展阶段。例如，最近MRI研究调查了性虐待对在不同年龄经历虐待的女性脑结构的影响（Andersen et al., 2008）。相对于对照组，在3—5岁经历性虐待的年轻女性海马体积减小，而在11—13岁经历虐待的年轻女性PFC体积减小。该发现与这些脑区发展轨迹的证据一致，海马被认为到4岁时大致成熟（Giedd et al., 1996），而PFC持续发展到青少年期（Giedd et al., 1999; Gogtay et al., 2004）。在杏仁核没有发现组间差异，这与杏仁核在生命很早期特别易受环境应激影响的观点一致。相比之下，具有较长发展轨迹的脑区（诸如PFC），在发育后期最易受影响，诸如青春期。这是第一项研究表明在直接相同环境压力下（本例为性虐待）不同脑区的易感性存在独特时间窗。

研究不同年龄应激效应的一个复杂因素是，这些效应可能不会立即出现，而是可能出现在发展后期。例如，虽然儿童被收养，大部分发展指标会改善，但是一个研究发现婴儿期被收养的儿童11岁时情绪问题比6岁时更多（Colvert et al., 2008）。另一研究表明，尽管临床抑郁在经历性虐待个体中很普遍，但是虐待开始和抑郁发作的平均时长是11.5年，而且大多数抑郁发生在青少年时期（Widom, DuMont, & Czaja, 2007）。可能应激在“潜伏期”改变了联结轨迹，之后应激的影响会慢慢显现（Lupien et al., 2009）。该观点可能解释了虐待相关PTSD成人海马体积一致减小模式和儿童不存在该模式间的差异。换言之，有虐待史的成人海马体积减小可能是童年期长期处于应激的延迟结果。与该假设一致，卡瑞恩（Carrion）及其同事（2007）报告，基线皮质醇水平和PTSD症状，可以预测12—18个月间15个受虐待的PTSD儿童海马体积的减少程度（Carrion, Weems, & Reiss, 2007）。或者，海马体积更不可能是PTSD的易感风险因素（Gilbertson et al., 2002）。关于同卵双生子暴露在不同虐待情景中的研究或纵向研究是有价值的，能为神经水平的潜伏效应提供实证支持。

虐待和情感系统功能

除了研究早期逆境和虐待的神经内分泌和结构关联，研究者也研究了当情感系统对社会线索（不同的情绪效价）反应时，这些经验如何导致功能差异。尤其是经历过身体虐待的儿童对愤怒刺激表现出比较一致的促进或增强反应模式。例如，波拉克（Pollak）及其同事的研究表明，这些儿童为分类愤怒发展出了更广阔的知觉边界（Pollak & Kistler, 2002），能够用比同辈更少的知觉信息识别愤怒表情，并且给愤怒面孔分配更多的注意资源（Pollak, Klorman, Thatcher, & Cicchetti, 2001）。最近的fMRI研究表明，经历过家庭暴力的儿童对愤怒面孔表现出杏仁核和前部脑岛反应增强（McCrory et al., 2011）。这些结果表明，愤怒面孔的差异反应模式，可能反映了对威胁信号预示伤害的环境的适应（Shackman, Shackman, & Pollak, 2007）。众所周知，虐待经历和精神病理风险的普遍增加相关，包括焦虑障碍。一种可能是，对环境社会威胁信号（诸如愤怒）的过度警觉模式，可能至少部分调节身体虐待和焦虑症状间的关系。

波拉克及其同事使用事件相关电位（ERP）研究这种可能性。他们检查早期创伤经历在多大程度上和儿童调节有意和无意识注意威胁的能力有关，反过来如何解释焦虑症状水平（Shackman et al., 2007）。相对于控制组，研究者发现受虐待儿童过多关注视觉和听觉愤怒线索。例如，呈现任务无关的愤怒声音线索（但不是愉快或者悲伤）诱发前额叶负性ERP成分，大约发生在400毫秒，受虐待儿童组比实验组幅度更大。N2成分一般被解释为反映认知控制增加，因此，很可能由于听觉愤怒信号需要更多加工，受虐待儿童必须施加更多认知控制，以解决冲突信号和维持任务注意。受虐待儿童组对母亲愤怒面孔和声音也呈现更大的P3b反应，可能表示对潜在威胁线索更大的有意加工。P3b振幅更大和更高水平焦虑症状相关，实际上它们主要受到儿童的虐待经历和焦虑症状的调节。该发现非常重要，因为它不但表明早年逆境能导致在神经和行为水平上的情感加工系统适应，而且该适应能直接导致精神病理学易感性增强。

总之，日益增多的证据指出了儿童虐待相关的各种神经生物学变化。一方面，这些变化被视为一连串的损害效应，危害儿童；然而，进一步的发展观点认为，该变化实际是对早期威胁环境的适应反应。如果一个孩子按自身的“成规”对周围环境挑战做出最佳反应，那么应激所诱发的情感系统变化可以被视为程序化的或者校准这些系统的方法，以匹配敌对环境的需求。从临床角度看，适应可能提高生命后期的精神病理学易感性，部分是因为情绪和认知系统调节社交的方式发生了变化。例如，早期建立的过度警觉模式，虽然在不可预知的家庭环境中具有适应性，但在其他环境中可能适应不良，因此增加了行为、情绪和社会困难的易感性。研究暴露于负性早期应激经验的儿童群体的非典型情感神经发展，有助于促进我们理解早期照料者在塑造儿童情感发展中的作用和重要性。

结论

儿童情感加工相关的神经环路日益清晰。该环路和成人情感加工神经脑区存在很大程度的重叠；然而，我们可以看到，情感加工和调节任务在不同年龄段诱发不同激活模式。大量社会和实验心理学文献阐释了婴儿期、儿童期和青少年期的社会和情绪加工发展。整合这些数据和情感神经科学研究，是未来十年研究的核心任务。我们希望该努力不仅以搜索特定认知加工的“神经相关”为特征，而且能就情感神经科学产生的关于童年期情感能力如何改变的新奇发展作为假设，相互交流想法和问题。行为障碍是神经成像帮助解决老问题的一个实例。特别是，神经成像结果——行为问题儿童亚组对痛苦的非典型杏仁核激活，有助于构建反社会行为的心理和临床模型，包括精神病的出现。然而，该研究进一步提出了问题，包括任何非典型激活的模式多大程度上反映了功能损伤或者可变的非典型加工风格。

广泛的发展情感神经科学研究越来越承认遗传、神经和环境因素的复杂相互作用，但是需要注意这些相互作用可能随儿童年龄发生变化。例如，我们已经看到，性虐待对神经结构的影响可能与经历虐待的年龄有关。神经系统不但存在整体的发展成熟，而且不同脑区的成熟率也存在区域差异，同时特定环境可能以不同方式影响该成熟。反过来，该相互作用受遗传因素的个体差异塑造，因此不是所有在相同时间有相同经历的孩子都会受到相同方式的影响。

值得注意的是，神经系统的功能整合，而不是特定脑区功能得到了日益重视。例如，如果我们希望以更有意义的方式解释功能成像结果，那么建立边缘系统和前额系统交互的更复杂模型是必要的。从这一层面考虑，由于情绪调节概念必然需要考虑支持自下而上和自上而下加工的脑区，情绪调节领域的研究是适切的。

该领域在未来将面临一些重要挑战。首先，需要开发更详尽的“发展地图”，包括情感加工和调节的发展变化，以及该成熟变化如何和其他认知、社会过程的发展相互作用。这一研究已经开始，但是几乎所有发展阶段的相关工作都仍有很多事情要做。其次，我们需要开发更精致的、具有生态效度的和相互联系的范式。目前许多研究只使用视觉刺激考察不同形式情绪的唤起作用。虽然构建基本的自下而上过程是有帮助的，但是该方法很少告知情感如何被调节以及如何受到背景影响，包括当前（和过去）社会互动影响。最后，我们认为需要更多纵向研究考察有关脑区在儿童功能中可能的因果作用。纵向研究拥有开辟新的干预和预防方法的可能性。

重点问题和未来方向

· 情绪加工和情绪调节的发展轨迹是什么？需要纵向研究从而更好地理解情绪发展的脑功能基础。

· 包含相当多情感内容的复杂社会互动的神经基础是什么？例如，当前对儿童“现实生活”的情绪调节知之甚少。

· 在某个发展阶段神经结构或者功能的非典型模式可以预测后期的功能损伤和精神病理吗？我们目前所掌握的关于“情感生物标记”的信息很有限，这些标记对于我们理解精神病理易感性发展很重要。

致谢

本文受到了英国国家经济和社会研究委员会（RES-062-23-2202）以及英国科学院对埃希·维丁（Essi Viding）的资助（BARDA53229）和英国国家经济和社会研究委员会对埃门·麦克罗里（Eamon J. McCrory）的资助（RES-061-25-0189）的支持，我们还要感谢帕特里卡·洛克伍德（Patrica Lockwood）在手稿准备方面提供的帮助。

参考文献

Adolphs, R. (2010). What does the amygdala contribute to social cognition? *Annals of the New York Academy of Sciences*, *1191*, 42–61.

Adolphs, R., Tranel, D., Damasio, H., & Damasio, A. (1994). Impaired recognition of emotion in facial expressions following bilateral damage to the human amygdala. *Nature*, *372*, 669–72.

Andersen, S. L., Tomada, A., Vincow, E. S., Valente, E., Polcari, A., & Teicher, M. H. (2008). Preliminary evidence for sensitive periods in the effect of childhood sexual abuse on regional brain development. *Journal of Neuropsychiatry and Clinical Neuroscience*, *20*, 292–301.

Anderson, S. W., Bechara, A., Damasio, H., Tranel, D., & Damasio, A. R. (1999). Impairment of social and moral behavior related to early damage in human prefrontal cortex. *Nature Neuroscience*, *2*, 1032–7.

Blair, R. J. (2010). Neuroimaging of psychopathy and antisocial behavior: A targeted review. *Current Psychiatry Reports*, *12*, 76–82.

Bornstein, M. H., & Arterberry, M. E. (2003). Recognition, discrimination and categorization of smiling by 5-month-old infants. *Developmental Science*, *6*, 585–99.

Braver, T. S., Cole, M. W., & Yarkoni, T. (2010). Vive les differences! Individual variation in neural mechanisms of executive control. *Current Opinions in Neurobiology*, *20*(2), 242–50.

Buckholtz, J. W., & Meyer-Lindenberg, A. (2009) Gene-brain associations: The example of MAOA. In S. Hodgins & E. Viding (Eds.), *Persistent violent offenders: Neuroscience and rehabilitation* (pp. 265–86). Oxford: Oxford University Press.

Burnett, S., Bird, G., Moll, J., Frith, C., & Blakemore, S. J. (2009). Development during adolescence of the neural processing of social emotion. *Journal of Cognitive Neuroscience*, *21*, 1736–50.

Carrion, V. G., Weems, C. F., & Reiss, A. L. (2007). Stress predicts brain changes in children: A pilot longitudinal study on youth stress, posttraumatic stress disorder, and the hippocampus. *Pediatrics*, *119*, 509–16.

Cohen, J. R., Asarnow, R. F., Sabb, F. W., Bilder, R. M., Bookheimer, S. Y., Knowlton, B. J., & Poldrack, R. A. (2010). A unique adolescent response to reward prediction errors. *Nature Neuroscience*, *13*, 669–71.

Colvert, E., Rutter, M., Kreppner, J., Beckett, C., Castle, J., Groothues, C., Hawkins, A., ... Sonuga-Bark, J. S. (2008).

Do theory of mind and executive function deficits underlie the adverse outcomes associated with profound early deprivation? Findings from the English and Romanian adoptees study. *Journal of Abnormal Child Psychology*, *36*(7), 1057–68.

Davidson, M. C., Amso, D., Anderson, L. C., & Diamond, A. (2006). Development of cognitive control and executive functions from 4 to 13 years: Evidence from manipulations of memory, inhibition, and task switching. *Neuropsychologia*, *44*, 2037–78.

Davidson, R., & Irwin, W. (1999). The functional neuroanatomy of emotion and affective style. *Trends in Cognitive Sciences*, *3*(1), 11–21.

Davidson, R. J., Jackson, D. C., & Kalin, N. H. (2000). Emotion, plasticity, context, and regulation: Perspectives from affective neuroscience. *Psychological Bulletin*, *126*(6), 890–909.

Eshel, N., Nelson, E. E., Blair, R. J., Pine, D. S., & Ernst, M. (2007). Neural substrates of choice selection in adults and adolescents: Development of the ventrolateral prefrontal and anterior cingulate cortices. *Neuropsychologia*, *45*, 1270–9.

Fonagy, P., Gergely, G., Jurist, E., & Target, M. (2002). *Affect regulation, mentalization and the development of the self.* New York: Other Press.

Francis, D. D., Caldji, C., Champagne, F., Plotsky, P. M., & Meaney, M. J. (1999). The Role of corticotrophin-releasing factor–norepinepherine systems in mediating the effects of early experience on the development of behavioral and endocrine Responses to stress. *Biological Psychiatry*, *46*(9), 1153–66.

Fusar-Poli, P., Placentino, A., Carletti, F., Landi, P., Allen, P., Surguladze, S., ... Politi, P. (2009). Functional atlas of emotional faces processing: A voxel-based meta-analysis of 105 functional magnetic resonance imaging studies. *Journal of Psychiatry and Neuroscience*, *34*, 418–32.

Gerardi-Caulton, G. (2000). Sensitivity to spatial conflict and the development of self-regulation in children 24–36 months of age. *Developmental Science*, *3*, 397–404.

Giedd, J. N., Blumenthal, J., Jeffries, N. O., Castellanos, F. X., Liu, H., Zijdenbos, A., ... Rapoport, J. L. (1999). Brain development during childhood and adolescence: A longitudinal MRI study. *Nature Neuroscience*, *2*, 861–3.

Giedd, J. N., Rumsey, J. M., Castellanos, F.X., Rajapakse, J.C., Kaysen, D., Vaituzis, A. C., ... Rapoport, J. L. (1996). A quantitative MRI study of the corpus callosum in children and adolescents. *Developmental Brain Research*, *91*, 274–80.

Gilbertson, M. W., Shenton, M. E., Ciszewski, A., Kasai, K., Lasko, N. B., Orr, S. P., & Pitman, R. K. (2002). Smaller hippocampal volume predicts pathologic vulnerability to psychological trauma. *Nature Neuroscience*, *5*, 1242–7.

Gogtay, N., Giedd, J. N., Lusk, L., Hayashi, K. M., Greenstein, D., Vaituzis, A. C., ... Thompson, P. M. (2004). Dynamic mapping of human cortical development during childhood through early adulthood. *Proceedings of the National Academy of Sciences*, *101*, 8174–9.

Gross, J. J. (1998). The emerging field of emotion regulation: An integrative review. *Review of General Psychology*, *2*, 271–99.

Gullone, E., Hughes, E. K., King, N. J., & Tonge, B. (2010). The normative development of emotion regulation strategy use in children and adolescents: A 2-year follow-up study. *Journal of Child Psychology and Psychiatry*, *51*, 567–74.

Guyer, A. E., McClure-Tone, E. B., Shiffrin, N. D., Pine, D. S., & Nelson, E. E. (2009). Probing the neural correlates of anticipated peer evaluation in adolescence. *Child Development*, *80*(4), 1000–15.

Guyer, A. E., Monk, C. S., Clure-Tone, E. B., Nelson, E. E., Roberson-Nay, R., Adler, A. D., ... Ernst, M. (2008). A developmental examination of amygdala response to facial expressions. *Journal of Cognitive Neuroscience*, *20*, 1565–82.

Halligan, S. L., Herbert, J., Goodyer, I. M., & Murray, L. (2004). Exposure to postnatal depression predicts elevated cortisol in adolescent offspring. *Biological Psychiatry*, *55*(4), 376–81.

Hamann, S. B., Stefanacci, L., Squire, L. R., Adolphs, R., Tranel, D., Damasio, H., & Damasio, A. (1996). Recognizing facial emotion. *Nature*, *379*, 497.

Hanson, J. L., Chung, M. K., Avants, B. B., Shirtcliff, E. A., Gee, J. C., Davidson, R. J., & Pollak, S. D. (2010). Early stress is associated with alterations in the orbitofrontal cortex: A tensor-based morphometry investigation of brain structure and behavioral risk. *Journal of Neuroscience*, *30*, 7466–72.

Hare, T. A., Tottenham, N., Galvan, A., Voss, H. U., Glover, G. H., & Casey, B. J. (2008). Biological substrates of emotional reactivity and regulation in adolescence during an emotional go-no go task. *Biological Psychiatry*, *63*, 927–34.

Hart, J., Gunnar, M., & Cicchetti, D. (1995). Salivary cortisol in maltreated children: evidence of relations between neuroendocrine activity and social competence. *Development and Psychopathology*, *7*, 11–26.

Hawes, D. J., Brennan, J., & Dadds, M. R. (2009). Cortisol,

callous-unemotional traits, and pathways to antisocial behavior. *Current Opinion in Psychiatry*, *22*(4), 357–62.

Heim, C., Newport, D. J., Mletzko, T., Miller, A. H., & Nemeroff, C. B. (2008). The link between childhood trauma and depression: Insights from HPA axis studies in humans. *Psychoneuroendocrinology*, *33*, 693–710.

Herba, C., & Phillips, M. (2004). Annotation: Development of facial expression recognition from childhood to adolescence: Behavioral and neurological perspectives. *Journal of Child Psychology and Psychiatry*, *45*, 1185–98.

Herpertz, S. C., Huebner, T., Marx, I., Vloet, T. D., Fink, G. R., Stoecker, T., Shah, N. J., ... Herpertz-Dahlmann, B. (2008). Emotional processing in male adolescents with childhood-onset conduct disorder. *Journal of Child Psychology and Psychiatry*, *49*(7), 781–91.

Johnson, M. H. (2005). Subcortical face processing. *Nature Reviews Neuroscience*, *6*, 766–74.

Jones, A. P., Laurens, K. R., Herba, C. M., Barker, G. J., & Viding, E. (2009). Amygdala hypoactivity to fearful faces in boys with conduct problems and callous-unemotional traits. *American Journal of Psychiatry*, *166*(1), 95–102.

Kaplow, J. B. & Widom, C. S. (2007) Age of onset of child maltreatment predicts long-term mental health outcomes. *Journal of Abnormal Psychology*, *116*(1), 176–87.

Kaufman, J., Birmaher, B., Perel, J., Dahl, R. E., Moreci, P., Nelson, B., ... Ryan, N. D. (1997). The corticotropin-releasing hormone challenge in depressed abused, depressed nonabused, and normal control children. *Biological Psychiatry*, *42*(8), 669–79.

Kédia, G., Berthoz, S., Wessa, M., Hilton, D., & Martinot, J. L. (2008). An agent harms a victim: A functional magnetic resonance imaging study on specific moral emotions. *Journal of Cognitive Neuroscience*, *20*(10), 1788–98.

Kestenbaum, R., & Nelson, C. A. (2010). The recognition and categorization of upright and inverted emotional expressions by 7-monthold infants. *Infant Behavior and Development*, *13*, 497–511.

Killgore, W. D., Oki, M., & Yurgelun-Todd, D. A. (2001). Sex-specific developmental changes in amygdala responses to affective faces. *Neuroreport*, *12*, 427–33.

Larsen, J. T., To, Y. M., & Fireman, G. (2007). Children's understanding and experience of mixed emotions. *Psychological Science*, *18*, 186–91.

Lau, J. Y. F., Goldman, D., Buzas, B., Fromm, S. J., Guyer, A. E., Monk, C. S., Nelson, E. E., ... Ernst, M. (2009). Amygdala function and 5-HTT gene variants in adolescent anxiety and major depressive disorder. *Anxiety*, *65*(4), 349–55.

Leppanen, J. M., & Nelson, C. A. (2009). Tuning the developing brain to social signals of emotions. *Nature Reviews Neuroscience*, *10*, 37–47.

Levesque, J., Eugene, F., Joanette, Y., Paquette, V., Mensour, B., Beaudoin, G., ... Beauregard, M. (2003). Neural circuitry underlying voluntary suppression of sadness. *Biological Psychiatry*, *53*, 502–10.

Levesque, J., Joanette, Y., Mensour, B., Beaudoin, G., Leroux, J. M., Bourgouin, P., & Beauregard, M. (2004). Neural basis of emotional self-regulation in childhood. *Neuroscience*, *129*, 361–9.

Lewis, M. D., Lamm, C., Segalowitz, S. J., Stieben, J., & Zelazo, P. D. (2006). Neurophysiological correlates of emotion regulation in children and adolescents. *Journal of Cognitive Neuroscience*, *18*, 430–43.

Lewis, M. D., & Stieben, J. (2004). Emotion regulation in the brain: Conceptual issues and directions for developmental research. *Child Development*, *75*, 371–6.

Luna, B., Thulborn, K. R., Munoz, D. P., Merriam, E. P., Garver, K. E., Minshew, N. J., ... Sweeney, J. A. (2001). Maturation of widely distributed brain function subserves cognitive development. *Neuroimage*, *13*, 786–93.

Lupien, S. J., McEwen, B. S., Gunnar, M. R., & Heim, C. (2009). Effects of stress throughout the lifespan on the brain, behavior and cognition. Nature Reviews. *Neuroscience*, *10*(6), 434–45.

Marsh, A. A., Finger, E. C., Mitchell, D. G. V., Reid, M. E., Sims, C., Kosson, D. S., Towbin, K. E., et al. (2008). Reduced amygdala response to fearful expressions in children and adolescents with callous-unemotional traits and disruptive behavior disorders. *American Journal of Psychiatry*, *165*(6), 712–20.

McClure, E. B. (2000). A meta-analytic review of sex differences in facial expression processing and their development in infants, children, and adolescents. *Psychological Bulletin*, *126*, 424–53.

McClure, E. B., Monk, C. S., Nelson, E. E., Zarahn, E., Leibenluft, E., Bilder, R. M., ... Pine, D. S. (2004). A developmental examination of gender differences in brain engagement during evaluation of threat. *Biological Psychiatry*, *55*, 1047–55.

McCrory, E. J., De Brito, S. A., Sebastian, C. L., Mechelli, A., Bird, G., Kelly, P. A., & Viding, E. (2011). Heightened neural reactivity to threat in child victims of family violence. *Current Biology*, *21*(23), R947–R948.

McCrory, E., De Brito, S. A., & Viding, E. (2010). Research review: The neurobiology and genetics of maltreatment and adversity. *Journal of Child Psychology and Psychiatry*,

10, 1079–95.

McCrory, E., De Brito, S. A., & Viding, E. (2011). The impact of childhood maltreatment: A review of neurobiological and genetic factors. *Frontiers in Psychiatry*, *2*, 48.

McGivern, R. F., Andersen, J., Byrd, D., Mutter, K. L., & Reilly, J. (2002). Cognitive efficiency on a match to sample task decreases at the onset of puberty in children. *Brain and Cognition*, *50*, 73–89.

Mechelli, A., Tognin, S., McGuire, P. K., Prata, D., Sartori, G., Fusar-Poli, P., De Brito, S., Hariri, A. R., Viding, E. (2009). Genetic Vulnerability to Affective Psychopathology in Childhood: A Combined Voxel-Based Morphometry and Functional Magnetic Resonance Imaging Study. *Biol Psychiatry 66*(3), 231–7.

Meewisse, M. L., Reitsma, J. B., De Vries, G. J., Gersons, B. P. R., & Olff, M. (2007). Cortisol and post-traumatic stress disorder in adults: Systematic review and meta-analysis. *British Journal of Psychiatry*, *191*, 387–92.

Mehta, M. A., Golembo, N. I., Nosarti, C., Colvert, E., Mota, A., Williams, S. C., ... Sonuga-Barke, E. (2009). Amygdala, hippocampal and corpus callosum size following severe early institutional deprivation: The English and Romanian Adoptees study pilot. *Journal of Child Psychology and Psychiatry*, *50*(8), 943–51.

Mitchell, D. G. V. (2011). The nexus between decision making and emotion regulation: A review of convergent neurocognitive substrates. *Behavioral Brain Research*, *217*(1), 215–31.

Mitchell, D. G. V., Richell, R. A., Pine, D., & Blair, R. J. R. (2008). The contribution of ventrolateral and dorsolateral prefrontal cortex to response reversal. *Behavioral Brain Research*, *187*(1), 80–7.

Minagawa-Kawai, Y., Matsuoka, S., Dan, I., Naoi, N., Nakamura, K., & Kojima, S. (2009). Prefrontal activation associated with social attachment: Facial-emotion recognition in mothers and infants. *Cerebral Cortex*, *19*, 284–92.

Monk, C. S., McClure, E. B., Nelson, E. E., Zarahn, E., Bilder, R. M., Leibenluft, E., et al. (2003). Adolescent immaturity in attention-related brain engagement to emotional expressions. *Neuroimage*, *20*, 420–8.

Nelson, C. A., & de Haan. M. (1996). Neural correlates of infants' visual responsiveness to facial expressions of emotion. *Developmental Psychobiology*, *29*, 577–95.

Nelson, C. A., Morse, P. A., & Leavitt, L. A. (1979). Recognition of facial expressions by seven-month-old infants. *Child Development*, *50*, 1239–42.

Nelson, E. E., Leibenluft, E., McClure, E. B., & Pine, D. S. (2005). The social re-orientation of adolescence: A neuroscience perspective on the process and its relation to psychopathology. *Psychological Medicine*, *35*, 163–74.

Ochsner, K. N., & Gross, J. J. (2005). The cognitive control of emotion. *Trends in Cognitive Sciences*, *9*, 242–9.

O'Doherty, J. P. (2004). Reward representations and reward-related learning in the human brain: Insights from neuroimaging. *Current Opinions in Neurobiology*, *14*(6), 769–76.

Passamonti, L., Fairchild, G., Goodyer, I. M., Hurford, G., Hagan, C. C., Rowe, J. B., & Calder, A. J. (2010) Neural abnormalities in early-onset and adolescence-onset conduct disorder. *Archives of General Psychiatry*, *67*(7), 729–38.

Paus, T., Keshavan, M., & Giedd, J. N. (2008). Why do many psychiatric disorders emerge during adolescence? *Nature Reviews Neuroscience*, *9*, 947–57.

Peltola, M. J., Leppanen, J. M., Palokangas, T., & Hietanen, J. K. (2008). Fearful faces modulate looking duration and attention disengagement in 7-month-old infants. *Developmental Science*, *11*, 60–8.

Peters, J., & Büchel, C. (2010). Episodic future thinking reduces reward delay discounting through an enhancement of prefrontal-mediotemporal interactions. *Neuron*, *66*(1), 138–48.

Posner, M. I., & Rothbart, M. K. (2000). Developing mechanisms of self-regulation. *Development and Psychopathology*, *12*, 427–41.

Pollak, S. D., Cicchetti, D., Klorman, R., & Brumaghim, J. T. (1997). Cognitive brain event-related potentials and emotion processing in maltreated children. *Child Development*, *68*, 773–87.

Pollak, S. D., & Kistler, D. J. (2002). Early experience is associated with the development of categorical representations for facial expressions of emotion. *Proceedings of the National Academy of Sciences*, *99*, 9072–6.

Pollak, S. D., Klorman, R., Thatcher, J. E., & Cicchetti, D. (2001). P3b reflects maltreated children's reactions to facial displays of emotion. *Psychophysiology 38*, 267–74.

Reynolds, G. D., & Richards, J. E. (2005). Familiarization, attention, and recognition memory in infancy: An event-related potential and cortical source localization study. *Developmental Psychology*, *41*, 598–615.

Rolls, E. T., & Grabenhorst, F. (2008). The orbitofrontal cortex and beyond: From affect to decision-making. *Progress in Neurobiology*, *86*(3), 216–44.

Rosen, H. J., & Levenson, R. W. (2009). The emotional brain: Combining insights from patients and basic science.

Neurocase, *15*(3), 173–81.

Rushworth, M. F. S., Behrens, T. E. J., Rudebeck, P. H., & Walton, M. E. (2007). Contrasting roles for cingulate and orbitofrontal cortex in decision and social behavior. *Trends in Cognitive Sciences*, *11*, 168–76.

Sabatini, M. J., Ebert, P., Lewis, D. A., Levitt, P., Cameron, J. L., & Mirnics, K. (2007). Amygdala gene expression correlates of social behavior in monkeys experiencing maternal separation. *Journal of Neuroscience*, *27*(12), 3295–304.

Sánchez, M. M., Ladd, C. O., & Plotsky, P. M. (2001). Early adverse experience as a developmental risk factor for later psychopathology: Evidence from rodent and primate models. *Development and Psychopathology*, *13*, 419–49.

Schumann, C. M., Hamstra, J., Goodlin-Jones, B. L., Lotspeich, L. J., Kwon, H., Buonocore, M. H., ... Amaral, D. G. (2004). The amygdala is enlarged in children but not adolescents with autism; the hippocampus is enlarged at all ages. *Journal of Neuroscience*, *24*, 6392– 401.

Sebastian, C. L., Fontaine, N. M. G., Bird, G., Blakemore, S.-J., De Brito, S. A., McCrory, E. J. P., & Viding, E. (2012). Neural processing associated with cognitive and affective Theory of Mind in adolescents and adults. *Social Cognitive and Affective Neuroscience*, *7*(1), 53-63. doi: 10.1093/scan/nsr023

Sebastian, C. L., McCrory, E. J., Cecil, C. A., Lockwood, P. L., De Brito, S. A., Fontaine, N. M., & Viding, E. (2012). Neural responses to affective and cognitive theory of mind in children with conduct problems and varying levels of callous-unemotional traits. *Archives of General Psychiatry*, *69*(8), 814–22.

Sebastian, C. L., Tan, G. C. Y., Roiser, J. P., Viding, E., Dumontheil, I., & Blakemore, S. J. (2011). Developmental influences on the neural bases of responses to social rejection: Implications of social neuroscience for education. *Neuroimage*, *57*(3), 686–94.

Sergerie, K., Chochol, C., & Armony, J. L. (2008). The role of the amygdala in emotional processing: A quantitative meta-analysis of functional neuroimaging studies. *Neuroscience and Biobehavioral Reviews*, *32*(4), 811–30.

Shackman, J. E., Shackman, A. J., & Pollak, S. D. (2007). Physical abuse amplifies attention to threat and increases anxiety in children. *Emotion*, *7*(4), 838–52.

Shaw, P., Kabani, N. J., Lerch, J. P., Eckstrand, K., Lenroot, R., Gogtay, N., ... Wise, S. P. (2008). Neurodevelopmental trajectories of the human cerebral cortex. *Journal of Neuroscience*, *28*, 3586–94.

Shaw, P., Lalonde, F., Lepage, C., Rabin, C., Eckstrand, K., Sharp, W., Greenstein, D., ... Rapoport, J. (2009). Development of cortical asymmetry in typically developing children and its disruption in attention-deficit/hyperactivity disorder. *Archives of General Psychiatry*, *66*(8), 888–96.

Somerville, L. H., & Casey, B. J. (2010). Developmental neurobiology of cognitive control and motivational systems. *Current Opinions in Neurobiology*, *20*, 236–41.

Sterzer, P., & Stadler, C. (2009). Neuroimaging of aggressive and violent behavior in children and adolescents. *Frontiers in Behavioral Neuroscience*, *3*(35), 1–8.

Sterzer, P., Stadler, C., Krebs, A., Kleinschmidt, A., & Poustka, F. (2005). Abnormal neural responses to emotional visual stimuli in adolescents with conduct disorder. *Biological Psychiatry*, *57*(1), 7–15.

Takakahashi, H., Yahata, N., Koeda, M., Matsuda, T., Asai, K., & Okubo, Y. (2004). Brain activation associated with evaluative processes of guilt and embarrassment: An fMRI study. *Neuroimage*, *23*, 967–74.

Thomas, K. M., Drevets, W. C., Whalen, P. J., Eccard, C. H., Dahl, R. E., Ryan, N. D., et al. (2001). Amygdala response to facial expressions in children and adults. *Biological Psychiatry*, *49*, 309–16.

Thomas, L. A., De Bellis, M. D., Graham, R., & LaBar, K. S. (2007). Development of emotional facial recognition in late childhood and adolescence. *Developmental Science*, *10*, 547–58.

Thompson, R. (1994). Emotion regulation: A theme in search of a definition. In N. A. Fox (Ed.), *Emotion regulation: Biological and behavioral considerations. Monographs of the Society for Research in Child Development* (pp. 25–52). Chicago: University of Chicago Press.

Tottenham, N., Hare, T. A., Quinn, B. T., McCarry, T. W., Nurse, M., Gilhooly, T., ... Casey, B. J. (2010). Prolonged institutional rearing is associated with atypically large amygdala volume and difficulties in emotion regulation. *Developmental Science*, *13*(1), 46–61.

Tottenham, N., & Sheridan, M. A. (2010). A review of adversity, the amygdala and the hippocampus: A consideration of developmental timing. *Frontiers in Human Neuroscience*, *3*(68), 1–18.

van Goozen, S. H. M., & Fairchild, G. (2008). How can the study of biological processes help design new interventions for children with severe antisocial behavior? *Development and Psychopathology*, *20*(3), 941–73.

Van Leijenhorst, L., Zanolie, K., Van Meel, C. S., Westenberg, P. M., Rombouts, S. A. R. B., & Crone, E. A. (2010). What motivates the adolescent? Brain regions mediating reward sensitivity across adolescence. *Cerebral Cortex*, *20*, 61–9.

Viding, E., McCrory, E. J., Blakemore, S.-J., & Frederickson, N. (2011). Behavioral problems and bullying at school: Can cognitive neuroscience shed new light on an old problem? *Trends in Cognitive Sciences*, *15*(7), 289–91.

Vuilleumier, P., & Pourtois, G. (2007). Distributed and interactive brain mechanisms during emotion face perception: Evidence from functional neuroimaging. *Neuropsychologia*, *45*(1), 174–94.

Wager, T. D., Davidson, M. L., Hughes, B. L., Lindquist, M. A., & Ochsner, K. N. (2008). Prefrontal-subcortical pathways mediating successful emotion regulation. *Neuron*, *59*, 1037–50.

Widom, C. S., DuMont, K., & Czaja, S. J. (2007). A prospective investigation of major depressive disorder and comorbidity in abused and neglected children grown up. *Archives of General Psychiatry*, *64*(1), 49–56.

Woon, F. L., & Hedges, D. W. (2008). Hippocampal and amygdala volumes in children and adults with childhood maltreatment-related posttraumatic stress disorder: A meta-analysis. *Hippocampus*, *18*, 729–36.

Zarrow, M. X., Philpott, J. E., & Denenberg, V. H. (1970). Passage of 14-C-4 corticosterone from the rat mother to the fetus and neonate. *Nature*, *226*, 1058–59.

第28章

情绪和老化：联系神经机制与心理学理论

佩吉·L.圣雅克(Peggy L. St. Jacques)　艾米·温考夫(Amy Winecoff)　罗伯特·卡韦萨(Roberto Cabeza)

随着个体的老化，认知能力持续衰退，同时伴随大脑结构和生理功能逐渐退化（Dennis & Cabeza, 2008）。然而，至少存在一个方面——情绪幸福，健康的老年人能够与年轻人相媲美，甚至优于年轻人。尽管许多方面的挑战仍在增大——包括视觉、听觉和记忆衰退；行动不便和身体健康程度降低；还有亲人和朋友去世——但是大部分健康老年人在情绪水平上适应得非常好。多个心理学理论被用于解释该反直觉现象，并且激发了大量行为研究（参见Scheibe & Carstensen, 2010）。近来，情绪加工的年龄有关变化已成为功能神经成像研究的焦点，揭示了年轻人与老年人知觉、记忆、决策和调节情绪的神经机制之间的大量差异。本章目标是综述功能神经成像研究结果，将它们与老化影响情绪加工的理论相联系。

本章分为三个主要部分。第一部分总结老年期幸存情绪加工的两个认知神经科学解释：结构保留和功能代偿。第二部分是本章的核心，综述了老化效应的行为和功能神经成像研究，包括情绪知觉、情绪记忆、情绪决策和情绪调节。尽管这些研究使用了不同的范式和刺激，但是呈现了一致的模式，即老化与额叶活动增加有关，额叶活动增加有时与消极刺激的杏仁核反应减少相关。我们称该模式为情绪的额叶-杏仁核年龄相关差异（Frontoamygdalar Age-Related Differences in Emotion, FADE），进一步提出了该模式的可能解释。本章最后一部分将功能神经成像结果与老年人情绪健康的心理学理论相联系。

老年幸存情绪加工的两个解释

由于健康老龄化存在大量神经衰退，情绪加工随老化被相对保存的事实令人惊讶（参见Dennis & Cabeza, 2008）。一种可能解释是，年龄相关的结构退化在脑区中对情绪加工的调节更不显著（结构保留假说）。另一种可能解释是，年龄相关的结构和生理衰退被脑部活动代偿增加部分所抵消（功能代偿假说）。两个假说的证据并不互相矛盾，下面将详细说明。

结构保留

年龄相关结构退化在外侧前额叶皮层（lPFC）的表现最显著。外侧PFC随着年龄增长最快萎缩（Raz et al., 2005），并且该萎缩与认知能力下降有关，特别是执行功能（Gunning-Dixon & Raz, 2003）。海马年龄相关的萎缩也非常严重（例如

Raz, 2005），表明记忆相关脑活动随年龄增长减弱（Dennis et al., 2008）。相对于执行和记忆功能脑区的衰退，支持情绪和奖赏加工的脑区，例如杏仁核、腹侧纹状体和内侧PFC（O'Doherty, 2004; Phan, Wager, Taylor, & Liberzon, 2002），在健康老年人中功能保留相对较好。

杏仁核

杏仁核与情绪自动检测、情绪产生以及相关生理反应相联系（Phelps, 2006）。杏仁核也被假定中介知觉、情绪和决策的情绪调整，这与杏仁核和视觉皮层、颞叶、额叶（Amaral & Price, 1984）之间存在紧密结构连接的观点一致。

杏仁核结构完整性在老化过程中相对保留完好（Brabec et al., 2010; Cherubini, Peran, Caltagirone, Sabatini, & Spalletta, 2009）。尽管关乎杏仁核与年龄相关的体积减小的研究很少（Mu, Xie, Wen, Weng, & Shuyun, 1999），但是该效应被归因于杏仁核兴趣区内所含白质（Brabec et al., 2010）。相对于健康老化，大量杏仁核萎缩发生在阿尔茨海默病（AD）患者或者AD遗传风险个体中（Honea, Vidoni, Harsha, & Burns, 2009）。

纹状体

纹状体分为背侧和腹侧，背侧纹状体包括尾核和壳核，腹侧纹状体包括伏隔核。除了对运动和控制功能拥有重要贡献，纹状体还与奖赏加工有关（见本书第19章）。不像杏仁核，纹状体与健康老化的大量萎缩有关（Cherubini et al., 2009）。背侧纹状体，尤其是尾核，大量萎缩呈现为老化的函数（Raz et al., 2003），但是相关研究表明腹侧纹状体几乎很少发生老化萎缩（Cherubini et al., 2009）。

然而值得注意的是，纹状体多巴胺功能受到相当多的老化衰退影响，包括多巴胺受体减少（Antonini & Leenders, 1993; Wang et al., 1998）和多巴胺转运体减少（van Dyck et al., 1995）。多巴胺水平降低在年龄相关认知能力缺陷中发挥重要作用，并且与情景记忆和控制功能减退有关（例如Erixon-Lindroth et al., 2005）。多巴胺功能大幅衰退导致了以下推测，奖赏加工中的纹状体的作用可能受到老化破坏（Mohr, Li, & Heekeren, 2009），即使老年人腹侧纹状体结构完整性相对完好保留。

内侧前额叶皮层

相对于杏仁核和纹状体更自动化的情绪加工，前额叶皮层被假定调节情绪控制过程（Ochsner & Gross, 2005；第16章）。外侧PFC（布罗德曼区-BAs 44/46, 46/9）与执行功能强相关（Miller & Cohen, 2001），和有意情绪调节策略有关，诸如重评（Ochsner & Gross, 2005）。当被试试图使用语义精加工策略下行调节情绪时，腹外侧PFC（vlPFC）被激活（Ochsner, Bunge, Gross, & Gabrieli, 2002）。相比之下，内侧PFC（BA10）——本章为了简化，我们认为它构成前扣带回皮层（ACC; BA 32, 24）最前部——被假定涉及更少有意形式的情绪控制（Ochsner & Gross, 2007）。在内侧PFC，BA10相关于自我参照加工（Amodio & Frith, 2006），即自我相关信息，诸如内部情感和思想。例如，当被试判断自己或者亲密他人（相对判断他人）时（Krienen, Tu, & Buckner, 2010），或者被试从自我视角（相对他人）加工事件信息时（St. Jacques, Conway, Lowder, & Cabeza, 2011），该脑区呈现出更大激活。内侧PFC是默认网络的一部分，而默认网络由一组脑区组成，该组脑区在注意需求任务期间趋向去激活，并且被归因于内向注意，诸如情绪和记忆（Andrews-Hanna, Reidler, Sepulcre, Poulin, & Buckner, 2010）。

尽管老年人外侧PFC呈现大量退化，但是一些证据表明，一些内侧PFC在老化期得到了相对完好的保留（例如Salat, Kaye, & Janowsky, 2001）。如果内侧PFC相对保留能得到证实，那么和后文所述证据一致，老年人比年轻人在情绪加工中更依赖这些脑区。不管怎样，老年人情绪和奖赏加工不仅反映了多个脑区的结构和生理完整，而且反映了通过依赖不同策略和过度激活其他脑区，老年人能够激活这些区域或者代偿自己的结构和生理退化。

功能代偿

除了一些脑区，诸如杏仁核、腹侧纹状体和内侧PFC被相对保留，另一个解释健康老化中情绪加工得以保留的原因是功能代偿。功能神经成像研究表明，尽管一些脑区在老年人中比在年轻人中活动减少，但是另一些脑区，诸如PFC，常常随老化活动增加（Dennis & Cabeza, 2008）。多个研究者提出，年龄相关PFC过度激活可能有助于抵消神经退化（Cabeza et al., 1997; Grady et al., 1994; Reuter-Lorenz et al., 2000）。接下来将不再关注情绪领域的功能代偿（本章后文再述），而是关注PFC在老年期过度激活的两种形式，它们在许多认知领域被观察到，并与功能代偿相关：随老化从后部向前部转移和老年人半球非对称性降低。这两个模式为评价在情绪领域PFC过度激活的可能代偿作用提供了有用的背景（即FADE）。

随老化从后部向前部转移

随老化从后部向前部转移（Davis, Dennis, Daselaar, Fleck, & Cabeza, 2008; Dennis & Cabeza, 2008），指年龄相关枕叶活动减少伴随年龄相关PFC活动增加。该模式被许多认知领域观测到，包括知觉、注意、工作记忆、问题解决、情景记忆解码和记忆提取等（Dennis & Cabeza, 2008）。随老化从后部向前部转移由格莱迪（Grady）等（1994）首次报告，老年人通过使用高级认知过程（PFC活动增加）代偿视觉加工缺陷（枕叶活动减少）。与代偿假说一致，已有证据表明老年人PFC活动增加与认知表现呈正相关，而与枕叶活动减少呈负相关（Davis et al., 2008）。

老年人半球非对称性降低

在老年人认知领域一致发现的第二种脑活动模式，是PFC活动更双侧（更少非对称性）模式。该模式被称为老年人半球非对称性降低，存在于知觉、注意、工作记忆、问题解决、情景记忆解码和记忆提取，以及抑制控制等领域（Cabeza, 2002）。卡贝扎等（1997）最早描述了老年人半球非对称性降低模式并将其归于代偿机制。与该代偿机制一致的证据表明，老年人双侧活动与成功认知表现呈正相关（Reuter-Lorenz et al., 2000），这被发现于高认知表现老年人中而非低认知表现老年人中（Cabeza, 2002）。替代性去分化解释认为，老年人半球非对称性降低反映了特定神经机制的年龄相关困难（例如Logan, Sanders, Snyder, Morris, & Buckner, 2002）。总的来说，已有的证据趋向于支持代偿解释而非去分化解释（Dennis & Cabeza, 2008）。

当前解释总结

在第一部分，我们考虑了老年期情绪加工得以保留的两种认知神经科学解释的证据：结构保留假说和功能代偿假说。两个假说拥有一些实证支持。结构保留假说的一致证据表明，相对于外侧PFC的大量萎缩，情绪加工脑区的结构完整性在老年期被相对完好保留，诸如杏仁核、腹侧纹状体和内侧PFC。结构保留假说与背侧纹状体萎缩和多巴胺功能下降以及外侧PFC萎缩相悖，因为外侧PFC在某些形式的情绪调节中发挥作用。功能代偿假说受到间接证据支持，年龄相关神经退化可以被脑活动变化部分抵消，诸如PFC过度激活。PFC过度激活的两种模式——随老化从后部向前部转移和老年人半球非对称性降低——与认知表现改善有关，揭示PFC过度激活可能也可以解释老年保留情绪加工。正如下文所述，功能代偿支持老年期情绪加工改善的更直接证据由情绪领域的功能神经成像研究提供。

情绪和老化的行为与功能神经成像研究

下文综述了关于老化在不同领域影响情绪加工的行为和功能神经成像研究，诸如情绪知觉、情绪情景记忆、决策和情绪调节。最一致的模式是额叶活动增加，有时伴随消极刺激的杏仁核反应减少；也就是，通常称该模式为情绪的额叶-杏仁核的年龄相关差异（FADE；St. Jacques, Bessette-Symons, & Cabeza, 2009）。经过下文特定结果的阐述，将明确该模式的本质。需要牢记的问题是，年龄相关PFC增加是否可能解释老年人保留的情绪处理（功能代偿假说）。

情绪知觉：行为

对年轻人来说，情绪刺激比中性刺激更显著，以至于它们更容易、更顺利地被感知和注意（见Kensinger, 2004；以及第14章）。老年人在情绪知觉期间也从情绪中获益，以至于情绪显著性随年龄增长仍保持相对稳定（元分析见Murphy & Isaacowitz, 2008）。例如，老年人和年轻人在情绪刺激的注意（Mather & Knight, 2006; Samanez-Larkin, Robertson, Mikels, Carstensen, & Gotlib, 2009）和知觉（参见Kensinger, 2009）上表现相似。这些结果表明，情绪自动加工随年龄增长仍相对完整（参见Kensinger & Leclerc, 2009; Mather, 2006）。

然而，情绪知觉的年龄相关细微差别，可能由特定质量和类型情绪刺激引起。相对于年轻人，老年人知觉消极刺激更困难，但是知觉积极刺激的能力更少受损。消极刺激年龄相关减少和积极刺激增加或者类似表现，被称为积极效应（参见Mather & Carstensen, 2005）。例如，最近元分析检查情绪知觉年龄相关差异，罗夫曼（Ruffman）、赫瑞（Henry）、利弗斯托恩（Livingstone）和菲利普斯（Phillips）（2008）发现老年人比年轻人识别愤怒和悲伤表情受损更多，但是识别愉快表情受损更少。这些结果与其他情感刺激（例如图片）所观察的年龄相关效应相似。老年人倾向于评价积极图片且比年轻人和标准化评价更积极（Gruhn & Scheibe, 2008）。总之，尽管情绪显著性在健康老化中可能通常保持完整，但是知觉消极和积极情绪仍存在年龄相关差异。

情绪知觉：功能神经成像

关于老化影响情绪加工，大部分功能神经成像研究集中于情绪刺激知觉。在情绪知觉的功能神经成像研究中，最一致的结果之一是消极刺激的杏仁核激活年龄相关减少（见表28.1）。例如，在情绪和老化的第一个fMRI研究中，艾伊达卡（Iidaka）等（2002）发现，老年人对消极面

表28.1　情绪和老化的功能神经成像研究结果

作者 年份	效价	刺激类型	比较和扫描任务	前额叶		杏仁核	纹状体	
				外侧	内侧		背侧	腹侧
知觉								
Iidaka 2002	负性	面孔	负性（愤怒，伤心）>控制组；性别辨别			●		
Mather 2004*	负性	图片	负性对基线；情绪评分			●		
Fischer 2005	负性	面孔	负性（愤怒）>中性；被动观看			●		
Tessitore 2005	负性	面孔	负性（愤怒，担忧）>控制；知觉匹配	○		●		
Williams 2006*	负性	面孔	负性（恐惧）>中性；被动观看		○	●	●	
Wright 2006*	负性	面孔	负性（恐惧）+新颖>中性；被动观看			❖		
Wright 2007*	负性	面孔	负性（恐惧）+新颖>中性；被动观看			❖		
St. Jacques 2010	负性	图片	负性>中性；情绪评分	○	○	❖		○
LeClerc 2008	负性	物体	负性>积极；语意评分	●				●
Iidaka 2002	正性	面孔	正性（开心）>控制；性别辨别					
Mather 2004*	正性	图片	负性对基线；情绪评定			❖		
Williams 2006*	正性	面孔	正性（恐惧）>中性；被动观看		●	●	●	
LeClerc 2008	正性	物体	正性>负性；语意评定	○	○	❖		
Gutchess 2007	正性	词语	（正性自我>正性他人）>（负性自我>负性他人）；自我/他人评分	○	○			
情景记忆								
Fischer 2010	负性	面孔	负性（恐惧）>中性；情绪评分	○		●		
St. Jacques 2009	负性	图片	负性对中性；情绪评定	○		❖	●	
Murty 2009	负性	图片	负性对中性；语意评分		○			
Murty 2009	负性	图片	负性>中性；新/旧识别	○	○	●		
Kensinger 2008	负性	物体	负性>积极和中性；语意评定					
Kensinger 2008	正性	物体	正性>负性和中性；语意评定	❖	○			❖
决策与奖赏								
Samanez-Larkin 2007	负性	金钱	期望:损失（大，小）>没有；情绪评定	●			●	
Jacobson 2010	负性	食物	结果（饱腹时给食物）	○	○		●	
Schott 2007	正性	分数	期望：奖赏>没有	●	○		●	●
Dreher 2008	正性	金钱	结果：获得>没有		○		●	●
Jacobson 2010	正性	食物	结果：（饥饿时给食物）	○			○	
Samanez-Larkin 2007	正性	金钱	结果：没有>损失（大，小）		●		●	
Samanez-Larkin 2010	正性	金钱	结果：获得>损失	○				
情绪调节								
Winecoff 2010	负性	图片	负性重评>负性体验	●				
Winecoff 2010	正性	图片	积极重评>积极体验					

●年轻人>老年人；○老年人>年轻人；❖年轻人=老年人

*兴趣区分析

孔幸存杏仁核活动比年轻人更少，并且其他研究利用情绪表情和图片观察到了相似结果（Fischer et al., 2005；Gunning-Dixon et al., 2003；Leclerc & Kensinger, 2011；Tessitore et al., 2005）。然而，在上述一些研究（Gunning-Dixon et al., 2003；Iidaka et al., 2002；Tessitore et al., 2005）中，老年人报告的消极刺激效价评价比年轻人更少，与行为结果一致，即老年人呈现消极面孔识别的年龄相关退化。因此，一个可能解释是，杏仁核活动随年龄减少反映这些类型的刺激无法诱发老年人强烈的消极情绪，而不是杏仁核功能本身缺陷。与该观点一致，我们和他人发现，当刺激根据被试自己的评价进行分类时，老年人杏仁核活动和年轻人一样强烈（Leclerc & Kensinger, 2008; Mather et al., 2004; Ritchey, Bessette-Symons, Hayes & Cabeza, 2011; St. Jacques, Dolcos, & Cabeza, 2010; Wright, Wedig, Williams, Rauch, & Albert, 2006），或者情绪评价没有年龄相关差异（Fischer et al., 2005）。而且我们（St. Jacques et al., 2010）发现，对于被老年人主观评定为中性的消极刺激，杏仁核活动减少。有趣的是，观察到的积极刺激的杏仁核活动无年龄差异（Gutchess, Kensinger, Yoon, & Schacter, 2007；Leclerc & Kensinger, 2011; Mather et al., 2004；Williams et al., 2006），可能反映老化时杏仁核激活偏好的转移（Mather et al., 2004;Wright, Wedig, Williams, Rauch, & Albert, 2006）。总之，消极刺激的杏仁核反应趋向于随老化减少，但是该减少可能反映这种刺激不能诱发老年人强烈的消极情绪。

和杏仁核相比，关于情绪知觉的功能神经成像研究常常发现PFC激活随年龄增加。该效应通常在内侧PFC更显著（见表28.1），但是在外侧PFC也可观察到（Gunning-Dixon et al., 2003; Gutchess, Kensinger, & Schacter, 2007; Tessitore et al., 2005）。一些研究观察到，知觉消极图片（相对于中性图片）时内侧PFC激活呈现年龄相关增加（Leclerc & Kensinger, 2011; St. Jacques, Dolcos, & Cabeza, 2010; Williams et al., 2006），而其他研究观察到，内侧PFC激活年龄相关增加对积极刺激比消极刺激更显著（Gutchess, Kensinger, & Schacter, 2007; Leclerc & Kensinger, 2008, 2011; Ritchey, Bessette-Symons, Hayes, & Cabeza, 2011; Leclerc & Kensinger, 2010）。这些明显差异或许由内侧PFC背侧和腹侧在唤醒和效价方面的分离效应引起（Dolcos, LaBar, & Cabeza, 2004）。例如，莱克勒克（Leclerc）和肯辛格（2008）发现，背内侧PFC活动不因年龄而变反映情绪唤醒，而腹内侧区（特别是腹侧ACC）年龄相关差异反映积极和消极效价差异。需要额外研究分离神经相关的促进情绪唤醒和效价的潜在年龄相关差异。

PFC活动随年龄增长可能反映情绪知觉期间控制加工的更多激活。里特吉（Ritchey）等（2011）为该假说提供了证据。首先，他们发现内侧PFC和腹外侧PFC活动存在年龄相关增加，依赖于知觉期间控制加工参与。其次，他们发现执行功能的个体差异能预测这些PFC区的激活。控制加工激活增加可能潜在解释了情绪刺激知觉的年龄相关差异。与该观点一致，我们发现老年人将消极图片评价为中性的转变，调节了内侧PFC的参与及其与杏仁核的连接（St. Jacques et al., 2010）。

总之，与FADE一致，老化的情绪知觉研究一致表明，消极刺激的杏仁核活动呈现年龄相关减少，伴随消极和积极刺激的PFC激活增加。后一效应表明老年人在情绪知觉期间施加更多控制加工。该部分所综述的fMRI研究表明，有时会观察到老化存在积极和消极效价的知觉差异，因为这些任务依赖老年人所偏爱的PFC有关控制加工。

情绪情景记忆：行为

年轻人的情绪刺激记忆通常比中性刺激记忆更好（情绪增强记忆，EEM；见本书第20章）。尽管EEM在健康老化中被相对保留，但是EEM程度存在年龄相关的变化，特别是对消极信息来说（元分析请参见Murphy & Isaacowitz, 2008）。一些研究报告，老人的EEM在积极和消极情绪方面是相似的（Gruhn, Smith, & Baltes, 2005; St. Jacques & Levine, 2007），然而其他研究报告了效价差别效应（例如Mather & Carstensen, 2003）。不同结果的一个解释是，效价的年龄相关效应仅在特定情况下出现。根据马森（Mather）（2006）的研究，当编码期间的任务有碍于老年人将有限的认知资源指向情绪刺激时，积极效应不太可能产生。在一系列实验中，马森和纳伊特（Knight）（2005）表明，老年人参与积极刺激精细加工比消极刺激更多，积极偏向与认知控制表现有关，并且在情绪刺激编码期间分心的老年人没有呈现出积极项目记忆偏好。类似地，伊莫里（Emery）和赫斯（2008）操纵编码期间的观看指示，发现当以情绪意义方式加工刺激时（比以知觉加工或者被动观看方式加工），老年人情绪记忆更好。综合这些结果，当编码需要更多认知资源以致减少了刺激的情绪显著性注意时，积极和消极刺激记忆的年龄相关差异不太可能发生。

或者，关于老化积极效应的混合结果，可能源于研究所诱发唤醒水平的不同（Gruhn et al., 2005）。在线评定唤醒有时不能在研究中获得，或者当获得时没有分析它们与效价之间潜在的年龄相关交互作用。肯辛格（2008）表明，低唤醒词汇比高唤醒刺激更可能诱发积极效应。总之，如果没有仔细考虑任务需求和情绪刺激所诱发的唤醒程度，那么解释情景记忆的积极效应或者消极降低是有问题的。

情绪记忆：功能神经成像

直到最近，功能神经成像研究开始探索EEM年龄相关改变的神经基础。方法学方面的差异暂置一旁，记忆编码的功能神经成像研究通常表明，出现了PFC活动增加和杏仁核改变。例如，研究发现杏仁核活动预测随后年轻人和老年人的消极图片记忆（相对于中性），但是当视觉皮层活动下降时老年人激活额外额叶活动支持记忆形成（St. Jacques, Dolcos, & Cabeza, 2009）。费斯切尔（Fischer）（2010）观察到左背外侧PFC（dlPFC）对随后恐惧面孔记忆（相对于中性）呈现出年龄相关增加。尽管两个年龄组在成功编码恐惧面孔期间都激活了双侧杏仁核，但是年轻人更多激活右侧杏仁核。类似地，莫特（Murty）等（2009）发现，编码消极图片（相对于中性图片）期间，左边dlPFC激活呈现年龄相关增加，但是没有观察到杏仁核激活的年龄相关差异。作为这些结果的补充，肯辛格和沙克特（2008）观察到，成功记忆编码客体期间杏仁核激活不随年龄变化，无论是特定消极效价还是积极效价，成功编码积极客体期间老年人均诱发更大的内侧PFC激活。

而且，可以发现杏仁核和通常支持消极刺激记忆形成的脑区（例如海马）之间的功能连接呈现年龄相关下降，但是与控制加工有关PFC区之间的功能连接呈现年龄相关增加（Murty et al., 2009; St. Jacques, Dolcos, & Cabeza, 2009; Addis, Leclerc, Muscatell, & Kensinger, 2010）。因此，额叶激活增加可能反映了支持成功形成记忆的代偿过程。然而，根据这些研究所观察到的EEM随年龄下降，年龄相关额叶转移不如杏仁核调整海马有效，由于杏仁核调整海马促进巩固过程，并且持续很久（Ritchey, Dolcos, & Cabeza, 2008）。

艾迪斯（Addis）等（2010）最近指出，老年人积极记忆形成时的连接模式也不同。他们通过使用结构方程模型考察情绪网络中的有效连接性，发现老年人的杏仁核和vmPFC对海马的自上而下的影响具有更强的正相关，而在年轻人中这些区域对海马的影响则是负相关。此外，年轻人的丘脑对海马具有更大的积极影响。艾迪斯及其同事提出，在成功编码积极记忆时，与年龄相关的有效连接性变化可能反映了老年人更多的自我参照加工，这也可以解释他们对这些相同刺激的记忆力的增加。

目前，只有一项研究考察了记忆检索过程中的年龄相关效应。上述莫特等（2009）的研究发现，老年人在消极-中性区组的记忆检索中出现杏仁核激活减少，但是dlPFC激活随年龄增加的情况。此外，老年人杏仁核-dlPFC连接更强，但是在回忆消极记忆时杏仁核-海马连接较少，表明代偿机制可能有助于记忆恢复或者可能参与回忆时情绪调节的控制加工。

总之，这些早期功能磁共振成像研究结果表明，衰老导致对PFC控制加工的依赖性增加，这支持和维持了对情感材料的记忆增强。这些结果与之前回顾的行为研究一致，即情绪刺激记忆中与年龄相关的变化取决于影响情绪的控制加工激活。未来的研究需要更加仔细地考察，效价和唤醒如何在支持成功记忆编码和检索的神经机制中导致潜在的年龄相关差异。

情感决策：行为

决策期间信息加工通常被特征化为依赖两个不同的系统：一个是有意和认知的系统，另一个是情感和经验的系统（Peters, Hess, Västfjäll, & Auman, 2007; 也见第17章）。决策过程中信息加工的有意和情感方面随年龄变化而变化（Kennedy & Mather, 2007）；然而，这些变化在多大程度上协调行动产生不适应选择，可能取决于许多背景因素（Peters et al., 2007）。尽管如此，情绪加工年龄相关差异可能导致老年人次优的现实世界经济行为（Weierich et al., 2011）。因此，特征化老化影响情感加工的方式，对于理解老年期决策至关重要。

与情绪知觉和记忆研究一致，老年人决策受积极和消极信息的影响也不同。例如，当强调获益而不是强调损失时，老年人易受框架效应影响（Mikels & Reed, 2009），并且当做关于医生和医疗保健计划的决策时，他们比年轻人花费更多时间回顾积极信息（相对于消极信息）（Lockenhoff & Carstensen, 2007）。这些结果表明，老年人决策受目标影响以主动管理情感体验。与该观点一致，尽管年轻人和老年人在当前消费寻求方面有相似水平的选择多样性，但是老年人对于未来消费选择呈现出更少多样性。通过选择熟知偏好选项，老年人可能试图调节自己的未来情绪体验（Novak & Mather, 2007）。考虑到情绪调节过程可被用于降低对损失的行为报告和生理测量（Sokol-Hessner et al., 2009）以及风险规避（Heilman, Crisan, Houser, Miclea, & Miu, 2010），决策期间对情绪加以调节的动机或许可使老年人免于在所有背景下做出较差决策的结果。

动机影响在决策中发挥重要作用。因此，通过检查老年人如何学习特定刺激与奖赏或者惩罚结果之间的关联，多个研究调查了决策的年龄相关差异（例如Denburg, Recknor, Bechara, & Tranel, 2006）；然而在强化学习中老化如何影响信息加工并不完全清楚。一方面，老年人有时偏爱积极奖赏学习。登博格（Denburg）等（2006）发现，在爱荷华博弈任务中选择有利纸牌时，获得高成绩的老年人更可能产生预期的皮肤电反应，然而获得低成绩的老年人不会在有利和不利纸牌之间呈现预期反应差异。该结果表明，老年人对积极强化的潜在学习可能比消极强化更好，也许表征了与晚年情绪焦点变化一致的年龄相关转变（Denburg et al., 2006）。另一方面，老年人在某些情况下可能偏向消极结果。弗兰克和孔（Kong）（2008）使用概率学习任务，评估老年人初始学习是否受到接近和/或回避策略引导，发现最老被试组从消极结果中（较之积极结果）学习更多。然而，随年龄增加更倾向于回避学习的规律似乎不适用于年龄较小的老年人，表明这种效应不能推广到所有老年人。

总之，像年轻人一样，老年人决策偏向于情绪信息；然而，决策和奖赏任务中的情绪信息的效价和本质对晚年行为存在不同影响。与检查情绪知觉和记忆的年龄相关改变的研究相似，研究表明当加工情绪决定时，老年人潜在地偏向积极信息和强化物；然而，老年人决策期间背景和情绪偏向程度的影响，仍未被完全阐明。

情感决策：功能神经成像

正如前文所述，与多巴胺功能和背侧纹状体体积的年龄相关下降一致，功能神经成像研究报告，当关联学习（Mell et al., 2009）或者期望奖赏时（Dreher et al., 2008; Schott et al., 2007; Samanez-Larkin et al., 2007），老年人在奖赏加工期间纹状体活动减少。例如，梅尔（Mell）等（2009）发现，在概率目标逆转任务的早期和晚期被试对反馈的奖赏学习呈现不同的年龄效应。在晚期学习阶段，老年人纹状体奖赏反应激活比年轻人更低。然而，在早期学习阶段，老年人呈现出更大的腹侧纹状体奖赏加工反应。考虑到老年人行为表现总体更差，这些结果被解释为表明老年人不能以系统方式激活纹状体，以引导随后的奖赏学习。这与以下假说一致，尽管老年人不呈现奖赏结果加工缺陷，但是他们不能将这些信息整合到对未来奖赏的预测中（Schott et al., 2007）。类似地，老年人在伏隔核信号产生方面的时间变异增加预示更差的决策表现（Samanez-Larkin, Kuhnen, Yoo, & Knutson, 2010）。因此，老年人纹状体功能差异，与依赖于基底神经节奖赏信号加工的强化学习过程一致。

一些证据指出了老年期神经奖赏加工的效价特异转变，与知觉和记忆领域的研究结果一致。当预期赢钱时，老年人保留了纹状体赢钱反应，但对输钱的反应却消失了（Samanez-Larkin et al., 2007）。而且，尽管当建模整个结果期时老年人对金钱结果呈现具有相似的纹状体反应（Cox, Aizenstein, & Fiez, 2008; Samanez-Larkin et al., 2007），但是结果呈现之后，他们表现出了对消极结果的纹状体反应的减小（Cox et al., 2008）。总之，这些结果表明了老年期决策期间情感加工改变的作用，特别是当老年人考虑潜在经济损失时。

与情感加工期间晚年PFC功能改变证据一致，老年人在奖赏学习和决策时呈现PFC变化。在一项研究中，受到奖赏时老年人比年轻人呈现出dlPFC激活减少，而内侧PFC去激活更少（Dreher et al., 2008）。同样地，在奖赏关联性已经被习得后，老年人在决策期间存在dlPFC激活增加，可能潜在地表明即使学习已经发生后，老年人仍会过度激活背外侧PFC以维持和监控表现（Mell et al., 2009）。因为体内正电子发射断层扫描研究表明中脑边缘和前额叶的多巴胺系统之间关系随老化变化，所以这些差异可能反映年龄相关的多巴胺能降低（Dreher et al., 2008），这解释了奖赏系统和PFC的年龄相关变化。有趣的是，一个研究将享乐加工期间PFC变化和味觉刺激体验联系起来。不管特定味觉如何，不仅老年人情感加工的神经环路（例如尾状核和杏仁核）呈现更大反应，包括前扣带回皮层和额前内侧皮层也有更大反应（Jacobson, Green, & Murphy, 2010）。这些结果表明，年龄影响边缘和前额叶脑区的动机刺激加工。

总之，少数关于晚年奖赏加工和决策的神经成像研究表明，老年人呈现出奖赏加工模式的改变，这些模式不仅源自老化过程中的多巴胺能降低，而且源自情绪功能改变。尽管老年人奖赏学习和决策研究将不同PFC激活解释为表征认知降低，但是这些研究不能排除受到了情绪控制过程的潜在影响，该情绪过程在决策期间作为PFC的参与源头发生变化并产生作用。重要的是，未来研究需要区别晚年情绪偏向变化与认知和神经功能降低效应，因为它们以不同方式影响老年人决策。

情绪调节：行为

情绪调节是个体试图通过改变特定情绪体验、情绪体验时间和情绪表达方式，管理自己的情绪体验的过程（Gross, 1998b; 第16章）。老化与日常生活情绪体验控制增强有关（Gross et al., 1997）。在实验室情景中，老年人有所区别地采用相对自动和控制的情绪调节形式。首先，老年人似乎会自动采用情感调节策略，尽管没有被要求这样做。例如，空间注意研究表明，尽管知觉威胁相关刺激比中性刺激更快的能力被保留（Mather & Knight, 2006），但是老年人比年轻人更不太可能注意消极情绪面孔（Isaacowitz, Wadlinger, Goren, & Wilson, 2006; Mather & Carstensen, 2003），而更可能注意积极情绪面孔（Isaacowitz et al., 2006）。这种积极和消极刺激的注意分配是一种典型的前提集中情绪调节策略（Gross, 1998b），老年人似乎是这方面的专家（Charles & Carstensen, 2007）。

老年人在实施控制情绪调节方面也存在不同。然而，在外显指导语条件下情绪调节的年龄相关差异没有得到完全阐释。例如，与老年人使用自动情绪调节的研究相反，老年人在情绪上将自身从消极刺激中分离出来的能力减退（Shiota & Levenson, 2009; Winecoff, LaBar, Madden, Cabeza, & Huettel, 2011）。除了该发现，老年人保留了抑制情绪刺激所引起的行为反应的能力（Kunzmann, Kupperbusch, & Levenson, 2005; Shiota & Levenson, 2009），而且通过对消极刺激创建更积极的解释，他们比年轻人有更强的情绪调节能力（Shiota & Levenson, 2009）。一些研究者推测，情绪上分离刺激更多依赖流体智力，而创建刺激的积极再解释更多依赖专门知识，潜在地解释了基于情绪调节策略的年龄相关变异（Shiota & Levenson, 2009）；然而，该观点不能解释老年人与年轻人一样能有效地在情绪上从积极刺激中分离自己的原因（Winecoff et al., 2011）。因此年龄和控制性情绪调节之间的关系仍没有被完全阐明。

情绪调节的自动和控制参与也可能取决于认知资源可用性。例如，尽管选择注意的认知负担不是很重（Allard & Isaacowitz, 2008），但是老年人使用选择注意作为情绪调节策略可能取决于完整的认知资源（Mather & Carstensen, 2005）。这提出了一个关于老化研究的有趣问题：鉴于情绪调节策略某种程度上依赖认知资源，那么晚年是如何维持情绪功能的？因为功能神经成像研究能探索情绪调节的潜在机制，所以提供了有望回答该问题的途径。特别是，功能神经成像研究有助于我们理解自动化和控制调节的神经机制在整个生命周期存在的差异。

情绪调节：功能神经成像

功能神经成像研究提供了一些证据，表明老年人可能自发使用情绪调节策略，即便没有被要求这样做。许多研究表明，与FADE一致的是，在消极刺激知觉（Gunning-Dixon et al., 2003; Tessitore et al., 2005; 也见Fischer et al., 2005; Iidaka et al., 2002; Samanez-Larkin et al., 2007; St. Jacques et al., 2010; Williams et al., 2006）和提取（Murty et al., 2009）期间，年龄相关的前额叶活动增加，伴随杏仁核活动减少。因此，一种可能是老年人增强的情绪调节策略激活了PFC调节控制过程，抑制了消极刺激的杏仁核反应。例如，我们检查了杏仁核功能连接的年龄相关差异，发现了腹侧ACC和杏仁核之间功能连接的年龄相关增长（St. Jacques et al., 2010）。重要的是，我们发现知觉消极图片时——老人主观评价它们为中性而且随后杏仁核活动降低——这些脑区之间呈现负相关，表明了情绪调节参与。

通过PFC激活实现情绪调节策略（Ochsner & Gross, 2005），也可以降低预期收益的纹状体激活（Delgado, Gillis, & Phelps, 2008）。纹状体功能变化和老化的自动化情感调节形式之间还未建立起清晰的联系。然而，在最近的情感图片研究中，呈现出消极刺激期间年轻人内侧PFC和纹状体之间的功能连接增加，而呈现出积极效价刺激时老年人这些脑区之间的功能连接增加（Ritchey et al., 2011）。尽管这项研究的焦点不在于奖赏加工或者决策本身，但是表明类似FADE的模式可能被更广泛地扩展到大脑奖赏区域。

功能神经成像研究已经开始调查控制性情绪调节的年龄相关变化。一种广泛用于年轻人研究的情绪调节形式是重评，即使用认知策略转变刺激的情绪意义。这一情绪调节策略，正如注意分配，运行于情绪产生早期（Gross, 1998b），因此更可能降低情绪诱发的生理唤醒（Gross, 1998a）。考虑到老年人认知控制能力减退而情绪功能被保留或者改善（Mather & Carstensen, 2005），一个假设是老年人与年轻人依赖不同的神经网络执行有意情绪调节；然而，初步数据表明情况并非如此。在老年人群的重评研究中，老年人在情绪调节期间激活了PFC的不同部分，并且有最大程度的与重评相关的杏仁核激活降低的被试（相对于没有呈现该效应的被试）内侧PFC激活增加（Urry et al., 2006）。类似地，一项研究直接对比了年轻人和老年人重评的神经反应，仅发现少量的年龄相关差异（Winecoff et al., 2011）。年轻人和老年人认知重评都激活PFC——以往情绪调节所观察到的（Kim & Hamann, 2007; Ochsner et al., 2002; Ochsner et al., 2004），而情绪体验激活杏仁核。而且跨年龄组结果显示，在重评期间任务相关杏仁核激活减少，功能上伴随dlPFC激活增加。当老年人试图主动调节消极刺激（但不是积极刺激）反应时，年龄相关差异出现在左侧额下回和左内侧颞上沟。这与认知控制对情绪调节是必要的观点一致（Mather & Knight, 2005），即使控制年龄效应之后，在一组认知测验中表现越好，也能预测杏仁核的重评相关减少越多（Winecoff et al., 2011; 也见Ritchey et al., 2011）。

总体来看，这些结果表明，自动化情绪调节策略可能奠定了情绪加工的神经相关变化基础，然而控制性情绪调节一直都依赖于相似的脑系统。需要未来研究更好地理解这些效应的边界条件，以协调支持自动化和控制性情绪调节神经机制的年龄相关变化，以及积极和消极效价情绪调节的潜在年龄不变或者年龄相关差异。

从情绪知觉、记忆和调节领域的与年龄相关的功能成像研究中得出的情绪的额叶–杏仁核年龄相关差异的证据呈现出一种我们称之为FADE的活动模式，也就是，PFC活动年龄相关增加，有时伴随消极刺激的杏仁核反应减弱。一些功能神经成像研究调查了决策和奖赏的年龄相关变化，所获证据展示出了类似的额叶激活年龄相关增加和纹状体功能衰退，表明了年龄相关的皮层活动增加和亚皮层活动减少的更一般模式（Samanez-Larkin & Carstensen, 2011）。尽管FADE指的是脑活动的功能变化，但是也与解剖结构变化有关。因此，FADE与结构保留假说和功能代偿假说均有关，正如下面两部分将讲述的。

FADE与结构保留假说

尽管在消极情绪的知觉（Fischer et al., 2005; Iidaka et al., 2002; Tessitore et al., 2005）和记忆（Fischer, 2010; Murty et al., 2009）过程中存在与年龄相关的杏仁核活动减退，与杏仁核几乎不随年龄增长而萎缩这一证据不一致，但是杏仁核结构保留能够解释为什么杏仁核活动减少随刺激类型变化，并且对积极刺激不敏感。杏仁核几乎不随年龄萎缩的事实说明消极刺激的杏仁核活动年龄相关减少反映情绪加工策略变化，而非简单的结构退化。

相似观点是PFC活动存在年龄相关增加。这种年龄相关增加不仅存在于会随年龄增长而萎缩的外侧PFC中，而且也存在于相对更少萎缩的内侧PFC中，该事实表明这些增加反映了老年人情绪加工方式的变化，而不是简单反映结构保留或者衰退。

最后，结构保留假说不能轻易解释纹状体活动的年龄效应，即纹状体背侧和腹侧区域都呈现衰退，尽管解剖学证据表明纹状体腹侧年龄相关萎缩最小。虽然纹状体总体衰退可能归因于年龄相关的多巴胺缺陷，但是后者不能解释为什么一些研究（例如Jacobson et al., 2010; Samanez-Larkin et al., 2007）发现在某些条件下纹状体活动呈现年龄相关增加。

总之，情绪加工期间年龄相关的神经活动变化不能简单地归因于结构保留或者衰退。为了更好地将结构变化和FADE所述功能变化联系起来，未来研究应该调查兴趣区体积变化和这些脑区活动变化之间的关系。

FADE与功能代偿假说

FADE的PFC成分的确与许多认知领域PFC年龄相关增加的证据一致，正如随老化从后部向前部转移和老年人半球非对称性降低模式（Dennis & Cabeza, 2008）所总结的。FADE尤其与从后部向前部转移模式吻合，即不仅包含前部脑区年龄相关增加，而且包含后部脑区年龄相关衰退。尽管把FADE的年龄相关杏仁核活动减弱看作从后部向前部转移的后部脑区活动减弱的例证似乎相当名正言顺，但是这些降低的概念化方式存在重要差异。在从后部向前部转移理论中，PFC增加补偿了后部脑区的衰退，而FADE不假设PFC增加补偿了杏仁核活动减弱。事实上，如果从情绪调节方面解释FADE，那么该效应是反方向的，即PFC所调节的控制加工会抑制消极情绪的杏仁核加工。无论如何，需要进一步确定，情绪领域的FADE模式是否适用于其他认知领域所观测的整体年龄相关激活模式，诸如从后部向前部转移模式。

正如前文所提到的，情绪加工期间PFC年龄相关增加，既发生于呈现大量年龄相关萎缩的脑区，诸如外侧PFC，也发生于呈现相对更少结构衰退的脑区，诸如内侧PFC；该事实表明这些增加反映了加工策略而非结构的改变。不清楚的是加工策略发生了什么变化。

一种可能是，年龄相关的PFC增加可能反映情绪调节。老年人的情绪健康，与情绪的自动化加工转变为内侧PFC参与的情绪的控制加工有关（Williams et al., 2006）。正如前文所述，跨许多研究的激活模式表明，当使用额叶控制区加工情绪刺激时，老年人会潜在地使用自动化情绪调节策略，可能会抑制杏仁核所调节的情绪反应。有趣的是，当通过外显指导语消除不同年龄组对这些策略的使用差异后，几乎没有观测到年龄差异（Winecoff et al., 2011）。

此外，额叶增加可能是从后部向前部转移的一个实例，常常在非情绪领域观测到（Dennis & Cabeza, 2008），因此可能反映代偿策略。与该观点一致，我们和他人发现，情绪加工期间PFC活动增加伴随后部脑区激活衰减（St. Jacques, Dolcos, et al., 2009; St. Jacques et al., 2010; Tessitore et al., 2005; 也见Gunning-Dixon et al., 2003; Iidaka et al., 2002）。而且，与从后部向前部转移的代偿解释一致，我们发现在情绪知觉期间，额叶活动年龄相关增加和视觉皮层活动降低之间存在显著关系（St. Jacques et al., 2010），并且额叶活动年龄相关增加预测消极刺激的随后记忆（St. Jacques, Dolcos, et al., 2009）。

另一种可能是，内侧PFC年龄相关增加，可能反映自我参照加工增加（Kensinger & Leclerc, 2009）。支持该解释的证据是老年人内侧PFC激活变化为效价的函数（Kensinger & Schacter, 2008; Leclerc & Kensinger, 2008）。例如，莱克勒克和肯辛格（2008）发现内侧PFC存在年龄相关反转，以至于老年人对积极刺激更多激活该脑区，而对消极刺激更少激活该脑区（见Williams et al., 2006）。他们认为老年人可能以更自我相关的方式解释积极刺激。与该解释一致，一项研究直接调查自我参照加工情绪刺激的年龄相关差异，发现老年人对自我积极词汇激活内侧PFC的程度更大（Gutchess, Kensinger, & Schacter, 2007）。考虑到在认知任务中老年人趋向于更多激活默认网络（Grady, Springer, Hongwanishkul, McIntosh, & Winocur, 2006），一种可能是知觉和记忆研究所观测的积极转变，可能源于以自我相关方式解释信息的年龄相关增加（Kensinger & Leclerc, 2009）。

值得注意的是，情绪调节、代偿和自我参照加工解释之间并非互相矛盾。事实上，情绪调节可能被看作一种代偿形式（St. Jacques et al., 2010），并且自我参照加工可能被看作一种情绪调节策略（Kensinger & Leclerc, 2009）。然而，不是所有情绪调节形式都对表现有益（即代偿），并且自我参照加工不一定是有效的情绪调节策略。因此，理解其中每个过程及其相互作用的贡献是未来研究的主要挑战。

大脑数据与情绪老化理论相联系

情绪和老化的功能神经成像研究数量正在快速增长；然而许多前文所提及的研究都没有直接

将神经激活年龄相关变化和情绪老化认知和社会理论联系起来。至少存在四种不同的老化情绪变化理论：社会情绪选择理论（Carstensen, Mikels, & Mather, 2006）、动态集成理论（Labouvie-Vief, 2003, 2009）、学习和实践理论（Blanchard-Fields, 2007）、生物衰减理论的副产品（Cacioppo, Berntson, Bechara, Tranel, & Hawkley, 2011）。这几个理论最初被提出用于解释行为数据，因此它们不包括关于大脑机制的假设，也不能预测功能神经成像。然而，使用关于各种认知和情绪加工神经基础的现有知识，可以在神经机制的假设以及产生功能神经成像预测方面扩展这些理论。接下来将描述每个理论，以及如何扩展它们以合并关于脑功能的假设，所产生的预测是否符合已有的功能神经成像证据。

社会情绪选择理论

基本理论与具有神经假设和预测的扩展理论

社会情绪选择理论（Socioemotional Selectivity Theory, SST）假定，老化与时间有限观有关，会导致信息注意分配的动机差异（Carstensen, Fung, & Charles, 2003; Mather & Carstensen, 2005）。特别是，该理论有两个预测：（1）老化包括给情绪刺激分配更多认知资源，（2）老年人更可能分配有限资源给可以优化他们心境和幸福的信息。因为该心境提高目标，所以老年人对积极信息更敏感而对消极信息更不敏感或者回避，该现象被称为积极效应（Carstensen & Mikels, 2005; Carstensen et al., 2006）。有研究比较了积极和消极刺激的注意、记忆，以及决策背景下，积极情感被定义为所注意、记忆，以及选择的积极–消极材料总体比率的年龄转变（Scheibe & Carstensen, 2010）。而且，SST认为，积极情感更可能发生在需要更多控制的情绪加工任务中，更不可能发生在更自动化的情绪加工任务中（Mather, 2006）。总之，SST认为老年人更可能分配认知资源调节他们的情绪。

情绪老化的功能神经成像研究常常讨论流行的SST，表明该理论适合基于脑的解释（相关回顾见Knight & Mather, 2006; Mather, 2006; Samanez-Larkin & Carstensen, 2011; Scheibe & Carstensen, 2010）。由于SST假定老年人使用控制加工上调积极刺激反应和/或下调消极刺激反应，该理论预测情绪加工期间，老年人应该呈现（1）控制相关的PFC活动增加，和（2）该控制效应表现为积极和消极刺激的杏仁核反应变化，或者收益和损失的纹状体反应变化。

功能神经成像证据

与SST扩展理论一致，几个情绪老化的功能神经成像研究发现了FADE模式：额叶激活的年龄相关增加和杏仁核激活改变（也见Samanez-Larkin & Carstensen, 2011; St. Jacques, Bessette-Symons, et al., 2009）。决策领域结果表明，亚皮层激活年龄相关降低和皮层激活增加的更一般模式，可以解释杏仁核和纹状体的结果（Samanez-Larkin & Carstensen, 2011）。这些研究符合SST的扩展理论，表明老年人情绪调节策略增强导致PFC所调节的控制加工激活，抑制了消极刺激和损失的杏仁核或者纹状体反应。检查额叶和杏仁核之间功能连接的研究进一步支持该观点（Murty et al., 2009; St. Jacques et al., 2010; St. Jacques, Dolcos, et al., 2009）。一些明确考察情感调节的研究与SST扩展理论一致。例如，奥伊（Urry）等（2006）直接要求老年人观看消极图片时调节情绪，发现当要求老年人降低情绪反应时，相对于被动观看，他们激活更多vmPFC活动，伴随杏仁核激活降低。事实上，老年人的情绪健康与自动化情绪加工转向内侧PFC激活所致的更多的控制加工有关（Williams et al., 2006）。而且与SST预测一致，额叶过度激活可能只发生在控制性情绪任务而非自动化情绪任务中（Ritchey et al., 2011）。

动态集成理论

基本理论与具有神经假设和预测的扩展理论

根据动态集成理论（Dynamic Integration Theory, DIT; Labouvie-Vief, 2009），情感加工的年龄相关变化取决于环境情况与个体差异的相互作用，这决定了情绪调节的效果。DIT认为，情绪激活水平、情绪复杂性和认知功能的个体差异，是导致老年人情绪变化的重要因素。在低激活水平，老年人的情绪体验不同且具有复杂性；例如，既有积极元素也有消极元素的情绪，正如苦乐参半。因为差异性和复杂性包括精细加工，所以更高水平的激活会随年龄增长产生更大困难，尤其是认知需求增加和/或认知功能减少时。因此，在高激活水平下，老年人通过依赖更少努力优化策略来补偿，包括最小化消极情感和增加积极情感（即积极效应）。与SST形成对比，DIT主张年龄相关的积极效应不反映情绪弹性增强，而是由于情绪复杂性衰退，包括消极情绪的整合和容忍降低（Labouvie-Vief, 2003）。

DIT强调，前额叶–杏仁核功能对老化过程中执行情绪调节至关重要（Labouvie-Vief, 2009），但是没有明确提供关于功能激活年龄相关变化的假设。DIT扩展理论结合相关脑机制，预测了低需求和高需求情绪任务的不同年龄效应。在低水平，DIT预测控制性前额叶激活存在年龄相关增加，杏仁核情绪反应随后降低。在高水平，DIT预测，额叶–杏仁核功能失调包括杏仁核反应增强和控制相关额叶激活降低或者失效。而且，DIT扩展理论预测认知功能的个体差异中介该额叶–杏仁核模式。

功能神经成像证据

这里所综述的许多研究都提到了FADE模式，即观察到额叶激活的年龄相关增加和杏仁核年龄相关降低，似乎符合DIT扩展理论对低需求情绪任务的预测。然而，需要指出的是，这些研究大部分没有包含不同等级的情绪激活和复杂性，而这对决定DIT扩展理论的效度是必要的。例如，可能老年人依赖发育良好的情绪调节策略，或者这些任务不具备高水平复杂性（Labouvie-Vief, 2009）。关于情绪激活和认知需求，存在一些初步证据支持DIT扩展理论。例如，我们发现在实验样本中，对于最消极图片，内侧PFC与杏仁核之间存在年龄相关正连接，其中这些最消极的图片是基于标准国际情感图片系统（IAPS）评定的，可能包括更大的情绪激活（St. Jacques et al., 2010）。对于更不消极的图片（被老年人评定为中性），内侧PFC–杏仁核连接变为负值。我们将这些结果解释为情绪调节成功，即在低水平情绪激活时表现更优。因此，这些结果与DIT扩展理论一致，在低水平情绪激活而不是更高水平时，前额叶–杏仁核调节功能被保留。一个额外研究为DIT扩展理论关于认知需求和个体差异的预测提供了部分证据。里特吉（Ritchey）等（2011）发现，当情绪图片加工需要更大精细化时，执行功能个体差异与内侧PFC相关。因此，与DIT扩展理论一致，认知需求任务的额叶激活，仅出现在拥有高水平认知资源的老年人中。

这里所综述的以往研究没有一个直接检验过DIT扩展理论的完整预测，然而，充分考虑脑机制和DIT的联系，直接促生了关于未来研究的一些新颖问题。尤其是需要更多研究检查情绪激活、情绪复杂性、认知需求和个体差异等对表现的影响，对于理解情绪神经基础的年龄相关差异十分关键。

学习和实践理论

基本理论与具有神经假设和预测的扩展理论

根据对理论的学习和实践，老年人终其一生通过大量练习获得了情绪调节专长（Blanchard-Fields, 2007; Hess, 2005）。老年人处理社会情绪状况的专长导致比年轻人拥有更复杂、灵活和成熟的情绪调节策略。在日常生活中，老年人越来越轻松地应用情绪调节策略，潜在地为应激知觉年龄相关降低奠定了基础，诸如健康问题、丧亲和环境灾难（Charles & Carstensen, 2007, 2010）。

由于强调经验，学习和实践理论认为，老年人在熟悉情境中应用情绪调节策略最有效。因此，学习和实践扩展理论预测老年人应当呈现（1）控制相关PFC活动增强，和（2）能上行调或下行调节杏仁核或者纹状体活动，该调节效应在熟悉情境中比在不熟悉情境中更有效。

功能神经成像证据

迄今为止，几乎没有功能神经成像证据支持学习和实践扩展理论，因为很少有研究调查情绪加工熟悉与新奇环境期间的年龄相关差异。在一个潜在相关的fMRI研究中，古切斯（Gutchess），肯辛格和沙克特（2007）要求年轻人和老年人判断积极和消极形容词是否描述了自己或者阿尔伯特・爱因斯坦。自己和他人条件都是相对熟悉的情况；然而，自我参照大概比爱因斯坦参照更熟悉。fMRI结果揭示，与年轻人相比，老年人背内侧PFC更大程度参与积极的自我参照，但是当判断他人时没有与效价的交互作用。古切斯等（2007）的结果为学习和实践扩展理论提供了初步的部分支持，认为对于更熟悉的积极刺激（相对于消极），老年人潜在地施加增强的控制加工。然而，相同对照条件没有揭示亚皮层激活。因此，仍不清楚控制加工激活是否服务于情绪调节。需要进一步研究直接检验情绪加工熟悉和不熟悉情境的年龄相关差异。

生物衰减理论的副产品

基本理论与具有神经假设和预测的扩展理论

不同于以往情绪老化的认知和社会理论，生物衰减理论直接联系年龄相关变化和脑功能。根据该理论之一——老化脑模型（Cacioppo et al., 2011），情绪的年龄相关变化是生物衰减的副产品。老化脑模型假定，由于消极刺激唤醒度的年龄相关衰减，存在杏仁核激活反应的效价转变。消极刺激唤醒反应的年龄相关减少，降低了消极刺激的情绪增强记忆（EEM），但是提高了主观幸福感。而且，老化脑模型认为，消极刺激唤醒反应衰减，潜在地损害依赖负反馈的决策加工。老化脑模型的支持者提出，情绪的年龄相关变化模式与选择性杏仁核损伤患者的变化模式相似，意味着杏仁核功能紊乱是老化的情绪变化基础。

老化脑模型直接假设，消极刺激的杏仁核激活存在年龄相关降低，但是对于积极刺激则不存在。不像以往理论，老化脑模型中的关于PFC的年龄相关变化是不可知的，因为它假定消极刺激唤醒反应衰减是由于杏仁核功能紊乱。老化脑模型依赖于假设唤醒驱动年龄相关变化；因此，一个额外假设是，对于低唤醒情绪刺激杏仁核反应年龄差异最小。

功能神经成像证据

几个功能神经成像研究观测到消极刺激的杏仁核激活存在年龄相关衰减。尽管只有非常少的研究检查了积极效价刺激的年龄变化，但是迄今为止，这些研究一般表明，积极刺激的激活不存在年龄差异（例如Leclerc & Kensinger, 2008; Mather et al., 2004）。然而与老化脑模型相反，多个研究也观测到对于消极刺激的杏仁核激活也不存在年龄差异（例如Ritchey et al., 2011; St. Jacques et al., 2010）。基于老化脑模型，对于这些不一致结果的解释是，在没有发现消极刺激的杏仁核反应年龄差异的研究中，情绪刺激的唤醒水平不同。根据老化脑模型，当情绪刺激低唤醒时，杏仁核激活年龄相关差异应当最小。因此，没有发现消极刺激杏仁核反应年龄相关差异的研究，可能包括更低唤醒水平的情绪刺激。然而，我们的研究表明（St. Jacques et al., 2010），老年人对更低唤醒的消极刺激存在杏仁核激活衰减，但是对于更高唤醒的消极刺激则不然，这与老化脑模型假设相反。而且正如前文所表明的，当消极刺激的行为评级存在年龄相关差异时，趋向于发生消极刺激的杏仁核反应年龄相关差异，表明这些刺激不能引起老年人强烈的情绪反应（见Ritchey et al., 2011）。重要的是，未来研究需使用一系列唤醒刺激检验老化脑模型的脑假设。

当前研究似乎不能提供更多证据支持以下假设，即情绪老化神经机制的年龄相关变化只是人体衰减的副产品（Scheibe & Carstensen, 2010）。卡西奥普等（2011）主张杏仁核损伤患者似乎与老年人呈现相似结果，表明杏仁核损伤和情绪加工年龄相关变化之间可能存在联系。然而，这里所综述的研究通常表明，杏仁核结构和功能终身保持相对完整性，尽管关于该脑区偏好积极或者消极刺激存在争论。而且，阿尔茨海默病患者的调查结果表明，该病是影响杏仁核结构和功能的神经退化疾病（参见Chow & Cummings, 2000）。相对于健康老年人，阿尔茨海默病患者呈现情绪加工紊乱（参见Kensinger, 2009）。总之，这些结果提出疑问，健康老化的情绪变化是否归因于情绪脑区的生物衰减，诸如杏仁核。未来研究可能解释情绪加工结果的年龄相关生物衰减的细微差异。

理论模型和脑基础总结

扩展情绪老化的认知和社会理论，合并脑机制产生关于功能神经成像的特定预测，通常受到可用证据的支持。有趣的是，最近一个老化的情绪健康理论——优缺点理论（Charles, 2010），通过假设何时与为何老年人情绪调节能够成功，并结合了前文所提到的每个理论。因此，扩展理论不应该被看作相反成分而应作为补充成分，决定情绪调节策略参与老化和功能激活相关变化的难易和频率。总之，考虑这些心理学理论的扩展版本能生新奇预测，对于未来功能神经成像研究是卓有成效的。

结论

与执行和记忆功能不同，情绪加工在正常的健康老化过程中得到了完好保留。本章以注意到这个现象来开始本章内容。考虑到健康老化与几个脑区大量结构衰退有关，老年人情绪加工保留是值得注意的。我们考虑了两种可能解释：情绪加工脑区在结构衰退中得到了相对较好的保留，和PFC活动增加抵消结构衰退。简述脑结构和脑活动的年龄相关改变为两个假说提供了支持。与结构保留假说一致，年龄相关萎缩在三个情绪加工的重要脑区是相对较轻的：杏仁核、内侧PFC、腹侧纹状体；与功能代偿假说一致，已有证据表明在年龄相关激活模式中，诸如从后部向前部转移模式和老年人半球非对称性降低模式，PFC过度激活与老年人表现提高有关。

功能代偿假说的更直接证据，由情绪加工的功能神经成像研究综述所提供。在知觉、情景记忆、决策和情绪调节领域，老年人常常呈现出PFC对情绪刺激反应增加，有时伴随杏仁核反应衰减，特别是对消极刺激。我们称该模式为情绪的额叶–杏仁核年龄相关差异，或者FADE。FADE的PFC成分可能反映功能代偿，与领域独立的所谓从后部向前部转移模式和老年人半球非对称性降低模式年龄相关激活模式中PFC过度激活相似。就情绪研究而言，年龄相关的PFC增加可能反映更多依赖情绪调节或者自我参照加工。这些解释并不互相矛盾，并且可能被整合。

最后，我们探讨功能神经成像结果如何适用于年龄相关情绪改变的心理学理论：社会情绪选择理论（SST）、动态集成理论（DIT）、学习和实践理论以及生物衰减理论的副产品。由于这些理论大多数不包括脑机制的特定假设，我们利用额外的神经假设扩展这些理论。如果将消极刺激的年龄相关PFC增加和杏仁核衰减解释为反映情绪调节，那么SST通常很适用于FADE模式。DIT很难评价，因为几乎没有研究操纵情绪复杂性，但是有证据表明老年人PFC和杏仁核之间的连接随情绪激活水平变化（St. Jacques et al., 2010），该结果与DIT一致。学习和实践理论与证据一致，即老年人内侧PFC激活随着他们是否判断自己或者不熟悉他人而变化（Gutchess, Kensinger, & Schacter, 2007）。最后，生物衰减理论的副产品不能简单解释事实——激活结果不适用于健康老化结构衰退模式。总的来说，这些理论拥有相互补充的优点和缺点，原则上能够被整合，实现情绪加工年龄相关改变的更完整解释。未来研究的挑战是将心理学理论融入对老年人情绪加工的认知神经科学的解释中。

重点问题和未来方向

· 效价和唤醒度如何交互作用并且影响情绪知觉、情绪记忆、情绪决策和情绪调节神经基础的年龄差异?

· 情绪的额叶–杏仁核年龄相关差异（FADE）模式所述结构和功能变化的关系是什么?

· 情绪加工期间PFC激活年龄相关增加与不同加工策略有关吗? PFC年龄相关增强能否解释老年人幸存的情绪加工（功能代偿假说）?

· 支持老年人情绪调节自动化和控制性分配的神经机制是什么? 我们如何协调支持不同情绪调节策略的年龄相关差异间的不一致?

· 联系神经激活的年龄相关变化与情绪老化的认知和社会理论，为情绪与老化神经基础的未来研究提出了几个主题，包括情绪激活、情绪复杂性、熟悉性、认知需求和认知表现个体差异的影响。

致谢

该工作受到了AG19731、AG34580（RC）、博士后NRSA AG038079、美国欧莱雅女性科学研究协会的资助。我们感谢斯科特·赫特尔（Scott Huettel）博士对初稿做出的贡献性评论。

参考文献

Addis, D. R., Leclerc, C. M., Muscatell, K. A., & Kensinger, E. A. (2010). There are age-related changes in neural connectivity during the encoding of positive, but not negative, information. *Cortex*, *46*(4), 425–33.

Allard, E., & Isaacowitz, D. (2008). Are preferences in emotional processing affected by distraction? Examining the age-related positivity effect in visual fixation within a dual-task paradigm. *Aging, Neuropsychology, and Cognition*, *15*(6), 725–43.

Amaral, D. G., & Price, J. L. (1984). Amygdalocortical projections in the monkey (Macaca fascicularis). *Journal of Comparative Neurology*, *230*(4), 465–96.

Amodio, D. M., & Frith, C. D. (2006). Meeting of minds: The medial frontal cortex and social cognition. *Nature Reviews Neuroscience*, *7*(4), 268–77.

Andrews-Hanna, J. R., Reidler, J. S., Sepulcre, J., Poulin, R., & Buckner, R. L. (2010). Functional-anatomic fractionation of the brain's default network. *Neuron*, *65*(4), 550–62.

Antonini, A., & Leenders, K. L. (1993). Dopamine D2 receptors in normal human brain: Effect of age measured by positron emission tomography (PET) and [11C]-raclopride. *Annals of the New York Academy of Sciences*, *695*, 81–5.

Blanchard-Fields, F. (2007). Everyday problem solving and emotion: An adult developmental perspective. *Current Directions in Psychological Science*, *16*(1), 26–31.

Brabec, J., Rulseh, A., Hoyt, B., Vizek, M., Horinek, D., Hort, J., et al. (2010). Volumetry of the human amygdala – an anatomical study. *Psychiatry Research*, *182*(1), 67–72.

Cabeza, R. (2002). Hemispheric asymmetry reduction in older adults: The HAROLD model. *Psychology and Aging*, *17*(1), 85–100.

Cabeza, R., Grady, C. L., Nyberg, L., McIntosh, A. R., Tulving, E., Kapur, S., et al. (1997). Age-related differences in neural activity during memory encoding and retrieval: A positron emission tomography study. *Journal of Neuroscience*, *17*(1), 391–400.

Cacioppo, J. T., Berntson, G. G., Bechara, A., Tranel, D., & Hawkley, L. C. (2011). Could an aging brain contribute to subjective wellbeing?: The value added by a social neuroscience perspective. In A. Tadorov, S. T. Fiske, & D. Prentice (Eds.), *Social neuroscience: Towards understanding the underpinnings of the social mind* (pp. 249–62). New York: Oxford University Press.

Carstensen, L. L., Fung, H. H., & Charles, S. T. (2003). Socioemotional selectivity theory and the regulation of emotion in the second half of life. *Motivation and Emotion*, *27*(2), 103–23.

Carstensen, L. L., & Mikels, J. A. (2005). At the intersection of emotion and cognition: Aging and the positivity effect. *Current Directions in Psychological Science*, *14*, 117–21.

Carstensen, L. L., Mikels, J. A., & Mather, M. (2006). Aging and the intersection of cognition, motivation and emotion. In J. Birren & K. W. Schaie (Eds.), *Handbook of the psychology of aging* (pp. 343–62). SanDiego: Academic Press.

Charles, S. T. (2010). Strength and vulnerability integration: A model of emotional wellbeing across adulthood. *Psychological Bulletin*, *136*(6), 1068–91.

Charles, S. T., & Carstensen, L. L. (2007). Emotion regulation and aging. In J. J. Gross (Ed.), *Handbook of emotion regulation* (pp. 307–27). New York: Guilford.

Charles, S. T., & Carstensen, L. L. (2010). Social and emotional aging. *Annual Review of Psychology*, *61*, 383–409.

Cherubini, A., Peran, P., Caltagirone, C., Sabatini, U., & Spalletta, G. (2009). Aging of subcortical nuclei: Microstructural, mineralization and atrophy modifications measured in vivo using MRI. *Neuroimage*, *48*(1), 29–36.

Chow, T.W., & Cummings, J. L. (2000). The amygdala and Alzheimer's disease. In J. Aggleton (Ed.), *The amygdala – A functional analysis* (pp. 65–80). Oxford: Oxford University Press.

Cox, K., Aizenstein, H., & Fiez, J. (2008). Striatal outcome processing in healthy aging. *Cognitive, Affective, & Behavioral Neuroscience*, *8*(3), 304.

Davis, S. W., Dennis, N. A., Daselaar, S. M., Fleck, M. S., & Cabeza, R. (2008). Que PASA? The posterior-anterior shift in aging. *Cerebral Cortex*, *18*(5), 1201–9.

Delgado, M., Gillis, M., & Phelps, E. (2008). Regulating the expectation of reward via cognitive strategies. *Nature Neuroscience*, *11*(8), 880–1.

Denburg, N., Recknor, E., Bechara, A., & Tranel, D. (2006). Psychophysiological anticipation of positive outcomes promotes advantageous decision-making in normal older persons. *International Journal of Psychophysiology*, *61*(1), 19–25.

Dennis, M., Farrell, K., Hoffman, H. J., Hendrick, E. B., et al. (1988). Recognition memory of item, associative and serial-order information after temporal lobectomy for seizure disorder. *Neuropsychologia*, *26*(1), 53–65.

Dennis, N. A., & Cabeza, R. (2008). Neuroimaging of healthy cognitive aging. In F. I.M. Craik & T. A. Salthouse (Eds.), *The handbook of aging and cognition* (3rd ed., pp. 1–54). Mahwah, NJ: Erlbaum.

Dennis, N. A., Hayes, S. M., Prince, S. E., Madden, D. J., Huettel, S. A., & Cabeza, R. (2008). Effects of aging on the neural correlates of successful item and source memory encoding. *Journal of Experimental Psychology: Learning, Memory & Cognition*, *34*(4), 791–808.

Dolcos, F., LaBar, K. S., & Cabeza, R. (2004). Dissociable effects of arousal and valence on prefrontal activity indexing emotional evaluation and subsequent memory: An event-related fMRI study. *Neuroimage*, *23*(1), 64–74.

Dreher, J., Meyer-Lindenberg, A., Kohn, P., & Berman, K. (2008). Age-related changes in midbrain dopaminergic regulation of the human reward system. *Proceedings of the National Academy of Sciences*, *105*(39), 15106.

Emery, L., & Hess, T. M. (2008). Viewing instructions impact emotional memory differently in older and young adults. *Psychology and Aging*, *23*(1), 2–12.

Erixon-Lindroth, N., Farde, L., Wahlin, T. B., Sovago, J., Halldin, C., & Bäckman, L. (2005). The role of the striatal dopamine transporter in cognitive aging. *Psychiatry Research: Neuroimaging*, *138*(1), 1–12.

Fischer, H. (2010). Age-related differences in brain regions supporting successful encoding of emotional faces. *Cortex*, *46*, 490–7.

Fischer, H., Sandblom, J., Gavazzeni, J., Fransson, P., Wright, C. I., & Backman, L. (2005). Age-differential patterns of brain activation during perception of angry faces. *Neuroscience Letters*, *386*(2), 99–104.

Frank, M., & Kong, L. (2008). Learning to avoid in older age. *Psychology and Aging*, *23*(2), 392–8.

Grady, C. L., Maisog, J. M., Horwitz, B., Ungerleider, L. G., Mentis, M. J., Salerno, J. A., et al. (1994). Age-related changes in cortical blood flow activation during visual processing of faces and location. *Journal of Neuroscience*, *14*(3, Pt. 2), 1450–62.

Grady, C. L., Springer, M. V., Hongwanishkul, D., McIntosh, A. R., & Winocur, G. (2006). Age-related changes in brain activity across the adult lifespan. *Journal of Cognitive Neuroscience*, *18*(2), 227–41.

Gross, J. (1998a). Antecedent- and response-focused emotion regulation: Divergent consequences for experience, expression, and physiology. *Journal of Personality and Social Psychology*, *74*, 224–37.

Gross, J. (1998b). The emerging field of emotion regulation: An integrative review. *Review of General Psychology*, *2*(3), 271–99.

Gross, J., Carstensen, L., Pasupathi, M., Tsai, J., Skorpen, C., & Hsu, A. (1997). Emotion and aging: Experience, expression, and control. *Psychology and Aging*, *12*, 590–9.

Gruhn, D., & Scheibe, S. (2008). Age-related differences in valence and arousal ratings of pictures from the International Affective Picture System (IAPS): Do ratings become more extreme with age? *Behavioral Research Methods*, *40*(2), 512–21.

Gruhn, D., Smith, J., & Baltes, P. B. (2005). No aging bias favoring memory for positive material: Evidence from a heterogeneity-homogeneity list paradigm using emotionally toned words. *Psychology and Aging*, *20*(4), 579–88.

Gunning-Dixon, F. M., Gur, R. C., Perkins, A. C., Schroeder, L., Turner, T., Turetsky, B. I., et al. (2003). Age-related differences in brain activation during emotional face processing. *Neurobiology of Aging*, *24*(2), 285–95.

Gunning-Dixon, F. M., & Raz, N. (2003). Neuroanatomical correlates of selected executive functions in middle-aged and older adults: A prospective MRI study. *Neuropsychologia*, *41*(14), 1929–41.

Gutchess, A. H., Kensinger, E. A., & Schacter, D. L. (2007). Aging, self-referencing, and medial prefrontal cortex. *Social Neuroscience*, *2*(2), 117–33.

Gutchess, A. H., Kensinger, E. A., Yoon, C., & Schacter, D. L. (2007). Ageing and the self-reference effect in memory. *Memory*, *15*(8), 822–37.

Heilman, R., Crisan, L., Houser, D., Miclea, M., & Miu, A. (2010). Emotion regulation and decision making under risk and uncertainty. *Emotion*, *10*(2), 257–65.

Hess, T. M. (2005). Memory and aging in context. *Psychological Bulletin*, *131*(3), 383–406.

Honea, R. A., Vidoni, E., Harsha, A., & Burns, J. M. (2009). Impact of APOE on the healthy aging brain: A voxel-based MRI and DTI study. *Journal of Alzheimers Disease*, *18*(3), 553–64.

I idaka, T., Okada, T., Murata, T., Omori, M., Kosaka, H., Sadato, N., et al. (2002). Age-related differences in the medial temporal lobe responses to emotional faces as revealed by fMRI. *Hippocampus*, *12*(3), 352–62.

Isaacowitz, D., Wadlinger, H., Goren, D., & Wilson, H. (2006). Is there an age-related positivity effect in visual attention? A comparison of two methodologies. *Emotion*, *6*(3), 511–6.

Jacobson, A., Green, E., & Murphy, C. (2010). Age-related functional changes in gustatory and reward processing regions: An fMRI study. *Neuroimage*, *53*, 602–10.

Kennedy, Q., & Mather, M. (2007). Aging, affect and decision making. In R. Baumeister & G. Lowenstein (Eds.), *Do emotions help or hurt decision making? A hedgefoxian perspective* (pp. 245–65). New York: Russel Sage Foundation.

Kensinger, E. A. (2004). Remembering emotional experiences: The contribution of valence and arousal. *Reviews of Neuroscience*, *15*(4), 241–51.

Kensinger, E. A. (2008). Age differences in memory for arousing and nonarousing emotional words. *Journal of Gerontology Series B: Psychological and Social Sciences*, *63*(1), P13–18.

Kensinger, E. A. (2009). *Emotional memory across the adult lifespan*. New York: Taylor & Francis.

Kensinger, E. A., & Leclerc, C. M. (2009). Age-related changes in the neural mechanisms supporting emotion processing and emotional memory. *European Journal of Cognitive Psychology*, *21*, 192–215.

Kensinger, E. A., & Schacter, D. L. (2008). Neural processes supporting young and older adults' emotional memories. *Journal of Cognitive Neuroscience*, *20*(7), 1161–73.

Kim, S., & Hamann, S. (2007). Neural correlates of positive and negative emotion regulation. *Journal of Cognitive Neuroscience*, *19*(5), 776–98.

Knight, M., & Mather, M. (2006). The affective neuroscience of aging and its implications for cognition. In T. Canli (Ed.), *The biological bases of personality and individual differences* (pp. 159–183). New York: Guilford Press.

Krienen, F. M., Tu, P. C., & Buckner, R. L. (2010). Clan mentality: Evidence that the medial prefrontal cortex responds to close others. *Journal of Neuroscience*, *30*(41), 13906–15.

Kunzmann, U., Kupperbusch, C. S., & Levenson, R. W. (2005). Behavioral inhibition and amplification during emotional arousal: A comparison of two age groups. *Psychology & Aging*, *20*(1), 144–58.

Labouvie-Vief, G. (2003). Dynamic integration: Affect, cognition and the self in adulthood. *Current Directions in Psychological Science*, *12*(6), 201–6.

Labouvie-Vief, G. (2009). Dynamic integration theory: Emotion, cognition and equilibrium in later life. In V. L. Bengtson, D. Gans, N. M. Putney, & M. Silverstein (Eds.), *Handbook of theory of aging* (2nd ed., pp. 277–93). New York: Springer.

Leclerc, C. M., & Kensinger, E. A. (2008). Age-related differences in medial prefrontal activation in response to emotional images. *Cognitive, Affective, & Behavioral Neuroscience*, *8*(2), 153–64.

Leclerc, C. M., & Kensinger, E. A. (2010). Age-related valence-based reversal in recruitment of medial prefrontal cortex on a visual search task. *Social Neuroscience*, *5*(5–6), 560–76.

Leclerc, C. M., & Kensinger, E. A. (2011). Neural processing of emotional pictures and words: A comparison of young and older adults. *Developmental Neuropsychology*, *36*, 519–38.

Lockenhoff, C., & Carstensen, L. (2007). Aging, emotion, and health-related decision strategies: Motivational manipulations can reduce age differences. *Psychology and Aging*, *22*(1), 134–46.

Logan, J. M., Sanders, A. L., Snyder, A. Z., Morris, J. C., & Buckner, R. L. (2002). Under-recruitment and nonselective recruitment: Dissociable neural mechanisms associated with aging. *Neuron*, *33*, 827–40.

Mather, M. (2006). Why memories may become more positive as people age. In B. Uttl & A. L. Ohta (Eds.), *Memory and emotion: Interdisciplinary perspectives* (pp. 135–57). Malden, MA: Blackwell.

Mather, M., Canli, T., English, T., Whitfield, S., Wais, P., Ochsner, K., et al. (2004). Amygdala responses to emotionally valenced stimuli in older and younger adults. *Psychological Science*, *15*(4), 259–63.

Mather, M., & Carstensen, L. L. (2003). Aging and attentional biases for emotional faces. *Psychological Science*, *14*(5), 409–15.

Mather, M., & Carstensen, L. L. (2005). Aging and motivated cognition: The positivity effect in attention and memory. *Trends in Cognitive Sciences*, *9*(10), 496–502.

Mather, M., & Knight, M. (2005). Goal-directed memory: The role of cognitive control in older adults' emotional memory. *Psychology and Aging*, *20*(4), 554.

Mather, M., & Knight, M. (2006). Angry faces get noticed quickly: Threat detection is not impaired among older adults. *Journals of Gerontology Series B: Psychological Sciences and Social Sciences*, *61*(1), 54.

Mell, T., Wartenburger, I., Marschner, A., Villringer, A.,

Reischies, F., & Heekeren, H. (2009). Altered function of ventral striatum during reward-based decision making in old age. *Frontiers in Human Neuroscience*, *3*, 34.

Mikels, J. A., & Reed, A. E. (2009). Monetary losses do not loom large in later life: Age differences in the framing effect. *Journals of Gerontology Series B: Psychological Sciences and Social Sciences*, *64B* (4), 457–60.

Miller, E. K., & Cohen, J. D. (2001). An integrative theory of prefrontal cortex function. *Annual Reviews in Neuroscience*, *24*, 167–202.

Mohr, P. N., Li, S. C., & Heekeren, H. R. (2009) Neuroeconomics and aging: Neuromodulation of economic decision making in old age. *Neuroscience & Biobehavioral Reviews*, *34*, 6878–88.

Mu, Q., Xie, J., Wen, Z., Weng, Y., & Shuyun, Z. (1999). A quantitative MR study of the hippocampal formation, the amygdala, and the temporal horn of the lateral ventricle in healthy subjects 40 to 90 years of age. *American Journal of Neuroradiology*, *20*(2), 207–11.

Murphy, N. A., & Isaacowitz, D.M. (2008). Preferences for emotional information in older and younger adults: A meta-analysis of memory and attention tasks. *Psychology and Aging*, *23*(2), 263–86.

Murty, V. P., Sambataro, F., Das, S., Tan, H. Y., Callicott, J. H., Goldberg, T. E., et al. (2009). Age-related alterations in simple declarative memory and the effect of negative stimulus valence. *Journal of Cognitive Neuroscience*, *21*(10), 1920–33.

Novak, D., & Mather, M. (2007). Aging and variety seeking. *Psychology and Aging*, *22*(4), 728.

Ochsner, K., Bunge, S., Gross, J., & Gabrieli, J. (2002). Rethinking feelings: An fMRI study of the cognitive regulation of emotion. *Journal of Cognitive Neuroscience*, *14*(8), 1215–29.

Ochsner, K., & Gross, J. (2005). The cognitive control of emotion. *Trends in Cognitive Sciences*, *9*(5), 242–9.

Ochsner, K. N., & Gross, J. J. (2007). The neural architecture of emotional regulation. In J. J. Gross & R. Buck (Eds.), *The handbook of emotion regulation* (pp. 87–109). New York: Guilford Press.

Ochsner, K. N., Ray, R. D., Cooper, J. C., Robertson, E. R., Chopra, S., Gabrieli, J. D., et al. (2004). For better or for worse: Neural systems supporting the cognitive down- and up-regulation of negative emotion. *Neuroimage*, *23*(2), 483–99.

O'Doherty, J. P. (2004). Reward representations and reward-related learning in the human brain: Insights from neuroimaging. *Current Opinions in Neurobiology*, *14*(6), 769–76.

Peters, E., Hess, T. M., Västfjäll, D., & Auman, C. (2007). Adult age differences in dual information processes: Implications for the role of affective and deliberative processes in older adults' decision making. *Perspectives on Psychological Science*, *2*(1), 1–23.

Phan, K. L., Wager, T., Taylor, S. F., & Liberzon, I. (2002). Functional neuroanatomy of emotion: A meta-analysis of emotion activation studies in PET and fMRI. *Neuroimage*, *16*(2), 331–48.

Phelps, E. A. (2006). Emotion and cognition: Insights from studies of the human amygdala. *Annual Review of Psychology*, *57*, 27–53.

Raz, N. (2005). The aging brain observed in vivo: Differential changes and their modifiers. In R. Cabeza, L. Nyberg, & D. C. Park (Eds.), *Long-term memory and aging: A cognitive neuroscience perspective* (pp. 19–57). New York: Oxford University Press.

Raz, N., Lindenberger, U., Rodrigue, K. M., Kennedy, K. M., Head, D., Williamson, A., et al. (2005). Regional brain changes in aging healthy adults: General trends, individual differences and modifiers. *Cerebral Cortex*, *15*(11), 1676–89.

Raz, N., Rodrigue, K.M., Kennedy, K.M., Head, D., Gunning-Dixon, F., & Acker, J. D. (2003). Differential aging of the human striatum: Longitudinal evidence. *American Journal of Neuroradiology*, *24*(9), 1849–56.

Reuter-Lorenz, P. A., Jonides, J., Smith, E. E., Hartley, A., Miller, A., Marshuetz, C., et al. (2000). Age differences in the frontal lateralization of verbal and spatial working memory revealed by PET. *Journal of Cognitive Neuroscience*, *12*(1), 174–87.

Ritchey, M., Bessette-Symons, B., Hayes, S., & Cabeza, R. (2011). Emotion processing in the aging brain is modulated by semantic elaboration. *Neuropsychologia*, *49*, 640–50.

Ritchey, M., Dolcos, F., & Cabeza, R. (2008). Role of amygdala connectivity in the persistence of emotional memories over time: An event-related FMRI investigation. *Cerebral Cortex*, *18*(11), 2494–504.

Ruffman, T., Henry, J. D., Livingstone, V., & Phillips, L. H. (2008). A meta-analytic review of emotion recognition and aging: Implications for neuropsychological models of aging. *Neuroscience & Biobehavioral Reviews*, *32*(4), 863–81.

Salat, D. H., Kaye, J. A., & Janowsky, J. S. (2001). Selective preservation and degeneration within the prefrontal cortex in aging and Alzheimer disease. *Archives of Neurology*, *58*(9), 1403–8.

Samanez-Larkin, G. R., & Carstensen, L. L. (2011). Socioemotional functioning and the aging brain. In J. Decety & J. T. Cacioppo (Eds.), *The handbook of social neuroscience* (pp. 507–21). New York: Oxford University Press.

Samanez-Larkin, G., Gibbs, S., Khanna, K., Nielsen, L., Carstensen, L., & Knutson, B. (2007). Anticipation of monetary gain but not loss in healthy older adults. *Nature Neuroscience*, *10*(6), 787–91.

Samanez-Larkin, G. R., Kuhnen, C. M., Yoo, D. J., & Knutson, B. (2010). Variability in nucleus accumbens activity mediates age-related suboptimal financial risk taking. *Journal of Neuroscience*, *30*(4), 1426–34.

Samanez-Larkin, G. R., Robertson, E. R., Mikels, J. A., Carstensen, L. L., & Gotlib, I. H. (2009). Selective attention to emotion in the aging brain. *Psychology and Aging*, *24*(3), 519–29.

Scheibe, S., & Carstensen, L. L. (2010). Emotional aging: Recent findings and future trends. *Journal of Gerontology Series B: Psychological Sciences and Social Sciences*, *65*, 135–44.

Schott, B., Niehaus, L., Wittmann, B., Schtze, H., Seidenbecher, C., Heinze, H., et al. (2007). Ageing and early-stage Parkinson's disease affect separable neural mechanisms of mesolimbic reward processing. *Brain*, *130*(9), 2412.

Shiota, M., & Levenson, R. (2009). Effects of aging on experimentally instructed detached reappraisal, positive reappraisal, and emotional behavior suppression. *Psychology and Aging*, *24*(4), 890–900.

Sokol-Hessner, P., Hsu, M., Curley, N., Delgado, M., Camerer, C., & Phelps, E. (2009). Thinking like a trader selectively reduces individuals' loss aversion. *Proceedings of the National Academy of Sciences*, 106(13), 5035.

St. Jacques, P. L., Bessette-Symons, B., & Cabeza, R. (2009). Functional neuroimaging studies of aging and emotion: fronto-amygdalar differences during emotional perception and episodic memory. *Journal of the International Neuropsychological Society*, *15*(6), 819–25.

St. Jacques, P. L., Conway, M. A., Lowder, M. W., & Cabeza, R. (2011). Watching my mind unfold versus yours: An fMRI study using a novel camera technology to examine neural differences in self-projection of self versus other perspectives. *Journal of Cognitive Neuroscience*, *23*, 1275–84.

St. Jacques, P. L., Dolcos, F., & Cabeza, R. (2009). Effects of aging on functional connectivity of the amygdala for subsequent memory of negative pictures: A network analysis of fMRI data. *Psychological Science*, *20*(1), 74–84.

St. Jacques, P., Dolcos, F., & Cabeza, R. (2010). Effects of aging on functional connectivity of the amygdala during negative evaluation: A network analysis of fMRI data. *Neurobiology of Aging*, *31*(2), 315–27.

St. Jacques, P. L., & Levine, B. (2007). Ageing and autobiographical memory for emotional and neutral events. *Memory*, *15*(2): 129–44.

Tessitore, A., Hariri, A. R., Fera, F., Smith, W. G., Das, S., Weinberger, D. R., et al. (2005). Functional changes in the activity of brain regions underlying emotion processing in the elderly. *Psychiatry Research*, *139*(1), 9–18.

Urry, H., van Reekum, C., Johnstone, T., Kalin, N., Thurow, M., Schaefer, H., et al. (2006). Amygdala and ventromedial prefrontal cortex are inversely coupled during regulation of negative affect and predict the diurnal pattern of cortisol secretion among older adults. *Journal of Neuroscience*, *26*(16), 4415.

van Dyck, C. H., Seibyl, J. P., Malison, R. T., Laruelle, M., Wallace, E., Zoghbi, S. S., et al. (1995). Age-related decline in striatal dopamine transporter binding with iodine-123-beta-CITSPECT. *Journal of Nuclear Medicine*, *36*(7), 1175–81.

Wang, Y., Chan, G. L., Holden, J. E., Dobko, T., Mak, E., Schulzer, M., et al. (1998). Age-dependent decline of dopamine D1 receptors in human brain: A PET study. *Synapse*, *30*(1), 56–61.

Weierich, M., Kensinger, E., Munnell, A., Sass, S., Dickerson, B., Wright, C., et al. (2011). Older and wiser? An affective science perspective on age-related challenges in financial decision making, *Social Cognitive & Affective Neuroscience*, *6*, 195–206.

Williams, L. M., Brown, K. J., Palmer, D., Liddell, B. J., Kemp, A. H., Olivieri, G., et al. (2006). The mellow years? Aeural basis of improving emotional stability over age. *Journal of Neuroscience*, *26*(24), 6422–30.

Winecoff, A., LaBar, K. S., Madden, D. J., Cabeza, R., & Huettel, S. A. (2011). Cognitive and neural contributors to emotion regulation in aging. *Social Cognitive and Affective Neuroscience*, *6*, 165–76.

Wright, C. I., Wedig, M. M., Williams, D., Rauch, S. L., & Albert, M. S. (2006). Novel fearful faces activate the amygdala in healthy young and elderly adults. *Neurobiology of Aging*, *27*(2), 361–74.

附　录

（扫描下方二维码查看彩色插图）

索　引